# 롬멜원수

FELDMARSCHALL ERWIN ROMMEL

# 롬멜 원수 - 국방군 원수 에르빈 롬멜의 삶과 죽음
## Knight's Cross - A life of field marshal Erwin Rommel

2019년 6월 30일 초판 1쇄 발행

| | | |
|---|---|---|
| 저 자 | 데이비드 프레이저 | |
| 번 역 | 김진용 | |

| | |
|---|---|
| 편 집 | 정경찬, 박관형 |
| 마 케 팅 | 정다움 |
| 디 지 털 | 김효준 |
| 주 간 | 박관형 |

| | |
|---|---|
| 발 행 인 | 원종우 |
| 발 행 | 이미지프레임 |

주소 [13814] 경기도 과천시 뒷골 1로 6, 3층
전화 02-3667-2654(편집부)   02-3667-2653(영업부)   팩스 02-3667-2655
메일 imageframe@hanmail.net   웹 imageframe.kr

I S B N   979-11-6085-028-4 03390

# 목차

## Part 4 (1941-1943)

## Part 5 (1943-1944)

# 감사의 말

미국, 영국, 프랑스, 독일에서 출판된 롬멜에 관한 여러 저작물들이 필자의 저술에 훌륭한 기초가 되었다. 그리고 저작에 담긴 연구와 인용문 역시 큰 도움이 되었다. 필자에 앞서 이 비범한 군인을 연구한, 살아있거나 작고한 모든 저자들에게 감사한다. 그들의 연구를 기록한 참고문헌과 기타 여러 작업물들을 이용할 수 있었음에 감사한다.

참고문헌에 수록되지 않은 전문지에서도 롬멜과 그가 수행한 전역(campaign)들을 다룬 다양한 관점의 자료를 얻었다. 대표적으로 영국 왕립 합동 국방연구소 저널(Journal of the Royal United Services Institution), 아머(Armor), 코만도(Kommando), 오아즈(Die Oase. 아프리카 군단 전문지), 도이치 솔다텐자이퉁(Deutsche Soldatenzeitung), 프론트솔다트 에르첼트(Frontsoldat erzählt), 방위자(An Cosantóir), 계간 현대사(Vierteljahrshefte für Zeitgeschichte)등이 있다.

롬멜에 관한 문서는 매우 많다. 롬멜은 1차 대전의 경험을 직접 기록하여 1937년에 보병공격술(Infanterie greift an)[001]이라는 책으로 발간했으며 그 초고가 남아있어 이를 이용했다. 그는 2차 대전 중 직접 쓴 일지들을 통해 프랑스, 북아프리카 전역을 장군의 관점에서 깊이 있게 분석하기도 했다. 이 가운데 북아프리카 전역과 관련된 내용들은 1955년에 증오 없는 전쟁(Krieg ohne Haß) 이라는 이름의 책으로 발간되었다. 리델하트 경은 여기에 롬멜의 편지나 다른 전역에 대한 자체분석들을 함께 엮어 롬멜 페이퍼[002]라는 제목으로 출간했는데, 이 영문서적에도 동일한 내용이 대부분 수록되었다. 필자는 롬멜의 글들을 증오 없는 전쟁(Krieg ohne Hass)에서 인용했으며 별도의 인용표기는 하지 않았다.

롬멜과 당시 독일에 대한 매우 방대한 자료들이 워싱턴 국립문서보관소(National Archives in Washington, NAW)에 보관되어 있다. 필자가 요청한 자료를 보내준 로빈 쿡슨 씨,

---

001   국역 롬멜 보병전술 (황규만 역, 일조각, 2001)
002   국역 롬멜 전사록 (황규만 역, 일조각, 2003)

당시 워싱턴 주재 영국 대사관에 근무하며 연구에 편의를 제공해준 제임스 해밀턴-러셀 대령의 사무실에도 감사한다. 런던 제국전쟁박물관(Imperial War Museum, IWM)에도 롬멜과 관련된 전쟁일지들을 포함해 많은 자료들이 있다. 필자가 요청한 수백 개의 문서를 제공해주고, 지속적으로 유익한 조언과 연구 장소를 제공한 관장 앨런 보그 박사, 로버트 서더비 씨, 문서담당 정/부 학예관 필립 리드 씨, 인쇄서적부 학예관 글린 베일리스 박사에게도 진심으로 감사한다. 또한 사진자료실을 안내해준 사진부의 힐러리 로버츠 여사, 그리고 개인 소유의 사진을 대여해준 로스먼드 손턴 부인에게도 매우 감사한다.

프라이부르크의 연방자료보관소 군사자료국(Bundesarchiv-Militärarchiv, BAMA)에도 흥미로운 기록과 서신들이 보관되어 있다. 예비역 대령인 수석학예관 케흐리그 박사 및 요청을 빠르고 효율적으로 처리해준 메이어 님에게 감사한다. 문의를 매우 빠르게 처리해준 로마 중앙자료관리소(Amministrazione Centrale Archivistica)의 시노르 크리스포에게 매우 감사한다. 뮌헨 현대사연구소(Institut for Zeitgeshichte, IZM) 소장인 헤르만 바이스 박사는 필자의 질문에 적절히 답해주었고, 필자가 방문했을 때 연구원들도 예의 바르게 응대해주었다. 해당 문서들을 이용할 수 있도록 도와준 데 감사를 전한다. 보관 중인 사진을 복사해준 IWM의 보관위원과 BAMA 담당자들에게 사의를 표한다. 요크셔 주 웨이크필드의 EP 마이크로필름 유한책임회사(EP Microfilm Ltd, EPM)에는 상당량의 귀중한 자료들이 마이크로필름으로 보관되어 있다. 데이비드 어빙 씨가 롬멜 관련 서적을 저술하기 위해 연구하는 과정에서 작성된 많은 인터뷰 기록들도 보관중인데, 그 방대하고 꼼꼼한 기록물에 경의를 표한다. 런던도서관의 부지런하고 친절하며 명랑한 직원들에게도 많은 빚을 졌다. 이곳이 아니었다면 필자는 어디서 책을 쓸 수 있었을지 상상할 수도 없다.

많은 분들의 도움과 조언, 정보, 회고, 격려에 감사드린다. 많은 시간을 내주고 귀중한 개인적 회고와 이해를 제공해주었으며, 사진들을 빌려준 만프레트 롬멜 씨의 친절에 특별히 감사의 말을 남긴다. 원고의 전체 또는 일부를 읽고 소중한 논평을 해준 로빈 에드먼즈 씨, 존 스트로슨 소장, 고(故) 악셀 폰 뎀 부셰-슈트라이트호르스트 남작, 게오르그 메이어 박사와 슈툼프 박사에게도 각별한 사의를 표한다. 마지막으로, 이 책을 완성한 것은 전적으로 부인의 덕분이었다. 그녀는 워드 프로세서에 능통하여 타이핑과 편집을 해 주었을 뿐 아니라 빈틈없고 뛰어난 판단력으로 책 전반에 걸쳐 논평해 주었다.

데이비드 프레이저
1993, 이징턴

**PART 1**
**1891-1918**

# 제1장 "우익을 강화하라"

에르빈 롬멜(Erwin Rommel)이라는 이름은 위대한 기동전의 대가들과 동등한 반열에 올라 있다. 이 대가들은 모두 시대를 초월하는 개성을 지녔으며, 여전히 에너지가 느껴지는 사람들이다.

기동전의 대가들은 모두 상대에게 자신의 의지를 강요하는 특유의 능력을 활용해 다양한 전장의 혼란 속에서 놀라운 속도로 행동하여 승리를 거뒀다. 이들의 고유한 특징은 역사의 장막을 잘라내는 칼처럼 현대까지 직접적으로 전달되고 있다.

이 살아있는 전설들은 각자의 고유한 방법으로 고전적 전사의 덕목을 보여주고 있다. 용기, 단호함, 예리한 시각과 정신. 신속한 결단, 위기 감지, 적을 앞서는 기민함과 대담함 등이 여기에 해당한다. 롬멜은 헥토르(Hector)[003], 루퍼트 공(Rupert of the Rhine)[004], 그리고 영웅이라는 말 외에 설명할 수 없는 비범한 이들의 집단에 속해 있다. 상상의 인물, 혹은 신화적 집단에 어울릴 법한 롬멜이라는 인물이 부정의 여지가 없는 현대인이라는 사실은 신기하기까지 하다.

전쟁에 대한 태도는 시대의 영향을 받고, 전쟁 영웅들에 대한 평가도 유행에 따라 기복을 거듭하기 마련이다. 현대인들은 또 다른 전장의 거장인 스웨덴의 칼 12세(Karl XII)와 같이 일말의 자책도 없이 18년에 걸쳐 쉼 없이 전쟁을 치르는 인물에 대해 매료되기보다는 혐오감을 느낀다.

1714년에 망명 중 터키에 억류된 칼 12세는 같은 처지의 포로들로 저항조직을 구성해 간수들을 제압하기까지 투쟁했으며, 그 전에는 전쟁을 앞두고 시민의원들에게 그들의 직무가 자신을 위해 세금을 거두는 일이고, 자신의 전쟁은 오직 바사(Vasa) 왕실의 영

---

003  호메로스의 서사시 일리아스에 등장하는 트로이의 영웅 (편집부)
004  라인의 루퍼트 공(1619~1682), 잉글랜드 내전 당시 국왕군 기병대장 (편집부)

광을 위한 것이라며 의원들의 자존심을 건드려 항의를 받기도 했다. 현대 사회는 이런 섬뜩한 위인의 오만함이나 비도덕성을 수용하지 못한다.

그러나 칼 12세가 대 북방전쟁(Great Northern War) 당시 얼마나 경이적인 속도로 적들을 무너뜨리고 폴란드, 러시아, 독일의 정권을 교체했는지 알게 되면, 그리고 그가 14세의 나이에 소년왕으로 즉위해 36세의 나이로 전사하기까지 짧지만 놀랄 만한 재위기를 보냈음을 알게 되면, 우리는 칼을 쥐고 유럽에 출현했던 창백한 얼굴에 크고 호리호리한 모습의 사내가 윈스턴 처칠(Winston Churchill)의 표현처럼 "현대사에 등장한 가장 무시무시한 전사로…(중략)…용감하고 무자비하며 냉철한 판단력의 소유자로서 매혹적인 생애를 지낸 영웅"임을 불쾌하나마 인정하지 않을 수 없다.[005]

칼 12세라는 영웅은 비록 우리가 그에게 혐오감을 느끼더라도 우리에게 다가오고, 우리는 그에 반응하지 않을 수 없다. 이들의 순수한 에너지는 시대를 초월하며, 이로 인해 그들의 나날은 신화의 중심에 자리하게 된다.

미국 남북전쟁 당시 남군 기병대의 위대한 지휘관 젭 스튜어트(Jeb Stuart)는 어느 곳에서도 부하들을 고무시킬 줄 알았고, 멀리 떨어진 전장에(하나같이 중요한 곳이었다) 연이어 등장하며 초현실적인 인상을 남겼다.

"항상 안장 위에 있었고… 주야를 불문하고 언제나 모든 곳에 존재하며… 항상 즐겁고 유머 감각이 넘치는 사람이었다."[006]

그는 리(Lee) 장군이 포토맥(Potomac) 군에게 대승을 거둘 때 첸슬러즈빌(Chancellorsville) 능선을 질주하며 활약했다. 같은 전쟁에서 남군 소속으로 활약한 베드포드 포레스트(Bedford Forrest) 장군도 재기가 넘치고 머큐리(Mercury) 신과 같이 종적을 좇을 수 없는 탁월한 지휘관이었다. 군주, 혹은 신하로 활약했던 이런 인물들은 의심의 여지가 없는 영웅이자 일군의 지휘자이며 전장의 지배자였다.

개인의 정치적 견해나 특정한 사건에 대한 주관 등은 필연적으로 주변의 환경이나 정서에 영향을 받기 마련이며, 그 과정에서 제약을 받거나 왜곡되었을 가능성이 있다. 따라서 이들을 연구할 때에는 완전히 다른 시대와 장소, 문화 안에서 일어난 사건임을 감안하며 신중히 접근해야 한다.

..........................

005   Winston S. Churchill, Marlborough: His Life and Times (Harrap, 1936)
006   G.F.R. Henderson, Stonewall Jackson (Longmans Green, 1911)

위인들이 보여주는 불완전성은 그 시대의 산물이다. 따라서 이들이 살아가던 시대를 객관적으로 다루는 것과 함께 그 시대의 시각에서도 살펴볼 필요가 있다. 그렇게 하더라도 그들이 남긴 충격은 고스란히 남아 있다. 이들에 대한 찬양은 유치하거나 미숙한 행위로 여겨질 수는 있어도 결코 사라지지 않을 것이다.

항공의 시대, 대규모 기계화의 시대, 전례 없는 화력의 시대, 그리고 산업 사회 간 전쟁의 시대에는 방대한 영역에 걸친 몰개성한 대규모 교전이 불가피하다. 그리 멀지 않은 과거까지 번성하던 영웅적인 전장의 지배자들이 남긴 업적들은 이제 화려하지만 원시적이며 시대에 뒤떨어진 것이 되었다. 처칠도 1차대전 이후 군인으로서 말버러 공작(Marlborough)[007]을 평가하며 다음과 같이 말했다.

> "우리가 위대한 지휘관들이라 부르는 이들의 시대에, 그는 전장에서 보여준 신과
> 같은 모습으로 다른 평범한 이들과 구별되었다. 그는 자신이 정신적, 도덕적,
> 신체적 자질들을 모두 갖추었음을 몸소 입증했다. 그의 외모, 그의 평정심, 그의
> 날카로운 시야, 태도, 목소리, 심지어 심장의 고동조차 그의 주변에 울려 퍼졌다.
> - 이제 그런 시대는 이제 영원히 떠나갔다."[008]

그리고 처칠은 말버러 공작에 대한 책을 출판하고 9년이 지난 시기에, 카이로의 임시 사령부를 이리저리 서성이다 어느 독일 장군의 이름을 되풀이하며 "그 작자를 쓰러트리는 것 외에 무슨 문제가 있겠나!" 라고 절규했다. 그 장군은 역사책에서 튀어나온 듯하면서도 한편으로 완전히 현대적이고, 기술적으로 노련하고, 창의적이고, 혁신적으로 사고하며, 20세기의 전쟁에 숙련되어 있었다.

그리고 이 장군의 통솔력은 영웅들이 실존하던 옛 시대를 연상시켰다. 처칠은 하원에서 그의 통솔력에 대해 이렇게 표현했다.

> "상대편에 매우 용감하고 유능한 장군이 있으며… 전쟁의 참상과 관계없이
> 개인적 평가를 해도 된다면 나는 그를 위대한 장군이라 평하고 싶다."

그 장군이 바로 에르빈 요하네스 오이겐 롬멜(Erwin Johannes Eugen Rommel)이다.

--------------------------------
007  초대 말버러 공작, 존 처칠(John Churchill, 1st Duke of Marlborough)을 지칭한다. (편집부)
008  Churchill, 앞의 책

에르빈 롬멜이 그랬듯이 영웅적인 유형에 속하는 지휘관의 카리스마는 전문적인 능력이 뒷받침되지 않으면 완전히 무너진다. 영웅적인 유형의 지휘관을 구분하는 기준은 사람에 따라 다르지만, 이 유형에 해당하는 지휘관들은 모두 자신이 해야 할 일을 잘 파악하고 있었다. 그들은 자신의 신분이 왕이거나 군인이거나, 가문의 전통을 따르는 전쟁연구자거나, 우연히 역사나 혁명에 말려들거나, 그 밖의 모든 상황에서 자신의 분야에 정통했으며 이성적이고 부지런할 뿐 아니라 전장의 요구에 선천적으로 적응했다.

이들이 출현한 배경은 극히 상이하고, 아마 앞으로도 그럴 것이다. 그러나 야전지휘관의 능력을 구성하는 세 가지 자질에는 가정교육이나 가문의 내력, 유전자와 관계없이, 시대를 초월하는 공통성이 있다.

그 가운데 첫 번째가 기질(Temperament)이다. 전장의 지배자들은 항상 전투 중의 도전(Challenge)를 즐겼다. 그들 자신은(그리고 그들의 전기를 쓰는 저술가들은) 대부분 이런 성향을 부인하곤 했으며 현대에 와서는 이런 경향이 더 심해지고 있다. 전쟁은 끔찍한 행위이며 그 안에는 부상과 죽음, 파괴가 넘쳐나고 거칠고 괴로운 환경 속에서 고통과 죽음으로 인한 이별이 빈번하게 일어난다. 그리고 전시의 전투부대 간에는 반드시 필요한 경우가 아니라도 상대의 사정을 고려하지 않는 경우가 일반적이며, 최악의 경우에는 극히 악랄한 잔혹행위를 벌이기도 한다. 따라서 오늘날 전쟁을 계획하거나 찬양하는 자들은 가장 혹독한 비난의 대상일 수밖에 없다. 그러나 영웅은 전시에 태어나는 것이기에 영웅을 대하는 우리의 태도는 모순될 수밖에 없다. 현대에는 이 모순을 보통 의무라는 개념으로 해소한다. 그들이 설령 혐오스러운 임무를 당연하다는 듯 이행하더라도 군인들은 냉정하게 말해 (기술적인 의미로) 훌륭하게 명령을 따르고 있을 뿐이라는 이야기다. 전쟁의 원인이 된 불화는 그들의 손이 닿지 않는 곳에 있기 때문이다. 현대에도 군주나 군사 독재자들은 분명히 존재하지만, 전장이나 전선에서 직접 보는 것은 거의 불가능하다. 야전사령관들 역시 휘하의 군인들에게 역할을 부여하고 기회를 제공하고 상황을 부여한 죄를 면제받아 왔다. 적어도 역사학자들은 그렇게 여긴다. 그러나 그들이 면죄부를 받았다 해서 자신의 일을 즐기지 않았다고 생각해서는 안 된다. 만일 그랬다면 그들의 '기질'은 자신의 '업무'와 어울리지 않았을 것이다.

누구든 어떤 일에 만족하지 않으면서 그 분야에 뛰어난 능력과 기술로 무언가를 이루기는 불가능하다. 역사상 승자로 남은 지휘관들은 그들의 동기가 정의롭건 그렇지 않건 열정을 가지고 싸웠으며 오직 상관의 태만이나 지나친 아둔함만이 이런 열의를 감소시켰다. 열정이 곧 잔혹함을 뜻하지는 않는다. 친구를 잃고 부하들(심지어 적군의 부하들도)이

고통을 겪으면 명장들도 종종[009] 연민을 느꼈으며, 에르빈 롬멜 역시 그랬다.

하지만 롬멜이 마케도니아의 알렉산더 대왕이나 티론(Tyrone)백작 휴 오닐(The Great O'Neill)[010] 처럼 자신의 일을 즐기지 않았다고 주장하는 것은 기만에 지나지 않는다. 그들의 시대와 당시의 관습을 존중하는 방식으로 표현할 수도 있겠지만, 성공적인 전사의 '자질(temperament)'은 근본적으로 전투에 필요한 것을 조율하는 능력이다. 전투는 그들의 영역이다. 에르빈 롬멜 역시 전쟁을 두고 어리석은 일이라며 비판했지만, 전투는 에르빈 롬멜을 구성하는 근본적인 요소였다.

이런 기질이 전장에서 능력을 발휘하는 데 필수적인 요소라면, 전쟁에 대한 이해(Understanding)와 지식(Knowledge) 역시 그와 동등한 가치가 있다. 승자로 남아 있는 지휘관들은 모두 수많은 사람들이 서로를 죽이려고 노력하는 과정에서 도출된 수많은 특수한 상황들 가운데 무엇이 유효하고 무엇이 그렇지 않은지를 인식하는 감각을 갖추고 있다. 이런 이해는 어느 정도 연구와 성찰을 통해서도 얻을 수 있다. 물론 '연구'라는 말은 학술적인 과정을 의미하므로, 여기에 적용한다는 것이 적절하지 않다고 생각할 수도 있을 것이다. 이해력은 대부분 과거의 사건에서 도출된 경험으로부터 출발한다. 경험은 종종 다른 사람의 체험, 보편적으로는 역사를 통해 대체할 수도 있다. 전쟁에 대한 이해란 현실적, 기술적, 전문적인 요소들, 구체적으로는 무기, 장비, 차량, 그리고 휘하 장병들의 능력과 장단점을 잘 알고 이를 바르게 판단하여 사용하는 능력이다.

하지만 위대한 지휘관들의 전쟁에 대한 이해와 지식은 종종 이성의 영역을 뛰어넘기도 한다. 그들의 상황과 기회를 순간적으로 기민하게 판단하는 능력은 (똑같이 필수적이지만 더 쉽게 설명이 가능한) 이성의 작용범위를 뛰어넘는 육감 같은 것으로, 직관이나 본능적 반응에 가깝다. 즉 살라망카(Salamanca)에서 웰링턴(Wellington)[011]이 마몽(Marmont)의 부대를 목격하고는 요동치는 가슴을 억누르며 "맙소사! 생각대로야!"라고 외치며 그의 경력 중 가장 찬란한 승리를 거두기 위해 달려갈 수 있도록 했던 혜안(coup d'oeil)에 가깝지만, 그것을 능가하는 범주의 무엇이다.

에르빈 롬멜이 위험, 기회, 전투 흐름에 대해 거의 동물적으로 보여주던 반응들, 직관으로 보완되며 순간적으로 적용되는 지식이자 이해력으로 설명할 수 있는, 사람들이 '손끝 감각'(Fingerspitzengefuhl)이라 부르는 특성 또한 여기에 해당한다. 이름과 외모는 다

---

009   그것은 의미 있는 행동이지만, 필자는 '항상'이라고 표기하는 실수에 대해 우려한다.
010   얼스터에서 9년 전쟁을 주도한 아일랜드 지도자. (편집부)
011   초대 웰링턴 공작 아서 웰즐리(Arthur Wellesley, 1st Duke of Wellington) (편집부)

르지만 기동전의 대가들 사이에서는 공통적으로 이런 자질들을 발견할 수 있다.

'즉시 적용', 위대한 전선지휘관을 만드는 세 번째 자질은 분명하고 단호하게, 그리고 무엇보다도 빠르게 생각하고 행동으로 옮기는 능력이다. 기질은 장군에게 필수적인 열성을 불러올 수 있고, 지식은 무엇을 해야 하는가에 대해 확실한 –혹은 초인적인- 통찰력을 제공하지만, 승리하는 기동전의 대가가 되려면 빠르고, 확실하며, 강력한 행동으로 전투를 주도하고 전황을 이끌어야 한다.

루퍼트 공이 성급한 사람이었다는 잘못된 믿음이 퍼져 있지만, 그는 경험 많고 전문적인 지휘관이었다. 루퍼트 공은 잉글랜드 내전 초기에 누구보다 빠르게, 특히 적군이 준비를 갖추기 전에 포윅 다리(Powick Bridge)로 돌격하고, 우세한 적 부대가 전개하거나 누가 자신들을 공격하는지 파악하기 전에 그들에게 돌격하여 적을 패주시켰다. 이런 돌격은 '루퍼트 공이라는 이름을 소름 끼치는 형태로 각인시키는'[012] 행동이었고, 결국 그의 이름은 역사에 남았다.

3세기 후의 인물인 롬멜도 그랬다.

에르빈 롬멜은 슈바벤(Schwaben)에서 태어났다. 슈바벤 공국(Herzogtum Schwaben)은 오래전에 뷔르템베르크 왕국(Königreich Württemberg)에 합병되었고, 이후 슈바벤이라 단어에서 정치적 의미는 옅어지고 단순한 지명의 의미만이 남았다. 다만 슈바벤 사람들을 다른 이웃들과 구분 짓는 뚜렷한 특징은 유지되었다. 슈바벤 사람들은 그들과 이웃한 바이에른(Bayern)사람들처럼 감정적이기보다는 안정 지향적이었고, 완고했으며, 의식적으로 무뚝뚝한 태도를 유지하곤 했다. 또 씀씀이가 꼼꼼하고 알뜰한 경향도 있었다. 뷔르템베르크 왕국 내의 슈바벤 사람들은 충실한 국민이었지만 그들은 자신들을 왕국 내의 다른 어느 지역보다 우월하다고 느꼈다. 또 상식과 분별이 있고 빈틈을 보이지 않는 경향이 있었다. 롬멜은 과시적이고 쇼맨십이 있었으며 신비로운 업적을 이룩했지만 그 자신은 하나부터 열까지 전형적 슈바벤 출신이었다.

에르빈 롬멜이라는 이름을 함께 쓰는 그의 부친은 슈투트가르트에서 동쪽으로 약 80km, 울름(Ulm) 북쪽으로 30km가량 떨어진 뷔르템베르크의 하이덴하임(Heidenheim)에서 교장으로 재직했다. 모친 헬레네 폰 루츠(Helene von Luz, 1940년 세상을 떠났다)는 주지사 행정관(Regierungspräsident)의 딸이었다.

1891년 11월 15일 태어난 에르빈 롬멜은 옅은 머리카락과 푸른 눈을 가진 작고 창백한 아이였다. 어린 롬멜은 종종 공상에 빠지곤 했지만 대체로 침착하고 '유순했다.' 어린

---

012  Clarendon, History of the Rebellion (Clarendon Press, 1888)

시절부터 운동에 대한 흥미는 물론 학구적 취미에도 관심을 보였으며, 청년기부터 수학의 즐거움을 깨닫고 평생 취미로 삼았다. (롬멜의 부친과 조부도 모두 수학을 즐겼다)

롬멜이 군 생활 내내 보여준 체력적 강인함이나 활기는 어린 시절에 거의 드러나지 않았다. 하지만 가족(롬멜에게는 누나 한 명과 남동생 두 명이 있었다)[013]들의 기억에 의하면 어린 롬멜은 누구도 두려워하지 않는 것처럼 보였다고 한다. 그는 청년기에 갑자기 빠르게 성장하기 시작했고 수학 능력과 함께 스키, 자전거, 탐험에 열정적으로 빠져들었다. 독서를 할 때는 언제나 상상력을 불러일으키는 실용서들을 선호했다.

부친 에르빈은 교장으로 임명되기 전까지 군에서 포병 장교로 복무한 경력이 있지만, 이를 제외하면 롬멜 가문에 군사적 전통은 없었다. 아들 에르빈은 기본 시험들을 통과하고 항공기에 대해 공부하기 시작했으며, 프리드리히스하펜(Friedrichshafen)에서 체펠린(Zeppelin) 비행선을 개발하는데 약간의 아이디어를 제안하기도 했다. 하지만 부친은 항공업계 지망에 반대하며 입대를 권했다.

독일은 1871년 프로이센-프랑스 전쟁에 승리한 이후 황제를 추대하고 제국이 되었으며, 독일을 구성하는 여러 왕국들의 독립 군주, 왕, 대공, 공작, 왕자들이 독일 황제로 추대된 프로이센(Preußen)의 왕에게 충성을 맹세했다. 이후 독일의 정치기구들은 통치자들이 아닌 국민들이, 가령 프로이센이나 슐레지엔 출신과 가치관이 상이한 바이에른이나 뷔르템베르크 사람들 사이에 (경제발전이나 국방정책에 필수적인) 공통의 국가관을 형성하면서도 지역 간의 다양성을 조화시키기 위해 노력했다. 이 문제는 현재진행형이며 현대와도 결코 무관하지 않다. 독일 제국 내의 관계를 정립한 1871년의 헌법도 이와 같은 문제의식 하에 제정되었다.

카이저(Kaiser, 독일 제국 황제)가 총사령관을 맡고 나폴레옹 전쟁 당시의 위대한 프로이센 장교인 샤른호르스트(Scharnhorst)와 그나이제나우(Gneisenau), 그리고 프러시아-프랑스 전쟁을 지휘한 가장 저명한 사령관인 대(大)몰트케를 낳은 제국참모본부(Imperial General Staff)가 통제하는 거대한 규모의 제국 육군(Imperial army)은 각 지역에서 병력을 동원한 후 통합 편성하는 형태로 구성되었다. 즉 뷔르템베르크 왕국 출신의 병력이 독일 제국 육군 제13군단을 구성하는 방식이다. 제국군은 이런 방식으로 통일성이 제공하는 모든 (비판자들의 관점에서는 제한적인) 이득을 누리며, 동시에 지역적 다양성의 이점을 함께 누렸다. (물론 비판자들의 관점에서는 결점이었다)

뷔르템베르크인들은 일단 형식상으로는 뷔르템베르크 육군에 입대했으며 뷔르템베

<hr />

013　두 동생 가운데 한 명은 1차 세계대전 당시 파일럿으로 복무하다 심각한 부상을 입었고, 막내는 오페라 가수가 되었다.

르크 왕도 하급 장교들에 대해서는 일정한 임명권을 가졌다. 외국인이 보기에는 다양성과 단일성의 상충 문제가 훌륭하게 해결된 것으로 보였을 것이다. 45세 이사의 남성들은 징병 대상, 일급 예비역, 란트베어(Landwehr) 중 하나로 편성되어 복무하는 '군국'주의적 전통에 편입되었다. 이런 전통은 제국 전체에 공평하게 적용되었다. 따라서 독일 군인들은 고향에 상관없이 모두 함께 근무한다는 권리와 의무를 공유했다. 애향심은 매우 강력했고 때로는 배타적이었지만, 당시에 이미 자부심과 신화와 노래의 대상으로서 조국(Fatherland)이라는 포괄적인 개념이 존재했다. 이 개념은 열심히 가꾸어지고 적절한 토양에서 성장했다.

에르빈 롬멜은 생애 내내 신중하면서도 회의론적 태도를 견지했으며, 사회의 계층적 문제에 대해서도 민감했다. 독일 제국의 장교 직위는 초급의 위관 장교들조차 귀족들의 차지였다는 오해가 널리 퍼져 있지만 실제로는 그렇지 않았다. 세습제로 왕에 대한 충성을 독점하는 옛 프로이센 기사단의 개념은 사회혁명이나 군비 확장에 대한 요구 등 여러 사건들로 인해서 크게 변화했다.

프로이센의 경우 1845년부터 상당한 수의 중산층이 장교단에 유입되었으며 (1890년에는 제국 법령에 의해 보편적 임관 자격이 공인되었다) 뷔르템베르크를 포함한 독일 남부 지방에서는 중산계급의 임관 복무가 매우 오래전부터 당연시되고 있었다. 롬멜이 사관후보생 학교를 졸업하고 연대에 배치된 1912년에는 독일 제국 육군 전체 초급장교 가운데 1/4만이 '귀족'이었고, 귀족으로 구분되는 장교들 가운데 토지를 소유한 세습 귀족 외에 공적이나 법적, 행정적 사유로 귀족 경칭인 '폰(von)'을 하사 받아 '작위'를 얻은 이들이 상당한 비율을 차지하고 있었다. 즉 부계가 중산층 출신인 (모친은 귀족 출신이었다) 롬멜의 임관은 그의 사회적 계급을 벗어나지 않은 셈이다. 따라서 롬멜은 초년기에 사회적 불만을 거의 내비치지 않았다. 임관 당시 장군참모부의 구성원 가운데 최소한 절반이 귀족이었지만[014] 이후 롬멜과 장군참모부 간의 격렬한 분쟁과 당대 제국참모본부 내 귀족들의 영향은 별개의 문제였다.

롬멜에게 보다 직접적인 영향을 미친 변화는 훈련 및 후보생 선발 과정의 개선된 제도 도입이었다. 이런 변화는 타국의 발전과 시대적 요구를 반영한 결과였다. 프로이센은 전통적으로 혈통과 인격을 중시한 반면, 교육은 대체로 경시하거나 무시했다. 그러나 나폴레옹 전쟁이 초래한 군사학과 군사 사상의 혁명으로 인해 모든 것이 바뀌었다. 이런 군 개혁의 여파는 프로이센에도 전해졌다. 그 출발점은 이후 오랫동안 인상적인

---

014 K Demeter, The German Officer Corps in Society and State (Weidenfeld & Nicolson, 1965)에서 철저히 조사했다.

활동을 펼치게 될 장군참모제도였다. 일련의 개혁은 샤른호르스트가 주도했는데[015] 그는 잘 훈련된 지성인을 배제하고 성공적인 전쟁을 치를 수 있다는 주장에 동의하지 않았다. 샤른호르스트는 교육을 이수한 사람을 장교로 선발해야 한다고 여겼으며, 군 개혁을 통해 자신의 구상을 현실화했다.

당연히 반발이 뒤따랐다. 19세기의 프로이센에서는 장교직의 유일한 조건이 '좋은 혈통'과 '인격'이라 여기는 기득권층의 보수파와, 학문적 자질을 갖추고 지속적으로 연구하는 능력이 필요하다고 주장하는 진보파 간의 분쟁이 계속되었다. 타협과 미봉책 사이를 오가는 정책적 번복이 대치 구도를 장기화시켰다. 1897년에는 사관후보생들의 교육이수 여부를 무시하고 양육과정과 의지, 양식 등을 강조해야 한다는 주장이 나와 진보파들을 실망시켰지만, 20세기 초부터 몇 해에 걸쳐 큰 흐름이 바뀌기 시작했다. 롬멜이 군에 입대한 시기에는 신임장교들 가운데 4% 미만의 예외자들만이 임관과정에서 성적증명서를 제출해야 한다는 필수 조건을 면제받았다. 이 예외규정은 명문 출신으로 인격을 갖췄으나 전문적 군사교육은 받지 못한 명문가의 자제들이 입대할 수 있도록 배려한 예외적 조치였다. 물론 인격을 중시하는 보수층이나 지성을 중시하는 진보층 가운데 어느 방향을 따르더라도 임관에 실패하지는 않았을 롬멜에게는 별 관련 없는 일이었다.

임관은 다양한 방식으로 이뤄졌다. 에르빈 롬멜이 임관한 시기에 가장 우수한 간부학교는 서프로이센의 옛 항구인 발트 해 연안의 단치히(Danzig)에 있었는데, 슈바벤에서는 독일 영토를 거의 벗어나지 않고도 이곳까지 여행할 수 있었다. 롬멜이 지망하던 이 사관학교(Kriegsschule)는 제국 산하 기관이었다. 하지만 입학을 위해서는 반드시 뷔르템베르크 육군에 입대할 필요가 있었다. 롬멜은 필수 조건인 학위증명이 있었기 때문에 사관학교 입교허가자인 '아바타저(Avantageur)'로 입대할 자격을 갖췄다. 만일 학위가 없었다면 2년이 아닌 1년만 복무하는 자원자인 '아인예리히 프라이빌리히(Einjährig Freiwillig, 1년 자원자)'로 근무할 자격만을 부여 받았을 것이다. 이 복무 형태에서는 복장과 장비를 개인이 구입해야 하는데, 부친 롬멜이 바로 이 자격으로 복무했다. 하지만 에르빈 롬멜은 임관이라는 목표를 게을리하거나 입대를 포기할 생각이 없었다.

롬멜은 처음에 포병이 되려 했지만, 지역 포병 사령관의 대답은 실망스러웠다. 과거에 평범한 병과 취급을 받았던 포병은 기병 다음가는 선망의 대상으로 올라섰고, 아버지 롬멜은 "당분간 공석이 없을 것(In absehbare Zeit keiner Stelle frei wird)"이라는 답변을 들었

---

015    프러시아 총참모부장 샤른호르스트는 1807년에 나폴레옹의 손에 파괴된 군을 개편하기 위해 프로이센 왕이 개설한 군사 개편 위원회를 담당했다. (편집부)

다. 2지망인 공병도 역시 좌절되었다. 결국, 아들 에르빈은 제26(뷔르템베르크)보병사단 예하 제124 뷔르템베르크 보병연대에 지원했다. 그는 탈장으로 수술을 받기 위해 4개월간 병가를 낸 후 1910년 7월에 사관후보생으로 입대했다. 후보생들은 교육을 받고 장교로 임관하기 전에 자신이 선택한 연대에 근무하며 초급장교의 자질을 입증해야 했다. 사실상 동료 장교가 될 인원들에게 심사를 받게 되는 이 방식은 독일군에서 비교적 최근까지 지속된 관행이었다. 이런 냉엄한 내부 심사는 주류 파벌들이 악용할 여지가 있으며 잘못된 평가를 수정할 수도 없다는 단점이 있지만, 동료들이 전우애와 헌신으로 완전하게 결속된 채 전투에 함께하려면 상호 신뢰가 가장 중요하다는 의미에서 공식, 혹은 비공식적인 형태로 다양한 군대에 남아 있다.

롬멜은 1910년 7월에 사관후보생으로서 연대 근무를 시작했으며 그에게 만족한 연대는 10월에 그를 상병으로, 연말에는 하사로 지명했다. 독일 육군의 사관후보생들은 사관학교에 입교하는 것만으로도 부사관으로서 능력이 있다고 간주하여 직무 수행을 면제받는 영국 해군의 사관후보생과는 달리 형식상 장교의 특권이 일부 주어지지만 병부터 시작하여 부사관의 과정을 거치며 초급 지휘자가 지녀야 할 자질을 확인 받기 때문에 그들의 복무과정은 대체로 초급 장교나 병사들보다 훨씬 힘들다. 롬멜은 이 과정을 1911년 3월에 무사히 마치고서 단치히에 있는 왕립사관학교(Königliche Kriegsschule)에 입교했다.

롬멜은 열심히 공부했다. 그는 학업이 쉽지도 않고 취향에도 맞지 않다는 것을 깨달았지만 실습에서는 점차 능력을 발휘하게 되었으며, 진지하게 임무를 수행하고 성공적으로 모든 과정을 마쳤다. 이 과정을 이수하는 데 1911년 11월 말까지 8개월이 걸렸다. 최종 성적표에 의하면 롬멜은 리더십을 포함한 모든 시험 과목에서 재능을 보였다. 'Führung- Gut!' (리더십-훌륭함!)

그리고 모노클을 끼고 말쑥한 차림을 한 에르빈 롬멜 소위는 1912년에 바인가르텐 (Weingarten)에 주둔하는 제124 연대에 다시 배치되었다.

제국군은 거대하고 근사한, 기계처럼 정교한 조직이었다. 그 구성원들은 뛰어난 규율과 철저함으로 훈련과 교육을 받았으며 외견도 멋져 보였다. 롬멜은 뷔르템베르크 보병 특유의 깃이 선 제복과 뿔 달린 헬멧을 착용하고 찍은, 깔끔하고 간결하며 고상해 보이는 사진을 남겼다. 아마도 그는 현대의 어느 색슨 군인이 같은 나이에 기록한 다음과 같은 회상에 공감했을 것이다.

"2년이 지나 사관으로 임관한 날. 은 사슬로 황동 고지트를 목에 걸고 복도에 발소리를 울리며 걷는 동안 이만큼 아찔한 군사적 명예는 존재하지 않을 것이라고 확신했다. 이것도 군국주의라면 나는 자신의 유죄를 인정하겠다! 통일된 제복이 주는 자부심이나 단결심이라는 단어에는 여전히 가치가 있다!"[016]

독일 제국의 젊은 장교들은 모두 1870년 전쟁에서 승리한, 세계에서 가장 위대한 군대에 소속되었다는 생각과 사회에서 누리는 특권적 지위에 기뻐하고 있었다. 독일 시민 대다수는 거리에서 군복을 입은 장교를 만나면 길을 내줘야 한다고 여겼고, 그 통치자인 카이저는 프로이센의 전통에 따라 입헌군주보다는 최고사령관으로 간주되었으며, 제국 내각에 끼치는 군 지휘부의 영향력도 상당했다. 카이저는 다른 각료들보다 참모총장을 더 자주 만났다. 어느 전임 참모총장은 뻔뻔하게도 독일의 외교정책 수립 과정에 참모총장이 주된 발언권을 가져야 한다고 주장하기도 했다.[017]

이렇게 기묘한 전통을 가진 이 사회 위에 현대적이고 역동적인 산업국가의 모든 특징들이 문명화된 방법을 통해 조직화·법제화되었고, 상업, 사회, 예술, 교육 등 다양한 분야에 걸쳐 유럽에서 가장 우수한 성과들을 이뤄냈다. 그러나 이런 성과들은 튼튼하지만 엉성한 겉치장 같은 프로이센의 역사적 기질에 가려졌다. 타국에서는 국가가 군대를 보유했지만, 프로이센에서는 군이 국가를 보유했다.

금욕적이고 충실하고 원칙적이고 신앙심이 강한 프로이센인의 기질은 제국군에도 그대로 전이되었고 (오직 바이에른 출신 부대들만이 예외였다) 독일 제국을 구성하는 많은 왕국들로 퍼져 나갔다. 20세기 이후에는 그런 사회의 모습이 어느 정도 감춰졌을 수도 있지만, 롬멜은 분명 '전사의 사회'(Warrior society)에서 성장했다. 프로이센에서는 귀족과 장교단이 '왕국의 제1계급'으로 지정되었다. 그리고 사회의 규모가 확장되던 당시 제국에서는 어디서나 예비역 장교가 되면 전사 사회에서 전사를 찬양하던 관습을 모방하여 과장된 경의를 표하는 경향이 있었다. 이런 군국주의적 성향의 근본적인 필요성에 대해서 의심하는 사람은 거의 없었다. 제국군은 거대한 조직이었으며, 거대하지 않다고 보는 이들의 기준으로도 동원 후에는 거대해질 조직이었다. 그러나 독일을 동서로 포위하는 주변국 러시아나 프랑스의 군대에 비하면 작은 규모였다. 프랑스와 러시아의 동맹관계는 3국 동맹의 입장에서는 가상적국(관점에 따라서 공격적이거나 방어적인)으로 간주되었다.

016  저자의 글.
017  Field Marshal Count Waldersee. G.A. Craig, The Politics of the Prussian Army (Clarendon Press, 1955)

3국 동맹은 과거 양국동맹 회원이었던 독일과 오스트리아-헝가리(Austria-Hungary) 제국을 주축으로 거기에 다소 신뢰할 수 없는 이탈리아가 합류한 체제였다. 1912년 독일은 러시아 총참모부가 수년 전에 독일을 상대로 80만 명의 병력을 집중하고 동원 명령 15일 차에 공세를 개시할 계획을 세웠다는 구체적인 결론에 도달했다. 전쟁이 일어나면 프랑스가 알자스(Alsace)에서 공세를 실시할 예정이라는 세부 계획도 독일 총참모부에게는 비밀이 아니었다. 양면에 적을 둔 독일의 입장에서는 군대만이 유럽에서 국가의 안녕을 보장할 수 있는 보험이었다. 독일은 자국의 영토가 외부 열강의 전쟁터가 되거나, 외국 군대가 독일의 영토에서 행군하고 싸우고 파괴한 기억을 가지고 있었다. 40여 년 전인 1866년에 독일민족의 주도권을 잡은 것은 오스트리아가 아닌 프로이센이었고, 그들은 이어진 보불전쟁에서 프랑스를 결정적으로 패배시키며 서쪽 국경을 확보하고 알자스와 로렌(Lorraine)을 독일의 영토나 점령지로 흡수하여 독일 제국을 수립했다. 제국을 보호하는 주역은 제국군이었다.

롬멜이 임관한 지 2년이 지난 시점에서, 제국군의 전투력이 시험대에 오를 가능성이 점차 상승하고 있었다. 당시나 이후의 독일인들은 독일의 침략 성향에 대한 비난에 맞서 1871년 이후 독일이 평화를 유지한 반면 영국(4회)이나 러시아(2회) 등은 빈번히 전쟁을 치렀다고 반박할지도 모른다 -그리고 이런 견해에는 정당성이 없지는 않다. 독일인들은 다른 국가들에 둘러싸여 있는 자신들의 상황이 위험하다고 주장하고 또 그렇게 믿었을 것이다. 동쪽으로 국경을 맞댄 러시아는 정치체계가 근본적으로 불안했으며 항상 모험적 대외정책을 시도하려 드는 국가였다. 그리고 러시아는 발칸(Balkan) 반도에서 골치 아픈 위성 국가들을 거느리고 있었는데, 이 국가들은 터키의 통치를 받던 기억을 지우고 막 기지개를 켜는 중이었다. 발칸 반도와 동떨어진 독일의 입장에서 그 가운데 가장 위협적인 국가는 세르비아(Serbia)였다.

세르비아는 1878년에 완전히 독립한 소국으로, 자신들의 지위 강화를 열망하고 있었다. 세르비아의 북쪽과 서쪽은 오스트리아-헝가리 제국의 영역이었고 일부 지역에 슬라브인이 거주하고 있었다. 세르비아인들은 빈(Wien)의 통치를 받은 튜튼(Teuton)인이나 마자르(Magyar)인, 그리고 이들 중 일부, 특히 1908년에야 공식적으로 오스트리아에 합병된 보스니아-헤르체고비나(Bosnia and Herzegovina)인들에 비해 슬라브인이 자신들과 더 가까운 혈통이라고 여겼다. (오스트리아는 터키의 제안[018] 이후 오랫동안 보스니아-헤르체고비나를 관리하고 있었다) 오스트리아-헝가리 제국의 입장에서 세르비아는 성가신 불평분자이자 제국

---

018    1878년 베를린 회의에 합의되었다.

의 영역에서 일부 반체제 집단들을 선동해 전복을 노리는 국제적인 조직폭력배나 다름 없었다. 하지만 이 폭력배들의 배후에는 이들을 통제하고 음모를 꾸미는 것이 분명하다고 여겨지던 러시아가 있었다. 바로 이 점이 오스트리아-헝가리의 우려를 낳았고, 베를린 역시 이 문제를 심각하게 우려했다. 그리고 독일 제국은 방종한 언행으로 전 유럽을 불안에 떨게 한 자들로부터 동맹국(1879년에 공식적으로 양국동맹을 결성했다)인 오스트리아를 지원하겠다고 한 번 이상 발표했다. 1909년에 참모총장 소(小)몰트케는 빈에서 만약 러시아가 동원을 실시한다면 독일도 그렇게 할 것이라고 확언했다. 이는 '우리에게 발칸 문제는 어떤 경우에도 전쟁의 동기가 될 수 없다.'고 선언한 비스마르크와는 상반된 입장이었다.

러시아군은 매우 거대했지만, 생각만큼 효율적이지는 않다고 여겨졌다. 병사와 연대들이 이동해야 하는 거리가 매우 길기 때문에, 동원을 하더라도 시간이 걸릴 것이 분명했다. 하지만 서부에는 1870년까지는 확실히 유럽 최고의 지상군으로 여겨지던 프랑스군이 있었다. 프랑스군은 여전히 위대한 나폴레옹의 정신에 고취되어 있었고, 독일인들도 프랑스가 복수를, 즉 1870년 보불전쟁의 복수, 스당(Sedan)의 설욕, 상실한 영토인 알자스-로렌의 회복을 원한다고 생각했다. (다만 알자스의 경우 독일의 언어와 전통을 가진 독일계 주민들이 거주하는 지역이었다) 독일의 국경 밖에는 사방이 위협이었고, 국경 안에는 침착한 겉모습 안으로 놀라우리만치 변덕스러운 성정을 품은 불안정한 주민들이 거주하고 있었다. 당시의 롬멜은 독일의 가장 중요한 동맹이었던 오스트리아-헝가리 제국군 가운데 일부가 빈에 대한 불만이나 갈등요소를 안고 있어 신뢰할 수 없다는 우려 섞인 소문을 들었을 법하다. 독일의 안보는 실로 취약했다.

그것만이 전부가 아니었다. 20세기의 첫 10여 년까지 지속적으로 영향을 미친 '아프리카 분할(Scramble for Africa)'이 계속되고 있었다. 이 기간에 유럽 열강들은 아프리카의 미개발 지역에서 식민지, 보호령, 사용권을 차지했으며, 각국들은 서로를 주시하고 지원하거나 앞지르며 상대국을 좌절시키곤 했다. 이 무대에 다소 늦게 참가한 독일은 열정적으로 경쟁에 참여했고 그 과정에서 프랑스 및 영국과의 마찰이 일촉즉발의 상황에 이르렀다. 독일인의 관점에서 다른 나라들의 대응은 악의적이거나 위선적이었다. 뿌리 깊은 반 독일 정서에서 출발한 프랑스의 행동은 악의적 반응에, 언제나 자국의 보다 심각한 문제는 무시하고 독일을 비난하던 영국의 행동은 위선적 대응에 속했다.

아프리카는 본토와의 거리가 멀고 상업적 잠재력에 그 가치가 있기 때문에 식민지 경쟁에서 해양의 비중이 크게 상승했다. 19세기에는 트라팔가(Trafalgar) 전투의 여운을 즐기던 영국이 해상을 지배했지만, 19세기 이후에는 그 주도권에 도전하는 세력들이 나오기 시작했다. 그 선두주자가 독일이었다. 카이저 빌헬름(Wilhelm) II세는 전략 연구에 매진했으며 제해권의 신봉자 가운데 한 명이었다. 그는 독일 제국이 유럽과 세계에서 그 지위를 확보하기 위해, 즉 국경을 넓히고 해외의 재산을 방어하고 자원과 원료의 수급을 보장하고 어떤 세력도 독일의 국익을 침탈하지 못하게 하며 평화와 번영을 누리려면 독일이 일류 해군을 육성해야 한다고 확신했다. 독일 정부는 북해와 발트 해 연안에 속한 왕국들의 지지 하에 대규모 건함 정책에 착수했다. 이 계획의 목표는 영국과 그 동맹국들에게 제압당하지 않을 대해함대 건설이었다. 독일의 함대는 영국의 피트(Pitt) 수상이 나폴레옹의 목을 졸랐듯이 만약 영국이 적으로 돌아설 경우 그들이 대륙 본토의 목을 조르지 못하도록 막기 위해 조직되었다.

같은 시기에 여러 복합적인 이유로 인해 독일에서는 영국에 대한 불신과 반감이 폭넓게 퍼져나갔고 반대편인 영국에서도 해군력을 강화하는 카이저의 야망에 대한 불안감이 자연스럽게 확산되었다. 독일 육군 총참모부는 1906년부터 런던과 파리의 참모부 간에 우호적인 대화가 오가고 있음을 확인했는데, 그 전인 1904년에 영국과 프랑스 간에 '영국-프랑스 협약(Entente Cordiale)'이 체결된 상태였다. 대륙 전쟁이 발발할 경우 영국이 반드시 참전한다는 약속은 아니었지만, 장기간 지속된 양국 간의 우호 관계가 진전되었음은 분명했다. 영국은 과거 수백 년 동안 많은 전쟁에서 프로이센의 우방이었지만, 당시 독일에게는 적국 중 하나로 여겨질 수 있었다.

이런 상황에 직면한 독일은 자신들이 포위당했고, 오해를 받고 있으며, 매우 심각한 위협에 노출되었다고 느꼈다. 독일은 낙후한 발칸반도의 사회를 착취하고 있는 러시아의 충동적 성향이나 복수를 원하는 프랑스 내의 영토수복론, 그리고 한 걸음 떨어져 있지만 무시할 수 없는 독일에 영국의 대한 시기심 등의 위협에 직면했다고 여겼다. 이런 문제들은 서쪽으로는 라인 강에서 동쪽으로는 비스와(Wisła) 강까지, 혹은 영국해협 건너편까지 늘어서 있었다. 반대로 경계 건너편에서는 독일의 대외정책을 잔인한 모험주의로 여겼다. 독일의 규모와 국력, 카이저의 악명 높은 변덕, 그리고 뻔뻔스러운 군국주의적 철학 채택 등은 모두 유럽 평화를 위협하는 요소로 받아들여졌다.

당시의 유럽은 어떤 관점으로 보더라도 분쟁의 요소들이 산적한 상황이었다. 롬멜이 단치히에서 사관후보생으로 복무하던 무렵 프랑스는 모로코(Morocco)를 점령했고, 이는 지난 수년간 질투 섞인 시선으로 프랑스의 북아프리카 방면 확장정책을 주시하고 있었다. 이런 반감의 연장선상에서 독일은 1911년에 전투함 한 척을 아가디르(Agadir)로 파견했다. 영국은 자신들이 이전부터 같은 수법을 즐겨 사용했음에도 독일의 행동에 분노했고, 런던은 강경한 외교적 대응으로 맞섰다. 사건이 일어나기 몇 년 전만 해도 영국이 독일에게 프랑스가 진출하기 전 북아프리카의 주도권을 장악하라고 제안한 적이 있었음을 고려하면 이런 대응은 분명 모순적이었지만, 상황은 과거와 크게 달라져 있었다.

롬멜이 자신의 연대로 복귀한 첫해인 1912년에 프랑스는 러시아에게 전쟁이 발발한다면 어떤 상황에서도 군사적 지원을 이행할 것을 약속했다. 발칸반도에서는 세르비아가 문제를 일으켰다. 아마도 그 일대에서는 언젠가 군대가 할 일이 발생할 것 같았다. 몰트케는 1912년 12월의 한 보고서를 통해 베를린 측의 시각을 종합했다. 그는 3국동맹이 방어적인 연합이라고 정의했다. 러시아에게는 유럽 슬라브계의 주도권을 쥔 뒤 오스트리아를 물리치고 아드리아 해(Adriatic) 방면의 출구를 확보하려는 야심이 있었다. 프랑스는 독일에 대한 복수와 전쟁으로 잃어버린 영토의 회복을 원했다. 영국은 '독일 해군력의 악몽'에서 벗어나기를 바랐다. 독일은 단지 스스로를 방어하기를 원했지만 전략적 방어를 위해 방어적 공세가 필요했고, 이는 지리적 위치와 상대적 전력이라는 두 가지 조건에 따른 불가피한 요구였다.[019]

독일 육군 총참모부는 이런 국제적 긴장 속에서 꾸준히 작전계획과 기동계획을 개발했다. 프랑스와 러시아 양면으로 적을 상대해야 하는 경우, 한쪽 전선에 주력을 집중시켜 전선을 안정화시킨 후 다른 방면으로 주력을 옮겨 상대하는 것이 독일의 전략이었다. 첫 주공이 집중될 방향은 러시아에 비해 동원 속도가 빠를 것이 분명한 프랑스 방면으로 설정되었다. 그리고 전임 참모총장 슐리펜 백작의 구상한, 우익이 벨기에 방면으로 크게 우회하여 도버 해협을 따라 질주하는 이 서부 공격 계획에 투입될 35개 군단에는 제국 육군의 제13(뷔르템부르크)군단 또한 포함되어 있었다.[020]

슐리펜 총장은 1906년에 퇴임했다. 그는 임종 직전의 마지막 수년을 이 원대한 작전 개념을 구상하는 노력에 투자했고, 1912년 임종 직전에도 이런 말을 남겼다. "우익을 강화하라."

---

019  Ludendorff, The General Staff and its Problems (Hutchinson, 1920)

020  슐리펜 계획(Schlieffen Plan)은 서부에서의 즉각적인 공세를 강조하는데, 이는 기존의 관념에서 벗어난 발상이었다. 대몰트케는 라인 강 장애물과 1870년에 획득한 영토로 인해 독일이 실제로는 목표였던 서부에서 방어를 하는 동안 동부에서 공세를 취할 수 있을 것이라 보았다. 정치를 이해했던 몰트케는 서부의 공세는 벨기에의 협조를 받거나 아니면 그 나라의 중립을 침해해야 하고 이는 정치적 위험이 큰 전략이 된다는 것을 알았다. 1892년부터 슐리펜이 이 모든 것을 바꾸었다.

# 제2장 매의 습격

롬멜이 단치히의 사관후보생 학교에 있을 때 놀라운 사건이 하나 있었다. 사랑에 빠진 것이다. 그 자체는 매우 자연스러운 일이지만 그가 인생의 마지막 날이 올 때까지 함께 할 여인과의 사랑이라는 면에서 특별했다. 루시 몰린(Lucy Mollin)은 검은 머리의 아름다운 여성으로 폴란드와 이탈리아 혈통의 서프로이센 지주 가문의 딸이었고 당시 단치히에서 어학을 공부하고 있었다. 가톨릭 신자인 그녀는 개신교 신자와 결혼한다면 교회의 비난을 받을 입장이었고, 롬멜은 개신교도였다. 그럼에도 그녀는 그를 받아들였다.

롬멜의 개인적으로도, 직업적으로도 본질적으로 성실했다. 그는 성실함을 다른 무엇보다 중요시했고 무책임과 변덕, 배신을 싫어했다. 루시는 그의 부인이었을 뿐만 아니라 그가 30년간 전적으로 신뢰한 충실하고 의지가 강한 동료이자 친구였고, 상당한 유머 감각도 지니고 있었다. 그들은 전쟁 중인 1916년 11월에 결혼했지만, 단치히 시절에 간단한 약혼식을 치렀다. 롬멜은 부인과 떨어져 있을 때면 그녀에게 매일, 혹은 전황이 허락하는 한 거의 매일 편지를 썼다. 전장에서 '당신의 에르빈(Dein Erwin)'으로부터 '나의 사랑하는 루(Meine liebste Lu)'에게 서둘러 쓴 메모들을 보면 그가 편지를 쓰던 순간에 무엇을 가장 중요하게 생각하고 있었는지 알아볼 수 있다.

롬멜은 직업 이외에는 관심이 많지 않았다. 롬멜은 스키를 포함해 몸을 사용하는 스포츠를 즐겼고 항상 능동적이며 호기심이 많았지만, 마음은 군 생활과 가족에게 전념했다. 가족은 확실한 위안처였고 충성과 사랑의 바탕이 되어주었으며 그를 결코 실망시키지 않았다. 그의 성격은 전적으로 헌신적이고, 성실하고, 솔직했다.

1914년 여름에 롬멜은 울름에 있는 제49야전포병연대에 배속되어 포대의 소대장으로 군 경력을 쌓았다. 이 연대는 공교롭게도 연대장이 롬멜의 부친에게 아들 롬멜의 포병 지원을 거절하는 짤막한 서신을 보낸 곳이었다. 자대인 바인가르텐의 제124보병연대(제6뷔르템베르커 연대)에 처음 배치된 이후 1914년 여름까지, 롬멜은 정해진 기간 복무하고 복무기간을 채우면 소집이 해제되어 고향으로 돌아가는 신병들을 끝없이 훈련시키는데 시간을 쏟았다. 롬멜에게 있어 포병부대는 만족스럽고 유익한 교환 근무지였지만 그의 파견은 갑자기 중단되었다.

당시 독일 국민들은 오스트리아와의 동맹이 타당하다고 여겼다. 모든 독일인들은 오스트리아-헝가리의 분할이나 패배를 막는 것을 독일에게 있어 중대한 과제라고 생각했다. 나약해진 오스만(Ottoman) 제국이 러시아에 의해 밀려나며 오스트리아-헝가리가 위기에 노출되었다는 논리에 근거한 판단이었다. 그리고 러시아가 야욕을 드러낸다면 – 적어도 초기에 한해서는 발칸 반도에서 러시아의 대리자 노릇을 하던 세르비아가 움직일 가능성이 크다고 생각했다. 세르비아는 오스트리아의 보스니아-헤르체고비나 합병과 전혀 조화될 수 없었다. 오스트리아-헝가리 제국의 황태자인 프란츠 페르디난트(Franz-Ferdinand) 대공이 1914년 6월 28일에 보스니아 수도인 사라예보(Sarajevo)를 방문하던 중 황태자비와 함께 암살당했는데, 이 사건은 세르비아의 요구에 맞선 오스트리아의 강경한 태도에서 촉발되었다. 사건의 범인은 빈으로부터 독립하고 세르비아에 편입되어 유고-슬라브(Yugo-Slav) 정부를 신설하려던 '민족주의자'들이었다. 이 사건이 벌어지자 오스트리아-헝가리는 세르비아가 독립국으로서 존속하기를 원한다면 받아들이기 어려운 복잡한 요구사항들을 최후통첩으로 보냈다. 그간 세르비아를 완전히 처리할 기회를 기다려 온 빈의 입장에서는 분명한 호기였다.

이 사건은 길게 늘어진 도화선에 불을 붙인 것이나 다름없었는데, 이미 제국 내 튜튼계나 마자르계 민족들은 세르비아와 전쟁이 일어난다면 적극적으로 지원할 의사를 보였고, 이는 작지 않은 요인으로 작용했다. 오스트리아는 7월 23일에 최후통첩을 발표하고 48시간 내 응답을 요구했다. 다음 날 독일은 러시아, 프랑스, 영국에게 베를린의 관점에서는 오스트리아의 요구가 전적으로 타당해 보인다고 통지했다. 이는 사실상 독일이 오스트리아-헝가리 측에 가담하겠다는 통지나 다름없었다. 세르비아는 오스트리아의 요구 중 두 가지를 제외하고 모든 조건을 수락했지만 일련의 문제들은 이미 그들의 손을 떠나 스스로 굴러가고 있었다.

전쟁 발발의 원인에 대한 심층 분석은 에르빈 롬멜 소위의 이야기와는 거의 관련이 없다. 그에게, 그리고 그와 같은 세대의 모든 독일, 러시아, 프랑스, 영국의 젊은이들에게 큰 영향을 미친 이 사건들은 미처 막을 틈도 없이 급속히 확산되었다. 당시 주요 이해당사자들, 즉 늙은 오스트리아 황제 프란츠 요제프(Franz Josef), 러시아 차르(Tzar), 독일 카이저, 심지어 독일 육군 총참모부도 악화되는 상황에 대해 경고하거나 항의했다는 기록이 있지만, 동원과 이동 계획을 우선시해야 한다는 무서운 논리가 경고보다 우선시 되었다. 적국보다 결정적인 단계에 도달하는데 하루나 이틀만 뒤처져도 승리와 패배가 뒤바뀔 수 있었기 때문이다. 이런 이유로, 그리고 사건의 진행을 바라보며 분노하다 끝내 폭발한 독일, 오스트리아-헝가리, 러시아, 프랑스, 영국, 세르비아의 여론 등 그 밖의 여러 이유들로 인해 사태는 무섭게 흘러갔다. 최후통첩에 대한 세르비아의 회신이 7월 25일 저녁까지 빈에 도착했지만, 오스트리아-헝가리는 이를 받아들이지 않고 7월 28일 아침에 전쟁을 선포했다. 러시아는 그에 앞서 동원을 결정하고 있었지만, 주로 차르의 간섭으로 인해 7월 30일 오후까지 러시아군에 총동원령을 하달하지는 않았다.

이 시점에서 대규모 전쟁을 피할 방법은 없었다. 독일에서는 오스트리아-세르비아의 분쟁이 러시아를 직접 위협하지 않는다는 인식이 퍼져 있었지만, 러시아가 총동원령을 내리자 독일도 즉각 동원령으로 대응해야 했다. 빈도 동원을 하지 않을 수 없었고, 다음 날인 7월 31일 오후 1시 45분, 오스트리아에서도 동원령이 선포되었다. 그날 아침 롬멜은 포대와 함께 울름을 지나 승마 행군을 하고 있었다. 포대는 야외훈련을 마치고 주둔지로 복귀했고 연대 군악대가 행렬의 선두에 섰다. 그날 오후 동원 명령이 도착했고, 롬멜은 저녁까지 바인가르텐의 제124보병연대로 복귀했다.

독일은 러시아의 동원령에 맞서 8월 1일에 러시아에게 전쟁을 선포했다. 프랑스도 프랑스-러시아 조약의 합의에 따라, 그리고 독일의 동원령을 의식해 8월 1일에 동원령을 내렸고, 8월 3일에는 독일이 프랑스에 전쟁을 선포했다. 아직 움직일 말이 하나 남았다. 슐리펜 계획(Schlieffen Plan)에서는 항상 독일의 우익이 벨기에로 우회해 거쳐 자유롭게 기동할 것을 요구했기 때문에(초기 계획에서는 네덜란드를 통과할 예정이었다), 독일은 벨기에에게 프랑스에 대한 선전포고 하루 전인 8월 2일 저녁에 영토 통과를 요구했다. 영국을 포함한 유럽 강대국들은 1839년의 조약 이후 벨기에의 중립을 보장해 왔기 때문에, 벨기에는 독일의 요구를 거절했다. 이에 독일 제국 육군은 지난 10년간 꼼꼼하게 계획한 경로와 시간표를 따라서 8월 4일 진군을 개시했다. 벨기에의 저항은 독일군과 접촉이 시작되자 즉시 무너졌다.

개전 초기 영국의 참전 여부는 불확실했으며 내각은 찬반으로 양분되었다. 당시 한 신문 광고판에는 짤막한 논평이 실렸다. "세르비아는 될 대로 되라지(To Hell with Serbia)"

그러나 독일의 벨기에 침공은 영국이 인내할 수 있는 범주를 넘어섰다. 영국은 독일에게 벨기에의 중립을 침해하지 않겠다는 보장을 받으려 했지만, 이 시도는 거부당했다. 슐리펜 계획은 군사적으로는 필요했을지 몰라도 정치적으로는 재난이었다. 그때까지 선택을 주저하던 영국은 같은 날인 8월 4일 밤 11시, 독일 시각으로는 자정에 독일에 전쟁을 선포했다. 다음날 저녁에 롬멜은 열차를 타고 서부전선으로 이동하기 시작했다. 제124보병연대의 선발대들이 그보다 며칠 앞서 출발했는데, 이후 그들이 입은 녹회색 제복은 30년 동안 유럽인들에게 매우 익숙한 존재가 되었다.

슐리펜은 프랑스가 독일보다 먼저 벨기에로 진입하도록 유도하여, 저지대 국가들에 대한 독일의 침공이 초래할 국제적 비난과 영국의 개입을 회피하는 방안을 제안했었다. 그는 독일군이 대규모 병력을 아르덴(Ardennes)의 맞은편에 집결시키면 프랑스 사령부가 프랑스 영토 전방에서 방어에 유리한 위치를 선점하기 위해 남부 벨기에로 진입하는 상황을 상정했다. 그 경우 독일에게 벨기에를 침공할 구실이 생기며, 이는 벨기에 방면을 우회하는 그의 계획에도 실질적 도움이 될 수 있었다. 슐리펜은 항상 대(大)포위를 통한 결정적 전투(Entscheidungsschlacht)를 꿈꿨다. 그의 계획에 의하면 중부에서 프랑스의 전진을 효과적으로 유도할수록 우익 포위의 효과는 극대화된다. 그동안 동부전선은 방어 태세를 유지해야 했다.

그러나 프랑스는 독일군이 중점(Schwerpunkt)으로 설정한 곳보다 남쪽의 프랑스-독일 국경 지역, 다시 말해 자르(Saar)와 로렌 방면으로 집중 공세를 가하는 제17호 계획을 준비해두고 있었다. 독일의 의도를 잘 파악하고 있던 프랑스군은 독일군 병력이 벨기에 건너편이나 마스트리히트(Maastricht) 돌출부에 집결되는 징후를 포착할 경우 벨기에 방면으로 진출할 계획도 수립했지만[021] 국제적 여론과 영국의 입장 전환에 대한 우려로 인해 이 방안을 포기했다. 그 결과 슐리펜의 희망은 실현되지 않았다. 프랑스가 공세 목표에서 벨기에를 제외한 반면, 독일은 슐리펜 계획의 개념을 따르면서도 우익을 약화시키는 치명적인 실수[022]를 저질렀다. 그 결과 독일군 우익인 폰 클루크(von Kluck)의 제1군은 지나치게 이른 시점에서 안쪽으로 방향을 전환하며(아마도 불가피했을 것이다) 전황을 크게 악화시켰고, 이에 맞선 영국-프랑스 연합군이 독일군 우익의 측면에서 성공적으로 대응기동을 실시하면서 마른(Marne) 전투가 시작되었다.

롬멜은 이 드라마의 서막에서 맡은 작은 역할을 최대한 열성적으로 수행하기 위해 노력했다. 폰 파베크(von Fabeck) 장군의 제13(뷔르템베르크)군단에 소속된 롬멜의 연대는 제국 황태자가 지휘하는 독일 제5군 소속이었다. 대우회기동의 회전축을 형성한 제5군은 메

---

021   우울한 이야기지만, 25년 후 실행된 기동과 매우 유사하다.
022   슐리펜의 개념에서는 벨기에로 진격하는 우익이 좌익에 비해 7배 가량 강했고, 동원 후 31일 후인 8월 31일까지 아브빌에 도달하고 솜강 어귀에서 영국해협을 지나도록 계획되어 있었다. 독일군의 계획은 다른 나라들과 같이 단기전을 예상했었다.

스(Metz) 북쪽과 룩셈부르크(Luxembourg) 남쪽 지역인 남부 아르덴을 담당했다. 이곳에 배치된 독일군의 역할은 프랑스군과 접촉해서 그들을 고착하는 것이었고 그동안 남쪽, 즉 메스와 낭시(Nancy) 선의 동쪽에서는 바이에른의 루프레히트(Rupprecht) 왕세자가 지휘하는 독일 제6군이 슐리펜의 작전에 따라 강력한 독일군 우익이 대규모 기동을 완료했을 때 거대한 포위망을 완성하기 위한 사전 작업으로 프랑스군의 공격에 맞서다 철수하여 적을 '함정'으로 유인할 계획이었다.

제17호 계획에 따라 프랑스 제1군과 제2군이 로렌으로 전진했다. 하지만 이들의 공격은 낭시와 메스 동쪽의 자르부르(Sarrebourg), 그리고 모랑주(Morhange)에서 독일 제6군의 방어에 의해 분쇄되었다. 방어에 성공하고 프랑스군에 막대한 사상자가 발생하자 루프레히트 왕자는 기존의 철수 및 유인 방침을 공세로 전환하고 진격해서 모젤(Moselle) 강을 도하하도록 계획을 변경해줄 것을 요청했다. 몰트케는 이를 묵인했고 이로 인해 슐리펜의 작전 개념은 더 희석되었으며, 이미 약화된 우익이 조기에 중앙과 좌익의 증원을 받을 가능성이 사라지면서 교착 상태를 피하기는 더욱 어려워졌다. 한편 독일 제5군과 제6군은 8월 20일 이후 며칠에 걸쳐 공격에 나섰다. 이제 슐리펜 계획은 수정이나 보완의 영역을 넘어 기본 구도부터 어긋났고, 독일군은 전선의 어느 지점에서도 충분한 우세를 확보하지 못한 채 모든 전선에서 공세적 기동을 시도하게 되었다.

당시 전쟁의 원칙들을 무시하여 초래된 쓰라린 결과는 이후 롬멜이 상급자가 된 시점에서 그의 의식에 작용했음이 틀림없다. 그는 전쟁이 끝난 후 사후 평가와 연구를 통해 이 거대한 전쟁의 교훈을 고찰할 시간을 가졌다. 1차대전에는 많은 역사적 교훈들이 있었다. '손바닥이 아닌 주먹으로 쳐라', '모든 것을 방어하려는 자는 어느 것도 방어하지 못한다', '전체 병력 규모의 우열이 아닌 결정적인 지점의 전력 우열을 생각하라'와 같은 교훈들이다. 총참모부의 일원이었던 적은 없지만, 독학으로 일류 군사 이론가이자 저자가 된 롬멜이라면 소규모의 전술적 지휘에 몰두했던 것 못지않게 1914년의 상황에서도 큰 교훈들을 얻었을 것이다. 다만 당시의 롬멜은 당면한 문제 외에는 거의 아는 것이 없는 초급장교였다.

롬멜은 벨기에와 프랑스의 국경 지역에 있는 롱위(Longwy) 부근에서 처음 적과 조우했다. 이 전투는 양측이 서로를 향해 전진하다 급히 사격 진지를 설정하고, 연대들이 줄지어 전방으로 진출하고, 야포들은 비교적 좁은 영역에서 급히 전후로 이동하는 구도로 진행되었다. 에르빈 롬멜은 정찰 및 연락 임무로 거의 24시간을 도보 및 승마로 행군한 이후 완전히 지쳐 있을 때 처음으로 적의 사격을 받았다. 그는 항상 육체적인 체력과

지도 1. 1914-1918년의 서부전선

정신적 인내를 요구했지만, 타인에게 요구하는 것 이상으로 자신을 몰아붙였다. 롬멜은 병사들을 지구력의 한계까지, 혹은 그 이상으로 밀어붙이는 상황에서 지휘관이 취하는 행동의 영향력이라는 인간적 요소를 절대 무시하지 않았다. 롬멜은 굳센 지휘관이었다. 하지만 그는 군사 지도의 화살표가 지시하는 지점에 인간이 있다는 것을 느끼지 못하고 무의식적으로-혹은 기계적으로 지도에 부대 이동을 화살표로 기입하는 성향의 지휘관과는 반대편에 위치한 사람이었다.

때는 1914년 8월 22일이었다. 롬멜의 대대는 8월 2일에 바인가르텐에 있는 평시 주둔지를 떠나 열차 편으로 룩스바일러(Ruxweiler, 프랑스 지명 Rucksler)까지 이동했다. 당시 롬멜은 제124보병연대 2대대의 소대장이었다. 각각 4개의 중대로 구성된 3개 대대 편제의 연대는 예비군으로 증편된 부대를 위해 짧은 시간 강도 높은 훈련을 실시한 후 8월 18일에 북쪽으로 행군을 시작하여 같은 날 룩셈부르크 국경을 넘었다. 그리고 '슐리펜 포위망'의 안쪽 측면에서 황태자가 지휘하는 제5군의 일부로 남서쪽을 향해 선회해 벨기에로 진군한 후 프랑스 국경을 넘어 뫼즈(Meuse)를 향해 행군했다. 3일간 강행군을 한 후 대대는 8월 21일을 휴식일로 잡았지만 롬멜만은 예외였다. 롬멜은 5명의 병력을 인솔해 전방에서 적군의 위치를 파악하는 수색정찰 임무를 부여받았다.

그는 (부정적인 내용의) 보고서를 작성했고, 연대장은 즉시 롬멜에게 다른 임무를 부여했다. 연대장은 활기차고 영리한 이 젊은 장교를 지나칠 정도로 활용했다. 롬멜은 자신의 2대대의 인접 대대인 1대대와 접촉하여 철수 명령을 전달하고 대대를 인솔해오라는 명령을 받았다. 하지만 1대대장은 자신의 대대가 임시 여단의 지휘 아래 놓여 있으며 자신에게 명령을 이행할 권한이 없다고 설명했다. (독일군은 종종 상설 편제가 아닌 특수 임무를 위한 여단을 편성했으며 이를 구성하는 대대들은 명령에 따라 개별 연대들로부터 차출되었다) 23세의 롬멜 소위가 문제의 여단을 지휘하는 장군을 찾아가자 장군은 제124연대 1대대를 내줄 수 없다고 퉁명스럽게 말했다. 1대대는 연대장의 명령을 따를 수 없게 된 것이다.

롬멜이 완전히 지친 채 귀대해서 상급자들의 소동을 보고하자, 즉시 갈등 중인 두 지휘관의 상관을 찾아가 결정을 요청하라는 명령이 내려졌다. 롬멜이 직속 상관인 폰 모저(von Moser) 장군을 찾아가 상황을 설명하자 장군은 노발대발하며 제124연대가 원하던 결정, 즉 1대대가 8월 22일 일출까지 원대로 복귀하라는 지시를 내려주었다. 롬멜은 상황을 해결하기까지 12시간은 걸리는 왕복 이동을 대부분 야간에 수행했고, 휴식일이었던 8월 21일에도 24시간 동안 쉬지 않고 승마 또는 도보로 정찰 임무를 수행했다.

그리고 8월 22일 롬멜의 소대는 다시 대대의 선두에 섰다. 연대는 다른 3개 연대와 함께 횡대를 구성해 블레(Bleid)라는 마을로 진군하고 있었다. 전진 도중 전방으로부터 산발적인 사격을 받게 된 롬멜과 소대원들은 감자밭에 엎드려 은폐했다. 사상자는 없었지만 적도 보이지 않았다. 소대는 일어나 안개 속에서 블레의 첫 지붕이 보일 때까지 한두 차례 더 전진했다. 블레의 외곽에서 롬멜은 눈에 띄는 농장 건물을 몇 채 발견했고, 소대원 대부분을 정위치에 남겨둔 채 소대원 3명과 함께 조심스럽게 전진했다. 그는 적이 점유한 흔적이 없는 가장 가까운 건물 뒤로 접근해 몸을 숨긴 후 모퉁이 옆으로 머리를 내밀고 주변을 살폈다. 모퉁이 너머에는 15~20명의 프랑스 병사들이 길 위에서 경계심을 늦춘 채 커피를 마시고 있었다. 롬멜은 자만하거나 허세를 부리지 않고 이 상황에 대응한 과정을 간결하게 기술했다. '소대를 불러올 것인가? 아니다. 순간적으로 결심했다. 함께 온 대원들만으로 대처할 수 있을 것 같았다.' 그는 건물 뒤에 숨어서 부하들에게 행동을 지시했고, 그들은 지시에 따라 안전장치를 풀고 엄폐물에서 뛰쳐나가 그대로 사격을 개시했다. 롬멜이 당시 처음으로 적을 만난 것은 아니었지만, 그가 처음으로 적을 사살한 것은 그와 소수의 정찰대원들이 농장 건물 뒤에서 뛰쳐나와 놀란 프랑스군들에게 사격을 가하던 그 순간이었다.

롬멜과 3명의 대원은 적들 가운데 절반 가량을 쓰러뜨렸다. 다른 건물에 있던 프랑스 병사들이 응사하자 롬멜은 대원들과 함께 소대 대기 지점으로 퇴각했다. 그는 이 전투에서 모범적인 대담성을 보였다. 기다리기보다는 행동하고, 신중한 계획을 세운 후 적절한 병력으로 대형을 갖추기보다는 지체없이 단독 공격을 시도했다. 우리는 블레 외곽 농장에서 벌어진 짧은 전투를 통해 먼 훗날 언젠가 휘하의 주력부대가 유럽에서 아프리카로 채 건너오기도 전에, 상부의 명령을 거부하고(혹은 명령을 받지 않은 채로) 키레나이카(Cyrenaica)의 영국군을 향해 공격을 실시할 지휘관의 모습을 볼 수 있다.

이후 롬멜은 소대 전체를 이끌고 블레의 동쪽 끝으로 이동한 후 건물들을 돌며 차례차례 소탕 임무를 수행했다. 그는 체계적으로 이 작업을 수행했다. 당시 독일에서는 평시 훈련의 일환으로 습격 임무 수행을 위한 전투훈련을 받았고, 롬멜은 이런 전투 교육 훈련의 신봉자였고 그 믿음은 블레에서 겪은 전투경험에 의해 더 강해졌다.

롬멜은 가옥을 점령한 적군들에게 대응하기 위해 소대를 반으로 나눠 사계가 개방되어 있고 문과 창문을 사격으로 제압할 수 있는 엄폐 위치로 한 개 반(班)을 이동시켰다. 동시에 자신은 돌격반을 이끌고 측면으로 우회한 후 신호에 따라 수류탄과 소총으로 목표를 급습했다. 그리고 두 반이 번갈아가며 교대 전진 기동을 반복했다. 연대의 나머지 병력들이 블레로 전진하며 사격을 개시하자 블레는 곧 큰 불길에 휩싸였다. 롬멜의 표현을 빌리자면 "짙은 연기로 숨이 막히고, 기둥들이 불타고, 집들이 무너지고 있었다."

블레의 일부는 여전히 프랑스군의 수중에 있었다. 이제 중대와 대대에서 분리된 롬멜은 마을에서 300m 북동쪽으로 병력을 철수하고 근처의 낮은 능선 정상에서 잠시 상황을 살폈다. 그는 약 700m 전방의 밀밭 가장자리에서 프랑스 보병의 붉은색 승마바지를 보았는데 그들은 막 참호를 파기 시작했음이 분명해 보였다. 2대대의 나머지 병력들이 어디 있는지는 알 수 없었다. 이 순간에 대한 롬멜의 기록은 특징적이다. "소대를 하는 일 없이 그냥 내버려 두기 싫어서 제2대대 작전지역인 우리 전방에 배치된 적을 향해 남쪽으로 공격하기로 결심했다.”[023]

　롬멜은 대대 책임 구역의 경계를 파악하고 있었다. 롬멜의 위치는 여전히 대대 관할 구역 내였고, 시야에 들어온 적은 사거리 내에 있었다. 롬멜은 병력을 전투 위치로 기동시키고 사격을 개시했다. 15분 후, 그는 자기 대대의 다른 병력이 소대 우측에 나타난 것을 보고 기뻐했다. 프랑스군이 응사했지만 이제 롬멜의 말에 따르면 ‘소대가 주저 없이 바로 공격할 수 있는’ 상황이 되었다. 롬멜은 준비한 대로 사격과 전진 기동을 반복하며 아군에 호응했고 적 사격의 사각지대에 도달한 후 착검 돌격을 지시했다. 그러나 롬멜의 부대가 돌입한 프랑스군 진지는 비어 있었다. 적은 이미 달아난 상태였다.

　이제 롬멜은 다시 대대 선두에 섰다. 그는 대대 주력의 이동을 기다리다 선두에서 진로를 개척했다. 모험적인 선택이었지만 그만한 보상이 있었다. 롬멜의 부대는 북쪽에서 프랑스 보병 대열을 발견했는데, 이들은 독일 포병의 사격에 쫓겨 진지를 포기하고 독일 측 전선을 오른쪽에서 왼쪽으로 가로질러 움직이고 있었다. 롬멜은 다시 생각했다. ‘빨리 나머지 소대를 데려올까? 아니다, 소대가 거기에 그냥 있는 편이 최선이다.’ 롬멜은 함께 있던 2명과 함께 프랑스군 대열의 선두에 사격을 개시했고 프랑스 보병들이 흩어져 서쪽으로 달아나게 하는 성과를 거뒀다.

　롬멜이 위치한 곳 뒤쪽에 있던 덤불에서도 다른 프랑스 병사들이 뛰쳐나왔고, 롬멜과 병사들은 이 병사들을 향해 사격을 가했다. 직후 사단의 다른 연대인 제123연대 병력이 나타났는데, 그 순간 롬멜은 탈진과 갑작스런 복통으로 기절했다. 롬멜은 정신을 차린 뒤 자신이 혼란스런 사격전 한가운데 있음을 알게 되었다. 이후 롬멜 자신의 기록에 따르면 “방어선의 일부를 맡았다. 그리고 제비몽(Gevimont)-블레 간 도로 상의 경사면을 점령했다.” 방어진지는 점차 강화되었고 연대 휘하의 중대들이 집결했다. 롱위에서 일어난 이 전투로 연대는 사병의 15%와 장교의 25%를 잃었다. 이 젊은 장교가 초전에서 겪게 된 일련의 작은 사건들, 그리고 실전에서 처음으로 적의 사격을 받으며 내린 결심에서 전형적인 에르빈 롬멜의 모습을 확인할 수 있다.

　롬멜은 26년 후 다시 프랑스의 전장으로 돌아갔을 때 조우전에서 상대를 먼저 사격하는 자가 승리한다고 단언했다. 이것이야말로 롬멜의 본능이며 동시에 선천적인 전사의 본능이라 할 만하다. 하지만 후일에 보여준 행동들은 모두 일련의 경험에 근거한 결과였고, 그 경험의 시작은 바로 1914년 8월의 롱위였다.

.................................
023　롬멜이 직접 설명한 기록에서 인용, NAW T84 277-278 및 IWM Misc. 14.이 기록들은 그의 책 Infanterie greift an (Voggenreiter, 1937)의 기초가 되었고, 영문판(second edition, Greenhill Books, 1990)도 출판되었다. 이 인용문은 그가 편집하고 수정한 원문을 저자가 번역한 것이다.

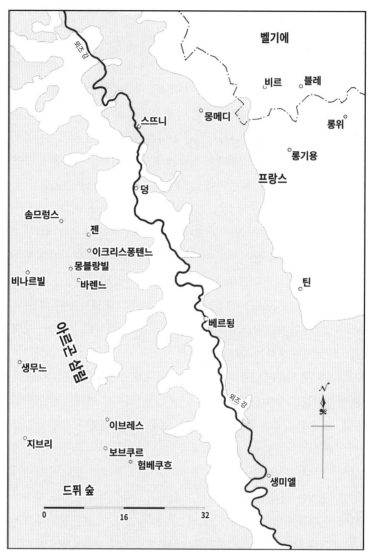

벨기에

비르   블레

몽메디

스뜨니

롱위

롱기용

프랑스

덩

솜므렁스

젠

°이크리스퐁텐느

몽블랑빌

틴

비나르빌    바렌느

아르곤 삼림

베르됭

생무느

뫼즈 강

이브레스

지브리

보브쿠르

험베쿠흐

생미엘

드퓌 숲

0        16        32

지도2. 1914년 8월~1915년 9월 제5군 124보병연대의 작전지역

　롬멜은 당시 식중독으로 고생했으며 자신이 건강하지 않다고 생각했는데, 이 역시 전형적인 롬멜의 모습이었다. 그는 건강상의 이유로 종종 일선 근무에 어려움을 겪곤 했지만, 특유의 활기나 신속한 전투 대응능력이 둔해지는 경우는 거의 없었다.

　블레 전투 이후 제124보병연대는 뫼즈로 전진하여 덩(Dun) 동쪽 숲에 배치되었다. 그리고 그곳에서 독일 포병에 비해 훨씬 강력하고 효과적인 프랑스 포병과 조우했다. 당시 뫼즈 강 유역은 격렬한 포격전의 무대였다. 8월의 마지막 날 연대는 뫼즈 강 맞은편의 능선들을 향해 부교로 도하를 시도했고, 능선에서도 재차 치열한 포격을 받았다.

곧 전진이 재개되자 롬멜은 다시 한번 대대 전위에서 첨병 소대를 지휘했다. 5분가량 말을 타고 이동하던 중 롬멜은 부대 우측에서 치열한 사격과 함성을 듣고 그쪽으로 방향을 돌렸다. -이 역시 롬멜 특유의 반응이라고 할 만하다 그는 숲길을 따라 움직이다가 곧 '100m 전방에 다수의 검은 물체'를 만났고, 곧바로 프랑스 보병임을 확인했다.

롬멜이 소속된 중대는 탄환이 머리 주변을 스치고 지나가는 소리를 들으며 돌격 거리까지 덤불 속에서 포복으로 전진했다. 롬멜은 당시를 다음과 같이 기록했다. "소대와 함께 돌격했다. 그리고 개활지 반대편으로부터 사격을 받았다." 중대의 전진은 멈췄고 몇 분 후에는 후방에서도 사격 날아들었다. 롬멜의 소대가 소속된 대대의 일부가 후방에서 사격을 시작한 것이다. 롬멜은 그제야 자신들의 부대가 사격을 교환하는 프랑스군과 독일군 사이에 위치했음을 파악했다. 숲 속에서 포위된 중대 주변은 상당히 혼란스러웠고, 롬멜이 소속된 부대는 해가 지기 전까지 아군인 독일군의 오사를 유발하지 않기 위해 땅에 바짝 엎드려 있어야 했다. 프랑스군이 후퇴하자 롬멜은 또다시 중대원 가운데 12명만을 대동하고 전방의 프랑스 포대에 공격을 시도했지만 모든 방향에서 사격이 날아오는 바람에 바로 철수해야 했다. 아군 중대는 롬멜이 그날 전사했다고 착각했다.

롬멜은 대원들과 숲을 지나 철수하며 양측의 많은 부상자들의 가엾은 처지를 보고 어느 때보다 큰 충격을 받았다. 롬멜은 "아군과 적군을 가리지 않고 도왔다"고 기록했으며, 실제로 그렇게 행동했다. 롬멜은 군 생활 내내 기사도의 미덕을 보였다. 그는 본능적으로 적을 같은 인간으로서 대했다. 그는 많은 프랑스 병사들이 항복하기를 꺼렸다며, 독일군에게 포로가 되면 즉시 참수당한다는 교육이라도 받은 것 같다는 농담 섞인 감상을 섞어 기록을 남겼다.

9월의 첫 며칠간 짧은 휴식을 한 후 연대는 남쪽, 그리고 서쪽, 그리고 남동쪽으로 행군하여 베르됭(Verdun) 북서쪽인 젠(Gesnes) 지역으로 다시 이동했다. 롬멜은 소대의 선두에서 소규모 전투를 몇 차례 더 치른 후 대대 부관으로 임명되었다. 그는 흔히 말하는 지휘관의 보좌관이었지만 연락장교나 정찰부대, 혹은 신속대응부대의 지휘자로 많은 임무를 수행했다. 롬멜은 전쟁 초기의 전투경험을 회고하며 특별히 경험을 부풀리거나 허세를 부리지는 않았지만, 독자의 입장에서는 이 장교가 부대에 난관에 직면하거나 문제가 발생할 때마다 투입되며 혹사당했다는 인상을 받게 된다.

롬멜이 소속된 2대대는 여전히 야전 전투를 수행하고 있었다. 이후 몇 년간에 걸쳐 이어질 서부전선의 참호전 구도가 아직 본격화되지 않은 시점이었다. 롬멜은 긴급 축성의 일환으로 참호 구축의 필요성을 빠르게 인식하고 병사들에게 강조했지만, 이는 대규모 방어체계의 일부로 참호를 구축하기보다는 전장 어디에서든 조우할 수 있는 정교한 프랑스 포병에 대응하기 위해 신속하게 대피호를 구축하는 성격이 더 강했다. 그의 9월 7일 자 기록을 보면 당시의 상황을 알 수 있다. 연대는 남쪽으로 약간 행군하여 베르됭의 남서쪽에 위치했다.

연대본부에서 막 다음과 같은 명령을 받았다. "2대대는 더이상 전진하지 말라. 현 위치에서 대기하라." 나는 우선 명령을 전달한 다음 얼마나 오래 정지하는 것인지를 확인하기 위해 약 260m 후방에 있는 연대 지휘소로 다시 달려갔다. 하스(Hass) 대령은 제3 척탄병연대(Grenadiere III)024가 우리를 따라잡을 때까지 공격을 연기하기를 원했다. 언제 그들이 우리를 따라잡을지는 알 수 없었다. 한편 프랑스 포병의 공격이 활발해지고 있었다. 이들의 사격은 여전히 밀집대형을 갖춘 예비 중대들이나 엄폐물이 없이 노출된 전방 중대들을 집중적으로 괴롭혔다. 나의 말은 매우 빠른 편이어서, 곧장 전방으로 달려가 선두 중대들에게 감자나 뿌리채소를 기르던 밭에 참호를 파라는 지시를 전달했다. 복귀 도중에 프랑스군의 포대가 나를 향해 조준 사격을 했지만, 지그재그로 달리니 어렵지 않게 피할 수 있었다.

보브쿠르(Vaubecourt)에서 2km 북쪽에 위치한 도로의 샛길에 대대 지휘소와 연대 지휘소가 인접해 있었는데, 얼마 지나지 않아 그 자리에 프랑스 포병 몇 개 포대가 집중사격을 가했다. 놀라운 일은 아니었다! 오고 가는 전령들, 밀집한 인원들, 많은 통행량, 그리고 여러 관측소들로 인해 위치가 노출되었다. 이 사격은 몇 시간 동안 계속되었고 이런 상황에서 공격은 상상조차 할 수 없었다. 나는 기진맥진한 채 도로 가의 도랑 안에 누워서 밀린 밤잠을 자려 노력했다. 근처에 떨어지는 포격은 전혀 신경 쓰지 않았다.

당시 대대가 전진하거나 공격을 할 때면 대대장이나 부관은 말을 타고 돌격 중대들과 함께 이동했다. 다음 날의 기록을 보자.

**좌익 돌격의 1선인 7중대를 말을 타고 수 미터 후방에서 따라갔다.**

........................
024  같은 사단 소속의 연대였다

날은 이미 어두워지고 있었고 우리는 약 150m 앞에 있는 숲의 가장자리를 향해 다가가는 중이었다. 적이 여기를 포기했나? 아니면 다음 구간으로 전진했을 때 화력으로 우리를 강타하려는 의도인가? 곧 숲 가장자리를 따라 섬광이 번쩍이며 그 의문에 해답을 주었다.

속사가 우리를 흩어놓았고 곧 사격전이 전개되었다. 즉시 예비대를 전개해서 앞으로 보내 병사들이 엎드려 있는 일선에 합류하도록 했다. 후방에 있는 연대의 2선 제대들도 적의 맹렬한 사격에서 엄폐할 지형지물을 찾고 있었다.

곧 기관총 중대의 일부가 수레에서 기관총을 내려 전개하고 숲 가장자리에 있는 프랑스군을 향해 수백 미터 전방에 있는 아군의 머리 위로 사격을 개시했다. 곧 선두의 소총수들이 아군 기관총이 자기들을 쏘고 있다고 소리쳤다!

나는 대대의 좌익에서 말을 타고 기관총으로 달려가 사격을 중지시켰다. 그리고는 말에서 내려 가까이 있는 병사에게 말을 맡기고 기관총 소대 하나를 이끌고 용감한 전우들이 치열한 사격전을 벌이고 있는 7중대 좌익으로 되돌아가 기관총 사수들을 곧 사격에 참여시켰다.

롬멜은 여느 때와 마찬가지로 기회를 발견했다. 그는 "돌격 앞으로, 전진, 전진(Zum Sturm, auf Marsch, Marsch)!"이라고 외치며 병력을 선두에서 이끌고 숲으로 쇄도했고, 적이 이미 달아났음을 확인했다. 그는 프랑스군을 차단할 수 있다고 판단했다. 그는 2개 '분대'와 중기관총 소대 하나를 데리고 프랑스군이 점령하고 있던 숲 좌측의 더 높은 곳으로 올라갔고, 능선에서 숲 뒤편으로 수백 미터 범위를 감시할 수 있었다. 퇴각하는 프랑스군은 이 방향에 나타날 것이 분명했다. 롬멜의 독단적 결정은 위험요소를 안고 있었으며, 심각한 비상상황이 아닌 한 대대 부관으로서 확실히 부적절한 행동이었다. 이 독단적인 모험에 중기관총 소대를 대동하는 것을 아무도 허락한 적이 없었기 때문에 그는 내심 불안했다. 다만 롬멜은 기회를 보았다고 생각하고 그것을 잡았을 뿐이었다. 시간이 흐르고 어둠이 내리기 시작했다. 프랑스군은 나타나지 않았다. 롬멜은 결국 기관총 소대를 돌려보냈다. 그의 모험은 불발된 것처럼 보였다.

그런데 기관총 사수들이 떠나자마자 120m 전방에서 언덕의 노출된 능선을 움직이는 물체가 보이기 시작했다. 프랑스군의 대열인 것 같았다. 롬멜이 기다리던 상황이 현실이 되고 있었다. 프랑스군은 롬멜의 사계를 밀집대형으로 가로질러 철수하고 있었다. 기관총 사수들은 떠났지만 롬멜은 16명의 소총수에게 속사를 명령했다.

프랑스군은 이전과 같이 사방팔방으로 흩어지며 도주하지 않았다. 2개 중대 규모의 프랑스군은 그들은 돌아서서 대형을 갖추고 롬멜의 당돌한 소부대를 향해 전진했다. 롬멜의 부대는 속사를 계속했으나 프랑스군이 총검돌격 준비를 마칠 때까지만 버틴 후 프랑스군이 돌격하기 직전에 신속히 철수할 생각이었다. 프랑스군은 계속 접근했고 독일군은 사격으로 꽤 많은 적을 쓰러뜨렸다. 프랑스군이 40m 밖에서 전진을 멈출 때까지 롬멜은 위치를 고수했다. 프랑스군은 더이상 접근하지 않고 철수했다. 대원들 가운데 정찰대를 뽑아 확인한 결과 30명을 사살했고 12명이 포로로 잡혔다.

작은 전투가 끝났다. 대대와 다시 접촉하기 위해 돌아가는 길에 롬멜은 연대장을 만났다. 그는 롬멜의 기동을 대수롭지 않게 여겼고 그가 실수로 독일군 연대를 향해 사격했다며 비난했다. 롬멜은 이렇게 기록했다. "포로를 보여주어도 그는 믿지 않았다."

독일 제5군은 한시적이나마 방어 태세로 전환하고 본격적으로 참호를 구축하기 시작했다. 그들은 모두 적 포병 사격의 격렬함에 충격을 받았으며 야전삽의 가치를 깨달았다. 롬멜은 대대 참모, 대대장, 부관, 4명의 전령들조차 6m 길이의 호를 직접 팠다고 기록했다. 지면이 매우 단단해서 구축 작업은 매우 고단했으며 진척도 더뎠다. 대대는 9월 7일 밤에 드퓨(Defuy) 숲 부근에 위치했고, 전쟁이 개시된 이후 처음으로 우편물을 수령했다. 대대는 그날 밤 내내, 그리고 다음 날까지 호를 팠다. 프랑스 포병은 아침 6시에 포격을 개시해서 하루 종일 대대를 괴롭히고 저녁이 가까워질수록 점점 포격의 강도를 올렸다. 그러나 병력이 배치된 참호 안에 실제로 포탄이 떨어지지는 않았다. 9월 9일에는 대대가 견고한 180cm급 참호 굴설을 마쳤다. 프랑스군은 보병공격을 시도하지는 않았지만, 롬멜이 소속된 2대대를 제외한 타 대대는 포격을 받아 많은 사상자가 발생했다. 프랑스군의 집중공격은 단지 시간문제처럼 여겨졌다. 롬멜은 직접 정찰을 하며 550m 거리에서 프랑스군 예비대가 집결 중인 지점을 포착했다. 대대 좌측의 둔덕에 기관총을 배치할 수 있다면 프랑스 보병의 측면에 사격을 가해서 방해 효과를 얻을 수 있을 것 같았다. 롬멜은 기관총 소대장에게 이를 제안했는데 그는 이 제안에 확신을 얻지 못했고 끝내 거절했다. 결국, 롬멜은 생애 내내, 언제나 그랬듯이 문제를 직접 해결하러 나섰다. 그는 대대 기관총들의 지휘권을 인수하고(대대 부관으로서 대대장이 지시하지 않은 직권을 발동했음이 틀림없다) 사격 위치로 기관총을 전개하고, 집결 중인 프랑스군 예비대 측면에 사격을 가한 뒤 프랑스군 포병이 반격하기 전에 영리하게 진지를 빠져나왔다.

그날 밤, 롬멜은 큰 충격을 받았다. 롬멜은 밤중에 빗소리를 뚫고 들려오는 소총 소리에 잠을 깬 뒤 프랑스군의 야습 가능성에 대해 우려하기 시작했다. 대대장은 연대 지휘소에 가 있었고, 롬멜은 가능한 대응수단을 찾기 위해 밖으로 나왔다. 롬멜의 눈에 어둠 속에서 아군을 향해 다가오는 행렬이 보이자 그는 즉시 가까운 중대에서 1개 소대 차출을 요청해 그들을 이끌고 사격 위치로 전개했다. 미확인 대열이 50m 전방까지 진출하자 롬멜은 직접 수하를 시도했다. 접근하던 부대는 대대 소속 중대 가운데 하나로, 신참 중대장의 지휘 하에 후방으로 철수 중이었다. 롬멜은 중대장이 설명하는 철수 사유가 완전히 부적절하다고 보았다. 롬멜은 이렇게 기록했다. "그의 속내를 간파했다. 그리고 그의 잘못된 판단에 대해 비판적인 전술강의를 늘어놓았다!" 롬멜은 아군을 향해 사격을 가할 뻔했던 이 사건을 회고하며 몸서리를 쳤다.

이제 다시 전진할 시간이었다. 대대는 새벽의 야음을 이용하여 공격을 개시해 전방의 적을 소탕하라는 명령을 받았다. 2대대는 밀집대형에서 4개 중대를 횡대로 전개하고 험베쿠흐(Rembercourt)라는 곳을 향해 전방으로 돌진했다. 하지만 날이 밝자 프랑스군 포병이 포격을 재개했고 독일군은 큰 피해를 입었다. 9월 10일, 롬멜은 아군의 심각한 피해에 대해 보고받았다. 장교 4명과 병사 40명이 전사했고, 장교 4명과 병사 160명이 부상당했으며, 실종은 8명이었다.

독일 제5군의 진격으로 프랑스의 베르됭 요새가 거의 포위되었다. 하지만 진격의 대가는 매우 컸다. 롬멜은 9월의 작전기간 중에도 고질적인 위장병으로 고생하고 있었다. 그리고 다른 모든 독일군 부대들처럼 엄청난 피로에 힘겨워했다. 험베쿠흐에서 밤부터 새벽까지 전투를 치른 지 이틀이 지난 9월 12일 오후, 롬멜은 기진한 나머지 누구도 깨우지 못할 만큼 깊이 잠에 빠졌고, 다음 날 징계를 받았다. 그리고 9월 13일 대대는 베르됭 포위 전선에서 철수해서 왔던 길을 거슬러 바렌느(Varennes)를 향해 북서쪽으로 행군했다. 그곳에서 북쪽으로 이크리스퐁텐느(Eclisfontaine)를 거쳐 9월 18일에는 솜므랑스(Sommerance)에 도착했고 며칠 간의 휴식이 예정되어 있었다. 여느 때처럼 비상, 명령, 변경 명령들이 휴식을 방해했지만 롬멜은 침대에서 짧은 휴식을 취했다. 당시 2대대는 아르곤(Argonne) 삼림의 가장자리에 있었고 9월 22일에 공격 명령을 받았다.

연대 지휘소에서 수령한 명령은 롬멜의 관점에서는 공격 계획에 필요한 창의성이 부족해 보였다. 훨씬 더 창의적인 방향으로 임무를 재해석하지 않는다면 불필요한 사상자를 초래할 것 같았다. 그는 대대장인 잘츠만(Salzmann) 소령에게 현 위치에서 물러나서 중간 지점까지 엄폐된 접근로로 이동하고 그곳에서 전 대대가 은폐된 채 집결하여 측면에서 돌격하자고 건의했다. 롬멜은 이 기동을 통해 대대가 기습을 달성하고 프랑스군 진지의 측면을 포위할 수 있으리라 보았다. 대대장은 롬멜의 건의를 받아들였고, 롬멜은 이후의 상황에 대해 다음과 같이 기록했다.

> 측면과 후방에서 강력한 기습을 가했다. 방어병력과 그 뒤의 예비대들이
> 공황에 빠졌다. 50명의 프랑스 병사, 몇 정의 기관총, 10개의 탄약 수레가 우리
> 손에 들어왔다. 그리고 전투를 개시할 때 따뜻한 저녁 식사를 요리하고 있던
> 프랑스군의 야전취사장비도 노획했다.

독일군 손실은 전사 4명과 부상 11명뿐이었고 프랑스군은 여단 전체가 진지를 포기
하고 물러났다.

제124연대는 이제 바렌느 서쪽으로 기동하며 삼림 지대에서 적의 소부대들을 만나
산발적인 교전을 벌이고 있었다. 롬멜은 어디든 나타났다. 9월 24일 자 기록을 보면 롬
멜이 소속된 대대 참모부는 7중대를 뒤따라 이동하는 과정에서 적과 조우했다. 롬멜은
대대장 잘츠만 소령과 함께 7중대 지역으로 가서 부상병에게 소총과 탄약을 넘겨받아
그 자리에서 2개 분대를 직접 지휘했다. 그에게 있어 지휘권 행사는 단순히 명령하는 것
이 아니라 리더십이 필요한 곳에서 이끄는 것이었다. 얼마 지나지 않아 롬멜은 중대를
향해 사격 중인 5명의 프랑스군과 마주쳤다. 롬멜과 그의 분대는 즉시 사격을 시작해 프
랑스군 가운데 2명을 맞혔다. 롬멜이 쏜 마지막 한 발은 빗나갔고, 탄은 바닥났다. 롬멜
은 총검전투 훈련에 익숙했고 백병전에 자신이 있었다. 그리고 당시로서는 재장전을 하
거나 몸을 피할 장소도 없어서 착검 돌격에 목숨을 걸 수밖에 없었다. 그 와중에 프랑스
군의 탄환이 롬멜의 왼쪽 허벅지를 강타하여 주먹만 한 상처를 만들었다. 롬멜이 처음
으로 입은 부상이었다. 그는 며칠 후 스뜨니(Stenay)의 주둔지 병원에서 2급 철십자장을
수여 받았다.

독일군은 이제 교착상태에 빠졌다. 프랑스는 북쪽과 북동쪽에서 독일군이 대규모 진
격을 통해 조성하려던 포위망의 동쪽 끝인 베르됭을 사수했다. 그리고 거대한 전선의
서쪽 끝에서는 프랑스군과 영국군이 독일의 진격을 막아내고 마른(Marne) 강 유역에서
반격을 성사시켰다. 마른의 위기는 롬멜이 부상당한 바렌느 전투보다 2주 이상 앞선 9
월 8일에 벌어졌다. 마른의 위기 이후 독일군 우익은 엔(Aisne) 강으로 철수했다.

10월부터 양측은 해안 방면을 우회하며 상대의 측면을 노렸고, 그 결과 연합군이 1차
이프르(Ypres) 전투라 부르는 전투가 플랑드르(Flandre) 일대에서 벌어졌다. 일련의 포위 시
도들은 실패했고, 겨울이 오자 독일 제국군과 영국-프랑스 연합군 간의 전선은 실망스

러운 진지전 양상으로 흘러가며 교착상태에 빠졌다. 성미 급한 롬멜은 1915년 1월 부상이 채 아물기도 전에 병원의 허가도 없이 연대로 복귀했지만, 전황은 그가 부상을 입기 전과 완전히 달라져 있었다.

롬멜은 전쟁 초기의 전투들을 겪을 때마다 항상 빠르게 결심하고, 결심한 이후에는 신체적, 정신적 자신감을 바탕으로 용감하게 행동하는 선천적 비범함을 보여주었다. 젊은 롬멜은 자신의 행동이 자신보다 느리고 고루한 지휘관들을 격분시킬 것이 분명한 상황에서도 소신을 유지했고, 관찰과 결심은 극히 신속했으며 적에게 최대한의 피해를 입히기 위해서라면 인근의 병력을 차출하고 그들의 상관을 설득하거나 무시하더라도 항상 번개처럼 행동했다. 상대의 약점을 찾아내는 능력은 순종 사냥개의 후각 같았고, 발견한 약점을 타격하고야 말겠다는 극단적으로 탐욕적인 행동들은 전설처럼 남았다. 전설이 되어 남았다. 그는 손자가 정의한 결심의 특성처럼 마치 먹이를 채는 매와 같이 행동했다.

# 3장 산악대대 (Gebirgsbataillon)

1915년 1월. 서부전선에서는 교착 상태가 본격화되었다. 스위스에서 대서양 해안을 잇는 거대한 전선 전체에 참호와 철조망 지대가 설치되었으며, 양측의 정부와 군대는 이전까지 상상조차 하지 못했던 상황을 준비해야 했다. 최소한 서부전선에서는 전투의 양상이 농성전과 구분할 수 없는 형태로 흘러갔고 기동이라는 말은 사어가 되었다.

달리 방법도 없었다. 전선은 터무니없이 길었지만, 전선에 투입된 양 군의 규모도 거대하기는 마찬가지였다. 전반적인 양상은 대등한 대치에 가까웠다. 소구경 화기의 발전. 특히 기관총 화력이 차지하는 비중이 늘어나면서 소구경 화기의 화력이 근거리의 전술적 전장을 지배했고, 이로 인해 인마의 활동은 크게 제한되었다. 그리고 포병과 포탄, 신관, 통신 수단의 지속적 발전으로 포병은 전장에 큰 영향력을 행사하게 되었다.

이전까지 대규모 야전 경험이 없던 공업 강국들은 이제 과학 발명과 막대한 공업 및 생산능력, 그리고 산업화와 번영으로 크게 늘어난 인구라는 기반을 활용했다. 독일이 시도했던 거대한 포위전이 실패로 돌아간 이후, 프랑스와 벨기에 방면에서 발생한 교착 상태는 전선에 투입된 군의 규모와 무기의 효율을 고려하면 필연적인 결과였다. 이런 교착 상황을 타개하기 위해서는 새로운 무기체계, 혹은 비범하고 기발한 창의성을 동원하거나 한쪽이 지속적인 소모 끝에 고갈되기를 기다리는 수밖에 없었다.

이런 전투, 즉 참호전에서는 오랫동안 체계적으로 많은 자원을 투자하며 준비를 갖춰야 돌파에 성공할 수 있으며, 기습은 완전히 불가능하지는 않지만 매우 어렵다. 1915년 1월의 상황이 바로 그랬다. 병사들은 참호 안에서 끔찍한 고통을 겪었으며, 고정된 진지에서 상대에게 가능한 피해를 입히려는 경우 외에는 가급적 안전을 우선시했다.

23세의 롬멜은 중대장으로 2대대로 복귀했는데, 그의 관점에서 중대의 진지는 안전한 상태와는 매우 거리가 멀어 보였다. 참호의 일부는 깊이가 부족했고, 일부는 배수가 되지 않아 참호를 구축하는데 어려움을 겪었다. 참호벽에 구멍을 파서 8~10명이 들어갈 수 있는 대피호를 만들었지만, 이 대피호들은 덮개가 너무 높아 적에게 표적이 되기 쉬웠고 방호력도 약해서 병사들은 취약한 상태로 포격에 노출되어 있었다. 롬멜은 늘 그렇듯 활기와 직선적인 태도로 이 모든 문제를 교정하기 시작했다. 당시 연대에 소속된 3개 대대는 대대당 5개 중대로 구성되어 순서대로 중대 번호를 부여받았는데, 롬멜이 소속된 9중대는 200명으로 구성되었으며 비나르빌(Binarville) 인근 아르곤 삼림의 서쪽 부분에서 남쪽을 바라보는 일선 참호 가운데 400m 가량의 구역을 책임졌다. 롬멜은 고된 작업을 통해 진지를 더 안전하게 만들었다. 당시 롬멜은 이렇게 기록했다. "지휘관이 분명한 명령을 내리고 사려 깊게 행동하며 부하들을 항상 보살피고 솔선수범하며 부하들과 생사고락을 함께한다면 그들의 신뢰를 매우 빠르게 얻을 수 있다." 그는 4시간마다 물을 퍼내야 하는 습하고 추운 1.2m 깊이의 호를 소대장 중 한 명과 함께 사용했다. 일선 진지의 중대들은 수백 미터 후방에서 며칠씩 교대로 예비대 역할을 했는데, 오히려 예비진지의 상태가 더 좋지 않았다. 예비 중대들은 자신들의 진지를 작업하기보다는 작업반으로 운용되었고 이들은 대부분 전방 복귀를 더 편하게 여겼다. 롬멜은 지휘관이 병사들의 신뢰를 얻으면 그들이 "물불을 가리지 않고" 따를 것이라고 적었는데, 실제로 그의 병사들이 그랬다. 300m가량 떨어져 있는 프랑스군은 소화기 사격과 산발적인 포격으로 작업반을 괴롭히곤 했다.

전쟁이 시작된 이후 첫 겨울은 양측 모두 전 전선에 걸쳐 심각한 물자부족 사태를 겪었지만, 전반적인 사기는 매우 높았다. 모두가 봄이 되면 신속하게 승리할 수 있을 것이라는 희망을 잃지 않았다. 병사들 역시 자신들이 잔인하고 위협적인 적에 대항하여 조국을 방어하고 권리와 자유를 지키고 있다고 확신했다. 그런 상황에서 롬멜은 언제나 부대원들에게 사기를 돋우는 역할을 했다. 한 동료 장교는 그의 개성의 마력에 한 번 빠진 사람은 누구나 '진정한 병사'가 되었다고 술회했다. 롬멜은 주변인들에게 강인하고 몸을 혹사하면서도 지칠 줄 모르고, 적을 정확히 파악하는 장교로 여겨졌다. 롬멜의 동료 장교들도 롬멜이 탁월한 상상력과 두려움을 모르는 성격을 겸비했으며 그의 병사들은 '그를 우상화했다'고 기록했다.[025]

1월 마지막 주에는 눈과 비가 하루씩 번갈아 내렸다. 독일군은 1월 29일에 작은 견제 공격을 계획했는데, 이 공격의 의도는 프랑스군 전력을 이 지역으로 유인하고 고착시키는 것이었다. 롬멜이 소속된 제27사단의 전 연대가 공격에 참여했고, 롬멜의 제124연대

---

025    David Irving, The Trail of the Fox (Macmillan, 1977)에서 인용된 Theodor Werner

구역에서는 '상트랄(Central)'이라는 진지를 급습하는 제한적인 공격을 가할 예정이었다. 롬멜의 2대대에는 특정 지점에 '대기'하다 우측에 위치한 3대대의 공격으로 적이 진지를 이탈하면 사격을 가하는 임무가 할당되었다. 3대대의 공격은 잘 진행되었고, 얼마 후 롬멜은 3대대 부관이 중대로 달려오는 모습을 보았다. "3대대장님은 9중대가 전투에 참여하지 않고 남아 있을 것인지 합류할 것인지를 알고 싶어 합니다."

롬멜은 기꺼이 합류하겠다고 말했다. 그와 그의 중대는 15분 내내 진지 우측에서 앞으로 뻗은 참호를 기어올라 프랑스군 진지를 수백 미터 앞둔 지점에 집결했다. 하지만 롬멜의 대원들은 곧 발각되었고, 다급히 언 땅에 엎드리자 프랑스군의 소화기 사격이 머리 위로 지나갔다. 전방에는 엄폐에 적합해 보이는 오목한 지형이 있어서 그곳에 도착하면 돌격을 준비할 수 있을 것 같았다. 그 지점까지 도달하려면 적에게 완전히 노출되는 비탈을 50m가량 통과해야 했지만 롬멜은 위험을 감수해야 한다고 판단했다. 프랑스군의 사격은 잘 통제되지는 않았지만 맹렬하게 계속되었고, 아마도 사상자가 발생할 확률이 높았다. 그러나 롬멜이 결심을 내린 순간 오른편 너머에서 나팔 소리가 들려왔다. 3대대의 공격 신호였다.

롬멜은 즉시 중대 신호병을 불러 돌격 나팔을 지시했다. 9중대는 함성을 지르며 전방으로 돌격했다. 그들은 비탈을 뛰어 내려가며 방금 전까지 목표로 하던 오목한 엄폐지형을 그대로 지나쳐 프랑스군 철조망에 도달했다. 중대는 프랑스군들이 도주하며 남긴 붉은 바지나 푸른 외투들을 볼 수 있었고, 이어서 프랑스군 진지의 1선, 2선, 3선을 돌파했다. 적은 9중대가 돌격하기 전에 이미 방어선을 포기했고 중대에서는 한 명의 사상자도 나오지 않았다.

전진할수록 수목은 점점 옅어졌고 적을 맹렬히 추격하던 롬멜의 병사들은 곧 철수 중인 수많은 프랑스 보병들을 발견했다. 중대는 정지해서 사격하고, 신속히 전진하고, 다시 정지해서 사격하기를 반복하며 프랑스군을 추격했다. 잠시 후, 공격 방향을 적어도 한 번 이상 바꾼 시점에서 9중대는 좌측으로부터 강력한 사격을 받았다. 그들은 곧 지금까지 본 것 가운데 가장 강력한 철조망 장애물에 직면했다. 철조망 지대의 폭은 수백 미터에 달했다. 롬멜은 즉시 철조망 아래로 포복 전진을 시작했다. 그는 뒤를 돌아보며 나머지 중대원들을 향해 손을 흔들며 따라오라고 소리쳤다. 아무도 뒤따르지 않았다. 더크게 소리치고 더 크게 손을 흔들었다. 그래도 아무도 따르지 않았다. 롬멜은 이제 혼자서 철조망 장애물을 개척하여 통로를 찾아냈다. 그는 다시 포복으로 되돌아가서 선두 소대장에게 이렇게 말했다. "명령에 당장 복종하지 않으면 쏴 버리겠다."

소대장은 복종하기로 결심했다. 롬멜은 그 이전에도 이따금 병사들이 용기를 잃는 경우를 접했는데, 그런 경우에는 지휘관이 필요하다면 개인화기를 사용하더라도 단호한 조치를 취해야 했다. 모든 9중대원들이 중대장을 따라 장애물 아래를 포복 전진했다. 그들이 발견한 철조망 지대는 60m가량 떨어져 있는 벙커들에 의해 엄호를 받고 있었다. 벙커들은 흉벽으로 연결되었는데, 흉벽 위로 소총 사격을 할 수 있는 구조였다. 그리고 흉벽과 철조망 사이에는 (당시에는 얼어 있었지만) 물을 가득 채운 4m 폭의 도랑도 있었다. 이런 어마어마한 방어체계가 아르곤 방면 전체에 이어져 있었다. 다만 진지 일부에는 프랑스군이 배치되지 않은 것 같았다. 롬멜은 중대를 반원형으로 전개한 후 호를 파라고 명령했다. 그리고 2대대 본부에 다음과 같은 전갈을 보냈다.

**9중대는 공격개시선에서 1.5㎞ 남쪽에 있는 강력한 프랑스 토루(Earthwork)를 돌파했음. 기관총 탄약과 수류탄 긴급 지원을 요청함.**

롬멜은 이에 대한 회신을 자세하게는 기록하지 않았다. 당시 9중대는 프랑스 전선 깊숙한 곳에 있었다. 중대는 중대장이 보인 놀라운 활력을 통해 여기까지 왔고 그는 인접 대대의 행동에 합류하라는 제안을 받아들이며 이날의 모험을 시작했다. 그러나 직속 상관인 2대대장의 반응은 추측만 할 수 있다. 롬멜의 중대는 즉시 강력한 사격에 노출되었고, 중대는 롬멜이 방어 거점을 설치해야 한다고 생각한 프랑스 진지의 다른 부분들을 점령하기 위해 싸웠다. 롬멜은 전투가 끝난 후 솔직하게 "증원과 보급이 걱정되기 시작했다"고 기록했다. 그는 철조망을 뒤에 두고 프랑스군의 벙커 4개를 포함한 반원 대형을 유지하고 있었다. 그리고 철조망과 자신의 주진지 사이에 1개 소대를 예비대로 대기시켰다. 땅이 얼어 호를 파기가 거의 불가능했고 롬멜은 중대가 매우 취약한 상태임을 깨달았다. 갑자기 롬멜의 오른쪽으로 불과 50m가량 떨어진 곳에서 프랑스 보병들이 철조망을 통과하여 철수하기 시작하는 광경이 눈에 들어왔다. 9중대는 사격을 개시했다.

첫 성과는 고무적이었지만 상황은 곧 악화되었다. 대대 규모의 프랑스군이 롬멜의 진지에서 물러나 서쪽으로 재빨리 움직였다. 적들은 장애물을 지나는 또 다른 통로를 이용하여 철조망의 이쪽에서 집결하고 방향을 돌려 넓은 정면에서 롬멜의 중대를 향해 진격했다. 롬멜은 프랑스군이 방해를 받지 않고 다른 쪽 측면도 확보했음을 깨달았다. 이제 프랑스군은 롬멜의 후방 철조망 통로를 양측면에서 사격할 수 있었다. 적은 매우 가까운 곳까지 접근했고, 여전히 호를 파지 못했으며 탄약은 거의 떨어졌다. 프랑스 보병들이 가장 오른쪽의 벙커를 탈환했다. 그 순간 전령이 철조망 장애물 건너편 독일 쪽에서 외쳤다. "지원은 불가능함. 9중대는 철수하라." 본대인 2대대는 전진해서 북쪽 800m, 즉 800m 후방에 진지를 구축하고 있었다! 9중대는 사실상 포위되었다.

장시간 심사숙고를 하지는 않았음이 분명하지만, 그가 후에 기록한 바에 따르면 롬멜은 세 가지 방안을 떠올렸다. 먼저 탄약이 떨어질 때까지 사격을 계속하고 항복한다. 다음으로 대대 명령에 정확히 복종해서 철조망을 지나 후퇴한다. 다만 철조망 통로가 현재 양측면에서 프랑스군 사격에 노출되었기 때문에 이곳을 통과할 경우 적어도 중대의 절반을 잃을 것이 분명해 보였다. 마지막 방안은 공격이었다. 즉 두 측면 가운데 한 방향의 적을 강력하게 타격하여 와해시키고 추격을 중지시킨다. 그리고 적이 와해된 틈을 타서 9중대는 철수하는 것이다. 롬멜은 조금도 주저하지 않고 프랑스군이 방금 탈환한 벙커에 예비소대를 투입해 적을 신속하게 격퇴했다. 그리고 서둘러 중대 전체를 동쪽으로 이동시키고 철조망을 지나 일렬종대로 귀환했다. 롬멜은 벙커에서 쫓겨난 프랑스 병사들이 후퇴한 방향에 배치된 프랑스군의 사기를 저하시켰을 것이라고 예상했다. 그의 예상대로 프랑스군은 전진을 주저한 끝에 곧 정지했다. 반대편 측면에 전개한 프랑스군이 사격을 개시하여 9중대원 몇 명을 맞췄지만, 거리가 300m가량 떨어져 있었고 롬멜과 중대원들이 필사적으로 달려가던 상황이어서 피해가 그 이상으로 확대되지는 않았다. 결국, 9중대는 철조망 장애물을 지나 새 진지로 이동한 2대대에 합류했다. 전투 중에 5명의 부상자가 발생했지만 그들을 모두 데리고 올 수 있었다.

대대는 그날 저녁 프랑스군 보병의 집중공격을 물리쳤다. 프랑스 포병은 밤 내내 요란사격을 실시했고, 9중대는 야간에만 12명 이상의 병력을 잃었다. 롬멜은 이 상황을 두고 야간에 주간 공격보다 더 큰 피해를 입었다며 날카로운 평가를 남겼다. 그는 대대나 연대가 9중대의 성공적 돌파를 활용하지 못한 것이 유감이었다고 평했지만, 반대로 공격과정에서 경솔하게 단독 행동에 나섰다는 반성은 일절 하지 않았다. 이런 소신 있는 태도는 롬멜이 보여주는 군사적 특징의 핵심이다. 그는 개인의 자주성이 중요하다고 굳게 믿었으며, 그의 승리와 몇몇 실패사례들을 통해 이런 믿음을 확인할 수 있다.

롬멜은 기회를 잡고 이를 활용하는 지휘관만이 전투에서 승리할 수 있으며, 상급자가 아닌 일선의 당사자만이 기회를 적시에 판단할 수 있다고 확신했다. 따라서 그는 전체 계획 내에서 최대한 독립적으로 판단하고 행동해야 한다는 군사 사상을 신봉했다. 그리고 롬멜은 첫 전투를 경험한 이후 군 생활을 마치기까지 이런 독립성을 신봉했다. 그는 당시에도 그 이후에도 독단적 행동에 대해서 한 번도 사과를 한 적이 없다.

물론 전술적 판단의 독립성은 독일군의 교육 원칙 가운데 하나로, 롬멜은 자신이 소속된 독일군의 시스템에 충실했을 뿐 원칙을 위반한 것은 아니었다. 실제로 롬멜은 1월 29일의 모험으로 징계가 아닌 1급 철십자장이라는 포상을 받았다. 연대의 소위들 가운데 롬멜만이 유일하게 철십자장의 영예를 얻었다.

당시의 롬멜은 연대에서 이름만 대면 아는 유명 인사였다. 젊고 다소 홀쭉한 체격이었던 롬멜은 언제나 열성적이었다. 롬멜의 열정은 전염성이 있어서 주변의 호응을 얻었으며 비범한 용기도 겸비했다. 롬멜은 지칠 줄 모르는 사람으로 여겨졌고, 신체적으로도 매우 강인해서 그만큼 강인하지 못한 이들을 부끄럽게 했다. 그러나 롬멜의 병사들은 이런 인간적 특성 이상으로 비범한 전투적 본능에 깊은 인상을 받았다. 롬멜에게는 적이 어떻게 계획하고 어떻게 대응할지, 전투에서 무엇이 효과적이고 무엇이 그렇지 않은가를 판단하는 직감이 있었는데, 이는 고도의 훈련을 받고 이성적으로 행동해야 하는 군의 환경에서는 상당히 특이하고 예외적인 사례. 롬멜이 이런 '직감'을 잃는 경우는 거의 없었다. 그리고 당연하게도 이 직감을 통해 병사들에게서 철저한 신임을 얻었다. 부하들은 이렇게 증언했다. "롬멜이 어디에 있건, 그곳이 최일선이었다."

그렇지만 롬멜은 이런 영웅적 자질을 냉정한 판단력으로 조절했다. 롬멜은 용기를 잃지 않고 항상 앞에서 이끄는 성격이었지만 현실과 만용은 구분할 줄 알았다. 그도 두려움이 없이 태어나지는 않았다. 후에 그는 아들에게 두려움은 극복해야 하며, 그 방법은 두려움에 직면했을 때 가급적 빨리 그에 맞서 이를 물리치는 것이라고 말했다. 하지만 배짱은 신중함의 반대말이 아니었다. 그는 한참 지난 후 웃으며 이렇게 말했다. "영웅이 되기 위해서는 먼저 살아남아야 한다!"[026]

롬멜은 훌륭한 보병이었지만 동시에 훌륭한 기병의 자질, 즉 폭넓고 기민한 시야와 판단력, 즉각적인 행동과 대응능력을 갖추고 있었다. 하지만 그는 슈바벤 사람이었고, 슈바벤 사람답게 냉정하고, 완고하고, 예측을 좋아하고, 무뚝뚝한 기질도 있었다. 이는 최고의 조합이었다. 그리고 롬멜은 그의 병사들에게 헌신적이었다. 그는 사상자가 발생할 때마다 슬퍼했고 병사 개개인들을 챙겼다.

5월에 롬멜은 아직 계급이 너무 낮으므로 그가 사랑하는 9중대의 지휘권을 다른 사람에게 인계해야 한다는 말을 들었다. 이는 어느 군대에서든 일어날 수는 있지만 언제나 언짢은 일이었다. 연대에 막 전입한 한 선임 중위가 지휘권을 인수했는데, 롬멜이 의견 표명을 허락받고서 한 논평에 따르면 새 중대장은 "야전 근무를 해본 적이 없었다."

연대장은 이 결정이 롬멜에게 괴로운 일이 될 것이라는 생각에 다른 중대로 전출을 제안했지만, 그는 제안을 거절했다. 롬멜은 9중대원들에게 계속 남기를 원했다. 9중대가 그의 집이었다. 결국 롬멜은 다시 소대장이 되었다. 고위 훈장을 받고 연대에서 이름을 날리는 소대장이 된 것이다.

참호전은 보다 정교하고, 치명적이고, 좌절스러운 형태로 지속되었다. 아르곤의 독일군과 프랑스군 진지들은 여러 지점에서 수류탄 투척 거리 내에서 대치하고 있었으며, 주진지 전방에 모래주머니로 만든 작은 전초들에 병력을 배치하고 그곳에서 싸웠다. 이 특수한 전역에 지뢰 매설과 땅굴 굴착이 진행되자 위험과 흥분은 더 심해졌다. 6월 말에 롬멜의 대대는 1월 29일과 같은 장소에서 다시 공격에 참여했다. 롬멜은 전투 중에 자신의 소대와 함께 3대대의 일부도 지휘하게 되었다. 그리고 어느 시점에서 그는 대대나 연대의 다른 병력과 상당히 멀어졌다. 후일 롬멜은 당시 상황을 이렇게 기록했다.

> "계속… 남쪽으로 공격하는 것은 상책이 아니라 느꼈다. 그리고 우리 전선을
> 너무 멀리 앞서나갔다가 죽는 줄만 알았던 지난 1월 29일의 공격 기억이 여전히
> 생생했다."

이는 롬멜로서는 보기 드물게 실패를 자인한 사례 가운데 하나다. 다음 날인 7월 1일에 그는 진지 교대를 위해 10중대장 대리로 임명되었다. 그리고 1914년 8월 이후 처음으로 값진 휴가를 받은 후 롬멜은 1대대 4중대장으로 재임명되었지만 이 보직에도 짧은 기간만 머물렀다. 상급자가 그 보직을 원했고 롬멜은 다시 소대장으로 돌아가 다른 공세에 참가했다. 이 공세는 실행에 앞서 철저한 예행연습을 실시했고, 그는 후에 강력하게 축성된 진지를 공격할 때는 철저한 준비와 연습이 크게 도움이 되었다는 평을 남겼다. 롬멜은 다른 군인들에 비해 유동적이고 불확실한 상황의 전투에 능숙했지만 성급함과는 거리가 멀었다. 그도 시간적인 여유가 있고 정황 상 필요하다고 생각된다면 철저히 체계적으로 행동했다. 다만 체계성을 앞세워 생각의 폭을 제한하거나 행동을 늦추지는 않았다. 기민한 행동은 위험을 수반하고 신중한 행동은 지연을 감수해야 하는데, 롬멜은 두 가지 가운데 본능적으로 전자를 선호했으며 이런 본능을 거스르는 경우는 거의 없었다. 그는 9월에 중위로 진급했고 인생의 큰 변화를 눈앞에 두었다.

1915년 9월에 롬멜은 임관 이후 줄곧 자대였던 제124연대를 떠났다. 그는 연대를 떠나고 용감한 전우들과 '피에 젖은, 하지만 이제 거의 집처럼 느껴지는 아르곤'과 작

별하며 마음이 무거워졌다고 기록했다. 롬멜은 새로 편성된 부대인 왕립 뷔르템베르크 산악대대(Königlich Württemberg Gebirgsbataillon)에 배치되었는데, 이 부대는 독일 뮌징엔(Münsingen)에서 창설되는 산악대대로 12월에 스키 훈련을 위해 오스트리아의 아를베르크(Arlberg)로 이동할 예정이었다. 대대는 6개 소총중대와 6개 기관총소대 편성으로 독일 육군의 여러 연대와 병과에서 모인 장교와 사병으로 구성되었다. 여느 특수 부대들이 그렇듯이 대대는 의욕이 넘쳤고 다양한 경험에 대한 기대로 충만했다. 롬멜은 2중대 지휘를 맡았는데 이번에는 중대장으로 정식 발령되었다. 부대는 고된 훈련을 받았으며 무거운 배낭을 지고 새벽부터 저녁까지 스키를 탔다. 저녁에는 음악과 노래를 즐기며 중대의 단결력을 키웠다. 중대원들은 모두 알프스(Alpin)에서 대대 훈련을 받기를 원했다. 알프스에서 실시되는 훈련은 곧 다음 전역이 이탈리아 전선이라는 의미였다. 그러나 그들은 곧 실망했다. 1915년이 저물어가는 12월 29일, 산악대대는 아를베르크의 쾌적한 주둔지를 떠나 열차를 타고 서부로 이동하여 서부전선의 남쪽 구역 일부를 담당하게 되었다. 이 주변은 아르곤과 크게 달랐다. 대대는 알자스에 있는 보주(Vosges) 고원의 힐센(Hilsen) 능선의 사면에서 10㎞ 너비의 정면을 책임졌는데, 이 지역에서는 독일군의 진지와 프랑스군의 진지가 멀리 떨어져 있었고, 분산된 각 방어진지들은 사주방어가 가능한 형태로 지어졌으며 진지별로 보급품도 충분히 비축되었다. 공격적인 행동은 습격작전으로 제한되었다. 대대는 10개월간 이 지역에 머물렀다.

롬멜은 습격작전에 대해 회의적이었다. 과거의 경험에 의하면 습격은 어렵고 비효율적이며 얻을 수 있는 이득에 비해 과도한 사상자를 내는 경우가 많았다. 그럼에도 롬멜의 중대는 1916년 10월 습격작전 준비를 명령받았다. 목표는 항상 그렇듯이 포로를 잡고 그들의 단대호를 파악하는 것이었다. 롬멜은 직접 정찰을 하며 습격을 준비했다. 독일과 프랑스의 전선은 모두 숲을 가로지르는 약 1,000m 높이의 고지에 걸쳐 있었다. 롬멜은 프랑스의 전초 진지를 향해 도랑을 기어가 촘촘히 가설된 프랑스의 방호용 철조망을 잘라 길을 냈다. 다만 돌아가는 길에 잔가지를 부러뜨리는 바람에 인근의 모든 프랑스군 진지들로부터 강력한 소화기 사격을 받게 되었다. 롬멜은 최소한 해당 구역 내에서는 적들의 경계를 산 것이 분명하고, 습격부대가 큰 피해를 입을 수도 있다고 판단했다. 따라서 롬멜은 다른 구역으로 주의를 돌리고 며칠 밤에 걸쳐 직접 정찰을 수행했다. 그는 이 구역에서 2개의 프랑스 초소 사이에 위치한 중간 지점의 철조망으로 20명의 기습부대를 투입하면 방어군들의 측면과 후면에서 습격을 시도할 수 있다고 판단했다. 공격이 시작되면 사전에 파악된 프랑스 초소 부근에 잠복하고 있던 다른 철조망 절단조가

지도3. 1916년 1월~10월 보주 고원의 힐센 능선, 산악대대 작전 지역

이 소란을 이용하여 철조망의 다른 지점에 습격조를 위한 탈출로를 개척할 수 있었다.

롬멜은 이 모든 절차를 주의 깊게 연습했다. 그는 날씨가 나빠지면 프랑스군의 경계심이 완화될 것이라는 생각에 나쁜 날씨, 가급적이면 폭풍우를 원했고, 10월 4일에 기다리던 악천후가 찾아왔다. 살을 에는 북서풍이 집중호우로 바뀌자 이제 프랑스 보초들은 비를 피하기 바빴고, 습격부대가 이동하며 내는 소음도 빗소리에 묻혔다. 롬멜은 3개 조의 병력으로 오후 9시부터 중대 진지에서 포복으로 전진했다. 그는 2개 절단조를 양측면으로 보내고 자신은 철조망 절단병을 포함한 20명의 병사들과 함께 적진을 향해 기척을 죽이며 이동했다. 이 대원들은 절단기로 철조망을 자를 때 철조망이 튕기며 소리가 나는 것을 방지하는 기술을 연습해두었다. 프랑스군의 높고 촘촘한 철조망을 절단하는 작업에는 몇 시간이 걸렸다. 결국은 포격으로 인해 우연히 조성된 구덩이를 이용해서 롬멜과 습격부대의 선두 2명이 철조망을 조심스레 통과했다.

그 순간, 습격조의 대부분이 철조망 뒤에 있는 상황에서 프랑스군 순찰대가 참호에서 내려오는 소리가 들렸다. 당시 참호 가장자리 근처에 누워 있었던 롬멜은 적 순찰대를 지나쳐 보내기로 결심했다. 만약 동료들과 함께 순찰대를 공격한다면 전투소음이 적군에게 경고로 작용하고, 얼마 지나지 않아 습격부대 주력을 향해 사격이 쏟아질 것이 분명했다. 프랑스 순찰대의 발소리가 멀어지고 불안한 시간이 몇 분 더 지난 후, 롬멜은 전체 돌격조를 철조망을 지나 적 참호 안으로 들어오도록 했다. 갑자기 아수라장이 벌어졌다. 강습부대는 계획대로 2개 조로 분리해서 한 조가 프랑스의 한 분견대로 향했다. 곧바로 프랑스군이 던진 수류탄들이 롬멜의 강습부대 한가운데에서 터졌다. 참호가 대원들로 가득 차 있었기 때문에 곧장 돌격해서 수류탄을 던질 수 없는 범위까지 진입하는 것 외에는 안전을 보장할 방법이 없었다. 롬멜이 주도한 돌격은 곧 프랑스군을 압도했다. 참호벽에 난 50cm의 작은 구멍이 유개호로 이어져 있었다. 롬멜은 하사 한 명을 대동하고 입구를 비집고 들어가 7명의 프랑스 병사들과 맞닥뜨렸고 프랑스 병사들은 무기를 버렸다. 롬멜은 후에 "수류탄으로 유개호를 처리하는 편이 더 쉽고 안전했을 것이다."라고 평했지만, 처음부터 기습의 목적은 포로 획득이었던 만큼 항복한 프랑스군을 생포했다. 그리고 몇 분 뒤, 롬멜은 11명의 포로를 대동하고 철조망을 지나 철수했다. 산악대대는 1916년 10월 말 프랑스를 떠나 또 다른 전선인 루마니아로 이동했다.

　루마니아는 1916년 8월에 서방 연합군 측의 일원으로 전쟁에 참가했다. 루마니아는 러시아군이 루마니아와 마주한 남부의 오스트리아군과 독일군에 대해 브루실로프(Brusilov) 공세를 실시하여 일시적으로 공격에 성공하고 많은 포로를 사로잡자 그에 고무되어 동맹국들에 대항하여 연합군에 합류한다는 결정을 내렸다. 당시 트란실바니아(Transylvania)의 루마니아계 소수민족은 합스부르크(Habsburg)의 지배하에 있었고 루마니아인들은 스스로를 라틴계이며 프랑스와 역사적으로 친밀하다고 생각했기 때문에 참전이 타당하다고 여겼다. 그러나 루마니아의 입장에서는 안타깝게도 브루실로프 공세는 카르파티아 산맥(Carpathian)에서 멈췄고, 오스트리아독일군은 초기에 심각한 수적 열세에 처해 있었지만 빠르게 증원되어 트란실바니아에서 루마니아의 전진을 저지하고 공세로 전환할 수 있었다.

　롬멜의 산악사단(Alpendivision)은 10월 말에 루마니아 전역에 도착했다. 오스트리아독일군은 헝가리의 남동쪽, 불가리아의 북쪽에서 도나우(Donau) 강 하류를 건너 루마니아에 대한 강력한 집중 공세에 돌입했고 루마니아군은 격퇴당했다. 롬멜의 사단은 전선 일부를 담당하여 트란실바니아 알프스(Transylvanian Alps)로 이동했다. 산악대대는 전쟁에서 흔히 겪는 끔찍한 교통 체증을 뚫고 트럭으로 이동하여 마침내 롬멜이 '호비쿠리카니(Hobicauricany)'027라 부르던 곳에 하차했다. 그들은 기병 군단에 배속되었고 즉시 전선으로 행군과 등반을 실시하여 고지대에 위치한 황량한 진지를 점령한 후 전방을 정찰하라는 명령을 받았다. 산악대대는 교육받은 대로 산악 기동을 실시했다. 롬멜의 병사들

---

027　아마도 우리카니(Uricani) 일 것이다. 페트로사니(Petroșani)에서 16km 가량 떨어진 곳에 있다.

지도4. 1916년 10월 ~ 1917년 8월 루마니아. 산악대대 작전지역

은 매우 강건했지만, 그들에게는 짐을 나를 동물도, 1,800m 높이의 고지대에서 생활하고 전투하는데 적합한 동계 장비도 없었다. 장병들은 무거운 물자를 등에 지고 행군 겸 등반을 했다. 곧 어둠이 내렸다. 칠흑 같은 밤에 쉬지 않고 비가 내렸다. 휴식이나 온기, 비를 피할 곳을 찾을 가망은 없었다. 대대는 끔찍한 환경에서 터덜터덜 산을 올랐고 곧 설선(雪線)에 도달했다. 눈보라가 치기 시작했고, 악천후를 피할 곳을 찾지 못한 병사들의 몸은 완전히 젖었다. 노련한 등반가였던 롬멜의 동료 중대장은 대대장을 찾아가 상황을 설명하고, 병사들 가운데 병자와 동상환자가 속출할 것이 분명하다며 철수를 건의했다. 대대장은 철수를 고집할 경우 군사재판에 회부하겠다는 경고로 답했고, 다음 날 대대 군의관은 40명의 병사에게 후송 판정을 내려야 했다. 날씨가 갠 후 부대는 병사와 말들이 피난할 만한 곳에 진지를 구축했다. 천막이 들어서고 유선전화도 가설되자 고지 생활도 조금이나마 견딜 수 있게 되었다. 하지만 롬멜은 끔찍한 자연환경에서는 가장 강인하며 최고의 훈련을 받은 병사들도 쇠약해진다는 교훈을 결코 잊지 않았다.

3일 후, 롬멜은 중대가 기력을 회복했다고 보고했다. 그리고 그는 아름다운 경치에 감탄했다. "저 아래 평원에 깔린 안개가 아침 햇빛을 받은 트란실바니아 알프스의 산봉우리들에 부딪히는 파도 같았다. 장관이었다!"

산악대대는 11월에 산을 따라 전진하며 공격에 참가했다. 롬멜은 다시 공세에 나서게 된 것에 환호하며 이렇게 기록했다. "우리 돌격 부대들이 관목 은폐지에서 뛰쳐나가 노도와 같이 사면을 달려 내려갔다. 저항은 없었다." 중대는 마을에서 마을로 전진을 계속했고, 정찰과 경계를 지속하면서도 공격의 기세는 잃지 않았으며, 협조된 공격을 위해서만 이따금 대형을 정렬했다. 당시의 전투는 1914년을 연상시키는 기동전이었다. 이런 전투는 적을 언제 어디서든 발견할 수 있으며, 먼저 보고, 판단하고, 결심하는 자가 항상 승리하는 전투였다. 격앙된 어조로 기록된 롬멜의 회고에서 이를 확인할 수 있다.

공격 부대의 최전방 첨병부대와 함께 움직였고 중대는 약 150m 뒤를 따랐다. 안개가 우리 주위를 감쌌고 가시거리는 수백 미터, 때로는 불과 30m 이내로 제한되었다. 우리 선두부대는 남단에서 밀집대형으로 행군하는 일단의 루마니아군과 조우했다. 그 즉시 50m도 되지 않는 거리에서 치열한 사격전이 벌어졌다. 첫 일제 사격은 서서쏴 상태로 시작되었다. 루마니아군은 우리보다 많았다. 속사로 그들을 저지했지만, 도로 좌우 양측의 울타리와 덤불들에서 새로운 적들이 나타나서 포복과 사격을 하며 점점 더 가까워지고 있었다. 우리 전위 부대의 상황은 절박해 보였다….

롬멜은 이런 형태의 전투를 선호했지만 다른 모든 전투도 그에게는 다르지 않았을 것이다. 롬멜은 11월 27일에 잠시 휴가를 떠나 결혼식을 치렀다.

다수의 러시아군 사단들로 증원된 루마니아군은 산악지대 동쪽의 평원으로 철수해서 완강하게 저항했지만 12월 6일에는 부쿠레슈티(București)를 함락당했다. 이후 루마니아군은 흑해를 등지고 산악지대 동쪽 가장자리의 종심이 얕은 진지에서 싸우게 되었다. 롬멜의 중대는 12월부터 1월 초까지 눈과 안개 속에서 소규모 접전을 벌이거나 매복 작전을 수행하고, 루마니아군 독립 분견대들을 습격하여 교전하고, 혹한의 조건에서 살아남고, 조금이라도 따뜻하게 지내기 위해서 노력하고, 많은 루마니아군 포로를 잡으며 보냈다. 신체적 강인함, 창의성, 대담함만이 유용한 전역이었다. 롬멜은 여전히 접근로를 기만하여 적에게 예기치 못한 방향으로 접근하고 기습 준비를 마칠 때까지는 확인된 적에 대해서도 사격을 대기시키기 위해 무한한 노력을 쏟았다. 그리고 그는 항상 매우 빠르고 사납게 적을 강타했다.

1917년 1월 7일에 가게스티(Gagesti)[028] 마을 강습 당시 롬멜은 안개를 이용해 전장을

--------

028  푼타 계곡 내, 포카사니 서쪽에 위치한 마을.

감제할 수 있는 고지대로 전진해 루마니아군의 전초선을 사격으로 격퇴하고 적절한 공격 거점을 확보했다. 그리고 그 위치에서 대기하며 전방을 정찰한 후 계획을 수정해 중대를 대동하고 밤 동안 북서쪽으로, 다음은 북쪽으로, 이후 동쪽으로 행군하며 앞서 확인된 루마니아군 진지를 우회하여 또 다른 감제고지에 중대를 배치했다. 그리고 잠시 잠복한 후 마을에 있는 목표의 맞은편으로 여러 개의 돌격조를 조심스레 이동시켰다. 독일 전선에서 6km 이상 전진한 지점에서 롬멜의 중대는 중기관총의 지원 하에 목표로 돌진했고, 한 명의 사상자도 없이 330명의 포로를 잡았다.

롬멜은 자신의 전투기술에서 주된 특징이 된 이런 공격 방식을 두고 사격은 물리적 효과가 제한되는 상황에서도 심리적 영향을 준다고 설명했다. 가게스티에서 롬멜이 지휘하는 기관총들은 돌격하는 소총수들로 인해 한동안 사계가 막혔지만, 롬멜은 오른쪽으로 고각을 올려 마을 한쪽의 지붕들을 향해 사격을 집중하라고 지시했다. 이 제압 사격으로 죽거나 다친 루마니아 병사는 거의 없었지만, 심리적인 영향은 상당했다.

이 당시 롬멜은 자기 중대 외에도 대대의 한쪽 날개에 해당하는 2개 소총중대와 1개 기관총중대를 함께 지휘하고 있었다. 그는 공격 계획에 항상 고전적 원칙을 현대화하거나 그에 가까운 방법들을 적용했다. 그는 정해진 공격 지점에 기관총 사격을 집중하고, 좁은 정면에서 적의 방어를 돌파하고, 적 방어 조직 내의 종사를 집중할 수 있는 지점들을 즉시 확보했으며, 전진할 때는 예하부대의 공격 기세 유지를 고려했고 측면 및 후방의 위협은 무시했다. 이런 관점에서 초기의 롬멜은 훗날 기갑 사령관 롬멜 장군의 스승이었다. 하지만 군사학자로서 롬멜의 스승은 나폴레옹이었다. 롬멜은 깊이 있고 현실적인 군사학자였고, 나폴레옹을 누구보다 높이, 심지어 프리드리히 대왕보다도 높이 평가했다. 그는 초급장교 시절부터 세인트 헬레나 섬에 유배된 황제에 관한 책들을 구입해서 방에 비치하고 있었다.

독일군 산악대대의 편제는 다수의 강력한 소총중대와 기관총중대들로 구성되며, 이를 기초로 임무와 상황에 따라 다양한 규모의 분견대들을 만들 수 있었다. 따라서 부대의 편성에도 융통성이 있고 특정 유형의 전투에 적합한 전투단을 다른 유형의 전투를 위해 재편성하거나 증편하거나 재조직하는 절차도 당연시되었다. 1차 대전 후반 독일의 적국들은 전장에서 효율적으로 병력을 집결하거나 분산해 특정한 전투 상황에 부합하는 임시 전투단을 쉽게 편성해내는 독일군의 특징을 높이 평가했는데, 이런 특성은 상당 부분 뛰어난 의사소통 덕분에 가능해졌지만, 동시에 독일군이 항상 중시해 온 전술교리 통일의 결과이기도 했다. 전술교리의 통일은 상이한 부대 간의 친화

(Familiarization)라는 어려운 과제에 소요되는 노력과 시간을 단축하는 효과도 제공했다. 여기에서 말하는 친화란 서로 생소한 다른 부대들이 전투 등을 통해 상호 간의 이해를 축적하고 전술적 조화라는 목표를 위해 노력할 수 있는 상태를 뜻한다. 롬멜은 후일 자신이 지휘 과정에서 융통성을 활용해 큰 이득을 얻었으며, 이런 융통성은 필수적이며 동시에 자연스러운 미덕이라고 강조했다. 아마도 롬멜은 산악대대에서 겪은 경험을 통해 조직 구성의 제약을 회피하고 특정 임무를 위한 병력의 혼성 운용이나 즉흥성이 제공하는 이득에 깊은 감명을 받은 것 같다.

1917년 전반기에 대대는 지난해 10월에 루마니아로 이동하기 전에 주둔했던 프랑스의 힐센 능선 지역으로 다시 복귀했다. 이 재배치는 참호, 포격전, 끝이 없는 축성, 배수, 옹벽 및 수리 작업으로의 복귀를 뜻했다. 하지만 대대는 얼마 지나지 않은 1917년 8월에 다시 열차를 타고 루마니아 전선으로 이동했다. 이번에는 견딜 수 없는 추위가 아니라 혹독한 더위가 따라다녔다. 대대는 브레츠쿠(Breţcu)에 도착하여 8월 7일에 헝가리-루마니아 국경 부근의 소스메조(Sósmezõ)로 차량행군을 했다. 다음 2주간 롬멜은 군 경력 중 가장 힘든 전투 중 하나였던 코스나(Cosna) 산 전투에 참가했다. 코스나 산은 루마니아의 수중에 있었다. 코스나 산은 동부전선 전체의 상황에 영향력을 행사하는 위치였고, 독일은 이 산을 빼앗아야 했다. 독일은 루마니아 전역에서 부큐레슈티를 점령하고 방어군을 흑해 쪽으로 밀어내고 루마니아 영토의 대부분을 장악했지만, 루마니아는 여전히 붕괴되지 않았다. 1916년의 러시아는 서부전선보다 많은 독일 및 오스트리아군 사단과 교전 중이었고, 독일의 적들은 러시아가 전쟁에서 이탈하지 않도록 관심을 기울였다. 물론 당시의 구도를 지속하려면 러시아 내부의 정치적 안정성이 보장되어야 했다. 보다 안정적인 체제가 들어설 가능성도 배제할 수는 없었지만, 이 전제는 1917년 3월 러시아 혁명으로 무너졌다. 그럼에도 1917년 여름까지 동부전선은 여전히 유지되고 있었다. 독일의 주된 목표는 동부전선에서 승리한 후 병력을 서부전선으로 보내 프랑스 및 플랑드르의 국가들과 결전을 시도하는 것이었다. 11월의 볼셰비키 혁명으로 이 목표는 대부분 달성되었다. 하지만 한편으로는 루마니아의 상황을 정리할 강한 동기가 있었다.

루마니아 전선은 여전히 산악지대의 동쪽 끝에 형성되어 있었고 1917년 초에 산악대대가 작전을 수행하던 지역과 가까운 곳은 환경적으로 익숙했다. 코스나 산은 전선에서 가장 동쪽에 위치한 가장 높은 장소였다. 코스나 산 너머로는 트로투스(Trotuş) 강과 오이투스(Oituz) 강 유역으로 내려가며 산악지대가 서서히 줄어든다. 그 두 강의 합류 지점의 동쪽으로는 흑해까지 평원이 이어지고 그곳에서 루마니아 전선이 끝났다.

롬멜은 전투 초기 6개 소총중대와 3개 기관총중대의 지휘권을 받아 사실상 대대 전체를 지휘했다. 그의 임무는 오이투스 계곡에서 산에 올라 적의 전선을 강습할 수 있는 고원 지대에 공격부대를 배치하는 것이었다. 루마니아군에 관한 정보는 개략적이었고, 롬멜은 가능한 선택지를 파악하기 위해 정찰대를 내보냈다. 놀랍게도 적이 고원의 전방진지를 포기한 것 같다는 보고가 즉시 올라왔다. 롬멜은 곧바로 2개 중대를 보내 진지를 점령하도록 하고 정찰대들을 더 내보냈다. 당시 여단은 산악대대가 좌익의 바이에른 예비군 보병연대와 함께 8월 9일 오후에 공격을 실시한다는 계획을 수립한 상태였고 롬멜은 이 공격을 선도할 예정이었다. 그런데 이 공격이 개시되기도 전에 롬멜은 놀랄 만한 행운을 잡았다. 어느 하사가 지휘한 한 순찰대가 보초를 세우지도 않고 무기를 모아둔 채 휴식하던 일단의 루마니아군들과 조우한 것이다. 순찰대는 총 한 발 쏘지 않고 75명의 루마니아군을 생포하고 5정의 기관총을 노획해서 돌아왔다. 롬멜은 2개 중대로 구성된 분견대를 루마니아군이 기습당한 전방으로 보내고 그곳에서 주력부대의 돌격과 동시에 집중공격을 선도하기로 결심했다. 포병 지원을 동반한 정밀공격이 임박해 있었기 때문에, 롬멜은 평소와 달리 바른 절차를 거쳐 사전 허가를 요청한 후 행동에 나서기로 했다. 다만 이를 위해서는 유감스럽게도 산을 내려갔다 다시 올라야 했다. 롬멜이 불가피하다고 판단한 대로 부대가 산을 오르는 동안 사격에 노출되자 롬멜은 대원들에게 가급적 교전을 하지 말고 필요한 만큼 우회해서 계속 산을 오르라고 명령했다. 롬멜은 그렇게 적의 소대 후방으로 우회하여 그들을 진지에서 몰아낼 수 있었다. 롬멜의 부대는 이런 공격을 반복했다. 심한 더위로 인해 다섯 개의 루마니아 진지를 장악하는 동안 병사들이 지쳐서 쓰러지고 있었지만 롬멜은 그들에게 재집결할 시간조차 주지 않았다. 결국, 루마니아군을 추격하는 롬멜에게는 12명의 병사만 남았다. 이 소부대는 마침내 숲의 가장자리에 도달했는데 그곳이 고지의 가장 가파른 부분의 정상인 것 같았다. 아래편에서는 2개 중대가 롬멜과 합류하기 위해 헐떡이며 올라오고 있었다. 목표지점은 능선이었고, 등반과 접전을 반복하며 이미 적진지의 중심부까지 밀고 올라간 롬멜은 목표지점이 불과 800m밖에 남지 않았음을 확인했다. 하지만 롬멜의 소부대와 목표 사이에는 소총수와 기관총으로 구성된 루마니아 방어선이 있었고, 이들은 독일군을 목격하자 사격을 개시했다. 롬멜은 자신과 합류하기 위해 달려오는 병력들을 집결시키기 위해 그 자리에서 대기해야 했고, 루마니아군은 그 틈을 타 병력을 증강하고 새 방어선을 만들 여유를 얻었다. 물론 다소 늦었다고 해도 롬멜의 진격 속도는 오후에 실시할 예정이었던 공격계획을 한참이나 앞서 있었다.

롬멜의 휘하에는 기관총이 없었다. 심한 경사면과 관목들을 우회하며 산을 오르느라 기관총병들이 따라오지 못했다. 롬멜은 이제 소총수들을 이끌고 지형의 요철을 활용하며 전방으로 전진하기 시작했다. 소부대들은 기민하게 움직이며 적과의 거리를 좁혀갔다. 어둠이 깔리기 전, 롬멜의 부대는 루마니아 방어선의 80m 전방지점까지 진출했다. 독일군들은 예상 가능한 루마니아군의 반격에 대비하여 신속하게 사주방어를 취했다. 이제 롬멜의 부대는 루마니아의 외곽 방어선을 1km가량 돌파했고 이 과정에서 통신용 유선을 모두 소모하는 바람에 다음 날 아침 6시까지는 대대와 접촉할 방법이 없었다.

롬멜은 대담성과 직관력을 활용해 코스나 산 주진지를 공격하기 위한 완벽한 도약지점을 확보했다. 송곳처럼 적의 진지를 돌파한 그의 부대는 이제 증원을 받을 수 있게 되었고, 새벽이 되자 산악대대 소속의 다른 중대들이 속속 그와 합류했다. 롬멜은 후속부대가 합류하기 전에 활발한 정찰을 통해 루마니아군의 위치와 범위를 파악하고 그들을 정확히 어떻게 공격할 것인지 결심해 두었다. 롬멜은 3개 소총중대와 2개 기관총중대를 확보한 후 계획대로 명령을 하달했다. 먼저 기관총 10정을 직접 인솔해 은폐를 유지하기 위해 멀리 우회해 사격 위치에 배치하고, 각 기관총에게 정확한 목표와 시간계획을 부여했다. 그리고 3개의 돌격 중대를 엄폐된 지형에 집결시키고 전체 병력을 양동부대와 주공부대로 분할했다. 롬멜은 정오에 공격 신호를 보냈다. 기관총이 사격을 개시하고 돌격 중대들이 전진했다. 그 후 모든 방향에서 루마니아군과 격렬한 근거리 사격전이 벌어졌다. 루마니아군의 강력한 국지적 반격으로 혼전이 벌어졌지만 결국 대대는 목표를 확보했고 롬멜은 2개 중대로 새 진지의 전단을 맡았다. 당시 그는 팔에 부상을 입고 상당한 피를 흘리고 있었다.

롬멜은 이 작지만 힘든 전투에서 많은 교훈을 얻었다. 그는 정황 상 어쩔 수 없이 포병과 박격포의 지원 없이 공격했지만, 중기관총을 화력지원 역할로 운용하여 압도적인 효과를 거뒀다. 그리고 시간을 두고 정찰을 실시하여 철저하고 정확하게 적 상황을 파악했다. 그는 기습을 어느 곳에서 어떻게 시행해야 할 것인가를 정확하게 판단하고, 루마니아군의 나태한 준비태세와 둔한 주의력을 활용했다. 롬멜은 당면한 전술적 수준에 적합한 창의성을 보였으며, 루마니아군의 사격을 유도하고 예비대의 조기 투입을 유발하기 위해 일부 병력으로 적을 기만했으며, 압도적인 전력으로 일격을 가했다. 대대는 이제 코스나 산 인근의 능선을 확보했지만, 여전히 많은 싸움이 남아 있었다.

다음 날, 롬멜은 공세의 다음 단계를 위해 6개 소총중대와 2개 기관총중대의 지휘권을 부여받았다. 그는 거의 잠을 자지 못했고, 부상의 고통과 피로로 기진맥진한 채 신경

을 곤두세우며 하루를 보냈다. 다음 날에도 극도의 더위와 등반을 견뎌야 할 것이 분명
했다. 루마니아군의 진지는 종심이 상당했고, 골짜기를 낀 방어선들이 겹겹이 늘어서 있
었다. 롬멜은 현재까지 방어선 가운데 하나를 점령하고 돌파했을 뿐 산 정상은 아직 적
의 손에 있었다. 롬멜은 코스나 산 정상을 목표로 부여받았다. 노출된 능선을 따라 직접
접근로가 있었고 루마니아군 주진지는 이 능선을 가로지르고 있었다. 롬멜은 기관총 일
부와 2개 중대를 배치하여 전방으로 강력한 직사를 가해 측면 우회 기동으로부터 적의
주의를 돌리도록 했다. 기관총 사수들은 50kg의 장비를 휴대한데다 극심한 더위로 지쳐
있었다. 롬멜은 나머지 4개 소총중대와 1개 기관총중대로 적의 우측, 즉 북쪽으로 진출
해야 한다고 건의했다. 북쪽에는 다른 고지와 연결된 숲으로 덮인 비탈이 있어 엄폐가
가능할 것 같았다. 롬멜은 루마니아군의 우측을 향해 돌격하여 계획대로 기습에 성공했
다. 지원사격 부대도 능선 도로를 따라 곧장 전진할 예정이었다.

골짜기에 위치한 가파르고 울퉁불퉁한 비탈로 인해 행군은 매우 힘들었다. 그리고 공
격을 위해 중대를 집결시키는 과정에서 영 좋지 못한 문제를 발견했다. 통신용 유선이
잘리거나 손상된 상태였다. 롬멜은 항상. 특히 포병지원을 획득하기 위해 유선망을 사
용해 왔다. 이 작전의 경우에는 사격으로 전선의 적을 고착시키기 위해서 지원사격부대
와 접촉을 유지할 필요가 있었다. 따라서 그에게는 통신반이 극히 중요했다.

하지만 그 연결이 끊긴 상태였다. 롬멜은 빠른 시간 내에 통신을 회복할 수 없음을 파
악하고 즉석에서 돌격계획을 수립했다. 중기관총과 1개 소총소대가 적진지를 향해 전
진하라는 명령을 받았다. 롬멜은 전면의 진지가 루마니아군이 설치한 코스나 산 정상
진지의 우측면이라고 판단했다. 적이 사격을 개시하면 이 병력들은 근거리에서 사격으
로 대응하고, 그동안 남은 중대들이 돌격하며 돌파구 견부를 확보하고, 주력은 목표까
지 그대로 진격하며 이후 남서쪽 방면으로 돌파를 시도한다는 계획이 수립되었다. 이
계획의 첫 단계는 훌륭하게 달성했다. 롬멜은 지원 기관총들이 사격을 중지하자 즉시
중대들과 함께 돌격하여 거의 사상자를 내지 않고 적진을 돌파해서 1차 목표 부근에 도
달했다. 그렇지만 정상은 여전히 한참 먼 곳에 있었고 루마니아군의 기관총과 강력한
소총 방어선들로 인해 전진로를 개척하던 롬멜 분견대는 그 자리에 정지했다. 치열한
사격이 오가면서 사상자가 발생했다. 루마니아 보병은 이제 포병의 지원을 받으며 롬멜
의 중대들을 향해 반격하기 시작했다.

언제나처럼 융통성을 발휘한 롬멜은 좌익 우회 부대가 더이상 기동을 계속할 수 없음
을 깨달았다. 그는 일부 병력과 함께 우측으로 이동하여 원래의 위치에서 적 방향으로

나 있는 능선을 가로지르는 중앙 방어선을 향하기 시작했다. 그는 이제 자신의 우회 기동 정면에 있는 루마니아군을 왼쪽 측면에서 공격하려 했다. 그 순간 융(Jung) 소위가 지휘하는 지원사격 부대가 기존의 명령대로 나타나 능선을 따라 공격을 개시했다. 이 공격이 결정적이었다. 루마니아군은 자신들 우측면에 나타난 롬멜의 위협에 대항하는데 전력을 투입하던 중에 다른 방향에서 새로운 부대가 나타나자 도주했다. 롬멜의 병력은 정상에 이르는 중간의 작은 고지를 확보했다. 이 고지는 루마니아군 전방 진지의 중앙 거점으로 사용되고 있었다. 전방의 골짜기 건너편에는 코스나 산이 우뚝 솟아 있었다. 이 작은 고지에 '사령부 언덕'(Headquarters Knoll)이라는 이름이 붙었다.

롬멜과 대원들은 극도로 지쳤다. 하지만 그는 1시간 내에 공격을 준비하기로 결심했고 이제 그와 합류한 대대장도 롬멜의 견해에 동의했다. 롬멜은 오전의 기동을 반복할 생각이었다. 즉 4개 중대로 좌익에서 우회 기동을 하며 전방의 골짜기로 진입해 이탈하고 당시 독일군이 점령한 언덕에서 사격으로 이를 엄호한다는 계획이었다. 몇 시간에 걸친 힘겨운 등반과 루마니아군 전초들을 상대로 한 접전 끝에 롬멜과 그의 부대는 코스나 산 정상에 섰고 그곳에 있던 적은 대부분 도주했다. 하지만 루마니아군은 정상에서 철수했을 뿐, 아직 정상의 동쪽과 동북쪽에 강력한 진지들을 보유하고 있었다. 이 진지들을 분쇄하지 않는 한 독일군의 전략적 목표인 평야지대로 전진할 수 없었다. 뿐만 아니라 이 진지들은 독일군이 코스나 산 진지를 동쪽으로 돌파할 때까지 포격으로 독일군을 괴롭히거나 불시에 근거리 반격을 시도할 수 있었다. 그러나 이 진지들을 동쪽에서 공격하려면 산의 동쪽 사면에서 빤히 보이는 기동을 감수해야 했다.

후일 롬멜은 모루가 되기보다 망치가 되는 편이 낫다는 판단에 위험을 감수하기로 결심했다고 기록했는데, 이 역시 롬멜의 특징 가운데 하나다. 정상에서 벗어나 루마니아군의 시야를 피할 수 있는 엄폐지형으로 내려가는 공격의 첫 단계를 완수한 롬멜은 전방으로 압박을 가할 필요가 있다고 판단했다. 그 순간 가까스로 복구한 유선 통신을 통해 대대장의 명령이 하달되었고 롬멜은 큰 충격을 받았다. 대대장은 롬멜에게 즉시 어제 공격을 시작했던 코스나 산 서쪽 800m 지점의 능선으로 철수할 것을 명령했다. 이런 상황변화는 러시아군의 움직임과 연관이 있었다. 러시아군은 루마니아군의 북쪽 측면을 지나 독일의 좌측면을 위협하고 있었다.

그 날, 즉 8월 12일 밤에 산악대대를 창설 당시부터 지휘하고 있던 슈프뢰서(Sprösser) 소령은 회의에서 중대장들에게 현 상황의 대처방안에 대해 의견을 물었다. 적들은 독일군을 거의 포위했거나 곧 포위에 착수할 것 같았고, 새벽이 채 지나기 전에 루마니아나 러시아의 공격이 시작될 것이라는 예상도 나왔다. 롬멜은 이 회의에서 새로운 방침을 제안했고, 그 제안은 즉시 채택되었다. 이후 며칠간의 극적이면서도 절박한 전투에서 롬멜은 방어의 조직자이자 격려자 역할을 하게 되었다.

롬멜은 코스나 산 정상을 포기하자고 제안했다. 이곳을 화력으로 엄호하되 직접 점령 하지는 않아야 한다는 것이다. 그는 루마니아군이 예측대로 정상 진지 점령을 시도한다면 기관총과 포병 화력으로 이를 소탕할 수 있다고 여겼다. 이 계획에 따르면 독일군은 산의 남쪽에 정찰진지를 점령하고 필요한 경우에 한해 진지를 포기하되, 가급적 지연해야 했다. 그리고 북부 사면에 2개 중대로 편성된 사주방어 진지를 편성하는데, 이 진지들은 실제 전력에 비해 강하고 넓은 것처럼 위장하고 적을 기만하기 위해 여러 지점에서 사격을 계속해야 했다. 대대의 방어진지 중심은 사령부 언덕으로 설정했다. 이곳은 롬멜이 코스나 산의 진지들을 습격하기 전에 점령한 위치였다. 이곳을 기관총과 1개 소총 소대로 확보하면 코스나 산을 엄호할 수 있었다. 주력인 4개 중대는 사령부 언덕 부근에 호를 파고 필요한 경우 반격이나 증원을 위해 예비로 대기시켰다. 롬멜은 방어 자원이 부족하다고 여겼지만, 예비대로 전투에 최대한의 영향력을 행사하도록 준비했다.

8월 13일에 시작된 루마니아군의 공격은 시작부터 예상보다 정교했고 전방위에 걸쳐, 종일 지속되었다. 산 남쪽의 정찰대 중 하나가 철수하자 롬멜은 이를 불필요한 철수라 보고 반격을 진두지휘했다. 그동안 전초 소대들은 진지에서 밀려났다. 롬멜이 잠시 자리를 비운 동안 대규모 루마니아 보병이 사령부 언덕으로 돌격했기 때문에 예비중대들을 급히 방어에 투입해야 했다. 루마니아군은 코스나 산 정상을 탈환하고 계속 서쪽으로 몰려 내려왔다. 롬멜은 사전에 이 공격을 예상하고 대비해 두었으며, 그 결과 루마니아군은 혹독한 대가를 치렀다. 하지만 적은 동쪽, 북쪽, 남쪽에서 독일 진지들을 공격하고 있었고 탄약이 매우 부족했다. 롬멜의 책임구역은 코스나 산 주변과 사령부 언덕이었으며 슈프뢰서 소령은 더 넓은 지역을 담당했는데, 대대의 책임구역 전체에서 수류탄 투척 거리 내의 교전이 반복되었다. 야간이 되자 롬멜은 이날과 같은 전투가 하루만 더 이어지더라도 산악대대가 손실을 감당할 수 없게 되고, 하루를 더 싸우면 분명 심각한 위험에 노출될 것이라 판단했다. 그는 힘들더라도 방어선에 축성을 실시하고 부대를 재편성하기로 결정하고 어둠이 내리기 전에 공병중대를 불러와서 방어선의 중심인 사령부 언덕에서 작업을 시작했다. 롬멜은 5일 동안 전투화를 한 번도 벗지 않았다. 발이 부었고 부상당한 팔의 붕대도 교체하지 못했다. 전투복은 피에 젖어 있었고, 한낮의 극심한 더위와는 달리 밤에는 추위가 엄습했다. 롬멜의 부대는 그날 밤 내내 진지 보강 작업을 진행했는데, 새벽이 되기 전에 다른 연대들이 몇 개 중대 규모의 증원을 보내 롬멜에게 힘을 실어주었다. 이후 이틀 동안은 강화된 진지들 덕분에 사령부 언덕 전방을 좀더 쉽게 방어할 수 있었다. 8월 16일에 뇌우가 몰아쳐서 더위는 누그러졌지만 병사들이 흠뻑 젖었다. 롬멜 일행은 루마니아군 포로가 준비한 모닥불에서 젖은 옷을 입은 채로 말렸다. 롬멜은 당시 부대의 사기가 매우 높았다고 기록했다.

북쪽의 상황은 안정되었다. 롬멜은 8월 19일에 다시 공세에 나섰고 3개 소총중대와 2개 기관총중대를 이끌고 루마니아 전선을 향해 다시 공격을 실시했다. 그리고 코스나 산에서 적을 다시 몰아냈다. 그는 이번에도 동일한 전술을 사용했다. 즉 주의 깊게 준비하고, 사용하기 어렵지만 가급적 은폐된 접근로를 이용하고, 기관총과 포병으로 공격지점에 강력한 화력 지원을 실시하고, 충분한 전투 병력으로 목표를 향해 돌격하고, 계속 움직이며 기세를 유지하고, 적에게 회복할 시간을 주지 않았다. 코스나 산에서 산악대대를 몰아내려는 루마니아군의 반격은 다시 한번 실패했다. 루마니아군은 2주간의 하계 전투에서 500명의 사상자를 냈고 그중 30명이 전사자였다. 대대는 8월 25일에 일선에서 철수하여 예비대가 되었다.

# 제4장 푸르 르 메리트 (Pour le Mérite)

코스나 산 전투 이후 롬멜은 몇 주간의 휴가를 받았고 부인과 발트 해에서 휴식하며 완전히 기분전환을 할 수 있었다. 그에게는 분명히 휴식이 필요했다. 롬멜의 기록을 보면 그는 완전히 지쳐 전투가 끝날 때는 고열에 시달리며 '헛소리'를 횡설수설 늘어놓았다고 한다. 롬멜은 지휘를 계속하기에 적절한 상태가 아니었고 전상자로서 지휘권을 인계했다. 코스나 산에서 진행되던 치열한 전투는 5일 후에 끝났으며 롬멜이 원대복귀를 하기 전에 산악대대는 다음 전역을 준비하게 되었다.

1917년 가을의 동맹국들은 천천히 조여오는 올가미에 목이 걸린 것과 같은 처지였다. 모든 방향에서 포위된 독일과 오스트리아-헝가리는 훌륭한 철도망을 이용한 내선 작전으로 대항했지만, 적들은 점점 더 강해지고 있었다.

동맹국들에 대한 압력의 강도는 전선마다 달랐다. 올가미의 한쪽 부분인 서부전선에서는 1917년 7월부터 11월 4일까지 연합군 측에서 3차 이프르 전투라고 부르는, 막대한 사상자가 발생한 대규모 전투가 계속되었다. 점령지는 거의 변하지 않았고, 조그마한 점령지도 대부분 진흙탕과 늪지대였다. 하지만 올가미의 동남쪽인 루마니아와 발칸반도에서는 독일의 공세로 러시아 전선의 남쪽 기둥이 사실상 무너졌다.

그리고 11월에는 러시아에서 볼셰비키 혁명이 일어났고, 혁명정부는 거의 즉각적으로 독일과의 평화를 요구해 왔다.[029] 그 결과 독일을 묶고 있던 올가미의 동부 및 동남부 부분은 곧 헐거워졌으며, 종국에는 올가미 자체가 녹아 없어졌다. 그 결과 독일 제국의 모든 전력을 집중하여 서부전선에서 결전을 시도한다는 루덴도르프(Ludendorff) 장군의 계획을 성사시킬 확률이 매우 높아졌다. 당시 독일은 매우 절실한 상황이었다. 지난 3년

---

029    브레스트-리토프스크 조약에 의한 실질적 평화는 1918년 3월 3일에 공식화 되었으나, 10월 혁명(러시아 달력 기준) 이후 동부전선의 위협은 사라진 상태였다.

간 오스트리아-헝가리 및 독일은 끔찍한 인명 손실을 겪었고 연합군의 해상봉쇄로 인해 물질적으로도 정신적으로도 피폐해 있었다. 그리고 아직 거대한 전쟁을 겪지 않은 거대 공업국인 미국이 독일에 대항해 새로 무기를 들었다. 독일은 아직 규모가 작고 경험도 없는 미국이 전력을 강화해 서부전선에 영향력을 행사하기 전에, 서부전선에 최대한 전력을 집결하여 결정적 승리를 거둬야 했다.

한편, 남부의 이탈리아 전선도 계속 유지되었다. 롬멜이 1917년 10월에 산악대대로 복귀했을 때 대대는 루마니아에서 열차로 마케도니아를 거쳐 현재 오스트리아의 케른텐(Kärnten)에 배치되어 이탈리아 전역에서 다음 전투에 참여할 준비를 갖추고 있었다.

이탈리아 전역은 1915년 5월 오스트리아에 대한 이탈리아의 선전포고로 시작되었다. 로마(Rome)와 빈의 관계는 복잡하게 얽혀 있었다. 오스트리아 제국은 북부 이탈리아를 장기간 지배했고 트리에스테(Trieste)와 트렌티노(Trentino), 그리고 티롤(Tirol) 남부는 민족적으로도 섞여 있었다. 오스트리아가 보스니아-헤르체고비나의 아드리아 해 일대를 합병하자 이탈리아는 오스트리아의 행동을 공격으로 간주했다. 이 사건은 이탈리아의 동맹국 이탈 결정에 큰 영향을 미쳤다. 그리고 1915년 봄이 되자 독일-오스트리아가 단기간에 승리할 수 없다는 사실이 명백해졌다. 이탈리아는 국운을 걸기로 했다.

초기에는 오스트리아가 이탈리아 방어를 담당했다. 이탈리아는 전략적으로 공세를 유지하려 했는데, 이탈리아의 공세는 트리에스테 만을 향해 흐르는 이손초(Isonzo) 강이 위치한 이손초 계곡의 남부에서 동쪽을 향해 전진하는 형태로 기획되었다. 산악지대인 북부와 북동부 지역은 방어 태세를 유지할 예정이었다. 주 목표는 트리에스테였다.

이탈리아의 최초 공세는 곧 저지되고 전선에서는 참호전이 시작되었으며 이후 몇 차례에 걸쳐 벌어진 이손초 전투는 서부전선과 비슷한 양상으로 흘러갔다. 수많은 포병이 집결했고, 쌍방에서 많은 사상자가 발생했으며, 투입된 전력에 비해 점령한 영토는 매우 작았다. 하지만 1917년 8월의 11차 이손초 전투에서는 오스트리아를 상당히 멀리 밀어낼 수 있었으며, 고리치아(Gorizia)를 점령하고 마침내 트리에스테를 눈앞에 두었다. 이탈리아군은 고리치아와 톨민(Tolmin) 사이의 바인시차(Bainsizza) 고원도 점령했다.[030] 오스트리아는 전선이 심각한 위협에 처하자 독일에 지원을 요청했고, 이에 독일은 어려운 전황 속에서도 7개 사단으로 구성된 제14군을 이손초 전선으로 파견하는 데 동의했다. 독일은 가능한 신속하게 반격하여 이탈리아군을 이탈리아 반도로 밀어내는 계획을 수립했다. 반격 지점으로 선정된 곳은 톨민으로, 이손초 강을 건너 이탈리아군을 강 서

---

**030** 이 전역의 작전은 대부분 유고슬라비아(현 슬로베니아)에서 진행되었고, 1917년에는 주로 오스트리아-헝가리 제국이 싸웠다.

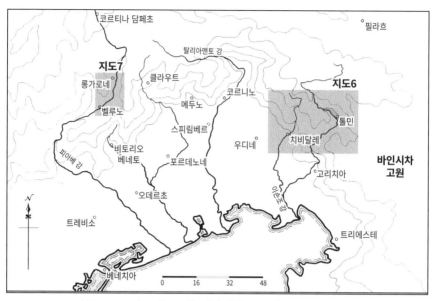

지도5. 1917년 10월~11월, 이탈리아 북부 산악대대 작전 지역

쪽의 산악지대에서 몰아내고 베네토(Veneto) 평원과 탈리아멘토(Tagliamento) 강 유역까지 진출한다는 목표가 수립되었다. (당시 이손초 강 양쪽의 고지대는 모두 이탈리아군의 수중에 있었다) 이탈리아군 전선의 종심이 상당히 깊은 편이고 이손초가 일선 방어선의 일부를 형성하고 있었음을 고려하면 이는 매우 야심 찬 계획이었다. 그 뒤로는 중간 방어선과 마타주르(Matajur) 산에서 쿡(Kuk)으로 이어지는 고산 지대 능선들로 구성된 3선이 있었다. 독일 산악군단의 임무는 고도가 높은 3선 지역의 최종 목표를 점령하는 것이었다. 뷔르템베르크 산악대대는 바이에른 근위보병연대(Königlich Bayerisches Infanterie-Leibregiment) 우측에서 이동하며 사전에 파악된 이탈리아의 포대들을 제거하고, 이후 마타주르 산 정상을 향하는 근위보병연대를 추종하는 임무를 맡았다.

　롬멜은 이전과 같이 '롬멜 분견대(Rommel Detachment)'라는 이름으로 3개 산악중대와 1개 기관총중대의 지휘를 담당했으며, 작전의 첫 단계에서는 선두 부대들을 따라 강을 건너 이탈리아군의 전선을 통과한 후에는 대대의 전위 부대로 행동하라는 명령을 받았다. 롬멜은 중위였고 곧 대위가 될 예정이었는데 이는 공식적으로 중대장급이었다. 하지만 루마니아, 그리고 프랑스에서도 종종 그랬듯 롬멜은 이 전역에서도 대부분의 경우 대대나 대대급에 준하는 규모의 부대를 지휘했다. 지휘권 부여는 독일군 내에서라면 그리 특별한 일도 아니었다. 당시 독일군은 복무 기간, 자격, 학위에 따라 계급을 부여했고 한 지휘관의 책임 범위가 확대된다 해도 임시적으로 계급을 올려주지 않았다. 만약 중위가 대대를 지휘하게 된다면 그렇게 하도록 둔다. 단지 능력에 따라서 그렇게 하는 것이다. 이런 경향으로 인해 독일군의 장교와 부사관들은 불공평하다는 생각이 없이 다른 국가의 군대의 동계급에 비해 더 큰 책임을 수행하는 경향이 있었다. 진급이 더 까다로운 만큼 권위를 인정받았고, 그 결과 타국군에 비해 소수의 지휘관들이 상대적으로 더 큰 병력의 지휘권을 행사했다. 이런 피라미드식 지휘구조는 하층 구조가 더 넓기 마련이며, 자연히 비교적 하급 장교들에게도 책임이 부여되었다. 롬멜은 위관 시절에 수 개 중대를 지휘해서 싸우며 종종 하사가 지휘하는 대규모 부대에게 명령을 내렸다. 이손초 전투 중에도 여전히 산악대대장이던 슈프뢰서 소령이 200여 명의 소총수로 편성된 11개 중대를 거느리고 필요에 따라 융통성 있게 이들을 결합했다. 독일군에게도 많은 단점이 있었지만, 적어도 상층부의 비대화 문제를 겪지는 않았다.

독일군은 10월 24일에 강력한 포병 준비사격 이후 공격을 개시했다. 수천 문의 포가 새벽 2시 정각부터 발포를 시작했고 천둥 같은 소리가 산을 울렸다. 포격은 공격의 전조일 수 있기 때문에 이탈리아군의 탐조등이 공격부대를 찾으려 바삐 움직였지만, 비가 내리고 있어서 거의 효과가 없었다. 새벽 직후에 대대는 강력한 포격 지원 하에 전진하며 가파른 경사면을 내려가 별 어려움 없이 이손초 강을 건넜다. 이들은 파괴적인 포병 사격의 엄호와 끔찍한 날씨의 보호를 받으며 이탈리아군의 1선 진지를 통과해 전진하며 2선 진지를 향해 가파른 길을 올랐다. 경사면은 숲이 우거져 있었고 나무와 관목들에는 아직 잎이 붙어 있었다. 이제 전위 부대가 된 롬멜 분견대는 가파른 경사면을 오르고 있었다. 부대는 곧 적 진지와 조우해 사격을 받았다. 첨병 부대는 철조망과 참호가 있다고 보고했고 롬멜은 이곳이 이탈리아군의 2선 진지가 틀림없다고 판단했다.

롬멜은 공격 축선을 벗어나 왼쪽의 가파른 협곡으로 올라가면 이탈리아군 진지에 접근할 수 있는 보다 기발한 통로를 발견할 수 있다고 판단했다. 그는 부대를 선두에서 이끌고 출발했으며 곧 "지속적이고 강력하며 철조망이 잘 설치되었지만… 공동묘지처럼 조용한" 적 진지를 만났다. 이 장면은 코스나 산 돌격의 초기 단계를 떠올리게 했다. 롬멜은 진지 부근에 이탈리아군 몇 명을 보았다. 그들은 독일군이 가까이 있음을 모르는 것이 분명했다. 롬멜은 이탈리아군이 사용하던 것으로 추정되는 엄폐된 통로를 발견했고 이 통로를 따라가면 이탈리아군 진지와 만날 수 있다고 판단했다. 롬멜은 엄폐 경로로 8명의 척후조를 보내고 최대한 조용히 이동하며 필요할 경우에만 사격하라는 명령을 내렸다. 롬멜 분견대의 나은 병력은 대기하며 척후조에게 문제가 생기면 사격할 준

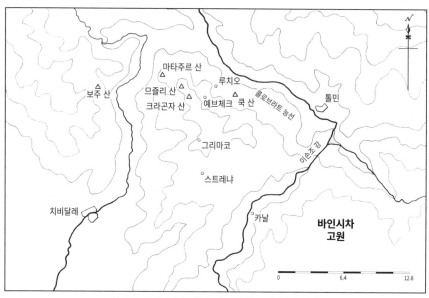

지도6. 1917년 10월 24일. 산악대대 공격지역

비를 했다. 곧 척후조원 한 명이 서둘러 돌아와 유개호에서 17명의 이탈리아군 포로를 잡았으며 척후조는 여전히 유개호 안에 있다고 롬멜에게 보고했다. 여전히 적의 대응은 없었다. 롬멜은 전 부대를 이끌고 같은 경로로 이동했고, 이탈리아군 2선 진지로 돌입해서 이를 돌파했다고 판단하자 측면 엄호 부대를 편성했다. 그는 유개호 속에 대피해 있는 다수의 이탈리아군 포로를 발견했다. 여전히 비가 내리고 있었다. 그리고 아직 교전은 일어나지 않았다.

롬멜 분견대는 일렬 종대로 움직이며 1km를 이동했고 기관총 사수들은 40kg 무게의 장비를 휴대하고 있었다. 롬멜은 이제 모든 공격 시간계획을 한참 앞서 있었기 때문에 가끔 독일 포병의 사격지대 안에 들어가는 상황을 우려했다.

하지만 롬멜은 그런 위험을 거의 무시하며 계속 전진했고, 이탈리아군 순찰대 및 전초들을 여러 차례 마주쳤으나 어렵지 않게 이들을 물리쳤다. 오후에는 당초 명령대로 좌측의 바이에른 근위연대와 접촉을 한 채 기동했다. 전방에는 산등성이인 콜로브라트 (Kolovrat) 능선이 있었다. 이탈리아군 주진지는 이 능선부터 수백 미터 가량 더 높은 마타주르 산의 능선까지 산의 가장 높은 부분을 따라 이어졌다.

그 날 저녁 7시, 독일군은 이탈리아군의 3선을 마주했고, 롬멜은 부대의 좌측 인접 부대인 근위연대 제3근위대대 지휘소로 호출되었다. 롬멜은 이렇게 기록했다. "제3근위대대장은 자신의 지휘 아래 들어오기를 요구했고 나는 이 요구를 거절했다. 나는 슈프뢰서 소령의 지휘 하에 있으며, 내가 알기로 그가 근위대대장보다 선임자라고 말했다." 롬멜의 입장에서는 분명 불쾌한 대화였고, 당장은 근위대를 따라 고지를 점령하라는 명령을 받는 선에서 마무리되었다. 다만 롬멜은 이 대화를 자신의 대대장에게 보고하겠다고 말했다. 롬멜의 기억에 따르면 대대장은 "별로 기뻐하지 않았다."

롬멜은 바이에른 근위대나 다른 연대를 뒤따라가서 목표를 점령하는 역할에는 흥미가 없었음이 분명하다. 그는 수 시간 가량을 휴식하면서도 내내 풀이 죽어 있었다. 그리고 누워서 이따금 졸면서 부대 운용 계획을 수립했다.

다음 날 새벽 5시에 대대장인 슈프뢰서 소령이 산악대대의 나머지 병력을 이끌고 도착하자 롬멜은 자신이 수립한 계획에 대해 보고했다. 롬멜은 바이에른 연대와 떨어져서 서쪽으로 기동하여 1㎞에 걸친 정면의 일부인 능선의 다른 부분에 대해 독립적인 측면 공격을 수행하자고 건의했다. 슈프뢰서 소령은 여기에 동의했고, 롬멜은 2개 소총중대와 1개 기관총중대를 인솔하여 10월 25일 여명 직전에 출발했다. 이 공격에서 롬멜은 콜로브라트 능선과 마타주르 산을 점령하고, 파란만장한 전투 경력 중에서 아마 가장 만족스러운 경험이라고 추억할 만한 전투를 치르게 되었다.

롬멜의 첫 행동은 늘 그랬듯이 이손초 강 방면의 이탈리아군 전선을 경계 중인 이탈리아군 전초와 보초 제압이었다. 롬멜은 비탈을 가로질러 움직이며 고지의 요철을 이용하여 적이 예상치 못한 방향에서 전초들을 공격했다. (후에 그는 최고의 습격 전문가로 성장했다) 출발할 때 약간의 산발적인 기관총 사격을 받기는 했지만 롬멜은 부대를 능선 정상에서 200m가량 떨어진 비탈의 덤불지대에 집결시키는 데 성공했다. 이제 롬멜의 부대 전원이 능선에서 감시 중인 이탈리아군의 시야를 피하게 되었다. 롬멜은 이탈리아군 진지와 평행하게 움직이고 있었다. 그의 등 뒤로, 지난밤에 부대가 위치했던 지역에서 사격을 교환하는 소리가 시끄럽게 들려왔다. 그곳에는 바이에른 연대가 콜로브라트의 고지대 일부를 앞에 두고 멈춰 있었다. 그동안 롬멜의 부대는 돌파예정지점에 도달했다. 롬멜은 그곳에서 좌측으로 우회해 바로 앞의 비탈을 오르며 습격을 시도했다. 그는 한 소위가 이끄는 다섯 명의 정찰대가 비탈을 올라 철조망을 조사하고 주변을 확인하는 동안 잠시 정지했다. 몇 분 후, 정찰대는 총 한 발 쏘지 않고 적 진지에 돌입해 몇 명의 포로를 잡았다고 보고했다. 상황은 롬멜이 원하는 방향으로 흐르고 있었으며 여전히 기습은 실패하지 않았다. 그는 부대 전원을 인솔하여 가급적 신속하게 콜로브란트 능선의 정점으로 폭 50m의 산등성이를 달려 올라갔다. 롬멜의 부대원들은 유개호에서 항복한 이탈리아군 수백 명을 포로로 잡았다. 매우 훌륭한 전과였다.

롬멜은 이제 마타주르 산을 향해 서쪽으로 전진해 전과를 확대하기로 결심했다. 하지만 마타주르로 향하는 능선길은 등성이 서쪽의 고지대에 위치한 진지에 엄호를 받고 있었다. 그곳에는 이탈리아군의 사격 참호들이 콜로브라트 능선에 대해 직각으로 배치되어 롬멜 분견대의 서진을 가로막았다. 그동안 롬멜의 시야에는 새로운 이탈리아군 보병들이 좌측에서 능선의 남사면을 올라오는 모습이 들어왔다. 그리고 능선길을 엄호하는 전방의 이탈리아군이 소총과 기관총을 맹렬히 사격하기 시작했다. 롬멜은 휘하의 중대들과 함께 최종 목적지인 능선의 첫 목에 있었는데, 이곳은 이탈리아군에게 지나치게 노출되어 있었다.

롬멜은 능선을 따라 서쪽으로 무작정 전진하려는 시도는 의미가 없다고 판단했다. 그는 선두 중대에게 현 위치에 멈추라고 명령하고 나머지 부대는 가급적 빨리 등성이로 되돌려 보냈다. 근거리에서 사격과 수류탄을 주고받던 선두중대는 이제 정면-서쪽-뿐만 아니라 측면에서도 공격을 받게 되었다. 그러나 롬멜은 이미 비슷한 상황을 몇 번이고 경험했다. 그는 특유의 에너지와 창의력을 활용해 기습에 성공했지만, 그 결과 자신의 부대 일부가 심각한 위협에 처했다는 사실을 인식했다. 이제 롬멜은 이 상황에 어떻게 대처할지 결심해야 했다. 더이상의 손실을 막고 철수해서 병력 일부를 희생하는 대신 남은 병력을 구한 후 계획을 검토할 것인가, 아니면 어떻게든 공세적인 행동으로 공격받는 부하들을 구할 것인가. 롬멜은 대부분의 경우 후자를 택했다.

롬멜은 당시의 결정에 대해 다음과 같이 기록했다. "나는 잔존병력으로 적의 측면과 후면을 즉각 기습하는 방법만이 2중대를 궁지에서 구할 방법이라고 확신했다." 마침 그의 수백 미터 전방에서 "적이 공격을 위해 집결하고 있었다."

롬멜은 중기관총 한 정을 우측에 거치하여 능선의 서쪽을 향하도록 했다. 그리고 왼쪽의 저지대라면 적의 측면을 강타할 수 있다고 판단하여 소총중대 하나를 보냈다. 이제 롬멜 휘하의 2개 중대(원래는 4개 중대였다) 모두가 투입되었다. 공격에 직면한 선두중대는 후방을 방호하기 위한 병력을 남겨두었기 때문에 이미 약화된 상태에서 능선 동쪽을 향하고 있었다. 따라서 병력이 부족한 롬멜은 적들이 예상하지 못한 방향의 공세를 통해 기습의 충격력에 의존해야 했다. 기습은 효과가 있었다. 사면초가에 빠진 롬멜의 선두중대를 공격하던 이탈리아군은 측면 공격에 강타당했고 포위된 중대도 공격에 나서 이탈리아군을 두 방향에서 공격했다. 몇 분 안에 이탈리아군 대대 전체인 12명의 장교와 500명의 병사가 롬멜 분견대에 항복했다. 이제 콜로브라트 진지의 포로의 수가

1,500명으로 늘었다. 하지만 롬멜의 시야에는 또 다른 이탈리아군 부대들이 집결하여 전방과 후방에서 다가오는 모습이 들어왔다.

롬멜은 이제 그의 군 경력 가운데 가장 대담한 일격으로 기록될 행동을 시작했다. 이탈리아군 공병들은 진지를 따라 후방으로 마타주르 산을 향해 이어진 능선길을 비탈 쪽에 뚫어놓았는데, 고지에 위치한 진지들은 이 길을 엄호하기 어려웠다. 롬멜은 자신의 공세를 막아서던 '쿡(Kuk)' 고지의 방어 병력을 소탕하거나 무시하고 우회하여 능선길을 따라 부대를 가급적 신속하게 이동시키면 루치오(Luico) 마을 부근의 적 병력을 압박하고 공격할 수 있다고 판단했다. 루치오 마을은 능선 아래 롬멜의 오른쪽, 즉 북쪽에 있었다. 능선길을 따라 전진한다면 상당히 밀집한 적 병력을 궤멸시키고 전체 목표를 더 쉽게 달성할 기회가 생길 것이다. 롬멜은 부대원들을 거느리고 앞장서서 달리기 시작했다. 롬멜 분견대는 적 전선의 후방으로 이어지는 능선길을 따라 달리며 깜짝 놀란 이탈리아군 병사, 마차, 대포들에게 맹공을 가했다. 독일군과의 조우를 예상하지 못한 이탈리아군들이 여기저기에서 포로로 잡혔다. 롬멜은 이렇게 기록했다. "즐거웠다! 총은 한 발도 쏘지 않았다! 포로 수백 명을 잡고 수레 50대를 노획했다. 작전은 대성공이었다!"

롬멜은 곧 능선에서 내려가 다른 도로가 있는 계곡에 접근했는데 이 도로는 이탈리아군의 보급로가 분명했다. 그는 계곡을 점유하고 도로를 차단할 수 있다면 자신의 부대와 대대의 나머지 병력이 이탈리아군의 전방 병력 대부분과 최후방 진지의 중심부를 효과적으로 포위할 수 있다고 판단했다. 더위와 피로로 지친 롬멜 분견대의 병사들은 노획한 이탈리아군 보급 수레들에 실려 있던 빵, 과일, 달걀, 와인으로 체력을 회복했다. 롬멜은 목표 지점에 도달했고 병사들은 사주 방어 진지를 구축했다. 롬멜과 그가 이끄는 선두의 병사들은 적군들이 설정한 전선에서 3km가량 들어와 있었다. 그러나 정신없이 진격하는 과정에서 롬멜 분견대의 대부분은 여전히 후방에 남아 있었다. 위험을 눈치 채지 못한 이탈리아군의 대열이 루치오 방면에서 도로를 따라 다가오고 있을 때 롬멜의 휘하에는 불과 150명의 병력만이 있었다.

롬멜은 부대원을 도로 양편에 배치하고 흰 손수건과 완장을 지참한 장교 한 명을 이탈리아군에게 항복사절로 보냈다. 롬멜의 다른 성공사례와 달리 이때만은 별 효과가 없었다. 이탈리아군은 협상장교를 구속하고 독일군을 향해 사격하기 시작했다. 하지만 이탈리아군의 저항은 10여분 가량의 사격전 끝에 항복신호로 종결되었다.

베르살리에르(Bersaglieri) 여단의 장교 50명과 병사 2,000명이 이제 롬멜의 손 안에 들어왔다. 전리품 가방이 점차 부풀고 있었다. 뒤쳐졌던 롬멜의 중대 하나가 선두부대를 따라왔고, 롬멜은 즉시 루치오로 이동하여 산악대대의 다른 병력들과 합류했다. 이 대대 병력은 다른 경로로 루치오에 도착한 상태였다. 롬멜은 다음 단계 작전을 위해 3개 소총 중대와 3개 기관총중대의 지휘권을 부여 받았다.

밤이 되었지만 달이 떠 있었고 롬멜 분견대는 달빛에 의지해 능선의 가파른 경사를 오르기 시작했다. 롬멜의 목표는 다음 고지인 크라곤자(Cragonza)산이었다. 산으로 향하는 길목에는 예브체크(Jevszek)라는 마을이 있었고, 그곳에는 이탈리아군의 진지들도 있을 것이 분명했다. 예브체크는 낮이라면 크라곤자 산에서 직접 볼 수 있는 위치였다.

롬멜은 야음을 틈타 어려움 없이 이탈리아군 주둔지를 피해 예브체크를 점령했다. 롬멜의 부대는 10월 26일 동이 트기 직전에 다시 움직였는데, 해가 뜨자 크라곤자 산의 앞쪽 사면에 있는 강력한 진지들에 노출되어 사격을 받았다. 후방에 독일군이 침투해 자신들이 포위당했음을 알게 된 예브체크 방어군도 공격에 가세하자 롬멜 분견대의 일부가 대응해야 했다. 롬멜 분견대의 후위는 예브채크 방어군을 상대로 효과적인 전투를 벌인 끝에 다시 수천명의 포로를 잡았다. 그러나 전방에 위치한 크라곤자 산의 진지들은 적절하고 효과적인 위치에 배치되어 공략이 곤란했다.

롬멜은 다른 대안이 없었으므로 평소와 달리 정면공격을 결심했다. 크라곤자 산을 오르는 경사면은 이탈리아군에게 노출되어 있어서 엄폐가 불가능했고 적의 사계 내에서 필사적으로 오르막을 오르는 것 외에는 할 수 있는 일이 없었다. 롬멜은 중앙의 중대와 함께 움직였다. 손실이 있었지만 산악병들은 적의 참호에 도달하여 적들을 사살했고 이곳의 이탈리아군은 제 때 항복하지 못했다. 그리고 오전 7시 15분에는 독일군이 크라곤자 산의 주인이 되었다. 이제는 단 한 개의 고지, 즉 므즐리(Mrzli)봉만이 남았다. 이 산은 공격하는 독일군과 독일군의 최종 목표인 마타주르 산의 사이에 솟아 있었다.

롬멜과 산악대대원들은 야간 행군과 예브체크의 승리, 그리고 경악할 정면 공격으로 지쳤지만 여전히 쉬지 않았다. 롬멜은 고지대에 산재한 이탈리아군 소부대들과 몇 차례 접전을 벌인 후 2개 소총중대와 1개 기관총중대를 집결시키고 므즐리를 향해 포병 사격을 요청하는 광신호를 보냈다. 몇 분 후 므즐리 남동쪽 경사면의 적 진지를 향해 포격이 시작되었다. 므즐리 정상에는 또 다른 산등성이가 있었고, 롬멜은 이 등성이에 약 3개 대대 병력의 이탈리아군이 집결중이라고 판단했다. 롬멜은 그들에게 천천히 걸어서 접근하기로 결심했다. 아무도 사격을 하지 않았다. 그는 더 걸어가서 소리치며 손수건을 흔들었다. 그래도 아무도 사격하지 않았다. 가장 가까운 이탈리아군으로부터 150m까지 접근하자 이탈리아군이 갑자기 여러 방향에서 뛰쳐나왔다. 수백 명의 병사가 롬멜에게 달려와 "독일 만세(Evviva Germania)!"라고 외치며 롬멜을 들쳐맸다. 다른 수백 명은 무기를 버리고 항복했다. 이들은 살레르노(Salerno) 여단에 소속된 1,500명 규모의 부대였다. 그들은 살레르노 여단의 또 다른 유명한 연대 하나가 최종 목표인 마타주르 산에 배치되었다고 알려주었다. 그리고 이제 마타주르 산이 눈앞에 있었다.

이 순간 당혹스러우면서도 곤란한 상황이 벌어졌다. 롬멜은 대대장으로부터 철수하라는 명령을 받았다. 대대장 슈프뢰서 소령은 현재 롬멜 분견대가 포획한 3,000명이 넘는 엄청난 수의 포로를 보고 모든 목표를 확보했고 전투가 끝났다고 생각했다. 뿐만 아니라 가장 동쪽에 있는 롬멜의 중대들은 이 명령을 듣고 움직이기 시작했다. 롬멜에게는 불과 100명의 병사와 6정의 기관총만이 남았다. 롬멜은 명령에 불복하고 잔여병력을 움직이기로 결심했다. 그는 슈프뢰서 소령이 현황을 파악하지 못했다고 생각했다. 마타주르 산은 여전히 이탈리아군의 수중에 있었고, 사실을 완전히 확인하지 않은 대대장의 명령은 사실을 아는 예하 지휘관이 무시할 수 있다! 물론 그 예하지휘관에게 소신에 따를 용기가 있다면 말이다. 롬멜은 기관총을 배치하고 사격을 개시했다. 몇 분 후 그는 기관총 사격의 엄호 아래 100명의 소총수를 산개시키고 전진하기 시작했다. 그는 손수건이 전투에서 유용하다는 것을 깨닫고 손수건도 준비했다. 그러나 롬멜 분견대의 기관총 사격 외엔 아무런 반응도 없었고, 이제 보병들이 전진하자 기관총도 사격을 멈췄다. 롬멜과 대원들이 마타주르 산의 가시권에 들어가자 300m 앞에 놀라운 광경이 보였다. 유명한 살레르노 여단의 2대대가 개활지에서 집결중이었고, 200명의 병사들은 장교들에게 반항하며 무기를 버렸다. 정상까지는 여전히 거리가 있었고, 롬멜 분견대는 계속 전진했다. 독일군은 약간의 기관총 사격 후 바위산을 400m가량 전진했고, 120명의 이탈리아군이 더 항복했다. 10월 26일 11시 40분에 롬멜은 최종 목표 지점이 산악대대의 수중에 있음을 알리는 신호탄을 쐈다. 그는 52시간 동안 기동과 전투를 반복했으며 도합 9,000명 이상의 포로를 잡았다. 그의 부대는 6명의 전사자와 30명의 부상자를 잃었다. 롬멜 분견대의 성공은 산악군단의 일일명령에 특별히 수록되었다.

롬멜은 후에 동료 장교인 쇠르너(Schörner)가 마타주르 산 정상을 처음 점령했다는 사유로 독일군의 최고 무공 훈장인 푸르 르 메리트(Pour le Mérite)를 받았다는 소식을 듣고 분노했다. 후에 장성으로서 명성 이상으로 논란의 대상이 된 쇠르너는 롬멜이 자신의 것이라고 생각했던 영예를 얻었다. 롬멜은 경쟁심이 매우 강했고 개인적 영예에 상당한 야심이 있었다. 다만 패배한 적을 보고 기뻐하거나 비웃지 않았고, 훌륭히 싸운 이탈리아군에게는 찬사를 보냈다. 그리고 전투를 회고하며 그들이 왜 실패했는지 이유를 분석하기 위해 노력했다.

독일군은 이제 산악 장애물을 돌파했고 치비달레(Cividale)와 그 너머를 향해 이탈리아 군을 한창 추격하고 있었다. 독일군은 우디네(Udine) 북서쪽에 있는 코르니노(Cornino)에서 탈리아멘토 강을 건넜고, 이탈리아군 후위부대들을 털어내고 메두노(Meduna)와 클라우트(Klaut)를 지나 벨루노(Belluno) 북쪽의 피아베(Piave) 강 상류를 향해 가급적 신속하게 행군했다. 다시 산악 지대가 나왔고, 11월 7일에 롬멜은 3개 중대와 1개 기관총중대를 인솔하여 1,500m 높이의 고갯길에서 적을 몰아내라는 명령을 받았다. 이탈리아군은 이곳에서 사격으로 독일군의 전진을 막고 있었다. 잘 준비된 적 진지 아래에는 가파른 절벽이 있었다. 우회 공격을 시도하려면 절벽을 올라가서 고지대를 확보하고 중기관총의 엄호 하에 불시의 방향에서 이탈리아군을 공격해야 했다.

공격은 실패했다. 롬멜은 후일 이 공격이 전쟁을 시작한 이후로 그가 처음 실패한 공격이었다고 회고하며 이 실패를 솔직하게 분석했다. 실패 원인은 공격의 협조에 있었다. 돌격 중대들은 시간에 맞춰 기관총 화력 지원 하에 공격을 실시해야 했지만, 기관총 사격이 끝난 후에 너무 늦게 공격에 나섰다. 공격 중대들은 롬멜이 오기를 기다린 반면 롬멜은 기관총 화력 지원 소대에 너무 오래 머무른 것이 원인이었다. 이는 개인적인 실수였다. 그는 이번만큼은 올바른 시간에 올바른 위치에 있지 않았고, 그 사실을 정확하게 기록으로 남겼다. 산악대대는 진군하며 여러 고지들을 연이어 점령했고 이탈리아군은 독일군에 대항하기보다는 허둥지둥 후퇴했다. 서방 연합군들에게 이 대 패배는 독일군이 주공을 펼친 장소의 이름을 따서 카포레토(Caporetto) 전투라고 알려졌다. 사람과 짐승의 체력을 한계까지 몰아붙이며 최대한 신속하게 진격한 결과 마침내 독일군은 피아베 강의 롱가로네(Longarone)라고 하는 곳에 접근했다. 롬멜은 다음과 같이 기록했다.

엄청나게 멋진 경치였다. 한낮의 밝은 햇빛이 피아베 계곡을 비추었다. 우리 150m 아래에는 맑고 푸른 산의 냇물이 여러 갈래로 암반 위를 흘렀다. 롱가로네 너머에는 2,000m 높이의 봉오리가 솟아 있었다.

피아베 다리 위로 이탈리아군의 폭파반 차량이 달리고 있었다. 강의 서안에는 모든 무기를 갖춘 끝없는 대열이 북쪽의 돌로미테(Dolomites)에서 롱가로네를 거쳐 주도로를 따라 남쪽으로 행군하고 있었다.

롬멜은 당시 대대 전위 부대로서 이탈리아군의 후퇴를 앞지르고 가능하면 교량이 폭

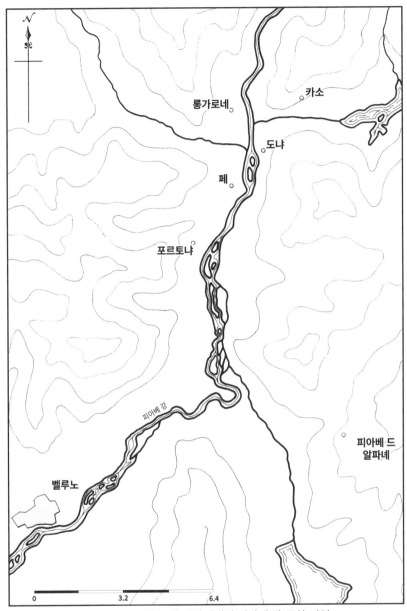

지도7 . 1917년 11월 산악대대의 피아베 강 도하 지역

파되기 전에 점령하기 위해 돌진하고 있었다. 웅대한 피아베 계곡을 처음 마주했을 때 그는 불과 10명의 소총수만을 대동하여 노획한 자전거를 타고 달려가는 중이었다. 그는 곧 이탈리아군의 남쪽 탈출로 양측이 강과 암벽으로 막힌 지점에 장거리 소총 사격

을 가해서 이탈리아군 대열을 정지시켰다. 롬멜 분견대는 숨을 헐떡이며 뒤따라 도착했다. 롬멜은 서둘러 이들을 롱가로네의 남쪽에 있는 도냐(Dogna)로 보내 어떻게든 피아베 강을 건너 강 양안에 위치를 확보하겠다고 결심했다. 전선 곳곳에서 이탈리아군 포로들의 대열이 몰려왔고, 이들로 인해 상황은 혼란스러워졌으며 포격 지원을 요청하기도 어려웠다. 결국 롬멜은 이탈리아군 포로들이 자진해서 알려준 둑을 이용해서 피아베 강의 지류 몇 개를 도하할 수 있었다. 지류들은 대부분 비교적 얕았지만 물살이 다소 빨랐다. 일부 대원들은 더 북쪽에서 강을 헤엄쳐 건넜다. 곧 강의 서안의 페(Fae)에서 롬멜은 롱가로네에서 남쪽으로 향하는 도로를 차단했고 다수의 포로들이 이 올가미로 들어오기 시작했다. 롬멜은 강을 건너서 도로를 차단하여 많은 수의 이탈리아군을 포로로 잡은 것에 만족하거나 증원을 기다릴 수도 있었다. 하지만 그는 늘 그렇듯 이탈리아군으로 가득 찬 롱가로네로 직접 돌진해야만 최대한의 성과를 달성할 수 있을 것이라고 판단했다. 그는 주도권을 쥐고 있었지만 그 주도권을 놓칠 수도 있음을 알았다. 이탈리아군 포병은 여전히 활동하고 있었고 상황은 언제든 바뀔 수 있었다. 확고한 수적 우위를 점한 이탈리아군은 독일군의 저돌적인 추격에 노출된 현 상황을 희생을 강요하는 격렬한 소모전으로 반전시킬 잠재력이 있었다. 당시 시각은 11월의 늦은 오후였고 롬멜은 땅거미가 질 때 공격에 착수하여 피아베 강의 서안에서 롱가로네를 향해 북쪽으로 진군하기로 결심했다. 그에게는 대대의 2개 소총중대와 1개 기관총 중대가 있었다. 그는 직접 선두에 서서 출발했고, 소총과 경기관총은 사격 태세로 준비시키고 중기관총을 강의 동안에 배치하여 강 건너편으로 지원 사격을 하도록 했다. 그러나 롱가로네의 가장 가까운 가옥들을 불과 수백 미터 남긴 지점에서 모든 일이 뒤틀리기 시작했다. 이탈리아군의 강력한 소총과 기관총 사격이 독일군의 돌격 부대들을 전방에서 타격하고, 그와 동시에 강 동안의 도냐에 있는 아군의 기관총들이 강을 건너 롬멜 분견대의 바로 뒤를 향해 사격을 퍼붓기 시작했다. 협조가 실패했다. 롬멜은 매우 단호한 어조로 기록했다. "작전은 완전히 절망적이었다!" 그는 가까스로 병력을 빼내 후퇴하여 벽과 가옥들에 엄폐했다.

이제 어둠이 깔렸고, 얼마 후 수많은 이탈리아군이 함성을 지르며 롱가로네에서 길을 따라 그를 향해 곧장 돌진해왔다. 롬멜은 처음에는 이들이 항복을 하려는 줄 알았다. 그러나 이들은 독일 병사들을 돌파하며 앞으로 돌진했고 에르빈 롬멜 자신도 거의 사로잡힐 뻔했다. 그는 도로 가장자리의 벽을 뛰어넘어서 어둠 속에서 들판을 지나 1,000명에 이르는 적군의 돌격 대열을 앞지르기 위해 최대한 빨리 달렸다. 롱가로네에서 1.6km 거리에 있는 페에 이탈리아군보다 앞서 도착한 롬멜은 남쪽을 향한 차단 진지에 투입된 병력을 돌려세워서 어둠 속에서 이탈리아군에 대항하여 얇은 방어선을 구축했다. 이 방어선에 대한 적의 돌격은 수포로 돌아갔다. 새벽 2시에 증원병력이 도착했고, 얼마 후 이탈리아군이 상당히 용감하게 공격해왔지만 심한 손실을 입고 롱가로네로 물러났다.

롬멜 분견대는 새벽에 3개 소총중대와 1개 기관총중대로 롱가로네를 향해 다시 북진했다. 롬멜은 얼마 전 포로로 잡혔던 독일군 소위를 만나 기뻐했는데, 당나귀를 탄 소위는 손수건을 흔드는 한 무리의 이탈리아군을 대동했으며, 이탈리아군 주둔지 사령관의 항복 서신도 가지고 있었다. 롬멜 분견대가 롱가로네로 진군하자 이탈리아군들이 도로에 도열해 "독일 만세(Evviva Germania)!"라 외치며 롬멜의 대원들을 환영했다. 1917년 11월 10일, 오스트리아-독일 동맹군의 대승이 정점을 찍는 순간이었다.

하지만 조류가 바뀌고 있었다. 영국군 5개 사단을 포함한 프랑스와 영국 부대들이 이탈리아로 몰려와 연말이 되기 전에 공세를 개시했다. 롬멜은 1918년 1월 첫 주말에 휴가를 떠났다. 그리고 얼마 후 서부전선으로 이동한 산악대대에서 전출되는 슬픔을 겪었다. 롬멜과 대대장인 슈프뢰서 소령은 대대를 떠나기 전 마침내 푸르 르 메리트를 수여받았다.[031] 푸르 르 메리트는 그가 마타주르 산 전투 직후에 자신의 몫이라고 생각했던 훈장이었다. 롬멜은 이제 서부전선 제64군단(뷔르템베르크)의 초급 참모장교가 되었으나 참모 업무를 탐탁치 않게 여겼다. 그는 짧은 기간들 동안 다른 몇 개 부대의 참모로 발령이 났고, 1918년 크리스마스까지는 자대인 제124 뷔르템베르크 연대로 복귀할 수 없었다. 그는 이후 20년 동안 전투에서 병사들을 지휘하는 직위를 맡지 않았다.

1914년부터 1918년까지, 롬멜 자신에 대한 설명이나 다른 사람들에 대해 남긴 생각들을 읽어보면 지나치리만치 영웅적인 모습을 떠오른다. 롬멜은 먼 훗날 천재적이라는 찬사를 듣게 될 만한 활력을 바탕으로 보고, 결심하고, 행동했다. 그의 행동은 실로 '매의 습격'과도 같았다. 그리고 1차대전에 참가하여 제한적이나마 유동적인 기동 작전을 시행했던 경험은 1939년 이후의 롬멜에게 당대의 다른 군인들과 구분되는 장점이 되었다. 이 부분은 그의 기질과도 부합했으며 그의 운명을 바꾸는데도 영향을 미쳤다. 롬멜은 개인적 영예와 그에 따르는 명성의 맛을 분명히 알았다. 하지만 롬멜을 타고난 모험가나 무모한 사람이었다고 속단하는 것은 분명한 오해다. 그는 생각이 깊고 논리적이기도 했다. 결코 겸손하지는 않았지만 모든 사람들을 대할 때 언제나 자연스럽고, 단순명쾌하며, 가식이 없었다. 그는 모든 전투를 경험할 때마다 크게 발전했지만, 빈틈없는 성격과 객관성을 통해서 이 경험들을 군사적 지혜로 만들었다. 따라서 그는 뛰어난 행동

---

031   1917년 12월 18일에 훈장을 받았다. 롬멜은 마타주르 정복으로 쇠르너가 훈장을 받은 것에 대해 불만을 표했다.

가임과 동시에 군사사상가가 되었다. 롬멜은 자신의 경험을 정제하고 개별적인 성공 사례들을 해석하여 자신을 특출한 존재로 발전시키고 그가 성공한 지휘관의 반열에 올라서게 한 된 작전적, 전술적 교훈이라는 영구적이고 보편적인 언어로 재구성하는 재능이 있었다. 그는 일생 동안 신속하게 결심하고, 대담하게 행동하고, 명확하게 회고하고, 생생하게 설명하고, 현명하게 숙고하고 추론할 수 있었다. 바실 리델 하트(Basil Liddell Hart)는 롬멜의 천재성을 두고 개념의 재능과 실행하는 재능의 조합이라 묘사했으며 롬멜을 "군사사상가이자 문장가로서 탁월한 보기 드문 지휘관 가운데 한 명"이라고 표현했다.[032] 리델하트는 주로 롬멜의 다른 전쟁, 즉 2차세계대전에 대해서 이야기한 것이었지만, 리델하트의 해석은 1914년에서 1918년 간 롬멜의 기록을 읽으며 아르곤, 힐센 능선, 카르파티아, 마타주르 산, 그리고 피아베의 롬멜을 생각할 때도 분명히 유효하다. 카이사르(Caesar)에서 웨이벌[033]까지, 다른 성공적인 사령관들도 전투와 글쓰기에 모두 탁월했다. 롬멜은 그런 집단에 속하는 성향을 보였다.

후에 롬멜이 비판을 받게 될 요소인 '성급한 성향'도 찾아볼 수 있다. 의도적으로 감수한 보급의 위험이나 신중함을 요하는 상황에서도 자신의 대담성을 바탕으로 상황을 주도하는 단호함 등이 여기에 해당한다. 교전을 계산하고 조직하는 능력자로서의 롬멜은 부대를 이끌고 자극하는 능력자로서의 롬멜처럼 눈에 띄지는 않았다. 위관장교 시절부터 원수가 되기까지, 롬멜은 언제나 전술적 전투를 승리의 요체로 여겼다. 그는 전역의 특정 단계에서 절차나 주의 깊은 대책이 필수적임에는 동의했지만, '창끝 지점'의 전술적 전투에서 적들에 비해 잘 싸우지 않는 한, 어떤 계획 결정적 결과로 이어지지 않는다고 믿었다. 그것이 롬멜의 신조였다. 전술 전투의 승리가 전역의 성공으로 이어지지 않을 수도 있지만, 전술 전투에서 패하면 어떤 성과도 보증할 수 없다. 서부전선에서 23세의 소위로 근무하던, 그리고 26세의 나이에 롱가로네로 돌격하던 초기의 에르빈 롬멜을 보면 25년 후에 적군의 혼을 반쯤 빼놓게 될 그 사람과 같은 인물임을 바로 알아볼 수 있다. 전방 지휘, 측면 포위, 적 후방을 향한 돌파, 유동적인 전투 수행을 언제나 본능적으로 강조했다. 장병들은 "롬멜이 있다면 그 곳이 전방이다"라고 말했다. 지휘관으로서 롬멜의 특징은 본질적으로 영웅적이었고, 그 활력은 공격적인 인물인 루퍼트 왕자를 닮았다. 그런 인물들은 항상은 아니지만 역시 깊이 숙고할 줄 알았고, 롬멜도 그랬다.

.........................

032    Basil Liddell Hart (ed.), The Rommel Papers (Collins, 1953)

033    Archibald Percival Wavell, 초대 웨이벌 백작. 1939년 7월부터 중동주둔군 사령관으로 취임했고, 이후 롬멜의 진격과 처칠과의 마찰로 인해 해임된 후 인도주둔군 사령관으로 취임. 일본과의 교전에서 패한 후 원수로 승진한 후 일선에서 물러났다. 1943년부터 인도 총독으로 취임해 후임 마운트배튼 경이 취임하는 1947년까지 총독직을 수행했다. (편집부)

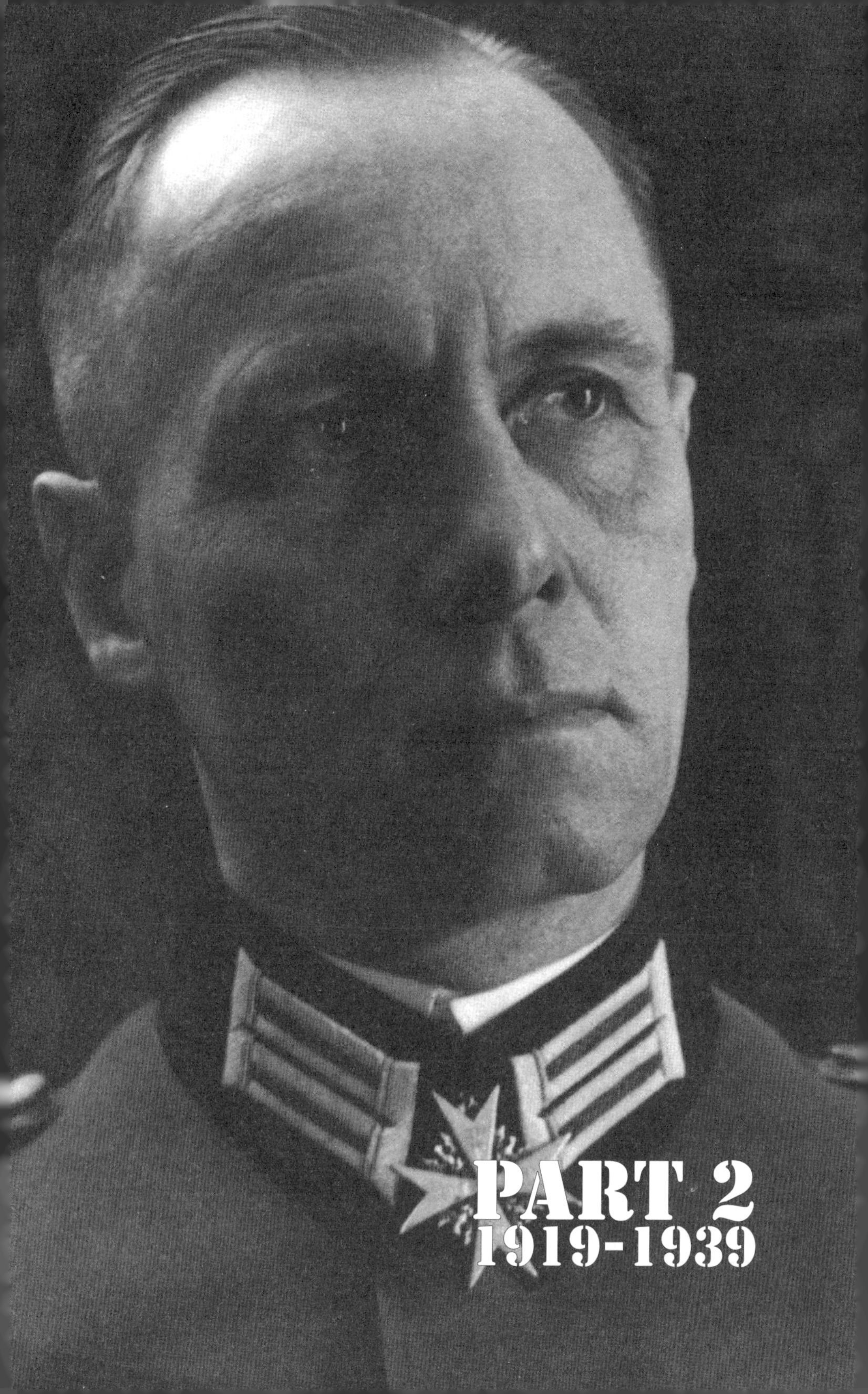

# PART 2
## 1919-1939

# 제5장 정치성 없는 군인

1918년의 독일 제국 붕괴는 외부인의 관점에서는 훨씬 충격적인 사건이었던 1945년 독일 제3제국 몰락의 거대한 그늘에 가려져 있다. 제3제국 체제는 혁명적이고 근본적으로 완전히 파괴되었으며 불과 12년 만에 체제 자체의 종지부를 찍었다. 그리고 외국군의 독일 본토 침입, 소름끼치는 약탈, 강탈과 파괴, 대 독일(Großdeutschland)의 소멸, 통일 독일의 분할 등이 3제국 몰락의 뒤를 따랐다. 고통과 공포와 죽음으로 마비된 사람들은 승리자들의 동의 아래 폐허더미로부터 새로운 독일의 체제를 일궈야 했다.

1918년은 일견 1945년의 격변과는 달라 보이지만, 독일 국민들의 관점에서는 모든 세대에 걸쳐 끔찍하고 극단적이며 혼란스러운 사례가 되었다. 강력하고 응집력이 있는 독일군이 요충지들을 고수했으나, 상대에 비해 수적으로 열세였다. 그들은 순탄치 않은 전황 속에서도 동부전선과 발칸반도에서는 오스트리아-헝가리 동맹군과 함께 성공적인 전역을 수행했고, 이는 러시아 혁명이라는 격변을 초래했다. 뒤이어 1918년 3월에 볼셰비키 정부와 브레스트-리토프스크(Brest-Litovsk) 조약을 체결하여 평화에 한 발 다가서는 것처럼 보이기도 했다. 하지만 이탈리아 전선, 즉 독일이 오스트리아를 지원하여 산악전에서 대승을 거두고 피아베 계곡을 돌파했으며, 이 과정에서 젊은 에르빈 롬멜이 영예를 얻었던 이탈리아에서는 승리 직후에 재앙이 뒤따랐다. 곤경에 처한 독일로부터 더이상의 지원을 받지 못하게 된 오스트리아군은 1918년 10월에 이탈리아-영국 연합군에 의해 분쇄된 후, 11월 초에 강화를 요청했다.

한편, 서부전선에서는 소강상태에 접어든 동부전선에서 이동한 다수의 사단으로 증강된 독일군이 마지막 공세를 시도했다. 1918년 3월에 시작된 이 공세의 목적은 미군이 완전한 전력을 갖추고 유럽에 배치되기 전에 교착상태를 타개하고 서방 연합군을 분쇄하는 것이었다.

작전 초반은 매우 순조롭게 진행되었다. 이 시도는 거의 성공할 뻔 했지만, 독일군은 공세 이전에 베르됭에서 시도했던 공격과 이프르, 솜(Somme), 샹파뉴(Champagne)의 방어전 등 끔찍한 소모전에서 너무 많은 병력을 잃은 상태였다.

물론 연합군들도 막대한 병력을 잃고 사기가 저하되는 피해를 입었지만, 조금만 더 견딘다면 독일군의 다음 공세를 충분히 방어할 수 있는 시점까지 독일군을 약화시키는 데 성공했다. 실제로 1918년 여름의 독일군 공세는 초기에 놀랄 만한 성공을 거두었으나 결국 저지되었다. 8월에는 연합군이 반격에 나섰고, 카이저는 8월11일에 총참모부에게 "전쟁을 끝내야 한다."고 말했다. 그리고 11월 11일에 휴전협정이 체결되었다. 전쟁의 고통과 손실에 대해서는 관용의 여지가 거의 없었다. 독일은 전쟁 중에 러시아 혁명 정부와의 휴전 과정에서 가혹한 영토 할양 요구를 강화조항에 포함시켰는데, 이제는 독일이 같은 처지에 놓였다. 독일 국민들은 오래전부터 경제 봉쇄의 영향으로 심한 곤경을 겪고 있었지만, 야전에서 제국군이 패했다는 소식을 접하자 큰 충격을 받았다. 그들로서는 예상치 못한 사건이었다.

사실 대다수 국민들은 군사적인 위기를 그리 심각하게 여기지 않았지만, 내각에서는 1916년 이후 결정적인 승리에 대한 희망을 잃은 상태였다. 그간 참모총장 힌덴부르크(Hindenburg)와 그의 '제1참모부장(Oberquartiermeister I)' 루덴도르프의 주도 하에 총참모부가 행사한 정책들은 대부분 지지를 받았고, 총참모부가 사실상 제국의 모든 실무들을 철저하게 장악하고 있었다. 이 두 사령관은 1917년에 베트만 홀베크(Bethmann-Hollweg) 총리가 전쟁을 수행하는데 '유약'하다고 판단해 그의 사임을 종용한 전적이 있었고, 심지어 연합군 공세가 절정에 달해 있던 1918년에도 벨기에를 상대로 극단적이고 터무니없는 '적대행위 이후의 요구사항'을 작성하고 있었다. 그리고 그들은 전쟁에서 패했다.

휴전이 성사되고 1919년에 베르사유 조약(Treaty of Versailles)이 체결되었다. 조약의 내용은 연합군의 독일 서부 지역 점유, 상환이 불가능할 정도로 막대한 배상금, 독일 군사력을 거세하기 위한(혹은 그렇게 여겨지던) 군비 제약 조항, 독일 대양함대 대부분의 항복(함대는 저항의 의미로 자침했으며, 이 행동은 영국에서도 감탄의 대상이 되었다), 독일이 전범임을 인정하는 확실한 자아비판 조항의 수락, 그리고 영토 포기 등이었다. 특히 영토 관련 조약에 따라 알자스와 로렌을 프랑스에, 동프로이센 일부를 비롯한 동부 지방들은 재건국된 폴란드에 할양해야 했다. 오스트리아-헝가리는 더 철저하게 난도질 당했는데, 합스부르크의 영토인 체히(Čechy), 슬로바키아(Slovakia), 모라바(Morava) 지역에서 체코슬로바키아(Czecho-Slovakia)가 건국되었다. 그리고 남부와 동부전선에서 연합군으로 싸운 이탈리아,

루마니아, 세르비아의 야심은 이탈리아에게 티롤과 오스트리아의 아드리아 해 지방을 할양하고, 루마니아 및 세르비아계가 주류를 차지한 신생 국가인 '남슬라브 왕국', 즉 유고슬라비아(Yugo-Slavia)에게 헝가리의 일부, 슬로베니아(Slovenia), 크로아티아(Croatia)를 넘겨주는 것으로 충족되었다. 개전의 원인과 피해로 인해 독일의 호엔촐레른(Hohenzollern) 왕가와 오스트리아의 합스부르크 왕가의 제국은 막을 내렸고 유럽 협조체제(Concert of Europe)는 붕괴되었다. 그리고 그 자리를 여러 지역의 정치, 경제적 불안정이 대신했다. 새로운 국경에 대한 불만, 러시아 볼셰비키의 실험이 다른 나라들에 적용되는 과정에서 발생한 내부 동요, 그리고 무엇보다도 새 질서를 강요받은 패전국들의 격렬한 분노 등이 유발되었다.[034]

그 시점에서는 누구도 패전국에 굴욕을 주는 일을 멈추지 않았다. 연합국은 1920년 2월에 한 문서에서 여러 '전쟁 범죄자'의 인도를 요구했다. '최종본이 아님'이라는 단서가 붙은 이 목록에는 독일 황태자와 그의 두 형제, 뷔르템베르크의 알브레히트(Albrecht) 공작, 바이에른의 루프레히트 왕세자, 폰 힌덴부르크 원수와 폰 막켄젠(von Mackensen) 원수, 티르피츠(Tirpitz) 제독, 루덴도르프 장군, 베트만홀베크 및 미하일리스(Michaelis) 전임 총리, 900명의 장교와 부사관이 포함되어 있었다. 이런 국제적인 원한의 앙금과 불안정한 정세 속에서 독일 바이마르 공화국(Weimarer Republik)이 탄생했다.

에르빈 롬멜과 같은 세대에 속하는 애국심 강한 젊은 독일군 장교들의 반응과 정서는 외국인들도 자신의 나라가 그만한 군사적 패배를 당했다고 가정해본다면 어느 정도 상상이 될 것이다. 모든 영국인들의 마음과 전몰자의 가족들에게 깊은 상처를 남긴 루스(Loos), 솜, 3차 이프르 전투와 같은 치열한 전투를 끝에 전쟁에 패했다고 가정해보자. 영국해협의 대부분을 차지하고 유럽에 가장 인접한 함대의 기지들을 제공하는 연안지방, 즉 켄트(Kent), 서식스(Sussex), 햄프셔(Hampshire), 도싯(Dorset), 데번(Devon) 지역에는 승자의 군대들이 주둔하고, 영국의 아프리카 식민지들은 독일의 보호령으로 귀속되었을 것이다. 그리고 스칸디나비아 반도에서 부활한 '노스랜드(Norseland)'라는 신생국이 독일과 동맹을 맺고 스코틀랜드(Scotland)의 북부와 서부, 테이(Tay)와 클라이드(Clyde) 너머를 차지하며, 활동범위가 북해(North Sea)와 아일랜드해(Irish Sea)로 제약된 영국 해군은 1만 톤을 초과하는 신규 함선의 건조가 금지되고 잠수함 건조나 해군항공력의 개발도 완전히 금지되었을 것이다.

......................................
034  이 혁명적인 시기의 논쟁과 사건, 그리고 이에 대한 군의 태도에 대해서는 F.L. Carsten, The Reichswehr and Politics (Clarendon Press, 1966) 참조

그리고 영국 국왕의 폐위, 헤이그(Haig), 플루머(Plumer), 앨런비(Allenby), 젤리코(Jellicoe)와 같은 원수, 제독, 장군들, 그리고 수많은 하급 장교들에 대한 인도 요구, 선거제도 개혁 강요, 그리고 금융 중심지로서 런던의 영향력을 약화시키기 위한 특정한 방안들이 강요되고, 여기에 경제적 재앙과 상당한 사회적 불안이 추가된다.

유사한 사건들이 전쟁에서 벗어난 1918년의 독일과 에르빈 롬멜 대위를 덮쳤다. 제국의 군주이자 총사령관인 카이저는 물러났고, 롬멜의 뷔르템베르크를 비롯한 독일 제국을 구성하는 다른 왕국의 군주와 왕자들도 같은 처지가 되었다. 어떤 지도자도, 어떤 충성의 중심도 남지 않았다. 제국을 해체하고 분할하자는 제안으로 인해 독일의 통일 자체도 위협을 받았다. 군은 비교적 질서 있게 서부전선에서 독일로 철군했지만, 종종 패배를 수치스러운 운명의 변덕 정도로 여기던 분노한 대중들의 표적이나 희생양이 되곤 했다. 폭력적인 혁명가들은 패배를 이용하여 제국의 체제를 모욕하고 공격했다. 롬멜도 단치히에서 부인을 집으로 데려갈 때 사람들에게 떠밀리거나 위협을 받았다. 그동안 군에게 기만당했다는 자각과 수치심으로 분노한 사람들은 수구세력과 패전을 상징하는 장교들을 공격하고 그들의 군복을 더럽혔다. 어디서든 굶주린 사람들을 볼 수 있었다. 연합국의 봉쇄는 전쟁의 후기로 갈수록 점차 효과가 강해졌고, 휴전 이후에도 독일에 대한 추가적인 압력으로서 계속 유지되었기 때문에, 독일 여러 지역이 기아로 고통을 겪었고, 이는 공화국이 붕괴하는 매우 큰 요인이 되었다.

일부 지역, 특히 작센(Sachsen), 베를린(Berlin), 바이에른의 일부 지역에서 붉은 혁명이 발생했다. 대부분은 단기간에 종식되었지만, 당황한 당국은 소집 가능한 모든 종류의 공권력, 그리고 여러 자유군단(Freikorps)들을 투입하여 이들을 무자비하게 진압했다. 자유군단은 패전 후 독일에서 나타난 권력의 공백 상태에서 기업가들이 비합법적인 수단을 동원해서라도 질서를 유지하기 위해 제대 후 불만을 품은 퇴역 장병들을 모아 구성한 조직으로, 가장 활발했던 시기에는 40만 명의 독일인들이 자유군단에서 근무했다. 1919년 1월이 되자 약간의 불씨를 제외한 대부분의 혁명 시도는 종식되었다.

에르빈 롬멜은 다른 모든 동세대 사람들과 같이 일련의 사건들로 인한 혼란과 낙심을 겪었지만, 당장은 취업을 우선시해야 하는 입장이었다. 그는 이탈리아에서의 대모험 이후 그다지 즐겁지 않은 보직인 군단 참모로 전속했고, 전쟁이 끝난 후의 첫 겨울에 자대인 뷔르템베르크 연대로 복귀했다. 그는 장교 교육만을 받았고 이미 뛰어난 장교라는 평판을 얻고 있었다. 그에게 가장 중요한 신념은 다른 동료들과 마찬가지로 애국심이었으나 전후 애국심의 가치는 상당히 깎여 나갔다. 이제 조국은 초라해지고 고통받는 존재가 되었으며, 제국은 막을 내렸고 카이저는 사라졌다. 하지만 애국심이 적절한 동기로 여겨질 수 있는 직업이 분명히 남아 있었다. 제국군은 사라졌지만 베르사유 조약에서는 새 공화국에게 소규모 군대의 보유를 허락했다. 새로운 군은 그 규모가 10만 명으로 제한되었고, 기갑 차량과 같은 현대식 장비의 보유가 인정되지 않았으며, 항공기를 보유할 수 없었다. 승전국들은 공화국의 군대를 국내 치안에는 적합하지만 국경 밖으로는 위협을 가할 수 없는 일종의 전투경찰로 간주했고, 독일 내에서는 사방의 적에 대항해 국경을 방어할 수 없는 나약한 군대로 여겼다. 에르빈 롬멜은 이 조직에 지원했다.

살아남은 장교는 많지 않았다. 제국군의 현역 장교 46,000명 중 거의 11,500명이 전사했다. 그럼에도 불구하고 지원자의 수는 인가된 보직의 수를 훨씬 초과했다. 하지만 롬멜이 쌓아 올린 장교로서의 평판은 그를 탈락시킬 수 없는 귀중한 인재로 만들었다, 롬멜은 바이마르 공화국의 새 독일군, 즉 공화국군(Reichswehr)에 입대했다.

롬멜은 슈투트가르트에 주둔하는 '공화국군 제13보병연대'의 중대장이 되었지만, 불만 세력들이 폭동을 일으키던 전후 독일의 상황으로 인해 여러 지방에서 근무해야 했다. 공화국군은 정부가 활용하는 주요한 무력이 되었고, 실제로도 그럴 필요가 있었다. 롬멜은 어느 날은 베스트팔렌(Westfalen)에서, 어느 날은 보덴 호수(Bodensee)에서 임무를 수행했고, 주둔지인 슈투트가르트 인근의 그문드(Gmund)에서 소방 호스로 폭동을 진압하기도 했다. 그는 가는 곳마다 침착성을 보여 존경을 받았다. 그는 무력을 사용하지 않고 군중의 감정을 진정시키는 놀라운 능력을 가졌다. 롬멜은 -설령 가망이 없는 부대라 해도- 배치된 모든 부대에서 즉시 권위를 발휘했을 뿐만 아니라 권위와 선의를 일치시킬 줄 알았다.

롬멜이 규율을 제시하는 데도 탁월한 능력을 보였다. 롬멜이 상대하는 이들은 처음에 얼마간 의구심을 품더라도 곧 롬멜의 제안을 기꺼이 받아들이곤 했다. 한 번은 롬멜이 지휘하게 된 킬(Kiel) 군항의 반항적인 수병들 가운데 일부가 그의 훈장들을 비난했다. 당시 훈장들은 사라진 정권과 불쾌한 전쟁의 상징이 되어 있었다. 롬멜은 자신의 훈장들이 전투에 참여하던 시간들, 그리고 전능한 신에게 독일 함대를 구해 달라고 기도했던 시간들을 상기시켜주는 것이라며 이렇게 말했다. "그리고 신이 내 기도를 들어주셔서 귀관들이 여기 있지 않나!" 그들은 곧 모범적인 중대가 되었다.[035]

하지만 당시는 불안하고 고통스러운 시기였다. 정부에 도전하려는 수많은 반란 시도들이 있었고, 몇몇 경우에는 독일군 부대가 다른 독일군 부대에게 사격하라는 명령을

---

035   Manfred Rommel의 증언

받기 직전까지 내몰리는 위기상황도 있었다. 그래서 초기의 몇 년간, 공화국군의 장교들은 분열된 모국의 추한 모습에 직면했다. 그리고 불쾌한 현실들은 독일이 처한 일반적인 상황과 독일에 부과된 휴전 조항에 대한 분노를 가중시켰다.

휴전 조항은 무자비하고 굴욕적인 합의로 여겨졌는데, 특히 조항들 가운데 일부는 독일의 휴전 요청을 수용한 미국 윌슨(Wilson) 대통령의 '14개 조항'에서 크게 벗어나 있었다. 독일인들은 독일군이 스스로 가장 불리한 조항들을 인정하는 명예로운 휴전을 시도했지만, 정부가 아무 논의도 없이 훨씬 더 잔인한 조항들을 강요했다고 여겼다. 공화국군의 장교들 사이에도 그런 의견이 사실처럼 받아들여지고 있었다. 이런 생각과 군대가 일선에서 실제로 패하지는 않았다는 믿음 사이에는 큰 차이가 없었다. 독일인들은 실의에 빠진 카이저와 나약한 시민들로 인해 국가의 통제를 받지 않는 협상가들이 패배하지 않은 군대를 배신하여 조약을 체결했고, 독일이 겪고 있는 수치와 고통의 책임은 그들에게 있다고 믿었다. '등 뒤를 찌른 칼(Dolchstoss)'[036]전설은 이렇게 탄생했다.

이 전설은 심리학자들이 방어기제라 설명하는 현상의 일환으로, 심리적 안정을 위해서는 필요하지만 객관적으로는 거짓인 주장에 대한 믿음을 말한다. 독일 군인들은 제국군이 실패했고 전쟁에서 패배했다는 사실을 쉽게 받아들이지 못했다. 그들의 희생은 적들의 희생 못지않게 막대했다. 독일군의 규율, 교육, 능력, 전장의 성과는 세계의 감탄을 자아냈다. 독일군은 전세계 군대의 과반수와 맞섰고 이탈리아, 갈리치아(Galicia), 발칸 반도, 프랑스에서 승리에 승리를 거듭했다. 그러나 전쟁에서 패배해 평화를 애원하게 되고, 라인 강을 건너 철군하며, 승리한 연합군이 그들의 뒤를 따라 진군하게 되었다. 그들에게는 자신들이 기억하는 성공과 눈 앞의 실패 사이의 간극을 설명할 이유가 필요했고, 배신자의 존재는 양자를 연결하는 매우 적절한 접착제로 보였다. 항복협상을 진행한 '1918년의 인물들'은 배신자로 치부되고, 그 연장선상에서 바이마르 공화국의 정치 체제에도 같은 낙인이 찍혔다. 공화국은 굴욕으로 더럽혀졌다. 논리적 근거 없이 공화국은 패배의 산물로, 그 구성원 가운데 일부는 패배의 책임자로 여겨졌다. 극단주의적 단체와 조직들 가운데 상당수는 퇴역 장병들을 모집해 군과 국가를 배신했다고 간주되던 정치가들에게 폭력을 휘둘렀다. 뷔르템베르크 출신으로 휴전 협상에 참가한 마티아스 에르츠베르거(Matthias Erzberger)가 1921년에 검은 숲, 즉 슈바르츠발트(Schwarzwald)[037]에서 살해당하고, 전직 장관인 발터 라테나우(Walther Rathenau)도 1922년에 암살당했다.

.......................
036   독일 국내의 혼란이 패전의 원인이라는 잘못된 속설
037   슈바르츠발트는 독일 남서부의 바덴뷔르템베르크 주에 위치한 숲지로, 숲이 울창하여 검은 숲이라고 부른다.

롬멜은 평소 기계나 자기 직업인 군사이론에 몰두했으며, 정치나 역사에 대해 섣부른 추측을 맹신하는 경향이 없는 냉정하고 현실적인 성격의 청년이었고, 아마도 '등 뒤를 찌른 칼' 신화를 무조건 받아들이지는 않은 것 같다. 그러나 롬멜은 헌신적인 애국자였고, 나라를 사랑했으며, 독일군을 자랑스러워 했고, 다른 모든 동료들처럼 정신적 위안이 필요했으며, 소심한 정치가들이 부분적으로는 병사들을 배신했다고 믿을 수밖에 없는 입장이었다.

그럼에도 배신자에 대한 속설은 여전히 공상의 영역에 있었다. 독일군이 서부전선에서 물리적으로 붕괴되지 않고 잠시 동안 전쟁을 계속했다 하더라도 오래 가지는 못했을 것이다. 1918년에 독일의 인력은 거의 소진되었고, 독일 국민들은 연합국의 봉쇄로 인해 굶주리고 있었으며, 독일의 전투 의지는 날이 갈수록 줄어들었다. 군대와 국가는 모두 충분히 최선을 다했다. 그리고 오스트리아는 최선 이상의 노력을 보여주었다. 어떤 선택을 하더라도 그 이상으로 항복을 미룰 수는 없었다. 1917년이 되어서야 참전한 미국은 총력전 체제로 전환하지도 않았다. 전략적으로는 독일의 패배가 명백했지만(여기서 말하는 전략에는 국가 전체와 그 자원들이 포함된다), 전장의 독일군 부대는 전술적 전투에서는 여전히 잘 싸우고 있었다. 4년간 싸우던 병사들은 이런 현실과 쉽게 타협하지 못했다.

롬멜은 바이마르 공화국의 군대인 공화국군에서 14년간 복무했다. 이 기간 중 절반가량인 7년 동안, 헌신적이고 신비로운 천재인 육군 총사령관(Oberste Heeresleitung) 한스 폰 젝트(Hans von Seeckt)장군이 공화국군을 이끌었다. 총참모부가 공식적으로 폐지되고 군 총사령관도 공식적으로는 공화국 대통령 휘하에 있었지만, 젝트가 실질적인 지배권을 행사했다. 젝트는 전간기 독일군 발전에 막대한 영향을 끼쳤다. 독일의 패배, 정치 및 경제 전반의 약화, 승자인 연합국의 목전에서 발생한 내분과 같은 현실에 직면한 젝트는 독일군이 운명을 받아들여야 한다고 생각했다. 독일군은 유럽 대륙의 중앙에 위치한 지정학적 특성으로 인한 소요에 비해 불합리하리만치 왜소하고 낙후된 집단이 될 것을 강요받고 있었다. 전쟁은 군사기술을 발전시키는 법이지만, 패전국인 독일은 현대화의 시계를 멈춰야 하는 입장이었다. 그리고 군에는 공화국에 충성하는 군인이 거의 존재하지 않았다. 군인들은 국가와 정부가 신뢰를 얻지 못하는 시기에 국가와 민주주의 체제에 대한 복종의 의무를 짊어지고 있었다. 군인들은 권위를 신봉하지만, 이는 합법적 범위에서 효율적으로 행사되는 권위에 한한다. 독일 군인들, 특히 당대의 군인들은 대부분 도덕적 관습으로서 신성시되던 철학과 헤겔학파에 대한 국가적 숭배 문화 속에서 성장했다. 카이저는 많은 비난과 환멸 속에서 퇴위했지만, 독일 국민들에게는 정서적 존재이자 정신적 충족감을 주는 존재, 그리고 주린 배를 채워 주는 존재라는 낭만적 정서로 채색된 권위자이자 국가적 이상의 화신이었다. 반면 바이마르 공화국은 가슴에 와닿지 않고, 정신적으로는 불신의 대상이며, 적어도 건국 초기에는 배를 채워주지 못하는 존재였다. 현대화가 금지당하고, 존재이유는 불확실하며, 국민에게 사랑받지 못하는 정권을 지켜야 하는 소규모 군대의 사기는 부실할 수밖에 없었다. 젝트는 이 시기에 적절한 정책을 펼쳤다. 근위대 출신인 젝트는 가는 목, 외알 안경, 콧수염, 차갑고 확고한 시선, 곧은 태도 등 거의 풍자만화에서 튀어나온 것 같은 전형적 프로이센 장교 풍의 외모를 지녔다. 젝트는 예술적 감각이 뛰어나며 총명한 사람이었고, 그의 가느다란 손과 손가락이 그런 인상을 강조했다.

젝트는 공화국군의 사기가 구성원의 자질과 잠재력에서 출발해야 한다고 인식했다. 당시 공화국군은 규모가 작고 장비와 자원들도 제한되었다. 따라서 군이 필요한 상황이 발생할 경우 신속하게 현대화 및 팽창 정책을 시도할 수 있도록 평시에 구성원을 엘리트화해야 유사시 최단시간 내 군비 확장을 시도할 수 있었다. 젝트는 이를 위해 공화국군의 모든 장병은 최고의 자질을 갖춰야 한다고 규정했다. 그가 정한 원칙에 따르면 모병은 주로 농촌 출신 위주로 이뤄져야 했다. 시대착오적 편견이기는 하지만 젝트는 농촌 출신들이 도시인에 비해 더 강인하고 튼튼하고 적응성이 높기 때문에 잠재적인 상급 부사관의 주축으로 보다 좋은 자원이라 여겼다.[038] 이는 당시 유럽 국가들에서는 보편적인 생각이었다. 젝트는 처음부터 자신의 목표를 간부화된 군대(Führerheer)로 명시하고 각 세대의 최고 인재들만을 장교로서 받아들여야 한다고 결정했다.

독일군의 장교단은 베르사유 조약에 따라 4,000명으로 제한되었고, 젝트는 많은 자원자들 가운데 고도의 자원을 엄선할 수 있었다. 당연히 선발된 장교들 중에서 장군참모 교육을 받은 장교들의 비중이 높았다. 입대에 성공한 장교들 가운데 귀족의 비율은 구 제국군과 비슷한 수준으로 높은 편이었다. 이 문제에 있어 젝트는 민주주의의 흐름에 반해서 나아가고 있었다. 하지만 젝트는 미숙함에 너그럽지 않았다. 그는 지력과 교육에서 매우 높은 기준을 요구했고, 장교들의 일반 상식을 넓히기로 결정했다. 옛 장교들의 선택은 그 결과였다. 젝트는 완전히 새로운 방침으로 시사 강의와 세미나를 장려했고, 대학교와 공과대학(Technische Hochschulen) 파견교육도 활성화했다. 당시 공화국군은 장교는 25년간, 사병은 20년간 복무하는 장기복무구조의 직업군이었다. 종교적으로

---

038    그리고 마르크스주의에 입각한 '노동자 혁명'의 사례를 고려할 때, 도시의 산업 프롤레타리아는 정치적으로 신뢰성이 낮은 집단으로 간주되었다.

는 가톨릭과 개신교가 섞여 있었고, 드물지만 유대인도 있었다. 구 프로이센군 관행에서는 유대인의 임관이 불허되었다. (단 가톨릭이 국교인 바이에른에서는 가능했다) 차별의 근거는 인종이 아닌 종교였다. 프로이센군은 반드시 기독교 신앙을 기초로 한다고 규정되어 있었던 것이다. 이 문제는 전쟁이 임박하면서 완화되었다. 1914년에는 26명의 유대인에게 예비역 장교라는 훌륭한 영예가 주어졌고, 전쟁 중에는 유대인들이 자신의 용기와 공헌으로 푸르 르 메리트를 비롯한 모든 종류의 훈장을 받았다.

육군 총참모부는 베르사유 조약에 따라 폐지되었지만, 젝트는 위대한 프로이센의 전통 대로 고등 교육을 받고 자격을 갖춘 정예 장교들이 새 군대를 이끌어야 한다고 판단했다. 참모장교는 전과 마찬가지로 중앙 지휘부에서부터 야전 부대의 부대참모 (Truppenstab)를 거치며 전술 교리와 일련의 전략적 원칙들을 철저하게 토의하고 명확하게 설명하는 역할을 수행해야 했다. 장군참모부는 언제나 참모장교들 간의 본능적인 신뢰와 이해를 바탕으로, 매우 긴밀하고 중앙집권적인 형태로 부대를 통제했기 때문에, 야전의 부대참모는 규모가 작아도 무방했다. 같은 참모 학교에서 철저하게 교육 받은 동문 출신들은 상황 해석이나 고된 서류작업, 세부 사항 설명 등을 상당 부분 분담할 수 있었다. 그리고 젝트 시대에는 장군참모 과정이 4년 과정으로 늘어났다. 이후 20년간 독일군 참모진은 다른 국가의 참모들에 비해 규모가 작지만 월등히 효율적이었는데, 이는 결코 우연의 산물이 아니었다.

일선의 작전 참모진은 개인의 능력을 바탕으로 지휘조직을 소규모로 유지할 수 있었지만, 상당한 기획력을 요하는 최고 지휘부와 상급 지휘부의 경우 적절한 규모를 갖춰야 했다. 공화국군은 규모가 제한되었으나 상당한 수의 장군(55명)과 장교(300명)들이 젝트가 총장으로 재임한 베를린 사령부에서 근무했다. 하지만 그는 신중한 이론적 접근과 별도로 연속성의 중요성도 간과하지 않았다. 규모가 제한된 공화국군 보병 또는 기병 연대와 중대들은 명령에 따라 각각 구 제국군 연대들의 '전통'을 물려받았다.[039] 각 연대들은 차후 병력이 증편될 경우, 부대에 소속된 장교 및 잠재적 부사관 간부요원들을 중심으로 부대의 규모를 급격히 확장할 수 있도록 준비했다. 젝트는 각 장병들이 최소한 공화국군의 현 보직보다 두 단계 높은 계급에 해당하는 직책을 즉시 담당할 수 있도록 규정했고, 이런 철학적 기반과 우수한 구성원들의 자질 덕분에 공화국군은 기초적인 구조를 유지하고 독일군의 연대 전통을 유지하면서 신병을 훈련시켜 부대를 확장할 수 있었다. 젝트는 이런 정책을 통해 군의 본질만은 튼튼하게 유지하려 했다.

..................................
039  롬멜의 13연대는 표기할 때 괄호 안에 '뷔르템베르크 주'를 기입했다.

공화국군의 규모 제약은 평화 조약 체결 과정에서 독일 협상단이 치열하게 반대했음에도 끝내 통과되었다. 독일은 이에 대해 이의를 제기했으나, 오히려 독일군의 규모를 더 빠르게 감축하라는 요구에 직면했다. 또 다른 문제는 현대화였는데, 여기서 젝트는 현 시대에 더 큰 모순이 된 유럽의 특이한 정치적 조건을 활용했다.

러시아 제국은 혁명과 내전으로 고통을 겪은 끝에, 끔찍한 만행을 저지르던 불안정하고 취약한 체제는 파산하고 소비에트 연합이라는 형태로 대체되었다. 볼셰비키 정부는 새로운 러시아군, 즉 붉은군대(Red Army)의 건설을 원했다. 이를 위해서는 기술적, 전술적, 조직적인 측면에서 전문가의 도움이 필요했다.

젝트는 소련에 그들이 원하는 자원을 제공하겠다고 제안했다. 젝트 자신은 볼셰비즘을 철저히 혐오하는 보수적인 군주제 지지자였고 머리부터 발끝까지 독일의 애국자였다. 그는 여러 국가들이 러시아와 독일을 비슷하게 업신여긴다는 점에 주목했다. 소련은 볼셰비즘과 지나친 행동들로, 독일은 패배로 끝난 전쟁과 그로 인해 자리잡은 혐오심으로 인해 타국의 차별을 받았다. 이 두 불량국가들은 공동의 이해관계를 찾을 수 있었다. 주변국들에게 인기가 없다는 점 외에 독일의 동부 국경이라는 공통의 이해관계도 함께 작용했다. 프로이센과 슐레지엔(Schlesien) 지방을 신생 폴란드에게 할양한다는 결정은 독일에게 참기 어려운 치욕이었다. 그리고 폴란드는 1920년 러시아의 침공을 물리친 이래 차르가 소유했던 광대한 영역을 합병한 상태였다. 그리고 폴란드는 당시 프랑스의 보호를 받고 있었다.

젝트는 이 상황에 대해 정치적으로 접근했다. 그는 독일의 가장 중요하고 역사적인 이해관계가 러시아와 공동의 국경선을 조성하는 것이라고 공공연히 주장했다. 볼셰비키들은 독일 못지않게 폴란드의 존재를 견디지 못했다. 젝트는 이렇게 단언했다. "폴란드는 사라져야 한다. 그러면 이를 통해 베르사유 체제의 평화에서 가장 강력한 기둥 가운데 하나. 즉 프랑스의 주도권이 약화될 것이다." 이런 주장은 폭넓은 공간을 얻었다. 러시아의 레닌(Lenin)도 다음과 같이 말했다. "독일은 복수를 원한다. 우리는 혁명을 원한다. 지금 우리의 목표는 같다."[040]

1922년의 부활절인 4월 16일, 소련과 독일이 라팔로 조약(Rapallo Treaty)을 체결하자 국제사회는 경악했다. 이 조약으로 두 정부는 전쟁 배상을 포기하고 외교 관계 개방과 모종의 경제 협력을 약속했다. 조약의 내용에 대해서는 상당부분이 수수께끼로 남아 있지만, 젝트는 자신이 말한 대로 라팔로 조약을 통해 조성된 환경을 이용하여 붉은군대와

---

040   Sir John Wheeler-Bennett, The Nemesis of Power (Macmillan, 1961)

공화국군 간에 여러 비밀 협정들을 체결했을 가능성이 높다. 이 협정에 따라 상당한 수의 장교들이 교환근무를 하게 되었는데, 이는 사실상 상당수의 독일 교관들이 붉은군대에 제공되었음을 의미한다. 대신 공화국군은 '금지된' 무기, 즉 기갑차량과 중포, 군용기를 러시아에서 개발하고, 장교들을 보내 운용경험을 쌓도록 했다. 또한 러시아는 독일에게 금지된 물자를 만드는 공장들을 러시아 영토 내에 건설하도록 허용했다. 공화국군은 이 협정 하에 리페츠크(Lipetsk) 부근에 미래의 독일공군(Luftwaffe)을 위한 학교를, 카잔(Kazan)에 미래의 기갑부대(Panzertruppen)를 위한 학교를 세웠다. 미래의 붉은군대 지휘관들은 독일에서 독일 장군참모부의 젊은 신임 장교들과 함께 공부했다.

젝트는 이와 같이 육군총사령관 역임 기간 내내 착실하게 '동방' 정책을 추구했다. 그는 독일이 대 러시아와의 견고한 협력을 통해서만 세계적인 강대국의 지위를 회복할 기회를 가질 것이라는 메모를 남겼다. 젝트가 생각한 적은 서쪽에 있었다. 비스마르크(Bismarck)는 상반된 상황에서 독일에게는 동쪽에 적이 없다고 선언한 바 있는데, 당시 동쪽이란 러시아 제국을 의미했다. 상이한 이유와 상이한 조건의 결과기는 했지만, 비스마르크와 젝트는 같은 결론에 도달했다. 베르사유 조약의 규정을 우회하기 위해 계획된 일련의 주목할 만한 대책들에 더해, 젝트는 군의 작전 교리를 활발히 발전시켰다. 그는 전쟁에서의 공격적 정신과 기동 시의 모든 병과 간 협조의 필요성을 믿었다. 그는 일찍이 1921년에 베르사유 조약에서 허용한 '병력 수송차'를 전차 대용으로 이용해 '기동'부대 훈련을 시작했다. 선견지명을 가진 기계화 작전 가능성의 신봉자들이 공화국군에서 진급의 사다리를 오르기 시작했다. 젝트는 현대화를 이해하는 전통주의자임과 동시에 전통의 가치를 아는 진보주의자로 대단히 특이한 인물이었다.

군에 대한 젝트의 내부 방침은 엄격한 직업적 기준을 가지고 인적자원을 선발하는 것이었다. 그의 기간요원 정책은 역사적 전통과 적절히 결합되었고, 그 결과 충격 없이 합리적으로 군사력을 확장할 수 있는 기초가 되었다. 장비 개발 정책은 비밀리에 모스크바와 협조하여 해결했다. 이것이 독일군의 기초적인 방침이었으며, 이 기반은 매우 튼튼했다. 젝트는 언젠가 확장될 군대를 위한 경제 및 산업상의 요구사항을 기획할 필요가 있다는 점도 인식했다. 공화국군은 10개 사단으로 구성되었는데, 그는 1924년에 63개 사단 규모의 군대의 전체 장비 및 지원 수요를 연구하는 군사경제기획실을 설치했다. 그리고 업계, 특히 크루프(Krupp)와의 관계도 발전시켜서 대중의 주의를 끌지 않고 무기 연구를 할 수 있도록 했다. 이를 위해서는 베르사유 조약에서 자유로운 스웨덴과 같은 해외의 자회사가 필수적이었다.

하지만 여전히 충성의 문제가 남아있었다. 이제까지 말한 것과 같은 젝트의 정책과 명령들은 단호했다. 후에 제국의회(Reichstag) 부의장까지 역임한 독재적이고 지적인 젝트는 공공연히 '군이 정치에서 멀어질 것'을 요구했다. 이 훌륭한 포부는 아직 민주주의적 제도에 미숙하고 군사쿠데타를 빈번하게 겪곤 하는 남미의 공화국들과 같은 위기가 독일에서도 반복되기를 원치 않던 정치가들을 안심시켰다. 젝트는 군이 오직 국가에만 봉사해야 한다고 선언했고, 그의 후임자들도 이런 방침을 충실히 따랐다. 군은 어떤 정당이나 정파에도 참여해서는 안 된다. 모든 계급의 군인들은 정계에서 어떤 역할도 해서는 안 되며, 의회 및 기타 모든 선거에 참여해서는 안 된다. 장병들은 교양이 있고 폭넓은 관심을 가져야 한다. 하지만 장병들은 특정한 당이나 정치집단이 아닌 국가와 군대에 충성해야 한다. 장병들은 직속 상관에게 충성하고 이를 통해 공화국의 상징인 대통령에게 충성해야 한다. 베를린의 독일 정부가 극히 불안하던 1923년에, 실패로 돌아간 뮌헨(München) 폭동 청문회에서 증인으로 소환된 젝트는 다음과 같은 질문을 받았다. '공화국군은 정부를 지지하는가?' 젝트는 모든 참석자들이 잊을 수 없는, 정복에 외알 안경을 갖추고 옆에는 칼을 찬 모습으로 갑자기 나타났다. 그는 문 앞에 서서 공식적인 정치적 상급자들을 바라보았고 그의 대답은 명백했다. "대통령 각하, 공화국군은 저를 지지합니다(Die Reichswehr, Herr Reichsprasident, steht hinter mir)!"[041]

젝트의 재임 기간 동안은 그가 곧 공화국군이었다. (그는 1926년에 대통령의 경의를 받으며 퇴역했다.) 그는 패배의 잿더미에서 일어서겠다는 결의의 화신이었다. 샤른호르스트가 1807년의 틸지트 조약(Treaty of Tilsit)에서 프로이센에 부과된 군축 조항을 회피한 이래로 당시와 같이 승전국의 의지가 꾸준히, 그리고 교묘하게 좌절되거나, 패배한 군대의 신념이 강하게 부활한 경우는 없었다. 하지만 탈정치화의 이상에는 -그 결과가 천천히 나타나기는 했지만- 본질적인 약점이 있었다.

탈정치화는 이론상으로는 훌륭했다. 정당에서 장병들의 참여를 배제한다는 결정도 이론상으로는 훌륭했다. 그리고 독일 정당들이 점차 원외 활동, 시위, 난동, 종국에는 자체 조직에 의한 시가전에 의지하게 되면서 군인의 탈정치화는 필수적 조건이 되었다. 하지만 부작용도 있었다. 젝트는 정치적 절차에서 군을 엄격하게 분리하여 장병들이 정치적으로 순진해지도록 조장했다. 장병들은 법에 의거해 투표를 하지 않았다. 즉 젝트는 정치로부터 완전히 시선을 돌리라고 명령했다. 그는 어떤 당파적 고려도 하지 않고 순수하게 국가, 즉 조국에 전적으로 충성하는 것이 최고의 도덕률이라고 설파했지만, 만

041 Wheeler-Bennett, 앞의 책

약 국가 자체가 본질적으로 부도덕한 사람들에게 권력을 허용한다면 이런 헌신성이 충성을 훼손할 수 있다는 약점은 적절히 고려하지 못했다. 그는 복종이 절대적으로 중요하며, 전쟁이 이를 증명했다고 설파했다. "충성과 복종을 구분해서는 안 되고, 개인의 정치적 성향이나 양심을 따라서는 안 된다. 국가와 충성서약은 하나로 묶여야 하고, 그것이 전부가 되어야 한다. 하지만 충성과 복종은 배신당할 수 있다."

이런 정치적 거세가 독일에서 가장 능력 있고 활동적인 일부 인사들에게 강요되었다. 이와 같은 도덕적 금욕이 가진 고유한 위험은 극히 한정된 사람들만이 인식했다. 귀족이 대부분이고 대표성은 없는 극소수의 장교들은 자신들의 목소리가 더 커져야 하고, 주로 정치적 극단주의에 대항하기 위해서라도 정치적 과정에 적절하게 참여해야 한다고 믿게 되었다. 그들은 이런 주장을 정치나 규율의 문제가 아닌 윤리의 문제라고 여겼다. 다만 롬멜은 결코 그 일부에 속하지 않았다. 롬멜은 공화국군을 정치활동과 분리하는 정책이 철저히 애국적이며 바람직하다고 여겼다.

군이 정치와 엮이는 모든 문제들은 불가피하게 논쟁을 초래했다. 1920년대와 1930년대의 독일 사회는 이따금 발생하는 좌익이나 우익의 혁명의 위협을 받고 있었다. 전쟁이 끝난 후 잔인한 공산주의자와 급진 좌파 혁명조직인 스파르타쿠스 당원(Spartakist)들의 폭동이 일어나고 유혈 진압이 이뤄졌다. 1923년에는 국가사회주의자(Nationalsozialisten), 즉 나치(Nazi)의 쿠데타 시도가 있었지만 군이 흔들리지 않는 바람에 흐지부지되었다. 군은 젝트의 냉정한 결심에 따라 고도로 안정적인 태도를 유지했다. 여러 부대와 군사학교 참모들이 나치를 공개적으로 지지했지만, 공화국군 오히려 나치당원의 채용을 금지했다.

비판자들은 젝트의 확고한 '탈정치화'가 부적절했으며, 젝트 스스로 극우파에게 신중하게 동조했고, 적어도 극좌파보다 극우파에 호의를 가졌다고 말했다. 또한 비판자들은 장관과 총리들에 대한 젝트 개인의 충성은 그의 편협한 애국적 신념과 일치되지 못한 정책들에 대하여 자주 강하게 느낀 불신으로 인해 자주 약화되었다고 말했다.

젝트의 엄격한 탈정치화 정책에는 항상 하나의 모순이 존재했다. 그는 분명히, 그리고 훌륭하게 군과 '정당'을 분리해야 한다고 결정했지만, 한편으로 가능한 범위 내에서 군의 목소리와 관심사가 최대한 영향력을 가져야 한다고 단정지었는데, 이는 개인의 정치적 활동과는 별개의 문제였다. 그리고 공화국군의 관심사를(젝트는 공화국군의 관심사를 그가 생각한 잠재적 군비 확장 및 현대화와 동일시했다) 홍보할 경우, 젝트도, 그의 후임자들도 모략을 외면할 수는 없었기 때문에, 정치적 과정에도 어느 정도 참여하게 되었다. 민주주의적 방법에 익숙하지 않은 그들은 종종 특정한 정치인이나 정당들을 공화국군의 적이자 독일의 적으로 판단했다. 정부의 관점에서도 공화국군은 공공질서를 유지하는데 반드시 필요한 집단이었기 때문에, 군부는 자신들의 정치적 영향력 확대와 대항세력 억제에 자신들의 지위를 이용했다. 1925년 군 원로인 덕망 있는 폰 힌덴부르크 원수가 대통령에 당선되자 이런 위험한 경향은 어느 정도는 억제되었다. 하지만 공화사상에 대한 군의 충성심은 허약했고 상황에 따라서는 거의 존재하지 않는 경우도 있었다.

젝트는 제국과 그 상징의 붕괴에 따른 심리적 공백을 단순명료하고 모든 파벌에 우선하는 개념인 애국심으로서 채우기 위해 노력했는데, 이 노력은 젝트의 재임기간 어느 정도 효과를 거두는 것 같았지만, 이는 외양적 변화에 한정되었다. 대다수의 공화국군 장교들은 내심 공화국과 그 체계에 이질감을 느꼈다. 그와 같이 혼란스럽고 길을 잃은 시대에 '정당 위의' 국가라는 사상만을 명예롭게 여기라는 충고는 정당을 경멸하는 결과를 초래했으며, 정당에 대한 경멸은 단 하나의 정당을 제외한 모든 정당들을 모욕하는 일당 독재 정치 철학을 너무 쉽게 포용하는 결과로 이어졌다.

이와 같이 한스 폰 젝트는 자신이 생각한 바에 따라 직무를 수행했다. 공화국군은 이따금 계획적으로 베르사유 조약을 위반했는데, 승전 연합국들은 이를 파렴치하고 위협적이고 악의적인 독일의 배신과 구제불능의 증거로 취급했지만, 에르빈 롬멜과 같은 공화국군의 장교들은 조약 위반을 정당하다고 여겼다. 공화국군의 관점에서 베르사유 조약은 부당하고 치욕적이었다. 공화국군은 독일이 모든 전선에 걸쳐 적들의 위협이나 압박을 물리치기에 충분한 무력을 갖기 전까지는 긴장을 늦출 수 없었다. 대부분의 장교들은 젝트가 추진했던 정책처럼 언젠가 현대화된 대규모 군대를 육성하는 것만이 애국자의 유일한 길이라고 여겼다. 그 결과 바이마르 공화국과 공화국군 초기의 몇 년은 뒤숭숭한 시기가 되었다. 이 시대는 빈곤, 굴욕과 분노의 시대였다. 베르사유의 승자들, 그리고 이기적이고 겁이 많으며 독일의 국익을 추구하는데 실패한 민주주의 정치인들이 분노의 대상이 되었다. 독일인들은 연합국의 배상 요구가 고의적으로 상환 불가능한 선에 맞춰졌다고 여겼고, 최악의 인플레이션과 재정적 혼란이 이런 의구심에 힘을 실어주었다. 1923년 여름의 물가상승으로 인해 당시의 1 마르크는 구매 가치가 변하지 않고 유지된다고 가정할 경우 그 해 가을의 150만 마르크에 해당했다. 당대의 독일인들은 고통을 겪었고, 뒤이어 찾아온 금융 위기로 인해 절망에 가까운 공통적 정서를 형성했다.

모두들 이런 고통이 왜 자신들을 찾아왔는지 생각했다. 그렇다면 희망은 무엇인가? 그리고 지금의 고통은 누구의 잘못인가? 롬멜이 베르사유 조약 체결 이후 보낸 첫 10년,

이른바 평화시대는 그런 정서로 물들어 있었다. 롬멜은 상식인이었지만 다른 모든 동년배들처럼 시대의 영향을 받았다.

1925년 4월에 뛰어난 용기를 지닌 노조 지도자 프리드리히 에베르트(Friedrich Ebert)의 후임으로 연로한 폰 힌덴부르크가 대통령(Reichsprasident)으로 선출되었다. 카이저의 퇴위에 대한 책임이 있다는 점에 대해 오랫동안 양심이 편치 못했던 힌덴부르크는 하나의 상징과도 같은 인물이었다. 크고 건장한 아버지같은 모습의 힌덴부르크는 독일인들에게 자신감과 연속성을 전파하는 존재처럼 보였다. 그리고 공화국군의 지휘관들은 노 원수의 인품뿐만 아니라 그의 계급도 존경했다. 하지만 힌덴부르크는 그의 권한을 넘어서는 정치적 문제, 상황, 그리고 그 여파에 대처해야 했다. 유년기의 독일 헌법은 입법부와 행정부 간 권력의 균형을 맞추기 위해 대통령에게 상당한 권한, 특히 총리 임명권을 부여했는데, 총리가 대통령에 의해 임명된 이후 제국의회에서 지지를 얻는 형식이었다. 힌덴부르크가 대통령이 되기 전에 프랑스가 베르사유 조약의 배상 조항을 강제집행하기 위해 루르(Ruhr)를 점령했고 이 과정에서 프랑스 식민지 부대들이 저지른 잔학행위에 대한 소문들이 퍼졌다. 이후 새로운 배상 계획인 도스 플랜(Dawes Plan)[042] 관련 협상이 이뤄졌고, 이 협상은 독일인들에게 어느 정도 화해의 희망처럼 보였다. 그리고 힌덴부르크는 연합군들이 점령지역들에서 단계적으로 철수하는 대가로 독일 정부가 연합국들과 협력하려는 움직임과 같은 시기에 선출되었다. 우파 민족주의자들은 이런 협조를 맹렬히 비난했지만, 그 와중에도 1925년 10월의 로카르노 조약(Treaty of Locarno)[043]이 체결되고 양자 간의 협조가 구체화되었다. 정치적 상황은 다소 평온해진 듯이 보였고 경제는 몇 년간 꾸준히 호전되었다.

롬멜의 경력은 '평시'군대의 관례를 따랐다. 1924년에는 기관총중대(그보다 이 부대의 운용법을 잘 아는 사람은 없었다!)를 지휘하며 운전, 화학전 과목을 공부했다. 스키 교관 자격을 이수하고 스키 집체 교육을 위해 정기적으로 몇 개의 다른 사령부에 배속되기도 했다. 다만 장군참모부에 들어가거나 전쟁대학에 다니지는 않았는데 그는 당시 이 문제에 대해 상당히 분노하고 있었다. 롬멜은 평소부터 포병과 귀족 출신이 과반수를 차지하는 장군참모부를 항상 미덥지 않게 여겼고, 한편으로는 자신이 부당하게 배척되었다는 생각에 씁쓸해 했다. 롬멜은 장군참모 대다수가 지식과잉상태에 빠져 있으며, 일선의 경

---

042  1924년 미국 재무장관인 찰스 G. 도스의 주도 하에 영국·미국 합동위원회가 작성한, 독일의 전후 배상에 대한 수정안. 도스 플랜에 따라 베르사유 조약이 규정한 배상 조건을 완화하고 바이마르 공화국에 차관을 제공했다. (편집부)

043  1925년 스위스 로카르노에서 영국, 프랑스, 이탈리아, 독일, 벨기에, 체코슬로바키아, 폴란드 대표가 체결한 국지적 안전보장 조약. 이 조약에 독일·프랑스, 독일·벨기에의 국경안전보장과 라인란트 비무장화 조항 등이 포함되었다. (편집부)

험과 너무 동떨어져 있다고 생각했다. 반대로 장군참모부의 고위 인사들 일부는 롬멜이 상당히 경솔하고 자기중심적이라는 평판을 접했을 것이다. 양자 모두 일리는 있었다.

1929년 9월 롬멜은 드레스덴(Dresden)에 있는 보병학교에 교관으로 배정되었다. 이 보병학교는 원래 뮌헨에 있었지만 1923년에 국가사회주의 독일노동자당[044] 지도자인 아돌프 히틀러(Adolf Hitler)가 쿠데타에 실패했을 때 보병학교의 참모와 학생들이 모두 히틀러를 지지했고, 젝트는 학교 전체를 드레스덴으로 이전시켜 버렸다. 그러나 1930년, 한 객원 정치학 강사는 보병학교의 젊은 장교들은 당시까지도 단호하게 1923년의 견해를 유지하고 있었다고 증언했다. 롬멜이 특별히 그들과 정서를 공유하고 있었다는 기록은 없지만, 나치를 옹호하는 장교들에게 반발한 것 같지는 않다. 그는 기본적으로 정치에 초연했지만, 아마도 젊은이들이 극단적이고 결정적인 해결책을 추구하도록 유도한 보편적인 좌절감에는 공감했을 것이다. 롬멜과 그의 세대들은 국가사회주의를 청년운동(Jugendbewegung) 정도로 여겼다.

몇몇 사람들은 롬멜의 과시적 성향에 대해 이야기했지만, 이전에 롬멜을 지휘했던 상관들은 그를 강인하고, 완고하지만 조용하고, 재치 있고, 겸손하고, 지형을 읽는 탁월한 안목을 포함해 우수한 군사적 재능을 지녔다고 묘사했다. 드레스덴에서도 롬멜은 대단히 인기 있는 교관이었다. 그는 경험을 바탕으로 설득력 있고 생생하게 이야기했으며, 지루해 하거나 제대로 이해하지 못하거나 산만해지지 않을 방법으로 강의했다. 롬멜에 대한 모든 보고서들은 그가 리더십뿐만 아니라 교육에도 천부적 재능을 지녔다고 언급했다. 그는 자신의 전장, 특히 마타주르 산을 점령한 무용담을 늘어놓곤 했는데 그 이야기들은 학생들을 사로잡지 않은 적이 없었다. 롬멜의 열정과 '영웅적' 자질은 학생들에게 확산되었고 그들에게 영감을 주었다. 선임 교관들은 롬멜을 따뜻하고 호의적이고, 활기찬 성격의 소유자[045]로 회고하며 그를 '비범한 인물'로 평했다. 그는 드레스덴에서 4년을 보냈고, 그 기간 중에 비망록과 당시에 직접 작성한 기록들에 그려 넣은 삽화들을 다시 수집했다. 훗날 이 글과 그림들을 보병공격술(Infanterie greift an)[046]이라는 이름의 책으로 엮어 1937년에 출판했는데, 출간 즉시 대단한 성공을 거두었다.[047] 그는 임관 후 20년이 지난 1932년 4월에 40세의 나이로 소령으로 진급했다.

..........................
044  Nationalsozialistische Deutsche Arbeiterpartei, 혹은 약칭 NASDAP. 일반적으로 나치(Nazi), 나치당이라는 이름으로 유명한 파시즘 정치조직. (편집부)
045  Hans von Luck, Panzer Commander (Praeger, New York, 1989)
046  국역 롬멜 보병전술 (황규만 역, 일조각, 2001)
047  이 책은 롬멜이 포츠담에서 강의를 하는 동안 시간을 아껴가며 다듬었다.

1928년 12월의 크리스마스 이브에 아들인 만프레트(Manfred)가 태어났다. 가장으로서 에르빈 롬멜은 헌신적이고, 충실하고, 가정적인 인물로, 순수한 취미들을 즐겼다. 그는 항상 부인, 아들과 있을 때 가장 행복해했다. 그는 실용적이었으며 기발한 물건들을 만들고 고치는데도 재능이 있었다.

그는 수학에 대한 관심을 놓지 않았으며, 실제로 로그표를 암기하고 있었다. 그와 부인인 루시는 기회가 날 때마다 말을 타고, 스키를 타고, 카누를 타고, 탐험을 했다. 그는 심정적으로 자연인으로 남아 있었다. 1927년에 그는 부인을 데리고 이탈리아로 가서 과거의 영광의 장소인 롱가로네를 다시 방문했다. 그리고 그는 전쟁에 불가사의한 재능이 있음에도 불구하고 1914~1918년의 싸움들을 언급할 때면 이를 항상 아무도 반복되기를 원하지 않을 어리석은 행동이라고 묘사했다.[048] 그는 군생활을 철저히 즐겼지만 그는 옛 독일의 고통스러운 몰락을 여전히 기억했다.

---

048   Desmond Young, Rommel (Collins, 1950)

# 제6장 어둠과 여명

1933년 10월에 롬멜은 중령으로 진급하여 하르츠(Harz) 산지의 고슬라르(Goslar)에 주둔하는 제17보병연대 제3예거(Jäger)대대 대대장이 되었다. 그는 드레스덴에 머무는 동안 자신의 직업에 만족했다. 그는 강의를 좋아했고 젊은이들을 분발시키는 느낌을 즐겼으며, 의사소통과 설명 기술도 점점 발전했다. 롬멜은 매우 논리정연했다. 그의 개성은 단순하고 직선적인 성향 이상이었다. 타고난 수학자이자 기술적인 재능이 있고 창의적인 그는 한때 공병을 지망했던 저돌적인 보병 지휘관으로 극히 실전적지향적이었지만 이론에도 흥미를 보였다. 그는 실무 경험을 보편적으로 응용 가능한 군사 금언으로 바꾸고 양자의 관계를 납득이 가도록 설명하는데 능숙했으며, 그 능력은 갈수록 향상되었다. 그는 '이론을 실전으로 전환'하지는 않았지만 본능적인 행동을 통해 모범적 사례를 형성한 후 그로부터 이론을 도출했다. 롬멜만큼 인상적으로 행동하고, 기록하고, 동시에 행동으로부터 교훈을 도출할 수 있는 군인은 많지 않았다.

1929-1933년은 롬멜 개인에게는 보람된 시기였지만 독일에게는 고된 시간이었다. 공화국군이 이론상 정치를 배제한다 해도, 애국자들은 국가에서 일어나는 일을 모르거나 무관심한 채로 살 수 없었다. 롬멜은 부인 루시를 통해서만 선거 과정에 참여할 수 있었다. 롬멜은 투표에 참가할 수 없었지만 그의 부인에게는 정치 참여 금지령이 적용되지 않았고, 부부는 당시 선거에서 어느 당을 지지할 것인가에 관해 의논했다. 롬멜은 부인에게 개혁적 중도 정치인에게 투표하라며, 보수적인 민족주의자들이 귀족들에게 너무 많이 좌지우지된다고 말했다. 롬멜은 군 내외의 귀족들 모두에게 편견을 가지고 있었으며, 그들에 대한 회의적인 시선을 고수했다.[049] 다만 롬멜의 가장 친밀한 전우나 가장 훌

---

049     Manfred Rommel의 증언. 루시는 독일민주당(Demokratische Partei)을 지지했는데 이 당은 뷔르템베르크에 강한 지지기반이 있었다. 보수적 국가주의자인 롬멜이 불신을 표한 것은 독일국가인민당(Deutschnationale Volkspartei)이었다.

류한 친구들 가운데 일부는 귀족이었다. 드레스덴 재직 당시 그의 상관이었고 후에 장군이 되는 폰 팔켄하우젠(von Falkenhausen), 역시 드레스덴에서 동료로 일한 폰 슈튈프나겔(von Stülpnagel) 등이 그랬다. 롬멜은 역속물주의의 악영향을 받거나 심각한 열등감을 가지지는 않았지만, 사회적 계급에 따라 대우를 달리하는 태도만은 경계했다.

1929년부터 서방세계 경제 전체가 불황에 빠졌다. 배상 부담으로 인해 독일의 경기 회복은 좌절되고, 선거는 끝없이 반복되었으며, 독일의 민주주의 체제는 폭력과 소요와 불안정의 늪에 빠졌다. 극좌 및 극우 단체들은 제복을 입은 폭력배들로 구성된 사병 조직을 운용했고, 이들은 거리를 지배하며 자신들만이 공화국을 구할 수 있다고 주장했다. 경기 침체가 심화되는 가운데 1928년 5월의 선거에서 좌익 계열이 선거에서 상당한 의석을 차지했지만, 곧 폭등하는 물가와 이를 능가하는 인플레이션으로 인해 대량의 실업자들이 발생했다. 연합군 배상위원회가 1924년에 제시한 도스 플랜은 1929년에 영 플랜(Young Plan)[050]으로 대체되자 민족주의자들은 독일의 미래를 저당 잡힌 것과 다를 것이 없다며 영 플랜을 공격했다. 롬멜이 드레스덴에서 첫 해를 보내던 1930년의 경제위기는 극히 심각했고, 독일 정부는 실업 수당을 지급하지 못할 정도로 내몰렸다. 사람들은 모든 곳에서 일자리와 음식을 원했다. 독일의 후임 총리 및 주요 장관들이던 구스타프 슈트레제만(Gustav Stresemann), 칼 에두아르트 빌헬름 그뢰너(Karl Eduard Wilhelm Groener), 하인리히 알로이슈스 마리아 엘리자베트 브뤼닝(Heinrich Aloysius Maria Elisabeth Brüning)은 독일 역사상 어떤 공무원보다도 유능하고 애국적이고 고결한 사람들이었지만 독일인들은 모두 지도자들을 비난했다. 국민들이 고통을 감수해야 했으므로 정부가 비난받는 것은 당연했지만, 독일인들은 정부만이 아니라 체제 그 자체를 비난하고 있었다.

그런 상황에서 사람들은 단순한 원인과 그 이상으로 단순한 해법을 찾기 마련이다. 공화국은 근본부터 흔들리는 듯했고, 민주주의적 절차는 실패한 제도로 여겨졌다. 많은 사람들은 지도자의 혜안과 권위를 추구해야 한다고 말했다. 하지만 선거로는 어느 쪽도 선택되지 않았다. 1931-1932년에 12개월 간 5차례나 선거를 치렀는데, 선거 결과에 따라 개각을 실시하거나 정당들 간에 정치적 거래를 시도했지만 강력한 정부가 등장하거나 통일된 정책이 도출되는 일은 없었다. 1932년에 재선된 연로한 힌덴부르크 대통령은 음모를 꾸미는 자들이나 추종자들에 제대로 대응하지 못했고, 그동안 공화국군 내부를 비롯한 독일의 모든 곳에서 '민족 해방'과 '국가적 민중 봉기'에 대한 이야기가 오갔다.

---

**050** 1929년 국제연맹에서 채택한 배상안. 도스 플랜에 따라 수정된 배상금을 추가로 감액하고, 지불기간을 크게 연장했다. 수정안을 제안한 오언 D. 영의 이름을 따 영 플랜으로 명명되었다. (편집부)

1932년 4월의 지방선거에서는 국가사회주의당, 즉 나치(Nazi)가 상당한 의석을 얻었다. 나치는 사회민주당(Sozialdemokratische)처럼 강력하고 난폭한, 제복을 입은 무장 집단인 돌격대(Sturm Abteilungen), 즉 SA를 가지고 있었다. SA는 거리에서 공산주의자, SA와 비슷한 좌파 조직인 제국국기단(Reichsbanner) 등과 유혈 충돌을 일으켰다. SA는 실제로 공화국군을 본따 조직되었고, 국가사회주의의 '인민군'을 꿈꿨으며, 그 규모도 400,000명에 달했다. 한편 나치당의 소수 정예 조직인 친위대(Schutz-Staffel), 즉 SS도 군의 젊은 초급장교들의 마음을 끌고 있었다.

공화국의 정치구도는 좋지 않은 상황에서 최악의 상황으로 변화하고 있었다. 1932년 7월의 총선은 특히 폭력적이어서 진행 과정에서 많은 사람이 사망했다. 1932년 11월의 또 다른 총선에서는 나치가 이전 총선에 비해 적은 표를 얻었지만 유력한 세력으로 지위를 굳혔다. 나치는 거리에서 공산주의자들과 충돌했지만 배후에서는 특정 파업을 지원하며 그들과 협력했다. 그리고 같은 해인 1932년의 대선에서는 후보 중 한 명인 나치당 당수 아돌프 히틀러가 SA를 선거에 이용했다. 재선된 힌덴부르크는 우익 내각을 구성했지만, 얼마 지나지 않아 통치를 위한 충분한 합의를 이끌어낼 수 없다는 사실이 드러났다. 독일의 정세는 거의 내전 직전이었고, 평화와 국가 정체성이 모든 곳에서 위협을 받았다. 5월에 훌륭한 총리인 브뤼닝의 후임으로 임명된 폰 파펜(von Papen)도 그다지 존경을 받지 못했다. 그리고 장교들이 좌우 양측의 구애를 받아온 전통에도 불구하고 정부는 공화국군의 존경조차 거의 받지 못했다. 나치즘은 젊은 장교들에게서 어느 정도의 지지를 얻었다. 그들은 대공황을 목격했고, 나치의 단호한 민족주의에 감명을 받았으며, 근본적인 변화와 견고한 정부를 본능적으로 바라고 있었다. 1930년에 몇 명의 젊은 포병 장교들이 나치당원을 모집하다 기소되었다.

1932년 11월의 총선 이후 독일인들은 나치에 대항하거나 지지하는 양자택일의 기로에 섰다. 나치는 제국의회에서 다수당이 되었고, 의회의 지원을 받지 못한 정부의 합법적 통치는 더욱 힘겨워졌다. 폰 파펜 총리가 사임하고 잠시간의 공백 이후 다재다능하고 정치적 지능이 뛰어난 장군참모 출신의 폰 슐라이허(von Schleicher) 장군이 총리가 되었다. 폰 파펜은 85세의 대통령 힌덴부르크에게 불가피한 일이라고 설득하며 1933년 1월에 국가사회주의당 당수 히틀러를 총리직에 앉혔다. 롬멜이 그해 10월에 고슬라르에서 대대장에 임명되었을 때, 아돌프 히틀러는 이전까지 8개월간 맡아 온 독일 제국의 총리직에 합법적으로 임명되었다. 1933년 3월 제국의회는 전권위임법에 따라서 히틀러에게 4년간 권력을 부여하는데 동의했다.

롬멜이 지휘하게 된 대대는 모든 공화국군 부대들이 그랬듯이 오랜 역사를 가진 기존 연대의 전통을 이어받았다. 그리고 고슬라르 예거 대대의 경우 롬멜의 미래를 감안한다면 아이러니한 역사가 있었다. 이 대대는 하노버인(Hanoverian) 연대의 일부로, 7년 전쟁, 지브롤터(Gibraltar), 에스파냐(España), 그리고 가장 유명한 워털루(Waterloo)전투에도 참전한 부대였다. 특히 워털루에서는 블뤼허(Blücher)의 프로이센군 소속이 아니라 잉글랜드 국왕에 속해 있었다. 고슬라르 예거 대대는 나폴레옹 전쟁 당시 왕립 독일 군단(King's German Legion)의 후예였다. 화려한 전투 기록을 가진 이 군단은 프랑스가 하노버를 침략했을 때 하노버에서 잉글랜드로 망명한 독일인들로 편성되었다. 하노버군 자체는 강제로 해산되었지만, 망명자들은 영국의 피난처에 모여서 기존의 연대 전통을 부활시켰다. 롬멜의 대대는 1803년에 포츠머스(Portsmouth)에서 부활했고, 이후 최고의 전적들을 거뒀다. 1809년에는 탈라베라(Talavera)에서 병력의 절반을 잃었지만 1813년에는 비토리아(Vittoria)에서 극적인 승리를 달성했으며, 워털루에서는 전선 중앙 우측에 배치되어 라 에상트(La Haye Sainte) 농장을 방어했다. 그 후 고슬라르 예거 대대는 새로 창설된 자유 하노버군에 편입되었고, 프로이센군의 일부로서 프러시아-오스트리아 전쟁과 프러시아-프랑스 전쟁에서 싸웠으며, 1914년에서 1918년 사이에는 3,000명이 전사했다. 하인츠 구데리안(Heinz Guderian)도 1908년에 이 대대로 임관했고 1920년에는 중대장으로 부임한 적이 있으며, 구데리안의 부친도 이 대대를 지휘했었다.[051]

롬멜은 활동적이고 병사들을 분발시킬 줄 아는 대대장이었다. 그는 항상 신체적 모범이 되었다. 부하 장교들은 그들을 재촉하는 롬멜과 함께 고슬라르를 둘러싼 하르츠 산지의 가파르고 눈 덮인 비탈을 올라 스키로 활강하고, 다시 올라가 활강을 한 번 더 하고서야 마음 놓고 쉴 수 있었다. 이곳에서도 상관들은 그가 리더십은 물론 교육 훈련에도 재능이 있다고 보고했다. 연대장 폰 데어 셰발레리(von der Chevallerie) 대령은 이렇게 평했다. '예거 대대는 롬멜 대대가 되었다.'[052] 대령은 롬멜이 일반적인 대대장들에 비해 모든 측면에서 단연 뛰어났다고 평가했다. 롬멜은 하르츠를 사랑했고 그곳에서 전술적으로 진가를 발휘하는 기습의 전문가가 되었다. 그는 탁월한 전문적 능력과 친근하고 겸손한 성격을 통해 빠르게 충성심을 이끌어내는 자질을 지녔다. 롬멜은 이제 거칠고 힘든 조건에서 부대를 지휘하는 본연의 장기를 발휘하는 직책을 얻었다. 군대는 당시 독일의 모든 분야가 그랬듯이 새롭고 역동적인 환경을 경험하고 있었다.

---

051    고슬라르 예거 대대의 장병들은 대부분 1945년 발트 전선에서 죽거나 포로로 잡혔고, 생존자들은 독일로 돌아갔다.
052    IZM ED 100/186

아돌프 히틀러와 그의 정권이 터무니없는 범죄들을 저질렀기 때문에, 이후 세대들은 히틀러라는 인물을 이해하기 어려워한다. 이 독일의 독재자는 수많은 저작들의 주제가 되어왔지만, 대부분 히틀러가 극악무도한 본성에 따라 정상적인 인간으로서는 설명할 수 없는 괴물이 되었다는 식으로 어색하고 주제를 피하는 듯이 설명한다. 일부 예외는 있지만, 많은 역사가들은 롬멜과 같이 지적이고, 품위 있고, 비범한 사람들마저 독일의 총통에게 매력을 느꼈다는 분명한 사실을 무시하거나 외면하는 경향이 있다. 물론 괴물을 숭배한다는 것은 설명하기 힘든 일이지만, 히틀러가 평범한 인간의 지각능력을 벗어나는 놀라운 인물의 범주에 속한다는 점은 대체로 인정되고 있다. 저명한 독일 전문 연구가인 로버트 벌리[053]는 그를 유럽 역사에서 가장 비범한 기인이라고 묘사했다. 히틀러가 저지른 범죄들은 의심의 여지없이 끔찍하지만, 히틀러의 자질과 능력은 매우 인간적이었다. 그의 매력과 성공은 전적으로 인간적인 이유에서 출발했다. 그의 악행에만 익숙한 사람들에게는 놀랍고도 진부한 표현이겠지만, 히틀러는 독특한 매력이 있었다. 히틀러를 만난 사람들에 의하면 히틀러의 이야기를 들을 때 그저 듣고만 있는 것이 아니라 그의 이상한 생각들에 빠져들었다고 한다. 몇몇 사람들은 그에게 곧바로 혐오감을 느꼈지만, 많은 사람들, 특히 그의 취향이나 관심을 공유한 사람들, 그리고 그가 호감을 느낀 사람들은 그의 성격이 위압적일 뿐만 아니라 매우 매력적이라고 증언했다.[054]

이는 놀라운 일이 아니다. 히틀러의 웅변가적 능력에는 대체로 비범한 마력이 있었다. 이런 자질은 히틀러가 수백만 명의 죽음과 모욕에도 책임이 있다는 것을 이해한 상태에서 본다면 매우 이상해 보인다. 그러나 1933년 당시의 시각을 기준으로 하면, 히틀러에 대한 결과론적인 평가나 그가 저지를 범죄는 먼 미래에나 일어날 일이었다. 오스트리아인은 절반은 남부계, 절반은 튜턴인의 특성을 가졌으며 부드러움과 강함이 공존하는 특별한 매력이 있는데, 히틀러도 예외가 아니었다. 그의 유명한 선동 능력은 많은 청중들 속의 개인을 추켜세우고, 매혹하고, 연민과 보호심을 자극할 수 있었다. 히틀러는 수수하고, 솔직하고, 심지어 겸손한 인상을 전달하는 방법을 잘 알았고, 후일 롬멜은 이런 광경을 수없이 목격하게 되었다. 유능하고, 솔직하고, 현명한 슈바벤 출신 장군인 빌헬름 그뢰너(Wilhelm Groener)는 1918년에 패배한 독일 제국군을 맡는 용기를 보였고, 공화국군이 공화국에 충성을 유지하도록 노력했으며, 성실하고 온건하게 국방장관직을 수행했다. 그런 그뢰너는 독일에서 가장 높은 위치에 오르려던 히틀러를 '수수하고' '예

---

053   Robert Birley, 1943-1963년간 이튼의 교장으로 재임하며 전후 독일 교육 재편을 주도했다
054   Speer, Albert, Inside the Third Reich (Weidenfeld & Nicolson, 1970) 참조

의 바른' 사람이라 평했다. 데이비드 로이드 조지(David Lloyd George)[055]와 같은 냉정한 정치 지도자도 히틀러를 '독일의 조지 워싱턴(George Washington)'으로 묘사했다.[056] 히틀러는 매혹적인 인물이었다.

그리고 히틀러는 정치 심리학의 대가였다. 그는 독일인들이 각자의 정치적 내력이나 성향에 관계없이 모든 면에서 물질적인 요구 이상의 무언가를 필요로 한다는 사실을 알았고, 활동력, 무자비함, 창의성을 통해 이런 요구를 충족하는 방향을 추구하며 상당한 성공을 거두었다. 이런 비물질적 요구는 일종의 치유해야 할 상처들이었고, 그 가운데 자존심과 자부심이 가장 중시되었다. 히틀러는 1차 대전의 참전 장병 출신으로, 전쟁을 일으킨 독일인들은 스스로 고통을 자초했으며, 이후의 처지는 당연한 결과라는 연합국의 태도에 대중들이 상처받고 치욕을 느꼈음을 잘 알았다. 공화국 수립 이후 독일의 수많은 현실적 문제들이 해결되었거나 해결되는 과정에 있었다는 점은 거의 중요시되지 않았다. 배상 문제는 해결되었고 차별적인 군비제한 조치도 폐지나 완화를 전제로 재협상이 검토되고 있었다. 그렇지만 히틀러는 국민들이 품은 상처에 흉터가 남아 있음을 알았고, 그 흉터를 어루만져야 하며, 민중의 분노도 당연하다고 생각했다. 공개적으로 언급되었던 전쟁범죄 혐의가 대표적인 중점이었다. 히틀러는 독일인들에게 전쟁범죄 혐의에 타당한 근거가 없다고 말했다. 그는 국민들이 고개를 숙일 필요가 없으며, 미래는 국민들의 것이고, 모두가 행복할 권리가 있다고 말했다. 15년 동안 정부의 누구도 독일인들에게 이렇게 말한 적이 없었으므로 독일인들은 그 말에 기뻐했다. 히틀러는 뛰어난 치유자였고 대단한 낙천주의자였다. 그는 엄청난 국가적 희열을 불러왔다. 물론 이 희열은 적, 특히 내부의 적에 대한 경계심을 조장하기 위해 계획적으로 조성된 공포로 인해 누그러졌다. 결국 독일은 새로운 자부심, 단일성, 만족감을 얻었고, 독일에는 새로운 태양이 떠올랐다. 그런 분위기에 도전하는 것은 태양을 가리고 독일을 다시 어둠 속으로 되돌리려는 시도나 다름없었다. 히틀러는 모든 세대들을 위한 메시지를 가지고 있었다. 그는 젊은이들의 이상주의, 특히 독일 젊은이들의 이상주의에 호소하여 상당한 성공을 거뒀고, 중년층의 불안을 위로하고 분노를 누그러뜨리기도 했다.

그리고 히틀러는 (적어도 외양적으로는) 이전의 유약한 정부들이 제대로 대응하지 못했다고 여겨지던 물질적인 문제에 대처하는 데 성공했다. 바이마르 공화국에는 여러 해 동안 많은 실업자, 영양실조, 공공질서 혼란, 그리고 잘 알려진 연예 및 예술계의 '퇴폐'

---

055   David Lloyd George, 1차 세계대전 당시 연립 내각을 거쳐 총리로 재임한 영국의 정치가. 다만 이하의 평은 로이드 조지가 윈저 공과 함께 영국의 대표적 친독 인사였음을 고려할 필요가 있다. 체임벌린과 처칠은 로이드 조지가 영국의 페탕이 되려 한다고 우려했다. (편집부)

056   Hugh L'Etang, Leeds University, 1991에서 L. and R. Heston, The Medical Casebook of Adolf Hitler (William Kimber, 1979) 인용

문화가 있었다. 히틀러는 이 모든 것을 공격했다. 새로운 유사 엄숙주의가 활발히 장려되었고 예술이나 문학에서 대담한 시도나 충격적인 작품들이 고발당하거나 박해를 받았으며, 독일에서 가장 창조적인 인재들의 일부가 박해를 피해 이민을 떠났다. 그리고 실업 문제에 대처하기 위해서 대규모 토목 사업이 시작되었다. 히틀러는 무질서 및 사보타주라 할 수 있는 모든 행위들에 대응하는 엄격한 법률을 발의했다. 그는 공산주의에 대항하며 공산주의자들이 너무 오랫동안 독일인들 내부의 무의미한 계급투쟁으로 서로를 적대하게 만들어 독일의 적과 비방자들만 이롭게 했다고 주장했다. 초기 국가사회주의 지지자들이 모두 교양 없는 건달들이었다는 생각은 경솔한 실수다. 일부는 그랬지만 다른 일부는 독일에서 가장 품위 있고, 애국심 있고, 용감한 사람들이었다. 이들은 볼셰비즘의 야만적인 파괴행위에 노출된 나라의 존속을 걱정했고, 언행일치를 보여준 당에 이끌렸다. 히틀러는 독일을 강하고 부유하게 만들 산업을 찬양했고, 독일이 노동을 통해 명예롭게 부유해지고 조국의 위대성을 증진할 수 있다고 설파했다.

히틀러는 또한 모든 독일인들이 평등하며 모두가 영광스러운 국가사회주의의 미래를 공유할 것이라고 설파했다. 그는 급진적이고 혁명적인 당의 성향 위에서 질서라는 보수적 요소로 상당히 영리하게 균형을 잡았으며, 에르빈 롬멜을 포함한 모든 계급의 사람들에게 국가사회주의 운동의 과시적인 평등주의는 불쾌하게 받아들여지지 않았다. 거짓 약자에 대한 걱정도 없었다. 노동자를 위한 주택보급이 추진되면서 상당한 지지를 받았다. 기존의 저소득층 가정이 내 차를 가질 수 있도록 '국민차' 폴크스바겐(Volkswagen)도 설계되었다.[057] 철도와 유사한 개념을 가진 새 도로가 구상되어 '아우토반(Autobahn: 고속도로)'이라는 이름을 얻었다. 그리고 최소한 한동안은 이 모든 일들이 통화가치 하락이 없이, 그리고 독일을 황폐화시키고 수백만 명의 저축을 하늘로 날려버린, 잊을 수 없는 1920년대의 인플레이션과 같은 문제 없이 이뤄지는 것처럼 보였다. 국립은행인 라이히스방크(Reichsbank) 총재 샤흐트(Schacht) 박사가 학계의 권위자들에게 조언을 받으며 감독했다고 여겨지는 경제 체제는 본질적으로 허약했다. 그러나 다수의 독일인들에게는 안정성, 노동, 국가적 규율을 회복한 것처럼 보였다. 몇몇 사람들은 일련의 정책이 내포한 취약성 가운데 일부, 혹은 전부를 간파했지만 그 외에 대부분의 사람들은 일거리, 음식, 질서, 자존심의 회복을 행복하게 받아들였다. 마지막으로, 히틀러는 다른 나라들이 경외심을 갖고 독일을 주목할 것이라는 말로 독일인들을 도취시켰다. 패배의 그림자는 지

---

057    당시에는 KDF (Kraft durch Freude) Wagen 이라 불렸다. 나치는 저축 우표를 매주 구입해 일정 금액이 되면 누구나 차를 받을 수 있다고 홍보했지만, 실제로 차를 인도받은 고객은 없고, 우표 판매 수익과 생산공장은 2차 대전 기간 군용차 생산에 쓰였다. (편집부)

나치게 오래 드리워 있었고, 히틀러는 이제 그 그림자가 사라진다고 선언했다. 굴욕적인 베르사유 조약에 따라 제한되었던 독일의 군사력이 부활한다면 이런 패배의 흔적이 사라졌다는 증거가 될 것이 분명했다. 그간 독일은 "군대가 없고, 무기가 없고, 명예가 없다(Heerlos, wehrlos, ehrlos)"는 말을 그대로 실천하는 것이나 다름없는 처지였지만, 이제는 아니었다.

국가사회주의당에 대한 공화국군의 태도는 상반되었다. 초기에는 젝트의 '비당파주의(Überparteilichkeit)', 즉 군이 당 위에 존재한다는 원칙을 단호하게 지켰다. 이는 나치나 기타 정당들의 당원 모집 시도에 대한 젝트의 분명한 방침이었다. 1930년에는 울름에서 나치당을 홍보한 혐의로 3명의 장교들에게 유죄 판결을 선고한 유명한 재판이 있었다. 1933년 1월에 히틀러가 총리직에 호출되기 직전, 광적인 정치 활동이 벌어지던 시기에도 공화국군의 장교들이 마치 정치에 무관심한 것처럼 일련의 소란에 눈을 돌리지 못했다. 공화국군은 국가권력을 유지할 수 있는 최종적인 무력이었고, 따라서 정부의 입장에서는 공화국군 지휘부의 공식적인 태도가 대단히 중요했다. 군의 후임 지휘부는 환영 여부에 관계없이 군의 지위가 중요하다는 점을 인식했으며, 자의인지 타의인지는 구별하기 어렵지만 정치적으로 움직였다. 군의 입장에서는 필연적으로 정부 출범의 복잡한 문제들이 바람직하고 애국적인 결과가 되거나 혹은 그 반대일 수도 있었다.

젝트의 후임 국방장관이자 대통령의 막후 인물로, 잠시나마 총리로 재직한 폰 슐라이허 장군에게 많은 영향을 받은 공화국군 지휘부는 점차 나치를 제외한 어떤 정부도 충분한 대중적 지지를 얻을 수 없다고 믿게 되었다. 이들은 대중적 지지를 얻지 못한 정부는 내전의 원인이 될 것이며, 이 과정에서 국가가 분해될 것이 분명하다고 확신했다. 아이러니하게도 이런 믿음으로 인해 1932년 4월에 법령에 따라 나치 돌격대, 즉 SA 조직이 금지되자 공화국군 장병들은 호의적이지 않은 시선을 보냈다. 슐라이허와 다른 사람들은 다른 당의 인원들이 소속된 적당한 책임 기관이나 조직이 나치를 '온순하게' 만들 것이라며 대통령과 공화국군을 그럴 듯하게 설득했다. 당시 대중들은 정부가 나치의 난폭한 행위(나치만 그런 것은 아니었다)들을 묵인해도 이를 비난하기보다는 히틀러가 규율을 잡기 위해 조직을 동원한 결과라고 여겼다. 그뢰너가 '예의 바르고' '겸손하다'고 표현한 히틀러는 언젠가 평화로운 통일 독일이 다시 재건될 것이라는 희망을 공화국군에게 보여주었고, 그의 주장 가운데 일부 지나친 부분들은 시간이 해결해 줄 것처럼 여겨졌다.

회의와 낙관이 뒤섞인 공화국군 지휘부의 정서와 달리, 젊은 장교들은 상반된 생각을 품고 있었다. 전후 어린 시절을 불황으로 보내고 모국의 존엄이 불명예스러운 제약으로 묶인 데 분노하던 젊은 장교들은 국가사회주의를 진정한 청년운동(Jugendbewegung)으로 여겼다. 혁명적이며 낭만적인 민족주의의 복합적 매력은 흥분을 불러일으켰다. 공화국군은 공화국 정부에 냉담하게, 가끔은 적개심에 가까운 태도로 봉사했다. 롬멜이 근본적으로 계급주의적이라 비판했던 보수정당인 독일인민당(Deutschenationale Volkspartei)은 젊은 장교들에게 낡아빠진 집단으로 여겨졌다. 반대로 좌파 정당들은 반애국적이거나 역겨우리만치 파괴적이었다. 나치도 모든 것을 새롭게 바꾸겠다며 혁명을 약속했지만, 이는 애국적 혁명으로 구분되었다. 그리고 당시에는 불법에 가까운 난폭행위의 도덕적 문제가 크게 부각되지 않았고, 청년층에서 가장 우수한 인재들로 구분되전 장교들조차 상당수가 나치에 우호적이었다. 1933년 1월 30일 저녁에 나치가 히틀러의 총리 취임을 축하하며 밤베르크(Bamberg)에서 퍼레이드를 할 때 한 젊은 기병 장교가 공화국군의 정치 활동 금지 규정을 당당히 무시하고 군복을 입은 채 행렬의 선두에서 행진했다. 그의 이름은 클라우스 솅크 폰 슈타우펜베르크 백작[058,059]이었다.

히틀러는 1923년에 실패한 뮌헨 폭동, 즉 루덴도르프가 히틀러의 곁에서 행진하던 나치 초기부터 독일군의 부활을 나치의 주요 정책으로 내걸었다. 그리고 독일의 총리가 된 히틀러는 독일군의 부활을 단순한 공약에 그치지 않고 행동으로 옮길 수 있었다. 실제로 히틀러는 대다수의 다른 정책들과 같이 재무장 정책으로 평판을 높이기 위해 과거의 정책들을 필요 이상으로 헐뜯었다. 공화국은 이미 느리게나마 재무장 계획을 진행중이었지만, 이제 정권을 장악한 나치는 재무장과 군비확장을 국가의 최우선 과제로 끌어올렸다. 공화국군도 이런 정책을 기대해 왔다. 후에 육군참모총장이 되는 루드비히 베크(Ludwig Beck) 장군은 1933년 1월 나치의 정권 인수를 두고 1918년 이후 처음 맞이한 희망의 빛이라고 말했다. 전후 세계 여론이나 일부 인사들은 군이 히틀러를 처음부터 저지하지 않았다고 비판했지만, 이런 비판은 군이 합법적으로 임명된 정부를 처단했어야 한다는, 법적으로나 도덕적으로나 경악할만 한 발상의 결과물이다. 그리고 이를 논외로 하더라도 당시 공화국군 내부의 분위기를 고려하면 군 지휘부는 물론 대다수 장병들도 쿠데타의 당위성을 납득하지 않았을 것이다. 쿠데타는 독일군의 전통과 완전히 상반되는 행동이었다. 그럼에도 초기에는 상당한 의혹이 뒤따랐다. 히틀러가 취임 첫 주에 독일군의 고위 장성들을 소집해 그가 구상한 공화국군의 미래를 설명할 기회를 가졌을 때, 히틀러는 의구심이 섞인 질문들을 받았다. 대체 이 모든 계획은 언제 성사될 것인가?

058   Carsten, 앞의 책
059   Klaus Schenk von Stauffenberg 대령. 1944년 7월 20일 히틀러 암살 계획을 주도했으나 실패 후 체포·처형당했다. (편집부)

군 상부의 불안과는 별도로 군사력을 재건하고, 군의 규모를 확대하며, 현대화를 원하는 것은 히틀러가 진심이 분명했다. 이제 대담하고 영리하게 행동한다면, 독일이 유럽을 무대로 새로운 정책을 효과적으로 펼쳐 나갈 수 있었을 것이다. 특히 독일공군(Luftwaffe)은 당 내에서 히틀러의 오른팔이자 1차 대전의 유명한 에이스 파일럿인 헤르만 괴링(Hermann Göring)의 보호를 받으며 어둠에서 벗어나 번창할 것이 분명했다. 이미 징병제가 예정되어 있었고, 1933년 12월에 군 병력을 30만으로 증강하겠다는 결정이 발표되었다. 1934년 10월에는 24개 사단의 동원 전력이 인가되고, 1935년 3월에는 36개 사단으로 늘었으며, 1939년에는 현역 52개 사단과 예비역 51개 사단을 포함해 거의 400만 명을 동원할 수 있었다. 이 모든 것이 10만 명으로 규모가 제한되었던 젝트의 간부화 군대를 바탕으로 6년만에 달성한 결과였다. 그리고 같은 시기에 독일군은 기병의 일부를 기계화하기 시작했는데, 이는 구데리안을 비롯한 '차량화 기동부대'[060]장교들의 창의적인 기안에 따른 정책이었다. 육군 장교단 내부에서는 군비 확충의 기초가 튼튼하지 못하고, 갑자기 늘어난 장교단과 부사관단의 경험이 부족하며, 확장 과정에서 내실을 기하지 못했다는 점에 대한 불만이 상당히 컸다. 하지만 독일을 제외한 타국, 혹은 독일 국민의 관점에서는 경이적인 업적이었다. 진급과 책임, 교육과 훈련을 위한 공화국군의 '간부화된 군대' 정책은 성공적으로 입증된 것처럼 보였다. 물론 군비 확충 과정에서 불가피하게 취약한 시기가 발생했다. 기존의 10만 육군은 1935-1936년에 걸쳐 교관으로 흩어졌으며, 서류상의 전투서열은 길어졌으나 실제 전력은 부실해졌다. 그러나 주변국들은 모험적인 행동을 하거나 기습 공격이나 위협을 가하지 않았고, 덕분에 독일은 흔들리지 않고 군사력 건설을 진행할 수 있었다.[061]

결과적으로 히틀러 정권 초기의 공화국군은 국가의 혜택을 받았지만, 그 과정에서 '비정치화' 정책과 함께 젝트의 또 다른 정책도 사라졌다. 대규모로 확장된 군에서는 젝트와 그의 후임들이 요구한 인적 자질을 고수할 방법이 없었던 것이다. 히틀러가 총리로 재임하던 기간에 25,000여 명의 장교가 새로 임관했다. 장교로서의 자질은 대체로 고르지 않았고, 당파성은 극히 강했다. 그리고 공화국군과 정부 간에는 고질적인 불화의 씨앗이 있었다. 눈에 띄게 커져가는 SA의 야심이었다. 히틀러 집권 2년 전인 1931년에 예비역 대위인 에른스트 룀(Ernst Röhm)이 SA의 수장이 되었다. 룀은 근본적으로 국가사회주의의 사회혁명 측면을 대표했다. 룀은 공화국군을 제국군과 프로이센 왕정의 계

--------------------------------

060  Schnelletruppen, 원문에서는 Motor Transport Inspectorate 로 표기했다. (편집부)
061  Walter Gorlitz, The German General Staff (Hollis & Carter, 1953)

급의식과 보수적인 경향에 물든 집단으로 여겼는데, 이런 경향은 사실 젝트의 의도가 반영된 결과였다. 국가사회주의 혁명의 열성 신자였던 룀은 공화국군을 혁명을 완성하는 과정의 큰 장애물로 보았다. 그는 혁명이 끝나지 않았다고 공언했다. 새로운 국가사회주의 국가의 군대는 불명예스럽고 보수적인 과거의 유물이 아니라 새로운, 그리고 철저한 인민의 군대가 되어야 했다. 룀은 공화국군이 동화의 과정을 거쳐 국가사회주의의 소산이자 기수인 SA로 대체되어야 한다고 여겼다. 갈색 제복을 입은 노련한 거리의 투사들이자 10년에 걸친 난세의 영웅들인 SA가 새로운 독일의 무력이 되어야 했다. 룀은 정부 여당을 대체하는데 그치지 않고 과거와는 근본적으로 다른 국가사회주의 국가로 완전히 새로 태어나야 한다고 가르쳤다. 당수인 아돌프 히틀러가 그 정점에 있었다.

히틀러는 권력을 장악하는 과정에서 공화국군 지휘부와 대화하고, 군이 중시하는 요소를 보장해 주었다. 국가의 수호자라는 공화국군의 지위를 박탈하거나 다른 집단이 빼앗지 못하도록 보장한다는 약속이었다. 여기에서 히틀러가 말한 '다른 집단'이란 SA를 의미할 수밖에 없었다. 히틀러의 행동은 이런 약속에 충실했다. 그는 의도적으로 힌덴부르크에 대한 존경심을 과시했다. 1933년에 히틀러는 프리드리히 대왕과 그 부친이 묻힌 포츠담 개리슨 성당(Garnisonkirche Potsdam)에서 독일군의 과거와 현재의 영웅들이 참석한 가운데 '육군원수' 대통령인 힌덴부르크에게 충성을 맹세했다. '애국적 혁명'의 지도자인 히틀러는 독일군의 자존심과 프로이센의 영광의 화신인 힌덴부르크 앞에 머리를 조아렸다. "국가의 영광이 회복되었습니다." 히틀러는 이렇게 강조했다. "오랜 위대함과 새로운 힘의 상징들 간의 혼인이 성사되었습니다." 그는 군 조직의 위대한 인물들을 향해 외향적 존경을 표했다. 히틀러는 군 고위 장교들에게 최소한 히틀러 자신이 생각한 미래를 보여주었고, 군사 정책, 진급, 임명에 관해 전문가들의 권고를 받아들일 준비를 완전히 갖춘 것처럼 행동했다. 그는 공화국군에게 신뢰와 확신을 보여주었다. 공화국군 지휘부는 여기에 화답했다.

히틀러가 권력을 잡은 다음 해인 1934년에는 SA의 규모가 150만명을 돌파했고, 공식적으로 비상시 특수보조경찰로 등록할 수 있게 되었다. 룀은 이런 무력단체의 수장으로, SA 간부가 군 임관 자격을 부여받아야 한다고 주장했다. 그리고 독자적인 항공병과, 정보부 등을 요구했으며 국방부를 본뜬 나치의 기관인 '국방정책실(Office of Defence Politics)'도 창설했다. 공화국군은 1934년 2월에 룀이 국방부로 보낸 '장차 전쟁 수행, 그리고 동원은 SA의 업무' 라는 내용의 서신을 수령했다. 이 서신의 내용대로라면 공화국군은 훈련 조직 정도로 남게 될 것이 분명했다. 이전까지 SA를 애국적, 이상적 조직으로, 유능한 젊은이들이 많이 소속된 (어느 정도는 사실이었다) 조직이라며 호의적 반응을 보이던 군내 인사들조차도 SA의 변화에 경악했다. 훗날 에르빈 롬멜이 당시 정세에 대해 이야기한 내용들을 보면 롬멜 역시 이런 반응을 공유했음이 분명하다. 공화국군과 SA 간의 관계는 심각한 상황으로 흘러갔고, 히틀러만이 이 위기를 해결할 수 있었다. 히틀러는 2월 말, 베를린에서 열린 한 회의에서 중재자의 입장으로 두 조직의 지휘부를 접견했다. 히틀러는 회의에서 군의 고유한 역할을 재확인했다. 히틀러는 군이 국가에서 유일한 무력이자 국가의 수호자가 될 것이라고 선언했다. SA는 그가 '정치적 역할'이라고 칭한 군 미필 자원의 훈련, 그리고 일정 기간에 한정한 국경 보호에 집중할 것이다. 다음 달에 있었던 한 연설에서도 히틀러는 같은 이야기를 반복했다.

　분노한 룀은 히틀러의 방침을 조롱했으며, 이는 즉시 히틀러에게 보고되었다. 당시 룀은 '상병에게 휴가를 줘야 한다.'고 이야기했다. 이 상병이란 독일군의 상병(Obergefreiter) 출신인 아돌프 히틀러를 의미했다. 거리 투쟁 기간에 체계적 조직과 지도자에 대한 충성을 유지하던 SA는 이제 반란을 일으킬 준비가 되었거나, 혹은 자신들이 준비되었다고 느끼는 듯했다. SA의 입장에서 히틀러는 투쟁 초기에 많은 것을 약속했지만, 이제는 새로운 친구를 보다 선호하는 것처럼 보였다. 특히 히틀러를 매우 잘 알았던 룀은, 히틀러가 곤란한 상황에서 결단을 하거나 불쾌한 상황을 직시하기를 꺼린다는 사실을 파악하고 있었다. 따라서 히틀러 자신이 오랫동안 신임했고, 나치 초기의 투쟁들을 승리로 이끌고 대중적 기반을 보호하고 권력을 쟁취하는 과정에서 많은 역할을 한 노병들과 극단적으로 대립하는 상황을 원치 않을 것이라고 판단했다. 하지만 히틀러는 자신의 미래 구상이 군인들조차 상상하기 어려울 정도로 군사력에 의존한다는 점을 잘 알고 있었다. 그리고 히틀러는 힌덴부르크 대통령의 후계자가 되기를 원했다. 당시 86세였던 힌덴부르크는 빠르게 노쇠하고 있었으며, 실제로 동년 8월 초에 사망했다. 히틀러는 자신이 힌덴부르크의 후임으로 취임할 경우 공화국군이 반대하지 않을 것이라는 확신을 원했다. 히틀러는 군으로부터 충분한 보장을 받았고, 그 답례로 군에 대해서도 충분한 보장을 해 주었다.

　6월에 룀은 SA 지휘부 전체에 휴가를 주었다. 매우 흥미롭게도 룀은 군 총사령관인 폰 프리치(von Fritsch) 장군에게도 회유를 권하는 서신을 보냈다. 몇 명의 SA 지도자들이 6월 말에 바이에른의 테게른제(Tegernsee)에 있는 한 휴양소에서 룀을 만날 예정이었다. 유명한 동성애자인 룀이 몇몇 지인들과 휴식을 취하던 바트 비제(Bad Wiessee) 호수변의 한젤바우어 호텔(Gasthof Hanselbauer)이었다.

'장검의 밤(Nacht der langen Messer)'이라 불리는 1934년 6월의 사건은 히틀러 정권의 다른 잔혹한 사건들 못지않게 깊은 인상을 남겼다. 국방장관 폰 블롬베르크(von Blomberg) 장군이 나치 기관지인 민족의 파수꾼(Volkischer Beobachter) 6월 29일자에 기고한 내용은 장차 일어나게 될 일을 암시하고 있다. 블롬베르크는 이 기고문에서 국가의 양대 기둥을 당과 군이라 정의하고, 군은 히틀러를 지지하며 히틀러가 불만을 품은 SA를 처리할 경우 군이 히틀러의 편에 설 것임을 분명히 밝혔다. 당의 또다른 준군사 조직이자 차츰 중요성이 커지고 있던 하인리히 힘러(Heinrich Himmler)의 친위대, 즉 검은 제복을 입는 SS도 히틀러의 편에 설 것이 확실했다. 군과 SS가 국지적인 수준에서 논의를 하는 동안 SS가 '비상 사태' 대응에 착수했다. 이 비상 사태란 SA의 혁명 가능성임이 분명했다. 불신과 계략에 따라 날조된 무대가 꾸며졌고, 히틀러가 이 무대를 연출했다.

6월 30일에 히틀러가 몸소 개인 경호대인 SS라이프슈탄다르테[062] 일부를 대동하고 바트 비제를 덮쳤다. 뮌헨에서 차로 이동하거나 뮌헨 기차역에 도착하는 SA 대원들이 룀의 회의장으로 가는 길에서 붙잡혔고, 곧 학살이 벌어졌다. SA의 많은 지도자들이 뮌헨의 슈타델하임(Stadelheim) 교도소에서 즉결 처형되었다. 마지막까지 히틀러를 조롱하던 룀은 다음 날 감옥에서 SS의 집행부대에 의해 사살당했다. 히틀러는 겁을 먹은 나머지 SA 대원들을 직접 해산시키며, 집으로 가서 당분간 제복을 벗고 새로 임명될 지도자의 명령에 복종하라는 지시를 내렸다. 한편 베를린에서는 SS가 당 지도부, 특히 힘러와 괴링이 혐의를 둔 다른 사람들에게 보복했다. 부총리인 폰 파펜은 체포되었으나 목숨은 건졌고, 보좌관 두 명은 피살당했다. 나치 정책의 극단성을 완화시키기 위해 음모를 중재하려던 폰 슐라이허도 부인과 함께 피살되었으며, 폰 브레도브 장군[063]과 다른 많은 사람들 역시 같은 운명에 처했다. SA의 지도부는 대부분 축출되고, 이 과정에서 향후 정권의 앞길을 가로막을 여지가 있다고 여겨지던 많은 반대파들도 함께 제거당했다.

이렇게 소름 끼치는 일들이 진행되는 동안 군은 조금도 움직이지 않았다. 처음에는 공화국군 지휘부가 진행중인 사건을 실시간으로 파악하고 있지는 않았던 것 같다. 학살은 SS가 담당했다. 하지만 SS는 공공연한 묵인 하에 도처에서 살인을 저질렀고, 그들이 어떤 법적인 절차도 거치지 않았음이 곧 분명해졌다. 후에 총사령관 폰 프리치는 군이 움직이지 않았다는 비난에 대해, 국방장관 폰 블롬베르크가 모든 군사적 개입에 대해 반대했으며, 군은 장관의 승인 없이는 행동할 수 없었다고 말했다.

---

062  SS Leibstandarte, 총통경호친위대. 이후 확대개편되어 제1SS기갑사단 LASSAH(Leibstandarte SS Adolf Hitler)가 되었다. (편집부)

063  Ferdinand von Bredow, 사망 당시 계급은 소장. 쿠르트 폰 슐라이허의 부관으로 국방부 방첩국과 슐라이허의 개인 정보조직을 통솔했다. SS에 납치되는 과정에서 두부 총상으로 사망했다. (편집부)

그런 태도가 불합리한 것은 아니었다. 군에게 경찰의 역할을 수행하도록 명령하고, 수도의 거리로 내보내 SS 소부대들과 맞서도록 하는 것은 매우 정치적인 결정이자 극히 곤란한 작전이었을 것이다. SS가 베를린에서 정부 고위 관리들의 지시에 따라 작전을 진행중이었음을 감안하면 군의 출동은 설령 그런 결정이 도덕적이었다 하더라도 군사 쿠데타와 다름없는 일이었다. 그럼에도 프리치와 독일군의 모든 장병들은 극히 심각한 범죄들이 진행되던 84시간 동안 어떤 행동도 취하지 않았다는 이유로 비난을 받아왔다. 당시에도 그 이후에도 많은 사람들은 군의 비개입을 완전히 의도적인 결정으로 여겼다. 공화국군도 SA가 제거되는 상황을 반겼고, 슐라이허와 같은 몇몇 불행한 사례들이 공화국군의 기쁨에 걸림돌이 되었지만 심각한 문제로 여겨지지는 않았다.[064]

이 문제에 대한 롬멜의 입장은 매우 분명했다.[065] 그는 고슬라르에서 대대를 지휘하고 있었고 이 사건과 어떤 종류의 직접적인 관련도 없었지만, 공화국군의 모든 장교들이 그랬듯이 어떤 일이 벌어졌는지 알게 되었다. 예의 바르고 도덕적 기준이 높았던 롬멜은 SA를 제거한 히틀러의 대담성과 결단력에 생애 내내 경의를 표했고, 자세한 사정을 알게 된 후에도 당시 사용된 불법적 수단에 대해 우려하면서도 그 성과에 대해서는 의심하지 않았다. 그는 아마도 공화국군 중간 계급의 전통적인 다수의 시각과 같은 입장이었을 것이다. SA의 허용할 수 없는 요구들은 독일에 내전의 위험을 초래했고, 히틀러가 이를 막았다. 초기에 SA에 의존했고 그들에게 많은 호의를 품었던 히틀러가 용기 있는 행동으로 독일을 구했다. 롬멜은 특수한 수단으로 신속하게 국민 사기를 회복시킨 데 대해 히틀러에게 진심으로 감사하고 있었다. 최소한 표면적으로는 경제 문제들이 해결되고 있었으며, 국민들은 다시 고개를 들고 다녔고 발걸음이 가벼워졌다. 병은 치유된 것처럼 보였으며, 그간 독일이 앓던 병을 성공적으로 치료한 의사는 아돌프 히틀러였다. 독일인의 입장에서 히틀러는 죽음 후의 부활이자 어둠 후의 여명이었다.

단, 롬멜과 같은 세대 독일 장교들의 감상이 모두 일치하지는 않았다. 독일군 내에서는 여러 의견이 나왔는데, 장검의 밤 사건의 소식에 경악하는 외국의 견해를 접한 장교들이 특히 그랬다. 10년 후 롬멜과는 다른 길을 걷게 될 가이어 폰 슈베펜부르크(Geyr von Schweppenburg) 남작은 개인적으로 만난 영국 친구 앞에서 눈물을 흘렸다. "믿어주게. 이런 일들은 지나가고 곧 사라질 걸세. 이건 진정한 독일이 아니야."[066]

---

**064** 존 휠러-베네트(John Wheeler-Bennett) 경은 작고하기 얼마 전에 저자에게 최근 공화국군 지휘관 중 최소한 일부가 1934년 6월 30일의 사건에 '깊이' 연루되었다는 새 증거(구체적으로 말하지는 않았다)를 발견했다고 말했다.

**065** Manfred Rommel의 증언

**066** 저자의 기억

그러나 히틀러는 국방장관으로부터 내각의 축하를 전달받았고, 힌덴부르크 대통령은 사후승인 전보를 보냈다.[067] 롬멜은 이 두 가지가 모두 당연하다 믿었다. 5주가 채 지나지 않은 1934년 8월 2일에 힌덴부르크가 사망했고, 한 시간 만에 히틀러가 직접 국가수반과 정부수반의 직책을 겸직하여 대통령, 총리, 그리고 자칭 총통(Führer)이 되었다. 같은 날 저녁에 독일의 모든 장병들은 다음과 같이 서약했다.

**나는 신에게 이 성스러운 서약을 맹세하노니, 나는 독일 제국과 국민의 총통이며
군대의 총사령관인 아돌프 히틀러에게 무조건 복종할 것이며, 나는 용감한
병사로서 이 서약을 위해 언제든 기꺼이 목숨을 바치겠습니다.**

8월 15일에 1934년 5월 11일자 힌덴부르크의 유언이 공개되었다. 여기에 다음과 같은 문장이 들어있었다. "총리인 아돌프 히틀러와 그의 운동은 독일이 모든 직업과 계급의 차별을 넘은 내부 단결을 이끌었다." 그리고 다음과 같은 말로 끝맺었다. "조국의 미래에 대한 이런 확고한 믿음 속에 평화롭게 눈을 감는다."[068]

롬멜은 1934년 9월에 히틀러를 처음 만났는데, 당시 히틀러는 1개월 전에 정부 수반인 총리, 국가 수반인 대통령, 그리고 독일군의 총사령관 자리를 겸하는 총통으로 취임해 있었다. 하지만 히틀러의 야심은 그 이상이었다. 히틀러는 자신이 혁명이자 역사의 발전인 나치 운동의 '총통'이며, 그와 독일의 운명을 실현하는 과정에서 국가의 최고 지위들로 '스스로를 이끌었다'고 주장했다. 일부 집단에게 있어 이 과정은 적법하거나 정통성이 있는 절차보다는 신비로운 과정이었고, 총통은 그 과정에서 국가사회주의 운동의 엘리트들이 설파한 우상이었다. SA 최고 지휘부를 무력으로 제거하며 지위가 급격히 향상된 SS는 히틀러를 숭배했고 최고 사령관, 대통령, 총리로서만이 아니라 히틀러의 모든 것을 추앙하고 복종하게 되었다. SS는 총통이자 유일무이한 천재로서의 히틀러에게 헌신하는 존재였다. SS에 입대하는 모든 남자는 충성스러운 시민으로서 의무를 다하는 신분을 버리고 이데올로기를 가장 중시하는 신분으로 변화했다.[069]

이런 변화는 극히 위험했다. SS들은 정권에 대한 충성이라는 개념을 버리고 이를 개인, 즉 기본적으로 정치적인 한 인물에게 투영했다. 나치는 멸망하기 직전까지 최소한

---

067  누가 이런 과정의 틀을 짰는지는 확신하기 어려웠다. 건강이 좋지 않았던 대통령은 사실상 혼수상태에 빠져 있었다.

068  Wheeler-Bennett, Hindenburg, the Wooden Titan (Macmillan, 1967)

069  Buckheim (ed. Elizabeth Wiskemann), Anatomy of the SS State (Collins, 1968)

전통의 연속성, 법적 관계를 가진 상태로 국가 기관과 당 기관의 이원성을 유지했는데, 이는 주로 SS 수장인 제국지도자(Reichsführer) 하인리히 힘러에 의해 이뤄졌다. 나치 당은 국가 행정 기구를 거의 완전히 모방했고, 행정부의 장관직을 모방하거나 침해하는 SS내 기관도 하나 둘 늘어났다. 표면적으로는 '연락'이나 '정치적 협조' 촉진이라는 명분 하에 이뤄진 일이지만, 이런 이론적 주장은 일선 장교들의 인식과는 동떨어져 있었다.

히틀러가 9월에 고슬라르를 방문했을 때 롬멜의 대대를 사열했는데, 이때 히틀러는 국가수반으로서 대대를 사열했고, 롬멜은 그 앞에서 행진했다. 당시 롬멜은 한 줄의 SS 대원들이 총통 경호를 위해서 그의 대대 앞에 서기로 했다는 이야기를 접한 후, 친위대 배치는 자신의 부대가 히틀러를 보호하는데 부적절하다는 의미가 되므로 이를 모욕으로 간주할 것이며, SS 대원들을 이동시키지 않으면 대대를 철수하겠다고 위협했다. 결국 롬멜은 뜻을 관철시켰다. [070]

한 해 뒤인 1935년 9월에 롬멜은 대대장직에서 물러난 후 포츠담의 전쟁대학에 다시 교관으로 부임하여 3년간 근무했다. 그는 고슬라르 예거 대대를 매우 인격적으로 이끌었다. 그는 대원들이 문제가 발생하거나 요청할 일이 있으면 자신에게 오도록 장려했고 많은 대대원이 이런 행동을 오랫동안 기억했다. 그는 임무에 있어 휴식의 가치를 믿었다. 그리고 스키, 승마, 사격 등의 운동에 몰두했다. 롬멜은 전쟁이 끝난 이후 내연기관에 대해 전반적으로 학습했고, 모터사이클을 즐겼으며 가끔 부인을 뒷자리에 태우고 멀리 여행을 다니곤 했다. 당시의 롬멜은 44세였지만 여전히 프랑스, 루마니아, 이탈리아에서 전설적인 업적을 거둔 젊은 지휘관이자 용기와 활동력의 표본인 젊은 전사였고, 계속 그런 인물로 남았다. 하지만 그는 자신의 능력에 대해 거의 의심하지 않았다. 그는 아들 만프레트에게 이렇게 말한 적이 있다. "나는 젊은 대위 시절에 이미 군대를 이끄는 법을 알았다."[071]

친구들이 보기에 루시는 가족 내에서 주도적인 인물이었다. 그녀는 남편보다 더 적극적인 애국자였고 많은 문제들을 흑백논리로 보는 경향이 있었다. 롬멜은 집안싸움에서 이긴 적이 거의 없었다. 얼마 되지 않는 승리 사례들은 집에 피아노를 들이려던 아내에게 끝까지 반대한 정도에 불과했다.[072] 그는 집안 문제의 결정권을 상당부분 부인에게 미뤘다. 롬멜 가는 웃음이 많은 행복한 가정이었다.[073]

070   Young, 앞의 책.
071   Manfred Rommel의 증언, 인터뷰, EPM 3
072   위의 책.
073   Frau Kirchheim, 인터뷰, EPM 3

하지만 영웅들도 집에서는 까다로운 아버지가 될 수 있다. 롬멜은 대부분의 아버지들과 마찬가지로 아들 만프레트가 자신이 했던 것과 같이 신체적 용기나 지력을 발전시키기를 기대했다. 하지만 만프레트는 처음부터 독립적인 기질을 보였다. 그는 자신이 옳다고 스스로 판단한 것이 아니라면 부친의 의견을 애써 따르려 하지 않았고, 내키지 않는 경우에는 부친의 천부적인 용기를 따를 의향이 없었다. 루시는 가톨릭교도이고 롬멜은 개신교도였기 때문에 종교적인 면에서 다소 분열되어 있던 가정에서 전통적인 종교에 회의감을 지닌 청년으로 자라난 만프레트는 신의 존재에 관한 부친의 주장을 경청하곤 했지만 자신만의 관점을 고수했고 부친은 이를 존중했다.[074] (롬멜이 생각하는 신은 다소 군대적 권위를 지닌 신이었다.) 그는 부친 에르빈 만큼이나 지신의 뜻에 단호했다. 그리고 에르빈 롬멜의 편지들에는 마지막까지 만프레트에 대한 자부심과 애정이 빛났다.

074  Manfred Rommel의 증언

# 제7장 개인적 임무

    당시 공화국군은 나치당으로부터 일정 수준의 평등주의를 수용하라는 압력[075]을 받았고, 공화국군을 구성하는 개인은 비슷한 상황에 노출된 타국의 군대나 사회구성원들이 그랬듯이 각자 이런 요구에 대응해야 했다. '국가사회주의' 철학에는 '사회주의'적 요소가 상당 부분 포함되어 있었다. 룀과 그의 사상인 국가적 혁명에는 공화국군 지도부의 낡고 반동적인 사고방식을 일소하겠다는 내용이 포함되어 적지 않은 반향을 불러일으켰으며, 이 내용은 SA가 숙청된 뒤에도 사라지지 않았다. 예를 들어 1934년 5월 '장검의 밤' 직전에 국방장관 폰 블롬베르크는 장교들이 보다 사회민주주의적 사고와 관습에 익숙해지도록 노력하라고 명령했다. 이 명령은 장교들이 특권의식을 버려야 한다는 선언이었다. 장교들은 사회적 계급별로 집단화하는 대신 다른 계급과 섞여야 했고, 이 지시에 대해 다양한 반응들이 이어졌다. 일부는 무의미한 포퓰리즘이라며 무시했고, 많은 장교들은 훌륭한 연대에는 그런 방침이 불필요하다며 불쾌해 했으며, 어떤 장교들은 여전히 전통주의적이고 계급주의적인 장교사회에 진보적인 움직임이 필요하다며 새로운 명령을 환영했다. 이런 방침은 1933년부터 진행된 군의 급속한 확장 과정에서 젝트 시절의 엄격한 원칙과 기준들이 더이상 중시되지 않을 것임을 의미했다. 반대로 1938년에는 그간 공화국에서 금지되었던 결투를 합법화하는 결정이 내려졌는데, 이는 여러 측면에서 시대에 역행하는 이상한 조치였다. 결투는 오랫동안 군대에서 비중 있게 다뤄지지 않은 관습으로, 발생 빈도도 높지 않았다. 이 결투의 '부활'은 프로이센 풍 군사 관습의 재승인보다는 나치가 추구하던 '전사적 용맹'을 부각시키기 위한 제스처에 가까웠다.

    롬멜은 장교의 정당 가입이 합법화된 뒤에도 나치당에 가입하지 않았지만, 나치의 정책 방향에는 완전히 동감했다. 그는 군생활에서 엄격한 규율주의를 지켰으나 성격상 합

---

075   Demeter, 앞의 책

리적인 평등주의 성향이 강했다. 그는 체질적인 민주주의자였고 초년에는 어느 정도 '사회주의자'로 여겨지기도 했다. 롬멜은 상대가 누구라도 직접적인 화법을 선호했으며, 자신의 생각을 군대식 표현으로 말했다. 그는 마지막 날까지 자신의 생각을 선임부사관이 알아들을 법한 말로 장군에게 이야기할 수 있었고, 그런 능력을 모든 사람에게 인정받지는 않았지만 스스로 자신의 능력에 만족스러워 했다.

공화국군에 대한 나치의 태도, 최소한 총통 자신이 보여준 태도는 롬멜과 같은 사람들, 즉 현실적이고 활기차고 애국적인 직업 군인을 불안하게 하지 않았다. 인사 관리나 무기류에 대한 관심을 보면 히틀러는 근대화를 장려하는 듯이 보였고, 이는 분명 좋은 조짐이었다. 히틀러는 군에 대한 과시적 호의와 신뢰를 통해 군인이 다시 자랑스럽고 명예로운 존재가 될 것이라 공언하고 있었다. 이 역시 매우 긍정적인 현상이었다. 그리고 히틀러는 프로이센의 오랜 군사적 전통에 존경을 표했다. 그는 포츠담 개리슨 성당에서 보여준 극적인 행위를 통해서 근대적 태도가 영예로운 과거를 위협하지 않으며, 오히려 전통을 강화시켰음을 보여주었다. 그리고 새로운 우상주의도 과거를 심각하게 위협하는 것 같지 않았다. 당시 독일 정부는 "기독교를 흔들지 않는 사회도덕과 윤리의 기초로 간주한다"고 선언했다. 젝트[076]가 다져 놓은 기초 위에서 새로운 자극을 받은 공화국군이 추구할 방향에 대한 필연적인 논쟁이 이어졌다. 일각에서는 소규모 정규군 '기동' 부대와 기간요원을 기초로 대규모의 '방위 민병대'를 함께 운용해야 한다고 주장했지만, 히틀러는 그런 개념을 거부했다. 루덴도르프의 견해를 따르던 그는 '거대한 군'의 필요성을 믿었으며, 그의 비밀스러운 야심도 거대한 군을 통해서만 충족될 수 있었다. 히틀러는 군이 젊은이들을 위한 필수 교육과정이자 학교가 되어야 한다고 믿었다.

롬멜이 업무 차원에서 처음으로 나치와 접촉한 시기는 포츠담 발령 이후였다. 1937년 2월 당시 전쟁대학에 근무중이던 롬멜은 히틀러 유겐트(Hitler Jugend)의 국방부 연락장교로 임명되었다. 롬멜은 포츠담 근무 2년차인 1936년 9월에 히틀러를 두 번째로 만났다. 그는 뉘른베르크(Nürnberg) 전당대회에서 총통 경호단에 배속되었고, 히틀러가 휴식을 위해 자신의 차를 따라오는 차량의 수를 제한하라고 말하자, 지시대로 행렬을 따르는 귀찮은 나치 거물들을 떼어내[077] 히틀러에게 단호한 인물이라는 칭찬을 들었다. 히틀러는 이름과 얼굴을 잘 기억하는 것으로 정평이 나 있었는데, 아마도 당시에 롬멜 중령의 이름과 개성을 기억하고, 히틀러 유겐트 추천 과정에서 떠올렸을 것이다.

...........................................

076  젝트는 1936년 12월 사망했다
077  Irving, 앞의 책

당시 히틀러 유겐트는 550만명의 소년으로 구성되었으며, 29세의 열광적인 나치 지지자인 발두르 폰 쉬라흐(Baldur von Schirach)가 이끌었다. 이 소년단은 스포츠, 독일문화 교육, 그밖에 여러 국가사회주의적 세뇌를 위해 창설되었다. 히틀러 유겐트는 경기 침체, 굶주림, 부모의 실업과 폭력을 여전히 기억하던 소년들에게 운동, 친구관계, 즐거움을 제공했다. 당시 독일의 도로에서는 갈색 셔츠 차림의 건강한 젊은이들이 자전거 여행을 하며 지나가는 운전자들에게 손을 흔드는 모습을 종종 볼 수 있었다. 리더들은 나치의 상징인 하켄크로이츠 삼각기를 달고 행렬을 이끌었다. 히틀러 유겐트는 밝은 자신감을 되찾은 낙천적인 신세대의 상징이었다. 국방부는 이런 소년들이 약간의 군사 교육을 받아야 한다고 제안했는데, 롬멜은 그의 상관들이 입을 모아 청년들과 좋은 관계를 수립할 수 있는 인물로 지목할 만큼 연락장교에게 요구되는 자질을 갖추고 있었다.

그리고 이 시기에 롬멜의 저서인 보병공격술이 출판되었다.[078] 보병공격술은 주로 자전적인 내용이지만 매우 흥미진진했기 때문에 저자인 롬멜의 이름도 곧 유명해졌다. 아마 히틀러도 독자 중 한 명이었을 것이다. 포츠담의 포겐라이터(Voggenreiter)에서 출간한 보병공격술은 매우 잘 팔렸고, 상당한 인세를 받게 된 롬멜은 검소한 슈바벤 사람답게 소득세를 줄이기 위해 출판업자에게 인세를 보관했다 연단위로 지급해달라고 요청했다. 그렇게 롬멜은 널리 알려진 무훈을 바탕으로 모험심과 봉사정신을 권위있게 이야기할 자격을 갖추고 히틀러 유겐트의 소년들과 그 지도자들을 만났다.

롬멜은 히틀러 유겐트 연락장교 역할을 즐겁게 수행하지는 않았고, 그 과정에서 발두르 폰 쉬라흐와도 사이가 틀어졌다. 불화의 이유에 대해서는 서로의 입장이 달랐다. 폰 쉬라흐에 따르면 롬멜은 군의 젊은 위관급 장교들에게 주말에 청년 교육을 하도록 명령해야 한다고 주장했으며, 유겐트의 활동 계획에 군사 과목을 지나치게 많이 집어넣고 싶어했다.[079] 다른 사람들의 말에 따르면 롬멜은 그와 정확히 반대되는 이유로 유겐트 제도를 싫어했던 것으로 보인다. 주변의 증언에 의하면 롬멜은 유겐트가 스포츠와 준군사 교육을 지나치게 강조했으며, 그런 교육은 아무리 긍정적으로 보더라도 괴로운 일이라 생각했다.[080] 당연한 본능이겠지만, 히틀러 유겐트는 학생으로 취급 받기를 싫어하고 성인처럼 대우받기를 열망하는 경향이 있었다. 그리고 교장이자 수학자의 아들인 입장에서 군사교육은 어느 연령대에도 할 수 있다고 여겼다. 롬멜은 폰 쉬라흐가 군 경력이

---

078   같은 해 구데리안의 영향력 있는 저서인 전차에 주목하라(Achtung Panzer)도 출판되었다.
079   위의 책
080   Young, 앞의 책

없어서 그 문제에 관해 아무것도 모른다며, 소년들이 어릴 때는 교육을 통해 바른 정신과 성격을 형성해야 한다고 말했다. 각자의 관점과 별도로 롬멜과 폰 쉬라흐는 상당히 많이 다퉜고, 결국 롬멜은 1938년에 유겐트 배속이 해제되었다. 다만 롬멜의 전쟁대학 보직은 여전히 남아있었다. 엄밀히 말해 히틀러 유겐트 배속은 겸직 근무에 해당했다.

당시는 독일이 경악과 열광으로 뒤덮인 시기였다. 아돌프 히틀러가 독일의 독재 권력을 달성하는데 필요한 전제조건은 비상 사태의 지속이었고, 히틀러와 그가 신뢰하는 동료들은 평범한 시대라면 혐오의 대상이 될 법한 계획을 통해 일정한 위기를 유지하려 했다. 위기의 조장은 그리 어렵지 않았다. 대부분은 나치 스스로 자초한 위기였지만, 독일이 겪은 위기는 분명한 현실이었다. 그리고 나치는 이 위기를 계속 유지할 필요가 있었다. 히틀러는 법에 의해 1933년 3월부터 4년간 통치권을 부여받았지만, 임기를 끝내고 물러날 생각이 전혀 없었다. 따라서 혁명적인 변화의 속도를 계속 유지하며 국내외의 적들에 대한 공포를 자극할 필요가 있었다. 이렇게 시작된 '비상 사태'는 마지막 파국까지 계속되었다. 공화국군과 관계된 '비상'은 히틀러가 애매한 표현으로 일반 대중들에게 자주 언급하던 일련의 위험들에 대해서 독일이 '스스로를 방어' 할 수 있어야 한다는 의미였다.

히틀러는 가끔 일부 특권층이나 비밀 모임에서 공격적이거나 팽창적인 의도로 확대 해석할 수 있는 발언들을 늘어놓았고, 때로는 신중하거나 원칙주의적인 사람들을 경악시키는 발언도 주저하지 않았다. 한 예로 1937년 11월에 그는 국방장관 폰 블롬베르크, 외무장관 폰 노이라트(von Neurath), 육군 총사령관 폰 프리치, 해군(Kriegsmarine) 사령관 래더(Raeder), 공군사령관 괴링에게 독일의 확장주의 정책을 공공연하게 예고했는데, 이 정책은 오스트리아·체코슬로바키아(Czecho-Slovakia)의 신속한 합병과, 그에 따른 영국 및 프랑스와의 대결을 감수하겠다는 선언에 가까웠다. 이 위험을 실감한 참석자들은 섬뜩해 했지만, 히틀러는 이런 전망이 아직 진지하게 계획되지 않았고 다른 일들의 진전에 따라 달라질 것이라며 가볍게 넘겼다. 하지만 히틀러는 언제나 빗나가지 않는 직관이나 영감에 가까운 충동에 영향을 받는 듯이 행동했고, 자신이 제시한 외교적 과제들을 목전에 둔 상황에 한해 자신의 계획을 드러내곤 했다. 그리고 히틀러가 주도한 단계별 계획들은 적어도 당시까지는 유혈사태 없이, 성공리에 달성되는 것처럼 보였다. 그는 독일 국민과 독일군을 향해 해당 사건이 독일의 역사적 권리에 부합하는 것이며, 더이상의 위기는 없을 것이라고 설명했다. 그리고 자신의 지위를 회복했고 전투력이 발전하고 있음을 점차 자각하던 독일군 역시 차츰 히틀러의 계획에 따라 움직이게 되었다.

1935년 3월에는 징병제가 부활했다. 1년 후인 1936년 3월에는 독일군이 라인란트 (Rhineland)로 진군했는데, 이곳은 베르사유 조약의 조항에 따른 독일의 비무장지대의 일부라는 상징적 중요성이 있었다. 라인란트 진주는 베르사유 조약과 로카르노 조약을 모두 위반하는 행위였다. 히틀러는 최근 체결된 프랑스-러시아 간 상호 원조 조약이 로카르노 협약을 위반했으므로 라인란트 진주가 정당하다고 주장했는데, 대다수 독일인들은 이 주장에 담긴 감정적인 당위성에 공감했으므로 논리적, 법리적 판단을 경시했다. 다시 2년이 지난 1938년 3월에 히틀러는 위협과 계략을 혼용하여 오스트리아인들이 독일군을 불러들여 나라를 점령하도록 했고, 그 결과 오스트리아와 독일의 평화적 합병이 이뤄졌다. 위대한 제국수도 빈은 1918년 패전의 여파로 그동안 제국을 지탱하던 영토와 이권을 대부분을 빼앗긴 채 위태로운 상황에 놓여 있었다. 따라서 많은 오스트리아인들은 독일과의 합병을 기뻐했다. 오스트리아의 나치당은 강력했고, 독일군 부대들은 많은 환호를 받으며 오스트리아에 평화적으로 진주했다.

독일 국민들 가운데 누구도 이 문제에 대해 반발하지 않았다. 아마 에르빈 롬멜도 마찬가지였음이 분명하다. 독일 국내에서는 전쟁 위험을 그리 심각하게 생각하지 않았고, 외국인들에게도 베르사유 조약의 불공평한 부분을 일부나마 바로잡아 유럽인들의 평화를 유지하기 위한 자연스런 과정이라 설명하곤 했다. 그리고 일련의 행동들은 물리적 방해나 유혈사태 없이 성취되었다. 유럽극장의 관객들은 독일군 부대들이 라인란트 비무장지대나 빈의 거리를 차량, 말, 도보로 행군할 때, 환호하는 무아지경의 군중들과 독일군을 향해 던져지는 꽃다발을 보았다. 그리고 행진하는 부대 후방의 깃발을 꽂은 차에는 침착하게 서서 팔을 곧게 펴는 나치식 경례를 하는 수수께끼같은 아돌프 히틀러의 모습이 있었다.

히틀러는 오스트리아 합병 한 달 전에 군 총사령부 재편성을 시행했는데, 이 개편은 암울한 결과로 향하는 첫 단계였다. 그는 1938년 2월 4일에 모든 군을 직접 지휘하겠다고 발표했다. 국방부의 국방군(Wehrmacht)실은 이제 국방군총사령부(Oberkommando der Wehrmacht: OKW)가 되고, 장관급인 OKW 사령관은 히틀러 직속으로 기존 국방장관직의 책임을 모두 수행하게 되었다. 이 시기에 폰 블롬베르크는 부인이 관련된 억울한 스캔들[081]로 인해 물러났고, OKW 참모총장 카이텔(Keitel) 장군이 최고사령관인 총통의 가장 친밀한 전략 조언자가 되었다. 이제 완연히 독재화된 체제 내에서 군의 권한

---

081    블롬베르크가 재혼한 에르나 그룬(Erna Gruhn)은 게슈타포에 의해 매춘 의혹을 받았다. 히틀러가 블롬베르크에게 이혼을 요구하자 블롬베르크는 국방군 최고사령관직에서 물러났다. 소위 블롬베르크 사건, 혹은 에르나 그룬 스캔들이라 불리는 이 사건은 훗날 괴링, 힘러, 하이드리히 등이 모의한 게슈타포의 조작극임이 드러났다. (편집부)

은 상대적으로 줄어들었다. 육군총사령부(Oberkommando des Heeres: OKH), 해군총사령부 (Oberkommando der Marine: OKM), 공군총사령부(Oberkommando der Luftwaffe: OKL)는 이론상 OKW의 하위 기관으로 편입되어 보다 공정한 OKW의 감독을 받았다. 그러나 OKW 는 독립된 감사 및 참모 기관이 아닌 히틀러의 의지를 투영하는 부속에 지나지 않았다. 이론상 OKW를 위시한 새로운 시스템은 전략적 우선순위 설정에 있어 각 군 간의 합동 성을 보장할 수 있었지만, 실제로는 각 군의 전문성이 약화되었을 뿐이다.

독일군 장군참모부는 이런 개편에 회의적이었다. 장군참모부는 히틀러가 재무장과 군비확장을 즉각 지원한 점에 대해서는 신중하게 환영하면서도, 베르사유 조약에 도전 하거나 라인란트에 재진입한다는 결정에 대해서는 우려했다. 서방 세력이 이 조약 위반 에 동일한 조치로 무력 대응에 나설 수 있다고 판단한 것이다. 그러나 아무 일도 일어나 지 않았다. 영국, 그리고 심지어 프랑스도 1919년의 결정을 수정할 필요가 있으며 화해 를 위해 이를 재검토할 시간이라고 여겼음이 분명해졌다. 1938년 초의 오스트리아 합병 도 오스트리아에서 휴일에 스키를 즐기는 많은 외국인들의 불만을 유발했을 뿐이며, 이 런 불만은 곧 가라앉았다.

과반수의 오스트리아인들은 매우 행복해 보였는데, 합병 전 오스트리아의 끔찍한 경 제적 곤경을 고려하면 납득할 만한 반응이었다. 공화국군도 처음에는 긴장했지만 평화 적으로 이행된 작전을 즐겁게 수행했다. 행군 대열의 지휘관들은 꽃으로 장식된 장갑차 량에 타고 행렬을 선도했고 차량을 장식한 녹색 잎들도 호전적인 분위기보다는 축하 분 위기에 어울렸다.[082] (실망스럽게도 당시 투입된 군용 차량들 중 다수는 기동 중에 고장났다.)

체코슬로바키아는 오스트리아와 달랐다. 베르사유 조약에 의해 성립된 국가인 체코 슬로바키아의 서부 주데텐란트(Sudetenland) 및 주변 여러 지역에는 독일인들이 거주하고 있었는데, 이 독일인들은 (근거는 거의 없었지만) 체코 정부가 독일인들을 적대적으로 차별 한다고 주장했고, 체코 국내의 국가사회주의 지지자들도 군사조직화와 독일 제국 편입 을 외쳤다. 체코슬로바키아의 상당부분은 1918년 이전 오스트리아-헝가리 제국의 일부 였기 때문에 오스트리아 합병은 주데텐란트에 대한 요구를 강화하는 계기가 되었다. 그 리고 체코슬로바키아의 남서쪽 국경인 오스트리아에 독일군이 주둔하게 되면서 체코 서부인 체히 지역이 전쟁의 위험에 노출되었다. 1938년부터 주데텐란트에 거주하는 독 일계 주민들의 곤경에 대한 히틀러의 발언은 점차 강해지기 시작했다. 히틀러는 군사적 계획과 준비를 명령했다. 사실 주데텐란트 문제는 히틀러가 오스트리아를 합병하기 훨

---

082   Heinz Guderian, Erinnerungen eines Soldaten (Vowinckel, Heidelberg, 1951)

씬 전에 다른 이유로 결정한 정책을 추진하기 위한 구실이었다. 앞서 언급된 11월에 폰 블롬베르크 외에 몇몇 인사들과 진행한 비밀 회의에서 히틀러는 오스트리아와 체코슬로바키아 두 국가 모두를 합병하거나 무력화하는 것이 계획의 핵심이라고 말했다.

하지만 체코슬로바키아는 프랑스와 강력한 이해관계로 얽혀 있었다. 독일은 프랑스군을 유럽에서 가장 강력한 군대로 여겼고, 체코군도 만만치 않았다. 체코군은 34개 사단의 전력을 보유했으며 동원 시에는 45개 사단까지 증강할 수 있었는데, 당시 독일이 동원 가능한 전력은 55개 사단에 불과했다. 더욱이 체코군은 상당한 군수 산업과 요새화된 국경 방어선까지 갖췄다. 그리고 체코슬로바키아를 상대로 전쟁을 일으킨다면, 프랑스, 그리고 영국이 개입을 가정해야 했다. 그리고 그 결과는 유럽 전체의 세력 균형에 큰 영향을 미칠 것이 분명했다.

독일 장군참모부의 관점에서 체코슬로바키아에 대한 공격적인 정책은 위험부담이 너무 컸다. 그리고 참모부는 군사적으로 독일군이 여전히 약하다고 느꼈다. 군비 확장은 여전히 매우 빠른 속도로 진행 중이었고, 상위 계급층에 배속될 잘 교육되고 경험을 쌓은 인원은 젝트의 주의 깊은 계획에도 불구하고 여전히 부족했으며, 새로 창설된 수많은 사단을 무장시킬 현대식 장비도 부족했다. 가장 취약했던 시기는 1935년에서 1937년이었고, 군 지휘부, 특히 참모총장 루트비히 베크 장군은 체코에 대한 히틀러의 야심이 매우 위험하다고 판단하여 그에 대한 저항을 준비했다. 당시 주동자였던 베크는 1938년 7월 당시 체코슬로바키아에 대한 우발 작전 계획에 참여한 장군들과 함께 대응 조치(démarche)를 준비하려 했지만 실패했다.[083]

육군 총사령관 폰 브라우히치(von Brauchitsch)[084] 장군이 이끄는 항의단은 히틀러에게 체코에 대한 총통의 계획이 독일에게 재앙이 될 것이라고 주장하려 했다. 그들은 군이 아직 준비되지 않았다는 명백한 사실을 근거로 준비했다. 그러나 이 집단 항의는 실패했다. 반발하는 장교들 간의 단결력도, 그들을 이끌 리더도 없었다. 그리고 히틀러는 이미 결심을 굳힌 상태였고, 시기도 5월로 확정한지 오래였다. 미래에 절망한 베크는 8월에 전역을 신청했고, 히틀러는 장군들에게 베크를 포함한 장교들이 그림자를 보고 놀랐다고 말했다. 그는 프랑스와 영국이 체코를 위해 싸우지 않을 것임을 확신했던 것이다.

베크의 후임으로 바이에른 출신 가톨릭 교도인 프란츠 할더(Franz Halder)가 임명되었다. 할더는 베크의 직책뿐만 아니라 그의 계획도 물려받았다. 베를린 군관구 사령관 폰

---

083  Wheeler-Bennett, The Nemesis of Power, 앞의 책
084  나치에 대한 폰 브라우히치의 태도는 극단적인 주저와 아첨으로 점철되었다.

비츨레벤(von Witzleben) 장군이 이끄는 여러 명의 장군들은 아돌프 히틀러가 체코 침공 작전인 '녹색 작전(Fall Grün)'의 실행을 명령하는 즉시 히틀러를 체포하기로 결심했다. 그들은 베크와 마찬가지로 히틀러의 정책이 독일을 파멸로 이끌 것임을 확신했다. 물론 이 음모에 성공하려면 독일을 전쟁에서 구한다는 명분이 있어야 했다. 그리고 이를 위해서는 프랑스 및 영국과의 전쟁 위협이 현실화되어야 했다. 당시의 독일 국민들에게 총통은 군사적 위험이나 패배 없이 정복의 이익을 가져다 준 존재였다. 그러나 국민들 사이에서는 전쟁 자체에 대한 열의는 거의 없었고, 1914년에서 1918년 사이의 잔혹한 시기는 30세 이상의 모든 독일인들에게 여전히 매우 생생한 기억으로 남아 있었다. 따라서 전쟁의 위협으로부터 해방되었다는 인식은 총통의 축출로 인한 슬픔을 완충시켜 줄 수 있었다. 훗날 베크는 만약 체코슬로바키아가 공격을 받을 경우 영국의 참전을 확신할 증거가 있었다면 자신이 나치 정권에 종지부를 찍었을 것이라고 주장했다.[085] 이 '계획'은 사후의 주장에 불과할수도 있지만, 히틀러가 뮌헨에서 영국 총리인 체임벌린(Chamberlain)이나 프랑스의 달라디에(Daladier) 총리와 체결한 조약은 공모자들의 허를 찔렀음이 분명했다.[086] 히틀러를 몰아낼 기회는 사라졌다. 만약 히틀러가 체코슬로바키아를 침공했다면 상황은 달라졌을 것이다.

이제 체코슬로바키아의 서부 지역이 국제 협약에 따라 나치 제국에게 할양되었고, 독일군은 오스트리아에 진군할 때처럼 열광적인 환영을 받으며 주데텐란트를 무혈 점령했다. 독일인들은 이를 적대적 행동이 아니라고 주장했다. 독일의 유일한 적은 독일에 맞서기 위해 체코슬로바키아 정부에게 끝까지 대항하자고 주장하던 자들 뿐이었고, 이들은 히틀러에게 의표를 찔렸다. 나치제국 전체의 남녀노소가 그렇게 느꼈고 아마 롬멜도 그렇게 느꼈을 것이다. 롬멜은 몇 년 동안 아돌프 히틀러를 마음으로부터 감사하고 찬양했다. 1938년 9월 당시 히틀러의 기세는 절정에 달했다. 일반 대중들은 알지 못했지만, 총통에게 신중한 행동을 요구한 장군들은 적절치 않은 조언으로 인해 히틀러의 신용을 잃었다. 제국의 선전부장관 괴벨스(Goebbels)는 그들을 반동 집단이라고 묘사했다. 독일인들은, 그리고 대다수의 독일군은 히틀러의 정치적 본능이 증명되었다고 여겼다. 그리고 총사령부에서 히틀러의 가장 큰 반대자는 이미 다른 사람에게 자리를 내주었다. 브라우히치의 전임 총사령관이며 나치정권의 적대자인 폰 프리치는 SS가 사주한 거짓

085　Alexander Stahlberg, Die verdammte Pflicht (Verlag Ullstein GmBH, Berlin/ Frankfurt-am-Main, 1987) (영역본은 Bounden Duty, Brasseys, 1990)
086　Robert O'Neill, "Fritsch, Beck and the Führer", in Hitler's Generals, ed. Correlli Barnett (Weidenfeld & Nicolson, 1989)

증인에 의해 동성애 죄로 기소되어 누명을 쓰고 해임되었다.[087] 그에 상심한 베크도 사임했다. 이 사람들은 여러 가지 경로로 불길한 징조들을 느꼈고, 그것이 장기적으로 독일에 암울한 조짐이라 믿었다.

1938년 10월에 롬멜 대령은 특수 임무를 위해 포츠담 전쟁대학에서 임시로 파견되어 주데텐란트 점령 작전에서 총통 경호대대를 지휘하라는 명령을 받았다. 그는 개인으로 선발되었다. 당시 포츠담 전쟁대학 교장은 롬멜에 대해 이렇게 기록했다. "유리처럼 투명한 성격이며 이기심이 없고, 겸손하고, 수수하며… 동료들에게서 인기가 많고 부하들에게서 많은 존경을 받는다."[088] 경호대대 배속은 짧은 시간이었지만 히틀러와 롬멜이 다시 한번 개인적으로 알게 된 계기이자, 포츠담 근무 기간 내 마지막 파견 임무였다.

1938년 11월 10일에 롬멜은 프로이센에서 오스트리아로 이동해 빈 남쪽 비너 노이슈타트(Wiener Neustadt)에 있는 전쟁대학 교장으로 임명되었다. 그리고 같은 날 독일의 여러 도시와 마을에서 국가사회주의 체제의 또 다른 측면을 세계에 드러내는 사건이 벌어졌다. 독일의 반유대주의의 역사는 대부분의 유럽국가들이 그랬듯이 길고 험악하며, 2차 대전 중 최고조에 이르러 상상조차 하기 힘든 범죄로 귀결되었다. 히틀러가 권력을 잡은 이후 국가사회주의 운동의 반유대주의 이데올로기는 점차 잔인한 성향을 띠게 되었는데, 롬멜이 포츠담 근무를 시작할 당시인 1935년 9월에 제정된 뉘른베르크 법(Nuremberg Laws)을 통해 반유대주의가 처음 법제화되었고, 이미 군에서는 1934년부터 유대인이 추방되고 있었다. 이 새로운 법안으로 유대인은 2등 시민이 되었고, 자유로운 직업선택 및 기타 많은 영역에서 평등과 같은 기본권을 상실했으며, 각 직업 및 전문 분야에서 사실상 유대인 쿼터제가 시행되었다. 이 법령의 표현과 의도는 분명 차별적이고 굴욕적이었지만, 뉘른베르크 법 자체는 이전부터 산발적으로 진행되던 반유대주의 폭력의 공식화에 불과했다. 한 예로, 1933년 3월에 히틀러가 권력층으로 등장하자, 괴팅겐(Göttingen)의 군중들은 유대인이 소유한 상점의 창문을 모두 깨트렸다. 독일 내의 반유대주의는 점차 심각해졌고 그에 대한 반발은 불충분했다. 용감한 개인들이 유대인을 돕고 지원했지만 그 과정에서 당의 반감을 샀고, 상황이 진행될수록 당의 압박은 점차 심화되었으며, 개전 이후에는 치명적인 위험이 되었다. 일부 성직자들은 솔직하게 자신의 의사를 드러냈지만, 조직적 대응 사례는 거의 없었다. 다음 세대의 사람들에게 이 실망스러운 진실을 전달하려면 독일만이 아닌 유럽 전반의 분위기를 상기시킬 필요가 있다.

---

087  육군 총사령관 베르너 폰 프리치(Werner von Fritsch) 는 게슈타포가 조작한 거짓 증거와 증인들로 인해 사령관직을 상실했다. 그는 히틀러가 비엔나로 향한 날 석방되었다. 블롬베르크 사건과 함께 블롬베르크-프리치 사건으로 함께 언급되는 경우가 많다. (편집부)

088  IZM ED 100/186

유대인은 중세 이후 독립적인 민족으로 간주되었다. 그러나 기독교와는 타협할 수 없는 적으로 여겨졌고, 기독교계에서는 그들의 개종을 기원하는 것이 예배 의식의 표준적인 절차였다. 유대인들은 중세 이래 대부업이나 은행업에 종사해 왔으며 돈 관리에 능했는데, 이로 인해 그들은 물질적으로 성공한 이방인들에게 따라 붙기 마련인 시기와 반감을 샀다. 당시 유대인들은 민족 특유의 종교와 관습, 족내혼 풍습으로 인해 여전히 국가 내부의 이방인으로 남아있었다. 1920년대에 국가적 금융 파탄과 극심한 인플레이션이 독일을 휩쓸 때, 독일인들이 모든 것을 잃는 동안 유대인들은 이득을 챙겼다는 소문이 확산되었고, 유대인들은 조국의 패배와는 별개로 호의호식했다는 인식이 뿌리를 내렸다. 유대인은 문화적으로도 예술, 문학, 그리고 '대중매체'에서 뛰어난 역량을 발휘하고 영향력을 행사했는데, 이 역시 이기적이고 자신들만의 이해관계에 집중한다는 이유로 비난을 받았다. 이런 인식은 상당수의 유대인들이 지닌 예술적 재능과 감수성으로부터 유래한 것이 분명하지만, 이런 유대인의 문화적 특성은 다른 신화, 즉 독일인들의 생활이 유대인들에게 '지배되었다'는 신화를 조장했다. 나치는 유대인들을 창조적인 활동을 하지 못하는 민족으로 묘사했는데, 그들이 멘델스존(Mendelssohn)과 하이네(Heine)를 낳은 민족임을 고려하면 이런 비난은 아이러니하다.[089] 이런 나치식 설화에 따르면 유대인은 자신들의 이익을 위해 독일의 금융, 문화, 보도기관을 지배하고 있었다.

그리고 애국심, 즉 조국에 대한 충성심도 의문시되었다. 유대인은 유대민족에 대한 충성심이 우선시되므로 근본적 충성심이 의심스러운 '국가 안의 국가'였으며, 독일 외에도 대부분의 유럽 국가들, 특히 영국과 프랑스에서 비슷한 지적을 받곤 했다. 이 문제는 국가사회주의의 반유대주의 선전과 달리 오랜 세월동안 유지되었고, 독일에서는 1918년의 제국 붕괴로 인해 반유대주의적 감정의 연료가 되었다. 그리고 독일계 유대인 일부가 평화 운동과 관련되었으므로 1918년 11월의 강화협상에 책임이 있는 인물들과 유대인을 연관 짓는 경향도 있었는데, 이는 역사적 타당성이 극히 불확실한 가정이었다.

구 독일 제국에서는 다른 분야와 마찬가지로 분명한 편견이 있었지만 유대인은 제국군에서 근무했고 임관도 했으며, 다른 유럽 국가들과 마찬가지로 국가에 융화되었고 애국심도 발휘했다. 그렇지만 오랜 의심, 즉 '유대인의 세계 지배 음모'라는 전설은 1880년대부터 뿌리를 내렸고 1918년 이후에 더 강화되었다. 그리고 히틀러의 집권기에는 터무니없을 정도로 커졌다. 부끄럽게도 1935년에 독일의 많은 전쟁기념관에서 유대인 이름들이 지워졌고 이 조치는 표면상 '지역적 정서'에 따라 이뤄졌다. 그리고 카를 마르크스

---

089   H. Krausnick (ed. Wiskemann), The Anatomy of the SS State (Collins, 1968)

(Karl Marx)가 유대인이었고 여러 명의 유대인, 특히 트로츠키(Trotsky)가 러시아의 볼셰비키 혁명에 앞장섰으며, 이후 소비에트 연방 공산주의 체제의 지배층이 되고, 독일의 일부 혁명 운동을 주도했으므로 '유대인'은 '볼셰비키'를 수식하는 형용사처럼 쓰였다. 나치 선전가들이 '국제 자본가'를 지칭할 때도 유대인이라는 표현을 쓰는 바람에 한 문장 안에서도 같은 단어가 다른 의미로 사용될 지경이었다.

히틀러와 그의 하수인들은 이런 경제적, 종교적, 문화적, 역사적, 그리고 정치적 신화들을 뒤섞어 인종 이론을 만들어냈다. 독일의 위대함은 인종적 순결함을 기초로 해야 하며, 유대 혈통은 이 순결함을 약화시키고 이민족 간 결혼은 인종적 타락만을 초래한다는 것이다. 유대인은 '내부의 적'으로 정의되었고, 히틀러가 독일에서 유지한 비상 상황은 내부의 적을 처리하기 위한 것이었다. 그런 '적들'은 비단 유대인에 한정되지 않았다. 독일의 유대인 인구는 50만 가량에 불과했고, 그 가운데 175,000명은 나치가 권력을 잡은 이후부터 2차대전이 발발하기까지 이민을 떠났다. 1933년부터 건설을 시작해 개전 시점까지 6개소가 가동된 강제수용소에는 1939년 기준 21,000명이 수용되었는데, 그 가운데 상당수는 유대인이었지만[090] 범죄자가 아닌 정치범, 여호와의 증인과 같이 나치와 타협할 수 없는 집단의 재소자들도 수용되었다. 그들은 '반사회적 행동' 및 기타 금지된 활동의 혐의로 유죄 판결을 받았다. 강제수용소는 SS제국친위대장 하인리히 힘러의 관할기관이었고, SS의 전문 부서가 수용소를 운영했다. 강제수용소에 가둘 대상을 수사하는 국가 비밀경찰인 게슈타포(Gestapo)도 SS에 통합되어 힘러가 책임을 맡았다. 결국 이런 무서운 독재 기구들은 정부가 아닌 당의 기구였고, 이 기구들은 결코 적절한 사법 통제를 받지 않았다.

법제화된 차별, 나치당의 선전, 정치적 적개심, 단순한 편견과 같이 끔찍한 구조들이 유대인들의 주변을 점차 강하게 조여 들어갔다. 그리고 나치 이데올로기만이 아니라 이런 구조를 하나로 묶은 여러 가지의 요인으로 인해, 반유대주의 정책과 성향은 별다른 의심 없이 독일인들에게 받아들여졌다. 적어도 공화국군에서는 분명히 그랬다. 프리치와 같이 히틀러에게 적대적이었던 장교들조차 '반전주의자, 유대인, 민주주의자'들이 독일의 파괴를 원했다며 유대인들을 비난하곤 했다.[091] 프리치의 편견은 아마도 독일제국이 가졌던 비이성적 편견의 전형적 사례였을 것이다. 나치의 인종이론을 경멸하고 낡은 속설들을 수용하기에는 너무나 현실적이었던 지식계층의 독일인들조차 '유대인 문

090   K. Hildebrandt, The Third Reich (Allen & Unwin, 1984)
091   Carsten, 앞의 책. 프리치는 바이마르 공화국에 몹시 적대적이었다.

제'만은 별개로 여겼다. 그리고 평범한 독일인들은 상점 창문에 붙은 '유대인 사절(Juden Unerwünscht)' 표지, 유대인들을 조롱하거나 괴롭히는 나치 제복차림의 무리들, 무방비한 유대인들에 대한 혐오스러운 공개적 굴욕행위 등 1930년대에 나치당이 앞장서서 퍼뜨린 선전들을 이따금 불쾌하게 여겼지만, 그 문제에 대해 직접 행동한 경우는 거의 없었다. 아마 그 이상의 무언가를 시도하기에는 너무 위험했을 것이다. 그리고 많은 경우 이런 소극적인 태도 뒤에는 '어쨌든 자업자득이다!'라는 유무언의 정서가 깔려 있었음이 분명하다.

일련의 변화가 한창인 1938년 11월 10일, 롬멜은 마리아-테레사 대학(Maria-Theresa Academy) 건물에 입주한 비너 노이슈타트 전쟁대학 교장으로 임명되었다. 그 직전인 11월 7일에 한 유대인 청년이 파리 주재 독일 외교관인 폼 라트(vom Rath) 남작을 살해했다. 나치당 기관지는 독일 국민이 '이런 새로운 무법행위로부터 스스로 결론을 도출'할 수 있을 것이라고 떠들었다. 이 살인사건은 '유대인의 음모'의 일부로 간주되었고, 괴벨스는 2일 후에 뮌헨에서 골수 나치당원들에게 분노한 어조로 연설했다. 그의 메시지는 분명했다. 왜 애국적인 독일인들이 이 '테러리즘'을 용인해야 하는가? 괴벨스는 청중들에게 시위 선동자들의 출현에 대해서 주의 깊게 경고했지만, 청중들은 괴벨스가 '자발적인' 시위를 확신했을 것임을 거의 의심하지 않았다. 그리고 다음 날, 즉 롬멜이 비너 노이슈타트에서 새 경력을 시작한 날, 독일 여러 지역에서 7,000곳에 달하는 유대인 상점들이 파괴되었다. 18세기 이후 제국 전체에 유대교회가 용인될 정도로 종교적 관용을 자랑해온 국가에서 이런 일이 벌어졌다. 이제 유대인 공동체에는 막대한 공동 벌금이 부과되었고, 유대인들이 입은 피해에 대한 보험금은 몰수되었으며, SA가 기획한 산발적인 폭력으로 90명 이상의 유대인이 살해당했다. 3만 5000명의 유대인이 강제수용소에 일시 구금되었다 겁에 질린 채 석방되었다. 냉소적인 베를린 시민들은 유대인 상점 창문의 깨진 유리들을 보고 이 사건을 '수정의 밤(Reichskristallnach)'이라 불렀다.

그 즉시, 그리고 누군가의 의도대로 독일계 유대인들의 이민이 급증했다. 이 당시 '유대인 문제'에 대한 히틀러의 계획은, 독일의 유대인을 대량으로 추방하여 유대인 없는 (Judenrein) 조국을 만드는 것에 가까웠다. 타국의 반응은 예상대로 적대적이었다. 이 사건은 처음부터 나치 정권의 특징이었던 야만적인 선동, 또는 폭력에 대한 관용의 또 다른 사례로 여겨졌다. 유대인 이민으로 인해서 대량의 유대인이 유입된 국가들, 특히 영국과 미국은 당연히 나치 독일에 대해 극히 적대적인 입장으로 돌아섰는데, 그 결과 아이러니하게도 독일에 대한 서방의 적대감이 주로 자신들의 이해관계를 위해 준동하는 유대인의 탓이라는 괴벨스의 선전에 근거가 더해졌다. 대다수 독일인은 이런 폭력 행위, 즉 가두 폭력, 파괴, 일시적인 무정부상태가 독일의 이름을 더럽힌다며 매우 언짢아 했다. 그러나 안타깝게도 이와 같은 독일 내의 반감은 얼마 지나지 않아 몹시 약해졌다.[092]

대중은 이 무질서를 유감스러워했고, 지나치게 흥분했던 폭력배들은 이제 당의 통제를 받는 것처럼 위장했다. 하지만 국민들은 나치의 반유대주의적 선전이 극단적이고 불쾌하다고 여겼으며, 정치적 입지는 약해졌지만 여전히 과격한 SA소속의 폭력배들에게 너무 많은 자유를 허락했다고 여겼다. 하지만 '유대인 문제', 즉 강력하고 영향력이 큰 '국가 안의 국가' 문제는 별개로 다뤄졌다. 때로는 유감스럽게도 과잉행동이 뒤따랐다. 반나치 전통주의자들의 사고방식은 부당한 편견으로 인해 너무 자주 공격당했고, 이들만으로 당시 독일인 과반수가 수용한 지배적인 여론에 저항할 가능성은 거의 없었다. 한 예로 프리치는 1차대전이 끝난 후 노동자 계급, 가톨릭 교회, 유대인들을 상대로 세 번의 싸움에서 이길 필요가 있었다고 기록했는데, 이 글은 수정의 밤 이후 한 달도 채 지나기 전에 씌여졌다.[093] 브라우히치도 2개월 후 독일 장교들의 국가사회주의적 견해의 순수성이 타의 추종을 불허할 필요가 있다는 훈육 지침을 작성했다.[094]

롬멜 개인에게는 뚜렷한 반 유대 감정이 없었다. 고슬라르에서 만프레트가 부친과 함께 걷다 대대 군의관의 크고 휘어진 코를 천진난만하게 가리키며 그 군의관이 유대인인지 물었던 적이 있는데, 만프레트는 그 자리에서 혼이 났다.[095] 롬멜에게는 유대인 지인들이 있었고, 그들에게 관대했으며, 유대인들이 기독교로 개종하기를 바랐을 뿐 모두 동등한 인간으로 여겼다.[096] 롬멜에게는 나치당의 음모론을 믿지 않을 정도의 지성이 있었다. 다만 총통이 이상주의자이고 청렴하며, 유대인 박해와 같은 사건들과는 거리가 멀고, 앞서 언급된 총통의 지지자들이 저지른 폭력적이고 무례한 행동들에 대해 상황을 제대로 파악하지 못했을 것이라는 착각을 오랫동안 유지했다. 롬멜은 총통의 머릿속이 독일의 명예를 회복하고 국민들에게 보다 다양하고 개선된 정책을 실현하기 위한 계획과, 부당 해고 보호, 유급 휴일제, 산업계의 사회적 평등 강화와 같은 혁신적 조치들, 그리고 모든 계급 간의 더 긴밀한 협력의 필요성 등으로 가득 차 있다고 여겼다.

그간 독일의 변화는 롬멜의 취향에 부합했다. 그리고 이런 변화에는 아돌프 히틀러

092    Wheeler-Bennett, The Nemesis of Power, 앞의 책
093    위의 책
094    Robert O'Neill, The German Army and the Nazi Party 1933-1939 (Cassell, 1966)
095    Manfred Rommel의 증언, 인터뷰, EPM 3
096    Manfred Rommel의 증언

의 이름이 연관되어 있었다. 몇몇 사건은 비정상적이었고, 다소 불길한 조짐도 보였지만, 여러 품위 있고 애국적인 독일인들의 관점에서 히틀러의 업적은 일단 믿어줄 만한 가치가 있었다. '유대인 문제'는 롬멜에게도 있었다. 롬멜은 나치 교화 과정에 참여했으며, 히틀러가 1938년 12월에 국방부에서 한 연설, 즉 현대의 병사들은 새로운 독일을 위한 전사의 가치관으로서 자신의 역할을 이해하기 위해서 '정치적'이 되고 '새로운 정책을 위해 싸울 준비'를 갖춰야 한다는 연설에 찬동한다는 기록을 남겼다. 히틀러는 '동기 부여'라 부르는 열정을 믿었고 병사들을 이해한 롬멜은 그 믿음을 존중했다. 롬멜은 12월에 스위스군 청중에게 전쟁 경험을 강연하기 위해 스위스를 방문했을 때 다음과 같이 기록했다. "젊은 (스위스) 장교들이… 우리의 새로운 독일에 호감을 보였다. 스위스군 장교들은 개인적으로 우리의 유대인 문제를 놀랄 만큼 잘 이해하고 있었다."[097]

롬멜과 같은 사람에게 이 '유대인 문제'란 유대인이 모국 독일에 대한 애국심을 가져야 한다는 전제로 유대인이 가져야 하는 충성심의 분열을 우려하는 것에 불과했다. 일부 비유대인 사회는 유대인의 배타성과 경제력에 분노했다. 하지만 이런 분노의 정책화는 불길한 징후였다. 이 문제에는 해결책이 필요했다. 롬멜은 인종적 음모론에 흔들리지 않았지만, 이 문제를 총통에 대한 찬양심에 영향을 미칠 만큼 심각한 문제로 여기지도 않았다. 롬멜은 1943년에 히틀러의 측근 회의에 참석하게 되었을 때 한 가지 제안을 했다. 당시 유대인에 대한 독일의 공식적 입장이 타국의 오해를 받고 있으니, 적임자를 찾을 수 있다면 대관구지도자(Gauleiter)에 유대인을 임명해보자는 것이었다. 이 제안에 히틀러는 갑자기 어안이 벙벙해졌다. "귀관은 본인이 원하는 것을 이해하지 못했소!" 롬멜이 그 방을 나간 후 히틀러는 암울하게 말했다. "그는 유대인이 전쟁의 원인임을 알지 못하는가?"[098]

1939년 3월 10일, 히틀러는 체코슬로바키아 정부에 최후통첩을 보냈다. 이미 체코슬로바키아는 서부 지방인 주데텐의 영토와 주민을 독일에 빼앗기고, 동부인 슬로바키아 지역도 분리 위협을 받고 있었다. 히틀러는 사실상 체코슬로바키아 국가의 분할을 제안했다. 이 제안에 따르면 독일의 지원으로 11월부터 자치권을 얻은 슬로바키아는 완전히 독립하고 체히와 모라바도 독일 보호령으로 구분되어야 했다. 이 최후통첩에 동의하지 않을 경우, 체코슬로바키아는 항공 폭격을 시작으로 무자비한 군사 공격을 받을 것이 분명했다. 체코 대통령 하하(Hacha)는 결국 독일의 제안에 동의했다. (그의 전임자인 베네시

097  Irving, 앞의 책
098  Manfred Rommel의 증언, 인터뷰, EPM 3

Beneš는 뮌헨 협정 이후 사임했다.) 그에게는 선택권이 거의 없었다. 체코는 이미 뮌헨 협정으로 요새화된 국경 지역과 중요한 무기 생산 능력을 빼앗긴 상태였고, 만약 전쟁을 택한다면 적어도 전쟁 초반은 타국의 도움 없이 홀로 견뎌야 하는 입장이었다. 그리고 체코는 독일 이외의 타국과도 갈등을 빚고 있었다. 폴란드는 뮌헨협정 이후 체신(Ćeszyń) 지역을 점령하고 보다 많은 영토를 요구했지만, 그 요구는 충족하지 못한 상황이었다. 체코슬로바키아의 남부 국경 지역에 위치한 헝가리 소수민족 거주지도 영토조정 대상이 되었다. 그리고 국경 인근에 우크라이나계(Ukrainian) 주민이 상당수 거주하는 체코 동부에는 모든 동유럽 국가들이 두려워하는 소련이 국경 맞은편에 있었다. 많은 체코 국민들은 난폭한 강요 하에 성립된 결과라고 해도 독일의 보호가 타당하다고 생각했다. 3월 15일 히틀러는 프라하(Praha)에 입성했다.

하지만 독일의 체히와 모라바 점령은 대다수 서유럽 사람들에게 독일의 야심이 폭주한 결과처럼 보였다. 히틀러의 팽창정책은 베르사유 조약으로 갈라진 동포와 지역들을 한데 묶는다는 설명과는 거리가 먼, 노골적이고 원칙 없는 침략으로 여겨졌다. 체코는 6개월 전까지 독일의 야심에 분명히 저항했다. 그동안 히틀러는 독일이 더이상 유럽 영토 확보에 대한 관심이 없다고 주장하며 영국과 프랑스 정부를 설득했고, 영국과 프랑스 양국은 히틀러의 설득과 1919년에 연합군이 채택한 (그러나 너무 많은 경우에 실천하지 못한) 민족 자결 원칙에 부합하는 수정된 국경에 대한 협정에 마지못해 동의했다. 이제 히틀러는 민족 자결의 원칙과 뮌헨협정 자체를 경멸하듯 유럽의 면전에 내동댕이쳐 버렸다. 누구도 체코인을 독일인이라 부르지 않는다. 히틀러는 체코가 독일에게 '보호'를 요청했다는, 그리고 보호를 요청한 이웃 국가의 일부를 역시 독일이 계획한 대로 분리독립시켜야 한다는 허위 주장을 통해 합법의 구실 하에 교활하게 움직였다. 타국들은 눈에 띄는 대응 행동을 하지는 않았지만, 사람들 마음속에서는 결정적인 인식 변화가 있었다. 그 가운데 하나는 전쟁 이후의 사고관에서 전쟁을 앞둔 사고관으로의 변화였다.

독일인 대부분(결코 모두는 아니었다)은 체코 사건을 완전히 다르게 바라보았다. 그들이 보기에 체히와 다른 지역 주민들이 보호를 원하고 독일에 보호를 요청하는 것이 전적으로 당연한 행동이었다. 그 민족이 인종적으로는 독일인이 아닐 수도 있지만, 그들 또는 그들 중 대부분은 수십 세기 동안 신성로마제국의 일부였으며, 신성로마제국은 역사에서 대체로 호엔슈타우펜(Hohenstaufen), 합스부르크 등이 지배한 독일 제국으로 알려졌다. 독일에서는 뵈멘(Böhmen)이라고 부르는 체히는 과거 제국에 속한 여러 유명 가문의 발상지였다. 종교적 다툼과 왕가 간 반목으로 1620년에 프라하 인근에서 벌어진 빌라호라

(Bílá Hora) 전투[099]로 시작된 30년 전쟁은 순전히 독일의 문제였다. 독일인들은 체코, 프라하가 독일 역사의 한 장을 장식했으며, 이제 다시 총통의 손길이 닿는다면 그들 모두에게 더 행운일 것이라 여겼다. 독일인들은 서구 열강인 영국과 프랑스는 독일이라는 소생한 강대국이 동유럽의 혼란과 소련의 위협에 대항하는 중부 유럽 안보의 보증인임을 확실히 인식해야 한다고 주장했다. 반면 독일을 이끄는 히틀러의 방침에 이미 절망하고 있던 독일 내 소수집단에게는 체코 사건이 반 히틀러 쿠데타로 치닫는 계기가 되었을 것이다. 다만 전쟁이 실제로 선포되었다면 쿠데타를 지지했을 것이라고 주장했던 당시 참모총장 할더의 주장은 비현실적일 정도로 부적절해 보인다.[100]

롬멜은 체코슬로바키아와 프라하로 가는 히틀러 개인의 여정을 위해서 비너 노이슈타트 근무 중에 총통 경호대장으로 파견되었다. 당시 체코 수도로 향하던 히틀러는 개인 경호를 위해 배속된 SS부대의 문제로 인해 수도진입이 우려된다는 지적을 받았다. 히틀러는 롬멜에게 조언을 구했고, 롬멜은 "오픈카에 타고 호위 없이 흐라드차니 성(Hradčany Castle)으로 가십시오!"라고 말했다. 롬멜은 그처럼 대담한 행동은 독일에 부정적인 이들조차 경탄할 것이라고 생각했다. 아마도 자신이라면 그렇게 했을 것이 분명했기 때문에 그런 행동을 제안할 수 있었을 것이다. 히틀러는 그 조언을 받아들였다. 롬멜은 항상 히틀러의 용기를 높이 평가했고, 이런 행동은 두 사람 사이의 본능적인 유대를 강화했다. 그 후 롬멜은 비너 노이슈타트에 있는 쾌적한 숙소로 돌아갔고 그곳에서 행복하게 지내며 정원을 가꾸고, 오스트리아 알프스를 여행하고, 사진촬영을 조금씩 연습하며 능숙해졌다. 먹구름은 잠시 멀어졌다.

폴란드는 체코슬로바키아 사태의 결과에 대체로 만족했다. 독일군이 폴란드의 남쪽 국경에 주둔하는 상황이 불가피해지기는 했지만, 폴란드는 그 이전 몇 개월 간 체코를 위협하는 과정에서 독일과 손을 잡을 나름의 이유가 있었다. 그리고 당시 폴란드에서는 분명한 반 프랑스 성향의 정부가 권력을 잡고 있었다.[101] 폴란드는 여전히 자신들이 주도하는 비현실적 동유럽 국가연합을 꿈꾸고 있었으며, 이를 확대하고 강화해 독일이나 소련의 팽창주의 움직임을 저지하려 했다. 연합을 위해서는 외부 동맹이나 후견국이 필요했는데, 영국이 그 지원을 담당하기로 했다. 영국은 폴란드-영국 상호방위조약을 체결할 준비가 되어 있었다. 특히 뮌헨 협정에서 주도적인 역할을 했던 영국 총리 네빌 체

---

099    1620년 11월 8일 시작된 30년 전쟁의 초기 전투 중 하나. 신성로마제국을 위시한 가톨릭 동맹군이 보헤미아군을 크게 격파한 전투. 이 전투로 보헤미아의 수도 프라하가 함락되고 보헤미아 지방의 프로테스탄트 신앙의 자유도 억압되었다. 원문에서는 Battle of White Mountain in 1619 로 표기. (편집부)

100    Wheeler-Bennett, The Nemesis of Power, 앞의 책

101    Anita Prazmowska, "Eastern Europe between the Wars" (History Today, October 1990)

임벌린(Neville Chamberlain)은 개인적으로 히틀러에게 배신당했다고 느꼈다. 영국은 이제 폴란드의 영토 보전을 보증했고 서유럽 사람들, 특히 영국인들은 폴란드와의 협정이 과욕을 부리고 있는 독일의 총통에게 보내는 분명한 신호라고 여겼다. 영국의 모든 정당들이 폴란드와의 상호방위조약을 지지했다. 당시 보수당(Conservative) 소속으로 내각에는 참여하지 않고 있던 처칠은 하원 연설에서 이렇게 말했다. "신이 돕고 계시며, 할 수 있는 다른 일은 없습니다." 이런 감정은 보편적이었고, 프랑스도 이전의 대외정책을 버리고 영국에 이어 폴란드와 협정을 체결했다. 영국과 프랑스의 결정은 독일의 단결이라는 또다른 상황을 만들어냈다. 1938년이나 1939년에는 체코슬로바키아에서 전쟁이 발발하지 않았지만, 만약 전쟁이 발발했다면 독일 내부의, 특히 전쟁의 결과를 우려하던 육군 상층부의 반응은 호의적이지 않았을 것이다. 하지만 폴란드는 문제가 달랐다.

'폴란드 문제'는 독일에서 항상 의견이 일치했다. 극단적 보수주의자인 젝트는 폴란드의 존재가 독일과 볼셰비키 러시아 사이에 공통의 이해관계를 제공한다고 여겼다. 그리고 베르사유 조약에 따른 영토 할양으로 인해 폴란드 서부 지역에 독일계 소수주민 문제가 발생했다. 무엇보다 큰 상처는 단치히 방면에서 발트 해를 향해 뻗어 있는 폴란드 회랑으로 인해 튜턴 전설의 요람인 동프로이센이 제국 본토와 단절되어 있다는 점이었다. 베르사유 조약에 따라 단치히는 '자유시'가 되었다. 주민 대부분이 독일인인 단치히는 폴란드와 독일 어느 나라에도 속하지 않았으며, 양국 모두에게 골치아픈 존재였다. 사실 폴란드에 대한 소위 젝트적 태도는 소련의 국력이 뚜렷이 강해진 이후 독일 군인들의 생각 속에서 크게 변화했다. 만약 소련이 독일의 동부 지역에 위협이 된다면 폴란드 문제는 다른 성격을 띠게 될 것이 분명했다. 그렇지만 대부분의 독일인들은 히틀러 추종자이거나 체제의 광신자가 아니더라도 '폴란드 문제'를 풀어야 할 숙제로 여겼다. 히틀러가 차후에 남긴 기록에 의하면, 독일은 1934년에 폴란드와 협정 체결을 시도했고, 권력을 잡은 첫 해에는 약간의 관계 개선도 있었다. 독일과 폴란드는 이념적으로 어느 정도 유사했다. 폴란드의 유대인들은 독일과 같이 자격이 제한되었고, 소작인들을 유대인들로부터 보호하기 위한 역사적인 노력의 일환으로 유대인의 상업 활동권을 박탈했으며, 유대인들의 전반적 직업 활동도 제한했다. 폴란드 정부는 우려 속에, 한 편으로는 이익을 기대하며 1938년의 사건들과 체코슬로바키아 분할을 주시했다.

1939년 봄까지 폴란드에 대한 독일군의 태도는 철저히 방어적이었다.[102] 독일 장군참모부는 1919년 이후 프랑스가 주도하는 반독일 정책의 앞잡이가 된 폴란드를 프랑스와

---

102  Erich von Manstein 원수, Lost Victories (Methuen, 1958) 참조

연합해 양면전쟁을 시도할 수 있는 위협적인 존재로 판단했다. 이런 양면전쟁의 위협은 베를린의 오래된 악몽이었다. 폴란드는 1930년대에 군비 지출을 크게 확대했는데, 독일 이외의 나라들은 동유럽 무대에서 주요한 역할을 차지하려는 폴란드의 야심을 어느 정도는 불가피한 결과로 여겼다. 실제로 폴란드는 북으로 발트 해에서 남으로 흑해까지, 벨라루스(Belarus)의 대부분을 포함하던 폴란드-리투아니아(Polish-Lithuanian) 시대의 영토 회복을 꿈꾸며 확장을 모색하는 것처럼 보였고, 프랑스는 1938년부터 폴란드와 점차 거리를 두게 되었다. 폴란드 외무장관인 베크(Beck)는 유능했지만 신임을 받지는 못했고, 프랑스는 자국과 독일과의 관계를 바르샤바(Warszawa)가 통제하는 상황을 원치 않았다.

그 결과 1939년 초 폴란드에게는 우방국이 거의 남지 않았으며, 영국이 폴란드의 안전을 보장할 때까지 그런 상황이 계속되었다. 히틀러는 국경의 요새화를 지시했고 여름 동안 작업이 서둘러 이뤄졌다. 이는 영국과 폴란드의 협정이나 영국 및 프랑스의 안전 보장이 히틀러의 도전을 무산시키기 위한 행동이라는 명백한 사실에 비춰보면 다소 이해하기 어려운 행동이다. 그러나 히틀러는 이미 1939년 3월에 폴란드와의 전쟁을 결심한 상태였고, 순종적이고 모호한 태도를 가진 육군총사령관 폰 브라우히치에게도 이 계획에 대해 설명했다.[103]

히틀러는 폴란드에 대한 영국의 안전보장 소식에 격노했고, 5월에 이탈리아와 동맹을 체결해 영국의 행동을 상쇄하려 했다. 프랑스와 영국이 폴란드 측에 서서 독일에 적대적인 태도를 취할 경우 지중해의 이탈리아도 함께 고려해야 했다. 히틀러는 폴란드를 분쇄하겠다는 결심을 굽힌 적이 없었지만, 정작 히틀러가 1939년 8월 21일에 오버잘츠베르크(Obersalzberg)에 집단군(Heeresgruppe) 사령관 및 참모장들을 소집하여 자신의 계획에 대해 발언하자 참석자들은 여러 차례 놀랐다. 그들은 히틀러가 폴란드에 대한 심리적 압박을 가중시키기로 결심했음을 깨달았다. 그의 발언은 매우 분명했다. 계획은 갖춰졌고, 준비는 완료되었다. 하지만 정말로 영국과 프랑스의 공개적인 입장을 고려하면, 전쟁을 택한 독일이 다시 한번 양면 전쟁의 위험에 노출될 것처럼 보였다.

히틀러는 이런 두려움에 대응하는데 연설 시간을 할애했다. 그는 소집된 장성들에게 기다려 온 시간이 왔다고 말했다. 영국과 프랑스는 당시 항공력과 방공 능력이 매우 취약했고, 두 국가들 역시 자신들의 문제를 파악하고 있었다. 그들은 서부 공세가 아니면 어떤 방법으로도 폴란드를 도울 수 없었고, 1차대전의 막대한 희생을 기억한다면 공격의 부담을 감수할 의향이 없을 것이 분명했다. 그리고 프랑스와 영국의 지도자들 모두

103   Barnett, 앞의 책에 수록된 Brian Bond, "Brauchitsch"

폴란드를 위한 전쟁을 진지하게 고려하지 않을 것이다.[104]

참석자들은 폴란드 공격의 위험 부담이 극히 작다는 총통의 주장과 의도를 결코 납득하지 못했다. 하지만 그들은 조용히 경청했고, 히틀러가 양면전쟁이라는 괴물을 처리했다고 주장하자 모두 경악했다. 히틀러는 소련과 협정을 체결할 것이라고 말했다. 양국의 협정은 세계를 놀라게 하는 엄청난 정책적 반전이었고, 모든 국가들은 독일이 칼을 뽑기로 결심했다는 분명한 표시로 받아들였다.

하지만 많은 독일인들은 여전히 폴란드 사태가 뮌헨에서 그랬듯이 결국은 일종의 합의에 도달할 것이라 여겼다. 독일과 폴란드 간의 문제도 곤란하지만 다루기 힘들어 보이지는 않았다. 오버잘츠베르크 회의의 참석자들도 회의 자체가 협박과 회유를 병행하는 히틀러 특유의 포커게임 중 일부라고 이야기하곤 했다. 오히려 총통은 폴란드에 대한 프랑스와 영국의 약속이 우유부단한 포커 플레이어의 블러핑일 수 있다고 언급했다.

이 때, 상황이 결정적으로 달라졌다. 8월 25일에 런던에서 공식적인 영국-폴란드 상호방위조약이 체결되었는데, 이는 히틀러의 낙관적 전망과는 거리가 멀었다. 총통 특유의, 결정을 앞둔 즉흥적 외교접촉과 혼란스러운 연기 끝에 8월 31일 오후에 국방군의 모든 관련 부대들에게 통신이 하달되었다. 백색작전(Fall Weiss)[105]의 공격개시일은 9월 1일, 공격개시시각은 04시 45분으로 확정되었다. 블러핑을 시도한 영국과 프랑스에 대한 히틀러의 선택은 맞대응이었다.

롬멜은 오버잘츠베르크 회의 다음날인 8월 22일에 베를린에서 새 보직에 관해 브리핑을 받았다. 47세의 롬멜은 6월 1일부로 소급해 소장으로 진급했다. 그의 동원 보직은 독일군 총사령관을 겸하는 총통의 야전사령부인 총통사령부(Führerhauptquartier) 본부대장이었다. 롬멜은 이 직책으로 1939년 9월 4일에 폴란드 국경을 넘었다. 그날 오전 8시에 그는 단순하게 기록한 전쟁일지인 "북부집단군 총사령관 상급대장 폰 보크(von Bock) 및 총통사령부 본부대장 소장 롬멜의 총통 보고서"를 히틀러에게 직접 보고했다.[106]

롬멜은 장군단의 일원이 되었고, 2차 세계대전이 발발했다.

---

104  von Manstein, 앞의 책
105  폴란드 침공작전
106  NAW T 77/858

**PART 3**
**1939-1940**

# 제8장 일선 지휘

    롬멜이 소장으로서 처음 인수한 지휘권은 직접 통제하는 병력의 규모 면에서는 1914년 이후 중위 시절 루마니아나 이탈리아 알프스에서 지휘하던 병력보다 작았다. 총통사령부 열차에는 보통 통신대, 행정반, 전령 등이 탑승하며, '경호(Begleit)'대대가 호위를 맡았다. 이 대대는 근접 호위를 위해 4문의 대전차포와 12문의 대공포를 운용하는 380명의 병력으로 구성되었고 롬멜에게 지휘권이 부여되었다. 대대 장병들은 롬멜과 마찬가지로 대개 군사학교 및 교육부대에서 차출되었으며, 총원 25명의 장교와 600명의 사병으로 구성된 완편 경비대대(Sicherungsbataillon)였다.

    열차는 2대의 기관차로 견인하는 12량 또는 그 이상의 객차로 편성되었고 열차 선로의 앞뒤로는 장갑방공화차가 설치되었다. 객차 내에는 넓은 히틀러의 개인 구역이 할당되었고, 귀빈차, 식당차, 전속부관용 시설도 많은 공간을 차지했다. 히틀러는 이 열차를 하나의 본부로 사용했다. 전속부관들이나 열차를 방문하는 귀빈들은 열차에서 잠을 잤지만 롬멜은 그러지 않았다. 이 열차는 지휘소의 역할을 겸했다. 열차에는 통신설비가 설치되어 히틀러가 베를린에 있는 군사령부, 장관, 일선의 예하 지휘관들과 토의를 하고 정보를 얻을 수 있었다. 지도 테이블이 있는 넓은 회의실도 있었는데, 히틀러는 그곳에서 매일 전황을 살폈고, 이렇게 전황을 검토할 때는 통상 롬멜이 배석했다. 이 회의실에서 매일 오전 9시에 전쟁의 전반 상황을 총통 개인에게 보고하는 것으로 일과가 시작되었다. 히틀러는 이곳에서 전쟁 중인 제국의 업무들을 지시할 수 있었다. 때로는 국지적 상황이 불확실했고, 지방에는 폴란드병들이 흩어져 있었기 때문에, 히틀러가 쓸 수 있는 병력과 차량 행렬이 별도의 명령에 따라 움직이며 지시에 따라 열차와 합류해 경비를 보조했다. 히틀러는 이 열차를 근거지로 장갑차량의 호위를 받는 6륜 방탄 메르세데스(Mercedes) 세단으로 구성된 소규모 집단으로 자주 시찰을 다녔다. 히틀러는 폴란드에서 작전 수행에 거의 개입하지 않았지만, 역사상 최초로 전차와 전차가 이끄는 차량들로 구성된 기동 부대가 투입된 대규모 전역인 폴란드 전역의 전투 및 세부사항에 많은 관심을 보였다. 히틀러는 개전 초기에 폴란드의 장갑화되지 않은 부대들이 개방된 노상에서 공격을 받고 궤멸된 점에 주목했으며, 이 성과가 공군의 공격이 아닌 종심으로 빠르게 돌진하고, 측면의 위협과 '전선'의 불규칙함을 무시하고 오직 충격, 속도, 그리고 기동력과 결합된 화력으로 승리하는 독일 기갑부대의 대담한 지휘를 통한 전과라는 설명에 매우 놀랐다. 이 시찰 과정에서 히틀러와 동행하던 롬멜도 전투를 보고 듣고 느끼는 데 전념했다.

롬멜은 기계화된 기동수단이 옛 기병에게는 없었던 장갑을 통해 기동 부대에게 더 많은 방호력을 제공하고, 구보와 등반을 활용하던 자신의 옛 산악대대 보병들에 비해 더 많은 기회를 창출하는 모습을 보며 새로운 전쟁이 시작되었음을 깨달았다. 끝없이 이어진 참호선, 집중 포격으로 쑥대밭이 된 지면 등은 20년 전의 참호전의 관점에서 전쟁을 생각하는데 익숙한 세대에게는 놀라운 변화였지만, 롬멜이 보기에는 폴란드에서 본 원칙들이 새롭지는 않았다. 이 '새로움'이란 롬멜이 전쟁에서 항상 실천해온 것들이었다. 롬멜은 항상 충격, 기습, 집중의 효과를 믿었다. 그는 항상 위험에 개의치 않고 적의 측면과 후방으로 진출하는 전술의 효과를 믿었다. 롬멜은 경험이 없던 젊은 위관 시절에 본능적으로 인식하던 것과 같이 전쟁이란 대담성과 기동에 달려 있다고 여겼다. 그는 폴란드에서 전술적 영역을 초과하는 규모로 자신의 군사 원칙들과 자신이 항상 설파해온 교훈들의 유효성이 현대적으로 입증되는 모습을 기쁜 마음으로 바라보았다.

롬멜은 폴란드에서 몇 가지 인상적인 상황을 접했다. 그는 아돌프 히틀러가 전역의 세부사항에 집착하고 빠져드는 모습에 주목했다. 때로는 히틀러의 용기를 보고 호감을 느끼기도 했다. 히틀러의 개인 행렬은 먼 거리를 오가며 전선지역을 대부분 방문하고, 폴란드 저격수들이 즐비한 지역들을 지나 차를 달리며 폴란드군의 포탄이 떨어지는 독일군 지휘소와 부대들을 시찰했다. 히틀러는 자신의 위험을 거의 염려하지 않았고, 롬멜이 부인에게 보내는 편지에 쓴 내용처럼 적의 사격에 노출되는 것을 즐기는 것처럼 보였다. 히틀러는 1차대전에서 모범적인 용기로 2급과 1급 철십자장을 받은 전적이 있었고, 실제로 매우 용감한 사람이었으며, 항상 젊은 시절의 전쟁 경험을 회고하며 자랑스럽게 되새겼다. 일선경험(Fronterlebnis)은 히틀러의 인생에 가장 영향을 끼친 경험이었다. 히틀러는 언제나 자신이 평범한 일선 병사들의 감정, 고통, 사기를 어느 장군보다 잘 이해한다고 생각했는데, 이런 믿음은 이따금 위험한 착각을 불러올 수 있었다. 히틀러는 1939년 9월 1일에 자신이 제국의 첫 번째 병사일 뿐이라고 말했지만 이것은 허풍에 지나지 않았다. 롬멜은 훗날 히틀러가 병사들이 실제로 겪는 고통에 혐오스러울 정도로 무관심하다는 사실을 깨닫게 되었다. 하지만 히틀러는 항상 1차 대전의 일선 경험을 추억했다. 일례로 히틀러는 1914년 1차 이프르 전투 당시에 적으로 만났고, 끔찍한 아동학살(Kindermord)[001] 전투의 경험을 공유하는 영국 장교들과 당시를 회상하기를 즐겼다.[002] 히틀러 전용 사령부 열차의 이름인 '아메리카(Amerika)'도 총통의 당시 기억에서 유래했을 가능성이 있다. 물론 이는 추정에 지나지 않는다. 아메리카와 비슷한 괴링의 전용열차 '아시아(Asia)'처럼 대륙명에서 따왔을지도 모른다. 하지만 히틀러는 암호명을 지을 때 직접 관여하기를 좋아했다. 예를 들어 1941년의 러시아 침공작전 이름을 지을 때는 자신의 야심을 앞서 달성했던 군사적 천재이자 십자군 전쟁 참가자, 호엔슈타우펜 왕가의 프리드리히(Friedrich) 황제의 별명인 '바르바로사(Barbarossa)'를 따왔다. 그리고 '우연히도' '아메리카'라는 이름은 히틀러가 종종 회상하던 이프르 남동부 겔루벨(Gheluvelt) 부근의 작은 마을 이름이기도 하다. 1914년 당시 전령(Meldeganger)으로 복무하던 아돌프 히틀러 상병은 아메리카 인근에서 제16 바이에른 보병연대의 한 지휘소와 다른 지휘소로 보고서와 명령서를 전달하는 매우 위험한 임무를 수행하여 처음으로 철십자장을 받았다. 그러니 당시의 지명이 히틀러의 마음속에 남아 있다 해도 큰 무리는 없을 것 같다. 같은 이유로 지휘소 사이를 달리던 상병이 아닌 총사령관으로서 전쟁에 다시 뛰어들었을 때 1914년에 공적을 세웠던 벨기에 마을의 이름을 자신의 특별 지휘소에 붙였다고 추정하는 것도 그리 비현실적이지만은 않을 것이다.[003]

당시의 롬멜은 매일 히틀러를 만나고 모든 곳에 동행했으며, 조간 회의에 참석했고 때로는 견해를 제시하라는 권유도 받았다. 이 과정에서 총통에 대한 롬멜의 인간적 관찰에 바탕한 찬양심은 점점 더 커졌다.

롬멜은 히틀러를 전쟁에 정통한 인물로 여겼다. 히틀러에게는 타인과 구별되는 배포가 있었다. 폴란드 전역 당시 많은 이들은 영국과 프랑스가 서부방벽(Westwall)의 독일군 방어 병력이 폴란드로 빠져나간 기회를 틈타 공격할 가능성에 대해 걱정하고 있었다. 하지만 히틀러는 장군참모들을 격려하며 그런 일은 없을 것이라고 말했다. 주변의 우려는 합당했다. 프랑스군 병력은 90개 사단 이상이었으며, 상당한 수의 전차도 보유하고

---

001  당시 독일군을 지휘하던 팔켄하인은 우익을 확장하는 과정에서 신규 편성된 예비대 4개 군단을 집중했는데, 이 가운데 매우 어린 학생·자원봉사자들로 구성된 동원사단도 포함되어 있었다. 이들은 랑게마르크 마을 외곽의 기관총 진지 앞에서 극심한 피해를 입었고, 이 전투는 아동학살이라는 별칭을 얻었다. (편집부)

002  Donald Lindsay, Forgotten General (Michael Russell, 1987) 참조

003  단 전적으로 저자의 추측이다.

지도 8. 1939년 폴란드 전역

있었다. 반면 독일은 6개 기갑사단과 4개 차량화 사단을 포함하여 43개 사단으로 폴란드를 공격했다. 서부에는 불과 약 12개의 현역 사단만이 남았고, 기갑부대는 없었다. 추가로 약 35개의 신편 및 2선급 사단이 준비되고 있었지만, 명목상 47개에 불과한 서부의 사단들은 프랑스군에 비해 수적으로 크게 열세였다. 영국도 적당한 시점에서 프랑스에게 힘을 빌려줄 가능성이 높았다.

영국과 프랑스는 독일에게 선전포고까지 했지만, 히틀러는 그들이 폴란드를 위해 싸울 생각이 없다고 주장했다. 서부 연합국의 프랑스군 총사령관 가믈랭(Gamelin) 장군은 폴란드에게 전쟁 발발 15일 후, 프랑스군 주력을 서부 공세에 투입하겠다고 약속했었지만, 결국 프랑스의 계획은 전혀 문제가 되지 않을 것임을 확신한 히틀러가 옳았다. 히틀러를 포함한 모든 독일인들은 폴란드 전역이 유럽 전쟁이 아닌 국지적인 분쟁으로 한정되어야 한다고 여겼다. 폴란드의 동맹국들은 강경한 발언을 쏟아내겠지만, 그 이상은 아닐 것이다. 이는 장군참모부 전체의 절박한 희망이었고, 히틀러는 자신의 판단을 확신했다. 그는 폴란드 문제가 해결되면 서방연합국이 다시 평화의 계기를 찾게 될 것이라고 말했다. 이 말을 들은 롬멜은 폴란드 전역이 시작된지 불과 4일이 지난 시점에서, 조만간 전쟁이 완전히 끝날 것 같다는 내용의 편지를 집으로 보냈다. 폴란드 전역은 신속하게 종결되었고, 롬멜의 판단은 크게 빗나가지 않았다.

폴란드에서의 첫날 밤, 롬멜은 토팔노(Toplano)에 정차한 '아메리카'에 머물렀다. 이곳은 슈테틴(Stettin)과 베를린에서 동쪽으로 오는 독일 철로가 폴란드의 철도망과 연결되는 지점이었다. '아메리카'는 먼 거리를 오갔고, 이따금 히틀러가 소규모 행렬과 함께 전방을 시찰할 때는 지방 소도시나 마을을 인근의 철로에 며칠씩 정차했으며, 모든 이동은 전쟁일지에 꼼꼼하게 기록했다. 히틀러는 이따금 경비행기로도 이동했는데, 롬멜은 이런 경우에도 자주 히틀러와 동행했다. 이틀 후인 9월 6일에 롬멜은 이미 단치히 남방 10km 거리에 위치한 폴란드 회랑의 그루지옹츠(Grudziądz)에 도착했고, 4일 후인 9월 10일에는 바르샤바 정남방의 키엘체(Kielce)에 있었다. 9월 17일에는 독일과 비밀 협정을 체결한 소련이 폴란드 동부 국경을 넘었다. 19일에 히틀러는 롬멜을 대동하고 역사적 독일 도시인 단치히에 도착해 제국 방송에 등장했다. 9월 26일에 롬멜은 베를린으로 날아가 제국 총통 청사(Reichskanzlei)에 있는 총통사령부에 새 숙소를 마련했다. 그 날 오후 5시에 그는 베를린의 슈테티너(Stettiner) 기차역에서 히틀러를 마중했다. 그리고 28일에는 사령부 대대 전체가 히틀러가 하사한 새 군기 수령을 기념하는 사열을 진행했다.[004] 독일은 전쟁의 과시적인 요소를 빠뜨리는 실수를 저지르지 않았다. 폴란드 전역은 사실상 종결되었고, 날씨는 화창했다. 바르샤바는 27일에 항복했고, 롬멜은 10월 5일 오전에는 폴란드 수도인 바르샤바로 날아가 2시간 반에 걸친 독일의 개선 행진에 참석했다. 당시의 바르샤바는 파괴되고 지저분하고 음산했다. 롬멜은 전쟁에서 승리한 위대한 지휘관들, 즉 폰 브라우히치, 밀히(Milch), 폰 룬트슈테트(von Rundstedt), 블라스코비츠(Blaskowitz), 폰 코켄하우젠(von Cochenhausen)과 함께 바르샤바 비행장에서 오전 11시에 히틀러를 마중했다.[005] 행진은 정오에 시작되었다. '폴란드 문제'는 3주 만에 마무리된 것이다.

이 전역에서 롬멜의 위치는 기본적으로 특석에서 전쟁을 지켜본 독일 측 관객 가운데 한 명이었다. 롬멜은 이 시기에 처음으로 최고사령부 수준의 전쟁 수행 과정을 목격했고, 독일군의 움직임도 총통만큼이나 신속하게 파악할 수 있었다. 전쟁은 마치 폴란

004    NAW T 77/858. KTB Führerbegleitbataillon
005    위의 책

드 땅에서 벌어지는 거대하고 무자비한 체스 경기처럼 진행되었다. 폴란드 전쟁이 종결되기까지 롬멜은 소중한 결론을 도출할 수 있었다. 독일의 승리와 폴란드의 불행한 운명은 러시아의 침공 이전에 확정되었다. 독일군에 비해 낡은 장비로 무장한 폴란드군은 긴 국경을 방어하고 넓은 전선에서 점진적으로 철수하는 상황을 상정해 병력을 상당히 전방에 배치했다. 그들은 서부의 독일 국경과 남부의 슬로바키아 국경을 방어해야 했으며, 북쪽에서는 동프로이센에서 진격하는 독일군도 즉각적인 위협이 될 수 있었다. 실제로 그들은 공격 지점을 선택할 수 있는 우세한 적군뿐만 아니라 지리적 여건상 포위 위험에도 노출되어 있었다. 이런 상황에서 모든 것을 방어하려는 자는 아무것도 방어하지 못하는 법이다. 롬멜은 폴란드 전역을 이 원칙이 입증된 분명한 사례로 보았는데, 그는 이런 원칙에 매우 익숙했고, 더 작은 규모의 전장에서는 이 원칙을 직접 실증한 경험도 있었다. 폴란드의 유일한 전략적 희망은 영국과 프랑스가 서부에서 독일을 공격하는 것이었지만, 그마저도 덧없는 희망이었다. 작전적 관점에서 유일한 희망은 폴란드군의 주력이 비스와 강의 서부에서 포위되지 않도록 시간을 버는 것뿐이었다.

폴란드군은 낙관적으로 예측하더라도 최소한 8주는 단독으로 전쟁을 치러야 했지만, 정작 폴란드군의 작전계획은 지연전을 상정했다고 하나 기본적으로 선형 방어 형식이었다. 선형방어는 폴란드군에게 상당히 부적합했다. 남쪽과 북쪽에서 동시에 이뤄진 독일의 측면기동은 자연 장애물의 방해를 받았기 때문에, 폴란드군이 적절한 대응 우선순위를 할당했다면 일정 기간 지연전을 펼치며 주력을 포위망 밖으로 빼내어 동쪽으로 이탈시킬 수 있었을 것이다. 그러나 폴란드군은 넓은 전선을 전방에서 일렬로 방어하는 방법을 선택하는 바람에 스스로 파멸을 초래했다. 독일의 입장에서는 작전적 타당성이 분명했다. 폴란드는 영국과 프랑스가 폴란드에 안전을 보장하면서도 군사적으로 별다른 반응을 하지 않은 데 대해 불만을 가질 수 있지만, 소련군의 개입이 약속된 시점에서 소련의 묵인하에 시작된 독일의 공격 앞에 폴란드가 할 수 있는 것은 없었다. 당연히 폴란드의 작전 계획은 성공할 가능성이 전무했다. 이런 구도는 그대로 현실이 되었다. 8월에 체결된 독소불가침조약의 비밀조항은 두 탐욕스러운 이웃들이 폴란드를 네 번째로 분할한다는 내용을 담고 있었다. 여기서 확인할 수 있는 우울한 교훈은 폴란드가 동서 양국 가운데 하나를 택해 동맹을 맺지 않는 한, 주변국들에 맞서 자신을 방어할 능력이 없다는 점이다. 1939년 폴란드는 납득할 수 있는 이유들로 인해 동맹을 체결하는데 실패했고, 그 결과 소련의 침공, 잔학행위, 그리고 종속을 겪게 되었다.

한편 독일은 폴란드의 잘못된 전방 배치를 다른 의미로 받아들였다. 1918년 이후 독일 측은 폴란드를 독일의 동부를 위협하는 나라, 항상 만족을 모르며 독일의 약점을 노리기 위해 군비를 확충하는 프랑스의 동맹국으로 여겼다. 현대의 관점에서는 어이없는 이야기지만 당시 많은 독일인이 그렇게 생각하고 있었다. 독일인의 관점에서 폴란드군의 전방 배치는 독일의 영토인 동프로이센이나 오버슐레지엔(Oberschlesien) 방면의 영토를 확장하려는 시도로 여겨졌다. 당장은 아니라도, 프랑스의 활동으로 독일군이 서부전선에 집중될 경우 폴란드의 욕심이 부활할 가능성이 있었다. 다만 이런 의혹이 독일의 개전 동기로 작용했을 가능성은 그리 높지 않다. 그리고 9월 말까지 폴란드군 전력의 과반수가 (적어도 당분간은) 소멸되자 일련의 위협론도 힘을 잃었다.

신생 독일군은 폴란드 전역에서 견실한 기량과 높은 사기를 입증했다. 지휘관들의 능력도 매우 뛰어났다. 독일 병사들은 폴란드 병사들에 비해 뛰어난 무기를 사용했으며, 부대와 계급을 막론하고 모든 구성원이 전장에서 뛰어난 활력과 능동성, 자주성, 그리고 높은 훈련도를 보여주었다. 5년만에 놀라운 규모로 확장된 군대가 거둔 이 승리는 리더십의 존재 없이는 설명할 수 없다. 젝트의 이상은 폴란드에서 입증되었다.

당시 롬멜은 폴란드 국민의 운명에 대해 어떻게 생각했을까? 폴란드는 사실상 분할되었고, 이 사실은 잘 알려져 있었다. 과거 독일의 영토였던 지역들은 다시 독일에 편입되고 동부 지역은 소련에 합병되었는데, 소련 합병 지역에서는 반동분자나 혐의자에 대한 집단 이주나 처형과 같은 소름 끼치는 사건들이 벌어졌다. 독일 점령지에는 11월부터 '독립 폴란드' 수립이 선포되었지만, 폴란드 중부 지역은 독일이 통치하는 식민지인 '총독령(Generalgouvernement)'으로 구분되고, SS가 이 지역을 맡았다.

이 지배구조는 폴란드 전역에 돌입하기 전부터 예정되어 있었다. 폴란드를 침공하는 독일의 5개 야전군에는 모두 SS아인자츠그루펜(Einsatzgruppeen), 즉 무장친위대 특별임무부대가 배속되었고, 각 군단에는 아인자츠그루펜 예하 부대로 아인자츠코만도(Einsatzkommando), 즉 특별행동대가 배정되었다. 이들은 점령지의 방첩활동 및 정치적 통제를 담당했으며, SS제국친위대장 하인리히 힘러의 지휘를 받았다. 하지만 이 부대들은 군과 동행했기 때문에 활동에 앞서 군 지휘관들과 협조해야 했다. 1940년 7월에 제국보안본부(Reichssicherheithauptamt) 총장 라인하르트 하이드리히(Reinhard Heydrich)가 쓴 간단한 요약 문서에는 폴란드 문제에 대한 많은 내용이 담겨 있다. 이 문서는 SS 부대와 각 군의 참모들 간 협조체제가 대체로 양호했으나, 군의 고위 간부들은 '국가의 적들'을 진압하는 데 있어 근본적으로 다른 접근방식을 택했고, 이로 인해 힘러와 국방군총사령부(OKW) 간의 견해차가 발생해 잦은 마찰과 상충되는 명령들이 오가게 되었다고 지적했다. 이 요약 문서에 의하면 상충되는 명령들 중에는 '수천 명의 폴란드의 지도층 처분'을 포함해 치안활동을 통제하는 광범위한 지시들이 포함되어 있어서, 일선 담당자들의 개인적 대화만으로는 문제를 해결하기가 불가능했다. 문서는 일반 군 사령부와 참모들에게는 특수명령을 공개할 수 없었기 때문에, 상부의 명령에 의한 경찰과 SS의 활동이 야만적이고 독단적인 행동으로 비쳤다고 지적했다.[006] 국방군 지휘관들은 SS의 인가된 활동을 방해하지 말라는 지시를 받았지만, 얼마 지나지 않아 그 '인가'에 광범위한 살인이 포함되었음이 분명해지고, 그 범주도 강경한 대 게릴라 작전의 영역을 한참 초과했음이 명백해졌다. 폴란드 파르티잔의 활동이 시작되자 과시적 잔학행위들까지 대테러 작전의 일환으로 인가되기 시작했다. 나치의 편집증도 전반적 잔학성에 영향을 끼쳤다. 예를 들어 '국가의 적'으로 규정된 유대인들에 대한 집단살해는 많은 경우 아인자츠코만도 부대들을 통해, 구두 명령으로 진행되었다. 독일령 폴란드는 SS의 담당영역이었던 만큼 학살 과정은 승리가 확정된 시점, 혹은 그 이전부터 시작되었다.

바르샤바의 전승 행진 직후에 곧바로 폴란드를 떠난 롬멜이 폴란드에서 어떤 일이 계획되었는지 알고 있었을 가능성은 거의 없다. 이런 경악스러운 정책들은 어느 정도 재량권을 가지고 시행되었고, 군사 회의에서는 자세히 논의되지 않았음이 분명하다. 명령들은 '대 파르티잔 활동', '대테러 작전'과 같은 완곡한 표현으로 은폐되었다. 폴란드가 상당히 잔혹한 대우를 받게 될 것이라는 소식은 널리 알려져 있었다. 롬멜도 전역이 여전히 진행 중일 때 독일의 감독하에 신체적으로나 정신적으로 건강한 모든 남자들이 징용되어 중노동에 투입되는 모습을 목격했었다. 그의 관점에서는 전혀 우려할 일이 아니었다. 롬멜은 냉정한 사람이었다. 폴란드는 독일에게 타협할 수 없는 방해물이었다. '폴란드 문제'는 분명 존재했고, 국방군은 여기에 대응했다. 그리고 국방군 내에는 게릴라로 활동하는 파르티잔에 대한 관대함이 존재하지 않았다. 장군참모부 내에서 뿌리를 뻗다 끝내 싹을 틔우지 못한 반나치 음모의 초안에 베크와 함께 참여했던 장군참모부의 바그너(Wanger) 대령은 폴란드 전쟁 2일차에 이미 게릴라전이 시작되었다고 기록했다. "내가 직접 기안한 잔인한 명령을 내리고 있다. 사형 선고만 한 것이 없다! 점령 지역에서는 이 방법 뿐이다."[007]

이렇게 가혹한 생각은 전쟁에서는 드물지 않았고, 더 평화로운 시대에는 불쾌하게 여겨질 수도 있겠지만, 전쟁의 성공적 수행과는 불가분의 관계일 수도 있다. 하지만 전우

---

006   Krausnick, 앞의 책에 인용된 내용
007   David Irving, Hitler's War (Hodder & Stoughton, 1977)

들이 방금 전까지 피를 흘린 군대에서는 대부분 롬멜의 반응처럼 패배한 적에 대한 가혹함, 혹은 바그너 대령이 기록한 가혹함이 올바른 행동과 공존할 수 있었다. 이런 경향은 롬멜이 보여준 기사도적 기질과도 상충되지 않으며, SS가 수행한 집단 박해나 집단 학살과 거리가 멀었다. 롬멜은 상당히 시간이 흐른 뒤에야 동부전선에서 독일의 승리가 어떤 의미인지 조금씩 알게 되었다. 롬멜의 친구이며 폴란드 전역에서 제8군 사령관이었던 블라스코비츠 장군은 후에 롬멜에게 왜 자신이 원수로 진급하지 못하고 상급대장에 머물렀다고 생각하는지 묻고는 스스로 답을 내놓았다. 블라스코비츠는 자신이 폴란드에서 SS의 활동을 묵인하라는 요구를 거부했기 때문이라고 주장했다.[008]

실제로 블라스코비츠는 SS의 과잉 활동과 SS의 행각을 목격한 부대의 심각한 군기 저하를 비난하는 보고서를 작성했는데, 히틀러는 이 보고서를 접하고 군 고위 간부들에 대해 모욕적인 발언을 했다. "전쟁을 하지 않는 것은 구세군이나 하는 짓이오!"[009]

롬멜은 폴란드 전역이 끝난 후 며칠 간 비너 노이슈타트를 떠나 바르샤바로 돌아가 10월 5일에 전통 군가인 프로이센스 글로리아(Preußens Gloria)의 감동적 선율 속에서 부대들이 행진하는 동안 히틀러의 연단에 서 있었다. 당시 히틀러와 대동하는 며칠 동안 롬멜은 히틀러와 같은 식탁에서 점심과 저녁 식사를 함께하고, 때로는 그의 옆에 앉았다. 야전과 본국에 위치한 총통사령부들은 종종 왕궁으로 묘사되곤 했는데, 실제로 그곳에서는 아첨꾼들 간의 아귀다툼을 포함해 왕궁의 모든 특징들을 볼 수 있었다. 그리고 롬멜은 그 안에서 히틀러가 자신과 어느 정도의 의심을 동반하는 분명한 친분관계를 만들었음을 알게 되었다.

롬멜은 히틀러를 전적으로 찬양했다. 그는 언제나 히틀러가 독일을 위해 이룩했다고 알려진 업적들에 대해 고마움을 느꼈고, 히틀러가 회복시킨 국민들의 사기에 위안을 받았다. 그리고 당시에 국제적 저항을 최소화하며 많은 애국적 업적들을 이룩했다는 평가를 받던 히틀러의 외교적 수완에도 감탄했다. 히틀러에게는 나치의 오점인 과잉 행위들이 항상 따라다녔지만, 롬멜은 그런 문제들을 총통의 의지가 아닌, 일부 인사들의 전형적인 과잉 충성으로 여기고 별다른 관심을 기울이지 않았다. 롬멜과 히틀러는 이제 친근한 관계가 되었다. 그는 폴란드 전역 중에 히틀러와 자주 담소를 나누었으며 군사 문제로 약 2시간 정도 대화를 나눈 적도 있었다. 한편 폴란드 전역 이후 롬멜은 히틀러의 충실한 선임 국방군 부관인 슈문트(Schmundt) 대령이 확실히 자신에게 반감을 품었다고

008  Manfred Rommel의 증언. Gorlitz, 앞의 책도 참조
009  Engel, Heeres Adjutant bei Hitler (Deutsche Verlag, Anstadt, Stuttgart, 1974)

의심했다. (후일 슈문트가 믿음직한 친구로서 롬멜이 곤경에 빠진 시기에 히틀러에 대한 소식을 전달해주는 유용한 소식통이 되었음을 고려하면 이런 의심은 다소 의아하다. 아마도 이런 의구심은 일시적이었을 것이다.) 하지만 히틀러와 있을 때는 모든 것이 밝아 보였다.

롬멜은 이제 자신의 장래를 확신했다. 11월에 48세가 된 롬멜은 총사령부 내에서 두드러진 인상을 남겼다. 그는 참가자가 아닌 관찰자의 역할로 다시 한번 전쟁을 경험하게 되었다. 그는 자신의 모든 경험, 사고, 교육, 그 외의 모든 자질이 1914년의 전쟁처럼 1939년의 전쟁에도 적합함을 깨달았다. 롬멜은 공식적으로 여전히 전쟁 대학의 일원이었지만, 그는 루시에게 머지않아 대학을 떠나게 될 것 같다고 말했다. 롬멜은 폴란드 사태가 해결되면서 총통사령부에서는 자연스럽게 '하차'했지만, 이후에도 베를린에 남아 새로운 전쟁이 시작될 경우 '아메리카'와 함께 다시 움직일 준비를 했다.

롬멜은 이제 자신의 경력에 관해 상의하며 기갑사단을 지휘하고 싶다고 터놓고 말했다. 인사 부처에서는 보병 장교 출신이라는 점을 문제삼았다. 롬멜이 전차나 기갑 전술에 관해 무엇을 아는가? 롬멜은 이를 거의 의심하지 않았다. 그는 필요하다면 기술적 지식을 능숙하게 받아들일 수 있었지만, 군인으로서 기계화 기동 부대를 다루는데 특별한 기술적 지식이 거의 필요하지 않다고 생각했다. 기갑부대의 지휘에는 전쟁에 대한 이해만이 필요했다. 전쟁의 원칙들은 다양하게 응용되지만 본질적으로는 바뀌지 않는다. 그리고 롬멜은 자신이 전쟁의 원칙들을 아주 잘 이해한다고 생각했다. 이 과정에 롬멜을 지지하는 히틀러가 개입했다. 롬멜도 히틀러가 분명 자신을 지원해줄 것임을 믿었다.[010]

1940년 2월 10일, 롬멜은 서부의 바트 고데스베르크(Bad Godesberg)에 주둔중인 제7기갑사단(Panzer Division) 사단장으로 착임했고, 곧 아르(Ahr) 계곡 부근으로 배치되었다. 그는 히틀러를 떠날 때 히틀러의 저서인 나의 투쟁(Mein Kampf) 증정본을 선물로 받았다.

히틀러는 영국과 프랑스가 독일의 폴란드 정복을 용인하고 화평을 택할 의향이 없음이 분명해진 시점에서 유럽이라는 체스판 위에 둘 다음 수를 검토했다. 히틀러는 최소한 가지 요소를 오판했다. 그는 영국이 독일의 역량과 의지라는 분명한 현실에 직면하면 우호관계를 선택할 것이라고 믿었지만, 영국은 히틀러의 기대에 어긋나는 결정을 내렸다. 히틀러는 몹시 실망했다. 그는 영국이 자신의 폴란드-유럽 정책에 반대한다는 사실을 이해하지 못했다. 히틀러는 각국의 이해관계를 항상 세심하게 고려한다고 공언해 왔고, 유럽의 문제들은 영국의 이해관계를 위협하지 않는다고 여겼다. 히틀러는 전쟁 직전까지 몇 년에 걸친 영국의 지속적 반발을 본 후에야 현실을 마지못해 납득했으며,

---

010    Manfred Rommel의 증언, 인터뷰, EP M 3. 이 릴은 방대한 인터뷰 기록뿐만 아니라 개인적 논평 및 회고들이 들어있다.

한편으로는 영국의 유약함과 우유부단함에 경악했다. 체임벌린의 영국은 더이상 히틀러가 동경하던 무자비한 제국주의적 세력으로 보이지 않았다. 하지만 히틀러는 폭풍 같은 삶의 마지막 순간까지 영국과 독일의 동맹을 희망했고 실제로 그 가능성을 믿었다.

평소 히틀러는 영국과 독일이 공동의 이해관계를 재발견할 필요가 있다고 말해왔다. 따라서 히틀러는 1939년 가을, 영국의 완고한 적개심에 직면하자 크게 분노했지만, 한편으로는 상당히 당황했다. 히틀러의 관점에서 근본적인 적은 유럽 국가들을 '둘러싸고' 있는 미국과 소련이었다.[011] 히틀러는 영국의 경고에도 불구하고 영국이 실제로 선전포고를 실행하지 않을 것이라 여겼지만, 영국은 9월 3일, 독일을 향해 선전포고했다. 국방군의 폴란드 사태 무력 종결은 분쇄된 폴란드에 대한 영국-프랑스 연합의 연민을 누그러뜨리지 못했다. 그리고 히틀러의 전략적 논리로는 연합국, 즉 독일의 확장을 경계하는 프랑스와 해외에 자산을 축적한 해양제국 영국의 결속을 깨뜨릴 수 없었다. 당시 히틀러는 영국에 동경 어린 선의를 보였다. 분열되지 않은 연합국은 독일보다 강했다. 사단의 수효나 전차의 보유 규모에서 앞섰고, 해군력도 아직 미약한 독일의 해군을 압도할 수 있었다. 그리고 양국은 세계 곳곳에 식민지를 소유했다.

히틀러는 영국과 프랑스가 유리한 입장에 있으며, 그들에게 결정적인 타격을 가할 필요가 있음을 마지못해 인정했다. 대서양 연안을 확보하려면 서부에서 공세를 개시할 필요가 있었다. 히틀러의 계획과 전망에는 확실한 일관성이 있었다. 이 공세는 기본적으로 준비 행위에 해당했다. 독일에게는 매우 광대한 영역이 필요했고, 그만한 영역은 오직 동부에서만 얻을 수 있었다. 히틀러는 20년간 이를 꿈꿨다.

하지만 독일군 장군참모부의 관점에서 서부 전역은 힘겨운 과제였다. 총사령부 내의 일부 집단과 외부의 동료들은 여전히 히틀러의 정복계획을 거부한다면 독일의 재앙을 회피하고 나치에게서 권력을 탈취할 수 있다고 생각했다. 이들은 서부 전선 돌입을 거부하는 고위 장성들의 저항 시도가 성공하기를 원했다. 훗날 히틀러의 권력을 넘어 목숨까지 노리게 될 이 집단에는 정보기관인 아프베어(Abwehr) 소속의 헌신적인 반나치 인사인 한스 오슈터(Hans Oster), 변호사인 파비안 폰 슐라브렌도르프(Fabian von Schlabrendorff)와 한스 폰 도나니(Hans von Dohnanyi), 그밖에 일시적인 승리의 흥분을 넘어 국가사회주의의 실체를 직시하고 양심을 택할 인물들이 포함되었다. 하지만 모든 군대나 사회가 그렇듯 대부분의 전문가들은 자기 분야에 기계적으로 종사했다. 1940년 2월에 롬멜이 제7기갑사단의 지휘를 맡은 시점에서 서부 공세 계획이 이미 많이 진전된 상태였다.

..........................
011　Hildebrandt, 앞의 책

히틀러는 가을 공세를 원했지만 가을에는 기상 조건이 불리하다는 전문가의 조언에 마지못해 일정을 조절했다. 대규모 공세를 위해서는 궤도차량의 야지기동을 고려해 진흙탕이 형성되지 않는 건조한 날씨, 그리고 공군의 작전에 적합한 기후와 가급적 긴 일조시간이 필요했다. 폴란드군과 프랑스군의 규모나 장비가 상이해 직접적 대입은 어렵지만, 독일군은 폴란드 전역에서 통합된 계획에 따라 근접항공지원을 받는 기갑부대의 속도와 충격력을 활용하면 결정적 전과를 달성할 수 있음을 실증했다. 다만 여기에는 몇 가지 전제가 갖춰져야 했다. 독일군을 비롯한 대부분의 군대는 1915~1918년간 서부전선의 특징이었던 전선고착과 소모전을 피할 수 없다고 여겼는데, 이는 독일의 입장에서 잠재적 사형선고와도 같았다. 독일은 가능한 한 신속하게 승리를 거둬야 했고, 장기간에 걸쳐 큰 대가를 치러야 하는 소모전은 적절한 방법이 아니었다.

그러나 히틀러는 국방군 총사령부가 제출한 작전계획인 황색작전(Fall Gelb)을 못마땅하게 여겼다. 히틀러는 폴란드의 승리 이후 모든 군사적 문제에 있어 자신의 군사적 지식과 권한이 OKW의 역량을 크게 초과한다고 생각하게 되었다. 가을에 서부전역에서 공세에 착수하고 (어쩌면 정치적 쟁점이 될지도 모를) 네덜란드, 벨기에, 룩셈부르크의 중립을 무시하겠다는 히틀러의 '결심'은 사전협의 없이 일방적으로 통지되었으며, 10월 9일 OKW 지령을 통해 공개되었다. 이 계획은 전문가들의 이의 제기에 직면한 이후 교정, 취소, 혹은 개정과정을 거쳤지만, 히틀러와 그의 도구가 된 OKW가 이 계획을 발표하는 과정에서 순수하게 군사적 요소만을 고려한 무제한적 행동을 의도했다는 점은 변하지 않았다. 그리고 히틀러의 이런 행동양식은 독일과, 독일군과, 그리고 이후 롬멜의 운명에 점차 많은 영향을 미치게 되었다. 이것이 히틀러의 방식이었다. 통찰력 있는 에리히 폰 만슈타인(Erich von Manstein)[012]은 히틀러를 "극히 부도덕하고, 매우 지적이며, 불굴의 의지를 소유했다"고 묘사했다. 사실 히틀러의 입장에서는 전문가들에 의해 체계적으로 제출된 계획을 외면할 만한 이유가 있었다. 히틀러는 장군참모부의 정치적 동기가 불순하고 국가사회주의에 대한 열의가 없다고 여겼으며, 주요 구성원들이 육체적으로, 혹은 정신적으로 늙어 상상력이 부족하고 독창적인 면모도 부족하다고 여겼다. 그는 전속 부관에게 베를린의 벤틀러슈트라세(Bendlerstrasse)에 있는 총사령부 전체를 쓸어버리고 비관적인 반동분자들이 아닌 젊은 낙천주의자들로 채우고 싶다고 이야기했다.[013] 롬멜이 그동안 열망하던 기갑사단장에 임명된 1940년 2월, 히틀러가 선임 국방군 부관 슈문

012  만슈타인은 이 진역이 시작될 시기에는 A군집단 참모장이었지만 지헬슈니트 계획의 혁신성 때문에 참모장에서 물러나 제3제파의 보병군단, 그것도 제대로 편성되지 못한 서류상의 군단인 제38군단을 지휘해야 했다.
013  Engel, 앞의 책

트에게 코블렌츠(Coblenz)에 주둔 중인 A집단군(Heeresgruppe A)을 방문했던 이야기를 들을 때의 분위기도 그랬다. 슈문트는 집단군 참모장 폰 만슈타인과 향후 작전을 토의했고, 2주 후에 히틀러는 절차를 무시하고 만슈타인을 직접 호출해 접견했다. 그 결과 서부전선의 작전계획은 완전히 달라졌다.

기존의 작전계획은 장군참모부의 아이디어가 아니었다. 장군참모부는 서부전선에서 방어를 고수하는 전략을 선호했고, 그 결과 히틀러가 직접 대략적 윤곽을 잡은 계획은 벨기에와 네덜란드를 거쳐 연합군의 좌측면을 도는 거대한 포위 기동인 1914년의 슐리펜 계획을 재현하는 형태가 되었다. 하지만 기상 문제나 정치적 문제로 작전이 늦어지거나 가급적 공격 자체가 취소되기를 희망하고 있던 장군참모부는 뚜렷한 개선안을 제시하지 않았다. 실제로 이들 가운데 일부는 연합군의 선제공격을 기다렸다 대응 기동을 실시하여 연합군의 벨기에 중립 위반을 비난하고 동시에 공세 과정에서 발생할 피해를 아군이 아닌 적군에게 강요하는 것이 최선의 전략이라고 믿거나, 혹은 그렇게 믿는 척했다. 그러나 이 아이디어는 가믈랭이 1941년 이전에 서부방벽을 공격할 최소한의 의도도 없다는 사실이 너무 잘 알려져 있다는 것만으로도 설득력이 없었다.

장군참모부는 황색 작전을 마지못해 준비했다. 히틀러는 마지못해 업무를 진행하거나 성의를 보이지 않는 간부들이 자신의 위업과 이상을 망쳐버릴지도 모른다는 불안과 분노를 품고 겨울을 보냈다. 이들은 견해의 통일이나 열정적인 자극을 거부했다. 그리고 이제는 새로운 개념이 제시되었다.

새로운 개념의 본질은 앞선 개념과 근본적으로 달랐다. 기존 황색 작전의 목표는 프랑스군과 연합군을 최대한 격파하고, 동시에 네덜란드-벨기에-프랑스 북부에 걸쳐 가급적 넓은 영토를 확보하여 영국에 대한 항공 및 해상 작전 기지로 활용하며, 루르 공업지대를 위한 넓은 완충지역을 확보하는 데 맞춰졌다. 반면 새로운 개념에서 제시된 목표는 단순히 '지상전에서 적 주력을 격파하는 것'이었다. 직속 상관인 룬트슈테트의 전폭적인 지지를 받은 폰 만슈타인은 10월부터 이런 근본적인 중점 변화를 관철하기 위해 노력했다. 2차 세계대전에서 연합국과 추축국 모두를 통틀어 최고의 전략가로 꼽히는 만슈타인은 기존의 작전 계획은 독일이 가진 최고 자산의 가치를 떨어뜨리는 미봉책에 불과하다고 여겼다. 만슈타인이 생각한 최고의 자산은 폴란드에서 입증된 군의 공격력, 특히 단기간에 전역의 전략적 목표를 신속하게 달성하는 능력을 뜻했다. 이제 새로운 계획, '지헬슈니트(Sichelschnitt: 낫질)' 작전이 채택되었다.

이 작전은 극히 야심 찬 목표를 수립한 결과, 작전의 세부도 완전히 달라졌다. 지헬슈니트는 총체적인 승리를 추구했고, '우익을 강화하라'고 했던 슐리펜의 우회 기동을 반복하는 대신, 작전의 중점을 남쪽으로 옮겨 아르덴 지역에서 룬트슈테트의 A집단군을 주공으로 연합군의 좌중간을 노렸다. 독일군은 공세를 개시하는 즉시 연합군의 좌익이 벨기에로 진격할 것을 정확하게 예측했고, 프랑스군과 영국군이 전진할 경우 강력하지만 기갑부대는 거의 보유하지 않은, 폰 보크의 B집단군이 담당한 우익과 충돌하도록 계획했다. 한편 대다수 기갑사단을 보유한 룬트슈테트는 마지노(Maginot)선의 북쪽에서 진격하는 연합군의 회전축 부위를 돌파하고, 이를 통해 연합군 좌익의 내측면과 후방을 위협하며 전진하는 주력부대를 차단할 것이다. 그리고 가차 없이 서쪽으로 진격하여 사실상 영국 원정군 전체가 소속된 연합군의 좌익과 마지노선 주둔군을 포함하는 프랑스군 주력 사이에 쐐기를 꽂는다. 그러면 연합군 전선은 둘로 절단되고, 매우 우세한 전력을 솜 남부에 있는 프랑스군의 주력에게 집중할 수 있게 되는 것이다.

히틀러는 새 작전 개념을 승인했고 2월 20일에 발령한 작전 명령을 통해 구체화했다. 작전의 성공은 A집단군 예하 7개 기갑사단의 성과에 크게 좌우될 것이 분명했다. 당시 독일은 총 10개 기갑사단을 보유 중이었고, 그 가운데 7개 사단을 보유한 A집단군은 지헬슈니트 작전의 중심인 낫의 날이었다. 독일의 기갑 전력은 프랑스군에 비해 수적으로 크게 열세였으며, 프랑스 전차들이 기술적으로 뒤떨어지지도 않았다. 작전의 성패는 기갑사단 지휘관들의 기량과 행동력, 그리고 부대원들의 용기와 지구력에 달려 있었다. A집단군의 선봉 기갑부대들은 기갑차량의 이동이 곤란하고 방어가 용이하며 서쪽 능선 바로 너머에 뫼즈(Meuse) 강이 흐르는 아르덴 삼림 지대를 통과할 예정이었다. 아르덴 너머에는 평원지대와 상브르(Sambre), 엔, 솜이 나온다. 그 너머에는 영국해협이 있었다. 모든 기록의 묘사와 롬멜의 성향을 고려할 때, 이 전역은 정확히 에르빈 롬멜의 성향에 부합하는 전역이었다. 롬멜은 자신이 지휘할 사단의 작전 계획이 급변한 1940년 2월 15일에 착임했는데, 개정된 작전계획은 만약 롬멜이 상급 사령부의 결정 과정에 참여했더라도 적극적으로 찬성했을 법한 내용이었다.

롬멜의 첫 활동은 사단을 파악하고 장비, 특히 전차의 특성을 숙지하는 것이었다. 제7기갑사단은 폴란드 전역 당시엔 차량화 기병사단의 성격을 가진 제2경사단(Leichte division)이었지만 겨울동안 기갑사단으로 개편되었고, 사단의 전차 편제도 2개 연대로 구성된 전차여단을 휘하에 두던 기존의 기갑사단과 달리 기간부대인 제65전차대대에 제25전차연대가 더해진 3개 대대 편제였다. 장비 또한 독일제 전차 대신 상대적으로 장갑이 얇은 체코제 38(t)전차가 지휘차량 8대를 포함해 총 99대였고, 지원용으로 7.5cm 단

포신 전차포를 장착한 4호전차 24대, 그리고 보조전력으로 2호전차 68대와 1호전차 34대가 배치되어 있었다. 여기에 더해 바퀴형 장갑차량과 반궤도 장갑차량을 운용하는 기갑수색대대가 하나, 보병전력은 각각 2개의 차량화보병대대를 휘하에 둔 보병연대 2개로 구성된 제7차량화보병여단과 모터사이클 대대 하나가 있었다. 사단의 포병전력은 3개 대대 편제로 구성된 제78차량화포병연대와 대전차포 75문을 보유한 제42전차엽병대대[014] 그리고 제296대공포대대로 구성되어 있으며, 이 외에 제58기갑공병대대, 제83기갑통신대대, 의무대, 야전보충대대 등으로 구성된 지원부대도 편성되었다.

독일 기갑부대 창설의 배경에서 가장 선구적인 역할을 한 인물은 하인츠 구데리안으로, 당시 그는 A집단군에서 1개 군단을 지휘하고 있었다. 구데리안은 다년간에 걸쳐 기갑부대의 장점과 잠재력을 설파한 예언자이자 전도사였고, 대부분의 예언자들이 그랬듯 모국에서 보편적 신망을 얻지 못했다. 구데리안은 기갑부대와 전차의 가능성을 완고하게 거부하던 사람들과 싸워야 했고, 다른 한편으로 유동적인 전장에서 고속으로 기동하는 부대들을 통솔할 수 있는 통신수단의 가능성에 대해서도 동료 장교들이나 장군참모부를 열심히 설득했다. 구데리안은 1차대전 초입인 1914년부터 초보적인 무선장비를 사용하는 통신 보직에 근무한 경험이 있었고, 이 경험을 통해 무전기를 이용한 지휘통제의 본질적 특성을 파악했다. 이는 기동부대의 지휘관이 전방의 '말 안장 위에서' 지휘해야 한다는 구데리안 자신의 이론과 결부되었다. 구데리안과 롬멜은 지휘관의 위치나 기동에 대한 신념에서 본질적으로 같은 방향을 추구했다. 구데리안은 전차의 엔진이 주포만큼 중요한 무기라고 항상 강조하곤 했다. 구데리안은 1934년에 기갑부대사령부(Kommando der Panzertruppen)가 창설되었을 때 참모장으로 치열하게, 때로는 외롭게 싸워나갔다. 구데리안은 대부분의 분쟁에서 승리했고, 폴란드 전역의 승리로 그의 주장은 온전히 입증된 것처럼 보였다. 구데리안은 1937년에 발간된 저서 '전차를 주목하라(Achtung Panzer)'에서 전차의 요체는 신속한 기동이며, 보다 빠르게, 그리고 지속적으로 움직이며 기동력을 온전히 활용한다면 적의 축차적 방어를 곤란에 빠트리거나 방어 자체를 불가능하게 할 수 있다고 주장했다. 당시 서부 전역의 독일군에는 그런 사상이 보편화되어 있었다. 에르빈 롬멜의 입장에서는 집에 돌아간 것과 같았다. 하지만 당시의 우세는 여전히 제한적이었다. 구데리안이, 그리고 롬멜이 추구하는 사상을 위한 '싸움'은 결코 쉽게 승리하지 않았다. 수년 후인 1944년에 롬멜은 이렇게 회고했다.

......................

**014** 이 시점의 편제에선 대전차부대를 뜻하는 Panzerabwehr truupen과 Panzerjager truupen이 있었으므로 구분을 위해 전차엽병대대로 표기했다.

여전히 모든 현대화 조치에 철저히 반대하고, 모든 군대는 보병을 가장 중시해야 한다는 옛 격언에 완고하게 집착한 특정한 파벌이 있었다. 이런 주장은 동부전선[015]에 있는 독일의 야전군에게는 현실일 수도 있다… 하지만 전차가 모든 전술적 사고의 중심이 될 미래에는 현실이 아니게 될 것이다.[016]

롬멜은 제7기갑사단의 지휘를 맡은 첫날부터 분명히, 그리고 자연스럽게 구데리안 사상의 열성 옹호자가 되었다. 이 사상의 핵심은 충분히 강력하고 군수 지원이 보장된 제병협동의 기갑부대를 충분한 기량을 갖춘 지휘관이 대담하게 지휘한다면 전역을 지배하고 작전적, 그리고 궁극적으로 전략적으로 결정적 성과를 달성할 수 있다는 발상이었다. 이 경우 측면이 노출되겠지만, 측면의 취약성은 부대의 재배치가 아니라 더욱 맹렬한 진격으로 적의 후방과 보급선을 위협하여 측면을 위협할 만한 대응능력 자체를 마비시키는 방식으로 대응해야 했다.

'전선'은 불규칙한 누더기가 되고, 명확한 전선 대신 적과 아군 부대가 뒤섞인 혼란스런 구도가 강요될 것이다. 이 경우 전장을 '정돈'하기 위해 노력하기보다는 우군의 성공적인 진격을 통해 혼란한 전장상황을 이용하는 쪽이 승리하게 된다. 이는 정확히 롬멜이 전술적 수준에서 항상 생각하고 실천하던 방식이었다. 그는 이제 기갑부대를 지휘하게 되자 자신감이 강해졌다. 만약 모든 요소가 기대대로 돌아간다면 그의 전쟁 이론을 더 빠른 속도로, 그리고 더 큰 규모로 수행할 수 있을 것 같았다.

물론 이런 기동전의 핵심 아이디어와 롬멜이 몹시 비난한 '기존의 절차와 관례를 고수하는' 사상은 정 반대편에 위치해 있었다.[017] 롬멜이 여러 차례 실패를 겪은 후 독일 장군참모부 및 참모총장 프란츠 할더가 '전통적' 사상을 인정하는 경향을 보이기는 했지만, 구데리안과 롬멜의 사상과 1940년 서부전선, 1941년 동부전선에서 치른 실전의 간극은 극히 작았다. '순수한' 구데리안의 사상은 기동 부대를 집중 운용하여 적의 사령부와 보급선을 위협하고 마비를 초래한다는 발상에서 출발했다. 반면 포위섬멸을 목표로 하는 보다 전통적인 기동은 기갑 이론의 원액을 희석하는 것이라는 주장[018]이 있다. 분

---

015   롬멜이 이 문서를 작성할 당시, 동부전선은 3년째 계속되고 있었다.

016   Liddell Hart, 앞의 책에 인용된 내용. 이 문서들 중의 롬멜의 기록 일부는 독일에서 Krieg ohne Hass (Heidenheim, 1955)라는 이름으로 출판되었다.

017   Liddell Hart, 앞의 책

018   Matthew Cooper, The German Army 1933-1945 (Macdonald & Janes, 1978) 참조

명히 기동전에 있어 적에게 마비를 유발하는 것이 가장 큰 지향점 중 하나임은 분명하지만, 이를 적의 사령부와 보급선을 공격하는 방법으로만 달성할 수 있다거나, 그 방법만이 최선이라고 여기거나, 혹은 공격을 위한 능력이 기갑부대의 발전 과정에서 가장 중요한 결과라고 여기는 것은 오산이다. 역으로 적의 보급선 마비는 1918년 3월 독일의 대규모 돌파 당시 포병의 집중운용을 통해 달성되었다. 그리고 롬멜이 총사령부에 재직하던 시점에서는 공군이 같은 목표에 보다 능숙하게 대응할 수 있었다.

롬멜이 모든 수준의 제대에서 깨달은 바와 같이, 목표는 단순히 적의 보급선을 물리적으로 파괴하고 사령부를 위협(이것도 분명히 부분적인 역할을 할 수 있지만)하는 것이 아니라 신속한 기동을 통한 위협, 즉 포위 위협과 섬멸 위협으로 적의 의지, 그리고 사고와 대응능력을 마비시키는 데 맞춰져야 했다. 기갑 부대가 속도와 충격으로 만들어 내는 이런 위협들이 실제로 의지의 마비를 유발하여 승리를 가져오는 것이다. 그리고 이런 위협, 즉 기동은 장군참모부가 역사적으로 체득한 전통적인 교훈과 일치했다. 차이점은 기본 개념이 아닌 절차, 속도, 세부사항에 있었다. 이 모든 것들은 탁상공론이었고, 롬멜은 항상 탁상공론에 반대했다. 그는 이를 '불필요한 탁상공론에 불과한 허튼소리'로 치부했다.[019] 롬멜은 극히 실증적인 자세로 구체적인 부분까지 생각했다. 그는 이제 본능적으로 자신이 지휘하고 있는 것과 같은 제병협동 부대가 전술 전투에서 승리하고 견고한 적 방어선을 돌파하며, 이후 과거에는 상상하지 못한 방법으로 전투를 지속할 것임을 직감했다. 돌파에 성공하면 전황 변화로 기동에 탄력이 붙게 되고, 여기에 적절히 지원을 받는다면 대단한 작전적 성과를 이룩하거나, 크게는 전략적 결과까지 얻게 될 것이다. 다르게 말하자면 전투에서 기동이 부활한 것이다. 그는 폴란드에서 그 결과를 직접 목격했다. 그리고 아마도 곧 유럽 최강의 군대를 상대로 그런 결과를 재연하는 데 직접 일조하게 될 것이다.

룬트슈테트가 지휘하는 45개 사단 규모의 A집단군은 단순한 기본 계획을 수립했다. 주요 진공로의 설정 및 그 개척 책임은 리스트(List) 장군의 제12군과 2개 차량화군단을 휘하에 둔 폰 클라이스트(von Kleist) 장군의 기갑집단이 함께 담당하며, 폰 클라이스트 기갑집단(Panzergruppe Von Kleist)이 제12군에 선행한다. 클라이스트 기갑집단의 남쪽 구역은 구데리안이 지휘하는 제19차량화군단이 맡고 있었다. 제12군의 북쪽은 폰 클루게 장군의 제4군이 맡았으며 그 선두에는 헤르만 호트 장군 휘하의 제15차량화군단이 있었다. 제15차량화군단의 우익에는 막스 폰 하틀립-발스폰(Max von Hartlieb-Walsporn) 장군의 제

019   Liddell Hart, 앞의 책

5기갑사단이 있었고, 그 좌익이 롬멜의 제7기갑사단에 할당되었다. 롬멜은 지헬슈니트 작전의 중심으로 간주되는 폰 클라이스트 기갑집단의 우익, 즉 북쪽을 담당하는 2개 기갑사단의 하나를 지휘하게 된 것이다. 아르덴 지역의 45km 정면에서 진격하는 룬트슈테트의 7개 기갑사단들이 위치나 소속을 불문하고 주공인 A집단군의 선봉을 이루었다. 각 사단장들은 축선, 사용할 수 있는 도로와 사용이 불가능한 도로, 전투지경선, 목표를 부여받았다. 각 사단별로 주요 장애물인 뫼즈 강의 도하 구역도 지정되었다. 사단장들은 심각한 교통 정체가 생길 수 있음을 깨달았다. 작전 지역은 울창한 삼림이었고, 기갑부대의 통과가 불가능하지는 않았지만 진격하기에 부적절한 지역에서는 도로만을 사용해야 했기 때문에 교통 문제로 인한 취약점이 발생할 수 있었다. 그리고 모든 사단장들은 아르덴을 지나고 뫼즈 강을 도하한 후에 새로운 상황이 전개되고, 새로운 기회가 열리고, 예상치 못한 위험이 닥칠 수 있음을 인식했다. 독일군은 '적과 접촉한 뒤에는 어떤 계획도 휴지조각이 된다'는 대 몰트케의 금언에 따라 경직된 계획에 치중하지 않았다. 제7기갑사단은 계획의 첫 단계에서 평시 주둔지인 아이펠(Eifel)에서 출발하여 독일, 벨기에, 룩셈부르크 대공국(Grand Duchy of Luxembourg)의 국경이 만나는 지점 부근에서 벨기에 국경을 넘어 디낭(Dinant) 바로 북쪽 지역에서 뫼즈 강으로 향할 예정이었다. 국경에서 뫼즈 강까지는 직선거리로 약 110km였다. 그 이후 호트 군단 및 제4군의 전반적인 의도는 서쪽 깊이 진출하는 것이었다. 그 단계가 롬멜이 원한 최상의 행동이었다.

이 놀랄 만한 모험을 시작하기 전인 3월과 4월에 롬멜은 예하 부대에 관해 많이 배우고 많이 고민했으며 사단에 자신만의 독특한 개성을 입혔다. 그 결과 사단에는 활발하고, 예리하고, 태만이나 우유부단을 경멸하고, 창의적이고, 탐구적이고, 실무지향적이고, 대단히 활동적인 성향이 정착했다. 체력의 중요성을 열렬히 신봉하던 롬멜은 이른 아침에 직접 구보를 주도했으며 부하들의 무기력함이나 게으름에 너그럽지 못했다. 그는 항상 자신의 기준을 충족하지 못한 사람들에 대해 계급에 상관없이 완고한 입장을 고수했고, 사단장이라는 직책으로 인해 이런 완고함이 더욱 강화되었다. 그는 착임 후 3주도 지나기 전에 대대장 중 한 명을 해임하고, 이 해임이 사단 전체에 긍정적인 충격을 줄 것이라며 만족스레 기록을 남겼다. 롬멜은 자비심을 타고난 사람이었지만 그 친절함이 불완전함에 대한 관용으로 이어지지는 않았다.

정치적 영향에 관한 한 히틀러에 대한 롬멜의 찬양과 애정은 갈수록 강해졌다. 롬멜은 독일군이 덴마크(Denmark)를 무혈점령하고 노르웨이(Norway)까지 침공한 노르웨이 전역에서 영국군을 해안까지 격퇴했다는 소식에 기뻐하며 히틀러가 군사적, 정치적 리더십에 모두 천부적 재능을 지녔다고 평했다. 당시 롬멜의 휘하에는 초급 참모장교 겸 부관으로서 36세의 국가사회주의자이며 괴벨스의 선전부(Propagandaministerium) 직원인 카를-아우구스트 한케(Karl-August Hanke)가 배치되었다. 롬멜은 그를 전차에 태우고 군인이 되는 법을 가르쳤으며, 이후 그를 존중하게 되었다. 롬멜은 한케가 목격한 장교들의 정치적 냉담함을 애써 변호하지도, 자신의 주관을 공유하지도 않았다.[020]

제7기갑사단은 얼마 지나지 않아 새로 부임한 보병 병과 출신 장군의 기갑부대를 이해하는 능력에 대한 모든 의심을 거두게 되었다. 사단은 시설과 보안의 제약이 허용하는 한도에서 최종 집중훈련 기간을 거쳤고, 사격 훈련, 이동 및 교통통제 훈련, 전술 전투 시의 제병협동 훈련을 진행하며 동시에 꾸준한 통신교육을 병행했다. 롬멜은 다가오는 전역에서의 지휘 방법에 대해 오랫동안 고민했다. 당대 모든 독일 기동 부대의 장교들처럼 그는 전방 지휘의 원칙을 신봉했고 이 믿음을 생애 내내 고수했다. 기회는 빠르게 스쳐 지나가는 법이며, 따라서 결정적인 지점에 있는 사람만 이를 보고 느낄 수 있다. 하지만 결정적인 지점 또는 지점들에 위치하면서, 동시에 크고 복잡한 제병협동 부대를 지휘하려면 용의주도한 기술이 필요했다.

롬멜은 지휘용으로 특수하게 개조한 전차나 장갑차량에서 대부분의 시간을 보냈다. 이런 방식은 전장의 어느 지역에도 신속하게 기동할 수 있고, 예하 지휘관들이나 사령부와의 통신도 효과적으로 유지되며 나아가 군단이나 군 사령부에서 선임 작전장교와의 사이에 정기적인 통신이 가능해진다. 이런 지휘 기술은 사단이 아닌 기갑군을 지휘할 때도 일부는 수정되었지만, 기본적인 틀은 변하지 않았다. 그 자신이 유능한 조종사였던 롬멜은 항공 관측이 필요하거나 이동 시간을 절약할 수 있다고 여겨질 경우에는 종종 관측용 경비행기도 사용했다. 그는 전방에 진출해 있을 때 자신이 모르는 상황을 참모들이 먼저 파악하는 불가피한 경우가 발생하면 참모들이 '전투를 읽고' 다음 행동을 추론해야 한다고 믿었다. 만약 참모가 더 많은 사실을 파악하고 명령을 대행하거나 작전을 취소했다면 롬멜은 전체 상황을 보고받은 후 참모의 판단을 전적으로 지지했을 것이다. 이런 일이 실제로 한 번 이상 있었다. 그는 이성적이고, 전문적인 판단에 능숙하고, 자주적으로 행동하고, 그 결과에 책임을 질 용기가 있는 참모를 원했고, 대개는 그런 참모를 얻었다. 이는 독일 장군참모부의 최고의 전통이었으며, 롬멜 자신은 장군참모부의 일원이 아니었지만 이런 체제를 극찬했고 실제로 유용하게 활용했다. 롬멜은 '위대한' 장군참모부를 경멸하거나 비난하는 발언을 종종 쏟아내곤 했다. 롬멜의 관점에서

---

020  Irving, The Trail of the Fox, 앞의 책

베를린의 육군총사령부(OKH)는 일선에서 너무 멀리 떨어져 있었고, 소심한 데다 지나치게 이론 지향적이며, '창끝'의 전투에 대한 기본적인 감각이나 인식이 없는 포병 출신들에게 너무 많이 좌우되었다. 반면 사단과 같은 야전 부대의 사령부에서 근무하는 장군참모부 장교인 '부대참모(Truppenstab)'들은 멀리 떨어진 상부가 아니라 부대와 지휘관을 위해 근무하는 강인하고 능력이 우수한 장교라고 판단하여 그들을 높이 평가했다.

롬멜은 사단의 아주 사소한 세부 사항까지도 주의를 기울였다. 그는 최하위 초급장교를 포함한 모든 장교들과 회의를 열었다. 롬멜은 유사시를 대비해 새로운 기동 방법들을 고안했는데, 사단 전체가 직사각형 대형으로 야지를 횡단하여 행군하는 '야지행군(Flachenmarsch)'도 그 가운데 하나였다. 롬멜은 부하들에게 세부명령을 기다리지 말고 기본 계획에 따르면서도 자신들의 지력과 활동력, 판단력을 최대한 활용해 주도권을 확보할 것을 기대한다고 항상, 분명히 요구했다. 이는 틀림없는 독일식 전통이었다. 롬멜이 만약 비범한 전투 본능, 즉 손끝 감각으로 예하 부대의 크고 작은 전술에 개입하기를 원했다면 그렇게 했을 것이다. 하지만 그는 누구도 자신의 승인을 기다리지 않기를 원했다. 롬멜은 25년 전의 모든 교훈들을 되새겼다. 전투가 벌어지면 무기의 이론적 적합성에 관계없이 가용한 모든 화력으로 사격을 실시할 것. 사격을 실시하고, 적을 제압하고, 속도와 충격을 이용해서 적을 격파할 것. 진격할 때는 측면이나 후방의 위협은 무시할 것. 신속하게, 적진 깊숙이 행군하여 적의 균형을 무너뜨릴 것. 교란 효과를 추구할 때는 관습에 얽매이지 말 것. 연막이 필요하면 적의 건물에 불을 질러 연기를 내고, 가능한 상황이라면 적을 속여 저항을 중지하도록 설득하고, 기습하고, 기만하는 등 독창적이거나 정통적이지 않은 방법을 사용하는데 주저하지 않을 것. 자주적으로 생각할 것. 전방에서 지휘할 것.

# 제9장 사람과 짐승의 마지막 숨이 찰 때까지

에르빈 롬멜의 제2차 세계 대전은 1940년 5월 10일 시작되었다. 롬멜은 이 전쟁에서 처음으로 대규모 부대를 지휘했지만, 곧 전장 기동의 거장으로 이름을 알리게 되었다. 국방군 내에서는 서부전선에 대해 철저한 보안 조치가 취해졌고, 대부분의 장교들은 9일 낮이나 그 이후에도 단지 이동하라는 명령만을 받았다. 대신 명령에 앞서 여러 차례에 걸쳐 도상훈련과 워게임이 진행되었는데, 일련의 도상훈련은 개전 후 어느 부대의 참모가 훈련 당시 사용한 명령을 날짜만 고쳐서 사용했을 정도로 현실적이고 철저했다. 대신 실제 작전 개시 시점만은 끝까지 기밀이 유지되었으며, 이를 통해 기습을 보장받을 수 있었다. 작전 개시 첫 5일간 롬멜이 사단의 지휘관으로 수행한 지휘의 특징은 이후 롬멜의 모든 경력의 표본이 되었다. 롬멜을 알거나 롬멜에 대한 평판을 오래 접해 온 사람들이라면 누구나 예상할 수 있는 모습이었다.

롬멜의 제7기갑사단에 부여된 기동 축선은 아이펠의 사단 집결지에서 출발하여 벨기에 국경을 넘어 장트피트(Sankt Vith)와 비엘살(Vielsalm)을 경유하여 우통(Hotton)에서 우트(Ourthe) 강을 건너도록 설정되었다. 우통부터는 마르세(Marche)와 시네(Ciney)를 지나 디낭에서 뫼즈 강에 도달하게 되는데, 일련의 경로로 기동하려면 좁다란 길과 가파른 언덕이 뒤엉킨 삼림 지역을 통과해야 했다. 그러나 벨기에군이 진격을 정지시킬 수 있는 폭파 및 차단지점들을 준비했을 가능성이 높았고, 지형 특성상 기동로 상에 정체가 발생하기도 쉬웠다. 그리고 도로이동만 가능한 수천 대의 차량들은 항공기의 공격에 취약할 것이 분명했다. 접적 행군 과정의 영웅은 교통경찰과 통제부서들과 공군이었다. 하지만 부대가 공격 축선을 벗어나야 할 경우 −실전에서는 흔한 일이었다 제대 수준에서 우회 경로를 계획하고 수정하는 작업이 신속하게, 그리고 창의적으로 이뤄져야 했다. 훗날 롬멜은 야지를 횡단하거나 샛길을 이용해 여러 차단지점을 우회하는 과정에서 모든 부

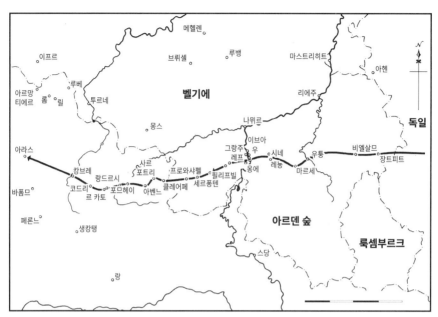

지도9 . 1940년 서부전선 A집단군 작전지역
제7기갑사단의 돌파 및 진격경로

대들이 장애물을 처리하기 위해 신속하게 작업했다는 기록을 남겼다. 화력으로 엄호되는 장애물은 거의 없었고 롬멜은 사단이 '시간 낭비'를 거의 하지 않았다고 술회했다. 하지만 기갑사단은 무거운 차량들을 운용하는 부대로, 대화구나 파괴된 교량 등을 우회하도록 경로를 재수정하려면 적절한 통과하중의 대체도로를 찾아야 했다. 이 과정에서 호트 장군이 지휘하는 제15차량화군단은 극히 뛰어난 교통통제능력을 발휘했다. 불가피한 교통 체증이 발생하고 여기저기서 불평이 터져 나오기는 했지만 전반적인 성과는 인상적이었다.

공군의 지원도 놀라웠다. A집단군을 지원하는 2개 항공군단(FliegerKorps)은 약 1,500대의 항공기를 보유했는데, 조종사들은 대부분 5월 10일 이른 시간부터 투입되었고, 15분이내에 브리핑 출석 신고를 하라는 명령을 받았다. 진격하는 부대가 심각한 저항에 직면할 때마다 공군의 항공기들은 전설로 남을 만한 근접항공지원을 제공했다. 첫 이틀간 공군의 주된 역할은 어떤 연합군의 공격기도 뫼즈 강을 향해 진격하는 사단들의 행군을 방해하지 못하도록 진격로 상공에 강력한 방공 우산을 제공하는 것이었다. 그리고 공군은 이 역할을 훌륭히 완수했다. 프랑스와 영국의 공군은 독일 육군의 진격을 방해하기 위한 공격을 시도조차 하지 못했다.

연합군 최고사령부의 관심사는 북쪽인 네덜란드와 벨기에-독일 국경 중앙에 있었고, 1914년처럼 그곳에서 독일군의 강력한 우익이 프랑스군 및 영국군과 충돌하는 상황을 예상했다. 연합군 부대들은 만슈타인의 예측과 같이 브뤼셀(Brussels)의 동쪽 전선으로 전진했고, 그곳에서 폰 보크의 B집단군과 교전할 예정이었다. 연합군의 수적으로 부족한 항공전력은 대체로 아르덴이 아닌 이 북부로 집중되었다.

롬멜은 처음 몇 시간 동안 약간의 좌절을 겪었고 사단의 이동도 일정보다 다소 늦어졌지만, 진격에 앞서 위장 침투한 '비밀' 부대들이 장트피트 시내에 있는 4개의 교량 중 3개를 성공적으로 확보했다. 이런 기동은 여러 지점에서 반복되었고, 과장과 와전이 덧붙어 적들을 혼란에 빠트렸다. 물론 롬멜의 진격에 저항이 없지는 않았다. 지연전을 맡은 벨기에군의 샤쇠르 아르덴느(Chasseurs Ardennais) 부대는 용감히 싸우며 독일군의 전진을 저지했다. 제7기갑사단은 이런 저항 하에 작전 2일차 정오경에 우퉁에서 우트 강을 도하하며 65km를 전진했다. 24시간 후에 롬멜은 시네와 레뇽(Leignon)을 지나 총 93km를 주파하며 우측의 인접 사단인 제5기갑사단의 진격을 훨씬 초월했다. 선두에 선 롬멜의 진격 속도와 전과를 감안할 때, 그를 증원할 가치가 있다고 판단한 군단장 호트는 5기갑사단 예하 제31기갑연대를 롬멜이 지휘할 수 있도록 조치했다. 롬멜 휘하의 기갑연대가 다른 기갑연대보다 대대가 하나 많은 3개 대대로 구성되었다 해도, 사단의 기갑연대가 하나뿐이어서 전차가 부족했다. 호트의 결정은 이를 보완하는 조치였다.

218대의 전차를 보유한 롬멜의 제25기갑연대는 사단에 할당된 도로와 지형을 최대한 활용할 수 있었다. 하지만 이 증원으로 인해 롬멜의 책임 정면이 넓어졌다. 롬멜의 사단에 합류하게 된 베르너(Werner) 대령이 지휘하는 제31기갑연대는 롬멜의 북쪽에서 제5기갑사단의 나머지 병력들에 비해 다소 앞서 있었다. 이제 롬멜에게는 제31기갑연대의 공격축선이 추가로 부여되었고, 증원된 연대의 전차와 장갑차들은 이 축선을 따라 서쪽으로 이동했다. 롬멜의 임무는 뫼즈 강 유역에 도착해 강 건너에 교두보를 확보하고 교량을 부설한 후, 기갑부대와 중장비를 도하시키는 것이었다. 기존의 교량은 이미 적이 파괴한 상태로 간주하는 편이 타당했지만, 유사한 상황에 직면한 든 지휘관들이 그렇듯 롬멜은 교량이 파괴되기 전에 교량을 확보할 수 있는 속도로 진격하기를 희망했고 이 시도는 거의 성공할 뻔했다. 하지만 교량의 확보는 끝내 실패했다. 5월 12일 일요일 오후에 독일군 선두 부대인 베르너의 장갑차량과 제7기갑사단의 모터사이클 대대가 뫼즈 강 유역에 도착하자 교량이 폭파되었다. 롬멜의 부대는 당시까지 105km를 주파했고, 해가 지기 전까지 뫼즈 강 동안과 디낭의 대부분이 롬멜의 수중에 들어왔다.

롬멜의 모터사이클 대대는 이제 대담한 행동에 나섰다. 베르너의 장갑차량들은 디낭 북쪽과 이브아(Yvoir) 마을의 중간 지점인 우(Houx) 마을에 도착했고, 마을 앞을 흐르는 강에는 가운데 작은 섬이 있었다. 강의 동안에서 섬까지 이어진 낡은 석재 보(洑)가 불안하나마 징검다리 역할을 했고, 하차한 모터사이클 대대원들이 이 보를 조심스럽게 건너 적이 있을지도 모를 강 중앙의 섬에 진입했다. 대대원들은 아무도 강에 빠지지 않고 빈 섬에 들어갔으며, 섬 반대편으로 건너갈 수 있는 수문이 강 서안으로 연결되어 있음을 확인했다. 7기갑사단의 첫 부대는 이제 뫼즈 강을 건넜고, 그 직후에 롬멜의 제7보병연대에서 이 방면으로 몇 개 중대가 증원되었다. 이 중대들은 강변의 진지에 위치한 벨기에군의 기관총 사격과 포격을 받았다. 당시 롬멜은 우연히도 프랑스군의 군단 간 전투 지경선을 공격했다. 프랑스군은 대부분 강둑 뒤편의 고지대에 배치되어 있었고, 도하는 어느 정도 은폐된 상태에서 진행되었다. 하지만 프랑스군이 도하하는 독일군을 포착하자 독일군은 상당한 손실을 입었으며, 강 건너로 증원병력을 보내거나 사상자를 후송하지 못하는 위기에 처했다. 5월 13일 월요일 이른 새벽에 롬멜이 현장을 방문했을 때, 전황은 이미 긴박하게 흘러가고 있었다. 이 시점부터 롬멜이 상황을 주도했다.

롬멜의 사단 포병은 이미 뫼즈 강 유역이나 그 후방 고지대의 어느 곳이든 사격을 할 수 있도록 전개된 상태였고, 포대 관측병들도 전방 부대들과 함께 도하 지점에 있었다. 디낭과 뫼즈 강 유역은 프랑스군의 포격을 받았고, 서안에서 날아오는 프랑스군의 대전차 사격으로 강에 접근하던 독일 전차들도 여러 대가 파괴당했다. 고무단정으로 증원부대를 도하시키려는 시도 역시 계속 실패하고 있었다. 벨기에군과 프랑스군은 서안의 잘 은폐된 진지에서 사격을 가해왔다. 서안으로 도하한 독일군의 사상자가 점차 늘어났고, 동안에 위치한 독일군의 움직임은 5월 초순의 여명으로 인해 쉽게 포착되었다. 독일군을 향한 포격은 정확했고 롬멜 주변에도 포탄이 몇 차례 떨어졌다.

롬멜은 적이 독일군 방향을 관측하지 못하도록 뫼즈 강 유역에 있는 가옥 몇 채에 불을 질러 연기를 내라고 지시했다. 그 후 롬멜은 전차를 타고 디낭 남쪽의 도하 지역으로 이동했지만, 도하 지역에 집중된 적의 화력이 너무 강해 더이상 도하가 어렵다는 사실을 알게 되었다. 그는 사령부로 돌아가 군사령관 클루게와 군단장 호트를 만나 상황을 보고한 후, 디낭 북쪽의 뫼즈 강 일대로 되돌아갔다. 롬멜은 지휘차를 강 동안 수백 미터 밖에 남겨두고 뫼즈 강의 또 다른 보가 있는 레프(Leffe)를 향해 전방으로 달려갔다. 롬멜은 이때 '아군 항공기의 폭격을 받았다'고 회상했다. 당시 강 일대는 적의 화력에 압도되어 있었다.

롬멜은 기갑연대의 전차 몇 대와 야포 2문에게 레프로 이동해 자신과 합류하라고 명령했었다. 이들 중 한 지휘관은 다음과 같이 증언했다.

> 왼쪽을 보니 롬멜 장군과 부관인 슈레플러(Schraepler) 소령이 있었다. 나는 전차를 세웠고, 장군은 포탑으로 올라와 내 왼쪽에 끼어들어왔고 슈레플러는 뒤에 탔다. 우리는 포격과 기관총 사격을 뚫고 디낭을 향해 갔다. 약 500미터쯤 전진하다 프랑스군 3명이 오른쪽 참호에 있는 것을 보고 전차를 세웠다. 프랑스군은 두 손을 들었다. 그들은 우리가 포탑 밖으로 몸을 반쯤 내밀고 있어 매력적인 표적으로 보였는지 계속 꾸물거렸다. 그들을 쏴 우리 목숨을 지키기 위해 권총을 꺼냈지만, 결국 쏘지 않기로 결정하고 다시 전차를 움직였다.[021]

소화기 사격과 포격이 쏟아졌고, 슈레플러가 팔 상박에 부상을 당했다. 전차는 디낭으로 달렸고 롬멜은 부상당한 부관과 함께 전차에서 내렸다. 이 3명의 프랑스군은 목숨을 건진 후에 롬멜 일행에게 사격을 했고, 동행하던 전차의 전차장이 반항하는 프랑스군을 사살했다. 롬멜은 이제 가장 가까이 있는 전차들에게 종대 대형으로 뫼즈 강 강변 도로를 따라 북쪽으로 움직이며 포탑을 왼쪽으로 돌리고 서안에 적 진지로 의심되는 모든 곳에 계속 사격하라고 지시했다. 그는 북쪽 도하 지점에 도착했고 그의 말에 의하면 "제7보병연대 2대대를 직접 지휘했다." 이제 강 건너편을 향해 무차별 사격을 가하는 전차들의 엄호 하에 고무단정들이 다시 강으로 나가 도하를 재개했다. 롬멜은 1진으로 출발하는 단정들 중 하나에 타고 강을 건넜다. 서안의 진지는 도하가 불가능했던 뫼즈 강 너머에서 볼 때보다 사정이 좋았다. 소총중대들은 참호에 들어가 얕은 교두보를 가능한 확장하고 있었다. 하지만 서안에는 대전차 무기가 없었고, 적 전차가 공격해온다는 외침이 들리자 롬멜은 특유의 대응으로 소화기 사격을 지시했다. 소화기로는 적 전차에 피해를 입힐 수 없었지만 전차를 지연시키고, 괴롭히고, 포기를 강요할 수 있었고, 실제로 효과를 보았다. 롬멜이 직접 지휘하자 교두보의 병력들은 안정을 찾았고, 프랑스군의 애매한 반격을 단호하게 격퇴한 이후 자신들의 지휘관을 신뢰하게 되었다. 우 일대에서 보를 건너 도하한 모터사이클 대대는 이제 뫼즈 강 유역에서 그랑주(Grange) 마을을 향해 기동하기 시작했다. 프랑스의 방어선에는 돌파구가 형성되었지만 방어선 자체는 아직 온전했고 여전히 만만치 않아 보였다.

........................
021  Braun 중위, 25 Panzer Regiment, NAW T 84/277

롬멜은 이제 강을 다시 건너 동안으로 가서 북쪽에 있는 제6보병연대 지역으로 이동했다. 이곳에서는 보병과 함께 대전차포도 문교(門橋)[022]를 이용하여 서안으로 도하했고, 문교(浮橋)[023] 조립도 이미 시작된 상태였다. 롬멜은 부교 건설을 돕기 위해 강에 직접 뛰어들었다. 그리고 부설중인 부교를 16톤급 대형 부교로 바꾸도록 공병중대장에게 직접 지시했다. 롬멜은 전차를 최대한 빨리 도하시키기를 원했고, 이를 위해서는 전차 도하가 가능한 대형 부교가 필요했다. 훗날 롬멜은 도하 당시의 일을 상세히 정리하며 보다 통과하중이 큰 교량을 준비했어야 한다고 평했다. 롬멜은 종종 자신의 선견지명이 부족했음을 시인하곤 했지만 그런 경우는 그리 많지 않았다. 이곳에서 롬멜은 후일 장교로 임관하게 될 한젤(Hansel) 하사가 조종하는 통신차를 서안으로 건너보냈다.[024]

한편 프랑스군은 도하 지점과 접근로에 강력한 포병 사격을 가했고, 그랑주의 모터사이클 대대도 프랑스군의 강력한 반격에 직면했다. 롬멜은 강을 다시 건너가 밤 동안 전차들을 문교로 도하시킬 준비를 해야겠다고 결심했다. 어둠이 찾아왔다. 롬멜의 부하 중 한 명은 그가 '회오리바람처럼' 모든 곳에 있는 것처럼 보였다고 회고했다. 그리고 병사들은 "롬멜은 불사신인가?"라고 서로 물었다.[025] 디낭의 5㎞ 서쪽 롬멜의 기동 축선 상에는 옹에(Onhaye) 마을이, 그리고 옹에의 바로 북쪽에 동서로 긴 숲이 있었다. 옹에는 몇 주 전에 롬멜이 바트 고데스베르크에서 부하들과 도상훈련을 실시하면서 중요하다고 판단한 지점이었다. 뫼즈 강 도하 이후에는 옹에가 다음 진격을 위한 관문이 되므로 도하 후 옹에 일대를 확보하기로 사전에 합의가 되어 있었다. 그리고 옹에를 점령하려면 북쪽의 숲 부근으로 우회기동하여 서쪽의 도로를 차단하는 방법이 최선이었다.

5월 14일 화요일 오전 9시, 뫼즈 강 유역에서 피해를 입었지만 여전히 강 건너와 연결되어 있는 폰 비스마르크(von Bismarck) 대령의 제7보병연대는 롬멜에게 연대가 옹에에 접근했으며 1개 중대를 보내 예정대로 북쪽 숲을 우회할 예정이라고 보고해 왔다. 롬멜은 이에 호응해 30대가량의 전차를 이끌고 서안으로 건너갔다. 롬멜은 전차에 탑승해 로텐부르크(Rothenburg) 대령의 제25기갑연대가 도착하는 대로 전차들을 옹에의 북쪽 숲으로 기동시키기 위한 계획을 수립했다. 옹에 북쪽에서 뫼즈 강 유역으로 이동하는 프랑스군의 대응기동을 저지하거나 옹에를 직접 확보하거나 다시 기동축선을 따라 서쪽으로 기동하는 다양한 선택지가 있었다. 롬멜은 로텐부르크 대령에게 전차 5대를 비스마

---

022  Ferry, 장비를 도하시킬 수 있도록 플로트나 보트 등을 연결해 구성하는 일종의 뗏목. (편집부)
023  Pontoon bridge, 플로트의 부력으로 하중을 지탱하는 형식의 다리. (편집부)
024  Hasso von Manteuffel, Die 7 Panzer Division im Zweiten Weltkrieg (Cologne, 1965)
025  von Luck, 앞의 책

르크 대령에게 보내 옹애 북쪽으로 우회 중인 보병 연대를 지원하라고 명령했다. 이후 롬멜은 남은 전차들과 함께 이동하며 좌측 전방의 보병과 이를 지원하는 5대의 전차들을 주시했다. 그리고 당초 뫼즈 강 서쪽에 위치한 전차들의 집결예정지인 옹에 숲의 남서부를 향해 움직였다. 이 지점에 도달했을 때 롬멜이 탄 전차가 두 차례 명중탄을 맞았다. 프랑스군 포병과 대전차포가 옹에 서쪽에 있는 다른 숲에서 사격을 개시했고 롬멜의 전차는 깊은 경사면으로 미끄러져 포탑을 돌릴 수 없는 각도로 기울었다. 롬멜은 파편에 맞아 얼굴에서 피를 쏟으며 전차를 포기하고 승무원들과 함께 숲으로 기어 올라갔다. 통신지휘차도 그곳에 도착했지만 역시 피격당한 후 멈춰섰다. 롬멜은 전차들에게 숲을 지나 동쪽으로 이동하여 엄폐하라고 명령했다. 이 실패는 일시적이었고, 그 날 저녁 로텐부르크 대령의 전차들이 옹에 인근에서 프랑스군을 몰아냈다. 부교가 완성되었고 제7기갑사단은 뫼즈 강 서쪽 교두보에서 승리했다. 7사단선두가 도하한지 수 시간이 지나기는 했지만, 5월 14일 자정까지 뫼즈 강을 도하한 것은 롬멜의 사단만이 아니었다. 더 남쪽에서 클라이스트 기갑집단 예하 구데리안 군단의 3개 사단이 모두 스당 지역에서 강을 건넜다. 룬트슈테트의 주공도 진격 중이었다.

롬멜은 다음 날 기동계획으로 사단에 로텐부르크의 제25기갑연대를 선두로 가급적 마을들을 우회하며 서쪽으로 질주하여 필리프빌(Philippeville) 동쪽의 철로를 지나 뫼즈 강 서부 40km 지점의 세르퐁텐(Cerfontaine) 마을 주변 지역을 확보하라는 명령을 내렸다. 당시 독일군은 알지 못했지만 프랑스군 사령부는 필리프빌을 뫼즈 강 유역에서 퇴각하는 병력들의 철수로로 정해놓고 있었다. 롬멜은 계속 움직이라고 명령했다. 적의 진지, 전차, 행군대열은 전차들이 이동하며 상대하고, 진격의 속도는 어떤 희생을 치르더라도 유지해야 했다. 측면은 필요한 경우에 한해 은폐진지로 의심되는 지역에 대한 포병의 예측사격, 혹은 전차들의 자유 포격으로 엄호하며, 적진을 살피기 위해 진격을 늦추지 못하게 했다. 롬멜은 기갑연대와 동행하며 옹에 부근의 집결지나 목표지점인 세르퐁텐 사이에서는 결코 정지하거나 휴식을 취하지 않았다. 롬멜은 뫼즈 강 돌파의 비밀이 스스로 '간결한 전투 통제'라고 부른 지휘방식과 사단장이 전방 연대장들에게 직접 명령을 내리는 능력이라고 기록했다. 무선통신 과정은 용납하기 어려운 시간지연을 발생시켰다. 따라서 롬멜은 최선두 병력에게 구두로 직접 지시를 내렸다. 롬멜은 병력들이 개전 초기의 손실과 적의 맹렬한 사격으로 크게 동요하는 상황에서도 부교 건설작업을 직접 독려하며 강습 도하를 재개시켰다. 당연히 롬멜이 계획을 보다 잘 수립했다면 상황에 개입할 필요가 더 적었을 것이라는 점도 주목할 만하다. 롬멜은 과거 중대장 시절과 같이 강 서안의 병력에게 대전차 무기가 없는 상황에서 프랑스군 전차 공격을 물리칠 방법을 직접 지시했다. 롬멜은 제25기갑연대 병력 가운데 1/6만이 뫼즈 강을 건넌 상황에서 선두 기갑부대들을 다음 진격을 위해 지정한 집결지로 직접 이끌었고, 그 과정에서 프랑스군이 대응에 나서자 부상을 당하면서도 다시 부대를 엄폐 가능한 위치로 유도하여 이 난관을 곧 해결했다. 롬멜은 일선 지휘의 성과를 인정받아 5월 13일의 전적에 2급 철십자장을, 5월 15일의 전적에 대해 1급 철십자장을 받았다.

물론 롬멜의 행동은 원칙상 롬멜의 부하, 혹은 부하의 부하가 해야 할 업무로, 사단장의 임무는 포화를 주고받는 와중에 자신이 직접 차를 타고 다니며 쌍안경과 전투화와 목청(당시 롬멜은 너무 소리를 질러 목이 쉬었다)을 활용하는 것이 아니라 지도와 무전기로 전투를 읽고 다음 단계를 준비하는 것이며, 롬멜의 성과는 참견이나 지나친 간섭의 결과라 평할 수도 있다. 당시 독일군에는 능력 있는 장교가 부족하지 않았고, 부대를 책임지는 소위, 중위, 대위, 대령들이 충분한 수완을 갖췄으며, 롬멜이 해낸 일 가운데 그들이 해낼 수 없는 일은 없다고 주장할 수도 있다. 아마 롬멜이라면 이런 의문에 대해 두 번의 전쟁에서 여러 전역과 여러 제대를 지휘한 경험자로서, 공세적 전투의 속도가 지휘관의 결심에 따라 정해지며 결심을 내릴 수 있는 유일한 결정적 지점은 접적지점이라고 답했을 것이다. 롬멜은 전투에서 시기 포착의 중요성에 대해 누구보다 잘 이해했고, 시간에 대한 민감성, 자연스러운 기회 포착, 그리고 앞서 행동하거나 대응할 때 신속성의 필요성도 파악하고 있었다. 롬멜은 전투에서 기회가 조성되는 시간과 공간에 대한, 그리고 자신의 역동적인 태도가 차이를 만들어낼 지점에 대한 본능적인 감각을 지니고 있었다. 이런 차이는 아마도 분 단위겠지만, 그 몇 분은 기회를 잡느냐 놓치느냐를 가르는 더없이 귀중한 시간이다. 전투는 극소수의 부하, 아마도 최하위 초급장교, 지휘관 또는 병사의 행동에도 좌우될 수 있다. 군사적으로 단순한 장기말처럼 다뤄지는 그들의 결단 혹은 실패는 지휘도상에 전방을 향하는 화살표나 물러나는 선으로 표시될 뿐이지만, 그들의 결심과 본능, 공포의 작용은 기록으로 남는 경우가 드물 뿐, 매우 중요하다. 롬멜은 부대를 지휘할 때 군더더기 없이 간결하고 활동적이었으며, 필요한 경우 선임부사관처럼 소리쳤고 생각과 행동의 속도는 누구보다 빨랐다. 대체로 롬멜은 부하의 입장에서 행동했다. 행동이 앞서는 만큼 때로 실수를 저질렀지만 전술적 승리가 그의 목소리와 행동에 달려있었음은 의심의 여지가 없다.

5월 15일, 롬멜은 진격 속도를 높였다. 이날 프랑스군은 전면적 철수 명령을 하달했고, 남쪽의 클라이스트 기갑집단은 아르덴과 뫼즈 강의 마지막 방어를 돌파해 서쪽으로 진격하고 있었다. 독일 A집단군 구역의 진격 정면은 이제 95km까지 확장되었다. 같은 날 북쪽의 독일군은 고트(Gort) 자작이 지휘하는 영국원정군(British Expeditionary Force)의 우측에 배치된 프랑스 제1군 정면을 돌파했다. 이 부대는 예상대로 벨기에 방면에 진출하여 브뤼셀 동쪽의 딜(Dyle) 강 선으로 전진해 있었다. 그리고 역시 같은 날 영국군은 남쪽의 프랑스군의 철수와 동시에 최초의 철수 명령을 내렸으며, 여전히 반신반의하기는 했지만 연합군의 정면이 분리되었다는 사실을 처음으로 인지했다. 독일군 대다수도 자신들의 성과를 아직 믿지 못하거나 불확실하다고 생각했다. 여전히 벨기에 국경 내에 있던 롬멜의 전방에는 난공불락으로 이름 높던 마지노선이 여전히 버티고 있었다. 독일군들은 전진하는 동안 마지노선이 극히 강력한 방어진지라는 생각을 떨치지 못했지만, 벨기에-프랑스 국경지역의 방어선은 본래의 마지노선보다 약한, 제한적 벙커지대와 대전차 장애물들로 구성되었다.026

롬멜은 지도에서 공격방향에 직선을 긋고 예하지휘관들의 지도에도 같은 내용을 베끼도록 지시했다. 이 선은 옹에의 몇 킬로미터 서쪽에 있는 로제(Rosée) 마을에서부터 프로와샤펠(Froidchapelle) 마을의 성당으로 이어졌다. 이 종착점은 세르퐁텐 서쪽 6km 지점으로 여전히 벨기에 영토에 속했으며 마지노선에는 못 미친 지점이었다. 그는 이 공격 축선과 이 축선을 구분한 구역을 참조해 사격을 요청하거나 부대들에 지시를 내렸다. 그리고 이 방식을 직접 고안했음을 자랑스러워했다. 플라비옹(Flavion)에서는 프랑스군 기갑부대와 잠시 교전했는데, 프랑스군 중전차들은 독일 전차보다 대구경의 주포를 탑재했고 장갑도 거의 두 배 가량 두꺼워서 전반적인 성능이 앞섰다. 교전 후 롬멜은 사단에 서쪽으로 진격할 것을 지시하고는 평소대로 부대 지휘관 차량에 동승해 이동했다. 아르덴과 달리 야지 '이동'은 양호했다. 진격로 상에 여전히 숲이나 마을들이 있었지만 부대의 전개나 야지 이동에 방해가 될 정도로 심각하지는 않았다. 날씨는 쾌청했고 급강하 폭격기의 근접 항공 지원이 제7기갑사단에 할당되었다. 사단은 곧 프랑스군이 '저지선'(당시 상황에서는 과장된 표현이었다)이라 부르던 필리프빌 동쪽의 방어선을 돌파했다. 롬멜의 전술은 언제 어디서나 동일했다. 즉 계속 기동하며 숲 가장자리와 농장, 마을 등 적의 진지로 의심되는 곳은 전차가 산발적으로 사격하고, 공격 기세를 유지하여 충격과 공포와 마비를 유발하는 것이었다. 필리프빌 북쪽에서는 선두 전차들을 발견한 남쪽의 프랑스군 전차부대가 원거리 사격을 시도했지만, 진격에 방해가 되지는 않았다.

---

026 이 서술은 사실과 다르다. 독일군 상층부에서는 이 구역의 마지노선을 연장된 마지노선이라 불렀으며 원래의 마지노선 보다는 약하다고 인지하고 있었다. (편집부)

롬멜의 사단에 매우 많은 포로들이 항복해 왔다. 한 전차장은 이렇게 기록했다. "롬 멜 장군이 내게 선두에 서라고 명령했는데, 마을 광장에서 틀림없이 프랑스군이 있을 것 같은 느낌이 들어 가옥들 안으로 권총을 쏘며 외쳤다. "프랑스군은 나와라!"(Soldats française, venez) 그러자 모든 집들의 문이 열리고 아마 수 개 중대는 될 법한 엄청난 무리의 프랑스군들이 손을 들고 광장으로 모였다."[027] 독일군은 전차를 포함한 많은 프랑스 차 량들을 저항 없이 지나쳐갔다. 프랑스 전차들은 독일군 대열을 따라오라는 명령을 받았 고, 비장갑차량과 하차 보병들은 롬멜의 공격 축선을 따라 동쪽으로 가라는 명령을 받 았다. 적군은 모든 곳에서 충격을 받아 넋이 나간 채 이해할 수 없는 재난으로부터 탈출 할 방법을 찾는 것 같았다. 프랑스군이 혼란에 빠지고 붕괴하는 모습은 앞으로 며칠 동 안 반복되고 또 반복되었다. 이후 프랑스 교통경찰과 병력들이 독일군 진격 대열을 안 내하고 인도했다거나 프랑스 군인들이 모국을 정복하는 독일군에게 자진해서 협력하 는 것 같았다는 이야기들이 유행했다. 연합군들 사이에 퍼져나간 일련의 소문들은 압도 적인 적군, 민심 이반, 아군의 무능, 배반에 앞서 절망적인 정서의 확산에 일조했다.

당시의 사례들을 바탕으로 프랑스군을 극단적으로 폄하하는 것은 부당하다. 롬멜도 결코 그런 식으로 판단하지 않았다. 다만 프랑스군 다수의 사기가 낮았다는 점에는 부 정의 여지가 없고, 이 문제는 프랑스 측의 관점에서도 마찬가지였다.[028] 이들에게는 전 쟁에 대한 열의가 거의 없었다. 연합군의 배치 계획이 아르덴을 관절부위로 삼는 선형 방어에 의존했으며, 예비대도 제대로 확보하지 않는 등, 심각한 결함을 안고 있었다는 점은 분명하다. 프랑스군의 기갑 이론은 낡고 뒤떨어졌다. 기갑부대는 보병부대에 분산 배치했으며 제병협동 체제의 사단을 충분히 중요시하지 않았다. (프랑스 전차들은 전차전에 서 독일군 전차들에 비해 대부분 우세했는데, 롬멜은 이런 열세 상황에서의 정면 전투를 꺼렸다)

하지만 프랑스군 부대들은 다른 문제들 이전에, 군의 지휘 및 편제구조가 근본적으 로 붕괴되고 규율로 통제되던 모든 것들이 휩쓸리는 대재앙에 노출되었다. 지휘체계가 무너진 프랑스군은 부대로 기능하지 못하고 개인들이 각자의 활로를 찾아 혼란스럽게 움직였다. 이런 상황에서 자신감 있게 행동하는 누군가의 의지와 명령에 순응하는 것은 그리 이상한 일이 아니다. 불확실성은 권위에 의해 제거된다. 그것이 어떤 종류의 권위 라도 마찬가지다. 적군이 더이상 살인을 하지 않는다는 사실을 알게 되면 공포는 일시 적으로 진정된다. 그리고 적군이 (퉁명스러운 태도라도) 쉬거나 숨거나 식사하는 것을 허용

027   Braun, 앞의 책
028   David Fraser, Alanbrooke (Collins, 1982) 참고

하며 불확실성을 제거해주면 협조를 유도할 수 있다. 그리고 많은 수의 동료들이 같은 행동을 하고 있다면 이 협조는 더 빠르게 진행된다. 롬멜은 분쇄 당한 후 응집력을 상실하고 도주하는 부대를 다루는 방법에 대해 숙고를 거듭했다. 롬멜은 와해된 병사들에게 겁을 주어 다시 집단으로 뭉치는 방법은 가망이 없다고 여겼다. 의지력, 자존심, 규율이 모두 무너지고 정신력과 응집력마저 다한 이들의 행동을 통일하려면 이를 순서대로 회복할 필요가 있었다.[029] 롬멜은 포로들을 특정한 구역으로 인도해서 질서와 사기를 회복할 시간을 주는 것이 최상이라고 기록했다. 감시를 받는 것 자체도 프랑스군에게는 위안이 될 수 있었다. 1940년의 프랑스군 지휘부에게는 이런 방법조차 능력 밖이었다. 이런 방식을 사용하려면 전선을 어디선가 어떻게든 확보해야 했기 때문이다.

5월 16일의 롬멜에게는 프랑스 국경을 넘어 마지노선 연장부를 돌파하는 목표가 주어졌다. 그 날 아침에 군사령관인 클루게가 방문하자 롬멜은 그에게 자신의 의도를 설명했고, 그들은 심사숙고를 거듭했다. 이는 롬멜이 저돌적이기는 해도 적의 상황을 고려했으며, 필요하다면 전투를 신중히 기획하는 사람임을 보여준다. 롬멜은 이따금 적의 상황을 오판하곤 했는데, 이번에는 마지노선이 돌파하기 어려운 난관이 될 것이라고 생각했다. 롬멜은 시브히(Sivry)에서 국경을 지나 클레르페(Clairfayts)를 경유하여 아벤느(Avesnes)를 향하는 공격축선을 설정했다. 롬멜은 사단 포병의 모든 포를 전개하고 제25기갑연대에게 산개 대형으로 진격하라고 명령했다. 프랑스군 주진지에 도달하면 2개 보병연대가 기갑연대의 화력 엄호를 받으며 기갑연대를 초월하여 '요새'를 돌파하기로 했고, 이를 위해 사단 예하의 보병여단 사령부에 2개 보병연대를 협조받았다. 그 후 기갑연대가 다시 선두에 나서 아벤느로 진격할 예정이었다.

롬멜은 기갑연대장 로텐부르크의 전차에 동승해 작전을 지휘했다. 계획의 첫 단계는 잘 이뤄졌다. 전차는 클레르페를 우회했고 돌격공병이 국경 너머에 있는 프랑스군의 첫 '요새'인 콘크리트 벙커와 클레르페-아벤느 도로상의 헤지호그(Hedgehog) 대전차 장애물들을 처리했다. 프랑스군은 야포와 기관총으로 반격했고, 대전차포도 있었다. 하지만 롬멜은 본능적으로 만약 선두에 있는 기갑연대가 계속 기동한다면 방어선을 승차상태로 통과할 수 있다고 느꼈다. 그래서 롬멜은 기갑연대가 정지해 보병연대의 하차를 기다리거나 계획대로 아군이 전개되기를 기다리지 말라는 명령을 내렸다. 이제 롬멜은 다소 늦은 감은 있지만, 눈앞의 '마지노선'이 하찮은 장애물에 불과하다고 확신하게 되었고, 동시에 제7기갑사단이 프랑스군이 숨어 있을 법한 모든 지점에 기동간 사격을 실시

........................................
029   Liddell Hart, 앞의 책

160   FELDMARSCHALL ERWIN ROMMEL

하며 최대속도로 전진하면 방어진지 배후의 탁 트인 야지에 도달할 수 있다고 판단했다. 곧 롬멜의 생각이 옳았음이 증명되었다. 로텐부르크의 전차들은 정지하지 않고 예광탄을 프랑스군 주진지로 추정되는 지역에 사격하며 아벤느를 향해 기동했고, 후속한 공병들이 폭약으로 콘크리트 벙커들을 침묵시켰다. 롬멜은 공격 축선의 북쪽에서 아벤느로 가는 더 넓은 도로를 활용해 사르 포트리(Sars-Poterie)로 사단을 이끌었다. 사르 포트리는 프랑스의 모든 마을들이 그랬듯이 프랑스군의 병력, 말, 차량들로 가득 차 있었다. 프랑스군의 사기는 완전히 붕괴된 것 같았다. 저항은 없었다. 상당히 큰 마을인 아벤느가 프랑스군으로 가득 차 있어서 롬멜은 기갑연대에게 아벤느 남쪽으로 우회하도록 지시했고, 부대는 곧 아벤느 서쪽에서 랑드르시(Landrecies)로 가는 주도로에 도달했다.

롬멜은 이제 달빛을 받으며 선두 전차중대의 직후방에서 질주하고 있었다. 독일군은 아벤느를 포격했고, 주변의 모든 도로와 길은 도망치는 프랑스군과 피난민, 마차, 자동차들로 가득 찼다. 혼란은 극에 달했다. 롬멜은 포로가 2개 사단 규모에 달한다고 판단하고, 도로 옆 공터에 가설 포로수용소를 만들도록 했다. 롬멜이 선두 부대와 함께 기동하는 바람에 사단 사령부와 매우 멀어졌고, 무선 연결이 잘 되지 않았다. 그리고 이제 기갑연대 안에서도 간격이 벌어지기 시작했다. 1개 전차대대는 아직 아벤느 동쪽에 있었고 프랑스군 전차대대가 아벤느로 들어와 제7기갑사단의 공격 축선을 차단한 것 같았다. 롬멜은 뒤처진 사단 사령부와 연락이 되지 않았다. 제25기갑연대의 지휘전차에서 무전을 보냈지만 응답이 없었다. 롬멜은 사단 사령부를 거쳐야만 상급 사령부와 통신을 할 수 있었고, 당시 사단 사령부와의 연락은 불가능했다. 롬멜은 아벤느 다음 목표지점에 도달했고, 프랑스군의 대응은 확인되지 않았다. 7사단은 롬멜 후방으로 아벤느와 필리프빌 간 야지에 수 킬로미터에 걸쳐 늘어서 있었다. 당시 롬멜의 수중에는 기갑연대의 선두 대대와 모터사이클 대대만 남아 있었지만, 롬멜은 밤 동안 현재 수중에 있는 부대만이라도 랑드르시를 향해 전진해 상브르(Sambre) 강의 도하지점을 확보하려 했다. 7기갑사단에게 아벤느 방면 진격을 지시한 군단 명령을 다소 초과하는 결정이었다. 롬멜은 이 진격을 승인받기 위해 노력했지만 끝내 실패했다. 그러나 롬멜은 승인에 관계없이 5월 17일 이른 밤중에 랑드르시로 전진하라는 명령을 내렸다. 그는 선두 전차대대의 전차에 직접 탑승하여 오전 4시에 출발했다. 롬멜은 선두 전차 부대들의 후방에 사단의 나머지 부대들이 따라오고 있으며 이 부대들이 적시에 선두를 따라잡아 앞으로 벌어질 교전에 참여할 것을 굳게 확신했다고 기록했다. 제7기갑사단은 빠른 진격과 피난민들로 유발된 극심한 교통혼잡으로 인해 통제 가능한 범위를 한참 벗어나 길게 늘어져 있었다. 전차들은 야간에 몇 시간 동안 보급을 받지 못했고, 명령에 따라 전진하다 이따금 조우하는 프랑스군 방어를 분쇄하며 무장을 자유롭게 사용했기 때문에 탄약도 부족했다. 롬멜은 랑드르시로 출발하자마자 아벤느의 프랑스군 전차들이 처리되었음을 파악했다. 롬멜은 상황 정리를 지원하기 위해 나치 출신 부관인 한케의 4호 차를 보냈는데, 그는 상당한 전공을 세운 끝에 임무를 완수했다. 이제 2개 전차대대가 다시 집결했고, 제25기갑연대는 다른 부대에게 지원을 받지 못한 채로 여명 속에서 서쪽으로 움직였다. 랑드르시의 상브르 강 교량은 여전히 파괴되지 않은 상태였다. 랑드르시는 항복하기 위해 모여 있던 막대한 규모의 프랑스 병력, 프랑스군 군용차량, 피난민, 혼란, 소란, 공포로 가득 차 있었다. 이 장면은 1914년에 슐리펜 우회 기동부대가 몽스(Mons)에서 영국원정군과 처음 조우한 이후 40km 남쪽에 있는 모흐말 숲(Forêt de Mormal)을 지나며 르카토(Le Cateau)로 철수하던 영국군을 다시 만난 유명한 장면과 흡사했다. 명령에 따라 여러 역할을 이행하기 위해 항상 사단장 곁에 있던 부관 한케는 아직 막사에 남아 있는 대규모의 프랑스군 부대 하나를 통제해서 집합시킨 후 동쪽으로 인솔하라는 명령을 받았다.[030] 롬멜은 계속 전진했다. 그는 분명히 그 무엇도 자신을 막을 수 없고, 제7기갑사단은 압도적인 존재이며, 사단 단독으로 전쟁에 이길 것 같은 기분을 느꼈다.

제7기갑사단의 진격은 큰 경쟁의 일부였다. 롬멜은 당시 남쪽의 인접 부대인 클라이스트 기갑집단의 라인하르트(Reinhardt) 군단과 구데리안 군단이 어디까지 도달했는지 짐작조차 할 수 없는 상태였지만, 그가 호트 군단 내의 인접 부대인 제5기갑사단을 분명히 앞섰듯이 클라이스트 기갑집단도 앞서기를 원했다고 추정하는 것은 타당하다. 롬멜은 엄청난 속도를 달성하기 위한 도전을 바라는 경주마와 같았다. 실제로 5월 17일에 클라이스트 기갑집단은 30km가량 남쪽에서 롬멜과 거의 나란히 진격 중이었다. 이제 독일군의 돌파 폭은 30km가 되었다. 그리고 그 날 롬멜은 사단에 목표를 전파했다. 한 관찰자는 다음과 같이 기록했다. "롬멜 장군은 기갑 지휘관들을 불러모아 특유의 방법으로 다음과 같이 명령을 내렸다. '공격 축선은 르 카토-아라스(Arras)-아미앵(Amiens)-루앙(Rouen)-르아브르(Le Havre)다'." [031] 분명 꿈속에서나 일어날 것 같은 일이 4주 안에 현실이 되었거나 혹은 거의 현실이 되어가고 있었다.[032]

롬멜은 2시간에 걸쳐 진격해 다수의 프랑스군이 항복한 포므헤이(Pommereuil)를 지나

030   BAMA N 117/1. 민간 직책이 차관(Staatssekretär)인 한케는 의전 서열 상 자신의 직급이 사단장보다 높다고 자랑하다 롬멜의 비위를 거슬렀다.(Irving, The Trail of the Fox, 앞의 책 참조) 하지만 한케는 전투에서 매우 용감하고 유능했다. 그는 1945년에 소련의 적군이 다가올 때 브레슬라우(Breslau)에서 탈출, 슐레지엔 지방장관에 임명되었다.

031   von Manteuffel, 앞의 책

032   BAMA N 117/1

르 카토 동쪽의 얕은 고지대에 도착했는데, 당시 선두 전차대대만이 롬멜과 동행하고 있었다. 롬멜은 사단사령부를 더 가까이 불러오기 위해 최선을 다해야겠다고 결심했는데. 그러기 위해서는 먼저 사단 사령부의 위치부터 파악할 필요가 있었다. 롬멜은 기갑부대에게 르 카토에서 전주방어 대형(Igelstellung)을 구성하도록 명령하고 3호 전차[033] 1대를 개인 경호 임무로 대동하여 공격 축선을 되돌아갔다. 그 와중에 랑드르 시에 적 전차들이 있다는 보고를 받았다. 롬멜은 도처에서 야영 중인 프랑스군 병력을 보았다. 그는 랑드르시를 지나 마르왈(Maroilles)을 거쳐서 아벤느를 향해 길을 따라 동쪽으로 되돌아갔다. 롬멜이 만난 유일한 제7기갑사단 병력은 1개 소총중대뿐이었고, 다른 부대는 흔적도 보이지 않았다. 마르왈에서 그는 북쪽에서 다가오는 수송행렬을 발견했고 그의 지시를 항상 따를 준비가 되어 있는 한케에게 프랑스군 선도차에 타서 운전병에게 방향을 바꾸도록 지시하라고 말했다. 롬멜은 교통경찰처럼 이 수송행렬의 방향을 바꾸어 동쪽인 아벤느를 향해 가도록 했다. 그리고 이들을 호송해 가서 아벤느에 도착한 후 차량들을 집합시키고 무장을 해제시켰다. 1940년 5월 17일의 롬멜은 이 사건의 중심에 있었다.

오후가 되자 4시까지 제7기갑사단 사령부와 사단의 나머지 병력이 도착하기 시작했다. 롬멜은 먼 목표지점을 정하고 사단 병력을 국경과 르 카토 사이에 있는 상브르 강 동서쪽 여러 지점들로 진출시켰다. 그리고 롬멜은 자정에 새로운 명령을 받았다. 제7기갑사단은 르카토에서 25km 전방에 있는 캉브레(Cambrai)로 진격을 계속하라는 것이었다. 랑드르시의 북동쪽에서 상브르 강을 건너는 다른 교량이 점령되었고 제5기갑사단이 그 경로로 롬멜을 따라잡고 있었다.

롬멜은 1940년의 전역 중에 발생한 몇 가지 사건들에 대해 비판을 받았다. 그가 시인했다시피 사단장으로서 사단 사령부의 위치를 정확히 파악하지 못했고 그 결과 새로운 상황에 적절히 대응할 능력이 거의 없었다는 지적이 그 대표적 사례다. 뫼즈 강을 도하한 이후 5월 16일과 17일의 행동들이 여기에 해당한다. 롬멜은 항상 지휘관이 부대의 선봉부대와 동행해야 한다고 강조했는데, 그가 사단의 선봉을 직접 진격시킨 속도가 너무 빨라서, 당일의 혼란스러운 교통 상황과 뒤엉켜 협조와 보급이 거의 불가능해졌음은 부정의 여지가 없다. 각국의 군인들은 5월 내내 기동에 어려움을 겪었고 다양한 방해를 받았다. 독일 공군의 제공권 장악으로 독일의 적들은 더 큰 위험을 감수해야 했다. 따라서 고삐를 풀고 채찍과 박차만으로 질주하고 있던 롬멜이 잘 협조된 반격으로부터 측면을 보호하려면 부대를 신속하게 재배치 및 재편성하고 포병을 새로운 전선으로 전환 배치

---

033  당시 롬멜의 휘하에는 3호전차가 단 한 대도 없었다. 4호전차거나 체코제 38(t)였을 것이다. (편집부)

해 새로운 목표를 부여해야 하므로, 이런 행동이 쉽지 않았을 것임은 분명하다. 그러나 롬멜은 본능적으로 측면 방어가 문제가 되지 않으며, 진정한 목표는 부대가 받은 탄력을 유지하는 것이고, 새로운 위험과 상황에 직면했을 경우에 한해서만 맞서는 것이 효율적이라고 느꼈다. 롬멜은 이런 전투본능의 탁월함을 여러 전투에서 반복적으로 입증했다. (그의 본능은 곧 엄격한 시험대에 오르게 되지만, 이 당시에는 며칠 후에나 닥쳐올 불확실한 미래였다) 독일군은 지난 2일간 사단의 전공을 명예롭게 평가했고 롬멜은 기사십자 철십자장[034]을 받았다. 훈장의 공적요지에 따르면 롬멜이 5월 16일과 17일에 거둔 승리는 '작전 전반에 있어 결정적으로 중요한 영향'을 미쳤다는 평가를 받았으며, 사단장의 개인적 용기에 대해서도 '위험을 개의치 않았다'고 기록되었다.[035]

사실 롬멜의 진격은 전혀 다른 문제로 인해 곤란을 겪었다. 겁을 먹은 채 전투와 독일 공군의 공습으로부터 도망치기 위해 무거운 발걸음을 옮기는 프랑스 피난민들의 참상은 누구에게도 반갑지 않았겠지만, 전쟁은 전쟁이었다. 독일이 더 일찍 승리할수록 모두가 더 일찍 집에 돌아갈 수 있었을 것이다. 롬멜은 항상 프랑스와 독일 간의 화해와 항구적인 우호관계만이 실질적인 결과가 되어야 한다고 확신했다. 그는 한 프랑스 장교를 사살했다고 기록하며 그 프랑스 장교가 광신적인 적개심을 보이면서 로텐부르크 대령의 전차에 타라는 명령을 세 차례 거부했고, 그를 쏘는 것 말고는 다른 방법이 없었다고 적었는데[036] 이 형식적인 설명을 보면 그가 이 문제에 대해 걱정했음은 분명해 보인다.

롬멜은 당시에도, 그 이후에도 포로와 적을 품위 있게 대했으며, 상대로부터 품위를 느꼈다는 점에서 기사도를 갖췄다는 평판을 받을 만했다. 2차 세계대전에서는 모든 군대들이 때로 포로를 죽였고, 동부전선에서는 모든 종류의 잔학 행위가 무차별로 자행되었다. 하지만 롬멜은 이런 명령을 내리기는커녕 결코 용납하지 않았으며, 이 사건을 극히 불쾌하게 여겼다. 정당한 명령에 복종하기보다는 죽음을 택하기로 결심했음이 분명한 그 용감한 프랑스군 중령 문제는 그의 마음을 괴롭혔고 그는 이 사건을 잊지 않았다.

5월 18일 이른 아침에 롬멜은 걸음을 되돌려 다시 서쪽을 향했고, 선두를 후속하던 전차대대에게 르 카토 동쪽의 선두 전차대대와 합류하라고 명령했다. 그는 잠시 후 전날 갔던 길을 따라 이동해 폼므레이에서 부대 선두를 따라잡았다. 롬멜은 선두 전차대대가 프랑스군의 강력한 기갑부대 공격과 포격지원으로 프랑스군에게 마을을 빼앗겼

---

034  1939년 철십자장 재확립 법령에 따라 제작된 철십자장의 상위장. 위로 곡엽 기사십자 철십자장, 곡엽검 기사십자 철십자장, 곡엽검 다이아몬드 기사십자 철십자장, 황금곡엽검기사십자 철십자장 등이 있다. (편집부)

035  von Manteuffel, 앞의 책

036  Liddell Hart, 앞의 책

음을 파악했다. 롬멜은 혼란한 상황 속에서 두 번째 대대를 인솔하여 남쪽으로 우회한 후, 오르(Ors)를 거쳐 로텐부르크 대령 및 선두 전차대대와 합류했다. 오후 3시에는 마침 내 제25기갑연대가 다시 모여 재보급을 받았다. 그리고 랑드르시를 지나는 공격 축선의 후방을 소탕했다. 롬멜은 선두 전차대대에게 캉브레로 진격하도록 명령했다.

르 카토와 캉브레 사이의 지역은 1914년 8월에 영국원정군 스미스-도리안(Smith-Dorrien) 장군의 군단이 배치되어 북쪽에서 전진해오는 압도적인 규모의 독일군에 맞선 곳이었다. 이 지역은 탁 트인 개활지였고 기동을 방해하는 것은 몇 개의 작은 마을과 코 드리(Caudry) 시가지뿐이었다. 롬멜은 기갑연대에게 2일 전의 진격처럼 행동하라고 명령 했다. 즉 캉브레 북쪽 지역을 향해 산개 대형으로 야지로 이동하며 북쪽 교외를 향해 산 발적으로 사격을 가하고 그곳으로 통하는 모든 도로를 차단하라는 것이었다. 이 방법은 다시 한번 완벽하게 효과를 입증했다. 캉브레는 곧 독일군의 수중에 들어왔고 롬멜은 사단에 최소한 2일간 휴식을 하라고 명령했다. 사단은 놀라운 전과를 거뒀다.

8일 전인 5월 10일에 독일 국경을 넘은 이후 롬멜의 사단은 약 280km를 진격했고, 서 유럽에서 가장 만만치 않은 하천 중 하나인 뫼즈 강을 돌파했으며, 마지막 2일 동안 약 1만 명의 프랑스군 전쟁포로를 잡아 도로를 통해 동쪽으로 보냈다. 또한 사단은 이 기 간 동안 전차 100대 이상, 장갑차 30여 대, 각종 포 27문을 격파하는 전과를 올렸으며 그 동안 사단의 피해는 전사자 35명, 부상자 59명에 불과했다. 군단 사령부는 롬멜과 7사 단에 좀 더 오랜 휴식이 필요하다며 우려를 표했지만, 롬멜은 적에게 퇴각할 수 있는 약 간의 시간도 주어선 안 된다고 군단을 설득했다.

"추격은 사람과 짐승이 마지막 숨이 찰 때까지 해야 한다"는 전통적인 프로이센의 격 언이 있다. 그리고 롬멜에게 이 전역은 분명 추격전이었고, 추격전은 전쟁에서 막대한 노력이 필요한 단계이며, 이후의 더 큰 손실을 방지하기 위해, 그리고 성과를 수확하기 위해 필요하다면 엄청난 피로를 감수해야 했다. 작전 명칭인 지헬슈니트, 즉 낫질은 이 미 작물을 수확하고 있었다. 5월 19~20일 새벽 1시에 롬멜은 다시 달빛을 받으며 진군 을 재개하여 선봉 전차대와 함께 아라스를 향해 출발했다.

# 제10장 유령사단

연합군 최고사령부(Allied High Command)는 독일의 '돌파'가 집중 공세이며, 상당히 좁은 정면에 집중된 전력으로 돌파를 시도하고 있음을 분명히 파악했다. 이제 돌파된 지역 북쪽에 위치한 영국군은 오직 서쪽과 북서쪽으로만 철수할 수 있게 되었다. 독일군이 공격을 개시한지 9일이 지난 5월 19일 저녁에 고트는 예하 지휘관들에게 끔찍한 철수의 가능성을 처음으로 언급했다. 당시 영국원정군은 에스코(Escaut) 강[037] 선에 전개중이었다. 우측면에 릴(Lille)의 남동쪽 30km의 작은 마을인 몰드(Maulde)가 있었고, 영국군의 우측면 50km에는 아라스로 진격중인 롬멜이 있었다. 고트 장군은 아라스에 수비대를 전개하고 아라스 북쪽에는 제5사단과 제50사단의 2개 사단을 원정군사령부(General Headquarter: GHQ) 예비로 배치했다. 영국의 수비대와 교량 경비대들은 대부분 몇 달 전부터 영국에서 파견되어 프랑스에서 편성, 장비, 훈련을 마친 3개의 노무사단(Labour division) 소속이었다. 이 사단들은 대체로 지원 화기, 포병, 통신병과를 갖추지 못했지만, 장병들은 유일한 무기인 소총만으로 체계적인 훈련을 받고 기계화된 독일군에 맞서 용감하게 싸웠다. 동쪽을 향해 전개된 고트의 전선 남쪽에서는 프랑스 제1군의 병력이 영국군의 우익을 보호했다. 고트의 부대, 돌파 지역 북쪽에 있는 프랑스군, 그리고 고트의 좌익에 배치된 벨기에군은 이제 북동쪽, 동쪽, 남쪽에서 동시에 위협에 직면했다. 그리고 남쪽의 위협인 룬트슈테트의 A집단군은 이제 솜 어귀에 도달하여 연합군을 양분하고 르망(Le Mans) 부근에 있는 고트의 기지와 부대 간 보급선을 차단하고 있었다.

룬트슈테트는 자신의 부대가 이 거대한 작전의 첫 단계로 부여 받은 임무 가운데 핵심적 요소를 대부분 완수했다고 판단했다. 클라이스트 기갑집단은 기대 이상의 성과를 거두었다. 구데리안 군단은 5월 21일에 영국해협에 도착할 예정이었고, 룬트슈테트는

---

037    프랑스식 지명. 네덜란드식 지명인 스헬더(Scheldt) 강이라는 이름이 보편적으로 사용된다. (편집부)

남쪽으로 눈을 돌렸다. 당시 돌파구 남부의 프랑스군 주력은 솜과 센(Seine) 강 남쪽과 서쪽에 전개 중일 것으로 추정되었다. 북쪽에서는 A집단군이 포위된 영국군과 프랑스 제1군을 압박하여 두 연합군의 간격을 확장하고 패배가 목전에 다가온 적들을 공격할 준비를 갖췄다. 하지만 룬트슈테트는 그 지역에서 자신이 수행해야 할 역할은 연합군 좌익에 결정타를 가하기 위해 벨기에를 거쳐 서쪽으로 진격 중인 보크의 B집단군의 망치를 받치는 모루 역할이라 판단했다. 독일군의 전진은 놀랄 만큼 신속했으며, 측면이 위협을 받더라도 공격 기세를 줄여서는 안 된다는 이론은 이제 성공적으로 입증되었다.

호트 군단은 아라스를 우회한 후 베튄(Bethune)을 향해 북서쪽으로 이동하라는 명령을 받았다. 릴과 그 주변에는 많은 프랑스군이, 그 전방인 에스코강에는 영국군이 있었다. 호트는 기동을 통해 연합군에게 즉각적인 포위 압력을 가하고, 동시에 보크의 정면에서 서쪽 방면 철수 시도를 차단할 예정이었다. 제7기갑사단은 호트 군단의 왼쪽에서 전진하여 아라스의 남쪽으로 우회하고, 제5기갑사단은 군단 우측에서 북쪽, 즉 아라스 동쪽으로, 롬멜의 좌측에서는 SS토텐코프(Totenkopf) 사단이 진격하기로 했다. 이후 아라스에 고립될 영국군 수비대도 소탕할 예정이었다. 그러나 5월 21일에 A집단군은 불안한 보고를 받았다. 제7기갑사단이 북쪽에서 영국군 5개 사단과 상당한 규모의 기갑부대의 공격을 받았다는 것이었다. 마침내 모두가 우려했던 연합군의 대응 행동이 시작되었다.

롬멜은 평소와 같이 제25기갑연대를 선두로 서쪽을 향해 기동하여 아라스의 남쪽 변두리를 돌아 북쪽으로 이동하고 있었다. 롬멜은 종종 그랬듯이 일부 후속 부대, 이 경우에는 제6보병연대가 둔하게 움직인다고 생각해서 화를 냈으며, 이들을 재촉하기 위해 오후 3시에 아라스 남쪽 8km 거리에 있는 마을인 피슈(Ficheux)를 거쳐 왔던 길을 홀로 되돌아갔다. 롬멜은 예하의 보병대대들을 발견하고 이들을 사단의 선두가 있는 북쪽으로 인솔하여 바비으(Wailly) 마을에 도착했다. 바일리 동쪽 1km에서 선두 부대들과 합류했을 때 북쪽에서 사격이 날아왔다. 독일군 야포대대는 이미 사격진지를 점령하고 아라스에서 남쪽으로 공격해오는 적 전차에 속사를 가하고 있었다.[038] 롬멜은 차에서 뛰어내려 달려갔다. 보병들은 모두 엄폐 중이었고 롬멜은 적과 교전 중인 대전차포들의 뒤를 돌아 바비으로 향했다. 적 전차의 사격으로 마을의 병력들은 무질서한 혼란 상태에 빠졌으며, 롬멜은 질서를 회복하기 위해 노력했다.[039]

다시 자신의 장갑차에 탑승한 롬멜은 이제 바비으에서 서쪽의 고지대로 달려가 그

---

038  Liddell Hart, 앞의 책
039  위의 책

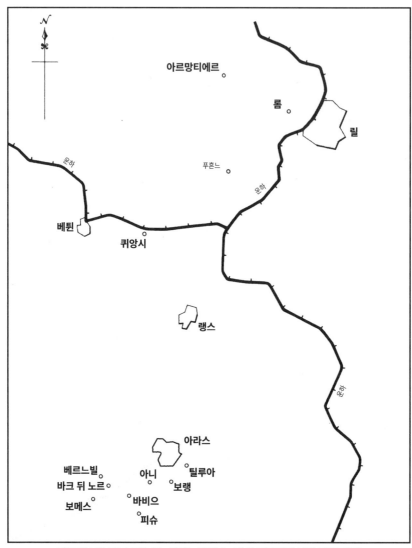

지도10. 1940년 5월 21~28일, 아라스~릴의 제7기갑사단 작전지역

곳에서 상황을 파악했다. 적 전차들은 서쪽에서 전진하며 아라스에서 남서쪽의 보메스(Beaumetz)로 향하는 철로를 건너는 중이었고, 베르느빌(Berneville)과 바크 뒤 노르(Bac du Nord) 방면에서는 더 많은 전차들이 동남쪽으로 몰려왔다. 롬멜은 대전차 방어선의 포 사이를 뛰어다니며 사격을 재촉했다. 거리가 지나치게 멀다는 포대 지휘관들의 이의는 화력만 충분히 집중할 수 있다면 장갑이 두터운 영국제 마틸다(Matilda) 전차도 격파할 수 있다는 판단 하에 묵살했다. 잠시 후 영국군의 전차들은 멈추거나 격퇴되거나 불타

올랐다. 롬멜의 포병 지휘관은 전과에 기뻐하며 "그의 대대가 이 전역에서 겪은 전투 중 가장 큰 성공을 거두었다"고 기록했다.[040]

한편 롬멜이 위치한 곳에서 동쪽인 틸루아(Tilloy), 보랭(Beaurains), 아니(Agny)에 전개한 제6보병연대도 공격을 받았다. 롬멜은 매우 강력한 기갑부대가 아라스에서 남쪽으로 공격을 실시하여 큰 피해를 입었다고 기록했다. 이 공격도 대전차포 방어선, 그리고 대전차포로 사용되던 강력한 88㎜ 대공포에 의해 저지되었다. 88㎜ 대공포는 곧 독일군의 적들에게 두려운 존재가 되었다. 롬멜은 저녁 7시에 당시 아라스 남서쪽의 적 전차들과 상대하고 있던 보병대대들을 떠나, 북쪽으로 전진해 있던 제25기갑연대에게 방향을 동남쪽으로 돌려서 영국군 공격부대의 우익을 공격하도록 했다. 이 과정에서 전차전이 벌어졌는데, 제25기갑연대는 9대의 3호 및 4호 전차와 여러 대의 경전차를 잃은 반면, 영국군의 마틸다 전차는 7대만 격파되어 교환비로는 영국군의 승리였다.

사실 영국 정부는 5월 20일 영국군총사령관 고트에게 "남쪽의 아미앵을 향해 기동하며 이 과정에서 조우하는 모든 적들을 공격하고 프랑스군의 좌익과 연결"하도록 권고했다. 배치도를 기준으로 영국군이 본토의 지시를 따르기 위해서는 동쪽에서 공격해오는 폰 보크의 B집단군과 접촉을 끊고 좌익의 벨기에군과 우익의 프랑스 제1군 잔존 병력을 남겨둔 채, 서쪽으로 기동하던 룬트슈테트의 A집단군 소속 기갑사단들의 정면을 100㎞ 가까이 가로질러야 했다. 영국으로서는 다행스럽게도 고트는 이 터무니없는 지침에 구애되지 않았다. 고트는 독일군의 전진을 지연하거나 방해할 수 있는 유일한 희망이 돌파구에 대한 측면 공격임을 파악했고, 5월 21일에는 동쪽을 향한 영국군 전선에 벨기에군과 프랑스군을 투입하고 그 자리에서 차출한 영국군 3개 사단을 동원해 북쪽으로부터 반격을 실시한다는 작전을 수립했다. 이 작전은 남쪽에서 진행되는 프랑스군의 대규모 공세와 함께 진행될 예정이었으나, 정작 남부의 프랑스군은 26일 이전에는 공세로 전환할 수 없는 상황이었고 26일 이후에도 공세를 실시하지 못했다.

고트는 어떻게든 결과를 만들기 위해 기다리기보다는 행동해야 한다고 판단했다. 따라서 고트는 연합군 회의의 대규모 반격 승인을 기다리지 않고 5월 21일을 기해 가급적 신속한, 그러나 제한적인 공세를 지시했다. 이 작전을 위해 고트는 GHQ 예비인 제5사단과 제50사단의 2개 사단을 투입했으며, 수색연대의 경전차들을 제외하면 영국원정군이 가진 유일한 전차부대인 제1육군전차여단(1st Army Tank Brigade)도 동원했다. 이 부대는 72대의 마틸다 전차를 보유했지만, 이 가운데 16대만 2파운드 대전차포를 장착했고 나

---

040    "Artillerie nach Vorn", NAW T 84/277

머지는 장갑은 강하지만 기관총만 탑재했다. 이 작전에 동원된 영국군 2개 사단은 각 2개 여단으로 구성된 약체였고, 가용 4개 여단 가운데 2개 여단은 아라스 방어에 투입된 상태였다. 즉 실질적 가용 부대는 2개 여단이었으며 그 가운데 하나는 예비대였다. 따라서 아라스에서 실시한 '2개 사단'의 반격에는 사실상 3개 대대로 구성된 1개 여단만 동원되었고, 여단에서는 또 1개 대대가 예비로 남고 2개 대대만 진격했다. 2개 사단의 공격 주력은 보병만을 기준으로 하면 2개 대대 휘하 공격중대 수준으로 줄어들었다. 물론 보병만으로는 어떤 종류의 결과도 얻지 못했을 것이다. 아라스의 반격의 효과는 기갑부대의 기동에 있었고 독일 A집단군은 이곳에서 처음으로 영국군 기갑부대와 조우했다. 대전차포를 장착한 전차는 16대에 불과했지만, 상당한 규모의 마틸다 전차가 출현하자 다수의 3호 및 4호 전차가 격파되었고, A집단군의 지휘계통으로 독일군의 북쪽 측면을 향해 강력하고 집중된 기갑부대 공세가 진행 중이라는 보고가 올라갔다.

그러나 전술적 공세 효과는 곧 사라졌다. 롬멜은 특유의 행동력으로 공세에 대응했다. 사격을 직접 지휘하여 전선의 병사들에게 모범을 보였고, 육성으로 지휘하여 기습에 노출된 동요한 병사들을 진정시키고 승리를 되찾았다. 당시 독일군 내에는 승리를 당연시하는 안이한 사고가 만연했고, 이런 방심은 위급상황에서 취약점이 될 수 있었다. 제7기갑사단은 그 날 거의 400명의 병력을 잃었고 그 중 90명이 전사자였는데, 이는 북프랑스로 진격하는 동안 입은 모든 피해보다 네 배나 많았다. 롬멜의 전속부관인 모스트(Most) 중위도 롬멜의 옆에서 전사했고, 대체자로 롬멜의 전임 부관이자 레프 보 도하 당시 부상당했던 슈레플러 소령이 복귀했다. 롬멜은 모든 전투와 모든 군대가 그렇듯 처음에는 적의 규모가 매우 크다고 착각했지만, 이후 반격을 통해 공격을 물리치며 평정심을 되찾았다. 당시의 롬멜은 분명히 침착하지 못했다. 물론 신중한 지휘관이라면 측면을 공격하는 적 기갑부대에 대항해 방어할 준비를 마친 보병연대를 항상 준비했겠지만, 그런 지휘관은 롬멜이 제7기갑사단이 달성한 돌파 기록에 상당하는 성과를 올리지 못했을 것이다. 그리고 대담하게 지휘되는 연합군 기갑부대의 출현은 매우 이례적인 일이었다. 호트 군단은 이제 북쪽을 향했고 롬멜은 5월 23일에 프랑스에서의 전쟁이 2주면 끝날 것 같다는 편지를 집으로 보냈다. 그리고 이 예측은 그대로 들어맞았다.

아라스 반격의 전술적 및 국지적인 효과는 5월 21일 해 질 녘에는 모두 사라졌지만 심리적인 효과가 더 컸다. 이제 중요한 결심이 이뤄졌다. 히틀러 사령부는 5월 24일에 A집단군의 북쪽 방향 진격을 정지하라는 명령을 내렸다. 이 '정지 명령'은 역사학적으로 많이 분석되었고 많은 해석이 제시되었지만, 당시 아라스 주변 작전에서 충격을 받은 군사령관 클루게와 A집단군 사령관 룬트슈테트를 비롯한 독일 국방군의 고위 사령관들이 히틀러에게 우려를 표했음이 분명해 보인다. 히틀러는 국방군의 진격을 찬탄속에 주시하고 있었고, 앞으로의 남진 작전을 위해서 기갑사단을 보존해야 한다는 룬트슈테트의 제안을 즉시 승낙했다. 당시 룬트슈테트는 이제 북쪽에서 포위된 영국군에 대해서 경솔하게 기갑부대를 투입하는 것이 노력의 낭비이자 창끝을 무디게 만드는 행동이라고 보았다. 독일군은 영국군을 천천히 상대할 수 있다고 판단했고, 여기에는 B집단군과 공군만으로도 충분하다고 여겼다. OKH가 기회를 놓쳤다고 판단했음에도 히틀러는 이 '정지 명령'을 승인했다. 기갑부대의 저돌적인 지휘관들, 특히 구데리안은 이 명령을 재난과도 같다고 여겼다. 롬멜은 특별히 실망했다는 기록은 남기지 않았는데, 당시 그는 전쟁을 사실상 승리했다고 확신했고, 다음 전투로 라 바세(La Bassée) 운하를 도하한 후 북쪽으로 공격해 릴에서 포위망을 완성하는 과정을 염두에 두고 있었다. 그리고 사단이 2일간의 휴식을 얻은 데 기뻐했다.

5월 24일에 영국·프랑스군은 A집단군을 목표로 북쪽과 남쪽에서 실시하기로 계획한 반격을 포기했다. 24일에는 프랑스군이 남쪽에서, 다음 날에는 영국군이 북쪽에서 예정된 반격을 포기했다. 고트는 휘하의 3군단에게 이 반격을 충실하게 준비하라고 명령하기는 했지만 이 반격이 망상에 불과하다고 생각했다. 영국 전시내각이 고트에게 지시한 여러 가지 사항들도 망상이기는 마찬가지였다. "벨기에 기병이 영국군의 우익을 맡아 8개 사단으로… 바포메(Bapaume)와 캉브레를 향해 남서쪽으로 공격하라"와 같은 지시는 도저히 수행할 수 없었다. (같은 달에 수상이 된 처칠은 파리에서 회의를 진행 중이었다) 고트는 그와 같은 어리석은 지시들을 무시했다. 그가 해야 할 일은 매우 분명해지고 있었다.

영국원정군은 이제 라 바세 운하 선에서 남쪽을 향해 독일 A집단군과 대치했다. 동쪽에서는 아라스 수비대가 5월 23~24일 밤 동안 철수했는데, 이는 호트 군단이 21일에 일대를 우회한 이후, 아라스가 긴 돌출부의 첨단으로 남았기 때문이다. 동쪽에서는 영국군이 릴 지역의 옛 '국경선'에서 B집단군과 상대하는 동안 독일군 부대들이 이미 운하를 향해 움직이고 있었는데, 이 지역들은 영국군이 불과 2주 전에 벨기에로 전진하며 방치한 지역이었다. 고트는 아라스에서 철수하며 이제 영국군에게 남은 선택지는 방어와 퇴각, 그리고 훗날을 위한 영국으로의 철수 외에는 없음을 깨달았다.

5월 25일에 독일 B집단군은 대규모 공세로 벨기에군을 밀어내고 영국군 좌익에 간격을 형성했다. 그 과정에서 고트는 노획한 독일군의 계획을 통해 폰 보크가 이프르를 향해 2개 군단을 투입해 벨기에군과 영국군의 간격을 더 넓히려 하고 있음을 파악했다. 고트는 전반적인 상황을 정확하게 파악했고, 프랑스군이 이미 포기한 남쪽을 향한 반격을 완전히 포기했다. 5월 26일에 독일군은 북쪽에서 추가 공격을 통해 벨기에군을 영국군 좌익으로부터 더 멀리 밀어냈다. 그 날 히틀러는 '정지 명령'을 철회했다. A집단군의 선두 사단들은 이제 영국군의 깊은 측면을 타격하고 라 바세 운하를 건너 영국군을 해안과 차단하기 위해 다시 북쪽으로 진격했다. 그리고 같은 5월 26일 저녁에 영국 정부는 원정군에게 됭케르크(Dunkerque)에서 본국으로 철수하라고 명령했다. 그 날 오후에 롬멜의 '국가사회주의자 부관'인 용감한 한케 중위가 총통에게서 직접 명령을 받고 롬멜에게 기사 철십자장을 대리 수여했다.

5월 26일 저녁에 롬멜의 제7보병연대는 퀴앙시(Cuinchy) 지역에서 일부 병력을 라 바세 운하 너머로 도하시키고 2개 보병대대를 북안에 배치할 수 있는 규모로 교두보를 확장했다. 롬멜은 이번에도 직접 지휘했다. 그러나 5월 27일 이른 아침까지도 영국 저격수들이 도하 지점에서 활동하고 있었고, 교두보 역시 충분히 확장되었거나 방어작전을 수행할 만한 규모에 도달하지 못했다. 대전차포들 역시 도착하지 않았다. 이 장면은 2주 전 디낭에서 겪은 상황과 유사했다. 당시 롬멜은 전차가 다닐 수 있도록 튼튼한 교량을 건설하도록 명령하고 사격을 지휘했다. 이번에도 저격수가 숨어있을 것으로 예상되는 지점들을 향해 전차와 소구경 대공포 일부를 동원해 사격을 집중하자 저격수의 활동은 잦아들었다. 롬멜은 위험을 무시하고 적들에게 발견되기 쉬운 둑 위의 철로에 서서 표적을 지시했다. 그리고 디낭에서 그랬듯이 교두보로부터 수백 미터 내에 위치한 모든 가옥들에 사격을 지시해 화력으로 일대를 소탕했으며, 4호 전차 한 대를 차출해 운하 남안을 따라 기동하며 마틸다 전차를 포함해 운하 북쪽에서 출현하는 영국군의 돌발 표적과 교전하도록 지시했다. 그는 곧 야포, 대전차포, 88㎜ 대공포 일부와 전차들을 북안으로 도하시켰다. 롬멜의 인접부대인 제5기갑사단 예하 부대인 4개 전차대대를 보유한 2개 연대 규모의 제5기갑여단이 정오까지 롬멜의 휘하에 배속되었다.

이후 롬멜의 북진은 상당한 저항에 직면했고 그 결과 기대보다 진격이 느려졌다. 낮시간은 훌쩍 지나갔다. 전쟁에서는 항상 낮 시간이 부족한 법이다. 롬멜은 실망스럽게도 야간에는 야지 주행의 어려움으로 인해 현재 지휘중인 대규모 예하 기갑부대에 명령을 직접 전달하기 곤란해졌음을 깨달았다. 원래 예하부대인 제25기갑연대는 릴의 서쪽 변두리에서 불과 8km가량 떨어진 바시 북쪽의 푸른(Fournes)에 있었고, 롬멜은 릴의 북서쪽 교외에 있는 롬(Lomme)을 목표로 설정했다. 롬의 진지는 릴에서 서쪽의 아르망티에르(Armentières)로 가는 주도로를 차단하고 있었다. 한편 롬멜의 서쪽에서는 클라이스트 기갑집단의 사단들이 북쪽으로 이동하며 영국해협의 항구들을 가급적 많이 점거하며 전진했다. 로덴부르크 대령은 롬멜에게 공격 과정에서 자신의 부대와 동행할 것인지 질문했는데, 롬멜은 평소와 달리 이 제안을 거절했다. 롬멜은 제25기갑연대가 르카토 동쪽에서 보급 없이 고립되고 포위당한 사례를 기억했고, 이번에는 기갑연대의 보급을 확보하고 사단의 병력을 가급적 신속하게 증원하기로 결심했다. 제5기갑여단은 동남쪽 수 킬로미터 위치에 있었고 무선 접촉은 불가능했다. 해가 진 시점에서 롬멜 휘하의 7개 전차대대는 릴의 서쪽, 남서쪽, 남쪽의 여러 지점에 분산되었다. 롬멜은 이제 프랑스군 위주로 구성된 연합군 전력을 릴에서 차단하기로 결심했다.

로텐부르크는 5월 28일 새벽 2시가 되기 직전에 제25기갑연대가 롬에서 전주방어태세를 구축했다고 보고했다. 라 바세 운하를 건넌 로텐부르크는 희생을 감수하고 격렬한 전투 끝에 저항을 물리치며 전진했다. 그를 상대하는 프랑스군과 고트 휘하의 남부 방면 부대인 1개 현역사단 및 2개 국민방위(Territorial) 사단으로 구성된 영국군은 극심한 피로를 견디며 릴에서 생토메르(St. Omer), 그리고 아(Aa) 운하를 따라 바다까지 이어지는 80km의 전선을 유지하고 있었다. 그러나 이날 영국원정군(BEF)의 좌익이자 북쪽에 있던 벨기에군이 항복했다. 이들은 매우 강력한 압박을 받았고, 전날 영국군이 본국으로 철수하기로 결정했다는 사실도 전달받지 못했다. 타국의 병사들이 바다로 철수할 시간을 벌기 위해 무익한 전투를 벌이는 것은 벨기에의 입장에서 탐탁치 않은 일이었다. 그럼에도 독일군에게는 적의 약점이 뚜렷하게 보이지 않았다. 롬멜은 야간에 사단수색대를 대동하고 로텐부르크 연대에 추진할 보급부대를 직접 인솔해 롬으로 향했고, 여명 직전 제25기갑연대에 도착했다. 로텐부르크는 '적 전차부대 및 강화된 차량화 부대'와 교전했으며 그들을 물리쳤다고 보고했다. 그리고 새벽부터 릴에 전개 중이던 프랑스군의 잔존 병력들은 포병의 엄호사격 하에 전차로 서쪽을 향해 여러 차례 탈출을 시도했다. 5월 28일 해가 뜬 후 롬멜이 처음 한 일은 릴에 포위된 연합군 수비대를 계속 가두기 위해 동쪽을 향해 강력한 방어선을 편성하는 것이었다. 라 바세 운하에서 롬멜을 상대하고 북쪽으로 철수한 영국군 사단들은 그 날 밤에 이제르(Yser) 강 선으로 복귀하라는 명령을 받았다. 영국군은 이제 마지막 항구인 됭케르크를 엄호하기 위한 주변 방어선에 병력을 배치하고 있었다. 그리고 제7기갑사단에게는 매우 절실했던 6일간의 휴식이 주어졌다.

연합군의 됭케르크 철수는 7월 3일까지 종료되었다. 놀랍게도 도합 337,000여 명의 병력이 철수했고 이 가운데 2/3는 영국군, 1/3은 프랑스군이었다. 당시 롬멜의 사단은 전역을 통틀어 거의 7천 명의 포로를 잡고 상당한 수의 전차를 노획했으며, 프랑스군의

'중전차' 18대를 포함해 300대 이상의 전차를 격파했다. 그리고 제7기갑사단의 전투 일지 사본 한 부를 히틀러에게 제출했는데, 이때부터 일부 고위 장교들 사이에서는 롬멜이 자기중심적이고 과시적이라는 평이 돌기 시작했다. 롬멜이 히틀러의 총애를 받는다는 소문도 있었는데, 적어도 당시에는 그런 평을 얻을 만했다. 롬멜은 7월 3일에 히틀러가 전투에서 승리한 자신의 부대를 방문한 사실을 들뜬 어조로 기록했다. 롬멜은 당일 히틀러를 수행하라는 제의를 받았고, 사단장 중 자신만이 유일하게 히틀러를 수행했다며 좋아했다. 롬멜은 다른 사람들의 질투에 대처하는데 극히 무관심했다. 그리고 히틀러에 대한 자신의 진심 어린 호감을 모두가 공감하지는 않는다는 것을 정확하게 인지했다. 롬멜은 히틀러가 자신에게 기동전을 지휘하는 장군으로서 공을 세울 기회를 주었다는 생각에 히틀러에게 개인적으로 상당히 감사했다. 그의 기동전은 히틀러의 예상보다 더 빠르고 저돌적이었다. 히틀러는 롬멜 부대를 방문했을 때 사단의 공격적인 운용을 언급하면서 "우리 모두 귀관을 매우 걱정했소!"라고 말했다.[041] 당시 제7기갑사단은 적군은 물론 아군의 지도에서조차 그 움직임을 파악할 수 없어서, 아군과 적군으로부터 '유령사단(Gespensterdivision)'이라는 별명을 얻었다.

"우리 모두 귀관을 매우 걱정했소"라는 말에는 감탄뿐만 아니라 호의도 담겨 있었다. 롬멜은 히틀러가 근본적으로 이성적이기보다 직관적인 사람이라 여겼고 히틀러의 판단은 정치적이자 예언적임을 인식했다. 롬멜 자신은 히틀러에 대해 감탄했다. 국방군의 고위 장성 중 상당수는 이런 히틀러의 특징을 불신하고 불안해했지만, 히틀러에게 개인적인 매력을 느낀 롬멜은 히틀러의 예언자적이고 직관적인 특징을 상황에 따라 평가해야 한다고 생각했다. 그리고 당시의 상황은 히틀러의 판단력을 더욱 돋보이게 하고 있었다. 한 전기 작가는 히틀러의 사상적 목표가 '전통의 경계를 허물고 생활의 유토피아로 이끄는' 것이었다고 평했다.[042] 롬멜은 그런 비전에 대해 아는 것이 없었고, 그런 것들을 좋아하지도 않았다. 그는 히틀러가 총통이자 총사령관으로 독일 국민과 군의 사기를 회복했으며, 궁극적으로 항구적인 평화를 기대하며 개시한 정당한 전쟁에서 빛나는 승리를 얻어 국민과 군의 운명의 주역이 된 인물로 여겼을 뿐이다. 극히 단순한 논리였다.

프랑스 전역은 3주간에 걸친 놀라운 기적이었다. 1918년의 승자였던 대(大)프랑스군은 벨기에에서 포위되거나 솜과 센강 너머로 황급히 퇴각했고 엄청난 손실을 입은 채 사기가 붕괴되었다. 영국군은 바다로 밀려났고 유럽 대륙에서 꼬리를 내리고 쫓겨났다.

041　IZM ED 100/175
042　J.C. Fest, Hitler (Weidenfeld & Nicolson, 1974)

독일군은 베르사유 조약을 되갚고 콩피에뉴(Compiègne)의 굴욕[043]을 복수했다. 아직 막을 내리기 전에 할 일이 남아있었지만, 누구도 성공을 의심하지는 않았다. 그리고 독일인들은 개인별 성향의 차이는 있어도, 열정적으로, 혹은 마지못해 아돌프 히틀러의 의지, 천재성, 용기 없이는 이런 결과를 이룰 수 없었다는 데 동의했다. 롬멜은 대부분의 독일 국민들처럼 이런 성과를 감사히 받아들였다. 독일군 내의 많은 동년배들과 마찬가지로 롬멜은 프랑스에 대한 적개심을 거의 느끼지 않았고, 심지어 영국에 대해서도 별다른 적의가 없었다. 프랑스의 행인들은 이제 롬멜의 부대를 향해 선선히 손을 흔들었으며[044] 롬멜 자신도 만족할 만한 평화를 얻기 위해서는 이제 독일과 프랑스 간에 우호와 협력이 필요하다고 확신했다. 이는 이성과 역사의 요구였다. 그리고 평화와 화해 구도 앞에서 영국이 무의미한 전쟁을 계속할 이유가 없을 것이 분명하다고 여겼다.

롬멜은 히틀러의 더 깊은 의도에 대해서는 알지 못했다. 실제로 히틀러는 1939년에 고위 장성들에게 독일의 동부지역 정책 목표가 폴란드 회랑이나 단치히와는 거의, 혹은 전혀 관련이 없다고 분명히 밝혔다. 단치히는 구실에 지나지 않았다. 실제 목표는 정복을 통해 레벤스라움[045]과 식량 공급을 확보하는 것이었다. 그리고 히틀러는 프랑스 전역에서 승승장구하고 있던 1940년 6월에 이미 측근들에게 다음 단계 및 궁극적 계획들을 설명하고 있었다.[046] 히틀러의 위상은 한층 굳건해졌다. 히틀러의 빛나는 승리는 애국적인 성과였으며, 에르빈 롬멜이 그랬듯이 정파를 초월한 업적으로 다뤄졌다.

1940년 6월의 승리는 독일 국민 대다수는 물론 세계를 깜짝 놀라게 했다. 중립국들 간에 영국에 대한 냉담한 분위기가 조성되었지만, 영국은 여전히 독일에 대항했다. 한편 독일 국내에서는 나치의 주장과 행동에 반대하는 집단들이 점차 축소되고, 고립되어 갔다. 완고한 보수주의자, 혹은 타인들로부터 그렇게 여겨지던 이들은 당시의 경향과 나치즘의 성공을 인정할 수 없었다. 이런 인물들 가운데 일부는 독일의 승리와 관계없이 순전히 도덕적 판단에 따라 행동했다. 실제로 디트리히 본회퍼[047]는 히틀러가 승리의 정점에 있던 1940년에 히틀러를 적그리스도로 묘사했다.[048] 헬무트 폰 몰트케[049]도 6월

---

043  1918년 11월 11일, 콩피에뉴 숲에서 독일제국군이 연합군에게 항복하며 1차 세계대전이 종결되었다.

044  von Manteuffel, 앞의 책

045  Lebensraum, 독일 국가사회주의는 독일 민족의 농본주의 기반 생존과 발전에 필요한 지정학적 영역을 '레벤스라움(생활권)'으로 지칭했다. 이 개념은 동유럽 침공과 학살의 명분으로도 사용되었다. (편집부)

046  Hildebrandt, 앞의 책

047  Dietrich Bonhoeffer (1906-1945) 독일 루터교회 목사, 신학자. 반나치주의자. 나치에 반발하는 프로테스탄트 교회인 고백교회(Bekennende Kirche) 설립을 주도했으며, 나치 정권에 의해 체포·투옥되고 히틀러 암살 음모 가담 혐의로 처형당했다. (편집부)

048  Wheeler-Bennett, The Nemesis of Power, 앞의 책.

049  Helmuth James Graf von Moltke (1907-1945) 동명의 제국원수 대/소 몰트케와 같은 몰트케 가의 백작. 법학자이자 반나치주의자. 독일 내부의 반나치 저항조직인 크라이자우 서클(Kreisau Circle) 설립자. 1944년 게슈타포에게 체포된 후 처형당했다. (편집부)

17일에 페터 요르크 폰 바르텐부르크[050]에게 다음과 같이 편지를 썼다. "이제는 악마의 승리를 보며 살아야 할 것 같소."[051] 이 세 명의 위인은 훗날 잔인하지만 영웅적인 모습으로 살해당했다. 하지만 솔직하고 애국적인 대대수의 독일인들은 새로운 태양이 떠올랐고 그간의 어둠이 사라졌다고 생각했으며 롬멜은 분명히 그중 한 명이었다.

이제는 프랑스 전역을 마무리하는 과제가 남았다. 도합 40개 사단 규모의 잔존 프랑스군은 대략 솜 강과 엔 강 선에 배치되었다. 아르덴에서 해안으로 이어지는 회랑은 행군하는 독일군 보병 사단들로 채워졌고, 5월 27~28일간 회랑의 독일군을 향해 남부의 프랑스군이 두 차례의 소규모 공세를 실시했다. 27일의 첫 번째 공세에서는 두 개의 프랑스 식민지 사단이 아미앵을 향해 공격을 진행했고, 28일의 두 번째 공세는 샤를 드골(Charles de Gaulle)이 이끄는 프랑스 제4기갑사단을 중심으로 한 일련의 기갑부대가 투입되었다. 그러나 두 공격 모두 독일군에게 일시적인 영향 이상을 미치지 못했다.

첫 번째 공세에서는 프랑스군 2개 사단이 영국군 제1기갑사단 소속 경전차와 순항전차의 지원을 받았다. 이 전차들은 며칠 전 프랑스에 상륙했다. 그러나 공세에 동원된 부대들은 상위 지휘계통이 복잡했고, 셰르부르(Cherbourg)에 양륙되었기 때문에 독일의 돌파구 북쪽에 있는 영국원정군 주력과 합류할 가능성이 없었다. 5월 27일에 영국군의 전차들은 프랑스 제7군의 명령을 받고 보병이나 포병 지원 없이 독일의 보병과 대전차포들을 향해 단독 공격을 시도했다. 당시 동원된 전차들은 제병협동에 적합하지 않았지만, 그 점을 고려하더라도 공세에서는 제병협동이 필요했다. 영국군은 제병협동 원칙을 무시한 결과 하루 동안 65대의 전차를 잃었다. 결국, 5월 29일까지 진행된 두 차례 공세 시도는 모두 실패로 끝났고, 프랑스는 북부 방면 전전 전역에서 방어태세로 전환했다.

독일의 돌파구 남쪽에는 1기갑 사단 외에도 영국군이 배치되었다. 하이랜드(Highland)의 현역 및 향토 부대로 구성된 제51사단은 마지노선 전방의 자르에서 프랑스군의 지휘를 받고 있었는데, 이 부대는 5월 10일 이전의 소강상태 당시 영국군의 동의 하에 경험을 얻기 위해 훈련 목적으로 파견된 부대였다. 지헬슈니트 작전 이후 사단은 영국원정군과 합류하기 위해 철수를 시도했지만, 당연히 그 시점에서 철수는 불가능했다. 이후 제51사단은 솜 남쪽에 있는 프랑스 제10군 전선의 서쪽으로 이동했고, 사단장 빅터 포춘(Victor Fortune) 장군은 6월 4일에 프랑스군 제9군단장에게 2개 프랑스 사단과 함께 아브빌(Abbeville) 남쪽의 솜 강에 있는 독일군 교두보들의 일부를 공격하라는 명령을 받았

---

050  Peter Yorck von Wartenburg (1904-1944) 독일의 귀족, 법률가. 반나치주의자. 헬무트 제임스 폰 몰트케 백작과 함께 크라이자우 서클 설립을 주도했고 1944년 7월 20일의 히틀러 암살계획 공모 당시 부총리로 내정되어 있었다. 암살 실패 후 처형당했다. (편집부)
051  Michael Balfour 및 Julian Frisby, Helmuth von Moltke (Macmillan, 1972)에 인용된 내용

다. 이 공격은 어느 정도 성공을 거뒀고 사단은 여러 목표지점에 도달했다. 하지만 다음 날 솜에 전개된 독일군 사단들이 공세로 전환했다. 6월 7일에 제51사단은 솜에서 20㎞ 남쪽에 있는 브레슬(Bresle)강에 배치되었고, 독일군 기동부대들은 사단 우익을 깊숙이 돌파하려는 의도를 보였다. 이는 영국원정군의 다른 부대들에게는 익숙한 일이었다. 호트 장군은 아브빌의 남동쪽 32㎞에서 또 다른 대규모 작전 기동을 진행 중이었다.

호트는 그곳에서 병력을 재편성했다. 롬멜의 제7기갑사단과 폰 하틀립-발스포른의 제5기갑사단이 소속된 호트 군단은 폰 보크의 B집단군 예하 3개 기갑군단 가운데 하나로, B집단군은 북쪽 지역에서 됭케르크를 마지막으로 전투를 종결한 후 남부로 전진하는 독일군의 우익에서 솜 일대에 배치되었고, 집단군의 좌익에는 룬트슈테트의 A집단군이 엔 강을 향해 전개된 상태였다. 6월 5일 오전 4시30분에 호트 군단의 우익인 제7기갑사단은 아브빌과 아미앵 사이에서 솜 운하를 건넜다. 공병들이 2개의 철교를 확보한 후 차량 통행 작업을 신속하게 진행했고, 명령에 따라 사단장의 지휘장갑차가 가장 먼저 운하를 건너갔다. 이제 롬멜은 솜을 돌파했다.

롬멜은 첫날의 전투에서 강력해 보이는 프랑스군 진지를 돌파하는 동안 보다 신중한 모습을 보였다. 지난 몇 주 동안 롬멜과 그의 사단이 성공적으로 임무를 수행한 만큼 자신의 개인적 결단력과 '부대 선두'에서 지휘하는 방식을 옹호할 수도 있었지만, 롬멜은 자신이 주도한 공세의 속도가 지나치게 빨랐고 그 결과 사단 내의 재보급은 물론 사단의 협조, 조화, 그리고 지휘 편의성이 희생되었음을 인식했음이 분명하다. 롬멜은 당시에도 이후에도 자신의 선택이 정당했다는 확신을 굽히지 않았지만, 통제된 상황에서 보다 꾸준한 속도로 기동했다면 이전의 진격만큼 극적이지는 않더라도 여전히 인상적인 속도로 진격할 수 있었을 것이다. 그러나 롬멜은 이전보다 침착하게 사단을 지휘했고, 전방은 물론 부대의 측면과 후방의 부대들에 대해서도 지속적으로 지휘권을 유지했다.

롬멜은 교량 방면에 상당한 포병 및 기관총 사격을 집중한 채 공격을 준비했으며, 목표를 고스란히 탈취하는 성과를 거뒀다. 그는 제6보병연대의 2개 대대와 함께 운하를 도하했다. 그리고 첫 교량의 차량 통행이 가능해지자 제25기갑연대를 도하시키고 케누와(Quesnoy) 북쪽의 언덕으로 이동해 그곳을 공격하라는 명령을 내렸다. 그리고 1개 전차대대를 차출해 프랑스군이 케누와에 필적하는 방어선을 구축한 앙제(Hangest) 마을을 공격하도록 했다. 프랑스군은 하루 내내 강력한 포격을 계속하며 보병 진지와 대전차포 포대를 사수했다. 프랑스군 지휘부가 급히 적용한 새로운 방어체계는 병력과 준비의 부족에도 불구하고 효과적으로 작동했다. 새로운 방어체계는 선형방어보다 종심을 강조하고, 75mm 야포를 대전차 용도로 활용했으며, 숲과 마을을 기반으로 대전차 사주방어 거점을 설치하고 거점들 사이에 간격을 허용하는 구조였다. 롬멜의 지휘차도 그런 거점 가운데 한 곳인 앙제에서 날아온 포격에 노출되었다. 이제 제7기갑사단의 상대가 단순한 패잔병이 아님이 명백해졌다. 적어도 당시까지는 그랬다. 롬멜은 프랑스군의 강력한 포격이 독일군의 사기에 영향을 주고 있다는 사실에 주목했다.

롬멜은 늦은 오후부터 상황을 타개하기 위해 구두로 정밀한 공격 명령을 하달했다. 명령에 따라 오후 4시에 케누와 공격을 개시한 제25기갑연대는 북쪽으로 우회하며 집중 사격으로 일대를 제압했고, 기갑수색대대가 바로 뒤를 따르며 후방을 엄호했다. 뒤따라온 제7보병연대의 대대들이 마을을 소탕했다. 케누아를 소탕한 사단은 몽타뉴(Montagne)-캉 엉 아미에누아(Camps-en-Amiénois)/호르누아(Hornoy) 공격 축선으로 진격을 재개했다. 롬멜 자신은 기갑연대 바로 뒤에서 움직였다. 롬멜은 작전 결과에 기뻐했으며, 기동과 협조가 '훈련처럼 진행된' 것에 만족했다. 통신도 훌륭히 유지되었다. 이런 결과는 기존의 행동에 있던 -회피할 수 있었지만 롬멜이 감수한, 어느 정도 의도된- 사소한 흠결들을 극복한 결과라 할 수 있다. 프랑스군은 필사적으로 싸웠지만 큰 피해를 입었고 많은 병력이 포로로 잡혔다. 제7기갑사단은 군단 명령에 따라 몽타뉴에서 정지했다. 공격을 지원할 급강하폭격기가 할당된 상황이어서 사단이 몽타뉴의 남쪽으로 움직일 경우 혼란을 초래하거나 독일공군의 오인 공격을 받을 위험이 있었다. 제7기갑사단은 솜 운하에서 강습 도하에 성공한 이후 적절한 위치에 배치되었으며, 롬멜의 전진은 과거의 공적들만큼 경이적이지는 않았지만 그의 사단은 대규모 포병의 지원을 받는 용감한 프랑스군을 상대로 솜 전선을 돌파하는 역할을 완수했다. 이제 칼자루는 롬멜의 손에 있었다. 프랑스군은 강하게 대응했고 때로는 전차로 반격을 가하기도 했지만 88mm 고사포에 저지당했다. 롬멜의 사단에서 88mm 대공포의 행군서열은 점점 앞으로 전진했다. 물론 이 포들은 견인포였고 방어력은 없는 것이나 다름없었다. 실제로 롬멜은 다음 날 아침에 여러 문의 포가 프랑스군의 포격으로 파괴되었음을 알게 되었다.

6월 6일 아침 9시에 롬멜은 제25기갑연대 본부에서 명령을 하달했다. 이후 롬멜은 2일에 걸쳐 지헬슈니트 작전 이전에 예행연습을 했던 야지행군을 실시했고, 사단은 정면 1.8km, 종심 19km의 대형을 형성했다. 사단은 이 큰 직사각형 대형으로 야지를 횡단하며 마을과 주요 도로를 우회하고 적이 은신했을 것으로 추정되는 장소와 숲을 향해 정면과 측면에 사격을 가하라는 명령을 받았다. 사단의 모든 부대는 다른 부대와 지나치게 떨어지지 않은 상태에서 새로운 상황에 대응할 준비를 하거나 예상치 못한 전투를 수행할 수 있도록 거점들을 지정받았다. 롬멜의 설명 및 제7기갑사단의 편제에 따르면 야지행군 개념의 기본은 직사각형의 대형이며, 변수는 각 단위부대 내의, 그리고 단위부대 간의 대형이었다. 롬멜은 전차대대들을 선두와 양익에 배치하고, 전차들에게 포탑을 옆으로 돌려 기동 간 사격을 하라는 명령을 자주 내렸다. 차륜형 차량들은 야지행군이 곤란하기 때문에 병목 지점에서 혼잡과 낙오를 피할 수 없었다. 그리고 전체 사단의 야지행군 길이가 19㎞고 정면이 1.8㎞라고 하면 차량 간 평균 간격은 140m가 되어 상당히 분산된 것처럼 보이지만 그 '평균'이 실제로 적용되는 경우는 드물었다. 롬멜은 전차들을 밀집대형으로 운용하도록 독려하는 경향이 있었다.

전진은 10시에 시작되었다. 야지행군은 분명 개활지에서만 가능한 기동이다. 그리고 솜과 센 사이의 지역은 그런 기동에 적합했다. 모든 기갑사단들이 그렇듯이 롬멜의 부대가 운용하는 차량 가운데 상당수는 차륜형으로, 야지 주행 능력이 그리 좋지 않았다. 차륜차량들은 전차들이 만드는 궤도 자국이나 관목울타리의 간격 등을 이용하라는 명령을 받았다. 6월 6일에 사단은 야지행군으로 약 21㎞를 기동했고, 7일에는 같은 방법으로 약 26㎞를 주파했다. 이 진격 속도는 꾸준히 유지되었다. 롬멜이 5월에 달성한 놀라운 진격에 비하면 명백히 부족하고 그다지 빠른 작전기동으로 보이지도 않지만, 당시의 속도는 단순히 사단의 선봉이 아니라 전체 사단의 이동 속도이며, 프랑스군의 진지들이 사주방어 편성을 갖추고 종심 깊게 배치된 지역을 통과하며 기록한 속도임을 고려할 필요가 있다. 6월 7일 오후 5시 30분에 롬멜의 사단은 솜에서 65㎞ 떨어진 미네르발(Ménerval)에 있었고, 수색대는 좁고 얕은 앙델(Andelle) 강까지 진출하여 포레 드브레(Forêt de Bray)에서 파리-디에프(Dieppe) 간 도로를 차단했다.

호트 군단은 이제 센 강을 눈앞에 두고 있었다. 6월 8일에 롬멜은 시지(Sigy)에서 앙델 강을 도하할 수 있는 여울을 발견했고 이곳으로 병력을 도섭시키기 시작했다. 그 직후에 수색대가 시지 남쪽의 작은 마을인 노르망빌르(Normanville)에서 파괴되지 않은 교량을 발견했다. 그래서 롬멜은 사단의 공격 축선을 그 지점으로 변경하고 거기서 루앙(Rauen)을 향해 남서쪽으로 출발했다. 루앙은 센 강의 큰 만곡부 내에 위치한 도시였다. 롬멜은 루앙 동쪽 몇 킬로미터에 있는 교차로에 병력을 보내, 그곳에서 루앙에 강력한 위력사격을 실시하기로 했다. 사격을 통해 동쪽에서 정면공격을 실시할 것처럼 방어군을 기만하고, 센 강 유역을 향해 남쪽과 남서쪽으로 이동해 루앙 바로 남쪽의 센 강 만곡부에 위치한 엘뵈프(Elbeuf) 일대에서 하나 이상의 교량을 장악하려는 계획이었다. 제7기갑사단은 이 계획을 통해 남쪽으로 도하하려 했으나, 전황은 의도대로 흘러가지 않았다. 다만 그 직후에 롬멜에게 새로운 임무가 하달되었으므로 6월 8일의 부진한 진척은 결과적으로 독일군에게 이득으로 작용했다.

앙델 강이 센 강과 합류하는 지역은 숲 속에 작은 마을이 여럿 위치한 지형으로 야지 행군에 적절하지 않았다. 롬멜은 숲 가장자리에 위치한 좁은 도로를 통해서 1개 전차중 대와 야포 및 88㎜ 대공포를 루앙으로 파견했다. 이 집단은 이동 중 연합군 전선을 가 로질러 남쪽으로 이동하던 일단의 영국군과 조우했다. 조우한 부대는 영국 제1기갑사 단 소속으로 아브빌 일대의 반격이 실패한 후 신임 프랑스군 총사령관 베이강(Maxime Weygand)으로부터 앙델 강 동쪽을 사수하라는 명령을 받고 있었다. 그러나 영국군의 희 망은 재앙으로 돌아왔다. 영국군은 주둔지에서 급히 집결시킨 대대들을 활용해 최선을 다했지만, 이 영국군들은 6월 8일에 센 강 남쪽으로 이동하라는 명령을 이행하는 과정 에서 롬멜의 부대와 이동 경로가 겹쳤다. 이 조우는 양자 모두 예상하지 못한 상황이었 고, 그 결과 롬멜이 루앙 교차로 방면으로 보낸 전투단의 전진이 더뎌졌다. 모든 방향에 서 당황하고 겁을 먹은 포로들이 나타나자 이들을 집결시키고 수용하는 과정에서 전투 단의 이동도 지연되었다. 결국, 전투단이 목적지에 도착하기도 전에 밤이 되었고, 한참 후에야 포병이 계획대로 전개되어 루앙을 향한 양동작전의 준비를 마쳤다. 롬멜은 제 25기갑연대의 잔여병력으로 부(Boos)와 레 오티유(Les Authieux)를 거쳐 센강 유역의 소트 빌(Sotteville)을 향해 진군하고 롬멜은 전차들을 뒤따랐다. 그 지역의 프랑스 주민들은 당 황하고 공포에 빠진 것처럼 보였고, 다른 지역의 주민들처럼 친근하게 손을 흔들어주지 않았다. 한 여인은 롬멜의 팔을 잡고 영국군인지 묻다 그의 대답에 몸서리를 쳤다.

6월 9일 새벽 2시에 롬멜은 사단 선두와 함께 센 강 북안에 위치했다. 그는 어둠을 틈 타 모터사이클 대대에게 강어귀를 따라 서쪽으로 이동해 엘뵈프의 교량들을 확보하도 록 지시했다. 야간인 데다 센 강 인근의 촌락들로 인해 당시의 롬멜은 나머지 부대들과 는 무선 통신을 유지하지 못하고 있었다. 롬멜은 2시간 안에 동이 틀 것이고, 이대로는 센 강 만곡부에 길게 늘어선 채 포위된 것이나 다름없는 제7기갑사단이 적에게 노출될 가능성이 높다고 판단했다. 그는 이런 상황을 방치하기를 원치 않았고, 교량을 확보하 고 병력을 강 남쪽의 고지대로 전개하기로 했다. 이 시도가 실패할 경우 프랑스군 포병 의 사격이 미치는 강의 만곡부 지역을 벗어나 북쪽으로 병력을 철수시켜야 했다. 롬멜 은 불안과 초조 속에서 엘뵈프 방면의 경과를 살피기 위해 직접 움직였다, 그러나 당시 그는 사단을 구성하는 부대들의 위치를 대부분 파악하지 못한 상태였다.

엘뵈프에 도달한 롬멜은 엄청난 혼란에 직면했다. 거리는 사람과 차들로 가득했다.

분명한 것은 교량을 확보하라고 지시한 모터사이클 대대가 아직 교량 점령 시도를 하지 않았다는 것이었다. 롬멜은 차에서 내려 격노하며 즉각 행동을 취하라고 명령했다. 시내에는 다수의 프랑스군과 민간인 차량들이 움직이고 있었다. 롬멜은 현장 지휘관이 이런 특수한 상황에서 지휘할 역량을 갖추지 못했다고 여겼다. 부대는 새벽 3시 직전이 되어서야 출발했는데, 몇 분 지나지 않아 목표한 두 곳의 교량은 프랑스군에 의해 모두 파괴되었고, 강의 상-하류에서 들린 폭음을 고려하면 서에서 동으로 이어지는 다른 교량들도 파괴된 것 같았다. 적어도 호트의 관할구역에서는 독일군이 센 강에서 저지된 것이다. 롬멜은 야간동안 상당히 분산된 상태로 진격하던 사단을 이동시키기로 결심했다. 당시로서는 센 강을 건널 수 없었다. 다음 날인 6월 10일에 제5기갑사단이 루앙을 점령하자 롬멜은 새로운 명령을 받았다. 포천 장군이 지휘하는 영국 제51사단은 아브빌 부근에서 프랑스군의 지휘 하에 반격을 시도한 후 브렐 강으로 철수했고, 강 일대는 프랑스 제9군단이 6월 8일까지 확보했다. 그날 롬멜은 이미 제51사단의 우익을 수 킬로미터가량 초월하여 루앙에 다가가고 있었다. 그리고 같은 날 포천 장군은 휘하 사단에게 센 강의 남쪽으로 철수하라는 명령을 내렸다. 이들은 총 4일간 80km를 주파해야 했다. 하지만 B집단군의 진격으로 인해 철수는 완전히 불가능해졌다. 따라서 제51사단과 프랑스 일레(Ihler) 장군의 9군단 예하 사단들은 르아브르(Le Havre)로 이동하라는 명령을 받고 해안과 일정한 거리를 유지하며 서쪽으로 철수했다. 포천은 르아브르로 2개 여단을 보냈는데, 1개 여단은 자신의 사단 소속이고 다른 여단은 기지 및 보급선 수비대로 급조해서 만든 보우먼 사단(Beauman Division) 소속이었다. 그는 잔여 병력도 작은 강인 베튄(Bethune) 강과 뒤르뎅(Durdent) 강의 중간 진지를 거쳐 강을 따라 철수하라고 명령했다.

그러나 주된 위협은 전방이 아닌 측면과 후방에서 다가왔다. 제51사단은 디에프에서 영국해협으로 흘러가는 베튄 강에 도착했지만, 생 발레리 엉 쿠(St Valéry-en-Caux)에서 약 10km 서쪽에 있는 작은 마을인 뷸레트(Veulettes) 부근에서 바다와 만나는 뒤르뎅 강은 그보다 40km 더 서쪽에 있었고, 르아브르까지 65km를 더 가야 했다. 포천은 6월 10일 밤에 독일군이 뷸레트를 장악했음을 파악했다. 프랑스군과 제51하이랜드 사단을 포함한 9군단 휘하 사단들은 녹초가 된 채 바다로 탈출하기 위해 작은 항구가 있는 생 발레리로 향했다. 호트는 프랑스군과 영국군이 르아브르로 철수할 것으로 예상하고 군단을 센 강에서 북쪽으로 돌려 이들을 차단하도록 명령했었다. 제7기갑사단은 즉시 르아브르로 이동했고, 롬멜은 6월 10일 오전 7시 30분에 넓게 분산된 사단을 뒤에 남기고 루앙의 북서쪽 16km 지점의 바렝탕(Barentin)으로 향했다. 그는 이미 제25기갑연대를 바렝탕의 몇 킬로미터 남쪽에 집결시켰고, 수색대대에게는 20㎞ 북쪽의 이브토(Yvetot)로 향한 후 가급적 신속하게 해안으로 진출하도록 명령했다. 롬멜은 멀리 떨어진 이 목표를 지도에서 가리키며 수색대대장에게 "내가 전차들과 도착할 때까지 이곳을 직접 확보하라!"고 말했다. "좌우를 돌아보지 말고 오직 계속 전진하라, 어려움에 처하면 내게 보고하라."[052]

그로부터 2시간 후, 롬멜은 제25기갑연대와 함께 이브토에 도착했다. 그곳에서 그는 '강력한 적군'이 생 상(St Saens)으로부터 이어지는 도로 축선을 따라 서쪽으로 이동 중임을 파악했다. 이들은 솜에서 서쪽으로 퇴각하던 연합군의 일부였고 당시 제51사단은 퇴각하는 대열의 가장 북쪽에 위치하고 있었다. 롬멜은 직접 경대공포와 88㎜ 대공포들을 집결시켜 동쪽을 향해 배치하여 이브토를 엄호하고, 기갑연대와 수색대대를 대동하여 최대한 신속하게 북쪽으로 이동했다. 이 부대들은 도로에서 2열 종대로 이동했으나 기갑연대는 가능한 도로와 평행한 위치에서 야지로 기동했다. 얼마 지나지 않아 적 차량들이 동-서간 모든 도로에서 나타났다. 이 차량집단에는 서쪽 15km 지점의 페캉(Fécamp)으로 이동한 후 해상으로 철수하려는 프랑스군과 영국군 병력 일부가 탑승하고 있었다. 차량들은 격파되고 항복한 생존자들은 포로가 되었다. 롬멜은 선두 부대들의 진격을 계속해서 재촉했고, 그의 지휘차는 페캉-뷸레트 사이에 있는, 생 발레리 서쪽 15km 지점에 위치한 달레(Dalles)라는 작은 해안 마을에서 바다에 도달했다. 포천의 정보는 정확했다. 포위망이 닫혔고 어느 연합군 부대도 르아브르에 도착하지 못할 것이다. 전반적으로 혼란을 겪고 있었지만 롬멜 사단의 장병들은 모두 뛸 듯이 기뻐했다. 롬멜은 서쪽에 있는 페캉으로 이동했다. 바다가 시야에 들어오자 마침내 유럽의 가장자리에 도착했으며 프랑스 전역이 절정에 달했음을 실감할 수 있었다. 이는 분명 흥분되는 경험이었다.

롬멜은 솜 운하를 돌파한 이후 거의 쉬지 않으며 밤낮을 가리지 않고 이동했다. 그는 때로 어둠 때문에 특정한 작전이나 기동들이 어려움을 겪거나 실패하는 상황을 실망스럽게 지켜봐야 했다. 그리고 야간에는 이따금 무선 통신이 어려워지며, 이를 감수해야 한다는 것을 깨달았다. 이런 두절 현상은 항상 발생했다. 롬멜은 이런 문제들에 개의치 않았다. 그는 주야를 가리지 않고, 상황에 관계없이, 차량과 전차의 탄약과 연료가 남아 있는 한, 항상 자신과 예하 부대들을 한계까지 몰아갔다. 롬멜은 지난 4주간 전투를 계속한 사단 소속 장병들이 극히 지쳤고, 그들의 반응이 작전 초기처럼 활발하지 못하며, 그들 스스로 포상 휴가를 기대할 만한 전공을 거뒀다고 생각하고 있음을 깨달았다. 롬멜 자신은 전혀 그렇지 않았을 것이다. 그는 승리를 만끽했고, 다른 장병들 못지않게 지

---

052  Von Luck, 앞의 책

쳤지만 여전히 예리함을 잃지 않았으며, 이전에도 이후에도 부주의하거나 우유부단한 모습을 거의 보이지 않았다. 그는 페캉의 남쪽 변두리를 잠시 둘러본 후 다시 동쪽으로 이동하여 어느 전차대대와 합류하여 선두 전차 3대 뒤에서 함께 기동하며 대대에게 방향을 바꿔 해안을 따라 생 발레리로 이동하도록 지시했다. 그런데 이동 중 한 문의 프랑스군 대전차포가 사격을 개시해 선두 전차가 피격되었고, 피격된 전차의 전차장은 전차를 유기했다. 함께 움직이던 전차 두 대도 응사를 하지 않고 도로를 급히 벗어나는 바람에 뒤따르던 롬멜의 지휘차량이 대전차포의 사선에 노출되었다. 프랑스군은 몇 차례 공격을 시도했으나 포탄은 모두 빗나갔고, 롬멜은 즉시 하차한 후 피해를 입지 않은 전차 두 대에게 응사를 지시하여 대전차포를 침묵시켰다. 이후 롬멜은 선두 전차의 전차장을 불러 그의 행동에 대해 지적하고 그대로 뷸레트에 들어갔다.[053]

6월 11일이 되자 생 발레리는 프랑스군과 영국군의 차량과 병사들로 들이찼고, 마을 서쪽의 고지대에 프랑스군과 영국군의 방어진지가 편성되었다. 롬멜은 제25기갑연대를 가급적 전방으로 조금씩 전진시키며 연대 소속 전차 몇 대를 항구를 관측하고 사격을 가해 병력이 수송선에 승선하지 못하도록 저지할 수 있는 지점에 진출시키는 데 성공했다. 그 날 오후에 롬멜은 백기를 든 특사를 보내 수비대에게 항복을 권유했지만, 연합군은 이를 거절했다. 항복이 거부된 이후 제7기갑사단의 전차와 포병이 집중 사격을 가하고 보병 연대의 보병들도 시내보다 높은 고지대에 전개했으나, 생 발레리의 군인들은 여전히 항복을 하지 않았다. 생 발레리에 대한 포격은 관측되는 모든 표적을 향해 밤새도록 계속되었고, 물자를 소비한 전차들은 철수 후 보급을 받았다. 다음 날인 6월 12일이 되자 롬멜은 아침부터 시가지를 포위하는 위치로 기갑부대를 재배치하고 최대한 접근하는 것을 전제로 시가를 향해 조금씩 전진했다. 롬멜은 북서쪽 변두리의 주택에 지휘차를 세우고 차에서 내려 제25기갑연대의 일부와 함께 시내로 조심스럽게 걸어갔다.

이미 생 발레리는 화재에 뒤덮여 있었다. 롬멜과 선두 전차들은 항구에 도착했고, 수송선 한 척이 항구에서 병력을 수용하는 모습을 포착했다. 롬멜은 수송선에 사격을 가하도록 직접 지시했고, 처음에 사격한 88mm 대공포 1문은 표적을 명중시키지 못했으나 뒤이어 사격한 포병은 성공했다. 이제 수비대에게는 남은 수송선이 없었고 희망도 사라졌다. 잔여병력은 모두 포로가 되었고, 프랑스 장군 한 명이 롬멜에게 다가와 자신이 9군단장 일레 장군이라고 말했다. 일레는 이미 포천에게 항복을 지시했으나 포천은 한동안 이 명령을 거부하려 했다. 하지만 프랑스 병력들은 이미 항복 중이었고, 하이랜더 사

053  Liddell Hart, 앞의 책

단의 반격 시도도 백기를 든 프랑스 병사들이 저지했기 때문에 포천도 전투중지명령을 내리는 것 외에는 다른 방법이 없었다. 이제 센 강의 북쪽과 동쪽의 전쟁은 종결되었다 적어도 4년간은 말이다. 그 날 저녁, 제7사단 군악대는 페캉에서 노천 공연을 실시했다.

1940년 여름 전역에서 롬멜의 역할에 마지막 짧은 장 하나가 남았다. 생 발레리가 함락된 다음 날인 6월 13일에 영국군 브룩(Brooke) 장군이 셰르부르에 도착했다. 2군단장인 그는 됭케르크에서 휘하 부대와 함께 철수했지만, 영국 전시내각은 브룩에게 프랑스로 돌아가서 새 영국원정군을 조직하도록 지시했다. 프랑스에는 아직 센 강 남쪽에 상당수의 영국군이 남아있었는데, 이들은 대부분 독일군에게 점령되지 않은 기지와 보급선을 수비하는 부대들이었다. 영국군 제52사단이 프랑스로 수송되었고 선두 여단은 이미 셰르부르에 도착해서 프랑스군의 지휘 하에 편입되었다. 1개 캐나다 사단의 증파가 확정되었고 후속부대도 파견하기로 했다. 6월 14일에 브룩은 프랑스군 총사령관 베강 및 독일군의 맹공에 직면한 육군총사령관 조르주(Georges) 장군과 상의했다. 이 회담에서 연합군은 브르타뉴(Bretagne) '요새'를 방어하는 전략을 합의했다. 회담에서 언급된 요새는 브르타뉴 반도 입구를 가로지르는 방어선으로, 일대의 방어를 위해 최소한 15개 사단이 필요했다. 휘하의 가용 전력이 1개 사단뿐인 브룩은 프랑스 측에 잔여병력에 대해 문의했으나, 프랑스측은 브룩 휘하의 병력이 전부라고 답했다. 베강도 브르타뉴 방어계획을 비현실적이라 평했다. 회담 중에는 밝히지 않았지만 그는 이미 프랑스 정부에 휴전이 반드시 이뤄져야 한다고 조언한 상태였다.

브룩은 자신이 무엇을 해야 할 것인지 분명히 인식했다. 브룩은 회담 당일 저녁에 런던의 대영제국 참모총장과 처칠에게 직접 전화를 걸어 즉시 병력을 증원해야 하며, 어떤 영국군 부대도 프랑스군의 지휘 하에 남겨서는 안 되고, 가급적이면 생 나제르(St Nazaire)와 셰르부르항에서 즉시 철수작전을 실시해야 한다고 보고했다. 상당한 난관이 있었지만, 브룩은 자신의 주장을 관철시켰다. 브룩은 6월 18일에 생 나제르에서 출항했고, 당일 오후 4시에 마지막 영국 배가 셰르부르 항을 떠났다. 같은 시간에 독일군 포병은 시 주변의 고지들을 사정권에 넣고 있었다. 프랑스를 시련에서 구하기 위해 호출된 프랑스 총리 페탱(Pétain) 원수는 전날 더이상의 심각한 싸움은 상상할 수 없다는 내용의 연설을 프랑스 전역에 방송했다. 프랑스에서는 이 방송을 휴전 요청으로 받아들였다.

독일군은 별다른 어려움 없이 센 강을 도하했고, 이후 독일 보병사단들은 루아르(Loire)를 향해 남으로 행군했다. 그리고 생 발레리에서 활약한 제7기갑사단은 6월 17일에 센 강을 도하하여 가급적 신속하게 서쪽으로 진격하고 북쪽으로 방향을 전환해 영국

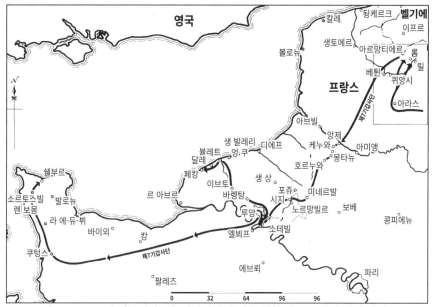

지도11. 1940년 서부전선. 제7기갑사단의 영국 해협 및 노르망디 방면 진격.

으로 탈출하려는 영국군이나 프랑스 부대가 바다로 철수하지 못하도록 주요 항구인 셰르부르항을 점령하라는 명령을 받았다. 당시 롬멜은 자신의 사단 이외에도 자주성 있는 지휘관 중 한 명인 폰 젱어(von Senger) 장군의 차량화 여단을 함께 지휘하고 있었다. 6월 17일에 롬멜 사단은 별다른 저항 없이 240㎞를 주파하는 놀라운 성과를 달성했다. 이전보다 많은 프랑스 부대들이 스스로 무기를 버리거나, 무기를 버리라는 명령을 받았다. 사단은 힘겹지만 즐거운 진격의 종점인 쿠탕스(Coutances)에 도착했고, 거기서 셰르부르를 향해 북쪽으로 방향을 돌려 라 에뒤페(La Haye du Puits)에서 처음으로 셰르부르에서 철수작전을 실시하기 위해 사전 배치된 프랑스군의 사격에 노출되었다. 롬멜의 장병들이 엄호 부대와 조우한 시점에서 시간은 이미 자정이 지나 있었다. 당시 롬멜은 휴전에 관한 공식 연락을 받지 못한 상태였다. 그리고 만일 휴전이 이뤄졌다 해도 방어 부대가 이를 전달받지 못한 것이 분명했다. 따라서 롬멜은 방어부대에게 6월 18일 아침 8시까지 항복하지 않으면 공격하겠다고 전했다. 그리고 8시가 되자 방어 진지는 이미 포기된 상태였다. 롬멜은 셰르부르를 향한 진격을 계속했다. 전쟁이 여전히 계속되고는 있었지만 당시 롬멜은 전쟁 종결을 가정하고 있었기 때문에 적의 사격을 유발해 병력을 잃는 위험을 감수할 생각이 없었다. 북쪽으로 향하는 경로 상에서 사단 선두는 노상장애물에 직면했고, 프랑스군이 멈춰선 부대에 사격을 가해 왔다. 롬멜은 사단장으로서 늘 행동하던 대로 즉시 자신의 지휘장갑차로 응사하며 선두 소대에 대응 명령을 내렸다.

당시 롬멜은 폰 웅어(von Unger) 대령의 제6보병연대와 함께 사단을 선두에서 이끌고 있었다. 그는 셰르부르를 엄호하는 프랑스군 진지로 판단된 곳에 대규모 포격을 지시했고, 휘하 포병의 사격을 보며 흡족해 했다. 그러나 6월 18일에는 독일군이 전진하던 중 셰르부르의 보루 일대에서 예상치 못한 대규모 포격에 노출되었다. 셰르부르 시 주위의 보루들에 포가 배치되어 있었던 것이다. 롬멜은 셰르부르 시의 주변 고지군에 포격을 유지하며 시의 서쪽 해안에 도달하고 제7보병연대가 시의 서쪽에서 시내로 진입하기로 계획했지만, 적어도 다음 날까지는 이 작전을 실시하지 않기로 결심했다. 사단은 아직 선두인 자신의 위치와 후미인 센 강까지 320㎞에 걸쳐 도로에 늘어선 상태였고, 예정된 전투를 실시하려면 포병, 전차, 그리고 2개 보병연대와 쟁어 여단이 필요했다.

롬멜은 6월 18일 밤까지 이동 속도가 느린 중포대를 제외한 모든 포병 전력을 셰르부르 접근로를 엄호하는 위치에 계획대로 배치했다. 사단 병력 대부분도 재집결했다. 롬멜은 샤토 드 소테빌(Château de Sotteville)의 건물에 사단 사령부를 설치하고 몇 시간 가량 숙면했는데, 이 과정에서 몇 가지 행운이 따랐다. 사단사령부를 설치한 건물은 셰르부르 항 및 요새 사령관의 관사였고, 내부에 셰르부르 보루들의 설계도가 발견되었던 것이다. 6월 19일 오전에 롬멜은 셰르부르 서쪽 교외를 향해 이동 중인 제7보병연대와 합류하기 위해 부대를 전진시켰다. 곧 한 곳 이상의 보루에서 프랑스군의 포격이 시작되었다. 롬멜은 제7보병연대 지휘소에서 독일군 포병에게 대응사격을 지시하여 프랑스군 포대를 침묵시켰다. 롬멜은 여전히 자만심으로 인해 불필요한 사상자가 발생하는 상황을 우려했고, 제7보병연대와 합류하기 위해 전방으로 이동하던 중 한 기관총 소대와 그 소대장이 아무 조치도 취하지 않은 채 공격에 취약한 상태로 빈둥거리는 모습을 목격하고 그들을 호되게 꾸짖었다. 롬멜은 부대가 연승 가도를 달리는 동안 병력들이 얼마나 쉽게 긴장이 풀리고 그로 인해 피해를 입을 수 있는지를 아주 잘 알고 있었다.

다만 전투 자체는 이미 막바지에 달해 있었다. 정오경에 두 명의 프랑스 공무원이 롬멜을 방문했고, 롬멜은 그들에게 오후 1시 15분까지 항복하라는 요구를 프랑스 사령관에게 전달하도록 했다. 그러나 항복 응답은 없었고, 공격은 재개되었다. 항복 요구시간을 초과하자 독일군 급강하 폭격기가 즉시 공격을 개시했고, 롬멜의 포병도 사격을 재개했다. 특히 독일군을 향해 빈번하게 사격을 가하던 조선소 방면에 포격과 폭격이 집중되었다. 쟁어 여단이 시내로 처음 진입했고 동쪽으로 우회하여 공격을 실시했다. 프랑스군의 저항은 곧 중지되었고, 5시에 공식 항복 문서 서명이 끝났다. 롬멜은 민간인 피해가 발생하지 않은 점에 만족감을 표시했다. 롬멜은 휘하 부대가 무질서해지거나 도시를 약탈하지 않도록 특히 주의를 기울였다.

이제 독일은 사실상 프랑스 전역이 종결되었고 프랑스와 평화를 회복했으며 항복 조항 협상만이 남았다고 간주했다. 휴전 조약은 6월 22일에 마무리되었다. 그간 롬멜의 제7기갑사단에서는 전사자 582명. 부상자 1,646명. 그리고 실종자 296명이 발생했다. 같은 기간 획득한 포로와 노획장비의 규모도 어마어마했다. 롬멜은 전투가 끝나면 늘 그렇듯 서신을 보내고 조문을 하고 훈장을 상신하는 업무로 바쁘게 움직였다. 이 업무를 위해 많은 시간이 필요했지만 그는 모든 일을 직접 챙기고 엄정하게 관리했다. 롬멜은 비판을 주저하지 않듯이 칭찬에도 인색하지 않았다. 독일 국방군은 고급 훈장들을 남발하는 편이 아니었지만[054] 롬멜은 다른 몇 명과 함께 기사십자 철십자장을 받았다. 이제 롬멜은 명성을 얻었다. 롬멜과 전쟁 후 유령사단이라는 별칭이 굳어진 그의 사단의 공훈은 매우 유명해졌고, 롬멜도 이런 유명세를 싫어하지 않았다. 그는 프랑스 전역에서 직접 사진을 찍어 기록으로 남겼고, 인쇄 매체들에 기재된 사단 관련 기사들을 지속적으로 확인하며 세부적인 내용과 그 표현에 대해 의견을 전달하곤 했지만 천박한 선전에 대해서는 유감을 표했다. 이 과정에서 '롬멜하다'[055]라는 표현이 등장하기도 했다. 롬멜 자신은 사단에서는 그런 표현이 쓰이는 것을 본 적이 없다고 분명히 말했지만[056] 그가 자신의 지휘력에 대해 자신감을 가졌고, 그만한 근거가 있었음은 명백한 사실이다.

롬멜의 지휘 기법은 이후로도 계속 논쟁의 대상이 되었다. 모든 독일군 기동부대 지휘관들은 전방, 즉 '말 안장'에서 지휘해야 한다고 믿었으며, 롬멜도 이를 역사상 위대한 기병 지휘관의 정신이자 자이들리츠[057]와 치텐[058]의 방식이라고 설명했다. 하지만 롬멜이 사용한 기법에는 두 가지 놀라운 측면이 있었다. 첫 번째로, 그의 개성에 부합하기 때문에 의미심장하게 보여도 그다지 중요하지는 않지만, 롬멜은 빈번히 규정을 무시했고, 그로 인해 상급자들의 분노를 샀다. 예를 들어 독일군에는 행군 경로 지정 방식이 규정되어 있었고 이를 개별적으로 바꾸는 행동은 금지되었다. 행군 경로의 선정은 명료성이

..........................

054  2차대전 초기에 한한다. 하급 훈장인 2급 철십자장의 경우. 1차 세계대전 당시에는 500만명 이상이 받았고, 2차대전 초기에는 어느 정도 엄격한 수여원칙을 준수하였으나, 말기에는 다시 사기 진작 등의 목적으로 기사철십자장 이하 훈장이 남발되었다. (편집부)

055  'Rommeln'

056  BAMA N 117/1

057  프리드리히 빌헬름 폰 자이들리츠 쿠르츠바흐 Friedrich Wilhelm Freiherr von Seydlitz-Kurzbach, 프로이센 왕국 역사상 가장 유명한 기병 지휘관. 7년전쟁 당시 프라하 전투를 지속으로 콜린, 로스바흐, 프라이베르크 전투에서 활약했으며 과감하고 저돌적인 프로이센 기병대 전통의 시초로 평가받고 있다. (편집부)

058  한스 요아힘 폰 치텐 Hans Joachim von Zieten, 프리드리히 2세 휘하에서프로이센 왕국 기병대 지휘관으로 재직했고 7년전쟁 당시 고령의 나이로 군을 지휘하여 로이텐 전투와 리그니츠 전투 등에서 활약했으며 전후 기병총감직에 올랐다. (편집부)

중시되는 업무로, 독자적인 처리방식은 혼란을 초래할 수 있었기 때문이다. 그러나 롬멜은 이를 무시하고 제7기갑사단의 경로를 항상 'DG7'로 표기해 명령을 내렸다. 이는 규정에도 맞지 않았고 종종 골치 아픈 문제의 원인이 되었다. 참모들은 지휘관뿐만 아니라 시스템에도 충실해야 하기 때문에 시스템을 무시하는 지휘관에 충실하기가 쉽지 않았다. 롬멜은 개인주의자였다. 롬멜의 반대자들은 그가 병적인 자기중심적 사고를 가지고 있으며 타인에게 관대하지 못하다고 말했지만 (어떤 사람들은 몽고메리에게도 그렇게 말했다), 롬멜은 기본적으로 강철 같은 의지를 가지고 자신과 운명을 절대적으로 신뢰하는 지휘관이었다. 이런 성향은 상급자들을 자극하기 십상이다. 단조로운 사고방식을 가진 상급자라면 특히 더 그렇다. 독일군 참모총장이자 그러한 단조로운 상급자의 대표적 사례인 할더 장군은 롬멜의 성과를 보고받으며 이렇게 평했다. "이 장군은 미쳤구만!"

롬멜의 방식에 대한 두 번째 비판은 앞서 언급했듯이 부대 첨단에서 지휘하는 성향에 대한 것이었다. 롬멜은 기동전을 실시하는 동안 지휘관이 결정적 지점에서 결심을 해야 한다고 믿었다. 진격시에는 공격 선두가 그런 지점에 해당한다. 롬멜은 거의 언제나 선두 전차, 혹은 선두 소대와 동행했고, 적어도 선두 중대장 인근에 위치하려 했다. 하나의 사단은 다양한 편제 부대들을 조화롭게 구성하여 협조된 전투를 진행하고 균형 잡힌 임무를 수행하기 위한 거대 조직이다. 오케스트라에는 지휘자가 필요하며 지휘자는 연주자석이 아닌 지휘대에 있어야 한다. 지휘관이 일선에 위치할 경우 그 지휘관은 사단을 지휘하기보다는 가장 작은 단위까지도 언제든 전술 전투를 지휘하기 위해 개입할 가능성이 높고, 이로 인해 예하 지휘관의 자주성은 독려를 받기보다는 오히려 위축되기 쉽다. 예하 지휘관의 자주성은 롬멜이 특히 중시하던 부분이었다. '직접 짖으려면 개는 왜 키우나'라는 속담이 있다. 지휘관은 예하 지휘관에게 간섭하지 않는 지시를 내리는 것이 보편적이고 대체로 합당한 선택이다.

롬멜은 이 점을 잘 알고 있었다. 그는 본능적으로 행동했지만 이는 철저하게 교육된 본능이었다. 롬멜은 항상 자신의 행동을 합리적으로 고찰했다. 롬멜이라면 아마 일선 전투에 개입하는 태도를 이렇게 합리화했을 것이다. 유동적인 전투 상황에서는 특정한 순간, 특정한 장소에서 초인적인 활력을 발휘해야 하며, 지휘관의 역할은 그러한 활력이 일시적으로 부족해지는 지점에서 절차에 구애받지 않고 활력을 제공하는 것이라고 말이다. 롬멜은 저격수가 숨어 있는 강변에서도 반짝이는 부츠와 붉은색 계급장이 눈에 띄는 위험을 감수하며 큰 소리로 전투를 지휘하곤 했다. 그는 부교를 가설하는 공병들이 작업을 서두르도록 독려하고, 병장처럼 사격을 지시했으며, 공포에 빠져 움직이지 않는 병사들이 행동하고 반응하고 응사하도록 독려했다. 롬멜은 전차 종대를 자신만이 파악한 여러 경로와 장소로 직접 인솔했고, 필요하다면 군수품 보급대열도 직접 이끌었다. 그는 이러한 행동을 반복했다. 우리는 이 과정에서 롬멜이 겪었던 상황들이 좀 더 느리게 진행되거나, 좀 더 단호하지 못했거나, 약간만 어긋나도 기회를 놓쳤을 것이라는 느낌을 받게 된다. 롬멜은 가급적 형식에 구애되지 않으려 했고 규정된 지휘절차도 엄격하게 지키지 않았는데, 이는 전쟁이라는 비범한 상황이 무모로 점철된 난잡한 사건들의 집합이며, 꼼꼼한 관리자와 같은 사고방식은 지휘관에게 어울리지 않는다고 여겼던 롬멜 특유의 사고방식과 연관되어 있었다. 뿐만 아니라 롬멜은 신중한 행동이 필요할 경우에는 그렇게 행동할 수 있었고, 극히 무모한 지휘를 할 수 있었듯이 주의 깊게 계획대로 행동하는 방법도 알았다. 이는 롬멜의 성격을 구성하는 근간으로, 젊은 시절에도, 나이가 들었을 때도 변하지 않았다. 군인에게 요구되는 특별한 상황에 필요한 자질들을 고려한다면, 그는 항상은 아니라도 대체로 흠잡을 데 없는 자질의 소유자였다.

그러나 롬멜은 본능적으로 선봉에 위치했다. 롬멜은 군 경력 전반에 걸쳐 군이나 사단의 복잡한 군 지휘 기법을 무시한다는 비판을 받았다. 특히 보급 부서를 배려하지 않거나 정보 배포를 경시한다는 점이 비판의 대상이 되었다. 그를 비판하는 사람들은 그가 참모를 적절히 활용하지 않았고, 개인을 대상으로 하는 구두 명령에 지나치게 의존했으며, 무선 통신의 불완전함을 충분히 고려하지 않았다고 비난했다. 독일의 무전기는 기술적으로 가장 뛰어났지만 프랑스 전역에서는 지나치게 긴 이동거리로 인해 많은 경우 무선통신을 활용할 수 없었다.

정리하자면, 롬멜을 비판하는 사람들은 그가 체계적 협조에 실패했고, 보유한 장비를 효과적으로 활용하는 데 실패했으며, 자기 부대의 일부가 어디에 어떻게 배치되어 있는지조차 파악하지 못하곤 했다고 비난한다. 예를 들어 캉브레로 진격할 당시 사단사령부는 롬멜이 어디에 있고 어떠한 곤경에 처했는지 알지 못했고, 호트의 군단사령부에 불안감을 보고했다. 선임 장군참모인 작전참모(Ia) 하이드캠퍼(Heidkamper) 소령은 생 발레리 전투 직후에 용감하게도 참모부가 롬멜의 지휘방식을 버거워 한다는 내용의 건의서를 롬멜에게 제출했다. 롬멜은 이 반응에 격노했다. 롬멜의 관점에서는 오히려 사단 참모부가 소심하게 꾸물거리고 있었으며, 자신의 요구, 특히 전차에 대한 요구사항을 사전에 조치하지 않았다. 그는 르카토 인근에서 전주방어 태세에 돌입한 제25기갑연대에 대한 보급 실패의 원인을 사단장의 무모한 리더십이 아닌, 참모부의 예측과 자주성 부재로 보았다. 하지만 롬멜은 군단장 호트가 제7기갑사단의 성과를 높이 평가하면서도 자신의 지휘기법에 의구심을 가졌다는 사실을 파악했고, 군단장과 대화한 후 사단 작전참모와 화해했다. 당시 작전참모의 반발에 공감하고 당시에도, 그 이후에도 지휘과정에서 종종 행정적 문제를 야기했던 롬멜의 성급하고 독선적인 개성을 비난하기는 쉽다. 하지만 롬멜은 사단 참모 및 다른 사단 장병들과 더 오랫동안 훈련과 준비를 할 수 있었다면 그들도 자신의 방식과 군사 사상을 이해하고 따를 수 있었을 것이라 생각했다. 호트는 7월 7일에 작성한 롬멜에 관한 보고서에서 롬멜에 대해 관대한 평가를 남겼다. 이 보고서는 전투의 결정적인 지점을 파악하는 롬멜의 감각을 '전선지휘(Fronterführing)'라고 표현하며 롬멜이 "기갑 사단 지휘의 새로운 길을 개척했다"고 평했다.[059]

롬멜은 따르기 쉽지 않은 사람이었고, 그의 민첩성과 활동력이 초래하는 흥분과 혼란은 그의 재능이 승리와 함께 만들어내는 동전의 양면이었다. 그는 오직 자신의 방법으로만 지휘할 수 있었고, 이런 독자적 지휘를 아르곤에서 프랑스군과, 코스나 산에서 루마니아군과, 그리고 마타주르에서 이탈리아군과 교전한 경험을 바탕으로 터득했다. 그리고 롬멜은 뫼즈에서, 르카토에서, 아라스에서 지휘관으로서 역량을 입증했다. 그는 다른 사람이 아닌 그 자신이 되어야 했다. 그는 영웅적인 지휘관으로서만 행동할 수 있었다. 그리고 롬멜의 방식이 상급자와 동료들, 그리고 때로 그의 참모진에게 어떠한 영향을 미쳤더라도 사단의 장병들은 그의 방식을 의심하지 않았다. 사단장이 기사십자장을 받은 것에 대한 사단 장병들의 공식 축하를 받고, 그 답례로 롬멜은 장병들에게 감사를 표하며 그들의 공적을 기리는 내용의 명령을 발표했다. "디낭-아벤느-르카토-캉브레-아라스-릴-솜-루앙-페캉-생 발레리는 사단의 모든 장병들에게 일생 동안 자랑스러운 기억으로 남을 것이다."[060]

롬멜은 장병들의 자부심을 정확히 읽었다. 그 자부심은 영원히 그들의 마음속에 남을 것이다. 롬멜은 이후에도 승리를 거두는 과정에서 제7기갑사단과 그 장병들로부터 오랜 '롬멜 정신'이 여전히 살아있음을 확인할 수 있는 소식들을 접했다. 그들에게 그는 항상 '롬멜'이었다. 그의 말쑥한 외양, 민활한 태도, 예리한 인상, 즐거운 상황에서 보여주던 미소, 슈바벤 억양의 날카롭고 단호한 목소리, 이 모든 것들이 사단의 모든 장병들의 마음속에 영원히 기억되었다.

059    IZM ED 100/186

060    "Werden fur alle Soldaten der Division stolze Erinnerungen Zeitlebens bleiben." BAMA N 117/6

**PART 4**
**1941-1943**

# 제11장 아프리카의 해바라기 작전

이제 롬멜의 운명은 밝게 빛났다. 총통사령부는 롬멜이 제7기갑사단의 프랑스 전역 진격로가 기입된 지도를 히틀러에게 제출해야 한다는 데 동의했다. 롬멜은 전선에서 기갑사단의 진격에 관한 정보를 총사령관에게 제출하라는 지시를 받고 예하 장교들을 통해 제출했는데, 아마도 롬멜의 비판자들은 이를 두고 롬멜이 개인적인 행운을 거머쥘 기회를 받아들였다고 주장할 것이다. 롬멜이라는 이름은 널리 알려지고 있었다. 선전부 장관 요제프 괴벨스(Josef Goebbels)가 주도적으로 롬멜을 찬양했다. 군인 중의 군인인 롬멜은 유령사단이 이룩한 무훈이 발표되는 것을 즐겼음이 분명하다. 괴벨스의 일기에는 거의 마지막까지 롬멜이 모범적인 인물이고 탁월한 군인이며 독보적 지휘관이라는 아첨에 가까운 표현들이 빈번히 등장한다. 괴벨스의 찬사는 직업적인 측면에서 롬멜의 위상에 큰 도움이 되지는 않았지만, 이런 표현은 롬멜의 개인적 매력과 카리스마, 그리고 롬멜과는 상반된 성향의 지인들도 그에 대해 거의 비슷한 평을 남겼음을 보여준다.

롬멜은 독일과 국방군의 많은 사람들이 그랬듯이 평화가 목전에 다가왔고 곧 평화를 즐기게 될 것이라 여겼다. 그는 히틀러가 가급적 빠른 시일 내에 소련에 대한 전쟁을 개시해야 한다고 결정했음을 알지 못했다. 당시 이를 아는 사람은 거의 없었다. 롬멜은 영국이 독일과의 타협을 거부하는 실망스러운 상황에 직면했으며, 히틀러가 독일의 식민 제국 지위 회복에 대해 이야기하고 있다는 사실도 알지 못했다.

히틀러가 악어의 눈물을 흘리며 영국이 자신의 호의를 일축한 것이 앞을 보지 못하는 어리석은 행동으로 규정하고, 영국을 침공하겠다는 의도를 공개적으로 드러냈다. 히틀러는 독일인들에게 이 계획의 필요성을 큰 어려움 없이 설득할 수 있었지만, 1940년 여름의 항공전으로 인해 영국 침공을 실행할 수 없게 되었다. 그 직후에는 별다른 마찰 없이 영국 침공을 완전히 포기한다는 결정이 내려졌다. 다만 롬멜의 합리적인 추론처럼 적

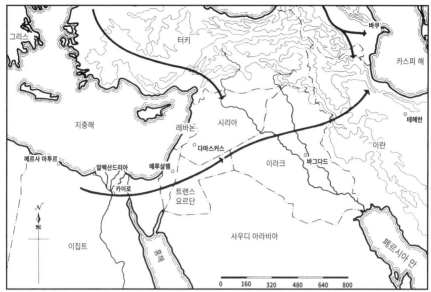

그리스

터키

바쿠

카스피 해

지중해

레바논

시리아

테헤란

다마스커스

이란

메르사 마투르

알렉산드리아

예루살렘

바그다드

이라크

카이로

트랜스
요르단

이집트

사우디 아라비아

페르시아 만

0  160  320  480  640  800

지도 12. '오리엔트 계획'

을 위협하고 분열시키기 위한 선전방안으로 영국 침공 계획 자체는 유지했다. 롬멜은 항상 영국 침공 작전을 실제로 시도했어야 한다고 여겼다. 그의 사단은 제뢰베(Seelöwe), 즉 바다사자 작전이 계속되는 동안 작전 준비에 참여했고, 실제로 영국을 침공했다면 롬멜은 또 다른 기갑 공세를 담당했을 것이다. 이 공세는 작전 초기에 라이(Rye)에서 북서쪽으로 24㎞ 내측에 위치한 호크허스트(Hawkhurst)까지 진격하는 계획이었다.[001]

실제로 히틀러는 1940년 가을부터 겨울까지, 어떤 면에서는 오랜 염원으로 환영을 받았지만 다른 면에서는 그렇지 않은 꿈을 꾸고 있었다. 아마도 이 꿈은 영국을 점령한다는 희망이 사라진 후에 마지못해 품은 꿈이었을 것이다. 히틀러는 이듬해에 너무 늦기 전에 소련을 상대로 신속하게 승리한다는 꿈, 그리고 서부와 동부에서 모두 승리를 거둔 이후 1941년 9월까지 동방 제국을 손에 넣기 위해 약 60개 사단 규모로 육군을 확대하고 해군과 공군을 강화한다는 꿈은 포기하지 않았다. 하지만 훨씬 야심 찬 대안이 있었다. 즉 독일군이 이탈리아의 동의 하에 리비아(Libya)에서 이집트로 진격하고, 터키의 동의 하에 불가리아에서 시리아로 진격하며, 러시아에 진입하는 독일군은 코카서스(Caucasus) 지역으로부터 이란과 이라크 방면으로 추가 공세를 실시한다는 구상이었다.

001   Richard Cox (ed.), Operation Sealion (Thornton Cox, 1974)

이 모든 계획은 1941년 초반이나 그 이전부터 준비되었고,[002] 이 가운데 일부는 훗날 롬멜 자신의 전략적 사고에도 반영되었다. 실제로 1941년 6월에 작성된 오리엔트 계획 (Plan Orient) 초안에 그와 같은 내용이 담겨 있었다. 이 계획은 히틀러 입장에서는 점차 비대해지는 전망의 일부로, 풍족한 천연자원과 에너지 자원을 확보하여 궁극적으로 미국에 경제적 측면으로 도전하겠다는 통일 유럽 구상에도 부합했다. 롬멜이 이런 구상들을 알고 있었다면 여기에 이끌렸을지도 모르지만, 정작 롬멜 자신은 일련의 구상들에 대해 전혀 알지 못했다. 롬멜은 정치적으로 순진했고, 히틀러는 롬멜과 같은 충성스러운 청중들을 홀리는 능력이 뛰어났다.

롬멜을 포함해 세계가 알고 있던 것은 영국원정군 대다수가 영국으로 돌아갔고, 독일군이 이미 센 강을 건너 프랑스군에게 치명타를 가하기 위해 전진하고 있으며, 1940년 6월 10일에 이탈리아가 서방연합군인 영국과 프랑스에 선전포고했다는 것뿐이었다. 그러나 이보다 롬멜의 운명에 궁극적으로 더 큰 영향을 끼친 사건은 없을 것이다. 당시 롬멜은 1940년의 나머지 기간 동안 프랑스에 남아 훈련을 진행하며 프랑스 미점령 지역에서 남부 프랑스인과 독일 당국 사이에 심각한 문제가 발생하는 경우에 대처하기 대한 우발대책을 준비하고 있었다. 이미 약간의 마찰이 발생하고 있었다.

무솔리니(Mussolini)는 프랑스와 휴전 협정 직전, 승자의 자리에 동석하기는 늦지 않은 적당한 시점에 히틀러 측에 가담했다. 하지만 그의 야심은 그 이상이었다. '지도자'(Duce) 무솔리니는 아프리카를 원했고, 이를 통해 이탈리아를 새로운 로마제국으로 팽창시키려 했다. 그는 이미 1936년의 전쟁을 통해 아비시니아[003]를 정복했고 이제 25만 병력을 에리트레아[004]와 이탈리아령 소말릴란드[005]에 배치하여 케냐(Kenya), 영국령 소말릴란드, 수단(Sudan)에 주둔중인 소규모 영국 수비대를 위협하고 있었다. 리비아에는 그라치아니(Graziani) 원수가 지휘하는 이탈리아군 14개 사단이 배치되었고, 무솔리니는 이 병력으로 이집트를 침공할 생각이었다. 이집트의 수에즈(Suez) 운하는 영국에게 전략적으로 매우 중요한 요충지이므로, 이집트에는 보호 조약을 체결한 영국군이 주둔 중이었다.

1940년 9월 13일에 이탈리아군은 리비아-이집트 국경을 향해 움직이기 시작했다. 이탈리아군은 이집트 국경 너머 80㎞ 지점에 있는 시디 바라니(Sidi Barani)로 진격한 후 방어태세를 정비하고, 정면이 32㎞에 달하는 축성방어선을 건설하여 상당한 병력을 배치

---

002  Hildebrandt, 앞의 책
003  Abyssinia, 현재의 에티오피아. (편집부)
004  Eritrea, 1890년 에티오피아를 침공중인 이탈리아에게 점령당해 식민지가 되었다. (편집부)
005  Italian Somaliland, 현재 소말리아의 일부. 이탈리아는 1927년에 인근지역을 점령했다. (편집부)

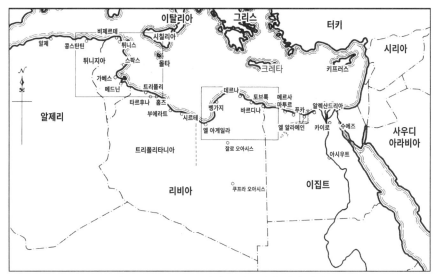

지도12 1941~1943년의 북아프리카 작전 지역

하기 시작했다. 12월 9일에 영국군과 리처드 오코너(Richard O'Connor) 장군이 지휘하는 대영제국 서부사막군(Imperial Western Desert Force)이 이탈리아군의 방어선을 공격했는데, 당시 이탈리아군은 영국군에 비해 다섯 배 이상 많았지만, 영국군은 3일이 채 지나기 전에 4만 명을 포로로 잡고, 73대의 전차, 237문의 포, 그리고 1,000대의 차량을 노획했다. 이탈리아군은 1941년 1월 내내 북아프리카 해안을 따라 도주하며 영국군의 추격을 받았고, 사전에 진지를 구축했던 바르디아(Bardia), 토브룩(Tobruk), 데르나(Derna)마저 함락당했다. 그 가운데 토브룩 항은 영국의 특별한 전리품이자 추가적인 작전을 위한 잠재적인 전진 기지가 되었다. 이후 오코너 장군은 자신의 기동부대를 키레나이카(Cyrenaica) '돌출부'를 가로질러 벵가지(Benghazi) 남쪽으로 보냈다. 오코너의 부대는 시르테(Sirte) 만에 있는 베다 폼(Beda Fomm)에서 이탈리아군의 남쪽 탈출로를 차단했고, 포위된 이탈리아 제10군은 2월 7일에 항복했다. 약 10개의 이탈리아 사단들이 격멸 당하고 13만 명이 포로가 되었으며, 이 과정에서 500대의 구형 전차와 800문 이상의 포를 상실했다. 반면 영국군 및 서부사막군의 손실은 2천명 미만이었다. 2월 8일에 영국군은 키레나이카와 트리폴리타니아[006]간의 경계 부근에 있는 엘 아게일라(El Agheila)마저 점령했다.

오코너는 정지 명령을 내렸고, 영국군은 더이상 전진하지 않았다. 당시 영국은 그리스에 병력을 보내기로 결정했는데, 정황상 그리스로 파병할 지상군은 오직 아프리카에

---

006　　Tripolitania, 리비아 북서부의 해안 지방으로, 수도 트리폴리를 중심으로 지중해 해안의 거주 지역들이 밀집해 있다. (편집부)

서만 차출이 가능했다. 그리스는 이미 1940년 10월부터 이탈리아의 공격을 받고 있었다. 이탈리아군은 1939년 부활절인 4월 7일에 알바니아를 침공했고, 알바니아 일대에서 그리스를 목표로 침공을 개시했다. 그러나 이탈리아군은 뛰어난 정신력을 가진 그리스군에 의해 격퇴당했다. 1월에는 에리트레아의 이탈리아군이 수단에서 건너온 플래트(Platt) 장군이 지휘하는 영국군과 인도군의 공격을 받았다. 남부 아비시니아에서는 커닝햄(Cunningham) 장군이 지휘하는 영국군, 영국식민지군, 남아프리카군이 북쪽으로 진격하여 이탈리아령 소말릴란드의 이탈리아군 수비대를 제압했다. 두 원정군이 합류한 이후 4월 6일에 아비시니아 수도인 아디스 아바바(Addis Ababa)가 커닝햄에 의해 함락되었고, 1941년 6월 말 이후 무솔리니의 동아프리카 제국은 더이상 존재하지 않았다.

1941년 2월 6일에 롬멜이 베를린으로 호출되었을 때, 이탈리아는 이미 동부 지중해와 인도양 방면의 모든 전역에서 불리한 상황에 놓여 있었다. 이탈리아는 그리스에서 밀려났고, 에리트레아, 이탈리아령 소말릴란드, 아비시니아의 거점도 무너지고 있었다. 특히 리비아에서는 과반수의 전력을 잃은 채 트리폴리타니아까지 쫓겨난 상태였다. 롬멜은 아침에 육군총사령관인 폰 브라우히치 원수를, 같은 날 오후에는 히틀러를 만났다. 롬멜은 북아프리카의 이탈리아군을 지원하기 위해 파병이 확정된 1개 기갑사단과 1개 경사단, 도합 2개 사단으로 구성되는 소규모 부대의 지휘관으로 임명되었다. 지원 작전의 명칭은 존넨블루메(Sonnenblume), 즉 해바라기 작전이었다.

이탈리아군은 존넨블루메 작전을 전폭적으로 환영하지는 않았다. 이탈리아군은 자국의 해외 영토에서 영국군의 공격을 막기 위해서는 독일과의 합동 작전이 불가피하다는 것은 알았지만, 독일의 힘을 빌릴 경우 지리적으로 독립된 아프리카 전역에서 자국의 영향력과 평판을 잃을 것을 각오해야 했다. 히틀러는 이 문제에 민감하게 반응했고, 독일군이 동맹군을 동등하게 대해야 한다고 지시했다. 이전에도 독일은 제3기갑사단 파병을 제안했으나 1940년 11월에 이탈리아에게 거부당했다. 당시 무솔리니는 목전에 다가온 승리를 독일과 분할할 의향이 없었던 것이다.

롬멜은 브리핑과 물자 준비로 몹시 바쁜 며칠을 보낸 후, 2월 11일에 로마(Rome)로 날아가 11월부터 이탈리아군 총사령부(Commando Supremo)에서 참모총장직을 수행 중이던 구초니(Guzzoni) 장군을 만났다. 그다음 시칠리아(Sicilia)로 이동해 독일 공군의 중부 지중해 작전 사령관 가이슬러(Geissler) 장군과도 대화했다.

시칠리아에 도착한 롬멜은 가이슬러와 북아프리카에서 즉각 실시 가능한 항공작전에 관해 논의했다. 롬멜은 북아프리카 전역에 도착하거나 그곳에서 병력의 지휘를 시작하기도 전부터 가이슬러에게 즉각적인 행동을 요구하거나 즉시 실행해야 할 최소한의 작전을 요청했는데, 이는 롬멜이 언제나 유지하던 한결같은 특징이다. 기묘하게도 이런 성향은 훗날 유사한 환경에서 그의 적장이 될 영국 사령관의 행동을 연상시킨다. 키레나이카 방면의 소식은 좋지 않았다. 오코너는 위대한 성과를 거뒀고, 2월 11일 당시만 해도 모든 독일인들은 오코너가 트리폴리까지 거침없이 진격할 것이라고 생각했다. 오코너는 실제로 트리폴리 진격 승인을 요청했었고, 생애 내내 당시에 진격을 승인받았다면 북아프리카 전역 자체를 미리 장악할 수 있었을 것이라고 확신했다. 명확히 가부를 나누기 어려운 가정이기는 하지만, 만약 진격을 계속했다면 롬멜이 아프리카로 건너오기 전에 전쟁을 끝낼 수 있었을 것이라는 점에는 부정의 여지가 없다. 그러나 곧 완패로 끝나게 될 그리스 사태에 개입하는 바람에 영국군의 트리폴리 입성은 불가능해졌다.

한편 롬멜은 시칠리아에서 북아프리카 지도를 면밀히 살펴보며, 영국군이 벵가지 항을 점령하고 시르테 만에 위치했다는 사실. 그리고 벵가지와 트리폴리 사이에는 아무것도 없다는 사실을 확인했다. 그는 가이슬러에게 공군으로 당일 야간에 벵가지를 폭격하고 다음 날 오전에는 벵가지와 트리폴리타니아 경계에서 남쪽으로 이동하는 영국군 대열을 공격할 것을 요청했다. 가이슬러는 이탈리아인들이 벵가지를 폭격하지 않을 것을 자신에게 특별히 요청했다고 설명했다. 많은 이탈리아 장교와 공직자들이 벵가지에 자산을 쌓아 두고 있었던 것이다. 롬멜은 히틀러의 수석 부관 루돌프 슈문트 대령과 동행했는데, 슈문트는 롬멜과 돈독한 관계를 유지했다. 가이슬러의 답변을 달갑지 않게 여겼던 롬멜은 이후 빈번하게 반복될 행동, 즉 슈문트를 통해 히틀러에게 연락하는 방법을 택했다. 슈문트는 총통에게 전화를 걸어 롬멜의 우려와 요구를 설명하고 히틀러의 승낙을 얻었다. 가이슬러는 롬멜의 요구대로 진행하라는 명령을 받았다.

엄밀히 말해 독일-이탈리아 동맹의 관점에서는 폭격 요청과 히틀러의 동의는 모두 부적절한 행동이었다. 그러나 롬멜은 변함없이 두 가지 태도를 유지했다. 형식적 행동에는 개의치 않고 자신과 관련이 있는 어떤 상황에서도 가급적 빨리, 단호하게, 그리고 직접 책임을 이행하려는 태도. 그리고 히틀러에게 직접 요구를 전달하려는 태도였다. 롬멜은 이 둘을 적극적으로 활용했고 많은 경우 큰 성공을 거뒀지만, 훗날 두 태도 모두 자신에게 상처로 돌아왔다. 다음 날인 2월 12일 오전에 롬멜은 트리폴리의 카스텔 베니토(Castel Benito) 공항에 착륙했다.

북아프리카에 개입한다는 독일의 결정에는 여러 가지 이유가 있었다. 지중해 전역에서 영국의 전략적 결정들은 독일과는 전혀 다른 원인을 가지고 있었지만, 양국의 정책

사이에는 어느 정도 상호 관계가 작용하는 거울효과가 있었다. 영국은 이집트에 주둔 중이었고 팔레스타인(Palestine)을 위임통치했으며, 이라크와도 조약을 맺고 있었다. 이집트와 수에즈 운하 지역은 해상과 공중 모두에서 대영제국의 보급선, 특히 인도와 연결하기 위한 필수적인 중추였다. 이집트는 오랫동안 레반트[007] 및 지중해 일대에서 영국의 정치적 영향력의 허브 역할을 해왔다. 그리고 당시 중동은 영국의 가장 큰 원유 수입원이었다. 중동에 적의 세력이 주둔할 경우 원유 공급이 위협받게 되고 대영제국 내의 보급선도 사실상 차단될 것이 분명했다. 그리고 발칸반도 외에도 북아프리카 연안에 기지를 둔 적의 항공 및 해상 전력이 제공권과 제해권을 장악해서 영국이 수에즈 운하 및 그곳으로 향하는 지중해 항로를 사용할 수 없게 된다면, 해운에 심각한 부담으로 작용하여 영국은 가장 취약한 부분에 치명적 타격을 입을 수밖에 없었다. 인도나 동남아, 혹은 지중해의 제공, 제해권을 상실한 상황에서 이집트로 이동하려면 희망봉(Cape of Good Hope)을 경유하는 항로를 사용해야 하고, 이 경우 소모적인 대서양 해전에 필요한 역량도 크게 약화될 것이 분명했다. 궁극적으로는 독일에 대해 공세를 취하겠다는 영국의 희망도 전적으로 해상 활동에 달려있었지만 1941년 초의 관점에는 먼 미래의 일이었다. 그리고 일본과의 전쟁도 당시는 아직 일어나지 않았다. 그러나 연말부터 모든 문제들이 현실화되자 관련된 요소들이 급격히 부각되기 시작했다. 이집트에 대한 이탈리아군의 공세가 영국의 필수적인 전략적 이해관계를 위협한 것이 분명해 보였다. 오코너의 사막전 승리는 소규모 병력 동원 이상의 의미가 있었고, 이탈리아군 격멸은 7개월 전 프랑스에서 패배했던 영국의 입장에서는 훌륭한 복수기도 했다.

독일, 특히 히틀러에게는 발칸반도와 북아프리카 전역에서 동맹국 이탈리아를 지원하는 모습을 보여줘야 했다. 이탈리아는 프랑스 전역에서 별다른 역할을 하지 않았지만, 그들이 적당한 전투 능력을 유지한다면 상당한 수의 영국군을 묶어 놓을 수 있었다. 북아프리카는 이 전제에 적합한 장소였다. 영국은 자신들에게 작용하는 이유들로 인해 북아프리카 방면의 입지에 극히 예민했다. 1940년 가을, 독일은 리비아의 이탈리아군을 지원할 소규모 병력 파병 가능성이 제기되었을 때, 현지의 상황을 파악 후 보고하도록 중견 기갑 전문가인 폰 토마(von Thoma) 장군을 파견했었다. 폰 토마는 파병과 같은 모험적인 시도에 수반될 어려움을 정확하게 설명했고, 파병안은 일시적으로 승인되었다 재차 거부된 채 보류되었다. 그리고 1941년 1월과 2월 영국군의 공세로 이탈리아군이 경

007  Levant, 아나톨리아 반도 이남, 시나이 반도 이북, 이라크 서부에서 아시아-유럽-아프리카를 잇는 지역. 현대의 시리아, 이스라엘, 팔레스타인, 요르단 일대가 여기에 해당한다. (편집부)

악할 만한 속도로 붕괴되자 지원군 파병안이 즉시 부활했다. 그 과정에서 일부 독일인들은 동맹국으로서 이탈리아를 제한적으로 지원하는 수준을 넘어, 제한적인 수단만을 동원해 영국을 본토와 멀리 떨어진 지역에서 괴롭힌다는 발상에 빠졌다. 이런 행동에는 전략적인 가치도 있었다. 독일 해군은 영국의 해상 보급로를 서부 전역의 극히 중요한 요소로 판단했다. 독일 해군 사령관 래더 제독은 지중해 전역에서 영국에 대항해 승리하는 것이 영국의 보급로에 대응하는 가장 효과적인 방법이라고 확신했다. 일련의 주장은 히틀러의 즉각적인 지지를 얻지는 못했지만 반복적으로 제기되곤 했다. 독일의 주장은 해상 보급로에 대한 영국의 우려와 일종의 대칭 관계에 있었다.

1941년과 1942년에 걸친 전쟁의 방향은 지중해 전역을 포함한 다양한 변수들이 얽혀들면서 형성되었다. 독일은 이탈리아의 지속적 참전이 매우 중요하다는 점을 인식했다. 그리스의 이탈리아군을 대신하기 위해 투입된 독일군의 부담이 가중되자 이탈리아의 지속적 참전은 보다 중요해졌다. 영국도 같은 이유로 이탈리아를 무너뜨릴 강력한 동기를 발견했다. 항상 소련을 상대로 전쟁을 염두에 두고 있던 독일이 사전에 유럽 남동부를 확보하여 동부전선에 장애가 발생하지 않도록 사전에 정비작업을 실시했듯이 영국은 (이후 미국도 제한적으로) 이탈리아 본토를 포함한 지중해 전선 형성이 독일군에게 작전 범위 확대를 강요할 수 있다고 보았다. 당시 일부 독일인들은 야심 찬 '대전략'인 '오리엔트 계획'을 구상했는데, 이 계획은 독일군이 이집트와 시리아를 거쳐 페르시아로 진격하여 남부에서 코카서스 일대를 위협하고, 동시에 영국이 중동의 석유를 수송하지 못하도록 막는 것을 골자로 하고 있었다. 롬멜은 꾸준히 이 계획을 지지했고, 히틀러와 OKW, OKH 도 일시적이나마 이 방안에 흥미를 가졌다. 오리엔트 계획과 관련된 문제는 이후 논쟁의 대상으로 남았고, 롬멜의 주변에서는 한층 더 격렬한 논쟁이 오갔다. 한편 영국은 독일군이 코카서스 지역에서 러시아군에게 승리하고 페르시아로 쇄도해 중동의 영국의 입지와 원유를 탈취할지도 모른다는 악몽에 시달렸다. 독일의 꿈과 영국의 악몽은 서로 대칭되는 위치에 있었으며, 상황 변화에 따라 호전되거나 악화되곤 했다.

독일의 러시아 침공 당시에도 그랬지만, 롬멜이 1941년 2월 12일에 아프리카에 첫발을 디뎠을 때 이런 생각들은 모두 미래의 일이었다. 엄밀히 말해 아프리카에 대한 독일의 초기 개입은 영국이 조만간 압도적인 규모의 공세를 실시한다는 예상 하에, 이 공세에 대응하기 위한 행동이었다. 그들은 존넨블루메 작전을 구조를 위한 작전으로 여겼다. 롬멜이 가진 적에 대한 정보는 매우 심각했으며 동시에 불완전했다. 그는 토브룩, 벵가지, 그리고 키레나이카 전체가 영국군의 수중에 들어갔으며, 영국이 이탈리아 야전군을 사실상 격멸했고 트리폴리타니아 경계에서 언제든 진격할 채비를 갖추고 있음을 파악했다. 롬멜은 영국군이 전선에 1개 기갑군단과 1개 앤잭(ANZAC)[008], 즉 오스트레일리아뉴질랜드 연합군단의 2개 군단을 가지고 있다는 잘못된 전투서열 정보를 받았다. 롬멜과 이탈리아군은 오코너 장군이 우선 윌슨(Wilson) 장군, 다음에는 님(Neame) 장군으로 교체되고 오코너는 다시 이집트의 영국군 지휘를 맡았음을 몰랐고, 오코너가 거둔 승리의 중추인 영국 제7기갑사단이 재정비를 위해 이집트로 돌아갔다는 사실도 알지 못했다. 영국에서 사막으로 처음 파견된 영국 제2기갑사단이 키레나이카를 담당하고 있다는 사실 역시 마찬가지였다. 당연히 2사단의 2개 기갑여단 중 하나가 그리스로 차출되면서 키레나이카에 남은 여단이 영국군의 유일한 전차 부대가 되었으며, 여단이 2개 경전차 연대와 1개 순항전차 여단으로 구성되었고 순항전차 여단은 불과 23대의 전차만을 보유했다는 사실도 몰랐다. 키레나이카의 다른 영국군 사단인 제9오스트레일리아사단이 편제상의 3개 여단 중 2개 여단 뿐이고, 최근에 훈련을 제대로 받지 못한 신편 부대로 대체되었으며, 수송수단이 매우 부족해서 주로 도보 보병으로 구성되었다는 정보, 영국군이 더이상 진격하지 말고 단순히 '키레나이카 사령부'로 키레나이카를 '관리'하라는 명령을 받았다는 정보, 영국군이 전방 부대들에게 독일군의 공격이 예상되지는 않지만 공격을 받을 경우에는 철수 준비를 하도록 명령했다는 정보, 그리고 영국군이 북아프리카의 병력을 그리스에 보내기로 결정했다는 정보를 모두 파악하지는 못했다.

영국군이 곧 압도적인 전력을 동원해 사기가 붕괴된 이탈리아군을 공격할 것이라 여긴 롬멜은 트리폴리타니아 구원은 독일 공군의 몫이라고 판단했다. 지상에서는 이탈리아군의 차량화보병부대들이 롬멜 휘하에 편입되었고, 그는 이탈리아군과 독일군이 도착하면 이들을 모두 키레나이카 부근의 전방에 배치해 가급적 동쪽 깊숙한 곳까지 위력을 과시해야 한다는 결론을 내렸다. 롬멜은 제5경사단과 제15기갑사단을 포함해 독일군을 2개 사단을 배속받았고, 그 가운데 지난해 11월까지 보병사단이었던 제15기갑사단은 개편 일정 상 5월까지는 도착할 수 없었다. 따라서 롬멜은 처음에 독일군을 1개 사단만 지휘할 수 있었으며, 이 사단의 기갑수색대대도 2월 14일이 되어서야 트리폴리에 하역되었으므로, 롬멜은 이탈리아 당국을 설득해 이탈리아 부대들의 지휘권을 위임받았다. 대부분 트리폴리 지역에 전개중인 브레시아(Brescia) 사단과 파비아(Pavia) 사단, 구형 경전차 60대를 보유한 이탈리아군 아리에테(Ariete) 사단이 롬멜의 지휘를 받게 되었고, 독일공군의 출격임무도 그에게 할당되었다. 롬멜 자신은 이탈리아군의 전역 사령관인

........................
008    Australian and New Zealand Army Corps

가리볼디(Gariboldi) 장군의 휘하가 되었지만, 베를린에 '이의를 제기할 권리'가 있었다.

롬멜은 이미 작전적으로 즉각 취해야 할 조치들을 결심하고 있었다. 그는 외형적으로 최대한 강력해 보이는 병력들을 가능한 신속하게 전방으로 진출시키려 했고, 이를 위해서는 트리폴리가 아닌 시르테 만에 병력이 필요했다. 그는 아프리카에 도착한 날 오후 1시에 가리볼디에게 착임을 신고했는데, 가리볼디는 최선의 전략이 트리폴리 주변 방어라며 롬멜과는 상반된 견해를 피력했다. 그러나 롬멜은 비행기를 타고 동쪽을 돌며 지형을 조사했고, 자신의 직관이 정확하다는 확신을 얻었다. 트리폴리가 아닌 시르테 만 방면의 병력을 강화해야 했다. 그 날 저녁에 가리볼디에게 다시 보고할 때 롬멜은 이미 자신의 주장을 관철시키기로 결심하고 있었다. 또한 그는 전방에 지휘할 병력이 확보되는 대로 가급적 신속히 직접 지휘를 맡겠다고 결심했다.

북아프리카 전역에서 롬멜의 개성이 매우 강하게 드러났기 때문에 튀니지(Tunisia)에서 마지막 2주를 보내기 전까지 그가 군단장으로 부임했고, 이후 기갑집단, 기갑군 사령관으로 진급했으나 군사적으로 다른 사령관의 하급자였음을 간과하기 쉽다. 롬멜은 아프리카 전역에서 항상 상급자를 두고 있었고, 1943년 2월까지 그의 상급자는 이탈리아군이었다. 이탈리아 식민지인 리비아는 이탈리아 장군의 책임지역이었고, 처음에는 가리볼디 장군이 이탈리아 정부, 이탈리아 총통, 로마의 이탈리아군 총사령부에 대한 책임을 졌다. 롬멜은 그의 지휘 아래에 있었고 따라서 한 단계 더 올라가면 이탈리아군 총사령부의 권한 아래에 있었다. 이 종속 관계는 두 가지 이유로 인해 매우 현실적이었다.

우선 북아프리카 전역이 진행되는 동안 롬멜의 병력은 대부분 이탈리아군이었다. 상황에 따라 비율의 차이는 있었지만, 롬멜은 북아프리카에 있는 일부, 혹은 모든 이탈리아군 사단에 대한 작전 지휘권을 부여받았고, 이탈리아군 사단은 독일군보다 항상 더 많았다. 롬멜은 독일군 사단을 5개 이상 지휘한 사례가 없었다. 그리고 롬멜 휘하의 독일군 사단 가운데 1개 사단은 사실상 증편 낙하산 여단이었다. 그의 병력은 대부분 이탈리아군이었고, 롬멜과 다양한 관계에 있던 이탈리아군 지휘관들은 이탈리아군 총사령관에게 국가적인 책임이 있었다. 두 번째 이유는 보급이었다. 롬멜은 이탈리아에서 지중해를 거쳐 보급을 받았고, 아프리카에서 생산되는 물자가 거의 없었기 때문에 사실상 모든 물품들을 이탈리아에 의존했다. 보급품은 이탈리아나 독일 혹은 중부 유럽의 독일 점령지에서 제작하고 철도로 남쪽으로 운반해 이탈리아 항구에서 이탈리아 선박으로 수송했다. 인력 증원도 대체로 같은 경로를 밟았다. 롬멜은 우선 그의 공식적 상관들을 통해서 자신의 요구사항을 제출했다. 이탈리아 당국은 -그들이 주장하는 바에 따르면- 롬멜의 요구들을 만족시키기 위해서 가능한 일을 했다. 롬멜은 보급 문제에 대해 직접적인 권한이 없었고, 독일 정부도 마찬가지였다. 독일 정부는 빈번하게 발생하는 부적절한 보급 문제에 대해 이탈리아 정부와 논의하거나 항의했을 뿐이다. 롬멜은 비슷한 상황에 처한 대부분의 사람들이 그렇듯이 독일 당국의 대표들이 이탈리아에게 항의를 하기에는 너무 나약하고 지나치게 외교에 치중한다고 불평하곤 했다. 독일이 북아프리카를 직접 지원할 수 있는 수단은 오직 하나뿐이었다. 이탈리아의 보급품 수송은 몰타(Malta) 섬을 중심으로 하는 영국의 항공 및 해상 차단 시도에 취약했는데, 독일은 공군을 지중해 방면으로 재배치하고 1942년부터 대서양의 잠수함들을 지중해로 돌려 보급로 보호에 크게 기여했다. 이런 항공-수중 작전은 이탈리아와 진행 과정을 협조해야 했지만, 독일이 직접 임무를 수행할 여지가 있었다. 독일은 실제로 그렇게 행동했고, 한시적이지만 거의 지배적인 비중을 차지하기도 했다. 일련의 임무는 모두 롬멜의 권한 밖이었지만 롬멜의 임무 수행에 결정적인 요소로 작용했다.

  보급로 보호는 지중해 전역에서 추축군이 거둔 성공의 바탕이 되었지만 어디까지나 부수적 요소였다. 이론적으로 동맹국에 대한 최대한의 예우 차원에서 이탈리아 총사령부가 이탈리아군 사령관을 통해 작전을 승인했지만, 독일군 병력이 참여하는 만큼 롬멜도 독일의 상급 사령부, 즉 OKH, OKW, 그리고 독일국방군 최고사령관인 히틀러를 통한 이의제기권을 보유했다. 이 역시 이론적으로는 롬멜이 지휘하는 독일군 부대에 한정된 권한이었으나, 독일은 추축국 내에서 주도적인 위치에 있었고 롬멜도 개인적 역량을 통해 북아프리카 전역에서 독일군 장군참모부의 신임을 얻었다. 따라서 북아프리카는 기본적으로 이탈리아의 전역이었지만 롬멜은 작전 결정 과정에서 종종 이탈리아군 총사령부가 아닌 독일 총통과 그의 분신인 OKW의 주목과 관리를 받게 되었다.

  연합 작전은 결코 간단하지 않다. 동맹국 소속 상관의 하급자로서 동시에 자국 정부의 통제를 받는 지휘관의 입장이라면 충돌과 비난, 그에 대한 반발, 충성심의 분열과 같은 문제를 빈번히 겪게 된다. 1940년에는 서부전선에서 영국의 고트 장군이, 이후에는 영-미 연합군으로 전쟁을 수행하는 과정에서 합동참모본부 조직에 선임된 많은 사람들이 이런 입장에 처했다. 연합군의 합동참모본부는 군사-정치 양면에 걸쳐 최고위급 인사들이 연합 전략을 수립하는데 협조하고 예하의 지휘부 및 기관, 혹은 국가 자원이 할당된 인력이나 조직에 합의된 지침을 하달하는 권한을 부여받았다. 즉 혼란이 있더라도 최소한 이를 논의하고 가능하면 바로잡기 위한 기구가 있었던 것이다. 반면 추축국은 그런 기구가 거의 없었다. 지중해 방면에서 최상위 지침, 즉 대전략은 주로 히틀러와 무솔리니 간의 의사소통이 중심이었고, 이 두 명은 지나치게 비굴한 조언자들에게 둘러싸여 있었다. OKW와 이탈리아군 총사령부 간에는 공식적인 협의 수단이 없었고, 그에 준하는 의견 교환도 없었으며, 정상적인 합의도 없었다. 이탈리아군 총사령부의 수장인 카발레로(Cavallero) 원수가 정기 회의에서 지정학적인 주제에 대한 히틀러의 횡설수설을 경청하는 것과 같은 상황을 전략 협의라는 거창한 이름으로 부르기는 어려울 것이다.

물론 양국 간의 의사소통은 빈번하게 진행되었다. 독일은 폰 린텔렌(von Rintelen) 장군을 이탈리아군 총사령부 및 로마의 독일 대사관부 무관으로 파견하여 그를 통해 대부분의 연락을 수행하고 롬멜의 요구를 처리하거나 이탈리아 측에 전달했다. 하지만 실효성 있는 원칙 하에 우선순위를 조율하고 집행하는 협의 기구는 대체로 부족했다. 게다가 이탈리아군은 통합되지 않은 병행 지휘체제로 전쟁을 수행하려 했는데, 이는 그들의 인식 이상으로 난해한 개념이었다. 실제로 이탈리아는 그리스 침공을 독일에게 통지하지 않았고, 1940년에는 갑작스런 선전포고로 히틀러를 놀라게 했다.[009] 결국 롬멜과 그의 이탈리아군 상관에게 하달된 지침은 본질적으로 만족스럽지 못한 동맹 체제 내에서 성립되었고, 롬멜은 근본적인 결함을 안고 있는 체제 내에서 일해야 했다. 롬멜은 그 과정에서 모든 일이 잘 되어갈 경우에는 동맹 중 한 쪽이 상대에게 특정한 상황이나 지침을 요구할 수 있다는 사실을 파악했다. 이런 경우는 상당히 흔했고, 장차 아프리카 기갑군이 될 롬멜의 부대에 국한되는 사례는 아니었다. 다만 상황이 그다지 좋지 않을 경우에는 근본적인 불합리성이 부각될 수밖에 없었다.

아프리카에 도착한 최초의 독일군 부대인 제5경사단[010]의 제3수색대대는 도착 직후 트리폴리에서 퍼레이드를 실시했다. 공포심을 불러일으키는 규율 잡힌 독일군의 모습은 대중에게 즉각적이고 강한 인상을 남겼다. 이들은 퍼레이드를 실시한 후 몇 시간 내에 전선을 향해 동쪽으로 이동했으며 48시간 안에 트리폴리 동쪽 450km 거리에 있는 전선에 배치되어 적과 접촉했다. 적군 사이에서는 독일의 장비, 제복, 환경 적응에 대한 일종의 근거 없는 믿음들이 퍼져나갔다. 하지만 그런 풍문들은 사실과는 거리가 있었다. 독일군은 아프리카의 기후와 환경에 익숙하지 않았고 복장도 부적합했다. 그들은 모든 것을 배워야 했다. 그러나 학습속도는 극히 빨랐다. 독일 병사의 기본 훈련, 부대 참모진의 적응력, 그리고 이 모든 요소들을 주도하는 활동력으로 인해 빠른 학습이 가능했다.

이후 몇 주 동안 롬멜은 매우 분주하게 움직여야 했다. 그는 전선이 위치한 시르테와

009   Enno von Rintelen, NAW MS B493 참조. 폰 린텔렌 장군은 1936년 10월부터 로마에 있었다. 그는 OKW에 보고 책임이 있었다.
010   제5경사단은 독일의 제3기갑사단에서 제5기갑연대를 차출했다. 이후 사단은 제21기갑사단으로 재명명되었다.

하역된 독일군 전력 및 자신의 행정업무가 기다리는 트리폴리 사이를 매일같이 비행했다. 롬멜은 트리폴리에서 조금의 지체도 허용하지 않았다. 병력과 선박의 화물들은 지체없이 하역되었고 필요하다면 야근을 해서라도 물자와 차량을 항구로 끌어내어 동쪽에 위치한 사막의 전선으로 내보냈다. 그리고 급조한 공장에서 합판과 캔버스 등을 사용해 가짜 전차들을 제작했다. 롬멜은 모든 기만수단을 사용해서 상대가 독일-이탈리아군 전력을 실제보다 더 강하다고 오판하도록 유도해야 한다고 생각했다. 그리고 가리볼디 장군을 설득해서 이탈리아군을 동쪽으로 이동시켜 자신의 지휘 하에 배속시키는 데 성공했다. 이탈리아의 선두 사단은 2월 14일에 부에라트(Buerat) 서쪽의 진지로 이동하기 시작했는데, 같은 날 제3수색대대가 트리폴리에 하역되었다. 며칠이 지났지만 영국군은 공격을 하지 않았다. 롬멜은 슈문트에게 날마다 모든 것들이 개선되고 있다는 내용의 편지를 썼는데[011] 롬멜은 이 서신을 히틀러가 볼 것임을 알고 있었다. 2월 19일에는 북아프리카에 파병된 독일군 부대에 새로운 명칭이 부여되었고, 이 명칭은 역사에 남게 되었다. 그 이름은 독일 아프리카군단(Deutsches Afrika Korps)이었다.

롬멜의 참모가 남긴 기록에 의하면, 북아프리카에서 독일 아프리카군단과 영국군 간의 첫 접촉은 2월 24일에 영국군 킹스 드라군 가드(King's Dragoon Guards), 즉 왕립 근위 용기병 연대의 장갑수색대와 교전하여 장교 1명과 병사 2명을 포로로 잡았다. 이제까지 롬멜이 가진 정보가 근본적으로 불확실했음에도 롬멜과 그의 훌륭한 정보참모부('Ic'라 불리는 정보참모부는 최대 2명의 장교로 구성된다)는 현재 상황이 그들이 예상했던 상황이나 경고를 받았던 내용과 근본적으로 다르다고 확신하게 되었다. 얼마 후 롬멜은 Ic에서 근무하는 베렌트(Behrendt) 중위에게 "적의 약점이 어디인지 느낌이 왔다."고 이야기했는데[012] 그 느낌은 이미 롬멜에게 영향을 주고 있었다. 구체적으로 무엇인지 확실치 않았지만 영국군에게 무슨 일이 벌어졌음이 분명했고, 독일군에게 기회가 찾아온 것 같았다.

몇 주가 지났다. 롬멜은 루시에게 보낸 편지에서 '동맹군'과의 관계는 훌륭하고 이탈리아군 사단을 방문하여 매우 좋은 인상을 받았다고 썼다. 그는 한 이탈리아 장교가 자신에게 푸르 르 메리트를 언제 받았는지 질문하자 즐거워하며 "롱가로네였네!"라고 대답했다. 독일군은 계속 도착했고 슈트라이히(Streich) 장군이 지휘하는 제5경사단이 전선에 집결하기 시작했다. 120대의 전차(그 가운데 절반은 경전차고 절반은 3호 및 4호 전차였다)를 보유한 제5기갑연대가 3월 11일에 트리폴리에 하역되어 동쪽으로 이동했다. 이틀 후 롬멜

011   IWM AL 1349/11
012   Hans-Otto Behrendt, Rommels Kenntnis vom Feind in Afrikafeldzug (Verlag Rombach, Freiburg, 1980)

은 마침내 사령부를 전방인 시르테로 옮겼고, 이후 거의 전선을 벗어나지 않았다. 남쪽 멀리 차드(Chad)에서 자유프랑스군이 이탈리아의 사막 수비대에 대항하여 활동 중이라는 보고가 들어왔다. 롬멜은 중령 슈베린 백작(Graf von Schwerin)이 지휘하는 소규모 차량화 부대를 파견하여 일대를 경계하도록 지시했다. 이 위협은 극히 작았지만 이미 쿠프라(Kufra)에 있는 이탈리아 수비대가 항복한 상태였다. 결국 슈베린 백작의 부대는 소환 명령을 받고 4월 3일에 롬멜에게 합류했다.

영국군은 여전히 공격을 개시하지 않았다. 롬멜의 정보에 의하면 베를린은 키레나이카의 영국군을 2개 기갑사단 규모로 추정하고 있었지만, 사실 1개 사단은 이집트에, 나머지 1개 사단 중 절반은 그리스에 있었다. 하지만 영국군이 우유부단하고 게으르다고 느꼈던 롬멜은 적의 전투서열을 크게 걱정하지 않았다. 그는 가짜 전차들을 활용했고, 잠본(Zambon) 장군이 지휘하는 브레시아 사단에게 무그타(Mugtaa)의 방어 진지를 점령할 것을 명령했으며, 제5경사단은 기동 작전을 위한 예비로 돌렸다. 목표인 무그타는 매우 견고한 진지로, 통로가 좁아 동쪽에서 공격을 실시하기 어려웠으며 지형조건상 우회하기도 어려웠다. 이런 조건을 갖춘 작전적 요충지는 많지 않았다. 엘 아게일라에서 48km 떨어진 메르사 엘 브레가(Mersa El Brega)도 유사한 지형이었지만, 이곳은 어느 쪽에서도 공격하기 힘들었고, 일대에 물을 머금은 함수층 지반이 있었다. 롬멜은 독일-이탈리아군이 공세를 개시할 때 메르사 엘 브레가의 통로를 개방하는 것을 첫 목표로 삼아야 한다는 것을 인식했다. 영국군은 엘 아게일라에 소규모 수비대만 배치하고 있었다. 롬멜은 4주에 걸쳐 아프리카에 대해 많은 경험을 축적했다. 그는 엄청난 거리와 한 치 앞을 볼 수 없는 모래폭풍, 기후와 모래로 인한 기계와 장비의 마모, 공기 필터나 무기의 작동 부위에 모래가 엉거 문제를 일으킬 위험성, 물의 희소성과 중요성, 차량의 심각한 구조적 부담, 타는 듯한 주간과 쌀쌀한 야간과 같은 두드러진 지역적 특징들을 군인으로서 수용했다. 롬멜은 이런 특징들을 좋아했으며, 그런 면에서 사막전이라는 거대한 게임의 '천부적' 참가자였다. 롬멜은 3월 19일에 항공편으로 베를린에 복귀했다.

아프리카에서 베를린으로 돌아가는 최초의 귀환 여행에서 롬멜은 곡엽 기사십자장을 수여받았다. 그러나 여행 중에는 아프리카에서 계속될 모험에 찬물을 끼얹는 사건도 있었다. 롬멜은 훗날 이렇게 기록했다. "그다지 기쁘지 않았다. 폰 브라우히치 원수와 할더 상급대장은 아프리카에 파병할 병력의 규모를 제한하고 이 전역의 장래를 운에 맡기려 했다. 북아프리카에서는 영국군이 약해진 순간을 최대한 적극적으로 활용했어야 한다." 다만 당시의 롬멜은 사후 지식을 바탕으로 이런 기록을 남겼음을 고려해야 한

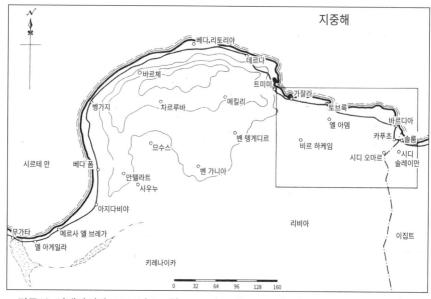

지도13. 키레나이카. 1941년 3~4월, 1941년 12월~1942년 1월, 1942년 11월 작전 지역

다. 3월 19일 당시 롬멜도 OKH도 영국군이 일시적으로 약화되었다는 사실을 파악하지 못했고, 그리스의 상황 변화에 대해서도 예측할 수 없었다. 그러나 롬멜은 사실에 입각한 지식과 정보. 그리고 단편적이지만 영국군에 대한 자신의 '직관', 즉 영국인들의 자신감과 대담성이 부족하다는 느낌이 날마다 강해졌다고 단언했을 것이다. 롬멜은 영국군이 결정적인 일격에 취약해졌고, 그런 치명적 공격을 실시한 후에는 어떤 일이 발생할지 아무도 알 수 없다는 인상을 받았다. 롬멜이 받은 인상을 모두가 공유하지는 않지만(특히 그의 상관들이 그랬다) 이후에는 상황이 빠르게 전개되었다. 롬멜은 제15기갑사단이 5월 말까지 자신의 휘하에 합류하지 않을 것이며, 해당 사단이 합류한 후에 아지다비야(Agedabia) 지역에 한해 공격을 계획할 수 있고, 공세 한계선은 벵가지로 한정된다는 통보를 받았다. 롬멜에게 부여된 임무의 최우선 순위는 트리폴리타니아의 방어 강화였다. 롬멜은 이 지시에 대해 벵가지 진출은 곧 키레나이카를 점령해야 한다는 의미임을 지적했다. 키레나이카 방면의 '돌출부'를 확보할 수 있지만, 해당 지역의 절반만을 점령하는 것은 돌출부를 가로지르는 우회기동에 노출될 여지를 남기므로 사실상 불가능했다.

롬멜은 아프리카로 다시 날아와 3월 24일에 제3수색대대가 아프리카에서 첫 공격을 실시하여 엘 아게일라와 그곳의 비행장 및 식수원을 점령하는 선에 만족했다. 일대의 영국군은 저항하지 않고 철수했다. 베를린으로 향하기 전에 이 공격을 명령했던 롬멜은 이제 다음 수순을 생각했다. 영국군은 메르사 엘 브레가로 철수했고, 그곳에서 방해를 받지 않고 오래 머무를수록 진지는 더 강해질 것이 분명했다. 롬멜은 시간이 자신의 편이 아니라고 보았다. 그는 제15기갑사단이 도착할 때까지 기다리라는 지시를 받았지만, 이 부대의 합류까지는 2개월을 더 기다려야 했고, 그 경우 메르사 엘 브레가의 진지가 강화되고 지뢰도 매설될 것이 분명했다. 그러나 지금은 아직 방어태세를 정비하지 않은 상태였다. 따라서 롬멜은 메르사 엘 브레가를 공격하기로 결정했다. 그는 OKH가 5월 중에 최소한 아지다비야, 그리고 가능할 경우 벵가지를 향한 주공격을 허가했다고 판단했다. 어떤 경우에서든 메르사 엘 브레가는 첫 단계의 필수적인 요소였다. 메르사 엘 브레가는 무그타와 유사한 협로였고, 전역의 다음 단계에서 방어에 집중해야 할 경우에는 동쪽에서 실시될 공격을 방어하는데 유리한 진지가 될 것이 분명했다. 방어진지로서 메르사 엘 브레가의 가치는 실제로 입증되었다. 제5 경사단은 3월 31일에 메르사 엘 브레가로 진격했다. 영국은 즉각 완강하게 대응했지만, 롬멜은 다시 한번 특기를 발휘하여 해안도로의 북쪽 모래언덕을 지나는 우회 경로를 직접 발견했고, 저녁에 한 개 기관총 대대를 우회시켜 메르사 엘 브레가 협로를 탈취했다. 이 전투로 상태가 좋은 영국군 차량들을 다수 노획했으며, 다음 날에는 항공정찰을 통해 영국군이 광범위하게 후퇴 중임을 확인했다. 훗날 롬멜의 표현에 의하면 이는 거부할 수 없는 기회였고, 그는 4월 2일에 가용 가능한 모든 전력을 모험적인 공격에 투입했다. 그 결과 영국군은 며칠 만에 키레나이카에서 완전히 축출되었다. 처음에는 사전 탐색의 일환으로 시작된 공격은 곧 주공세라고 할 만한 규모로 확대되었으며, 이는 사실상 불복종 행위에 해당했지만 롬멜은 공격이 성공했다는 이유로 자신의 행동이 정당하다고 판단했다.

당시 롬멜은 알지 못했지만, 롬멜의 공격은 영국군의 부적절하고 혼란스러운 명령과 작전개념에 큰 도움을 받았다. 중동지역 총사령관 웨이블 장군은 키레나이카의 영국군을 지휘하는 님 장군에게 독일군이 영국군을 공격할 경우 철수를 준비하고 최대 벵가지까지 지연전을 수행하며, 퇴로가 차단되는 상황을 피하기 위해 필요하다면 벵가지도 포기하라는 상세한 명령을 내렸다. 그러나 이 명령은 너무 유동적이었고, 키레나이카의 지형적 특성상 작전적으로 타당하지 않았다. 이런 방침은 OKH가 하달했다 롬멜의 비판에 직면한 후 사실상 무시되었던 추축군 측의 지침과 대비된다. 영국군의 방침은 당시 롬멜이 느꼈던 영국군 지휘부의 우유부단한 인상과도 연관되어 있었다. 영국군이 우유부단한 태도를 보인 또 다른 이유는 경험의 부재였다. 롬멜의 제5경사단도 사막전에 경험이 없기는 마찬가지였으나, 독일군은 기본 교육과 규율, 전투 훈련 수준이 우수하여 상대인 영국군에 비해 많은 면에서 우위를 점하고 있었다. 그리고 영국군과 달리 독일군은 천재가 지휘하고 있었다.

영국군의 자만도 무시할 수 없다. 영국군은 자신들이 상대하는 독일-이탈리아군이 당분간 어떤 종류의 공세도 취할 준비를 할 수 없다는 소식을 접한 상태였다. 울트라(ULTRA)[013]의 정보도 웨이벌의 판단에 무게를 실어주었다. 엄밀히 말해 독일-이탈리아군이 공세를 실시할 수 없다는 결론은 논리적으로 타당했고, 특히 OKH가 롬멜에게 하달한 지시를 고려한다면 더욱 그랬다. 그러나 이 판단에는 아프리카군단 사령관 롬멜의 개성, 특히 상부의 지시를 벗어나는 그의 성향이 제대로 반영되지 않았다.

롬멜은 메르사 엘 브레가 '관문'을 개방하고 65㎞ 떨어진 아지다비야로 이동한 후 일대에서 병력을 분할할 계획이었다. 여기에서 폰 베히마(von Wechmar) 중령의 제3수색대대는 해안을 따라 벵가지로 진격하고, 제5경사단 일부와 발다사레 장군의 아리에테 사단 수색대대로 구성된 우익은 슈베린 백작의 지휘 하에 벤 가니아(Ben Gania)와 비르 텡게디르(Bir Tengedir)를 거쳐 키레나이카 돌출부를 가로질러 데르나 해안에 도달해, 적의 탈출로인 벵가지에서 데르나를 거쳐 토브룩으로 향하는 해안도로를 차단한다는 목표를 수립했다. 제5경사단의 나머지 부대와 올브리히(Olbrich) 대령의 제5기갑연대로 구성된 강력한 기갑부대는 벤 가니아에서 북서쪽 80㎞ 지점의 므수스(Msus)를 경유하여 키레나이카를 횡단해 메킬리(Mechili)로 진격하기로 했다. 폰 베히마의 좌익 부대는 이탈리아군 브레시아 사단과 함께 이동하고, 올브리히 부대는 아리에테 사단 주력과 함께 움직일 계획이었다. 실제 작전 진행 과정에서는 좌익의 수색대대가 벵가지에서 저지당하자 정동 방향으로 이동하여 메킬리 부근에서 중앙 및 우익 부대와 합류했다. 작전은 4월 2일에 개시되었고, 롬멜은 늘 그렇듯 작전이 진행되는 동안 각 공격대열이 노력을 배가하고 속도를 끌어올리도록 독려하는데 많은 시간을 쏟았다. 그는 사령부를 아지다비야로 전진시킨 후, 부대들이 전진하는 지형과 환경을 직접 겪어보기로 결심했다. 그는 벤 가니아를 경유하는 우익 부대의 진로가 입구부터 거의 통행 불능이라는 보고를 받았지만, 직접 이곳을 답사하여 보고가 잘못되었음을 알아냈다. 전진 2일차에는 제5경사단에 연료가 필요하고 보급 차량이 왕복하려면 부대가 4일간 정지해야 한다는 보고를 받았지만, 롬멜은 이번에도 단호하게 반응했다. 그는 연료 보급 차량 부족이나 보급소와의 거리가 멀어지며 발생한 지연현상을 절대 용납할 수 없었다. 당시 추축군에게 전방지역

---

013    연합군이 진행했던 에니그마 등의 추축군 측 암호에 대한 해독 작전의 작전명. 영국 정보부는 울트라의 성과를 기반으로 독일 측의 무선을 감청하거나 암호를 해독해 지휘관들에게 경고를 전달했다. (편집부)

의 물자집적소를 구성할 시간이나 여유가 없었으므로, 한시적이더라도 즉각적인 조치로 수송 능력을 늘려야 했다. 그는 사단의 모든 차량에서 물자를 내리고 가용 차량 전체를 단 한 가지 용도, 즉 연료보급에만 투입하라고 명령했다. 이 경우 제5경사단은 일시적으로 기동을 할 수 없게 되고, 일반 보급품이나 일용품, 병력이 그 자리에 발이 묶이지만, 하루가 지난 뒤에는 사단이 작전을 마치는데 충분한 연료를 보유할 수 있었다. 롬멜은 참모에게 말했다. "그렇게 하면 희생을 피하고 키레나이카에서 승리할 것이다."[014]

명목상이나마 롬멜의 상관인 가리볼디 장군은 예하 사령관인 롬멜이 이미 자신의 지시, 그리고 자신의 지휘권 하에 배속된 독일군과 이탈리아군에게 부여된 행동 제한을 무시하기로 결심했음을 인식하고 강하게 반대했다. 가리볼디는 트리폴리타니아만을 확보하고 트리폴리에서 너무 멀지 않은 지점에 전선을 형성하기를 원했으며, 전면적인 공격이나 다름없는 롬멜의 행동이 지나치게 경솔하다고 보았다. 이에 맞서 롬멜은 베를린에 이의를 제기하여 자신이 최선이라 생각하는 행동을 할 권한을 부여받는, 만족할 만한 성과를 거두었다. 이는 그가 두 상관 사이에서 근무하는 데 적응하고 대체로 성공을 거두던 초기 사례 가운데 하나였다. 롬멜이 느린 진격속도를 이유로 참모들을 끊임없이 재촉하기는 했지만, 결과적으로 진격은 계속되었다. 롬멜은 자신의 슈토르히(Storch) 경비행기에서 많은 시간을 보냈고, 그 자신도 능숙한 조종사였다. 롬멜은 종종 진격 대열에 다음과 같은 메모를 떨어뜨렸다. '당장 움직이지 않으면 내가 내려가겠소! 롬멜.'[015]

아리에테 사단의 병력으로 구성된 슈베린 백작의 선발대는 4월 4일 저녁 9시까지 비르 텡게디르에 도착했고, 전날에는 좌익 부대가 벵가지에 입성했다. 롬멜이 북아프리카에서 처음으로 영국군 기갑부대와 접촉한 전투에서는 운이 따랐다. 영국군 제2기갑사단 휘하 부대 가운데 유일하게 전선에 남아있던 제3기갑여단은 이미 메르사 엘 브레가에서 몇 대의 전차를 잃었고 잔존 전차도 다수가 고장 난 상태였다. 독일군이 그랬듯이 영국군도 아지다비야의 북쪽과 동쪽 사막에 넓게 흩어져 있었다. 전투는 접적 지점에서 소규모 전차와 보병집단 간의 행동이 되었고, 롬멜 참모부의 자만 섞인 표현에 따르면 영국군은 '불확실한 리더십 아래 적절한 협조 없이 계속 번복되는 명령과 목표지시 하에서' '일선에서 지휘하는 롬멜의 활기찬 리더십과 상호협력 하에'[016] 싸우는 독일군에게 패했다. 4월 6일 오전에 롬멜이 항공 정찰을 통해 얻은 정보는 낙관적인 초기 평가를

014  위의 책
015  Lutz Koch, Erwin Rommel (Verlag Walter Gebauer, Stuttgart, 1950)
016  Behrendt, 앞의 책

재확인시켜 주었다. 영국군은 최대한 토브룩 귀환을 서두르고 있었다. 같은 날 아침 7시 반에는 다수의 차량들이 키레나이카에서 동쪽으로 탈출중이라는 보고가 올라왔다.

다만 롬멜 휘하 부대들의 진격 역시 혼란에 빠져 있었다. 지형적 특징이 없는 거대한 사막이나 키레나이카 고원(Cyrenaican Jebel)에서 기동 작전을 수행한다면 적과 아군 부대들이 구분하기 어려울 정도로 뒤섞이게 되고, 기동 지시를 받거나 전투를 수행하는 부대의 대형은 흐트러지기 마련이다. 앞서 언급했듯이 영국군 제2기갑사단의 잔여 부대는 4월 6일에 메킬리에 집결하라는 명령을 받았는데, 이는 님에게 조언을 전달하고 적당한 상황에서 지휘권을 인수하기 위해 오코너가 보낸 지시였다. 기갑여단은 처음에 독일군과 맞선 후, 므수스에서 철수하여 북쪽의 차르루바(Charruba)로 퇴각했다. 여단장은 메킬리에 도착하기에는 연료가 부족하므로 여단의 잔여 병력을 인솔하여 북쪽의 해안 도로를 따라 데르나로 기동을 시도하는 편이 낫다고 판단했다. 하지만 제9오스트레일리아 사단도 같은 도로를 이용해서 벵가지에서 데르나로 이동하고 있었고, 그 결과 해안 도로에는 극심한 교통 정체가 발생했다. 이 시점에서 고원지대의 경사지에는 제2기갑사단 사령부와 지원 화기나 대전차 무기를 보유하지 않은, 비장갑 트럭에 탑승하는 보병으로 구성된 제3인도여단 외에는 주둔 병력이 거의 없었다. 같은 시간대에 폰 베히마의 수색대대는 벵가지에서 차르루바를, 올브리히의 제5기갑연대와 아리에테 사단은 므수스를, 슈베린 백작의 독일 및 이탈리아 부대는 벤 가니아와 텡게디르를 경유하여 고원을 지나 메킬리로 이동하고 있었다.

영국군은 강력한 적이 자신들 앞에 당도했거나 주변에서 진격하고 있다는 사실을 잘 알고 있었다. 그리고 전쟁에서는 흔히 발생하는 현상이지만, 영국군의 보고와 병사들 사이에 떠도는 소문은 독일군의 수를 상당히 과장하고 있었다. 독일군은 포로를 잡아 영국군이 적어도 1개 독일군 기갑군단이 키레나이카에서 공격을 개시했다고 착각하고 있음을 파악했다.[017] 독일 측에도 상당한 혼란이 있었다. 이들은 적군과 아군의 위치 일부를 전혀 파악하지 못하고 있었다. 그 결과 계획과 명령은 빈번히 번복되었으며, 심각한 교통정체까지 발생했다. 결국 롬멜은 4월 5일 오후에 벤 가니아에서 메킬리로 향하는 진격을 직접 지휘했다. 그리고 진격에 앞서 공격개시일 전날 내내 고원 지대 상공을 비행하며 독일-이탈리아군 부대의 위치를 확인하고 부대들이 예정된 경로를 따라 동쪽으로 진격중임을 어느 정도 확신했다. 롬멜은 이미 자신이 원하는 대로 슈베린 부대와 올브리히 부대가 메킬리에 집결하도록 조치한 상태였다. 벤 가니아에서 메킬리 방면에

..............................................
017  위의 책

적이 없는 것 같다는 항공 정찰 보고를 받은 롬멜은 슈베린 백작의 우익 부대에 다음과 같은 명령을 하달했다. '메킬리에는 적이 없음. 그곳으로 갈 것. 서두르도록. 롬멜.'

롬멜은 명령을 내리고 진격 중인 부대의 선두까지 비행기로 이동한 후, 중앙의 올브리히 부대가 어디까지 도착했는지 파악하기 위해 다시 돌아갔는데, 직후 롬멜은 메킬리에 적이 존재하며, 일대는 '강력하게 방어'되고 있다는 보고를 받았다.[018] 이미 날이 저물었지만 롬멜은 우익 부대의 선두로 이동하기 위해 벤 가니아에서 북동쪽을 향해 출발했다. 선두 부대는 기갑연대를 제외한 대다수 제5경사단 병력으로 구성되었고, 사단장인 슈트라이히의 지휘 아래 아리에테 사단과 함께 이동중이었다. 롬멜은 과거에 그랬듯이 메킬리의 저항을 우회할 수 있다면 그곳에서 북쪽과 동쪽으로 탈출하려는 적을 막고 해안 도로 자체도 차단할 수 있다고 판단했다.

하지만 상황은 의도대로 진행되지 않았다. 롬멜은 다음 날인 4월 6일까지 우익 및 중앙 부대가 메킬리 주변에 충분히 집결하기를 원했지만, 집결은 지지부진했다. 그는 우익 부대에게 메킬리로 남남동 및 동쪽에서부터 접근하여 자리를 잡으라고 명령했지만, 우익 부대의 병력 대부분은 그 날 저녁이 되어서야 도착했다. 한편 중앙 부대, 즉 올브리히와 제5기갑연대는 악천후와 연료 보급 지연 문제에 직면했고, 그 결과 같은 날 저녁때까지 므수스에서 메킬리로 출발하지 않은 상태였다. 그리고 4월 7일 오전 2시에는 우익 부대가 연료 고갈로 동행한 이탈리아군 포병을 메킬리를 공격하기 위한 위치에 전개할 수 없다고 보고했다. 롬멜은 보고를 받은 뒤 한 시간 후, 부대에 있는 모든 연료 재고인 35개의 연료통을 들고 우익 부대의 포병대를 찾아가 연료를 보급하고 예정대로 포대를 전개하도록 했다. 이 과정에서 롬멜 일행은 몇 대의 영국군 차량들과 조우했지만, 단호한 행동으로 영국군을 몰아냈다. 일련의 작업을 진행하는 동안 상당한 시간이 소요되었다. 4월 7일 오전에는 이탈리아군 포병에 연료를 보급하고 우익 부대가 메킬리에 대해 배치를 마쳤지만 올브리히의 전차부대는 여전히 소식이 없었다. 모든 전투가 그렇듯 시간이 총알같은 속도로 흐르고 있었다.

4월 7일 오후에 롬멜은 슈토르히를 타고 서쪽으로 날아가서 고원 지대를 돌며 제5기갑연대를 찾아다녔다. 그는 비행 도중 발견한 행렬의 한복판에 착륙하려다 이 부대가 영국군임을 뒤늦게 눈치채고 가까스로 탈출하는 위기를 겪은 끝에 한 독일-이탈리아군 혼성 부대 인근에 착륙했는데, 그 부대는 신기루에 속아 시간을 허비하고 있었다. 전술 지휘소(Führungsstaffel)로 돌아온 롬멜은 아직도 올브리히와 그의 전차들의 행방이 묘연하

.........................
018   Liddell Hart, 앞의 책

다는 보고를 받았다. 곧 어두워질 시간이었지만 롬멜은 슈토르히를 타고 다시 이륙했다. 훗날 롬멜은 올브리히가 아프리카군단의 주력 전차 부대를 이끌고 도착하는 것이 '동부 키레나이카의 성패를 좌우'할 상황이었다고 기록했다. 롬멜은 날이 완전히 어두워지기 직전, 계획된 공격 축선인 메킬리로 향하는 직선 경로보다 한참 북쪽에서 부대를 발견했다. 격노한 롬멜은 그들에게 야간 행군으로 가능한 빨리 목표로 향하도록 명령하고, 야간비행의 위험을 감수하고 재차 이륙하여 자신의 사령부로 돌아왔다.

다음 날인 4월 8일에 우익 부대가 메킬리에 대한 공격을 개시했고, 이번에도 하늘에서 정찰을 하던 롬멜은 적 차량 행렬이 메킬리를 나와 서쪽으로 움직이는 모습을 목격했다. 이들은 곧 올브리히의 전차들과 조우할 것이 분명했다. 롬멜은 올브리히 부대를 찾기 위해 서쪽으로 비행했으나 부대를 찾지 못했다. 그가 메킬리 지역으로 돌아왔을 때, 우익 부대는 이미 일대를 점령하고 동쪽 방면에 대한 영국군의 돌파 시도를 저지한 상태였다. 그리고 마침내 제5기갑연대가 서쪽에서 나타났다. 이 시점에서 롬멜이 북쪽으로 보낸 소규모 부대는 해안 도로를 차단하는 데 성공했지만 증원을 필요로 하는 상황이었다. 독일군은 벵가지에서 동쪽으로 이동하던 상당수의 병력을 포로로 잡았다. 롬멜은 슈베린 부대에서 증원 병력을 차출해 북쪽으로 보내고 자신도 직접 차량을 타고 데르나로 이동해 4월 8일 오후 6시까지 해안에 도달했다. 폰 베히마의 수색대대는 벵가지에서 진격이 저지되자 동쪽으로 선회하여 차르루바를 거쳐 메킬리 전투에 합류했고, 브레시아 사단은 해안 도로를 따라 진군했다. 이 작전은 6일에 걸쳐 진행되었다.

영국군은 키레나이카에서 철수했다. 4월 9일에 롬멜은 메킬리의 제5경사단이 필수 정비를 위해 2일간 정지할 계획을 세웠음을 파악하고 이들에게 분명하게 훈계한 후, 그들에게 야간에 트미미(Tmimi)를 거쳐 다음 날 일출까지 가잘라(Gazala)에 도착해서 토브룩을 공격할 준비를 하도록 지시했다.

이 비범하면서 때로는 완전히 무계획적이었던 작전에 관한 롬멜의 기록을 보면 사령관인 롬멜에 관해 독특한 인상을 받게 된다. 당시 롬멜은 1개 독일군 사단과 일부 추가 병력으로 이뤄진 아프리카군단 외에도 이탈리아군 3개 사단을 지휘하고 있었다. 그는 3대의 차량으로 구성된 소규모 전투 지휘 본부인 전방지휘소(Gefechtsstaffel)와 동행하거나 슈토르히를 타고 아군 부대나 전장 상공을 비행하고 다녔다. 그는 밤낮없이 한 지점에서 다른 지점으로 이동하도록 재촉했고, 너무 늦거나 길을 잃은 진격 부대들을 직접 찾아다녔으며, 연료보급을 위해 꾸물거리는 부대를 몰아붙였고, 실제로 연료가 떨어진 분견대를 찾아 최소한의 필수 차량과 무기들을 작전적으로 중요한 몇 킬로미터라도 더 이동하도록 임기응변으로 상황을 수습했다. 롬멜은 항상 그랬듯이 언제나 자신이 지휘하는 모든 부대와 모든 예하 장병들 앞에 갑자기 나타나서 단호하게 지시를 하고 분명한 말투와 활기, 지도력으로 그들을 자극했다. 롬멜의 전선 시찰은 기억에 남는 일이었으며 청회색 눈, 갑자기 튀어나오는 유머, 사람들 앞에 섰을 때 굳게 쥔 주먹과 팔꿈치를 약간 굽힌 팔, 힘 있는 표정, 세심한 안목, 무뚝뚝하고 엄격하고 군인다운 태도 등 그의 얼굴과 모습은 아프리카군단의 모든 장병들에게 익숙했다. 선명하고 날카로운 목소리도 기억에 남는 특징이었다. 항상 올바르지는 않았고 때로는 격했던 전설적인 말투도 마찬가지였다. 그는 결점, 특히 고위 간부들의 단점들을 혹독하게 지도했다. 롬멜은 많은 매력을 지녔지만 입은 거칠었다. 그는 가는 곳마다 장병들을 가르쳤다.

참모대학, 전쟁대학, 장군참모부 어느 곳에서도 상급 사령관인 장군의 그런 활동 혹은 표현방식이 적절하다고 규정하지 않았다. 롬멜은 분명히 예하 부대 다수가 키레나이카 고원이나 사막의 어디에 있는지 파악하지 못하곤 했으며, 롬멜 자신도 이 문제를 인정했다. 독일의 통신장비는 그 시대의 기준으로는 우수한 편이었지만 북아프리카에서는 상황에 따라 빈번하게 결함을 드러냈고, 기동전 전역에서 분산된 부대들의 소재를 파악하는 것은 유선전화를 사용하는 도상훈련에 비해 언제나, 훨씬 어려웠다. 하지만 롬멜의 글을 읽는 독자는 롬멜이 직접 상황개입을 고집하기보다는, 간접적으로 지시를 내리고 계획수립 과정에서 참모들을 활용했어야 하며, 따라서 롬멜의 기록은 읽는 것 자체가 고통스러울 정도로 힘겹다고 할 수 있다. 화가 날 정도로 빈번하게, 결정적인 순간마다 발생하는 연료부족도 체계와 예측의 실패라고 할 수 있다. 그리고 이런 문제 자체가 곧 롬멜의 실패라고 할지도 모른다.

롬멜은 후자인 보급 문제에 있어, 특히 아프리카에서 군수에 관심이 없거나 이 문제를 제대로 이해하지 못했다고 묘사되곤 한다. 아프리카 전역에서 기지와 전선을 잇는 보급선은 너무 늘어나면 끊어지거나 놓칠 수 있는 고무줄에 비견되곤 한다. 그리고 세계의 모든 군대가 연료보급 문제로 작전범위의 근본적 제약을 받고 있으며, 전역 내 가용 연료의 현황, 이를 전방 기지나 집적소로 수송하기 위해 가용한 자원, 수송 차량, 수송 거리, 전역 내 보급체계의 효율, 왕복 소요 시간 등의 변수에 영향을 받는다. 물론 다른 물자, 특히 탄약과 식수 역시 전투와 생존에 필수적이지만, 충분한 연료 없이는 부대와 차량들이 움직이거나 기동할 수 없고, 어떤 사막전에서도 승리하지 못할 것이다.

롬멜이 보급 문제에 무지했거나 신중하지 않았다고 생각하는 것은 불합리하다. 그의 생각은 보급의 문제로 가득 차 있었다. 그는 매우 전문적인 군인이었으며, 롬멜이 보급을 가장 중요시하지 않고 부수적인 문제로 여겼다는 생각은 전적으로 잘못되었다. 롬멜은 어떤 동맹군, 어떤 예하 지휘관, 그리고 어떤 역사가들 못지않게 북아프리카에서의 성공이 보급에 달려있음을 명확히 인식하고 있었다. 이 사실은 이듬해 군사적으로 큰 성공을 거두었던 롬멜의 고뇌나 이후 당시를 애통하게 회고했던 사례 등에서 근거를 찾을 수 있다. 롬멜은 트리폴리에 도착하고 아프리카군단이 처음 활동을 시작하는 즉시 군수참모부와 함께 시르테까지 소형 선박을 이용해서 보급품을 추진하기 시작했다. 그가 후에 토브룩에 몰두한 것도 근본적으로 보급 문제 때문이었다. 그는 "우리의 가솔린 재고가 심각하게 고갈되었다"고 투덜대곤 했고, 그의 전술은 그런 사실을 고려하여 수립되고 결정되었다. 하지만 보급의 문제는 상당 부분 그의 관할 밖이었다. 롬멜은 보급에 대한 예측과 약속을 바탕으로 계획을 수립해야 했는데, 이런 예상이나 약속이 종종 어긋났으며 롬멜의 계획은 낙관적이었다. 그러나 롬멜은 결코 연료와 식수, 항구와 보급선, 수송 및 보급과 같은 문제들을 소홀히 한 적이 없었고, 소홀히 할 수도 없었다. 이 문제는 롬멜의 글에서 반복해서 등장한다.

그렇다면 롬멜이 보급 문제를 충분히 유효하게 처리했을까? 롬멜이 키레나이카의 첫 전역에서 발생한 연료 위기 일부를 계획단계의 사전조정으로 미연에 방지할 수 있었을 가능성은 불확실하다. 오히려 롬멜은 한 차례 직접 개입을 통해 효과적으로 상황을 수습했고, 개입 이후의 성과는 앞서의 설명과 같다. 참모들의 계산에 따르면 이후 가용 수송자원으로는 연료보급이 항상 빠듯한 수준에 머물 것으로 예상되었는데, 당시 롬멜이 어느 순간에 일정한 조치를 취하지 않을 경우 휘하의 모든 부대들이 연료부족으로 정지할 것이라는 명확한 경고를 받았음에도 이 경고를 무시했다면 비난을 받아 마땅하다.

다른 가능성도 있다. 앞서 서술한 대로 아지다비야 부근에서 대규모 연료 보급을 받은 후 차량들은 메킬리에 도달할 때까지 평균 240㎞를 전진해야 했다. 그리고 차종 별로 차이는 있지만 연료를 가득 채운 기갑 차량의 항속거리에는 한계가 있으므로, 작전이 끝나기 전에 분명 재보급이 필요했다. 롬멜은 분명히 재보급 문제를 인식하고 있었으며, 이는 무시할 수 없는 현실이었다. 그렇다면 롬멜은 눈을 감아 버리기로 했을까? 아니면 군수참모가 좀 더 열심히 노력한다면 문제를 해결할 수 있다고 믿기로 했을까? 아마 그랬을 것이다. 실제로 약간의 지연 끝에 문제가 해결되었다. 물론 롬멜은 시간 지체에 불만을 표했지만, 이 과정에서 소요된 시간은 제5기갑연대와 이탈리아군 포병 차량들의 재보급에 필요한 시간뿐이었다. 롬멜은 언제나 모든 예하 지휘관과 참모 장교들이 자신과 같은 긴박감을 공유한다면 시간을 어느 정도 절약하고 어려움을 줄일 수 있을 것이라고 믿었다. 뿐만 아니라 그는 참모들과 처음 대면한 상태였다. 제7기갑사단이 1940년에 신임 사단장의 방식과 기대치에 적응하는데 시간이 걸렸듯이 아프리카군단도 시간이 필요했다. 롬멜은 보다 높은 수준의 군수 관리에 있어서 참모들이 근본적으로 신중하며, 결정적 순간에 공급이 부족해지고 지휘가 불가능해지는 상황을 두려워한다고 보았다. 그는 항상 상대의 약점이나 실패를 이용하고 승리를 한 후에 '사람과 짐승의 마지막 숨이 찰 때까지' 적을 추격해야 한다고 믿었다. 그는 위관 시절에 루마니아에서, 그리고 이탈리아에서 이를 배웠고, 프랑스에서 사단장으로 임무를 수행하며 실제로 행동에 옮겼다. 그는 항상 군수참모의 조언을 의심했고, 군수참모들이 곤경을 만날 때마다 즉석에서 재량권(없는 경우가 많았지만)을 행사하기보다는 불평만 한다고 기록했다. 롬멜은 대다수 지휘관들처럼 우유부단하게 군수 부서의 평가를 받아들이기보다는 군수 조직의 잠재력과 기본 수요에 대해 스스로 명확한 그림을 그려야 한다는 평을 남겼다. 이 경우 불평을 피할 수는 없겠지만 결과는 더 좋았을 것이다. 그리고 롬멜은 이와 동일한 맥락에서 관례에 따라 정해진 기준이란 평균적인 능력 미만을 바탕으로 결정되므로, 거기에 순순히 따라서는 안 된다고 주장했다. 롬멜은 지휘관이 조언에 대해 비판적이고 박식한 청취자가 되어야 하며 스스로 판단을 내려야 한다고 믿었다. 이런 태도는 행정적인 요소들에 무지하거나 이를 등한시하는 사람의 모습이 아니다.

롬멜은 군수 문제에 확고한 태도를 고수했고, 과도한 예방 조치는 모험심의 적이며, 상황에 따라서는 신중함의 범주를 크게 벗어나곤 한다고 믿었다. 이탈리아와 독일의 총사령부는 롬멜의 제안대로 진격할 경우 발생할 전반적 보급 상황, 해상 수송 상황, 보급선의 길이와 같이 불가피한 군수상의 요인들을 이유로 롬멜을 통제하려 했고, 롬멜은 가능한 행동에 대해 보다 낙관적인, 자신만의 평가를 내리곤 했다. 그리고 이런 평가는 대체로 타당했다. 위험을 감수하는 것은 의도적 선택이었고, 롬멜은 기회를 포착할 때 그렇게 행동했으며, 이는 보급에 대한 무지나 무시로 인한 문제가 아니었다. 모든 사람들이 그렇듯 실수를 했을 수는 있지만, 군수에 무관심한 인물일 가능성은 거의 없다.

롬멜은 북아프리카 전역이 시작되기 전에는 전역 내 보급에 관한 세부사항을 직접, 세심하게 챙긴다는 평판을 얻지 않았을지도 모른다. 도나우로 행군하기 전의 말버러 공작이나 울름(Ulm)과 아우스터리츠(Austerlitz)로 승리의 진군을 하기 전의 나폴레옹이 그랬다. 롬멜의 부대는 분명 연료부족에 직면하곤 했지만, 롬멜은 대부분 직접, 주도적으로 상황을 회복시켰다. 그리고 더 많은 경우에 연료가 떨어질 위험을 감수했다. 하지만 롬멜이 위험을 감수하는 경우는 자신이 정통한 유동적 상황이나 기동전이었고, 이런 상황에서 연료 고갈의 위험을 감수하지 않는 사람은 어떤 위험도 감수하지 않는 경향이 있다. 그리고 어떤 위험도 감수하지 않는 사람이 승리의 월계관을 쓰는 경우는 드물다.

그렇다면 롬멜이 많은 예하 부대들을 차례로 지휘하는 과정에서 시간을 끝없이 소비하고, 그 외의 수많은 병력들을 너무 오래 방치했으며, 수천 제곱 킬로미터에 흩어져 있는 4개 사단 이상을 지휘하는 중장으로서 부적절한 수준까지 예하 부대에 개입하고 그들을 직접 독려하고 전방으로 나갔다는 비판은 어떤가? 이런 비판은 힐센 능선, 디낭, 아벤느, 르카토의 행동에 대한 비난과 다를 것이 없으며, 보급 문제의 경우처럼 한정적으로만 옳은, 사실상 틀린 견해일 것이다. 롬멜은 완전히 다른 방법으로 지휘를 할 수도 있었다. 하지만 그렇게 행동한다면 그는 더이상 롬멜이 아니고, 훗날 롬멜의 참모가 된 신중하고 사려 깊은 장군참모가 그를 "아마도 독일군 역사상 가장 대담하고 적극적인 지휘관인, 기갑군단의 자이들리츠(Seydlitz)"[019] 라 평하는 인물이 되지 않았을 것이다.

이제 아프리카군단의 모든 장병들은 롬멜의 비상한 지략, 초인적인 업무 능력, 강인함, 위험을 감수하는 모습에 관해 이야기하게 되었다. 그리고 부하들을 무자비하게 혹사한다는 평판과 간혹 나타나는 과격한 언사, 엄격한 기준에도 불구하고 부하들에 대한 걱정과 동류의식, 허세나 거만함을 찾아볼 수 없는 모습, 그리고 손익만을 기준으로 예하 부대를 움직였다는 사실들에 대해 이야기했다. 장병들은 롬멜이 부하들을 위해 무엇이든 할 것이라고 말했고 이를 느꼈다.[020]

무엇보다도 그들은 롬멜과 함께라면 승리할 것임을 알게 되었다. 롬멜은 전술적으로 '상황에 대한 육감(sechsten Sinn für Lagen)'이 있었다. 롬멜은 매우 단호했고, 무전기를 통해 자신의 목소리로 명령을 하달할 경우에는 12개 이하의 단어로 제한해 송신했으며, 필요한 경우에 한해 간단한 내용을 추가로 송신했다. 롬멜은 자신의 목표에 대해서는 한 점의 망설임 없었다. 롬멜은 가는 곳마다 모든 제대에서 대원들을 가르쳤다. 소대장을 교육할 때 그의 군사적 본능은 장군의 역할 못지않게 탁월했다. 그는 '모든 이들의 교관(Der Lehrmeister Aller)'[021] 으로 불렸다. 사막에서 그는 자신의 위치를 본능적으로 알았고 방향감각(Orientierungsinn)도 정확했다.[022]

예하 부대에 간섭을 덜 하는 지휘관, 그들을 보다 편하게 다루는 지휘관, 보다 신중한 지휘관은 부대를 위험에 노출시키는 빈도가 작고, 장병들을 혹사하는 경우도 제한적이

019   von Mellenthin, Panzer Battles 1939-1945 (Cassell, 1955)
020   해당 사례로 "Rommel wie er wirklich war" (Deutsche Soldatenzeitung, September 1952) 참조
021   Hans Karl von Esebeck, Afrikanische Schicksaljahre (Limes Verlag, Wiesbaden, 1950)
022   위의 책

었을 것이다. 하지만 그런 지휘관은 불과 9일만에 매우 적은 피해를 입은 끝에 영국군을 키레나이카에서 몰아내고 토브룩 요새 앞에 장병들과 함께 서 있지도 않았을 것이다. 이후 롬멜의 예하 지휘관 중 일부가 계획 변경과 혼란에 대해 분노했다는 비판도 있지만[023] 이 시점까지 존넨블루메 작전은 흥분을 불러일으킬 만한 성공을 거두고 있었다.

023    Graf von Schwerin, 인터뷰, EPM 3 참조

# 제12장 기갑군단의 자이들리츠

룸멜은 일련의 전초전에 만족했다. 한동안 그는 무엇도 자신을 막을 수 없다고 느꼈으며, 4월 10일에 다음과 같이 선언했다. "목표는 수에즈 운하다!"[024]

영국군은 키레나이카에서 축출되었고 벵가지 항과 함께 키레나이카 비행장이 독일군의 수중에 들어왔다. 룸멜은 이탈리아인들이 새롭게 획득한 이점을 너무 느리게 활용하고, 트리폴리를 지나치게 의존하며, 벵가지 항이 너무 작아 사막 부대의 보급로가 불필요하게 길어진다며 불만을 제기했다.[025] 룸멜의 부대는 상당수의 영국 차량을 노획하고 많은 포로를 잡았는데, 여기에는 3명의 장성, 즉 제2기갑사단장 갬비어 패리(Gambier-Parry), 님(Neame), 그리고 아직 지휘권을 인수받지 않았지만 독일군에서 지난겨울에 전공을 거둔 이후 '가장 모험적인 영국 장군'으로 높은 평가를 받던[026] 불운한 오코너 장군이 포함되었다. 그밖에도 메킬리에서 수많은 문서를 노획했는데, 룸멜의 정보 참모들은 이 문서들을 통해 영국군의 편성, 전력, 인물들에 관해 이탈리아군에게서 넘겨받았거나 OKH에서 전달받은 모든 정보들보다 훨씬 더 정확한 정보를 얻을 수 있었다.

하지만 다른 무엇보다 중요한 문제는 토브룩 항 장악이었다. 토브룩은 적의 수중에 있다면 작전 전반을 위협하지만 아군이 장악한다면 후속 작전을 위한 전진기지로 활용할 수 있는 요충지였다. 룸멜은 토브룩에 상당히 집착했는데, 이곳의 전략적 가치를 감안한다면 충분히 이해할 만하다. 룸멜은 4월 14일과 30일, 2차례에 걸쳐 토브룩에 총공격을 시도했으나 두 차례 모두 완전히 실패했다.

당시 룸멜은 시르테 만부터 유지하고 있던 진격 속도, 그리고 소수의 병력만으로 북

---

024   Behrendt, 앞의 책
025   이 부분에 대해서는 16장의 설명 참조
026   위의 책

아프리카의 광대한 영역에서 일순간에 적을 몰아냈다는 사실에 어느 정도 도취되어 있었다. 그는 당시 행운의 여신이 자신에게 미소 짓는다고 느꼈으며, 항상 그랬듯이 속도와 결단력이 있으면 잘 방어된 요새도 돌파할 수 있다고 확신했다. 즉 롬멜은 한발 앞선 행동으로 토브룩을 점령할 수 있다고 확신했다.[027] 하지만 방어 준비를 마친 진지에 대해 공격을 실시할 경우, 속도만으로는 부족하다.

롬멜은 방어군이 균형을 바로잡고 사기를 회복할 시간이 부족하다고 가정했지만, 이번에는 그가 완전히 틀렸다. 독일군은 토브룩의 방어태세에 대해 아는 것이 없었는데, 당시 토브룩은 난공불락과도 같았고, 특히 모스헤드(Morshead) 장군이 지휘하는 제9오스트레일리아 사단 덕에 더욱 강화되었다. 이 부대는 키레나이카에서 물러난 후 토브룩으로 철수했고, 이집트에서 해상으로 이동 중인 제4여단으로 증원될 예정이었다. 롬멜은 이미 오스트레일리아군 포로들을 '매우 훌륭하고 강한 병사들'로 평가하고 있었다. 그는 "의심할 바 없는 대영제국의 엘리트 부대이며 전투에서 이를 증명했다."고 기록했다. 토브룩에서 그는 진지에 배치된 오스트레일리아군이 항복할 기색을 전혀 보이지 않고 완강하게 방어하고 있음을 알게 되었다. 그들의 포병화력은 언제나 강하고 정확했으며, 거점들에 배치된 병력들은 끈기 있게 싸웠다. 이탈리아군이 준비했던 토브룩 요새는 동심원 형태의 이중 방어선으로 구성되었고, 각 방어선은 약 1.8km가량 떨어져 있었다. 각 방어선에는 여러 개의 방어진지, 은폐호, 사격 진지가 2.4m 깊이의 교통호로 연결되었으며, 내부에는 박격포, 기관총, 대전차포용 포상이, 외곽 방어선 밖에는 대전차호가 있었다. 각 방어진지는 약 40명이 배치되도록 설계된 지름이 80m가량의 원형 진지로, 외곽에는 광범위한 철조망지대도 있었다. 토브룩은 가공할 만한 요새였다. 이 요새는 방어군의 의지가 완전히 붕괴되지 않는 한, 포위와 체계적인 공격을 통해서만 점령할 수 있었고, 롬멜은 다소 뒤늦게 이탈리아군이 만든 요새 지도를 입수한 후에야 이 점을 깨달았다. 롬멜은 토브룩을 즉각 포위하고 몇 개 방향에서 공격하기로 계획했다. 브레시아 사단 및 데 스테파니스(de Stefanis) 장군이 지휘하는 트렌토(Trento) 사단은 서쪽에서 최대한의 모래 구름을 일으키며 양동 작전을 시도하고, 그동안 제5경사단이 토브룩을 남쪽과 동남쪽에서 포위하며, 아리에테 사단은 토브룩 남쪽의 엘 아뎀(El Adem)에서 공격을 지원할 준비를 하라는 명령을 받았다. 한편 폰 프리트비츠(Prittwitz) 장군이 지휘하는 제15기갑사단이 속속 도착하기 시작했다. 프리트비츠는 즉시 롬멜로부터 토브룩 지역에 이미 진출해 있는 일부 부대들의 지휘권을 부여받았으며, 여기에는 4월 10일에 엘 아

<hr />

027   롬멜은 승리의 요인이 속도라고 썼다. Liddell Hart, 앞의 책

뎀을 점령한 제3수색대대도 포함되었다. 4월 11일에 '포위망'이 완성되었고, 그 날 오후에는 제5기갑연대의 전차들이 토브룩 남쪽으로 전개했다.

포위망이 완성되기 전날, 폰 프리트비츠가 전사했다. 그는 미처 발견되지 않은 영국군 진지로 접근했고, 전투 후 참호 속에서 시신으로 발견되었다. 제5경사단의 공격은 슈트라이히 장군의 손에 달려있었는데, 그는 공격 계획에 대한 확신이 거의 없었다. 슈트라이히는 롬멜을 기회주의적이고 조급하며 자기중심적인 인물로 여겼다. 이 두 사람은 프랑스에서 만난 적이 있었는데, 호트 군단에서 롬멜의 이웃 부대인 제5기갑사단 소속 기갑연대를 지휘했던 당시의 슈트라이히는 제7기갑사단장 롬멜에 대해 회의적인 견해를 피력했던 전적이 있었다. 이제 슈트라이히는 공격해야 하는 요새에 대해 아는 것이 거의 없고, 요새가 참호화되었으며, 공격지역 전체가 관측범위에 있고 소화기 및 포병 관측사격으로 엄호되므로 방자가 매우 유리하다고 판단했는데, 그의 판단에는 분명한 근거가 있었다. 슈트라이히는 얼마 후에 비슷한 작전이 제시되었을 때도 반대했다.

토브룩에 대한 롬멜의 첫 공격은 4월 14일 오전 4시 30분에 시작되었으며, 제5경사단의 기관총 대대와 기갑연대가 남쪽에서 공격을 주도했다. 이 공격은 상당한 손실을 입고 완전히 실패했다. 처음에 롬멜은 작전이 원활히 진행중이라 판단하고 여명에 전방까지 진출했지만, 몇 시간 후 슈트라이히와 그의 기갑연대장인 올브리히는 전차들이 보병과 분리되고 돌파구 측면으로부터 사격해오는 적의 대전차 화력으로 인해 전진하거나 위치를 유지할 수 없다고 사령부에 보고했다. 그리고 영국의 블렌하임(Blenheim) 폭격기들이 공격부대를 맹습하고 있었다. 일대에서는 한동안 영국 공군이 우위를 점했다.

롬멜은 이런 상황에 분노했다. 그는 전차와 보병의 협조, 즉 제병협동 훈련이 부족했다고 판단했다. 슈트라이히에 대한 롬멜의 견해는 개선되지 않았고, 이탈리아군의 행동에 대해서도 상당히 낙담했다. 롬멜의 부관인 슈레플러 소령은 롬멜의 부인 루시에게 보내는 편지에 이탈리아군이 전혀 나서지 않거나, 최초 사격에 노출되자 도망쳤다고 적었다. 이 전투에 참가한 사람 중 한 명은 차분하게 상황을 관찰한 후, 공격군이 방어진지에 대한 사전지식을 적절히 확보하지 못한 대가로 불리한 상황에 직면했다고 평했다.[028] 롬멜도 사전정보수집 부족으로 인한 손해를 예상했지만, 정보를 수집하여 얻는 이점이 정보를 수집하기 위해 지체하며 발생하는 손해에 의해 상쇄되리라 판단했다. 그리고 이 판단은 잘못되었음이 증명되었다.

롬멜은 2주 후에 토브룩 서쪽 13km지점에 위치한 요충지인 라스 엘 마다우르(Ras el

..........................
028   Behrendt, 앞의 책

Madauer)에 다시 공격을 실시해, 어렵지 않게 이곳을 장악하고 이를 통해 토브룩 방어선의 서쪽에서 독일군의 보급 대열을 관측하고 괴롭힐 수 있는 장소를 제거했다. 그렇지만 이 성과를 얻기 전에 베를린에서 방문객이 찾아왔다.

4월 27일, OKH 작전부장 파울루스(Paulus) 장군이 상황을 협의하고 평가하기 위해 도착했다. 롬멜의 상급자들은 롬멜의 진격속도와 종심의 깊이에 놀랐다. 당시 롬멜은 참모진에게 수에즈 운하에 도달하는 것에 관해 이야기했다고 알려져 있다. 반대로 파울루스는 롬멜이 영국군을 지나치게 당황시켜 그리스에서 지나치게 일찍 철수하도록 강요했기 때문에, 그곳에서 영국군을 함정에 빠트리려던 독일군의 계획을 망쳤다는 OKH의 주장을 롬멜에게 전했다. (이 주장은 완전히 틀렸다. 영국군의 그리스 철수는 4월 19일에 웨이벌과 그리스 정부의 합의 하에 이뤄졌으며, 롬멜의 진격과는 아무런 관계가 없었고, 오직 그리스 자체의 위험한 상황에 따른 결과였다) 롬멜은 그리스에서 영국군을 함정에 몰아넣는다는 독일의 계획에 대해서는 아는 바가 없었다고 신경질적으로 대답했다. 롬멜은 독일의 관점에서 그리스 사태는 병력의 잘못된 분산일 뿐이며, 발칸반도에서 병력을 낭비하기보다는 더 많은 병력을 북아프리카에 집중해서 영국군이 지중해를 사용하지 못하도록 하는 편이 훨씬 더 나았을 것이라고 말했다. 그리고 훗날에는 독일이 5월에 침공했던 크레타(Crete) 섬보다는 이탈리아와 아프리카 간 해상 보급선의 열쇠인 몰타를 공격했어야 한다고 평했다. 아마 오코너도 동의했을 것이다!

파울루스는 롬멜과 동년배였으며 예의 바르고 교양 있는 지성인으로, 매우 성실한 참모 장교였지만 주체적인 인물은 아니었다. 그는 롬멜이 제안하는 모든 대규모 행동을 허가하거나 거부할 권한이 있었다.[029] 그리고 파울루스는 토브룩에 대한 추가 공격을 허가했고, 이 공격은 그가 아프리카에 도착하고 3일 후, 그리고 그가 아직 아프리카에 머무는 동안 실시되었다. 그러나 이 공격 역시 실패했다. 당시 롬멜은 막 도착한 제15기갑사단 병력으로 서쪽에서 공격을 할 생각이었지만, 이 공격을 비관적으로 평가한 제5경사단장 슈트라이히의 반대에 직면한 상황이었다. 실제로 이 공격은 라스 엘 마다우르에 대한 작전으로 제한되었고, 롬멜은 상당수의 장병들을 잃었다. 그는 이 공격으로 보급선이 적의 관측에서 안전해졌다고 주장했지만, 이 공격의 연장선상에서 롬멜이 원하던 토브룩 주진지에 대한 기동을 시도할 기회는 생기지 않았다.

파울루스는 롬멜의 행동을 지켜보았고, 사막에서 2주가량을 체류한 후, 베를린에서 아프리카군단의 롬멜은 완고하고 격정적인 사령관이며, 롬멜이 OKH가 더 나은 판단

---

029   이탈리아의 영역에 대한 독일의 침범을 포함한다

을 하지 못하도록 의도적으로 방해하고 있으며, 아프리카에 병력을 증원하도록 OKH 의 판단을 유도하여 당시 OKH, 그리고 파울루스가 열중하고 있던 동부전선의 대규모 작전에 차질을 빚을 수 있다고 설명했다. 파울루스는 이탈리아군이 벵가지를 제대로 활용하지 못하고 있다는 롬멜의 불만에 대해서도, 벵가지 방면의 해로가 트리폴리 방면의 해로에 비해 더 길어 영국의 방해에 더 취약하며, 트리폴리 항이 처리능력도 더 크다는 사실을 무시했다고 지적했다. 물론 롬멜이었다면 벵가지 항의 하역 능력 확대를 주장하며, 해로 연장으로 인한 위험은 야전군에 대한 보급능력의 현격한 향상으로 상쇄된다고 반박했을 것이다. 하지만 파울루스는 이탈리아 측의 주장이 더 합리적이라 여겼다.

　롬멜에 대한 파울루스의 평가는 결코 놀랍지 않다. 파울루스가 상부에 직접 롬멜의 지휘권을 대신하겠다고 권고하려 했다는 이야기를 특별히 거론할 필요는 없겠지만, 당시 파울루스의 아름답고 야심찬 루마니아계 부인은 북아프리카는 명성을 얻을 장소가 아니라며 남편에게 경고했다.[030] 파울루스는 롬멜과는 매우 다른 유형의 사람이었다. 많은 이들이 동의했듯이, 파울루스는 지휘 경험이 거의 없는 참모 장교 출신으로 명령서에 절대적인 권위가 있다고 여기는 사람이었다. 롬멜은 스스로의 판단을 신뢰하고, 먼저 행동한 후에 논쟁했으며, 베를린과는 멀리 떨어져 있고 로마와는 명목상의 복종 관계라는 점을 이용하고, 승리로서 자신을 정당화하고 변호하는 성향의 소유자였다. 꼼꼼하고 능률적인 파울루스에게는 이런 태도가 혐오의 대상이었다.

　파울루스는 토브룩 주변 부대들의 환경을 보고 크게 놀랐으며, 롬멜이 가잘라로 철수해 보급선을 단축하고 장병들의 처우를 개선해야 한다는 입장을 취했다. 장병들의 음식과 고난을 항상 함께 하는 롬멜의 생각은 달랐다. 그로부터 21개월 후 파울루스는 스탈린그라드(Stalingrad)에서 독일 제6군이 궤멸되어 전 병력이 죽거나 포로가 될 때, 제6군이 러시아의 포위망을 탈출하려는 시도를 해서는 안 되며 방어가 불가능한 지역에 머물러 있어야 한다는 히틀러의 잔혹한 명령을 철저하게 지켰다. 롬멜과 파울루스 모두와 친밀했던 한 동료 장교는 오랜 시간이 지난 후에 롬멜이 스탈린그라드에 있었다면 히틀러에게 흥분한 어조로 "공세로 이전해서 공격하고 있음." 이라는 통신을 보낸 후, 모든 가용 병력을 모아 자신의 말을 그대로 시행했을 것이라고 평했다.[031]

　물론 이런 가능성은 추측의 영역이다. 그리고 롬멜은 훗날 애석하게도 알라메인(Alamein)에서 귀중하고 되돌릴 수 없는 몇 시간 동안 파울루스만큼 엄격하게 총통명령

--------------------------------

030　Barnett, 앞의 책에 수록된 Martin Middlebrook, "Paulus"
031　저자에게 직접 말했다.

(Führerbefehl)을 준수했다. 하지만 이 동료 장교의 관찰은 두 장군의 인상이 근본적으로 다르다는 좋은 증거다.

결과적으로 파울루스는 롬멜에게서 좋은 인상을 받지 않았다. 그리고 롬멜은 1941년의 토브룩 공격에서 의심의 여지 없이 자신의 경력 가운데 최악의 모습을 보였다. 준비나 협조 없이 성급하게 전투에 뛰어들고, 상황에 맞지 않게 속도를 우선시하는 과정에서 다른 부분을 희생했다. 승리에 대한 롬멜의 직관, 즉 손끝 감각은 일시적으로 사라졌다. 결과적으로 많은 혼란이 있었고 일부 지휘관들은 화를 내며 투덜거리기 시작했다. 토브룩에서 입은 피해로 불만은 한층 악화되었다. 슈베린 백작은 몇 년 후에 "그가 내 장병들을 희생시켰다"고 비통하게 말했는데, 이런 감정은 충분히 이해할 수 있다.[032]

롬멜이 지나친 도박을 했다는 비난이 나오기 시작했고, 여러 곳에서 공격이 돈좌되었으며, 수많은 장병들이 전사했다. 롬멜은 이제 토브룩을 공격하기보다는 잠시 포위해야 함을 인정해야 했다. 그리고 영국군 주력부대가 퇴각한 이집트 국경에 자신이 관리할 수 있는 강력한 전초선을 만들어야 했다. 롬멜은 솔룸(Sollum), 바르디아, 시디 술레이만(Sidi Suleiman), 카푸초(Capuzzo)요새를 기본으로 하는 국경 방어 시설과 요새 지대를 '포위 참호선(line of circumvallation)'으로, 각 진지들은 '전초'로 여겼다. 여기에서 포위 참호선이란 포위망을 분쇄하고 수비대를 구출하기 위한 외부의 구원군을 막기 위해서 포위자가 만드는 진지를 말한다. 롬멜의 관심은 토브룩에 있었다. 롬멜은 국경을 무시하지는 않았지만 토브룩에 지나치게 주의를 집중하고 있었다. 그리고 모든 기회에 대처할 준비를 하면서도 스스로를 토브룩의 포위자로 여겼다. 이는 불합리한 판단이 아니었다. 토브룩을 점령하고 그 항구를 이용했다면 독일-이탈리아군에게 상당히 유용했을 것이다. 그러나 국경 지역에 위치한 롬멜의 부대들은 키레나이카에서 출발하여 토브룩을 우회하는 길고 험한 보급망을 사용해야 했다. 이들은 매일 1,500톤의 보급품을 사용해야 했다.[033] 토브룩은 아프리카군단에게 '박힌 가시(Dorn im Fleisch)'와도 같았다.[034]

후에 롬멜은 토브룩 우회도로(Achsenstrasse)를 건설하여 동-서 보급선을 개선하도록 이탈리아 측을 설득하고, 1941년 가을 3개월 만에 이 도로를 건설했다. 롬멜의 입장에서 이는 우선순위의 문제였다. 영국군은 토브룩을 구출하기 위해 공세를 실시할 것이 분명했다. 그렇다면 영국군에 맞서 얼마나 국경 가까이 머무를 수 있는가? 그리고 토브룩

032    von Schwerin, 인터뷰, EPM 3
033    그리고 전역에 반입되는 보급품은 매월 트리폴리가 소화할 수 있는 규모를 초과하는 70만톤에 달했다.
034    Behrendt, 앞의 책

에 재차 공격을 시도하려면 어느 정도 추가적인 노력을 투입할 수 있는가? 공격한다면 그 실행 시기는 언제인가? 영국군의 공세는 언제 시작될 것인가? 롬멜은 이집트 국경까지 영국군을 추격했고, 토브룩에 몰두하고 있던 4월 12일에 제3수색대대가 바르디아를 점령했다. 롬멜은 바르디아가 점령된 후 일주일 동안 그곳을 방문하지 않았다. 솔룸과 카푸초는 동시에 포위되었다. 롬멜은 항상 영국군이 측면인 남쪽 사막으로 우회하여 국경에서 그의 부대를 포위하거나 토브룩 혹은 더 서쪽으로 직행하여 비르 하케임(Bir Hacheim)과 가잘라를 위협할 경우에 대응하기 위해 기동부대를 예비대로 확보해야 한다는 점도 인식했다.

국경 부근의 전투는 지형에 많은 영향을 받았다. 일대의 해안도로는 깊은 경사면에 걸쳐 있고, 차량이 고지대 방면의 사막으로 올라가거나 해안 쪽으로 내려갈 수 있는 지형은 소수의 통로로 제한되었다. 롬멜의 전방 진지에서 가장 가까운 통로는 솔룸에서 8 km 남쪽에 있는 할파야(Halfaya)에 있었고, 따라서 할파야 고개를 점유하면 사막과 해안도로 간 이동을 통제할 수 있었다. 롬멜은 토브룩 요새 주변 전방 포위의 일환으로 이탈리아군 트렌토 사단을 국경으로 이동하고 브레시아 사단은 토브룩의 동쪽 측면에 배치하기로 했다. 영국군과 달리 롬멜은 차량화되지 않은 이탈리아군 보병을 상당수 보유하고 있었다. 그리고 거대한 개활지로 사계가 넓은 사막에서 차량화되지 않은 보병의 유일한 용도는 고정된 진지전을 위해 지형과 조건이 적당한 곳에 사전배치하는 것뿐이었다. 할파야 고개를 포함한 국경 진지들은 그 조건에 부합하는 지역이었고, 총공격을 실시하기 이전의 토브룩 포위망도 그랬다. 하지만 차량화되지 않은 보병 사단은 기동 작전에 거의 쓸모가 없다는 한계가 있으며, 하차 후 참호를 판 경우가 아니라면 전투 능력도 없었다. 또 유효 사거리가 매우 짧고, 원거리의 전차 화력과 포병의 관측 사격에도 취약했다. 그리고 도보 보병은 지휘관이 이동용 수송 차량을 할당해야 한다는 잠재적인 부담이 있었다. 이런 보병들은 사막에서 이동수단을 상실하면 구조될 가망이 거의 없는 인질 신세가 되었다. 기동성이 없는 보병을 적합한 지역에 효과적으로 배치하려면 충분한 병력이 필요했으므로, 롬멜은 이탈리아군 총사령부에 이탈리아군 2개 사단을 더 요청하기로 결심했다. 그는 자신의 기동 부대, 특히 아프리카군단을 진지전이나 뻔한 기동전에 투입하는 상황을 가급적 축소하려 했다.

일련의 재배치 과정은 시간을 필요로 했고, 롬멜은 주어진 시간이 그리 많지 않다고 생각했다. 그는 추축군 부대들이 토브룩을 포위하고 구원군을 막아내기 위해 지나치게 분산되어 있음을 영국 측이 간파할 수 있다고 판단했다. 독일군 부대가 부족하다고 여긴 롬멜은 제15기갑사단 증파를 서둘러 달라고 요청했다. 솔룸의 진지들은 5월 중순까지도 이탈리아군 보병들이 완전히 인수하지 않았다. 5월 14일에 롬멜의 정보참모는 영국군의 무선망에서 예하부대에 송신하는 '프리츠(Fritz)'라는 암호를 감청했다. 이 단어만으로는 의미가 확실하지 않았지만, 다음 날 예상했던 영국군의 공격이 개시되면서 암호와의 연관성이 확인되었고, 이 정보는 훗날 상당한 도움이 되었다.[035]

북아프리카에서 롬멜의 전투 정보, 즉 적에 대한 지식은 다양한 출처에서 획득했다. 우선적인 출처는 독일공군과 자신의 부대, 순찰대, 수색대가 직접 관측한 정보였다. 이 정보는 무엇과도 바꿀 수 없는 가치를 지녔고, 특히 초기에는 독일공군이 자체적으로 많은 정보를 수집했다. 그러나 영국사막공군(British Desert Air Force)이 제공권을 장악하면서 항공정찰을 통해서 롬멜이 얻는 영국군의 정보보다 영국군이 롬멜에 대해 얻는 정보가 더 많아졌다. 부단한 경계를 위해서는 깊은 사막지역을 감시하는 수색정찰대 운용이 필수적이었지만, 롬멜은 영국의 습격부대, 특히 장거리사막정찰대(Long Range Desert Group: LRDG)를 상대할 대책이 거의 없었다. 독일 정보참모부는 LRDG의 전력 및 운용에 대해 잘 알고 있었지만 종종 전력을 과대평가했다. 심지어 1941년 12월에는 한 영국군 장교로부터 그의 소속 연대와 대대에서 보낸 개인 편지를 노획해 제22근위여단 전체가 LRDG 임무로 전환되었을 것이라는 잘못된 추론을 하기도 했다.[036]

또 다른 정보의 출처는 노획한 문서였다. 메킬리를 점령하고 영국군 제2기갑사단 사령부를 발견한 독일군은 많은 문서를 입수해서 이를 분류하고 분석했다. 모든 사령부와 부대들은 자신들의 강점, 약점, 현황을 담은 상당한 양의 기밀문서들을 가지고 있었다. 이런 정보는 공식 문서에 한정되지 않았다. 독일군처럼 영국군의 장교들도 규정으로 금지된 일기를 썼고, 이런 일기 가운데 상당수가 노획되어 야전과 본국의 일반적인 시각과 감정에 관한 유용한 정보를 제공했다.

세 번째 출처는 포로 심문이었다. 독일은 장병들에게 포로가 되면 취조관에게 군번, 나이, 계급, 성명, 고향만을 말할 수 있다고 교육한 영국군의 명령을 높이 평가했다. 물론 성공 여부와는 별개로 양측 모두 그 이상의 정보를 얻으려고 노력했고, 아부, 협박, 유도심문과 같은 여러 방법을 보편적인 심문기술로 활용했다. 롬멜은 후일 몽고메리가 그랬듯이 포로와 만나고 대화하기를 즐겼으며, 독대는 아니었지만 공훈이 있거나 계급이 높은 포로들과의 만남을 선호했다. 사막전은 어느 정도 가혹한 게임이었지만 규칙이

........................

035  위의 책
036  IWM AL 831

있었고, 롬멜은 게임의 규칙을 어기는 사람이 있다면 그를 꾸짖었을 것이다. 전쟁이 한창 진행된 시기에 롬멜은 영국군 제4기갑여단의 부여단장으로 포로가 된 스털링(Stirling) 준장을 발견하고, 그를 불러 구금된 첫 며칠은 불가피하게 최악의 대우를 했지만 독일인들은 용감한 군인들을 존중한다고 말했다. 롬멜은 토브룩에서 포로가 된 뒤에 학대로 부상당한 이탈리아 장병들의 사진을 본 것이 무엇보다 유감이며, 이는 '사람이 아닌 짐승 같은 행동'이라고 말했다. 스털링은 어떤 영국군도 그런 일을 하지 않았을 것이며, 아마도 아비시니아인 의용군의 행위일 가능성이 높다며 강하게 반박했다. 롬멜은 영국이 '이 전쟁에서 백인에 대항하여(gegen Weiße in dem Kampf)' 그런 부족을 이용한 것에 유감을 표했는데, 이는 당시 유럽인으로서 보기 드문 반응은 아니었다. 대화는 스털링이 통역을 하던 독일 해군 대령에게 자신이 롬멜에게 경탄했다고 말해달라고 요청하면서 유쾌하게 끝났다. 롬멜은 웃으며 악수하고 스털링의 포로 생활이 오래가지 않기를 희망하고, 세계에는 분명히 영국과 독일 모두 싸울 필요가 없을 정도의 공간이 있을 것이라고 말했는데, 이 면담을 보도한 독일의 종군기자에 따르면 스털링은 이 의견에 진심으로 동의했다고 한다.[037] 이런 대화에서 얻을 수 있는 정보는 거의 없었지만, 부분적이나마 사막전의 분위기를 보여준다.

이 전역이 결정적인 시점에 도달한 1942년 9월에도 뉴질랜드군 클리프턴(Clifton) 준장은 포로로 잡힌 후에 자신을 잡은 독일군들과 대화하며 여러 인물들, 즉 처칠의 최근 이집트 방문, 알렉산더(Alexander) 장군의 등장을 비롯한 상급 지휘부의 교체 등에 대해 말했다. 클리프턴은 독일군에게 그들이 기회를 놓쳤으며, 독일군이 몇 주만 빨랐다면 카이로와 알렉산드리아(Alexandria)에 도달할 수 있었을 것이라 말했다.[038] 롬멜은 이런 대화들을 항상 흥미로워 했는데, 포로로 잡힌 직후의 충격 속에서 이런 대화를 나누는 것은 자연스러운 반응으로, 이를 어렵지 않게 유도할 수 있다. 롬멜은 클리프턴이 용감하고 상습적인 탈주자라고 감탄하며 기록을 남겼다. 모든 뛰어난 지휘관들이 그랬듯이 롬멜은 상대의 사고방식과 심리를 연구하는 데 열중했으며, 하찮은 정보들이나 포로들의 생각이 정보 참모를 통해 그에게 전달되었고, 이 모든 것들이 상황 구성에 도움이 되었다. 롬멜은 포로를 직접 취조할 때 늘 기사도를 훼손하지 않았고, 그를 접한 사람들은 대부분 강렬한 인상을 받았다. 포로와 포획자 간의 대화는 양측 모두에게 매력적이었다. 클리프턴이 포로가 되고 2개월 후, 몽고메리 장군은 포로가 된 롬멜 휘하의 아프리카군단

........................
037    von Steinitz, BAMA N/117/12, 1942년 2월
038    Behrendt, 앞의 책

장 폰 토마(von Thoma) 장군과 정찬을 즐겼고, 토마에게 좋은 인상을 받았다.[039]

포로에게서 드물게 얻을 수 있던 몇몇 귀중한 정보들은 결심과 전황에 영향을 미치기에 충분했다. 1942년 10월의 알라메인 전투에서 독일 취조관들은 한 영국군 포로 유치장에서 오간 대화 중에 '파리에 오래 살았던'[040] 포로가 영국군의 다음 공격이 전선의 남쪽이 아닌 북쪽에서 실시될 듯하다고 이야기했다는 내용을 보고했다. 롬멜은 여기에 마음이 기울었다. 보강 증거는 없거나 부족했지만 이 첩보는 롬멜 자신의 직관과 일치했다. 그 날 저녁, 즉 1942년 10월 28일에 제21기갑사단은 알라메인 전선 북쪽으로 이동했다. 이 재배치는 남쪽에 기갑전력이 부족하다는 우려에도 이미 시작되었지만, 이제는 더 확신을 가지고 단호히 추진되었다. 그리고 이 결정은 완전히 타당했음이 판명되었다.[041]

하지만 롬멜이 입수할 수 있었던 가장 생산적이고 시기적절한 정보는 영국군 통신을 감청해 얻은 정보였다. 1941년의 영국군은 무선 보안에 서툴렀고, 롬멜의 참모는 통신을 감청해 힘들이지 않고 적의 전력과 위치를 추산했다. 심지어 롬멜은 영국군 단위부대와 제대들의 위치를 상대 지휘관보다 더 잘 아는 것 같다며 자랑하곤 했다. 무선 감청 기술과 해석 기술은 양측에서 모두 개발 중이었고, 독일도 영국도 자신들의 성과를 자축하는 시기가 있었지만, 적어도 사막전 초기에는 통신 감청을 활용한 독일군의 전투정보가 영국군에 비해 눈에 띄게 우위에 있었다.[042]

후일 보완되기는 했지만, 독일군은 영국군의 암호가 그리 자주 바뀌지 않는다는 점에 주목했다. 게다가 영국군은 무선 군기가 불량해서 송신소 간의 관계가 분명하게 드러났다. 예를 들어 누군가를 나무라는 내용에서는 그 둘 간의 관계가 곧바로 나타나기 마련이다. '위장된 언어', 즉 간접적으로 사용되는 단어들도 종종 본래의 의미가 서투르게 드러났다. 롬멜의 정보참모(Ic)는 영국군을 순진한 집단으로 여겼으며, 롬멜의 정보참모부도 영국군이 '런던'을 '영국의 수도'로 옮겨 통신할 것 같다고 생각할 지경이었다. 심지어 독일공군이 공습을 실시하면 영국군은 평문으로 보고했고, 독일군 조종사들은 종종 감청한 통신을 이용해 탄착을 수정하곤 했다. 롬멜은 우수한 제봄(Seebohm) 중위가 생산한 감청 보고서를 매일 저녁 살펴보았고 이를 매우 중시했다.

때로는 적이 반드시, 그리고 항상 통신을 듣고 있음을 서로 인식하는 상황이 인도주의적으로 도움이 되는 경우도 있었다. 키레나이카에서 중상을 입고 포로가 된 한 영국

039   Hamilton, Monty, Master of the Battlefield (Hamish Hamilton, 1983)
040   이 주장은 그의 발언의 부족한 신뢰성을 보충해주었다.
041   Behrendt, 앞의 책
042   F.H. Hinsley, British Intelligence in the Second World War, Vol. II (HMSO, 1981)

군 중위는 가능하다면 적십자가 확인 절차를 밟기 전에 카이로에 있는 부인에게 자신이 전사하지 않았다는 사실을 전달해 주기를 간절히 원했다. 독일군은 그의 이름을 명시해서 평문으로 송신했고, 영국군의 답신을 받았다.[043]

　사막 깊숙한 곳까지 침투하여 서로를 감시하고 양측 군대의 거대한 남쪽 측면을 감시하는 수색정찰대들 간에도 종종 직접 무선 통신이 이뤄졌다. 정찰대들은 이따금 상대방에게 포로로 잡혔고, 적으로부터 (포로가 된) 중위나 병장 등의 소재를 문의하는 전문을 받기도 했다. 그러면 답변이 돌아왔고, 포로를 교환하거나, 상황에 따라서는 장병들 간에 담배를 교환하기도 했다! 탁 트인 사막에서 치르는 전쟁에서는 감시정찰대가 야간에 유의미한 임무를 거의 수행할 수 없었기 때문에 이런 교류는 문제가 되지 않았다. 그리고 일정 기간, 특정 지역에서는 지정된 시간대에 적대적 행동을 하지 않는다는 명확한 합의도 있었다.[044] 롬멜은 이런 사소한 부정행위를 인지했지만 조금도 불만을 표하지 않았다. 롬멜은 적에게 증오심을 품기는 커녕 상대를 무례하게 대하는 태도조차 금기시하는 군인이었다. 그에게 전쟁은 어떤 면에서 어리석고, 잔인하고, 심각하며 개인적으로 비극적인 결과를 맞이할 수 있는 일종의 스포츠와도 같았다. 하지만 그 스포츠에 있어 롬멜은 누구보다도 전문적이었다. 이런 그의 감상은 훗날 증오 없는 전쟁(Krieg ohne Hass)이라는 감탄스러운 제목의 책으로 출판되었다.

　5월 15일, 영국군이 국경에서 공격을 개시했다. 제7기갑 및 제22근위여단이 먼저 움직였고, 롬멜의 참모부가 이를 즉시 파악했다. 독일군은 적이 이례적으로 완전한 무선 침묵을 유지한다는 사실에 심상치 않은 조짐을 느끼고 있었다. 롬멜은 영국군이 할파야 고개를 탈취했고, 방어군에 상당한 사상자를 유발했으며, 카푸초와 솔룸의 급경사면으로 이동하고 있음을 파악했다. 영국군 최고사령부는 울트라를 통해 독일군 제15기갑사단이 전선에 곧 도착한다는 사실을 포착하고 롬멜이 추가 증원을 받기 전에 선제공격으로 균형을 무너뜨리고 입지를 약화시키기를 원했다. 그러나 폰 에제베크(Esebeck) 남작이 지휘하는 제15기갑사단은 이미 사막에 도착해 있었다.

　롬멜은 당일 중으로 더 많은 병력, 즉 88㎜ 대공포 수 문을 동반한 전차대대 하나를 전방으로 급파했다. 혼란한 상황 속에서 영국군은 독일의 대응이 예상보다 강하다는 사실을 깨달았고, 할파야에 수비대를 배치한 채 철수했다. 롬멜은 다소 당황했지만 할파야를 영국군의 손에 남겨둘 생각은 없었고, 5월 27일에 세 갈래로 공격을 가해 이 협로

043　Behrendt, 앞의 책. von Schwerin, 인터뷰, EPM 3
044　von Luck, 앞의 책의 더 자세한 설명 참조

를 탈환했다. 이 사건은 독일 입장에서는 매우 소규모지만 이미 언급한 바 있는 롬멜식 지휘기법의 단면을 보여주는 사례다. 롬멜은 두 개의 전투단을 이용했는데, 하나는 헤르프(Herff) 대령이 지휘하는 부대, 다른 하나는 5월 15일에 증원된 크라머(Kramer) 중령의 부대였다. 롬멜은 당시 제5경사단과 아직 부대 전체가 도착하지 않은 제15기갑사단을 보유하고 있었지만, 그는 사단들을 그대로 활용하기보다는 부대의 백화점처럼 이용하여 사단 내의 단위부대와 병과들을 묶어 특정 작전을 위한 전투단을 편성하는 경향이 있었고, 적의 입장을 파악할 수 있는 범주 내에서 모든 병과가 연락 및 협조를 통해 완벽하고 만족스럽게 작전을 수행했다. 롬멜은 전쟁 초기에는 예하 부대들의 훈련도에 대해 자주 불만을 표했지만 아프리카군단이 실전에서 입증한 융통성은 인상적이었다. 이런 성과는 통신 및 지휘 체계의 탁월함도 동시에 입증했다. 그리고 롬멜은 국경 진지들을 방문한 후, 할파야에 대한 대응 기동을 시작하기 전인 5월 23일, 루시에게 국경에서 감동을 받고 돌아왔다는 내용의 편지를 보냈다. '그곳'의 지휘관들은 훌륭했다. 간부들이 확실히 롬멜의 의지와 롬멜의 방법에 보다 즉각적으로 반응하고 있었다.

당시 롬멜은 기본적으로 단순하지만 설명하기 어려운 특정한 전술적 기술을 완성하는데 몰두했다. 그는 다른 무엇보다 적 기갑부대를 자신의 대전차포 부대로 유인하거나 유인을 시도하면서, 자신의 기갑부대는 적의 취약점인 보급 대열, 도보 보병, 사령부 등을 향해 기동하는 것을 목표로 작전 형태를 발전시켰다. 이를 위해서는 대전차포를 대담하게 사용할 필요가 있었다. 대전차포 가운데 상당수는 견인포였는데, 롬멜은 자신이 통제하는 공장에서 차대, 특히 노획한 차대에 야전에서 급조한 포가를 설치하는 데 많은 노력을 기울였다. 사막에는 시계나 최대 사거리의 사격을 제한하는 장애물이 거의 없고, 따라서 가장 강력한 포를 가진 측이 크게 유리했다. 독일의 88mm 대공포는 이 전장에서 가장 큰 대전차포로, 양측 모두에서 사막의 여왕으로 대우받았으며, 특히 영국군에게 큰 두려움을 샀다. 구경이 더 작은 75㎜와 50㎜ 대전차포도 뛰어난 효과를 발휘했다. 롬멜은 대전차포를 사전에 전개하고, 배치된 대전차포들의 사선 안으로 영국군 전차를 유도하는 방법을 활용해 적의 기갑부대에 대항하는 방법과, 모든 종류의 대전차 무기를 가장 적절한 사거리에서 사격할 수 있도록 협조하는 방식도 교육시켰다. 그는 아프리카군단 사령부 예하에 포병 예비대로 뵈트허 전투단(Böttcher Group)을 편성했다.

당시 롬멜은 불안감을 느꼈고, 다소간의 감정 기복을 겪고 있었다. 이런 증상은 그와 그의 부대가 위치한 아프리카의 기후와 불쾌한 물질적 조건으로 인해 더 악화되었다. 롬멜은 총사령관 폰 브라우히치로부터 보고서의 표현이 절제되고 안정되지 않고 지나치게 기복이 심하다고 질책을 받았는데,[045] 이 과정에는 파울루스의 전언이 분명히 영향을 미쳤을 것이다. 롬멜은 이 비난에 분노했으며, OKH가 자신을 거북해하는 이유가 자신이 OKW에도 보고서를 보내 절차상 혼란을 초래한 데 있다고 추측하고 이런 생각을 루시에게 보내는 편지에 썼다. 롬멜은 특정한 효과를 의도하여 보고서를 손질하곤 했는데, 특히 자신의 노력을 촉진하기 위해 부족한 점과 어려운 점을 과장하는 경향이 강했다. 이런 경향은 예상치 못한 결과를 불러왔다. 울트라를 통해 롬멜의 전문을 해독한 런던에서는 롬멜의 상황이 실제보다 좋지 않다고 판단하고, 영국군 지휘관들에게 기회를 포착하지 못했다며 질책했다. 차라리 베를린이 롬멜의 보고서를 더 의심했을 것이다.[046]

롬멜은 베를린이 자신의 노력을 올바로 인식하지 못했고, 독일-이탈리아군이 아프리카를 가로지르는 엄청난 진격에 성공했음을 깨닫지 못했으며, 지중해 전역의 성공이 약속하는 거대한 전략적 이득을 인식하지 못했다고 느꼈다. 그는 해상 및 선적 우선순위에 관한 결정이 자신의 권한 밖의 문제기 때문에 전반적인 보급 현황을 개선하기 위해 할 수 있는 일이 거의 없음을 알고 있었다. 롬멜은 단순히 요구할 권한만을 가지고 있었고, 희망 사항과 약속을 기초로 계획을 수립해야 했다. 그러나 이탈리아 측이 트리폴리 또는 벵가지의 하역 능력이 제한적이라고 주장했을 때, 롬멜은 그들이 보급로 상에 도로를 건설하거나 개선했다면 전방으로 통행이 용이해져 보급 부담이 크게 줄었겠지만 그렇게 하지 않았음을 지적할 수 있었다. 그리고 롬멜은 이탈리아 해군이 그들의 의무인 지중해 보급로 보호를 우선시하지 않는다는 점을 주기적으로 맹렬히 비난했으며, 심지어 이탈리아 해군의 이런 태도가 이탈리아 정권 및 동맹국 독일에 대한 배신이자 적대행위라고 생각했다. 그는 베를린이 로마에 너무 관대하고, 너무 외교적 문제에 치중한다고 생각했다. 1941년 6월 초에 롬멜은 모든 조건이 자신에게 불리하게 돌아가고 있으며, 대부분의 장병들이 자신에게 반발하고 있거나 기대에 미치지 못한다고 느꼈다. 북아프리카 사막에서 처음으로 몇 달을 지내본 사람은 그 느낌을 누구나 이해할 것이다.

롬멜은 영국이 곧 공격을 재개할 것임을 잘 알았고, 그에 대응할 자신의 병력은 수가 적고 취약하다고 느꼈다. 제15기갑사단은 대부분 전선에 도착했지만, 영국군 역시 증강되고 피로를 회복했을 것이 분명했다. 롬멜은 제5경사단장 슈트라이히 장군을 폰 라펜슈타인(von Ravenstein) 장군으로 교체했는데, 라펜슈타인은 1918년에 푸르 르 메리트를 수훈한, 롬멜이 높이 평가한 지휘관이었다. 얼마 후 롬멜은 브라우히치에게 보낸 서신

045   Irving, The Trail of the Fox, 앞의 책
046   von Schwerin, 인터뷰, EPM 3

에서 제15기갑사단이 '새 사단장의 총명하고 확고한 리더십' 아래 변화했다며 이제 아프리카군단 장교들의 자질에 만족한다고 보고했다.[047] 그 과정에서 일부 인원은 추방당했다. 이전에 토브룩 공격 도중 정신적으로 무너진 한 전차대대장은 해임당했고 제5기갑연대장 올브리히 대령도 교체했다. 슈트라이히가 토브룩 강습 당시 그랬듯이 롬멜의 판단에 도전한 자, 메킬리에서 올브리히가 받았던 평가처럼 추진력과 진취성이 명백히 부족한 자, 전투에서 결함을 보인 자 등 문제가 있는 장교들은 무자비하게 해임되었다.

이런 조치는 종종 부당하다고 여겨졌고, 실제로도 일부는 부당했다. 한 예로 슈트라이히는 사단의 장교들 사이에서 뛰어난 사단장으로 여겨졌고, 토브룩에 대한 첫 공격 당시 롬멜에게 한 항의는 분명히 현실적인 근거가 있었다. 후에 슈트라이히는 롬멜이 그에게 예하 병력을 지나치게 걱정한다고 말하자, 자신의 관점에서는 사단장에게 그보다 더한 찬사는 없다고 대답했다고 주장했다. 슈트라이히는 그 대답을 들은 롬멜이 더 이상 말을 하지 않았고, 아마도 기가 꺾였을 것이라고 주장했다. 롬멜 역시 그의 장병들의 생명을 소중히 여겼다. 공격을 실시하는 롬멜의 활력과 완고함은 타인들의 관점에서 무자비하게 보였지만, 그런 행동은 대개 감수해야 할 피해가 장기적으로 발생할 피해보다 작다는 판단에서 나온 행동이었고, 쉘렌베르크(Schellenberg)에서 말버러가 했던 생각과 다를 것이 없었다. 물론 때로는 이런 판단이 틀리는 경우도 있었다.[048]

하지만 롬멜이 무자비하고, 까다롭고, 입이 거칠고, 실수를 용납하지 않으며, 관대하지 않은 성미라 하더라도, 아프리카군단의 대다수 구성원들에게 그들의 지휘관은 특별한 존재였으며, 그것이 '롬멜'이라는 인물이었다. 그는 엄격했지만 겸손했고 무뚝뚝하면서도 거만한 모습을 보이지는 않았다. 사람들은 그의 매력이나 따뜻한 마음을 느끼는 데 긴 시간을 필요로 하지 않았다. 롬멜은 장병들을 몰아붙이는 지휘관이었지만 그 이전에 자기 자신을 가장 강하게 몰아붙였다. 그는 '아프리카너들'(Afrikaners)을 사랑했고, 장병들을 위해서 무엇이든 하려 했으며, 장병들도 롬멜을 위해 그렇게 행동하려 했다. 롬멜은 승리 후 부하들에게 감사를 표하는 적절한 방법을 알고 있었다. 전투의 고통은 그들의 몫이었고, 그들의 고통만으로도 롬멜은 거의 마음이 부서지곤 했다.[049]

나폴레옹 당시 반도전쟁[050]에서 영국 육군 법무감이었던 라펜트(Larpent)는 북부 스페

047    IZM ED 100/175
048    Streich, EPM 3
049    "Rommel wie er wirklich war", 앞의 책
050    자신의 형인 조제프 보나파르트를 스페인 왕으로 즉위시킨 나폴레옹에 맞서 스페인과 포르투갈이 일으킨 독립전쟁. 이베리아 반도에서 1808년 5월~1812년 4월에 걸쳐 진행되어 반도전쟁으로 불린다. 1812년 웰링턴이 지휘하는 영국-스페인 연합군이 살라만카의 승리로 프랑스를 몰아냈다. (편집부)

인의 한 마을에서 장교들이 거리에 쓰러진 부상병들을 방치하고 숨어있다는 사실을 안 웰링턴이 밤중에 말을 타고 30km가량 떨어진 문제의 마을로 달려가 지휘관과 다른 모든 장교들을 불러내 부상병들을 안전한 곳으로 옮길 때까지 이를 지켜보며 머물렀다고 증언했다.[051] 롬멜이 응급 치료소에 방문했을 때 부상병들이 모래 위에 누워 있고 장교들은 침대나 판자에 놓인 것을 발견했다. 근무자들은 롬멜의 질책을 받았고, 불운한 장교들은 운 좋은 병사들과 자리를 바꿔야 했다. 롬멜은 과거의 웰링턴처럼 행동했다.[052]

롬멜의 감청반은 6월 14일에 영국군 무선망에서 '피터(Peter)'라는 암호가 예하 부대에 전달되었다고 보고했다. 이 암호는 '프리츠'와 같은 암호임이 분명했고, 이는 곧 대규모 작전이 실시될 것이라는 경고나 다름없었다. 국경에는 비상이 걸렸다. 영국군은 이 작전을 전투용 도끼를 뜻하는 '배틀액스(Battleaxe)'라 불렀다. 독일군에서는 '솔룸슐라흐트(Sollumschlacht)', 즉 솔룸 전투라고 불렀으며, 롬멜의 정보참모와 무선감청반은 이 전투를 사막전에서 자신들이 거둔 업적의 정점으로 여겼다. 이들은 상당한 정확도로 적의 기동을 파악하고 의도를 추론해 냈으며, 이 과정에서 전투 첫날인 6월 15일 주간에 노획한 영국군의 암호명과 호출부호 목록에 큰 도움을 받았다. 노획 이전의 몇 주 동안 영국의 무선 보안이 눈에 띄게 강화되었으며 독일군이 자체적으로 판단했던 영국군의 전투서열 수정본이 정확하지 않았음을 고려하면 새로운 정보는 매우 명확한 도움이 되었다.[053]

당시 영국군은 최고 사령부의 정치적 압력을 받고 있었다. 영국 정부는 해군에게 상당한 위험을 강요하며 지중해를 거쳐 이집트로 호송선단을 보냈다. 당시 이탈리아의 해상 활동 및 해상 항공 활동을 감안하면 영국에서 이집트로 가는 안전한 경로는 희망봉을 돌아가는 우회로뿐이었고, 영국은 지중해를 돌파하는 위험을 감수했다. 호송선단은 다른 증원 병력 및 장비와 함께 240대의 전차를 수송했고, 5월 12일에 알렉산드리아에 도착하여 후퇴를 마친 2월부터 사실상 장비를 보유하지 못했던 영국군 재7기갑사단을 재무장시켰다. 그 결과 총사령관 웨이벌은 새로운 기갑사단 하나를 보유하게 되었다. 그리고 아바시니아에서 성공적으로 임무를 수행한 제4인도사단과 1개 인도여단이 제22근위여단의 합류로 증강되어 이집트로 이동했다. 총 2개 사단 규모의 이 병력은 기존 사막군의 명명법에 따라 8군단을 구성했으며, 베레스포드 피어스(Beresford-Peirse) 장군이 신임 사령관으로 착임했다.

051  Richard Bentley, The Private Journal of F.S. Larpent (London, 1853)
052  Robin Edmonds, 개인적 전언
053  Behrendt, 앞의 책

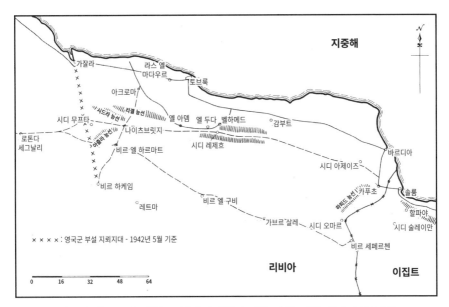

지도 14. 배틀엑스(1941년 여름), 크루세이더(동년 가을-겨울) 가잘라(1942년 여름)

런던은 웨이벌을 강하게 재촉했다. 영국은 2개월 전에 키레나이카에서 다소 불명예스럽게 축출당하며 타격을 입었고, 정부도 북아프리카에 전력을 증원하기 위해 심각한 위험을 감수한 만큼 그만한 성과를 의식하고 있었다. 웨이벌은 베레스포드 피어스에게 공격을 지시했다. 8군단은 국경 지역에서 독일군을 공격해 할파야 고개를 확보하고 이어서 토브룩을 구조할 예정이었다. 베레스포드 피어스는 만약 이 공격까지 성공한다면 토브룩 이후 키레나이카의 안쪽 경계인 데르나-메킬리 선까지 진출하라는 명령을 받았다. 영국군은 울트라를 통해 몇 주 전에 파울루스가 방문했다는 사실을 파악했으며, 롬멜의 날개가 꺾였고 방어태세를 유지하라는 지시를 받았다는 사실도 확인한 상태였다.

한편 롬멜은 이탈리아군이 지난 12월에 국경 지역에서 유기했던 야포를 상당수 발견했고, 이를 일선에 투입하여 포병의 규모를 확대했다. 롬멜의 정비창에서 수리된 대포들 가운데 일부를 차대에 탑재해 자주화했다. 국경에는 도합 46문의 대전차포가 있었는데 그중 13문이 88mm 대공포였다. 이 가운데 상당수는 카푸초에서 11km 서쪽에 위치한 하피드(Hafid) 능선에, 그리고 나머지는 할파야의 방어 진지 주변에 배치되었다.

영국군은 오전 4시에 공격을 개시했다. 롬멜은 솔롬, 카푸초, 할파야 고개의 축성 진지에 보병 수비대를 배치했고, 제15기갑사단을 예비로 두었다. 이 사단은 아직 사막에 익숙해지지 않았고, 융커스(Junkers) 수송기로 데르나에 도착한 사단 소속 기갑척탄병 부대 역시 아직 토브룩에 있었다. 롬멜은 영국군의 이동을 파악한 즉시 토브룩 남쪽에서 휴식을 취하며 예비로 대기하던 제5경사단을 토브룩 지역에서 국경 방면으로 이동시켰다. 제15기갑사단은 영국군의 기동이 분명해지는 시점까지 예비대로 남겨두기로 했지만, 곧 영국군의 움직임이 확인되었다. 당시 롬멜은 간헐적인 연료 부족에 시달리고 있었다. 롬멜은 자신의 부대가 작전 기동을 실시하려면 항상 연료계에서 눈을 떼지 말아야 한다는 사실을 직감했다. 제4인도사단의 전차와 차량화보병들은 제7기갑사단의 2개 보병전차 연대로 구성된 제4기갑여단의 지원 하에 오전 중 카푸초와 할파야의 수비대를 공격했고, 그 가운데 1개 공격 종대는 카푸초에서 솔룸을 향해 선회했다. 이들은 저녁에 카푸초를 함락했다. 이 공격은 두 갈래의 공격 중 우익의 공세였다. 제7기갑사단 예하의 또 다른 순항전차여단인 제7기갑여단은 좌익의 차량화보병과 함께 좌측 공세를 구상했고, 이들은 바르디아를 향해 북쪽으로 움직이고 있었다.

양측은 상대방의 규모가 극히 크다고 착각했는데, 이는 전쟁에서 싸우는 모든 군대가 보여주는 보편적 반응 중 하나다. 롬멜은 영국군을 '엄청난 전력'이라 표현하며 약 300대의 영국군 전차가 북쪽으로 압박을 가했다고 기록했으나, 이는 제7기갑여단만을 투입한 영국군의 전차 현황을 고려하면 지나친 과대평가였다. 그리고 롬멜은 얼마 지나지 않아 공세과정에서 상당한 사상자가 발생했으며, 부대가 심각한 위기에 처했고, 동시에 엄청난 규모의 독일군이 방어선에 투입되었다는 영국군의 전황보고를 감청할 수 있었다. 양측은 모두 상황을 과장되게 판단했다. 양측이 투입한 전체 전력은 다른 날 다른 장소에 투입된 전력보다 크지 않았다.

이 전투는 사실상 영국군과 아프리카군단 간에 최초로 벌어진 대규모 전차전이자 영국군이 롬멜에 대해 실시한 첫 공세였다. 롬멜은 첫날 저녁에 카푸초에서 약 16km 북서쪽에 있는 시디 아제이즈(Sidi Azeiz)로 전진해 직접 지휘하며 상황을 평가했다. 카푸초를 상실했지만 롬멜의 방어체계는 잘 유지되고 있었다. 영국군은 할파야 고개의 경사면 양쪽, 즉 위와 아래에서 공격을 했는데, 이를 방어하는 과정에서 88mm 대공포들이 크게 활약했다. 그 결과 할파야를 공격한 영국군 전차는 한 대를 제외하고 전부 격파되었다. 하파드 능선의 대전차포도 영국군의 좌익인 제7기갑여단을 상대로 많은 전과를 거두며 탁 트인 사막에서는 긴 유효사거리가 전투를 승리로 이끄는 요소임을 입증했다.

독일군은 이 방면의 영국군을 주공으로 판단하고 있었다. 롬멜은 아군의 대전차포가 적에게 강요한 피해에 대해 보고받았다. 그는 무선 감청을 통해 영국군이 시도한 두 갈래 공격의 전진 상황을 상당히 정확하게 파악할 수 있었고, 항공 정찰도 정기적으로 실시했다. 그리고 롬멜은 여전히 일정 규모의 기동부대를 예비대로 보유 중이었다. 다만 전선에 투입된 제15기갑사단의 기갑연대가 카푸초 부근의 전차전에서 상당수의 전차를 잃는 바람에 저녁나절에는 사단의 전차전력이 절반도 남지 않았다. 상황은 영국군도 크게 다르지 않았다. 롬멜은 영국군의 피해상황을 구체적으로 파악하지 못했지만, 배틀엑스 작전 투입 당시 200대의 전차를 동원한 베레스포드 피어스 역시 전투 2일차인 6월 16일 오전에는 22대의 순항전차와 17대의 보병전차, 도합 39대만을 보유하고 있었다.

롬멜은 그 순간이 반격 '작전'을 실시하기에 적절한 시기라고 판단했다. 6월 16일 여명에 제15기갑사단은 남쪽으로 공격을 실시해 카푸초의 양쪽에서 영국군의 좌, 우측 공격을 강타하여 이들을 저지했다. 수적으로 열세였을 제15사단의 역할은 영국군을 정면에서 교착시키는 것이었다. 한편 제5경사단은 서쪽 측면에서 남쪽으로 공격을 실시하여 시디 오마르(Sidi Omar)로 진격하고, 이후 동쪽으로 선회하여 시디 술레이만으로 향할 예정이었다. 롬멜은 이런 방식으로 영국군의 전진 축선을 가로지르기를 원했다. 그는 제5경사단이 동쪽으로 선회한 후 할파야 고개를 목표로 진격하도록 지시했다. 롬멜은 작전이 쉽지 않을 것이라고 예상했고, 새벽 두시 반에 아내에게 휘갈겨 쓴 편지에도 힘든 전투가 될 것 같다고 적어넣었다.

6월 16일 내내 계속된 이 전투는 매우 힘겹게 진행되었다. 제15기갑사단의 정면과 제5경사단의 우익에서 모두 상당한 규모의 전차전이 벌어졌고, 양측 모두에 심각한 손실이 발생했다. 하지만 시디 오마르 서쪽에서 제5경사단과 제7기갑여단의 순항전차 간에 격렬한 교전이 벌어진 이후 롬멜은 기동전이 의도대로 진행중이라고 판단했다. 감청한 영국의 통신 내역에 따르면 영국군은 상당히 당황한 듯했다. 그는 제15기갑사단에게 교전을 중지하고 서쪽으로 이동하여 제5경사단과 합류한 후, 시디 술레이만, 그리고 할파야를 향해 집중된 기갑 공세를 실시하도록 지시했다. 이 기동은 6월 17일 오전 4시 30분부터 시작되었다. 아프리카군단은 아침 6시에 시디 술레이만에, 그리고 오후 4시에는 할파야에 도착했다. 영국군은 롬멜의 우익 공격으로부터 철수하는 과정에서 91대의 전차를 잃은 반면, 독일군의 전차 가운데 완파된 차량은 12대에 불과했다.

독일군은 감청을 통해 영국의 총사령관이 전선을 방문했다는 사실을 정확히 추론해냈고, 곧 이 방문의 결과로 영국군이 공세를 포기했음이 분명해졌다. 배틀엑스는 종결되었다. 롬멜은 6월 18일에 루시에게 쓴 편지에서 3일간에 걸친 이 전투가 완전한 승리로 끝났다고 단언했다. 그가 느낀 환희는 아프리카군단 전체가 폭넓게 공유하는 감정이었다. 영국공군은 독일공군에 대해 국지적인 공중우세를 확보했지만 롬멜과 그의 장병들은 규모 면에서 열세임에도 자신들이 전장을 장악하고 있다고 느꼈다. 특히 독일군은 자신들의 장비가 적에 비해 우세하다고 여겼고, 이는 타당한 인식이었다. 롬멜은 이탈리아군 보병에게 많은 경의를 표했다. 이들 중 일부는 극히 잘 싸웠고 특히 바흐(Bach) 소령[054]이 지휘하는 독일-이탈리아 연합 수비대는 할파야에서 매우 뛰어난 방어전 능력을 입증했다. 그는 아프리카군단의 전술적 기량 개선에 찬사를 보냈다. 특히 전차와 대전차포 간의 협조와 훈련 및 예행연습으로 숙달한 공격 시의 교대전진 방식을 칭찬했다.

롬멜 스스로도 자신의 소부대를 다루는 데 있어 확신이 강해졌음을 깨달을 수 있었다. 그는 프랑스에서 1개 사단을 추격전 양상으로 지휘한 경험이 있었고, 당시에 조직적이거나 체계적인 지휘 대신 단호함으로 사단을 이끌었다. 그는 키레나이카에서도 대체로 그와 같이 지휘를 하거나 그렇게 하려고 노력했고, 그렇게 토브룩까지 전진했다. 롬멜은 토브룩에서도 한 가지 형태로 전투를 수행하려 했지만 다른 양상의 싸움에 직면한 끝에 실패를 겪었다. 롬멜은 틀림없이 여기에서 교훈을 얻었을 것이다. 선천적 자질을 타고나거나 영감을 가진 지휘관이라면 상위제대 단위의 지휘를 위한 학습과 훈련, 경험을 필요로 하지 않는다는 생각은 분명 잘못된 것이다. 실제로 배틀엑스, 즉 솔룸슐라흐트 전투 당시 롬멜의 지휘는 보다 분명해졌으며, 과거에 비해 보다 주의 깊게 행동했다.

롬멜은 실제로 성공 사례를 보여주며 상급자들, 특히 이탈리아군 총사령부가 북아프리카 전역의 가능성을 확신하고 이곳을 지원하는 데 보다 집중하기를 원했다. 그는 배틀액스 전투가 종결된 시점에서 5일 안에 완전히 새로운 전장이 시작될 것이며, 이 새로운 전장이 독일의 전략적 상황을 좌우하고 궁극적으로 독일을 파국으로 이끌 것이라는 사실을 알지 못했다.

1941년 6월 22일에 독일은 소련을 침공했다. 독일군은 러시아를 향해 깊숙이 진격하여 4개월도 지나기 전에 모스크바(Moscow)의 문턱에 도달하고 레닌그라드(Leningrad)를 포위했으며 아조프 해(Sea of Azov)에 이르렀다. 소련 침공은 히틀러의 오랜 숙고의 결과였다. 그는 최소한의 측근들에게는 폴란드 전역이 확장된 독일 민족의 영토와 생존공간을 획득하는 과정의 첫 단계에 불과함을 분명히 밝혔다. 러시아에는 식량생산에 필요한 잠재력을 지닌 생존공간이 광대하게 펼쳐져 있었다. 히틀러는 스탈린이 그랬듯이 1939년의 독소 협정을 하나의 불가피한 임시방편으로 여겼고, 이 협정을 먼저 깨뜨렸다. 히틀러는 독일 외교 정책을 담당한 그의 전임자들과 달리 독일의 운명이 동방과의 우호관계에 있다고 믿지 않았으며, 동방에는 정복하고 개척하고 정착할 땅이 있고 그 땅에 다양

---

**054** 독일의 복음주의 목사이자 훌륭한 군인으로, 휘하의 부대원들에게 '아버지 바흐'라 불리곤 했다.

한 계층의 노예로 태어난 열등 민족들이 거주한다고 여겼다. 물론 이런 모든 생각에는 이념적인 측면도 있었다. 볼셰비즘의 고향이자 근원인 소련은 히틀러에게는 제거해야 할 악의 상징이었다. 다른 사람들이라면 그 야만성, 반종교성, 기존의 모든 것들을 향한 파괴적 폭력, 세계적 계급투쟁주의에 대한 헌신 때문에 그렇다고 주장할 수도 있겠지만, 히틀러는 소련이 국제주의의 상징이자 어떤 점에서는 유대문화의 전형이기 때문에 악이라고 주장했다. 히틀러는 항상 국제 공산주의와 국제적 유대문화를 동일시했으며, 마르크스가 유대인이고 다수 유대인들이 초기 볼셰비키 역사에서 두드러진 역할을 맡았다는 점을 그 증거로 삼았다. 이 논리는 일관성이나 사실 여부와는 관계없이 그가 자신의 적과 자신이 혐오하는 것들을 하나의 표적으로 합치는 데 적당한 논리였다.

독일의 소련 침공에 반공이라는 요소가 포함된 결과 전쟁의 특징은 일거에, 그리고 완전히 달라졌다. 우선 전 세계의 공산당은 독일과의 전쟁이 프롤레타리아 계급을 위한 전쟁이며 이 계급의 지도자인 소련 공산당이 실질적인 위험에 처했음을 깨달았다. 아직 독일에게 패하지 않은 영국과 같은 서방 국가, 그리고 미국과 같은 중립국의 공산주의자들은 이 전쟁이 계급투쟁과 관계가 없는 자본주의자와 제국주의자 간의 모험이라며 전쟁에 반대해왔다. 그러나 이제 이 전쟁은 공산주의자들의 성전이 되었다. 다만 그들은 수행 과정과 목표를 주의 깊게 주시하며 모스크바의 지도를 받아야 했다.

두 번째로, 독일군에게 대부분 점령당했으며 독일에 적대적이지 않았던 유럽에서는 마지못해, 혹은 다른 동기로 인해 일부나마 이상주의 성향의 반응이 등장하기 시작했다. 이 전쟁은 어느새 반 볼셰비키 십자군 전쟁이 된 것이다. 독일 이외의 국가들에서도 독일군에 입대하기 위한 자원자들이 나섰는데, 이들의 군기는 엄격했고, 심한 고난에 스스로 뛰어들었음에도 특별한 감정을 간직했다.[055]

그간 접해 온 나치에 대한 이야기에 혐오감을 느끼면서도 독일의 성과를 존중하는 과정에서 의견이 흔들리던 사람들은 이 전쟁에서 다른 문제들을 제외할 수만 있다면 독일의 동기가 어느 정도 자신들과 같다고 느꼈다. 다른 무엇보다 공산주의를 두려워하거나 그와 비슷한 인식을 가지고 있던 자산가들이 여기에 해당했다. 중유럽과 동유럽에는 독일에 대한 명백한 적의가 있었고, 이런 적의는 폴란드와 체히(보헤미아)를 거쳐 타협할 수 없는 혐오심으로 자라났지만, 이런 반감은 시간이 지날수록, 그리고 독일의 침공이 잦아들고 공산주의와 붉은 군대에 대한 공포가 점차 강화되면서 어느 정도 상쇄되었다.

소련에 대한 독일의 맹공격과 소련의 용감한 저항은 대영제국과 미국의 안정적 민주

..........................
055    해당 사례로서 Guy Sajer, Le Soldat oublié (Robert Laffont, Paris, 1967) 참조

체제에서도 전쟁에 기묘한 색깔을 입히고 정치적인 태도를 뚜렷하게 만들었으며, 때로는 불안감을 야기했다. 그 결과 많은 문제들이 과거에 비해 복잡해졌다.

물론 소련 침공, 즉 '바르바로사' 작전으로 인한 가장 큰 영향은 전략적 상황의 변화였다. 독일의 입장에서는 동부전선이 곧 가장 중요한 가치를 지닌 '전쟁'이 되었다. 동부전선의 규모가 확대되고 서부에서 독일 제국에 대한 항공폭격이 급증한 결과 독일의 도시와 산업의 대부분이 폐허로 변했다. 독일군은 145개[056]사단으로 러시아를 침공했는데, 그중 30개는 기갑 또는 기계화 사단이었으며 총병력은 300만 명 이상이었다. 독일군 대다수는 도보 보병으로 구성되었고, 이들은 말이 끄는 대포와 수송대의 지원을 받았다. 60만 필 이상의 말이 침공에 투입되었으며, 대다수 독일 장병들은 러시아로 걸어서 들어갔고 살아남은 장병들도 걸어서 나왔다. 하지만 기동부대들은 즉시 놀라운 성공을 거두었다. 이 모든 것들에 비하면 아프리카군단의 규모와 전공은 보잘것없어 보였다.

두 독재자 간의 상호 불신에도 불구하고 상당한 수준의 기습이 성사되었다. 스탈린은 독일이 영국을 패배시키거나 최소한 어느 정도 평화를 달성하기 전에는 소련으로 진군하지 않을 것이라 믿었고, 롬멜의 성공으로 분위기가 고조되자 독일이 중동에 전념한다는 잘못된 인상을 받았다. 즉 아프리카의 전황은 허위정보로도 약간의 역할을 했다.

러시아는 독일에 비해 병력과 전차가 더 많았으며 그 중 일부는 성능이 우수했다. 하지만 독일은 역동적인 공격을 통해 이례적인 승리를 거두고 엄청난 수의 포로를 잡았으며, 비옥한 우크라이나(Ukraine)를 비롯한 소련 서부의 넓은 지역을 차지했다. 겨울이 될 때까지는 이 흐름이 바뀌지 않았다. 히틀러는 스탈린 정권이 매우 혐오스럽고 무능하기 때문에 그 자신이 말했듯이 "문을 한 번 걷어차면 썩은 건물이 모조리 무너질 것"이라 확신했고 많은 소련 시민들도 같은 생각을 품고 있었다.

그러나 현실은 생각처럼 흘러가지 않았다. 이 전쟁은 매우 거대했으며, 바르바로사 작전이 개시된 후 독일이 군사적 우선순위를 어디에 둘 것인가에 대해서는 의심의 여지가 없었다. 처음에는 OKH도 낙관적이었다. 이 전역의 작전 계획을 책임지고 있던 냉정한 할더조차 침공 2주차에 이 전역이 곧 승리로 끝날 것이라고 확신했다. 이 전역의 작전 계획은 크게 세 갈래 진격을 중심으로 구성되었고 각 공격 축선은 좁은 정면에서 상대 전력을 포위 격멸하는 것이 목표였다. 그리고 일련의 놀라운 승리에서 멀리 떨어져 있던 북아프리카의 롬멜은 동부 전역이 종결되면 독일이 기회를 가질 것이며, 영국과의 전쟁에서 전략적으로 보다 주도적인 싸움을 하게 될 것이라고 추측했다.

......................
056  핀란드와 루마니아의 28개 사단을 포함한 규모.

롬멜은 8월에 황달에 걸렸다. 이 병에서 회복하자 그는 가을에 로마에서 루시를 만나 짧은 휴가를 보낼 계획을 세웠다. 그는 당시에 이따금 다른 전역에서 근무하는 상황을 상상해보는 것이 잘못은 아닐 것이라는 기록을 남겼다. 그곳이 어디인지를 추측하기는 어렵지 않다. 롬멜의 참모진은 북아프리카에서 매일 저녁 그에게 러시아에 관한 최신 정보를 브리핑했다. 그리고 그의 정보참모(Ic)는 매일 저녁 영국 BBC 뉴스 방송을 청취하고 이를 번역해 롬멜에게 제공했다. 롬멜은 대단히 낙관적이었고, 바르바로사 작전 소식이 나온 이후에 루시에게 보내는 편지에 독일군의 우수함을 감안하면 '러시아 문제'가 곧 승리로 끝날 것이라고 썼다.

롬멜은 동부전선에서 근무하지 않은 것이 행운이었다. 그곳에서 몇몇 독일군은 명성을 얻었고 롬멜도 아마 그 중 한 명이 되었을지도 모른다. 동부전선에서는 전쟁이 진행되면서 기동 능력과 탁월한 예측, 그리고 기동과 집중을 통해 소규모 부대로 넓은 전선을 방어하는 능력들의 중요성이 점차 강해졌는데, 롬멜은 그런 면에서 거장다운 역량을 갖추고 있었다. 하지만 러시아에서 롬멜의 운명이 더 큰 성공을 거두거나 실패에 직면하더라도, 그가 궁극적으로 러시아 전역의 양상을 바꿀 수는 없고, 어느 정도는 전역 자체의 궁극적인 실패로 인해 그의 명성에 상처를 입었을 것이다. 반면 아프리카에서는 비록 패배하기는 했지만 독일 국민들이 그 패배를 깊이 체감하지는 못했다. 지중해는 독일로부터 멀리 떨어져 있었고, 그곳은 이탈리아의 관할이었다. 동부전선은 지평선 너머에 있었지만 자신들과 직접 맞닿아 있었고 시간이 지날수록 전선과의 거리가 줄어들었다. 따라서 독일의 입장에서 롬멜은 암울함, 두려움, 믿기 힘든 공포스러운 소문에 의해 희석되지 않은 낭만적인 성공의 분위기를 간직했다. 그는 다른 사람들을 능가하는 단순 명료한 승리와 그 품위의 상징, 즉 영웅으로 남았다. 그의 많은 동료들 중에서 특별히 그만 그런 것은 아니었을지도 모르지만 결과적으로 그랬다.

롬멜은 또 다른 측면에서 행운을 누렸다. 그는 1939년에 폴란드 전역이 종결된 직후에 폴란드를 떠났다. 나치당의 기관들, 그 가운데 폴란드의 독일 총독부 지역을 지배하는 SS가 점령 초기와 그 이후 저지른 '과잉행위'들에 대한 소문이 있었지만 롬멜은 그와 관련된 직접적인 경험이 없었다. 그리고 히틀러를 개인적으로 열렬히 찬양하는 사람이라면 그런 일들을 단순한 일탈 행위나 군기 태만이며 고쳐야 할 잘못에 지나지 않는다고 설득되기 쉬웠다. 폴란드에서는 유대인에 대해, 정확히 말하자면 유대인들로 한정되지는 않았지만, 주로 유대인들을 대상으로 한 조직적인 만행이 즉각 시작되었고, 1940년과 1941년 전반기를 거치면서 그 만행은 한층 심해졌다. 폴란드의 유대인들은 집에서 쫓겨나 유대인 집단 거주지역, 즉 게토(ghetto)들로 추방되고, 노동수용소로 끌려가 노예처럼 일했으며, 많은 유대인이 하찮은 '위법'을 이유로 살해당하고 독일 당국의 감독 아래 혹은 무관심 속에 폭행을 당하거나 수치스러운 처지에 놓였다. 독일군이 진주한 모든 곳, 그리고 발칸반도 전역에서 그와 같은 상황이 크고 작은 규모로 빈번히 발생했다.

하지만 바르바로사 작전 과정에서 발생한 끔찍한 상황들은 그 이상이었다. 동부전선에는 대규모 유대인 공동체가 있었고, 소련에만 200만의 유대인 인구가 거주했기 때문에 나치의 유대인 정책은 이제 매우 광대한 지역에 적용될 기회를 얻었다. 이전까지 나치의 정책과 그 실행도 용납할 수 없는 행위라는 점은 분명하지만, 이 과정에서 살해당한 유대인의 수효는 유럽 내 유대인 공동체 인구의 3%를 넘지 않았다. 유럽 지역에서 발생한 범죄들은 해당 기간 동안 역사적 특색으로 다뤄졌지만 서유럽 대부분, 심지어 독일 내에서도 소수의 사망자만이 확인되었다는 것은 유대인이 겪었던 고통이 대중에게 미친 영향이 제한적임을 의미한다.

그러나 이제 범죄의 규모는 대폭 확대되었으며, 동부전선은 독일과의 거리가 멀리 떨어졌다 해도 300만 명의 독일 장병들이 그곳에 있었기 때문에 얼마 후부터 소문이 돌기 시작했다. 독일군은 진군 과정에서 종종 러시아 주민들의 따뜻한 환영을 받았다. 특히 전통적인 가톨릭 지역으로 우크라이나의 다른 모든 지역들이 그렇듯이 스탈린 치하에서 끔찍한 고통을 겪었던 서부 우크라이나 일대는 독일군을 해방자로 환영했다. 러시아의 대다수 지역에서 독일군은 뜻밖의 호의를 접했다. 이는 소련 정부가 인기가 없고 잔인하다는 이야기들을 뒷받침하는 증거로 여겨졌다. 러시아인은 인정이 많은 민족이었고, 전쟁 초기에는 군기가 엄정하고 예절을 중시하는 전통 속에서 자란 독일군 일선 부대들의 행동도 대체로 훌륭했다.

하지만 이런 환경은 지속되지 못했다. 히틀러의 교조주의적인 법령들에서는 이런 분위기가 지속될 수 없었다. 러시아인은 인간 이하의 동물(Untermenschen)로 여겨졌고 그렇게 취급될 예정이었으며, 점령군의 규칙은 가혹하고 오만했다. 히틀러는 분열되고 식민화된 사회를 구상했다. 유대인은 특별히 박멸의 대상으로 구분되었다. 이는 문서상의 명령으로는 결코 표현되지 않았지만 분명히 예정된 행동이었다. 1941년 6월까지 '유대인 문제'의 최종 해결책으로 유대인의 집단 '이주(patriation)'가 구상되었다. 하지만 이 구상은 오래가지 않았다. 폴란드에서 그랬듯이 SS아인자츠그루펜과 아인자츠코만도가 창설되어 소름 끼치는 정책을 이행했다. 대부분의 동유럽 지역에서 그랬듯 러시아에서도 유대인들의 평판은 좋지 않았고, 주기적으로 집단 폭력과 대학살의 희생자가 되어왔다. 따라서 나치의 정책이 다른 주민들에게 항상 혐오의 대상이 되지는 않았다. 역사적으로도 유대인들은 독일이 침공하기 이전부터 민족 혐오에 물든 공동체에 의해 살해당하는 경우가 빈번했고, 살해자들은 새 정복자들의 정책에 부합하는 행동을 실시할 중임을 알고 있었다.[057] 그리고 후방에서는 많은 경우 일선 부대들과 멀리 떨어진 지역에서 조직적인 학살이 벌어졌는데, SS가 이 임무를 책임지고 감독했다. SS는 지역 경찰이나 보조원들의 도움을 받아 유대인들을 참호나 구덩이로 몰아넣고 기관총을 난사하거나 유대인들을 유대교회로 몰아넣고 건물에 불을 질렀다. 유대인들은 공공장소에서 살해당했고 때로는 시민들, 이웃들, 비번인 군인들이 호기심이나 유흥으로 이 모습을 구경했다. 살해는 바르바로사 작전과 함께 시작되었고 더이상 살해할 유대인이 남지 않을 때까지 계속되었다. 희생자는 유대인만이 아니었다. 파르티잔 활동이 벌어지는 지역의 러시아 시민들 혹은 독일 점령군에 대항한 사람들도 무자비한 처분의 대상이 되었다.

동부전선의 또 다른 처참한 측면은 포로의 처우였다. 전쟁 첫날부터 소련은 포로로 잡힌 독일 장병들을 잔인하게 취급했다. 훼손된 시신들을 발견한 독일군은 분명한 고문의 증거를 확인했으며, 이를 통해 무자비한 야만인들과 전쟁을 치르고 있다는 인상을 받고 증오심을 불태웠다. 그 결과 몇몇 경우 러시아인 포로들을 혐오스럽게 다뤘고, 이런 행동은 나치 이념이 야기한 경멸감에 의해 더욱 악화되었다. 그리고 여기에 더해서 독일로 이송된 러시아 포로들의 처우도 철저히 비인간적이었다. 많은 경우 포로들은 사실상 노예로 취급되었다. 노예들이 친절하거나 가혹한 주인을 만날 수 있듯이 포로들이 겪은 처지가 모두 같지는 않았지만, 대체로 반쯤 굶주리며 혹사를 당했고 하찮은 짐승처럼 취급되었다. 소련에서는 독일 전쟁포로들이 제정신으로 살아남으면 행운이었다. 운이 좋은 경우는 그리 많지 않았고 매우 많은 사람들이 결국 목숨을 빼앗겼다.

이 소름 끼치는 전쟁은 유럽에서 비슷한 사례를 찾아볼 수 없는 비인간성의 기준이 되었고 독일군은 여기에 물들지 않을 수 없었다. 그 중 소수만이 실제 잔학 행위에 참여했고 조직적인 살인은 SS가 담당했으나, 수많은 사람들이 잔학 행위들을 부분적이나마 파악하고 있었으며, 실제로 목격한 경우도 적지 않았다. 그리고 학살이 항상 체계적으로 진행되었다고 보기도 어렵다. SS아인자츠코만도가 어떤 이유로 유대인들을 살려두라는 명령을 받았음에도 대량 학살을 한 경우도 있었다. 한 학살 참가자는 유대인들이 미움을 받았기 때문에 살해당했다고 증언했다.[058] 하지만 공식적인 정책도 충분히 잔혹

---

057  Martin Gilbert, The Holocaust (Collins, 1986) 참조
058  위의 책

했다. 독일 장성들 중 소수만이 인간적 품위와 군사적 명예의 모든 원칙에 위배되는 상부의 명령을 전달하거나 이행하여 손을 더럽혔지만, 일부라도 그렇게 행동한 자가 있었음은 분명하다. 붉은 군대에 소속된 공산당 정치장교들을 전쟁 포로로 인정하지 않고 즉결처분해야 한다는 악명높은 1941년 6월 6일자 정치장교지령(Kommissarbefehl)[059]은 분노에 찬 많은 지휘관들에게 거부당했다. 롬멜도 이 이야기를 들었을 때 이를 분명하게 비난했으며, 훗날 적군의 유대인 장병을 포로로 잡으면 전쟁 포로가 아닌 유대인으로 취급하라는 명령도 완전히 무시했다. 더욱이 이 독약은 독일군과 독일의 혈관을 흐르고 있었고, 모든 독일 장병에게는 최소한 감정의 바탕에 존재하는 불쾌한 속삭임과 같았다. 일부 장교들은 이 비행을 용인하기를 용감하게 거부하고 정식 보고서와 항의를 제출했지만, 대다수는 눈과 귀를 닫거나 마지못해 어깨를 움츠리고 돌아서 버렸다. 러시아에서 이를 완전히 모른다는 것은 불가능했다. 연말에 제출된 동부전선 중부집단군(Heeresgruppe Mitte)의 한 보고서는 이런 유대인, 포로, 인민위원 등에 대한 잔학행위를 장교단 내부에서 반대한다는 점을 언급하며 "이제 무슨 일이 일어나는지 모두가 안다!"고 했다. 일부 명령들은 순탄치 않게 수행되거나 회피되었지만 그들은 알고 있었다.[060] 롬멜은 동부전선을 접하지 않은 것은 분명 행운이었다.

또한 이 모든 것들은 러시아의 야만스러운 환경에 국한되지 않았다. 독일 내에서도 이제 동부의 어느 지역들 중 한 곳으로 유대인을 '추방'하는 것은 공식적인 정책이었고, 이를 완곡하게 '재정착'으로 표현했다. 히틀러는 제국의 심장인 독일 본토를 유대인 없는(Judenrein) 곳으로 만들기로 결정했고, 1941년 10월부터 유대인을 태운 열차들이 독일을 떠나기 시작했다. 마찬가지로 유대인들을 태운 그와 비슷한 더 많은 '재정착' 열차들이 오스트리아, 체히, 룩셈부르크에도 출발했다. 유대인들은 여러 가지 속임수를 통해 수송 열차에 탑승하도록 유도되었는데, 새로운 환경과 취업 기회가 제공된다고 믿었던 이들은 폴란드나 독일이 통제하는 다른 동부 지역 도시들에 위치한 게토로 이송되고, 곧 특별 수용소로 보내졌다. 다만 1942년 1월까지는 새로운 정책, 즉 전 유럽 점령지의 유대인들에게 죽을 때까지 노역을 부과하거나 살해한다는 정책이 확정되지 않았다.

지위나 직업에 관계없이 독일 국민의 절대 다수는 이런 역겨운 사건이나 정책들에 대해 알지 못했고, 롬멜도 여기에 해당했다. 롬멜은 동부전선에서 끔찍한 폭력이 자행되

---

059  공식 명칭은 정치지도원 처우에 관한 지침(Richtlinien für die Behandlung politischer Kommissare)이다. 독일 국방군 최고사령부는 정치장교를 유대-볼셰비즘의 핵심으로 즉각 사살해야 한다고 지시했으며, 정치장교 외에도 이념적으로 철저하게 볼셰비키화된 인물 역시 사살 대상으로 구분했다. (편집부)

060  Krausnick, 앞의 책

고, 잔학행위에 대응해 끔찍한 조치들이 취해졌음을 분명 알았을 것이다. 러시아에서 아프리카로 편입된 장교들도 이에 대해 언급했을 가능성이 높다. 하지만 아프리카에는 무장친위대가 없었다. 유대인도 거의 없었고, 인민위원도, 공산주의자도, 러시아인도 없었다. 나치당원조차 그리 많지 않았다. 괴벨스의 선전부에서 SS대위 베른트(Berndt)가 공보담당자로 배속되었을 뿐이다. 그는 업무를 상당히 잘 수행했고, 롬멜은 그를 유능한 군인으로 인정하게 되었다. 이탈리아인과는 사이가 좋지 않았지만 독일인과의 관계는 대체로 좋았던 베두인(Bedouin)족을 제외하면 반항하거나 저항하는 주민들도 없었다. 대부분의 독일인은 유대인 추방을 일종의 사회공학으로 치부했다. 과격한 정책임은 부정할 수 없지만 유대인들은 아마도 안보에 위험을 야기했을 것이며, 전시에는 과격한 정책이 불가피하다는 논리였다. 그리고 전시에는 보안과 기밀규정이 엄격하게 적용되었고, 의무로 받아들여졌다. 이 과정에서 특정한 주제에 대한 언급이나 추측은 금지되었고 유대인 문제도 그 중 하나였다. 이 문제를 섣불리 언급하면 적에게 유리하게 작용하거나 전선의 독일 장병들에게 악영향을 끼칠 수 있었다. 그리고 불쾌한 이야기지만, 아마 많은 사람들은 대상이 유대인이라는 이유로 그 정책을 당연시했을 것이다.

따라서 동부에서 자행된 학살은 그것이 우연이든 계산된 행동이든 북아프리카에서는 지식보다는 소문의 영역이었다. 소문의 진원은 전선의 병사들 사이를 오가는 경솔한 대화나 편지였기 때문에 이를 전달하거나 비평하거나 믿지 말라는 엄격한 명령이 내려졌고, 히틀러의 독일에서는 명령에 복종하는 것이 현명한 일이었다. 그리고 전시에는 자국 정부의 발언을 신뢰하거나, 정부에게 '나름의 이유가 있다'고 믿거나, '정부가 무엇을 하는지 알고 있다'고 믿기 쉬운데, 이는 대부분의 사회에서 확인되는 보편적 반응이다. 그 결과 적의 앞잡이들이 지어냈음이 분명한, 모국에 대한 불명예스러운 이야기들을 믿거나 퍼뜨리는 행동을 꺼리게 된다. 이 역시 대부분의 사회에서 그렇다. 자연스러운 애국심이 악을 지탱하고 그에 봉사했다.

전혀 다른 시대에 당대의 독일 국민들이 독일의 이름으로 자행된 더러운 일들에 얼마나 무지했는가를 이해하기는 어렵다. 일부 사람들은 순진하게 이 사실을 전혀 알지 못한 것이 분명하지만, 많은 사람들은 이런 무지를 드러내고 싶어하지 않았을 것이다. 하지만 비교적 무지한 사람들도 있었고, 교양인들조차 상황을 충분히 파악하지 못하는 경우가 적지 않았다. 이 엄청난 문제는 정상적인 사고로는 받아들이기 어려웠고, 성실하게 자국 정부를 존중하며 상황을 선의에 따라 해석하는 경향이 있는 사람들에게는 특히 그랬다. 그리고 과거를 기억하는 대다수의 사람들, 과거의 문제들로부터 독일을 해방시킨 히틀러에게 감사하는 사람들, 전쟁이 정당하다고 여긴 사람들, 그리고 전쟁이나 정부에 반대하는 이들을 실질적, 혹은 잠재적 배반자로 여기던 사람들도 마찬가지였다. 하지만 이미 체제에 반대한 사람들, 그리고 공식 정보를 의심한 사람들 중에는 부분적이나마 당시의 참극에 대해 아는 사람들이 있었으며, 그 중 일부는 국가와 군의 유력자들과 접촉하고 있었다. 이 사실을 접하고 괴로움을 견디지 못하는 경우도 있었다. 헬무트 폰 몰트케 백작[061]은 1941년 10월 21일에 베를린에서 다음과 같은 기록을 남겼다.

어떻게 누군가의 범죄를 공유할 수 있는가? 세르비아의 어느 곳에서 두 마을이 잿더미가 되고 주민 가운데 1,700명의 남자와 240명의 여자가 살해되었다. 이 사건은 3명의 독일군이 공격을 받은 것에 대한 보복이었다… 틀림없이 매일 천 명 이상의 사람이 살해되고 수천 명이 살해에 길들여지고 있다. 그리고 이 모든 것들은 폴란드와 러시아에서 벌어지는 일들에 비하면 어린아이 장난일 뿐이다. 내가 어떻게 이 사실을 견딜 수 있다는 말인가… 내가 스스로 공범이 되지 않을 수 있을까? 누가 "그러면 당신은 그때 뭘 했소?"라고 질문한다면 어떻게 답해야 하나? …할 수만 있다면 그런 만행에 분명하게, 스스로 대응하지 않았다는 끔찍한 자책에서 벗어났으면 좋으련만.[062]

용감하고 고결한 인물이며 '크라이자우 서클(Kreisauer Kreis)'[063]의 정신적 지주였던 몰트케는 나치즘의 격렬한 반대자였고, 끝내 사형 선고를 받고 사망했다. 그 날 그가 쓴 글은 분명히 옳았다. 실제로 그의 주변에서 벌어지던 일들은 '폴란드와 러시아에서 벌어지는 일들에 비하면 어린 아이 장난'에 지나지 않았다. 몰트케가 기록을 남기기 2주 전에 폴란드 동부의 로브네(Równe)에서 17,000명의 유대인이 시외의 구덩이로 끌려가 옷을 벗은 뒤 기관총으로 살해당했는데, 이는 많은 학살 사건 중 하나에 불과했다. 몰트케는 유대인을 박해하라는 공식 명령을 맹렬히 비난했고, 이는 약간이나마 효과가 있었다. 저명한 변호사인 몰트케의 법에 근거한 주장은 아직 마음이 열려 있는 사람들에게 '군대식 사고의 야만성이 더이상 확산되지 않도록' 할 수 있었다. 도덕적 논증을 수용하는 이들에게는 단호한 도덕성으로 대응할 수 있었다. 그러나 몰트케는 열정적이고 헌신적인 반

061  Helmuth James Graf von Moltke (1907-1945), 각주 155 참조
062  Balfour 및 Frisby, 앞의 책
063  독일 내부의 반나치 저항조직. 저항을 주도한 몰트케 백작의 저택이 위치한 크라이자우의 지명에서 이름을 따 왔다. 내부 구성원들간의 이견차로 조직적 활동을 실시하지는 못했지만 꾸준히 비폭력 반나치 활동을 유지했고, 1944년 히틀러 암살사건 이후 주요 구성원이 연루자들로 지목되어 처형당하며 와해되었다. (편집부)

체제 인사였지만 그조차도 폴란드에서 전쟁 초기부터 자행된 행위에 대한 지식은 제한적이었음이 분명하다. 그는 러시아에서 벌어진 잔학 행위의 규모를 알지 못했음에도 불구하고 그 소식에 경악했지만, 그 소식들과 이전의 사건들을 어느 정도 별개로 취급했다. 그는 전쟁 초기만 해도 친구들과 친척들이 소속된 독일군의 성공을 바랐고 히틀러 축출 이후 독일의 철학적, 정치적 문제들에 전념했다. 하지만 히틀러의 축출은 오직 군대의 힘으로, 폭력과 반란에 의해, 그리고 규율을 지키는 독일군의 전통을 완전히 붕괴시켜야 달성할 수 있었다. 결국 합법적 절차보다는 반란을 준비할 필요가 있었고, 히틀러의 퇴임을 기다리는 것은 이치에 맞지 않았다.

독일의 악행에 무지하던 롬멜은 가장 더러운 악의 군대에서 가장 유능하고 정직한 군인다운 미덕을 상징했다. 이 역설을 이해하려면 롬멜 세대를 만든 독일의 영향, 그리고 아돌프 히틀러가 어떻게 국민들의 가장 호전적인 자질뿐만 아니라 가장 비열한 편견을 천재적으로 이용했는지를 알기 위한 노력이 필요하다.

# 제13장 아프리카기갑집단

롬멜은 항상 적을 주의 깊게 연구했고, 이제 그는 영국의 전투방식을 이해했다고 생각했다. 후에 롬멜은 이에 관해서 폭넓은 기록을 남겼는데, 저술 시점은 당시에 비해 더 많은 경험을 하게 된 이후였지만 그가 받은 느낌들은 대부분 크게 수정할 이유가 없었고, 당시 영국군의 지휘부에 대한 OKH의 공식 평가서를 받았을 때도 롬멜은 그 내용에 반박할 부분이 없다고 느꼈다. OKH가 요약한 내용[064]에 따르면 영국군 초급장교들은 독자적인 결단력이 부족한 경향이 있었고, 다소 틀에 박힌 경향을 보였으며, 전술적 절차에 너무 얽매이기는 했지만 상당한 용기와 희생정신을 보였다. 하지만 더 높은 수준의 지휘부에서는 '작전적 기교가 결여'되었고, 기계화 제대를 지휘하는데 필요한 융통성을 터득하지 못했다. 작전적 수준에서 영국군 지휘부를 설명하는 데 쓰인 단어는 'schwerfällig'이었는데, 이 단어는 '서툴다' 혹은 '나태하다'로 번역할 수 있다. 영국군은 행동을 취해야 하는 상황에서 사고가 경직되고 상황에 따라 요구되는 위치변경을 즉시, 신속하게 실시하기를 꺼리는 모습을 보였다. 또한 빈번히 지적된 바와 같이 매우 조급했고, 명령에 집착하여 세부사항에 지나치게 공을 들이는 바람에 행동의 범주가 제한되고, 명령은 부적절하고 지나치게 길어졌으며, 예하 지휘관들의 행동 또는 결심의 자유가 거의 주어지지 않았다. 이 가운데 일부는 분명히 개인의 단점보다는 기존의 시스템으로 인한 문제였고, 상황에 따라서는 더 유효하기도 했다. 하지만 OKH의 평가는 최소한 부분적으로는 롬멜의 의견과 같았다.

그러나 롬멜은 영국군의 일반적인 특징과 전술만을 고려하는 데 그치지 않고 상대 지휘관 개인들도 연구했다. 그는 '배틀액스' 작전 이후 영국군이 북아프리카의 최고 지휘

---

064  Behrendt, 앞의 책

부를 교체하면서 새로운 적 지휘부와 상대하게 되었다. 롬멜은 영국군이 자기만족을 위해서 지휘부를 너무 자주 교체했다고 회고했다. 그는 사막전을 수행하는 방법을 배우는 데는 시간이 필요하며, 모두가 자신의 첫 실수에서 출발하는 경험과 고난을 통해서 사막전을 배워야 한다고 생각했다. 그리고 진급한 장교는 거의 필연적으로 실수를 저지르기 마련이다. 더 높은 계급에는 큰 책임이 따르기 때문에 새로운 기술과 규칙이 필요하며, 따라서 일정 계급에서 경험을 쌓았더라도 진급 후에는 새로운 경험을 축적해야 한다. 롬멜은 이 과정을 몸소 체험했다. 이 당시 롬멜은 자신의 경력에서 가장 유명한 몇 가지 실수를 저질렀지만, 선천적으로 타고난 검사와 같이 지나치거나 잘못된 판단에서 매우 민첩하게 회복하여 재앙을 회피했으며, 궁극적으로 형세를 역전시켰다.

롬멜은 이제 더 높은 수준에서 부대를 지휘하고 있었다. 키레나이카와 '배틀액스' 작전에서 그는 일부 이탈리아군 사단들에 대해 일정한 지휘권을 갖기는 했지만, 어디까지나 독일군 아프리카군단의 사령관이었다. 1941년 8월에 그의 부대는 '아프리카기갑집단(Panzer Gruppe Afrika)'으로 명명되었다. 크뤼벨[065] 장군이 지휘하는 아프리카군단은 이제 2개의 기갑사단을 보유하게 되었고, 노이만 질코브(Neumann-Silkow) 장군이 지휘하는 제15기갑사단은 완편되었으며, 제5경사단은 제21기갑사단으로 재명명되었다. 그리고 '아프리카(Afrika)' 사단이라 불린 또 다른 독일군 '경(輕)'사단인 주메르만(Summermann) 장군의 제90경사단이 롬멜의 지휘 하에 새로 편입되었는데, 이 사단은 대부분 이미 아프리카에 전개되었으나 기갑사단들에 소속되지 않은 여러 부대들로 편성되었다.[066] 그리고 당시 리비아 주둔 이탈리아군 총사령관인 바스티코(Bastico) 장군이 공식적으로 롬멜 휘하에 예속시키지는 않았지만 제한적으로 롬멜의 지휘를 받는 부대로 두 개의 이탈리아 군단이 있었다. 발로타(Balotta) 장군의 아리에테 기갑사단과 피아초니(Piazzoni) 장군의 트리에스테 차량화사단으로 구성된 감바라(Gambara) 장군 휘하의 20기갑군단, 그리고 4개 보병사단으로 구성된 나바리니(Navarrini) 장군의 21군단이 제한적으로 롬멜의 지휘를 받았다. 또 다른 이탈리아 사단인 데 조르지스(de Giorgis) 장군의 사보나(Savona) 사단은 지휘권이 독립되었지만 역시 아프리카기갑집단의 일부였다. 따라서 롬멜은 사실상 10개 사단과 3개 군단사령부라는 상당한 전력을 보유하게 되었다. 그는 기쁜 마음으로 다른 모든 기갑집단 사령관은 상급대장이며, 일이 잘 풀린다면 아마 자신도 전쟁이 끝난 후 진

---

065    Ludwig Crüwell, 2차대전 당시 독일 육군 지휘관. 독일 아프리카 군단 지휘관으로 최종 계급은 기갑대장. 바르바로사 작전 당시 11기갑사단장으로 재직했고 1941년 9월 아프리카 군단장으로 임명되었다. 1942년 5월 29일 항공정찰중 정찰기가 격추되어 영국군의 포로가 되었다. (편집부)

066    이 부대는 11월 28일에 공식적으로 제90경사단으로 편성되었다.

급을 할 수 있을 것이라는 내용의 편지를 가족에게 보냈다. 그는 실제로 7월 1일에 '기갑대장(General der Panzertruppen)'으로 승진했다. 더 중요한 점은 롬멜에게 늘어난 책임에 걸맞는 참모부가 제공되었다는 것이다. 이 참모부는 총명하고 조용하며 내성적이지만 노련한 동프로이센 출신의 가우제(Gause) 장군의 지휘 하에 독일에서 편성된 후 북아프리카로 파견되었다. 가우제는 은근히 유머감각이 있는 사람으로, 이탈리아군과의 연락장교로 근무한 경력도 있었다. 그는 7월에 베를린에서 할더에게 롬멜의 인상에 관해 꾸밈없이 보고한 적이 있는데, 당시 할더는 그 인상을 하나의 '병적인 야심'[067]이라 기록했다. 이런 표현은 거의 할더 자신의 관점이었다. 가우제는 당시 면담에서 롬멜의 특징을 '무자비한 방법'이라 표현하기는 했지만 롬멜 밑에서 충실하게 근무했다.

독일군은 전통적으로 참모부가 독립적 조직으로서 편성되어야 하고, 각 구성원이 서로의 방법과 요구사항을 이해하며, 뇌와 신경체계처럼 전투 및 전투에서 지휘관의 의지에 반응할 수 있어야 한다고 믿었다. 독일군은 하나의 조직으로 유지되는 잘 훈련되고 통합된 참모부의 중요성을 강조하는 관행을 통해 소수의 참모장교로도 작동 가능한, 복잡하지 않고 실용적인 사령부를 구성할 수 있었다. 소수의 참모들로 업무를 수행할 수 있던 또 다른 원칙적 바탕은 OKH가 적국인 영국군의 조직을 논평한 내용을 통해 알 수 있다. 독일군은 원칙과 실무 양면에서 지나치게 상세한 명령을 배제하려 했다. 그들은 예하 지휘관들이 상급자들보다 전투에 관해 더 빠르게 정보를 입수하며, 보다 실질적인 중요 정보를 접하기 때문에 예하 지휘관들이 어떻게 행동해야 하는가를 상급부대가 세부적으로 개입하는 것은 잘못된 행동이라 믿었다. 물론 롬멜이 그랬듯이 해당 상급지휘부가 전술 차원의 전장에 실제로 참가하거나 예하부대가 모르는 무언가를 알고 있는 경우는 예외였다. 그런 경우를 제외하면 예하부대에게 가장 단순한 지시와 목표를 제공하고 예하지휘관이 최선이라고 생각하는 바에 따라 임무를 수행할 자유를 부여해야 했다. 이 원칙은 적어도 대 몰트케까지 거슬러 올라가는 전통이었다.

참모부가 큰 것은 나쁜 군대의 특징이라는 말이 있다. 가우제 장군이 1941년 8월에 아프리카기갑집단의 사령관에게 배속시킨 참모부는 매우 우수했고 규모가 극히 작았다. 실제로 작전과(Ia) 장교는 두 명뿐이었는데, 다소 교만하지만 매우 총명한 장교[068]인 베스트팔(Westphal) 중령이 과장을 맡고 중위 한 명이 그를 보조했다. 그리고 정보과(Ic)에는 폰 멜렌틴(von Mellenthin) 소령과 그를 보조하는 두 명의 중위를 포함해 세 명의 장교

067  Halder 상급대장, Kriegstagebuch (W. Kohlhammer Verlag, Stuttgart, 1964)
068  von Taysen, 인터뷰, EPM 3

가 있었다. 모든 보급 체계를 책임지는 군수참모부는 1941년 12월에 오토(Otto) 소령의 후임으로 부임한 장군참모 슐로이제너(Schleusener) 소령이 부장을 맡아 다른 두 명의 소령과 함께 일했으며, 그 가운데 한 명은 장군참모교육 이수자였다. 그리고 개인 '부관'인 소령 두 명, 포로수용소장 소령 한 명, 공병, 수색대, 의무, 정비, 병기 과장을 포함해 롬멜의 참모진은 불과 21명의 장교로 구성되었다. 여기에는 독일 외무부의 민간인 대표인 폰 노이라트(von Neurath) 남작도 포함되었다. 수백 킬로미터까지 늘어난 보급선의 한계선상에서 작전하는 10개 사단으로 구성된 3개 군단 전력을 이처럼 소수의 집단이 통제했던 군대는 거의 없을 것이다.

OKH는 이 참모부를 북아프리카의 이탈리아 사령부와 OKH간의 관계를 촉진하고 북아프리카 전역에서 이탈리아군 사령부의 영향을 받는 독일군 문제들을 처리하며, 후방 보급지역을 통제하고 지중해상의 보급에 대해 로마의 독일 무관 린텔렌과 연락하기 위한 '연락참모부(Verbindungsstab)'로 계획했다. 할더는 카발레로에게 이를 설명하고 독일 아프리카 후방지역 지휘관 및 롬멜의 보급감(Oberquartermeister)을 참모부의 지휘 하에 둔다고 서신을 보냈다. 롬멜은 로마에서 전문을 받을 때까지 이 사항들을 알지 못했다.[069]

롬멜은 처음에는 이런 내용들을 반기지 않았는데 이는 전혀 놀랍지 않다. 할더가 카발레로에게 보낸 서신의 요지, 그리고 가우제에게 내린 지시는 롬멜의 권한을 제한하는 것이었고, 이는 불확실성을 조장하고 충성심을 분열시켰다. 이런 상황에서는 곤란한 관계를 피할 수 없다. 그리고 롬멜에 대한 할더의 불신으로 이 어려운 입장이 더 악화되었다. 롬멜도 이따금 자신이 장군참모부의 일원이 아니라는 생각, 그리고 전쟁과 그 체계의 이론과 학술 연구에 열중하는 자의식 강하고 고등교육을 받은 참모장교들이 개인적이고 매우 이기적인 지휘관의 화신인 롬멜에게서 롬멜 스스로 용인하는 것보다 더 많은 책임을 '인수'하려 할지도 모른다는 생각에 기분이 거슬렸을 것이다. 이런 느낌은 최소한 아프리카기갑집단의 경우에는 타당하지 않았다. 롬멜은 새 참모부가 자신의 지휘를 돕기 위한 조직이며, 애매한 중간자 역할로 개입하기 위한 조직이 아니라는 자신의 판단을 분명하게 밝혔고, 새 참모부는 그 상황을 완전히 인정했다. 가우제 장군과 그의 장교들은 롬멜이 부대를 지휘하기 위해 그들의 우수한 개인적 자질과 롬멜에 대한 충성심을 활용하는 훌륭한 조력자임을 입증했다. 전원이 사려 깊고 경험 많은 장교인 그들은 이제 자신들이 봉사해야 하는 사령관의 비범한 천재성, 그리고 롬멜이 직면한 어려운 과업을 인정했다. 롬멜은 집에 보내는 편지에서 가우제에게 만족하며, 그에 말에 따르면 처음으로 '매우 잘 기능하는' 훈련된 참모의 지원을 받게 되어 기쁘다고 썼다.

하지만 롬멜은 참모부를 높이 평가하고 그들의 헌신과 능력을 존중하면서도, 아직은 이 뛰어난 지휘 수단을 활용하거나 최선의 방식으로 활용하기 위해 자신의 방법을 조정할 준비가 되지 않았다. 그래서 그는 빈번히, 사실상 쉴 틈 없이 전투 일선을 방문할 때마다 참모장인 가우제를 데리고 다녔다. 이런 방법은 참모장이 사실상 지휘관의 대리 역할을 수행하며, 지휘관 부재 시 지휘관을 대신해 결심하고, 만약 그가 어떤 결정적 시점에 지휘관보다 많은 것을 알고 있다면 지휘관의 명령을 취소할 수도 있도록 권한을 위임한다는 지휘 원칙에 위배되었다. 만약 참모장이 지휘관과 동행한다면, 즉 만약 롬멜과 가우제가 함께 움직인다면 하급 장교들에게 무거운 부담이 돌아가게 되는 셈이다. 하급 장교들은 이를 감수할 능력이 있었지만 잘못된 행동이었음은 부정의 여지가 없었고, 이는 롬멜의 잘못이었다. 롬멜은 자신의 놀라운 전술적 육감을 바탕으로 전투의 일선 및 결정적 지점에 대한 '감각'을 신봉했으며, 상급 사령부에 필요한 보다 체계적인 문제 접근방식을 종종 무시했고, 이런 태도는 참모 체계 및 전쟁대학에서 공부한 인재들에 대한 무시로 이어졌다. 천재성은 때로 규칙을 깨뜨리고 예정된 결과를 피하기도 한다. 롬멜은 천재성이 있었고 규칙을 깨뜨렸다. 그는 항상은 아니지만 때로는 예상되는 결과를 피했다. 이 규칙들은 더 큰 규모의 게임에 적용되었다. 아프리카기갑집단은 새로 부임한 영국군 지휘부가 취하는 새로운 공세의 위협에 직면해 있었다. 웨이벌은 '배틀액스' 작전에 실패한 후 인도로 떠나고 오킨렉[070] 장군이 그 자리를 대신했으며, 영국 제8군은 커닝햄을 새 사령관으로 맞이했다. 롬멜은 웨이벌의 기동을 비판하면서도 그를 높게 평가했다. 롬멜은 웨이벌이 저술한 용병술 서적의 번역본을 가지고 다녔지만 오킨렉이나 커닝햄에 대해서는 아는 바가 거의 없었다.

롬멜의 정보참모부는 영국군의 공세가 임박했음을 잘 알고 있었다. 정보참모부는 이집트 국경에 배치된 연합군이 토브룩 구조를 목표로 진격할 것이라고 추측했다. OKH는 10월 초에 공세가 실시될 수 있다고 판단했는데, 그 이후에는 가능한 공격 시기가 날마다 줄어들 것이 분명했다. 롬멜은 9월에 전 국경에 걸쳐 대규모의 수색을 실시하기로 결정했다. '조메르나흐츠트라움(Sommernachtstraum)', 즉 '한여름 밤의 꿈'이라 명명된 이 작전에서 그는 제21기갑사단과 함께 동쪽으로 이동하여 시디 오마르의 남쪽 지역에서 영국군의 전방 집적소를 발견하고 유린하거나 적어도 영국군의 공세 준비 여부를 확인

---

070　Claude Auchinleck. (1884.6.21~ 1981.3. 23) 영국군 지휘관. 1차 대전 당시 팔레스타인 전선에서 활약했으며 이후 인도주둔군에서 지역사령관까지 승진했다. 북아프리카 전역에서 롬멜과 대치하다 헤럴드 알렉산더, 버나드 몽고메리에게 지휘권을 넘기고 다시 인도군으로 복귀했다. (편집부)

하려 했다. 그러나 이 급습은 항공 공격과 장거리 포격으로 피해를 입었고, 아무것도 파괴하지 못한 채 9월 16일을 기해 무선 감청으로 영국군의 배치에 관해 어느 정도의 정보를 획득한 후 철수하는 선에서 종결되었다. 롬멜의 정보참모부는 영국군 순찰대가 독일군의 움직임을 보고하는 속도와 정확성, 그리고 영국군 포병의 유연성에 깊은 인상을 받았다. 하지만 조메르나흐트라움 작전에서 얻은 대략적인 정보에 따르면 영국군은 아직 공세를 위해 전개하지 않은 상태였다. 롬멜은 이 소식을 반겼고, 곧 토브룩에 몰두했다. 만약 그의 확신과 같이 충분한 전력을 집중해 토브룩을 점령할 수 있다면 보급 문제를 개선하고 아프리카기갑집단의 작전범위를 크게 확장하며, 작전 양상마저 바꿀 수 있었다. 이 경우 영국, 뉴질랜드, 남아프리카, 인도 사단들은 포위된 토브룩 요새를 구조할 태세를 갖추는 대신 일사불란하게 집결된 10개 사단의 롬멜 부대에 맞서야 했다.

토브룩은 롬멜을 괴롭혔고 토브룩에 대한 집념은 정당했다. 하지만 토브룩에 대한 공격 시기는 계속해서 지연되었고, 이는 곤란한 보급 상황의 영향을 받았다. 지난 수개월에 걸쳐 수송된 증원병력과 보급 물자는 모두 소요의 일부만을 충족했다. 6월에서 10월까지 이탈리아-리비아 항로를 운항하던 추축군 호송선단 가운데 20,000톤이 공격을 받아 격침되었다. 피해의 절반 이상이 항공 공격에 의한 피해였고, 대부분 몰타에서 출격한 항공기가 원인이었다.[071] 영국 정보부는 이탈리아 해군의 통신과 호송선단의 세부 사항을 해석해 공습을 지원했다. 하지만 롬멜은 본능적으로 공격을 고수했고, 이탈리아군 총사령부가 강력히 지지하던 토브룩 공격을 1942년으로 연기해야 한다는 OKH의 조언도 무시했다. 그는 어느 정도 위험을 감수하면 11월 말에는 공격을 실시할 수 있다고 보았고 제21기갑사단이 이 임무를 수행하도록 작전을 계획했다. 롬멜은 전투력의 균형이 시간이 지날수록 자신에게 불리해지고 있음을 확신했으며, 공격에 동의하도록 베를린을 설득했다. 결국 롬멜은 토브룩을 점령하라는 명령을 받아냈다.

롬멜은 11월 14일에 로마를 방문해 자신의 계획을 설명하며 영국군의 공세에 관한 카발레로의 불안감을 불식시켰다. 카발레로는 적어도 당시에는 그의 편에 섰다. 따라서 롬멜은 11월 중순에 공격 준비를 갖춘 채 토브룩 공격에 조바심을 내고 있었다. 그는 어느 시점에서 국경의 영국군이 실시할 공격에 대처해야 한다는 사실을 확실히 인지했지만, OKH의 판단과 이탈리아의 우려에도 불구하고 아직은 영국군의 공세가 시작되지 않았다. 한편 데르나에서 포로로 잡힌 한 영국군 특공대원은 솔룸 지역에서 상륙과 병

071    John Terraine, Right of the Line (Hodder & Stoughton, 1985)

행해 공세가 실시될 수 있다고 말했다.[072] 롬멜은 공세에 대처하는 최선의 방법은 적의 공세 여부와는 별개로 토브룩을 사전에 점령하는 것이라고 생각했다. 예상되는 공세를 직접 방어하기 위해서 롬멜은 국경의 축성 진지들을 상당히 강화했다. 바르디아, 카푸초, 솔룸, 시디 오마르와 할파야가 주 거점이었고, 롬멜은 할파야는 독일-이탈리아군이, 남은 네 곳은 사보나 사단의 보병이 지키게 한 후, 새로운 방어선에 만족했다. 아프리카 군단 사령부는 바르디아에 위치했고 2개 기갑사단이 그와 멀지 않은 곳에 있었다. 제15 기갑사단은 감부트(Gambut)의 롬멜 사령부 인근 해안도로 북쪽에 배치되고 제21기갑사단은 바르디아 서쪽 30㎞ 거리에 있는 시디 아제이즈 부근에 전개했다. 롬멜은 영국군의 어떤 행동에도 대처할 수 있도록 안정적으로 병력을 배치했다고 느꼈다. 전방에는 강력한 방어 진지가 있었고, 2개 기갑사단은 그 진지들로 쉽게 전개가 가능했다. 롬멜은 영국군의 공세가 시작될 경우 제21기갑사단으로 그 측면을 타격할 생각이었다.

제15기갑사단, 그리고 아직 '아프리카사단'이라고 불리던 제90경사단이 토브룩 강습의 주력을 담당했다. 토브룩은 나바리니의 4개 보병사단, 즉 잠본(Zambon) 장군의 브레시아 사단, 스탬피오니(Stampioni) 장군이 지휘하는 트렌토 사단, 프란체스키니(Franceschini) 장군의 파비아 사단, 글로리아(Gloria) 장군의 볼로냐(Bologna) 사단이 포위했다. 그리고 감바라의 20군단 예하 2개 기동사단으로 토브룩의 남쪽을 확보했다. 아리에테 기갑사단은 비르 엘 구비(Bir El Gubi)에, 트리에스테 차량화 사단은 비르 하케임(Bir Hacheim) 서쪽 80㎞ 지점에 주둔했다. 그는 이탈리아군 총사령부에게 해당 사단들에 대한 완전한 작전권을 획득해야 했는데, 이 요청은 11월 22일까지 수락되지 않았다. 롬멜은 영국군이 어떻게 행동하더라도 계획을 계속 진행할 수 있으며, 토브룩 전투에서 승리하고, 이후 영국군의 공세에 대응하는 것은 실행능력이 아닌 의지의 문제라 믿었다.

만약 영국군의 공세가 11월 25일이나 그 이후에 시작되었다면 롬멜이 옳았다는 결론이 도출되었을지도 모른다. 그 부분은 누구도 단정할 수 없다. 당시 토브룩은 오스트레일리아 사단을 대신해 투입된 스코비(Scobie) 장군의 영국군 제70사단과 코판스키(Kopanski) 장군 휘하의 폴란드군 여단전투단이 방어중이었고, 결코 쉬운 목표는 아니었지만 롬멜은 그가 가진 모든 화력, 개인적 역동성을 활용했을 것이다. 하지만 11월 17일에 독일 무선감청소에서 영국군 무선망이 완전한 무선 침묵을 유지중이라는 불길한 보고가 올라오면서 토브룩 공격은 중단되었다. 11월 18일 여명에 영국 제8군이 국경을 넘어 전진하기 시작했다. 영국군이 '크루세이더(Crusader)'라 명명한 작전이 시작되었다.

........................
072   11월에 베다 리토리오 인근에서 롬멜을 포획하거나 암살하기 위한 특수부대의 해상 침투 시도가 있었다.

크루세이더 작전 기간에 롬멜이 저지른 첫 실수는, 당시의 심각한 상황을 지나치게 오래 인정하지 않았다는 점이다. 이는 개인적인 실수였다. 롬멜은 1815년 6월의 웰링턴처럼 완벽하게 계획된 준비를 하고 있었지만 너무 이른 시점에서 과잉대응을 하는 상황을 우려해 빠른 행동을 주저했다. 그러나 웰링턴과는 달리 롬멜이 대응을 지체한 주된 이유는 대응 행동이 정말로 필요하다고 증명되지 않는 한, 토브룩에 대해 계획된 공격을 포기하지 않겠다고 결심했기 때문이었다. 그러나 얼마 지나지 않아 대응이 필요해졌다. 크루세이더 작전에서 양측 모두 많은 실수를 했지만, 독일이 가장 먼저 드러낸 결점은 롬멜이 불쾌한 현실을 받아들이기를 꺼린 결과 좋지 않은 결과를 초래했다는 점이었다. 공세를 인지하기는 쉽지 않았다. 영국군은 기도비닉이 훌륭했고, 독일군은 크루세이더 작전이 몇 시간가량 진행될 때까지 공세 규모를 완전히 파악하지 못했다. 롬멜의 참모부는 영국이 크루세이더 작전을 위해 준비한 기술, 즉 위장, 야간 이동, 군기에 대해 아쉬운 마음으로 찬사를 표했다.[073] 물론 독일군은 롬멜의 의도와 결심 시점이 ULTRA를 통해서 적에게 노출되었고 크루세이더 작전이 가능한 독일의 토브룩 공격 개시 일정 직전에 맞춰 시작되었음을 알지 못했다. 더욱이 크루세이더 작전 기간 대부분 영국공군이 상대를 제압했고, 커닝햄은 롬멜에 비해 항공정찰로 더 많은 성과를 거뒀다.

영국군의 계획은 명확했지만 실제 수행은 그만큼 완벽하지 못했다. 영국군은 독일 기갑전력 격퇴를 필수적 요소로 판단했다. 영국군은 전차 수가 상대적으로 많았는데, 총 600대의 전차 가운데 상당수의 보병전차가 포함되었다. 반면 롬멜에게는 전차가 380대 있었고 그 중 140대는 아리에테 사단의 전차였다. 다만 영국은 독일이 질적으로 우세하다고 판단했고, 이는 타당한 판단이었다. 그들은 독일 기갑전력을 물리치기 위한 최선의 방법이 독일 전차들의 전진을 유도해 독일군 자신이 원하는 방어 위치에서 끌어내는 것이라고 보았다. 다만 그런 판단을 현실화할만큼 능숙하지는 않았다. 이런 단순한 믿음은 독일이 기갑사단을 운용하기 위해 숙달한 제병협동의 기초를 오해한 것이 그 원인이었다. 독일의 전차들은 가능한 경우에는 언제든 뛰어난 대전차포 진지와 같은 선상에서, 혹은 그 후방에서 기동했고, 대전차포에 대처하려면 포병이 필요했다. 미리 자리 잡은 영국 전차나 대전차포들의 사선으로 독일 전차들이 돌격하여 영국군 화력에 노출되도록 유도할 가능성은 불확실했다. 하지만 영국군은 그런 상황, 혹은 그와 비슷한 상황이 일어나기를 바랐다. 이런 상황을 현실화하려면 독일군이 반드시 차지해야 하며 영국군이 방어하기에는 유리한 지점에 압도적인 대전차 전력, 영국군의 경우 주로 전차를

....................................................
073    Behrendt, 앞의 책

전개해 싸워야 했을 것이다. 그러나 사막에는 특징적인 지형이 부족했기 때문에 그런 지점을 선택하기가 쉽지 않았다. 이런 조건은 지형보다는 작전적 상황을 통해서 구현할 수 있었다. 영국군은 롬멜이 토브룩을 공격할 계획이라는 사실과 그 시기를 알았다. 따라서 독일의 대대적인 반격을 유발하도록 계산된 영국군의 공세는 독일이 토브룩을 공격하는데 필수적인 몇몇 지형들을 목표로 할 필요가 있었다. 그러면 아마 롬멜의 대응을 유발할 수 있을 것이었다.

영국군의 진격 계획은 두 갈래였다. 우측에서는 고드윈 오스틴(Godwin-Austen) 장군의 13군단이 국경을 넘어 시디 오마르와 카푸초의 수비대를 공격하고, 다음으로 솔룸과 바르디아를 공격한다. 13군단은 프레이버그(Freyberg) 장군의 뉴질랜드 사단과 메서비(Messervy) 장군의 제4인도사단, 그리고 이 두 사단을 지원하는 마틸다 보병전차와 발렌타인(Valentine) 전차를 보유한 제1육군전차여단으로 구성되었다. 좌측에서는 노리(Norrie) 장군의 30군단이 제8군의 주력 기갑부대를 구성했다. 30군단에는 3개 기갑여단과 보병 및 대전차포를 장비한 1개 지원단으로 구성된 고트(Gott) 장군의 제7기갑사단이 있었고, 사단의 기갑여단 중 제4기갑여단은 군단의 지휘 아래 남았다. 30군단에는 브링크(Brink) 장군의 제1남아프리카 사단과 제22근위여단이 소속되었다. 30군단의 임무는 국경의 비르 세페르첸(Bir Sheferzen)에서 북서쪽을 향해 나 있고 토브룩에서 약 50㎞ 남쪽을 지나는 길인 트리그 엘 압드(Trigh El Abd) 축선을 따라 진격하는 것이었다. 이 공격 축선은 롬멜이 이 기동을 토브룩 포위망을 위협하는 것으로 판단해서 기갑부대로 대응하도록 유도하기 위해 선택되었다. 30군단에게 주어진 목표는 '적 기갑부대를 찾아내 격파하라'는 것으로, 이들은 격파할 적 기갑부대의 등장을 기대했다. 초기 목표는 국경에서 55㎞가량 떨어진 가브르 살레(Gabr Saleh) 지점이었다. 군단에서 지휘하는 제4기갑여단은 30군단의 안쪽 측면에서 전진하며 13군단이 북쪽으로 이동하며 국경의 거점들을 공격할 때 그 좌익을 보호함과 동시에 30군단의 기갑 예비대로 행동하는 두 가지 역할을 맡았다.

이 계획의 단점은 계획이 전적으로 독일의 대응에 달려있다는 점이었다. 그리고 목표를 달성하려면 가브르 살레보다 독일의 계획을 위협하는 초기 목표를 선정했어야 하는데, 노리 장군은 이 방안을 원했지만 커닝햄이 기각했다. 실제로 30군단이 가브르 살레로 진격했을 때 독일군은 거의 반응하지 않았다. 독일군은 당시 진행 상황의 규모를 몰랐고, 영국군이 어느 정도 진격하자 그 움직임을 탐지해서 부대들에게 경보를 발령하기는 했지만 아프리카기갑집단은 다음 날인 11월 19일 오전이 되어서야 '600대의 전투차량이 북서쪽으로 이동하고 있다'는 정보를 받았다. 이는 크루세이더 작전 개시 24시간

후, 노리의 주력부대가 가브르 살레에 도착하고 12시간이 경과한 시점이었다. 가브르 살레에서 약 50㎞ 북동쪽에 있던 독일군 제21기갑사단의 초기 보고는 '강력한 적 병력이 서쪽과 북쪽으로 이동중'이라는 내용이었는데, 이는 영국군 30군단과 13군단이었을 가능성이 높다. 그러나 영국군의 계획과 규모는 여전히 판단하지 못한 상태였고, 따라서 대응은 거의 없었다. 독일의 입장에서 지나치게 강력한 행동을 하기에는 시기상조였다고 주장할 수도 있다. 이제까지 영국군은 대부대를 사막의 일정한 지역으로 움직였으며, 다음 행동은 여전히 불확실했다. 집중된 독일군 기갑부대였다면 준비를 갖추고 기다릴 수 있었을 것이다. 하지만 독일 기갑부대는 집중되지 않았고 아직 비교적 멀리 떨어져 있었다. 커닝햄의 공격대열이 국경을 넘고 약 8시간이 지난 후인 11월 18일 오후에 크뤼벨은 롬멜을 방문하여 2개 기갑사단을 현 위치로부터 상당히 남쪽에 집결시키자고 제안했다. 그는 폰 라펜슈타인이 모든 지역의 제21기갑사단을 가브르 살레로 이동시키기를 원한다고 말했다. 크뤼벨은 여기에 동의하며 제15기갑사단을 뒤따라 이동시켜 제21기갑사단을 지원하기를 원했다. 롬멜은 이에 단호히 반대하며 다소 화를 냈다. 그는 영국군의 이동이 아직 불확실하고 목표와 취지가 불분명한 상황에서 그렇게 움직이는 것은 불필요한 과잉 반응이라고 보았다. 이는 결과적으로 독일에게 유리한 결심이었을 수도 있고, 아닐 수도 있다. 제15 및 제21기갑사단이 11월 18일 오후에 가브르 살레로 이동했다면 그 뒤에 어떤 일이 일어났을지는 아무도 단언할 수 없으며, 이후에 커닝햄은 정확히 그것이 바라던 바였다고 주장했을 수 있다. 하지만 롬멜은 크뤼벨의 제안을 허락하지 않았는데, 그의 참모부는 롬멜이 이를 불허한 이유가 롬멜이 여전히 영국의 침공으로 토브룩 공격이 방해받지 않기를 원했기 때문이라고 확신했다.

다음 날인 11월 19일 오전에 크뤼벨이 롬멜을 다시 방문했다. 아프리카군단과 아프리카기갑집단이 받는 모든 보고들을 감안할 때 영국군의 작전이 대규모 공세임이 분명해졌다. 롬멜은 내키지 않았지만 이제는 확신을 가졌고 따라서 단호하게 동의했다. 토브룩에 대한 공격은 연기해야 했으며 독일 기갑부대에게 영국군의 기동 부대에 대처하기 위한 재량을 부여할 필요가 있었다.

하지만 이 기동 부대들은 지금은 분산되어 있었다. 제7기갑사단은 가브르 살레에 효과적으로 집결한 상태였다. 독일군이 아직 가브르 살레의 영국군에게 대응을 하지 않았기 때문에 커닝햄은 원래 계획했던 독일군의 움직임을 유도하기 위해 노리에게 토브룩 쪽으로 더 전진하라고 명령했다. 1개 기갑여단, 즉 신형 크루세이더(Crusader) 전차를 장비한 제22기갑여단이 19일 오전에 비르 엘 구비를 향해 진격했다. 그리고 제7기갑여단은 시디 레제흐(Sidi Rezegh)로 향했다. 비행장이 위치한 시디 레제흐는 토브룩 동쪽 30㎞ 부근에서 해안도로로 내려가는 2층의 급경사면 사이 평지에 있었다. 이곳은 30군단의 공격축선과 거의 평행하고 카푸초 요새에서 토브룩 남쪽 약 15㎞ 지점의 엘 아뎀으로 가는 트리그 카푸초(Trigh Capuzzo) 경로상에서 이 길을 감제하고 있었다. 시디 레제흐는 요충지였고, 영국군 제7기갑여단과 지원단이 11월 19일에 이곳을 점령하여 아프리카기 갑집단을 위협했다. 같은 시기에 제22기갑여단은 비르 엘 구비에서 이탈리아 아리에테 사단에 돌격을 감행하여 매우 심한 피해를 입었다. 당시 가브르 살레에 있던 제4기갑여 단도 북쪽으로부터 강력한 공격을 받았다.

시디 아제이즈 부근에 있던 폰 라펜슈타인의 우려는 한층 더 심각해졌다. 그는 앞서 남서쪽으로 움직이기를 원했지만 롬멜에게 거부당했었다. 19일 현재 그는 크뤼벨의 명령을 예상하며 120대의 전차를 보유한 제5기갑연대를 중심으로 강력한 전투단을 편성하여 가브르 살레로 파견했다. 기갑연대장 슈테판(Stephan) 대령이 지휘하는 이 전투단에는 야전포병과 대공포병, 1개 기관총대대, 1개 보병연대가 편성되어 있었다. 라펜슈타인은 트리그 엘 압드를 향해 남쪽으로 공격하고 그곳에서 시디 오마르를 향해 동쪽으로 선회해, 전차 200대 규모로 파악된 적 부대를 차단하고 격멸하라고 명령했다.[074]

슈테판 전투단은 19일 오후에 제4기갑여단과 조우하여 격렬한 전차전을 벌였는데, 이 전투는 4시에 시작해서 어두워진 후까지 계속되었다. 이 소식을 들은 영국군 지휘부는 이 전투가 항상 바라왔던 30군단의 진격에 대한 독일군의 대응일 수 있다고 추정했는데, 롬멜이나 크뤼벨이 아닌 폰 라펜슈타인의 대응이기는 했지만 어느 정도 사실이었다. 독일군은 전차와 대전차포를 조합하여 이 조우전에서 승리했다. 대전차포는 소수였지만 질적으로 매우 우수했다. 다음 날인 11월 20일에 영국군은 비르 엘 구비에서 이탈리아군에게 대패한 제22기갑여단에게 가브르 살레로 복귀를 명령했다. 라펜슈타인은 모든 부대들이 어디서 무엇을 하는지 종잡을 수 없었으므로 이제는 독일군이 우선 어느 중심 지점에 기갑부대를 집중하고 상황이 전개되기를 기다려야 한다고 제안했다.

하지만 롬멜에게 사실상 모든 작전 지역인 '바르디아, 토브룩, 시디 오마르 지역의 적 전투단을 격파하라'는 명령과 이를 위한 '재량권'을 부여 받은 크뤼벨은 다소 부적절한 행동을 취했다. 11월 20일에 그는 제15기갑사단과 제21기갑사단을 시디 아제이즈로 이동시키고 두 사단 모두를 이용해 그 지점과 가브르 살레 사이의 적을 소탕할 준비를 했다. 가브르 살레에서는 제15기갑사단이 증강된 제4기갑여단과 조우하여 추가로 피해를

---

074    21 Pz KTB, IWM GMDS 18572/2

입혔다. 하지만 이 전투는 통합된 독일 기갑부대가 의도적으로 실시한 공세가 아닌 우발적 전투였다. 실제로 11월 20일 저녁 영국군 제7기갑사단 예하 3개 기갑여단 가운데 2개 여단은 계획과는 무관하게 거의 200대의 전차를 가브르 살레에 집결시키고 있었다. 한편 아프리카군단도 어느 정도 전력을 집결했다. 제15기갑사단과 제21기갑사단은 모두 가브르 살레와 시디 오마르 사이의 사막 지역에 있었는데, 그 가운데 제21기갑사단은 연료가 거의 소진된 상태였다. 롬멜, 바이에를라인(Bayerlein)[075] 그리고 다른 독일과 영국의 지휘관 및 저술가들은 영국군이 크루세이더 작전 초기 단계에서 병력 집중의 원칙을 지키지 못했고, 전투를 전체적으로 보지 못했으며, 독일군이 국지적 우세를 이용해서 영국 기갑부대가 각개격파되도록 방치했다며 영국군 지휘부를 비판했다. 그러나 11월 20일에는 이런 비판을 거의 적용하기 어렵다. 기브르 살레와 같이 독일군이 승리한 전투는 대체로 독일군의 전차 또는 대전차포가 질적으로 앞서거나 전술적 능력이 우세했기 때문이었다. 병력의 집중과 같은 전쟁 원칙은 거의 두드러진 역할을 하지 않았다.

11월 20일 저녁에 롬멜은 크뤼벨을 만났다. 롬멜은 그날의 전투에 깊이 간섭하지 않았는데, 그는 이례적인 자제심을 보이며 크뤼벨에게 모든 사막의 "영국군 전투단들을 파괴하라"고 명령하고는 크뤼벨이 자체적으로 임무를 수행하도록 했다. 하지만 이제 롬멜은 상황을 받아들였다. 현 상황은 영국군의 총공세였다. 영국군은 토브룩을 구조하기 위해 나섰고, 항상 이 상황을 우려했던 롬멜은 영국군의 공세 이전에 토브룩을 공격하기로 결심한 상태였다. 이 공세는 견제공격이 아니었고, 롬멜의 입장에서 이 전투는 사막의 영국군 습격부대를 소탕하는 임무처럼 다룰 수 없었다. 크뤼벨은 무계획적으로 행동한 끝에 실패했으며, 영국군 13군단은 국경을 무자비하게 짓밟았고 다음 날 카푸초, 시디 오마르, 바르디아를 공격했다. 영국군의 공세는 단순히 국경 방어의 문제가 아닌, 롬멜 휘하 독일군의 토브룩 포위 능력에 대한 위협을 넘어 부대 전체의 생존에 대한 위협이었다. 언제 토브룩 수비대가 출격해 제8군의 공세에 합류하더라도 이상하지 않았다. 롬멜은 아프리카군단의 2개 사단 모두를 토브룩 방면으로 이동시키며 가급적 신속히 시디 레제흐로 향했다.

제7기갑사단의 지원단과 제7기갑여단은 시디 레제흐에 위치를 잡았다. 한편 영국군은 11월 21일 여명에 진지 북쪽으로 공격을 실시하여 토브룩에서 돌파해 나오는 제70사단과 연결할 계획이었다. 롬멜은 당시 아프리카군단 예하 부대가 아닌 제90경사단을 시

---

075 Fritz Hermann Michael Bayerlein (1899.1.14.~1970.1.30.) 폴란드 침공 당시 하인츠 구데리안의 수석 참모, 이후 아프리카 군단에 배속되었고 발터 네링이나 폰 토마 장군을 대신해 부대를 지휘하는 등 다방면에서 활약했다. 이후 동부전선과 서부전선에서 사단장, 군단장으로 복무했다. (편집부)

디 레제흐와 토브룩 사이에 배치했는데, 제7기갑사단의 전차와 보병은 전진을 개시한 후 제90경사단의 공격으로 큰 피해를 입었고, 특히 진지에 배치된 대전차포에 의한 손실이 심각했다. 롬멜은 직접 이 지역으로 가서 시디 레제흐와 토브룩 양쪽에서 공격을 받는 곳에서 전투를 지휘했다. 그의 참모부 일지 담당관은 롬멜의 행동을 여느 때와 같이 기록했다.

> 총사령관은 고속 기동하는 전차들의 공격과 반격을 직접 지시하고, 동-서
> 방향에서 재개된 적 전차들의 돌파 시도에 대항하여 88㎜ 1개 포대를
> 배치했으며 이 포대는 또다시 그 가치가 탁월함을 보였다.[076]

90경사단을 구원할 희망은 오직 아프리카군단의 도착에 달려있었고, 롬멜은 크뤼벨에게 그의 사단들을 동원하여 토브룩 수비대와 30군단의 연결을 막으라고 통신으로 명령했다. 이 명령은 시디 레제흐를 공격하라는 의미를 내포하고 있었다. 크뤼벨의 사단들은 저녁에 시디 레제흐를 동쪽에서 공격해 급경사면의 동쪽 모서리를 손에 넣었다.

하지만 크뤼벨은 그 날, 즉 11월 21일 밤에 2개 기갑사단에게 새로운 명령을 내렸다. 한 개 사단은 감부트로, 다른 한 개 사단은 벨하메드(Belhamed)로 가라는 것이었다. 이 두 지역 간의 거리는 30㎞ 가량이고 감부트는 시디 레제흐에서 멀리 떨어져 있었다. 그는 아마도 토브룩 포위군에 대한 주된 위협으로 인식한 상황, 즉 국경에서 전진중인 13군단의 서진에 대응하고 있었던 것으로 보인다. 그는 두 사단을 동쪽으로 차출하여 '기동의 자유'를 획득하려 했고, 롬멜의 명령에 따라 제21기갑사단만을 벨하메드에 남겼다. 11월 22일의 전투로 아프리카군단은 분산되었고, 시디 레제흐의 상황은 해결되지 않았으며, 영국군 제7기갑사단은 곧 집결할 수 있었다. 제7기갑여단은 시디 레제흐에서 타격을 받았지만 영국군 30군단의 나머지 기갑부대인 제4기갑 및 제22기갑여단이 그 지역으로 접근하고 있었다.

국경 지역에서는 13군단이 공격을 지속하며 토브룩을 향해 전진하려 했다. 다음 날 아침 일찍부터 뉴질랜드 사단을 선두로 본격적인 전진을 실시할 것이 분명했다. 한편 롬멜은 시디 레제흐의 상황을 급히 해결하기를 원했다. 그는 폰 라펜슈타인을 만나 결정적인 기갑 전투는 시디 레제흐 지역에서 발생할 것이라며 11월 22일 오후에 21기갑사

---

076    Rommel diaries, EPM 9. (이 일지는 전술지휘소가 롬멜을 위해 관리했고 시간 별로 사건을 기록했다.)

단이 서쪽과 북쪽에서 공격을 실시해 제7기갑여단의 잔여 병력과 지원단에 최대한 피해를 입히고 해 질 녘까지 철수하라고 요구했다. 영국군의 증원 기갑여단들인 제4기갑 및 제22기갑여단은 남쪽으로 철수했고, 여전히 각종 전차 약 150대를 보유한 제7기갑사단장 고트는 잔존 기갑전력을 시디 레제흐 남쪽 부근에 집결시키려 했다. 그의 전차 전력은 롬멜보다 수적으로 우세했으나 대전차포의 성능과 효과를 감안한다면 수적 우위는 결정적 요인이 아니었다. 고트의 계획은 제15기갑사단의 이동에 큰 영향을 받았는데, 제15기갑사단은 시디 레제흐의 남쪽 지역에서 철수하는 영국군 기갑여단들을 동쪽에서 공격하여 야간에 많은 피해를 입히고 제4기갑여단 사령부를 유린했다.

다음 날인 11월 23일은 일요일이었다. 이날은 독일에서 루터교 성인달력(Lutheran calendar)상의 고인추도일, 즉 토텐존탁(Totensonntag)이었다. 롬멜은 이제 시디 레제흐를 확보했다. 그는 가브르 살레와 비르 엘 구비에서, 그리고 이제는 시디 레제흐에서 북쪽의 토브룩을 향해 공격하려는 제7기갑여단의 시도를 물리치는 과정에서, 아프리카군단이 일대를 수복하고 제7기갑사단의 일부, 혹은 대다수를 패주시키며 영국군에게 상당한 전차와 인명 피해를 입혔음을 인식했다. 그는 과감한 조치를 취하면 30군단을 격파할 수 있다고 판단했다. 롬멜은 11월 22일 밤에 통신으로 크뤼벨에게 아침까지 라펜슈타인의 기갑연대 전차들로 증강된 제15기갑사단을 인솔하여 시디 레제흐의 동쪽에서 남서쪽으로 움직여 11월 19일에 비르 엘 구비에서 제22기갑여단을 상대한 이후 교전이 없었던 아리에테 사단의 전차들과 합류하고 이 기동을 통해 시디 레제흐 남쪽의 영국군 기갑부대를 포위한 후 격멸하라고 명령했다.

크뤼벨은 롬멜이 보낸 장문의 통신을 해독하려면 시간이 늦어질 것이라고 판단하여 명령의 세부 사항보다는 그 취지에 따라 행동하며 이 다소 복잡한 작전에서 아프리카군단을 지휘하기 위해 여명 직전에 사령부를 출발했다. 그리고 11월 23일 아침 6시에 아프리카군단 사령부의 참모부 대부분은 트리그 카푸초를 따라 진격하고 있던 뉴질랜드 사단의 선두부대의 기습을 받고 포로가 되었다. 가까스로 탈출한 크뤼벨은 모든 독일 기갑부대들과 함께 남쪽의 아리에테 사단을 향해 이동했다. 그는 이동중 제7기갑사단과 제5남아프리카 여단의 거대한 보급대열과 마주쳤다. 제1남아프리카 사단은 비르 엘 구비를 '견제'하라는 명령을 받고 30군단의 좌익에서 북서쪽으로 이동하고 있었다. 크뤼벨은 남쪽을 향한 전진을 멈추고 이 혼란을 이용할 수 있다는 유혹을 받았지만 결정적인 작전을 위해서는 아리에테 사단의 추가 전력이 필요하다는 판단 하에 계속 남쪽으로 이동했다. 그는 아리에테 사단 및 아프리카군단 대부분을 집결시키고 단일 전투력을 북쪽으로 이동시켜 30군단의 잔여병력을 격멸하고, 모루 역할에 적합한 지점인 시디 레제흐에서 그들을 강타하려 했다. 이 작전은 양측 모두에게 '토텐존탁' 작전이라 불렸다.

이 작전 기동은 쉽지 않았다. 작전상 아리에테 사단과 아프리카군단의 기갑사단들을 집결시켜 아리에테 사단 및 아프리카군단 모두가 합의한 대형으로 이동 방향을 북쪽으로 전환하여 대규모 차량집단으로 사막 횡단 행군을 해야 했다.

롬멜은 이 작전에 관여하지 않았다. 그는 트리그 카푸초를 따라 전투의 초점인 토브룩과 시디 레제흐로 향한 13군단의 예상되는 서진 징후에 집중했으며, 트리그 카푸초로 직접 이동했다. 감부트에 있던 기갑집단 사령부도 13군단의 서진에 위협받아 11월 21일에 토브룩 방어선의 남쪽 30㎞ 지점에 위치한 엘 아뎀으로 이동했고, 롬멜은 늘 그렇듯 전방지휘소와 함께 전방으로 나가 전투에서 다음으로 중요한 지점이 될 것으로 예상되던 지점을 주시하고 있었다. (메킬리에서 영국군으로부터 노획하여 지휘차로 사용하던 '매머드' 장갑차는 크뤼벨이 사용하고 있었다.) 그는 크뤼벨이 수행하는 토텐존탁 작전에 관여하지 않았다.

크뤼벨은 아리에테 사단 전력과 합류했고, 전차, 대전차포, 그리고 필요한 경우 승차 보병들이 체계적으로 상호협조하는 아프리카군단의 일반 전술 대신 그의 지휘에 따라 횡대로 전차가 앞장서고 차량화보병과 비장갑 차량들이 뒤에 위치한 대형으로 북쪽을 향해 돌진했다. 아리에테 사단은 횡대의 좌측을 맡았다. 그는 진격 대열 후미를 가로질러 서쪽에서 동쪽으로 이동한 영국군 제22기갑여단 잔여 부대의 공격으로 큰 피해를 입었지만, 남쪽을 바라보며 배치되어 시디 레제흐로 향하는 크뤼벨의 경로를 막고 있던 남아프리카 여단에게는 상당한 타격을 가했다. 11월 23일 밤에는 아프리카군단과 30군단의 기갑부대 대부분이 각자 큰 피해를 입은 채 서로 수 킬로미터 떨어진 사막의 다른 지역에 있었다. 북쪽의 시디 레제흐 지역에는 전차 부대가 이탈한 제21기갑사단 병력이 남았다. 토브룩 방면으로 돌파하려는 영국군의 시도는 제90경사단이 모두 막아냈다.

13군단의 예하 부대들은 토브룩을 향해 이동하고 있었다. 롬멜은 11월 23일 밤에 상황을 보며 -참모들의 표현에 따르면- 환호했는데[077] 사실 전황을 보고 환호할 만한 근거는 없었다. 토브룩 포위 부대는 아직 약해지지 않은 영국군 제70사단 수비대와 맞서고 있었고, 동쪽은 13군단의 뉴질랜드 사단의 전진으로 위협을 받았으며, 남쪽의 사막에는 일부가 와해된 30군단의 병력들과 크뤼벨의 부대가 있었다. 독일군의 가용전차는 100대 미만이었다. 전날 롬멜의 정보참모부는 영국군의 전차 전력을 총 660대로 판단했으며, 영국군의 수리 능력도 잘 알고 있었다.

---

077   von Mellenthin, 앞의 책

하지만 롬멜은 토텐존탁 작전으로 적을 거의 격멸했다고 확신했고, 정보참모의 판단을 축소 수용했다. 그가 과대평가된 보고를 받은 것이 사실이었고, 아마 그 점을 느끼고 있었을 것이다. 롬멜은 영국군이 패배의 문턱에 놓였고 혼란에 빠져 있으며, 자신이 직접 이끄는 신속하고 단호한 행동으로 이 기회를 활용해야 한다고 믿었다. 적의 혼란을 이용하는 데는 롬멜을 능가할 사람이 없었다. 그는 이제까지 잔혹하고 큰 희생을 동반하며 분산되고 혼란스러웠던 전투를 결정적 전투로 바꿀 기회를 포착했다. 그는 밤중에 엘 아뎀의 사령부로 돌아가 새 명령을 하달했다.

롬멜은 아프리카기갑집단의 나머지 기동부대들을 직접 이끌고 동쪽으로 기동하면 영국군 침공 부대의 남쪽 측면을 우회할 수 있을 것이라고 예상했다. 그는 영국군과 이집트 사이에 강력한 전력을 투입하고, 아직 국경에서 버티고 있는 바르디아와 할파야 수비대를 기동의 회전축으로 이용해 제8군을 포위 섬멸할 생각이었다. 11월 24일 오전 10시 30분에 참모장 가우제와 동행한 롬멜은 제21기갑사단의 선두에서 동쪽으로 출발했고 제15기갑사단이 뒤를 따랐다. 공격 축선은 트리그 엘 압드를 따라 동쪽을 향하고 가브르 살레를 경유, 세페르첸 부근의 국경으로 전진하는 형태였다. 이 축선은 6일 전에 노리의 30군단이 서진을 할 때 이용한 경로와 동일했다. 이 기동은 양측 모두에게 '국경돌진(the dash to the wire)'이라 불렸다. 모든 지휘관들은 롬멜의 돌진 명령을 측면에 대한 우려 없이 수행했다.[078] 라펜슈타인은 제21기갑사단에게 구두로 다음과 같이 말했다. "적은 패배하여 동남쪽으로 철수하고 있다." 슈테판 전투단을 돌파 선두로 솔룸 남쪽의 국경을 돌파할 예정이었다.[079] 제15기갑사단도 일지에 적이 패배했다고 기록했다.[080]

'국경 돌진'은 롬멜의 참모부가 보기에 타당성이 없어 보였다. 참모들은 예외없이 사령관의 냉정함, 활력, 지형, 상황, 전투에 대한 비범한 감각을 감탄했고, 롬멜이 매력적인 동료가 될 수 있으며, 그가 '전우'들을 관대한 태도로 대한다는 사실을 알게 된 후에는 그를 좋아했다. 하지만 그들은 이렇게 비범한 인물이라도 가끔 재앙을 초래할 수 있는, 도를 넘는 실책을 저지르곤 한다는 점을 직시했다. 11월 24일 당시 참모부에서 롬멜을 지지하는 사람은 거의 없었다.[081] 아프리카기갑집단 참모들은 상황이 근본적으로 위험하다고 생각했다. 강력한 뉴질랜드 사단이 토브룩을 구원하기 위해 서쪽으로 전진중이었고, 이제 곧 결정적인 전투가 벌어질 것이 분명했다. 사막에 분산된 적의 기동부대

078   von Esebeck, 앞의 책
079   IWM GMDS 18572/2
080   IWM AL 897
081   von Mellenthin, 앞의 책

를 롬멜의 공격으로 소탕하거나 약화시켜도 칼날은 전보다 무뎌졌고, 언제나 우수한 수리능력을 과시하던 영국 전차 전력을 감안하면 작전의 성패가 불확실해질 것이 분명했다. 그리고 어느 누구도 어떤 부대가 어디에 있는지, 일말의 희망을 걸고 사막을 수색하는 데 얼마나 많은 시간과 시간보다 중요한 연료를 소비할 수 있을지 정확히 파악하지 못했다. 이는 매우 부정적인 측면이었다.

이탈리아군 총사령관이자 롬멜의 명목상 상관인 바스티코 장군은 11월 25일 내내 아프리카기갑집단 사령부를 서성이며 절망에 빠졌다. 롬멜의 기동은 부질없는 시도로 보였다. 토브룩과 시디 레제흐에서 너무 멀지 않은 지점에 아프리카군단을 집결시켰다면 13군단에 결정타를 가할 기회가 왔을지도 몰랐다. 롬멜의 생각은 그렇지 않았을 것이다. 그의 생각은 최후의 결정적인 침투를 통해 대영제국 육군 전체를 이집트로부터 단절시키는 데 초점을 맞췄다. 그는 국경을 다시 손에 넣으면 영국군이 덫에서 빠져나가기 위해 동쪽으로 무질서하게 도주할 것이라 예상했다.

그러나 '국경 돌진'은 용두사미가 되었다. 롬멜은 3일간 사령부를 비웠는데, 이 3일간 그는 13군단의 공격에 저항하던 독일 국경 수비대들을 구원하려고 했지만 실패했다. 그들은 롬멜이 도착하기 전에 포위되었고 롬멜이 떠날 때도 여전히 포위되어 있었다. 아프리카군단의 사단들은 훌륭한 시스템을 갖췄지만 보급이 상상 이상으로 힘들었다. 제15기갑사단의 전쟁일지에는 11월 25일에 아직 적과 만나지도 않았는데 사단에 대한 보급이 곤란에 빠졌다는 내용이 품위 있는 표현으로 기록되어 있다.[082] 롬멜은 30군단의 대단위 부대들과 전투를 벌이거나, 영국군에게 리비아에서 철수하도록 강요하지 못했다. 다만 상대인 8군 사령관 커닝햄의 심리에는 상당한 영향을 끼쳤는데, 커닝햄은 롬멜의 기동이 제8군에게 재앙을 초래했다고 믿었다. 커닝햄이 생각한 대응 행동은 롬멜의 판단 및 의도와 일치했으며, 그의 마음은 롬멜의 폭풍 같은 전진에 의해 거의 유린되었다. 그는 총사령관 오킨렉에게 자신을 방문해달라고 요청했으며 퇴각이 불가피하다고 설득하려 했다. 하지만 오킨렉은 설득되지 않았고 크루세이더 작전은 계속되었다.

롬멜은 11월 26일에 기갑집단 사령부 작전참모(Ia) 베스트팔 중령에게서 불쾌한 전문한 통을 받았다. 베스트팔은 자신이 책임을 지고 제21기갑사단과 접촉하는데 성공하여 그들에게 토브룩으로 돌아오라고 명령했다고 보고했는데, 이는 상당한 용기가 필요한 행동이었다. 그는 당시 롬멜이 위험한 상황에 대해 어느 정도 주의를 돌리도록 할 수 있었다. 당시 독일군의 연료 상황은 심각했다. 공군도 크루세이더 작전 당시 항공기 손실

........................................
082  IWM AL 897

은 대략 비슷했지만 영국군은 16개 전투기 대대와 8개 중폭격기 대대를 집결시켜 압도적인 전력을 갖췄다. 기갑집단은 기동성을 상실하고 철저하게 격멸될 위험에 처했다.

롬멜은 적어도 불안에 빠진 베를린에서 날아오는 문의에 시달리지는 않았다. 다소 역설적이지만, 할더는 그 날 롬멜이 상황의 지배자로 보인다고 자신의 일기에 기록했다. 하지만 롬멜은 자신의 모험적 시도가 실패했음을 깨달았고, 이는 몹시 보기 드문 일이었다. 그는 제15기갑사단이 시디 아제이즈에서 뉴질랜드군 여단 사령부를 포획하는 동안 국경에서 하루를 더 머물렀지만 이미 상황은 종료되었다. 토브룩 지역에서는 롬멜이 국경 돌진을 위해 멀리 나가 있는 동안 뉴질랜드군이 숙련된 침묵상태의 야간작전으로 시디 레제흐 지역을 탈취했고, 토브룩 수비대의 출격도 성공했다. 좁고 취약한 회랑을 통해 토브룩과 제8군의 구원 부대들이 연결되었다. 토브룩에 집착했던 롬멜이 이 극적인 순간에 현장에 없었다는 것은 아이러니했다.

'국경 돌진'은 끝났고, 롬멜은 위험한 입장이 되었다. 물론 이 돌발적인 행동을 하는 동안 롬멜은 롬멜다웠다. 바이에를라인 장군은 다음과 같이 묘사했다.

> 롬멜은 한 부대에서 다른 부대로 계속 돌아다녔고 영국군 전선을 통과하는 일은 예사였다⋯ 그는 한 번은 아직 적이 사용하고 있던 뉴질랜드군 야전병원에 들어가기도 했다. 이 때 아무도 누가 포로이고 누가 포획자인지 분간할 수 없었다. 다만 롬멜만이 의심 없이 행동했다. 그는 필요한 것이 있는지 묻고는 영국제 의약품을 보내주겠다고 약속하고 유유히 사라졌다.[083]

이제 롬멜은 가까스로 구조된 토브룩에 다시 초점을 맞췄다. 회랑을 절단하고 토브룩을 재차 고립시키는 것이 롬멜의 다음번이자 마지막 기동의 목표가 되었다. 훗날 이 행동에는 2차 시디 레제흐 전투라는 이름이 붙었다.

롬멜은 마지막 시도의 첫 단계로 2개 기갑사단을 시디 레제흐의 동쪽 트리그 카푸초 경로에 집결시켰다. 롬멜은 항공기로 엘 아뎀의 사령부에 돌아갔고 복귀 후 상당한 안도와 함께 환대를 받았다. 롬멜은 이제 아프리카군단이 시디 레제흐에 있는 뉴질랜드군을 포위 격멸해야 한다고 판단했다. 뉴질랜드 사단은 이제 남쪽과 동남쪽에서 다시 이동하고 있는 30군단의 기갑여단들의 지원을 바라고 있었다. 이 여단들은 예비 전차와 새 병력들로 강화되었으며, 롬멜의 참모부는 이를 잘 알고 있었다. 제8군의 성과 가운데

---

083  Liddell Hart, 앞의 책에서 Fritz Bayerlein 중장

특히 중요한 점은 병력과 차량이 필요할 때 투입할 수 있게 보충되었다는 점, 그리고 급유를 비롯한 영국군의 행정 체계가 변화무쌍한 전투에 잘 대처했다는 점이었다. 영국군의 군수 대책은 유연하고 효과적이었으며, 많은 경우 전술적 조치에 비해 우수했다.

이 과업을 수락한 크뤼벨은 뉴질랜드군을 동쪽에서 공격하여 시디 레제흐에서 몰아내기로 결심하고 제21기갑사단은 목표의 북쪽을 따라 벨하메드를 향해, 그리고 제15기갑사단은 남쪽에서 트리그 카푸초 축선을 따라 엘 두다(El Duda)를 공격하도록 했다. 크뤼벨은 그에 따라 11월 29일에 전투 개시 명령을 내렸다. 롬멜은 여기에 동의하지 않았다. 그는 이렇게 하면 시디 레제흐에 있는 뉴질랜드 사단의 2개 여단을 토브룩으로 몰아넣어 방어병력을 증원해주는 역효과를 낳을 것이라 판단했다. 실제로 13군단 사령부가 토브룩으로 들어가면서 수비대인 제70사단과 구원부대 간 작전 협조가 더 원활해졌다. 롬멜은 그와는 반대로 포위 기동을 통해 시디 레제흐의 방어군을 고립시킨 후 격멸하기로 결심했다. 그는 크뤼벨의 명령을 철회했다. 그에 따라 제15기갑사단은 서쪽으로 움직여 시디 레제흐 지역의 남쪽으로 간 후 북쪽으로 돌아서 엘 두다 방향으로 공격을 하라는 명령을 받았다. 이 기동은 성공적으로 수행되었으며, 독일군은 엘 두다를 점령했다. 다만 엘 두다는 이후 영국군에게 다시 탈환되었다. 롬멜은 19일 오후에 크뤼벨을 방문하여 토브룩 수비대를 고립시키는 것을 넘어 시디 레제흐를 확보한 13군단 부대들을 격멸하는 것이 작전 목표가 되어야 한다고 강조했다. 그 결과 뉴질랜드군은 차단되고 거의 포위되었으며, 롬멜은 다음 날인 11월 30일에 시디 레제흐 급경사지를 남쪽에서 공격하여 이 문제를 마무리했다. 저녁 7시 45분에 뉴질랜드 사단장 프레이버그는 13군단에게 다음과 같은 통신을 보냈다. "적이 시디 레제흐를 확보했다." 토브룩 회랑은 아직 영국군이 확보하고 있었지만 롬멜은 마지막 필사적인 목표를 거의 달성하고 있었다. 프레이버그는 사단의 나머지 병력을 동쪽으로 철수시킨 후 남쪽으로 이동했다. 12월 1일에 아프리카군단은 런던에서 송출하는 영국 라디오 방송에서 이렇게 말하는 것을 들었다. "롬멜 장군이 영국군의 차단선을 돌파하기 위해 마지막 전력을 전투에 투입했습니다." 이는 사실과는 어느 정도 거리가 있었다. 롬멜은 영국군의 차단선에 의해 포위된 것이 아니라, 여전히 사라지지 않은 영국군의 토브룩 회랑 때문에 좌절하고 있었다.

하지만 롬멜의 마지막 전력이 전투에 투입된 것은 분명한 사실이었다. 병력이 충분하지 않다는 점도 분명했다. 12월 1일에 롬멜의 참모부는 영국군의 남은 병력에 관해 매우 정확한 상황을 그에게 보고할 수 있었다. 토브룩은 포위되었지만 단지 그뿐이었고, 이제 문제는 양측의 전반적인 전력비였다. 롬멜은 적이 가차 없이 기동한다면 토브룩 점령이라는 이 전역의 전략적 목표를 달성하지 못할 것임을 깨달았다. 포위를 유지하기 위한 대가가 적이 포위군을 압박하고 공격하기 위한 대가보다 점차 더 커질 것이 분명했다. 제21기갑사단이 엘 두다 탈취에 다시 실패한 후, 롬멜은 아프리카기갑집단이 토브룩 포위를 유지할 수 없음을 인정했다. 요새는 구출되었다. 그는 전투를 중지하고 서쪽으로 철수해야 했다.

롬멜은 12월 4일부터 8일까지 독일군과 이탈리아군 사단들을 차출하여 토브룩 서쪽 95km 지점, 가잘라에서 남쪽으로 뻗어 있는 새 진지에 병력을 배치할 수 있었다. 이 진지는 앞서 이탈리아군이 방어시설 공사를 진행한 곳이었다. 그는 적 공군의 활동이 잦아들기는 했으나, 예하 부대의 상황과 군수 상황을 볼 때 한동안 키레나이카를 포기해야 하고, 키레나이카의 동부 '돌출부'를 방어할 수 없으며, 토브룩 점령은 당분간 현실에서 멀어졌다고 판단했다. 이는 쓰라린 결정이었다. 이탈리아군 총사령부는 이 결정에 격렬히 반대했는데, 이는 결코 이상한 행동이 아니었다. 이곳은 이탈리아의 통치 지역이었고 상당수의 이탈리아인들이 정착해 있었다. 이탈리아의 체면 역시 비참하게 손상될 것이 분명했다. 12월 15일에 이탈리아군 총사령관 바스티코 및 20군단장 감바라 장군, 이탈리아 전군 참모총장 카발레로까지 참석한 회담이 열렸다. 이 회의에서 격앙된 말들이 오갔다. 회담에는 독일의 케셀링(Kesselring) 원수도 참석했다. 그는 육군에서 공군으로 전군한 인물로서 OKW에서 지중해 및 이탈리아 지역의 독일군을 전반적으로 감독하는 책임을 맡았으나, 아프리카기갑집단에 대한 직접적인 작전권은 없었다. 선천적인 낙천주의자이자 훌륭한 외교가인 케셀링은 이탈리아의 편을 드는 경향을 보였다.

하지만 롬멜은 완강했다. 아프리카기갑집단과 모든 독일 및 이탈리아군은 메르사 엘 브레가 후방의 방어 가능한 지역으로, 그가 3월과 4월에 빛나는 승리로 이끌었던 지점까지 돌아가야 했다. 그는 또다른 영국군의 공세에 대처할 형편이 아니며, 새 공세는 양측이 키레나이카에서 실시한 모든 공세와 마찬가지로 키레나이카 돌출부를 가로질러 시르테 만을 향해 실시되고, 그 결과 전방 부대들이 고립될 것이라고 말했다. 영국군은 새롭게 증원된 전력을 보유한 상태였다. 롬멜은 몰랐지만 영국군의 손실은 전투에 참가한 인원을 기준으로 약 15%였다. 반면 독일군의 손실은 20% 이상, 이탈리아군은 40% 이상이었다. 잔존 전력 면에서 롬멜은 분명 패배자였다. 그리고 전장을 장악한 영국군은 파손된 장비를 회수한 후 수리할 수 있었다.[084] 영국군은 이미 가잘라를 공격했고, 제15사단에게 격퇴당했지만 여전히 공세를 계속할 의도를 보이고 있었다. 소강상태는 일

--------------------------------

[084]  W.G.F. Jackson, The North Africa Campaign 1940-1943 (Batsford, 1975)

시적일 것이 분명했다. 당시 아프리카군단의 가용 전차는 40대에 불과했다.

롬멜은 자신의 생각대로 행동했다. 그는 12월 20일에 루시에게 보낸 편지에서 죽거나 다치지 않은 지휘관들은 병이 들었고, 이들을 빼내 후방으로 보낼 다른 방법이 없다고 썼다. 그는 일단 철수 결정이 내려지자 그다운 신속함과 통솔력을 발휘해서 이를 수행했다. 독일군은 철수 과정에서 조직적이지 못한 모습으로 추격을 시도하는 영국군에게 시달렸지만 크리스마스 이브에는 벵가지로 물러날 수 있었고, 아프리카군단은 아지다비야에서 영국군이 시도한 다소 비효율적인 포위 기동에 반격을 가한 후 좀 더 안전한 진지에서 연말을 보냈다. 아지다비야의 전투에서 그는 영국군 전차 60대를 파괴하고 14대만을 잃었으며, 보급선이 짧아지면서 보급 상황이 크게 호전된데다 상당한 전차 증원도 받았다. 아지다비야로 철수를 완료하기 직전에 호송선단이 벵가지에 도착했고, 독일군은 사막에서 전차를 운용하기 위해 많은 개조를 해야 하는 영국군에 비해 항상 더 신속하게 전차를 일선에 투입할 수 있었다. 롬멜은 자신의 부대와 마찬가지로 적도 지쳤다고 판단했다. 롬멜도 지쳤지만 경계를 늦추지 않았다. 한번은 그가 생존한 88㎜ 대공포 중 한 문이 철수 중 은폐 진지를 잘못 선정하여 영국군의 장거리 포격에 노출된 것을 보고는 화를 내며 지휘관을 꾸짖으러 갔는데, 그가 본 대포는 이탈리아군의 전신주 하나를 훌륭하게 위장한 모조품이었다. 롬멜은 씩 웃었다. "거둬 두게!" 그는 말했다. "우리 계략이 더 나아지기 전에 적이 간파하기를 원치 않네!"[085]

기갑집단의 장병들은 아직 승부가 끝나지 않았음을 알았다. 롬멜의 피해를 악화시킨 원인 가운데 하나는 13군단의 맹공에 함락되지 않고 아직 생존해 있는 독일-이탈리아군 국경 수비대였다. 그들은 위태로운 상황에서 굶주린 채 포위되었고, 구조될 가망은 거의 없었다. 아래 바르디아는 1942년 1월 2일에 상급사령부의 허가 하에 항복했고, 이탈리아군 지휘관이 용감하고 탁월한 지도력을 보여준 할파야도 17일에 백기를 들었다. 롬멜은 키레나이카와 그곳에 있는 비행장들도 상실했다. 그는 12월 29일에 정보참모(Ic)가 보고한 제8군의 재편성 세부사항을 파악하고 다음 행동을 계획했다.[086]

1941년은 에르빈 롬멜에게 특별한 한 해였고 주목할 만한 승리와 실패가 번갈아 일어났다. 그는 12월 31일에 루시에게 어느 때보다 그녀와 만프레트 생각이 간절하며 그들이 지상에서의 행복이라고 편지를 썼다. 하지만 '배틀액스' 작전 직후의 경우와 같이, 롬멜이 키레나이카에서 철수하는 동안 지구 반대편에서 벌어진 사건으로 인해 전반적

---

085    Der Frontsoldat erzahlt, 1954에서 Ernst Franz, "An Rommels Seite"
086    Behrendt, 앞의 책

인 전략 상황이 변화했다. 12월 7일에 일본 항공부대가 진주만에 있는 미국 태평양함대를 공격하고 필리핀을 침공했다. 같은 날 일본 육군도 영국 식민지인 홍콩과 영국 보호령인 말라야(Malaya)를 침공했다. 며칠 후 독일은 불가피하게 미국에 선전포고를 했다. 이탈리아 및 일본과 동맹을 맺은 제3제국은 이제 미국, 대영제국, 소련에 대항해 무기를 들었다. 장기적으로 볼 때 전쟁이 장기화되면 독일은 이길 수 없었다.

크루세이더 작전 동안 롬멜은 빛나지 않았다. 그는 이 전투가 심각한 사건임을 늦게까지 인정하지 않으려 했다. 처음 며칠 간 롬멜은 대부분의 결정을 예하 지휘관에게 일임했는데, 최소한 전투 초기에는 거의 예하 지휘관에게 개입하지 않았다. 간섭하는 경향이 있는 상급 사령관은 반드시 모든 일들을 보고 들으려 하기 마련이라는 점을 감안한다면 세세한 개입은 반드시 비판받아야 하는 부분이 아니다. 당시의 롬멜은 전투에서 근본적으로 중요한 요소에 대한 감각이 잠시 떨어진 것 같다. 이 시기에 그의 행동은 중요한 일을 먼저 해결한다는 인상을 주지 못했다.

이는 토브룩에 대한 롬멜의 집착, 즉 토브룩을 계속 포위하고 제8군과 토브룩 수비대의 연결을 막아 궁극적으로 토브룩을 점령하려고 한 의도 자체는 타당했기 때문이다. 커닝햄이 공언한 작전적 목표는 독일-이탈리아 기갑부대의 격멸이었고, 최소한 세 가지 경우에 롬멜의 작전적 명령 및 계획은 영국군 기갑부대들을 제거하는 것과 관계가 있었다. 하지만 전략적으로는 토브룩이 요점이었고 따라서 토브룩은 자석처럼 전투의 흐름을 토브룩으로 이끌었다. 롬멜이 이런 사실을 인정하기를 거부하는 것처럼 보였을 당시에, 그리고 특히 그가 토브룩 전투에 거의 승리했다고 가정하고 '국경 돌진'이라는 대담한 공격을 시도했을 때 그는 영국군 잔여 병력에 대한 거대한 포위 기동전에서 승리할 수도 있었다. 그러나 이 가정은 근거가 없었고, 롬멜은 그 사실을 알아야 했다. 그의 정보참모부는 상황을 적절한 정보로 완벽하게 꿰뚫고 있었으며, 롬멜이 시도한 것과 같은 공격이 옳지 않다고 생각했다. 당시 각 기갑사단장의 명령서 첫 줄에는 적이 패배했다고 되어있었지만 이는 진실과는 거리가 멀었다.

당시 롬멜은 우선순위를 확실하게 판단하고 목표에 집중하는 데 실패한 것처럼 보인다. 전투 경과에 적잖이 실망한 롬멜은 심리적인 이유로 현실에 비해 상황을 긍정적으로 해석하고, 끝내 만족스럽지 못한 방향으로 진행되던 전투를 반전시켜 빛나는 성과를 거둘 수 있는 기회가 찾아왔다고 믿으려 했다. 즉 그는 마타주르와 뫼즈 도하 당시 그랬듯이 단호한 기동을 직접 지휘해서 속도, 창의성, 기습으로 휘청거리는 적을 끝장내기를 바랐다. 토텐존탁 전투가 끝난 11월 23일 밤에 그의 참모부는 기뻐할 근거가 부족했음에도 그에게 환호하며 보고했다. 토텐존탁 전투는 영국군과 남아프리카 부대에 큰 손실을 주었고, 시디 레제흐는 독일군의 수중에 들어갔으며, 토브룩에서 출격한 방어군은 봉쇄되었다. 하지만 당시 상황에서 롬멜의 기운을 북돋을 만한 요소는 없었다. 13군단은 뉴질랜드사단을 선두로 트리그 카푸초 도로를 따라 토브룩으로 진격하고 있었다. 영국군 기갑부대는 피해를 입었지만 장비를 보충 받고 전투력을 회복했다고 알려져 있었다. 토브룩은 여전히 적의 손에 있었고 공세 작전을 한다면 아마도 여전히 만만치 않은 상황이었다. 그렇지만 롬멜은 과거에 자주 그랬듯 그의 뒤를 따라 움직일 수 있는 모든 전투력을 집결한 후, 이들을 이끌고 결정적인 승리를 향해 진군하여 혼란스러운 전투에서 승자의 지위를 차지할 수 있다고 믿기로 했다. 하지만 그렇게 되지 않았다. 적의 중추가 분열되지 않는 한 그런 상황은 일어나지 않을 것 같았다. 그리고 이로 인해 며칠 간의 결정적인 기간 동안 독일군의 지휘부가 사라졌다. 크루세이더 작전에서 롬멜은 과거에 그래왔던 것처럼 그의 참모, 특히 베스트팔의 냉정한 정신적 용기나 크뤼벨의 확고한 전술적 통찰력 덕에 곤경에서 벗어난 순간이 많이 있었다.

이것만이 전부가 아니다. 이 시기에는 롬멜의 지휘 조직, 혹은 롬멜이 지휘조직을 사용한 방법이 불완전했다는 인상을 지우기 힘들다. 다만 롬멜은 롬멜이었다. 교범들은 지휘관이 특정한 접적 지점의 전술지휘에 치중하지 않아야 한다고 지적하고 있지만, 이런 행동은 롬멜의 천재성, 지략, 전투 상황에 대한 감각, 속도, 대담성, 예리한 이성의 한 단면이었다. 크루세이더 작전 당시의 롬멜을 비판할 때 야전군 사령관으로 적절한 수준을 넘어서 항상 전술 전투에 개입하려는 태도에만 중점을 둘 필요는 없다. 조직 그 자체도 함께 다뤄야 한다. 누구도 한정된 수 이상의 예하지휘관을 다룰 수는 없으며, 사령관의 책임이 분명해야 하듯이 예하지휘관들도 그 책임이 분명해야 한다. 크루세이더 작전에서 롬멜은 이 초보적인 원칙을 준수하는 모습을 보이지 않는다. 그의 계획과 지휘기법, 판단은 모두 최선의 선택과는 거리가 멀었다. 롬멜이 능력 있고 수준 높은 참모부를 바르게 이용하는 방법을 배웠다면 분명 전투 막바지에 그렇게 행동하지 않았을 것이다.

롬멜에게는 세 가지 관심사항이 있었고 그 각각의 분야를 책임질 별개의 예하 지휘관이 필요했다. 먼저 지켜야 할 국경 방어선이 있었고, 실제로 국경과 바르디아, 솔룸, 카푸초, 시디 오마르에서 전투가 벌어졌으며, 대다수가 점령당했다. 그리고 롬멜은 토브룩을 포위했고, 토브룩 포위부대를 위협하고 수비대와 연결하기 위해 진격하는 영국군을 물리쳐야 했다. 마지막으로 탁 트인 사막에서 영국군 기동부대에 대응할 필요성과 기회가 있었다. 이 세 가지 사항은 각각 책임 있는 주요 지휘관이 담당해야 했다. 이 가운데 첫 번째 임무인 국경 전투 및 수비대는 아마도 적절히 증강된 사보나 사단의 이탈리아군 지휘관에게 위임할 수 있었을 것이다. 두 번째 임무인 토브룩 포위 및 영국군의 연결 방지는 이탈리아군 21군단 나바리니 장군에게 넘겼을 수도 있다. 토브룩을 포위한 부대들은 나바리니의 사단들이었다. 롬멜은 이탈리아군에 대해 과격한 표현을 사용하곤 했는데, 사실 이탈리아군 가운데 대다수는 연초까지 그런 평가를 받을 만 했다. 하지만 크루세이더 작전 당시 영국군의 몇몇 보고서들은 이탈리아군 보병이 이례적으로 맹렬히 싸웠으며, 어떤 경우에는 독일군보다도 완강했다며 명예로운 평가를 남겼다.[087] 기본적으로 토브룩을 포위하려면 시디 레제흐 지역을 확보해야 했다. 토브룩 방어선에서 불과 20㎞ 떨어진 이 지역은 영국군의 포위된 아군을 구조하고 전선을 돌파하는 전투의 중심 지점이었다. 사후의 지식으로 이야기하는 것이 부당하다는 점은 주지의 사실이지만 독일군은 이곳의 중요성을 너무 오래 무시했다는 인상이 있다. 만약 나바리니, 또는 다른 지휘관이 토브룩 포위 책임을 맡았다면 이곳은 나바리니의 포위망에서 외곽 요충지가 되거나, 그렇게 지정되었어야 했다.

세 번째 사항은 아프리카기갑집단의 통합된 기동 전력으로 모든 적 침입을 물리치는 것이며, 롬멜은 이 부분에 분명히 지휘관이 필요했다. 이 역할을 맡은 사람은 아프리카군단장 크뤼벨이었다. 롬멜에게는 감바라 장군의 이탈리아군 20군단과 크뤼벨의 아프리카군단, 두 개의 기동 군단이 있었고, 롬멜이 감바라의 사령부를 이용하기로 결심했지만(거의 그렇게 하지 않은 것으로 보인다) 사막에서 가장 효과적인 기동부대는 아프리카군단임이 분명했다. 그리고 롬멜은 그렇게 병력을 운용했다. 단 이따금 크뤼벨의 사단들에게 명령을 내리기도 했다. 그는 특정한 명령들에서는 크뤼벨과 상이한 견해를 가지고 있었으며, 롬멜에게 모든 권한이 있었다. (그는 많은 경우 정당했지만 언제나 그렇지는 않았다) 하지만 시간이 지남에 따라 크뤼벨이 독립적인 결심 및 행동 권한을 가지고 행동했는지, 아니면 주로 다른 사령관의 생각을 전달하는 역할이었는지 불확실하다는 인상을 준다. 이런 의견의 양분으로 인해 아프리카기갑집단 내의 명령체계가 혼란스럽고 충분치 않았다는 견해가 도출되었는데, 이는 크루세이더 전투의 일부 상황에서 특히 두드러졌으며, 롬멜의 경력 내 대부분의 사례들과는 눈에 띌 정도로 상이하다.

지휘체계가 개선될 가능성과 별개로, 각 지휘관들의 대응은 대부분 훌륭했다. 11월 22일에 폰 라펜슈타인의 제21기갑사단이 실시한 시디 레제흐 공격, 그리고 그날 밤 철수하는 영국군에 대하여 노이만 실코프의 제15기갑사단이 실시한 측면 공격은 대단히

........................................
087   그 사례로 Freyberg 소장, "The New Zealand Division in Cyrenaica" (공식 보고서) 참조

훌륭했지만 사단장들이 특별히 협조를 하지는 않았다. 이들은 독일 지휘관들 중에서도 믿을 만한 지휘관들이었으나 이들이 롬멜 혹은 크뤼벨의 성과에서 특별히 상징적인 존재는 아니었다.

물론 아프리카기갑집단은 여전히 롬멜의 활력에 반응했다. 롬멜이 아프리카군단에게 교육하고 장려한 전술 기법은 여전히 훌륭했다. 크루세이더 전투에서 롬멜의 부대들이 간헐적이고 일시적인 승리들을 거둘 수 있었던 요인은 작전적 지략이 우세했기 때문이라기보다는 그런 롬멜의 활력, 그리고 독일제 대전차포의 사거리와 화력 덕분이었다. 그가 나타나서 국지적 상황을 '장악'하는 것은 독일이나 다른 나라의 대다수 장군들이 예하 부대에 간섭하는 것과는 달랐다. 그는 신화를 만들어냈고, 크루세이더에서 실수를 저질렀다 해도 그 신화는 깨지지 않았다. 롬멜의 이름은 이미 루퍼트 왕자와 마찬가지로 '그의 적들에게 매우 두려운' 존재였고, 그가 '국경 돌진'을 시작하자 영국군 지휘부 전체가 전율했다. 그리고 11월 24일에 롬멜이 무모하게 접근하자 상대인 커닝햄은 리비아에서 퇴각하고 크루세이더 작전을 중지해야 한다고 결심했으며 사실상 정신적으로 패배했다. 오킨렉이 커닝햄의 결정을 파기하고 곧 지휘권을 박탈했으며 리치(Ritchie) 장군을 후임으로 임명했다. 롬멜과 마찬가지로 커닝햄도 롬멜이 너무 일찍 이겼다고 생각했다.

# 제14장 "롬멜이 선두에 있다!"

롬멜은 1월 초에 영국군의 현황 및 예상되는 의도에 관한 정보 평가를 실시했다. 이 정보 평가는 전력 및 구성 측면에서 매우 정확했다. 당시 영국군은 경험 많은 제7기갑사단을 대신해 사막에 새로 투입된 제1기갑사단을 배치하고, 그 밖의 부대와 지휘관들도 대거 교체한 상태였다. 독일군은 상대의 의도를 분석하는 공식 전략 평가에서 영국군이 트리폴리타니아를 침공해 튀니지의 프랑스군과 연결하고, 북아프리카 해안을 확보하여 이를 남유럽 침공 작전의 전초기지로 삼는 계획을 수립했다고 예측했는데, 이는 튀니지의 비시프랑스군이 전황에 따라 연합군 측에 가담하는 상황을 가정한 예상이었다.[088]

그리고 롬멜은 독일인들이 '믿을 만한 출처(die gute Quelle)'라 부르는 새로운 출처에서도 정기적으로 정보를 받게 되었다. 이 출처는 카이로에 있는 미국 무관 펠러스(Fellers) 소령으로, 그는 자신도 모르게 영국의 전투서열, 계획, 평가에 관한 많은 정보를 누설하고 있었다. 1941년 늦은 여름에 이탈리아는 펠러스 소령이 전문을 보내는데 사용하던 미국의 외교 암호인 '블랙 코드(Black Code)'를 해독해 그 결과를 베를린과 공유했으며, 독일도 독자적인 분석 작업을 통해 이 암호를 자체적으로 해독하고 이 성과를 롬멜을 위해서 매우 신속하게 활용하고 있었다.[089] 펠러스는 이집트의 영국군 및 영국군 최고사령부와 긴밀하게 접촉했으며, 독일은 그를 '열성적으로 조사하는' 인물로 평했다. 그는 처음에는 극히 친밀한 중립국으로서, 그리고 1941년 12월 이후에는 연합국 대표 자격으로 영국으로부터 브리핑을 받는 특전을 누리고 포괄적인 정보를 신중하게 제공 받았다.

영국에 대해 비관적 시각을 지닌 펠러스는 영국군의 전력과 배치, 그들이 상황을 보는 관점, 그리고 영국이 가진 북아프리카의 독일군 전력에 대한 지식과 영국의 의도에

---

088   Behrendt, 앞의 책
089   위의 책: David Kahn, Hitler's Spies (Hodder & Stoughton, 1978)도 참조

대한 완전한 정보를 펜타곤에 지속적으로 제공했다. 이 정보 보고가 신속하고 효율적이어서 1942년 초반의 몇 달 동안 롬멜이 얻은 정보는 특히 정확했다. 영국군이 ULTRA를 통해 OKH의 전문을 해독한 어느 날부터 이 '믿을 만한 출처'는 사용할 수 없게 되었지만, 롬멜은 적군을 리비아에서 몰아낸 6월 말까지 이 정보를 지속적으로 활용했다.

롬멜은 이제 잠시나마 다시 자신에게 행운이 돌아왔다고 판단했다. 그는 1월 5일에 트리폴리에 하역된 전차 54대와 장갑차 20대를 벵가지에서 수령했다. 정보참모는 그에게 독일 및 이탈리아군의 기갑 전력이 월말까지 키레나이카 전선에 있는 영국군보다 우세를 점할 것이라고 보고했다. 정보참모는 영국군 제1기갑사단이 150대의 전차를 보유했지만, 사단의 경험이 부족하다고 지적했다. 같은 시기 독일군은 117대의 독일 전차와 79대의 이탈리아 전차를 보유하고 있었다. 독일 전차들은 아프리카에 도착한 후 신속하게 사막의 일선에 투입되었고 승무원들도 곧 전차에 익숙해졌는데, 이는 어느 정도는 독일이 확립한 기계 부품의 호환성 및 계열화 덕분이었다. 따라서 롬멜은 아주 잠시나마 국지적인 수적 우위를 확신할 수 있게 되었다. 그는 아프리카군단이 인적 자질 면에서 손실을 입고 고통을 겪기는 했지만 여전히 무적의 부대로 여겨지고 있음을 알았다.

정보에 따르면 영국군은 가급적 신속히 새 공세를 실시할 예정이었고, 그 경우 롬멜의 우세는 사라질 가능성이 높았다. 이 추정에는 충분한 근거가 있었다. 영국군은 틀림없이 트리폴리타니아를 침공할 계획을 세우고 있었다. 그리고 크루세이더 작전의 성과로 가잘라, 메킬리, 므수스의 전방 비행장들을 손에 넣었다. 또한 영국군은 롬멜이 당분간 공격을 할 수 없다고 여겼다. 당시 롬멜은 크루세이더 전투에서 패한 후 키레나이카에서 쫓겨났으며, 아프리카기갑집단은 메르사 엘 브레가로 철수했으므로 시간이 필요할 것이라는 추정이 도출되었다.

그러나 이런 가정은 틀렸다. 롬멜은 자신감을 회복했다. 그는 무뚝뚝하기로 소문난 슈바벤 출신답지 않게 항상 활달했고 열정과 당당함도 가지고 있었다. 브라우히치는 롬멜의 보고서에 격정과 우울함이 섞여 있다고 비판했는데, 롬멜의 편지에서도 이런 과장된 느낌을 발견할 수 있다. 12월의 키레나이카 철수 결정으로 롬멜은 이탈리아인들에게 격한 비난을 받았고, 롬멜 자신도 그 못지않게 격한 어조로 비판을 반박했다. 롬멜은 자신의 군대에게 여유를 부여할 공간이 필요하며, 메르사 엘 브레가까지 되돌아가야 공간을 확보할 수 있다는 사실을 정확히 파악하고 있었다. 하지만 롬멜은 지난 3월과 4월에 거둔 경이적인 승리의 과실과, 토브룩을 점령하고 이집트를 향해 진격할 기회, 진격을 위한 전진 기지와 항구를 남겨두고 자신만의 방식대로 싸울 기회를 포기한 데 대해 아픔을 느꼈다. 정보 참모가 당분간 아군이 수적으로 우세하다고 알려주자 롬멜은 크게 기뻐했다. 그의 통역관은 1월 17일에 그의 '기분이 불쾌하다'고 전했지만 그 직후 그늘이 걷혔다.[090] 롬멜은 보급 상황에 관해 의구심을 가졌지만 이 역시 극복했다. 그는 공격하기로 결심했다. 롬멜은 자신의 결심을 기밀로 다뤘다. 그는 자신의 의도에 관한 정보를 OKH나 이탈리아군 직속 상관인 바스티코 장군에게도 전달하지 않도록 금지했다. 롬멜의 일기에 따르면 독일군은 이탈리아군 사령부가 기밀을 유지하지 못하며, 로마에 보내는 무전은 모두 영국군의 귀로 들어간다는 사실을 경험적으로 파악하고 있었다. 롬멜은 일체의 정찰을 금지했고, 공격을 위한 집결은 철저히 야간 행군으로 실시하기로 했다. 그는 확정된 작전 개시일로부터 5일 전까지는 아프리카군단장에게도 자신의 계획을 말하지 않았고, 사단장들은 이틀 전까지 아무것도 알지 못해야 하며, 모든 명령은 구두로 이뤄져야 한다고 결정했다. 문서 보안은 거의 믿을 수 없었다. 롬멜은 불과 스물한 개 단락으로 작성되고 매 단락은 평균 일곱 줄로 이뤄진 작전 명령에 서명했다.[091]

롬멜은 키레나이카의 서쪽 경계에서 적을 신속하게 강타하기 위해서는 완벽한 기습이 필수적이라고 판단했다. 기습 이후에 롬멜의 정석인 속도와 충격을 활용한다면 다시 한번 승리를 가져올 수 있었다. 당면 목표는 벵가지였다. 비밀을 유지하던 궁극적인 목표는 영국군을 키레나이카에서 다시 몰아내는 것이었지만, 그는 크루세이더 전투에서 영국군이 가져간 주도권을 박탈하기 위해 제한적인 파쇄공격(spoiling attack)을 실시하기로 결심했다. 롬멜은 자신과 맞선 영국군 기갑 전력, 즉 1개 기갑여단이 경험이 없는 부대임을 알고 있었다. 롬멜은 평문 통신 감청정보를 통해 이 부대의 전차 가동률이 낮다는 사실을 알게 되었으며, 제7기갑사단의 지원부대 휴식에 관한 제1기갑사단장 메서비(Messervy) 장군의 요청을 도청하고 기뻐했다. 메서비는 13군단에게 7기갑사단 지원부대가 이집트 국경으로 돌아간 것을 두고 "전쟁의 승리에 도움이 되지 않을 무모한 행동"이라 평했다.[092]

롬멜은 메서비의 불안이 타당하다고 생각했다. 롬멜은 키레나이카-트리폴리타니아 경계 지역에서 잠시 우위를 점했고, 이 우위를 이용할 생각이었다. 롬멜과 맞서게 된 영국군 일선 부대는 1월 당시 매우 절실한 훈련을 진행하기 위해 분산되었으며, 경험이 부족한 1개 기갑여단과 4개 대대로만 구성된 2개 여단. 그리고 일시적으로 약화된 채 해안

---

090  Armbruster, 인터뷰, EPM 1. 이탈리아 혼혈인 아름브루스터는 롬멜 사령부의 하급 참모장교였고 대부분의 회의에 통역을 맡았다.
091  기갑집단은 1월 22일 기갑군이 되었다.
092  Behrendt, 앞의 책

도로에 전개된 제4인도사단뿐이었다. 정보 참모의 보고에 따르면 인도 사단은 사단의 1개 여단이 집중 교육훈련 계획을 이수하기 위해 벵가지 동쪽의 바르체(Barce)로 철수하며 '약화'된 상태였다. 이제 무대가 준비되었다.

롬멜은 양익을 활용해 기동하기로 했다. 좌익에서는 바이츠(Veith) 장군의 제90경사단과 제21기갑사단의 전차 일부로 구성된 '마르크스(Marcks) 전투단'이 해안 도로인 비아 발비아(Via Balbia)로 진격하고, 우익에서는 아프리카군단이 와디 엘 파레그(Wadi El Faregh) 축선을 따라 북동쪽으로 진격하기로 했다. 롬멜 자신은 마르크스 전투단의 선두에 섰다. 그는 1월 21일을 공격개시일로, 그리고 공격개시시간은 해가 지기 시작하는 저녁 6시 30분으로 예정했다. 그는 그날 오후에 루시에게 신이 보호하고 있으며 자신에게 승리를 안겨줄 것을 굳게 믿는다고 편지를 썼다. 그날 롬멜은 곡엽검기사 철십자장을 서훈받았고 3일 후에는 상급대장으로 진급했다.

롬멜의 반격은 기대 이상으로 성공했고, 그가 받은 모든 명령들의 범위를 크게 벗어났다. 그 결과 롬멜은 다시 한번 활기를 되찾은 듯이 보였고, 참모들은 그가 최상의 상태라고 기록했다. 그는 마르크스 전투단을 이끌고 아지다비야로 가서 다음 날인 1월 22일 오전 11시에 그곳에 입성했다. 한편 우익인 아프리카군단은 제1기갑사단 지원단을 사막 방면의 측면에서 강타하고 아지다비야의 동남쪽으로부터 그곳에 전력을 집중했다. 롬멜의 계획은 좌익 부대를 북쪽의 벵가지로 보내는 것이었다. 이제 그는 좌익 부대에게 동쪽으로 가서 아지다비야 동쪽의 고원지대(Jebel)에서 영국군 포위를 시도하고, 아프리카군단에게는 아지다비야-안텔라트(Antelat)-사우누(Saunu) 선에서 차단진지를 구축하도록 명령했다.

포위망은 부분적으로만 형성되었지만, 롬멜은 이미 적이 무질서하게 붕괴되고 있다고 느꼈으며 승기를 잡았다고 판단했다. 1월 24일 저녁에 그는 다음 날의 계획을 수립했다. 롬멜은 다시 한번 아프리카군단을 북동쪽의 므수스로 진격시켰다. 연료 고갈로 인해 키레나이카 돌출부를 가로질러 깊숙이 돌진할 수는 없었지만, 대신 전황을 파악하고 손끝 감각을 통해 므수스에 짧지만 강렬한 잽을 날린다면 영국군에게 결정적 회전에서 패배했음을 각인시킬 수 있을 것이라고 판단했다. 실제로 상황은 롬멜의 판단대로 진행되었다. 롬멜의 2개 사단은 므수스로 진격하는 과정에서 영국군 제1기갑사단의 전차와 비장갑 차량 등을 추월하며 엄청난 전과를 올렸다. 롬멜은 영국군이 혼란에 빠진 채 사막을 가로질러 질주하는 모습에 만족했다. 이 전투는 전술적 승리였다. 즉, 교묘한 작전적 기동이 아니라 고원지대 전체의 곳곳에 적과 아군이 뒤섞여 피아를 구분할 수 없는 상황에서 정신없이 질주하는 양상의 전투였다. 누가 사냥꾼이고 사냥감인가? 롬멜 지휘부의 한 요원은 영국군 차량들이 사방에 널려있는 모습에 놀랐지만, 롬멜은 한 치의 동요도 없이 외쳤다. "적이다! 포로로 잡아라!" 질주는 계속되고 포로들이 넘쳐났다.[093]

롬멜은 상황을 느끼고, 계획을 조정하고, 아프리카군단의 전술적 우위를 활용했으며, 이제 키레나이카는 그의 발 아래 놓였다. 1월 25일 오전 11시에 그는 므수스에 입성하여 영국 전차 96대를 노획했다. 카발레로는 로마에서 북아프리카를 방문하여 더이상의 전진을 금지했지만 롬멜은 최소한 벵가지를 점령할 수 있다고 판단했고, 이를 실제로 행동에 옮겨 자신의 운을 시험하고, 독일의 지원을 촉구하고, 기회를 얻고, 성과로 행동을 정당화하기로 결심했다. 카발레로는 바스티코가 그랬듯이 롬멜이 자신의 의도를 바스티코에게 전달하지 않았으며, 바스티코가 명목상 예하사령관인 롬멜의 공세를 공격개시 당일 트리폴리타니아의 모든 독일군 보급소에 공격명령을 하달한 뒤에나 알게 되었다는 사실에 분노했다. 훗날 롬멜은 "카발레로가 작전을 중지하라고 간청했다"고 기록했다. "나는 그에게 총통만이 나의 결정을 바꿀 수 있다고 말했다." 롬멜이 이탈리아군의 지시에 그보다 더 심하게 반발한 사례는 없었다. 그는 의견을 관철시켰고 용서를 받았다. 실제로 롬멜의 통역관은 1월 26일에 무솔리니가 롬멜에게 건 전화가 'Scheibenhonig', 즉 '벌집 속의 꿀'과 같았다고 묘사했다.[094]

롬멜은 이제 메킬리로 향하는 것처럼 상대를 기만하며(그가 보유한 연료로는 그보다 조금만 더 전진할 수 있었다) 벵가지로 이동했다. 그의 기만술은 효과적이었고, 영국 제8군은 곧 13군단에게 메킬리로 향해 진군하는 롬멜의 대열에 관한 정보를 걱정스레 확인하는 전문을 보냈다. 이 기만술과 아지다비야와 므수스 부근의 전투는 영국군이 키레나이카에서 완전히 철수하기에 충분한 조건이 되었다. 영국군은 2월 6일까지 가잘라 진지로 철수했다. 이 과정은 외부로 드러난 것과 같이 격동적인 사건은 아니었다. 실제로 오킨렉은 1월 19일에 리치에게 보낸 서신에서 상황이 위험해진다면 영국군이 최대 이집트 국경까지 철수할 수 있다고 언급했다. 그리고 이제 상황은 정말로 위험해졌다. 롬멜 지난해 3월에 점령했던 지역을 8일만에, 적의 확연한 공중 우세 속에서 다시 정복했다. 지난해 3월에 그랬듯이 롬멜은 당면한 적을 대부분 격멸했다. 롬멜은 영국군의 공세 재개 가능성을 당분간 억누르고 주도권을 되찾았다. 다만 이 주도권의 유지는 힘겨운 과제가 분명했다. 롬멜이 크루세이더 전투의 패배를 충분히 되갚았다고 보기 어려웠고 여전히 토

093　Franz, 앞의 책
094　Armbruster, 인터뷰, EPM 1

브룩은 먼 곳에 있었지만, 상당한 영역을 회복했다. 그는 2월 16일에 로마로 날아갔다 다시 독일로 건너가 총통사령부에서 히틀러로부터 검을 수여받았다. 그리고 집에 머무르며 3월 19일까지 북아프리카로 돌아가지 않았다. 이는 매우 절실한 휴식이었다. 롬멜은 며칠 간 가족에게 돌아갔다.

당시 여전히 아프리카군단 참모장으로 활동하던 프리츠 바이에를라인은 '이 사막 군인의 장점과 가치'에 대해 다음과 같이 썼다.

> 체력, 지력, 기동력, 용기, 투지, 대담성과 냉정함에 대해 평가할 수 있다.
> 지휘관에게는 이런 자질이 더욱 많이 필요하며 그에 더해서 강인함, 부하들에
> 대한 헌신, 지형과 적에 대한 직관적인 판단력을 갖추고 반응 속도와 활력이
> 특히 뛰어나야 한다. 대체로 롬멜은 타의 추종을 불허할 정도로 이런 자질을
> 겸비했으며 나는 그만큼 뛰어난 자질을 겸비한 다른 장교를 본 적이 없다.[095]

롬멜과 가까운 우수한 지휘관이자 참모장교인 그의 평가는 엄청난 찬사로 이뤄졌다.

롬멜은 때로는 냉정함을 잃곤 했지만 롬멜의 부하들이 이를 알아채는 경우는 많지 않았다. 때로 그는 지나친 낙관주의로 인해 판단을 그르쳤다. 전투의 최전선에서 지휘하려는 롬멜의 성향은 군사령관으로서는 부적절했고, 잦은 실수, 관리상의 문제, 전문성의 상실을 초래했으며, 이는 형식적인 관점에 치중하지 않더라도 비판받을 만 하다. 그러나 롬멜을 틀에 박힌 시각으로 보아서는 안 된다. 롬멜은 롬멜이며, 그의 용기와 행동력은 때로 그를 불가능한 목표와 피할 수 있는 불행들로 이끌었지만 종국에는 그에게 승리를 가져다 준 특성이기도 했다. 키레나이카를 재정복한 후 축하가 잇따라 도착했다. 옛 고슬라르 예거 대대원으로 적도 부근의 아프리카에서 조림사업을 하고 있던 산림관 슐루터(Schluter)는 "장군님이 저희 지휘관이었을 때 '요청할 일이 있으면 언제든 터놓고 내게 오라'고 말씀하셨습니다."라고 편지를 보냈는데, 예비역 중위인 그는 이제 롬멜에게 요청을 할 일이 생겼다고 말했다. 그는 아프리카기갑군에 입대해 다시 한번 롬멜과 함께하고 싶어했다.[096]

롬멜은 영국군의 전력이 증강되고 있으며, 해상 보급 상황이 자신에 유리한 방향으로 극적인 변화를 하지 않는 한, 지중해 전역에서 영국군의 입지가 점차 우세해질 것임을

095  Liddell Hart, 앞의 책에서의 Bayerlein
096  BAMA N 117/2

알고 있었다. 이런 변화를 달성하는 극적인 방법은 바로 이탈리아-북아프리카 간 추축국 호송선단을 공격하는 영국해군과 공군의 본거지인 몰타의 제거였다. 몰타의 중요성은 점차 분명해졌다. 롬멜은 기갑군의 월간 보급소요 6만 톤 가운데 불과 18,000톤만을 수령하고 있었으며, 그는 이탈리아의 지중해 방면 활동을 확대하라는 독일 당국의 압박이 지나치게 약하다고 여겼다.

또한, 그는 개인적으로 이탈리아가 신뢰할 수 없는 상대이며, 그들이 전쟁에 전력을 다하지 않고 있다고 의심했다. 물론 많은 이탈리아군 장교들이 파시스트 정권과 전쟁, 그리고 동맹국인 독일을 모두 싫어한 것은 틀림없는 사실이었다. 하지만 롬멜은 영국군이 해상 전투에서 ULTRA의 도움을 받고 있음을 알지 못했다. 영국군은 독일과 이탈리아 해군의 암호를 해독한 상태였다. 해군용 암호에 사용하던 '하겔린(Hagelin)' 암호기는 얼마 전부터 '해독'되었고, 영국군은 이를 통해 롬멜에 맞서 전쟁을 수행하는 가장 효과적인 방법 중 하나가 아프리카로 가는 호송선단에 대한 공격임을 인식했다. 영국군 중동 총사령부(GHQ)에는 롬멜의 군수 계통 관련 정보를 담당하는 특수정보부서가 창설되었고, 그곳에서 생산하는 정보들을 효과적으로 활용하여 해군 및 항공 자원들을 배치했다. 롬멜이나 히틀러는 모두 영국군이 ULTRA를 사용하고 있다는 사실을 알지 못했고, 이는 예측 범위 밖의 일이었다.

롬멜은 3월에 라스텐부르크(Rastenburg)에 있는 총통사령부를 방문하여 자신의 상황과 전망을 히틀러와 논의했고, 총통이 개인적으로 자신의 주장에 호의적임을 깨달았다. 히틀러의 지정학적 포부는 롬멜이 자신에게 좀 더 많은 후원이 제공된다면 아프리카에서 실행하고 이룰 수 있다고 믿던 전략적 흐름에 어느 정도 부합했다. 그리고 롬멜은 이런 전략적 전망을 생의 마지막 날까지 고수했다. 롬멜은 독일 기갑부대를 조금만 더 증원하고 몰타를 점령한다는 전략적 결정이 내려지면 이집트를 정복하여 그곳에서 기갑군을 유지하고 궁극적으로 북동쪽으로 이동하여 코카서스 방면에서 러시아의 입지를 위협할 수 있다고 확신했다. 롬멜이 총통사령부를 방문했을 당시 히틀러는 다른 목표들과 함께 다음 전쟁명령(War Directive)을 준비하고 있었는데, 그는 특히 독일군이 남쪽으로 진격하여 코카서스로 향하라고 명령했으며 이 과업에 최우선순위를 부여했다.[097] 따라서 히틀러의 계획은 롬멜의 비전과 동떨어지지 않았다. 실제로 아프리카기갑군이 남쪽 날개를 이루는 거대한 집중 기동으로 영국군을 중동에서 제거하고 영국의 원유 공급원을 정복한다는 '대전략', 즉 '오리엔트 계획'이 실존했다. 그리고 1942년에 독일군이 코카서

097    H.R. Trevor-Roper (ed.), Hitler's War Directives (no.41) (Sidgwick & Jackson, 1964)

스를 향해 승리와 진격을 거듭하자 영국군 참모총장은 영국군에게는 악몽과 같은 상황에 대한 예상으로 괴로워했다.

롬멜은 더 많은 지원을 받는다면 이집트의 영국군을 괴롭힐 수 있다고 확신했으며, 이는 실제로 가능한 목표였다. 그는 히틀러의 대전략도 믿었고, 결과적으로 동부 지중해에서 영국의 입지가 붕괴된다면 아프리카기갑군이 시리아(Syria) 사막을 횡단하고 티그리스(Tigris)와 유프라테스(Euphrates)를 돌파하고 페르시아(Persia) 산악지역을 전진해서, 북쪽에서 러시아의 유전지대를 공격하며 코카서스를 지나 남쪽으로 진격하는 독일군과 연결되는 상황을 방해할 수 있는 전력은 존재하지 않을 것이라고 생각했다.[098]

그러나 이런 전략적 진격이 실현 가능했을지 의심스럽다. 영국 본토와 아시아 간의 보급선에 대한 영향은 말할 것도 없고, 중동에서 영국을 패퇴시키고 상륙 침공 위협으로부터 남부 유럽 전체의 안전을 확보한다는 아이디어는 분명 매력적이었다. 그러나 선결 조건이 지나치게 많았고, 이를 전부 충족할 필요가 있었다. 독일과 이탈리아는 지중해에서 완전한 패권을 확보해야 했으며, 몰타를 점령하는 것은 물론 추축군과 패권을 두고 경쟁하려는 영국과 미국의 어떤 시도도 물리칠 수 있는 해군력을 육성할 필요가 있었다. 그러나 1942년의 상황은 그런 희망이 현실화되는 방향으로 흐르지 않았다. 이런 희망이 현실화되기 위해서는 스페인이 추축군 편에서 싸워야 했다.[099] 그리고 영국군을 제거한 뒤에도 지중해 동부의 항구, 즉 알렉산드리아나 팔레스타인 지역의 항구들을 통제하며, 항구에서 사막과 산악을 거쳐 1,500km 이상 유지되는 보급선을 확보하는 과제를 해결해야 했다. 제해권 장악과 병행한 보급선 유지는 사실상 불가능했다. 그리고 이 모든 일들은 독일이 1942년 남부 러시아에서 승리를 거둘 경우를 가정했으나, 당시 독일은 초기의 성공 이후 가장 철저한 패배를 향해 다가가고 있었다.

이를 고려하더라도 1942년 3월 롬멜의 히틀러 방문은 시기적절했다. 그는 자신의 성과에 대해 제한적이지만 한결같은 찬사를 받았다. 히틀러는 롬멜을 친절하게 대하며 작은 만찬을 주최했는데, 롬멜은 히틀러의 곁에 앉았고 이 만찬에는 카이텔, 요들(Jodl), 슈문트, 그리고 롬멜과 동행한 베스트팔도 참석했다. 하인리히 힘러도 참석했고, 그는 대영제국에 반대하는 인도인으로 구성된 인도군단(Indische Legion)을 SS의 일부로 창설하는 가능성을 언급했다. 대화의 주제는 처칠로 옮겨졌고 히틀러는 그를 주정뱅이라며 비난했다. 롬멜은 대화의 전반적인 흐름이 맥이 빠질 정도로 비현실적임을 깨달았으며, 선

---

098  Liddell Hart, 앞의 책
099  스페인 내전 이후 가용 전력은 얼마 남지 않았지만 위치상 지중해의 입구인 지브롤터 해협 통제가 가능했다. (편집부)

임 부관 엥겔(Engel)이 매 끼니마다 대화가 똑같다고 속삭이는 말을 듣고 기분이 언짢아지기는 했지만 놀라지는 않았다.[100] 그러나 동부전선의 막대한 소요에 대해 우려하던 OKH와 할더는 예상대로 롬멜의 견해에 반대하고 있었다. "롬멜 장군. 귀관은 쓸데없는 전투를 하고 있소!" 그럼에도 롬멜은 예상치 못한 다른 일이 발생하지 않는 한 6월까지 몰타에 대한 공수작전, 즉 '헤르쿨레스 작전(Operation Hercules)'을 실시한다는 약속을 받아낸 후 라스텐부르크를 떠났다. 헤르쿨레스 작전과 함께 연합군의 호송선단 공격을 막기 위해 몰타 섬에 집중 폭격작전도 병행하기로 했다. 이 폭격은 실제로 진행되었다. 제2항공군(Luftflotte)이 러시아에서 시칠리아로 이동하며 항공력이 상당히 개선되었고, 그 결과 롬멜은 다가오는 전투에서 대등한 항공력과 보다 규칙적인 보급을 기대할 수 있었다. 실제로 이후 3개월간 롬멜의 군수 현황이 극적으로 개선되었다.

롬멜은 아프리카의 중요성에 관한 자신의, 그리고 어느 정도는 히틀러의 전망을 장군참모부가 여전히 거부하고 있다는 사실에 대해 실망했지만, 독일 방문에 어느 정도 만족한 채 사막으로 돌아갔다. '대전략'은 동부전선의 승리와 연관되어 있었고, 그 승리를 아직 달성하지 못했기 때문에 장군참모부로서는 롬멜의 계획에 대해 그렇게 생각할 자격이 있었다. 결과적으로 이 분쟁은 우선순위의 문제이자 전략적 방향성과 작전 및 군수 측면의 실현 가능성 간의 균형을 잡는 문제였다. 롬멜은 아프리카로 돌아온 직후인 3월 29일에 예하 장교들에게 현 상황에 대한 전망과 앞으로 발생할 사건들에 대해 설명했다. 당시 영국군은 곧 실시할 공격계획을 수립하고 있었는데, 그에 앞서 아프리카기갑군이 두 달 동안 사전공세를 치르게 되었다. 아프리카기갑군의 목표는 토브룩의 진지 강화를 저지하고 일대를 점령하는 것이었다.

며칠 후, 롬멜을 잘 알고, 이전부터 건강하고 활기차며 낙관주의적인 그의 태도에 주목했던 한 장교(한스 폰 루크)가 아프리카군단에 합류했다. 그는 러시아 전선에서 적시에 도착했고 롬멜도 그가 때맞춰 왔다고 평했다.[101] 롬멜은 이제 공격을 준비 중인 영국군보다 먼저 실시할 새로운 공세를 준비했다.

4월 말에 히틀러는 오버잘츠베르크에서 무솔리니, 카발레로, 케셀링을 접견하여 롬멜이 5월에 키레나이카를 공격할 수 있으며, 설령 그때까지 몰타를 공격을 개시하지 않더라도 키레나이카 공격을 진행하기로 공식 합의했다. 다만 토브룩 점령 이후에는 방어

..........................
100  Koch, 앞의 책

101  Hans Ulrich von Luck (1911-1997) 2차대전기 독일의 지휘관, 폴란드 침공 당시 정찰대로 제2경사단의 선두를 맡았고, 이후 제7기갑사단으로 재편되어 프랑스 침공 당시 롬멜과 함께 작전을 수행했다. 소련 침공 당시에도 제7기갑사단 소속을 활약했으며, 독일 십자훈장 금장을 수여받은 후 북아프리카 전선으로 배속되었다. (편집부)

로 전환해야 했다. 이 과업은 롬멜이 경험하지 못한, 만만치 않은 목표였었다. 영국군은 가잘라에서 비르 하케임까지 사막을 가로지르는 65km 길이의 강력한 진지를 요새화했다. 아프리카기갑군은 이 방어선의 길이를 알고 있었고 '믿을 만한 출처'의 정보도 도움이 되었지만, 영국군의 세부 사항에 관한 정보는 여전히 불확실했다. 특히 독일군은 영국군 진지의 남쪽 부분이 실제보다 강력히 방어되고 있다고 생각했고, 반대로 가장 남쪽의 요새진지인 비르 하케임의 강도는 과소평가했다.

롬멜이 항상 중요한 요소로 여기던 양측의 전차의 종별 보유규모에 관해 독일 측은 다소 낙관적으로 평가했다. 하지만 롬멜은 강력하게 참호화 되고 지뢰지대가 설치된 방어지대에 직면했음을 알았다. 그의 참모부는 50만 개의 지뢰가 매설되었을 것으로 추산했고, 영국 기갑 전력에 대한 평가가 계속 변하고 있었지만 롬멜은 다음 전투에서는 가용 전차의 수효에서 열세에 놓일 것임 예상했다. 롬멜은 영국군이 공격을 개시해 키레나이카를 탈환하라는 압력을 받고 있음을 알고 있었으며, 공격이 임박했다는 보고도 자주 받았다. 한 번은 롬멜이 영국군이 부활절 이튿날(Easter Monday)인 4월 6일에 공격할 것이 확실하다는 보고를 받았다. 그는 이 보고를 믿지 않았고, 전차 한 대의 호위를 받으며 영국군 쪽을 향해 사막 멀리 직접 나가보았다. 영국군이 공격을 준비하거나 전진 배치를 했다는 징후는 없었다. 마침내 롬멜이 정지하자 멀리서 포격 소리가 들렸다. 몇 초 후 그의 차 주변에서 포탄이 터져 방풍창이 깨지고 포탄 파편이 롬멜의 재킷을 뚫어 큰 타박상을 입혔다.

롬멜은 20km가량의 거리를 기록적인 속도로 돌파해 부대로 복귀했다. 그는 영국군의 대단위 공격이 임박하지 않았음을 확신할 정도로 보고 느꼈다. 그는 동행한 장교에게 "나는 다만 자네가 알기를 바랐네."라고 설명했다. 그는 독일에서 휴가를 보내고 막 돌아온 장교였다. "영국군은 공격을 준비하고 있지 않다네. 전진 배치된 포대는 두 개가 전부일세. 이번에도 전부 속임수라구!"[102] 그는 루시에게 보낸 부활절 편지에 파편이 창문을 뚫고 들어와 코트와 자켓을 관통하고 배를 때렸고 바지 위에서 멈춰 커다란 피멍을 남겼다고 거짓말을 했다.[103]

루시가 이 말에 속았는지는 알 수 없다. 롬멜은 계속해서 직접 정찰을 했고, 괴벨스는 5월 5일자 일기에 영국의 보도에 따르면 그들이 롬멜을 거의 잡을 뻔했고, 이 소식이 불행히도 사실이라며 자신의 목숨과 안전을 가벼이 여기는 롬멜에 대해 유감을 표했다.

102   Franz, 앞의 책
103   Liddell Hart, 앞의 책

자신감이 넘치는 롬멜의 손에는 큰 과제가 부여되어 있었다.

　소수, 정확히는 극소수의 위대한 군인들만이 겸손했다. 튀렌[104]은 스스로의 실수로 패배했을 때 이를 인정하지 못하는 장군들을 비웃었다고 한다. 철학자적인 냉정함을 가진 말버러가 역경에 직면했을 때 이를 받아들인 것은 아마도 약간의 겸손함일 것이다. 보다 최근의 예로, 아이젠하워(Eisenhower)는 자신을 돌보지 않으며 과시적이지 않다는 인상을 주었다. 슬림[105]이 자신의 성과를 서술하며 보인 쓸쓸한 자기 비하는 신기에 가까운 기량뿐만 아니라 겸손함까지 담았는데, 이는 인상적이고 보기 드문 경우에 속한다. 하지만 전반적으로 볼 때 성공적인 지휘관들은 세상의 이목을 즐겼고, 자신들의 전공을 드러나게 예찬했다. 웰링턴조차도 과장된 칭찬을 들을 때 놀랄 만큼 태연했으며, 터무니없는 자만심의 소유자였다고 한다.

　롬멜은 그만큼 자만하지는 않았지만 전공의 결과로 따라오는 유명세를 즐겼고, 과시적이지는 않더라도 자만하는 경향은 강했다. 제3제국의 뛰어난 선전가인 요제프 괴벨스는 롬멜의 경력 초기부터 그와 친해졌고 롬멜은 그에 보답했다. 당연하지만 영국의 선전에서 '거짓말의 아버지'라는 낙인찍힌 괴벨스도 탁월한 웅변가일 뿐만 아니라 상당히 매력적이고 지적인 사람이었다. 괴벨스는 롬멜에게 스타성이 있다고 보았다. 롬멜은 구시대의 장교들, 즉 국가사회주의의 산물인 '독일 혁명'을 내적으로 거부하고 매우 냉담한 태도를 보였으며 공식적으로는 혁명에 복종하면서도 많은 경우에 이를 업신여기는 태도를 지닌 원로 장교들과 동떨어진 성격의 지휘관이었다. 그는 입이 거칠고, 마음이 따뜻하고, 솔직하고 직선적인 천재 군인이었다. 그는 한 명의 동료 군인으로서 장병들에게 말할 수 있는 능력으로 유명했고, 속물근성과 허세를 몹시 싫어했고 결코 진심을 숨기지 않았다. 또한 그는 아돌프 히틀러에게 개인적인 애정을 느꼈다. 롬멜은 정치나 정치적 이데올로기에는 관심이 없었지만, 새로운 독일의 영웅으로서 열광하기에 적격인 인물이었다. 따라서 괴벨스는 언론 매체가 롬멜의 실제 업적을 과장스레 찬양하는 데 최선을 다했다. 북아프리카는 독일의 본능적인 관심사와는 거리가 멀었고 예하의 독일군 사단과 병력은 상대적으로 소수였지만 롬멜은 중요하고 인기 있는 유명인사가 되었다.

---

104　Henri de la Tour d'Auvergne(1611-1675) 튀렌 자작, 혹은 대원수 튀렌으로 유명하다. 프랑스 역사상 여섯명 뿐인 프랑스 대원수로. 루이 13세 재임 담시 리슐리의 추기경의 추천으로 프랑스군에 전속한 후 30년 전쟁 당시 크게 활약했고, 전쟁 종결 후 프롱드의 난과 스페인 전쟁, 네덜란드 전쟁까지 장기간 프랑스군을 이끌었다. 1975년 자스바흐 전투에서 포격을 받아 전사했다. (편집부)

105　William Joseph Slim (1891-1970) 제10인도여단 지휘관으로 이라크, 시리아, 레바논, 이란에서 활약했으며 일본의 버마침공 당시 후퇴작전을 성공시키고 임팔 작전에 맞서 영국 제 14군 사령관으로 활약해 상관이었던 마운트배튼 경에게 2차세계대전 최고의 장군이라는 극찬을 받았다.전후 제국 국방대와 제국 참모총장 호주 총독으로 재직했으며 초대 슬림 자작의 작위를 받았다. (편집부)

이는 롬멜의 성미에 부합했다. 롬멜은 팬레터를 받기 시작했고 자만심이 강해졌다. 괴벨스는 언제나 사진촬영을 즐기던 롬멜에게 전쟁 초반에 카메라를 선물했다. 롬멜은 언제나 좋은 사진이 찍히는 피사체였다. 다부진 모습, 군인다운 멋진 태도, 단정한 얼굴, 정직하고 솔직해 보이며 종종 유머러스해 보이는 표정 등이 그랬다.

롬멜은 유명세의 중요성을 이해했으며 심지어 자신의 부대 내의 유명세도 중요하다고 생각했다. 독일 군인들은 다른 대부분의 군대의 병사들만큼이나 자만심에 회의적이었으나, 세계적으로 유명해지고 있는 인물의 지휘를 받는 것이 아프리카기갑군에게 좋은 일이라는 점은 의심의 여지가 없었다. 롬멜의 가족은 독일 라디오 연설에서 '우리의 인기 영웅, 롬멜 상급대장'이라는 표현을 들으며 기뻐하고 자랑스러워했다. 루시는 '사랑하는 롬멜'에게 보내는 편지에서 "모든 것이 마치 꿈만 같다"고 썼다. "신이 당신과 함께하시고 총통, 국민, 조국을 위한 당신의 목표를 도우시기만을 기도드리고 있습니다."

롬멜의 명성은 추축국에 한정되지 않았다. 맞수인 오킨렉은 영국군 중동 사령부의 모든 지휘관 및 참모장들에게 서신을 보내며 "우리의 친구 롬멜이 우리 장병들에게 마법사나 부기맨처럼 여겨지는 것은 정말 위험하다. 장병들은 그에 관해 너무 많이 이야기하고 있다… 귀관들이 가능한 모든 수단으로 롬멜이 평범한 독일 장군 이상의 어떤 존재라는 생각을 불식시키기를 원한다."고 언급했다. 그러나 훌륭하고 겸손하며 군인다운 성품을 가진 오킨렉으로서도 롬멜이 '평범한 독일 장군 이상의 어떤 존재'가 아니라고 설득하는 것은 자신의 능력을 벗어난 일이었다. 롬멜은 분명히 독일의 프로파간다 또는 매체 선전의 영향을 받지 않은 영국군에게도 자신의 인상을 각인시켰다. 이는 그가 거둔 성공, 탁월한 지략과 활동력이 남긴 인상, 적에 비해 극히 우세했던 대응 속도와 유연한 사고의 산물이었다. 그밖에 롬멜의 전설의 일부가 된 다른 요소들도 있었지만, 이 요소들은 증명할 수 없고, 불행하게 포로가 된 소수만이 경험했으며, 이를 본국의 동료들과 공유할 수 없었다. 그의 기사도, 근본적인 품위, 영국인들의 관점에서도 뚜렷이 드러나는 공정함 같은 덕목들이 여기에 해당했다.

본질적으로는 여전히 군사 사회였던 독일은 적국에 대한 혐오감이 민주주의 체제인 상대국들의 적국에 대한 혐오감보다 작았다. 민주주의 국가에서는 전쟁 자체가 매우 불쾌한 사건이었고, 따라서 적을 악마처럼 여겼다. 롬멜은 영국인들이 자신들에 대해 보이는 반감을 전혀 이해할 수 없었다. 적은 자신과 마찬가지로 자기들의 본분을 다하는 것뿐이었다. 그가 적에게 남긴 인상도 그랬다. 그런 인상이 전쟁의 골을 뛰어넘고, 프로파간다를 초월하고, 전쟁에서 쉽사리 돋아나는 복수심을 초월하는 것은 불가사의한 일이다. 롬멜에게는 그런 일이 일어났다. 1942년 여름의 전투 기간 동안 독일군은 한 영국군 여단장이 포로 취급에 관해 내린 명령을 노획했는데, 이 명령에는 포로를 심문하기 전에는 음식이나 물을 주거나 잠을 재우지 말 것을 규정하는 내용이 포함되어 있었다. 롬멜의 참모가 롬멜에게 이것을 보여주자 그와 최고 지휘부에서는 여기에 즉각 반발했다. 최고 지휘부인 OKW에서는 영국군 전쟁포로를 비슷하게 취급하라고 명령하며 그 이유를 설명했다. 그러자 영국 라디오는 영국군 측에서 그런 명령을 내린 적이 없다고 발표했다. OKW는 아프리카기갑군에게 영국군 명령서의 사본을 받아서 공개했다. 그러자 이 영국군의 명령은 확실히 철회되었다. 하지만 롬멜은 이렇게 힘들고 간접적인 입씨름으로 목적이 달성되기 전에, 자신의 참모들이 노획된 명령서의 구체적인 내용을 독일 무선망에서 평문으로 전달하며, 이 명령이 철회되지 않으면 영국군 포로들에게도 같은 일이 벌어질 것이라고 알리도록 했다. 그리고 직후에 감청반이 그 명령을 철회하라고 명령하는 영국군의 평문통신을 청취하자 흡족해했다.[106]

이 사례의 롬멜은 보복 행동을 취하겠다고 위협했지만, 가급적 전쟁의 잔인한 면을 억제하고, 적을 바르게 대하며, 인도주의를 장려하는 것이 그의 근본 성향이었다. 이 경우 그에 대한 평판은 현실을 공정하게 보여주었다. 사막에서 싸우는 동료들에 관한 보도를 읽는 영국군 장병들은 서로 '롬멜은 괜찮은 사람처럼 보인다'고 말했을 것이다.[107] 롬멜은 강인한 직업군인이었고, 승리하기 위해 싸웠지만 적어도 공정하게 싸웠다.

그러나 롬멜이 유명세를 이해하고 즐겼다는 것은 분명한 사실이다. 그리고 좋은 사진 촬영 기회, 자신을 직접 이용할 특전, 빠른 정보들과 같이 홍보 참모부가 필요로 하는 사항들을 그들에게 제공하기 위한 노력을 아끼지 않았다. 선전부 직원으로 롬멜의 참모부에 근무하며 공보 임무를 담당한 베른트 중위는 임무를 잘 수행했다. 베른트는 괴벨스에게 자주 편지를 썼고, 롬멜은 때로 괴벨스가 베른트를 신임한다는 점을 이용하여 그를 개인 연락장교로 활용했다. 건장하고 신념에 찬 국가사회주의자인 베른트는 아프리카기갑군과 그 사령관의 전공이 생생하게 기록되도록 조치했고 롬멜에게 충성했다.

혹자는 롬멜의 성품 중 이런 측면에 매우 충격을 받고, 많은 경우 분노하며, 롬멜이 거만한 인물이고, 자신의 공적에 대한 정당한 평가 이상으로 과장된 대우를 받는다며 비웃곤 한다. 그에 대한 폄하는 프랑스 전역 이후에 시작되었다. 롬멜은 프랑스에서 사단이 거둔 전공에 의심할 바 없는 희열을 느꼈고, 당시 사람들 중 일부는 이를 좋지 않게

106    Behrendt, 앞의 책
107    저자의 기억

받아들였다. 이제 아프리카 전역의 롬멜을 우상시하는 보도가 등장하자 일부 인사들은 상당히 불쾌해했다. 그들은 롬멜이 괴벨스의 선전기구를 위한 훌륭한 도구 이상은 아니라는 뒷소문을 주고받았다. 롬멜은 부수적인 전역에서 소규모 부대를 지휘하고 있을 뿐이며, 중요성이 높고 거대한 동부전선을 겪지 않았다는 지적이 나왔고, 이런 지적은 이후에도 계속되었다. 롬멜이 사막에서 승리할 당시 영국군은 북아프리카 이외의 지역에서는 지상전을 벌이지 않았고, 따라서 영국군은 적의 위상을 높이는 방식으로 자신들의 자존심을 지킬 필요가 있으므로 롬멜의 무훈이 적군인 영국군에 의해 과장되었다는 주장도 나왔는데, 이는 특히 후대에 과거를 회고하며 나온 견해로, 어느 정도는 사실에 근거한 부분이 있다.[108]

롬멜이 다소 거만했던 것은 분명하지만 그는 현실주의자였다. 롬멜은 자신의 현실을 불합리하게 과장하지 않았다. 그가 실수를 용납하지 않고 패배를 다른 사람의 실패 탓으로 돌리는 경향이 있음은 부정할 수 없지만, 이는 역사 속의 위대한 지휘관들을 기준으로 보면 단점이 아니다. 롬멜이 동부전선의 동료들에 비해 더 제한적인 공간에서 더 소수의 병력으로 작전을 했다는 것도 사실이다. 그리고 동부전선이 독일의 생사가 걸린 지역이었음은 부정의 여지가 없다. 하지만 롬멜의 군사적 명성은 확실한 근거, 즉 앞서 언급한 모든 전공이 그 기초였다. 휘하에서 복무한 사람들은 롬멜에 대한 인상을 기록하며, 롬멜을 적수를 찾기 어려운 기동전의 대가이자 전쟁의 거장으로 표현했다. 이렇게 표현한 사람들 중 많은 수는 롬멜과 함께하기 전에, 혹은 함께한 이후에 러시아 전선을 경험했다. 당시 롬멜에 대한 평판은 결코 과장이 아니었고, 이제는 가장 큰 위업을 앞두고 있었다.

롬멜의 기분은 이제 최고조에 달했다. 그는 대규모 공격에 대한 동의를 얻었으며, 그 자신은 물론 부하들도 이 공격의 성공을 믿었다. 그가 집에 보낸 편지에는 여유롭고 애정이 가득 차 있었다. "당신은 봄맞이 대청소를 결국 끝낼 수 있을 것이고" 5월 2일의 편지에서 그는 이렇게 썼다. "그러면 다시 마음을 놓을 수 있을 거요." 그는 편지에 만프레트의 학업 진척에 관한 내용을 자주 포함시켰다. 그리고 자식의 성적이 순탄치 않다는 것을 깨달은 대부분의 아버지들이 그렇듯이 좋은 성적에는 기뻐하고 혹평에는 애를 태웠다. 당시 독일과 북아프리카를 넘나드는 편지는 도착까지 10일가량이 걸렸는데, 롬멜에게는 이 편지를 통해 가정과 연락하는 것이야말로 개인적인 생활의 전부나 다름없었다. 그는 사소한 업무부터 시작해 시찰, 새로운 인물들과의 만남과 참모의 전출입까지

---

108    Ralf Reuth, Des Führer's General (Piper, Munich, 1987) 참조

모든 일을 매일같이 편지로 썼다. 많은 경우 사막 생활에 매우 큰 영향을 미치는 날씨에 대한 이야기가 포함되곤 했다. 롬멜은 5월 5일에 부인에게 "모래폭풍이 없는 날이 거의 없소"라며 불평하면서도 루시에게 자신의 건강에 관해 걱정하지 않도록 위로했다. 그는 전쟁 전반에 관해서도 이야기했다. 5월 4일 자 편지에는 이런 질문이 담겼다. "버마에서 일본이 거둔 성공을 어떻게 생각하오? 인도는 곧 영국과 미국으로부터 해방될 거요." 그는 동부전선에 대해 자주 이야기했는데, 당시 흑해(Black Sea)에 있는 케르치(Kertsch) 반도의 독일군 전황을 "러시아의 소식은 놀랄 만하오"라며 만족스럽게 전하거나, 때로는 그저 "그곳에서는 아무런 소식이 없소!"라고 적었다.[109]

뛰어나고 차분하고 따뜻한 당번병인 헤르베르트 군터(Herbert Gunther)도 이따금 루시에게 편지를 썼다. 군터는 롬멜이 최고의 상관이고, 친절하고 화를 내지 않으며, 감사를 아는 인물이라 평했다. 군터는 롬멜 가족에게 헌신적이었다.[110]

4월에 독일과 이탈리아군 최고위급의 동의를 받은 롬멜은 극히 단순한 작전 계획을 수립했다, 당시의 롬멜은 대담하며 동시에 매우 낙관적이었는데, 이런 낙관주의가 도를 지나치는 바람에 그는 거의 재앙에 직면할 뻔했다. 그러나 직후에는 앞서 여러 차례 그랬듯이 대담함과 신속한 임기응변, 전술적 판단, 위기에서의 활동력이 그를 재앙에서 구하고 영광으로 이끌었다. 롬멜은 4월 15일에 한 시간 조금 넘게 걸린 대화를 통해 자신의 계획을 지휘관들에게 설명했다. 그는 가잘라 남쪽의 영국군 진지 전방에서 강력한 양동작전을 실시할 생각이었다. 롬멜은 그가 지뢰지대를 지나서 모든 공격의 분명한 전략적 목표인 토브룩을 향해 최단거리로 진격하도록 주공을 계획했다고 판단하도록 영국 지휘부를 기만하려 했다. 그는 영국군의 관점에서 자신이 중앙과 북부에 전력을 집결한 것처럼 기만하며 주력 기동 부대를 이끌고 남쪽 측면을 크게 돌아 영국군 전선의 남쪽 끝인 비르 하케임을 우회하고 아크로마(Acroma)와 엘 아뎀을 향해 북동쪽으로 움직일 계획이었다. 이후 방향을 바꾸어 가잘라 방어선을 지키는 영국군 주력부대를 동쪽에서 공격하며, 우세한 기술로 기동전에서 승리할 수 있다고 여겨지던 탁 트인 사막에서 영국군 기동부대와 기갑부대를 패주시킬 계획이었다. 이렇게 영국 야전군을 물리친 후에는 토브룩을 강습하고 그곳을 장악하거나 토브룩을 지나 이집트로 철수하려는 영국군 부대들을 차단할 예정이었다. 롬멜은 이렇게 말했다.

---

109　IWM AL 2596
110　위의 책

"영국 야전군을(Die Engliscber Feldarmee) 완전히 격멸하고 토브룩을 함락해야 한다(muss vernichtet werden, und Tobruk muss fallen)!"[111]

그는 모든 사단장, 그리고 아프리카 항공군사령관(Fliegerführer Afrika) 폰 발다우(von Waldau) 장군을 비롯한 대부분의 고위 지휘관들이 참석한 5월 12일의 훈련 및 연구 회의에서 재차 목표를 강조했다. 우선 목표는 토브룩 서쪽 어딘가의 영국군 격파였다. 두 번째 목표는 토브룩 그 자체였고, 이는 첫 번째 목표의 성공에 달려있었다. 롬멜은 적이 근본적으로 기동성이 부족하지만 가공할 물질적 전투력을 가졌다고 말했다.[112]

이 작전에서 롬멜은 기갑군을 양익으로 나누었다. 영국군 진지 정면에서 초기 양동작전을 실시할 크뤼벨[113]의 북쪽 좌익은 주로 보병으로 이뤄진 부대로, 지오다(Gioda) 장군의 10군단과 나바리니 장군의 21군단, 도합 2개 이탈리아 군단 예하에 소속된 4개 사단, 즉 롬바르디(Lombardi), 토리아노(Torriano), 솔다렐리(Soldarelli), 스코티(Scotti) 장군이 지휘하는 브레시아, 파비아, 사브라타(Sabratha), 트렌토 사단, 그리고 제90경사단에서 차출된 제15 보병여단의 2개 독일 보병연대전투단으로 구성되었다. 롬멜이 직접 지휘하는 남쪽 우익 부대는 네링(Nehring) 장군의 아프리카군단, 즉 폰 페르스트(von Värst) 장군의 제15기갑사단, 폰 비스마르크 장군[114]의 제21기갑사단, 그리고 보병 연대들을 크뤼벨에게 파견한 클리만(Kleemann) 장군의 제90경사단, 총 3개 사단 및 2개 이탈리아 사단, 즉 데 스테파니스 장군의 아리에테 기갑사단과 라 페를라(La Ferla) 장군의 트리에스테 차량화 사단으로 구성되었다. 이 계획은 영국군의 요새화된 전선 너머에서 실시될 기동전에서 독일 기동부대가 영국군 기동부대를 상대로 승리하는 상황을 가정했다. 롬멜은 영국군과 마찬가지로 사막전에서는 양측의 전차 전력이 가장 중요한 지표라고 판단했다. 전차 수는 분명히 중요했다. 다만 항상 그런 것은 아니었고, 포병과 같은 다른 무기 -특히 대전차포-의 우열도 중요했다. 그러나 롬멜은 보유 전차 규모가 상대적으로 부족했다. 그는 이전에도 전차의 수효에서 열세에 놓인 적이 있었다.[115] 롬멜은 리치 장군의 제8군이 약

---

111 Rommel diaries, EPM 9

112 위의 책

113 당시 크뤼벨의 아내는 그와 네 명의 아이들을 남긴 채 성홍열로 사망했다. 롬멜은 루시에게 편지로 이 소식을 전하며 슬퍼했다.

114 노이만-질코브는 부상을 입었고, 폰 라펜슈타인은 크루세이더 작전 동안 포로로 잡혔다. 주메르만은 12월에 공습으로 전사했다.

115 롬멜의 정보참모 폰 멜렌틴은 이전까지는 영국군 전력을 과대평가했고, 전투 후에는 과소평가하게 되었다. 롬멜은 얼마나 많은 기갑여단들이 그와 맞서고 있는지 알았지만, 정작 13군단의 보병을 지원하는 부대는 1~2개 전차여단 뿐이라고 착각했다. 그리고 그의 참모진도 1개 인도 여단을 놓치는 또 다른 실수를 저질렀다. 대체로 그가 언급한 적 부대 예측은 크게 틀리지 않았고, 그것은 롬멜이 공격과정에서 모든 것을 알지 못했다는 멜렌틴의 주장에 동의하기 어렵게 한다. 비록 전투에서 치명적인 차이를 보이지는 않았지만 150대의 마틸다와 발렌타인 전차는 그의 공격을 다소나마 무디게 했다. von Mellenthin, 앞의 책. Behrendt, 앞의 책. Anlage 3

700대의 전차를 가졌다고 판단했는데, 당시 롬멜이 보유한 전차는 도합 560대였다. 실제로는 리치가 거의 850대의 전차를 가졌기 때문에 롬멜의 생각보다 차이가 더 컸다. 하지만 롬멜은 양측이 모두 승리의 열쇠로 간주하던 88㎜ 대전차포 48문을 보유하고 있었고, 노획한 영국군 무기와 다수의 차량들도 일선에 투입했다. 롬멜 휘하 사단들은 전쟁일지에 사막의 특정한 지역에서 익숙하지 못한 적군의 무기를 시험하거나 사용하기 위해 부대를 훈련하기 위해 여러 가지 안전 지침들이 기록되어 있었다. 동부전선에서 노획한 후 조사를 위해 독일로 보냈던 러시아제 포들도 일부 수령했는데, 이 소련제 76.5 ㎜ 및 50㎜급 포들 역시 유용하게 쓰였다.

전차의 성능은 양측 모두 상당히 편차가 컸다. 영국군은 2개 독립 전차여단을 보유했는데, 이 여단들은 보병사단들과 협동하기 위해 편성되었고, 발렌타인 전차와 마틸다 전차 혼성 편제로 도합 276대를 보유했으며, 독일군은 이 차종들에 대해 잘 알고 있었다. 2개 기갑사단, 즉 제1기갑사단과 제7기갑사단은 도합 3개 기갑여단을 보유했고 전차는 573대였으며 그중 167대는 사막에 처음 도착한 미국제 M3 그랜트(Grant)[116] 전차였다. 아프리카기갑군 정보참모부는 그랜트 전차의 도착을 공격 개시 며칠 전에야 알았다. 그랜트는 전면 장갑이 두터웠고 주무장인 75㎜ 포는 당시 사막에서 싸우던 모든 전차들보다 강력했기 때문에, 롬멜의 부대들은 이 전차를 만났을 때 상당히 놀랐다. 하지만 그랜트 전차의 주포는 모든 방향을 향할 수 있는 포탑이 아닌 차체 전면에 부착되어 있었다. 영국 전차병들은 이 단점을 빠르게 인식했지만 사격을 받는 입장에서는 이 문제를 그리 분명히 파악하지 못했다.

롬멜은 경순항전차 계열에 해당하는 이탈리아군 전차를 228대 보유하고 있었는데, 대체로 적의 전차보다 화력이 약했다. 아프리카군단은 3호 전차 242대, 구형 4호 전차 40대, 경전차 50대를 보유했으며, 3호 전차 가운데 불과 19대만이 장포신 50㎜ 주포를 장비한 최신형이었다. 롬멜이 보유한 예비용 전차는 80대 미만이었다. 그리고 영국군의 보충 능력은 롬멜 측에 비해 훨씬 뛰어났는데, 영국군은 이집트의 메르사 마트루(Mersa Matruh)에서 토브룩 동쪽 인근에 있는 벨하메드까지 철도를 연장한 상태였다. 전체적으로 영국군은 롬멜의 부대 못지않게 다양한 전차를 보유했지만 수적으로 더 많았다. 다만 롬멜은 대전차포와 아프리카기갑군의 제병협동 전술 훈련을 믿었으며, 자신의 능력을 믿었다. 공군력을 보면 독일 공군은 가용 항공기의 수가 더 많았고 메서슈미트

116   영국군이 M3 리 전차의 승무원을 1명 줄이고 무전기를 증설하기 위해 포탑을 확대하며 큐폴라의 기관총은 삭제하는 등 일련의 개량을 거쳐 도입한 전차. 개조 설계는 영국이, 생산은 미국이 담당했으며 미국제 리와 구분하기 위해 그랜트라는 애칭이 붙었다. (편집부)

(Messerschmidt) Bf 109F도 영국 전투기보다 성능이 우수했다.

롬멜은 북쪽에서 크뤼벨이 양동작전을 시작한 직후에 기동부대인 우익 부대를 직접 이끌고 로톤다 세그날리(Rotonda Segnali) 인근에 위치한 집결지에서 영국군 전선 중앙부를 향해 동쪽으로 움직일 계획이었다. 이 행동은 속임수였다. 그는 어둠이 깔린 뒤에 아프리카기갑군의 진격 방향을 바꾸어 남쪽으로 행군하기로 결정했다. 그 정도 거리라면 비르 하케임에서 선회한 후, 동남쪽 어딘가에 재급유를 위해 정지할 필요가 있었다. 수천 대의 차량을 보유한 우익 부대는 재급유를 한 후 북동쪽으로 선회하며, 주력부대는 토브룩에서 약 30km 서쪽에 있는 아크로마로 행군하고 그동안 제90경사단은 더 바깥쪽 경로를 통해 토브룩 남쪽으로 30km, 아크로마 동남쪽 30km 지점의 엘 아뎀을 향해 기동하기로 했다. 따라서 롬멜의 부대는 비르하케임을 우회한 이후에는 부대 자체가 다소 분산되어야 했다. 비르 하케임은 아프리카군단의 회전 안쪽에서 행군하는 아리에테 사단의 함락 목표였다.[117]

우익 부대가 가잘라 방어선을 동쪽에서 공격하기에 앞서 반드시 달성해야 하는 전술적 목표는 영국군의 반격 전력인 기갑부대의 격멸이었다. 이 전투가 벌어질 정확한 위치는 영국군의 배치와 대응에 달렸다. 이제까지의 모든 전투에서 롬멜은 영국군 지휘부의 전술적 능력이 뒤떨어진다는 인상을 받았고, 특히 집중의 중요성에 대한 이해와 새로운 상황에 능동적으로 대응하는 능력 면에서 더욱 그랬다. 그는 영국군의 기동전 전술도 뒤떨어진다는 인상을 받았는데 특히 기갑, 대전차포, 포병을 결합하여 적절한 효과를 발휘하는 면이 그랬다. 롬멜은 영국군의 각개 전투원과 단위 부대 전투력은 높이 평가했고, 영국군의 결의나 용기를 좀처럼 과소평가하지 않았는데, 특히 상황이 고착되거나 난타전 양상으로 흘러갈 경우 그런 경향이 두드러졌다. 그러나 개방된 사막에서의 기동은 자신이 항상 우세할 것을 확신했다. 아프리카기갑군의 작전 명령서를 통해 밝힌 바에 따르면 그는 영국 기갑부대가 유동적인 방어 전술을 고수하며, 반격을 위해 비르 하케임 북동쪽 어딘가에 병력 집중을 시도할 것이라고 판단했다. 그는 영국군이 비르 엘 구비 지역을 향해 동쪽으로 철수한 다음 독일군 우익 부대에게 집중공격을 가할 가능성도 생각했지만 이를 위해서는 영국군이 지금까지 보여준 것보다 더 유연하게 움직여야 했기 때문에 이 가능성은 배제했다. 그는 영국군이 '비르 하케임-비르 엘 하르마트(Bir El Harmat) 선 뒤'에서 결전을 벌이려 할 가능성이 더 높다고 썼다.[118]

---

117 　비르 하케임의 방어체계는 과소평가되었고, 롬멜은 한 시간이면 점령이 가능하다고 여겼지만 실제로는 2주가 걸렸다.
118 　KTB 90 Light Division

롬멜의 판단은 결과적으로 대부분 타당했다. 하지만 영국군 지휘관들이 전쟁에서 집중의 미덕을 잘 알지 못했다는 롬멜의 생각은 잘못되었다. 영국군은 6월로 계획된 자신들의 공격에 앞서 독일의 공격이 임박했음을 알고 있었으며, 그에 대응하는 계획은 2개 기갑사단의 3개 기갑여단을 사막의 어느 지점에 배치해야 독일의 주공의 위치가 확실해졌을 때 그 주공에 대항하여 전력을 집중할 수 있을지에 관한 논쟁에 크게 좌우되었다. 영국군의 단점은 롬멜이 생각했듯 군사학 이론을 경시한 결과가 아니라, 영국군 지휘부에 권한이 부족하여 명령 실행 과정에 지연이 발생했고, 롬멜의 추정처럼 하위제대 수준에서 전술적 협조가 부족했기 때문이었다.

하지만 미묘한 상황이 롬멜에게 유리하게 작용했다. 그의 참모들은 전선의 북쪽 및 중앙 지역에서 크뤼벨이 양동 작전을 실행하고 그 직후에는 롬멜이 남쪽으로 행군하기 전에 동쪽으로 공격하는 듯이 기만해서 양동작전을 지원한다는 발상에 과연 영국군이 기만당할 것인지 의문을 품었다. 롬멜은 여러 차례 브리핑에서 반복적으로 이 기만 계획이 매우 중요하다고 강조했지만, 참모들 가운데 적어도 일부는 영국군의 지뢰지뢰를 통과하는 정면 공격은 분명 긴 시간을 필요로 하며, 난이도가 높고 희생도 큰 방법이므로, 영국군 측은 롬멜과 같은 유명한 기동전의 대가가 그런 방법을 사용할 리 없다고 판단할 가능성에 무게를 실었다. 참모들은 영국군이 필연적으로 독일군의 기획처럼 남쪽의 대 우회 기동을 가정해 계획을 수립했을 가능성이 높다고 예측했다. 그들은 기만작전의 실패에 표를 던졌다.[119]

롬멜의 참모들은 부분적으로 틀렸다. 5월 20일에 오킨렉은 리치에게 모든 정황을 감안할 때 독일군이 전선 중앙부의 지뢰지대를 돌파하여 트리그 카푸초 축선으로 진입할 가능성이 높다는 지휘서신을 보냈다. 롬멜이 그렇게 기동한다면 리치는 기갑부대를 중앙에 집중할 시간적 여유를 얻을 수 있었다. 해당 지역에서 지뢰지대를 돌파하려면 영국군 제50사단을 먼저 공격해야 하고, 그 이후의 전진은 트리그 카푸초 및 트리그 비르 하케임(Trigh Bir Hacheim) 두 도로가 교차하는 나이츠브릿지(Knightsbridge)에서 제201근위여단이 사주방어중인 진지와 조우하게 될 것이 분명했다. 롬멜은 이 진지의 존재를 모르고 있었으며, 실제로 롬멜이 중앙 공격을 실시했다면 지뢰가 빽빽하게 매설된 지역을 지나 좁은 종심을 강력하게 방어하고 있는 밀집지역을 공격하게 되었을 것이다.

예하 지휘관들은 ULTRA에 대한 정보가 사령부 이하로는 전파되지 않았음에도 오킨렉 사령관이 특별한 종류의 정보를 입수한다고 믿었으며, 따라서 오킨렉의 조언을 존중

119  von Mellenthin, 앞의 책

했다. 리치 역시 이런 가능성을 염두에 두고 병력을 배치했으며, 자신이 직관적으로 생각했던 것보다 중심을 더 북쪽으로 옮기게 되었다.[120]

사실 ULTRA의 정보는 리치에게 롬멜의 공격이 임박했음을 분명히 보여주었지만 공격 방향에 대한 단서는 제공하지 않았다. 실제로 ULTRA는 4월 말 이후 독일군 공격과 관련된 특별한 정보를 생산하지 않았으며, 5월 18일이 되어서야 독일군이 중앙지역에 집중하리라는 예상을 입증하는 내용을 해독했다. 그러나 이 정보는 독일군 제15 및 제21기갑사단이 남쪽으로 기동한 후 비르 하케임을 우회할 가능성이 있다는 영국군의 전장 무선감청반 기록 및 포로에게서 획득한 다른 단서들과 모순되었다. 모든 종류의 우발적인 상황이 벌어질 수 있다고 가정되었으나 결국 남진 가능성은 사실상 기각되었다. 5월 26일에 영국군 정보 부서는 독일군 기갑 주력이 여전히 북부에 있다고 보았다.[121]

따라서 영국군의 판단은 불완전했고, 롬멜의 속임수는 몇 시간가량 오킨렉의 조언을 뒷받침하는 효과가 있었다. 리치가 이 조언에 이의를 제기했지만, 오킨렉은 롬멜이 공격개시일로 예정된 5월 26일에 재차 같은 내용의 서신을 보냈다. 이런 요구는 거의 문제될 것이 없었다. 전차의 성능을 감안하면 리치의 기갑 전력은 매우 우세했으며, 롬멜이 남쪽으로 우회 진격하여 전차전이 벌어지더라도 영국 기갑여단 가운데 가장 남쪽인 비르 하케임 동쪽 약 25㎞ 지점에 배치된 제4기갑여단이 다른 2개 기갑여단 중 하나의 지원을 받는다면 아프리카군단 전체 병력에 대응할 수 있을 정도였다. 그리고 제4기갑여단과 가장 가까운 제22기갑여단은 북쪽으로 불과 15㎞ 거리에 있었다. 독일군이 정면 공격을 실시할 경우 지뢰지대를 돌파하는데 시간이 소요되므로 그동안 남쪽의 2개 여단을 가장 북쪽에 있는 제2기갑여단과 합류시켜 트리그 카푸초 도로 양쪽에 병력을 집중하여 방어선을 돌파한 롬멜에 대해 압도적인 우위를 달성할 수 있었다.

비르 하케임을 우회하는 롬멜에게 대응하기 위한 리치의 우발 계획은 제7기갑사단의 제4기갑여단이 보다 남쪽인 대략 비르 하케임-비르 구비 선에서 교전을 실시하고, 각각 19㎞, 16㎞ 떨어진 제2, 제22 기갑여단을 보유한 제1기갑사단이 최대한 신속히 증원을 하는 것이었다. 그러나 (리치 스스로 자초했지만) 불행히도 2개 이상의 기갑여단을 집중하려면 증원하는 여단의 지휘권을 제1기갑사단에서 제7기갑사단으로 이양해야 했다.[122]

영국군은 불가피한 경우가 아니라면 지휘권 이양 절차가 매우 복잡했고, 완고한 사단

---

120  Michael Carver, Dilemmas of the Desert War (Batsford, 1986)에서 모든 문제를 상세하게 다루었다.
121  Hinsley, 앞의 책, Vol. II, Appendix 16
122  이 경우 영국군 제1기갑사단(럼스덴 장군)의 지휘는 제7기갑사단(메서비 장군)이 맡게 된다.

장들도 자신의 지휘권을 가급적 유지하기를 원했다. 그 결과 일선의 요청을 권한이 부족한 상급자에게 강력히 요구할 경우 진행 과정에 병목현상이 발생했다.

영국군 기갑여단들의 배치와 서로 간의 거리, 그리고 우발상황 운용 계획을 고려하면 영국군이 집중의 원칙을 이해하지 못했다는 비판은 옳지 않다. 잘못은 다른 부분에 있었다. 영국군은 배치와 관계없이 롬멜이 남쪽 측면을 우회하는 우발 사태를 계산에 포함시켰다. 그러나 아프리카기갑군의 우회기동이 주공보다는 양동작전, 혹은 시험적인 기동으로 믿는 경향이 있었다. 그리고 그 정도 거리를 이동하려면 재급유에 필요한 시간을 포함해서 상당한 시간이 소요되므로, 이 시간을 이용해 대응을 할 수 있을 것이라고 판단했다. 이미 롬멜이 로톤다 세그날리에 집결한 사실이 관측되었고, 영국군 장갑차들[123]은 5월 26일 해 질 녘에 독일 차량들이 세그날리에서 가잘라 방어선을 향해 동쪽으로 이동 중임을 확인 후 보고했다.

이 기동과 보다 북쪽에서 진행된 크뤼벨의 양동 공격은 모두 원하는 효과, 즉 적이 이제 북부-중앙부가 실제 주공임이 드러났다고 믿게 하는 효과를 얻지 못했다. 두 행동 모두 오킨렉의 의견에 대한 설득력 있는 증거로 보이지 않았다. 어두워진 직후 영국의 정찰 장갑차들은 동남쪽 방향에서 대규모로 이동하는 소리가 들렸다고 보고했는데, 롬멜은 밤 9시에 비르 하케임을 향하는 기동 축선으로 우익 부대를 출발시켰다. 하지만 영국군은 몇 시간 동안 이 이동의 규모와 그 위험성을 확실하게 파악하지 못했다. 5월 27일 아침 5시경에 롬멜의 감청반은 영국군 장갑차들이 다음과 같이 외치는 것을 처음으로 들었다. "적 전차 대열이 우리 쪽으로 오고 있다! 젠장, 아프리카군단 전체로 보인다!"[124]

얼마 후 영국군 감청반은 독일군의 교신에서 기갑사단이 어디에 도달했는지 문의하는 교신, 그리고 암호화된 응신과 함께 "롬멜이 선두에 있다(Rommel an der Spitze)!"는 전율할 만한 내용의 통신을 청취했다.[125] 이미 시간은 5월 27일 새벽을 지나고 있었다.

이 우회 기동이 바로 베네치아 작전(Fall Venezia)이었다.[126] 아프리카기갑군의 기갑부대 및 차량화 부대는 사막에서 시속 65km로 사전에 설정된 경로와 시간을 정확히 준수하며 기동하여 미리 정해 둔 재급유 지점으로 이동하고 있었으며, 달빛 아래에서 비르 하케임으로 쇄도하고 그곳을 우회했다. 그리고 롬멜은 직접 그 선두에 섰다.

---

123  엄밀히 말해 남아프리카군의 차량이다. 다만 영국과 남아프리카 공화국, 그리고 인도군은 모두 영연방군으로 싸웠다.
124  Behrendt, 앞의 책
125  Robin Edmonds, 개인적 전언
126  베네치아는 가잘라 전투 전체의 작전계획으로 잘못 알려졌으나, 엄밀히 말하면 종심 침투와 비르 하케임 일대를 선회하는 기동계획의 이름이다.

# 제15장 "하이아 사파리!" (Heia Safari)

"힘들 거요." 5월 26일에 롬멜은 루시에게 이렇게 편지를 썼다. "하지만 내 부대를 굳게 믿고, 무엇보다도 내 독일 장병들이 승리할 것임을 믿소. 우리 모두가 이 전투의 중요성을 알고 있소." 그의 마음은 항상 그녀와 함께 있었고 언제나 몸조심하라는 인사를 잊지 않았다. "당신의 가족인 두 남자 모두를 위해서! 그리고 군인의 부인으로서 항상 그렇듯이 용감하게 운명과 맞서시오!"[127]

가잘라 전투로 알려지게 될 이 전투는 롬멜이 거둔 군사적 위업의 정점이었으며, 가장 뛰어난 면모와 최악의 면모를 함께 보여주는 하나의 모험담과도 같았다. 롬멜은 이 전투에서 양적으로 우세하고, 공격을 사전에 예측했으며, 방어를 위해 많은 시간과 자원을 투자한 적을 물리쳤다. 가잘라 전투는 롬멜의 오랜 전략적 목표이자 북아프리카 전역에서 독일의 승산을 바꿀 가능성이 있다고 여겨지던 토브룩 점령이라는 결과도 가져왔다. 그리고 이 전투를 통해 롬멜은 원수로 진급했다.

북아프리카 사막을 포함해 거의 모든 전투가 그렇듯이, 시간순으로 나열하는 서술 방식은 전투의 대부분을 지배하던 혼란스러운 불확실성을 어느 정도 왜곡하기 십상이다. 당대의 통신문들을 읽고 적 주력부대에 대한 현장의 대응을 연구할 경우, 대부분의 경우 실제 상황이나 목표와 동시간대의 인식 사이에 큰 간극이 있으며, 때로는 완전히 다른 상황으로 착각하곤 한다는 점을 염두에 둘 필요가 있다. 가잘라 전투는 일정한 기준에 따라 몇 단계로 구분할 수 있으며, 그 첫 단계는 롬멜이 5월 26일에 어둠 속에서 대진격을 실시하며 시작되어 월말까지 5일에 걸쳐 계속되었다.

이 5일간 롬멜은 비르 하케임을 우회하며 처음으로 영국군 기갑부대의 반격을 받았고, 이 접전으로 양측 모두 많은 피해를 입었다. 그리고 롬멜은 전력이 감소한 기갑사단

---

들을 인솔해 계획된 공격 축선인 북쪽의 아크로마를 향해 진격했다. 독일군은 재보급이 어렵다는 것을 깨닫고 보급대를 북쪽으로 보내 가까스로 아프리카군단에 보급을 실시했지만, 군단 전력의 대부분이 서쪽으로는 영국군 지뢰지대, 동쪽과 남동쪽으로는 분산되고 전력은 줄었어도 여전히 격멸되지 않은 영국군 기갑여단에 포위되었다. 롬멜은 아프리카기갑군의 기동부대를 집결시키기 위해 엘 아뎀을 향해 분리된 공격 축선으로 전진하던 제90경사단을 다시 불러들였다. 그리고 영국군 주진지에서 영국 보병여단을 격파하고 지뢰지대를 통과하는 더 짧은 재보급로를 확보하는 동안 잠시 동쪽을 향해 전술적인 방어를 실시하기로 결심했다. 영국군 진지 남단의 거점인 비르 하케임은 가잘라 전투의 첫 단계 내내, 그리고 그 이후에도 롬멜의 공격에 저항하며, 기동을 제한하고, 휘하 부대가 영국군 진지 서쪽에서 재보급을 방해하고 있었다. 그리고 크뤼벨이 가잘라 방어선 북쪽에 대해 실시한 공격은 영국군에 의해 저지되었으며 승리를 거두지 못했다. 크뤼벨의 공격은 처음에는 '양동' 작전이었으나, 곧 실제 공격이 되었다.

롬멜의 진격은 5월 27일 일출 후 몇 시간에 해당하는 초기 단계에서는 별다른 저항을 받지 않았다. 다만 영국군은 그의 기동을 포착했고, 롬멜의 습격에 충분히 대비했을 가능성이 있다. 롬멜이 첫날에 달성한 성과와 관계없이 기습은 실패했다. 영국군 정찰 장갑차들이 그의 이동을 경고했고, 여명이 되기 전에 롬멜의 움직임이 대규모 부대 기동임이 분명해졌다. 영국군은 전투 위치에 있는 기갑 전력 전체, 혹은 대부분이 집결할 시간을 확보하기 위해 롬멜의 주공 방향을 2시간 동안 관찰할 필요가 있다고 판단했으며, 그렇게 행동했다. 반면, 영국군은 충분히 관찰했지만 독일군에 맞서 충분히 서두르지 않았다. 영국 측은 기갑전투를 지원하고 적의 진격방향을 한쪽으로 유도하기 위해 롬멜의 공격 축선이 시작되는 지점, 즉 '기동의 회전축' 근처의 사주 방어 진지에 2개 차량화 여단을 배치했다. 이들 중 비르 하케임에서 몇 킬로미터 동남쪽에 배치된 인도 제3차량화여단은 진격하던 아프리카군단의 공격을 받고 분쇄당했다. 다른 여단인 제7차량화여단은 비르 하케임에서 30㎞ 동쪽에 위치한, 엘 아뎀으로 향하던 제90경사단의 진격로 인근인 레트마(Retma)에 있었다. 제7차량화여단은 비르 엘 구비를 향해 동쪽으로 다급히 퇴각했으며, 제90경사단은 약 11시경에 엘 아뎀 지역에 도착하여 가장 남쪽에 위치한 영국군 기갑사단인 제7기갑사단 사령부를 휩쓸었다. 다만 이 진격은 계획보다 적어도 세 시간 늦었다.

한편 롬멜은 500대 이상의 전차를 보유한 아프리카군단과 함께 주공 축선을 따라 아크로마를 향해 북쪽으로 기동했다. 독일군과 처음 충돌한 영국군 기갑부대는 제4기갑여단으로, 동쪽에서 사령부를 유린당하던 제7기갑사단의 예하 부대였다. 그보다 수 킬로미터가량 북쪽에 있던 제1기갑사단의 2개 여단인 제2 및 제22여단은 이동 명령을 받았다. 더 정확히 말하자면 제1기갑사단 사령부에 이들을 이동시키라는 명령이 하달되었다. 7시에는 롬멜의 주공이 남쪽이라는 사실이 분명해졌다. 영국군 2개 여단은 제4기갑여단과 합류할 계획이었지만, 이들은 두 시간이 지난 후에도 이동하지 않았고, 그동안 아프리카군단은 제4기갑여단을 강타하여 동쪽의 알 아뎀 방향으로 몰아내고 제1기갑사단도 유린한 상태였다.

롬멜은 제15기갑사단이 제4기갑여단과 교전하며 처음으로 그랜트 전차와 조우했다. 그는 많은 피해를 입고 소스라치게 놀랐다. 아프리카군단은 전투력이 감소한 채 아크로마를 향해 전진하며 제22기갑여단과의 또 다른 기갑전투를 앞두고 있었다. 그리고 제22기갑여단을 북쪽의 트리그 카푸초 도로 상에 있는 나이츠브릿지 지역으로 몰아내는 과정에서도 상당한 기갑전력을 잃었다. 시간 계획도 몇 시간가량 어긋나고 있었다.

세 번째 영국군 기갑여단인 제2기갑여단은 현재 제22기갑여단의 좌측, 즉 남쪽에서 서쪽을 바라보고 배치되었는데, 이들은 아프리카군단이 트리그 카푸초를 지날 때 나이츠브릿지의 동쪽 지역에서 아프리카군단을 공격했다. 그 날 저녁에 롬멜은 영국군 제201근위여단이 방어 중인 나이츠브릿지 사주방어 진지의 북쪽과 서쪽에 아프리카군단의 사단들을 집결시켰다. 그의 바로 서쪽에는 서쪽을 향해 설치된 영국군의 주방어선이 위치했고, 특히 시디 무프타(Sidi Muftah)에는 영국군 제50사단 중 가장 남쪽 여단인 제150여단이 주로 서쪽과 남서쪽 방향을 방어하는 지뢰지대 뒤에 배치되어 있었다. 롬멜의 동쪽, 즉 나이츠브릿지의 남, 북쪽에는 2개 영국군 기갑여단이 있었다. 이들은 전력이 감소하기는 했으나 독일군에 비해 여전히 수적으로 우세한 것이 분명해 보였다. 그리고 동남쪽에는 제90경사단이 엘 아뎀 남쪽 4km 지점에서 사주방어를 형성했는데, 처음에 롬멜과 충돌한 후 그랜트 전차 대부분을 잃고 동쪽으로 퇴각했던 제4기갑여단은 다시 제90경사단을 공격하라는 명령을 받고 있었다. 나이츠브릿지 남쪽의 비르 엘 하르마트에 위치한 아리에테 사단은 동쪽에서 제2기갑여단의 공격을 받았으며, 동시에 서쪽에서도 제50사단을 지원하기 위해 배치된 제1육군전차여단이 공격을 가해 왔다.

롬멜은 매우 많은 전차를 잃었고, 이 과정에서 아프리카군단 전투력의 1/3가량을 손실했다. 비르 하케임은 여전히 용감한 제1자유프랑스여단의 손에 있었으며 그곳에서 종종 출동하는 강습부대가 아프리카기갑군의 보급대열을 괴롭혔다. 롬멜의 병력은 나이츠브릿지 사주방어 진지와 시디 무프타 사이에 갇혔고, 영국군의 가잘라 주방어선은 온전히 유지되었다. 그리고 롬멜은 영국 기동부대에 심각한 피해를 입혔다고 생각했고, 이는 어느 정도 사실이었지만, 여전히 야전에서 활동 중인 영국 기동부대가 장갑이 없는 보급트럭들을 괴롭히고 있었다. 제21기갑사단은 보급을 받았지만 제15기갑사단은 연료가 없었고, 보급부대를 북쪽의 아프리카군단으로 보내려는 노력들은 실패했다. 어느 보급부대도 트리그 카푸초를 넘지 못했다.

롬멜은 위태로운 상황에 놓였다. 원래 계획대로 북쪽을 향해 전진하는 기동은 여전히 가능해 보였지만, 영국군은 시디 무프타(제150여단), 나이츠브릿지(제201근위단), 비르 하케임(제1자유프랑스여단)의 '요새'들을 여전히 고수 중이었고, 남쪽으로 우회하는 긴 보급로는 위기에 빠졌으며, 제90경사단의 공격 축선이 본대에서 갈라져 나가며 기동 사단들의 집중이 이뤄지지 못했고, 아프리카군단의 절반은 연료가 떨어져 움직일 수 없었다. 롬멜은 다음 날인 5월 28일에 영국군이 기갑부대를 집결시켜 아프리카기갑군의 기동부대를 포위 섬멸하는 작전을 벌일 것이라고 예상했는데, 그렇게 예상할 근거는 충분했다. 그의 참모진 역시 영국군이 공세에 나설 것으로 예상했다.

처음에 롬멜은 주도권이 영국군에게 넘어갔을 수도 있다는 사실을 믿으려 하지 않았다. 그는 연료가 어느 정도 남아 있는 유일한 기갑사단인 제21기갑사단에게 아크로마를 향해 계속 북진하라고 명령했다. 롬멜은 과욕을 부렸지만, 자신의 선택이 과욕임을 더 이상 부정할 수 없는 시점까지는 과욕임을 인정하지 않았을 것이다. 공격의 종심과 기세로 적을 위협한다면 적이 예상과는 다른 형태로 대응할 수밖에 없을 것이라 믿으며 과도하게 야심만만한 목표를 설정하는 것은 롬멜의 특징이었다. 그는 예측할 수 없는 형태로 전투가 진행되면 자신의 신속한 결단과 행동, 예하 병력의 훈련 수준이 승리를 가져올 것이라 믿었다. "적과 접촉하고 나면 어떤 계획도 유효하지 않다"는 대몰트케의 금언은 롬멜에게 그대로 들어맞았다.

그러나 5월 29일 새벽에 롬멜은 여전히 위기에 처해 있었고, 이제 겨우 한 가지 문제를 해결한 상태였다. 제21기갑사단은 전날의 명령에 따라 북쪽으로 진격하여 적의 1개 연대를 분쇄하고 해안에서 15km 지점에서 비아 발비아(Via Balbia)를 감제하는 고지에 도달했다. 하지만 제15기갑사단은 여전히 연료 부족으로 정지한 상태였다. 롬멜은 영국군의 주의를 분산시키고 가능하면 지뢰지대를 통과하는 직행 보급로를 개통하기 위해서 크뤼벨에게 가잘라 부근에 있는 제1남아프리카사단에 정면 공격을 가하라고 명령했다. 사브라타 사단이 새벽에 이 공격에 투입되었으나 공격은 실패했다. 그리고 마침내 영국군 제2기갑여단이 나이츠브릿지에서 서진하며 리겔(Rigel) 능선에 있는 제15기갑사단 남쪽 지역으로 움직이기 시작했다.

모든 것은 보급에 달려 있었다. 롬멜은 5월 28일에 동서 양면에서 영국군의 화력에 직접 노출되지 않으며 남쪽에서 아프리카군단까지 도달하는 경로를 찾기 위해 부단히 노력했다. 롬멜은 곧 조건을 충족하는 경로를 찾아내고, 5월 29일 오전 4시에 보급부대를 직접 인솔하여 제15기갑사단의 재보급을 실시했다.[128] 제21기갑사단도 보급을 받으면서 연료 문제에서 벗어났다.

롬멜은 군사령관이라는 기본적인 역할을 벗어나는 행동으로 비판을 받았지만 이는 전형적인 롬멜의 개성이었다. 롬멜은 항상 전장의 결정적 지점에 직접 개입하고 자극을 주어야 한다고 믿었다. 이 결정적 지점은 총탄과 포탄이 오가는 지점이 아닐 수도 있다. 5월 29일 당시 아프리카군단의 결정적 지점은 보급부대와 제15기갑사단의 연결점이었고, 롬멜은 그 결정적 지점으로 직접 움직여 성공을 거두었다. 제15기갑사단은 최대한 빨리 연료를 보급받고 영국군 제2기갑여단에 대처하기 위해 동쪽을 향해 전개했다. 이어진 전투에서 영국군 제22기갑여단과 제2기갑여단이 함께 전진했으며, 롬멜은 북쪽의 제21기갑사단을 다시 호출하고 동쪽의 제90경사단과 남쪽의 아리에테 사단에게 제15기갑사단의 관할 지역으로 오도록 명령했다. 남은 기동부대들은 나이츠브릿지 서쪽 지역에 대부분 집결했다. 같은 날 롬멜은 크뤼벨이 탄 정찰기가 격추되고 그가 영국군의 포로가 되었다는 보고를 받았다.

롬멜은 이제 북쪽으로 더 전진할 수 없으며, 적이 방어 중인 가잘라 방어선을 동쪽에서 공격하려는 초기의 의도가 명백히 실패했다는 사실을 깨달았다. 롬멜의 초기 계획은 실패했고, 이제는 새로운 상황에 직면했다. 롬멜은 사전에 생각한 전투 진행 상황에 얽매이지 않고, 방어적인 위치로 철수하는 방안과 비르 하케임을 우회할 필요가 없는 직행 재보급로를 개통하는 방안에 행동력을 집중했다. 롬멜은 보급로 개통 과정에서 운이 좋았다. 시디 무프타와 비르 하케임 사이의 지뢰지대는 대부분 방어가 되지 않았고, 트리에스테 사단이 이 지역에 경로를 개척했다. 롬멜은 이제 지뢰지대와 나이츠브릿지 사이의 지역에 아리에테 사단과 함께 아프리카군단을 모두 집결시켰다. 하지만 이 보급로도 여전히 위험했다. 비르 하케임 진지가 그곳을 우회하는 보급로를 위협했듯이 시디 무프타의 영국군 사주방어 진지도 새로운 보급로를 위협했다. 롬멜은 수적으로 상당히 약화된 아프리카기갑군이 균형을 회복하고 차후 작전을 준비하려면, 시디 무프타에 배치된 영국군을 제거해야 한다는 사실을 깨달았다. 5월 30일과 31일에 그는 제90경사단,

---

128  Armbruster, 인터뷰, EPM 1

트리에스테 사단, 그리고 제21기갑사단의 기갑척탄병들로 공격을 실시했다.

시디 무프타 공격 첫날에 롬멜은 지뢰지대 서쪽으로 건너가 포로가 된 크뤼벨의 사령부로 이동했고, 그곳에는 케셀링 원수가 있었다. 그는 독일의 '남서지역 사령관'으로, 이탈리아군이나 롬멜의 성공과 연관된 인물들을 다루는 데 능숙했다. 케셀링은 롬멜이 그의 명목상 상급 지휘부인 북아프리카의 이탈리아군 총사령부에서 받는 명령과 베를린에서 날아오는 지시를 중재하는 업무도 도맡았다. 그는 영리하고 친절한 사람으로 '웃는 알베르트(Albert: 케셀링의 이름)'라 불렸으며, 현명하고, 단호하고, 용감하며, 재치 있게 자신의 임무를 수행할 줄 아는 사람이었다. 케셀링은 일선을 방문했다 갑자기 고위 간부가 사라져버린 상황에서 아프리카기갑군 좌익의 지휘권을 맡아달라는 요청을 받았다. 그는 이 상황을 흥미로워했고, 한동안 롬멜 장군의 지시를 받는 데 동의했다. 그와 롬멜은 논의를 거쳐 전투의 다음 단계를 진행하기로 합의했다.

시디 무프타 방어 진지에 대한 공격은 결정적 순간이었다. 만약 롬멜이 시디 무프타에 위치한 적을 격멸할 수 있다면 영국군 방어선에 넓은 돌출부를 가지게 되고, 트리그 카푸초 도로를 따라 보급과 증원을 마음대로 실시할 수 있었다. 운 좋게도 롬멜에게는 이 작전에 필요한 시간이 있었다. 만약 동쪽의 영국군에게 시간적 여유가 있고 그들이 최대한 신속하게 움직였다면 롬멜의 시디 무프타 공격을 저지했을지도 모른다. 그러나 롬멜은 최선두의 기갑척탄병 소대를 직접 이끌고 공격을 실시하여 6월 1일에 시디 무프타의 주인이 되었으며, 3천 명의 포로와 124문의 야포를 획득했다. 극히 치열한 전투 끝에 거둔 이 승리로 가잘라 전투의 첫 단계가 막을 내렸다. 그리고 롬멜은 루시에게 큰 위기가 지나갔다고 편지를 보냈다.

이 단계에서는 보급부대를 기동부대에 보내는 것이 롬멜의 주 목표였다. 롬멜의 초기 진격은 단호하게 통제되고 강하게 추진되었지만, 목표에 도달하기 전에 소진되었다. 롬멜은 자신의 부대가 기동전에 있어 상대에 비해 전술적으로 우세하다는 점에 승부를 걸었는데, 이는 어느 정도는 근거가 있는 판단이었지만 승기를 잡기에는 충분치 않았다. 또 재보급이 관건이라는 사실을 파악하면서도 비르 하케임의 영향과 방어군의 의지에 대해서는 잘못된 판단을 내렸다. 롬멜은 전반적으로 가용 시간과 공세의 난이도에 대해 오판했다.

하지만 롬멜은 영국군 사령부와 영국군 기갑부대들이 보여준 협조능력 부족에 대해서도 오판하지는 않았다. 그는 영국군이 5월 29일에 잘 협조된 행동을 통해서 자신을 격멸할 기회를 놓쳤으며, 영국군이 기회를 허비한 만큼, 롬멜 자신이 확신하고 있던 결정적인 기회가 찾아왔다고 확신했다. 하지만 롬멜은 다른 차원에서 적 기갑부대의 전투력을 오판하고 과소평가했고, 이로 인해 전투 2일 차에 한 개 기갑사단은 원래 목표로 전진하고 다른 한 개 사단은 몇 킬로미터 남쪽에서 연료 부족으로 정지하는 바람에 아리에테 및 제90경사단이 사막의 다른 지역에 분산되는 위험한 상황을 초래했다. 영국군 기갑부대도 심한 피해를 입은 채 흩어져 있었다면 이런 배치 상황은 중요하지 않았을 것이다. 하지만 영국 기갑여단들은 큰 타격을 입으면서도 여전히 효과적으로 집중된 기동을 실시할 역량을 온존하고 있었다.

롬멜은 제90경사단의 공격 축선을 분리했다는 비판을 받았다. 하지만 롬멜이 의도한 것은 아니라 해도, 제90경사단은 리치의 입장에서 매우 민감한 방향을 향하고 있었다. 영국 제8군의 공세용 물자가 벨하메드 지역에 비축되어 있었고 리치는 부대를 배치하고 기동을 실시하는 과정에서 비르 하케임으로부터 해당 지점까지 직선경로가 노출되는 위협적인 상황을 피해야 했다. 그리고 제90경사단은 바로 그 경로로 움직였고, 제4기갑여단으로 이에 대응한 리치의 결정에는 타당성이 있었다.

롬멜은 며칠에 걸쳐 시디 무프타와 나이츠브릿지 박스 진지에 대해 오판했다. 하지만 아프리카군단의 융통성과 활력마저 오판하지는 않았다. 제21기갑사단은 탁 트인 사막에서 적에 대해 전술적 우위를 활용할 수 있는 부대였고, 처음에는 제4기갑여단, 뒤이어 제22기갑여단과의 충돌에서 우위를 입증하며 북쪽을 향해 승리와 진격을 거듭한 후 철수했다. 그리고 보병이 시디 무프타 방어진지를 돌파하고 제150여단을 격멸하는 동안, 나이츠브리즈 서쪽의 아즐라(Azlagh) 능선과 시드라(Sidra) 능선 사이에 재집결하는 능력을 보였다. 뿐만 아니라 롬멜은 공군의 훌륭한 지원을 받았다. 아프리카 공군사령관 폰 발다우 장군은 케셀링의 직속 부하로, 그가 지휘한 항공정찰은 혼란스러울 수밖에 없는 전장의 상황과 전개를 매우 분명하게 그려주었다. 하지만 폰 발다우는 계획 및 상황이 달라졌고 지상군은 공군이 그에 적응하기를 기대하고 있다는 점에 당황하고 있다고 말했다. 이런 불만은 차츰 누적된 끝에 분노로 변했다. 폰 발다우는 영국군의 손실이 상당하기는 하지만 곧 보충될 것임을 알았다.[129]

롬멜은 자신의 능력을 오판하지 않았다. 그는 사전에 수립한 작전에 따른 기동을 통해 승리하지 않았고, 그런 시도를 하지도 않았다. 대신 롬멜은 큰 목표를 정하고, 병력을 적의 후방으로 보내고, 다음 단계의 작전을 위한 증원 및 보급이 안전하게 동쪽으로 이동할 수 있는 상황을 조성하기 위해 싸워나갔다. 이 전투가 정확히 예측대로 이뤄지지

129    von Waldau, 일지, EPM 1

는 않았지만, 위험한 상황은 곧 지나갔다. 영국군은 롬멜이 가장 취약했던 순간에도 부대 간 상호 협조나 그 밖의 효과적인 방법으로 롬멜을 공격하지 않았다. 롬멜이 이런 상황을 자랑스러워하지는 않았겠지만, 영국군이 공격을 시도하지 않는 이유가 어느 정도는 자신의 존재와 능동적인 움직임으로 인해 영국군의 사기가 저하된 결과라고 생각했을 수도 있다.

"적과 접촉하고 나면 어떤 계획도 유효하지 않다." 는 말은 롬멜의 경우에도 분명히 적용되었다. 여기에서 중요한 점은 전투가 예상대로 진행된다고 자기최면을 걸거나, 이미 벌어진 상황을 미리 생각해 둔 틀 속으로 되돌리려 하는 대신, 현실을 인정하고 그에 맞춰 행동했다는 점이다. 롬멜은 휘하의 기동부대가 가마솥 형태의 지형, 즉 영어로는 콜드론(Cauldron), 독일어로는 헥센케셀(Hexenkessel)이라 불리는 지역에 집결했으며, 다시 진격하기에 앞서 영국군의 반격을 격퇴할 준비를 갖춰야 한다는 현실을 받아들였다. 롬멜은 다른 행동에 앞서 상황의 전개 속도와 방향에 대한 주도권을 장악할 필요가 있었다. 그는 좀처럼 당황하지 않았다. 적들이 정확히 어디서 무엇을 하는지 파악하지 못한 경우가 많았지만, 그럼에도 롬멜은 항상 상황을 장악하고, 신속하게 판단하고, 사건들을 주도하고, 실수를 했을 때는 이를 바로잡고, 전투에 자신의 의지를 다시 행사하고, 끝없이 회복한다는 인상을 준다. 가잘라 전투 중에 기록된 그의 일기나 그의 참모들의 일지들을 읽다 보면, 그가 롬멜임을 사전에 감안하더라도 놀라울 정도로 주의 깊고 단호한 모습으로 영구기관처럼 끝없이 움직이는 그의 행적을 따라가게 될 것이다.[130]

제150여단이 유린된 것을 알지 못한 채 시디 무프타 지역으로 잘못 들어간 한 영국군 장교는 곧 포로가 되어 엄중한 감시하에 콜드론 전투를 지휘중인 롬멜 옆에 서게 되었다. 롬멜의 지휘차 양쪽에는 통신장갑차가 한 대씩 서 있었고 롬멜은 명령을 갈겨 쓴 쪽지를 좌우로 건네주고 있었다. 그는 전투를 읽고 냉정하게 평정심을 유지하며 자신감이 넘치는 태도로 지시를 내렸다. 이런 모습은 이 포로가 영국군 사령부에서 보던 모습과는 극명히 대비되었다.[131,132]

리치, 그리고 카이로에 있는 오킨렉은 가잘라 전투의 첫 단계가 진행될수록 상황을 잘못된 방향으로 파악하는 경향이 점차 강해졌다. 영국군의 관점에서 시디 무프타에 대한 롬멜의 공격은 잠겨 있는 감옥을 열기 위해 필사적으로 몸부림치는 죄수의 행동처럼

---

130  Armbruster, 인터뷰, EPM 1. Rommel diaries, EPM 9
131  Sir Edward Tomkin, 개인적 전언
132  이 증언을 남긴 에드워드 에밀 톰킨스 경은 1941년 비르 하케임 전투 당시 프랑스 지휘관 마리 피에르 코닉과 함께 싸우다 포로가 된 이후 북이탈리아로 이송되었다 동료와 함께 탈옥, 장장 800km를 도주한 끝에 생환했고 1944년부터 외교관으로 활약했다. (편집부)

보였다. 지뢰지대의 통로 개척 역시 포위된 부대의 필사적 저항, 혹은 서쪽을 향한 탈출 시도 정도로 여겨졌다. 5월 29일 저녁에 오킨렉은 리치에게 통신을 보냈다. "잘했다! 그가 탈출하려고 한다면 어떤 위험을 무릅써서라도 막아야 한다. 그가 탈출해선 안 된다!"

그리고 5월 31일 오후 1시에 제1기갑사단은 소속 군단사령부에 "독일군이 지뢰지대 사이로 서쪽을 향해 물밀듯이 빠져나가고 있다!"는 통신을 보냈다.

5월 29일 아침, 보급로를 확보하기 이전의 롬멜은 분명 우려 속에 있었다. 공세는 실패한 듯이 보였고, 분노하며 반려하기는 했지만 어떻게든 철수해야 한다는 건의도 올라왔다. 하지만 5월 31일에 서쪽으로 빠져나간 병력은 없었다. 아무도 돌파를 시도하지 않았다. 리치는 주도권을 장악했고 롬멜이 방어 태세를 취하고 있었지만 롬멜이 패했다는 생각은 틀렸다. 그는 슈바벤 사람다운 끈기를 보였다. 곧 제150여단이 패퇴하면서 영국군의 가잘라 방어선에 돌파구가 형성되었다. 영국군의 최남단 진지와 비르 하케임 요새 사이에는 25km의 간격이 있었다. 롬멜은 나이츠브릿지 서쪽의 시드라 능선과 아즐라 능선의 사이인 콜드론 지역에 남은 기동부대를 집결시켰고, 보다 북쪽에는 아프리카기갑군 좌익 부대의 이탈리아군 사단들과 독일군 보병여단이 여전히 준비를 갖추고 있었다.

롬멜은 이 시기에 특이한 행동을 했다. 직접 비르 하케임으로 이동한 것이다. 그는 전투의 다음 단계에서 전장의 남쪽 절반을 확보해야 한다는 케셀링의 의견에 동의했다. 그러면 가잘라 남쪽의 지뢰지대, 나이츠브릿지 사주방어 진지, 반격 이후에 살아남을 기동부대들, 그리고 토브룩 요새만 남게 된다. 이 합의에는 비르 하케임의 제거도 포함되었는데, 롬멜은 이곳을 공격하기 위해 제90경사단과 트리에스테 사단을 배치했다. 그는 비르 하케임 전투가 자신의 경력에서 가장 힘든 싸움이었다고 설명했다. 자유 프랑스군 4개 대대가 24문의 야포와 18문의 대공포를 동원하여 물러서지 않고 싸웠다. 이곳에는 보급품이 충분했고, 지뢰와 철조망이 잘 가설되었으며, 다른 준비도 잘 갖춰졌다. 이들은 6월 10일까지 저항을 계속하다 최종적으로 포위망을 돌파해 동쪽으로 철수했다. 그때까지 롬멜은 제15기갑사단에서 병력을 차출하여 공격부대를 증원하고 전투를 직접 지휘했으며, 강습부대를 3개 부대로 분할하고 그 가운데 3개 대대로 구성된 부대 하나를 이끌었다.

그렇지만 롬멜이 직접 움직인 것은 이상한 행동이었다. 6월 1일에 그는 트리그 카푸초를 통해 서쪽에서 기동부대로 연결되는 보급로를 확보했으므로 비르 하케임을 제거한다 해도 보급 문제가 특별히 해결되지는 않았을 것이다. 다만 적의 수중에 있는 비르 하케임은 분명 기동을 어렵게 만드는 요인이었고, 롬멜 휘하 참모진의 표현을 빌리자면 또 다른 '눈엣가시'였다.[133] 비르 하케임은 영국군 방어선의 최남단에 인접해 있었고, 아프리카기갑군은 비르 하케임 이남으로 우회하는 과정에서 기동경로가 지나치게 길어졌다. 워털루(Waterloo) 전투에서 웰링턴의 우익에 인접해 있던 우구몽(Hougoumont) 농장이 프랑스군의 측면 기동에 장애물로 작용하여 나폴레옹을 괴롭혔듯이, 비르 하케임도 롬멜의 발목을 잡았다. 하지만 당시 롬멜은 이곳을 제압하기 위해 시간을 일주일이나 소비하고 있었으며, 비르 하케임의 중요성은 전투 초반에 비해 상당히 하락했다. 그럼에도 롬멜은 이곳을 적의 수중에 놓아두지 않기로 결심했다. 그곳에 보급품과 물이 풍부하다는 정보가 결정에 영향을 끼쳤을 것이다. 당시 아프리카기갑군에게는 물도 보급품도 부족했다. 6월 2일의 어느 시각, 롬멜은 백기를 든 영국군 장교 한 명을 보내 비르 하케임 사령관인 쾨니히(Koenig) 장군에게 항복 권고를 전달하기로 했다. 이 권고에는 수비대를 정식 전투원으로 영예롭게 대우한다는 내용이 포함되었다.[134]

이는 가볍게 약속할 수 있는 사안이 아니었다. 공식적으로 독일과 프랑스는 평화 상태였으며, 따라서 자유프랑스군은 '비정규군'이었기 때문이다. 결과적으로 이 항복 권고는 수락되지 않았다. 롬멜은 6월 3일과 5일에 두 차례 더 쾨니히 장군에게 서신을 보냈고, 5일에는 독일 장교가 서신을 전달했다. 두 서신 모두 항복을 권고하는 내용이었고 모두 거부되었다. 롬멜은 비르 하케임을 너무 과소평가했고, 결국 6월 7일에 독일 공군에게 최대한의 노력을 요청해야 했다. 이날 독일과 영국 공군 모두가 큰 피해를 입었으며, 독일은 58대, 영국공군은 76대의 항공기를 잃었다. 폰 발다우는 분노한 어조로 피해에 대해 보고했다. 과거 롬멜이 공군의 지원을 비판한 사례가 있음을 잘 알고 있던 폰 발다우는 지나치게 많은 출격과 항공기 손실, 그리고 그의 표현에 따르면 '지상군의 부적절한 행동'들에 대해 열거했다. 발다우는 6월 9일에 롬멜에게 공군이 비르 하케임 상공에 폭격기 460소티, 전투폭격기 570소티 등 도합 1,030소티의 지상지원임무를 수행했다고 보고했다. 전투가 종결된 후에도 폰 발다우는 자신이 '잘못된 상황'이라 여겼던 부분들을 언급하며 군사재판으로 자신이 수행한 임무에 대해 조사할 것을 요구했고, 케셀링이 이 요구를 무마시켰다. 폰 발다우는 롬멜만큼이나 까다로운 인물이었다.[135]

리치는 수비대를 좀 더 일찍 철수시키기를 원했지만, 오킨렉의 주장에 따라 비르 하케임을 며칠 더 고수하기로 했다. 그 결과 롬멜은 6월 10일에 그곳에 입성했다. 1,000여

133  Behrendt, 앞의 책
134  Tomkin. Louis Saurel, Rommel (Editions Rouff, Paris, 1967)도 참조
135  von Waldau, 일지, EPM 1

명이 포로로 잡히고 2,700명이 탈출했다.

공격의 유효성과는 별개로 롬멜이 비르 하케임 전투에 상당한 자원을 투입하는 동안, 영국군은 예상대로 콜드론 지역에 위치한 롬멜의 진지를 공격하기 위해 전력을 집결시켰다. 이 공격은 6월 5일에 시작되었는데, 양측은 특정 지점에서 치열하게 싸웠지만, 결과적으로 영국군은 거의 성과를 거두지 못했다. 아프리카기갑군의 관점에서 영국군의 작전은 부대나 병과 간 협력이 미숙하고, 전술적으로도 서툴러 보였다. 영국군의 공격은 한 번은 동쪽에서, 또 다른 공격은 북쪽에서 실시되었고, 롬멜은 진격하는 적 기갑부대는 대전차포 방어선으로 맞서고 자신의 기갑부대는 대응 기동을 위해 남겨두는 전술로 대응했다.

아프리카기갑군 장병들은 영국군의 병과 간 전술적 협조가 제대로 이뤄지지 않고 있음을 다시 한번 체감했다. 독일 대전차포는 영국군의 포병에, 그리고 야간에는 보병에 취약했다. 독일 전차는 영국군의 대전차포와 전차포에 취약했고, 영국군 기갑장비는 전반적으로 아프리카기갑군의 장비에 질적으로 뒤떨어지지 않았다. 사막에서 보병은 야간, 그리고 지형지물이나 지뢰지대와 같은 방어지대로 인해 기동이 제한되는 장소에서만 유용했다. 전투가 유동적인 양상으로 흘러가면서 보병이 활약할 여지는 급속히 줄어들었고, 도보나 비장갑 차량에 이동을 의존하는 만큼 부대기동시에도 극도로 취약했으며 재배치도 어려웠다. 이런 이유로 인해 보병들은 가잘라 전투의 특징인 박스 형태의 사주방어 진지들에 배치되었다. 이 거점에는 보급품이 비축되고, 보병과 포병이 함께 배치되어 '기동의 중심점'이 되었다. 다만 이런 방식은 상급 사령부가 보는 지도 위에서는 강력해 보일지 몰라도, 배치된 전력이나 시야, 무기의 사거리에 따라 전황에 미치는 영향력은 제한적일 수밖에 없었다. 양측에 동일하게 적용되는 이런 제약을 극복하고 전술 전투, 특히 전술적 공격을 성공시키기 위해서는 모든 병과들 간의 긴밀한 협력이 필요했다.

영국군이 '애버딘(Aberdeen)' 작전이라 부르던 콜드론 지역 공격 작전 때는 이 필수적인 조건이 지켜지지 않았다. 수많은 영국 전차들이 파괴되는 바람에 상대방인 독일군이 전반적으로 기세를 회복하게 되었다. 6월 5일 정오에 롬멜은 방어에 성공했고 대응기동을 할 때가 되었다고 판단했으며, 비르 하케임을 방치하고 제15기갑사단을 인솔하여 콜드론 지역을 벗어나 처음에는 동남쪽, 다음으로 남쪽을 향해 움직여 비르 하르마트 남쪽 지역으로 이동했다. 그다음 아즐라 능선에 있는 아리에테 사단을 공격하는 영국군의 좌익과 후방을 향해 북동쪽으로 우회기동했다. 동시에 제21기갑사단은 북쪽의 시드라 능선부터 영국군의 우익에 공격을 가했고, 날이 저물 무렵 롬멜은 3천 명의 포로를 잡았으며 몇 개의 영국군 사령부들을 유린했다. 이는 아프리카기갑군의 돌출부에 대한 영국군의 반격을 결정적으로 와해시켰다고 간주할 수도 있는 성과였다. 그러나 이 과정에서 롬멜도 큰 손실을 입었고, 특히 중요한 장교 몇 명을 잃었다. 6월 1일에 아프리카기갑군 사령부의 가우제, 베스트팔이 부상을 당했고, 참모장교 두 명은 치명상을 입었었다. 가우제의 보직은 아프리카군단의 바이에를라인이 이어받았고, 작전장교(Ia)인 베스트팔의 자리는 정보장교(Ic) 멜렌틴이 대리했지만, 멜렌틴은 이미 과중한 임무를 수행하고 있었다. 그리고 롬멜에게는 독일군 보병이 매우 부족했다. 롬멜은 자신의 잔존 전력이 독일 전차 160대와 이탈리아 전차 70대뿐임을 확인하고 여전히 상대방이 수적으로 우위를 점했다고 생각했는데, 이는 정확한 판단이었다.

그럼에도 롬멜은 6월 11일에 비르 하케임을 장악했고 가잘라 전투의 세 번째 단계를 진행할 준비를 갖췄다. 두 번째 단계 동안 롬멜은 콜드론과 비르 하케임의 전투에서 수적으로 우세한 적에 맞서 승리했다. 콜드론에서는 예하 부대의 우세한 전술적 기량으로, 그리고 6월 5일 오후의 전투에서는 롬멜 자신이 노련한 대응 기동을 주도하며 승리를 거뒀다.

롬멜은 결과적으로 중요성이 과대평가된 지역을 제압하기 위해 과도한 전투력을 배치했다. 하지만 가잘라 전투의 2단계에서 롬멜은 다시 한번 전술 전투에 대한 이해력과 이를 수행하는 능력, 그리고 활동력을 보여주었다. 롬멜은 훗날 이 당시를 회고하며 영국군은 대응이 느렸고, 5월 말에 자신이 가장 취약했던 시기를 이용하는 데 실패했으며, 전투력을 축차적으로 소모했고 기갑전력 운용에 있어 집중의 중요성도 이해하지 못했다고 비판했다. 이 비판들은 어느 정도 옳았지만, 롬멜은 더 중요한 점을 알지 못했던 것 같다. 영국군에는 무기력한 기조가 만연했고 상급 사령부에는 즉각적인 결정권이 없었다. 그리고 대다수 작전의 의도가 지나치게 애매했다. 영국군은 군, 군단, 사단 수준의 명령을 토론의 주제로 삼거나, 혹은 직접 상부를 방문하고, 주장을 펼치고, 요청해야 할 일로 여기는 경우가 지나치게 많았다. 그 결과 지휘체계는 즉응성을 상실했고, 낡은 수식들이 명령 전달과정을 뒤덮었다.

예를 들어보자. 어떤 사단장이 한 여단을 다른 사단에 인계하라는 명령을 받았다. 명령을 받은 사단장은 상부의 명령이 현명한 선택이 아니거나, 지나치게 빠르거나, 혹은 명령을 실행할 시간이 부족해 곤란을 겪을 것이라 판단될 경우 휘하의 장병과 전황을 위해서 선의로 명령을 회피(이보다 적절한 표현은 없다)할 것이다. 이런 태도는 전염성이 있기 때문에 명령의 이행은 지연되며, 영국군이 명령을 실행하게 되는 시점에서 롬멜은 이미 결정적인 행동을 할 수 있었다. 이렇게 영국 제8군 지휘부의 해이한 기강은 롬멜에게 특별한 이점이 되었다.

그리고 영국군 내부에서 리치의 재량권은 제한되어 있었고, 오킨렉의 심각한 간섭으로 인해 롬멜이 쥐게 된 이점은 보다 분명해졌다. 실제로 오킨렉은 리치의 작전 수행 과정에 종종 개입했으며, 많은 경우 현명치 못한 결정을 내렸다.

그리고 롬멜은 자신의 부대들이 전술적 전투에서 지속적으로 우위를 점했음을 잘 알았다. 롬멜의 부대들은 영국군에 비해 협조능력, 훈련수준, 창의력, 그리고 기강이 더 우수했다. 이런 우위는 상대인 영국군도 잘 알고 있었으며, 필연적으로 영국 지휘관들의 마음에도 영향을 끼쳤다. 아프리카기갑군은 적에게 가공할 만한 인상을 남겼고, 그들은 타고난 승자이자 도전할 수 없는 적으로 여겨졌다. 영국군의 국지적 승리는 사소하고 일시적인 현상으로 여겨졌고, 반면 독일군의 국지적 승리는 실제보다 훨씬 과장되게 비춰졌다. 그리고 모든 전투의 배후에는 언제나 위협적이며 대적할 수단이 없는 인물로 여겨지던 롬멜의 그림자가 있었다.

가잘라 전투의 3단계는 6월 11일에 시작되었다. 롬멜은 6월 9일 오전에 제15기갑사단을 방문해서 비르 하케임을 함락한 직후에 자신의 의도를 정확히 설명했다. 당시 롬멜에게는 독일군 전력이 매우 부족했기 때문에, 증원 부대와 예비대를 전부 차출해야 했다. 그는 엘 아뎀을 향해 남서쪽 방향에서 직접 진격할 계획을 수립했다. 롬멜은 제15기갑사단과 제90경사단, 트리에스테 차량화 사단을 직접 통제하여 이 부대들을 기동에서 남쪽의 공세부대로 활용하고, 제21기갑사단이 엘 아뎀 서쪽 콜드론 일대에서 진격하여 주공을 지원하도록 했다.

6월 12일 정오에 아프리카기갑군은 나이츠브릿지 동남쪽에 위치한 영국군 기갑부대인 제4기갑여단의 일부를 포위한 후 공격했다. 제21기갑사단은 방해를 받지 않고 나이츠브릿지의 남쪽을 향해 동진해 제4기갑여단의 우익 후미를 공격했고, 제15기갑사단은 반대편인 좌익을 위협하고 있었다. 해 질 녘에는 제4기갑여단과 제2기갑여단 모두 북쪽으로 퇴각했고, 라미(Rami)의 급경사 지형 북쪽으로 최대한 신속하게 철수해 아프리카군단의 협공에서 빠져나갈 수 있었다. 영국군은 제21기갑사단의 공격으로 인해 북쪽으로 몰려나며 120대의 전차를 잃었다. 이제 나이츠브릿지 동쪽 지역에 있는 영국군의 잔여 기갑부대들은 공세적인 행동을 실시할 의지나 능력이 거의 남지 않았다.

이날 롬멜은 영국군 사령부의 취약한 권한 덕에 큰 이익을 얻었는데, 이는 전투 내내 여러 상황에서 롬멜의 보이지 않는 강점으로 작용했다. 롬멜의 기동부대는 집결하지 않았던 반면, 영국군은 의도와는 무관하게 결과적으로 인접지역에 밀집되었고, 롬멜의 두 갈래 기동부대 중 어느 한 쪽에 우세한 전력을 집중할 기회가 있었다. 리치와 영국 제30군단장 노리 장군은 기회를 포착했다. 이 기회를 활용하지 못한 이유는 명령을 너무 느리게, 주저한 끝에 처리했기 때문이었다. 예를 들어 노리 군단장은 정오에 제1기갑사단장 럼스덴에게 사단장이 실종된 제7기갑사단의 여단들을 포함한 기갑부대의 지휘권을 언제 인수할 수 있는지 물었다. 럼스덴은 40분 후에 30군단 참모부에게 이 문제를 검토 중이라고 회신했다. 그리고 럼스덴의 참모부는 제7기갑사단 참모부와 협의를 거친 후, 첫 답변 이후 25분이 지난 오후 2시에 제7기갑사단의 2개 여단의 지휘권 인계에 동의했다. 실제로 지휘권을 인수한 시점은 3시 30분이었고, 그때까지 어느 여단도 아직 움직이지 않았다. 이들의 지휘권을 인수한 직후 럼스덴은 심각한 전차 전력 손실로 인해 명령대로 아프리카군단, 즉 롬멜의 우익 협공부대에 대해 공세를 실시할 수 없음을 확인하고 공세를 포기했다.

이와 같이 미숙한 대응, 혹은 대응의 부재는 롬멜이 즉각적인 열의를 발휘하여 직접 보고, 결심하고, 행동하는 모습, 그리고 휘하의 기동 사단들이 롬멜의 의지에 호응해 보여준 열의와 비교될 수 있을 것이다. 그가 예하 지휘관들과 의견을 나누지 않았다고 생각해서는 안 된다. 롬멜은 가잘라 전투 중 쉬지 않고 사단장들을 방문해 자신의 의도, 즉 그가 원하는 목표와 그 이유를 설명했다. 그는 예하 지휘관들을 항상 염두에 두고 있었다. 하지만 롬멜이 명령을 내리면, 그것은 말 그대로 지켜져야 할 명령이었다.

이제 롬멜이 주도권을 장악했다는 사실은 의심의 여지가 없었다. 다음 날인 6월 13일에 롬멜은 제15기갑 및 제21기갑사단에게 영국 제201근위여단의 일부 병력이 방어하는 나이츠브릿지 북쪽에 있는 리겔 능선을 향해 집결하도록 지시했다. 저녁이 되자 리겔 능선은 점령되고, 나이츠브릿지는 완전히 고립되었으며, 수비대는 탈출 명령을 받았다. 롬멜은 이제 가잘라 방어선과 토브룩 사이의 사막 지역에서 사실상 마음대로 기동할 수 있게 되었다. 그의 정보참모는 적 전차 손실 추산치와 함께 영국 기갑부대는 더이상 중요한 고려사항이 아님을 보고했다. 이날의 승리는 분명 탁월해 보였지만, 다른 각도에서 보면 다소 이상한 면이 있었다. 롬멜은 12시 30분, 제90경사단에게 상황이 매우 유리하므로 즉시 서쪽으로 이동하라고 통신을 보냈다. 그리고 사단 전쟁일지에는 사단에 탄약, 물, 식량 등 모든 것이 부족하기 때문에 이 명령을 수행할 상황이 아니며, 전반적인 전황은 유리할지도 모르겠지만 사단의 상황은 더 위태로워졌다는 침울한 내용이 기록

되었다.[136]

그렇지만 롬멜은 이겼다고 확신했고, 그가 옳았다. 다음 날인 6월 14일에 그는 가잘라 방어선의 영국군 사단들이 곧 퇴각할 것이 틀림없다고 판단하여 아프리카군단을 다시 북쪽으로 보내 이들을 차단하려 했다. 그리고 같은 날 리치는 전투에 패했으며 이제는 기동부대가 주도권을 되찾아올 수 없음을 깨닫고는 방어선을 포기하라는 명령을 내렸다. 롬멜은 개인 일기에 이렇게 적었다. "기갑군 사령부는 15시 59분에 가잘라 방어선에서 후방으로 이동하는 움직임이 있다고 보고했다."[137]

그리고 다음 날 루시에게 보낸 편지에서도 롬멜은 단호하고 의기양양한 필체로 단언했다. "전투에서 이겼소. 적은 분쇄되고 있소."

롬멜의 병력은 완전히 지쳤다. 지난 18일간 쉬지 않고 전투를 벌였고, 인원과 장비가 대량으로 소모되었으며, 여름의 무더위도 절정에 달했다. 롬멜은 아크로마와 해안도로인 비아 발비아를 향해 마지막 진격을 실시하기 위해 아프리카군단을 트리그 비르 하케임 서쪽에 집결시켰다. 이는 18일 전에 계획했던 공격의 축선이었고 롬멜은 직접 선두 전차에 탑승하여 진격을 선도했다. 6월 16일 일기에서 그는 주력 부대를 투입하여 적을 차단할 덫을 놓으라고 명령했음에도 불구하고 해안 지역에 배치된 병력이 여전히 취약한 상태였다고 비판했다.[138]

하지만 롬멜도 당일 중에 독일 사단들을 독려해서 가잘라에서 퇴각하는 영국군 13군단을 차단할 수 있는 속도로 장거리를 기동하지는 못했다. 영국군은 대부분 빠져나갔고, 제50사단은 가잘라 방어선의 지뢰지대를 개척해서 이탈리아군 방향인 남쪽으로 돌파를 한 다음, 비르 하케임을 지나 동남쪽으로 돌아서 이집트를 향해 안전하게 탈출했다. 6월 15일에 영국 제8군은 전면적으로 퇴각하고 있었다. 롬멜은 이틀에 걸쳐 심하게 소모된 예하 사단들로 공격을 계속했고, 제21기갑사단을 재촉하여 최후의 일격을 가하기 위해 직접 부대를 인솔했으나 별다른 성과를 거두지 못했고 영국군은 포위망을 벗어났다.[139]

롬멜은 가잘라 전투의 3단계에서 다시 한번 본연의 모습을 드러냈고, 여러 차례 조우전에서 휘하의 기갑부대를 통제하고, 지시하고, 이끌었으며, 전투는 곧 추격전 양상을 띠게 되었다. 롬멜은 가잘라 전투 내내, 그리고 전투의 모든 기간 동안 사막에서 방

---

136  90th Light Division KTB, IWM AL 831
137  Rommel diaries, EPM 9
138  위의 책
139  위의 책

향을 파악하고 적의 대응과 전투의 진행 양상을 예측하는 과정에서 초인적인 감각을 드러냈다. 그는 혼란의 중심을 명확하게 판단하고 단호하게 행동했으며 상황을 주도했다. 롬멜은 가잘라 방어선에서 영국군을 격멸하는 데 실패했지만, 이는 그의 참모 중 일부가 생각했듯이 당시의 롬멜도 너무 많은 목표를 추구하는 바람에 병력을 집중하지 못한 결과일 것이다. 롬멜은 상황의 진행에 따라 판단이 흔들리거나, 지나치게 야심차고 낙관적인 계획을 세우는 경우가 잦았는데, 이는 다른 상황에서도 반복되는 특징이었다. 하지만 롬멜은 전투에 이겼다. 적은 극히 무질서하게 동쪽을 향해 썰물처럼 빠져나가고 있었다. 그의 앞에는 토브룩이 있었다. 크루세이더 전투의 패배를 설욕하는 순간이었다.

롬멜은 알지 못했지만 영국 의회 내에서는 토브룩 문제에 대해 혼란이 있었다. 가잘라 전투는 롬멜이 영국군의 공세에 앞서 공세를 실시하는 형태로 시작되었고, 영국군은 작전적 수준을 넘어 전략적 수준의 방어가 필요하다는 사실을 미처 깨닫지 못한 채 전투를 치렀다. 이는 카이로의 오킨렉과 런던의 처칠에게 극히 불쾌한 문제였고, 따라서 토브룩에 관한 방침이 중요한 화두가 되었다.

영국군이 크루세이더 작전을 실시하기 전에 독일군이 실시했던 토브룩 포위는 양측 모두에게 고된 경험이었으며, 오킨렉은 이전에 비해 위험한 상황에서 토브룩이 재차 '포위'되어서는 안 된다고 명령했다. 이를 위해서 리치는 토브룩으로 향하는 접근로를 통제하는 지점을 확보해야 했고, 그 결과 마지막 며칠 간의 전투 계획은 매우 비현실적인 내용으로 채워졌다. 리치의 기갑병력은 전력면에서 우세한 아프리카군단과 개방된 사막지형에서 충돌하는 상황을 우려했고, 보병은 가잘라 방어선에서 최대한 서둘러 동쪽으로 이동하고 있었다.

오킨렉은 리치와 많은 서신을 교환하며 방침을 논의했는데, 이 과정에서 오킨렉이 리치의 지휘권에 매우 빈번히 개입했다. 오킨렉은 만약 가잘라 방어선을 고수할 수 없다면 이집트 국경에 다음 저지선을 만들어야 한다고 생각했지만, 이런 구상은 런던으로부터 상당한 압력을 받았다. 당시 처칠의 입지는 약해져 있었고, 영국군의 패배는 그런 상황을 부채질했다. 때문에 토브룩은 양면적인 존재가 되었다.

결국 토브룩이 포위되어서는 안 된다는 방침은 상황에 따라 토브룩의 '일시적인 고립'을 감수한다는 개념으로 바뀌었다. 그리고 이를 바탕으로 리치는 토브룩을 위협하는 롬멜에 맞서 충분히 강력한 기동부대를 엘 아뎀 지역에 집결시키고 롬멜의 보급로를 위협하려 했다. 아크로마에서 알 아뎀으로 이어지는 선을 방어하는 리치의 기존 계획은 명령이 내려지더라도 즉시 실행은 사실상 불가능했다. 한편 처칠은 토브룩이 희생될 수 있다는 소식에 예상대로 분노했으며, 그곳이 포위당해서는 안 되고, 롬멜을 저지하거나 아크로마에서 비르 엘 구비로 이어지는 선의 서쪽에서 롬멜과 싸워야 한다는 점을 재차 강조했는데, 이는 너무 낙관적인 기대였다.

하지만 당시 롬멜의 부대를 사막 개활지에서 격퇴하지 않는 한 롬멜이 토브룩을 포위하지 못하도록 막을 방법이 없었다. 그리고 롬멜과 리치는 사막의 개활지에서 롬멜을 이기는 것은 비현실적인 목표라는 데 의견을 같이했다. 롬멜은 적이 최대한 신속하게 철수하고 있음을 파악했다. 그는 영국군이 이집트 국경 서쪽에서 정지하거나 국경 서쪽 지역을 회복하는 것이 사실상 불가능하다는 사실도 잘 알았다. 그리고 롬멜은 토브룩을 점령하는 가장 이상적인 방법은 제8군이 혼란에 빠진 기회를 활용하도록 즉시 움직이는 것이라고 판단했다. 롬멜은 6월 15일에 토브룩 수비대장인 제2남아프리카사단 사단장 클로퍼 장군이 예하지휘관들에게 3개월가량의 포위를 예상해야 한다고 이야기했음은 알지 못했지만, 시간이 지날수록 자신의 임무가 쉬워지기보다는 어려워질 것임을 잘 알고 있었다. 롬멜의 부대는 6월 18일 저녁까지 토브룩을 완전히 포위했다.

롬멜의 계획은 단순했다. 그는 공군의 가용 전력을 모두 이용해 짧지만 집중적인 폭격을 가하고, 방어선의 동남쪽을 공격하며, 보병과 전투공병을 앞세워 방어의 핵심인 대전차호를 돌파할 생각이었다. 그다음 아프리카군단의 남은 전차들이 토브룩항을 감제하는 고지대로 가급적 신속하게 진격하여 시내로 직접 돌입하기로 했다. 전투는 계획대로 진행되었다. 급강하폭격기 슈투카(Stuka)의 첫 공습은 6월 20일 오전 5시 50분에 시작되었고, 롬멜은 멀리서 이를 지켜보았다. 롬멜은 알지 못했지만(아마 추측은 했을 것이다) 당시 영국군이 가잘라 방어선 강화를 위해 토브룩 인근에 매설된 지뢰를 캐내갔기 때문에, 토브룩은 이전보다 취약한 상태였다.

공격이 시작되었지만 방어군은 강력한 반격을 시도하지 않았고, 몇 개 거점들만 필사적으로 저항했다. 거의 유린될 상황까지 내몰린 클로퍼의 사령부는 산개하라는 명령을 받았고 사실상 방어 지휘체계가 붕괴되었다. 독일군 선두 보병부대가 6월 20일 오전 7시에 전진을 시작했다. 롬멜은 이들을 뒤따랐고 오후 2시에는 베른트를 후방으로 보내 가급적 빨리 아리에테 및 트리에스테 사단의 차량화 부대와 기갑부대를 인솔하여 지뢰지대를 지나 제15기갑사단의 진격로를 따라 서쪽으로 와서 엘 아뎀 도로를 확보하도록 명령했다.[140]

........................

140  위의 책

저녁 6시에는 제21기갑사단이 시내에 진입했다. 한 목격자는 그날 저녁의 상황과 롬멜이 기갑군에 보낸 전문을 다음과 같이 설명한다.

롬멜은 바이에를라인 대령과 함께 가물거리는 촛불 아래 앉아 노획한 영국 전투식량으로 허겁지겁 식사를 했다. 그의 눈만이 흔들리지 않는 깊은 행복감으로 빛났다. 롬멜은 가장 위대한 승리의 시간에 "이 승리를 가능케 한 것은 단순히 명령이 아니었소!"라고 선언했다. "결핍, 전투, 고난, 궁극적으로 죽음에 이르는 모든 고난을 감내할 수 있는 장병들과 함께해야 달성할 수 있는 승리요. 나의 장병들 모두에게 감사하오!"[141]

다음 날 아침 6시에 클로퍼는 항복 협상을 진행할 대표단을 보냈다. 전투 24시간 만에 토브룩 요새, 항구, 비축물자, 많은 수의 차량, 그리고 32,000명의 포로가 롬멜의 손에 들어왔고, 롬멜은 이 노획물자에 더욱 의존하게 되었다. 6월 21일 오전 9시 45분에 롬멜은 아프리카기갑군 전체에게 다음과 같은 전문을 보냈다. "토브룩 요새가 항복했다. 모든 부대들은 재편성하고 추후의 진격을 준비할 것이다." 그는 항복 조항 초안을 신속하게 작성했다. 남아프리카군은 상당수의 흑인 포로들을 백인들과 분리해줄 것을 요청했지만, 롬멜은 흑인들이 남아프리카 병사들이고 백인들과 함께 싸웠으며 같은 제복을 입었고 모두가 함께 포로가 되었다고 말하며 이 요청을 단호히 거절했다.[142] 롬멜은 6월 21일에 루시에게 보낸 편지에서 이 전투가 '멋진 전투'였다고 썼다. 롬멜은 가잘라 전투 이후 완전히 지친 상태였지만 아프리카기갑군이나 적들에게 휴식을 줄 생각이 없었다. 제21기갑사단은 그날 저녁에 동쪽으로 출발했고, 예하부대에 보낸 전문은 다음과 같이 끝을 맺었다. "앞으로 며칠 간 우리의 목표를 달성할 수 있도록 장병 여러분이 위대한 능력을 보여주기를 다시 한번 요청한다."[143]

그날 저녁, 롬멜은 자신의 진급에 대해 알게 되었다. 그는 괴벨스의 지령에 따라 공보장교 중 한 명을 하인켈(Heinkel)기에 태워서 베를린으로 보내 언론을 상대하도록 했다. 히틀러는 이 장교를 손수 맞이하고 롬멜이 원수 계급으로 진급했다는 소식을 전했다. 총통은 이 당시 영국군의 대전차화력 개선에 관한 이해력과 지식, 그리고 전투의 세부

---

141  Koch, 앞의 책
142  Rommel diaries, EPM 9
143  위의 책

사항에 몰입하는 모습을 인상적으로 주시하고 있었다. 히틀러는 비르 하케임에서 프랑스군이 보여준 용맹함에 대해 경청하며, 프랑스군은 언제나 그랬고, 자신은 늘 프랑스군이 독일군 다음으로 유럽에서 가장 우수한 군인들이라 평가했다고 주장했다.[144]

토브룩이라는 이름이 헤드라인을 장식했고, 롬멜의 이력은 찬란하게 빛났다. 그는 6월 22일 오후 9시 50분에 독일 라디오를 통해서 진급 소식을 들었다.

그 후 며칠 간 축하가 쏟아졌다. 히틀러는 관례적인 감사 전문으로서 "총통, 국민, 제국을 위한 승리를 향해(Vorwärts zum Sieg, für Fuhrer, Volk und Reich)!"라고 전했고, 괴링은 '자유를 위해 수행한 전쟁'에서 토브룩의 승리가 롬멜의 이름에 항상 따라다닐 것이라며 독일공군이 승리의 일익을 담당했다는 기쁨을 표명했다. 그러나 영국공군이 적수인 독일공군에 대해 확실한 우위를 점해가고 있다는 사실을 생각하면 이런 기쁨은 타당하지만 위태로운 것이 분명했다. 그리고 괴벨스, 무솔리니, 이탈리아군 사령관들, 그밖에 한때 뮌헨을 공산주의자들로부터 해방시킨 인물인 리터 폰 에프(Ritter von Epp)와 같이 오래전에 퇴역한 장성들을 포함한 매우 많은 사람들이 아프리카에서 독일군의 전통이 부활하고 있다며 롬멜을 축하했다.

독일인이 아닌 사람은 아프리카가 영국과 프랑스의 동세대들과 달리 독일의 군인, 탐험가, 행정가들에게 강력하고 매혹적이며 낭만적인 영향을 받고 있음을 잊기 쉽다. 이제 한 때 독일의 식민지였던 지역에서 거둔 롬멜의 승리는 자존심을 다시 자극했다. 그리고 기갑군의 장병들에게는 아프리카의 모험이 독일 동부, 남서부, 카메룬(Kamerun), 그리고 전설적인 폰 레토브 포르베크[145]의 전통을 잇는 계승자가 되는 데 손색이 없는 위업이었다.[146]

아프리카군단은 이 큰 게임이 동쪽으로, 서쪽으로, 그리고 이제 다시 동쪽으로 움직이면서 "하이아 사파리(Heia Safari)!", 즉 멋진 사냥을! 이라고 말할 것이다. 이는 일생의 기회처럼 보였다. 롬멜의 통역관에 따르면 그는 "어린아이처럼(wie ein kleines Kind)" 매우 기뻐했다고 한다. 그리고 그 통역관은 다음과 같이 덧붙였다. "우리는 아마도 카이로에 도달할 것 같다(Vielleicht kommen wir bis Kairo)."[147]

.........................

144   Koch, 앞의 책
145   Paul Emil von Lettow-Vorbeck, 독일의 군인이며 1차 세계대전 당시 독일령 동아프리카에서 식민지 수비대들을 지휘하여 종전 시까지 전투를 계속했다. 북아프리카에서 불리던 군가인 Heia Safari 는 당시 이스카리 (아프리카 원주민 출신의 병사) 들의 행진곡에서 제목을 따 왔다. (편집부)
146   Koch, 앞의 책
147   Armbruster, EPM 1

# 제16장 종착점

    롬멜은 처음부터 결함을 안고 있는 동맹군 지휘 체계 내에서 작전을 수행했으며, 이 과정에서 이탈리아군에 적합한 대우를 하지 않았고, 이런 서툰 태도로 인해 시스템의 문제점을 더욱 악화시킨다는 비판을 받았다. 롬멜이 이탈리아군을 믿을 수 없는 동료로 여기며 이를 공공연히 언급하던 전역 초기에는 이탈리아군을 대하는 태도상의 문제가 더욱 극명히 드러났는데, 실제로 롬멜은 최소한 한 번 이상 중요한 임무를 독일군으로만 실시하려 했다. 이런 행동은 부당했고, 현명하지도 않았다. 롬멜이 이탈리아군 고위 사령관들, 즉 가리볼디나 바스티코를 다소 교만하게 대한 것은 분명한 사실이며, 자신이 수립한 계획을 추진하는 과정에서 특히 그런 경향을 강하게 드러냈다. 롬멜은 이탈리아군의 신중함이나 보안 의식을 거의 믿지 않았고, '이웃사촌들(den Brüdern über den Weg)'을 믿을 수 없다는 말을 종종 입에 올리곤 했다. 롬멜은 이따금 예하 이탈리아 지휘관들에게 노골적인 차별 발언을 하는 경우도 있었다. 예를 들어 1942년 6월 27일에 이탈리아 제10군단장에게 군단사령부를 전선에서 10㎞ 이내에 설치하라고 긴급 통신을 보냈다. 그리고 3일 후 이탈리아 제20기계화군단장에게 전진 중지를 명령하며, 제10군단과 극단적으로 다르게 사령부를 배치하기를 원한다고 말했다.[148]

    롬멜은 북아프리카 전역에서 작전적 필요성을 절대적으로 우선시했고 그곳이 이탈리아의 식민지라는 정서를 그다지 고려하지 않았음이 분명하다. 롬멜은 이탈리아가 지중해에서 최선을 다하지 않고 있으며, 이로 인해 보급 문제가 발생했다고 여겼다. 때로는 이탈리아가 배신했다고 착각해 이를 맹렬히 비난하기도 했다. 롬멜은 로마가 전쟁을 충분히 진지하게 다루지 않았다고 생각했으며, 이는 롬멜만의 편견이 아니었다. 그리고 이탈리아인들이 아랍 여성들을 상대로 도를 넘는 행동을 저질러 그를 격분시킨 것도 사

148    Rommel diaries, EPM 9

실이었다. 이 문제는 특히 아랍과 추축국 간 불화의 원인이 될 수 있었다. 롬멜은 아프리카의 모든 독일군 부대에게 아랍인들과 좋은 관계를 가지도록 장려했는데, 아랍인은 대부분 독일인에게 상당히 우호적이었고 독일인을 다른 유럽인들보다 좋아했다. 그다지 좋은 현상은 아니었지만, 베두인들도 히틀러가 유대인을 혐오한다는 사실을 잘 알았고, 자신들도 유대인을 혐오했기 때문에 독일인들을 선호했다. 영국인들은 아랍인이 자신들에게 호의적이라고 확신했지만 그 확신은 종종 틀렸다. 아랍인은 이탈리아인에게는 체질적인 반감을 보였지만 그 외에는 어떤 동반자와도 교감을 나눌 수 있을 것 같은 친절함의 소유자들이었다. 하지만 롬멜은 이탈리아 병사들에 대해서는 동정심을 표했다. 그는 전투 자질이 부족하다 해서 그들을 폄하할 만큼 외골수 군인은 아니었다. 롬멜은 자신의 참모들에게 이탈리아인들이 '군인보다는 다른 분야에 장점이 있다'고 말했다.[149]

이탈리아군에 대한 평가는 종종 바뀌었지만, 롬멜은 스스로 인정한 것보다 이탈리아군을 더 잘 알았고, 이탈리아군이 활약하면 그들에게 활약을 칭찬하는 내용의 전문과 명령을 발표하는 아량을 보였다. 롬멜은 이따금 상급자들에게 퉁명스러운 반응을 보였지만 장병들에게는 유머러스하고 친절했다. 그는 장병들을 동정했고 그들은 그에게 보답했다. 히틀러는 롬멜이 아프리카에 도착한 직후에 무솔리니에게 보낸 서신에서 이탈리아군 장병들이 분명히 롬멜 장군에게 충성하고 호의를 보일 것이라고 썼는데, 히틀러의 주장은 현실화되었다. 롬멜은 이탈리아군 장병들이 상급자의 무관심과 이기심으로 인해 제 능력을 발휘하지 못했다고 생각했다. 롬멜은 이탈리아군 장교들이 야전에서 사병들과 다른 배식을 받고 생활 수준도 훨씬 좋다는 점을 몹시 싫어했다. 이탈리아인은 사막에서조차도 편리한 생활을 추구하는 데 능숙했고, 롬멜은 그런 안락함을 경멸했다. 롬멜의 체제는 스파르타식이었다. 그는 일반 병사들과 같은 배식을 받고 어떤 때는 저녁에 초라한 식사와 함께 한 잔의 와인을 마셨으며, 기갑군의 다른 병사들처럼 거의 잠을 자지 않았다. 그리고 담배도 전혀 피우지 않았다. 선천적으로 검소한 그는 이탈리아군의 무성의하고 쾌락적인 면에 염증을 느꼈다.

그렇지만 이탈리아군은 가잘라 전투 중 북쪽 지뢰지대 지역과 기동 작전 모두에서 능동적으로 행동하고 종종 두드러진 역할을 했다. 트렌토 사단이 지뢰지대를 처음으로 돌파했고, 비르 하케임 북방에서 동쪽으로 향하는 보급로를 개척했다. 아리에테 사단은 콜드론과 비르 하케임 전투 내내 격렬하게 싸웠다. 그리고 롬멜은 독일군 사단들을 걱정한 것만큼 양심적으로 이탈리아 사단들의 안전과 무사를 걱정했으며, 그들의 취약점

..........................
149   Behrendt, EPM 3

을 염려하고 고민했다. 이탈리아군 사단들은 대부분 아직 기계화되지 않았고, 배치를 바꿀 때는 부족한 수송자산들로 이동해야 했다. 그들을 가장 실용적으로 운용하는 방법은 진지전이었지만, 진지전은 사막전에서는 거의 일어나지 않고 그 비중도 제한적이었다. 그리고 이제 이탈리아군은 아프리카군단을 따라 이집트를 향해 동쪽으로 이동하며 기동전이 아니라 북아프리카 전역의 모든 무대들 중에서 가장 큰 진지전이 될 전투를 향해 다가서게 되었다. 처음에는 상황이 그렇게 보이지는 않았다. 롬멜은 6월 26일에 케셀링, 카발레로, 이탈리아 고위 사령관들에게 기갑군이 국경을 돌파하여 카이로에 입성할 것이고 월말까지 알렉산드리아에 도달할 것이라고 자신 있게 말했다.

롬멜은 항상 이집트 침공을 원했다. 그는 여전히 '대전략', 즉 오리엔트 계획의 실현 가능성을 믿었고, 코카서스로 진군하여 남으로 내려오는 독일군과 병행해 중동을 정복한 독일군이 중동 지역의 원유를 통제할 것임을 확신했다. 1942년 6월과 7월에는 아직 오리엔트 계획을 꿈꿀 여지가 있었고, 히틀러도 롬멜이 토브룩을 점령한 다음 날 무솔리니에게 보낸 서신에서 이 가능성을 언급했다. 일련의 전망들도 근거가 없지는 않았다. 히틀러, 그리고 무솔리니는 미국이 유럽에 개입하기 전에 반드시 추축국의 힘을 경제적으로 조직화하고, 방어가 가능한 지역의 외곽 경계인 러시아, 대서양, 아프리카에 적을 묶어두어야 한다고 판단했다. 이는 유럽을 방어하기 위한 외곽 제방의 역할을 하고, 원유를 제공하는 중동과 코카서스에서 적극적인 정책을 펼치겠다는 의미였다.

히틀러는 이미 관련된 지침들을 공표한 상태였고, 6월 28일에는 러시아에서 돈(Don) 강 서쪽의 모든 소련군을 포위 섬멸하기 위해 보로네시(Voronezh)를 향해 독일의 남방 공세가 시작되었다. 이 공세는 제4기갑군 사령관이자 프랑스에서 롬멜의 군단장이었던 호트 장군이 이끌었다. 그로부터 두 달도 지나지 않아 독일군은 동부전선 최남단에서 코카서스의 계곡들을 돌파하고 흑해의 동쪽 해안선에 도달했다. 그리고 당시 롬멜과 아프리카기갑군은 알렉산드리아에서 100㎞도 채 떨어져 있지 않았다.

롬멜은 기갑군이 이집트, 특히 이집트군 내부 반 영국 정서의 도움을 기대했고, 특히 독일의 첩보 및 방첩 부서인 아프베어가 당시 수행하던 두 가지 작전의 성과를 원했다. 그러나 롬멜의 희망은 얼마 지나지 않아 좌절되었다. 두 가지 작전 중 하나는 독일군에 협력 의사를 표한 이집트 육군 전임 참모총장 마스리 파샤(Masri Pasha)를 카이로 인근의 사막까지 침투한 하인켈로 탈출시키는 계획으로, 마스리 파샤가 접선 이전에 체포되며 무산되었다. 또 다른 작전은 두 명의 독일 요원이 트리폴리에서부터 잘로(Jalo)와 쿠프라(Kufra) 오아시스를 거쳐 아시우트(Asyut)까지 거의 3,200㎞에 이르는 사막을 가로질러 육로로 이집트 잠입하는 계획이었다. 1차대전 당시 헝가리 공군 에이스인 얼머시(Almasy) 백작이 자원했는데, 그는 전쟁 이전에 북아프리카 사막을 탐험한 경험이 있어 일대에 대한 폭넓은 지식을 갖추고 있었다. 이 계획으로 독일 요원들은 카이로에 도달했지만, 요원들의 여정은 처음부터 ULTRA에 의해 추적되고 있었고, 그들은 도착하자마자 영국 정보기관에 체포된 후 매수당해 이중간첩이 되었으며, 그들이 전달하는 정보는 롬멜에게 도움이 되지 않았다.[150] 설령 계획이 성공했다 해도, 이집트에 대한 영국의 통제력을 고려하면 이집트 내부의 동조 가능성은 희박했을 것이다. 그러나 이집트 내부의 협력 여부에 관계없이 롬멜은 다시 한번 이집트 국경에 섰다. 영국군이 국경에서 저항할 의사가 없음이 분명해진 이상, 그는 정지할지, 아니면 전진할지 택해야 했다. 롬멜은 중요한 정책적 문제들은 이탈리아의 통제를 받았기 때문에 국경을 넘어 전진하려면 이탈리아군의 승인이 필요했다. 이탈리아는 1940년에 이집트를 침공했지만, 독일군이 이탈리아 식민지에서 공식적으로는 중립국인[151] 타국의 영토 안으로, 그 국가의 수도를 향해 진격하는 것은 매우 심각한 정치적 문제였다. 롬멜은 무솔리니로부터 직접 진격 허가를 얻어내 부대를 전진시켰다. 당시 기갑군에 주행 가능한 전차는 44대에 불과했다.

롬멜의 마음 속에는 모험에 대한 의욕이 넘쳐났지만, 추축국 내에서는 몰타를 공격하기 전에 실시되는 전략적 진격에 대해 의견이 갈렸다. 다만 몰타 공격은 큰 희생을 감수해야 하는 반면 성공 여부는 불확실한 작전이라고 평가되었고, 반대로 롬멜의 전력은 토브룩을 점령하며 강화된 상태였다. 롬멜은 기다리는 대신 행동하여 승리를 활용할 경우의 이점을 지적했다. 그의 주장은 히틀러와 무솔리니의 성미에 부합했다. 롬멜은 이번에도 적에게 상황을 추스릴 기회를 주어선 안된다고 판단했고, 추축군이 국경에서 일시적이라도 방어태세로 전환할 경우 영국측에 주도권을 넘겨주게 되며, 국경진지 자체도 적 기동부대가 쉽게 우회할 수 있어 방어적인 행동은 효과적이지 않다고 생각했다. 롬멜은 아프리카기갑군의 우세한 전술적 능력에 대해 확신을 가지고 있었지만, 적이 항상 더 많은 연료와 보급차량을 보유하고 있으며 잠재적 기동력도 더 높다는 사실 역시 잘 알았다. 따라서 노출된 측면은 자신보다 우회에 필요한 자산이 풍부한 영국군에게 유리했다. 결국 롬멜은 자신의 아프리카 전역 일지에 마침표를 찍어줄 행동 −이집트 침공−에 앞서 독일과 이탈리아군이 지형에 의해 측면을 보호받는 진지를 확보하고 이집트 정복을 위해 확실한 발판을 마련해야 한다는 결론을 내렸다. 즉 해답은 전진이었다.

---

150  위의 책.
151  영국이 수에즈 운하 보호를 명목으로 이집트를 사실상 장악하고 있었지만 공식적인 영연방 소속국가나 식민지는 아니었고, 독립 주권을 인정받은 상태였다. (편집부)

롬멜은 6월 28일에 메르사 마트루의 방어진지를 포위했지만, 탈출을 막지 못했다. 이제 롬멜은 북아프리카의 이집트 삼각주 서쪽에 있는 모든 항구들을 점령했고, 대량의 비축물자를 탈취했으며, 이를 통해 자신의 직관이 옳았다고 점차 확신하게 되었다. 메르사 마트루 일대나 인근에 배치된 영국군 부대들은 대부분 전진하는 독일군의 코앞에서, 혹은 독일군보다 약간 뒤쳐진 채 동쪽을 향해 허겁지겁 도주했다. 메르사 마트루의 영국군은 내부의 분란과 불분명한 의도로 인해 혼란을 겪었으며, 롬멜은 이런 약점을 이용하는데 능숙했다. 롬멜은 7월 1일에 엘 알라메인(El Alamein) 남쪽의 진지에 있는 영국군에게 첫 공격을 가했다. 엘 알라메인은 알렉산드리아에서 메르사 마트루로 향하는 철도 경로 상에 위치한 기차역으로, 알렉산드리아와의 거리는 100km도 되지 않았다.

롬멜은 오킨렉이 제8군 사령관 리치를 해임하고 직접 지휘를 맡았음을 알게 되었다. 그는 진격이 옳은 선택이었다고 확신했지만, 시간이 자신의 편이 아님을 깨달았다. 영국의 전력은 분명 롬멜의 전력보다 빠르게 증강될 것이며, 이제는 대영제국만이 아닌 미국의 막대한 잠재력을 등에 업게 될 것이 분명했다. 다만 승리의 기회를 포착할 가능성도 있었다. '믿을 만한 출처'가 제공한 마지막 보고 중 하나는 카이로의 영국군이 상당한 공황 상태에 빠져 있다는 내용이었다.

알라메인은 사막전에서 우회가 불가능한 지형에 전선을 형성할 수 있는 몇 안 되는 장소 중 하나였다. 북쪽에는 지중해가 있고 남쪽에는 인접한 사막보다 높이가 200미터가량 낮은 카타라 저지대(Qattara Depression)라는 거대한 모래사막이 있었다. 그리고 전선의 정면은 약 55km로 한정되었다. 대부분 동서 방향으로 형성된 여러 능선들이 양호한 시야를 제공했다. 이 능선들은 당연히 중요한 요충지가 되었다. 하지만 카타라 저지대의 북쪽에는 기동을 방해하는 장애물이 거의 없었다. 단 다른 사막 지형들이 그렇듯이 일부 지형은 차량의 기동에 유리하거나 불리했고, 이 저지대의 중앙과 남쪽 지역에는 많은 모래 절벽과 급경사지들이 있었다. 1942년 7월의 영국군은 이런 곳에서 정지하고 돌아서서 저항했다. 전투는 제한적으로 진행되었지만 극히 격렬했다. 양측의 전력은 앞선 몇 주 간의 격전으로 인해 고갈되어 있었다. 전선이 제한되고 지형상 방어가 유리해지자 다시 보병이 더욱 중요한 역할을 하게 되었고, 롬멜에게는 보병이 부족했다. 7월 1일에 실시한 롬멜의 첫 공격은 완전히 실패했다. 그는 적이 준비를 갖췄고, 강력한 항공 전력의 지원을 받는다는 것을 깨달았다. 그는 남은 전차 중 상당수를 잃었으며 제90경사단은 포격에 큰 피해를 입고 거의 공황 상태에 빠지는 바람에 지휘관들이 부대를 가까스로 수습했다. 다음 날 재개한 공격은 거의 성과를 거두지 못했고, 또다시 영국군 포병에 의해 분쇄되었다. 롬멜 스스로는 인정하지 않으려 했지만, 이제 추축군은 5월 26일 이후 유지하던 주도권을 잃고 있었다. 롬멜은 다음 공격을 7월 10일로 계획하고 활기찬 성향대로 아프리카군단 사령부를 방문해 직접 명령을 내렸다. 명령에 따라 제15기갑사단에서 전차, 야포, 대전차포 전력 즉시 군사령관이 직접 운용하는 전투단으로 편성되어 특정한 고지로 이동했다. 전투단장은 롬멜에게서 직접 세부 명령을 수령했다.[152]

그러나 전투단의 공격은 영국군이 해안 지역에서 이탈리아군 트리에스테 및 사브라타 2개 사단을 상대로 강력한 공세를 실시하는 바람에 취소되었다. 롬멜은 7월 11일에 루시에게 이렇게 썼다. "하루도 가장 끔찍한 위기와 마주하지 않는 날이 없소. 울고 싶은 기분이오."[153]

롬멜은 7월 13일에 제21기갑사단으로 다시 진격을 시도했지만, 이번에는 전차와 보병의 협조가 불완전했고 보병이 고립되는 바람에 아무런 성과도 얻지 못한 채 영국군의 포격에 분쇄되었다. 다음 날도 같은 일이 반복되었다. 7월 16-17일에 롬멜은 오스트레일리아군의 공격을 겨우 저지할 수 있었고, 북쪽의 미테리야(Miteriya) 능선 지역에서 실시된 공격도 중앙 지역의 독일군 부대를 북쪽으로 보내 겨우 막아냈다. 7월 15일에 중앙부 근처의 루웨이사트(Ruweisat) 능선에서 뉴질랜드사단의 공격을 가까스로 저지하고 반격을 실시했지만, 상실한 지역의 일부분만 되찾았다. 이 전투는 규모가 작지만 큰 희생이 따르고 서로를 깊숙이 찌르는 전투가 되었으며, 기동을 시도할 기회는 거의 없었다. 7월 17일에 롬멜은 케셀링, 카발레로, 바스티코와의 회담에서 암울한 전망을 드러냈다.[154]

롬멜은 집에 보내는 편지들을 통해 깊은 근심을 드러냈지만, 그때마다 집안 문제로 생각을 바꾸며 위안을 얻었다. 7월 21일에는 "만프레트는 휴일에 뭘 하고 지내오?"라 물으며 루시에게 최근에 자신의 저서를 출판한 포겐라이터(Voggenreiter) 출판사에서 받은 저작권 수입을 알리는 편지를 보냈다.[155]

7월 21일과 22일에 걸쳐 진행된 뉴질랜드군의 공격은 강력한 준비포격에 이어 진행되었으며, 북쪽에서 실시된 오스트레일리아군의 기동과 연동되었으나 기갑부대는 동원되지 않았다. 이런 제병합동전술 측면에서는 아프리카군단이 여전히 우위에 있었고, 뉴질랜드군의 공격은 제21기갑사단의 반격에 의해 심각한 손실을 입고 격퇴되었다.

1차 알라메인 전투라고 알려지게 되는 7월의 전투 중 이 전투는 롬멜에게 결정적인

152 DAK KTB, IWM AHB VII/87
153 IWM AL 2596
154 Armbruster, EPM 1
155 IWM AL 2596

순간이었다. 롬멜은 7월 25일자 일지에 이렇게 썼다. "지난 며칠간의 어려운 상황은 묘사조차 힘겨울 지경이다."[156]

7월 26일자 일지에는 최악의 상황이 지나간 것 같다고 썼지만, 7월의 손실은 양측이 거의 대등했고, 롬멜은 오킨렉에 비해 손실을 견딜 여유가 훨씬 적었다. 8월 2일에 그는 지난 몇 주간 아프리카에서 겪은 전투 가운데 가장 맹렬한 전투를 치렀다. 롬멜 자신조차도 '매우 지치고 기력이 없다'고 느꼈는데, 이는 건강 문제와도 연관이 있었다. 가잘라 전투로 얻은 승리의 열매를 이용하려는 롬멜의 노력은 실패했다. 흐름은 바뀌고 있었고 롬멜 자신도 이 문제를 잘 알고 있었다. 전투는 소강상태에 접어들었고, 양측의 군대 모두 휴식을 필요로 했다. 양측 모두 치열한 결투 끝에 지친 결투자들과 같은 처지였다. 보충 병력들은 꾸준히 도착했지만 그만큼 숙련된 병력들을 잃었다. 롬멜은 7월 10일에 무선감청부대와 훌륭한 감청반장 제봄(Seehohm) 대위를 잃었다. 제봄은 가끔 감청 차량을 롬멜의 곁에 세우고 영국군의 무선 교신 번역본이 정식으로 확인되기도 전에 롬멜에게 전달하곤 했다. 이 감청부대의 상실로 롬멜은 정보력에 큰 타격을 입었다. 그리고 6월 29일 이후로 '믿을 만한 출처'인 카이로의 펠러스 대령으로부터 유용한 정보를 전달받지 못하는 상태였다.

롬멜은 공중으로 증원을 받았다. 룽게르스하우젠(Lungershausen) 장군이 지휘하는 제164경사단이 크레타에서 날아와 7월 11일에 즉시 실전에 투입되었다. 원래 몰타 침공작전인 '헤르쿨레스' 작전을 위해 편성된 '람케(Ramcke)' 낙하산여단은 특히 강인한 병사들로 구성되었고, 값비싼 희생을 치렀던 1941년의 크레타 침공작전에서 싸운 베테랑들도 많았다. 그리고 6월 28일에는 비토시(Bitossi) 장군 휘하의 이탈리아 리토리오(Littorio) 기갑사단도 합류했다. 롬멜의 전차 전력은 다시 보충되고, 증가장갑과 75mm 주포를 탑재한 4호 전차들의 합류로 성능도 향상되었다.

그러나 롬멜 휘하의 독일 장병들 가운데 1만 7천 명은 16개월째 아프리카에 있었다. 질병 환자가 늘고 피로가 누적되어 새로운 병력으로 교대시켜야 했다. 교대병력들이 도착하기 시작했지만, 피로와 고온, 질 나쁜 식사, 구역질 날 정도로 많은 파리들, 잦은 위장병으로 인한 쇠약으로 롬멜의 예하 지휘관들은 물론 롬멜 자신도 그 대가를 치르고 있었다. 롬멜의 혈압은 불안정했고 소화불량도 재발했다. 롬멜은 지쳤고 자신이 아프리카에서 심하게 허약해졌음을 알았다. 롬멜로서는 예상하기 힘든 일이었지만 유럽에서 적절한 휴식을 취해야 한다는 것을 부정할 수 없었다. 롬멜은 7월 28일에 루시에게 편지

..........................
156  위의 책

를 보냈다. "상상할 수 있소? 휴가 계획을 세울 수 없어 얼마나 슬픈지 말이오." 그리고 8월 7일에는 이렇게 썼다. "독일로 한달음에 날아갈 수 있다면 얼마나 좋겠소! 하지만 전적으로 앞으로 몇 주에 달렸다오."[157]

롬멜은 사막에서 가급적 신속한 공세 재개를 기획했다. 그는 빠른 시점의 공격에 희망이 있다고 여겼다. 양측 모두 대량의 지뢰를 매설 중이었고, 공세 시점을 늦출수록 최초의 '돌파'가 더 힘들어질 것이 분명했다. 롬멜은 영국군의 전력증강이 계속되고 있다는 사실을 잘 알았고, 이 문제를 항상 염두에 두고 있었다. 그의 참모는 8월 20일까지 영국군이 900대의 전차와 850문의 대전차포, 550문의 야포를 보유할 것이라고 예측했다. 반면 롬멜이 보유한 전차는 500대 미만이었고, 그 가운데 독일 전차는 200대뿐이었다. 롬멜은 조만간 미군 부대가 이집트에 등장할 가능성이 높다고 예측했다. 연합국들은 실제로 이 문제를 논의했지만 미국은 병력 대신 상당수의 전차를 보냈다.

항공전도 가잘라 전투 이후 롬멜에게 불리해지고 있었다. 영국공군은 활발하고 공격적이었다. 일선 부대들은 물론 롬멜의 사령부도 7월 초부터 심각한 공격에 노출되었고 8월 8일에는 토브룩항도 폭격을 받았다. 토브룩의 하역능력은 제한적이었지만 일선의 부대와 가깝다는 엄청난 장점을 제공했는데, 이제 공습으로 토브룩의 화물 취급능력은 20%까지 하락했다. 롬멜은 토브룩에서 노획한 수많은 영국군 차량들에 물자 수송을 의존했으며, 이 노획차량들이 없었다면 진격을 계속할 수 없었을 것이다. 당시 아프리카기갑군의 차량 중 80퍼센트 이상이 노획 차량이었다. 이 노획차량들이 고질적인 예비 부품이 부족에 시달리면서 보급 문제가 훨씬 악화되었다. 이를 대체할 독일제와 이탈리아제 차량의 보급은 느리기만 했다. 그 결과 롬멜의 군수 현황은 다시 심각하게 악화되었다. 추축군 부대들은 식량부족을 겪었고, 기갑군의 빵 배급량은 절반으로 줄었다. 8월 중순까지 8-10일치에 해당하는 전투용 탄약 소모분과 기갑사단들이 3일간 95km를 기동할 수 있는 연료를 확보했지만 여전히 전망은 암담했다. 보급에 대한 전망은 불확실하거나 암울했고 이 문제는 롬멜의 마음을 떠나지 않았다. 롬멜은 군수 문제에 소홀했다는 악평을 받았고, 독일 및 이탈리아 당국이 무능하다고 비난하며 자신의 부대를 제대로 지원해주지 못했다며 불만을 쏟아내거나 기록을 남기는데 많은 시간을 할애했다. 그 결과 롬멜은 소모적인 불평에 시간을 허비했다는 비판을 받았다.

그러나 거의 모든 물자를 해상으로 수송해야 하는 북아프리카 전선의 특성상 보급 문제를 좌우하는 핵심 요소들은 언제나 가변적이었고, 양측의 행동에 따라 변화하곤 했

---

157 위의 책

다. 가장 중요한 요소는 해상수송로의 길이와, 길이에 비례해 증가하는 취약성이었다. 이탈리아에서 리비아로 향하는 가장 짧은 해로는 트리폴리 항과 연결되어 있었으며, 이 항로는 잠수함과 항공기의 위협에 노출되어 있었고, 특히 몰타를 거점으로 호송선단을 공격하는 영국군이 가장 큰 위협이었다. 다만 추축군은 전쟁 중 몰타를 점령하지 않더라도 트리폴리행 항로에 한해서는 수송 중의 손실을 억제하도록 관리할 수 있었다. 이런 경우 키레나이카의 비행장을 점유하는 등의 활동도 중요한 요소 중 하나였다. 트리폴리가 사실상 봉쇄되는 힘겨운 시간도 있었는데, 이 경우 물자수송의 성패는 추축국 공군이 몰타에 가할 수 있는 공습이나 섬을 봉쇄하여 섬의 비축물자를 소모시키는 비율에 따라 달라졌다. 몰타는 언제나 중요한 존재였고, 그만큼 몰타에 대한 공수부대 공격 계획인 '헤르쿨레스'작전에 관한 논쟁도 치열하게 전개되었다.

추축국 호송선단이 보다 동쪽으로 항로를 설정할 경우, 이집트에 위치한 비행장의 작전범위로 들어가게 되고 운항 거리도 더 길어지기 때문에, 위협에 취약했다. 추축국은 이에 대응해 선단에 호위함을 붙이고 1941년 8월부터 OKW가 이탈리아 해군을 지원하기 위한 독일 잠수함과 구축함의 지중해 파견을 허가했다. 그러나 화물선 대 전투함의 비율을 감안하면 호송선단 구성은 비경제적인 방안으로 여겨졌다. 이런 판단은 북아프리카 전역의 전략적 중요성 변화를 고려하면 이해할 수 있었다.

두 번째 요소는 항구의 하역능력이었다. 이집트를 거점으로 실시되는 항공공격에 취약한 벵가지와 토브룩은 한 번에 5척의 화물선이 동시에 접안할 수 있는 트리폴리에 비해 하역능력이 매우 제한적이었다. 벵가지의 화물 취급능력은 2,700톤, 토브룩은 1,500톤에 불과해 중요도가 크게 뒤쳐졌다.

결국 가장 안전하고, 가장 하역 규모가 크고, 가장 안전한 항구는 트리폴리였다. 하지만 독일-이탈리아군은 항상 가급적 동쪽에서 방어를 한 다음 진격하려 했고, 롬멜의 야심도 가급적 동쪽으로 진격하는 데 초점을 맞추고 있었다. 그 결과 군수 지원에서 세 번째이자 아마도 가장 큰 요소, 즉 항구에서 전방까지 육로 보급선의 연장, 그리고 그에 따른 도로 수송 수요의 폭증이라는 문제가 발생했다. 제한적으로 공중 수송도 사용할 수 있었지만 보급의 거의 대부분은 필연적으로 해상과 육로를 통해 진행되어야 했다.

롬멜이 진격할수록 수송 수요는 기하급수적으로 확대되었다. 그리고 북아프리카에 물자를 하역하는 항구가 전선에서 멀어질수록 수송 수요도 그에 비례해 증가했다. 당연히 도로 수송 과정에서 소모되는 연료와 비포장로를 따라 엄청난 거리를 주행해야 하는 수송차량들의 예비부품 소요도 함께 증가했다. 따라서 롬멜, 그리고 그를 지원하는 임무를 맡은 사람들은 어떻게 유럽에서 출발한 보급선으로 북아프리카 전역까지, 전략적 목표를 달성 가능한 규모의 전투부대들에 보급을 제공할 것인지 고민해야 했다. 보급선은 해상 항해 중에는 해상 및 공중 공격에 취약하지만, 보다 서쪽의 항구에 물자를 양륙하면 위험이 줄어들었다. 반대로 육상 수송 시 발생하는 항공공격과 부족한 수송차량, 차량 혹사, 연료 부족의 문제는 보다 동쪽의 항구에 물자를 양륙하면 극복할 수 있다.

로마 주재 독일 무관 겸 이탈리아군 총사령부 OKW 연락장교 폰 린텔렌에 따르면[158] 이 문제에는 해답이 없었다. 해결 자체는 가능하지만 문제를 온전히 해결하려면 변수들 가운데 하나를 유리하게 바꿔야 했다. 즉 보다 많은 수송차량을 확보하거나, 전선과 보다 가까운 항구를 점령하거나, 보다 많은 연료와 소요물자들을 전방으로 수송해 비축하거나, 전선이 기지와 보다 가까운 위치까지 철수해야 했다. 그러나 독일의 자동차 산업은 미국으로 대표되는 연합군의 경이적인 자동차 산업 역량과는 비교가 되지 않았고, 전방 항구를 이용하면 호송선단이 더 취약해지는 결과가 될 수도 있었으며, 항구의 하역능력도 실망스러웠다. 롬멜은 육상 보급 상황에 대한 조치를 취하거나 보급로에 대한 요구를 경감시키라는 충고를 자주 받곤 했다. 즉 전방에 물자를 더 비축하거나, 진격을 멈추고 보급 상황이 악화되지 않도록 하라는 조언이었다. 이탈리아군 사령부는 롬멜이 키레나이카에서 영국군을 몰아낸 첫 공세를 취하기 전인 1941년 1월과 3월에 그에게 그렇게 충고했다. 크루세이더 작전 뒤 메르사 엘 브레가로 퇴각한 이후에 두 번째 대공세로 가잘라와 토브룩을 점령하는 전투를 개시하기 전에도 같은 충고를 받았었다. 롬멜은 나일강 삼각주 끝에 서면서 다시 충고를 받았다. 그에게 진격을 멈추고 보다 효과적인 보급이 가능한 곳에 남아있으라고 충고한 이들에게는 자신의 충고를 뒷받침할 많은 근거가 있었다. 하지만 롬멜은 자신과 기갑군이 아프리카에 존재하는 목적이 대체 무엇이냐고 반박할 수 있었을 것이다. 만일 롬멜이 큰 위험을 감수하고 영국군의 전술적 패배와 아직 사용하지 않은 전쟁수행능력, 그리고 보다 폭넓은 창의력을 활용할 수 있었다면 실제로 영국군을 쫓아내고 거대한 전략적 목표를 달성할 수 있었을까? 롬멜은 자신을 의심하는 사람이나 회의론자들에게 실적을 보여줄 수 있었다. 그들은 1941년 2월에 롬멜을 트리폴리 근처에 잡아두려 했지만, 롬멜은 그 대신 2개월만에 이집트 국경에 도달했다. 그들은 1942년 1월에 롬멜을 재차 잡아두려 했지만, 롬멜은 6월 중순에 토브룩의 주인이 되고 알렉산드리아에서 100km 이내로 진입했다. 롬멜은 보급 상황에 관한 경고들을 무시하며 자신이 옳다는 것을 입증했다. 그리고 롬멜은 좀 더 많은 노력이 집

---

158    M. van Crefeld, "Rommel's Supply Problem 1941-42", RUSI Journal, September 1974

중된다면 보급 문제의 변수들을 유리하게 바꿀 수 있다고 믿었다. 그는 후에 이 문제에 대해 신랄한 비평을 기록했는데, 롬멜의 주장에 의하면 이탈리아는 호송선단에 대한 열의와 의지가 없고, 트리폴리에서 벵가지로 보급품을 해상으로 추진하기 위한 연안 선박이 부족하며, 항구의 하역능력 문제에 적극적으로 대처하지 않고 있었다. 그는 이 문제들을 꾸준히 비난했다. 많은 사람들이 그랬듯이 롬멜이 생각한 우선순위와 그가 평가한 어려움은 당시 자신이 처한 입장에 매우 많은 영향을 받았다.

그렇지만 군수에는 결코 사라지지 않을 심각한 문제가 있었다. 아프리카기갑군이 필요로 한 매월 10만톤의 물자, 아프리카기갑군의 전반적인 연료보유고, 롬멜의 차량수송대가 감당해야 했던 부담,[159] 그리고 이탈리아 해군의 무덤이라 묘사될 정도로 위험한 항로였던 토브룩 항로 등의 문제는 끝내 거의 해결되지 않았다. 그리고 롬멜은 오킨렉이 인원과 장비를 지속적으로 보충받고 있으며, 오킨렉의 부대가 보급기지로부터 매우 가까이 위치하여 보급에 어려움을 겪지 않는다는 사실을 잘 알고 있었다. 이런 사례들을 대조해볼 때, 롬멜이 군수문제의 변수 가운데 하나가 유리한 방향으로 크게 변화하지 않는 한, 또 다른 전역은커녕 추가적인 전투를 수행할 가능성조차 불투명했다. 이 변수들 가운데 롬멜이 제어할 수 있는 요소는 전선의 위치, 즉 육상 보급로의 길이뿐이었다. 롬멜은 먼 길을 되돌아가 지나치게 연기된 몰타 공격의 진행을 기다린 후 장기적으로 보급상황이 개선되고 교체용 차량을 포함한 대량의 보급품을 수령하기까지 야심을 접어둘 수도 있었다. 혹은 빠른 진격으로 전역을 신속히 마무리하고 알렉산드리아 항과 이집트의 비행장들을 활용해 기갑군의 보급을 회복할 수도 있었다. 7월이 지나는 동안 롬멜은 두 번째 방안을 실행하기에는 승산이 너무 부족하다는 현실을 깨달았다. 그는 토브룩에서 2000대의 차량과 1400톤의 연료를 노획했으나, 보급 문제는 어느 정도 완화되었을 뿐 끝내 해결되지 않았다. 8월 중순에 영국군이 상당한 희생을 치른 끝에 서부 지중해를 거쳐 몰타에 재보급을 실시한 결과, 아프리카로 향하는 추축국 호송선단에 대한 몰타의 위협이 다시 강해졌다. 그리고 해상용 연료까지 고갈되면서 대부분의 화물은 트리폴리로 직행하게 되었다. 결국 롬멜은 북아프리카 해안 전체 길이의 절반에 달하는 보급선의 끝에 있는 이집트 삼각주를 침공하기로 결심했다. 롬멜은 현 위치에서 대치하거나 후퇴할 경우에는 전투의 주도권을 잃고 적의 압도적인 전력 강화를 허용하게 되지만, 공격은 적어도 전략적 승리를 도모할 가능성이 있다고 믿었다. 천성적 낙관주의자이자 군사적 요소들에 대한 판단이 신속한 케셀링도 롬멜의 의견에 동의했다. 늦여름

......................
159 벵가지에서 전선까지 1300km, 트리폴리에서 전선까지 2200km 이상을 주파해야 했다.

이집트 전역은 롬멜의 상급자들이 희망과 지침에 의해 진행되었다.

8월 말에 실시할 대규모 공세 계획이 결정되었다. 이 공격은 가잘라에서 그랬듯이 지뢰지대 및 참호화된 진지에 대한 공격이 중심이었다. 롬멜은 가잘라 전투와 같이 북쪽에서는 양동작전을, 남쪽에는 주공을 두고 적의 좌측면을 우회한 후 해안을 향해 북진하는 기동로를 설정했다. 기갑군의 사기는 여전히 높았다. 확정된 공격 일자는 8월 30일이었고 롬멜은 루시에게 그 날 일찍 정확한 사실이라기보다는 위안에 가까운 편지를 썼다. "내 건강은 가장 좋은 상태요. 이제 중대하고 큰 전투를 앞두고 있소. 우리 일격이 성공한다면 전쟁의 전체 흐름을 결정하는데 어느 정도 도움이 될 수 있을 거요." 러시아에서는 독일이 볼가(Volga)에 도달했고 이미 스탈린그라드의 변두리로 진입하고 있었다. 그리고 아프리카에서 롬멜이 가잘라에서 그랬듯이 제8군을 처리한다면 수에즈 운하에 도달하여 이집트의 주인이 될 수 있었다. 하지만 그는 불안해했고 그의 동지들은 그 불안감을 알아챘다. 그는 마지막 기회가 임박했다고 생각했다.[160]

롬멜은 8월 30일 저녁 8시 30분에 진격을 시작하기 전에 여전히 네링 장군이 지휘하는 아프리카군단 사령부에 합류했다. 그는 8월 15일부터 영국 제8군이 새 지휘관의 지휘를 받고 있다는 사실을 알았다. 신임 사령관은 몽고메리 장군이었다.

버나드 몽고메리(Bernard Montgomery)의 군사적 재능은 거의 모든 점에서 에르빈 롬멜과 달랐다. 두 명 모두 감수성이 강한 나이에 제1차 세계대전을 겪었지만 그로부터 서로 다른 군사 사상을 발전시켰다. 몽고메리는 처음에 소대장으로 1차 이프르 전투를 치른 이후 전쟁 내내 서부전선에서 유능한 참모장교로 근무했다. 그는 효율적인 부대를 조직하고, 주의 깊게 전투를 준비하며, 물질과 인적 자원을 소중히 관리하고, 특정한 전쟁 원칙들을 단순하고 적절하게 응용하는 방식을 터득했다. 롬멜 역시 생각이 깊었지만 1차 대전 내내 연대의 일선 장교나 소부대 지휘관으로 활동하며 전술적 교훈들을 쌓아나갔고, 기습과 공격 우선의 사고, 전투 중 결정적인 지점에서 발휘하는 개인적 리더십, 지치지 않는 체력, 전방 지휘를 신봉했다. 몽고메리는 심사숙고하고 위험과 이익을 신중하게 계산했으며 과도하게 안전을 추구하는 경향이 있던 반면, 롬멜은 전쟁의 모든 것이 불확실하다 믿었고, '기회를 포착하고' 상황을 주도하여 불확실성의 요소를 자신에게 유리한 방향으로 쉽게 전환할 수 있다고 여기던 낙관주의자였다. 따라서 몽고메리가 승산이 매우 높지 않는 한 가급적 전투를 꺼린 반면, 롬멜은 스스로는 도박사가 아니라 강변하면서도 좋지 않은 상황에서 큰 이득을 기대할 수 있다면 심각한 위험도 감수

---

160  Liddell Hart, 앞의 책

했다. 몽고메리는 주의 깊게 계획된 전투에 탁월했고, 조직 및 군수 문제에 정통했으며, 믿을 만한 예하 지휘관을 선발하여 수행할 임무를 상세하게 알려주는 방식을 추구했다. 롬멜은 생각과 행동이 더 빨랐고, 전방에서 부대를 지휘했으며, 자신의 주특기인 전술적 전투에 빈번하게 개입했고, 가급적 결정적인 지점에 최대한 오래 머무르려 했다. 롬멜은 저돌적인 성향의 전장 기동과 임기응변의 대가였다. 몽고메리는 결코 어려운 상황에 뛰어들지 않았고, 아마 그런 상황을 탁월하게 극복하지도 못했을 것이다. 대신 몽고메리는 신중하게 싸웠고 그 방식에 정통했다. 그리고 몽고메리는 정확히 자신의 계획을 이행할 자원이 있었고 그렇게 행동해 이겼다. 몽고메리는 롬멜과 달리 승리를 확보했고, 이를 강화할 각오가 되어있었으며, 결코 상황을 되돌리지 않았다. 그에 비해 롬멜의 승리는 그 수명이 짧았다. 하지만 1940년의 이래 롬멜의 승리들은 수적, 물적 열세를 자신이 가진 특유의 에너지, 속도, 뛰어난 기량으로서 상쇄한 결과물이었다. 이런 특징들은 몽고메리가 지닌 특성에 비해 우월하거나 뒤떨어지기보다는 그 방향 자체가 달랐다.

이 경이로운 두 군인은 군사적 기질이 완전히 상이했던 반면, 인간적인 자질과 특성은 눈에 띄게 비슷했다. 두 사람은 모두 부대원들의 신뢰를 얻는 것을 매우 중요시했다. 몽고메리는 장병들과 의사소통을 하고, 그들 앞에 나타나고, 그들과 대화하기 위해 끊임없이 노력했다. 군인 중의 군인 이상인 롬멜도 마찬가지로 부대원들과의 의사소통에 능했고, 선임부사관처럼 농담을 하고 소리를 질러댔으며, 자신에게 엄격했다. 그리고 스파르타식으로 생활하고, 군대의 고통을 공유하며, 무모하리만치 용감한 성정으로 유명했다. 목표에 대한 접근법이 상반된 이 두 지휘관은 전쟁에서 매우 중요한 인물로 평가받았고, 그들이 지휘하는 부대들도 이런 사실을 인식하고 있었다. 두 사람은 모두 자신과 부하들의 체력을 매우 중요시했다. 그리고 두 명 모두 금욕적인 성격이었다. 두 장군 모두 가족에게 헌신적이었고 아들 한 명이 있었으며, 군인 이외의 직업에 별 관심이 없었다. 다만 두 명 모두 솜씨 좋은 사진가였고 겨울 스포츠에 열정적이었다.

두 장군은 선전, 홍보, 자기광고, 그리고 군대와 그 군대를 유지하는 국가에서 자신의 인지도가 가지는 가치를 매우 잘 알았다. 롬멜의 인상은 부분적으로는 괴벨스에 의해 만들어졌지만, 괴벨스는 롬멜이 선전의 관점에서 대중을 열광시킬 수 있는 장군임을 잘 알았다. 선천적인 부분보다는 인위적이고 의도적인 방침의 영향을 보다 많이 받았지만 몽고메리의 선전능력도 매우 뛰어났다. 상대적으로 롬멜의 선전능력은 개인의 성향에 가까웠으며, 독일의 대중매체는 이를 약삭빠르게 이용했다. 롬멜은 자만심이 강했고, 몽고메리도 자만심이 강했거나 점차 강해졌다. 두 명 모두 대중적 환호를 즐겼다. 두 장군은 자신들의 업적을 높이 평가했고, 자신들과 의견이 다르거나 자신들을 비판하는 사람들에 심각한 문제가 있다고 믿게 되었다. 두 명 모두 자기중심적이고, 경쟁심이 강하고, 반대 의견에 너그럽지 못했으며, 아부에 약한 모습을 보여주었다. 그 결과 두 사람은 자신이 지휘하는 부대 내에서 과시 성향이 있으며 독단적이고 지나치게 으스대는 태도로 비판을 받았다. 이런 특성은 장군이 되었을 때 갑자기 드러난 것이 아닌, 오랫동안 유지하던 개인적인 성향이었다. 두 명 모두 실패에 엄격했으며, 실패를 성급하게 예단하곤 했다. 이는 두 장군 모두 스스로에게, 그리고 부하들에게 높은 기준을 요구하는 태도의 한 단면이었다. 하지만 중압감에 노출되거나 위급한 상황에 처했을 때의 임무수행능력을 가장 잘 판단할 수 있는 입장에 있던 직속 참모들은 두 장군에게 깊이 찬탄했다. 두 사람은 모두 당대 군인들의 자질에 대해 신랄하게 비판하는 경향이 있었는데, 이 문제에 있어서는 몽고메리가 보다 극단적이었다. 충성심의 한계를 시험하듯이 지휘체계를 무시하는 성향은 롬멜이 더 심했다. 그리고 양자 모두 가능한 최선의 조언을 청취한 후 스스로 결정하고 독자적인 방침을 정했으며, 그 후 최대한의 독립성과 정신적 용기로, 그리고 최소한의 복종으로 이 결정과 방침들을 고수했다.

두 장군들은 동맹군에게, 즉 롬멜은 이탈리아군에게, 몽고메리는 미군에게 무례하고 성급한 태도를 보였다. 따라서 이런 태도로 인해 발생하는 문제를 수습해 줄, 보다 부드러운 성향의 상급자를 필요로 했다. 몽고메리의 경우 육군 대장 앨런 브룩 경[161]이, 롬멜에게는 케셀링이 그런 상급자였다. 두 지휘관은 예하장병들과 완전한 일체감을 공유했으며, 자신들이 지휘한 장병들- 즉 몽고메리는 제8군, 롬멜은 기갑군의 '오랜 아프리카너들'의 이해관계와 평판을 강하게 옹호하는 입장이었다. 두 장군 모두 대단히 야심만만했다. 두 사람 모두 기본적으로 원칙론자이자 예의 바른 신사였다. 두 명 모두 의지가 매우 강했다. 이제 이런 두 지휘관이 격돌할 차례였다.

몽고메리는 30km의 정면에 4개 사단을 배치했다. 북쪽에서부터 모스헤드 장군의 제9오스트레일리아사단, 피에나르(Pienaar) 장군의 제1남아프리카사단, 브리그스(Briggs) 장군의 제5인도사단, 프레이버그 장군의 제2뉴질랜드사단이 지뢰지대 뒤에 배치되었다. 그리고 휴즈(Hughes) 장군의 영국군 제44사단이 알람 할파(Alam Halfa) 능선에 대해 T자 형태로 배치되었다. 이 능선은 뉴질랜드 사단의 25km 후방에서 동서로 뻗어 있었다. 뉴질랜

---

161    Alan Brooke (1883-1963), 1차대전 동안 뛰어난 포병장교로 명성을 쌓았고, 2차대전 발발 후 영국 원정군 제2군단을 지휘했으며 이후 육군 원수 겸 영국군 참모총장으로 임명되었다. 정치적인 고려로 군사적인 희생을 감수하려는 처칠의 무리한 요구들을 막고 미국과의 협력을 조율하며 영국의 전쟁진행을 관리하는 등 다방면으로 활약했다. 몽고메리는 서부전선에서 브룩 휘하의 제3보병사단장으로 근무했으며 브룩에 의해 제8군 사령관으로 임명되었다. (편집부)

드사단의 남쪽에는 롬멜이 지나갈 수 있는 간격을 일부러 남겨두었는데, ULTRA의 정보에 따르면 롬멜은 이곳을 실제로 통과할 예정이었다. 이 간격에는 한 개의 차량화 여단과 한 개의 경기갑 여단이 배치되었고, 이들은 지뢰지대를 엄호하되, 그 후에는 필요한 경우 철수하라는 명령을 받고 있었다. 영국군 기갑부대 주력인 3개 기갑여단은 알람할파 능선의 서쪽과 남쪽에 배치되어 방어 진지에서 교전할 준비를 갖추고(이 방어진지의 위치는 롬멜의 움직임이 명확해진 후 필요한 만큼 재조정되었다) 아프리카기갑군의 정면과 측면에서 실시할 반격에 대비했다. 이 계획에서 영국군 기갑부대의 역할은 거의 전적으로 대전차 임무였다. 이제 롬멜을 살상지대로 유인할 준비가 끝났다.

롬멜의 정보참모는 롬멜에게 영국군의 배치 상황을 상당히 정확하게 조언했지만, 대신 제1남아프리카사단을 오랜 적수인 영국군 제50사단으로 오판했고, 제44사단이 알람할파 능선에 배치되었다는 사실도 알지 못했다. 롬멜은 이탈리아군의 경전차를 제외하면 470대의 기갑전력으로 공격에 나섰고, 이 가운데 200대는 독일 아프리카군단의 전차였다. 반면 상대의 기갑전력은 700대에 육박했다. 롬멜은 영국군 전차전력을 실제보다 많이 추산했지만, 적이 손실을 보충했으며 상당한 수의 가용 예비 전력을 가지고 있다는 추측은 옳았다.[162]

롬멜은 수적으로 우세한 적을 상대하게 되었지만, 이전에도 이런 상황에 직면해 성공적인 성과를 거둔 경험이 있었다. 롬멜이 택한 방법은 이전과 같이 종심으로 침투해서 적에게 치명적인 후방 지역 및 나일 삼각주로 통하는 보급선을 위협하여 적의 대응을 강요하고, 아프리카기갑군의 우세한 기동력과 역동적이고 우수한 지휘력 및 전술적 기량의 우세를 이용해서 적의 기동부대를 상대하는 것이었다.

롬멜의 작전 계획은 3개월 전에 실시된 가잘라 전투와 매우 비슷했다. 북부에서는 이탈리아 보병사단들이 아군과 영국군의 지뢰지대 너머로 정면 양동작전을 실시할 예정이었다. 람케 여단과 새로 도착한 독일군 제164사단으로 증원된 이 사단들은 영국 방어부대들이 남쪽의 부대들을 지원하지 못하게 발을 묶는 역할을 맡았다. 동시에 아프리카기갑군의 기갑부대들. 즉 아프리카군단의 3개 사단 및 데 스테파니스(De Stefanis) 장군의 제20군단 소속 기갑부대와 3개 기계화 사단(트리에스테, 아리에테,[163] 리토리오)이 전선 남쪽에서 영국군 지뢰지대를 돌파하여 동쪽을 향해 약 30km가량 종심으로 진격한 다음 북쪽으로 방향을 돌려 영국군의 주방어선을 우회하며, 대응을 위해 움직일 것이 분명한 영

---

162   영국군은 가잘라에서 75mm 그랜트를 투입했듯이 이제는 강력한 셔먼 전차를 보급받았다. 75mm 주포는 장포신이 아니었고 방어력도 최고 수준에는 미치지 못했지만 기계적으로 뛰어났다.

163   이 시기에 지휘관이 아레나 장군으로 교체되었다

국군 기갑부대와 교전한다. 이들은 과거에 여러 차례 승리를 가져온 자연스럽고 즉흥적인 능동적 대응으로 임무를 수행해야 했다. 롬멜은 이 시기에 영국군의 철수를 차단하고 해안에 도달한 다음 동쪽으로 방향을 선회해 기동 사단들을 인솔하여 나일 삼각주의 알렉산드리아와 카이로로 전진할 예정이었다. 그곳에는 수많은 연료와 차량들이 비축되어 있다고 알려져 있었으며, 이를 노획한다면 '대전략', 즉 오리엔트 계획의 일부를 진행할 수도 있었을 것이다. 기동은 지뢰지대가 개척되는 대로 가급적 일찍 시작하고, 이번에도 달빛을 이용하여 8월 30일 밤에 공격을 개시했다. 좌측에는 이탈리아군 및 이탈리아군의 좌측에 배치된 제90경사단이 작전을 수행하고, 아프리카군단의 제15기갑사단과 제21기갑사단은 우익을 구성해 더 깊고 넓게 진격한 후 회전하는 임무를 맡았다.

작전 개시 3일 만에 롬멜의 작전이 완전히 실패했음이 분명해졌다. 전투의 과정과 최종적인 결과 사이의 차이가 가잘라 전투보다 더 클 것이라고는 상상할 수 없었다.

우선 기갑군이 적의 지뢰지대를 통과하는 경로를 개척하는데 상당한 시간을 소모했다. 지뢰지대 개척에 필요한 시간은 과소평가되었고, 그 결과 롬멜의 시간계획은 처음부터 뒤죽박죽이 되었다. 그리고 적이 제공권을 장악하여 롬멜의 집결지와 보급부대에 파괴적인 타격을 가했다. 그간 공중전투는 대체로 대등했다. 독일공군이 우세한 기간도 있었고, 영국공군이 우세한 기간도 있었다. 롬멜은 지난해 토브룩을 처음 포위할 당시 영국군 블렌하임 폭격기의 폭격으로 큰 피해를 입었지만 1941년 8월에 북아프리카에 반입된 매우 우수한 Me109F2 전투기 덕에 크루세이더 전투 당시에는 전과와 손실이 대체로 대등했다. 하지만 가잘라 전투와 그 이후의 추격전, 그리고 알라메인 방어선의 첫 전투에서는 독일공군과 이탈리아군의 비행대대들이 적에 비해 수적으로 우세했음에도 파일럿들이 심각한 혹사를 당한 결과 큰 손실을 입었다. 이로 인해 가잘라 전투가 종결되는 시점에서 영국군이 제공권을 잡았다. '아프리카 공군사령관' 폰 발다우 장군의 보고서는 7월 중순부터 점차 비관적인 내용으로 채워졌다. 그리고 영국군은 항공 연료를 거의 걱정하지 않았다. 그 결과 롬멜은 항공 지원을 아주 조금밖에 받지 못하게 되었고, 기갑군은 밤낮으로 끊임없이 웰링턴(Wellington), 알바코어(Albacore), 볼티모어(Baltimore), 미첼(Mitchell) 폭격기들과 이를 지원하는 제22비행대대의 전투기들의 공격을 받았다.

기갑군의 우익은 지뢰지대 개척 지연과 폭격, 그밖의 다른 이유들로 인해 전방으로 돌진하지 못했고, 진격속도는 30km 전진당 3시간 이상으로 느려졌다. 롬멜이 선두에 서서 비르 하케임을 휩쓸고 돌아 나가던 아프리카군단과는 상반된 모습이었다. 군단장 네링이 부상을 당하면서 뛰어난 참모장인 바이에를라인이 임시로 군단 지휘권을 인수했다. 몇 분 전에는 제21기갑사단의 탁월하고 노련한 사단장 폰 비스마르크가 박격포 포격에 전사했다. 롬멜은 첫날인 8월 31일 오전 8시에 적의 항공 공격의 효과에 전율하며 작전을 멈추고 철수할 것을 검토했다.[164] 롬멜의 좌익인 이탈리아군 제20군단과 제90경사단도 느리게 전진을 하고 있었는데, 이들의 진격은 차질이 없어야 했다. 만약 롬멜이 원한 대로 진정한 측면 포위 전투가 되었다면 도움이 되었을지도 모른다. 그러나 이번에는 이들의 느린 진격이 롬멜을 방해했다. 롬멜은 유명한 자신의 손끝 감각을 통해 상황이 잘못되어가고 있다는 느낌을 받았다.

아프리카군단은 급유를 위해 알람 할파 능선 남서쪽 사막에 정지했다. 바이에를라인은 롬멜에게 작전을 계속해야 한다고 설득하려고 했고, 롬멜은 불안했지만 공격을 계속하기로 결정했다. 그는 동쪽으로 좀 더 진출한 다음 북쪽으로 회전해서 알람 할파 능선의 동쪽 끝단을 통과할 생각이었다. 하지만 8월 31일 오전 8시 30분에 그는 아프리카군단에게 원래 계획보다 일찍 북쪽으로 선회해서 알람 할파의 서쪽 끝단을 향해 이동하라는 명령을 내렸다. 당시 영국은 가짜 '통로' 지도를 독일군이 입수하도록 공작을 펼쳤는데, 이 지도가 독일의 공격 축선 결정에 영향을 미쳤을지도 모른다.

롬멜은 알지 못했지만 알람 할파 능선은 영국군 제44사단이 남쪽을 향해 방어선을 구축하고 있었다. 그리고 서쪽과 남쪽에도 영국군 기갑여단들이 대전차포 역할을 맡은 전차들을 배치해 전진중인 추축군 전차들을 공격할 채비를 갖추고 있었다.

진격은 롬멜이 계획한 목표지점이 아닌 몽고메리가 계획한 지점까지 느리게 계속되었다. 영국군 기갑부대는 진지에 남은 채 움직이지 않았고 기동을 시도하지도 않았다. 그들은 롬멜에게 어떤 기회도 주지 않았고, 그저 꿋꿋이 자리를 고수했다.

작전 2일차인 9월 1일에 롬멜은 지속적인 공습을 받으면서도 오전과 오후에 아프리카군단을 방문해서 실패로 향하고 있는 전투를 멈추는 방안을 재차 검토했는데, 이 방문 중 받은 공습으로 자신의 본부경호대(Kampfstaffel) 대원 몇 명이 사망했고 롬멜 자신도 폭격 파편으로 거의 죽을 뻔했다. 롬멜의 전차들은 수적으로 우세하며, 방어자가 선택한 방어 지역에 잘 배치되어 우발사태에 대한 준비까지 마친 영국군 기갑여단들을 상대로 전진해야 했다. 롬멜은 남은 연료가 극히 적었기 때문에 설령 작전적으로 전진할 여유가 있다 해도 실제로 먼 거리를 전진할 여유는 없을 것 같다고 판단했다. 당시 아프리카군단 지휘관이던 폰 페르스트(von Vaerst) 장군[165]은 이미 오전 7시에 연료 부족으로 인

......................
164  Rommel diaries, EPM 9
165  제15기갑사단은 일시적으로 폰 란도브 장군에게 인계되었다. 폰 페르스트는 9월 17일 아프리카군단의 지휘권을 인수할 폰 토마가 도착하고 폰 란도브가 제21기갑사단으로 이전하기까지 부대를 지휘했다.

한 공격 실패가 예상된다고 롬멜에게 보고했다. 폰 페르스트의 병력은 사막 모든 곳에서 공습에 큰 피해를 입고 있었다. 롬멜은 방어의 요충인 알람 할파에 대해 제15기갑사단만으로 한 번 더 공격을 시도했다. 이 공격은 가장 성사가능성이 희박했고, 롬멜이 실패에 굴복하는 듯한 인상을 주었다. 그는 영국군이 예전에 그랬듯이 상황을 비관한 나머지 철수할 경우를 기대하고 마지막으로 한 차례 제한된 규모의 공세를 시도했지만 롬멜이 원하던 상황은 일말의 징후도 보이지 않았다. 제15기갑사단의 공격은 큰 진척이 없었고, 롬멜은 일기에 다음 날인 9월 2일 8시 25분에 "전투를 중지하기로 결정(Entschluss zum Abbrich der Schlacht gefasst)"했다고 암울하게 기록했다.[166]

그리고 철수가 시작되었다. 9월 1일 밤에 롬멜의 충실한 통역관은 '이전까지 겪어본 적이 없는 폭격(so wie heute Nacht sind wir noch nie bombardiert worden!)'[167]을 받았다고 기록했다. 롬멜이 상대의 공중우세가 자신의 병력에 미친 파괴적 효과를 과장했을 수도 있지만, 그 효과는 분명 대단했다. 사실 독일공군이 9월 1일에 약간이나마 주목할 만한 성공을 거두었기 때문에 항공전을 모두 실패한 것은 아니었지만, 항공전의 전황은 전투에 결정적인 효과를 미치기에는 충분할 정도로 압도적이었다. 9월 2일에는 토브룩에 있던 8,000톤짜리 유조선이 침몰했다는 소식이 전해졌다. 독일공군은 매일 9만 갤런의 연료를 아프리카 전역으로 공수했지만, 물자를 적절히 관리하지 못하는 보급선으로 인해 그 중 상당부분이 낭비되었다.[168]

유조선 침몰이 결정적인 계기가 되기는 했어도, 롬멜은 그 이전부터 전투를 중지한다는 결정을 내린 상태였다. 알람 할파에서 롬멜의 유명한 직감이 분명하게 드러나지 않았다는 평이 일반적이지만, 필자의 관점에서 이런 평은 온당치 않게 여겨진다. 롬멜은 전투 이전부터 불안해했고 작전의 성패가 갈린 시점에서 불안의 원인을 파악했다. 롬멜이 지닌 두 가지 승리의 무기인 기습과 충격은 전혀 달성되지 못했다. 적군은 ULTRA와 효과적인 전장 무선감청반을 통해 상세하게 경고를 받고 준비를 갖춘 상태였다. 롬멜의 모든 감각은 그가 과거처럼 수적 열세를 속도와 창의력으로 극복할 수 없을 정도로 상황이 기울었다고 스스로에게 경고했다. 공군력, ULTRA, 연료가 그에게 불리하게 작용했다. 그리고 몽고메리도 있었다. 몽고메리는 방어전의 승리를 활용한다는 이전의 계획을 포기하고, 그 대신 기다리고, 방어를 강화하고, 다음 전투가 될 대규모 공세를 위해

166  Rommel diaries, EPM 9
167  Armbruster, EPM 1
168  IWM AL 898/3

병력을 아꼈다. 그 결과 롬멜은 비교적 큰 어려움 없이 서쪽으로 효과적인 철수를 할 수 있었다. 그는 아직 아프리카군단의 전차 160대와 이탈리아 사단들의 전차 270대를 가지고 있었다. 570명의 포로를 포함해서 거의 3천의 병력을 잃었지만 장비 손실은 비교적 적었다. 하지만 롬멜은 알람 할파 전투에 패했고 그 결과 아프리카에서 주도권을 잡기 위한 마지막 희망도 사라졌다. 오리엔트 계획의 남쪽 경로는 이렇게 소멸했다.

롬멜은 계획이 좌절된 이유를 상당부분 연료 보급의 탓으로 돌렸다. 케셀링은 롬멜이 철수를 명령한 날 오후 5시 30분에 그를 방문해서 낙관론을 폈다. 최소한 절반 정도는 자기 편할 대로 생각한 케셀링은 롬멜이 아프리카군단과 20군단의 철수에 충분한 연료를 보유했으며, 그 정도 연료 비축이 있다면 롬멜이 전투에서 승리했을 경우 무한한 자원이 비축된 알렉산드리아까지 전진할 수 있었을 것이라고 판단했다. 그리고 롬멜은 전투를 시작하기 전부터 연료 보유고가 절망적인 상황까지는 아니라도 제한적이라는 사실을 알고 있었다. 롬멜은 실패의 원인을 적의 공군력 때문으로 돌리기도 했는데, 이는 좀 더 설득력이 있는 주장이었다. 적 공군은 분명히 이전에 비해 지상군과 더 긴밀한 협조하에 운용되었다. 후에 그는 적이 제공권을 장악한 상황에서는 부대가 작전이나 기동을 하려는 노력이 무의미했다고 기록했다. 영국공군이 아프리카기갑군에게 가한 공격의 파괴력과 효과는 의외로 적은 사상자보다는 사령관의 심리에 막대한 영향을 끼쳤다. 그 결과 롬멜은 일각에서는 패배주의자라는 평을, 다른 일각에서는 과장으로 여기게 될, 그리고 자신을 종막으로 이끌게 될 결론에 도달했다. 롬멜은 기갑군이 최대한 강력하게 축성된 진지에서 차후의 방어전을 준비하는 것 이외에는 다른 방법이 없다고 기록했다. 공중우세가 점점 강해질 영국군을 상대로는 어떤 차량대열도 나일 삼각주에 도달할 수 없으며, 다른 모든 기동들도 큰 차이는 없다고 판단한 것이다. 노르망디(Normandy) 전투 초기의 교전 양상이 알람 할파의 능선의 앞에서 재개된 셈이다.

그리고 롬멜은 새로운 적을 마주하고 있었다. 몽고메리는 전투를 면밀하게 지휘했다. 그는 어떤 일이 발생할지 예상했고 철저하고 견실한 계획을 수립했으며, 첫날 오후에 남쪽 전장에 계획대로 증원병력을 보내는 것 외에는 어떤 기동도 실시하지 않았고 철수하는 롬멜을 추격하여 결정적인 승리를 거두려는 유혹을 견뎠다. 하지만 전장에는 설명하기 힘든 흥분이 반드시 생기기 마련이며, 존재를 입증할 수 없는 이런 흐름은 대게 개인의 개성이 표출된 결과다. 그리고 실패의 원인과 관계없이 롬멜은 적군이 당황하지 않고 자리를 지키며, 자신의 움직임에 과잉반응하지 않고 있음을 깨달았다. 롬멜은 오킨렉의 제8군 지휘를 매우 높게 평했으며, 알라메인에서 처음으로 진격이 저지되기 한 달 전에 특히 그랬다. 롬멜은 오킨렉의 냉정함과 역량을 높이 평했고 그의 근본적인 강점을 이해했다. 아마 롬멜은 자신의 관점에서 몽고메리가 전투의 승리를 이용하지 않고 느리게 반응했다는 점을 비판했을 것이다. 롬멜은 9월에 자신의 참모에게 씁쓸히 말했다. "내가 몽고메리였다면 우리가 아직도 여기 있지 않았을 걸세!"[169]

이는 도전정신과 지혜가 아닌 물적 우위로 인해 패배했다고 느낀 사람의 논평이었다. 롬멜은 알람 할파에서 적이 보인 모습을 몽고메리가 처음 도착한 시점부터 영국군에 전파된 새로운 정신과 직접적으로 연결해 생각하지 않았다. 롬멜로서는 그렇게 생각할 여지가 없었지만 영국군은 실제로 몽고메리의 영향을 받았고, 알람 할파 이후에는 그런 영향이 극대화되었다. 이런 경향은 영국군의 정보력이 롬멜을 압도하게 되면서 더욱 강해졌다. 영국군의 정보 우세 자체는 새로운 현상이 아니었지만 영국군이 정보우위를 활용하는 능력은 점차 강화되었다. 특히 ULTRA가 크게 기여했다. ULTRA는 롬멜의 보급을 질식시키는 데 도움이 된 수송선 격침에 폭넓게 활용되었으며 아프리카기갑군의 사기, 전력, 의도에 관해 매우 귀중한 정보들을 제공하고 있었다. 반면 롬멜은 '믿을 만한 출처'가 침묵하게 되면서 그와 같은 수준의 정보를 얻을 수 없게 되었다. 상대 병력에 관한 작전적 정보는 대체로 소수의 포로를 심문해서 수집한 내용으로 제한되었으며, 이를 통해 약간의 가치 있는 정보들을 얻을 수 있었다. 롬멜은 상대적으로 장님 신세였던 반면 몽고메리는 상대의 패를 훤히 들여다보고 있었다. 롬멜이 알람 할파에서 실시한 모든 움직임은 그대로 간파당했다.

하지만 그것만이 전부가 아니었다. 아프리카기갑군의 행동에는 롬멜이 불어넣었던 역동성이 부족했는데, 여기에는 병력들의 피로 누적 외에 롬멜 자신의 문제도 작용했다. 항상 굽힘이 없던 롬멜은 알람 할파 앞에서 머뭇거렸다. 롬멜은 항상 보급 문제를 걱정했고, 이는 합리적인 우려였으나 이전부터 떨칠 수 없는 고질적 문제이자 성공적으로 극복했던 장애였다. 롬멜은 전투 상황을 세부적으로 설명하며 가장 남쪽에 있는 영국군 기갑여단이 보급부대를 괴롭혔다고 주장했지만, 이는 사실과 거리가 멀었다. 롬멜은 평소답지 않게 히스테릭하게 진행 과정의 어두운 측면에 주목하려는 태도를 보였다. 롬멜은 분명 적이 매우 효과적으로 활용하던 공중우세를 두려워하던 진정한 이유를 발견했다. 하지만 롬멜은 자신의 표현에 따르면 매우 심하게 낙심했다. 알람 할파에서는 롬멜이 개인적 리더십을 발휘해서 훌륭한 대응방안들을 이전처럼 자주 착상해낼 기회가 거의 없었다. 반대로 롬멜은 현명한 행동이기는 했지만 어딘가를 방문할 때를 제외하면

---

169  Behrendt, 앞의 책

대개 자신의 사령부에 지휘부와 함께 남아있었다. 당시 롬멜의 건강은 분명 좋지 않았고, 이 점이 전반적으로 악영향을 끼쳤음이 분명하다. 그러나 롬멜의 유명한 육감은 이번에 특이하고 불쾌한 방향으로 작용했다. 롬멜은 처음으로 자신이 하려는 일에 확신을 가지지 않았다. 두 달 전 토브룩을 점령한 직후 태양이 자신의 머리를 비추고 있다고 느꼈다면, 이제 앞날은 어두워지기만 할 것 같았다. 롬멜이 대부분의 상황에서 활발한 낙관론자였음을 감안하면 이는 충격적인 변화였다.

롬멜은 OKH에 북아프리카의 보급 상황에 관해 또 다른 절망적인 보고서를 썼다. 그리고 마침내 건강을 회복하기 위해 병가를 신청하여 독일에서 치료를 받기로 결심했다. 이는 치료를 위해 기갑군의 지휘권을 상당 기간 동안 인계한다는 것을 의미했다. 롬멜은 위장병으로 인해 완전한 휴식을 가지며 혈압과 합병증 문제를 치료하기를 원했음이 분명하다. 기간은 6주로 정해졌고, 가우제가 9월 5일에 근무에 복귀하여 베스트팔과 교체했다. 1940년에 롬멜의 전임 제7기갑사단장이자 동부전선에 참전했던 슈툼메(Stumme) 장군이 아프리카로 날아와 롬멜 원수의 대리로 임명되어 부재 중 지휘를 맡기로 했다. 롬멜은 그의 도착을 열망했지만 염려하기도 했다. 롬멜은 9월 9일에 루시에게 편지를 보냈다. "마음 한 켠에서는 이곳을 떠나 다시 만날 기대에 기쁘지만, 다른 한 켠으로는 내가 이곳에 없을 경우 전역이 나빠질까 걱정된다오." 2일 후, 그는 새 편지에 기쁜 마음으로 이 편지가 배송되기 전에 도착할 것이라고 썼다. 그리고 집에 곧 가게 된 것과는 상관없이 마치 조바심을 내는 소년처럼 슈툼메의 여행 현황을 매일 편지에 기록했다.[170] 슈툼메는 9월 15일에 베를린을 떠나 9월 16일에 로마에 도착하고 9월 19일에 롬멜과 교대할 예정이었다. 슈툼메는 9월 19일에 예정대로 도착했고, 같은 날 롬멜은 자신을 방문하고 있던 카발레로 및 기갑군 보급참모가 참석한 회의에서 슈툼메에게 기갑군의 문제들에 대해 알려주었다. 이 회의에서 보급에 관해 냉혹한 사실들이 언급되었다.

당시 롬멜은 알라메인에 매우 강력한 방어 진지를 준비하도록 명령해 두고 있었는데, 이 진지에는 거의 50만개의 지뢰가 종심 깊게 매설되었다. 롬멜은 직접 방어진지 계획을 상세하게 기획했다. 이전까지 그를 기동의 대가로만 알고 있던 부하들은 그가 '진지전 기술(die Technik des Stellungskrieges)'과 예리한 시각을 활용해 신중하게 방어진지를 배치하는 능력을 보고 깊은 인상을 받았다. 롬멜은 "적절하게 선정된 진지가 희생을 줄이고 장병들에게 확신을 준다."[171]고 말하던 매우 노련한 보병 장교였다. 롬멜은 기갑군이 이집

170   IWM AL 2596
171   von Esebeck, 앞의 책

트에 남는다면 다음 전투에서 영국군의 대규모 공격을 상대해야 함을 잘 알았다. 그는 정면 공격과 상륙작전의 병행을 예상했으며, 상륙이 포착될 경우 조기에 반격을 실시하고 중무장한 병력을 전개해 해안 지역에서 즉각 교전을 실시하라는 명령을 내렸다. 후대의 관점에서 보면 이 명령도 노르망디 전투를 미리 암시하는 것처럼 보인다.[172]

롬멜의 정보참모는 수에즈 및 알렉산드리아의 영국군 장비 및 보급품 증가에 관해 시간별로 상세 정보를 제공했다. 하지만 이전에 자신의 상급자들이 상황에 전염되었을 가능성을 믿었던 롬멜은 이제 스스로 상황에 굴복하고 있었다. 지중해를 따라 진행된 기갑군의 진격은 사람들을 성공에 취하게 했다. 독일군이 전진하는 모든 곳에서 엄청난 가능성들이 눈앞에 놓여 있었다. 당시 OKW는 기갑군이 너무 멀리 전진했지만 알라메인은 절대로 사수해야 하며 언젠가 다시 기회를 맞이할 것이라고 믿었고, 한 달 전에 베를린에서 온 방문객인 육군참모차장 발리몬트(Warlimont)는 오리엔트 계획에 대해 낙관적으로 이야기했다. 폰 클라이스트 장군의 A집단군이 곧 코카서스에서 남쪽으로 진격할 것이며, 중동에 있는 적은 곧 서쪽과 북쪽 양쪽에서 위협을 받을 것이라는 이야기였다. 기갑군의 후퇴는 논쟁의 대상이 될 수 없었다. 하지만 기갑군은 이미 8월에 알람 할파 앞에서 후퇴를 한 상태였다.

롬멜은 아프리카를 잠시 떠나기 전에 현장을 몇 번 방문했다. 그는 시와(Siwa) 오아시스로 날아가 부족장들의 열렬한 환대를 받았다. 또 토브룩에서는 영국군이 바다에서 시도한 습격을 방어한 수비대를 치하하기도 했다. 9월 22일에는 지휘권을 슈툼메에게 인계하며 영국군이 공세를 실시할 경우 건강 상태에 관계없이 아프리카로 돌아올 생각이라고 말했는데, 아마 슈툼메는 이 발언이 다소 불쾌했을 것이다. 이후 9월 23일에 롬멜은 로마로 가서 무솔리니와 북아프리카 전역의 문제들 및 보급 개선의 중요성에 관해 열띤 토론을 했다. 무솔리니는 다음 해인 1943년에 미군이 북아프리카에 상륙을 시도할 것이라고 예상했다. 추축군은 미군이 도착하기 전에 나일 삼각주에 반드시 도달해서 지중해의 전반적인 입지를 개선해야 했다.[173] 무솔리니는 롬멜이 연료 보급에 대해 늘상 들었던 보장을 반복했다. 회의록에 "카발레로 원수는 그가 할 수 있는 일을 할 것이다 (Marschall Cavallero will tun was er kann)"[174] 라고 기록된 것을 보면 카발레로는 묵묵히 순종했음이 틀림없다. 카발레로는 자신의 일기에 다소 불쾌한 뉘앙스로 이것이 독일사람들이

..........................
172    IWM AL 898/3
173    IWM AL 1349/2
174    회의록, EPM 11

자신들의 어려움들에 대해 남을 비난하는 방법이라고 기록했다.[175]

　롬멜은 로마에서 베를린으로 날아갔고 며칠 후에 히틀러에게 대면 보고를 했다. 히틀러는 롬멜이 알람 할파에서 전투를 포기할 필요가 없었다고 보았지만, 그럼에도 불구하고 롬멜을 매우 친절하게 맞이하고, 세심하게 배려했으며, 롬멜의 대단한 성과를 치하했다. 알람 할파는 북아프리카 전역에서 결정적인 전환점이었을 수 있다. 아니, 실제로 그랬다. 하지만 독일 총통과 국민들에게는 사소하고 일시적인 정지로 여겨졌다. 롬멜 원수는 개선장군이었고, 사실상 북아프리카 해안 전체의 지배자였으며, 적은 병력으로 대영제국의 주력부대를 거의 궤멸시킨 사령관이었다. 그는 열광적인 환영을 받았고 괴벨스의 집에 손님으로 머물렀다. 9월 30일에 슈포르트팔라스트(Sportpalast) 체육관에서 제3제국의 최고 고관들이 참석한 거창한 환영식이 열렸고 롬멜은 그곳에서 지휘봉을 받았다. 그리고 롬멜의 입장에서는 환영보다 더 기쁜 소식인 아프리카기갑군에 대한 물자 보급을 개선하기 위한 문제들을 처리하겠다는 보증도 받았다.

　롬멜은 기자회견에서 당당하게 말했다. 그는 독일 장병들이 이제 이집트에 도달했고, 독일군이 점령한 곳에서는 결코 물러서지 않겠다고 단언했다. 이는 독일이 듣고 싶어 하는 종류의 발언이었다. 롬멜이 할더 참모총장을 만난 날 총장이 해임되었는데, 이는 주로 히틀러가 남부 러시아 전역의 현황에 실망한 결과였다. 할더는 항상 롬멜의 실적과 롬멜이 중요시한 북아프리카 전역을 회의적인 시각으로 바라보고 있었다. 이제 할더가 해임되고 그의 자리는 자이츨러(Zeitzler) 장군이 맡았다.

　이후 롬멜은 알프스 산맥의 오스트리아 방면, 비너 노이슈타트 인근의 제메링(Semmering)으로 갔다. 그는 그곳에서 휴식하고 건강을 회복하고 안정을 취할 생각이었다. 그러나 롬멜은 마음이 편치 못했다. 그는 아프리카기갑군을 걱정했다. 그는 히틀러로부터 완전한 직책 교체가 필요하며, 아프리카에서 충분히 머물렀다는 말을 들었다. 롬멜에게 남부 러시아의 한 집단군이 제시되었다. 하지만 롬멜은 '아프리카너'들을 위험한 순간, 위험한 상황에 방치한 채 떠나는 것이 바람직하지 않다고 생각했다. 그는 슈툼메에게 서신을 보내 히틀러가 보급에 관해 보장한 사항들을 전달했다. OKW 내부에서 스탈린그라드 진격에 관해 심각한 우려가 돌고 있음에도 불구하고 당시 독일제국 국민들은 대부분 전황이 순조롭다고 알고 있었다. 그러나 당시 파울루스 장군은 스탈린그라드에서 자신의 제6군이 만든 돌출부의 깊이에 대해 우려하는 보고를 보내고 있었다.

　몇 주 후, 영국군과 미군이 북아프리카 해안을 장악하기 위한 대규모 반격작전을 실

---

175　Cavallero diaries, EPM 2

시했고, 러시아에서는 스탈린그라드와 그곳에 고립된 파울루스와 불운한 병력들의 운명이 결정되었지만, 대부분의 독일제국 국민들이 느낀 전황은 여전히 밝기만 했다. 대다수 국민들은 독일의 이름 하에 어떤 일이 벌어지는지 거의 알지 못했다.

현실에서는 끔찍한 일이 벌어지고 있었다. 얼마 전부터 유대인 주민을 중심으로 다양한 집단들을 독일, 오스트리아, 독일 치하의 폴란드, 체히와 슬로바키아에서 강제이주 시키고 있었다. 제국의 평범한 시민들은 이런 강제이주를 단순히 재정착, 즉 국가사회주의에 따른 인종 분리의 문제, 그리고 안보를 위해 사회에서 반애국적인 특정 집단을 가둬두는 정책의 일환이라 여겼다. 이 문제에 관해 의문을 품는 사람은 거의 없었고, 만약 질문을 했다면 공권력 차원의 대응을 받았을 것이다. 강제이주 정책은 비밀과 공포의 장막에 가려졌고, 제3제국에서는 그런 문제의 진위를 묻는 행위들은 국가 안보를 침해했다는 혐의를 받았다. 많은 영역에서 수많은 사람들이 빈번히 실종되었다. 롬멜이 항공기 편으로 독일로 되돌아간 날, 독일 외무부는 유대인을 독일의 영향력이 미치는 특정한 중립국으로 소개시키기 위한 협상을 강행하라는 지시를 내렸는데, 이 협상은 성패가 엇갈렸다. 하지만 대독일제국 내의 유대인 추방 작업은 당시 몇 개월째 진행 중이었다. 집단학살의 절차를 성립시키는 데 결정적인 역할을 한 반제 회의(Wannsee Conference)가 1월에 열렸다. 언제나 사용되던 '추방'이나 '재정착'과 같은 완곡한 표현은 극히 파렴치한 거짓이었다. 롬멜이 아프리카를 떠난 것과 같은 날인 9월 23일에 2,000명의 유대인이 민스크(Minsk) 근처의 말리 트로스테네츠(Maly Trostenets)라는 곳을 향해 동쪽으로 이송되었다. 이들은 모두 살해당했다. 3일 후에는 베를린에서 한 철도 계획 회의가 열려 일간 3대의 열차에 각기 2,000명의 유대인을 싣고 여러 지역에서 트레블린카(Treblinka)와 베우제츠(Belzec)로 이송하는 계획이 확정되었다.[176] 이 할당량이 전부 채워지지는 않았지만, 다음 달인 1942년 10월에는 8천명이 트레블린카에 도착했고, 그곳에는 이미 대량 학살을 위한 가스실이 건설되어 있었다. 일반적인 이해를 넘어서는 이 끔찍한 행동들은 롬멜이 제메링 인근에서 안정을 취하고 건강을 회복하는 동안 자행되었다.

당시 롬멜은 여전히 그런 만행들에 대해 알지 못했다. 절대다수의 다른 국민들과 마찬가지로 그는 독일 당국이 전시의 군수 및 기타 문제들에 몰두해야 하므로 당국에게 국가 안보와 관련된 일에 상당한 권력 행사가 필요하며, 당국이 이를 이용하고 있다고 여겼다. 독일은 동부전선에서 생사를 건 싸움을 하고 있었다. 유럽은 혼란스러웠고, 독일에게는 적들과 독일의 불행을 바라는 집단들이 많이 있다는 사실은 의심의 여지가 없

---

176 폴란드의 트레블린카에서 840,000명이 학살당했다, 이 가운데 벨기에와 폴란드 출신 희생자가 600,000명이었다. (Gilbert, 앞의 책)

었다. 롬멜의 사고는 아프리카에 머물러 있었다.

　롬멜은 괴벨스를 제외하면 독일 내에서 영향력을 행사할 만한 나치 인사들을 거의 알지 못했다. 그는 권력자들에 대해 아는 것이 거의 없었고, 좋아하지도 않았지만, 총통이 그들을 제어하고 있다고 생각했다. 그리고 롬멜은 총통에 대한 기존의 신뢰감을 다시 한번 느꼈다. 롬멜은 히틀러에게 최선을 다해 자신이 알고 있는 상황이 심각하다는 인상을 남기려 했지만, 뛰어난 격려자이자 위로자인 히틀러는 자신이 롬멜의 문제를 이해했으며 이전보다 중점적으로 그 문제들에 대처할 것이라고 느끼게 했다. 훗날 롬멜은 OKH에 비정상적인 낙관주의가 돌고 있었지만, 히틀러가 이전과 같이 신뢰를 심어주고 믿음과 애정을 보여 기분이 더 나아졌다고 썼다.

　제메링에 체류하던 롬멜은 아프리카에서 10월 13일자로 슈툼메를 대신해 작성된 장문의 편지를 수령했다. 편지는 조만간 적의 공격이 예상된다는 내용과 여러 상세한 정보들을 담고 있었다. 이탈리아군이 담당한 지역에는 방어용 지뢰지대에 영국군 지뢰들을 섞어 쓰기로 했는데, 이 중 일부가 모조품으로 판명되는 바람에 방어지대 설치의 어려움이 가중되고 있었다. 보급 상황은 여전히 열악했지만 순수한 방어 전투에는 충분할 것으로 여겨졌다. 어려운 점들은 있지만 기갑군이 영국군의 공격을 방어할 준비를 마쳤으니 롬멜 원수는 안심해도 좋다는 내용도 포함되어 있었다. 슈툼메는 10일 전에 카발레로에게 서신을 보내서 롬멜이 명령한 배치를 10월 20일까지 완료하고 나면 군이 예상되는 정면 공격에 맞설 수 있을 것이라고 말했다.[177] 방어에 성공한다면 이후 다시 추축군이 공세를 실시할 기회를 잡을 가능성도 있었다. 슈툼메의 편지에 반복된 내용에 따르면 추축군은 25만 발의 대전차 지뢰, 그리고 영국군 지뢰와 대인지뢰를 포함해 도합 45만 발의 지뢰를 알라메인 진지에 매설했다.

　10월 24일 오후에 롬멜은 OKW 참모총장 카이텔 원수의 전화를 받았다. 카이텔은 롬멜에게 아프리카로 즉시 복귀할 수 있는지 물었다. 영국군이 알라메인에서 전날 저녁에 대규모 공세로 보이는 행동을 개시했고 슈툼메는 실종되었다는 것이다.

　롬멜은 준비가 되었다고 답했다. 그 날 저녁에 히틀러가 직접 전화를 했고 한밤중에도 재차 전화를 걸어왔다. 히틀러는 첫 통화에서는 상황이 정말 심각해지기 전에는 롬멜이 치료를 중단해서는 안 된다고 걱정했지만, 두 번째 전화에서는 지금이 정말 심각한 상황이라고 말했다. 히틀러는 롬멜에게 가급적 속히 복귀해서 지휘를 다시 맡으라고 요청했다. 다음 날인 10월 25일에 롬멜은 항공기로 독일을 떠났다.

........................................
177　IWM AL 898/3

# 제17장 분수령

독일 시간으로 10월 23일 저녁 오후 8시 40분, 아프리카기갑군 장병들은 동쪽 하늘이 갑자기 밝아지는 광경을 보았다. 그리고 몇 초 후에는 영국군과 영연방 포병의 대포 456문에서 발사한 일제사격으로 발생한 귀청이 찢어질 듯한 폭음에 휩싸였다. 알라메인 전투가 시작되었다. 오래전부터 예상된 일이었다. 다만 날짜와 세부 사항은 확실하지 않았고, 영국군은 공격 시기를 은폐하기 위해 많은 노력을 했다. 공격 개시 이틀 전, 아프리카기갑군 사령부를 방문한 장군참모부 FHW(Fremde Heere West)의 한 대표는 최신 OKH발 정보에 근거해 영국군의 공격이 11월 초에 개시될 것이라고 예측했다.

반대로 아프리카기갑군 정보과(Ic)는 10월 15일에 감청한 영국군 무선명령 가운데 과거 영국군이 공세 8일 전에 의무후송 병력의 예비대와 관련해 하달한 무선명령과 유사한 명령이 있음을 파악하고, 주도면밀한 대조 끝에 23일 공격을 예측하고 이를 작전참모에게 조언했다.[178] 이는 결과적으로는 정확한 추론이었지만 당시로서는 다소 억지스러워 보였다. 그러나 23일 오전 09시경, 영국군의 모든 무선망이 침묵하자 추론에 신빙성이 생겼다. 그리고 오후 8시 40분에 포성이 울렸다.

롬멜은 한 달간 자리를 비웠지만, 독일-이탈리아군 방어의 모든 세부 사항을 사전에 정해두었다. 롬멜은 환상을 품지 않았다. OKW는 알라메인 전투의 전략적 중요성을 역설했지만, 알라메인 방어선에서 싸운다는 것은 소모전(Materialschlacht)을 의미했다. 전망은 좋지 않았다. 우선 롬멜은 그런 전투를 싫어했다. 롬멜이 직접 작전을 지휘할 가능성은 미지수였지만 그는 직접 작전을 지휘할 생각을 하고 있었다. 롬멜은 매우 숙련되고 철저한 보병 지휘관이었고 여전히 그 역량을 유지하고 있었지만, 롬멜의 재능은 공격에서도 방어에서도 기동과 예측할 수 없는 행동을 통해서만 발휘할 수 있었다. 그리고 알

---

178  Behrendt, 앞의 책

라메인에서는 기동을 시도할 기회가 거의 없었다. 게다가 소모전의 승리는 대게 가용 물자가 더 많고 손실을 보충할 경로도 확실한 측이 가져가는 경향이 있는데, 롬멜에게 는 이런 전제조건이 갖춰지지 않았다. 그리고 방어선 고수가 아닌 다른 접근법을 택하 기도 어려웠다. 방어선의 양측면에는 바다와 카타라 저지대가 있었고 양측은 가용한 병 력을 모두 동원해 전선을 가득 메웠다. 최소한 공격의 첫 단계에서는 정면 공격 외에 다 른 방법이 없었다. 롬멜의 이탈리아군 보병사단들은 기동수단이 도보뿐이었는데, 사막 에서 도보 행군을 하면 다른 지형에 비해 더 빨리 지친다. 기계화된 부대들 역시 고질적 인 연료 부족으로 인해 극히 제한적이고 국지적인 기동만을 시도해 볼 수 있었다. 그리 고 제공권을 완전히 장악한 영국 공군도 롬멜에게 매우 큰 부담이었다. 제공권의 상실 은 부대의 행동제약은 물론 보급에도 심각한 타격이 될 것이 분명했다. 즉 추축군이 승 리에 대한 희망을 가지려면 최대한 준비된 강화 진지에 병력을 배치하거나, 아니면 효과 적인 사전 정찰을 통해 신속하게 단기적인 공격이나 반격을 시도해야 했다.

이후 롬멜은 차량화 되지 않은 보병들을 위해 후방 멀리, 즉 알라메인에서 서쪽으로 95km 지점에 위치한 푸카(Fuka)에서 남쪽으로 이어지는 선상에 강력한 지뢰지대를 갖 춘 방어진지를 준비하는 방안을 검토했다. 이는 기존의 알라메인 방어선에는 수송수단 을 사용할 수 있는 차량화 제대들, 즉 제90경사단이나 트리에스테 사단 등을 배치하고, 후퇴가 불가피해지면 후방의 견고한 예비 방어선으로 질서 있게 철수하기 위한 대비책 이었다. 이 경우 롬멜은 두 방어진지 사이에서 기갑군의 기갑전력, 즉 독일군 2개 사단 과 이탈리아군 1개 사단을 집결시켜 개방된 사막에서 영국군과 교전할 수 있었다. 다만 이 대안의 장점은 상상에 머물렀다. 두 곳에 강력한 진지를 형성할 정도로 지뢰와 부대 의 역량이 충분하지 않았기 때문에, 영국군의 입장에서는 분산된 두 진지 가운데 하나 를 돌파하는 편이 알라메인에 집중된 단일 진지의 돌파보다 쉬웠을 것이다. 그리고 차 량화 부대들만 전방에 배치한다면 병력밀도는 10월 23일에 실제로 배치된 독일-이탈리 아군 연합에 비해 훨씬 낮아지게 되고, 아마 영국군에게 보다 빠르게 압도당했을 것이 다. 몽고메리는 사전 계획을 완전히 수정해야 하지만, 새로운 방어선에 대한 몽고메리 의 또 다른 계획 역시 위협적이었을 것이다. 롬멜이 이후에 생각한 계획을 따랐다면 전 투는 보다 흥미로워졌을 수도 있지만, 결과적으로는 패배가 조금 더 늦어지는 것 이외 에는 달라지는 점이 거의 없었을 가능성이 높다.

결국 아프리카기갑군은 보병 제대를 방어선에 일렬로 배치했다. 이 가운데 2개 부대 는 독일군, 즉 룽거스하우젠 장군의 제164경사단과 훌륭한 람케 장군의 제288 낙하산

여단이었고, 다른 5개 사단은 이탈리아군의 마시나(Masina) 장군이 지휘하는 트렌토 사단, 글로리아(Gloria) 장군의 볼로냐 사단, 브루네티(Brunetti) 장군의 브레시아 사단, 프라티니(Frattini) 장군의 폴고레(Folgore) 사단, 그리고 스카타글리아(Scattaglia) 장군의 파비아 사단이었다. 이탈리아 사단들에 독일군이 사단 또는 연대급으로 편성되어 총 세 개의 독일-이탈리아군 혼성부대가 편성되었다. 이들은 북쪽에서부터 남쪽으로 제164경사단-트렌토 사단, 람케 여단의 일부-볼로냐 사단, 람케 여단의 나머지-바르시아 사단 순으로 배치되었다. 남쪽에 배치된 폴고레 및 파비아 사단은 독일군 부대와 짝을 짓지 않았다. 롬멜에게는 독일군 보병이 부족했다. 전선의 북쪽 절반, 즉 해안-루웨이사트 능선의 남단은 나바리니 장군의 제21군단이, 남쪽 절반은 네바(Nebba) 장군의 제10군단이 맡았다.

기갑부대도 어느 정도 혼성부대로 재편되었다. 전선 북부 지역의 후방, 해안에서 약 15km 남쪽에는 페르스트 장군의 제15기갑사단과 비토시(Bitossi) 장군의 리토리오 사단이 배치되었고, 남쪽으로 25~30km 지역에는 폰 란도브 장군의 제12기갑사단과 아레나 장군의 아리에테 사단이 위치했다. 아리에테 사단은 독일군이 이탈리아군 가운데 가장 믿을 수 있고 가장 용감하며 최고의 동료라 평하던 부대였다. 좌익 후방의 해안 근처에는 그라프 폰 슈포네크(Graf von Sponeck) 장군의 제90경사단 및 라 페를라 장군의 트리에스테 차량화사단이 예비대로 배치되었다. 추축군은 200대의 독일 전차를 포함한 도합 500대의 전차를 보유하고 있었다. 영국군의 전차 보유 규모는 약 1천 대로 추정했는데, 이는 비교적 정확한 추측이었다. 지뢰지대의 종심은 수 킬로미터에 달했고, 롬멜은 적이 이 지뢰지대를 돌파하려면 많은 시간이 소요될 것이며, 이 시간을 이용해 자신의 기갑부대를 돌파당할 위험이 있는 방면에 집중할 수 있을 것이라고 판단했다. 지뢰지대는 전방 진지로 엄호되었고, 주방어선은 지뢰지대 서쪽 1~2km거리에 2~3km가량의 상당한 종심으로 설치되었다. 모든 진지는 사주방어가 가능하게 배치되었다. 롬멜은 영국군이 상당한 전력을 투입해 돌파를 시도할 것임을 잘 알았고, 적이 지뢰지대에 접근하는 것을 경고하기 위해 수색정찰대와 군견도 배치했다.

아프리카기갑군은 영국군의 규모를 대체로 정확하게 파악했다. 적 부대와 편제의 식별 및 위치 파악도 거의 정확했지만 사소한 오류들은 있었다. 영국군은 훌륭한 무선 보안을 유지하며 정보를 거의 노출시키지 않았다. 반면 독일군의 항공 정찰은 불충분했다. 독일군은 10월에 순찰 도중 약간의 포로들을 잡아 전투서열에 대한 정보를 일부 보충했지만, 이 출처에서 도출된 정보 가운데 특기할 만한 부분은 거의 없었다. 포격이 시작되었을 때의 포격 강도는 어마어마했긴 했지만 예상하지 못한 수준은 아니었다.

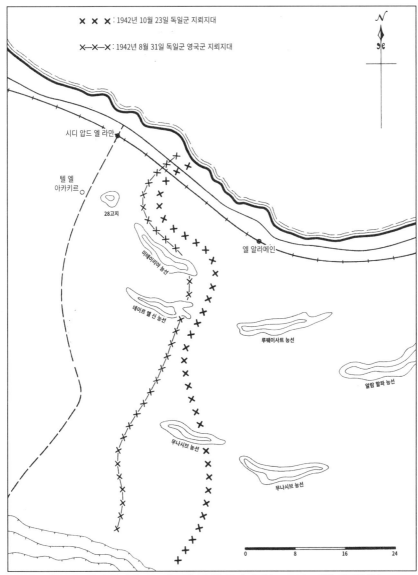

× × × : 1942년 10월 23일 독일군 지뢰지대

×—×—× : 1942년 8월 31일 독일군 영국군 지뢰지대

N

시디 압드 엘 라만

텔 엘
아카키르

28고지

미텔이리야 능선

데이르 엘 신 능선

엘 알라메인

루웨이사트 능선

알람 할파 능선

무나시브 능선

무나시브 능선

0       8       16       24

지도 15. 알람 할파 (1942년 8월) 및 엘 알라메인 (1942년 10월) 작전영역

영국군은 공격 며칠 전부터 공습을 점차 강화한 후 포격이 개시했는데, 영국군의 포격은 대부분 대포병사격으로 독일 포병의 대응능력을 무력화하고 통신체계를 파괴하도록 계획되었으며, 실제로 그런 효과를 발휘했다. 독일군의 입장에서 이 포격은 1918년 3월 21일에 독일군이 실시한 대공세 당시 영국군의 경험과 비슷한 인상을 주었고, 실제로 방어군의 중추와 대응능력에 파괴적인 효과를 발휘했다.

독일 시각 오후 9시부터 공격 사단들이 전진했다. 잘 편성된 지뢰제거부대가 편성된 보병부대들은 독일의 전방 진지를 공격하여 영국 기갑부대가 목표지점인 사막의 개활지를 향해 전진하도록 지원하는 것이 목표였다. 시간이 흐르면서 최소한 초반의 적 주공 방향은 제164경사단 및 트렌토 사단의 방어 지역, 즉 미테이리야(Miteiriya) 능선의 북쪽 지역임이 분명해졌다. 이 공격은 상대적으로 좁은 정면에 집중되었고, 일대에는 어둠 속에서 모래먼지와 연막이 뒤엉켜 숨이 막힐 것 같은 상황이었다. 윔벌리 장군의 제51하이랜드사단[179] 보병들은 군악대가 선두에서 백파이프를 연주하며 진격했는데, 이는 2개월 전 폰 비스마르크의 제21기갑사단이 알람 할파의 공격개시선으로 이동할 때 사단 군악대가 독일 전통 행진곡을 연주하며 행진한 것과 비슷한 행동이었다. 이렇게 전쟁에서 과시적인 요소를 활용하여 상대를 위압하거나 아군의 사기를 고취하는 방법도 있다.

10월 24일 새벽에도 영국군은 여전히 방어 지역 내에 있었고, 돌파가 성공하거나 돌파구를 형성하지는 못했다. 하지만 상당수의 이탈리아군 부대들은 공황 상태에 빠졌고, 북쪽에 배치된 독일군 제164사단의 2개 대대는 거의 궤멸되었으며, 영국군은 정면에서 약 10㎞가량을 침투했다. 더 남쪽에서도 대규모 공격이 실시되어 영국군이 지뢰지대에 부분적으로 침투했다는 보고가 있었다. 몽고메리는 독일군이 주공 방향을 오판하도록 매우 철저한 기만대책을 실시했는데, 이는 부분적으로는 성공했다. 전반적인 상황이 명확히 파악되지 않자 아프리카기갑군 사령관 슈툼메는 상황을 보다 잘 파악하기 위해서 전방에 있는 제90경사단 사령부를 향해 차량으로 이동했다. 경험이 많지만 비만 체형이었던 슈툼메는 당시 건강이 별로 좋지 않았다. 그는 다음 날 시신으로 발견되었는데, 영국 공군 공격기의 공습을 받는 동안 심장마비가 온 것이 분명해 보였다. 공격 구역의 지뢰지대 내부와 후방에 영국군의 맹렬한 사격으로 인한 동요와 혼란이 발생했지만 아프리카기갑군의 방어선은 가까스로나마 유지되고 있었다.

롬멜이 기갑군 사령부에 도착한 것은 전투 개시 이틀이 경과한 10월 25일 해가 진 뒤였다. 롬멜은 당일 아침에 로마로 날아가 11시에 독일군 연락장교 폰 린텔렌을 만났고, 폰 린텔렌은 그에게 기갑군의 연료 상황이 다시 위험 수위에 도달했다고 보고했다. 10월 20일에 또 다른 유조선이 침몰하여 1,650톤의 연료를 잃었고, 이로 인해 전투 시의 소모율을 기준으로 불과 3일 분량의 연료밖에 남지 않았다.[180] 상황은 롬멜이 아프리카를

---

179   1940년 생 발레리에서 롬멜과 만났던 부대로, 이후 재편성되었다.

180   이 통계에 대해서는 롬멜을 포함해 출처별로 수치가 다르다. '3일 분량'의 연료라는 것은 상황의 심각성을 과장하는 언급이다. Panzerarmee 지는 10월 19일자에서 집중적인 전투 및 약간의 기동을 가정해 11일 분량의 연료가 있다고 기록하고 있다. 그러나 폰 린텔렌은 3일을 언급했다. (IWM AL 898/3)

떠날 때 예상한 것보다 훨씬 나빴지만, 역시 건강 문제로 자리를 비웠던 린텔렌에게 습관적으로 호통을 치는 것 이외에 롬멜이 할 수 있는 일은 거의 없었다. 롬멜은 크레타로 날아가 오후 3시에 아프리카 공군사령관 폰 발다우 장군과 만났고, 발다우 장군은 롬멜에게 최근의 소식을 알려주었다. 그 시점에 슈툼메의 시신이 발견되었고, 아프리카군단 사령관으로 새로 부임한 폰 토마 장군[181]이 임시로 전체 기갑군의 지휘를 맡았다.

롬멜은 북아프리카의 카사다(Qasada) 비행장으로 이동하고, 자신의 슈토르히 정찰기를 타고 날이 어두워질때까지 동쪽으로 비행한 후 착륙해 차로 갈아탔다. 그리고 그날 밤 11시 반에 기갑군 사령부에 도착해 전 부대에 다음과 같은 전문을 보냈다.

**'다시 군의 지휘를 맡았음. 롬멜.'**

이는 부대의 자신감을 회복시키려는 행동이었고 확실히 효과가 있었지만 롬멜은 여전히 의심할 바 없는 환자였다. 롬멜은 저녁 8시에 베스트팔에게서 브리핑을 받았다. 롬멜은 기갑군 상황도를 보고 적이 돌파구를 완성하려 하고 있으며, 가장 위협이 되는 구역은 텔 엘 아카키르(Tel El Aqqaqir) 동쪽 3㎞ 지점에 있는 28고지[182]로 명명된 지형이라고 판단했다. 텔 엘 아카키르 서쪽 3㎞에는 북부를 담당한 2개 기갑사단, 즉 리토리오 사단과 제15기갑사단이 배치되어 있었다. 28고지에서 동남쪽으로 수 킬로미터를 전진하면 미테이리야 능선의 북쪽 끝단에 도착하는데, 이 능선은 15㎞ 길이로 북서-동남 방향으로 뻗은 지형으로, 이곳 역시 적이 점령한 상황으로 보였다. 제15기갑사단은 10월 25일 낮에 28고지에 있는 적의 거점 및 미테이리야의 서쪽으로 진격하려는 적 전차들에 대해 여러 차례 공격을 실시했다. 이 두 지점 모두 주방어지대의 서쪽 끝단에서 멀지 않았지만 방어지역 내에 있었다. 제15기갑사단은 이 공격을 진행하는 과정에서 큰 피해를 입었다. 롬멜은 원래 119대였던 사단의 전차 중 불과 31대만이 가동 상태로 남았음을 알게 되었다. 전투는 전형적인 소모전이었고, 결국 자정에 28고지가 영국군의 손에 넘어갔다는 보고가 들어왔다. 롬멜의 당면한 목표는 모든 기갑 부대로 북부의 중앙 지역, 즉 28고지와 미테이리야 능선에 위치한 영국군에 맞서는 것이었다. 방어 명령 중 일부는 우발사태, 특히 해안 지역 및 루웨이사트 능선 양쪽, 그리고 남쪽에 있는 데이르 엘 무나시브

---

181  폰 토마는 롬멜이 유럽으로 출발하기 며칠 전에 도착했다.

182  영국에서는 키드니 리지라 불렀다.

(Deir El Munassib)에서 상황이 발생할 경우의 반격을 고려하고 있었다.[183] 당시 위기에 노출된 지역은 루웨이사트에서 최소 15㎞ 떨어져 있었다. 몽고메리의 기만대책과 영국군의 보안이 성공했다. 롬멜은 일대에서 전력을 집결하거나 공격을 진행하기 어려우며, 만약 공격을 시도한다면 큰 희생을 각오해야 한다는 것을 잘 알고 있었다. 영국 공군은 끊임없이 폭격을 가하고 있었으며, 야간에는 조명탄을 투하하는 선도기의 지원 하에 공습을 실시했다. 하지만 적은 전선 북부의 중앙지역에 돌출부를 형성했고, 이 상황에 대응하려면 가능한 강력한 반격을 시도해야 했다.

지휘권을 다시 인수한 첫날인 10월 26일에 롬멜은 제15기갑사단과 리토리오 사단에서 가용 가능한 모든 장비를 현재 위협받는 지역에 집결시키고, 제90경사단은 같은 지역을 향해 동남쪽으로 이동하라고 직접 지시했다. 이날은 쉴 새 없이 전투가 이어졌다. 28고지와 미테이리야 능선의 서쪽 주변에서 사격전이 벌어졌고, 영국의 공군과 포병도 맹포격을 가했다. 몽고메리는 깊은 고민에 빠졌다. 그의 주공은 저지되었으며, 2개 군단의 책임 중복을 포함한 영국군 내 지휘체계의 문제가 주공의 정지에 큰 원인으로 작용했다. 몽고메리는 이제 영국군 기갑부대가 미테이리야 능선에서 서쪽으로 더 진출하려고 한다면 견딜 수 없는 희생을 치르게 될 것임을 인정했다. 따라서 그는 정지 후 방어태세로 전환하고, 28고지의 진지를 서쪽과 북서쪽으로 확장하여 같은 지역에서 북쪽을 향해 10월 28일 야간에 실시할 새로운 공격을 준비하기로 결심했다.

영국군의 공격 축선 전환 결정을 알 수 없었던 롬멜은 여전히 전투가 진행중이던 전선 북단의 중앙에 주의를 집중하고 있었다. 그는 서쪽을 향한 적의 공격이 중지되었지만, 공격은 틀림없이 재개될 것이며, 이에 맞서는 반격에 동원할 자신의 예비대가 매우 약해졌다고 판단했다. 롬멜은 남부의 기동부대들을 차출한 후 남쪽으로 적의 주공이 움직일 경우 기동부대를 다시 남쪽으로 복귀시킬 충분한 연료가 없음을 알면서도 10월 26일에 제21기갑사단을 북쪽으로 이동시켰다.

다음 날인 10월 27일 이른 아침부터 영국 기갑부대가 28고지에서 남서쪽으로 공격을 개시했다. 이 지역은 롬멜이 가장 위험하다고 느꼈던 지역이었기 때문에, 그는 휘하 모든 기갑사단의 제대들을 동원한 국지적 반격으로 대응했고 이 과정에서 전투를 직접 조율했다. 이 공격들은 몽고메리가 28고지 주변의 진지를 확장하려는 시도의 일환으로, 럼스덴 장군의 제10군단 예하 기갑부대는 야간에 대전차 지대를 구축하기 위해 28고지 너머의 능선을 향해 서쪽과 북서쪽으로 전진하라는 명령을 받았고, 여명 직전에 더 많

---

183  위의 책

은 영국 기갑부대들이 진격 명령을 받았다. 하지만 일대의 공세는 몽고메리가 생각한 주공이 아니었다. 주공은 다음 날인 10월 28일 밤에 28고지에서 해안을 향해 북쪽으로 실시되는 공격이었다. 롬멜은 이 공격에 필사적으로 대응했고, 오후에 28고지 주변의 적 대전차포들에게 저지되어 더 동쪽으로 전진할 수는 없었지만 부분적인 성공을 거두었다. 하지만 몽고메리의 입장에서 이 공격은 어느 정도는 시험적인 공격이었다. 이 공격으로 돌파구를 만들 수도 있었지만 몽고메리는 그 가능성을 의심했다. 돌파구를 형성하려면 아프리카기갑군의 주방어진지에서 더 많은 전투, 즉 몽고메리가 '파쇄'(Crumbling) 전투라 부르던 국지적 전투를 더 많이 실시할 필요가 있었다. 27일 해질녘에 몽고메리는 28고지에서 더 서쪽으로 진격하려는 생각을 포기했다. 롬멜은 잠시나마 몽고메리를 저지했다. 하지만 롬멜은 이제 방어진지에서 적이 저항을 받지 않고 진격할 수 있는 간격이 형성된 지역으로 자신의 기갑사단들을 이동시켜야 했다. 그 날 롬멜은 루시에게 보낸 편지로 자신에게 주어진 짐을 누구도 상상할 수 없을 것이라고 했다. 그리고 다음 날의 편지에는 이렇게 이어졌다. "이곳을 마지막까지 떠날 수 없다면 사랑과 행복한 삶을 준 당신과 우리 아들에게 고맙다고 전하고 싶소."[184]

롬멜은 OKW가 현지의 위기를 여전히 이해하지 못하고 있으며, 이탈리아군 총사령부도 마찬가지임을 확신했다. 그는 적당한 자격을 가진 나치 당원인 참모장교 베른트를 보내 총통에게 직접 보고하는 방법도 생각했다. 롬멜은 여전히 히틀러가 직접 보고를 받는다면 상황을 이해할 것이라는 생각을 품고 있었다.[185]

하지만 3,000톤의 연료를 적재한 또 다른 유조선인 프로세르피나(Proserpina)호가 침몰했다. 로마에서 무솔리니는 카발레로에게 아프리카기갑군의 연료 문제로 "항상 속이 뒤틀린다."[186] 고 말했는데, 이 발언에는 의심의 여지가 없다. 하지만 로마의 일부 인사들은 롬멜의 어려움을 믿지 않는 분위기였다. 당시 케셀링과 괴링 모두 로마에 있었는데, 괴링은 롬멜이 지나간 일들에 너무 영향을 받는다고 말했다.[187]

치열한 전투가 개시되고 5일이 경과한 10월 28일 저녁 9시에 아프리카기갑군은 28고지의 서쪽과 북쪽에서 다시 화력이 집중되는 듯한 폭음을 들었다. 이는 몽고메리가 실시할 다음 주공의 전조였다. 모스헤드 장군의 제9오스트레일리아사단이 아프리카기갑군 방어선의 북쪽을 분쇄하기 위해 북쪽으로 공격을 개시한 것이다. 그리고 공격 이틀

..........................
184  IWM 2596
185  Rommel diaries, EPM 9
186  Cavallero diaries, EPM 2
187  위의 책

후에는 해안을 따라서 서쪽을 향한 공격이 이어졌다. 몽고메리는 이 두 번의 연속 작전으로 전선의 최북단에 큰 돌파구를 형성할 생각이었다.

롬멜은 전투의 중심은 분명 북쪽이며 중점이 이동하지 않을 것이라고 판단했고, 사실상 남은 모든 공세적 전력을 북쪽에 집중했다.[188] 영국 공군의 공중우세로 인한 충격은 예상대로 공포를 불러왔으며, 반대로 독일 공군은 거의 비행을 하지 못했다. 전투 1일차의 영국공군은 거의 방해를 받지 않고 모든 전방 비행장 상공에서 초계비행을 계속했다. 그리고 이제 롬멜은 포병의 준비사격에 이어 가공할 야간공격에 직면했다. 롬멜은 항상 영국군의 야간 보병운용능력에 감탄했는데, 이 공격을 주도한 부대는 롬멜이 특별히 높이 평가하던 오스트레일리아군이었다. 롬멜은 곧 적의 공격이 지속되고 있다는 보고를 받았다. 독일 제164사단의 1개 대대와 이탈리아군의 1개 베르살리에르 대대가 유린당했다. 그날 중에 롬멜은 전선 후방에서 포로로 잡힌 특공대원에게 전쟁포로 지위를 부여하지 말라는 명령을 받았다. 이것이 악명 높은 '코만도 명령(Kommando befehl)'으로, 폭력배들처럼 활동하는 영국 특수부대들을 즉결처분해야 한다는 내용을 담고 있었다. 롬멜은 작전참모(Ia)가 보는 앞에서 이 명령서를 태워버렸다.[189] 롬멜은 그 명령에 맞서 올바른 결론을 끌어냈으며, 끝내 명령을 무시하고 파기했다.

몇 시간 후인 10월 29일 이른 아침에 롬멜은 고통스러운 심정으로 사령부 방공호를 오가고 있었다. 그는 곧 알라메인의 모든 진지가 무너질 것임을 직감했다. 롬멜은 카발레로에게 보급품과 약 6천 명의 잘 훈련되고 장비를 갖춘 증원병력을 즉시 지원받는다면 적을 저지할 기회가 있을 것이라고 통신을 보냈지만, 무리한 요구가 아님에도 받아들여지지 않을 것임을 깨달았다.[190]

몽고메리는 여전히 어느 곳에서도 확실한 돌파구를 만들어내지 못했으며, 전술적 기량과는 별개로 연료와 전차의 수적 우세를 이용해 승리할 수 있는 개활지로 전차들을 진격시키지도 못했다. 그러나 방어선은 이미 산산조각이 난 상태였다. 오스트레일리아군의 공격은 가장 최근의 공격일 뿐이었다. 방어선의 붕괴는 시간문제였고 남은 시간은 거의 없었다. 이대로는 영국군이 돌파에 성공할 것이 분명했다. 특히 오스트레일리아군이 진격하고 있는 북쪽이 위험해 보였고, 앞서 가장 큰 압력을 받은 28고지와 미테이리야의 서쪽도 불안했다. 어느 쪽도 전선의 돌파는 피할 수 없었고, 이를 저지하기에는 전

----

188  아리에테 사단만이 남겨졌다.

189  Siegfried Westphal, Erinnerungen (Mainz, 1975)

190  Cavallero diaries, EPM 2

력이 충분치 않았다. 이 전투는 소모전이었고 영국군의 물자와 병력 규모가 훨씬 우세했다. 연료 현황이나 전차부대의 규모, 지형을 고려한다면 지뢰지대 너머로 약간의 작전적 반격은 가능했지만, 하늘의 상황은 그렇지 않았다. 이 전투는 소모적이고 파괴적이고 피로한 전투였고, 1914~18년에 벌어진 1차대전의 서부전선 전투들에 필적하는 혈투였다. 몽고메리는 솜 전투나 3차 이프르 전투 당시 헤이그 장군처럼 대량의 병력과 대포를 집결시켜서 전선의 일부가 붕괴할 때까지 적 부대를 공격하여 방어선을 돌파하는 방식으로 작전적 승리를 얻기를 원했다. 헤이그가 그랬듯이 몽고메리는 심각한 손실에 맞서 인내심을 발휘했다. 헤이그의 공격과 달리 몽고메리는 인내한 끝에 실제로 돌파 성공을 목전에 두고 있었는데, 이는 인원과 장비의 손실을 대체하는 능력에 있어 영국군이 월등히 우세했기 때문이다. 그리고 헤이그와는 달리 몽고메리는 지속적인 전과 확대 및 추격에 신속하게 동원 가능한 수단을 보유하고 있었다.

롬멜은 어떻게든 철수를 준비해야 한다는 사실을 인식했다. 철수는 적의 돌파가 임박했으나 시작되지는 않은, 전선에 대한 압력이 극히 강해진 시점에 수행해야 했다. 이는 어려운 과제이며, 관점에 따라서는 불가능에 가까워 보였다. 이탈리아군 보병사단들을 차량으로 수송하기에는 수송수단이 부족했지만, 롬멜은 이들을 포기하는 상황은 생각조차 하지 않으려 했다. 롬멜은 이탈리아군 장병들에게 매우 큰 충성심을 느꼈고, 이탈리아 장병들이 악조건하에서, 모두가 동의하지 않는 명분을 위해 월등히 많은 적들에 맞서 얼마나 용감히 싸우고 있었는지 잘 알고 있었다. 그러나 그 가운데 많은 사람들이 포로가 될 위기에 처했고, 이는 롬멜의 책임이었다.

철수 상황에서는 기동전을 실시할 수 없었다. 롬멜에게 주어진 제약들과 영국군이 장악한 제공권으로 인해 롬멜의 장기인 기동전은 수행 자체가 불가능한 상황이었다. 따라서 롬멜은 기동전을 시도하는 대신 예비진지로 신속하게 퇴각해야 했다. 롬멜은 알라메인 방어선 후방 95㎞ 거리에 있는 푸카의 진지를 조사하기로 결심했다. 10월 29일 11시에 롬멜은 격침된 프로세르피나호를 대체하기 위해 출항한 또 다른 유조선인 루이지아나(Louisiana)호가 침몰했다는 소식을 들었다. 기갑군의 생명선이 끊긴 것이다.

10월 28일에 북쪽을 향해 실시된 오스트레일리아군의 야간공격은 느리게 진행되었고 일부 지역에서는 성공을 거두었지만, 다른 지역에서는 혼란 끝에 방향을 잃으며 상당한 사상자가 발생했다. 몽고메리에게는 실망스러운 결과였다. 오스트레일리아군의 성공은 프레이버그 장군의 뉴질랜드사단이 해안을 따라 서쪽으로 실시하게 될 다음 주공세의 필수적인 전제조건이었다. 그렇지만 몽고메리는 10월 29일에 오스트레일리아군의 공격을 지속하기로 결심했다. 이 공격은 몽고메리가 돌파구를 형성하기 위해 수행하려던 '파쇄' 공격의 일부였다. 소모전에서는 사상자가 발생하고 부하들의 불안이 증폭되더라도 일관된 방침을 유지하려는 지휘관의 의지가 극히 중요하며, 몽고메리는 이 사실을 잘 알고 있었다. 그는 강한 의지의 소유자였다.

그날 밤, 아프리카기갑군 참모부는 약간의 혼란을 겪었다. 이는 대부분의 전쟁에서 발생하는 -특정한 순간에 일시적이지만 심각한 동요를 유발하는- 이유를 설명하기 어려운 잘못된 보고의 결과였다. 6시에 이탈리아군 총사령부로부터 전문 하나가 도착했다. 무선 감청을 통해서 영국군 2개 사단이 남쪽 멀리 카타라 저지대를 지나 서쪽으로 기동하고 있음이 파악되었다는 것이다! 이들은 메르사 마트루 남쪽 100km 지점에 도달했는데, 이는 기갑군 우익 후방 깊숙한 지역이었다. 사령부는 잠시 혼란에 빠졌지만, 롬멜의 정보참모(Ic)가 즉시 이 정보의 비현실적인 부분을 지적했고, 당시 제한적으로 출격하던 독일 공군을 활용해 한 차례 일대를 정찰한 끝에 잘못된 정보라는 정정보고를 받을 수 있었다.[191] 롬멜은 이미 푸카 진지 답사를 계획해두었으며, 전선에 형성된 간격을 방어중인 제21기갑사단에게 10월 30일 밤을 기해 트리에스테 차량화사단과 교대하도록 명령해서 제21기갑사단을 기동 가능한 예비대로 복귀시켰다. 롬멜은 여전히 북쪽 지역에 관심을 두었고, 해안을 향해 출발하여 해안을 따라 이어질 대규모 공격에 촉각을 곤두세웠다. 몽고메리는 실제로 이런 작전을 구상하다 도중에 계획을 수정했으나 롬멜은 이 사실을 알 수 없었다. 몽고메리는 교묘하게 주공 지점을 바꾸기로 결심하고 새로운 계획을 수립했다.

10월 31일 오전, 영국군 전차가 해안도로에 도달했다는 보고를 받자 롬멜은 직접 그곳으로 달려가 이전과 같이 제21기갑사단과 제90경사단 휘하의 제대들을 조직하고 정오부터 직접 반격을 이끌었다. 이 반격은 강한 저항에 직면했지만 얼마 후에는 해안 및 해안 도로와 평행한 철로의 남쪽으로 영국군을 몰아낼 수 있었다. 롬멜에게는 이제 전차가 230대 남았고, 그중 90대는 독일군, 140대는 이탈리아군 전차였다. 그는 영국군의 남은 전력이 800대라고 판단했는데 이는 대체로 정확한 추정이었다. 승산은 계속 줄어들고 있었다. 롬멜의 진지는 극도로 허약했으며 알라메인 진지는 이제 얇고 불규칙한 껍질에 불과했다. 그리고 소모전의 대차대조표는 냉엄하게 적 쪽으로 기울고 있었다. 그나마 푸카 진지 정찰은 만족스럽게 끝났다.

영국군은 알라메인 전투를 종결시킬 새 작전을 '슈퍼차지(Supercharge)' 작전으로 명명

191  Behrendt, 앞의 책

했다. 이 작전은 몽고메리의 새로운 계획에 따라 수립되었다. 당초 10월 31일 밤에 공격을 실시할 계획이었지만 24시간이 연기되었다. 실제 공격은 11월 2일 새벽 1시에 시작되었고, 가공할 준비포격에 이어 1개 기갑여단의 지원을 받은 뉴질랜드사단이 제50 및 51사단에서 2개 여단의 증원을 받아 4km의 정면에서 다시 야간공격을 시도했다. 이 공격의 목표는 보병들이 목표지점들을 확보하여 궁극적으로 독일군 방어지역을 일소하는 것이었으며, 목표에 도달하는 시점은 세 시간 이내로 예상되었다. 그리고 임무를 성공적으로 수행한 보병대대들이 대전차방어선을 전개하면 기갑부대들이 보병부대를 초월하여 라만(Rahman) 통로와 텔 엘 아카키르를 향해 개활지역으로 전진하기로 했다. 슈퍼차지 작전의 첫 단계에서 서쪽을 향한 공격축선은 28고지의 바로 북쪽을 향했다. 제164사단의 나머지 제대들과 트리에스테 사단의 일부가 이 공격에 노출되었다. 몽고메리는 새롭게 갱신된 정확한 정보에 따라 대응했고, 중심을 원래 생각한 축선보다 남쪽으로 옮겼다.

롬멜은 전날인 11월 1일을 북쪽 구역에서 해안을 향한 오스트레일리아군의 북방 돌파에 대항해 수비를 강화하고 반격을 지휘하며 시간을 보냈다. 당일 밤에는 혼란스럽고 불확실한 정보만 보고받았지만, 해가 뜨기 전까지 주공의 방향에 대해 어느 정도 상황을 파악할 수 있었다. 주공은 다시 한번 28고지 지역에 집중되었다. 롬멜은 현재 프레이버그의 보병부대들이 진격하는 과정에서 서쪽을 향해 형성한 영국군의 돌출부를 목표로 가급적 신속한 반격을 실시하기로 결심했다. 아프리카군단, 즉 북쪽에서는 제21기갑사단이, 그리고 서쪽과 남쪽에서는 제15기갑사단이 리토리오 및 트리에스테 사단의 가용 전차들을 지원받아 집중공격을 실시할 예정이었다. 롬멜은 아리에테 사단에게 북쪽으로 이동하라는 명령을 내렸다. 이제 전선의 남쪽 구역에서 모든 기갑부대가 차출되었다. 그 날 롬멜은 전방의 응급구호소가 눈에 띄는 적십자 표시에도 불구하고 폭격을 받았다는 보고를 받고 분노했으며, 포로로 잡은 영국 장교들을 무차별 폭격시도를 막을 인질로 사용하도록 명령을 내린 후 이 결정을 영국 측에 전달했다.[192] 그간 사막전에서는 거의 찾아볼 수 없었던 양측의 상호 잔혹행위는 평소에 기사도를 중시하던 롬멜이 당시에 받던 중압감을 보여준다.

영국군 돌출부 서쪽에 위치한 롬멜의 대전차 방어선은 영국의 전차들에게 상당한 피해를 강요하고 있었다. 슈퍼차지 작전에 투입된 전차부대들은 보병이 확보한 진지들을 초월 전진하라는 명령을 받은 상태였다. 돌출부에 대한 롬멜의 반격은 11월 2일 오전 11

---

192 Rommel diaries, EPM 9

시에 시작되었으나, UATRA가 몽고메리에게 지속적으로 정보를 전달했고, 몽고메리는 이 정보에 따라 프레이버그에게 9시 반에 독일의 공격이 시작될 것이라고 전달한 상태였다. 이탈리아군 총사령부가 '전선 후방 어딘가에' 적의 대규모 상륙이 실시될 것이라는 내용으로 전문을 보내는 바람에 잠시 주의가 분산되기도 했지만, 롬멜의 주 관심은 영국군의 돌출부와 이를 분쇄하기 위한 반격에 맞춰져 있다고 설명해 주었다.

롬멜의 전차 전력은 이제 심각하게 감소했다. 저녁에는 아프리카군단 전체에 불과 35대의 전차만 남았다. 롬멜은 영국군에게 상당한 피해를 입히는 성과를 거두었으나, 돌출부를 제거하거나 몽고메리의 의지를 좌절시킬 가능성이 없음을 깨닫고 국지적 반격조차 포기했다. 영국은 그간의 전차 손실을 보충할 수 있었다. 아프리카기갑군의 방어선은 10월 23일 이후에도 어떻게든 유지되고 있었지만, 이제는 28고지의 북서쪽 방어 지역을 프레이버그가 장악하면서 결국 돌파를 허용했다. 아프리카군단은 리토리오 사단이 공황 상태에 빠져 더이상 통제가 불가능하다고 보고했고, 트리에스테 사단에 관해서도 비슷한 보고가 올라오고 있었다.[193] 라만 통로를 따라 이어진 롬멜의 얇은 대전차 방어선은 몽고메리가 전진을 결심한다면 언제든 붕괴될 수 있었다. 롬멜은 이제 모든 것이 끝났음을 알았다.

롬멜은 지난 48시간 동안 아프리카기갑군의 후방 부대들을 후방으로 보내고 있었다. 그리고 이제 지난 며칠간 생각하던, 피할 수 없는 순간이 왔음을 깨달았다. 방어는 몇 시간 이상은 지속할 수 없었고, 이제 롬멜의 임무는 최악의 상황에서 가능한 많은 병력과 장비, 물자를 구해내는 것이었다. 그러나 롬멜은 자신이 얼마나 많은 것을 구해낼 수 있을지 자신하지 못했다. 그리고 11월 2일 저녁, 이탈리아군 총사령부에 기갑군의 기계화 부대들 일부만이 전장을 벗어날 수 있으며, 대다수의 이탈리아군 보병들은 수송수단의 부재로 인해 궤멸을 피하기 어려울 것이라는 내용의 통신을 보냈다. 롬멜은 로마가 상황을 지나치게 낙관적으로 판단하거나, 라스텐부르크의 히틀러와 전쟁사령부가 이 통신의 내용을 전달받을 수 있음을 알고 있었다. 하지만 그에게 남은 선택지는 분명했다. 11월 2일 밤부터 독일군과 이탈리아군 보병은 서쪽으로 행군하기 시작했다.

다음 날 아침에 롬멜은 상황을 정리해보았다. 이제 아프리카군단은 30대가량의 전차를 보유하고 있었다. 그는 기갑부대가 적의 전진에 대항해 대치하고 포위 시도를 피하면서 가능한 느리게 철수하여 적어도 보병 사단들의 일부가 방어선에서 완전히 멀어질 정도로 적을 충분히 지연할 수 있기를 희망했다. 물론 롬멜이 몽고메리의 입장에 있

.............................................
193  위의 책

고, 예비대와 정보를 모두 가지고 있었다면 아마도 방어부대가 전선에서 차출되고 있음을 파악한 시점에서 기갑부대 주력을 훨씬 남쪽으로 전개한 후, 마지막 방어선 돌파를 시도하고 해안을 향해 북서쪽으로 대규모 기동을 실시해 칸나이와 같은 포위전을 실시했을 것이다. 몽고메리는 이전까지 그런 구상을 하고 있었지만, 정작 기회가 찾아온 시점에서는 그런 기동을 실시할 의향이 없었다. 몽고메리는 북부에서 계획된 전투를 진행 중이었고, 전투력의 천칭은 그에게 기울어 있었다. 몽고메리는 적을 파쇄할 뿐 포위전을 벌일 의향은 없었다. 그럼에도 롬멜은 전투에서 패하고 있었다. 그는 11시 반에 OKW로 직접 통신을 보내 지난 24시간 동안 적이 400~500대의 전차로 공격을 실시하여 기갑군의 진지를 중심 15㎞, 정면 10㎞의 폭으로 돌파했으며, 더이상 방어선을 일관적으로 유지하기 불가능한 수준의 손실을 입었다고 말했다. 이탈리아 부대들은 더이상 전투가 불가능했고 보병들은 명령 없이 진지를 이탈하고 있었다.

롬멜은 알라메인의 전략적 중요성을 완벽하게 인지하고 있었지만, 현실적으로 달성 가능한 유일한 목표는 적을 지연시키고 타격을 가해 상대가 승리를 달성하는 데 큰 대가를 치르도록 하는 것뿐이고, 이 목표의 달성은 푸카에서 남쪽으로 이어지는 새로운 방어진지로 이동하는 기동 작전(철수의 다른 표현)의 성패에 달려있다고 보고하며, 철수 계획에 대해 승인을 요청했다. 롬멜은 자신의 부대에는 푸카로 후퇴하는데 필요한 수준의 연료만이 남았다고 판단했다.

11월 3일 오후 1시 30분에 롬멜이 받은 통신문은 그가 보고한 계획의 승인이 아닌, 비관적인 보고에 대한 답신이었다. (롬멜이 이탈리아군 총사령부에 보낸 통신은 라스텐부르크뿐만 아니라 런던에서도 ULTRA를 통해 읽고 있었다) 히틀러가 11월 3일에 보낸 이 통신은 롬멜의 인생과 태도의 결정적 전환점이 되었다.

이 시점까지 롬멜은 분명 히틀러의 신임을 받아 왔다. 롬멜이 대담하게 위험을 감수하더라도 도박을 시도하자고 주장했을 때 히틀러는 그를 지지했었다. 롬멜이 지난겨울에 이탈리아군의 반대에도 불구하고 키레나이카를 일시적으로 포기해야 한다고 판단했을 때도 히틀러는 그를 지지했다. 롬멜은 과거 군사적 문제에 있어 히틀러와 개인적으로 많은 대화들을 나눴다. 롬멜은 히틀러가 자신의 판단을 높이 평가하고 자신의 충성심을 확신했으며 자신의 군사 사상 가운데 많은 부분에 공감했음을 알았다. 이제 롬멜은 히틀러에게 아프리카기갑군이 무시무시한 소모전으로부터 후퇴하지 않는다면 궤멸을 피할 수 없고, 종국에는 북아프리카를 상실할 것이라고 보고했고, 히틀러는 "한 걸음도 물러서면 안 된다."고 응답했다. 롬멜은 이를 자신의 작전적 조언에 대한 단호한 거절이자 자신의 부대에 대한 사형 집행 영장으로 받아들였다. 그리고 이 명령은 분명히 총통명령이었다. 히틀러의 통신문은 이렇게 끝났다. "귀관은 귀관의 부대에게 승리 아니면 죽음 밖에는 다른 길이 없음을 주지시킬 권한이 있다."[194] 몽고메리도 이 통신문을 흥미롭게 읽었다.

롬멜은 결단을 내리지 못하고 24시간을 허비했으며, 나중에 이를 몹시 자책했다. 다음 날 일찍 그를 방문한 케셀링도 롬멜을 비난했다. 당일인 11월 3일 밤에 롬멜은 사막을 혼자서 초조히 서성였고, 베스트팔은 한 참모장교에게 롬멜에게 가서 최고지휘관(Oberbefehlshaber)의 이야기 상대가 되어주라고 조언했다. 롬멜은 참모장교에게 정련되지 않은 언어로 만약 아프리카기갑군이 현 위치를 고수한다면 3일 안에 전멸할 것이며, 히틀러는 완고한 미치광이고, 그 완고함이 독일 병사들을 마지막 한 명까지 죽게 만들어 언젠가 독일 전체를 파멸로 이끌 것이라고 털어놓았다.[195]

다음 날 아침에 케셀링은 롬멜에게 히틀러의 총통지령을 구체적인 구속력이 있는 명령으로 간주해서는 안 된다고 말했다. 이런 진퇴양난의 상황에서 뒤늦게나마 다른 사람의 의견을 듣는 것은 도움이 되었다. 케셀링은 롬멜이 히틀러를 높이 평가했으며, 롬멜이 총통에게 거의 최면적인 영향을 끼쳤음을 깨달았다.[196]

케셀링의 조언은 롬멜이 결정적인 순간에 불복종 행위를 택하도록 결심하게 했다. 다행히도 영국군은 진격하는 대신 여전히 신중한 태도를 유지했으며, 아프리카기갑군의 방어선은 여전히 라만 통로를 따라 유지되고 있었다. 롬멜은 이날 아침에 아프리카군단의 방어선이 전차 20대로 상대 전차 200대를 저지하고 있다고 말했다.

롬멜은 이제 확신을 가졌다. 롬멜은 이미 베른트를 자신의 대리인으로 독일에 보내두었는데, 이는 며칠 동안 생각하던 방법을 실행할 통로였다. 롬멜은 베른트가 히틀러와 직접 접촉해, 통신 보고 이상으로 전선의 현실을 설득력 있게 전달하기를 원했다. 훗날 롬멜은 대중의 신뢰를 무너트리지 않고 공개적으로 발표하는 데 필요한 선전적 목적으로 그런 총통명령이 하달되었다고 생각하게 되었지만, 그런 배경과 관계없이 롬멜은 평소의 롬멜 답지 않게 이 문제를 애매하게 처리했다. 롬멜은 히틀러에게 재차 전문을 보낸 후, 아프리카군단에 철수 불가 명령을 하달하고 폰 토마에게 이 명령을 따라야 한다고 말했다. 폰 토마는 이렇게 말했다. "소규모의 철수는 아마 허용되겠지요?" 물론 군단

194  Behrendt, 앞의 책
195  Warning, 인터뷰, EPM 3
196  Albert Kesselring, Soldat bis zum letzten Tag (Bonn, 1953)

은 이미 얼마 전부터 철수를 하고 있었다. 롬멜은 토마의 질문에 동의했지만 그 직후에는 기갑군이 "위치를 지켜야 한다"고 말했다. 하지만 그의 참모들은 롬멜이 주변에 들릴 만큼 큰 목소리로 "총통이 완전히 미친 게 틀림없어!"라고 말하는 것을 들었다.[197] 그리고 롬멜은 평소답지 않게 가식적인 모습으로 후방으로 향하는 수송차량의 이동은 중지하지만, 차량을 운전할 충분한 인원을 전선에 유지해야 한다고 명령했다.[198]

이번에는 롬멜이 설득되었다. 총통명령에 불복종하거나 무시하는 것은 그에게는 완전히 비정상적인 행위였다. 롬멜은 언제나 자신의 판단을 변호했고 자신의 방식을 고수하기 위해 항상 최선을 다했지만, 그의 인생은 근본적으로 복종에 기초하고 있었다. 이런 행동은 이성적인 복종으로, 현황에 대한 정보를 완전히 제공한 이후의 복종이자, 명령을 내리는 권력자가 자신만큼 상황을 파악하고 있음을 인식한 상태의 복종이었으나 결과적으로 복종은 복종이었다. 그리고 총통은 제국군의 총사령관이었고 제국군은 모든 전선을 통틀어 역사상 가장 위험한 순간에 직면하고 있었다. 그럼에도 불구하고 롬멜은 11월 4일 오후 3시 반에 기갑군에 철수하라는 명령을 내리고 이를 OKW에 알렸다. 로마에서는 당국자들이 현지의 상황을 전혀 파악하지 못했고 무솔리니는 11월 2일에 롬멜에게 다음과 같은 한 통의 통신을 보냈다. "총통 본인은 어떤 희생을 치르더라도 현 전선을 방어하는 것이 필수적이라 생각한다." 그리고 카발레로는 11월 4일에 롬멜의 통신을 보며 무솔리니에게 이렇게 말했다. "롬멜이 철수한다면 군을 잃을 것입니다."[199]

롬멜은 철수 두 시간 전에 아프리카군단의 보고를 하나 받았다. 적 전차가 전선 중앙을 돌파했다는 것이었다. 롬멜은 그에 앞서 폰 토마를 포로로 잡았다는 영국군의 무선통신을 전달받은 상황이었다. 아프리카군단에는 남은 병력이 거의 없었고 아리에테 사단은 사실상 궤멸되었다. 곧 영국군이 돌파구를 통해 서쪽으로 쇄도하고 있다는 보고가 올라왔다. 알라메인 전투가 끝났다.

그날 늦게 롬멜은 히틀러가 자신의 결정을 승인했다는 전문을 받았다. 케셀링은 용감하고 명예롭게도 히틀러의 사령부에 직접 전화를 걸었던 것이다. 기갑군은 이제 철수를 허락받았지만, 영국군이 신속하게 추격한다면 즉시 포위당할 수 있는, 심각한 위기에 노출된 상태였다. 그리고 롬멜의 부대는 알라메인의 패배 이후 수일 만에 엄청난 위기에 노출되었다. 로마의 무솔리니는 이탈리아군 보병을 데려오기 위해서 모든 노력을 동

---

197　Constantin von Neurath, 인터뷰, EPM 3
198　Rommel diaries, EPM 9
199　Cavallero diaries, EPM 2

원해야 한다는 무의미한 강요를 계속했고, 알라메인 패배 다음 날에는 지브롤터 해협에서 거대한 수송선단이 발견되었다는 소식이 로마에서 화제가 되었다. 이탈리아군은 로마에 있는 케셀링과 베를린에 있는 괴링 간의 대화를 통상적으로 감청하여 이 수송선단 출현의 의미에 대한 제3의 의견을 들을 수 있었다. 이들은 수송선단이 프랑스령 북아프리카, 이탈리아나 코르시카(Corsica), 아니면 트리폴리타니아로 향하고 있을 것이라고 판단했다. 단 괴링은 북아프리카 상륙 가능성은 거의 없다고 여겼다. 이 수송선단은 추적 대상이 되었으며, 히틀러는 이 선단이 치명적인 급소를 노릴 것이 분명하다고 판단했다. 스페인 측의 소식통들은 수송선단의 일부가 북아프리카나 이탈리아 침공을 시도할 것이라고 추측했다. 튀니지는 언제나 가능성이 있는 행선지였고 이탈리아와 독일 모두 튀니지 상륙에 대비해야 한다는 데 동의했지만, 이 경우 실질적 대응은 프랑스의 반응에 달려있었다.[200]

11월 8일에 상당한 규모의 영국군 및 미군 부대가 프랑스령 북아프리카에 있는 알제 (Algiers)의 양측에 상륙하기 시작했다. 롬멜의 관점에서 이 상륙작전은 아프리카 방면 추축군의 종말을 의미했다.

알라메인 방어선에서 병력을 철수하여 북아프리카 해안을 따라 튀니지까지 후퇴하는 상황은 롬멜에게는 쓰라린 경험이었지만 철수 자체는 대단히 성공적이었다. 수송수단도 희망도 없이 남겨진 수많은 이탈리아군 보병들이 포로가 되었고, 로마의 카발레로는 이 문제를 두고 린텔렌에게 격하게 항의했다.[201]

하지만 바이에를라인이 지휘[202]하는 아프리카군단은 여전히 편제와 지휘체계의 골격을 유지했고, 롬멜은 잔여병력을 지휘하여 밤낮에 걸친 강행군 끝에 푸카 진지에 약간의 병력을 집결시킬 수 있었다. 그러나 롬멜은 그곳에서 결전을 치를 생각이 없었다. 그의 계획은 주로 제90경사단 병력으로 약간의 후위부대를 편성해 적 본대를 곧바로 따라잡지 못하도록 방해하는 것이었다. 영국군이 사막에서 측면으로 우회하여 후퇴 중인 추축군 부대를 포위하지 못하도록 대응할 기갑 전력이나 대전차 전력은 거의 남아있지 않았다. 전면 퇴각을 시작하던 11월 4일 당시 롬멜이 보유한 전차는 독일 전차 30여 대와 이탈리아 전차 10여 대뿐이었고, 제한적이고 방어적인 수준의 기동전조차 수행할 수 없었다. 부대의 연료 재고 역시 후방의 목적지를 향해 최단거리로 전진하는 것 이상의

200  위의 책
201  위의 책
202  바이에를라인은 일시적으로 지휘권을 행사했고 11월 19일, 구스타프 펜 장군이 지휘권을 인수했다.

여유를 기대할 수 없었다. 오랫동안 연료를 기다리며 정차하는 경우도 적지 않았다.

하지만 롬멜은 영국군의 손아귀에서 빠져나갔다. 그는 추격자들을 피했고 상당한 규모의 독일-이탈리아군을 파멸에서 구했다. 장병들이 차량에 올라탈 수 있는 곳이면 어디에든 가득 올라탔고, 알라메인 전선의 남부는 수많은 병력이 사막을 가로지르는 과정에서 부대가 뒤섞이고, 지휘자가 사라지고, 전투를 수행할 수 없을 정도로 혼란스러웠지만, 11월 6일 오후 리비아 국경에 도달했을 때는 예전의 질서가 회복되었다. 그리고 몇 가지 놀랍고도 반가운 소식들이 있었다. 람케의 낙하산여단에는 수송수단이 할당되지 않았는데, 이들은 자신들이 사실상 버려졌다는 사실에 분노했지만 오히려 어느 영국군 대열에 매복공격을 실시하여 차량을 탈취하고 그 차량들로 탈출했다는 것이다. 이제 롬멜은 솔룸 주변에서 비축물자를 획득했고 7500명의 병력을 유지했으며, 그 가운데 5천 명이 독일군이었다. 장비는 전차 21대, 대전차포 35문, 야포 65문, 대공포 24문만이 남았다. 롬멜은 영국 제8군의 전 병력을 상대하고 있었으며, 자신도 그 사실을 잘 알고 있었다. 롬멜은 추격군이 약 200대의 전차와 다수의 병력수송장갑차로 구성되었으며, 영국군 기갑차량들이 사막 측면을 기동 중일 가능성이 높다고 판단했다. 그럼에도 롬멜은 적의 수중에서 빠져나갔다. 그는 지금까지 모든 돌격이 그랬듯이 철수도 최대한 단호하게 실시했다. 할파야 고개에서 병목현상으로 인해 교통 혼잡이 벌어지자 그는 직접 여러 명의 장교들로 교통통제소를 편성하고 통제에 필요한 전권을 부여했다.

그는 퇴각하는 보급차량 대열을 인도하여 재편성을 실시하고 사기를 회복할 수 있는 지역으로 보냈다. 그리고 보급품이 비축된 토브룩에서 정지한 후, 영국군의 추격을 가급적 오래 저지하며, 그동안 이 보급품들을 싣고 자신이 잘 아는 경로인 가잘라, 벵가지, 아지다비야, 메르사 엘 브레가를 거쳐 퇴각할 계획이다. 롬멜은 트리폴리에서 증원이 오고 있으며, 메르사 엘 브레가의 협로로에서 잠시 방어전을 시도할 수 있을 것이라고 판단했다. 하지만 그는 어느 정도 대응기동을 실시할 수 있는 전력이 회복된다 하더라도, 장시간 머물 수는 없음을 잘 알고 있었다. 기갑군의 주력은 이미 알라메인에서 사실상 분쇄되었기 때문이다.

그럼에도 기갑군은 탈출에 성공했다. 끊임없이 이어지는 공중 공격과 고질적인 연료 부족으로 부대 전체가 비참한 상황에 처했지만, 끝내 전멸의 위기를 벗어났다. 가장 큰 행운은 적의 지나친 신중함이었다. 롬멜은 몽고메리가 위험을 전혀 감수하지 않았으며, 그에게는 대담한 방식은 완전히 낯설 것이라는 평을 남겼다.[203]

....................
203 Liddell Hart, 앞의 책

몽고메리에 관해 빈번하게 언급되는 이런 평가에는 반론이 존재한다.[204] 몽고메리는 예하의 지휘관들이 추격에 열의를 보이지 않았던 것은 최고지휘관의 소심함 때문이라는 비난을 받았고, 더러는 악천후가 원인이라는 분석도 있었다. 양측이 11월 6일 밤에 내린 폭우로 행군에 방해를 받은 것은 분명하다. 하지만 롬멜의 관점에서는 어떤 요소가 개입했다 해도 영국군의 역동성 부족을 부정할 수는 없었다. 은 분명 역동성이 없었고 이 점이 롬멜의 계획 수립에 한 가지 요소로 작용했다. 그는 몽고메리가 빈틈없고, 주의 깊게 준비하고, 실패를 자초하지 않도록 결심한다는 사실을 파악했다. 롬멜은 그를 '여우'에 빗댔다. 롬멜은 몽고메리가 결코 과욕을 부리지 않을 것이고, 결코 반격에 노출되지 않을 것이며, 상대의 약점과 제약을 정확하게 인지하고 있을 것임을 다소 씁쓸하게 깨달았다. 하지만 추격군의 포위 기동은 언제나 지나치게 제한적이고 지나치게 더뎠으며, 끝내 롬멜의 부대를 함정에 몰아넣는 데 실패했다. 그리고 제90경사단의 잔여 병력들은 추격군의 정면 공격을 계속해서 물리쳤다. 롬멜은 11월 12일에 토브룩에서 철수했고 선발대는 다음 날 메르사 엘 브레가에 도착했다. 튀니지까지 철수를 하는 기간은 롬멜이 북아프리카 전역, 독일이 수행하는 전쟁의 전략 방침, 그리고 제3제국의 지도자에 관해 성찰하는 계기가 되었다.

11월 10일에 독일 부대들이 항공수송으로 도착했고 곧 튀니스(Tunis)를 통해 북아프리카로 대규모 증원이 이어졌다. 11월 11일에 롬멜은 카발레로와 케셀링에게 방문을 요청했다. 롬멜은 한 주 전의 고통스러운 패배 이후, 특히 11월 8일에 영-미 연합군이 북아프리카에 상륙한 이후 계속 고심했고, 최고 사령부 수준의 전략적 지침이 필요하다는 결론을 내렸다. 아프리카기갑군이 완전히 무너지지 않았다면 이제 무엇을 목표로 해야 하는가? 미국의 모든 산업 능력과 상륙 능력이 대서양을 건너 전개될 수 있는 시점에서 북아프리카 전역의 목표는 무엇인가? 그리고 북아프리카를 방어하기 위한 노력이 급증하여 북아프리카의 전략적 중요성보다 비대해질 경우 미국의 능력에 대항할 수 있는 모든 요소들을 기갑군이 통제하게 되는가? 이제 북아프리카의 전략적 중요성은 무엇인가? 카발레로와 케셀링은 롬멜과의 회담을 거절했고[205] 롬멜은 충실한 베른트를 다시 독일로 보내 총통을 만나라고 지시했다. 롬멜은 정말로 이렇게 할 필요가 있다고 느꼈다.

그러나 베른트의 임무는 완전히 실패했고, 롬멜은 베른트로부터 히틀러가 화를 내며 롬멜의 우려를 무시했다는 침울한 소식을 전달받았다. 히틀러는 심하게 낙관적이었고,

204  예컨대 Hamilton, 앞의 책
205  사실 카발레로는 11월 12일부터 3일간 트리폴리에 있었지만, 롬멜을 만나지 않았다.

철수 현황을 면밀히 보고받은 후 메르사 엘 브레가를 '새 공세의 발판'으로 삼으라고 말했다. 이전에는 롬멜과 그의 판단을 신뢰했고 매우 호의적이었으며 접촉하기 쉬운 인물이었던 히틀러는 자신이 좋아하던 장군이 비관론자가 되었고, 이 비관론자가 다른 사람들의 문제를 걱정하고 있다고 믿었다. 히틀러는 베른트에게 롬멜은 튀니지와 관계가 없으며, 그저 튀니스가 '확보될 것'을 가정해야 한다고 단정 지어 말했다. 베른트는 히틀러가 이렇게 쏘아붙였다고 보고했다. "총통은 원수에게(Der Fuhrer bittet den FeldMarschall)" "튀니스를 계산에서 배제할 것을 요구한다(Tunis ausser Betracht seiner Berechnungen zu lassen)."[206] 그러면서 히틀러는 롬멜을 특별히 신임한다는 전갈을 첨부했다.

롬멜은 분노가 뒤섞인 회의주의를 거두지 않았다. 그는 몽고메리가 보급품을 수령한 후 재차 진격을 개시하는 방침을 고수한다면 조만간 아프리카기갑군이 적에게 또다시 압도될 것임을 알고 있었다. 롬멜이 기대할 수 있는 병력과 물자의 증원은 제8군과의 또 다른 소모전을 수행하기에 결코 충분하지 않을 것이었다. 기동전을 위한 자원은 더욱 부족할 것 같았다. 시점을 늦출 수는 있겠지만, 트리폴리타니아에서 철수하는 상황은 피할 수 없었다. 메르사 엘 브레가에서의 지속적인 방어는 고려할 가치조차 없었다. 그리고 이런 환경에서 1월에 새로운 공세로 즉각적인 반격을 실시한다는 생각은 환상에 지나지 않았다. 게임에 새 상대가 들어왔고 규칙이 바뀌었다. 몽고메리는 충분한 전력을 가지고 공격을 지속하며 승리를 할 때까지 보급을 받고 부대를 전개해 공격하는 과정을 반복할 수 있는, 그리고 그런 상황에서만 공격을 실시하는 인물이었다.

롬멜은 아프리카기갑군이 이제 튀니지 국경의 서쪽에 있는 가베스(Gabes)로 철수해야 한다고 판단했다. 이곳에서는 기동이 제한되며, 수적으로 우세한 적에 대한 방어도 가능했다. 롬멜은 가베스를 한동안 지킬 수 있을 것이라고 생각했다. 그리고 몽고메리가 공격에 필요한 보급망과 전투력을 수송하고 정비하는 데 많은 시간이 소요되는 만큼, 롬멜이 아프리카기갑군을 가베스로 완전히 철수시킬 수 있다면 상당한 시간을 벌고, 동시에 현재 튀니지에서 편성 중인 독일군과 합류할 수도 있었다. 그리고 롬멜은 이런 방식으로 아프리카로 수송된 수많은 보급품 중 상당 부분을 수령할 수도 있다고 덧붙였다. 일단 병력이 통합된 독일-이탈리아군은 튀니지의 서부에서 영-미군에게 치명타를 가해 서쪽 방면의 위협을 제거한 다음, 더 강한 전력으로 제8군과의 일전을 기대할 수도 있었다. 이 모든 일들을 위해서는 가능한 서둘러 병력을 집중하는 편이 나았다.

그럼에도 롬멜은 이런 시도 자체가 지연작전에 불과하다고 판단했다. 시간을 확보해

..............................
206  Rommel diaries, EPM 9

전멸을 피하는 것이 그간의 목표였고, 이제는 추축국 가운데 일국의 부대가 아닌 양국의 부대가 전멸을 피해야 했다. 그리고 그렇게 번 시간을 이용해 전투를 계속하며 튀니스로 후퇴하고, 유럽으로 철군해야 했다. 이제 북아프리카 전역의 목적이 무엇인가? 오리엔트 계획, 즉 코카서스와 유럽에서부터 중동을 정복한다는 원대한 꿈은 완전히 사라졌다. 이 꿈은 알람 할파에서 무너졌고, 연합군이 프랑스령 북아프리카에 상륙하여 미군이 게임에 본격적으로 참가하자 완전히 파묻혔다. 오리엔트 계획이 무너졌다면 추축군은 북아프리카에서 무엇을 하고 있는가? 이탈리아 식민지 방어라는 원목적은 이미 어긋났다. 제국은 위협에 빠져 있었고, 제국에 대한 위협은 동쪽에서 밀려들고 있었으며, 아마도 언젠가는 서쪽에서도 위협을 받게 될 것이 분명했다. 아프리카의 한 귀퉁이에서 싸우는 것은 남부 전선을 방어하기 위해 병력을 낭비하는 것이나 다름없었다.

롬멜은 그런 전략적 평가만이 자신에게 주어진 유일한 문제가 아님을 알았다. 다른 고려사항들도 변수로 작용했다. 즉 추축국 동료로서 이탈리아의 안정성, 특히 무솔리니의 주장과 같이 북아프리카 전선이 남부 유럽을 위한 외곽 방어지역이라는 사고관, 이탈리아의 기여로 튀니지를 방어할 경우 북아프리카의 프랑스령들을 양도받을 수 있다는 이탈리아의 탐욕, 그리고 보다 작전적이고 집적적인 문제로 8군을 트리폴리 동쪽에서 가급적 장시간 저지할 수 있다면 전역과 그 보급에 미치는 영향도 함께 고려해야 했다. 그럼에도 롬멜의 입장에서는 아프리카기갑군을 구할 수 없다면 이런 문제들은 탁상공론에 지나지 않았다. 만약 롬멜이 어느 곳에서든 알라메인과 같이 행동의 자유를 박탈당한 채로 방어선을 사수하라는 명령을 받았다면 그는 다시 한번 비참하게 비차량화 부대들을 중심으로 수많은 병력을 희생시켜야 했을 것이다. 롬멜은 다시 몇 개의 이탈리아군 비차량화 사단들을 지휘하게 된 상태였다. 병력수송차량이 없는 피스토이아(Pistoia), 스페치아(Spezia), '청년 파시스트(Giovani Fascisti)' 사단[207]이 메르사 엘 브라가에 도착하여 그의 지휘권에 편입되었다. 롬멜은 또 다른 알라메인의 비극을 예견했다. 하지만 그는 이탈리아군 센타우로(Centauro) 기갑사단도 증원받았다. 사단장 피촐라토 (Pizzolato) 장군은 1차대전 당시 롱가로네에서 롬멜과 맞서 싸운 적이 있음을 알게 된 뒤로 친밀한 관계가 되었다.

롬멜은 이제 키레나이카를 지나 철수하고 있었고, 그가 자주 이용했던 므수스 부근의 고원지대 경사지를 바라보고 있었다. 그리고 북아프리카 전역에서 주인이 다섯 번이나 바뀐 벵가지의 혼란을 목격했고 부비트랩과 폭약 설치를 감독했는데 그는 이를 기갑군

--------

207  각각 팔루지, 스카티니, 소차니의 지휘를 받았다.

공병이 준비한 '작고 아담한 깜짝쇼'라고 불렀다.[208] 롬멜이 가베스와 같이 독일-이탈리아군이 반드시 확보해야 한다고 판단한 목표를 상급자들에게 납득시킬 때는 항상 정확하고 시기적절한 결심이 필요했다. 롬멜은 환자였지만 활력과 유머는 잃지 않았다. 롬멜 부대에서는 종종 독일에서 보낸 필름으로 이동식 극장에서 영화를 상영했는데, 11월 하순에 그의 본부경호대 대원들이 그와 함께 뉴스 영화인 '보헨샤우(Wochenschau)'를 보고 있을 때 불행하게도 롬멜이 베를린의 거대한 집회에서 기자들을 향해 독일 장병들이 결코 이집트에서 물러나지 않을 것이라고 말하는 장면이 나왔다. 롬멜은 '아프리카너'들이 크게 웃어댈 때 함께 웃었다.[209]

11월 20일에 롬멜은 히틀러에게 다시 전문을 받았다. 메르사 엘 브레가 진지는 '어떤 희생을 치르더라도' 확보하라는 내용이었다. 같은 날 롬멜은 제21기갑사단의 수색대대를 방문했는데, 이 부대는 1941년 2월에 트리폴리에 가장 처음 상륙한 부대였다. 부대장은 폰 루크 소령으로, 프랑스에서 롬멜이 지휘한 제7사단의 장교 가운데 한 명이었다. 롬멜은 알라메인 전투 직후인 11월 8일에 폰 루크 소령을 만났는데, 당시 롬멜은 후퇴를 24시간 늦추고 많은 인명을 희생시킨 히틀러의 '정신 나간 명령'에 대해 솔직하게 이야기하며 절망했었다. 그리고 폰 루크는 "우리 모두는 우리의 롬멜과 함께 해야 한다고 느꼈다."는 기록을 남겼다. 이제 롬멜은 다시 그들과 함께 있었고, 동일한 열정과 동일한 경솔함으로 이야기하고 있었다. 그는 머지않아 또다시 복종과 그의 장병들에 대한 의무 사이에 끔찍한 충돌이 있을 것이며, 이 모든 일이 그가 시간이 갈수록 신뢰를 잃고 있는 권력자를 위한 것이라는 점에 우울해 했고, 이전에 비해 섣부른 발언도 늘어났다. 독일이 전쟁에 졌으며 휴전을 추구해야 한다고 말하는 경우도 있었다.[210]

심지어 그는 히틀러가 사임하거나, 나치당과 관련된 정책을 근본적으로 수정할 필요가 있다고 주장하거나, 유대인 박해나 교회에 대한 특혜의 부재에 관해서도 이야기했다. 표현하기는커녕 생각조차 위험한 이야기들에 대한 롬멜의 언급은 분명 얼마 전까지만 해도 볼 수 없었지만, 롬멜의 마음속에서는 그리 새롭지 않은 주제였다. 그는 알라메인 전투에 앞서 자택에서 여러 주를 보냈고, 기록으로 남긴 것들에 비해 틀림없이 많은 이야기들을 듣고 생각했을 것이다.

롬멜은 이전까지 정치에 무관심했고, 총통의 천재성을 신뢰했으며, 본질적으로 애국

208    Franz, 앞의 책
209    Armbruster, EPM 1. Manfred Rommel의 증언, EPM 3
210    von Luck, 앞의 책

적이고 단순한 성향의 군인이었다. 그러나 롬멜은 어떤 사건을 겪고, 그 사건을 통해 히틀러가 완전히 비현실 속에 둘러싸여 있으며, 전문적 조언이나 독일 장병들의 운명에 무관심한 모습을 보이고 있음을 깨닫게 되었다. 히틀러는 자신이 상황을 가장 잘 파악하고 있으며, 자신의 의지만으로도 군사적 형세를 역전시키기에 충분하다고 믿었다. 설령 그것이 지금까지는 사실이었다 해도 더이상은 아니었다. 롬멜의 눈앞에는 먹구름이 드리웠다. 그리고 이런 암울한 상황에 더해서 이제 독일의 전략적 승산이 얼마나 희박해졌는지 자각하게 되었고, 나치정권이 몇몇 다른 분야에서 사악하고 수치스러운 일들을 벌이고 있다는 인식도 싹트기 시작했다.

하지만 아직까지는 히틀러에 대한 롬멜의 충성심과 개인적 헌신, 감사함이 완전히 사라지지는 않았다. 그는 히틀러를 설득할 여지가 분명히 존재하며, 총통이 비열하고 소심한 조언자들, 그리고 악당들에게 속고 있다는 믿음을 유지했다. 그는 11월 15일에 루시에게 편지를 보냈다. "내년에도 이전처럼 전능한 신이 우리를 도우시고 나에 대한 총통과 독일 국민들의 믿음도 정당해질 거요."[211]

롬멜은 다시 한번 직접 보고하기로 결심했다. 그는 항상 히틀러와 연락을 할 수 있었다. 롬멜은 그간 접한 소식들과 베른트의 실망스런 경험에도 불구하고 자신이 사실과 경험을 바탕으로 솔직하고 객관적인 조언을 한다면 총통이 이성을 되찾을 것이라고 생각했다. 롬멜은 과거 히틀러와 친숙했던 시절에 히틀러의 군사 및 전략적 직관에 항상 감명을 받았다. 롬멜은 히틀러와 대면하기로 결정했다. 한편 아프리카기갑군의 잔여 병력은 메르사 엘 브레가로 후퇴했고, 롬멜은 11월 22일에 여전히 북아프리카 이탈리아군 총사령관이었으며 이제 원수로 진급한 바스티코를 메르사 엘 브레가에서 만났다. 그리고 24일에는 키레나이카와 트리폴리타니아 간 국경선상의 사막도로에 위치한 거대한 개선문인 아르코 데이 필레니(Arco dei Fileni)에서 뒤늦게 롬멜의 사령부를 방문한 카발레로와 케셀링을 맞이했다. 그곳에서 롬멜은 전략적 현실에 대한 자신의 의견을 피력했다. 롬멜은 참석자들에게 알라메인의 결과를 가감없이 알려주고, 지상과 공중 모두에서 병력과 보급품이 모두 부족해 그런 결말을 피할 수 없었다고 말했다. 그리고 롬멜은 2~3주 안에[212] 영국군이 400대 이상의 전차를 보유한 대군을 전선에 집결시킬 수 있을 것이라고 예측했다. 이 시점에서 아프리카군단의 전차는 35대에 불과했고, 롬멜 예하의 이탈리아군 지휘관들도 롬멜의 의견에 동의하고 있었다. 롬멜은 이틀 전에 이미 회의를

211  IWM AL 2596
212  이 추측은 훌륭했다. 2주 5일 후인 12월 13일에 몽고메리는 같은 내용을 본국으로 보고했다.

가졌었고 모두 같은 결론에 동의하고 있었다. 아프리카군단은 강력한 공격을 버틸 수 없는 상황이었다.[213]

롬멜은 메르사 엘 브레가를 '어떤 희생이 있더라도' 방어하라는 직접적인 명령을 받았음을 참석자들에게 상기시키고, 메르사 엘 브레가 이후 트리폴리의 동부 일대에서는 사실상 방어가 불가능하다고 설명했다. 롬멜은 물론 그 장소에서 최선을 다할 예정이지만 스스로를 속일 수는 없다며, 만약 군을 보호할 의지가 있다면 정말 필요한 시기에는 지휘관에게 철수의 자유가 필요하다는 사실을 주지시켰다.

케셀링은 튀니지를 방어하려면 준비에 시간이 필요하고, 트리폴리타니아의 비행장들이 영국군의 수중에 떨어진다면 튀니지 방어 준비는 물론 유럽에서 튀니지로 향하는 보급경로에도 문제가 생길 것을 우려했다. 케셀링은 히틀러로부터 지중해 방면의 모든 보급 문제를 '책임'지라는 절대적인 지시를 받았는데, 그에게는 책임에 비해 극히 제한적인 전력만이 배속되어 있었다. 롬멜은 불가피한 작전적 논점을 되풀이해서 언급했다. 만약 아프리카기갑군이 메르사 엘 브레가에 너무 오래 머문다면 궤멸될 것이고, 메르사 엘 브레가와 튀니지 사이에는 충분히 강력하게 건설된 진지가 없으며, 남은 희망은 증강편성되고 있는 독일군과의 합류에 달려 있다는 것이다. 공세로의 전환은 망상에 불과했다. 영국군이 전선에서 짧은 전술적 역습의 기회를 허용할 가능성은 있지만, 그 너머로는 이집트에 집결했거나 그곳에서 전방으로 이동 중인 막대한 전력이 있었고, 지휘관인 몽고메리는 위험을 감수하지 않았다.

그리고 전략적 목표가 수립되지 않는 한 어떤 행동도 합리적이지 않았다. 튀니지 방어에 가장 유리한 지역에 독일-이탈리아군을 집중하고 교두보까지 싸우며 퇴각하도록 계획하는 것이 유일하게 일관성 있는 전략임이 분명했다. 그리고 기록에 남지는 않았지만 롬멜은 이렇게 퇴각한 이후에는 최대한 많은 전력을 보존해 유럽 본토로 철군한다는 생각을 하고 있었다. 전쟁의 승패는 유럽에서 결정될 것이 분명했다. 롬멜은 그 이외에 군사적 성공을 기대할 수 있는 작전적 선택지는 존재하지 않는다고 주장했다. 미국의 힘은 이제 대서양의 동쪽으로 투사되고 있었고, 갈수록 증가할 것이 분명했다. 이 모든 전제는 롬멜이 원할 때 메르사 엘 브레가에서 철수를 시작할 자유를 보장받아야 하며, 그렇지 않을 경우 이탈리아군 보병은 알라메인에 있던 전우들이 그랬듯이 포로수용소로 끌려갈 것이라는 의미였다. 롬멜은 메르사 엘 브레가에서 자신이 의도한 것보다 조금 더 버틸 가능성이 있음을 알고 있었지만, 끝까지 방어할 이유는 찾지 못했다.

..........................

213  회의록, 1942년 11월 22일 및 24일자, EPM 11

롬멜은 카발레로가 충분히 총명하지만 의지가 박약하다는 것을 깨닫고 그를 책상물림 장군이라고 비난했으며, 케셀링에 대해서도 공군력 및 지중해의 비행장을 위한 전투의 관점에서만 생각할 줄 아는 사람이며 롬멜 자신의 판단을 패배주의로 몰아붙이곤 한다고 기록했다.

그들은 롬멜이 한 번의 패배로 의기소침해진 비관론자이며 정신적인 회복력이 부족하다고 생각했고, 그렇게 말했다. 롬멜은 이런 해석이 널리 퍼지고 있음을 알고 분노했다. 그는 아프리카기갑군의 생존자들의 관점에서는 자신의 철수 작전 수행이 명장다웠으며 장병들은 자신을 여전히 예전의 롬멜로 여긴다는 것을 알았다. 그는 승패를 떠나 자신의 방책과 조언이 단순한 희망사항이 아니라 변수들을 분별력 있게 평가한 현실적이고 합리적인 방안이라고 생각했다. 그는 알라메인까지 긴 진격을 계속하는 동안 언제나 대담한 행동을 선호했으며, 이는 타당한 행동으로 타인의 찬사를 받았다. 그리고 롬멜은 후퇴를 주장하면서도 여전히 현실성 있는 판단력을 유지했고 현실을 직시했다. 상황은 변했고, 새로운 상황을 객관적으로 직시하는 것은 패배주의가 아닌 정직한 행동이었다. 롬멜은 케셀링과 카발레로가 자신이 트리폴리타니아에서 적을 최대한 지연하는 데 집착하지 않고 튀니지까지 최대한 신속하게 후퇴할 생각임을 읽었다고 생각했다. 왜 아니겠는가? 아프리카군단을 구원하고 싸울 방법은 그들이 아닌 롬멜이 알고 있었다.

그리고 상당히 놀라운 일이지만, 카발레로는 튀니지를 필수적으로 방어해야 한다는 결론에 도달했다. 추축군이 튀니스를 확보한다면 최소한 시칠리아 해협을 통제하고, 언젠가 다시 동쪽을 향해 진격할 기회가 있었다. 반면 튀니스를 잃는다면 북아프리카를 상실한다. 카발레로와 케셀링, 그리고 롬멜 간에는 트리폴리타니아를 더 오래 방어했을 때 튀니지 방어 준비가 충분히 진행될 것인가에 대한 작전적 문제에는 이견이 있었지만, 전략적인 견해차는 거의 없었다. 카발레로와 케셀링은 단지 북아프리카 전역 자체가 실패했다는 롬멜의 확신에 공감하지 않았을 뿐이다.[214]

이 회담이 낳은 유일한 결과는 11월 26일 자 무솔리니의 명령이었다. 그러나 이 명령은 6일 전의 히틀러의 명령처럼 메르사 엘 브레가에서 방어에 전념하라는 내용을 담고 있었다. 27일에 롬멜은 결혼기념일에 루시에게 사랑하고 감사한다는 편지를 쓰며, "전쟁이 우리에게 유리해지지 않는 것을 걱정하고 있소."라고 덧붙였다. 상황은 롬멜의 우려와 일치했다. 11월 28일에 롬멜은 히틀러를 만나기 위해 동프로이센에 있는 히틀러의 사령부인 라스텐부르크로 향하는 항공기에 올라 오후 3시 20분에 그곳에 내렸다.

........................
214  Cavallero diaries, EPM 2

롬멜은 처음으로 아돌프 히틀러의 또 다른 측면을 체감했다. 그는 히틀러를 만나고 나오며 히틀러가 감성과 희망에 좌우되는 경향이 있고, 히틀러의 주변은 총통의 환상에 감히 도전하지 않을 아부꾼들로 둘러싸여있음을 깨달았다. 히틀러는 진실을 알지 못했고, 자신의 무지를 인정하지 않으려 했다. 그는 동부전선에서 목숨을 걸고 싸우는, 그리고 대륙 남부와 서부에서 위협에 노출된 수백만 독일군과 추축 동맹군의 최고 사령관이었다, 그럼에도 히틀러는 합리성과 거리가 멀어 보였다.

히틀러는 롬멜에게 악명 높은 격렬한 분노를 표출했다. 많은 목격자들에 따르면 히틀러의 호통은 지나치게 과했다. 그는 대립을 피하고 상황을 진정시키는 방법을 선호했지만 이번에는 야만적인 모습을 보였다. 히틀러의 처음부터 롬멜이 어떻게 자신의 허가 없이 그가 지휘하는 지역을 떠났는지 물었다. 일반적인 경우라면 정당한 충고였겠지만, 지금은 그저 장황한 비난의 서론으로서 끄집어낸 말이었다. 그는 롬멜에게 격노했고, 격분해서 고함을 치다 위협적인 침묵을 지키기를 반복했다.[215]

히틀러는 기갑군이 스스로 무기를 버리고 싸움을 피했다고 비난했다. 그는 러시아 전선의 첫 겨울에 자신이 단호하게 사수명령을 내린 덕분에 동부전선을 구했다며, 오직 그런 방법만이 필요하다고 말했다. 그는 롬멜에게 아프리카의 강력한 교두보가 '정치적으로 필요'하고 '어떤 희생을 치르더라도(Koste es was es wollte)' 확보해야 한다고 말했다.[216]

그리고 분위기를 바꾼 히틀러는 롬멜에게 이제 보급이 크게 증가할 것이라고 되풀이해 말했다. 히틀러는 독일공군 총사령관인 제국원수(Reichsmarschall) 괴링에게 롬멜과 함께 로마로 가서 이탈리아 총통과 당국자들을 만나고 보다 많은 물자를 지원하기 위한 실질적 준비를 진행하라고 명령한 후, 롬멜에게 밖에서 기다리라고 퉁명스럽게 축객령을 내렸고, 롬멜은 이 명령에 분노하는 한편 환멸을 느꼈다.[217]

롬멜은 괴링 역시 최근의 소문처럼 자신이 비관론에 빠졌고 용기를 잃었다는 시각을 가지고 있음을 깨달았다. 그는 평소 괴링이 야심만만하고, 파렴치하며, 허영심이 강하고 상황파악을 하지 못한다며 그를 혐오했다. 그들은 괴링의 특별열차에 타고 남쪽으로 여행했고 뮌헨에서 정차하여 루시를 태웠는데, 이는 고통을 겪고 있던 롬멜에게는 축복받은 위안이자 긴 시간 사적인 대화를 할 흔치 않은 기회였다. 그들이 로마에 도착할 즈음, 롬멜은 자신이 중요하다고 여기던 요지를 괴링에게 전달하려는 의지를 잃었다. 괴

215    von Neurath, EPM 3
216    Rommel diaries, EPM 9
217    Koch, 앞의 책

링은 롬멜이 설명하는 트리폴리타니아의 현실에 귀를 기울이려 하지 않는 것 같았다. 롬멜은 괴링이 이런 시기에 예술품 수집에만 관심을 보였고, 아프리카기갑군을 위한 노력을 그리 내키지 않아 했다며 경멸하는 기록을 남겼다. 그는 괴링을 적으로 느꼈다.

로마의 이탈리아군 총사령부에서 실시한 회의는 괴링이 주재했고 롬멜의 주장은 전혀 받아들여지지 않았다. 롬멜은 장기적인 낙관론을 가장하려 했다. 그는 만일 추축군이 튀니지에서 병력을 통합하고 승리할 수 있다면 이후 동쪽, 즉 트리폴리타니아를 향해 작전도 실시할 수 있을 것이라고 말했다. 그는 최소한 이탈리아군 지휘부 가운데 일부가 현 방어선에서 버티다가 패하는 것보다는 이 방안이 낫다고 이해했음을 알았다.[218]

하지만 이 회의가 종결된 시점에서도 롬멜은 여전히 공식적으로 트리폴리타니아를 방어하는 책임을 지고 있었다. 토론을 위해 로마에서 만난 케셀링은 기갑군 전체가 가베스로 철수하겠다는 롬멜의 제안에 반대했다. 케셀링은 전선이 트리폴리 서쪽으로 물러난다면 튀니지에 대한 항공 위협이 늘어날 것이라고 판단했는데, 이는 그가 아르코 데이 필레니의 회담부터 역설한 관점이었다. 그러나 롬멜이 보기에 케셀링의 우려는 허무한 지적에 지나지 않았다. 전선은 로마나 라스텐부르크에서 어떤 지시를 하달하더라도 결국 적의 우세한 지상군 및 공군력에 의해 밀려나게 될 것이 분명했다. 그렇지만 당일 오후에 롬멜은 무솔리니에게서 좀 더 관대한 지시를 얻어낼 수 있었다. 무솔리니는 알라메인과 같은 운명으로부터 이탈리아군 보병들을 구원할 의향이 있었고, 롬멜은 무솔리니의 동의 아래 트리폴리 동쪽 시르테 만에 있는 부에라트에 후방 진지를 건설하고, 일전에 무솔리니가 내린 사수 명령에도 불구하고 이탈리아군의 차량화되지 않은 부대들을 이 후방 진지로 이동시킬 수 있었다. 하지만 롬멜은 괴링의 통고에 따라 메르사 엘 브레가에서 동쪽을 향한 공격 계획도 준비해야 했다.

롬멜은 12월 2일에 깊이 낙심한 채 아프리카로 돌아갔다. 자신의 상급자들이 환상의 세계에서 살고 있다고 느꼈던 롬멜의 감상은 아마도 11월 29일에 히틀러와 독일 '돈 집단군(Army Group Don)' 사령관 폰 만슈타인 원수 간의 전화 통화 내용을 알았다면 더 강해졌을 것이다. 러시아군의 반격으로 인해 파울루스의 제6군은 스탈린그라드에 고립되었고, 이들을 구출하거나 보급을 제공하는 것은 거의 불가능해 보였다. 남부의 또 다른 집단군인 A집단군은 코카서스로 깊숙이 진격해 있었다. 만슈타인은 히틀러에게 제6군과 A집단군이 위험한 상황에 처했다고 지적하며, 아무리 긍정적으로 판단하더라도 코카서스 방면의 A집단군 철수는 힘들어질 수 있다고 주장했다. "원수," 히틀러는 통화를 마

218   IWM AL 1026

치면서 이렇게 말했다. "이미 귀관에게 되풀이해서 말했던 사항을 상기시켜주어야겠소. 내년 봄에 코카서스로 진격해야 하오… 그러면 이집트에서 오는 롬멜 원수의 군대와 팔레스타인에서 만나게 될 것이오. 그 후에는 결집된 병력으로 인도로 진군하고 그곳에서 영국에 대한 궁극적인 승리를 결정지을 것이오."[219]

롬멜은 영국군의 공격이 시작되기 전인 12월 10일에 메르사 엘 브레가 진지에서 이탈리아군 보병을 철수시키기 시작했다. 그는 결정적인 전투의 위험을 감수할 이유가 없다고 판단했다. 롬멜은 어느 곳에서든 장기간 방어를 고수할 경우, 압도적으로 우세한 적에게 철저히 패배하거나 반격을 실시할 기동부대와 연료의 부재로 인해 적이 측면 기동을 시도하면 즉시 진지에서 밀려날 것임을 알고 있었다.[220] 12월 17일에 롬멜은 부에라트에서 바스티코와 회담하며 바스티코에게 항구의 하역능력 규모 및 군수 현황의 세부사항을 쏟아냈다.[221] 롬멜을 비난하는 이들 중 일부에게는 안타까운 일이겠지만, 롬멜은 보급 문제에 항상 민감했다. 무솔리니는 12월 27일에 바스티코에게 튀니지로 철수할 자유를 부여하며 철수를 하더라도 가급적 느리게 진행하라는 단서를 달았는데,[222] 아마 당시 무솔리니는 겉으로 드러낸 방침과 달리 로마에서 롬멜이 펼친 주장에 상당히 설득되었던 것으로 보인다. 12월 29일에 기갑군은 부에라트 진지 후방으로 철수했다. 괴링은 '어떤 희생을 치르더라도' 이곳을 확보해야 한다고 주장했었지만, 롬멜로서는 항상 측면 포위를 당할 수 있는 상황에서 방어선을 고수할 자신이 전혀 없었다. 롬멜은 여전히 케셀링과 같이 상황을 분명히 파악해야 할 사람들이 비현실적인 사고를 가지고 있다고 여겼기 때문에 부담을 받았다. 케셀링은 이탈리아 측에 롬멜이 더이상 성공을 믿지 않으며 스스로의 능력에 대한 확신을 잃었다고 말하곤 했다.[223] 이 중 두 번째 견해는 틀렸지만 앞의 견해는 사실이었다. 실제로 롬멜은 이 시기에 케셀링과 회담을 하며 자주 격분하곤 했다.[224]

하지만 이제 이탈리아군 아프리카 총사령부는 아프리카에 남은 이탈리아군의 잔여 병력을 위협하는 위험들을 보다 분명하게 인식하기 시작했다. 근본적으로 훌륭하고 용감한 인물인 바스티코는 이제 롬멜이 말하는 현실에 설득되었고, 비현실적인 요구를 강요하는 무솔리니 총통과 롬멜 사이에서 최선을 다해 중재 역할을 했다. 영국군은 서두

219   Stahlberg, 앞의 책
220   몽고메리는 12 월 13 일 브룩에게 보낸 편지에서 이미 적이 여전히 거칠지만 점차 뽑혀나가고 있다고 평했다.
221   IWM AL 1026
222   위의 책
223   Cavallero diaries, EPM 2
224   Armbruster, EPM 1

르지 않았으며 독일군 전쟁일지들은 여전히 적이 창의적으로 작전하기를 꺼린다고 기록하고 있었다.[225] 그럼에도 서쪽을 향해 이동하던 아프리카기갑군의 속도는 몽고메리의 행동에 의해 결정될 수밖에 없었다. 1943년 1월 15일에 대규모 공격을 받은 아프리카기갑군은 다수의 영국군 전차를 격파한 후 트리폴리를 엄호하는 새 진지로 빠져나갔다.

이 진지도 1월 19일부터 영국 제8군의 강력한 공격에 직면했다. 롬멜은 이 공격에서 영국군이 이전에 비해 상당히 능동적으로 행동했다고 묘사했다. 방어진지는 강력하게 구축되었고, 롬멜은 이전부터 장비와 연료만 있다면 상대에게 값비싼 대가를 치르게 할 수 있는 곳이라고 생각해 왔다. 그러나 이 예상은 빗나갔다. 영국군은 포위 기동을 실시하여 롬멜이 타르후나-홈즈(Tarhuna-Homs)라 부르던 방어선에서 추축군을 상당히 신속하게 몰아냈다. 몽고메리는 당연히, 그리고 자신의 사고방식대로 롬멜이 가급적 동쪽에서 최대한 장시간 방어하기를 원하고, 이를 위해 노력할 것이라 추측했다. 실제로 롬멜은 그런 명령을 받았다. 하지만 롬멜의 의도는 그렇지 않았다. 롬멜이 최대한 빨리 철수하지 않는다면 휘하 부대 가운데 상당수가, 주로 이탈리아군이 희생될 것이 분명했다.

롬멜은 작전적인 관점에서 합리적인 수준 이상으로 방어선을 사수하라는 명령을 재차 하달받았다. 그리고 이탈리아군 총사령부에 병력을 잃을 것인지 구할 것인지가 그들의 결정에 달려있다고 다시 한번 주장해야 했다. 롬멜은 1월 20일에 트리폴리를 방문한 카발레로에게 직접, 강하게 요구했다. 다만 롬멜에게 진지들을 방어하라는 구체적인 시간 조건을 부여하자고 제안한 것은 케셀링이었다. 롬멜은 카발레로에게서 모호한 반응만을 얻어낼 수 있었다. 카발레로는 군을 보전해야 하지만 '가급적 많은 시간을 벌어야 한다'고 말했다.[226] 1월 22일에 롬멜은 트리폴리에 있는 비축물자의 95%를 확보한 후 그곳에서 철군하라고 명령했다. 그리고 가베스 남쪽 마레트(Mareth)에 있는 축성진지에 투입하기 위해 이탈리아군 보병을 튀니지로 보내기 시작했다. 그는 충분한 증원이 없으면 이 방어선에서 아프리카기갑군이 방어를 할 수 없을 것이라고 말했다.[227] 롬멜은 철수가 너무 일렀다는 비판에 직면했다. 1월 26일에 카발레로는 롬멜이 저항하지 않고 퇴각하고 있음이 분명하다고 기록했다.[228]

최후의 순간까지 공격을 저지하면서 방어군이 최소한의 피해만으로 후퇴에 성공할 수 있는 철수시기를 정확히 판단하기란 쉽지 않다. 그리고 롬멜은 몽고메리와 달리 상

225   164 Division KTB, 1943sus 1월 17일자, IWM AL 881 참조
226   Cavallero diaries, EPM 2
227   Cavallero diaries, EPM 2
228   위의 책

대의 암호를 해독하는 정보적 이점을 누리지 못했다. 롬멜이 어느 특정한 시점에 추격군들을 지연시킨 기간보다 중요한 것은 그가 끈질기게 제기해온 전략적 문제였다. 적을 지연시키는 목적이 무엇인가? 이 모든 상황의 종착지가 어디인가? 현시점은 물론 이후라도 튀니지에 병력을 집중하는 것 이외의 대안을 제시할 수 있는가? 롬멜의 아프리카 철군이 반드시 극단적인 상황을 야기할 것이라고 확언할 수 있는가? 그리고 튀니지 방어를 준비할 시간이 필요하다면, 그 이전에 튀니지에서 싸우기 위한 가장 효과적인 방법은 독일-이탈리아군을 아프리카기갑군과 함께 집결시키는 것이었다. 롬멜은 대담함을 잃은 것이 아니라 목표를 잃었다. 만약 롬멜이 12월 20일에 라스텐부르크에서 열린 총통 회의에 참석해 히틀러가 북아프리카의 통제권을 반드시 유지해야 한다고 외치는 모습을 보았다면 분명 냉소했을 것이다. 당시 히틀러는 북아프리카에서 유럽 요새(Festung Europa)로 철수하는 것이 독일이 전쟁에 승리할 역량이 사라졌다는 신호가 될 것이라고 주장했다.[229]

1월 26일에 롬멜은 폭우 속에서 튀니지의 벤 가르단(Ben Gardane) 서쪽에 기갑군 사령부를 설치했다. 같은 날 그는 마레트 선에 자리를 잡은 후 이탈리아군 장성에게 지휘권을 인계하겠다고 이탈리아군 총사령부에 보고했는데, 당시의 기갑군은 공식적으로 '독일-이탈리아 기갑군(Deutsch-Italienische Panzerarmee)'이었고 새로운 이탈리아군 군사령부인 제1군을 창설하면 롬멜의 사령부가 그 휘하에 편입될 예정이었다. 이렇게 지휘권을 즉시 인계하려는 이유는 롬멜의 건강과 연관이 있었다. 무솔리니는 1월 초에 지휘관 교체를 제안했지만, 그는 롬멜이 전략가가 아니라고 생각했다. 많은 공감을 얻었던 이런 인평은 아마도 롬멜이 전략적으로 유효한 트리폴리타니아 장기 방어를 작전적으로 불가능하다며 거절한 결과일 것이다.[230] 당시 롬멜은 이런 접근법이 몽고메리에게 패배하는 분명한 결과를 초래했다고 지적했다.

롬멜은 2주 전에 이 제안으로 말다툼을 했고 상황을 파악하기 위해 베른트를 동프로이센으로 재차 파견했다. 베른트는 히틀러와 세 시간 이상 대화했으며, 히틀러는 분명히 롬멜에 대한 분노를 거두었고, 그를 신뢰하며 북아프리카의 최고 지휘권을 그에게 넘길 의향을 보였다. 그리고 튀니지에 있는 모든 추축군으로 한 개 집단군을 창설하는 확정 계획을 알려주며 그 지휘관으로 롬멜이 적합하다고 말했다. 롬멜은 1월 19일에 루시에게 편지를 보냈다. "베른트가 돌아와 총통의 따뜻한 환대에 대해 이야기했소. 나는

---

229    IWM AL 1026

**230**    Cavallero diaries, EPM 2

전과 다름없이 그를 신뢰하오."²³¹

당시 롬멜의 건강은 좋지 않았으며, 병, 실신, 저혈압, 심한 두통, 불면증으로 고통받고 있었다. 그리고 롬멜 자신의 솔직함과 이따금 사용하던 거친 표현들로 인해 카발레로가 이탈리아군을 주력으로 구성될 부대의 지휘권을 롬멜이 가지는 상황에 대해 불만을 표하고 있음도 알았다. 이제 롬멜은 지휘권 이양을 특별히 아쉬워하지 않게 되었다. 그는 아프리카군단의 운명을 깊이 걱정했지만, 튀니스와 마레트 전선 간의 거리가 320km에 불과했으므로 마레트로 후퇴한 뒤에는 아프리카의 독일군이 거의 집결할 것이라고 생각했다. 그 경우 기갑군은 더 큰 전체 부대의 일부가 되어 새롭게 배치될 가능성이 높았다. 그리고 롬멜은 통합된 부대가 튀니지에 집결하고 튀니스를 통해 보급을 받으면 틀림없이 단기적으로 더 유리한 위치를 점할 것이라고 예상했다. 롬멜은 1월 13일에 제21기갑사단을 튀니스 전선으로 보내달라는 요청을 받고 그렇게 행동했으며, 실제로 이 제안을 한 것은 그였다. 이제는 이탈리아군 사령부에도 변화가 있었다. 롬멜은 1월 31일 바스티코의 해임 소식을 듣고 슬퍼했다. 그는 바스티코와 견해가 달랐고 바스티코를 개인적으로 봄바스티코(Bombastico)라며 비웃었지만, 자신이 바스티코에게 많은 도움을 받았음을 알았다. 바스티코는 롬멜이 악평을 들어야 하는 상황에서도 빈번히 롬멜을 지지해주었다. 하지만 롬멜은 카발레로의 해임 소식에는 전혀 슬퍼하지 않았다.

2월 12일, 롬멜은 직접 명령을 받았을 때만 지휘권을 포기하겠다고 결심했다. 그 날은 아프리카군단이 트리폴리에 도착한 지 2주년이 되는 날이었고, 롬멜은 이 사실을 함께 기록했다. 그 날 아침 8시에 제8전차연대 군악대가 그의 숙소차량 밖에서 축하 연주를 했고, 저녁에는 아프리카에서 가장 오래 근무한 20명의 고참병을 위해 작은 파티를 열었다. 이 파티에서 제90경사단장 슈포네크는 모든 참석자들이 서명한 아프리카 지도를 선물했고 롬멜은 이 선물에 감사했다.²³²

3일 후에는 아프리카군단의 후위부대가 마레트 진지로 들어갔고, 트리폴리타니아는 함락되었다. 영국군은 2월 4일에 트리폴리에서 개선행진을 했다. 그리고 독일군 수색대는 처칠이 직접 도착하는 모습을 멀리서 확인했다. 2월 3일에 독일 국민들은 스탈린그라드에서 제6군의 저항이 진압되었다는 소식을 들었다. 스탈린그라드와 이제 원수로 진급한 사령관 파울루스를 포함한 9만 명 이상의 포로들이 소련의 수중에 들어갔다. 스탈린그라드와 알라메인이 미친 여파는 독일 군사력의 분수령이 되었다.

---

231    IWM AL 2596
232    Rommel diaries, EPM 9

# 제18장 대단원

　　롬멜은 마레트 방어선이 튼튼하지 않다고 생각했다. 그는 '가베스'로 철수해야 한다며, 마레트 65㎞ 후방의 아카리트(Akarit)에 방어선을 구축하자고 제안했다. 그러나 롬멜은 아카리트 역시 임시조치 이상으로 여기지 않았다. 그는 아카리트 방어선을 튀니지의 아프리카기갑군 및 제5기갑군(5 Panzerarmee)으로 명명된 독일군이 방어선 후방에서 병력을 집결해 아프리카에서 철군하도록 지원하기 위한 지연 진지로 여겼다. 롬멜은 장기전을 위한 준비나 고수방어는 현실성이 없고, 장기 전략에 부합하지 않는다고 여겼다. 이는 개인적인 견해였지만, 롬멜은 자신의 판단을 고수했다.

　　실제로 군은 마레트 방어선을 포함해 지나치게 긴 전선을 방어하고 있었다. 롬멜의 병력은 남쪽에, 그리고 폰 아르님(von Arnim)의 제5기갑군은 북쪽에 도합 640㎞에 걸쳐 얇게 배치되어 있었다. 이들은 트리폴리에서 튀니지를 향해 꾸준히 진격 중인, 분산되었지만 규모가 큰 몽고메리의 부대, 그리고 중부 튀니지를 장악하고 영-미 연합 전력을 집결시켜 북쪽에서 튀니스로 전진하거나 튀니지 동해안의 스팍스(Sfax)를 공격해 추축군의 양익 사이에 쐐기를 박으려는 아이젠하워의 부대와 상대하고 있었다. (아이젠하워의 부사령관은 알렉산더 장군이었는데, 그는 이후 아이젠하워의 야전 지휘권을 승계했다) 독일-이탈리아군은 이론상 내선 작전이라는 이점을 안고 있었지만, 롬멜은 긴 전선을 무한정 방어하기에는 전력이 부족하다고 판단했다. 전선을 축소하고, 궁극적으로는 반드시 유럽으로 철군해야 했다. 잘 선정된 방어선에서 필사적으로 싸워 철수에 필요한 시간을 벌 수는 있지만, 얻을 수 있는 것은 시간, 그것도 제한적인 시간뿐이었다. 그렇다면 제국 방어라는 근본적인 전략 목표를 위해서는 그 시간을 어떻게 사용해야 하는가? 전략을 무시하는 전술가라는 비난을 받던 롬멜은 상황이 정 반대가 되었음을 깨달았다. 롬멜은 거시적인, 전략적인 계획을 원했지만 이를 약속 받지 못했고, 반대로 그의 상급자들에게는 외딴 지역에서 부족한 병력으로 위태로운 모험을 시도하는 것 이상의 전략적 개념이 없었다.

이제는 이탈리아 제1군(1 Armata italiana)으로 재명명된 아프리카기갑군과 제5군 간의 협조는 케셀링이 로마에서, 상황에 따라 아프리카로 날아와 조율하기로 했다. 이 과정에서 롬멜은 독일과 이탈리아 당국을 공정하지 못하게 평가했다. 북아프리카에서 영-미 연합군을 방어하자는 주장은 전략적으로 타당했다. 이 경우 영-미 연합군의 발을 묶어 남부 유럽에 대한 공세를 예방하거나, 시칠리아 해협의 사용을 방해할 수 있었다.

무솔리니가 튀니지의 거점을 유럽 방어의 요체이자 영-미 연합군의 유럽 본토 상륙을 지연시키는 수단으로 여긴다는 사실은 롬멜도 잘 알고 있었다. 그리고 무솔리니의 견해에는 타당성이 있었다. 하지만 롬멜의 관점에서 이런 주장은 방어에 필요한 전력과, 그 전력을 지원할 여유를 보유한 경우에나 실현할 수 있었다. 당시 북아프리카의 여건을 고려하면 방어는 극히 제한된 시간 이상은 지속할 수 없었고, 당연히 방어는 현실적인 방침이 아니었다. 튀니지 방어에는 전략적 이점이 없으며, 궁극적으로는 군의 무의미한 손실과도 같았다.

따라서 롬멜은 아프리카에의 마지막 몇 주 동안 실망과 우울한 심정을 기록으로 남겼다. 롬멜은 자신에게 부여된 임무를 그다지 확신하지 못했다. 아프리카에서 시작된 롬멜의 모험담은 재앙의 입구에서 종결되었다. 그는 전쟁의 결과에 비관적이었으며, 당시에 작성된 편지들에도 이런 기분이 고스란히 나타났다. 국가 지도자에 대한 확신도 크게 줄어들었다. 당시 롬멜의 병세는 심각했고 이로 인해 정신적으로도 약해졌다. 당시의 롬멜은 일선 근무를 견뎌낼 상태가 아니었으며, 엄밀히 말해 알라메인 전선에서도 임무에 복귀하지 말았어야 했다. 그는 사막궤양을 앓으며 고통스러워 했고, 활력과 회복 능력을 잃었다. 롬멜은 퇴각 기간 동안 최선을 다해 용감하게 행동했지만, 이제 그에게는 더이상 끌어낼 것이 없을 것 같았다. 그리고 롬멜은 이따금 믿기 어려울 정도로 결단력이 부족한 모습을 보였다. 당시는 비정상적인 어둠의 시기였다. 하지만 롬멜은 알라메인에서 그랬듯이 스스로 교체되기를 원하면서도 2월 7일에는 루시에게 편지를 썼다. "똑바로 서 있을 수 있는 한 이곳을 떠날 생각은 조금도 없소!"[233]

직업적으로 롬멜은 매우 기분이 좋지 않았다. 그가 보기에는 근래 군사적 문제들에 대한 자신의 의견은 전부 무시되거나 기각되는 것 같았다. 롬멜은 더이상 신뢰받지 못한다고 느꼈다. 그는 패배주의적이고 우유부단하며 일시적인 실패를 견디지 못한다는 오명으로 인해 상처를 받았고, 주변에 그 사실을 이야기했다. 롬멜은 이런 비난을 극히

----

[233]    IWM AL 2596

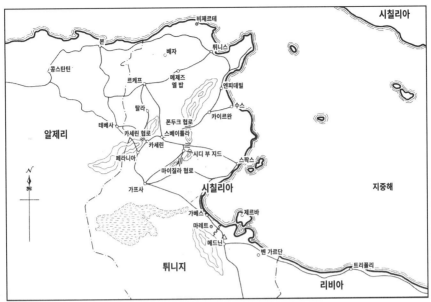

지도 17. 1943년 1월-3월 간 튀니지 작전지역

부당하다고 여겼다. 그는 군사적 상황에 대한 현실감이 결여된 사람들의 비난이 그들의 심정을 반영하고 있으며, 이런 경향은 아프리카기갑군과 독일 모두에 좋지 않은 징조임을 알고 있었다. 뒤늦게 재편되고 있던 북아프리카의 지휘 체계도 만족스럽지 못했고, 실제로도 불합리했다. 이제 추축군을 구성하는 양국은 등을 맞대고 있었으며 단일 지휘권 하에 통합된 지휘체제를 필요로 했다. 이탈리아에 위치한 케셀링이 그 권한을 행사했다. 롬멜이 참석한 2월 9일의 회의에서 2개 군이 영-미 연합군에 대항하여 서쪽으로 통합된 군사작전을 실시하는 계획이 확정되었는데, 이 작전은 제5군과 마주한 미군을 완전히 격멸하는, 매우 원대한 성과를 목표로 삼았다.[234]

이 목표를 달성하려면 통일된 포괄적 작전개념과 효과적이고 분명한 작전지휘가 필요했다. 그러나 현지에는 동등한 자격의 군사령관 두 명이 있었고, 두 사령관은 모두 자신의 의견을 고수했으며, 그리 협조적이지도 않았다. 그리고 상호 협조나 논쟁의 조율은 물론 평범한 명령조차도 멀리 떨어진 곳에서 내려졌다. 이탈리아 제1군과 제5기갑군을 통합 지휘하기 위해 '아프리카집단군(Heeresgruppe Afrika)'을 창설해야 한다는 명령이 내려졌지만 2월 23일 이전에는 새 사령부의 지휘권은 작동하지 않았다. 한편 폰 아르님은 대부분의 독일군을 지휘했고, 독일군 원수인 롬멜은 이탈리아군의 지휘권을 메세(Messe)

........................

234  Rommel diaries, EPM 9

에게 이양하라는 명령이 유예되면서 이탈리아 제1군을 지휘했다. 폰 아르님이 아프리카 집단군을 지휘하게 되었음은 주지의 사실이었지만, 이 문제는 아직 공식화되지는 않았다. 다만 롬멜은 튀니지의 많은 사람들이 에르빈 롬멜을 보지 않게 되어 후련해 할 것임을 알았다. 하지만 아프리카 이야기의 막이 내리기 전에 한 번 더 롬멜의 정신이 짧으나마 빛을 발할 순간이 기다리고 있었다.

롬멜 휘하의 사단장이자 오랜 전우인 폰 란도브 장군이 12월에 철수 중 전사한 이후 힐데브란트(Hildebrandt) 대령이 지휘하게 된 제21기갑사단은 아프리카기갑군에서 튀니지의 사령부로 전속되어 장비를 재정비하고 이제 제5기갑군에서 가장 경험이 많은 부대가 되었다. 2월 1일에 사단은 중부 튀니지의 동해안으로부터 내륙으로 110km 거리에 해안과 평행하게 남북으로 뻗어 있는, 아틀라스 산맥의 동부 지맥을 동-서로 지나는 관문인 페이드(Faid) 협로를 공격하고 포위했다. 당시 산맥의 서쪽에 있는 영-미 연합군은 해안을 향해 동쪽으로 공격을 실시해 폰 아르님과 롬멜의 부대를 분리시킬 가능성이 있었다. 다만 이를 위해서는 산맥을 넘어야 했고, 중앙 지역에서는 페이드 협로와 폰두크(Fondouk) 협로 두 곳에서 산맥을 지날 수 있었다. 제21기갑사단이 페이드 협로를 점령하여 연합군의 이동을 사전에 차단했다. 이곳은 폰 아르님이 서쪽으로 진격하기 위한 출구이기도 했다. 폰 아르님과 롬멜 사이의 좁은 회랑을 차단할 수 있는 더욱 직접적인 위협은 연합군이 가프사(Gafsa)에서 스팍스를 향해 동쪽으로, 혹은 스팍스의 남쪽에 있는 가베스를 향해 동남쪽으로 향하는 축선으로, 이곳도 선점할 필요가 있었다.

2월 9일에 합의된 독일-이탈리아군의 집중 작전은 5일 후에 시작되었고, 폰 브로이히(von Broich) 남작이 지휘하는 제10기갑사단과 제21기갑사단이 페이드 협로와 마이질라(Maizila) 협로부터 시드 부 지드(Sidi Bou Zid)라는 작은 아랍 마을을 향해 공격을 실시했다. 미군 부대들은 효과적으로 진행된 공격으로 인해 진지에서 밀려났으며, 국지적인 수적 우세와 화력의 우세를 통해 상당한 혼란을 유발했다. 독일군의 양면 공격이 시디 부 지드에서 합류할 즈음에는 미군 전차 44대, 야포 26문, 그리고 거의 100대의 차량들이 유기되거나 파괴되었다. 프륄링스빈트(Frühlingswind: 봄바람)라는 이름으로 폰 아르님 부대가 실시한 이 작전은 두 개 야전군이 합의한 작전의 우익이었다. 롬멜의 공격, 즉 모르겐루프트(Morgenluft: 아침공기) 작전은 좌익에 해당했다.

롬멜에게는 이 전투를 환영할 두 가지 이유가 있었다. 우선 그는 이 공격을 실시하면 마레트선에 대한 우려가 완화될 것임을 알았다. 롬멜은 마레트선에서 우측 후방 멀지 않은 곳에 영-미 연합군이 그를 자유롭게 공격하고 보급선을 교란하거나 궁극적으로 퇴각을 차단할 가능성이 있는 상황에서, 몽고메리를 상대로 또 다른 방어 전투를 실시한다는 발상을 좋아하지 않았다. 롬멜은 만약 적에게 날카로운 일격을 가해 적을 방해하고 방어 태세로 전환시킬 수 있다면, 앞으로 제8군을 상대로 한 전투의 성공 가능성을 높이고 증원을 받을 수도 있을 것이라 여겼다. 그는 2월 4일부터 이 축선들에 대한 작전을 제안했다.

롬멜이 이 공격을 환영한 두 번째 이유는 -케셀링과는 사전 논의를 거쳤다 개인적으로 염두에 두던 발상의 연장이었다. 이 집중 작전에서 롬멜이 담당한 부분은 이탈리아 제1군 예하 독일군과 이탈리아군 부대들을 활용해 가프사를 동쪽에서 공격하는 것이었다. 가베스에서 내륙으로 110㎞ 거리에 위치한 가프사는 동쪽에 있는 튀니지 해안에서 북서쪽 내륙 480㎞ 거리에 있는 알제리(Algeria)의 콘스탄틴(Constantine)으로 향하는 도로 상에 있었다. 이 도로는 가프사, 페리아나(Feriana), 테베사(Tebessa)를 경유했으며, 아틀라스 산맥의 동쪽 지맥과는 직각으로 만나고, 서부 지맥의 돌출부를 거쳤다. 1만 명의 주민이 거주하던 가프사는 프리덴달(Fredendall) 장군이 지휘하는 미 제2군단 병력이 방어 중이었다. 가프사에서 65㎞ 북쪽에는 페리아나가, 그리고 도로를 따라서 80㎞를 더 전진하면 알제리 국경 서쪽에 영-미연합군의 대규모 군수기지가 위치한 테베사가 있었다.

롬멜은 아르님의 시디 부 지드를 경유한 공격을 보완하는 좌익 공격으로 가프사를 공격하는 방안을 선호했지만, 개인적으로는 보다 대담한 생각을 하고 있었다. 롬멜은 과거와 같이 매우 단호한 공격을 실시하여 적의 혼란을 조장하고 이 혼란을 활용해 공격을 계속하며 종심 깊이 진격하는 방식으로 전술적 성공을 작전적 승리로 확대할 가능성이 있다고 판단했다. 이제 롬멜은 가프사를 점령한 뒤에 페리아나와 테베사로 진격하기로 결심했다. 이는 2월 9일에 합의된 전체 행동의 목표에는 부합하지만, 합의된 작전 범위를 한참 초과할 가능성이 높은 결정이었다. 임기응변적인 진격의 목표는 전과확대였다. 진격이 의도대로 진행된다면 중부 튀니지의 영-미 연합군 전선을 완전히 혼란시키고, 공황상태를 유발하고, 알제리로 철수하도록 강요할 수 있었다. 이 경우 마레트 방어선 우측 후방의 모든 위협을 제거하고 상당한 시간적 여유를 확보하여, 롬멜 자신이 유일하게 합리적 목표로 여기던 튀니지 주변 방어선 설치 및 손실을 최소화한 유럽 철군을 성사시킬 수 있었다. 따라서 롬멜은 자신의 선택을 믿었다.

2월 15일 오후에 아프리카군단, 즉 폰 리벤슈타인(von Liebenstein) 남작의 지휘 하에 70대의 전차를 보유한 제15기갑사단과 센타우로 기갑사단이 가프사에 진입했다. 이미 미군은 마을을 떠난 상태였다. 북쪽의 우익 공격에서는 목표와 목적에 다소 불안감을 가진 폰 아르님의 병력이 부관인 지글러(Ziegler) 장군의 통제 하에 스베이틀라(Sbeitla)로 진격하고 있었다. 다음 날 롬멜은 폰 리벤슈타인에게 테베사로 향하는 경로에 위치한 파리아나로 진군하라고 말했다. 롬멜 자신은 가프사로 이동했는데, 미군의 탄약고 폭파로 상당한 인명 피해를 입었던 현지의 아랍 주민들은 "히틀러!" 와 "롬멜!"을 외치며 열광적으로 롬멜을 환영했다.

폰 아르님의 우익 작전은 이미 계획보다 북서쪽으로 더 멀리 전진하여 스베이틀라를 향해 진격하고 있었다. 독일군이 스베이틀라와 페리아나를 장악할 경우 서부 지맥을 경유하는 대규모 진격의 출발점으로 사용할 수 있었고, 롬멜은 이런 작전이 실행 가능하다고 여겼다. 당일 저녁에 폰 아르님은 유선 회의를 통해 롬멜이 최대 스베이틀라까지 진출한다는 데 동의했다. 아프리카군단은 다음날인 2월 17일 오전에 페리아나에 입성했고 인근의 텔레프테(Thelepte) 비행장도 미군기들이 지상에 주기된 상태로 점령했다.

롬멜은 이제 아프리카군단을 따라잡아 진격 중인 전투 부대들과 함께 행동했다. 놀라우리만치 활력이 솟구치기 시작한 롬멜은 2월 17일 정오 직후, 로마에 유선으로 한 가지 제안을 했다. 3개 기갑사단, 즉 제10, 제15, 제21기갑사단이 자신의 지휘 아래 페리아나 지역에 집결한다면 영-미 연합군의 후방지역을 유린하고 알제리를 침공하기 위해서 테베사로 진격할 수 있다는 것이다. 저항은 허물어졌고 공황 상태가 발생했으며 기회가 수면 위로 드러났다. 케셀링의 호의적 답변을 받아낸 롬멜은 기쁨을 숨기지 않았다. 그날 밤에 롬멜은 드물게 사치를 부리며 샴페인 한 병을 주문했다. 그리고 베른트가 루시에게 보낸 편지에 의하면 롬멜은 베른트에게 마치 나팔 소리를 듣는 군마 같은 기분이라고 말했다.[235] 하지만 다음 날 오전에 그는 권한 부족으로 인한 어려움에 직면했다. 폰 아르님이 이의를 제기한 것이다. 롬멜은 알지 못했지만 아르님은 더 북쪽인 튀니스 지역에 대한 제한적인 서진을 계획하고 있었는데, 롬멜의 계획에 의하면 이 산악지역 작전들은 연기하거나 취소되어야 했다. 그리고 롬멜이 생각하던 테베사를 경유해 알제리로 진격하는 야심 찬 공격축선과도 거리가 멀었다. 폰 아르님은 그보다 더 동쪽에서 롬멜의 계획과 평행하게 진격하는 경로인, 스베이틀라에서 튀니지의 남서쪽, 해안에서 95km 거리에 있는 르케프(Le Kef)로 향하는 축선을 선호했다.

롬멜은 격하게 항의했다. 그는 폰 아르님이 별도의 작전을 계획했음을 전혀 알지 못했으며, 어느 누구도 이 사실을 롬멜에게 알려주지 않았다. 롬멜은 제5기갑군이 시디 부지드를 점령한 직후에 전과확대에 열중하지 않았다고 여겼으며, 어제까지는 자신을 패

---

235   IWM EAP 21-X-14/9

배주의자라고 험담을 하던 사람들이 이제는 과거의 영광을 되찾기 위해 마지막 기회를 앞두고 과욕을 부리는 사람으로 취급한다고 생각했다. 롬멜은 분노하며 자신이 결코 도박을 하지 않았다고 주장했지만, 이번에는 판돈이 너무 컸고 시간은 거의 없었다. 2월 18일 자정이 지나서야 타협안을 통해 논쟁이 해결되었다. 롬멜은 자신의 제안대로 제5기갑군에서 제10 및 제21기갑사단을 자신의 지휘 아래 두고 페리아나와 스베이틀라에서 진격을 시작했지만, 2월 19일에 이탈리아군 총사령부가 통신 명령으로 인정한 그의 목표는 르케프로 한정되었다.[236]

롬멜에게 있어 이런 목표의 혼란과 추가적인 지연은 치명적으로 작용했을 것이다. 이 명령을 따를 경우 종심 깊이 대규모 작전적 기동을 실시하는 대신, 결정적인 결과를 얻기 어려운 얕은 포위만을 시도할 수 있었다. 롬멜은 이 지시가 잘못되었다고 생각하면서도 최선을 다하기로 했다. 다음 날인 2월 19일 오전 기갑부대가 진군을 시작했고, 롬멜은 마지막으로 직접 지휘에 나섰다. 폰 리벤슈타인은 17일에 부상을 당해서 지글러가 아프리카군단을 임시로 지휘하고 있었다. 롬멜의 전면에는 거의 평행한 3개의 경로가 있었다. 왼쪽의 테베사로 가는 도로는 이전에 롬멜이 주공을 실시하려던 경로였으나 이제는 정찰대 하나만 할당되었다. 스베이틀라-르케프 주도로에는 제21기갑사단이 투입되었다. 그리고 이 두 부대의 사이인 중앙에는 롬멜의 노련한 공병 지휘관인 뷜로비우스(Bülowius) 장군이 강력한 기갑 전투단을 지휘하여 카세린 협로를 거쳐 탈라(Thala)를 향해 진격하고 있었다. 롬멜은 개별 진격의 경과를 보고 성공적으로 진격이 이뤄지는 방향에 증원을 할 생각이었다.

카세린 협로 전투는 롬멜이 아프리카에서 거둔 마지막 승리였다. 3개의 공격 축선 중 좌익과 우익은 전진이 느렸고, 작전 2일차가 되자 롬멜은 주공을 중앙으로 전환했다. 카세린 협로를 장악하면 롬멜은 서부 지맥 북쪽에 충분한 전력을 집결시켜 어느 방향으로든 진격을 계속하고, 그 진격에 대한 측면 위협도 분쇄할 수 있었다. 롬멜은 자신이 원하는 대로 양동 작전과 종심 진격을 할 수 있는 상황을 선호했다.

카세린 협로는 평원에 1,200m 높이로 솟아있는 가파른 산들 사이에 위치한 폭 800m의 좁은 통로다. 이 협로의 길이는 불과 1.5km가량으로, 이곳을 통과하면 숲이 있는 야산들로 둘러싸인 분지에 도달하고, 이 분지에서 두 갈래의 도로를 사용할 수 있는데, 그 중 한 갈래는 북쪽의 탈라로 향하고 왼쪽으로 갈라지는 다른 흙길을 따라가면 테베사로 가는 도로와 만난다. 미군은 이 협로의 남쪽과 도로상에 다수의 지뢰를 매설했다. 미

236  Rommel diaries, EPM 9

군의 주방어진지는 협로 북쪽의 분지 지역에 설치되어 협로의 출구를 엄호하고 있었다. 이 진지에는 미군 보병과 공병이 배치되었고 미군, 영국군, 프랑스군의 포병과 박격포의 지원을 받았지만 그다지 강력하지는 않았다.

빌로비우스는 2월 19일 늦은 오후부터 협로의 방어군을 축출하기 시작했다. 그는 전통적인 방법으로 보병을 고지로 올려 보내 적의 간격을 통해 후방으로 침투시켰다. 롬멜은 카세린 방면에 주공을 실시하기로 결심하는 과정에서 일대의 방어가 취약해졌다고 판단했지만 사실 방어선은 건재했다. 롬멜은 폰 브로이히 남작의 제10기갑사단을 카세린으로 출발시키고 페리아나의 센타우로 사단에 출동 명령을 내렸다. 다음 날 아침에 그는 카세린으로 직접 이동했다. 오전에는 최전방 부대가 테베사를 향해 협로를 돌파했고, 제10기갑사단과 빌로비우스 전투단의 잔여 병력은 협로 뒤에 위치했으며, 롬멜은 전과확대를 준비했다. 선두 부대들은 테베사와 탈라로 향하는 도로에 모두 저항이 없다고 보고했고 2월 21일 저녁 7시에 롬멜은 제10기갑사단[237]과 함께 탈라에 진입했다.

하루가 지나지 않아 롬멜은 공격을 취소했다. 이 전투는 그의 경력 중에서 가장 실망스러운 결과만을 남긴 채 종결되었다. 공격 취소 결정은 전적으로 롬멜의 판단이었다. 2월 20일에 방문한 케셀링은 테베사로 향하는 진격을 열렬히 지지했는데, 이는 롬멜이 기존에 제안하던 견해였으며, 카세린 협로 북쪽에 위치한 독일군 부대들이라면 분명 달성 가능한 목표였다. 그러나 롬멜에게 비협조적이고 회의적인 폰 아르님은 케셀링으로부터 자신의 기갑사단 대부분을 롬멜에게 넘겨주라는 권유를 받았지만 강력한 티거(Tiger) 전차 부대를 산악 전투에서 멀리 떨어진 북측 지역에 남겨두었다.

롬멜은 전방의 보병들이 협로를 통과해 전진하는 동안 그들과 함께 움직였고, 그들과 함께하며 병사들이 기뻐하는 모습을 보고 힘을 얻었으며, 스스로도 잠시 행복해했다. 케셀링은 종종 그랬듯이 낙관적으로 롬멜의 운을 믿으며 그에게 공격을 재촉했다. 그리고 이제 케셀링은 롬멜에게 그 당시 창설은 되었으나 사령관이 공식적으로 임명되지는 않은 아프리카집단군의 지휘를 공식적으로 맡아서 합법적인 권한을 가지라고 제안했다. 정작 이 지휘권은 폰 아르님이 맡고 롬멜은 아프리카를 떠날 것이라는 소문이 돌고 있었는데, 아르님에게 집단군을 맡기는 방안은 다름 아닌 히틀러의 생각이었다.

하지만 롬멜은 아프리카 잔류를 거절했다. 그는 집단군 지휘권을 확신하지 못했다. 지휘권은 이미 폰 아르님에게 제안되어 있었고 롬멜은 케셀링의 제안이 자신에 대한 신

---

**237** 당시 제10기갑사단의 신임 Ia는 바로 클라우스 폰 슈타우펜베르크 중령이었다. 그는 전투 도중 전투기 공습을 받아 크게 부상을 당하며 왼쪽 눈과 오른손, 그리고 왼손의 손가락 두 개를 잃고 본국으로 귀환했다.

뢰 회복을 의미하는지, 아니면 비정상적인 지휘체계라는 상황을 모면하기 위한 임시방편에 불과한지 확신을 가질 수 없었다. 하지만 집단군사령관 지위와 별개로 롬멜은 공격을 중지해야 한다고 생각했다. 롬멜은 2월 22일에도 르케프를 목표로 한다는 결정에 대해 케셀링에게 이의를 제기했고 이제는 케셀링도 그의 견해에 동의했다. 하지만 이미 엎질러진 물이었다. 해당 방면의 작전은 중지해야 했다.[238]

롬멜에게는 그렇게 결심해야 할 타당한 이유들이 있었다. 저항은 점차 강해졌고, 적이 패주하거나 패주하는 적에 대한 추격도 없었다. 미군은 첫 접전에서는 예상대로 미숙함과 충격으로 인한 혼란의 조짐을 보였으며, 많은 경우 상당히 무질서하게 퇴각했다. 그러나 이런 혼란은 곧 지나갔고, 이후 롬멜도 미군이 잘 싸웠다고 인정했다. 그는 노련한 안목으로 미군의 활력과 신속하게 회복하고 자신들의 실수로부터 배우는 능력, 그리고 상대적인 융통성에 주목했다. 그리고 상당수가 파괴되거나 유기되기는 했지만, 미군이 보유한 일선 장비들이 매우 풍부하다며 침울하지만 그리 놀라지는 않은 듯한 어조로 기록했다. 그리고 롬멜은 상당한 규모의 미군 기갑부대가 전장으로 이동 중이라는 보고를 받았다. 저항은 점차 강해졌고, 롬멜이 보다 야심 찬 목표를 추구하고 가잘라에서 그랬듯이 연합군 후방으로 깊숙이 돌파해 대규모 작전적 승리를 거두기 위해서는 그가 생각한 것보다 더 많은 시간이 필요했다. 목표한 성과는 달성할 수 없을 것이 분명해 보였다. 특히 시간이 부족했다. 작전 착수 시점부터 시작된 시간 낭비는 목표의 분산과 지휘 권한의 부족이 원인으로 작용했다. 그리고 롬멜은 일부 예하 지휘관의 계획과 실행 지연도 시간 낭비의 원인으로 여겼다. 롬멜은 익숙하지도, 충분히 빠르지도 않은 말을 타고 있었다. 그리고 이전에 종종 그랬듯이 연료와 탄약 부족도 겪었다. 공격 당시 기상 악화로 비행이 거의 불가능해진 것은 롬멜에게는 이점으로 작용했지만, 이런 이점은 그리 오래 가지 않았다. 영국군은 당시부터 허리케인(Hurricane) 전투기에 로켓을 운용했고, 이 조합은 기갑 장비들에게 치명적인 효과를 발휘했다.

시간 부족은 몽고메리와 대치 중인 마레트 방어선에 대한 불안감과도 연관된 만큼, 매우 중요한 문제였다. 몽고메리는 조만간 자신이 요구하는 물량 우위를 달성하고 공격을 실시할 것이 분명했다. 아프리카기갑군 소속이었던 병력 중 상당수가 중부 튀니지에서 교전을 하는 동안 몽고메리가 공세를 실시한다면, 설령 롬멜이 중부 튀니지에서 승리하고 모든 일이 순조롭게 진행되어 패배한 영-미 연합군을 추격하게 된다 하더라도 최종 승자는 몽고메리가 될 것이 분명했다. 롬멜은 제8군이 마레트 방어선에 잘 준비된,

..............................
238  위의 책

조직적인 공격을 개시할 수 있기 전에 그들에게 파쇄공격을 실시하여 균형을 무너트리는 과정이 필수적이라고 판단했다. 이를 준비하려면 시간이 필요하고, 지금 퇴각하지 않으면 그 시간은 충분치 않을 것이다. 그가 카세린에서 마지막으로 가한 일격은 전술적으로 성공했다. 롬멜은 결심과 전투에 성공했고 아군의 병력과 지휘관의 능동적인 움직임과 역량으로 적을 격파했다는 기분을 몇 시간이나마 다시 즐기게 해 주었다. 그러나 더이상의 전진은 어리석은 일이었다. 그에게는 시간이 없었다. 즉 프릴링스빈트 작전과 모르겐루프트 작전의 중단에는 몽고메리의 영향이 있었다.

물론 롬멜은 작전을 시작하기 전에 시간이라는 요소를 인식할 필요가 있었다. 그는 중부 튀니지 방면 진출이 마레트 방어선에서 몽고메리가 준비를 갖추기 전에 파쇄공격을 실시하는 것과 양립할 수 없음을 깨달았어야 했다. 그러나 롬멜은 그렇지 못했다. 물론 제5군과의 협동 작전이 신속하고 효과적으로 진행되었다면, 한 전선에서 승리하고 곧바로 다른 전선으로 이동해 또 다른 승리를 노릴 수도 있었다. 마치 영국의 해럴드(Harold) 왕이 스탬포드 브릿지(Stamford Bridge)에서 하르드라다(Hardrada)의 바이킹들을 물리치고 남해안으로 행군해 노르망디의 윌리엄(William)과 상대한 것처럼 말이다.[239] 하지만 당시에도 영국을 정복한 것은 해럴드가 아닌 노르망디의 윌리엄이었다.[240]

얼마 후 롬멜은 다시 마레트로 이동했다. 3월 6일 오전 6시에 그는 메드닌(Medenine)에 위치한 영국군을 공격했다. 카프리(Capri) 작전의 시작이었다. 롬멜은 작전 개시 1주 이전에 공식적으로 아프리카집단군의 지휘를 맡았다. 하지만 적절히 편성된 집단군 사령부도 없었고, 그 직위에 처음 선택된 사람은 롬멜이 아닌 폰 아르님이었다. 건강상의 이유로 곧 아프리카를 떠날 예정임이 알려진 롬멜의 권한은 벌써부터 의심스러워 보였다.

2월 26일에 폰 아르님은 튀니지 북부에서 베자(Beja)와 메제즈-엘-바브(Medjez-El-Bab)를 향해 독자적으로 옥센코프(Ochsenkopf: 황소 머리) 작전을 개시했다. 아르님은 한동안 이 작전을 계획하고 있었지만, 롬멜은 공식적으로 아프리카집단군 사령관이 된 다음 날인 24일에야 이 작전을 처음으로 알게 되었다.[241] 옥센코프 작전은 중부 튀니지에서 실시한 다른 작전과 어떤 협조도 이뤄지지 않았고, 롬멜의 생각이나 영감과도 별 관계가 없었다. 롬멜은 이 작전에 대한 통보를 받고 즉시 가용 전투력을 명백히 초과하는 목표라고 판단했다. 그런 작전을 수행하려면 카세린이나 그 너머를 향한 진격을 병행해야 했다.

---

239  1066년, 잉글랜드의 해럴드 고드윈슨(혹은 해럴드 2세)이 동생 토스티그와 토스티그를 지지하는 노르웨이의 하랄드 하르드라다와 대결한 전투. 해럴드는 이 전투로 토스티그와 하르드라다를 전사시키고 노르웨이의 침략을 분쇄했다. (편집부)
240  프랑스 왕 앙리 1세의 후원을 받아 노르망디 공작이 된 윌리엄은 노르웨이의 침공을 기회로 영국에 상륙했고, 영국 남부 헤이스팅스에서 남하한 해럴드의 군대와 충돌했다. 치열한 전투 중 해럴드가 전사하면서 윌리엄의 노르만군이 영국의 지배권을 장악했다. (편집부)
241  위의 책

그러나 병행 진격의 부재로 인해 적은 단일 공세에 현혹되지 않았다. 롬멜은 작전 개시 3일 만에 옥센코프 작전의 취소를 명령했는데, 이 작전은 대규모 전차를 동원해 세 방향으로 진행되었지만, 명령이 내려진 시점에서 제5기갑군의 주공 축선에는 불과 5대의 전차만이 남아 있었다. 롬멜은 자신이 계획하지 않은 전투의 책임을 지게 된 사람으로서 분개했다. 뿐만 아니라 롬멜 휘하의 두 군사령관인 폰 아르님과 메세는 모두 케셀링이나 로마와 직접 대화하고 있었다. 메세는 아프리카 전역의 선임 이탈리아군 장성으로 책임을 맡았던 것으로 보인다. 실제로 메세는 그 자신의 주장에 의하면 이탈리아군 12만 명 가운데 후방 병력 8만 8,000명을 절약하고 전선의 병력을 늘리기 위해 후방지역을 정리하기 시작했다.[242]

폰 아르님의 경우 껄끄럽기는 했지만 이해하기는 쉬웠다. 그는 2월 23일까지 케셀링의 직속 군사령관이었고 며칠 내에 집단군사령관 직책을 승계할 가능성이 높았다. 즉 케셀링과 아르님 사이에 다루기 힘들고 거슬리는 인물인 에르빈 롬멜 원수가 불편하게 끼어 있었던 것이었다.

실제로 지휘 관계는 혼란스러웠다. 베른트는 슈문트에게 보낸 편지에서 이를 '이상한 지휘체계(Merkwürdigen Befehlverhältnisse)'로 묘사했다. 롬멜은 메세에게 호의적이었으며, 3월 2일에 시행한 연설에서 메세는 롬멜 휘하에서 근무하는 이탈리아군 장병들에 대한 자부심을 이야기했다. 그리고 롬멜도 이탈리아군 전우들과 "2년간 어깨를 맞대고 싸워왔다(Schulter an Schulter mit den Italienischen Kameradenen)"며 솔직한 마음으로 응답했다. 이 모든 상황은 어느 정도 비현실적이었다. 롬멜은 아프리카에서 보낸 마지막 기간 동안 전선보다는 후방에서, 전투보다 행정에 종사한 것으로 보인다.

메드닌에 대한 롬멜의 카프리 공세는 당연히, 그리고 완전히 실패했다. 이 전투는 롬멜의 군 경력 가운데 롬멜 특유의 전투방식이 가장 희박하게 드러나는 전투였지만, 그럼에도 여전히 놀라운 힘으로 전투를 개시했다. 몽고메리는 최근에 메드닌의 강력한 진지에 전차 400대와 대전차포 500문을 배치하고 대전차포용 참호도 구축했으며 가공할 만한 포병지원도 받았다. ULTRA를 통해 롬멜의 의도를 완벽하게 파악한 몽고메리는 준비를 갖추고 전투를 기다렸다. 몽고메리는 전투에 임할 준비를 마쳤고, 자신이 방어전에서 승리할 것이며, 알람 할파에서 그랬듯이 전투가 끝나면 독일-이탈리아군이 약화될 것임을 완전히 확신했다.

매우 잘 배치된 몽고메리의 방어진지는 메드닌 북쪽에서 6개 여단이 서쪽을 향해 볼록 튀어나온 형태로 구성되었고, 진지의 오른쪽은 바다에 접해 있었으며, 후방에는 제7 기갑사단이 있었다. 롬멜은 과거에 그랬듯이 정면에서 양동작전을 펴고 방어군의 좌익을 돌파한 후 북쪽으로 돌아나가려 했다. 롬멜은 예하 지휘관들에게 성공은 속도와 기습에 달려있다고 말했다. 그리고 개인적으로 몽고메리가 준비를 하기 전에 일격을 가하는 것만이 유일한 희망이라고 기록했는데, 아마 몽고메리도 이 의견에 동의했을 것이다. 하지만 몽고메리는 준비가 되어 있었다. 롬멜이 중부 튀니지를 공격하는 과정에서 몽고메리는 보다 많은 시간을 얻었다. ULTRA가 존재하는 한 기습은 불가능했다. 그리고 이번에도 몽고메리의 압도적인 물량 우세로 인해, 그가 치명적인 실수를 하지 않는 한 롬멜은 몽고메리를 상대하기 어려웠다.

몽고메리는 치명적인 실수를 하지 않았다. 그는 조직적이고 침착했으며 지나친 행동을 자제하며 북아프리카 해안을 따라 단호하게 전진했고, 상대의 함정에 빠지지 않고 자신의 장점인 수적 우세와 보급 우세를 이용할 수 있는 경우에만 전투를 실시했는데, 이는 적절한 행동이었다. 몽고메리는 공격의 기세를 시간적, 공간적으로 모두 유지할 수 있는 경우에만 전투력을 사용하려 했다. 그리고 롬멜이 메드닌을 공격한다면 자신이 기다리던 결정적 순간이 찾아올 것임을 알았다.

롬멜의 공격은 모든 준비를 마친 적을 상대하기에는 극히 부족한 전력만으로 시작되었으며, 열의가 없는 사령관이 공격을 이끌었다. 롬멜은 오래전부터 독일-이탈리아군이 북아프리카를 포기해야 한다고 확신한 상태였다. 그는 철군을 엄호하기 위한 최선의 중기 전략은 엔피데빌(Enfideville) 주변으로 철수하여 방어선 길이를 단축하는 것이라고 판단했으며 폰 아르님도 여기에 전적으로 동의했다. 그는 무선으로 OKW에 이 방안을 권고했다. 엔피데빌 선은 좀 더 오래 방어할 수 있었지만 마레트 선은 그렇지 않았다.

메드닌 전투 이후 롬멜은 자신이 열의가 사라지지 않았었다고 주장했지만, 메드닌 전투 당시의 롬멜에게는 이전과 같은 모습을 찾기 어려웠다. 그는 후에 메드닌 공격 계획을 결정하는데 소모적인 토론과 논쟁들이 뒤따랐다고 언급했는데, 이는 롬멜로서는 생소한 상황이었다. 그리고 마침내 이 계획이 동의를 얻자 롬멜은 올바른 조치로 현재 이탈리아군 제1군 사령관이자 투입 병력의 거의 대부분이 독일 아프리카군단으로 이뤄진 공격에 대한 공식적인 책임을 진 메세에게 최종적인 결심을 할 권한을 주었고, 이는 적절한 행동이었다. 작전 첫날 오후 5시에 롬멜이 전투를 포기하겠다고 결심한 것 역시 좋지 않은 상황에서는 유효한 선택이었다.

이 작전은 분명히 취소해야 했다. 가잘라에서 그랬듯이 좌익인 해안 부근에서 펼친 정면 양동작전은 스페치아 사단과 제90경사단이 담당했다. 그리고 독일군의 3개 기갑사단은 메드닌 북서쪽에 있는 눈에 띄는 지형지물인 타제라 키르(Tadjera Khir)의 남쪽에서 15㎞의 정면에 대한 돌파를 시도했다. 약 150대의 전차를 보유한 아프리카군단은 몽고메리가 배치한 500문의 대전차포와 맞섰는데, 몽고메리에게는 성능이 우수한 영국제 최신형 17파운드 포가 있었고 이 포는 롬멜의 전차를 전차 주포의 유효사거리 밖에서 관통할 수 있었다. 그리고 영국군의 전선은 지뢰지대로 방호되었다. 몽고메리는 롬멜, 혹은 새로 아프리카군단을 지휘하게 된 크라머(Cramer) 장군[243]이 어떻게 움직일 것인지, 그리고 어떻게 움직여야 하는지를 정확하게 알았다. 롬멜이 후에 기갑부대를 분리해서 협공 효과를 냈다고 설득력 없는 주장을 하기도 했지만, 북쪽과 남쪽 모두에서 집중공격을 하는 것 이외에는 다른 결과를 얻을 만한 대안이 거의 없었다. 실제로 롬멜은 전투력이 고갈된 기갑사단들로 방어진지에 배치된, 과거 어느 때보다 좋은 장비를 갖춘 적에게 돌진했다. 그 결과는 의심의 여지가 없었다. 날이 저물 때까지 아프리카군단은 전차 전력의 3분의 1을 잃었고 어떤 전술적 성공도 거두지 못했다.

롬멜은 왜 그런 선택을 했을까? 선제공격은 방어를 뚫을 수 없었다. 아마도 롬멜은 몽고메리가 준비를 완료했다는 사실을 확실히 알지 못했을 것이다. 유감스러운 시간적 손실은 부분적으로 롬멜의 책임이었지만 전적으로 롬멜의 과오는 아니었다. 롬멜은 단순히 마레트에서 공격을 기다리는 것은 몽고메리가 원하는 대로 우세한 병력을 집결시킬 시간을 허용하여 필연적인 패배를 기록하는 것이나 다름없다고 주장했다. 그렇다면 롬멜은 실제 역사보다 성공적으로 행동할 수 있었을까? 전력의 격차와 ULTRA의 존재를 감안한다면 분명히 아니었을 것이다. 아프리카군단, 엄밀히 말해 이탈리아 제1군은 방어진지에 배치된 제8군을 압도하거나 큰 피해를 입힐 만한 전력을 결집시킬 여력이 없었다. 과거 제8군은 이따금 소수지만 전술적으로 탁월한 상대에게 분쇄되곤 했는데, 이제는 더이상 그렇지 않았다. 롬멜은 계획되지 않은 전투에서는 결코 싸우지 않으며, 자신의 우세를 조금도 놓치지 않는 지휘관과 다시 한번 상대하고 있었다. 메드닌의 롬멜에게는 싸우다 패하거나, 아니면 처음부터 싸우지 않는 것 외에는 다른 길이 없었다. 몸과 마음이 병들어 작전을 지휘하기에 부적합했던 롬멜은 가망 없는 모험만을 시도할 수 있었을 것이다. 롬멜이 후에 언급한 이야기들을 포함해, 메드닌에서 일어난 모든 일들은 롬멜이 과거 가잘라 전투의 승자로 보여준 모습과는 전혀 달랐음을 보여준다.

이제 현실과 마주할 순간이었다. 전투 다음 날, 엔피데빌 주변 방어선으로 철수해야

---

243  크라머는 전날 지글러에게 지휘권을 받았다.

한다는 롬멜의 권고에 OKW에서 보낸 히틀러의 답신이 도착했다. 놀랍지는 않지만 롬멜의 제안은 분노 섞인 거절로 반려당했다. 롬멜은 다시 한번 히틀러를 만나기 위해 병가를 내고 독일로 향했다. 이 과정에서 롬멜은 그의 가장 오랜 예하 지휘관인 폰 루크와 감정적인 작별을 겪었다. 폰 루크의 말을 빌리면 롬멜은 1941년 초 이후로 자주 그랬던 것처럼 지휘차에 앉아 있었는데, 병들고 지쳐 보였지만 여전히 '눈에서 특유의 광채가 빛났다'고 한다.[244] 그리고 폰 루크에게 기념 사진을 건넬 때 롬멜의 눈에 눈물이 흘렀다.

이틀 뒤인 3월 9일에 롬멜은 자신처럼 전황을 비관하던 폰 아르님에게 아프리카집단군의 지휘권을 인계하고 로마로 날아갔고 폰 아르님은 공식적으로는 롬멜의 대리로 남았다. 롬멜은 표면상으로는 치료가 끝나면 돌아갈 예정이었으나, 다시는 아프리카 땅을 밟지 않았다.

로마에 도착한 롬멜은 카발레로의 직책을 승계한 암브로시오(Ambrosio) 장군과 협의한 후 무솔리니를 만났다. 롬멜은 무솔리니 역시 자신을 패배주의자로 여기고 있음을 깨달았다. 무솔리니는 롬멜을 따스하기보다는 다정하게 대했다. 롬멜은 항상 무솔리니를 찬양했지만 모든 독일인들이 그렇게 생각하지는 않았다. 롬멜은 아프리카를 떠나는 순간까지도 로마가 아프리카의 심각성을 제대로 인지하지 못하고 있지만, 무솔리니는 그들과 달리 롬멜 자신의 노력과 성과를 바르게 인식하는 사람으로 여겼다. 그리고 롬멜은 이탈리아가 두체 무솔리니로 인해 많은 혜택을 누렸으며 이탈리아인들이 무솔리니의 열정적인 정책지원 하에 북아프리카의 황량한 해안에서 이룩한 경제와 문화적 발전에 대해서도 깊은 인상을 받았다. 그러나 이제 롬멜은 북아프리카의 현황에 대한 위대한 두체의 인식이 히틀러와 별반 다르지 않다는 사실을 깨달았다. 실제로 무솔리니는 알라메인 이후 현실감각을 상실했다.

다음 날인 3월 10일에 롬멜은 히틀러에게 보고하기 위해 우크라이나에 있는 총통사령부로 향했다. 롬멜은 히틀러가 스탈린그라드의 재앙으로 제6군 전체를 잃고 완전히 낙심했음을 알게 되었다. 붉은 군대의 힘은 전선 전체에 걸쳐 강해졌고, 개전 이후 첫 18개월 동안 겪은 재난으로부터 회복하고 있었다. 미국에서 엄청난 수의 수송차량들을 반입한 소련은 이제 상당한 기동성을 얻었다. 소련의 전차 생산량은 독일에 비해 훨씬 많았고 전차의 성능도 뛰어났다. 반면 동부전선의 독일군은 장비가 빈약하고 병력도 부족했다. 1월에는 동부전선 전체의 가용 전차가 500대 미만이었고 사단들의 편제나 전반적 전력이 격감하면서 전투서열의 신뢰성도 거의 사라졌다. 동부전선은 방어 태세로 전환

---

**244**  von Luck, 앞의 책

했고, 이를 유지하는 것조차 쉽지 않아 보였다.

롬멜은 총통사령부에 도착한 당일 오후 6시에 히틀러에게 출두하여 이후 3일에 걸쳐 히틀러를 여러 차례 접견하고 총통 주재 회의에 참석하며, 개인적으로도 장시간 독대를 거듭했다. 히틀러는 여전히 군사적 현실에 눈을 감은 채 살고 있었다. 그는 롬멜에게 건강이 회복되면 카사블랑카에 대한 원정공격을 지휘하라고 이야기했는데, 이 계획은 전략적인 현실과 터무니없이 동떨어져 있어서, 그 말을 들은 롬멜이 자신의 귀를 의심할 지경이었다. 롬멜은 최소한 튀니지로 철수한 후 엔피데빌 선으로 퇴각하거나, 적어도 마레트에서 아카리트로 철수해 방어선을 단축하는 문제를 히틀러에게 납득시켰다고 생각했다. 그는 폰 아르님에게 신중한 낙관론을 담은 서신을 보냈다. 롬멜과 폰 아르님은 이전까지 의견 충돌이 있었지만 이제는 동일한 관점에서 튀니지의 암울한 현황과 전망에 동의하고 있었다. 그리고 롬멜은 우울한 상태의 히틀러가 비교적 상대하기 쉬웠다고 기록했다. 히틀러의 비현실적인 낙천주의가 폭발하는 상황은 그의 조언자들이나 군대에게 모두 두렵고 우려스러웠다.

엔피데빌 지역은 짧은 기간 유지되었으며, 이후 2개월간 튀니지에서 진행된 일련의 사건들은 롬멜과 폰 아르님의 예상대로 흘러갔다. 추축국은 더이상 튀니지에 보급을 제공할 수 없었다. 첫 주부터 엄청난 양의 물자를 공수했지만, 공중과 해상 수송이 모두 뚜렷이 감소했다. 롬멜이 아프리카를 떠나던 시점에서 9만 톤에 달하는 월간 보급 소요량 가운데 항공과 선박으로 수송 가능한 물자는 절반에 불과했다.[245]

아프리카의 추축군은 모든 면에서 수적으로 열세에 놓였고, 연합군은 제공권을 장악했다. 2개월 뒤인 5월 12일에 폰 아르님이 항복한 시점에서 238,000명이 포로가 되었다. 그 중 10만 명이 독일군으로, 이는 스탈린그라드보다 큰 손실이었다. 한편 롬멜은 3월 11일에 히틀러에게 철십자 훈장의 최고급 훈장인 다이아몬드 곡엽검기사십자장을 수여받았고, 이제 롬멜이 아프리카집단군으로 복귀하지 않는다는 사실이 분명해졌다. 하지만 괴벨스는 3월 12일에 있었던 롬멜과 히틀러의 대화가 '훌륭하게' 진행되었으며, 실패, 환멸, 병환에도 불구하고 이 두 명의 서로 다른 인물들 사이에 여전히 기묘한 공감대가 눈에 띄게 보였다고 기록했다.

정확히 2개월 후, 롬멜은 그의 오랜 '아프리카너'들이 포로수용소로 행군하기 전에 아프리카군단이 보내는 마지막 무전을 받았다. 무전에 따르면 독일 아프리카군단은 더이상 싸울 수 없는 상황까지 싸웠다. 그러나 군단은 다시 부활할 것이다. '하이아 사파리!'

245  IWM AL 1025

롬멜의 아프리카 전역은 불명예스러운 형태로 끝났다. 2년 이상 아프리카에 체류하던 롬멜은 많은 굴곡을 겪었지만, 그의 행보는 마지막 6개월을 제외하면 전설의 반열에 올랐다. 독일-이탈리아군과 대영제국의 군대들이 맞선 북아프리카 전역에는 에르빈 롬멜의 이름이 영원히 따라다닐 것이다.

롬멜은 아프리카 전역이 종결된 이후는 물론 전역이 진행되던 도중에도 비방과 비평의 대상이 되었다. 비판자들은 롬멜의 군사적 판단, 성과, 지휘방법, 성격을 비판했다. 가장 먼저 시작되었고 가장 오래 지속된 비판은 롬멜이 군수 문제를 이해하지 못했거나 소홀히 했다는 것이다. 롬멜은 보급, 특히 연료 보급 문제에 대해 끊임없이 한탄했는데, 사실 자신이 판 구덩이에 빠졌다 해도 무리가 아니다. 비판자들은 그가 분명히 예측 가능한 상황에 스스로 뛰어들었다고 비난한다. 롬멜은 이탈리아와 북아프리카 사이의 보급선이 해상 및 공중 차단에 취약하고, 기지에서 전방으로 가는 긴 보급선도 점차 적 공군력에 취약해지고 있음을 잘 알았다. 그는 필수적인 수송차량이 얼마나 부족한지, 그리고 기갑군이 진격함에 따라 그 수송차량들의 소모 및 이들이 사용하는 연료 소모가 얼마나 심해졌는지 알았다. 후자의 문제들은 단순한 계산 문제이고, 해상 손실은 지나치게 낙관적인 가정보다는 신중함이 문제였다. 그렇다면 왜 롬멜은 자신을 제외한 모든 사람들을 비난하는가?

이 질문에 대한 답은 그리 어렵지 않다. 롬멜은 자신의 작전이 보급에 의해 제한된다는 점을 완벽히 이해했고, 하루라도 이 문제를 생각하지 않는 날이 없었다. 그는 종종 특정 일자에 특정한 보급물자가 도착할 것을 확신하다 실망하곤 했다. 롬멜은 한 인간으로서 보급을 위한 수송량, 해상 호위, 항공력을 할당할 수 있는 책임자가 그의 우선권을 제한한 것을 불평했고, 다른 사람들, 특히 이탈리아인들이 최선의 노력을 하지 않았다고 생각했다. 롬멜은 상황을 어느 정도 예측해야 하는 입장이었고, 비관적이기보다는 긍정적인 예측을 기반으로 작전을 수립했다. 이는 신중하기보다는 대담한 태도였지만, 그 결과 회피 가능한 상황을 피하지 못하는 처지가 되었다.

하지만 이런 대담한 태도는 많은 경우 승리로 이어졌다. 롬멜이 사막에서 거둔 극적인 성공들은 대부분 보급이 빠듯한 상황에서 달성했고, 몇몇 경우 실패하기도 했다. 그가 계획하고 결심하며 보급 부서와 상대로 이야기한 내용들은 비난의 대상이 되었고, 이런 비난은 어느 정도 정당하다. 롬멜은 보수적인 보급 예측에 따라 작전 범위와 속도를 결정한다면 감수해야 할 위험은 적지만, 성과 역시 작아진다고 판단했다. 이런 믿음은 비단 아프리카기갑군에 한정되는 것이 아니라, 역사적으로도 많은 경우에 통용된다.

그리고 롬멜의 믿음은 지속적으로 정당화되었다. 롬멜은 대담하게, 때로는 매우 대담하게 행동했다. 그리고 성과를 거뒀다. 하지만 항상 성공하지는 않았다. 롬멜의 전술적 계획이 때로는 과욕의 산물이었음은 분명하다. 이 점을 감안한다면 이집트로, 알라메인으로, 그리고 결국 패배로 향하게 된 작전들 역시 비난받아야 하는가? 패배 이전에는 자신이 얻은 성과들로 모든 비판들에 반박할 수 있었지만, 나일강과 아프리카 전역에서 승리의 정점에 가장 가까이 갔을 때 그의 승산은 급락했고, 보급선이 지나치게 늘어나며 보급 상황은 절망적인 상황에 놓였다. 롬멜이 이런 상황을 피할 수 있었을까?

이 결심은 롬멜만의 책임이 아니었다. 로마와 베를린의 당국자들은 이집트를 향한 진격을 전적으로 지지했다. 케셀링도 처음에는 다소 주저했지만 이후에는 진격 찬성 진영에 합류했다. 당시의 상황은 지나치게 열성적인 롬멜이 진격을 의심하던 최고 사령부를 밀어붙인 결과가 아니었다. 그는 가잘라 전투 이후인 6월에 기회가 열렸다고 판단했으며, 실제로 당시에는 기회가 존재했다. 롬멜은 패퇴한 적들을 격멸해 승리를 완성하려는 생각을 가지고 있었다. 그러나 오킨렉은 이 희망을 좌절시켰고 롬멜은 오킨렉에게 경의를 표했다. 이후 롬멜은 그가 얻은 모든 것들을 지키고 다시 한번 공세 준비를 진행하라는 강한 압력을 받았다. 오리엔트 계획은 여전히 살아있었고, 히틀러의 관심은 겨울 전부터 코카서스에 맞춰진 상태였다. 만약 북아프리카에서 후퇴를 허용한다면 오리엔트 계획의 필수적 요소가 무너졌을 것이다. 알라메인 전선의 알람 할파 전투에서 불운한 시도를 하는 동안, 롬멜은 지휘자가 아닌 지휘를 받는 사람으로 행동했다. 하지만 롬멜은 명령을 수행하면서도 군수 문제와 항공 열세로 불안감을 떨칠 수 없었다. 알람 할파에서 승리할 가능성을 비관하고, 전투 중지 결정을 내리자 롬멜과 가까운 몇몇 사람들은 그 결정에 놀랐다. 그리고 병가 중에 다시 부대를 지휘하기 위해 알라메인으로 복귀했을 때, 롬멜은 전쟁에서 사실상 패했음을 알았다. 롬멜은 신중을 기하거나 안전만을 추구하는 방법을 믿지는 않지만, 군수 문제에 대해서도 다른 핵심적 요소들 못지않게 분명히 인지하고 있었다. 롬멜의 결심은 대담했고 판단은 합리적이었다.

롬멜은 전략적 감각이 제한적이며, 전쟁을 보다 거시적 관점에서 이해하지 못하는 하위제대 수준의 야전지휘관이라는 평도 있다. 그러나 전쟁 당시 롬멜의 행동을 고찰하고 롬멜의 글이나 대화를 읽는다면, 그리고 '전략가'라는 말을 특정한 전역에서 군사적 기동이나 작전 지휘에 정통한 인물이라는 사전적 정의가 아닌, 뛰어난 군수전문가나 최고의 군사지식인이라는 의미로 사용하지 않는 한, 롬멜이 전략가가 아니라는 관점을 유지하기는 불가능하다.

통념과 달리 롬멜은 전술적 기술을 해석하고 실천하는 능력이 있었고, 그런 기술을 보다 큰 규모의 작전에도 확대적용하는데 탁월했다. 롬멜은 매우 폭넓은 사고를 지닌 인물이었다. 항상 그랬듯이 롬멜의 사고는 이론적이기보다는 극히 현실지향적이었다. 롬멜이 장군참모부의 일원이 아니라는 사실에 열등감을 느끼거나 지식 측면에서 부족함을 드러내는 경우는 있었다. 롬멜이 처음 대부대를 지휘하게 된 시점에서는 분명 지휘 기법에 결함이 있었고, 만약 정식 교육을 받았으면 이런 문제를 방지할 수 있었을 것이다. 하지만 그는 실수로부터 배웠고 놀라운 속도로 균형을 찾았다. 롬멜은 문제들을 충분히 판단하고, 모든 사람들이 모든 문제에서 그렇듯 실무를 통해 발전했다. 이는 오래 전에 교관으로 젊은 학생 장교들을 가르치던 시절 자신이 하던 말과 다르지 않았다. "클라우제비츠가 어떻게 생각했는지를 말하지 마라. 귀관의 생각을 말하라!"

롬멜의 참모부에서 근무하게 된 고등교육을 받은 장군참모부 장교들은 곧 롬멜로부터 보기 드물게 우수한 지휘능력과 사고력을 발견했다. 롬멜은 어떤 수준의 지휘부에서도 천부적이고 탁월하게 지휘를 할 수 있었을 것이다. 그가 직접 쓴 북아프리카 전투 기록 초안은 분명하고, 정확하고, 객관적이고, 편견이 없었다. 그가 도출한 교훈에는 독설이나 자기합리화가 나타나지 않았다.[246]

그리고 롬멜의 폭넓은 판단력을 여전히 의심하는 사람들은 1942년 11월의 롬멜이 이미 독일이 전쟁에 패할 것이며 독일에게 가장 좋은 선택은 병력을 철수시켜 제국의 국경을 가급적 오래 방어하며 새 지도자 아래에서 평화를 얻는 것에 있음을 파악하고 그렇게 발언했음을 상기할 필요가 있다. 같은 맥락에서 롬멜의 지휘능력 가운데 계획을 수립하는 재능은 평이하며, 대부분 자신의 재능을 발휘하는 임기응변으로 점철되었다는 주장도 있다. 이는 어느 정도는 사실이다. 롬멜은 대체로 전투 중 예측불가능한 상황에서 즉각적이고 기발한 결심이 필요할 때, 자신과 아프리카군단에게 최선의 기회를 포착했다. 그리고 그런 상황을 한껏 즐겼다. 롬멜은 정확하지만 뒤늦게 도출되는 계획들을 비웃었다. 그는 언젠가 만프레트를 보며 이렇게 말했다. "최고의 계획이란 전투가 끝났을 때 만들어지는 법이다!"[247]

롬멜도 계획을 수립했다. 하지만 지나치게 상세한 계획은 비현실적이고 용병술 차원에서도 좋지 않으며, '적과 접촉한 뒤에는 어떤 계획도 유효하지 않다'고 생각했기 때문에 지나치게 상세한 계획은 수립하지 않았다. 그리고 롬멜은 대담한 인물이지만 어디까

246    BAMA N 117/7
247    Manfred Rommel의 증언, 인터뷰, EPM 3

지나 인간이었고, 항상, 절대 틀리지 않는 계획은 수립할 수 없었다. 특히 시간 계획의 측면에서 그랬다. 그러나 롬멜은 계획을 수립할 때 타인들에 비해 앞서서 명확하게 사고했고, 전투를 개시하기 전부터 선견지명과 전투개념을 지니고 있었다. 그리고 이를 예하 지휘관들과 공유했고, 항상 장병들을 염두에 두었다. 이런 방식은 모든 행동을 사전에 계획하는 방식에 비해 훨씬 유리했다.

아프리카에서 발생한 '롬멜은 전략가가 아니다' 라는 속설은 롬멜이 재능을 발휘한 전술적인 전투나 그 과정에서의 임기응변을 중시해서, 혹은 의도적으로 보급의 위험을 감수한 결과가 아니다. 이런 속설은 특정한 결정적 결심들과 연관되어 있었다. 롬멜의 실적은 초라하며, 지휘관으로서의 직관이 제한적이었다는 것이다.

그러나 북아프리카에서 롬멜이 실시한 주요 기동들을 고려한다면 이런 주장은 강한 설득력을 얻기 어렵다. 키레나이카 일대에 도착하자마자 공격을 실시하여 승리한 사례는 일견 무모해 보이나 결과적으로 옳았다. 반면 직후에 실시한 토브룩 공격은 성공적이지 않았다. 기본적으로 전략적 실패보다는 전술적 실패였던 이 실책에서 롬멜은 공격을 늦추고 정찰과 증원을 할 필요가 있었다. 롬멜은 보다 신중한 방법의 이점을 이용하기보다는 속도, 충격, 예상보다 이른 즉각적인 행동을 통해 기회를 잡으려 했는데, 그가 이런 결심을 한 것은 토브룩이 처음도, 마지막도 아니었다. 물론 토브룩의 시도는 실패했고, 이는 비난을 받을 만하다. 그러나 이 실패는 전략가로서의 롬멜과는 관계가 거의 없었다.

그리고 롬멜의 주요한 특성도 실수를 초래했다. 크루세이더 전투 중 실시한 '국경 돌진'은 분명히 잘못된 결심이었다. 롬멜은 전황이 예상보다 좋지 않고, 사실상 기회가 존재하지 않는 상황에서도 기회를 잡았다고 믿는 경향이 있었다. 하지만 크루세이더 전투 이후에 키레나이카를 포기한다는 결심은 상대적으로 현명했으며, 다른 모든 예측에 앞서 내린 이 결정은 용감하고 기민하고 정확했다. 가잘라를 공격하겠다는 결심과 전투 중 내린 결심들 역시 대담하고 효과적이었다. 이 당시 롬멜이 생각한 시간계획이 지나치게 낙관적이었음은 분명한 사실이지만, 그의 전반적인 행동을 평가하는 데 있어 결정적인 부분은 아니다.

가잘라 전투 이후 국경을 넘어 패주하는 적을 격멸하려던 롬멜의 결심은 분명히 칭찬할 만했다. 결과에 관계없이 당시의 시점에서 우유부단함을 용납할 수 있는 사람은 소심한 군사 이론가나 역사가 뿐일 것이다. 롬멜은 알라메인에서 오킨렉에게 저지당한 후, 혹은 패배한 후 철수를 할 수도 있었을 것이다. 그리고 롬멜은 측면으로 우회 공격을 당할 가능성을 인식했던 만큼, 철수를 실시했다면 매우 멀리 이동했을 것이다. 하지만 당시 롬멜의 낙관론과 자신감이 상급자들에게 전염되었고 누구도 철수라는 말을 들으려 하지 않았다. 알람 할파 전투는 롬멜에게 있어 마지막 기회였고 롬멜 역시 그 사실을 알았다. 그리고 롬멜은 확신 없이 싸웠다. 그는 알라메인 전투에서 상대하게 된 영국군의 가공할 전력을 목도한 후, 전투를 시작하기도 전부터 희망이 존재하지 않는다는 기록을 남겼다. 상대가 몽고메리만큼 뛰어나지 않았다면 교착상태를 이끌어낼 수 있었을지도 모른다. 하지만 롬멜은 쇠약한 몸과 무거운 마음을 가지고 이집트로 되돌아갔다.

퇴각이 진행되는 동안 퇴각 방법에 대해서도 상당한 논쟁의 소지가 있었다. 당시 몽고메리는 롬멜이 메르사 엘 브레가의 강력한 진지를 더 오래 지키지 않는 실수를 저질렀다고 평했다.[248] 전술적으로 가능했다면 롬멜도 당연히 그렇게 행동했겠지만, 몽고메리의 판단은 당시 아프리카기갑군의 물질적 열세를 무시하고 있었다. 그리고 당시 판단의 옳고 그름과는 별개로, 롬멜은 자신을 비방하는 사람들의 주장과 달리 전략가로서 판단했다. 롬멜의 입장에서는 아프리카기갑군의 존재에 대한 위험, 그리고 무엇보다 튀니지의 독일군과 합류할 가능성을 대가로 며칠, 혹은 몇 주 동안 승리를 거두는 것은 무가치한 선택이었다. 아마 메르사 엘 브레가의 진지를 보다 오래 고수했다면 독일군은 그 대가를 치렀을 것이다.

카세린은 전술적으로는 성공이었지만 작전적으로는 실패였는데, 이는 롬멜에게 활용 가능한 시간이 전혀 없었기 때문에 도출된 결과 보인다. 이는 작전을 시작하기 전부터 인지하거나 예측할 수 있는 요소였다. 하지만 그 단계에서 롬멜은 아프리카기갑군이 제8군에 대항할 수 있는 시간과 안전을 확보할 기회를 원했고, 실제로 미미한 기회는 남아있었다. 메드닌 전투 즈음 롬멜은 아프리카 전역은 물론 전쟁 자체에서 패했음을 알았다. 열의가 사라지고 완전히 롬멜답지 않은 태도를 보였던 메드닌 전투는 그에게 가용 자원은 물론 창의력마저 부족했음을 보여준다. 그러나 패배를 포함한 일련의 사례는 롬멜이 전략적 감각이 부족한 지휘관이라는 설을 증명하기에는 부적합하다. 롬멜은 도박꾼이라는 비판을 받았고, 이런 지적에 대해 화를 내며 반박했다. 그리고 대담성과 계산된 위험 감수는 도박과 전혀 다르고, 도박은 만약 일이 잘못될 경우 합리적인 대책이 남지 않는 행위이며, 자신은 도박을 하지 않았다고 스스로를 변호했다. 때로는 그 경계가 희미해지기도 하지만 롬멜의 주장은 타당하다. 그리고 롬멜의 '아프리카너'들은 롬멜

248 Montgomery and the Eighth Army: Selected Papers of Field Marshal Viscount Montgomery, Document 35 (Bodley Head, for Army Records Society, 1991)

의 모험심을 존경했고, 그를 생각 없는 모험가로 여기지는 않았다. 그들은 롬멜이 "도박꾼도, 기회주의자도 아니었다. 그는 매우 침착하고 흔들림이 없고 생각이 깊은 예측가였다"[249]고 평하며, 롬멜이 많은 것을 요구했지만 "자신을 가장 많이 다그치는 장군(Kein bequemer General)"이었다고 증언했다.[250]

롬멜은 자신의 실적으로 고무되어 있었고, 이런 태도를 비난하는 사람들도 있었다. 이런 비난은 타당했다. 많은 지휘관들이 그렇듯 롬멜은 자신이 근무하는 전역을 전쟁에서 가장 중요한 곳으로 여겼다. 그러나 롬멜의 태도를 비난하는 이들은 롬멜을 상대로 싸운 군대들이 그에 대한 평을 과장하고 약점은 축소시켰다고 보는 경향이 있다. 특히 최종적으로 롬멜을 패퇴시킨 영국군이 자신들의 기량을 자랑하기 위해 그렇게 행동했다는 것이다. 비판자들은 독일에게는 북아프리카가 근본적으로 부차적 전역이었고, 소수의 독일군만이 참전했으며, 아프리카에는 최대 5개 사단이 투입된 반면, 동부전선에 투입된 사단은 수백 개에 달했다는 점을 지적한다. 요는 롬멜이 중요하지 않은 인물이었으며, 그의 저작물들 및 그를 찬양하는 사람들이 그의 한계를 숨기고 실적을 왜곡한다는 것이다. 구데리안은 거친 어조로 "일이 지나간 뒤에 롬멜에게 더 큰 영예를 주는 역사 왜곡을 해서는 안 된다!"라고 주장했고, 많은 사람들이 그 견해에 공감했다.[251]

그러나 전역의 중요성이 지휘하는 부대의 규모에 달려있다는 주장은 받아들이기 어렵다. 군사적 명성도 단순히 지휘한 병력의 규모에 따라 달라지지 않는다. 지휘관도 각자의 입장에 따라 군단을 대대처럼 쉽게, 때로는 그 이상으로 쉽게 배치할 수 있다. 롬멜이 지휘하는 병력이 소규모였다는 사실은 그의 전적과 명성을 깎아내릴 수 없다. 오히려 그 반대다. 그리고 롬멜은 알라메인에서 약 12개 사단을 지휘했다. 북아프리카 전역이 '부차적 전역'이었다는 주장이 우리가 이해하는 롬멜의 모습에 다소 영향을 미칠 수도 있지만, 그의 업적까지 훼손하지는 못한다. 그리고 그런 주장이 무조건적인 진실도 아니다. 오리엔트 계획은 히틀러와 그 참모들의 마음에 기이한 영향을 미쳤다. 즉 그들은 중동이 매우 가치 있고 동시에 달성 가능한 목표이며, 코카서스 역시 필수적인 목표이고 지중해의 폐쇄도 세계적 대치국면에서 영국을 궁극적으로 패배시키는 데 필요한 전제조건이라 여겼다. 이는 결코 어리석은 생각이 아니었다. 연합군의 관점에서 영국이 대서양 방면의 전력 증강을 긴급히 요구하다 1941년 12월 이후 극동지역에 전력소요가

........................
249    von Esebeck, 앞의 책
250    위의 책
251    Streich 대장, 강연, EPM 3

제기된 시점에서 지중해에 전력, 특히 해군력을 집중한 것은 부적절한 선택이었으며, 특히 극동의 전력 부족은 치명적이었다는 주장이 여러 차례 제기되었다. 그러나 영국이 지중해를 스스로 포기하고 끝내 지배력을 상실했다면, 중동 지역에 대한 영국의 책임이나 원유 수급이라는 절대적 요소를 배제하더라도 전쟁의 역사는 달라졌을 것이다.

해당 지역에 대한 이탈리아의 지배력은 보다 강고해졌을 것이고, 독일의 동부전선은 추축국의 강력한 지원을 받았을 것이며, 그들은 방해받지 않고 중동을 장악했을 것이다. 이처럼 전황 자체가 매우 달라질 가능성이 있었다. 이 점에 관해서는 처칠, 무솔리니, 히틀러, 래더, 브룩은 모두 같은 입장이었다. 그러나 독일의 꿈은 1942년 말에 최종적으로 막을 내렸고, 실질적으로 수개월 전에 무너진 상태였다. 그러나 파울루스가 스탈린그라드로 진격하고 롬멜이 알렉산드리아를 눈앞에 두기까지 독일의 희망은 여전히 유효했고, 그 가운데 롬멜의 비중은 매우 컸다.

롬멜의 실수들이 축소되었다는 일반적인 주장에 대해서는 그의 실패도 업적 못지않게 많았음을 인정해야 하지만, 롬멜의 업적은 분명 실수에 비해 작지 않았다. 그간 롬멜이 북아프리카에서 거둔 승리들은 나치 선전 기관의 산물로 여겨졌으며, 그의 지휘기법도 지나치게 개인적이고 고급 사령관으로서는 부적합하다는 비판을 받아왔다. 롬멜의 지휘는 예측할 수 없고 참모와 예하 지휘관들을 모두 분노하게 했으며 히틀러와 괴벨스의 편애가 없었다면 연대장도 되지 못했을 것이라는 말도 있었다.[252] 그러나 이런 주장을 사실로 받아들일 경우, 도리어 히틀러 총통과 선전부 장관의 통찰력이 좋았다고 이야기하는 격이다!

독일에게는 동부전선의 재난과 야만적 행위에 관한 뒷소문을 접하지 않은, 그리고 국가사회주의 혁명과 화합할 수 있는 현대의 영웅이 필요했다는 말들이 있었다. 에르빈 롬멜이 그 역할에 적합했다는 이야기다.[253] 이 지적은 분명한 사실이다. 하지만 전시에는 어떤 국가에서든 대중 매체들이 활용할 수 있는 카리스마가 있는 군 지휘관들이 호감을 얻는다. 그리고 롬멜에게는 그런 카리스마가 있었다. 하지만 롬멜의 카리스마는 현실의 업적, 그리고 명성에 기반한 것이었고 휘하의 부대원들 역시 완전히 공감했다. 개인이 지닌 결점과 지나친 면모는 그가 꾸준히 보여준 천재성과 영감으로 상쇄되었다. 이는 선전당국에 이용당하기는 했지만, 본질적으로 외부에 의지하지 않은 개성이었다.

롬멜은 성격의 기복이 너무 심하고 변덕스러우며 전술적 승리의 결과에 너무 낙관적

252  Kenneth Macksey, Rommel: Battles and Campaigns (Arms & Armour Press, 1979)
253  Reuth, 앞의 책

이었고, 전투에 패하면 비관적 패배주의자로 변하곤 한다는 비판도 받았다. 롬멜에게 그보다 더 심한 독설은 없었을 것이다. 롬멜은 자신이 비관적이라는 비난을 듣게 한 견해들, 즉 크루세이더 전투 이후 키레나이카를 포기해야 한다는 주장과, 알라메인 전투 및 영미 연합군의 알제리 상륙 이후 북아프리카와 그 이상의 무언가를 잃었다고 깨달은 것 등이 현실적 판단의 산물이라고 완강히 주장했다. 롬멜은 모든 장군들과 마찬가지로 실수를 했다. 하지만 전반적인 전적은 탁월한 편이었고 무엇보다도 전투에 탁월했다.

롬멜은 그의 의지와 개성을 자신의 군대와 적에게 강하게 각인시켰고, 특히 자신의 군대에게는 확신과 신뢰를 심어주었다. 그는 용병술의 본질이 가급적 적은 사상자로 승리하는 것이라고 꾸준히 설파했다. 독일이 전쟁이 끝난 후에도 사람이 필요할 것이라고 빈번히 언급했던[254]롬멜에게 인명 손실을 무시하더라도 영광을 추구하려는 욕망을 가진 자라는 매도보다 부당한 비난은 없다.[255] 그런 욕망을 지닌 장군들은 언제나 휘하의 장병들이 먼저 감지하기 마련인데, 이런 직감은 결코 틀리지 않는다. 반면 롬멜은 독일군과 이탈리아군 모두에게 신뢰를 받았다. 롬멜이 1차 토브룩 포위 당시 한 예하 지휘관에게 막대한 희생을 초래할 정도로 무모한 행동으로 병력을 소모했다며 상당한 비난을 받았던 것은 사실이지만, 그 실수는 평소의 롬멜과는 거리가 멀었고, 그가 몰인정한 지시를 내려서가 아닌, 잘못된 판단으로 발생한 피해였다. 롬멜은 인명을 희생하더라도 빠르게 밀어붙여야 결과적으로 더 많은 생명을 구할 것이라고 판단했다. 그 경우에는 롬멜이 틀렸다. 하지만 롬멜은 대체로 다른 어떤 지휘관들보다 병사들과 유대가 깊었다. 더욱이 아프리카기갑군은 사령관에게 아낌없는 존경을 보였다. 롬멜만큼 처벌을 하지 않은 장군은 드물다. 그는 북아프리카에 있는 동안 한 번도 군사재판 명령에 서명한 적이 없다고 한다.[256]

적들에게 롬멜이라는 이름은 심리적으로 강한 영향을 미쳤다. 롬멜이 알라메인 전투 이후 서쪽으로 철수할 때, 몽고메리가 추격을 늦춘 이유 가운데 상당 부분이 몽고메리가 예하 지휘관들과 제8군에게 주의를 환기시켰기 때문이라는 사실은 누구도 의심할 수 없다. 그리고 이런 결정은 대부분 롬멜의 명성이 그 원인이었다. 롬멜은 압도적인 전력을 투입하여 승리를 확정지으려 하며, 승리를 위해 지나치게 의욕적으로 행동하지 않기로 결심한 뛰어난 조직가에게 패했다. 결국 패배는 불가피했다. 롬멜은 여기에 대해

254  Westphal, 앞의 책
255  그 사례로 Heckmann, Rommels Krieg in Afrika (Gustav Lubbe Verlag, 1976) 참조
256  Westphal, 앞의 책

불평할 수 없었다. 전쟁은 단순히 전투와 기동의 기술이 아니며, 활력과 기량만이 필요한 분야도 아니다. 전쟁은 지속적인 배당을 얻기 위해서 예측하고, 조직하고, 투자를 해야 하는 일이기도 하다.

하지만 롬멜은 자신이 잘하는 일을 가장 뛰어나게 해냈고, 성과는 그가 상대한 어느 누구보다도 뛰어났다. 롬멜은 거의 2년 동안 사막의 무대를 지배했다. 그는 전사 상 가장 큰 정보전의 기술 승리인 ULTRA의 도움을 받는 적을 상대했고, 영국군은 지속적인 정보 지원 하에 롬멜의 행동을 예측하고 그의 의도를 파악했을 뿐만 아니라 아프리카기갑군으로 보급품을 수송하는 호송대를 격파하기도 했다. 롬멜은 아프리카 전역의 후반부이자 가장 중요한 단계에서 압도적인 적의 공중 우세 아래 싸웠다. 그리고 롬멜은 능동적으로, 신속하게 보고, 결심하고, 행동하여 적에게 충격을 가하고, 패주시켰다. 그는 북아프리카의 누구도, 그리고 아프리카군단의 노병들 중 누구도 결코 잊지 못할 정도로 북아프리카의 독일-이탈리아군에게 자신의 개성을 각인시켰다. 때로는 생각보다 더 둔감했지만,[257] 그럼에도 반대에 너그럽지 못하고, 쉴 새 없이 재촉하고, 용감하고, 전쟁을 수행하는 데 있어 설명하기 힘든 재능으로 장병들을 이끌었고 장병들은 그를 따랐다.

그리고 롬멜은 매우 제한적인, 그리고 일시적인 경우를 제외하면 수적으로 매우 우세한 적과 싸웠다. 그는 병력을 절약하는 데 있어 탁월했다. 롬멜을 찬양하는 사람들은 그의 패배를 안타까워하며, 어떤 해설가가 '감정이 없는 계산'으로 묘사한[258] 또 다른 천재성을 가진 상대 지휘관의 태도와 대조했다. 물론 전쟁의 방법은 기술로 간주될 수도 있다. 그러나 전쟁의 목표는 승리이며, 이를 위해서는 감정의 유무에 관계없이 분명히 계산이 필요하다. 그렇지만 위에 언급한 해설가는 "만약 이 독일 원수가 그를 상대하던 지휘관들과 동등한 혜택을 누렸다면, 상대 지휘관들은 평범한 자들처럼 보였을 것이다."[259] 라고 냉혹한 논평을 남겼다. 거기에 동의하지는 않더라도 주장의 요체는 받아들일 필요가 있다. 에르빈 롬멜이 공중우세, 막대한 보급품, 그리고 2대1의 수적 우위를 가진 채 이집트 국경에 서 있었다면 1942년 가을에 역사가 다른 방향으로 바뀌었을 것임은 누구도 의심할 수 없다.

........................
257   Schmidt, With Rommel in the Desert (Harrap, 1951)
258   Aleme 대령, BAMA N 117/21
259   위의 책

**PART 5**
**1943-1944**

# 제19장 태양광치료기

롬멜이 아프리카의 비극에서 벗어나 제국으로 돌아온 뒤 처음 한 일은 몸과 마음의 건강을 회복하는 것이었으며, 이를 위해서는 몇 주의 시간이 필요했다. 롬멜은 이 기간 동안 병원에 있거나 비너 노이슈타트에 머물며 북아프리카 전역의 전투 기록과 교훈들을 저술했다. 독일의 상황과 장래는 매우 암울했고, 1943년의 첫 몇 개월이 지나며 더욱 암담해졌다. OKH가 가장 중시하던 동부전선에서는 파울루스의 제6군을 잃은 것이 가장 심각한 손실이었다. 이후 소련군이 진격하면서 동부전선은 스탈린그라드 서쪽으로 800km가량 이동했다. 롬멜이 북아프리카에서 복귀한 동안 독일군은 제한적인 반격에 나섰으며, 이 반격으로 하리코프(Kharkov) 시를 탈환하면서 쿠르스크의 남, 북쪽 전선에서 동쪽으로 두 개의 돌출부가 형성되었다. 붉은 군대의 입장에서는 반대로 쿠르스크가 서쪽을 향해 돌출되어 있었다. 독일이 점령한 두 개의 돌출부 가운데 북쪽 돌출부에는 오렐(Orel)이, 남쪽 돌출부에는 하리코프가 있었다.

히틀러는 주저한 끝에 독일군이 동부전선에서 전략적 방어에 집중해야 한다고 명령했다. 겨울 동안 입은 끔찍한 인명과 장비의 손실을 보충하려면 시간이 필요했다. 대다수의 '사단'들은 편제상의 정수를 채우지 못한 상태였다. 실제로 여름 중반에 동부전선에 배치된 육군과 SS는 182개[001]사단에 달했지만, 사단의 수효에 비해 실제 전투력은 빈약했다. 일부 사단들은 증원 병력을 받고 적절히 충원되었지만 다른 사단들은 그렇지 못했다. 그리고 점령국들로부터 노예노동을 포함한 다양한 방법으로 노동력을 차출하고 무자비한 정책을 펼쳤음에도 독일의 인적 자원은 이미 한계에 달했으며, 이후로는 군의 규모 축소가 불가피해 보였다.

......................................
001    이 당시 독일군은 15개 사단을 스칸디나비아에, 20개 사단을 지중해 방면에, 14개 사단을 발칸 반도 일대에 배치하고 있었다.
       Albert Seaton, The Russo-German War 1941-45 (Arthur Barker, 1971)

독일은 장비 획득에도 막대한 노력을 기울였지만 상황은 암울하기만 했다. 동부전선 전체의 가용 전차 전력은 1월 말에 약 500대로, 이는 3개월 전에 몽고메리가 전선의 폭이 50km에 불과한 알라메인 전투를 시작할 때 보유한 기갑전력의 절반에도 미치지 못했다. 그리고 독일군은 스탈린그라드에서만 45개 사단분의 장비를 상실했다.[002] 무기생산량을 급격히 늘리면서 전차 보유 규모는 여름까지 2700대로 증가했지만, 물자 손실 속도는 생산속도를 크게 상회했다. 동부전선의 극심한 출혈을 고려하면, 1943년에 성공적인 전략적 방어를 수행하기 위해서는 쿠르스크 돌출부를 북쪽과 남쪽에서 협공하는 공세가 필요했다. 이 공세는 해당 전역과 연관된 두 집단군 사령관, 즉 북부의 폰 클루게 원수와 남부의 폰 만슈타인 원수가 모두 동의했으며, 두 사람 모두 가급적 빠른 시점에 공세를 취해야 한다는 의견을 밝혔다. 독일군은 3월에 제한적인 작전을 실시해 하리코프와 벨고로드(Belgorod)를 점령하고 적에게 큰 피해를 입혔으며, 폰 클루게와 폰 만슈타인은 러시아가 전력을 회복하고 쿠르스크 돌출부의 방어를 강화하기 전에, 그리고 러시아인들이 이 작전을 눈치채기 전에 일격을 가하는 것이 극히 중요하다고 보았다.

'치타델(Citadel: 성채)'로 명명된 이 공세의 성패에 1943년 남은 기간 동안 독일 동부전선의 운명이 걸려 있었다. 3월에는 작전 목표를 쿠르스크 돌출부의 붉은 군대 격멸로 한정하고 4월 중에 공격을 실시하는 계획이 수립되었다. 5월 초에 히틀러는 여러 가지 이유로 작전을 연기했다. 공격 연기의 주된 이유는 신형 '티거(Tiger)'와 '판터(Panther)' 전차의 기다리는 편이 더 효과적이라는 히틀러의 주장이었다. 티거는 이미 튀니지에서 실전에 투입되었던 88㎜ 주포를 탑재한 전차였고, 티거에 비해 크기가 약간 작은 판터는 강력한 장포신 75㎜ 주포를 탑재한 전차였다. 이 과정에서 치타델 작전은 7월 초가 될 때까지 개시되지 않았고, 작전제안자들은 당시에도, 그 이후에도 작전의 지연이 치명적인 문제로 작용했다고 여겼다. 당시 독일의 관점에서 동부전선의 상황은 극도로 악화되었고 승리의 희망도 거의 사라졌지만, 여름 중순에 제한적이나마 성공을 거둔다면 궁극적인 패배를 지연시킬 가능성이 있었다. 그러나 1943년 당시 독일의 또 다른 주요 전선에 대한 연합군의 공세, 즉 독일 본토에 대한 폭격이 점차 강해지면서 전황이 뒤집힐 가능성은 극히 희박해졌다. 3월부터 독일 북부의 산업시설 및 인구밀집지역에 대한 연합군의 항공공격이 한층 정밀해졌고, 보다 많은 폭탄을 탑재한 항공기들이 매일 밤마다 독일 본토를 노렸다. 이 공습은 이듬해의 무시무시한 파괴에는 미치지 못했지만 이미 독일의 일부 핵심 공업도시들을 폐허더미로 만들어가고 있었다.

..................
002  Cooper, 앞의 책

1943년 3월 영-미 연합군이 실시한 공습은 루르에 집중되었고, 여름에는 함부르크 (Hamburg)가 집중 공습을 받았다. 그 기간 내에 다른 도시들도 동시에 폭격을 당했으며, 모든 주민, 정부, 본국의 군대들은 지속적인 위협으로 혼란을 겪었다. 이런 혼란은 군사적 관점에서 물리적인 파괴 이상으로 직접적인 영향력이 있었다. 1943년 후반까지 동부전선 총 병력의 거의 3분의1에 달하는 최대 90만 명이 본토 방공 임무에 배치되고 2만 문에 달하는 대공포를 투입했음을 고려한다면 이런 배치가 야전군들에게 미친 영향을 짐작할 수 있을 것이다. 치타델 작전에 걸린 일말의 희망과는 별도로 독일은 동부전선과 항공전에서 이미 궁지에 몰려 있었다. 잠수함은 얼마 남지 않은 위안 가운데 하나였지만, 5월에는 이 희망마저 사라졌다. 독일 잠수함인 U-보트(U-Boat) 부대 사령관 카를 되니츠(Karl Dönitz)[003]는 대서양의 잠수함을 위해 고도로 중앙집권화된 지휘체계인 '울프팩(wolf-packs)' 전술을 성공적으로 도입했다. 울프팩 전술의 성공은 대부분의 군사적 성공들처럼 시기적절한 정보획득과 정보의 대담한 활용, 그리고 적의 정보 활용을 방해하는 데 달려있었다. 1942년 2월에 새 암호 장비가 도입된 이후 1943년 3월까지 진행된 대서양 전투에서 연합군 수송선의 격침과 해당 지역에서 격침당한 U보트 간의 교환비는 U보트 측이 압도적으로 유리했다. 해상전에서 큰 손실을 강요한다면 독일에 대항하는 연합군들의 제해권을 무의미하게 만들 수 있었고, 이는 전략적 관점에서 분명 성공적인 공세였다. 그러나 이 성공은 롬멜이 자택에서 치료를 마치고 복귀한 5월 이후의 실패로 급격히 추락했다. 영국의 암호해독기관은 1943년 초에 몇 개월간 독일의 잠수함 통제 암호를 해독했고, 교묘하고 중앙집권적인 되니츠의 통제방식은 상대적으로 통신 감청에 더 취약했다. 3월부터 U-보트들은 연합군의 항공공격이 증가했으며 이전에 비해 치명적이라고 보고했는데, 이는 보다 정확한 위치정보를 파악한 결과가 분명했다. 5월 중순이 되자 독일 해군은 연합군의 대서양 호송선단에 대한 대규모 공격의 교환비가 급격히 악화되었음을 인식했다. 어떤 작전에서는 격침된 상선과 비슷한 수의 U보트들이 격침당할 지경이었다. 되니츠는 5월 24일을 기해 자신의 명령이 한시적인 조치가 되기를 기원하며 대서양 전투를 중지시키고 U-보트들에게 기지로 귀환하라고 명령했다.[004]

독일에게는 두 곳의 전선이 더 있었고, 그중 한 곳은 아직 전투가 활발해지지 않았지만 두 곳 모두 상황이 명백히 악화되었다. 그 가운데 한 곳은 서부 유럽이었다. 조만간 연합군이 프랑스 해안을 침공할 것이 분명했다. 독일이 대서양 전투에서 승승장구하

--------

**003** 1943년 1월 30일 이후 레더 제독의 지휘권을 승계해 독일 해군 총사령관이 되었다.

**004** 9월에 다시 U보트 공세가 시작되었지만 10월까지 처참하게 분쇄당했다. Corrdli Barnett, Engage the Enemy More Closely (Hodder & Stoughton, 1991)

는 동안은 연합군의 유럽침공 가능성이 희박해 보였으며, 이는 타당한 추론이었다. 유럽 대륙의 동-서 철도는 잘 연결되어 있고 독일의 병력 이동 능력은 상당히 우수했다. 따라서 해안 방어 계획을 잘 수립하고 병력을 적절히 배치한다면 서부의 상황이 보다 악화될 경우에도 대응에 필요한 시간을 충분히 확보할 수 있다고 여겨졌다. 그리고 연합군은 침공 이전에 대서양을 건너는 병력 이동 및 보급 경로의 안전을 확보하지 않는 한은 침공을 시도하지 않을 가능성이 높았다. 그러나 이런 판단의 근거가 흔들리기 시작했다. 날로 증가하는 연합군의 공습은 철도와 기차의 운용에도 확연히 영향을 끼치기 시작했다. 또 동부전선의 상황 악화로 독일 본토에 중앙 예비대를 창설하거나 동부에서 서부로 부대를 이동시키는 방법의 위험부담도 급격히 늘어났다. 하지만 다른 무엇보다 치명적인 문제는 연합군이 과거에 비해 안전하게 대서양 항로를 이용할 수 있게 되었다는 점이었다. 1943년부터 서부전선의 전력강화가 불가피해졌고, 이듬해에는 지중해 방면에서도 같은 문제가 발생했다.

롬멜은 5월 3일에 충직한 SS상급지도자(Oberführer) 알프레드 잉게마르 베른트 (Alfred-Ingemar Berndt)에게 한 통의 서신을 받았다. 베른트는 괴벨스의 국민계몽선전부 (Reichsministerium für Volksaufklärung Und Propaganda)로 복귀해 있었지만 그의 마음은 항상 아프리카군단, 아프리카기갑군, 그리고 그들의 사령관과 함께했고, 아프리카의 소식에도 꾸준히 귀를 기울이고 있었다. 베른트는 자신이 가지고 있던 12월에서 3월 말에 작성된 롬멜의 일기들을 우편에 동봉했다. 베른트는 롬멜 원수가 다시 직책을 임명받았다는 소식에 기쁨을 표했다. 당시로서는 롬멜이 정확히 어떤 직책을 맡을지, 어느 곳에 배치될지 알 수 없었지만, 베른트는 불가사의하게도 롬멜이 담당할 범위가 유럽 전역, 15,000km 범위가 될 것이라고 예상했다.[005] 이는 서유럽 해안 대부분을 책임지는 것이나 다름없는 매우 넓은 범위로, 베른트가 타자기로 0을 하나 더 친 것이 아닌지 의심할 법한 예측이었다. 그러나 이 예측은 결국 현실이 되었다.

베른트의 견해나 그 견해에 대한 롬멜의 수용 여부에 관계없이 베른트의 서신에는 아프리카너들의 향수 어린 충성심과 함께 롬멜이 조만간 작전적인 사안에 직접 개입하게 될 것이라는 의미를 담은 구체적인 의견들이 포함되어 있었다. 선전부의 일개 국장이 병가 중인 육군 원수에게 직접 연락하는 것이 이상하기는 했지만, 베른트는 아프리카기갑군의 전직 장병들을 특별히 선발해 그 부대의 전통을 계승하고 경험을 전파하며 특별 임무에도 투입될 수 있는 특수부대의 창설을 제안했다. 베른트는 아프리카기갑군 정

005 BAMA N 117/4

예 특수부대, 혹은 돌격대대(Sturmbataillon)라는 이름으로 중화기를 보유한 6개 중대 구성을 언급하며, 대대 규모의 부대에 특정 보직으로 롬멜 사령부의 옛 구성원 –베른트나 암부르스터(Armbruster) 등– 을 임명하는 방안을 거론했다. 이 '아프리카 휴가자(Afrika-Urlauber) 대대'는 신속히, 임시 편성 형식으로 구성할 수 있었다. 베른트는 롬멜 원수의 다음 임무를 위해 조만간 몇 명의 참모가 필요할 것이라고 예상했고, 이 임무를 위해 몇몇 아프리카 복무자들과 접촉하는 역할을 자청했다. 특정 시점부터 아프리카에서 많은 장병들이 전사하거나 포로가 되는 운명으로부터 탈출하고 있었다.

롬멜이 아프리카 전선에 없었다는 사실, 그리고 그곳에서 실패했다는 사실은 독일 대중에게는 비밀에 부쳐졌다. 히틀러와 괴벨스 모두 롬멜의 이름을 선전 자산으로 여기며 패배의 오명으로부터 보호하기를 원했다. 따라서 롬멜이 실제로 튀니지를 떠났고, 두 달 만에 유럽에서 복귀한다는 소식을 공개하는 것은 어느 정도 예민하게 다루어야 할 문제였다. 그가 3월 초 이후 아프리카에 없었다는 공식적인 발표는 히틀러의 명령에 따라 5월 10일에 발표되었다. 그리고 튀니지의 재앙은 현실이 되었다. 롬멜이 베른트의 편지를 받아 본 후인 5월 7일에 영국군이 튀니스에 입성했다. 롬멜은 5월 8일에 베를린으로 출두하라는 전화를 받았고, 다음날인 5월 9일 정오에 템펠호프(Tempelhof) 공항에 도착해 1시까지 총통 집무실에 출두했다.

히틀러는 지중해에 대한 이야기를 원했다. "진작 귀관의 말을 들었어야 했소."[006] 히틀러는 롬멜에게 이렇게 말하며 단호하고 고집 센 지휘관인 롬멜이 과거에 자신에게 보여준 끈끈한 신뢰와 헌신을 회복하도록 롬멜을 안심시키려 했다. 히틀러의 노력은 놀라울 정도로 성공했다. 이후 두 달 동안 롬멜은 계속 히틀러와 함께했고, 점심이나 저녁 식사 자리에서도 자주 히틀러의 곁에 앉았다. 롬멜은 총통이 이동식 청사를 베를린에서 동프로이센의 라스텐부르크에 위치한 동부전선의 히틀러 사령부인 '볼프스산체 (Wolfsschanze: 늑대소굴)'로 이동하거나, 그가 가장 편안하다고 느낀 바이에른의 베르히테스가덴(Berchtesgaden) 산장으로 복귀할 때도 동행했다. 롬멜은 일간 '상황 회의'에 참석해 모든 전선의 소식이 히틀러에게 보고되는 것을 들었고, 히틀러가 전략, 지정학, 여러 국가와 그 지도자들의 특징에 대해 이야기하는 것을 보았다. 히틀러의 발언들은 대부분의 경우 장황하고 두서가 없었지만, 이따금 특이한 식견들을 보였다.

이 기간 동안 롬멜은 또다시 히틀러의 매력에 빠졌음이 틀림없다. 알라메인 전투 이후 롬멜은 독일의 유일한 희망이 히틀러를 제거하고 히틀러와 관련된 부도덕하고 잔인

006  Liddell Hart, 앞의 책

한 정책들을 그만두는 것이라고 씁쓸하게 외쳤었다. 단 대부분의 독일인들과 마찬가지로 롬멜은 나치 체제의 진정한 악행들은 히틀러의 행동이 아닌 지나치게 강하고 오만방자한 부하들, 즉 보어만(Bormann)과 힘러. 특히 힘러의 소행이라는 잘못된 믿음에 오랫동안 매달렸다. 11월의 롬멜에게 찾아온 변화는 열정적이지만 다소 경솔했다. 그는 히틀러의 비현실적이고 완고하며 결과적으로 장병들의 생명을 불필요하게 희생시키는 전략적 명령들에 대한 혐오감으로 인해 매우 갑작스럽게 자신의 입장을 바꿨다. 그러나 다시 히틀러와 만나고 새로운 직책에 임명되기까지 일종의 히틀러 직속 상임 부관처럼 근무하게 된 롬멜은 총통에 대한 오랜 신뢰가 어느 정도 되돌아오는 것을 느꼈다. 롬멜은 히틀러가 자신과 함께하는 상황을 분명히 선호했고, 자신에 대한 온전한 신뢰를 몇 차례고 보여주었다는 내용을 일지에 기쁘게 기록했으며, 히틀러의 기분이 호전되고 수많은 문제 속에서 확신을 가지고 있었다고 덧붙였다.[007] 그리고 히틀러는 자신감을 보여주는 데 그치지 않고, 이를 상대에게 전달하는 재능이 있었다. 한편으로는 비밀리에 믿을 수 없이 비인간적이고 사악하게 행동하거나 명령을 내릴 수 있었던 이 비범한 인물은 여전히 주변인의 감정을 고취시키고, 위안을 주고, 강한 애정과 존경을 끌어내는 방법을 알았다. 롬멜은 아프리카기갑군을 희생해서라도 알라메인을 고수하라는 명령을 받았을 때, 히틀러에 대한 신뢰를 상당 부분 상실했다. 그리고 겨울 동안 아프리카에서 히틀러를 만나기 위해 이동했을 때, 그리고 히틀러가 감정적으로 아프리카의 장병들은 싸움을 피하고 있으며, 롬멜에게는 정신적인 회복력과 의지가 없다는 비난을 쏟아냈을 때도 히틀러 개인에 대한 롬멜의 애정은 상당히 사그라들었다. 하지만 이제 히틀러가 많은 문제들과 씨름하는 모습을 직접 보고, 이 문제들로 인한 극심한 고통을 공유하며, 히틀러에게 조언을 요청받고 자신의 조언이 채택되는 모습을 보게 되자 롬멜은 다시 한번 분명한 충성심과 복종심을 느꼈다. 그는 다시 믿음을 회복할 수 있었고, 신뢰까지는 아니라도 총통을 반신반의하는 단계까지는 되돌아갔다. 롬멜은 1943년 7월에 동부전선에서 치타델 작전의 위기에 관해서 소집된 회의에 참석했을 때 라스텐부르크에서 클루게와 함께 폰 만슈타인을 처음 만났는데, 그때 다음과 같이 흥미로운 말을 했다. "태양광치료를 하러 여기 왔습니다. 햇빛과 신뢰를 만끽하고 있죠!" 만슈타인은 이전에는 롬멜을 만난 적이 없었고, 이 만남을 예상하지 못한 채로 호수에서 나체로 수영하며 자유로운 오후를 보내고 있었다. 그는 둑에서 수영을 하다 롬멜과 여러 다른 사람들이 쾌활하게 웃는 모습을 발견했다. 그들은 모두 총통의 저녁 회의에 참석할 예정이었다. 당시의

..........................................
007  Rommel diaries, EPM 11

상황에 겸연쩍어 한 것은 만슈타인뿐만이 아니었다. 만슈타인은 롬멜에게 라스텐부르크에서 무얼 하고 있느냐고 물었고, 롬멜의 대답을 이해했다. 만슈타인이 나중에 다시 만날 수 있을지 묻자 롬멜은 이렇게 답했다. "예, 태양광 치료기 곁에서 말입니다!"[008] 그는 이 대답도 알아들었다.

태양광 치료기라니! 롬멜의 표현은 비꼬는 의미였을지도 모르지만, 히틀러가 실제로 주변 사람들에게 그와 같은 영향을 미쳤을 수도 있다. 히틀러는 주변인들에게 따스한 존재가 될 수 있었다. 그리고 그들은 잠시 동안이라면 심경의 변화도 느꼈을 것이다. 물론 롬멜의 경우 이런 변화는 그 자신의 순진함으로 인한 결과일 수도 있다. 롬멜은 많은 문제에 대해 순진했다. 아니면 히틀러의 권력과 교묘한 아부, 그리고 롬멜의 감수성과 자만심 때문일 수도 있다. 이 문제에 대한 비판은 분명히 현실적이다. 하지만 롬멜과 같이 누군가에게 굴복하기에는 지나치게 완고하고 원칙주의적이며 성공을 거둔 사람도 히틀러의 마력에 굴복했다는 사실은 히틀러의 마력이 그만큼 강력했다는 의미기도 하다. 이 문제는 독일의 전쟁 수행에 대한 비판과 북아프리카의 비극과 교훈에 대한 개인적 평가를 저술하는 과정에도 작용했다.[009]

그리고 히틀러의 마력은 매우 강력해서, 상당한 시간 동안 많은 독일 국민들을 홀리곤 했다. 이는 단순히 공약이나 편견에 근거하는 대신, 사실과 성과를 기초로 이야기하고, 독재 권력과 만연한 공포보다 죄책감과 가난에서 해방된 기억을 활용한 결과일 수 있다. 다만 독일과 독일군의 일부 인사들은 이런 작용을 받아들이지 못했다. 이들은 히틀러의 거짓말, 원칙 결여, 수많은 인명을 희생시켰던 전략적 지식에 근거하지 않은 억측, 이기적인 아첨의 조장, 그리고 몰염치한 사악함을 경멸했다. 롬멜에게도 이런 문제들은 느리지만 점차 분명해졌다. 롬멜은 자신이 그간 히틀러에게 급료와 신뢰를 받았고, 이를 저버리기가 쉽지 않음을 깨달았을 것이다.

뿐만 아니라 롬멜은 여전히 전쟁의 이유, 즉 근본적인 정당성을 믿었다. 그는 애국자였다. 당시 독일에 맞서 싸우던 국가들의 관점에서는 원칙주의적인 독일인이라면 히틀러가 시작한 침략 전쟁을 지지할 수 없을 것이라고 생각하기 쉽지만, 현실은 전혀 그렇지 않았다. 롬멜은 1939년과 1940년의 독일의 상황을 고려할 때, 폴란드와 노르웨이, 프랑스 전역은 수용할 수 없는 베르사유 조약의 결과를 조정하는 과정의 일환이며, 적들의 명백한 연합에 대한 선제행동이라는 의미로 정당화될 수 있다는 생각을 가지고 있었

008   Stahlberg, 앞의 책
009   이는 Krieg ohne Hass라는 이름으로 출판되었다. Liddell Hart, 앞의 책에 전체 내용이 다시 실렸다.

다. 소련 전역 역시 소련의 서방 침략에 대비한 예방조치로 보았다. 소련의 침공설을 뒷받침하는 증거는 거의 없었지만 히틀러에게는 이 점이 큰 문제가 되지 않았다. 그리고 독일인들은 동부전선의 승리가 오랜 문제인 동부 접경지역 확보와 근래의 문제인 독일의 번영을 위한 생존 공간 확보와 전염성이 있고 파괴적인 공산주의 모두에 해결책이 될 것이라고 여겼다.

동부 전역이 진행되면서, 그리고 전황이 좋지 않은 상황을 넘어 최악의 상황으로 흘러가면서 롬멜을 포함한 모든 독일인들에게는 동부전선이 야만적이고 미개한 적수인 소련에 대항해 유럽과 독일 본토를 방어하는 문제로 변화했다. 롬멜은 대다수의 동포들이 그랬듯이 독일의 활력과 자기희생을 통해 유럽에 합리적 질서와 방어체제를 구축한다는 독일의 전쟁 명분이 선량하다고 생각했다. 롬멜은 서부와 남부 유럽에서 탈리아와 프랑스, 그리고 영국이 자신들의 이해관계를 합리적으로 판단하면 항상 결국에는 독일과의 우호관계를 구축하게 될 것이라고 생각했고, 그 결과 히틀러에 대한 신뢰를 회복했다. 다만 히틀러의 지도력의 자질에 관한 분노와 의심은 사그라들었지만, 대외적, 혹은 전략적 방침에서 롬멜이 부정하던 부분을 근본적인 지향점으로 삼고 있던 총통에 대해 근본적인 확신을 회복하지는 않았다. 그리고 당시의 롬멜은 총통의 국내정책이나 인종정책에 대해서는 아는 것이 없는 상태였다.

롬멜은 전쟁에 관해 히틀러와 몇 번의 일반적인 대화를 나눌 기회가 있었고, 자신이 성립한 주관을 히틀러에게 이해시키기 위해 노력했다. 그는 독일의 명분적 정당성과는 별개로, 완전한 승리를 목표로 하기에는 적의 군사력과 산업능력, 인력이 훨씬 거대하다는 점을 지적했다. 롬멜은 스탈린그라드와 북아프리카에서 두 차례 재앙을 겪은 이후인 지난 겨울 이 결론에 도달했다. 그리고 이제 그의 믿음은 독일이 항공 및 해상 전역에서 패배하는 모습을 바라보며 하루가 다르게 강해졌다. 히틀러는 롬멜의 말을 경청했지만 근본적으로 동의하지는 않는 것 같았다. 이 기간 동안 롬멜은 히틀러가 우울하게 내뱉은 말을 들었고, 이를 심중에 남겨두었다. "누구도 나와 평화 협정을 맺지 않을 거요."[010] 후일 롬멜은 이 기억을 상기하며 히틀러가 이미 전쟁에 패배했음을 완전히 인식하고 있었을 것이라고 추측했다. 히틀러는 자신과 다른 사람들을 속일 수 있었고, 어려운 위기들이 잠시 그를 흥분시켰다. 하지만 그는 이미 임박한 재앙의 그늘 아래 있었다.

후일 롬멜도 당시 히틀러가 보여준 운명론적이고 무자비하며 자해적인 본능에 큰 충격을 받았고 히틀러가 더이상 '정상'이 아니라는 느낌을 받았다고 루시에게 털어놓았

---

010    Liddell Hart, 앞의 책. Manfred Rommel의 증언, "Betrachtungen über das Jahrhundert 1891-1991", Stuttgarter Zeitung, 1991

다.[011] 7월의 어느 날, 히틀러는 패배의 가능성을 언급하고 독일 국민이 전쟁에 패한다면 생존자들의 상황은 더 악화될 수 있다며, 위대한 민족은 '장렬하게 사라져야 한다'[012]고 말했다. 롬멜은 간담이 서늘했지만 그럼에도 불구하고 그 순간만은 '태양광 치료기 덕에 따뜻해졌다'는 믿음을 약간이나마 회복했다.

하지만 롬멜은 히틀러의 부하로서 충성을 다하면서도 지나치게 개인적인 수혜는 받지 않겠다는 결심을 유지했다. 아프리카에서 승리를 거둔 후 히틀러는 그에게 농장을 하나 선물하겠다는 생각을 품위 있게 전했는데, 롬멜은 어떤 일이 있어도 이런 선물을 받지 않을 것임을 분명히 밝혔다. 다른 사람들은 선물을 받아들였고, 구데리안도 선물을 받은 사람 중 한 명이었다. 하지만 롬멜은 1943년에 한 동료 장교에게 구데리안이 이를 수락한 것은 실수라고 말했다. "저도 농장을 좋아하지만 항상 '받지 않겠습니다'라고 거절했습니다."[013] 그는 불쾌한 진실을 거침없이 쏟아내는 성격이 분명했다.

롬멜의 새 보직은 처음에는 불확실했다. 그의 보직은 이탈리아의 상황에 달려있었다. 독일은 튀니지의 비극 이후 지중해에서 어떤 정책을 적용해야 할지 검토해야 했다. 9일에 개최된 첫 회의에서 롬멜은 히틀러에게 이탈리아군의 질적 열세를 강조했고, 다음 날 괴벨스와 대화할 때도 이 점을 똑같이 강조했다. 이탈리아군에게는 바랄 것이 거의 없었다. 정치적인 측면도 작용했다. 대다수 독일인들은 튀니지의 패배 이후 이탈리아의 유력한 집단들이 연합군과 강화하고 독일을 배신하려 할 것임을 알았다. 히틀러는 개인적으로 무솔리니만은 충실하게 추축국으로 남기를 원한다고 믿었다. 하지만 히틀러는 상황이 심각해지거나 돌이킬 수 없게 될 경우에도 무솔리니가 이탈리아와 독일 동맹관계를 유지할 수 있을 것이라는 환상을 가지고 있지는 않았다. 롬멜은 영국-미국 연합군이 이탈리아나 이탈리아의 영토 일부를 침공할 경우 이탈리아는 전쟁에서 이탈할 것이라는 자신의 주관을 분명히 밝혔다. 실제로 이탈리아는 전투 중지는 물론 연합군과 협력해 독일과 싸울 가능성이 있었다. 이탈리아군에 대한 롬멜의 비관적 시각은 그리 보편적이지 않았다. 어느 날 롬멜은 젊고 통찰력 있는 외무부 직원인 콘스탄틴 폰 노이라트(Constantin von Neurath)를 대동하고 히틀러를 만났다. 외무장관인 리벤트로프(Ribbentrop)도 그 자리에 있었다. 폰 노이라트는 이탈리아의 분위기와 계략에 능통했지만 리벤트로프는 완전히 상반된 시각을 가지고 있었다. 훗날 롬멜은 노이라트에게 '리벤트

--------

011  필자의 견해를 덧붙이자면, 히틀러가 정상이었던 적은 과연 언제란 말인가?
012  Liddell Hart, 앞의 책
013  Liddell Hart, 앞의 책

로프는 외교 문제에 관해 유례없이 멍청한 인간'이라 평했다. 리벤트로프가 제국 외무장관임을 고려하면 이례적이었다. 노이라트의 견해는 사람들을 불안하게 했고 최종적으로는 정확한 예측임이 입증되었지만, 그 자리에 있던 카이텔은 총통에게 유쾌하지 못한 소식을 전하는 일을 삼가라며 오히려 그를 꾸짖었다.[014]

한편 튀니지 패전의 여파로 제한된 규모의 독일군 부대가 이미 이탈리아의 침공 방어에 투입되어 있었다. 시칠리아에는 2개의 기갑척탄병 사단이 있었는데 그중 하나는 '헤르만 괴링(Hermann Göring)' 공군사단[015]이었다. 이 부대들은 이탈리아 반도의 상황에 대처하기 위해 전개되었고, 히틀러는 이 부대들을 지휘하기 위해 롬멜을 호출했다. 이제 북아프리카는 함락되고 여름 중에 연합군이 남부 유럽의 어느 지역에 침공할 것이 분명하다는 예상이 나온 데 따른 조치였다. 상륙예상지점 가운데 한 곳은 상당수의 이탈리아군과 소수의 독일군이 주둔 중인 그리스와 발칸이었다. 또 다른 예상지점은 이탈리아 그 자체였다. 남부 유럽 침공을 위한 상륙작전이 어디에 시작되더라도 7월 초 치타델 작전이 실시될 동부전선의 주의를 분산시킬 가능성이 높았다. 그리고 이탈리아가 침공을 받고 변절할 경우 영국-미국 연합군과 영국-미국 폭격기들이 독일 제국의 남부 국경에 보다 가까이 접근할 수 있었다. 이렇게 연합군의 공습범위가 넓어진다면 지상전에도 작전적 영향을 미칠 가능성이 높았다.

당시 OKW는 두 가지 계획을 세웠고, 롬멜은 이 두 계획 모두와 직접 관련이 있었다. 그중 하나인 알라리크(Alaric) 작전은 상당한 독일군 병력을 추가로 북부 이탈리아에 침투시켜 연합군의 침공에 대항하여 이탈리아를 방어하거나 침공을 가급적 오래 남쪽에 묶어 두기 위한 계획으로, 이는 이탈리아군의 자국 방어능력을 믿을 수 없다는 합리적인 판단에 근거한 행동이었다. 알라리크 작전을 위해 롬멜은 오스트리아와 바이에른에서 그의 지휘 하에 약 20개 사단, 혹은 히틀러가 상정한 규모의 병력을 집결시켜 단계적으로 이탈리아로 투입할 계획을 준비하라는 지시를 받았다. 롬멜의 일기에 따르면 히틀러는 5월 22일에 이 새로운 임무를 위한 명령에 서명했다. 연합군이 침공하고 히틀러의 명령이 내려진다면 독일군 4개 사단이 사전 '침투'를 실시하고 16개 사단이 그 뒤를 따를 예정이었다. 알라리크 작전을 수행하려면 세심한 정치적 조치가 필요했다. 계획 및 예비 단계인 6월과 7월에는 독일이 이탈리아의 영토와 사안에 무단으로 개입하는 상황에 대해 이탈리아군이 반발하지 못하도록 분란의 소지가 될 만한 행동을 철저히 삼가고

---

014  Koch, 앞의 책

015  공군 제1공수기갑사단 헤르만 괴링. 공수사단에 중전차와 기갑장비들을 대거 배치한 정예부대였지만, 육군과 공군의 알력을 조장하는 단초가 되었다. 이후 창설된 공군 야전사단들과는 구분된다.(편집부)

예의를 지켜야 했다. 독일-이탈리아 동맹은 이제 군사적으로도 정치적으로도 대등한 협력이 불가능한 상황이었다. 하지만 1943년 여름까지는 불신감이 급격히 증가하는 와중에도 실제로 어떤 행동을 취하지는 않았다.

OKW의 두 번째 계획인 악세(Achse) 작전은 매우 다른 방향으로 기획되었으며, 알라리크 작전에 비해 비밀 유지의 필요성이 훨씬 더 컸다. 악세 작전도 롬멜의 책임범위 내에 있었다. 이 계획은 이탈리아가 변절할 경우 이탈리아군을 최대한 빠르게 무장해제해야 하는 상황을 상정하여, 이탈리아군의 장비를 압수하고 필요하다면 병력들도 제국의 적으로 제압하거나 포로로 잡는 것이 목적이었다. 악세 작전이 실행되어야 하는 상황이라면 작전의 성패는 이탈리아 방어를 위해 남쪽에 투입되어 있을 독일군에 대한 보급 및 지휘통제 유지에 달려있을 것이다. 악세 작전의 구체적인 실행은 상황에 따라 달라질 수 있었고, 아마도 알라리크 작전에 이어 실시될 것이며, 알라리크 작전에 투입된 병력이 악세 작전의 책임을 맡을 것이 분명했다. 두 작전을 연속으로 실시할 것인가, 혹은 동시에 실시할 것인가는 영-미 연합군을 상대로 이탈리아 전역의 접근법을 고민하는 순수한 작전적 문제였다.

롬멜은 신속히 소규모 참모부를 편성했는데, 그중 일부는 베른트가 앞을 내다보고 주선해준 아프리카 시절의 옛 전우들이었다. 안정적이고 원칙주의적인 동프로이센 출신의 가우제 장군이 참모부에 들어왔고, 같은 아프리카기갑군 출신 폰 보닌(von Bonin) 대령도 합류했다. 롬멜은 6월에 베를린, 라스텐부르크, 그리고 베르히테스가덴 부근 군사기지들에 설치한 그의 새 사령부들을 오가는데 상당한 시간을 들였다. 6월 7일에는 구데리안의 요청에 따라 뮌헨의 한 호텔에서 그와 짧은 만남을 가졌는데, 구데리안은 히틀러와 의견충돌 이후 오랫동안 일선에서 물러났다 기갑총감 직책으로 복귀했고, 제국 내에서 전반적으로 혼란스러운 산업 우선순위 체계를 합리화하고 전차 생산을 보다 원활하게 진행하기 위해 바쁘게 노력하고 있었다. 당시 롬멜은 독일의 생산력을 방어용 무기와 대전차포 생산에 집중해야 한다고 확신했다. 값비싼 기술들을 제외하면 한 대의 전차를 생산하는 데 필요한 물자와 자금으로 대량의 대전차포를 생산할 수 있었다. 롬멜은 향후 필요한 것은 방어를 위한 화력과 대량의 병기이며, 특히 동부전선에서 그런 무기들이 필요하다고 확신했다.[016] 롬멜 자신이 기동전의 대가임을 고려하면 매우 인상적인 결론이었다.

롬멜은 정기적으로 하루나 이틀 가량 비너 노이슈타트의 자택에 다녀올 수 있었다.

---

016    Liddell Hart, 앞의 책

그는 6월 27일부터 자택에 있었는데, 한 주 후인 7월 4일 오후에 치타델 작전이 시작되고 18개 기갑 및 기갑척탄병 사단을 포함한 43개 사단이 공격을 개시했다.

처음 며칠간은 작전이 성공하는 것처럼 보였지만, 곧 히틀러가 연기시킨 몇 주간의 시간이 독일에게 유리하지 않게 작용했음이 드러났다. 러시아는 상당히 강력한 방어선을 구축하고 있었다. 중부집단군 소속으로 모델(Model) 장군의 지휘 하에 북쪽 공세를 담당한 제9군, 그리고 남부집단군 소속으로 남쪽 공세를 맡은 호트 장군의 제4기갑군은 곧 소련군의 종심이 대단히 깊고 1.5km당 5000개 이상의 밀도로 매설된 지뢰지대로 보호받고 있음을 알게 되었다. 이는 독일군이 알라메인에 매설한 지뢰지대 밀도의 1/3에 불과했지만, 어마어마한 밀도임은 분명했다. 7월 9일에 라스텐부르크를 방문한 롬멜은 공격이 잘 진행되는 것처럼 보인다고 기록했지만 당시 독일군의 공격은 기세를 잃은 상태였다. 뿐만 아니라 붉은군대는 상당한 작전 예비대를 쿠르스크 동쪽에 조용히 집결시켜 독일 공격의 기세가 약해지면 그 측면에 반격을 가할 준비를 마쳤고, 독일군 공세는 소련군이 기대대로 곧 약화되기 시작했다.

다음 날인 7월 10일에는 모두가 대비하고 있었지만 치타델 작전이 성공하기 전에는 들리지 않기를 바랐던 소식이 들려왔다. 영국군과 미군 부대들이 하늘과 바다로 남부 유럽, 즉 시칠리아에 상륙하는 '허스키(Husky) 작전'을 발동한 것이다.

허스키 작전은 영국군의 유럽 복귀임과 동시에 미군의 첫 유럽 진입으로, 이에 맞서는 독일의 첫 결정은 시칠리아에 더 많은 병력을 보내는 것이었다. 침공 5일 후에 후베(Hube) 장군의 제14기갑군단 사령부가 도착했으며, 1개 기갑척탄병 사단과 2개 낙하산 여단이 뒤를 따랐다. 이들은 시칠리아 방면 독일군의 핵심 전력이 되었다. 독일의 다음 결정은 시칠리아를 오래 방어할 수 없을 것이라는 판단에 따라, 명령을 받은 병력들은 섬의 북동쪽 방어 교두보로, 그리고 메시나(Messina) 해협을 건너 이탈리아 본토로 피해 없이 철수하도록 작전을 사전 준비하는 것이었다. 세 번째 결정은 시칠리아의 전투는 독일의 지휘 하에 수행해야 한다는 것이었다. 공식적으로는 이탈리아군 장성이 지휘했지만 실제로는 후베 장군이 작전 지휘를 맡았다. 결과적으로 한 달 뒤에 실시된 시칠리아 방면의 추축국 철수는 매우 성공적으로 마무리되었다.

당시 독일군과 이탈리아군의 관계는 서로를 지켜보며 경계하는 입장이었고 이탈리아군 및 그 전투 준비태세에 대한 독일군의 불신은 총사령부에만 국한되지 않았다. 치타델 작전에 투입된 독일군은 기진맥진한 상태였다. 허스키 작전 소식이 라스텐부르크에 전해지자, 히틀러는 3일만에 동부전선에서 치타델 작전과 관련된 집단군 사령관인 클루게와 만슈타인을 호출해 이탈리아의 붕괴 위험으로 인해 쿠르스크 공세를 중지하고 병력을 원래의 공격개시선으로 철수해야 한다고 말했다. 치타델 작전 중지 이후 독일은 동부전선에서 전략적 주도권을 완전히 상실하게 되었다. 쿠르스크 작전은 독일군이 방어적 전역을 수행할 조건을 갖추기 위해 제한적인 파쇄공격으로 계획되었으나 이 계획은 실패했다.

그 날 저녁, 클루게와 만슈타인은 롬멜과 자유로운 대화를 나눴다. 롬멜은 호숫가의 만남 이후 만슈타인을 다시 만났다. "만슈타인 원수," 클루게는 말했다. "작전 중단은 좋지 않습니다. 원수의 지시대로 할 각오가 되어있습니다."[017]

클루게는 만슈타인과 롬멜을 남겨두고 떠났고, 롬멜은 만슈타인에게 자신의 생각을 이야기했다. 그는 작전 중단은 재앙이 될 것이라고 주장했다. 롬멜은 지난 두 달 동안 히틀러에게 자신의 비관론을 설파해 왔고, 이제 독일군에서 가장 존경받는 전략가인 만슈타인에게도 같은 이야기를 했다. 롬멜은 완전한 재앙을 예상하며, 연합군이 유럽에 상륙하면 '모래성'이 전부 무너질 것이라고 말했다.

만슈타인은 총통이 참담한 심정으로 자신의 지휘권을 포기하는 데 동의할 것이며, 그 경우 전황을 교착상태로 유도하고 수용 가능한 선에서 평화에 대해 협상할 수 있을 것이라고 이야기했다. 그러나 롬멜은 이 의견에 동의하지 않았다. 롬멜은 만슈타인보다 히틀러를 잘 알았고, 히틀러가 최고지휘권을 결코 포기하지 않을 것임을 알고 있었다. 그간 롬멜이 '천재적 전략가'로 여기던 만슈타인은 환상을 품고 있었다. 롬멜은 클루게가 그랬듯이 이렇게 말했다. "저도 원수의 지시대로 할 각오가 되어있습니다." 히틀러에 대한 롬멜의 개인적인 존경심은 어느 정도 돌아왔을지도 모른다. 하지만 그것이 롬멜의 군사적 판단에는 영향을 미치지 않았다. 후베 장군이 시칠리아에 도착한 날인 7월 15일에 롬멜은 공식적으로 'B집단군' 사령관에 임명되었고 바이에른에 소집된 야전 참모부에도 정식으로 명칭이 부여되었다. 시칠리아 상실은 명백한 현실이 되었지만, 이는 어느 정도는 의도한 결말이었다. 조만간 이탈리아 본토는 연합군의 침공 위협에 노출될 것이고, 그 경우 B집단군은 중부 이탈리아를 책임져야 했다. 하지만 상황이 어느 정도 진행되기 전에는 행동으로 옮길 수 없었다. 이탈리아가 독일의 행동에 동의하지 않거나 변절할 경우도 직접 행동이 불가능하기는 마찬가지였다.

시칠리아 전투는 라스텐부르크의 관심에서 멀리 떨어져 있었다. 7월 18일에는 러시아가 동부전선 전체에서 대규모 반격을 개시했고 7월 20일에는 대규모 돌파를 실시했

---

017  Stahlberg, 앞의 책

다는 보고가 올라왔지만, 곧 이 보고는 과장되었음이 확인되었다. 24일에 롬멜은 B집단군 참모부를 처음 만났고 바이에른의 파예르바흐(Payerbach)에 있는 밀호프(Mühlhof)성에 사령부를 설치했다. 그러나 당시로서는 언제 어디서 어떤 임무를 수행해야 하는가조차 불확실했다. 알라리크 및 악세 작전은 준비되어 있었지만 그 전날인 7월 23일에 롬멜은 놀랄 만한 새 임무를 부여받았다. 그리스로 가서 그곳의 상황을 평가하라는 지시를 받았던 것이다. 연합군이 시칠리아 전투 이후 이탈리아 본토 대신 그리스를 공격할 경우 B집단군은 이탈리아에 투입되지 않고 그리스 방어전의 지휘를 맡을 가능성이 있었다.

롬멜은 25일에 살로니카(Salonika)로 날아가서 협의 및 조사를 시작했다. 그러나 24시간이 채 지나기 전에 라스텐부르크가 급히 롬멜을 호출했다. 그간 로마의 파시스트대평의회(Fascist Grand Council)는 두체 무솔리니의 정책에 대한 거수기 역할 말고는 별다른 일을 하지 않았으나, 갑작스레 체계적인 계획을 앞세워 무솔리니와 대립한 끝에 두체의 불신임 투표를 실시했다. 투표 결과 총 28표 가운데 18표가 무솔리니의 재임에 반대했고, 두체의 불신임이 확정되었다. 7월 26일 정오에 볼프스산체로 돌아온 롬멜은 상당한 혼란이 발생했음을 알았다. 히틀러의 가장 믿을 만한 협력자가 동료들의 투표를 통해 실각당한 끝에 체포되었음이 분명했다! 이탈리아 정부는 바돌리오(Badoglio) 원수의 손에 넘어갔다. 이틀 후, 롬멜은 자신의 일기에 이탈리아에서 바돌리오가 무솔리니의 지지자인 파시스트들을 검거하고 있다는 소식을 기록했다. 나치 독일과 이탈리아 동맹의 전망은 밝지 않았다.

이탈리아에는 상당수의 독일군이 주둔중이었다. 케셀링은 아직 남부지역 총사령관(Oberbefehlshaber Süd)으로 로마에 체류중이었고 7만명의 독일군 장병이 시칠리아에서 싸우고 있었으며, 그들에게는 보급, 그리고 궁극적으로는 철수가 필요했다. 하지만 이탈리아의 독일군과 독일 본토 사이에는 보급로가 열악하고 정치적 성향도 예측하기 어려워진 길다란 산악국가 이탈리아가 있었다. 격노한 히틀러는 회의에서 이탈리아를 전혀 신뢰할 수 없다고 공언했다. 이탈리아 측에서는 양국의 관계에 달라진 것은 없고 무솔리니의 실각은 전적으로 국내 문제이며 이탈리아는 추축동맹의 대의에 충실하고 계속 싸울 것이라고 언명하고 있었다. 히틀러는 그런 말을 믿지 않는다고 말했다. 롬멜도 마찬가지였다. 히틀러는 즉각적인 행동을 지지했다. 하지만 롬멜은 상황이 복잡한 만큼 신중하게, 잘 준비해야 한다고 보았다. 괴벨스는 일기에서 히틀러의 생각은 충동적이었고 롬멜은 신중한 발언을 했다고 적었다.

이제 알라리크 작전 이행 명령이 내려졌다. 그리스 이동은 무산되었고 롬멜은 북부 이탈리아로 진입하는 알프스 산맥의 통로들을 확보하고 이에 대한 명분을 확보하기 위해 긴급 논의를 진행했다. 통로 확보는 병력을 투입하기 위한 전제조건이자 투입 병력에 대한 보급선 확보를 보장하기 위한 조건이었다. 그리고 이 모든 일을 수행하며 여전히 이탈리아군을 돕는 듯이 가장할 필요가 있었다. 이탈리아는 도움을 요청한 적이 없다고 주장할 수 있겠지만 말이다. 롬멜은 일기에 솔직한 심정을 남겼다. "이탈리아가 분명히 우리를 배신하겠지만, 이탈리아로 진군하는 것은 정치적으로 불가능해 보인다."[018]

당시 이탈리아와 연합국이 리스본(Lisbon) 등의 장소에서 접촉을 가졌으며, 이탈리아가 2주 안에 휴전을 요청할 것이라는 정보가 매일같이 입수되었고[019] 롬멜과 독일군 병력을 지휘하는 포이어슈타인(Feuerstein) 장군, 그리고 티롤(Tyrol)의 대관구지도자가 행군 경로 안전 확보와 이탈리아 국민들의 태도에 관해 논의를 진행했다. 그 후 7월 30일에 병력이 남쪽으로 움직이기 시작했다.[020]

롬멜은 알프스 산맥의 통로들을 우선 선점할 필요가 있다고 판단했다. 향후 이탈리아가 변절하거나 독일의 계획에 군사적으로 맞서는 상황이 발생할 경우 통로 확보가 불가능했기 때문이다. 다만 롬멜은 통로 확보의 정치적 함의를 매우 잘 파악하고 있었다. 모든 일은 이탈리아 당국, 공무원, 병력들을 가급적 오래, 바르게 대할 수 있도록 처리해야 했다. 그는 모든 독일군 부대에게 이탈리아 지역 주민들과 좋은 관계를 유지하는 것을 우선시하라는 명령을 내렸다.[021] 8월 1일 OKW 훈령에 따르면 롬멜은 악세 작전이 발령되는 경우 이탈리아 전체에서 모든 부대를 이동 및 통제하는 자유를 가지게 되었다. 단 이 지시는 상황에 따라 바뀔 수 있었다.[022] 그리고 롬멜이 직접 이탈리아로 들어가는 것은 금지되었고, 그는 이 명령에 충실했다.

롬멜은 독일군이 이탈리아를 급히 돕기 위한 손님으로서 이탈리아에 진입한다는 것을 모든 장병들이 이해해야 한다고 강조했고[023] 자신도 최대한 주의를 기울이며 솔선수범했다. 그는 일부 이탈리아인과 독일인들이 자신을 '이탈리아 혐오자(Italiener-Hasser)'라 부른다는 것을 알고 있었다.[024] 그런 입장은 심리적으로 견디기 힘겨웠다. 이탈리아는 독일에 대한 변함없는 헌신을 맹세했지만 독일 정보부는 8월 7일 저녁에 열린 이탈리아

018  Rommel diaries, EPM 11
019  NAW T 311/276
020  위의 책
021  Westphal, 앞의 책
022  NAW T 77/792
023  Rommel diaries, EPM 11
024  롬멜은 '위험한 오명(dieses gefährliche Renommee)'이라고 불리던 분위기에 반박하고 있었다. 위의 책

국왕의 왕실회의에서 3분의 2가 전쟁 중지에 투표했다는 사실을 알아냈다. 그리고 외무부에 있는 롬멜의 믿을만 한 동료인 폰 노이라트는 이탈리아 정부와 연합군 최고사령관 아이젠하워 간의 접촉 소식을 전했는데 이 소식은 B집단군에 매일 올라오는 모든 보고들과 합치했고, 롬멜은 이를 매우 설득력이 있는 소식이라고 여길 수밖에 없었다. 8월 11일에 롬멜은 히틀러와 라스텐부르크에 있었는데, 히틀러는 이탈리아인들을 믿을 수 없다는 점에 전적으로 동의했으며 이탈리아 전역에서 병력을 배치해야 할 일련의 방어선들에 대체로 동의했다. 8월 13일에 현재 B집단군 참모장인 가우제는 이탈리아의 상황을 브리핑했고, 그를 포함해 회의에 참석한 모든 사람은 이탈리아를 불신하게 되었다. 그 당시 제26기갑사단과 SS 라이프슈탄다르테 아돌프 히틀러(SS Leibstandarte Adolf Hitler) 사단을 포함한 독일군 약 6개 사단 규모의 병력이 오스트리아-이탈리아 국경을 넘었고 제26기갑사단은 주민들의 떠들썩한 환영을 받으며 발자노(Balzano)로 진입한 상태였다.

이탈리아 내의 고위급 사령부 문제는 예상했던 대로 미뤄지고 있었다. 이 과정에서 케셀링은 이탈리아군에 지나치게 동정적이었기에 다소 미움을 샀다.[025]

이 문제는 이탈리아가 전쟁을 계속할 것인지, 계속한다면 어느 편에서 싸울 것인지를 추측하는 데 중대한 영향을 미쳤다. 그리고 이탈리아에 대한 연합군의 위협을 판단하는 데도 결정적 요소로 작용했다. 독일군의 시칠리아 철수는 8월 16일까지 완료되었고 마지막 5일 동안은 2만 7000명의 인원과 7000톤의 물자가 안전하게 본토로 건너왔다. 롬멜은 시칠리아 전투가 끝나기 전에 이탈리아 전체에 통합 사령부를 두고 휘하에 1개 군이 북부를 책임지고 1개 군은 남쪽을 책임지는 방안을 제안하여 이대로 전력을 배치했다. 히틀러는 7월경에 롬멜을 통합 사령관으로 검토했다.[026]

가능성은 높지 않았지만 만약 적이 남쪽 끝에 상륙할 경우 분명히 남쪽에서 북쪽으로 일련의 방어선들을 계획해야 했다. 롬멜은 이탈리아의 발목 부분에 해당하는 코센차(Cosenza), 그리고 살레르노(Salerno), 카시노(Cassino) 및 아펜니노(Apennines) 선을 제안했지만 이탈리아 남부를 방어하기 위해 너무 많은 투자를 해서는 안 된다고 보았다. 남부의 방어선은 보급이 어려웠고, 롬멜과 독일군 사령부의 많은 사람들은 이 점을 중요한 요소로 여겼다. 만약 연합군이 이탈리아를 침공한다면 연합군은 어느 시점에 우세한 제해권을 활용하여 중부나 북부에, 그리고 아마도 지중해와 아드리아해 양쪽 해안 모두에 병력을 상륙시킬 가능성이 높았다. 따라서 너무 많은 병력을 남부에 집중할 경우 문제의

025  위의 책
026  Goebbels, Diaries, 1943년 7월 27일자 (번역 Louis Lochner, Hamish Hamilton, 1948)

소지가 될 수 있었다. 반면 남쪽에 방어선을 형성할 경우 상륙한 연합군과 그들의 폭격기를 가급적 남쪽에서 막아내게 된다는 점도 외면하기 어려웠다.

히틀러는 이제 롬멜이 이탈리아로 입국해 알라리크 작전을 실시하도록 허락했다. 이탈리아군은 무슨 일이 일어나고 있는지 파악하고 있었지만, 독일군은 여전히 평시를 가장해 이탈리아군과 이동을 협의하는 방식으로 자신들의 목적이 드러나는 순간을 늦추거나 피해갔다. 8월 15일에 롬멜은 B집단군 사령관(Oberbefehlshaber Heeresgruppe B)자격으로 볼로냐로 이동해 공항에서 SS의장대의 환영을 받았다. 도시 외곽의 한 저택에서 롬멜은 가급적 오래 이탈리아와 정상적인 동맹 관계를 유지하는 듯이 위장하며 B집단군의 배치, 주둔지, 보급선을 정하고 이탈리아 방어를 위한 기본적인 문제들과 책임지역 및 지휘자를 논의하기 위해서 개최된 회의에 이탈리아군 당국자들과 함께 참석했다.

예상대로 이탈리아 정부의 정책에 대해 직선적인 질문이 제기되었다. 이탈리아 측 선임자인 참모총장 로아타(Roatta) 장군은 이탈리아군에게 열의가 없고 겉과 속이 다르다는 독일 측의 의심에 맞서 자군을 변호하려 했고, 그런 비난을 암시하는 모든 발언에 대해 즉시 항의했다. 독일 측에서는 OKW 작전부장 요들(Jodl) 장군이 독일이 배타적인 의심을 하고 있다는 이탈리아 측의 비난에 맞서 독일의 입장을 옹호했다. 그는 이탈리아 방어를 돕기 위해 독일과 시칠리아에서 이탈리아로 들어간 독일군 병력을 위한 보급선의 중요성을 지적했다. 요들 장군은 독일과 공감대를 형성할 가능성이 불투명한 인사들이 완전한 친독 성향인 무솔리니 총통을 축출한 상황에 대해 독일이 불안해하는 것이 당연하다고 말했다.[027] 이 주장에 대해 이탈리아 측은 더 강하게 항변했다. 이탈리아는 자신들이 지금까지와 전혀 다를 바 없이 추축동맹에 충실한 헌신적인 전우라고 말했다.

예상대로 이탈리아에 있는 모든 독일군이 궁극적으로 이탈리아군 총사령부의 지휘하에 배속되어야 한다는 이탈리아 측의 요구는 수용되지 않았으며, 아무런 '합의'도 이뤄지지 않았다. 이 회의는 이탈리아를 방어해야 할 경우, 그리고 독일군이 이 방어전에서 필수적인 역할을 할 경우 가장 중요한 문제들을 해결하기 위해 소집된 것이었지만, 회의 내에서는 예상대로 상호불신이 팽배한 참석자들 간에 한없는 설전이 오갔다. 그리고 바로 그 날, 이탈리아 정부가 처음으로 아이젠하워에게 공식적으로 접근했다.

다음 날 롬멜은 가우제와 함께 인스브루크(Innsbruck)로 날아가 B집단군 잔여 병력이 이탈리아로 진입하여 이미 배치된 사단들과 합류하기 위한 세부 이동 계획을 확인했다.

---

027    Rommel diaries, EPM 11

이 과정에서 우발사태에 대비한 악세 작전 계획을 재검토했지만[028] 로아타를 만난 후 악세 작전이 부적절하다고 생각을 바꾼 결과는 아니었다.

롬멜은 가르다(Garda) 호수에 사령부를 설치했다. 그는 롬멜이 이탈리아의 모든 독일군 부대에 대한 통합 지휘권을 행사하게 된다는 것을 알게 된 케셀링이 사임을 요청했다는 말을 들었다. 롬멜은 항상 케셀링이 이탈리아의 관점을 지나치게 많이 수용한다고 여겼다. 그리고 롬멜은 자신에게 이탈리아 방면의 고위직을 임명하려는 독일 측의 어떤 움직임도 이탈리아군이 반대할 것임을 알고 있었다. 암브로시오는 8월 17일에 롬멜이 그런 직책을 맡을 가능성이 있다는 사실에 불만을 제기했다.[029] 롬멜은 이탈리아인 혐오자라는 표현에 대해서는 양심적으로 결백했지만 며칠이나 몇 주 안에 독일의 동맹국이 배신을 할 것임은 조금도 의심하지 않았다. 이 모든 것들은 연극에 지나지 않았다.

한편, 독일 공습이 격해지자 롬멜은 비너 노이슈타트의 가족과 재산에 불안을 느끼고 가족들을 덜 위험한 곳으로 옮겨야겠다고 생각했다. 베를린에 대한 최초의 본격적인 대공습이 8월 23일에 실시되었으며, 25일에 롬멜은 스위스 신문에서 항공기 공장이 있는 비너 노이슈타트가 공습을 받았다는 소식을 읽었다. 가족들은 모두 무사했지만 그는 조마조마했다. 8월 30일에는 SS의 볼프(Wolff) 장군과 일단의 SS 고위 장교들이 '이탈리아 내부 치안소요를 연구하기 위해' 롬멜 사령부에 도착했다.[030] 9월 3일에 영-미 연합군이 메시나 건너편인 남부 이탈리아의 레지오(Reggio)에 상륙했다. 그다음 날 롬멜은 라스텐부르크로 가서 히틀러와 점심식사를 함께하며 이 문제를 논의했다. 히틀러는 침착해 보였다. 롬멜의 일기에는 히틀러가 '침착하고 자신 있는 인상(einen ruhigen zuversichtlichen Eindruck)'을 보였다고 기록되어 있다. 히틀러는 이탈리아의 해안 방어가 중요하며 연합군이 제해권을 더욱 폭넓게 활용할 가능성이 있다는 롬멜의 평가에 동의했다.

9월 8일에는 로마의 라디오 방송을 통해 이탈리아와 연합국 간의 휴전이 발표되었고 상당수의 이탈리아 국민들은 이 소식에 환호했다. 이제 이탈리아는 중립국이 되거나 최악의 경우 독일의 적이 될 수밖에 없었다. 만약 이탈리아 영토에서 전쟁을 수행해야 한다면 독일이 전투를 담당해야 했다. 오랫동안 기다려온 대단원이 다가왔다. 9월 8일 오전 7시 50분에 악세 작전 실행 명령이 내려졌다. 독일은 이탈리아군이 독일군에 피해를 입힐 능력을 사전에 분쇄하기로 했다.

..........................
028   위의 책
029   Irving, The Trail of the Fox, 앞의 책
030   Rommel diaries, EPM 11

9월 9일 이른 시간에 연합군은 나폴리(Naples) 남쪽에 있는 살레르노 만에 상륙했다. 당시 롬멜은 이탈리아 북부에 B집단군 소속 8개 사단을 보유하고 있었다. 그는 악세 작전을 철저하게 준비해왔고 곧 행동에 나서야 했다. 이틀도 지나기 전에 롬멜은 이탈리아가 남부에서 연합군 측에 가담해 독일군에 대항하고 있다는 소식을 들었다. 그는 악세 작전 발령 후 모든 이탈리아군 병력을 포위해 무장해제한 후 독일군 포로수용소로 후송하라는 것이었다. 11일 후 B집단군은 이탈리아군 장군 82명, 장교 13만 명, 사병 402,600명을 무장해제하고 그 가운데 18,300명은 이미 독일로 수송했다고 보고했다. [031]

이 시점에서 독일은 이탈리아가 단순히 전쟁에서 발을 뺀 것이 아니라고 간주하고 있었다. 그들은 진영을 바꾸고 있었으며, 조만간 연합군과 협동 교전 상태를 구성하기를 원했다. 그리고 상당수의 이탈리아 주민들은 강력한 반독 파르티잔 활동을 통해 최대한 많은 독일군 병력에 피해를 입히려 하고 있었다. 이탈리아의 포로수용소에 감금된 연합군 전쟁 포로들도 문제였다. 이들의 신병을 확보해 독일로 보내고, 이들을 지원하는 이탈리아인들에게도 무자비하게 대응해야 했다. 조직적이거나 산발적인 사보타주의 위협도 상존했다. 가르디 인근에서 사보타주 행위를 시도하던 이탈리아 청년 두 명이 체포되었고 사형이 선고되었는데, 롬멜은 이 판결을 즉시 취하했다.[032] 롬멜은 필요한 경우에는 무자비하게 행동할 줄 알았지만, 처벌은 거의 선호하지 않았고, 덕분에 가르다 지역에서는 대중의 인기를 얻었다. 그렇지만 롬멜은 사전에 예상한 일이라고 해도 이탈리아가 연합군 측에 가담했다는 사실에 분노했다. 그는 9월 23일부터 옛 전우를 공격하는 이탈리아인들에게 관대한 대우를 받을 일체의 권리를 박탈하고, 기습적으로 무기를 사용하는 자들을 엄격하고 적절하게 처리하라는 내용의 명령을 집단군 전체에 발령하고 명령서에 서명했다.[033]

남부에서는 격렬한 전투가 진행되었다. 독일군은 지체 없이 이동하여 이탈리아군으로부터 주요 지역과 시설을 인수했다. 연합군이 살레르노에 상륙할 당시에는 폰 비팅호프(von Vietinghoff) 장군의 제10군을 구성하는 독일군 6개 사단이 로마 남쪽에 배치되었는데, 여기에는 시칠리아에서 건너온 후배의 병력도 포함되어 있었다. 하지만 연합군은 9월 16일에 해안 교두보를 무너트리려는 모든 시도를 좌절시켰고, 독일군은 일대에서 철수했다. 이탈리아 전역 형성은 불가피해졌고, 연합군은 유럽 본토에 발판을 마련했다.

031   NAW T 311/276
032   Armbruster, 인터뷰, EPM 3
033   NAW T 311/276

독일군은 두 개의 전선에서 싸우고 있었는데, 한 곳은 좁고 지형을 활용해 효과적 방어가 가능한 이탈리아였고, 다른 한 곳은 광대하고 자연적인 방어선이 거의 없는 러시아였다. 그리고 결정적인 제3의 전선이 영국해협 방면에 형성될 것이 분명했다.

이후 롬멜이 이탈리아에서 보낸 10주간 급성 맹장염과 9월 중순에 실시한 성공적인 작전을 제외하면 인상적인 사건이 없었다. 북부에 위치한 롬멜은 전장에서 멀리 떨어져 있었다. 그는 이탈리아 전구 전체를 하나의 단일 사령부 휘하에 두는 개편이 필수적이라고 판단했고, 10월부터는 B집단군이 이탈리아 방면의 단일 사령부가 되고 자신이 최고 책임을 맡을 것이라는 믿음을 더욱 굳혔다. 그는 너무 많은 전력을 로마의 남쪽에 배치하는 것은 잘못된 선택이며, 포(Po) 강 남쪽의 아펜니노 산맥에서 주어진 시간 동안 더 튼튼한 방어선을 구축할 수 있다고 믿었다. 이 선은 결국에는 고딕(Gothic) 방어선이 되었다. 롬멜이 보기에는 아펜니노 방어선의 역할은 오직 전초선으로 한정되어야 했다.

롬멜의 이런 관점은 연합군의 북부지역 상륙 능력에 대한 자체적 판단의 영향을 받았다. 그리고 롬멜의 의도는 아니었지만 이런 관점은 연합군이 지상기지에서 출격하는 공군의 작전반경 내에서 안전하게 상륙작전을 실시하도록 허용했다. 롬멜은 여전히 사막에서 겪은 적의 공중우세에 대한 경험에 많은 영향을 받았기 때문에 상대방의 신중함을 과소평가했다. 또한 그는 연합군, 특히 영국군이 공중우세의 보장 없이는 싸우지 않기로 결심했음을 간과했다. 롬멜에게 알라메인과 알람 할파는 충격적인 경험이었고, 그로 인한 영향은 결코 지울 수 없었다. 마찬가지로 영국군에게는 됭케르크가 충격적인 경험이었으며 그 영향을 배제하기 어려웠다. 연합군이 전투기의 엄호 범위 북쪽에서 작전을 실시할 것처럼 기만을 시도하거나 그런 작전을 논의를 할 수는 있지만, 진지하게 병력을 투입할 가능성은 없었다.

일련의 논쟁들과는 별도로, 그리고 롬멜의 반대에도 불구하고, 로마 남쪽에 강력한 방어선을 확보해야 한다는 결정이 내려졌다. 이는 여전히 남부지역 최고사령관으로 임무를 수행하던 케셀링의 권고와 일치하는 결정으로, 나폴리와 로마 사이의 산악지대에는 방어에 대단히 유리한 지역들이 몇 곳 있었다. 이 결정은 ULTRA를 통해서 적에게 즉시 알려졌다. 이탈리아 전역의 특징은 이 시기에 확정되었다.

독일의 관점에서 당시의 결정이 현명했는가, 그렇지 않은가는 수많은 가변적 가정들에 의존해야 하며, 그 논란은 아직도 끝나지 않았다. 순수한 작전적 관점에서 보면 이탈리아 반도는 로마의 북쪽부터 폭이 넓어지므로 독일로서는 방어가 더 어려워질 것이 분명하고, 만약 적을 제국으로부터 가급적 멀리서 저지하는 것이 목표라면 이 전략은 분명 타당했다. 그리고 연합군이 보다 북쪽에서 상륙작전을 실시하여 후방을 차단할 것이라는 롬멜의 견해는 비현실적인 가정이었다. 영-미 연합작전을 지원할 항공기의 항속거리 제약, 그리고 독일이 확실히 파악하지 못했던 요소인 상륙정의 부족을 고려하면 북부 상륙은 처음부터 무리였다. 또 다른 측면도 있다. 독일군은 발칸반도를 염두에 두고 있었고 이탈리아군 병력을 대체해야 한다는 점도 고려해야 했다. 적이 이탈리아 남부와 중부를 확실하게 점유한다면 발칸반도 급습은 보다 쉬워질 수 있을 것이었다.

여전히 논쟁이 끝나지 않은 문제지만, 연합군도 로마의 남쪽 전선을 고수한다는 독일의 결심을 환영했다. 연합군 내부에서 이탈리아 전투의 이득과 중요성에 대한 관점은 매우 달랐다. 다만 브룩의 입장에서 케셀링의 방침 및 히틀러의 지지는 독일이 이탈리아에서 보다 많은 책임을 진다는 의도로, 롬멜이 원했듯이 북부 이탈리아로 철수한다면 그런 책임을 최소한으로 줄이겠다는 의도로 해석할 수 있었다.[034]

독일의 보급체계는 거리가 멀어질수록 취약해지고 유지하기가 어려워졌으며, 이를 보충하려면 보다 많은 자원을 투입해야 했다. 연합군의 이탈리아 침공 목적은 독일군 병력을 최대한 끌어들여 다른 전선으로 증원되지 못하도록 하는 것이었다. 그리고 충분한 기간에 걸쳐 고강도의 전투를 치러야만 이 목적을 달성할 수 있었다. 독일이 로마 남부에 전념하는 상황은 이런 전제조건에 합치했다. 물론 연합군도 많은 병력을 투입하고 있었고 그 규모는 독일군보다도 훨씬 많았다. 방어에 유리한 지형을 점유한 독일군은 방어군의 입장에서 병력을 절약할 수 있었던 반면, 공격군인 연합군은 본국에서 멀리 떨어진 곳에 바다로 보급을 진행하기 위해 많은 자원을 투입해야 했기 때문이다. 하지만 연합군은 더 많은 투자를 할 여유가 있었다. 그리고 문제는 투자의 총량이 아니라 병력을 어디에 투입했는가에 달려있었다. 이는 롬멜이 결코 무시할 수 없었던 결정적인 요소였다. 이탈리아에 투입된 독일군은 다른 곳에 대한 공격을 동시에 격퇴할 수 없었다. 그리고 중대한 상황, 즉 북서 유럽에서 제3의 상황이 발생하고 그곳에서 결정적 전투가 벌어진다면 연합군이 아닌 독일의 병력이 부족할 수밖에 없었다.

이 모든 요소들에 관한 롬멜 직감은 연합군의 가장 통찰력 있는 시각과 일치했다. 롬멜은 남쪽을 방어하기 위한 작전적 및 전술적 논리를 인정했고, 발칸반도의 요소도 분명히 인식했다. 하지만 그는 궁극적인 전투는 독일 자체를 위한 전투가 될 것이며, 그 전투에서 유지 가능한 교착상태라는 희망적인 목표를 달성하려면 조만간 최대한 많은 전력을 남부가 아닌 동부와 서부에 집중할 필요가 있다고 확신했다. 롬멜은 거의 한 해 동

---

034  Fraser, 앞의 책 참조

안 이 확신을 유지했다. 당시의 자원과 인력의 균형을 고려하면 독일은 전쟁에서 이길 수 없을 것이 분명했다. 그가 만슈타인에게 말했듯이 독일은 파국의 위기에 직면해 있었다. 하지만 롬멜은 가용 전투력을 결정적인 지점에 집중한다면 서부전선 초기에 성공적인 방어를 수행하고 동부에서 어느 정도 교착상태를 유지하며 서부 연합국들과 평화협상을 진행할 수 있다고 생각했다. 롬멜은 당시 히틀러에 대한 설득에는 큰 기대를 걸지 않았지만, 여전히 히틀러에 대한 신뢰나, 자신이 히틀러를 설득한다면 히틀러가 그간의 착각, 자기기만, 강박증에도 불구하고 이런 현실을 이해할 수 있으리라는 믿음에 매달렸다. 롬멜은 히틀러를 직접 설득한다면 그를 수긍시킬 능력이 있다고 믿었다. 하지만 이 기대는 빗나갔고, 시기적으로도 너무 늦었다. 롬멜은 자신이 히틀러와 맞서고, 그를 억누르고, 그에게 반대할 능력이 있을 것이라고 믿었다. 당시 롬멜은 한 친구에게 자신만이 "히틀러에 대항해서 무언가를 할 수 있음을 깨달았다."고 모호하게 말했다. 이 말이 무슨 뜻이었는지는 결코 확실하게 밝혀지지 않을 것이다.[035] 이런 문제들은 아직 수면 위로 드러나지 않았다. 오히려 파르티잔 활동으로 인한 업무와 '소탕 작전'의 비중이 증가했다. 크로아티아에 인접한 이스트리아(Istria) 반도가 특히 심각했는데, B집단군 관할지역인 반도 일대에 당시 크로아티아 출신 수령 티토(Tito)가 지휘하는 파르티잔 부대가 모여 있었고, 티토가 슬로베니아(Slovene) 독립을 기치로 모든 파르티잔 부대들을 끌어들이려 한다는 보고도 올라왔다.[036]

지중해에서 아드리아 해에 이르는 주 전선에는 카시노의 남쪽 가에타(Gaeta)에서 페스카라(Pescara) 사이의 전선에 2개 기갑군단이 배치되었다. 롬멜은 북쪽에 4개 군단을 구성한 9개 사단을 가지고 있었고, 이 병력들로 제14군을 편성했으며 사령관으로 폰 마켄젠(von Mackensen) 장군이 임명되었다. 롬멜은 추가적인 해상 침공을 격퇴하기 위한 계획을 준비하며 자신에게 이탈리아 전체에 대한 지휘권을 부여되지 않은 점에 불만을 표했다. 롬멜은 여전히 작전계획에 이탈리아 전역의 통합 지휘권이 포함되어 있으며, 이 지휘권이 자신에게 부여될 것이라고 생각했지만, 한편으로는 상황이 독일군의 전략에 회의적인 자신에게 유리한 방향으로 흐르지 않을 것임을 직감했다. 실제로 케셀링이 노르웨이에 부임하는 대신 이탈리아에서 최고 책임을 맡게 된다는 소식을 접하게 된 롬멜은 어깨를 으쓱했다.

겨울이 다가오고 있었다. 남부 전선에서 전해오는 모든 소식들은 독일군의 전력이 의

035   Koch, 앞의 책
036   NAW T 311/276

미 없이 소모되고 있다는 롬멜의 생각에 확신을 더했다. 그는 히틀러에게 자신의 생각을 최선을 다해 전달하려 노력했지만 성공하지 못했다. 롬멜은 케셀링의 이탈리아 총책임자 임명를 자신의 견해가 경시된다는 또 하나의 증거로 여겼다.[037]

따라서 롬멜이 가르다 호에 있는 B집단군 사령부에서 머문 짧은 시간은 군사적으로는 실망스럽고 개인적으로도 우울한 기간이었다. 그는 SS와 당의 행태, 고위 장교들의 약탈, 잔혹행위를 견디지 못했는데, 당시 SS는 몇 명의 유대인을 가르다 호에 익사시키기까지 했다.[038] 그리고 롬멜은 아드리아 해 입구에 대한 자신의 계획과 충돌하는 이스트리아와 달마티아(Dalmatia)의 대관구지도자 임명과 같이 자신의 책임에 간섭하는 시도를 불쾌하게 여겼으며, 11월에 이 문제로 격노하여 요들과 전화통화를 하기도 했다.[039]

롬멜은 불법행위를 보고받으면 분노했고 독일 장병들이 이탈리아의 암시장에서 활발하게 거래를 하고 불법 상품들을 대량으로 독일로 보내고 있다는 정보에 화를 냈으며 가장 엄한 징계 조치를 명령했다.[040]

롬멜은 자신의 예상대로 이탈리아 전역이 아무런 이득 없이 진행되는 것을 목격했고, 실제로 이탈리아 전역은 그가 예상한 가장 비관적인 결과로 향하고 있었다.

무솔리니는 히틀러가 약간의 의협심으로 실시한 독일군의 공중 강습 특수 작전을 통해 구출되어 가르다 호에서 SS의 경호를 받으며 지내고 있었다. 롬멜은 10월 어느 날 무솔리니에게 북아프리카 전역에 관해 다소 불쾌한 진실을 말할 기회를 얻었다. 당시 이탈리아군에 대한 롬멜의 느낌은 다정함과는 거리가 멀었으며, 이런 감정에는 북아프리카에서 싸울 때 명목상 지시를 받았던 무솔리니 체제 하의 이탈리아군도 포함되어 있었다. 특히 이탈리아군이 비축한 엄청난 양의 물자를 발견한 이후에 감정이 좋지 않았는데, 이 물자들은 이탈리아군 총사령부가 북아프리카의 병력의 물자 현황을 개선하기 위해 자신들은 가진 것이 없고 창고는 비었다고 확언한 시기부터 비축된 것이었다.[041]

롬멜은 언제나 이탈리아군이 전쟁을 진지하게 생각하지 않으려 한다고 여겼고, 마지막 순간까지도 그런 관점을 버리지 않았다. 이는 대부분 경험에서 얻은 환멸감이었다. 하지만 어제의 친구가 오늘의 적이 된 것을 깨달은 독일 장교의 분노를 과소평가해서는 안 된다. 롬멜은 이탈리아의 변절이 오랫동안 기획되었으며 자신이 직접 참석한 수많은

037   위의 책
038   Manfred Rommel의 증언, 인터뷰, EPM 3
039   Franz, 앞의 책
040   NAW T 311/276
041   Koch, 앞의 책

화기애애한 회담과 협정들의 이면에서 그들이 기만을 하고 있었다는 사실을 알게 된 이후 인간적으로 이탈리아를 증오했다.

이후 롬멜에게는 B집단군 참모부와 함께 프랑스로 가서 새 임무를 담당하라는 명령이 내려왔다. 프랑스 서부의 방어태세를 점검하고 수정을 권고하는 것이 주 임무였다. 그는 11월 21일에 이탈리아를 영원히 떠났고 후회는 남기지 않았다. 같은 시기에 루시는 비너 노이슈타트에서 울름 부근의 집으로 이사했는데, 공습으로 사망한 맥주공장 사장의 미망인이 이 집을 마련해주었다. 다음 해 초에는 그곳에서 헤를링엔(Herrlingen)에 있는 울름 시 소유의 한 집으로 옮기게 되는데 그 집은 '추방된 유대인'의 재산이었다.[042]

롬멜은 이탈리아 전역의 최고 지휘권을 얻지 못한 것에 실망했지만, 만약 지휘권을 인수했다면 자신이 회의적으로 여기던 목적을 위해, 스스로 신뢰하지 않는 전략을 수행해야 하는 어려움을 겪었을 것이다. 남은 측근들에게 작별을 고하며 롬멜은 무례하고, 솔직하고, 감정적인 이야기를 늘어놓았다. 그는 전쟁이 패한 것이나 다름없다고 말했다. 힘든 시간이 앞에 놓일 것이 분명했다. 적은 매일같이 전력이 강해지고 있었다. '기적의 신무기' 이야기는 선전이고 속임수이며, 독일 장병들의 뒤에는 망상이나 다름없는 환상을 품은 '국민'이 있었다.[043]

특별한 신임을 받던 한 참모 장교는 대담하게도 롬멜에게 그렇다면 평화를 모색해야 하는 것이 아니냐고 물었다. 롬멜은 그에게 간단하게 대답했다. 동부전선에서는 평화가 논쟁의 대상이 될 수 없다. 이 가정의 내용은 명백했다.[044]

042   Loistl, 인터뷰, EPM 3
043   Franz, 앞의 책
044   von Tempelhoff, 인터뷰, EPM 3

# 제20장 침공

    롬멜은 1943년 11월 22일부터 일주일 가량 자택에 머물렀다. 그는 거주 허가를 받은 헤를링엔의 자택에서 시급한 결정과 같은 부담 없이 오랜 시간을 산책과 사색으로 보낼 수 있었다. 이후 특별 총통 임무(Führerauftrag)로 부여된 롬멜의 다음 임무는 서부의 방어, 그중에서도 주로 해안 방어를 점검하고 히틀러에게 직접 보고하는 것이었다. 이 임무에는 목전에 다가온 연합군의 서부 유럽 침공에 대응하게 될 롬멜 자신의 작전개념을 적절하게 다듬고, 1943년 겨울을 기점으로 전쟁의 전략적 목표를 명확히 하는 일도 포함되어 있었다. 롬멜은 이전까지 승리를 기대했던 이 전쟁에서 독일의 승리가 불가능해졌음을 완전히 확신하고, 1년 이상 그 판단을 고수하고 있었다. 동부전선의 인력 및 물자 수요는 실로 막대했고 손실도 극히 심각했으며, 제국의 국경 동쪽을 방어하며 소련을 저지하기에 충분한 수준까지 전투력을 강화하는 것만이 유일한 희망이었다. 롬멜은 이탈리아의 독일군이 북쪽으로 밀려나는 것은 단지 시간문제일 뿐이라고 판단했다. 그리고 하늘에서 쏟아지는 공격으로 독일 주민과 전쟁 수행능력이 유린당하면서 인명과 물자의 피해도 점점 커지고 있었다.

    영국해협 건너편에서는 대규모 영-미 연합군이 자신들에게 가장 유리한 시기에 유럽 북서부 해안을 침공할 준비를 하고 있었다. 독일군은 B집단군의 모든 상황보고서에 명시되었듯이 연합군의 전체 전력과 구성을 상당한 수준까지 파악했지만, 시간이 지날수록 상대 전력에 대한 과대평가가 점차 강해졌다. 연합군은 대규모 공군을 지상군에 앞서 작전에 투입하고, 상륙군은 공군의 지속적인 전술지원 하에 투입될 것이 분명했다. 반면 독일은 대서양 전투에서 패한 이상 북아프리카와 유럽 전구로 이어지는 연합군의 병력, 탄약, 보급품 막을 방법이 없었다. 독일의 상황은 계속 악화될 뿐이었다.

    롬멜의 관점에서 군사적인 재앙을 회피할 가장 확실한 방안은 서부와 동부 두 전선의 지상전에 달려있었다. 그는 이탈리아 전선은 잘 통제된 방어 전술로 당분간 막을 수 있고, 특히 포 계곡 북쪽의 진지들이 축차적 방어에 적합하다고 판단했다. 만약 계곡을 돌파한다 하더라도 계곡의 북쪽에는 알프스 장벽이 놓여있었다. 하지만 영-미 연합군이 북서 유럽에 전선을 형성하고 전력을 증강시킨다면 알프스의 북쪽에서는 제국의 국경까지 연합군을 저지할 수단이 존재하지 않았다.

독일의 입장에서는 상상조차 끔찍한, 가장 큰 위협은 붉은군대의 동부전선 돌파였다. 만약 연합군이 서부전선을 형성하도록 방치한다면 조만간 동부전선의 재앙이 현실화될 것이 분명했다. 거의 무한한 예비 인력과 물자로 전투력을 유지하는 적에 대항해 독일군이 두 개의 주 전선에 병력을 배치하고 영구적인 방어체제를 구축하기란 불가능했다. 유일한 희망은 한 전선에서 상대를 물리치고 남은 자원을 전부 집중해 반대편 전선에서 가능한 교착상태를 달성하는 데 있었다. 그리고 대다수의 현명한 독일인들이 그랬듯이 이제 롬멜에게 '성공'이란 수용 가능한 선에서 평화협상을 진행할 수 있는 수준의 안정적인 전략적 상황을 의미했다. 이제 독일의 전략적 목표는 안정적인 상황이 되어야 했다. 롬멜은 1943년 겨울의 상황과 거의 확정적인 1944년의 영국해협 침공을 고려할 때, 평화협상에 필요한 여건을 조성한다는 목표를 달성하기 위해서는 독일이 서부의 침공을 신속하게 격퇴하기 위해 모든 자원을 집중해야 한다고 생각했다. 만약 '서부전선'의 전투가 장기화된다면 전략적 목표를 달성하지 못할 것이다. 반면 적을 해변에서 조기에 격퇴할 수 있다면 영-미 연합군이 손실을 회복하고 재차 침공을 시도하기까지 다소간 시간을 얻을 수 있었다. 그 시간동안 독일은 가용 자원 대부분을 동부로 전환하고 효과적인 방어선을 형성한 후, 한정적인 반격을 통해 제한적이나마 지상전의 승리를 거둘 수도 있었다. 이후 전략적 구도에 따라 평화 협상을 진행할 여지를 모색해야 했다. 어쩌면 롬멜이 종종 언급했듯이 통합된 유럽이 동부의 야만적인 소련에 대항하여 안보와 공동 방어를 추구하는 형태의 평화가 이뤄질지도 몰랐다. 롬멜은 여름 내내 이런 방안을 생각하고 있었는데, 특히 시칠리아 침공 및 치타델 작전의 실패 이후에 그랬다.[045] 따라서 그는 활기차고 쾌활하게 새 직책을 수락했다. 롬멜은 독일의 미래에 대해 오랫동안 비관적인 태도를 유지했지만, 이제 다가오는 영-미 연합군의 침공을 물리친다는 눈앞의 희망에 집중했다. 물론 독일의 입장에서 최선의 희망은 공격의 격퇴가 아닌 동부전선에 최대한 전력을 온존하며 서부의 연합군 침공을 신속하게 지원하는 것이라고 주장할 수도 있을 것이다. 하지만 롬멜은 실제로 전선에서 전투가 시작되는 즉시 두 전선

---

045    Liddell Hart, 앞의 책에서 롬멜과 바이에를라인의 일련의 대화들 참조

에 전력과 자원이 분산되고, 그 결과 두 전선이 모두 약화되어 독일이 양면에서 유린당할 것임을 잘 알았다. 롬멜은 여전히 서부전선이 형성된다면 가장 비참한 형태로, 가장 단시간 내에 전쟁에서 패할 것이라고 확신했고, 히틀러 역시 동의할 것이라고 여겼다. 장기적으로는 이미 전쟁에서 패한 것이나 다름없었다. 롬멜은 이런 생각을 그의 사령부에서 다시 만난 오랜 친구들에게 솔직하게 말했다.[046] 유일한 기회는 서부전역을 신속하게 승리로 종결한 후 동부를 강화하고, 전략적 교착상태를 바탕으로 서부에 방면에서 평화를 모색하는 것이었다. 아주 희박한 희망일지도 모르지만 롬멜은 그 이상을 기대하지 않았다. 그리고 허상일 가능성이 높기는 하지만, 약간이나마 빛이 보였다. 히틀러는 조만간 무기 생산량이 크게 증가할 것이라며 주변을 안심시키려 했다.[047] 그의 주장에 따르면 서부방면의 성공이 불가능하지만은 않을 것 같았다.

롬멜의 관점에서 모든 상황들을 고려했을 때, 작전적인 결론은 명확했다. 그리고 이후 6개월간 그 결론을 바꿀 이유를 발견하지 못했다. 해안 방어에 최대한 많은 인원, 물자, 시간을 집중하는 것이 최우선 과제였다. 그리고 롬멜은 이탈리아를 떠난 직후에 히틀러의 명령에 의해 적이 침공할 위험이 있는 서부 및 북서 유럽 해안 지역 전체를 여러 차례 시찰했다. 그는 방어선의 심각한 결점들을 찾아내고, 이후 연합군 침공까지 몇 주, 혹은 몇 달의 시간여유를 방어태세를 강화하는 데 집중했다.

덴마크에서 시찰을 시작한 롬멜은 11월 30일부터 10일간 일대에 머물렀다. B집단군 참모부는 롬멜을 검열관으로 지원했으나, 곧 서부전선 일부에 대한 지휘 책임을 인수인계하기 위한 준비의 일환으로 퐁텐블로(Fontainebleau)에 있는 한 성에 참모부를 설치하라는 명령이 하달되었다. 당시 프랑스 남부의 지중해 해안을 포함해 피레네(Pyrenees) 산맥부터 네덜란드까지 이어지는 전선은 서부지역 총사령관(Oberbefehlshaber West)인 게르트 폰 룬트슈테트(Gerd von Rundstedt)의 지휘 하에 있었다. 롬멜은 전체 해안 방위 상황을 히틀러에게 직접 보고하며 룬트슈테트에게도 이를 계속 알렸다. 그리고 1월 15일에는 북부에 있는 2개 집단군 구역에 대해 직접 지휘 책임도 맡았는데 그 책임 구역은 네덜란드, 벨기에, 북부 프랑스 일대에 해당했다. 이 구역이 B집단군의 구역이 되었다.

여전히 참모장으로 재직 중이던 가우제는 3명의 참모장교와 함께 지휘열차에서 롬멜을 만나 시찰에 동행했고, 임무와 연관된 공군 및 해군 지휘관들도 함께했다. 해군 사령관인 루게(Ruge) 제독은 롬멜의 해군 보좌관이자, 롬멜의 확고하고 믿을 만한 친구였다.

---

046   von Luck, 앞의 책
047   Liddell Hart, 앞의 책

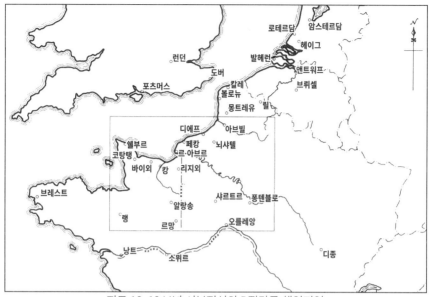
지도 18. 1944년 서부전선의 B집단군 책임지역

그는 이탈리아에서도 롬멜과 함께 근무했는데, 롬멜은 그와 함께 있으면 항상 즐거워했으며, 솔직하고 자유롭게 이야기를 나누곤 했다.

12월과 1월 동안 롬멜은 검열을 계속했고, 쉼 없이 해안을 답사했으며, 모든 해안방어 대대들에 방문해 사열을 받고 검열을 진행하고, 장군부터 분대장까지 지휘관들을 닦달하며 우선순위를 전달했다. 그는 가는 곳마다 같은 방침을 전달했다. 적을 해안 지역에서 격퇴해야 한다. 적이 해안에 상륙을 시도한 직후, 혹은 그 이전에 격퇴해야 한다. 주 전선은 해변이 되어야 한다.[048] 이는 해안방어를 최대한 강화해야 한다는 의미였다. 해안포대들은 충분히, 적절하게 방호되지 않았지만, 지뢰 매설과 축성 작업에는 대단한 노력을 집중했다. 롬멜은 방문하는 모든 곳에서 세부사항을 지정하고, 활력을 불어넣고, 계획을 분명히 설명하고, 장병들을 격려했다. 상륙이 예상되는 거의 모든 장소마다 폭이 수 킬로미터에 달하는 몇 겹의 지뢰를 매설해 종심이 최대 8㎞에 달하는 지뢰지대를 구축하려면 수백만 발의 지뢰가 필요했다. 롬멜과 포기를 모르는 그의 공병 사령관인 마이제(Maise) 장군은 프랑스와 독일에서 찾을 수 있는 모든 자원으로 지뢰를 생산하기 위한 협의에 착수했다. 고정 배치된 전차가 포함된 축성 거점으로 엄호되는 지뢰지대를 구축하려면 대규모 건설 작업 필요했다. 침공군을 기만할 위장 진지도 준비되었고

048  Friedrich Ruge, Rommel in Normandy (Presidio Press, 1979)

가짜 참모부와 이동 계획표 등도 집단군의 단일 기만 계획으로 기획했다.

바다에는 4겹의 수중 장애물지대를 설치하기로 했는데, 각각 수중 1.8m 깊이, 간조 시간대의 해안선, 반조 시간대의 해안선, 그리고 평균적인 만조 시간대의 해안선에 위치하도록 했다. 연합군은 독일 전선 후방의 보급 경로를 방해하기 위해 낙하산과 글라이더 모두를 이용해 대규모의 공수작전을 실시할 가능성이 높았고, 롬멜은 이런 공수작전에 대응하기 위해 들판에 글라이더의 착륙을 방해하기 위한 말뚝을 설치했는데, 공수부대원들은 이 말뚝을 롬멜슈파르겔(Rommelspargel), 즉 롬멜의 아스파라거스라고 불렀다. 물론 공수부대에 대한 반격도 필요했지만, 롬멜은 만약 해안 지역을 확보할 수 있다면 공수부대의 강습은 상대적으로 여유롭게 처리할 수 있다고 예상했다. 그는 방문하는 모든 곳에서 새로운 발상과 실험을 고안해냈고, 마이제는 롬멜이 2차세계대전에서 가장 위대한 야전 공병이라며 감탄했다.

침공 위협 지역 일부에 대한 직접적인 작전 책임을 맡기 전부터 롬멜은 침공 위협 지역 전체를 끊임없이 검열했다. 덴마크에 첫 출장을 다녀온 이후 그는 자택에 며칠 더 머무른 후 12월 18일에 퐁텐블로의 참모부와 합류했다. 참모부는 그곳에 사령부를 설치하기 위해 그 전날 저녁에 도착해 있었다. 룬트슈테트와의 첫 만남은 화기애애했고, 롬멜은 12월 19일에 루시에게 편지를 썼다. "오늘은 R(룬트슈테트)과 함께 점심 식사를 했소. 그는 매우 매력적인 사람이었소. 모든 것이 잘 될 것 같소."[049]

롬멜은 12월 20일부터 그 해 말일까지 폰 살무트 장군이 지휘하는 제15군 지역에 있었다. 칼레(Calais), 불로뉴(Boulogne), 파드칼레(Pas de Calais), 솜 강 어귀가 제15군의 지역이었다. 이곳은 B집단군의 책임지역에 속하는 2개 군 지역 중 북부에 해당했다. 그리고 1월 2일에서 5일까지는 네덜란드와 벨기에 해안, 훅판홀란트(Hoek van Holland), 로테르담(Rotterdam), 발헤런(Walcheren), 셸트(Scheldt) 강 어귀에 있었다. 이곳은 크리스티안센(Christiansen) 장군이 관할하는 네덜란드 군관구(Wehrbereich Nederlande)이자 B집단군의 구역이기도 했다. 1월 16일에서 20일까지는 투르빌(Trouville), 옹플뢰르(Honfleur), 페캉, 르아브르, 그리고 센 강 어귀를 돌았다. 이곳은 1940년에 롬멜이 거둔 승리의 무대들이었다. 1월 22일부터는 돌만 장군의 제7군 지역인 노르망디와 브르타뉴를 시찰했고, 월말에는 다시 셰르부르를 점검했다. 2월 1일에는 파드칼레로 돌아왔다. 롬멜은 가는 곳마다 지휘관들에게 자신의 원칙을 역설했다. 적을 이곳, 즉 해변에서 즉각 격퇴해야 하며, 혹은 만일 적이 해안으로 올라온다면 즉각 바다로 몰아내야 한다는 것이다. 롬멜은 자신이

049    IWM AL 2596

만난 대부분의 지휘관들에게 긴장감이 현저하게 부족하다는 생각에 화를 냈다. 그는 가혹한 폭격을 받고 있는 독일 본토와 달리 덴마크, 그리고 프랑스 일대의 편안한 생활은 군사적인 긴장에 도움이 되지 않는다고 생각했다.

그리고 롬멜은 이제까지 방어시설이나 지뢰지대라고 할 만한 것이 거의 설치되지 않았다는 사실을 확인했는데, 이런 상황에서 롬멜의 방어 개념을 구현하려면 막대한 물자와 인력이 필요했다. 물자는 마지막까지 문제가 되었지만 그럼에도 롬멜의 성격과 휘하의 병력들을 고취하고 격려하는 능력은 대단한 효과를 발휘하곤 했다. 방어지대를 건설할 인력도 부족했는데, 이론상 건설과 요새화 책임 토트단(Organisation Todt)은 제한적인 능력만을 가지고 있었다. 프랑스 민간 노동력을 사용할 수도 있었지만, 롬멜은 제대로 보수를 지급하는 자원자들만 활용해야 한다고 강조했다. 그는 프랑스 주민들과의 관계에 언제나 예민했다. 그 결과 노동력 소요는 대부분 장병들이 담당해야 했다.

롬멜은 장병들에게 많은 노동을 요구했고 일부는 롬멜이 장병들을 작업에 과도하게 투입한다고 생각했다. 롬멜의 참모들에게 다소 나태하다는 평가를 받던 폰 살무트[050]는 롬멜이 재방문을 한 날 강한 어조로 건의했다. 민간 노동력이 제한된 상황에서 집단군 사령관의 요구는 병력들에게 육체적인 부담이 되고 있으며, 이런 상황에서 침공이 시작된다면 병력들은 아무런 쓸모도 없게 될 것이라는 주장이었다. 롬멜은 이전에는 본 적이 없을 정도로 격하게 반응하며 언성을 높였다. 살무트는 지휘관들이 롬멜의 집중적인 축성 작업으로 인해 미칠 지경이 되었다고 말했다.[051] 결국 두 사람은 화해했지만, 이 당시 롬멜은 사막의 폭군이자 끝없이 몰아치는 옛 롬멜의 모습을 보였다. 모든 지휘관들은 총사령관이 끼친 놀라운 영향을 인정했고, 롬멜을 만나기 전에는 결코 그를 찬양하지 않았던 살무트조차 '롬멜 원수가 나타났을 때' 새로운 국면이 시작되었다고 기록했다.[052] 롬멜은 글자 그대로 회오리처럼 움직였고 그에 못지않은 효과를 냈다. 그가 대형 호르히(Horch) 승용차를 몰고 프랑스의 소도시와 마을들을 헤집고 다닐 때마다 "롬멜이다(C'est Rommel)!"라고 외치는 소리가 따라다녔다.[053]

롬멜의 책임지역, 즉 1월 15일 이후 B집단군 작전 영역은 대서양과 영국해협 해안, 루아르(Loire) 강 어귀를 포함했다. 이 광대한 지역 내에는 북쪽에서 남쪽으로 네덜란드 군관구 사령관 크리스티안센, 제15군의 폰 살무트, 제7군의 돌만이 예하 사령관으로 배치

---

050    von Tempelhoff, 인터뷰, EPM 3
051    von Tempelhoff, 인터뷰, EPM 3
052    위의 책
053    von Esebeck, IWM AL 1579

되었다. 제15군과 제7군의 경계는 남쪽으로 센 강 서쪽에서 남쪽의 르망을 향했고, 파드칼레와 노르망디 동부가 제15군에게, 노르망디 나머지 부분과 브르타뉴는 제7군에게 할당되었다. 네덜란드를 제외한 B집단군 지역 안에는 32개 보병사단[054]이 방어를 위해 배치되었는데 여기에는 공식적으로 공군 소속이고 공군 인원으로 편성된 공군야전사단 및 공수사단 8개가 포함되었다. 이 32개 사단 가운데 17개 사단은 제15군에, 13개 사단은 제7군에 배속되었다.

각 사단의 전투력에는 현격한 격차가 있었다. 약 2년 반 동안 독일의 전략적 관심은 다른 곳에 집중되었고, 서부전선의 우선순위는 낮았다. 서부는 노병, 환자, 동부전선의 고된 전투에서 휴식이 필요한 장병들을 위한 휴식처와 재배치 지역으로 활용되었다. 점령군 임무는 어렵지 않았고, 일대에 배치된 대다수 사단들은 전력이 약화되어 있었으며, 많은 경우 전투력이 최저한의 수준을 유지하고 있었다. 보병사단들은 말 이외에는 수송수단이 거의 없었고 그마저도 많지 않았다. 그리고 대다수 편성장비 보유현황은 편제표에 미달했다. 반면 SS 사단들은 많은 경우 신무기를 우선 지급받았고 상당한 전력을 갖추었다. 따라서 해안 방어 태세 개선과 및 그와 관련된 모든 노력이 최우선 과제였다면, 다음 과제는 병력의 질적, 양적 개선이었다. 롬멜은 히틀러가 독일군의 최우선 과업은 다가오는 서부방면의 침공을 격퇴하는 것이라고 결정하는 것과 동시에 서부로 착임했고, 이는 병력 보강에 많은 도움이 되었다. 실제로 1943년 11월의 히틀러 훈령 제51호는 서부전선을 강조했고, 침공에 대처할 방법에 대한 롬멜의 시각과 완벽하게 일치했다. 앞서 1942년 3월 자로 발령된 훈령도 같은 내용이었다.[055]

롬멜은 이런 이점을 효과적으로 활용했다. 보다 많은 젊은이들이 징집되었고 그 비율이 점차 늘고 있었다. 서부전선의 사단들은 규모면에서 크게 확대되었다. 또 다른 기갑사단인 제2기갑사단이 배치되었고 대전차포의 수효와 구경이 모두 증가했으며 여름 중순까지 거의 2,000대의 전차, 돌격포, 자주대전차포가 배치되었다. 이전까지는 상당히 냉담했던 지휘부에 자신감이 확산되기 시작했다. 이 모든 변화에 있어 롬멜은 활력과 자신의 영향력을 통해 많은 일들을 해냈다는 평판을 얻었다. 군사령관들은 상황이 달라졌음을 인정했다. 이전까지 롬멜의 자기선전이 지나치다고 여겼던 살무트는 그에 대한 편견이 있었음을 인정했고, 곧 이런 홍보가 롬멜 자신이 아닌 당의 선전이라 여기게 되었다. 살무트는 분별력 있고 마음이 맞으며 기꺼이 수하를 돕는 롬멜의 태도에 마음이

........................

**054** 시간이 지나면서 전체 병력규모는 늘어났다. 6월에는 11개의 기갑사단 및 장갑척탄병 사단을 포함하여 58개 사단이 서부전선사령부 휘하에 배치되었다. 전역동안 13개 전차 및 장갑척탄병 사단을 포함해 51개 사단이 B집단군 휘하에 배치되었다. (편집부)

**055** Trevor-Roper (ed.), Hitler's War Directives, 앞의 책

사로잡혔고, 부하들을 혹사시키는 지시에는 반발했지만 롬멜 원수가 모든 면에 끼친 놀라운 효과를 인정했다.

롬멜은 사진반이나 기자들을 빈번히 대동했던 것은 분명한 사실이다. 그리고 자신의 열차에 여러 대의 아코디언을 싣고 다니며 이를 부대들에게 나눠주고 오락을 제공하기도 했다.[056] 하지만 이런 행동은 계획적인 조치로 인식되었다. 롬멜은 장병들이 유명하고 자신들을 잘 이해하는 사람의 지휘를 받는다는 느낌을 선호함을 알았다. 또 개인적인 관계에서 겸손하게 상대의 말을 경청하는 롬멜의 태도는 모두에게 깊은 인상을 남겼다. 살무트는 롬멜이 유난히 까다로운 사람이었을 수도 있지만, 그의 부임은 분명히 이익이었다고 말했다. 북아프리카 출신이라면 많은 사람이 여기에 공감했을 것이다.[057]

해안에서 싸워 이긴다는 롬멜의 개념을 구현하려면 진지 축성과 진지에 배치할 병력의 양과 질이 전제되어야 했다. 하지만 또 다른 중요한 요구가 있었다. 이 요구의 충족 여부는 롬멜과 총사령부 간의 문제였고, 마지막까지 완전히 해결되지 않았다. 롬멜이 계획한 축성, 지뢰 매설, 수중 장애물 작업을 모두 마치기 위해서는 실제로 가용 가능한 시간보다 더 많은 시간이 필요했을 가능성이 매우 높다. 그리고 작업을 예정대로 종결하고 충분한 병력을 적절히 배치한다 해도, 연합군은 어느 시점에서 우세한 전력으로 해안을 확보하고 방어 지역을 위협하거나 돌파할 가능성이 매우 높았다. 그런 돌파에 맞서기 위해서는 가급적 신속하고 강력한 반격이 필수적이었다. 이를 위해서는 기동 부대, 즉 기갑 부대와 기갑척탄병 부대를 현명하게 배치하고 집단군 및 그 예하 지휘관들이 즉시 사용할 수 있도록 해야 했다. 롬멜은 연합군이 제공권을 장악한 상황에서는 예비제대들을 먼 지역에서 충분히 신속하게 이동시킬 수 없으며, 적시에 작전적 기동을 실행할 수도 없다고 판단했다. 알람 할파의 경험이 그 근거였다. 부대 통제 계통의 애매한 부분들도 방치할 수 없었다. 통제권이 명확하지 않다면 부대이동이 늦어질 뿐이며, 그런 시간 지연은 치명적으로 작용할 것이 분명했다. 롬멜은 자신이 처음부터 충분한 기갑전력을 통제해야 하고, 기갑부대들을 해안 가까이에 배치해야 한다고 주장했다.

롬멜의 주장은 거센 반발을 불러왔다. 서부지역 총사령관에게 할당된 기갑 및 장갑척탄병 사단 중 대부분이 B집단군 지역 내에 배치되었지만, 룬트슈테트의 사령부 내에도 룬트슈테트 직속 전력인 '서부기갑집단(Panzergruppe West)'이 있었다. 이 부대의 사령부는 1개 기갑군의 지위를 가졌고 레오 가이어 폰 슈베펜부르크(Leo Geyr von Schweppenburg)남

056  Ruge, 앞의 책
057  von Salmuth, EPM 4

작이 지휘했다. 롬멜과 같은 뷔르템베르크 출신인 가이어 폰 슈베펜부르크는 상관인 룬트슈테트처럼 현명하고 사려 깊은 귀족적 지휘관이었다. 슈베펜부르크는 타국의 정보에 박식했고[058] 젊은 시절부터 기병이자 경마 선수로 유명했으며, 독일군 기병이 기갑부대로 전환될 당시의 초창기 기갑연대장 가운데 한 명이기도 했다.[059]

　장군참모부 계통인 가이어는 롬멜의 방침에 결함이 있다고 여겼다. 그 역시 적시에 강력한 반격이 필요하다는 점을 인정했지만, 반격에는 충분한 규모의 전력을 투입해야 한다고 보았다. 그는 해안 방어가 상당히 개선되기는 했지만, 가용 자원을 고려하면 해안 방어를 통해 연합군의 대규모 프랑스 본토 상륙을 막을 수 없다고 보았다. 그리고 여기에 대처하는 최선이자 유일한 방법은 최대한 집결된 기갑전력으로 기동전을 실시하는 것이고, 기갑부대는 그런 기동전을 위해 예비로 남겨두어야 하며, 국지적인 작전으로 기갑전력을 낭비해서는 안 된다고 믿었다. 그는 '대서양 방벽'에 배치된 보병사단들의 취약한 전력으로 인해 방어선이 허술해졌으며, 해안 지역은 전초선일 뿐이고 결정적인 전투를 전초선에서 실시해서는 안 된다고 주장했다. 그는 베르히테스가덴에 있는 OKW를 방문해 OKW의 기갑 예비대 운용 원칙에 대한 지지를 확보할 수 있었다. 서부 기갑집단이 그 예비대가 될 예정이었다. 특히 상륙의 주공이 어디로 향할지, 그리고 공격에 노출될 해안선의 길이가 얼마나 될지 아무도 자신있게 예측할 수 없었다. 연합군이 제공권을 장악한 이후 독일은 정보를 차단당했고, 실제 침공 당시에는 연합군이 기만 계획을 실행해서 혼란을 겪기도 했다. 롬멜은 이 문제에 대해 비통하게 말했다. "적에 관해 알고 있는 것은 확실한 것이 아무것도 없다는 것뿐이오."[060] FHW가 장황한 자료들을 제공했지만 지형, 기후 조수 자료를 기초로 한 추측을 제외하면 제대로 된 근거가 거의 없었다. 그들은 과장되기는 했지만 영국에 있는 적군의 총병력에 대한 전반적인 추산치도 제공했는데, 실제 연합군의 병력은 추산치와 차이가 크지 않았다. 연합군이 어떻게든 병력을 해안에 투입하고 교두보를 확보한다면, 수적으로 큰 우세를 점할 것이 분명했다. 영국은 ULTRA를 통해 이미 룬트슈테트가 5월 8일에 공격 '제1파'는 20개 사단으로 진행될 것이라 예측했음을 파악했다. 명시적으로 표현된 이 정보는 독일군이 연합군 전력을 상당히 과대평가하고 있음을 보여준다. 하지만 룬트슈테트가 말한 '제1파'는 아마 최초의 몇 시간 안으로 해안에 투입될 병력의 규모가 아닌, 첫날 상륙할

---

058　영국, 벨기에, 네덜란드에 무관으로 파견된 경력이 있다.

059　Warning, 인터뷰, EPM 3

060　Koch, 앞의 책

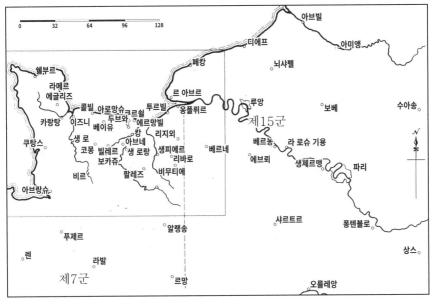

지도 19. 1944년 B집단군 지역 북부구역

전체 병력 규모였을 것이다. 룬트슈테트는 실제로 20개 사단과 대치했다.

이는 가이어의 시각, 즉 해안의 특정 구역 후방에 즉각적인 반격을 위해 기갑사단들을 배치할 경우, 전혀 다른 구역으로 병력을 전환해야 하는 상황에서는 귀중한 시간을 허비하게 될 것이라는 주장에 중요하게 작용했다. 가이어는 적이 프랑스 영내의 어느 지점에 병력을 집결할 수 있음을 인정하고, 적이 집결한다면 그에 대항해 가장 적절한 시점에 독일군의 노련한 기동전 우세를 활용하는 것이 훨씬 유효하다고 주장했다. 또 가이어는 연합군 항공력의 효과에 대한 롬멜의 우려가 지나치다고 보았다. 어느 정도는 위험을 감수할 수밖에 없지만, 일광이 약한 시간대나 밤을 이용하면 작전적 기동을 할 수 있다고 여긴 것이다.[061] 가이어는 롬멜이 기갑사단들을 전술적으로 이용할 것을 제안했다고 말했다. 이는 보편적인 군사 이론과 충돌하는 방침이었다. 원칙대로라면 병력을 집중하고 적절한 시간에 대규모 작전 행동을 실시해야 했다. 가이어는 롬멜이 기갑전의 원칙을 이해하지 못한다고 주장했다. 서부전선에는 최종적으로 도합 11개 기갑 및 장갑척탄병 사단이 투입되었고, 해당 부대의 배치와 통제권은 한동안 논쟁의 대상이 되었다. 가장 유력한 적의 상륙 예상 지역 세 곳은 파드칼레 지역, 즉 솜 강 양안이나 북쪽 아

---

061    사전 배치 및 전역의 진행 중의 가이어 폰 슈베펜부르크의 시각은 모두 Panzer Group West 보고서, NAW MS B466, 그리고 한 인터뷰, NAW MS ETHINT 13에 매우 분명히 상세하게 설명이 되어 있다. 그의 시각은 An Cosantoir (Vols. IX and X, 1949-50) 및 기타 정기간행물의 기사들로도 출판되었으며, Guderian, 앞의 책에서도 반복되었다.

니면 솜 강과 센 강의 사이, 혹은 노르망디, 그리고 특히 코탕탱(Cotentin) 반도로 판단되었다. 독일 측은 연합군이 어느 곳에 상륙하더라도 후속 부대 및 기갑 장비를 대량으로 투입하기 위해 대규모 항구의 신속한 확보를 목표로 행동할 것이라 추정했다. 연합군이 노릴 가능성이 가장 높은 항구는 불로뉴 또는 칼레였으며, 차순위는 디에프 혹은 그보다 좀 더 가능성이 높은 르아브르, 그리고 3순위 목표는 셰르부르로 추측했다. 독일군은 연합군의 인공항만인 '멀베리(Mulberry)'에 대해 알지 못했고, 상륙용 주정으로 중장비를 해안으로 상륙시키는 능력 역시 과소평가했다.

　가이어 폰 슈베펜부르크는 이 세 상륙지역 가운데 어느 곳에 상륙이 이뤄지더라도 강력한 단일 반격으로 치명타를 가하기 위해, 기갑 전력을 파리 인근에 예비대로 배치할 필요가 있다고 판단했다. 기갑총감 구데리안은 이 주장에 찬성했고 룬트슈테트도 어느 정도 그의 일반론을 지지했다. 폰 슈베펜부르크는 파리 남쪽과 북쪽 숲지대에 두 곳의 집결지를 추천했다.[062] 파리와 파드칼레의 중심부인 몽트레유(Montreuil)간의 거리는 200km였고, 솜 강과 센 강 사이에 있는 뇌샤텔(Neufchatel)과는 135km, 노르망디의 요지인 캉(Caen)과는 225km가량 간격이 있었다. 이 지점들은 모두 해안선에서 30km내에 있었고, 해당 지역이나 해안에 대한 반격을 실시하기 위해서는 기갑부대가 평균 185km를 행군해야 했다. 이는 –모두가 인정했듯이- 연합군 공군이 이동을 심각하게 방해하는 상황에서는 적시에 이동하기에는 상당히 먼 거리였다. 하지만 가이어는 이동이 지연될 수는 있어도 기동 자체는 가능하며, 이 예비대를 중앙에 집결시키면 압도적인 대규모 일격을 가할 수 있지만, 반격부대를 분산시키면 반격의 규모와 효과가 축소될 것이라고 주장했다. 가이어는 아무리 최악의 상황이라도 중앙에서 각 전장으로 대응기동을 실시하는 편이 파드칼레에 배치된 부대가 때 노르망디에 도달하거나 노르망디에서 파드칼레로 전개하는 방식보다 시간을 절약할 수 있다고 주장했다. 해안에 배치된 부대들은 아무리 서두른다 해도 공습이나 사보타주로 교량이 파괴된 상황에서 센 강과 솜 강을 도하해 270km를 이동해야 했으며, 적 기갑부대가 대규모 전력을 집결해 전진할 경우 분산된 부대는 결정적 반격에 노출되지 않을 위험이 있었다. 반면 예비대를 집중 운용할 경우 기갑부대를 노르망디의 보카주(bocage) 지역과 같이 기갑부대의 대규모 작전에 완전히 부적합한 지형에 분산시켜 전력을 낭비하지 않고 반격을 실시할 수 있었다. 그리고 가이어는 상륙 공세가 독일군 보급로를 차단하고 전장을 고립시키기 위한 대규모 공수

---

062　가이어는 언제나 원칙론을 고수했다. 그리 중요한 내용은 아니지만, 전후 보도에 따르면 그는 전체 보유 전차의 절반을 알랑송에 배치하는 편이 노르망디 대응에 유리했을 것이라고 주장했다.

작전과 병행해 진행될 것이라고 예상하며 -여기에 대해서는 누구도 이의를 제기하지 않았다 공수 작전에 빠르고 효과적으로 대응하려면 집결된 기갑전력을 침공지역과 분리된 종심지역에 배치해야 한다고 주장했다.

가이어의 주장은 1944년 초 몇 개월간 계속되었다. 롬멜은 가이어가 주장하는 집중의 원칙이 이론적으로 흠잡을 곳이 없지만, 자신은 집중의 원칙에 반발하지 않았고 오히려 본보기가 되도록 행동했다고 주장하며, 오직 제공권의 문제로 인해 가이어가 주장하는 원칙을 실제로 활용할 수 없을 뿐이라고 반박했다. 원거리에 배치된 예비대들은 전투가 진행 중인 해안에 너무 늦게 도착하거나 아예 도착하지 못할 수도 있었다. 그리고 연합군이 해변에서 사투를 벌이며 해안을 기어 다닐 몇 시간이야말로 상륙을 저지할 결정적인 시간이었다. 이에 대응하려면 반격을 위한 부대가 필수적이며, 전투 초기의 수 시간 내 교전 참가는 전력의 집중보다 중요하다. 즉 이론적으로 요구되는 규모의 집중을 달성하지 못하더라도 현장에서 즉각적으로 행동하기 위해 기갑부대들을 해안에 투입해야 한다는 의미가 된다. 기갑 부대의 분산 배치는 최초에 실시할 반격이 그다지 강하지 않다고 해석할 수도 있었다. 적어도 세 방면의 주요 돌발사태에 대비하려면 예비대도 분산해야 했다. 하지만 모든 곳에 어느 정도 병력이 배치되고, 개전 이후에는 병력을 특정 방면에 증원하는데 모든 신경을 집중해야 했다. 예비대의 주력을 배치할 위치에 대해서는 여러 가능성을 고려해야 했다. 롬멜의 직감은 솜 강 어귀 양쪽에 비중을 두고 불로뉴 남쪽이나 디에프 동쪽에 전력을 집중할 준비를 하는 방안을 택했다. 그러나 어느 방향에서 최초의 반격을 실시하더라도 조기 타격이 전제되어야 했다.[063]

공수 작전의 위협에 대한 견해는 롬멜도 동의했다. 하지만 롬멜은 해안을 확보하고 승리한다면 전황이 공수부대 강하와 같은 조공에 큰 영향을 받지 않을 것이라고 주장했다. 강하한 공수부대는 상륙부대의 행동과 분리된 상태에서는 충분한 공세적 역량이 없었고, 이들의 제압은 차순위로 미뤄도 무방하다는 해석이었다. 다만 롬멜도 중앙에 '작전적' 예비대가 어느 정도 있어야 한다는 것을 인정했고 파리 지역에 주둔하는 것이 바람직하다는 점 역시 동의했다. 하지만 그 규모는 지나치게 크지 않아야 했다.

부대 배치를 둘러싼 언쟁은 장시간 이어졌다. B집단군 기록은 1월 8일부터 가이어가 자주 사령부를 방문해 논의했음을 보여준다. 1월 20일 개최된 요들과의 회의에서는 기갑사단들을 가급적 신속히 투입할 수 있도록 배치해야 한다는 합의가 이뤄졌는데, 이는 아주 놀랍지는 않은 결론이었다. 그러나 5일 후 롬멜은 OKW가 '일반 상황'을 근거로

---

063   Ruge, 앞의 책

기갑 부대의 해안 지역 배치 승인을 거부했음을 알았다. 다음 날 가이어는 롬멜과 점심 식사를 함께하고 다음 날 아침에 논의를 재개했다.[064]

롬멜은 이후 3주간 시찰을 계속했는데, 도중에 보르도(Bordeaux)에 전개중인 남쪽 인접 부대인 G집단군 사령관이자 오랜 친구인 블라스코비츠 장군도 만났다. 당시 롬멜은 영국과 마주한 중요 지역과는 동떨어진 해안의 방어에 주의를 기울인다는 비판을 받았지만, 그는 서부의 전반적인 검열 책임을 맡고 있었으며 지중해와 대서양 해안은 모두 연합군에게 상륙 위협을 받는 상태였다. 실제로 8월에는 프랑스 남부에 연합군 상륙이 실시되었는데, 이 상륙작전의 대안은 롬멜이 시찰한 보르도 지역이었다. 2월 17일에 롬멜은 구데리안도 참석하는 서부기갑집단의 대규모 워게임을 위해 파리로 돌아갔다. 가이어를 지지하는 인사들의 관점에서 당시의 롬멜은 롬멜 자신이 보여준 기동의 미덕을 무시하고, 병력 분산을 위시한 이단적인 사상을 역설하는 자였다.[065] 구데리안도 롬멜의 성향이 다시 보병처럼 변했다고 평했다.[066]

회의에 참석한 인원 가운데 몇 사람은 처음에 롬멜의 견해에 반대했으나 많은 심사숙고 끝에 롬멜을 지지하게 되었다.[067] 3월 21일의 회의에서는 견해를 바꾼 이들은 히틀러에게 큰 영향을 끼쳤고, 롬멜은 자신이 의견을 관철시켰다고 믿었다.

하지만 완전히 그렇지는 않았다. 부대의 배치 못지않게, 적시에 명령을 내리는 능력과 직결되는 통제권도 중요한 문제였다. 이 부분에서 롬멜은 자신이 원하는 모든 것을 얻을 수 없었다. 강한 개성을 가진 인물과 총사령부, 즉 OKW 간의 줄다리기는 드문 일이 아니었다. 물론 히틀러도 자신이 직접 관여하겠다고 결심했으며, 롬멜 등 일선지휘관들에게 결정권을 일부 위임하는 타협 대신, 명확한 위임 허가를 내리기 전에는 히틀러 자신이 기갑사단들에 대한 지휘권을 계속 가지고 있으려 했다. 히틀러는 이런 방식으로 서부전선 지휘부 내의 다툼을 해결하려 했지만, 그 희망은 빗나갔다. 롬멜은 4월 9일에 다른 회의를 마친 후에 극심한 견해차(starke Meinungsverschiedenheite)로 인해 아무런 결론도 내리지 못했다고 기록했고,[068] 그다음 날 있었던 룬트슈테트와의 회견에도 그다지 만족하지 않았다. 롬멜은 4월 23일에 요들에게 보낸 서신에 3월 21일의 결정이 자신이 이해한 대로 이행되지 않았다는 내용을 첨부했다. 몇몇 기갑사단들은 해안에서 멀리 떨어진

---

064  BAMA N 117/22

065  Geyr. 상기 주석 485번 참조.

066  Manfred Rommel의 증언

067  사례로서 Warning, Tempelhoff, Staubwasser, Lattmann, 인터뷰, EPM 3 참조. 폰 살무트는 롬멜과 폰 룬트슈테트 사이에서 특히 논란이 격렬했다고 보았다. (EPM 4)

068  BAMA N 117/22

위치에 배치되었고, 롬멜의 지휘 하에 들어가지도 않았다. 가이어는 해안 지역에서 성공적으로 방어임무를 수행할 가능성이 없다고 보고 있었다.

롬멜의 주장은 받아들여지지 않았고 대립은 격해졌다. 롬멜은 4월 27일에 루시에게 보낸 편지에서 "가이어 폰 슈베펜부르크가 나의 계획을 인정하지 않는 바람에 최근에 그와의 관계가 매우 껄끄러워졌소."[069]라고 썼다. 4월 28일에는 가이어와 구데리안이 함께 롬멜을 방문해서 저녁 회의를 가졌는데, 집단군 일지에는 '휘하 기갑부대들의 배치에 관한 철저한 논의'[070]가 있었다고 기록되었다. 롬멜은 이 회의에서도 만족하지 못했다.

서부전선 전체를 총괄하는 최고지휘자인 서부지역 총사령관이 이 문제에 대해 결론을 내리거나 권고하지 않은 것이 이상하게 여겨질 수도 있다. 게르트 폰 룬트슈테트 원수의 입장에서는 이 문제가 향후 작전과 자신의 권한이 걸린, 매우 중요한 문제였다. 그는 롬멜의 유령사단이 전성기를 구가하던 1940년 당시 A집단군 사령관으로 롬멜의 직속 상관이었고, 바르바로사 작전에서는 남부집단군(Heeresgruppe Süd)을 지휘하여 우크라이나로 진격해 로스토프(Rostov)와 도네츠(Donets) 강 유역까지 진출하기도 했다. 이런 업적에도 불구하고 가이어는 룬트슈테트가 기갑 작전의 원칙을 대체로 이해하지 못한다고 묘사했는데, 이는 심각한 독선이었다.[071] 당시 가이어는 룬트슈테트가 롬멜에게 유약한 모습을 보였다고 생각했다. 68세의 룬트슈테트는 전형적인 프로이센 기병장교로, 교양 있고, 총명하고, 공손하고, 과묵한 장군단의 원로였다. 룬트슈테트는 최고 사령부에 대해 전통적인 시각을 가지고 있었다. 그는 자신의 역할이 세부 사항에 몰두하지 않고 거시적인 전장에서 작전을 지휘하고, 작전을 수행할 전역의 큰 그림을 그리고, 우선순위를 철저하게 파악하고, 예측하고, 부대를 대표하며, 자신이 자주 방문하지 못하는 예하 부대의 기획력을 신뢰하는 것이라 믿었다.[072]

룬트슈테트는 자신의 상급자들이 자신에게 조언을 할 수는 있지만, 자신의 주장에 반대는 하지 않을 것이라고 믿었다. 그의 판단력은 탁월한 군사적 지식과 역사적 이해, 그리고 최고 사령부에서 근무한 경험과 근엄하고 냉정한 성격에 바탕을 두고 있었다.

룬트슈테트는 2년간 서부에서 근무했지만, 그 2년 동안 독일의 전략적 관심은 주로 다른 곳에 있었다. 그의 나이는 롬멜이 주입한 것과 같은 활동적이고 새로운 발상에 장애물로 작용했다. 그리고 히틀러의 독일에서는 총통이자 최고 사령관이 최종 결정권을

069   IWM EAP 21-X-14/9
070   BAMA N 117/22
071   Geyr. 상기 주석 485번 참조
072   Ruge, 앞의 책

가지는 것이 당연시되었고, 아마도 이런 경향이 예하 지휘관들 간의 논쟁을 명료하게 해결하는 데 방해가 되었을 것이다. 룬트슈테트는 자신이 통제하는 서부전선에 심각한 취약점이 있음을 인식했다. 그는 1943년 10월의 논평을 통해 이를 단호하게 지적했고, 히틀러는 이후 서부에 우선순위를 두고 롬멜에게 총통임무를 부여했다. 하지만 룬트슈테트는 환상을 품거나 열의를 보이지 않았다.

룬트슈테트의 사령부는 생제르맹(St Germain)에 있었다. 룬트슈테트 자신은 파리에 있는 조지 5세(Hotel Georges V) 호텔에서 안락하게, 지나칠 정도로 안락하게 거주하고 있었다. 롬멜의 관점에서 서부지역 총사령부의 참모부는 무기력했고, 휘하의 장병들도 프랑스 시골에서의 쾌적하고 느긋한 점령군 역할을 수행하며 심각하게 유약해진 경우가 많았다. 룬트슈테트는 뛰어난 인물이었지만 그의 태도는 휘하의 부대에 활력을 불어넣는 것과 거리가 멀었다. 그는 다가오는 싸움을 전통적인 방식, 즉 해변이나 그 부근의 조우전으로 예상했다. 룬트슈테트는 활력이 넘치는 신임 B집단군 사령관의 확신처럼 해안에서 적을 억제하고 격퇴할 수 있다면 좋겠지만, 만약 그렇게 되지 않는다면 서부 프랑스에서 기동전으로 승리를 노려야 했고, 그 전투에서는 과거처럼 집중된 기동부대의 숙련된 운용이 절실하다고 판단했다. 그러나 예하 지휘관인 롬멜은 그 단계에 도달하면 전쟁에서 패배한 것과 같다고 확신하는 것처럼 보였다. 그러나 룬트슈테트의 관점에서는 그럴 수도, 아닐 수도 있었다. 따라서 룬스슈테트는 자주 방문하던 구데리안이 그랬듯이 가이어의 의견으로 마음이 기울었다. 구데리안의 시각은 분명하고 단호했으며 항상 원칙적이었다. 이론상 제한된 자원으로 임무를 수행해야 할 경우 모든 자원을 집중 통제해야 했고, 독일의 기갑부대는 분명 제한적 자원이었다. 룬트슈테트가 전투에 영향력을 행사하려면 예비대를 통제해야 했다. 물론 정황상 필요하다면 작전적으로 예비대의 운용을 위임할 수도 있었다. 가이어를 지지하는 구데리안은 모든 기갑 및 장갑척탄병 사단들을 두 개 전투단으로 집중해 파리의 남, 북쪽에 배치하는 방안을 제안했다.

서부전선의 최종적인 배치방안은 양자의 견해가 절충된 형태였다. 가용 기갑사단과 장갑척탄병 사단은 총 11개로, 이 가운데 장갑척탄병 사단은 전차를 배속받지 않았지만 돌격포로 무장했으며 완전히 기계화된 부대였다. 각 장갑척탄병 사단들의 전투력은 편차가 컸는데, 그 가운데 무장친위대(Waffen SS) 사단이 가장 강력했다. 이 11개 사단 중 3개는 루아르 남쪽에 주둔하며 프랑스의 대서양과 지중해 해안을 담당하는 롬멜의 인접 부대인 블라스코비츠 장군의 G집단군 지역에 배치되었다. 1개 사단, 즉 제19기갑사단은 네덜란드에 있었고, 제17기갑척탄병 사단은 집단군 간 경계 부근에 배치되었으며,

다른 6개 사단은 B집단군 지역에 해당하는 루아르 바로 남쪽 소뮈르(Saumur)와 니오르 (Nior) 지역에 배치되었다. 이 6개 사단 중 3개 사단, 즉 벨기에에 배치된 제1SS기갑사단, 리지외(Lisieux)에 배치된 제12SS기갑사단, 그리고 샤르트르(Chartres)에 주둔하며 롬멜의 옛 부하인 바이에를라인이 지휘하는 기갑교도(Panzer-Lehr)사단은 OKW 예비대로 제17 기갑척탄병 사단과 함께 가이어의 서부기갑집단을 구성했다. 그리고 서부기갑집단 자 체는 처음에 돌만의 제7군에 소속되었으며, 나머지 3개 사단, 즉 파드칼레의 제2기갑사 단, 루앙 부근의 제116기갑사단, 그리고 1943년 5월에 자랑스러운 이름을 달고 다시 재 건되어 팔레즈(Falaise)와 캉 지역에 배치되어 있던 제21기갑사단은 롬멜이 즉각적으로 대 응하거나 활용할 수 있도록 그의 직접 통제를 받았다. OKW의 승인이 있어야만 사단들 을 재배치할 수 있었기 때문에, 롬멜은 전투가 시작된 이후의 지휘권을 보유했지만 전 투 준비에 제약이 많았다. 롬멜은 제12SS기갑사단을 리지외의 서쪽에 배치하고 싶어 했 지만 서부기갑집단에서 더 많은 사단들을 차출하려는 시도는 실패했다.

이 타협안은 만족스럽지 않았다. 구데리안은 전반적 배치가 치명적인 병력분산 (Aufsplitterung)이라 여겼다. 가이어도 자신의 요구에 비해 취약해지고 분산된 예비대에 만 족하지 못했다. 롬멜도 기동 예비 부대들이 노르망디, 파드칼레, 그 밖의 모든 결정적인 지역에서 지나치게 멀리 떨어져 있다고 생각했다. 1개 기갑사단 규모의 불충분한 전력 으로는 절대 즉각적 반격을 수행할 수 없었다. 요들은 5월 7일에 롬멜을 만나 적의 주공 방향이 분명해지면 OKW 예비대를 해제할 것을 믿어도 좋다고 장담했지만, 그런 장담 은 상황에 따라 달라질 수 있었고, 자신이 분명한 권한을 가진 사령관이라는 확신을 주 지도 못했다. 그리고 혼란스러운 지휘체계로 인해 가이어는 침공이 현실화된 이후 롬 멜, 룬트슈테트, 때로는 히틀러로부터 상충되는 명령들을 받게 되었다.

사후의 비평도 상황에 따라 용납할 수 있다. 만약 롬멜이 자신의 견해대로 방어 전력 을 배치했다면 D데이 당시 최소 한 개 기갑사단이 즉각 연합군에게 반격을 실시할 수 있었을 것이며, 이는 전황에 결정적인 영향을 끼칠 수 있는 규모였다. 그리고 롬멜이 강 조했듯이 센 강 하구의 만 일대에 지뢰를 매설하는 방안도 효과적이었을 것이다. 롬멜 의 시선은 연합군이 아브빌과 르아브르 점령을 시도할 수 있는 솜 강과 센 강 사이의 지 역에도 고정되어 있었고 노르망디 침공이 실제로 진행된 이후에도 한동안 그쪽에 시선 이 붙잡혀 있었다. 롬멜은 몇 차례 독립적인, 그리고 연속적인 상륙이 진행될 가능성을 예상했다. 그는 예측 면에서 다른 이들에 비해 특별히 뛰어나지 않았다. 그는 항상 연합 군의 상륙지점 설정이 파리로 향하는 최단거리 경로와 상륙 이후의 작전 진행을 염두에 둘 것이라고 생각했고 그 결과 센 강의 북쪽을 주시했지만, 센 강 하구의 만이 지형적으로 방호구조 역할을 한다는 점을 고려한 결과, 결국은 다시 노르망디로 시선을 돌리게 되었다. 그럼에도 여전히 제15군 지역의 전력은 실제 침공이 이뤄진 제7군 지역보다 더 강했다. B집단군은 연합국의 폭격, 그중에서도 기만을 위해 실시된 폭격에 기만당했다. 6월 3일에 디에프-됭케르크 구역에 대한 공격이 확인되었으므로 대규모 상륙작전의 방향도 그 일대가 될 것이라고 보고한 것이다.[073] 이들은 보복 무기(V-1, V-2) 발사장이 가동된 뒤에도 연합군이 최대한 이른 시점에 파드칼레를 공격하는 데 중점을 둘 것이라고 착각했다. 롬멜이 해변에서의 승리를 강조한 것은 분명히 합리적인 판단이었고, 연합군 공군이 작전 기동에 미치는 영향에 대한 개인적 견해 역시 완벽하지는 않았지만 대체로 타당했다. 반면 그가 설치한 방어시설들은 기대에 비해 거의 효과를 발휘하지 못했다. 롬멜이 서부전선의 상황을 변화시켰음에는 의심의 여지가 없지만, 일부 사람들이 추측했듯이 롬멜의 방어시설 계획은 제한된 시간과 노동력, 원자재를 고려하면 지나치게 야심만만했다. 반면 병력을 해안에 투입하고 장애물을 무력화하기 위한 연합군의 자원은 과소평가되었다.

한편, 가이어의 계획대로 배치가 진행되었을 경우, 그리고 독일 기갑부대들을 전투 개시 초기 해안의 전투들로부터 격리시켰을 경우 발생했을 상황은 전적으로 추측에만 의존해야 한다. 아마도 침공군은 실제로 직면했던 기갑부대 대응기동의 위협을 받지 않거나, 훨씬 제한적인 위협만을 받는 상황에서 병력을 조기에 집결하고 실제 상황에 비해 훨씬 이른 시점에 사전계획에 따라 센 강을 향해 진군하고 도하했을 것이다. 연합군의 행동 역시 불확실하다. 몽고메리라면 분명 대규모 진격에 앞서 충분히 강력한 보급기지를 구축했을 것이고, 이를 위해서는 독일군의 대응 유무와는 별도로 일정한 시간이 필요했다. 현실에서 D데이 이후 연합군의 초기 진행경과는 일정에 비해 한참 늦기는 했지만 최종적으로는 예측대로 진군했다. 독일이 예비대를 후방에 배치했을 경우 상대적으로 피해가 경미한 병력이 진격을 시작했을 가능성이 높지만, 진격의 형태 자체가 극단적으로 달라지지는 않았을 것이다. 교두보에 대한 교전에 투입된 독일 기갑부대들은 연합군에게 상당한 사상자를 강요했고, 연합군은 최종적으로 진격에 성공했지만 상당한 피해를 입은 상황이었다.

상대적으로 전투력이 건재한 연합군과 독일군 부대들이 프랑스 북서부의 어떤 지점

073  Hans Speidel, Invasion (Rainer Wunderlich Verlag, 1949). "Ideas and views of Field Marshal Rommel on defence and operations in the West in 1944", NAW MS B 720의 Speidel 참조. IWM AL 510/1/3.

에서 충돌한다고 가정한다면, 그 결과는 아무도 단언할 수 없을 것이다. 방어군이 성공적으로 기동하려면 일시적이더라도 특정 지역을 확보해야 했다. 기동에는 그 기반이 필요하다. 만약 독일군이 가이어의 의견을 따랐다면, 해안 방어부대가 거의 무의미한 수준까지 취약해지고, 예비대들은 필요한 기반을 확보하는데 어려움을 겪었을 것이다. 그리고 기동의 문제와 함께 롬멜의 마음을 지배하고 있던 강력한 공군의 문제도 함께 가정할 필요가 있다. 방어에 나선 독일군은 사실상 항공정찰을 포기한 채 작전을 수행하고, 언제나 집결된 적을 향해 공격을 가할 준비를 마친 공군의 위협을 받으며 전술 차원의 승리를 기대해야 했다. 이런 가정으로는 결론을 낼 수 없다. 가이어의 개념은 대체로 탁월하지만 탁상공론처럼 보인다. 기동 부대를 먼 측면에 배치하고 적을 그 측면에서 강타하도록 준비한다는 가이어의 주장은 일견 고상해 보이지만 1944년 노르망디의 상황에 적용할 수 있었을지는 의문스럽다. 전반적으로 볼 때, 연합군은 지상과 공중 양면에서 독일군에 대해 막대한 물량 우위를 달성했으므로, 야전으로 발전하기 전에 막아야 한다는 롬멜의 직감에 동의하지 않을 수 없다. 그리고 서부전선이 장기간 지속될 경우 독일이 서부와 동부 양면에서 압도당할 것이라는 롬멜의 주된 논지는 분명 유효하다.

가이어는 자신의 시각을 마지막까지 굳게 고수했다. 그는 롬멜이 적의 공군력을 과장하고 기동전의 원칙들을 저버렸다고 생각했고, 서부 프랑스에서 집중된 전력으로 성공적인 작전을 할 수 있다고 판단했다. 그는 롬멜이 이런 원칙을 적용하지 않고 전투가 개시된 이후에 전선의 기갑부대를 뒤로 돌리고 보병사단들로 그 자리를 대체해 강력한 기갑 예비대를 편성하지 않았다고 비난했다. 단 후자의 경우 롬멜이 그렇게 할 수 있었을지 불확실했지만 말이다. 그는 당시를 회고하며 '롬멜의 비관주의와 전략적 교육을 받지 못한 점'을 비난했다.[074]

하지만 가이어 자신은 종전 후가 아닌 전쟁 당시인 6월 15일에 구데리안에게 주간 이동이 불가능했다고 보고하며, 연합군 공군력의 영향이 매우 크고, 모든 지휘 결심과정에 이를 고려하지 않을 수 없다고 설명했다. 그는 6월 7일의 작전에 대해서도 적 공군이 우회로가 거의 없고 찾기도 힘든 마을, 교량, 수문교와 같은 병목 지점들을 폭격해서 도로 왕래를 심각하게 방해했다는 기록을 남겼다.[075]

가이어는 모든 부대이동을 야간에 실시해야 했고, 야간으로 기동시간이 제한된 기갑부대의 반격은 거의 효과가 없었다고 언급했다. 그리고 큰 손실이 없이는 침공 전선에

074    NAW MS B 466.
075    Geyr von Schweppenburg, "Invasion Without Laurels", An Cosantoir. 상기 주석 485번 참조

서 중대급 이상의 기갑부대 운용은 더이상 불가능하다고 기록했다. 실제로 그랬다. 상황이 발생한 이후 공군에 대한 가이어의 견해는 롬멜과 다를 바 없었고, 따라서 가이어가 후일 주장한 것과 같이 롬멜이 그를 제지하지 않았다면 집중된 기동을 수행해 반격에 성공했을 가능성이 있다고 믿기는 어렵다.

상대적으로 침공 이후 상당한 규모의 작전적 철수가 필요했다는 가이어의 관점은 타당했다. 그는 독일 기갑부대의 강점이 저하되는 보카주 지역 전체에서 철수하기를 원했다. 당시 모든 지휘관과 참모들은 강박적으로 어떤 '작전적 자유'도 허락하지 않는 히틀러에 반발하고 있었지만 롬멜의 관점에서 작전적 철수는 앞으로의 전망이 사라진 뒤에나 고려할 선택지였고, 가장 우선시되어야 할 행동은 침공에 대항한 전투계획의 수립이었다. 롬멜이 이 문제에서 전략적 이해력이 부족했다는 비판은 옳지 않다. 그는 당시의 전쟁 상황에 따라 현장에서 어떤 일이 가능하고 그렇지 않은가에 대해 지나칠 정도로 현실적인 감각을 가졌을 뿐이었다. 롬멜은 항상 그랬다. 그는 냉철하게 상황을 보았다.

초기에는 롬멜과 히틀러의 시각이 유사했다. 히틀러는 롬멜과 같이 해변과 해안 지역을 방어하기로 결심했지만, 처음부터 서부 방면의 지휘관들에게 어떤 자유도 부여하지 않았다는 비판을 받았다. 결과적으로 이런 방침은 실제로 침공이 시작되었을 때, 멀리 떨어진 방공호 속에서 전투의 전술적 세부사항까지 직접 통제하는, 불합리하고 성공할 수 없는 상황으로 이어졌다. 이런 태도와 그에 대한 비판은 동부전선에서도 반복되었는데, 이미 히틀러는 동부에서 휘하의 독일군을 희생시켜서라도 영토를 양보하지 않기 위해, 방어가 불가능한 피비린내 나는 진지에 병력을 묶어두겠다는 야만적인 결심을 여러 차례 반복해 왔다.

그러나 서부전선은 러시아가 아니었다. 유럽의 해안은 러시아의 강에서는 사용할 수 없던 방법으로 방어할 수 있었다. 그리고 러시아에서는 상황이 반전되어 독일군이 크게 후퇴하기 전까지는 매우 깊은 종심이 있었지만, 프랑스는 북부 해안과 독일 제국의 국경 간의 종심이 상대적으로 얕았다. 예비대를 어느 곳에 배치하더라도 적이 상륙하고 교두보를 확보하면 히틀러는 조기에 반격 기동을 요구했을 것이고, 이는 방어가 불가능한 전방 전선을 고수하라는 명령과 연계되었을 가능성이 높다. 작전 개념이 달랐다 해도 독일군이 실제로 노르망디 전투에서 달성한 것보다 성공적이지는 않았을 것이다. 분명한 사실은 만약 연합군이 해안을 확보하고 교두보를 강화했다면, 어떤 방법을 사용하더라도 상륙을 허용할 수밖에 없었다는 점이다.

롬멜은 5월 9일에 퐁텐블로에서 떠나 보니에르(Bonnières) 인근의 센 강 굽이에 있는 라 로슈 기용(La Roche Guyon)의 대저택에 설치한 B집단군 사령부에 개인 거처를 마련했다. 강의 북단에 솟은 절벽에는 큰 동굴을 파서 사령부 장병들을 위한 대피호를 만들었다. 이 대저택은 드 라로슈푸코(de la Rochefoucauld) 공작의 집으로, 롬멜과 그의 소규모 참모 장교단은 공작과 그의 가족들에게 상당한 비용을 지불했다. 롬멜은 프랑스와 프랑스 전원지역을 사랑했고 자신의 장병들과 프랑스 주민들 간의 관계가 상호 존중을 바탕으로 가급적 친근해져야 한다고 주장했다.

하지만 그나 다른 어떤 야전 지휘관들도 보안대(Sicherheitsdienst: SD)를 통제하지 못했다. 이들은 집단군, 서부지역 총사령관, 파리에서 근무하는 프랑스 주둔군 사령관 폰 슈틸프나겔 장군 중 누구의 명령도 받지 않고 SS제국친위대장 하인리히 힘러에게서 직접 명령을 받는 내부 보안 기관이었다. 내부 보안의 필요성은 누구도 부정할 수 없었다. 프랑스 레지스탕스 활동에 대해 꾸준한 감시와 방어적인 예방이 필요하다는 점은 분명했고, 점령군은 레지스탕스 활동을 당연하다는 듯이 테러리즘이라 불렀다. 폭탄 경보나 롬멜을 포함한 주요 인사들에 대한 암살 시도 경고가 빈번히 날아들었다. 보안 조치들은 사법경찰(Kriminalpolizei)과의 합의도 거쳐야 했다. 롬멜은 덴마크를 시찰하던 12월 9일에 개인 열차를 대상으로 한 공격이 임박했다는 정보를 받은 이후 위험을 끊임없이 인식해야 했다. 암살 공격의 대응은 SS의 책임이었고 롬멜은 대체로 친절하고 특별히 불만을 품지 않은 주민들 사이에서 안전하다는 느낌을 받으며 긴장을 풀 수 있었다.

저택에 마련한 롬멜의 방에서는 장미 정원을 내다볼 수 있었고, 1685년에 루부아(Louvois)가 낭트 칙령 폐지에 서명했던 르네상스 시대의 책상에서 업무를 진행했으며, 주변의 전원 지역을 즐겁게 거닐곤 했다. 이따금 승마를 할 때도 있었다. 롬멜은 닥스훈트 개 두 마리를 얻었는데 이 개들은 곧 그의 작은 가족의 일부가 되었고, 편지에는 개들의 장난이나 습관이 빈번하게 화제에 올랐다. 여기에 아약스(Ajax)라는 이름의 대형 사냥개가 추가되었다. 롬멜은 3월 30일에 루시에게 보낸 편지에 "아약스를 위해 견세(犬稅)를 내야 하오"나, 어린 닥스훈트들은 "정말 너무 재미있지만 아직 훈련을 잘 받지 못했소"[076]라 덧붙였다. 그는 토끼 사냥을 무척 좋아했고, 가끔씩 시간을 내서 즐겼다. 다만 롬멜은 히틀러의 독일이 점령지에서 대체로 인기를 얻고 있다고 생각하며 위안을 하지는 않았다. 그는 4월 23일 일기에 "평화로운 세상을 어떻게 볼 수 있을까"라고 썼다. "그들의 증오가 우리를 향하고 있다."[077]

..........................

076    아약스는 5월에 죽어서 롬멜을 슬프게 했다. IWM AL 2596
077    Rommel diaries, EPM 11

롬멜은 빈번히 출장을 떠났고, 자신의 지휘영역 하에 있는 넓은 방어 지역들을 방문하고 또 방문했다. 때로는 4월 23일부터 5월 3일까지 그랬던 것처럼 히틀러가 부여한 일반 감독 임무로 인접부대 사령관인 블라스코비츠 장군의 대서양, 피레네(Pyrene), 지중해 방어지역도 시찰했다. 그는 가는 곳마다 활기를 불어넣었고 지휘관들에게 자신의 논지, 즉 전쟁이 서부에서 곧 결정되리라는 점을 꾸준히 상기시켰다. 그는 작업이 진척되고 방어에 대한 확신이 강해지는 모습에 기뻐했다. 현지 부대의 노력이 부적절하거나 이해가 부족한 경우에는 우울하게 이를 기록으로 남겼다. 성공은 항상 지휘관, 주로 사단장의 자질에 달려있었는데, 지휘관의 자질에는 상당한 격차가 있었다.

라 로슈 기용에 위치한 롬멜의 군사적 '가족'은 소수였다. 이들은 아프리카 시절 본부 경호대의 오랜 전우들을 대체했다. 작전참모장(Ia)은 폰 템펠호프(von Tempelhoff) 대령으로 이탈리아에서 함께 근무했던 믿을 만한 동료였고, 롬멜이 시찰을 떠날 때 자주 동행했다. 영국인 아내와 결혼한 템펠호프는 롬멜이 히틀러 유겐트에 배속되었던 1938년부터 롬멜과 알게 되었는데, 당시 군에서 롬멜은 템펠호프의 주변 인물들보다 국가사회주의에 더 열광적이라는 평을 받고 있었다. 하지만 이탈리아에서 롬멜과 재회한 템펠호프는 평화에 관해서 자주 대화를 나누며, 평화가 필수적이고 긴급하다고 단언하는 롬멜의 견해를 들었다. 그리고 템펠호프는 히틀러를 만난 상급자들의 열정이 낙심으로 바뀌고 현실을 직시하게 되는 모습들을 목격했다. 롬멜도 예외는 아니었다. 롬멜은 3월 21일에 히틀러를 만난 후에도 회의장을 떠나며 히틀러에게서 모든 것을 얻어냈다고 템펠호프에게 말했지만 불과 반 시간도 지나지 않아 "그가 내게 실제로 뭘 줬지?"라고 외쳤다.[078]

롬멜은 템펠호프, 그리고 자신의 참모들 모두와 공감하고 있었다. 이들은 행복한 집단이었고 롬멜이 떠나갔을 때 그들은 롬멜을 몹시 그리워했다. 그들은 대화에서 자극을 주지만 결코 대화를 지배하려 하지는 않은 롬멜을 그리워했다. 롬멜은 주장이 아닌 경청에도 능숙했다. 참모들은 롬멜의 유머감각을 그리워했는데 그 유머감각은 곧잘 롬멜 자신에게 향했다. 한 번은 루게가 대담하게도 롬멜 원수의 얼굴에 있는 붉은 점을 언급하자 롬멜은 피부가 뜨거운 물에 노출될 때면 그 점이 항상 나타난다고 말했다. 그리고는 이제 세수를 하면 이들이 항상 그 말을 할 수 있겠다고 생각하며 빙긋 웃었다.[079]

참모진들은 롬멜이 새로운 발상을 접할 때 보여주던 즉각적이고 능동적인 관심도 그리워했다. 만약 누군가가 제안한 기술적 장치가 검토할 가치가 있다고 생각된다면 롬멜

078 Tempelhoff, EPM 3

079 Ruge, 앞의 책

은 다음 날 아침에 전화를 걸어 이를 개선할 자신만의 제안을 말할 것이다. 롬멜은 열린 마음을 가졌고, 매사에 흥미를 느끼면서도 친절했다. 참모진들은 대체로 롬멜의 측근만이 그의 진정한 가치를 알 수 있을 것이라는데 동의했다. 이제 롬멜의 건강은 호전되었고, 가끔 요통을 겪기는 했지만 체력도 다시 돌아온 것 같았다.

프라이베르크(Freyberg) 대령은 템펠호프를 보좌하며 인사 문제를 담당했다. 정보참모(Ic)는 슈타우프바서(Staubwasser) 대령으로, B집단군에 합류하기 전에는 OHW 산하 FHW의 '영국과'에서 근무했던 인물이었다. 슈타우프바서는 드레스덴 시절 롬멜의 학생이기도 했다. 그 역시 롬멜 원수와 취향이 맞았고 롬멜이 라 로슈 기용 주변의 숲에서 개들을 데리고 산책을 할 때 함께 다니곤 했다. 침공이 시작되기 전 여름에 롬멜이 센강의 고요한 아름다움을 가리키며 슈타우프바서에게 이렇게 이야기하곤 했다. "센 강의 계곡을 보게." 그리고는 풍경과 대비되는, 독일 본토에 매일 밤 되풀이되는 파괴에 대해 이야기하며 평화가 필요하다고 덧붙였다.[080] 그리고 롬멜은 연합군이 히틀러와 결코 협상을 하지 않을 것이라고 여겼는데, 사실 히틀러 자신도 비통한 어조로 롬멜에게 같은 추측을 내놓은 적이 있었다.

라 로슈 기용에는 공병부장 마이제 장군도 있었다. 마이제는 앞서 언급한 것과 같이 롬멜이 공병 분야에서도 우수한 독창성을 지녔다고 여겼다. 그리고 병기부장이자 선임 포병사령관인 라트만(Lattmann) 대령도 있었다. 라트만과 롬멜의 가족은 오랜 친구였고, 롬멜은 다른 대부분의 측근들에게 그랬던 것처럼 라트만과 상당히 터놓고 대화했다. 라트만과 그의 부인은 롬멜을 깊이 존경했다. 후에 라트민의 가족들이 나치 당국과 심한 문제가 생겼을 때 롬멜은 그들을 돕기 위해 최선을 다했다.

모든 수색대를 총괄하는 게르케(Gehrke) 장군도 다른 여러 부관 및 전속부관들과 같이 라 로슈 기용에 체류했다. 부관 중 한 명인 랑(Lang) 대위는 롬멜이 구술하는 개인 일지를 받아쓰는 일을 했다. 두 권의 일지를 보면 롬멜의 일상과 오고 간 기록, 그리고 당시 그를 방문한 사람을 알 수 있다. 이 일지는 집단군 사령관의 공식 활동 기록인 총사령관 일간 보고서(Tagesberichte des Oberbefehlshabers)[081]로, 많은 경우 보다 개인적인 내용인 롬멜 일기를 요약해서 기록했고[082] 때로는 같은 문장을 옮기기도 했다. 하지만 롬멜은 자신의 손으로 직접 쓰지 않고 구술했지만, 개인 일기에는 보다 인간적인 묘사, 감정, 걱정 등을

--------

080  Staubwasser, 인터뷰, EPM 3
081  Staubwasser, 인터뷰, EPM 3
082  EPM 11. 루게는 매일의 동향과 관심사들에 대해서도 꼼꼼한 기록도 남겼다. Ruge, 앞의 책 참조

남겼다. 공군 연락장교 한 명도 저택에 체류했다. 롬멜은 이따금 공군 사령부에 대해 분노를 표했고, 아마 연락장교는 그때마다 힘겨운 시간을 보냈을 것이다. 여기에는 괴링에 대한 롬멜의 혐오감이 반영되어 있었다. 롬멜과 마음이 맞는 인사였던 루게 제독도 해군 대표로 저택에 있었다. 롬멜은 루게를 좋아했고 루게 역시 롬멜을 존경했으며 그의 근본적인 겸손함, 소박함, 가식없는 모습을 존경했다. 저택 내의 분위기는 조화로웠고, 인가된 국가사회주의 연락장교는 없었다.[083] 당시 롬멜은 궁극적인 유럽의 재건 및 평화로운 통합이 필요하다고 자주 이야기했다.[084]

참모들은 참모장(der Chef) 밑에서 일했다. 그들이 라 로슈 기용으로 처음 이동할 당시에는 믿음직스럽고 지식이 뛰어난 가우제가 참모장으로 재직했는데, 그는 승리와 패배 등 상상할 수 있는 모든 상황에서 롬멜을 보았고 롬멜이 행복해하는 모습과 모든 것을 정복하는 모습, 깊이 낙심하는 모습을 모두 지켜보았다. 4월 15일에 가우제는 롬멜의 요청에 따라 뷔르템베르크 출신이며 지적이고 장군참모부 경력이 있는 한스 슈파이델 장군으로 교체되었다. 롬멜은 4월 20일에 가우제를 위해 작별파티를 개최하고 그곳에서 멋진 연설을 했다. 슈파이델은 B집단군에 합류하기 전에 OKW에 있는 요들에게 이임 보고를 했는데, 그로부터 롬멜의 '아프리카 병(Afrikanische Krankheit)', 즉 비관주의에 대해 경고받았다.

롬멜의 활력은 기존의 지휘부 휘하에서는 대체로 존재하지 않던 협조체계를 서부 방면에 구축했다. 방어에 관계된 조직들은 서로 다른 지휘체계 하에 있었다. 육군은 자군 지휘관들의 지휘를 받았고, 해군과 공군도 마찬가지였다. 거대한 지원 조직인 토트 단은 군수장관 알베르트 슈페어(Albert Speer) 밑에서 일했다. 프랑스 군정사령관(Militärbefehlshaber Frankreich) 폰 슈튈프나겔은 다른 기관들과 협의할 일정한 권한을 가졌고 특히 주민 및 그들에게 영향을 미치는 조치들에 관한 권한이 있었다. 보안 부대는 앞서 언급한 바와 같이 하인리히 힘러의 통제를 받았다. 그리고 명목상이나마 프랑스의 페탱 원수 행정부와의 협조가 필요한 활동을 위해 파리에 있는 독일 대사 오토 아베츠(Otto Abetz)도 일정한 책임을 졌다. 롬멜이나 룬트슈테트가 쉽게 명령할 수 있는 영역은 엄격하게 제한되었으며, 복잡한 체계 내에서는 협조가 필수적이었다. 이전에는 그런 협조가 거의 이뤄지지 않았지만, 롬멜의 열성과 슈파이델의 두뇌 덕에 이 문제는 크게 개선되었다. 침공을 방어하기 위한 준비는 한층 빨라졌고, 롬멜 자신도 방문하는 부대들

---

083   12월 이후 국가사회주의 지도장교가 모든 부대에 배치되었다.
084   Ruge, 앞의 책

에 대해 비난보다 칭찬을 하는 경우가 늘어났다. 5월 9일에서 11일까지 롬멜은 파드칼레와 노르망디를 모두 방문했는데, 포이흐팅거(Feuchtinger) 장군의 제21기갑사단에서 좋은 인상을 받고 매우 기뻐했다. 그는 1940년에 유령사단이 달렸던 길을 빈번히 오갔다. 그리고 제91공수(Luftlande)사단을 검열한 후 5월 17일 저녁에 장교들과 함께 촛불을 켜고 만찬을 가진 자리에서 과거 생 발레리에서 만난 프랑스 장군이 자신의 어깨를 치며 "귀관은 너무 빨랐소!"[085]라고 말했던 일화를 이야기하며 추억에 잠겼다. 그 후에 롬멜은 아프리카에서 놓친 기회들에 대해서도 이야기했다.[086] 롬멜은 다음 날 어느 타타르인 대대를 검열하고 이들의 큰 열성에 주목했다.[087] 당시 서부전선에는 독일군에 복무하는 러시아 장병들이 많이 있었는데, 이들은 그들 가운데 일부였다. 롬멜은 열의와 노력, 그리고 그들의 훌륭한 정신에 반응했다. 롬멜은 그들을 고취시키고 자신도 그 영향을 받았다. 롬멜은 시찰을 하는 동안 어떤 특별 대우도 거부했고, 보통 병영에서 커피를 마시거나 식사를 하고 장병들과 대화와 농담을 나눴다. 롬멜은 그런 순간을 가장 선호했다. 프랑스는 그가 모두에게 말한 바와 같이 전쟁이 결정될 곳이었고 롬멜은 자신의 직책이 결정적인 전투를 준비하는 것이라는 사실을 기뻐했다. 시찰 중 보여준 짧은 구두 발언들은 힘과 명확성의 표본과도 같았다.

그는 5월 13일자 일기에 일부 인사들은 자신이 프랑스 해안을 방어하기 어려운 상태로 방치했다는 부적절한 평가를 남겼다고 언급했다. 이제 롬멜은 두 시각 모두가 잘못되었음을 입증하는 과정에 있었다. 회의적인 시선에도 불구하고 롬멜은 최고 사령관으로부터 임무를 위임 받았다. 그는 일기에 "총통이 나를 믿고 있고 내게는 그것으로 충분하다(Der Fuhrer vertraut mir, und das geniigt mir auch)."[088]고 기록했다. 물론 일기는 구술된 것이었으므로 이와 같이 나무랄 데 없는 감정이 '기록을 위해' 남겨진 것이고 충성의 증명을 위해 솔직한 심정을 구술하지 못했을 가능성도 있다. 하지만 정황적으로 그렇지는 않아 보인다. 자기 보호적인 위선은 히틀러 정권 휘하의 독일에서 보기 드문 일이 아니었지만, 롬멜은 그런 부류의 사람이 아니었고 그런 미묘한 태도를 선호하지도 않았다.

모든 독일인들은 영국과 관련된 위안이 될 법한 모든 소문에 매달렸고, 롬멜 역시 대다수 일반인들보다 희망사항의 환각에 특별히 면역력이 있는 것은 아니었다. 그는 4월 26일에 루시에게 이런 편지를 보냈다. "영국의 분위기는 점점 나빠지고 파업이 반복되

085   BAMA N 117/22
086   Rommel diaries, EPM 11
087   BAMA N 117/22
088   Rommel diaries, EPM 11

며 '처칠과 유대인을 타도하라'는 외침과 평화를 지지하는 주장이 점점 커지고 있소. 위험한 공세 작전을 앞둔 시점에서는 좋지 않은 전조라오!"[089]

당시 롬멜은 많은 대화와 서신들에서 자신의 직책과 총통의 판단력을 확신한다는 인상을 남기려 노력했다. 이는 히틀러가 특유의 판단력을 통해 군사적 성공을 정치적 결말로 활용하기 위한 최선의 방법을 밝혀낼 것이라는 믿음이기도 했다. 정치적으로 조속한 평화를 추구해야 한다는 롬멜의 시각은 결코 흔들리지 않았다.

그러나 여기에는 심각한 논리적 결함이 있었고, 두 가지를 동시에 확신한다는 것은 불가능했다. 롬멜은 태연을 가장하며 집으로 희망이 점점 커지고 있다는 편지를 보냈지만 내심 불안해했고 특히 제공권에 대해 우려했다. 그리고 기갑 예비대 문제 역시 만족과는 거리가 멀었다. 그의 손끝 감각은 자연스러운 낙관론과 충돌했다. 하지만 롬멜은 오랜 지인에게도 당시의 상황이 토브룩을 눈앞에 두고 있을 때보다 더 낫다고 말했다.

"예 원수님, 하지만 우리는 여전히 문제를 안고 있습니다!" 롬멜은 그 말에 동의하며 예감이 좋지 않다고 중얼거렸다.[090]

롬멜은 5월 19일에 작업 현황을 확인한 히틀러로부터 특별한 찬사를 받았다. 그 찬사는 분명히 좋은 일이지만 여전히 부족한 면이 있었다. 롬멜은 만약 다시 한번 히틀러를 직접 만날 수 있다면 서부전선의 목적을 달성하기 위해 총통이 쥔 권한의 위임을 설득할 수 있을 것이라 믿었다. 그는 5월 28일 일기에 총통 주변의 사람들(die Männer um den Führer)이 총통에게 진실이 알려지는 것을 가로막고 있다는 인상을 받았다고 기록했다. 롬멜은 여전히 자신이 이 상황을 바로잡을 사람일지도 모른다고 믿었다.

독일에게 주어진 시간이 얼마 남지 않았다는 점은 부정의 여지가 없었다. 롬멜은 이른 여름에 계속 증가하는 연합군의 공습으로 고통을 겪는 프랑스에 진심으로 연민을 느꼈다. 그는 이 공습들이 앞으로 있을 전투의 당연한 전조임을 알았지만 불청객인 독일군보다도 맹공격에 노출된 주민들을 안타까워했다. 그는 성령강림절인 5월 29일에 루시에게 편지를 보냈다. "영-미 연합군은 끝없는 폭격을 결코 누그러뜨리지 않고 있소. 프랑스는 그로 인해 끔찍한 고통을 겪고 있소. 48시간 안에 주민 중 3천 명이 죽었다오. 우리의 손실은 보통 정도에 불과하오."[091] 하지만 롬멜의 가장 큰 걱정거리는 프랑스인들의 고통이 아닌 지휘체계의 결함이었다.

......................

089   IWM AL 2596

090   Koch, 앞의 책

091   IZM, ED 100/175

롬멜은 히틀러의 선임 부관 슈문트 장군과 항상 좋은 관계를 유지했다. 그리고 슈문트를 통해서 면담을 성사시킬 수 있기를 바랐다. 루시의 50번째 생일이 다가오고 있었고, 정보 부서에서는 조석차를 감안할 때 6월 초순은 연합군이 침공을 시도하기에 적합하지 않은 기간이라고 판단했다. 롬멜은 하루나 이틀 외박을 받아 루시에게 파리에서 구입한 신발을 선물하고, 슈문트가 총통과의 면담 일정을 잡으면 즉시 이동할 수 있는 헤를링엔의 자택에 머물기로 결심했다. 히틀러는 베르히테스가덴 산장에 있었고, 뷔르템베르크와 히틀러의 산장 간의 거리는 그리 멀지 않았다. 슈문트는 만약 롬멜이 자택에서 대기해 준다면 최선을 다해보겠다고 했다. 그리고 롬멜은 별 위기가 없을 경우 6월 초에 차편으로 라 로슈 기용을 떠날 준비를 했다. 그는 6월 3일에 룬트슈테트에게 보고하고 다음 날 떠나도 좋다는 허가를 받았다. 그는 노르망디에 자신의 지휘 하에 2개 기갑사단, 1개 대공포군단(Flakkorps), 그리고 1개 다연장로켓 여단을 추가로 요청할 계획을 세웠고,[092] 바이에른에 있는 부인과 만나려는 템펠호프 및 랑을 대동하기로 했다.

롬멜은 항상 포로들과 대면해 이야기를 나누는 기회를 이용했다. 그는 포로와의 대면에서 적의 기분, 분위기, 의견과 같은 무형적인 부분을 감지할 수 있을 것이라 믿었다. 롬멜은 당시까지도 뉴질랜드군의 뛰어난 탈주자인 클리프턴 준장이나 다른 포로들을 회상하곤 했다.[093] 롬멜은 5월 20일에 제15군 참모부로부터 해안에서 적 장교 한 명을 잡았고, 정찰이나 사보타주 활동과 관련되었음이 분명하다는 말을 듣고 즉시 그를 라 로슈 기용으로 보내라고 명령했다. 당시 파괴공작원은 즉시 처형될 수도 있는 입장이었다. 몇 시간 후 문제의 장교인 조지 레인(George Lane) 중위가 롬멜 앞으로 연행되었다.

레인은 헝가리 태생으로 영국군에 입대 후 임관했다. 그는 당시 적 해안을 강습하는 훈련을 받은 영국군 특수부대인 코만도(Commando)에 복무하고 있었으며, 그중에서도 매우 특수한 부대인 제10코만도연대 10중대원이었다. 이 중대는 유럽의 독일 점령지에서 탈출하여 영국군에서 싸울 준비를 갖춘 인원들로 편성되었으며, 포로로 잡힐 위험에 대비해 통상적으로 가명을 썼다. 부대원 중 몇 명은 유대인이었는데, 레인이 본명인 헝가리 출신의 라니(Lanyi)라는 신분으로 잡혔다면 분명히 체포 후 보안부대에 인계되어 처형당했을 것이었다. 하지만 당시 레인은 영국 국적자였고 전쟁 포로 상태였으므로 '파괴공작원'이 아닌 군인으로 취급되었다.

제10코만도연대 10중대는 프랑스 해안에서 수중 및 해변 장애물을 개척하기 위해 힘

---

092   BAMA N 117/22
093   Rommel diaries, EPM 11. 해당 사례는 1944년 5월 17일자 일기 참조

들고 위험한 작전을 많이 수행하고 있었다. 독일군의 신형 지뢰가 발견되었다는 보고가 올라오자 자원자들이 이 지뢰를 조사하기로 했는데, 이 임무의 예상 생환률은 매우 낮았다. 프랑스에 네 번째로 침투한 레인과 한 명의 공병 장교는 솜강 어귀에 고무보트로 상륙했고, 이들은 두 개의 독일군 순찰대를 만났지만 잡히지 않고 몸을 피한 후 다시 노를 저어 바다로 빠져나갔다. 그러나 침투 모선은 이미 떠난 상태였다. 이들은 곧 독일군 경비정에 붙잡혔고 파괴공작원으로 총살될 것이라는 말을 들었다. 하지만 레인은 눈가리개를 하고 차에 탑승한 채 상당한 거리를 이동했고 마침내 티 없이 깔끔한 제복 차림에 영어를 완벽하게 구사하는 독일군 장교가 손을 흔드는 모습을 보게 되었다. 템펠호프였다. 잠시 후, 템펠호프는 레인에게 매우 중요한 인물을 만날 테니 샤워를 하라고 제안했다. 중요한 인물이 누구냐는 레인의 질문에 그가 대답했다. "롬멜 원수요."

레인은 후에 롬멜을 다른 상황에서 만났다면 곧바로 마음에 들었을 인물로, 친절하고 거드름을 피우지 않고 협박의 기미도 보이지 않았으며 심지어 실례되는 행동도 전혀 하지 않는 사람으로 기억했다. 롬멜은 긴 방에 놓인 테이블 건너편에 앉아 있었고, 레인이 들어가자 주인의 거만함으로 방문객이 자신에게 오도록 유도하여 위압감을 주는 대신 바로 일어나 레인에게 걸어와서 악수했다. 롬멜은 자연스럽게 대화했으며 대화 자체를 즐기기도 했다. 레인은 독일어를 할 수 있었지만 영국인이라는 가짜 신분에 맞게 그 사실을 숨겼으므로 통역을 통해 대화가 이뤄졌다. 그들은 테이블에 앉아서 차를 마셨는데, 롬멜은 위협적인 어조는 아니었지만 '파괴공작원'을 언급했고 레인은 원수가 자신을 파괴공작원이라고 생각했다면 아마도 자신을 초대하지 않았을 것이라고 대답했다. 롬멜은 웃으며 물었다. "초대했다고?"

레인은 끄덕이며 대단히 영광스럽다고 말했다. 그러자 롬멜은 영국과 독일이 함께 싸울 필요성을 말했다. 레인이 영국은 독일의 많은 정책들을 혐오스러워 한다고 응수하자 롬멜은 의아해하는 것 같았다. 레인은 유대인을 언급했다.

롬멜은 그리 오래 생각하지 않고 어느 나라나 각자의 유대인들이 있다고 논평했다. "우리 유대인은 자네들 쪽과 다르다네." 전반적으로 레인은 롬멜이 매력적이고 품위 있으며 유머감각이 있는 사람이라는 인상을 받았다. 롬멜은 프랑스와 프랑스 국민들을 언급하며 레인이 스스로 그들을 본다면 일시적인 점령을 편안해 하는 주민들을 보게 될 것이라고 말했다. (레인은 당시에 눈가리개를 했었기에 눈으로 볼 수 없었다고 응수했다!) 이따금 일기에 프랑스가 영국보다 독일을 더 좋아하는 것 같다는 인상을 받는다고 기록하던 롬멜은 자신의 관점을 계속 고수했다. 그는 프랑스인이 만족하는 법이 별로 없다고 말했다.

대화는 친근하고 편안했다.[094] 레인은 전후에 용기에 대한 포상으로 전공십자훈장(Military Cross)을 수훈했다. 이것이 국가와 자신의 운명을 결정하게 될 사건들을 겪기 직전에 완전히 자신의 관할 하에 있던 사람들과 함께하던 롬멜의 모습이었다.

독일군 내에서는 독재정권이 탄생한 첫날부터 히틀러와 나치 정권에 대항하는 음모가 구상되고 있었지만, 이 음모들은 대체로 별다른 성과도 없는 공모 수준에 머물렀다. 1938년에 히틀러가 체코슬로바키아로 진군할 것을 명령했을 때 히틀러를 체포하자는 제안이 그랬듯이 어떤 음모도 실제로는 진행되지 않았다. 이런 음모들은 히틀러의 놀라운 성공, 그리고 어느 정도 납득 가능한 이유로 혁명 시도에 대한 지지가 없다는 이유로 인해 점차 약화되었다. 독일 장교들은 천성적인 반역자가 아니었다. 히틀러에 의해, 그리고 히틀러에 대해 실시된 충성 맹세는 합법적인 절차를 통해 이뤄졌다. 그리고 군부에 의한 정부 전복, 군부 쿠데타, 정권 장악은 독일의 전통이 아니었다. 여기에 더해 히틀러가 폴란드와 프랑스 전역에서 독일에 승리를 가져오고, 해당 전역에서 전문적인 조언자들 혹은 그들 가운데 일부가 주장하던 신중함 대신 자신의 대담한 천재성으로 대승을 일궈낸 이후 히틀러는 거의 불가침의 존재가 되었다. 히틀러를 혐오하고 나치당을 경멸한 사람들을 포함해 독일군의 최고위급 장교들조차 나치의 외교 정책은 대체로 적절하고 정당하다고 믿었다는 점도 잊어서는 안 된다. 그들은 독일에 안보와 국경 조정이 필요하다고 믿었고, 소비에트 러시아에 대한 공격도 소련의 침략을 예견하고 그에 앞서 실시한 예방적 공격으로 받아들였다. 물론 동부전선의 흐름이 바뀐 후에는 이들도 독일이 무자비하고 야만적인 적에게서 위협을 받는다는 느낌을 받았다.

독일은 단결을 할 때였고, 국가 수반이자 최고 사령관에 대한 군부의 음모는 특별한 도덕적, 심리적 용기로 내딛은 일보거나, 상상조차 하기 어려운 배신으로 받아들여질 수밖에 없었다. 실제로 공모자들의 동기는 복합적이고 다양했다. 몰트케, 본회퍼, 그리고 가장 이르게는 1942년에 반나치 전단을 뿌리다 형장의 이슬이 된 이상주의적 청년들과 같은 몇몇 사람들에게 히틀러 정권에 대항하는 행동은 근본적으로 도덕의 문제였다. 나치당의 발언, 행동, 정책은 글자 그대로 죄악이었고 그 죄악의 많은 부분은 알려지지 않은 상태였지만 저항을 택한 이들은 이런 사례들을 충분히 알고 있었으며, 반대하다 살해당하거나 살해당하기 전에 음모를 기획했다.

수많은 장교들도 동부전선에서 직접 충분히 많은 것을 보고 듣고 경험했으며, 자신들의 총사령관을 같은 하늘 아래 숨을 쉴 수 없을 정도로 혐오했다. 그런 사람들에게 히틀

---

094  George Lane, 개인적 전언.

러는 독일의 배신자였고, 저항을 택한 사람들은 히틀러의 배신행위를 중단시키기 위해 모든 위험을 감수하기로 각오했다. 그들은 독일을 방어하는 것이 대량학살을 보호하는 것이라는 끔찍한 진실을 깨닫게 되었다. 처칠은 전쟁이 끝난 후 이들이 "자신들의 양심만을 좇아 어떤 도움도 없이 싸웠다."[095]며 높이 평가했다.

말 그대로 외부의 도움은 전혀 없었다. 비밀스런 접근이 성사되었으나 그에 대한 연합군의 대응은 냉정했다. 독일은 구제불능의 국가일 뿐이고, 히틀러도 포악한 독재자임은 분명하지만 크게는 최근에 등장한 독일의 침략자 중 하나에 불과하며, 자칭 독일의 평화를 추구하는 집단들은 재앙에 직면한 시점이 되어서야 뒤늦게 강화 조건을 요구할 자격이 없고, 그들도 근본적으로는 독일인이며, 어떤 독일인도 반 히틀러 음모에 성공할 것 같지 않다는 정서가 뿌리깊이 자리 잡고 있었다. 공모자들을 옹호했던 처칠도 처음부터 회의적 시각에 반발하기보다는 차츰 생각이 바뀐 경우로 보인다. 아마도 은밀하게 소비에트 연방의 야망이 구현되는 상황을 희망하고, 이를 위해 독일을 몰락시킨 후, 진공 상태가 된 중부 유럽을 소비에트의 힘으로 채우기를 원한 사람들이 그런 시각을 부추겼을 것이다. 좋지 않은 동기와 뒤늦은 상황판단으로 인해 발생한 이런 괴로운 상황은 부당하지만 이해는 할 수 있다.

공모자들 가운데 많은 사람들은 여러 가지 추론을 통해 결론에 도달했다. 나치 체제는 본질적으로 비도덕적이었다. 이론적으로 보면 히틀러의 국가는 국가의 정체성에 대한 공모자들의 이상에 합치하지 않았다. 그리고 현실적으로는 재앙이 임박했다는 명확한 전망도 근거로 작용했다. 기본적으로 도덕적인 동기를 가진 사람들, 그리고 도덕적인 측면에서 사고하는 이후의 세대들은 재앙이 목전에 닥쳐서야 뒤늦게 반 히틀러 정책을 지지하는 것은 기회주의적 행동이라 여기는 경향이 있다. 그리고 이런 견해는 분명히 롬멜에게도 적용된다. 설령 그의 입장이 제대로 이해되지 못했다 해도 말이다.[096] 물론 많은 공모자들의 도덕적 측면을 부인하자는 것은 아니다. 특히 군 소속의 공모자들은 그들의 시각이 어떤 근거에서 출발했더라도 결과적으로 히틀러가 독일을 파괴할 것이라 믿고, 스스로 행동에 나서야 한다고 느꼈다. 그들은 참상의 확대와 전쟁의 패배를 전략적으로 인식했고, 히틀러가 내린 수많은 전략적 결심이 매우 끔찍한 재앙을 초래했다는 점을 비난했으며, 히틀러가 국제 사회에서 버림받았고 국가 전체를 명백히 타락시켰음을 깨달았다. 평화는 절실했고, 누구도 히틀러와 평화에 대해 대화하지 않을 것이 분

095   Richard Lamb, The Ghosts of Peace (Michael Russell, 1987)
096   해당 사례로 H.B. Gisevius, Bis zum Bittern Ende (Fretz von Wasmuth Verlag, Zurich, 1946) 참조

명한 만큼, 히틀러를 제거해야 평화를 얻을 수 있었다. 다른 어느 나라도 히틀러와 협상을 하지 않을 것임은 히틀러 자신도 인정했다. 따라서 히틀러는 사라져야 했다.

많은 공모자들은 나치 독일이 억압적이고 폭력적이며, 이런 상황을 조장한 히틀러를 죽어야 한다는 사실에 동감하고 있었다. 히틀러는 결코 사임하지 않을 것이며, 자신 위하거나 히틀러에게 헌신적인 자들에게 둘러싸여 있었다. 체제의 생존은 그들에게 달려 있었다. 정부의 공직들은 대개 나치당의 기구들이 그 역할을 대신했고 치안은 무자비한 국가 안의 국가인 SS의 손에 있었다. 무솔리니를 실각시킨 '파시스트 대평의회'와 같은 기구는 소집될 수 없었다. 만약 히틀러를 제거해야 한다면 그 방법은 암살 뿐이었다. 그러나 이 역시 끔찍하게 어려웠다. 독일은 혁명적인 혼란을 싫어하고, 무질서를 혐오하고, 주기적으로 남용되는 경우에도 권위의 이익을 인정하는 경향이 있었다. 도덕적인 근거에 의한 폭군 살해는 독일인들에게 그리 자연스러운 일이 아니었다. 비밀리에 활동하는 반대파 내에서 히틀러 암살에 대한 논의는 꾸준히 제기되었지만, 실제로 행동할 경우에는 실로 끔찍한 상황을 감수해야 했다.

독일 저항운동에 참여한 용감한 이들 중 일부는 독일이 전쟁에서 질 것이 분명해지자 뒤늦게 움직였고, 히틀러의 죄악에도 불구하고 히틀러의 성공이 주는 혜택을 누리는데 만족했으며, 히틀러가 실패하기 시작한 뒤에 돌아섰다는 비판도 있다.[097]

이런 비난은 어느 정도는 이해할 수 있지만, 근본적으로 명백한 문제를 안고 있다. 공모자들뿐만 아니라 수많은 독일인들은 히틀러의 대외 정책에 진심으로 공감했다. 히틀러의 의도를 오해하고 있었다면 이해할 수 있는 일이다. 그리고 공모자들은 불가피하게 보편적인 독일인들의 견해를 따를 수밖에 없는 분위기 속에 있었다. 독일이 상승가도를 오르는 동안 히틀러는 불가침의 성역이었고, 그동안에도 약간의 음모들은 기획되었지만 어떤 시도도 성공하지 못했으며, 성공했다 하더라도 어떤 후속정권도 독일을 통치하지 못했을 것이다. 히틀러의 전략적 실패는 실질적인 이유로 비난을 받았고 그의 반대자들에게 기회가 되기도 했다. 원칙을 지키기 위한 영웅적인 자기희생이라고 할 수 없을지도 모르지만, 이런 경향은 어떤 사회에서도 다르지 않았을 것이다. 그리고 폴란드와 동부전선에서 벌어진 엄청난 규모의 악행을 전부 알고 있던 사람들이 상대적으로 소수였다는 점도 재차 상기할 필요가 있다.

도덕적 측면에는 더 많은 문제들이 있었다. 폴란드에서 그랬듯이 전쟁에서 완패하여 점령된 국가의 국민들을 −범죄까지는 아니라도− 가혹하게 취급하는 방침에 대해 항의

097   위의 책 참조.

한 독일 장교는 거의 없었다. 독일 당국에 맞서는 저항에 대한 대응은 점차 가혹한 정책과 범죄 간의 경계를 명확히 구분하기 어려워졌고, 전쟁 노력 자체가 방해되지 않는 선에서 '테러범'의 폭력에 효과적인 대응할 수단이 요구되었다. 독일장병 살해에 대한 징벌로 인질을 연행하고 이 인질들 중 일부를 총살하는 상황이 주기적으로 반복되었다. 그리고 군 당국은 동부에서뿐만 아니라 이탈리아와 프랑스에서도 똑같이 행동했다. 얄궂게도 국제법상 대부분 범죄로 해석되는 이런 법들을 집행한 사람들 중에는 히틀러에 반대한 유명한 공모자들도 있었다. 롬멜은 운이 좋게도 동부에서 근무한 적이 없었는데, 그곳에서는 많은 경우 군대가 잔혹행위와 떼어놓을 수 없을 정도로 연루되어 있었다. 동부에서는 다른 사람들의 범죄 여부에 대해 알고 있다는 혐의만으로도 문제가 되곤 했다. 반면 롬멜은 서부에서 민간인의 질서에 대해서 직접적인 책임이 거의 없었다. 이탈리아 방면에서 기록된 롬멜 관련 기록 역시 대체로 인도적인 내용이다.

개인적인 감정과는 별개로 대다수 독일군 지휘부, 그리고 그들 밑에서 근무하고 그들을 존경하던 사람들 대부분은 음모를 다른 사람들에게 맡기고 자신들은 전쟁이라는 어려운 일에 몰두했다. 그럼에도 불구하고 일부 영웅적인 사람들은 도덕적인 이유로 히틀러와 그의 철학을 매우 혐오했으며, 닥쳐올 국가적 재앙을 예견하고 매우 낙심했다. 이들은 필연적으로 위험한 상황에서 서로를 찾아 행동을 계획하기 시작했는데, 전황이 독일에 유리했던 때. 심지어 스탈린그라드와 알라메인의 패전 이전부터 그렇게 행동했다. 실행되지는 않았지만 히틀러의 목숨을 노린 초기의 시도 중 하나는 히틀러가 동부전선의 중부집단군을 방문하던 1941년 8월에 계획되었다.[098] 1943년 3월에도 역시 중부집단군 방문을 노린 또 다른 계획이 있었는데, 히틀러가 라스텐부르크로 돌아가며 탑승할 비행기를 폭파하려던 이 계획은 폭탄의 뇌관이 작동하지 않는 바람에 실패했다.[099]

히틀러를 살해하려는 또 다른 시도들은 좀 더 목표에 접근한 채 시도되었는데 한 번은 어느 전시회에서, 다른 한 번은 신규 제복을 검사하는 상황에서 시도되었다. 모든 계획이 실패했다. 그리고 암살을 시도했던, 독일과 명예를 위해 목숨을 바칠 준비가 된 암살자들은 모두 사망했거나 사망했을 것으로 추정된다. 이 숭고한 이상주의자들 가운데 다수가 독일군 내의 고위 계급 인사들을 친구로 두었거나 그들과 관계가 있었다. 그리고 히틀러를 제거하려는 각각의 계획에서 전선과 본국의 지휘관과 부대들의 지지를 충분히 확보하기 위한 계획이 동반되었다. SS는 정권에 충성할 것이 분명했고, 폭력적인

098    Terence Prittie, Germans Against Hitler (Hutchinson, 1964)
099    위의 책

정부가 전복된다면 독일 국내에는 혼란과 무질서가 뒤따를 수밖에 없었다. 뿐만 아니라 상황을 진행시키는 동안에도 전선을 지켜야 했다. 이 모든 조건을 달성하려면 전문적이고 지능적이며 빈틈없는 모의가 필요했다. 그리고 게슈타포가 도처에 있었다.

목적, 방법, 그리고 개인 간 성격차로 내부의 불화가 발생하는 것은 음모의 본질적인 특징이다. 그리고 주어진 형편 상 공개적인 논쟁을 통해서 그런 알력들을 해결할 수가 없었다. 그리고 그곳은 독일이었다. 단결된 '저항' 대신 여러 개별 집단들이 존재했고, 그 중 일부는 서로 반감을 가졌으며 상호 신뢰관계를 구축하지 않았다.[100]

1944년 봄과 여름에는 또 다른 음모가 진행되고 있었다. 전쟁 상황은 날로 심각해졌고 공습에 의한 독일의 파괴가 날마다 더욱 견딜 수 없게 되었다. 공식적으로, 비공식적으로, 모든 경로로 독일에서 나치에 반대하는 주도층들이 게슈타포에 체포되었다. 본회퍼는 1943년 4월에, 몰트케는 1944년 1월에, 그리고 다른 몇 사람도 체포되었다. 독일군 내에서는 압베어의 오슈터(Oster) 장군이 해임되어 감시 대상이 되었고 압베어 총책임자 카나리스(Canaris) 제독은 퇴역당했다. 이 두 명 모두 히틀러 반대파였고 오슈터는 초창기부터 매우 강경한 입장이었다. 시간은 공모자들과 독일의 편이 아니었다. 당시 B집단군 참모장 한스 슈파이델 장군은 그들의 동기에 완전히 동조한 장교 중 한 명이었다.

6월 4일 일요일에 롬멜은 랑과 폰 템펠호프를 대동하고 독일로 출발했다. 다음 날 그는 집에서 히틀러의 별장인 베르그호프(Berghof)에 있는 슈문트에 전화를 걸었고 목요일인 8일에 히틀러와 면담이 가능할 것이라는 말을 들었다. 그때까지 집에서 축복받은 이틀을 보낼 수 있었다. 루시의 생일은 화요일인 6월 6일이었는데, 그 날 이른 아침 6시 반에 롬멜은 가운을 입고 1층 거실에서 아무도 없을 때 부인의 선물을 정리하고 있었다. 전화가 울렸다. 슈파이델의 전화였다. 그는 노르망디에서 적의 대규모 공수 작전이 있었고 현재까지는 적의 작전이 성공적으로 진행되고 있었다고 보고했다. 이 작전이 오래 기다려온 침공인지 아닌지는 아직 불분명했다. 롬멜은 10시에 다시 그에게 전화를 걸었다. 그때 즈음에는 문제가 확실해졌다. 실제 상황으로 보였다. 공중과 바다 모두에서 공격이 확인되었다. 침공이 시작된 것이다.

---

100   이 주제에 대한 철저한(다소 편향적이기는 하지만) 정밀 분석을 위해서는 Gisevius, 앞의 책 참조

# 제21장 마지막 싸움

이제 롬멜의 마지막 전역이 시작되었다. 이 전역에서 그는 부상을 당하고 독일군은 참패했다. 나폴레옹이 그랬듯이 롬멜의 마지막 전역, 마지막 전투는 재앙으로 막을 내렸다. 롬멜은 내적으로 상당한 고충을 겪으며 이 전역을 수행했다. 그는 야전에서 부상을 당하기까지 몇 주 동안 정신과 마음이 크게 피폐해졌고, 회복도 점점 힘들어진다는 것을 깨달았다. 그의 인격은 세 가지 모습을 보였다. 한편으로는 늘 그랬듯 그저 훌륭하고 용감하고 기율 잡힌 군인으로서 불리함을 무릅쓰고 싸우며 자신이 아닌 다른 누군가의 잘못으로 인해 전투에서 패하고 있었고, 전투 중에 최대한 지략을 발휘하고 암울한 군사 상황에 노련하고 의연하게 대응했으며, 최대한 오래 정신력을 유지하며 결코 굴복하지 않고 있었다. 작전적 딜레마는 단순했지만 그만큼 끔찍했고, 작전적 문제에 직면한 롬멜은 상급자들이 현재 상황의 진실을 인정하기를 거부한다는 느낌을 받고 있었다.

롬멜은 애국자로서 분명한 전략적 감각을 가진 사람이었다. 그는 독일의 유일한 희망은 화평뿐이며, 서방 세력과 협정을 체결하지 않는다면 독일의 철저한 파괴를 피할 수 없을 만큼 물질적인 균형이 무너졌음을 잘 알고 있었다. 롬멜은 프랑스를 방어하기 위한 방침을 수립하던 시점부터 이 문제를 파악했고, 아프리카와 이탈리아에서도 이를 인지하고 있었다. 그는 독일군이 서부에서 일시적이나마 성공을 거두어 양면전선의 위협을 제거한다면 서부전선의 협정을 최우선적으로 체결할 수 있고, 이를 통해 협상 과정에서 최선의 결과를 얻을 수 있을 것이라 여겼다. 그리고 이런 신념을 품고 방어전에서 승리하기 위해 두 배 이상 노력했다. 그러나 그 노력은 결국 무의미한 노력이 되고 말았다. 하지만 패배가 명확해질수록 화평에 대한 신념은 한층 절실해졌다. 동시에 군사적 교착상태가 아닌 군사적 재앙이 임박한 상황에서 화평에 도달해야 한다는 암울한 현실에 직면하게 되었다.

이 기간 동안 롬멜은 전략적 상황을 분명히 인지한 애국자로서 또 다른 면모를 보였다. 그는 화평의 마지막 장애물이 히틀러와 그의 인격이라는 불가피한 결론에 도달했다. 뒤늦었다고 주장할 수도 있겠지만, 애국자로서 이 결론을 쉽사리 받아들이기는 어려웠다. 히틀러는 적어도 스스로 이 문제를 자각하고 있었으며, 어느 누구도 자신과는 평화협정을 체결하지 않을 것이라고 말했었다. 롬멜 역시 마지못해 인정했듯이, 히틀러는 더이상 국제적으로 용납받을 수 있는 입장이 아니었고, 타국들은 대부분 히틀러를 단순히 적국의 정치인이 아닌 범죄자로 규정했다. 롬멜은 알라메인 전투 이후 분노를 담아 히틀러를 규탄했지만, 이후 히틀러의 비범한 개성을 다시 접하자 그의 천재성에 대해 또다시 확신을 가지게 되었다. 그리고 히틀러는 롬멜에게 우정과 신뢰를 보냈고 최근에도 이를 재확인시켜주었다. 히틀러는 10년간 롬멜의 최고 사령관이었고, 롬멜은 독일을 위해 봉사하는 히틀러의 모습을 보고 감사하며 존경을 표했다. 하지만 히틀러야말로 독일이 직면한 파멸의 뿌리였다. 히틀러가 지배하는 독일은 전쟁을 계속하다 서방 공군의 맹공을 받아 분쇄되거나 동부전선에서 붉은군대에게 짓밟히는 상황 이외에는 아무것도 기대할 수 없었다. 6월부터 7월 초까지, 롬멜은 이런 생각 사이에서 고심했다.

롬멜의 인식 변화는 그가 노르망디 전투를 본 시각과 마찬가지로 세 기간으로 구분할 수 있다. 첫 번째 기간은 침공 당시에서 시작해 히틀러가 서부전선의 지휘관들을 수아송(Soissons) 인근으로 불러 회의를 한 6월 17일까지의 12일간이다.

슈파이델이 6월 6일에 두 번째 전화를 건 후, 롬멜은 헤를링엔에서 프랑스로 돌아왔다. 그는 낭시에 차를 멈추고 라 로슈 기용에 전화를 걸어 당시 적의 주 상륙지역으로 추측되던 장소에 즉시 파견할 수 있던 유일한 기갑사단이자 반격을 위한 예비대였던 제21기갑사단의 상황을 파악했다. 당시 시각은 오전 7시 30분으로, 최동단에 가장 인접한 연합군 상륙세력이 해변에 도달한 지 5분이 지난 시점이었다.

하지만 당시 제21기갑사단은 상당히 분산되어 있었다. 사단 소속 4개 장갑척탄병대대는 캉의 주변 및 북쪽에서 오른(Orne)강 양쪽에 배치되어 해당 해안지대를 책임진 고정사단인 제716사단을 보강 중이었다. 장갑척탄병은 강력한 무장을 보유했으며 기동성도 있었다. 반격 부대로 역할을 맡은 이 부대들의 존재는 일대에서 실시될 반격에 분명한 이점으로 작용했다. 하지만 사단장인 포이흐팅어 장군은 롬멜이 명령한 병력 분산으로 모든 곳에서 병력이 낭비된다며 상당한 불만을 표했다.[101] 그러나 롬멜의 신념에 의하면 노르망디와 같은 상황에서는 전력 분산의 문제보다는 적이 첫 일격을 가하는 곳

....................................
**101** Carlo d'Este, Decision in Normandy (Collins, 1983) 참조

에 즉각적으로 대응하는 능력이 더 중요했다. 이런 관점에 의하면 제716사단을 강화하고 그 지역에 최소한이나마 즉각적이고 공세적으로 활용 가능한 국지적 대응 전력을 제공하는 것은 타당성 있는 결정이었다. 하지만 분산 결정은 제21기갑사단이 여러 곳으로 흩어져 단일 사단으로서의 전투력이 열화된다는 의미기도 했다. 이 사단은 4호 전차 127대와 돌격포 40대를 보유했지만 롬멜이 예견했듯이 부대 단위의 기동은 극히 어려웠다. 당일은 물론 다음 날까지도 지역 전체에 심각한 교통체증이 계속되었다.

롬멜은 6월 6일 저녁 9시 반에 라 로슈 기용으로 돌아와 당시까지 알려진 상황을 보고받았다. 영국 BBC 방송은 6월 5일과 그 이전에 프랑스의 레지스탕스에게 침공을 준비하라는 내용을 방송했는데, 이는 몇몇 레지스탕스 세포조직을 분쇄한 독일 정보부서도 예상한 내용이었다. 하지만 이 단서로는 첫 일격이 어디로 향할지 알 수 없었고, 결국 서부지역 총사령관은 이 단서들을 일선에 경보를 발령할 정도로 신뢰성 있는 증거로 여기지 않았다. B집단군에는 야전 정보참모가 몇 명에 불과했고 이런 정보를 수집하고 분석하는 역할은 전혀 수행하지 않았다.[102] 결국 룬트슈테트의 사령부는 확실한 경보를 발령하지 않았고, 집단군과 제7군 역시 특별히 경계 명령을 내리거나 경계 조치를 취하지 않았다. 이런 상황에서 낙하산병들이 하늘에서 내려오기 시작했다.

새벽이 되자 엄청난 규모의 함대가 바다에 나타났다. 6월 6일에 적 강습 지역의 동쪽, 즉 캉의 북부에서는 영국군이 보병과 셔먼 전차로 해안에서 남쪽으로 진격하여 에르망빌(Hermanville) 부근을 확보했다. 제21기갑사단이 초저녁부터 서에서 동으로 공격을 실시해 일부가 서쪽에서 해안에 도달했으나 전차 13대를 상실한 끝에 저지당했다. 캉 북쪽에서는 연합군 공수부대가 오른 강의 다리들을 점령했다. 더 서쪽에서는 연합군이 아로망슈(Arromanches)와 쿠르쇨(Courseulles) 사이의 해안 지역에서 약 15km 길이의 전선을 확보하고 제716사단 담당구역의 서쪽, 즉 베이유(Bayeux)의 북동쪽에서 내륙을 향해 약 10km가량을 진출했다. 더 서쪽에서는 두 곳에서 대규모 상륙이 있었다. 한 곳은 콜빌(Colleville) 북쪽으로, 상륙을 시도하던 연합군은 상당한 피해를 입었고 제716사단은 해변에서 솟아있는 절벽 밑에서 공격군이 운신하지 못하도록 둘러쌌다. 하지만 그보다 더 서쪽에 위치한 비르(Vire)강 어귀의 해안 지역은 다소 독특했다. 셰르부르 반도의 입구 부분의 카랑탕(Carentan) 주변인 이 지역은 지면에 습기가 많아 기갑부대를 운용하기 어렵다는 특징이 있었다. 제709사단이 담당한 이 구역에서는 위협적인 대규모 해안교두보가 점점 확대되고 있었다. 한편 OKW 예비 중 가장 가까이 위치한 2개 기갑사단, 즉

---

102  "Papers on the non-alerting of Seventh Army, 6 June 1944", EPM 3

리지외에 있는 제12SS기갑사단과 샤르트르에 있는 기갑교도사단은 오후에 예비전력에서 해제되어 룬트슈테트 예하로, 그리고 B집단군의 지휘권 아래로 들어갔다. 연합군은 해안으로 올라왔고, 서로 분리된 얇은 교두보에 불과했지만 해안 확보에 성공했다. 연합군은 즉각적인 반격을 받고 바다로 밀려나지는 않았어도 여전히 캉과 같은 요충지들을 확보하지도 못한 상태였다.

독일이나 연합국 측의 평론가들은 당시의 상황에 대해 논의하며 롬멜의 병력 배치나 침공 당시 롬멜의 부재를 비판하곤 한다. 롬멜이 제21기갑사단의 분산 배치를 명령해 사단의 반격 효과가 감소했으며, 연합군의 침공 목표인 다른 구역들에 대해서도 가까운 거리에 기갑부대가 없었다는 이유로 기갑부대의 반격 가능성을 인정하지 않고 있었다는 것이다. 하지만 롬멜은 위협에 노출된 모든 해안선에 기갑예비대가 적시에 도달할 수는 없고, '즉각' 또는 '적시'의 반격이란 적이 아직 해안 방어 지대 안에 갇혀 있을 때 하는 행동이라는 뜻이며, 자신이 가장 우선시한 바 있는 해안 방어를 강화해야만 이 시간을 벌 수 있고 또 그래야 한다는 점을 매우 잘 알고 있었다. 롬멜이 서부기갑집단 소속 OKW 예비대에 대한 작전통제권을 보다 많이 보유했다면 일부 전차들을 더 서쪽에 배치하고 베이유 또는 카랑탕을 향해 조기에 반격을 실시할 수 있었을 것이다. 하지만 롬멜 휘하의 병력은 그와 같은 운용에 적절한 규모가 아니었다. 만약 상황이 달랐다면 노르망디의 양상은 뒤집혔을지도 모른다.

롬멜이 독일에 있었고 사령부로 복귀하기까지 시간을 허비했다는 지적에 대해서는 다음과 같은 설명이 있다. 독일 측의 인사들 가운데 일부는 6월 6일에 롬멜이 어떤 형태로든 보다 이른 시점에 대응을 실시하도록 부대들을 자극하거나, 예전에 약속된 기갑예비대 운용을 이행하도록 OKW, 혹은 총통을 설득[103]하는데 필요한 귀중한 시간을 허비했다고 믿어 왔다. 슈파이델은 롬멜의 이름을 빌려 룬트슈테트의 승인을 얻어냈지만 끝내 요들을 움직이는 데 실패했다. 만약 롬멜이 있었다면 직접 제21기갑사단이 행동을 서두르도록 했을 것이다. 이 사단은 전력이 분산되었다는 문제에 더해 혼란스러운 정보와 계속해서 뒤집히는 명령들로 인해 전투에 참가하는 시점을 놓쳤다. 그리고 독일군의 모든 주간 작전기동은 연합군의 공군력으로 인해 장애를 겪었으며, 제12SS기갑사단은 캉에서 50km 거리에 있는 리지외에, 기갑교도사단은 샤르트르에 있어 전투 초기에 전장으로 이동하기에는 너무 멀리 있었다. 여기에 더해 롬멜이 노르망디를 주공 지역으로 확신하기 전까지는 어떤 결심도 할 수 없었음을 고려한다면, 롬멜이 자신의 위치를 고

103　D'Este, 앞의 책에서 인용된 Siegfried Westphal 대장, Liddell Hart Papers, King's College, London. Saurel, 앞의 책 참조

수했을 경우 6월 6일의 기갑부대 반격에 영향력을 미쳤을 것이라는 가정은 설득력이 있다고 보기는 어렵다. 이날은 아침부터 흐린 날씨가 계속되어 시계가 좋지 않았기 때문에 OKW가 주간에도 제12SS기갑사단을 이른 오후까지 이동시킬 수 있었을 것이라고 판단할 수도 있지만, 어디까지나 추측의 영역을 벗어나지 않는다.

연합군이 실시한 공격의 강도, 정확성과 치명성으로 독일군에게 충격을 안긴 폭격과 함포사격, 몇 개 지점에 동시에 투입된 전력의 규모, 그리고 극히 성공적인 공수부대 강습들을 생각한다면 제21기갑사단이 보다 조기에, 보다 강력한 반격을 실시했다 하더라도 일부 장소의 국지적인 상황에만 영향을 미쳤을 것이 분명하다. 독일군은 연합군의 '오버로드' 작전에 압도될 운명이었다. 물량 우세, 창의성, 연습 및 계획, 그리고 장병들의 용기와 지혜가 승리의 근원이었다. 역사를 바꾸려면 오히려 롬멜의 '이단적' 제안, 즉 더 많은 기갑사단을 자신의 작전통제 아래 두고 해안에서 아주 가까운 거리에 배치하자는 주장을 전적으로 수용했어야 했을지도 모른다.

롬멜 입장에서 한 가지 실망스러운 점은 수중 및 해안 장애물이 적의 상륙에 미친 지연 효과가 비교적 작았다는 점이었다. 롬멜이 서부에서 활동할 시간이 더 주어졌다면 이야기가 달라졌을 것이다. 어떤 지역들, 특히 쿠르쉴 지역의 해변에서는 많은 상륙정들이 롬멜의 기뢰와 수중 강철 장애물에 걸려서 좌초되었고, 상륙군은 콘크리트 거점들을 제대로 격파하지 못했지만, 연합군이 D-Day 라 부르던 그 날이 저물었을 때, 그들은 프랑스 침공에 성공했다. 롬멜이 미연에 방지하기를 바랐던 일이 벌어진 것이다. 하지만 전투는 여전히 해안 지역이나 그 부근으로 국한되어 있었고, 캉을 향한 연합군의 돌파 시도는 6km 가량의 전진에 그쳤다. 아직은 침공군을 바다로 몰아낼 여지가 있었다. 그리고 롬멜이 이 사실을 파악했는지는 알 수 없지만 롬멜의 방어군은 영-미 연합 침공군을 지휘하는 몽고메리가 정한 목표보다 한참 앞에서 적의 진격을 저지했다.

당시 독일군의 입장에서는 노르망디에서 실시된 상륙 작전이 연합군 주공인지 아닌지조차 확신할 수 없었다. '포티튜드(Fortitude)'로 명명된 연합군의 기만작전은 독일군이 노르망디 상륙 이후에도 아직 전투에 투입되지 않은 새로운 병력이 영국의 동남부 지역에서 파드칼레 상륙을 노린다고 착각하게 했으며, 이 작전은 큰 성공을 거뒀다.[104] 6월과 7월 내내 독일의 정보부서는 '패튼집단군(Heeres Gruppe Patton)'이 영국의 동부와 동남부에서 브라이튼(Brighton)과 험버(Humber)의 사이에 배치되었고, 사단급으로 추정되는 최대 30개의 '강력한 부대(starke Verbande)'들로 구성되어 있다고 평가했다. 다만 의도적인 기

--------

104   유명한 패튼 장군이 존재하지 않는 직위에 임명되어 존재하지 않는 부대를 방문하고 다니며 기만작전에 일조했다.

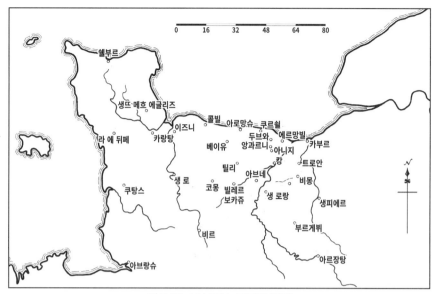

지도 20. 1944년 노르망디 전장

만에 말려들지 않았더라도 조만간 대규모 미군, 혹은 영국군 사단들이 침공에 합류할 것만은 분명해 보였다. 연합군은 상륙함과 상륙정을 대규모로 보유하고 있었다. 그리고 이 병력과 상륙정들은 노르망디 방면의 진격을 방어 중인 독일군의 측면을 노릴 가능성이 높아 보였다. 이와 같은 2차 상륙의 가능성은 상당히 신빙성있게 받아들여졌다.

롬멜은 7월 중순 노르망디를 떠나는 날까지 또 다른 상륙작전의 가능성에 계속 촉각을 곤두세웠다. 이는 고집스러운 착각이라는 비판을 받았으며, 이후 노획한 적의 문서를 통해서 잘못된 판단임이 명백히 입증되었다.[105] 하지만 OKW역시 롬멜의 견해에 공감하고 있었고, 히틀러 역시 6월 17일에도, 그 이후에도 비슷한 지적을 했다. 그리고 롬멜의 입장에서 또 다른 대규모 상륙은 심각한 위협을 동반할 가능성이 있는 잠재적 위협이 분명했다. 롬멜은 7월 첫 주에 르아브르 인근 구역을 두 차례 시찰했는데 이는 전적으로 필요에 따른 선택이었다. 독일 정보부서는 사실상 공중정찰을 하지 못했고 ULTRA나 그와 비슷한 정보적 지원도 없이 임무를 수행해야 했으며, 오랜 기간 완벽하게 계획을 세운 전문적인 연합군 기만 조직으로 인해 자주 혼란을 겪는 등 사실상 눈먼 장님 신세였다. 지형에 대한 지식, 일기 예보, 적이 자신들에게 절실한 자원들을 충분히 활용하고 있다는 사실, 그리고 추측 이외에는 연합군의 의도를 평가할 근거가 없었다. 그럼에도 롬멜의 분석은 상당히 정확했다. 6월 7일에 롬멜은 사령부에 남아 가이어

105   Geyr. 상기 주석 485번 참조.

폰 슈베펜부르크와 회의를 하고 상황을 검토했다. 훗날 가이어는 예비 기갑사단들을 롬멜에게 넘겨준 OKW의 결정과, 자신에게 사전 통보도 하지 않고 제12SS기갑사단과 기갑교도사단을 이동하라는 명령이 내려진 점에 대해서도 불만을 표했는데, 이 견해는 어느 정도 타당했다. 그는 만약 예비 사단들을 남겨두었다면 6월 24일경에 북쪽을 향해 집중된 작전을 수행할 수 있었을 것이라고 주장했다.[106] 당시 이 예비 사단들은 '지연' 전투에 휘말려 있었다. 하지만 가용 가능한 보병사단이 더이상 남아있지 않았으므로 기갑부대의 지원이 없으면 방어진지가 무너지고 일선의 부대들은 패주했을 것이다. 한편 6월 7일에 독일군은 앞으로 며칠간 완전히 이례적인 성공을 거두지 않는 이상 롬멜이 항상 종말적인 재앙으로 여기던 상황, 즉 양면전선 형성과 장기전의 늪에 빠질 처지가 되었다. 이후 열흘 동안 롬멜의 동선 및 그가 몰두한 사안에 대해서는 그의 활동을 기록한 B집단군 사령부의 일지[107] 및 그의 참모장교들이 그의 방문들에 관해서 매일 작성한 보고서들[108]을 보면 대략적으로 알 수 있다. 물론 이 두 기록 모두 불쾌한 내용들은 상당히 가공되었고, 엄청난 물리적, 심리적 압박을 받는 지휘관들 간의 격의 없는 대화, 격렬한 논쟁과 말다툼 역시 당연히 누락되었다. 하지만 롬멜의 일반적인 활동, 그리고 그가 실제로 내린 지시들과 그가 기록한 상황들은 정리되어 있다. 이 자료들은 불완전하기는 하지만 적어도 당시의 롬멜이 공식적으로 표명한 전망과 결심들에 대해서는 사후의 기억에 의존하는 어느 누구의 언급보다도 정확한 지표가 된다. 롬멜이 히틀러를 접견할 당시의 기록들 역시 각색되었을 가능성이 있지만 상대적으로 정확하다는 점에서는 동일하다. 어느 나라에서나 회의록은 진실을 말하기도 하지만 완전한 진실은 아니다.

롬멜이 가장 관심을 둔 두 지역은 동쪽의 캉 일대와 서쪽의 셰르부르 반도였다. 이 두 지역에서 적의 대단위 진격을 저지할 수 있었고, 국지적이나마 반격으로 타격을 입힐 기회가 있었다. 독일군은 연합군이 캉을 점령하지 못하도록 방어했고, 그 결과 동쪽의 침공군은 좌익에 확실한 기반을 형성하지 못한 취약한 상황을 유지했다. 서쪽에서는 셰르부르를 장악하지 못한 결과 대규모 항구 확보에도 실패했다. 6월 7일과 8일에 캉 북쪽의 오른 강 서쪽과 동쪽 모두에서 격렬한 전투가 있었다. 이제 제12SS기갑사단이 전투에 참여했고 6월 8일 밤에는 판터 전차를 동원해서 바다를 향해 강력한 공격을 실시했다. 롬멜은 그 날 캉 전선을 방문했다. 그는 거친 나치주의자이자 탁월한 지휘관인 제

106    위의 책
107    BAMA N 117/22
108    BAMA N 117/23

1SS기갑군단장 제프 디트리히(Sepp Dietrich) SS대장을 만났는데, 롬멜이 SS를 혐오했음에도 불구하고 디트리히는 집단군사령관 롬멜에게 전적으로 충성했다. 롬멜은 자신의 제안대로 기갑사단들, 이 경우에는 제21 및 제12SS기갑사단을 해안에 더 가까이 배치했다면 이틀 전에 더 강력한 공격을 시도할 수 있었을 것이라고 비통하게 말했다. 하지만 엎질러진 물이었다. 현재로서는 캉 주변 지역을 확보하기 위해 싸우고 적이 코탕탱 반도를 차단하지 못하도록 막아야 했다. 다음 날 롬멜은 차량을 타고 르망으로 이동해 제7군의 돌만을 만났다.

그 날, 즉 6월 9일에 기갑교도사단이 샤르트르에서 캉 지구에 도착했다. 2개 보병사단, 즉 제346 및 제711사단이 추가로 오른 강의 동쪽에서 제12SS기갑사단과 기갑교도사단을 서쪽을 향한 독일군 방어선을 강화하기 위해 센 강 유역에서 서쪽으로 측면이동을 해왔다. 그 결과 3개 기갑사단이 캉 주변에 배치되었다. 가이어는 캉에서 협궤철도의 양측을 따라 북쪽으로 제한적인 공격을 실시해 드부와(Douvres) 남쪽에 있는 아니지(Anisy)와 앙과르니(Anguarny)까지 짧게 진격하며 가장 위협적인 영국군을 몰아내는 계획을 수립했다. 서쪽에서는 연합군이 이즈니(Isigny)를 확보했지만 그 지역의 남쪽은 작전이 곤란한 보카주 지역이며, 해안, 카랑탕, 그리고 라메르 에글리즈(La Mère Église)로 향하는 지역은 매립한 습지대로 전진이 느렸다. 독일군은 전선을 유지하고 있었다.

하지만 연합군의 전선은 이제 거의 연결되었고, 해안교두보들이 연결되면 지속적으로 증원이 도착할 것이 분명했다. 6월 10일에는 미군이 카랑탕 서쪽에서 메르데레(Merderet) 강 인근에 도달했고, 다음 날에는 롬멜이 알라메인에서 만났던 익숙한 영국군 제51하이랜드 사단이 오른 강의 동쪽 및 보아 드바봉(Bois de Bavent) 구역에서 남쪽으로 공격을 실시했다. 이 공격은 몇 시간 내로 국지적인 반격을 받았는데, 이 반격은 롬멜이 전선의 모든 곳에서 필요하다고 확신했던, 가용 가능한 모든 자원과 제공권이 허락하는 범위 내에서 실시된 제한적 공격이었다. 하지만 오른 강의 동쪽에서는 전차손실이 크게 늘고 있었다.

롬멜 6월 10일에 캉 남쪽 30km 거리의 한 과수원에 전개한 서부기갑집단 사령부의 가이어를 방문했다. 이들은 연료 및 탄약 현황을 토의했다. 두 물자 모두 상황이 좋지 않았다. 보급부대는 왕복 200km를 달려야 했고, 물자집적소와 보급경로에 대한 연합군의 꾸준한 공격으로 인해 극심하게 소모되었다. 독일공군은 전혀 보이지 않았다. 롬멜 자신의 이동을 포함해 대부분의 이동은 위험을 감수해야 했고, 상황에 따라서는 아예 불가능했다. 롬멜은 가이어와 회동을 마치고 제12기갑사단을 방문할 계획이었지만 곧 자살할 생각이 아니라면 이동이 불가능하다는 것을 알게 되었다. 그리고 당일 오후에는 가이어의 사령부도 폭격을 당했다. 롬멜은 가이어 사령부가 공습을 당한 것이 민간인의 제보 때문인지 무선 위치 추적 때문인지 불확실하다는 기록을 남겼는데, 위치를 추적한 것은 물론 ULTRA였다. 이 공격으로 가이어의 참모 대부분이 사망했고 서부기갑집단이 계획한 공세는 중지되었다. 다음 날 롬멜은 룬트슈테트와 상의했다.

전투는 또다시 소모전 양상으로 흘러갔다. 롬멜의 부대는 지상, 해상, 공중에 걸친 강력한 화력, 그리고 무한한 것만 같은 탄약 보급에 의해 분쇄당했다. 롬멜은 전투가 시작되기 전부터 현 상황은 집중과 작전적 공세로 해결할 수 없다는 확신을 고수했는데, 실제로 제공권 문제와 전반적인 전반적인 지형을 고려하면, 전력 집중이나 작전적 공세를 실제로 이행하기란 완전히 불가능했다. 유일한 대안은 확장되는 전선을 수습하고 기회가 보이면 언제든 국지적으로 강력한 공격을 가해 적을 가급적 계속 묶어두는 것이었다. 그러나 거의 모든 상황에서 연합군의 화력이 우세했기 때문에 국지적이고 제한적인 대응기동조차 불가능했으며, 오히려 인원과 장비의 손실만 우려스러운 수준까지 누적되었다. 하지만 희망도 보였다. 대다수 연합군 부대는 전술적인 성공을 활용하기에는 둔하고 느려 보였으며, 독일군이 강력한 국지적 전투력을 운용할 수 있는 상황이라면 연합군을 저지하고 신속하게 격퇴시킬 수 있었다. 아프리카에서 그랬듯이 이곳에서도 88mm 주포를 탑재한 전차전의 왕자 티거 전차가 극소수, 심지어 한 대만으로 놀라운 성공을 거두곤 했다. 이 전차들은 독립대대로 편제되었는데, 투입된 전차는 소수였지만 곧 연합군들 사이에 티거 전차에 대한 공포가 확산되었다. 7월의 첫 2주간 점차 많은 티거 전차가 전투에 참여하기 시작했고, B집단군에 합류한 신규 중(重)전차대대들도 상당한 효과를 발휘했다.

6월 11일에 롬멜의 또 다른 옛 상대인 영국 제7기갑사단이 캉 서쪽으로 우회하기 시작하여 6월 13일까지 캉 남서쪽 25km에 있는 빌레르 보카주(Villers-Bocage)로 진입했다. 하지만 한 대의 티거 전차가 남쪽에서 읍내로 진입해 조우한 모든 차량들에 사격을 가한 끝에 영국군의 전진을 저지하고 격퇴시켰다. 그리고 캉 주변에는 이제 4개 독일군 기갑사단이 있었다. 기갑교도사단과 제12SS기갑사단이 제21기갑사단과 합류했고 이들은 모두 제1SS기갑군단 예하에 소속되었다. 그리고 6월 13일에는 파드칼레에서 제2기갑사단이 가장 어려운 경로를 돌파한 끝에 합류했다 롬멜이 지휘할 수 있는 기갑부대는 대부분 집결했고 더이상의 집결은 기대할 수 없었다. 롬멜은 여전히 센 강 북쪽에 새로운 위협이 발생하면 제116기갑사단으로 대응할 수 있었다. 그는 6월 12일 오후에 제116기갑사단장 슈베린 백작을 방문하고 13일에는 오른 구역의 제1SS기갑군단으로 돌아왔다. 같은 날인 6월 13일에 서쪽의 연합군 해안교두보 두 곳이 연결되었고, 그 전날에는 카랑탕이 함락되었다. 그 구역에 배치된 방어군은 서쪽으로 밀려났고 코탕탱 반도가 차단되는 것은 시간문제가 되었다. 6월 14일에 롬멜은 코탕탱 서쪽에 있는 폰 풍크(von Funck) 장군 지휘하의 제47기갑군단을 어렵사리 방문한 후 차량으로 빌레르 보카주 인근의 브레모아(Bremoy)로 이동해 제2기갑사단을 만났다. 그는 기갑교도사단이 영국군의 전차 공격을 격퇴하고 그 구역에서 전차 25대를 격파했음을 확인했다.

롬멜은 이 방문을 통해 부대와 지휘관들의 사기를 파악할 수 있었다. 그는 전반적으로 전방 부대들의 사기가 놀라우리만치 높다는 것을 알았지만 후방 지역의 위법 행위, 폭격을 받은 가옥의 약탈, 원대복귀가 불가능했다고 주장하나 실제로는 그럴 생각이 없어 보이는 내륙의 탈영병 등에 대해서도 보고받고 있었다. 그는 전선 후방의 도로와 마을들에 야전헌병대(Feldgendarmerie) 분견대들이 필요하다고 기록했다.[109]

독일군은 군법위반자들을 즉각적이고 효과적이고 가장 강력한 수단으로 대하는데 주저하지 않았으며, 헌병대는 당연히 두려운 존재였다. 하지만 롬멜은 사단마다 편차가 있기는 하지만 대다수 병사들의 태도가 칭찬받아 마땅할 만큼 견실하다는 사실을 알게 되었다. 무장친위대는 의심할 바 없이 훌륭했다. 의욕이 넘쳤고 대체로 육군 사단들에 비해 인원과 장비 면에서 전력이 더 강했으며, 무자비한 지휘를 받았다. 특히 제12SS '히틀러 유겐트(Hitler Jugend)' 사단은 감탄스러운 집단이었다. 단 롬멜은 무장친위대와 육군 대원들 간의 관계가 때로는 잘 조화되지 않았고, SS 대원들이 육군 장교의 명령을 무시하려 했으며 전혀 다른 규칙을 따랐다고 평가했다.

하지만 병력들은 끔찍한 포격에 노출되었으며, 이곳에서 롬멜은 자신의 명령에 의문을 가졌다. 그는 교두보를 내주지 말아야 한다는 히틀러의 초기 판단에 공감했었다. 해안 방어지대에서 전투에 승리해야 한다는 것은 롬멜 자신이 첫날부터 모두에게 강조했던 요점이었다. 하지만 이제 적은 첫 전투에서 승리했고, 얇지만 확실한 해안 교두보를 얻었다. 적을 축출하기 위해 모든 노력을 집중하고 이를 계속해야 했다. 따라서 이제는 싸움을 계속하기 위해, 특히 함포사격으로 인한 피해를 최소화하도록 적절한 위치로 부대를 재배치해야 했다. 이는 약간의 작전적 자유, 즉 국지적 철수를 의미했다. 하지만 롬멜이 여러 번 경험했듯이 히틀러는 직접 철수 금지 명령을 내렸다. 사실상 모든 병력 이동에 OKW의 승인이 필요하다는 의미였다. 이런 지침은 상급 지휘부에서 세부적인 전

109 위의 책

술까지 지나치게 간섭하는 행위였다. 예를 들어 롬멜은 코탕탱 입구 부근의 간격을 막기 위해 제77사단 재배치안을 제안하기 위해 룬트슈테트에게 문의를 했는데, 그는 롬멜의 설득에도 불구하고 직접 승인을 거부했으며 B집단군이 생각하는 것보다 상황이 심각하지 않다는 의견을 제시했다.[110]

롬멜은 필요한 경우 병력을 남쪽에서 셰르부르로 자유롭게 철수시킬 권한을 원했다. 문제는 땅이 아닌 항구였다. 그러나 6월 16일 셰르부르 방면으로 철수하는 계획을 불허한다는 총통명령이 하달되었다. 당시 롬멜은 여러 군단 사령부들 및 서부기갑집단을 방문하는데 많은 시간을 할애했다. 항상은 아니지만 관련 군단장을 대동하여 사단사령부를 방문했고, 모든 단위부대의 사령부에서 지휘관이나 참모장의 브리핑을 받았다. 그는 제7군과 제15군 사령부를 모두 방문했지만 그들을 통해서 예하부대에 간섭을 하지는 않았다. 그리고 이 점에 있어서는 몽고메리도 비슷한 상황이었다. 노르망디라는 전장은 상대적으로 좁았고, 많은 병력과 장비가 제한된 지역에서 맞섰다. 결심이 필요하다면 즉각 이행해야 했다. 그리고 어떤 경우에도 지체없이 시찰하고, 결심하고, 의사를 표명하는 것이 롬멜의 방식이었다. 하지만 당시 롬멜의 방문 사례들을 보더라도 예하지휘관의 역할을 빼앗은 지휘관이라는 느낌이 특별히 들지는 않는다. 노르망디에서는 양측 모두 인접 부대들과 매우 밀접하게 협력하며 싸웠고, 독일의 지휘체계가 당초 밀접성 측면에 문제가 많았다면, 노르망디에 한해서는 이제 그 잘못이 보완되는 경향이 있었다. 밀접성은 혼란이나 부적절한 지휘권 개입의 여지를 거의 남기지 않으며, 상급 지휘관들은 매우 좁은 전장에서 필연적으로 전술 전투에 관여했다.

6월 17일에 롬멜은 히틀러가 샹파뉴 지방 수아송 인근의 마흐지발르 (Margival)에 설치한 임시 사령부로 향했다. 원래 이곳은 실제로 이행되지 않은 영국 침공을 위해 1940년에 총통사령부로서 준비된 곳이었다. 롬멜은 이 호출을 반겼다. 롬멜은 당시까지는 대체로 원하는 대로 전투를 할 수 있었다. 하지만 해변과 그 내륙의 해안방어구역에서 그가 원하던 만큼 적을 지연하거나 피해를 입히지는 못했기 때문에 전투에서 성공했다고 볼 수 없었다. 롬멜의 개념은 틀리지 않았지만, 예하의 비판적인 지휘관들은 롬멜의 계획이 가용 시간, 인력, 자원에 비해 지나치게 야심만만하다고 지적했고, 그들의 지적이 부분적으로 옳았음이 드러났다. 그럼에도 롬멜의 방어체계와 배치는 며칠간의 결정적인 기간 동안 연합군을 저지하고, 침공을 힘겹게 했으며, 그 결과 연합군의 진격은 그들의 계획이나 그보다 비판적인 독일 측의 예상보다 지연되었고 그 와중에 심각한 피해도

....................
110  위의 책

발생했다. 하지만 그 대가로 치러야 했던 방어군의 불가피한 희생도 매우 컸다.

반격으로 인해 연합군의 대규모 진격은 저지되었다. 그러나 개별적인 반격은 소규모로 제한되었는데, 이는 롬멜이 불가피하다는 판단 하에 명령한 결과였다. 그의 예상대로 연합군의 공군력으로 인해 이동은 심각하게 제한되었으며, 따라서 롬멜은 이동 제약을 고려해 도출한 자신의 견해를 고집했다. 하지만 실제 전투과정에서는 이동이 지연되고 어려움을 겪고 손실도 입었지만 이동 자체는 가능했다. 노르망디에 전개된 4개 기갑사단 외에 벨기에 방면의 제1SS 기갑사단이 6월 18일까지 다섯 번째 사단으로 합류할 예정이었고, 제2SS 기갑사단도 여섯 번째 기갑사단으로 합류하기 위해 프랑스 남부에서 북진중이었다. 그리고 롬멜은 히틀러가 추가로 2개 기갑사단, 즉 제9SS, 제10SS 기갑사단을 동부전선에서 서부전선으로 이동할 것을 승인했다는 소식을 접했는데, 이 부대들도 일주일 내에 도착할 예정이었다. 어떤 가정에서도 침공 3주차까지 대규모 독일 기갑부대들의 노르망디 집중은 분명한 사실이었다. 연합군의 기만이나 추가상륙에 대한 우려로 인해 전력이 집중되지 않았다는 흔적은 거의 없다. 그리고 노르망디에 투입된 기갑사단들은 상당한 피해를 입었지만, 연합군 기갑부대에 맞서 많은 전과를 올렸음은 의심의 여지가 없다. 다만 당시의 암울한 전황은 전술적인 착오나 결함의 결과가 아니었으므로, 롬멜이 보다 많은 기갑사단을 노르망디의 해안 가까이 배치했거나, 롬멜 혹은 FHW가 상륙지역을 정확히 예측했거나, 추가상륙이 없음을 인지했거나, 보다 많은 준비시간을 얻을 수 있었다면 전술적 양상이 호전되었을지도 모른다.

롬멜은 이런 암울한 상황을 히틀러에게 납득시키려 했다. 그의 관점에서 당시 독일군의 위기는 연합군의 완전한 공중우세와 해안에 투입된 연합군 전력의 거대한 물량우세, 이 두 가지 요인에 영향을 받고 있었다. 롬멜은 그 가운데 한 가지 요인은 과소평가했지만 다른 한 가지 요인에 대해서는 적절하게 판단했다. 노르망디의 상황은 빠르게 알라메인을 닮아가고 있었고, 연합군의 물량 우세는 아프리카 이상이었다. 이 과정에 작용한 또 다른 전술적 요인은 연합군 해군의 함포사격이었다. 함포사격은 함포 사거리 내에 배치된 독일군의 고난을 가중시켰다. 이 모든 조건들은 롬멜의 전략적 사고를 다시 비관에 빠지게 했다. 그는 독일의 유일한 희망이 서부에서 어느 정도 전략적 교착상태를 확보하여 협상의 바탕을 형성하고, 단기간이나마 동부전선에 전력을 증원하는 것이라고 확신하고 있었으며, 적의 침공을 전술적으로 격퇴하는 방안에 전략적 희망을 걸었다. 그리고 이제 희망은 사실상 사라졌다. 서부전선의 형성은 거의 기정사실이 되었고, 장기간 공세를 견딜 수도 없었다.

하지만 6월 17일 개최된 회의에서 히틀러는 놀라울 정도로 확고한 인상을 남겼다. 그는 참석자들에게 단시간이나마 낙관론을 확산시켰다. 롬멜은 룬트슈테트와 함께 참모장을 대동하여 회의에 참석했고, 요들과 슈문트도 나왔다. 롬멜은 우선 지도상에 상당히 정확하게 표시된 적과 독일군의 배치 및 전력에 관해 설명하기 시작했다. 그는 아프리카의 사례를 비유로 설명했다. 적은 막대한 물량 우위를 이용해서 성공을 향해 전진하고 있었다. 독일군에 가장 부족한 것은 공군과 방공전력이었다. 이 문제로 인해 지상군의 이동이 제한되고 전력 보충도 어려워졌다. 부대들은 엄청난 수적 우위에 맞서 잘 싸웠지만 제공권부터 패하고 있었다. 룬트슈테트는 약간의 의견을 말하고 히틀러가 설득되기를 바라며 한 가지 구체적인 요청을 했다. 즉 코탕탱 반도 북단의 병력을 셰르부르로 철수하자는 것이었다.

직후 히틀러가 발언했다. 히틀러는 코탕탱이 이제 필연적으로 둘로 분리될 것이라며 이를 승인하면서도, 셰르부르를 강화하고 당분간 어떤 희생을 치러서라도 방어해야 한다고 말했다. 그는 연합군이 셰르부르를 장악하지 못하면 보급의 곤란이 장기화되고 이 문제가 결정적인 요소로 작용할 수 있기 때문에, 셰르부르 방어를 위해 특별히 뛰어난 지휘관을 임명해서라도 셰르부르를 7월 중순까지 확실하게 지켜야 하며, 이것이 전황의 열쇠라고 주장했다. 그리고 공군과 해군이 르아브르와 코탕탱의 동해안 사이에 기뢰를 부설해서 노르망디에 대한 해상 보급을 차단할 것이라고 약속했다. 그 밖에 히틀러는 오른 강 동안의 상황을 정리하는 것이 특히 중요해 보인다는 견해를 덧붙였다.

그는 연합군이 다른 지역의 해안에 상륙할 가능성이 있다는 룬트슈테트의 전망에 대해서는 영국이 현재 노르망디에 모든 최정예 사단들을 배치했을 것이라고 반박했다. 연합군이 파드칼레에 상륙할 가능성도 여전히 남아있지만, 적어도 당시로서는 노르망디의 전과를 확대하는데 전념하고 그곳에 가장 역점을 두는 것으로 여겨진다는 주장이었다. 룬트슈테트는 타협안으로 몇 가지 온건한 원칙들을 제시했다. 즉 적의 해안교두보를 억제해야 하고, '전술의 수정은 국지적 상황에 입각해야 하며'(이는 분명히 낙관적이고 교묘한 설명이다), 해안교두보의 돌파 시도에 대응하기 위한 예비대를 준비해야 한다고 말했다. 그리고 롬멜은 기갑사단들을 함포사정권 안에 두어서는 안 되며, 기갑사단들을 대규모 공격에 투입할 경우 축차 소모될 뿐이라고 강조했다. 보병사단들을 가능한 전진 배치해 방어를 맡기고, 기갑사단은 철수시켜 적의 돌파 축선 측면으로 예상되는 지점, 그리고 적 함포 사거리 밖에 예비대로 돌려놓아야 한다는 주장이었다. 히틀러는 회의를 마무리하며 코탕탱 북쪽, 즉 셰르부르를 가급적 오래 방어해야 한다고 재차 강조했다.

해안교두보의 나머지 부분, 즉 캉에서 카랑탕에 이르는 지역의 순수한 방어전은 적의 강력한 물량우세를 극복할 수 없는 이상 장기적으로 용납할 수 없는 개념이었다. 따라서 적을 공격해야 했다. 그리고 적을 공격하는 방법은 히틀러가 이미 언급한 바와 같이 하늘과 바다에서 보급을 차단하는 것이었다. 회의 참석자들은 여기에 만족해야 했다.[111]

롬멜은 히틀러 및 OKW의 고위층 인원들이 마흐지발르 회의 후에 일선을 방문해 일선 지휘관들의 의견을 듣기를 원했고 이행 약속도 얻어냈지만, 일선 부대 방문은 도중에 취소되었다. 노르망디 전투 기간 내내 총사령부가 전장 근처에 한 번도 가지 않았다는 점은 롬멜과 다른 사람들이 씁쓸하게 받아들여야 했던 불명예였다. 너무 많은 계획과 명령이 '책상 위'에서 나왔다.[112]

전쟁이 끝난 후 요들은 롬멜이 이 회의에서 히틀러에게 앞으로의 전황에 대해 어떻게 생각하는지 질문해 총통을 분노하게 했다고 기록했다. 아마 그랬을지도 모른다. 요들의 증언을 믿는다면 요들은 아마도 그로부터 12일 뒤 상황이 정말 긴박해졌을 때 롬멜이 제출한 보고서에 당황했을 것이다.[113]

요들은 롬멜이 일부 SS 부대들의 잔학행위로 프랑스인들과의 관계를 악화시키고 있다며 공개적으로 비난을 했고, 이 발언은 히틀러를 진정시키는데 하등의 도움이 되지 않았다는 기록도 함께 남겼다. 지독한 우연의 일치로 마흐지발르 회의 직후 4일간 사나운 폭풍이 몰려와 연합군 보급이 한동안 중단되었는데, 이는 신의 손이 아닌 해군이 담당하겠다고 히틀러가 약속한 일이었다. 하지만 독일군은 공세를 통해 그 상황을 활용할 형편이 아니었다.

6월 18일부터 히틀러와 다시 회합을 가진 29일은 롬멜이 노력한 두 번째 단계에 해당한다. 이 기간 중 노르망디의 상황은 심각한 수준으로 악화되었다. 연합군 지휘부는 6월 18일을 기해 해안교두보가 견고해지고 오버로드 작전의 첫 단계가 완수되었다고 판단했다. 서쪽에서는 코탕탱 반도의 미군이 가차 없이 진격했다. 노르망디 전선 중앙부의 빽빽한 울타리 지형인 보카주 지역에서도 연합군이 강력한 포병과 공습을 통해 크고 작은 규모로 진격을 계속했다. 이곳에서는 공격자와 방어자 모두 많은 피를 흘리며 더디게 진격하는, 막대한 희생으로 값비싼 대가를 치러야 하는 전투가 이어졌다. B집단군 장병들은 여전히 전술적인 승산에서 앞서있다고 느꼈지만, 전투력은 지속적으로 소모되

111  BAMA N 117/23
112  Koch, 앞의 책
113  Jodl 증언, International Military Tribunal, Nuremberg

고, 약화되고 있었다. 길지 않은 전선에서 200만의 병력이 집중되어 싸우고 있었다. 롬멜은 전투 부대를 방문하며 여전히 좋은 인상을 받았지만 부대들이 고통을 겪고 있다는 사실은 알고 있었다. 롬멜은 여전히 노르망디뿐만 아니라 센강의 북쪽도 주시하고 있었으며, 6월 19일에 제116기갑사단을 방문했을 때 연합군이 센강과 솜강 사이에 상륙할 가능성을 재차 언급했다.[114] FHW는 영국에 있는 병력 수를 여전히 지나치게 과장된 수준으로 추산했다. 그는 이틀 후에 해당 사단을 다시 방문해서 슈베린 사단장과 이제까지의 전투에 대한 전술적 인상에 대한 이야기를 나눴다. 이 시기에 롬멜은 일선을 방문할 때 예하의 예하 지휘관들에게 명령을 하달하기보다는 '의사를 표명'하고, '제안'을 하고, 예하 지휘관들을 신뢰하고, 채찍질하지 않고, 가급적 가볍게 격려하고 부하들의 심리에 공감하며 자신이 말하기보다는 부하의 말을 듣는 상급 지휘관으로서 행동하려 했다. 이는 롬멜의 직책에 부합하는 행동이었고, 아마도 당시 롬멜의 심정이 어느 정도 드러나는 행동이기도 했다.

6월의 마지막 10일을 보내며 롬멜은 재난이 눈앞에 닥쳤음을 훨씬 직접적으로 느꼈고, 때로는 지인들에게 그 재난에 관해, 그리고 재앙이 진행되는 것을 보며 책임을 느끼지만 이를 막기 위해 아무것도 할 수 없는 상황에 재차 직면한 기분에 관해 말했다.[115]

6월 17일 오후에 히틀러와 회의를 마친 직후에 롬멜은 상당히 들떠 있었다. 오랜 '태양광치료기'가 그를 훈훈하게 만들었음이 틀림없다. 다음 날 롬멜은 가이어를 만나 회의적인 태도를 보이는 서부기갑집단 사령관에게 히틀러와의 회의 결과를 전달했다. 하지만 시일이 흐르면서, 그리고 적이 계속 증강되고 있음을 알게 되면서, 그리고 적 항공기가 끊임없이 출격을 하고, 포격과 폭격이 쏟아지고, 장병들이 죽어가자 롬멜은 간혹 순수하게 방어적인 경우에 한해, 그리고 아주 국지적인 경우를 제외하고는 더이상 전술적 성공조차 믿을 수 없게 되었다는 사실을 깨달았다. 그리고 그것이 전술적 수준에서 바랄 수 있는 모든 것이라면, 전략적으로는 무엇을 바랄 수 있을까? 그리고 이는 '정치적으로 무엇을 바랄 수 있는가? 독일을 위해 무엇을 바랄 수 있는가?'라는 의미로 직결되었다.

때로는 한 줄기 빛이 보이기도 했다. 롬멜이 6월 21일에 제프 디트리히를 만났을 때 디트리히는 제1SS기갑군단의 기갑사단들로 영국군의 모든 진격을 저지하고 있다고 상당히 자신 있게 말했다. 6월 12일에는 오랜 기다림 끝에 보복병기(V2)가 영국 본토로 발

114    BAMA N 117/23
115    사례로서 Ruge, 앞의 책 참조

사되었고 독일군 일선까지 낙관적인 전망이 퍼져나갔다. 인력이 부족해지고 있었으므로 제21기갑사단장 포이흐팅어가 롬멜에게 만약 허락을 받을 수 있다면 영국과 싸우기를 열망하는 프랑스 의용병 2천 명을 소집할 수 있다고 한 것도 얼마 되지 않는 희소식이었다.[116] 하지만 상황을 직접 바라볼 수 있는 관찰자라면 방어자에게 허락된 시간이 끝나가고 있으며, 사건들의 흐름이 한 방향으로 고정되었고, 이를 되돌릴 수 없음이 분명하다는 것을 알 수 있었다.

롬멜은 6월 26일에 룬트슈테트와 상황을 논의했고 다음 날 저녁에 다시 그와 통화했다. 베르히테스가덴으로 특별 출장을 가서 총통과의 면담을 다시 시도하여 히틀러에게 상황이 매우 심각하다는 점을 알리겠다고 한 롬멜의 요청에 룬트슈테트가 동의할 것인가? 6월 17일에 그들은 기적적인 방법으로 적의 보급이 차단될 것이라는 약속을 받았었다. 그러나 이제는 그런 방법들이 실제로 적용된다 하더라도 효과를 보기까지 엄청난 시간이 소요될 것이 분명했고, 그마저도 이행할 기미는 보이지 않았다.

그리고 지상의 전황은 날이 갈수록 악화되었다. 롬멜은 OKW 혹은 그 가운데 일부가 히틀러에게 진실을 전달하지 않는다고 믿었다. 그는 기갑총감 구데리안의 참모장 토말레(Thomale) 장군이 그 전날 마르크스 장군의 제84군단 지역을 방문했을 때 마르크스가 토말레에게 군단의 사정에 대해 반드시 객관적인 인상을 얻고 돌아가서 이를 히틀러에게 전달해달라고 요청하는 모습을 보았다. 그들의 형편은 끔찍하다는 것 이외에는 달리 표현할 방법이 없었다. 6월 27일에는 셰르부르가 격렬한 방어전 끝에 항복했지만, 항복 이전에 사전계획대로 시설을 완전히 파괴하여 적어도 4주간은 항구를 사용할 수 없게 했다. 결국 롬멜은 6월 17일 이후로 올바른 방향으로 마음을 바꿨다. 빠르게 악화되는 전술적 상황이 심각한 전략적 결론에 도달했음이 분명하다. 그리고 당시 롬멜은 소수의 측근에 한해 자신이 정치적으로 심각한 결론에 도달했다고 이야기했다. 얼마 후에는 그밖의 몇 사람에게도 같은 이야기를 했다. 노르망디 방면의 실질적이고 완전한 패배가 목전에 다가왔으며, 이 패배는 독일의 종말을 뜻하는 것이 분명했다.

룬트슈테트는 롬멜의 제안을 받아들였고, 그와 같이 행동하겠다고 말했다. 두 장군은 6월 28일에 출발해 약속대로 파리 근교에서 만났다. 이 여행에서 롬멜은 랑 외에 템펠호프의 부관인 볼프람(Wolfram) 소령도 대동했다. 롬멜과 룬트슈테트는 한동안 대화를 나눴는데 볼프람이 이 대화 중 전부 혹은 일부를 들을 수 있었다. "룬트슈테트 각하," 롬멜은 말했다. "동의합니다. 전쟁은 즉시 끝나야 합니다. 총통에게 그 점을 분명하고 명백하게 말하겠습니다."[117] 롬멜은 자신이 한 말의 의미를 잘 알았다. 이미 히틀러가 "누구도 나와 평화 협정을 맺지 않을 것이오."라고 말하지 않았던가? 하지만 최근 전투를 목격한 롬멜은 종전이 더이상 미룰 수 없는 문제임을 납득했다. 롬멜이 협상의 바탕으로 활용하려 했던 교착상태는 처음부터 비현실적이었고 실현되지도 않았다. 하지만 서부전선의 전투는 중지되어야 했다. 상황은 날마다 독일에게 더 불리해져 갔다. 독일로 향하는 차 안에서 롬멜은 볼프람에게 자신의 생각을 조용히 말했다. "나는 독일 국민들에게 책임을 느낀다네." 롬멜은 자신이 지고 있는 짐을 단순히 군 지휘관의 책임으로만 여길 수는 없다고 말했다. 전 세계가 독일에 대항해 무기를 들었고 승리는 생각할 수도 없었다. 적은 이제 서부에 발판을 마련했다. 전쟁은 즉시 끝나야 했다.[118]

그 날 롬멜은 제7군 사령관 돌만이 심장마비로 사망했다는 소식을 들었다. 롬멜은 당일 밤을 집에서 보내고 다음 날 아침에 차를 타고 베르히테스가덴으로 향했다. 그곳에는 괴벨스와 힘러가 있었고, 롬멜은 히틀러에게 보고하기 전에 그들과 이야기를 나눠보기로 했다. 늘 친절하던 괴벨스와 대화를 나눈 후 롬멜은 자신의 계획의 협력자를 얻었다고 생각했고, 볼프람에게도 그렇게 말했다. 그 계획이란 히틀러에게 있는 그대로 진실을 말하고 결론을 내 달라고 요청하는 것이었다. 볼프람이 보기에는 괴벨스의 설득 여부는 불확실했다. 그리고 롬멜이 무장친위대의 전과를 자세하게 설명해서 힘러가 협력자가 되었는지도 확신하지 못했다. 볼프람의 설명에 따르면 힘러는 '불분명'한 입장으로 남아 있었다.[119]

롬멜은 히틀러와 회의를 하기 전에 구데리안과 한 시간 반 동안 이야기를 나눴는데, 이 대화에서는 기갑사단의 장비나 장차의 작전 개념과 같은 문제들이 논의되었고, 이 내용들은 불완전하나마 일지에 기록되었다. 구데리안은 당시에도 여전히 기갑총감이었다. 6시에 히틀러와의 회의가 시작되었다. 룬트슈테트 이외에도 OKW에서 카이텔과 요들이 참석했다. 그리고 두 시간 반 후에는 공군 및 해군 사령관인 괴링과 되니츠, 그리고 몸집이 크고 호흡이 거친 서부 제3항공군 사령관 슈페를레(Sperrle) 원수, 그리고 그 밖의 여러 사람들이 합류했다. 히틀러는 여러 가지 요점들을 놀라울 정도로 진부하고 거짓으로 점철되었으며 실제 상황의 요구와는 무관한 장광설로 종합해서 '지령'이라는 거창한 말을 붙였다. 총통은 가장 중요한 과업이 적의 공세를 저지하여 연합군의 모든 해안

---

117  Wolfram, 인터뷰, EPM 3
118  위의 책
119  위의 책

교두보를 소탕할 준비를 하는 것이라고 말했다. 이는 공군이 주로 완수할 과업이었고, 동시에 바다에 기뢰를 설치해서 영·미 연합군의 보급을 중단시켜야 했다. 여러 가지 특수 무기들, 그리고 새로 생산된 천 대의 항공기가 조만간 일선에 투입되고, 다수의 어뢰정과 잠수함들을 곧, 늦어도 4주 안에 영국해협 방면에 전개할 예정이었다. 새 수송차량 대열들도 제국에서 서부전선으로 올 준비를 하고 있었다.[120]

여기까지는 공식 기록이다. 하지만 회의 초반에 다룬 문제들은 어느 참모장교나 속기사도 기록을 하지 않았기 때문에 누락되었다. 히틀러는 롬멜에게 먼저 말하라고 요청했다. 맹세했던 바와 같이, 그는 그 날 마지막 즈음에 총통 앞에서 서부의 전체 상황을 제시할 기회가 있을 것이라 생각했다며 발언을 시작했다. "전 세계가(Die ganze Welt)" 그는 계속 말했다. "독일에 대항하고 있고 이런 세력 균형은(steht gegen Deutschland, und dieses Kräfteverhältnis)…" 그러자 히틀러가 갑자기 그를 가로막았다. "원수, 정치적 상황 말고 자신의 군사적 문제를 중시해주시겠소." 롬멜은 전체적 상황을 다루어야 하는 내용의 이야기를 다시 이어갔다. 히틀러는 다시 그를 가로막으며 군사적 상황만을 다루라고 말했다. 롬멜은 그렇게 했고, 회의는 비현실적으로 흘러갔다. 하지만 회의가 끝나기 전에 그는 마지막 시도를 했다. 롬멜은 공군이 무능하다고 혹평하며 히틀러에게 '독일에 관해' 말하지 않고서는 떠날 수 없다고 말했다. 그러자 히틀러는 냉담하게 답했다. "원수(Herr Feldmarschall), 이 방을 나가는 게 좋을 거요(ich glaube Sie verlassen besser das Zimmer)!" 롬멜은 방을 나갔다.[121] 그리고 다시는 히틀러를 보지 못했다.

이후 롬멜의 생각은 분명해졌다. 그리고 그가 노력한 세 번째 기간이자 현역으로 근무한 마지막 2주 반 동안 롬멜은 사건의 경과에 엄청난 충격을 받고 그에게 군과 독일에 무슨 일이 일어날까 물어보는 많은 사람들에게 자신의 생각을 이야기했다. 그는 자신의 임무를 헌신적으로 수행하며 어느 때보다 더 활기차게 부대를 방문하고, 격려하고, 문제를 고치고, 전술적 개선사항을 제안했다. 이를 소홀히 하는 것은 그의 장병들을 저버리는 것과 같았다. 롬멜은 그들의 사령관이었고 독일은 아직 전쟁 중이었다. 롬멜이 책임을 맡고 있는 한, 적의 공격을 격퇴하고 적의 진격을 저지해야 했다. 마지막 몇 주간 롬멜은 모든 곳을 방문하며 노력했지만, 한편으로는 독일이 반드시 평화를 얻어야 하고, 최고 사령부가 평화라는 목표에 관심이 없다고 믿었다. 만약 화평을 시도한다면, 권력을 쥔 다른 누군가에게 그 역할이 돌아가야 했다. 노르망디 전역이 시작된 직후, 롬멜

..............................
120　　BAMA N 117/23
121　　Wolfram, 인터뷰, EPM 3

은 루게와 산책을 하던 중 루게에게 독일이 아직 점령지를 다소 확보하고 있지만 평화교섭은 필수적이라고 이야기한 적이 있었다. 그리고 롬멜에게 주어진 시간은 거의 소진되었다.[122]

롬멜은 독일에서 돌아온 다음 날 서부기갑집단의 가이어를 방문했고, 회의에서 일어난 일을 전부, 혹은 일부를 축약해 말했다. 그리고 가이어와 롬멜은 캉 구역의 오른 강 양안 지역에 대해 논의했다. 연합군이 그 일대에서 대규모 돌파를 시도할 가능성이 높았다. 롬멜은 이후 2주간 롬멜은 그 지역을 자주 방문했다. 가이어는 제1SS기갑군단의 3개 사단을 캉 남쪽 30㎞ 부근인 생로랑드콩델(Saint-Laurent-de-Condel) 부근 숲에 배치하여 유리한 지형에서 적의 대규모 진격을 타격할 태세를 갖추기를 원했지만 롬멜은 여기에 동의하지 않았다. 그는 자신이 줄곧 지켜온 생각에 충실하게 최소한 기갑부대의 일부라도 캉의 동쪽과 남동쪽 인접한 지역에 남겨두어서 전선을 강화해야 한다고 보았다. 기갑부대 대부분이 가이어가 제안한 곳까지 철수한다면 보병만이 지원 없이 남게 되고, 보병부대는 적에게 공격을 받으면 즉시 밀려날 것이 분명했다. 다만 롬멜 역시 연합군이 V-1 미사일 발사장을 향해 동쪽으로 최단거리로 진격할 경우 분명히 이 구역을 공격하리라는 지적에는 동의했다. 이것이 가이어와 나눈 마지막 대화였다. 히틀러는 서부기갑집단 사령관이 B집단군 사령관만큼 상황을 비관하며, 후방으로 퇴각하기를 간절히 바란다는 소식을 듣고 그를 교체하라는 명령을 내렸다. 그 전에 가이어는 사실을 그대로 담은 보고서를 작성해서 OKW에 올린 적이 있었다. 이 보고서는 캉 돌출부에서 철수하고, 동쪽 끝으로는 아브네(Avenay)에서부터 빌레르 보카주를 거쳐 코몽(Caumont)까지, 그리고 오른 강을 따라서 방어선을 형성한 후 '탄력적'인 전술을 채택하기를 권고했다.[123]

가이어의 후임으로 기갑집단을 지휘하게 된 사람은 에버바흐(Eberbach) 장군이었다. 에버바흐가 부임한 첫날인 7월 5일에 롬멜은 그를 만나 캉 지구에 대해 다시 논의했다.[124] 연합군은 오른 강 동안에서 남쪽을 향해 공격을 실시할 것이 분명했고, 그 경우 대전차포 사격, 네벨베르퍼(Nebelwerfer) 다연장로켓, 기갑부대로 이를 격파해야 했다. 이를 위해 방어체계는 종심이 깊게 조직할 필요가 있었다.

7월 7일 밤에 적의 대공습으로 캉이 대부분 파괴되고 수많은 민간인들이 사망했지만, 방어군의 피해는 거의 없었다. 7월 10일에 롬멜은 다시 같은 구역, 즉 제86군단과 제1SS

........................
122    Ruge, 앞의 책
123    NAW MS B 466
124    BAMA N 117/23

기갑군단 지역으로 향했다. 그 지역은 제16공군야전사단이 방어 중이었는데, 그들은 롬멜에게 완전한 신뢰를 주지는 못했다. 상급자들 가운데 사상자가 특히 많았고, 사단의 대대장 중 세 명이 최근에 전사했다. 기갑사단을 포함한 모든 사단들은 이제 장비는 물론 병력마저 부족했고, 제15군 지역과 같은 다른 지역의 사단들도 완편되지 않은 상태로 노르망디에 도착하고 있었다.[125] 롬멜은 7월 12일과 15일에 두 차례 더 캉 동쪽 지구를 다시 방문해서 전선의 종심을 최대한 늘리기 위해 병력이 허락하는 한 지역 방어에 투입된 기갑부대들을 보병으로 교체하도록 조정하라고 제안했다. 그는 자주 철수 요청을 받았지만 이를 거부했다. 롬멜의 명령은 총통명령에 전적으로 충실했다. 그는 비르(Vire)에 있는 마인들(Meindl) 장군의 제2낙하산군단에게 "모든 구역에서 전선을 고수해야 한다(Front muss unter allen Umstdnden gehalten werden.)"고 말했다.[126]

하지만 롬멜은 일선 부대들의 고통을 곡해하지 않았다. 그의 예하지휘관 중 한 명은 다음과 같은 기록을 남겼다. "우리 장병들이 적의 막대한 물량 우세를 생각하며 사기가 떨어진 채 전투에 투입된다. 그들은 늘 '공군은 어디 있습니까?'라고 묻는다. 아무런 방해도 받지 않고 작전에 투입되는 적 항공기에 대한 무력감은 마비 효과가 있으며, 경험이 부족한 병력들은 이 효과로 인해 글자 그대로 정신을 잃게 된다."[127] 영국군의 됭케르크 참전병들도 대부분 이런 견해에 동의했다. 그리고 공습뿐만 아니라 포격에 의한 손실도 끔찍했다. 연합군은 가장 작은 규모의 공격에도 포격을 앞세우는 것만 같았다. 7월 14일에 롬멜은 휘하의 공수연대 하나가 전투 개시 후 총 1,000명의 증원을 받았고, 그 중 800명 이상이 정신적으로 무너진 상태임을 알게 되었다. 서부기갑집단 참모장은 롬멜에게 "부대들의 사기는 양호"하다면서도, "용기만으로는 적의 물량을 이길 수 없습니다."라고 말했다.[128]

이 말을 한 사람은 롬멜의 전임 참모장이자 현재 에버바흐의 참모장인 가우제였다. 지휘관들의 분위기는 하나같이 절망적이었다. 동부전선에서는 6월 23일에 중부지역인 프리페트(Pripet) 습지대의 북쪽에서 러시아가 대공세를 개시했고 7월 1일에는 붉은군대가 독일 전선에 거대한 간격을 뚫고 민스크를 점령했으며 폴란드를 가로질러 진군하고 있었다. 그들은 곧 비스와에 도달할 것이었다. 롬멜은 자살의 가능성을 이야기했지만 이런 언급은 언제나 자살할 생각을 해서는 안 된다고 말하기 위해서였다. 이런 상황에

---

125  위의 책
126  위의 책
127  Flower and Reeves (eds.), The War (Cassell, 1960)에 인용된 von Luttwitz 대장
128  BAMA N 117/23

서 자살은 그저 도피일 뿐이었다.[129]

롬멜 밑에서 오래 복무해서 롬멜을 잘 알았던 오랜 동료 장교들은 롬멜을 솔직하게 대했고 롬멜 역시 그들을 솔직했다. 7월 10일에 롬멜은 자신의 포병 사령관과 차를 타고 제84군단을 방문하기 위해 가는 동안 그에게 "라트만, 전쟁 종결에 대해 어떻게 생각하시오?"라고 물었다.

"원수 각하, 우리가 이길 수 없음은 분명합니다. 우리가 적절한 선에서 평화를 이룩하기 위해 충분한 전력을 유지하기를 희망합니다." 라트만은 계속 설명했다. "나에 대한 연합군 측의 평판을 이용해볼 거요." 롬멜은 솔직하게 말했다. "히틀러의 바람과는 어긋나는 휴전을 위해서 말이오." 당시의 롬멜은 앞으로 영-미 연합군이 소련 맞서 방어선을 형성하는데 동의할 것이라는 상당히 비현실적인 상상을 여전히 버리지 않았고, 라트만에게 그 생각을 말했다.[130]

며칠 후, 그는 제17공군야전사단 작전참모 바르닝(Warning) 대령과 대화를 나누게 되었다. 바르닝은 북아프리카에서 롬멜의 참모로 일했으며, 알라메인에서 롬멜이 히틀러의 '철수 불가' 명령을 받았을 때도 곁에 있었다. 당시 베스트팔에게 롬멜 원수에게 고독감을 달랠 사람이 필요하니 원수와 함께 있으라는 지시를 받은 사람도 바르닝이었다.[131] 즉 바르닝은 롬멜의 오랜 친구였던 셈이다. 7월 15일 더운 여름날, 바르닝은 얇은 갈색 사막복을 입고 있었다. 그와 롬멜은 오랜 '아프리카너'였다. 바르닝의 사단장은 전선을 방문하기 위해 자리를 비웠고, 바르닝은 다른 사람들이 듣지 못하는 곳에서 솔직하게 물었다. "원수님, 정말 상황이 어떻게 되어가고 있는 겁니까? 독일군은 12개 사단으로 모든 전선을 막으려 하고 있습니다."

"자네에게 사실을 말해 주겠네." 롬멜은 대답했다. "폰 클루게 원수와 나는 총통에게 최후통첩을 보냈네. 독일은 전쟁에 이길 수 없고 총통이 정치적인 결단을 내려야 한다고 말일세."

바르닝은 믿기지 않는다는 듯 놀라며 롬멜을 보았다.

"만약 총통이 거절한다면요?"

"그렇다면 내가 서부전선을 개방할 걸세. 한 가지 중요한 문제가 있는데, 영-미 연합군이 러시아군보다 먼저 베를린에 도착할 것인가 아닌가일세."[132]

..........................

129　Ruge, 앞의 책
130　Lattmann, 인터뷰, EPM 3
131　제17장의 11월 3일 저녁 에피소드 참조
132　Warning, 인터뷰, EPM 3

롬멜은 노르망디에서 근무하고 있던 그의 오랜 부하인 베스트팔에게도 마찬가지로 암울한 느낌을 표현했다.[133] 후일 롬멜은 아들 만프레트에게 '서부전선을 개방'하는 시기는 궁극적으로 영-미 연합군이 돌파에 착수하는 시기가 될 것이며, 이런 상황은 반드시 발생할 것이 분명하다고 말했다. 이런 상황이라면 일방적으로 저항을 포기하고, 정치적인 방안을 제외하고도 순수하게 군사적인 사건들로 역사적 전환점을 형성할 수 있다는 견해였다.[134] 하지만 만프레트와 이 대화를 나눌 당시에는 이미 모든 것이 지나간 뒤였다. 폰 클루게 원수는 다음 날인 7월 16일에 롬멜의 '최후통첩'에 서명했다. 6월 29일에 있었던 총통 접견의 희생자는 가이어뿐만이 아니었다. 회의 이후 총통은 늙은 폰 룬트슈테트 원수를 해임하고 B집단군 사령관의 패배주의와 반항심을 휘어잡을 수 있는 장성으로 교체해야겠다고 결정했다. 룬트슈테트는 비관적인 내용의 보고서를 OKW에 올렸는데 이 보고서는 가이어와 마찬가지로 최소한 캉 교두보에서 철수해야 한다고 권고하는 내용이었고, 최소한 이 정도의 작전적 자유가 필요하다는 롬멜의 의견을 정직하게 인용했다. 히틀러는 이 보고서에 불쾌해했다. 카이텔이 진심으로 제안하는 것이 무엇인지 묻자 룬트슈테트는 퉁명스럽게 "평화요!"라고 답했다. 히틀러는 룬트슈테트를 대체할 서부지역 총사령관으로 클루게를 선택했다. 프로이센 사람인 클루게는 1940년에 롬멜의 군사령관으로 제4군을 이끌고 프랑스에서 승리를 주도했고, 1941년 동부전선의 끔찍한 겨울에도 폰 보크 원수가 지휘하는 중부집단군을 구출했다. 1943년에 히틀러가 항공기에 폭탄이 설치되는 암살 음모로부터 가까스로 목숨을 건졌을 때, 그는 클루게의 사령부를 방문하고 있었다. 클루게는 룬트슈테트로부터 지휘권을 인수하기 전에 OKW에서 브리핑을 받았다. 물론 그는 1940년의 경험을 통해 에르빈 롬멜의 고집이 강하다는 것은 알고 있었지만 이제는 비관론자가 되었다는 평을 들었다.

그들의 첫 만남은 유쾌하지 못했다. 두 사람은 클루게가 지휘를 맡은 직후인 7월 3일에 라 로슈 기용에서 처음 만났고 슈파이델과 템펠호프가 자리에 함께 있었다. 클루게는 롬멜에게 원수라 하더라도 명령에 복종해야 한다고 직설적으로 말했다. 이는 분명히 불복종에 대한 힐책이었으며, 클루게가 프랑스로 가기 전에 있었던 베르그호프 방문에 대한 비난일 수밖에 없었다. 롬멜은 화를 냈다. 클루게는 롬멜이 명령에 충실히 복종해왔음을 알았다. 롬멜의 죄는 상황에 대해 솔직하게 발언한 것이었다. 7월 5일에 롬멜은 클루게에게 셰르부르와 코탕탱 반도를 도저히 장기간 방어할 수 없었다고 설명하

..........
**133**   Westphal, 인터뷰, EPM 3
**134**   Manfred Rommel의 증언

는 상황 보고서[135]를 올렸는데, 특히 이곳들을 오래 지키지 못했기 때문에 클루게의 비난을 받았다고 생각했다. 그리고 그 전에 반복해서 요청했던 조치들 및 그 사항들이 충족되지 못한 결과들도 이 보고서에 함께 기록했다. 롬멜은 이 모든 내용들, 그리고 항공전 상황이 보급에 미치는 영향을 클루게에게도 반복해서 이야기했다. 그리고 전투 초기에 B집단군이 서부기갑집단의 사단들에 대한 통제권을 부여받지 못한 문제에 대해서도 되풀이해서 거세게 불만을 표했다. 작금의 끔찍한 상황은 롬멜의 불복종이 아니라 이런 문제들로 인해 조성되었다는 주장이었다. 롬멜은 이 보고서를 보낼 때 클루게가 그에게 자신의 참모장교들을 앞에 두고 한 발언에 깊은 상처를 받았다고 간단히 언급한 짧은 메모를 함께 동봉했다. 그는 서부지역 총사령관에게 그런 비난을 한 타당한 근거가 무엇인지 물었다. 그리고 첨부 편지만 제외한 같은 보고서를 슈문트 편으로 히틀러에게도 보냈는데, 슈문트는 호의적으로 이 임무를 수락했다.

롬멜과 클루게의 첫 만남은 호의적이지 않았지만 클루게는 영리하고 노련한 지휘관이었으며 전장에 대한 자신의 인상을 형성하는데 긴 시간을 필요로 하지 않았다. 그가 직접 느낀 바에 따르면 상황은 롬멜의 발언과 완전히 일치했다. 왜 이런 상황에 처했는지, 그리고 어떻게 했어야 이와 같은 상황을 피할 수 있을지는 중요하지 않았다. 재앙에 직면한 상황을 먼저 해결해야 했다. 전선은 몇 주 이상은 도저히 방어할 수 없었다. 부대들은 가공할 전력비의 소모전을 통해 분쇄되고 있었다. 연합군이 이제 야전에 약 40개 사단을 전개한 상태였다. 하지만 단순히 부대의 수효만으로는 아무 의미도 없었다. 문제는 독일군이 소모되는 동안 영-미 연합군은 병력과 장비를 무한히 증원하고 보급을 요청할 수 있다는 것이었다. 클루게는 7월의 첫 2주 동안 롬멜을 여러 차례 만났고 12일에는 라 로슈 기용에서 상황을 논의하고 식사를 함께했다. 그리고 16일에 롬멜은 바르닝에게 '최후통첩'이라 묘사했던 보고서를 클루게에게 제출했다.[136] 롬멜은 이 보고서가 즉시 히틀러에게 전달될 것이라 생각했다.[137] 독일군은 6월 6일 이후 장교 2,700명을 포함해 17,000명을 잃었지만 보충된 전력은 1만 명에 불과했다. 이제 진실을 말할 시간이었다. 이 짧고 꾸밈없는 문서에서 롬멜은 이제 노르망디의 최종적인 위기가 다가오고 있다고 말했다. 부대들은 영웅적으로 싸우고 있지만 연합군은 강하고 특히 전차와 포병 전력에서 앞섰다. 반면 독일군은 엄청난 손실에 비해 보충이 불충분하고 느린데다 전

135  Betrachtungen, 3 July 1944. 저자가 소유한 복사본.
136  Army Group B, Betrachtungen zur Lage, 15 July 1944. 저자가 소유한 복사본.
137  이 보고서를 전달하며 클루게는 다음과 같이 덧붙였다. "불행하게도 원수(롬멜)의 주장이 옳았습니다."

선의 독일군 부대 구성원의 상당수는 숙련되지 않았고, 병력들이 격렬한 폭격과 포격에 끊임없이 노출되는 상태였다. 이는 '조만간(absehbarer Zeit)' 적이 프랑스 내륙으로 돌파할 것이 틀림없다는 뜻이었다. 롬멜이 정확히 이 표현을 쓰지는 않았지만 메시지는 분명했다. 롬멜은 클루게가 스스로의 관찰을 통해 이 의견을 지지한다는 사실을 알았다. 상황에 대처하기 위한 기갑예비대 전력이 불충분했고 공군의 부재도 특히 두드러졌다. 롬멜은 2페이지 반 분량의 초고에 자신의 손으로 한 문장을 추가했다. '현 상황으로부터 정치적인 결론 도출이 필요함.'

슈파이델과 템펠호프는 롬멜이 서부전선의 전략적 상황으로 인해 독일이 불가피하게 직면한 상황을 알리려 했을 때 히틀러가 격노했다는 사실을 기억하고 있었을 것이다. 그들은 롬멜에게 '정치적'이라는 단어를 삭제하라고 설득했고, 롬멜은 그 조언을 받아들인 후 문서에 서명했다.

그 전날인 7월 15일에 롬멜은 캉의 동쪽 지역을 다시 방문했다. 그는 캉의 북동쪽 브와 드 바벙(Bois de Bavent)의 북쪽에 배치된 제346사단 사령관에게 다음 번 적의 공격은 캉 지구에서 실시될 것이라고 말했다. 연합군 기갑부대의 집결을 고려하면 이 공격은 분명히 예상 가능했다. 공격은 아마도 이틀 후를 전후해, 즉 17일이나 18일에 실시될 가능성이 높았다. 7월 16일에 그는 서부기갑집단과 제86군단에 방문해서 같은 평가를 되풀이했다. 제86군단은 제346사단과 같은 캉 동쪽 지역에 배치되어 고수방어를 맡고 있었다. 롬멜은 적이 이 구역으로 공격하며 그와 동시에 캉 자체도 점령하려 할 것이라고 말했다. 종심이 방어의 열쇠가 되어야 하며, 적이 겹겹이 적층된 방어선과 충돌하도록 유도해야 한다. 제21기갑사단은 즉각적인 대응을 위해 기갑척탄연대를 전선 후방 가까이에 배치하고, 다른 모든 기갑사단들도 작전이 진행되면 각자 구역에 있는 보병부대들을 책임져야 했다.[138]

그리고 클루게에게 보고서를 발송한 다음 날 롬멜은 큰 피해를 입은 채 빌레르 보카주 부근에 주둔하고 있던 하우저(Hausser) 장군의 제2기갑군단과 2개 사단을 방문하기 위해 출발했다. 그는 이곳에서 디트리히 장군의 제1SS기갑군단 지역으로 다시 차로 이동하기로 했다. 이 부대는 오른 강 동쪽의 위협을 받는 지역에 있었다. 롬멜은 오후 4시에 디트리히 사령부를 떠나서 생 피에르(St Pierre)를 거쳐 라 로슈 기용으로 가는 길에 올랐다. 적 항공기가 모든 지역에서 활동하고 있었고 롬멜은 위험을 줄이기 위해서 운전병인 다니엘(Daniel) 상사에게 리바로(Livarot)까지 작은 길로 이동하라고 말했다. 비무티에

(Vimoutiers) 북쪽 수 킬로미터 지점까지 접근한 이후에 넓은 도로에 올라 센 강과 사령부를 향해 동쪽으로 향할 생각이었다.

롬멜이 자신의 '최후통첩'에 서명하고 이를 클루게에게 보내기 하루 전인 7월 15일, 벤틀러슈트라세(Bendlerstrasse)의 OKW 건물에 사무실이 있는 독일 보충군(Ersatzheer) 참모장인 대령 클라우스 솅크 폰 슈타우펜베르크 백작(Claus Schenk Graf von Stauffenberg)이 베를린에서 라스텐부르크에 있는 히틀러의 사령부로 이동했다. 그는 아침 11시에 도착해 베를린에 있는 올브리히트 장군에게 전화를 걸었다. 올브리히트는 그 후 계획에 따라 부대들에게 베를린으로 이동하라는 명령을 발령하기 시작했다. 이 병력 이동은 '발키리(Valkyrie)'라는 암호명을 가진 공식 '비상 계획'을 시행하는 것이었는데, 이 계획은 베를린 인근에 위치한 다수의 훈련소에서 많은 병력을 베를린 시내로 투입하는 내용이었다. 표면적인 목표는 독일에서 일하는 수백만 명의 외국인 강제노동자들의 반란이 임박했다는 정보가 입수될 경우 정부 기관 및 여러 주요 지점들을 확보하는 것이었다. 물론 몇 차례 위험이 지적되었을 뿐 직접적인 외국인 강제노동자들의 반란 정보는 없었다.

서류가방에 폭탄을 휴대한 슈타우펜베르크는 멋진 체격에 눈부신 군 경력을 가진 활동적인 인물로, 히틀러 암살 음모의 촉매와 같은 역할을 해왔다. 일부 인사들은 그가 변덕스럽고 종잡을 수 없는 성격이라고 생각했지만, 모두들 그의 용기만은 인정했다. 슈타우펜베르크는 기본적으로 영웅형 인물이었다. 그는 행동을 신봉했다. 그는 폭군 살해의 윤리에 관해 성찰해보고 자신의 결론에 이르렀다. 이제 그는 음모에서 큰 태엽의 역할을 맡았다.[139]

슈타우펜베르크는 히틀러의 회의에 참석할 예정이었고 총통이 회의를 하는 시점에 시한폭탄을 터트려 총통, 그리고 가능하면 다른 사람들도 암살하기로 했다. 이날은 슈타우펜베르크가 폭탄을 가지고 라스텐부르크를 방문하는 두 번째 날이었다. 첫 번째 시도는 7월 11일에 있었는데, 당시에는 힘러가 참석하지 않았기 때문에 폭탄을 가지고 베를린으로 돌아갔다. 그를 포함한 일부 공모자들은 힘러도 필수적인 암살 목표로 여겼다. 암살 성공이 확실해지면 베를린에서 후속조치를 실시하기로 했다. 올브리히트에게 전화를 걸어서 '발키리' 작전 발동을 요청한 것도 그 일환이었다. 그리고 서부, 즉 프랑스에서는 프랑스 지역 사령관 슈틸프나겔 장군이 이를 지원할 예정이었다. 독일 신정부가 설립되면 베크 장군이 국가 원수로 취임하기로 했다. 폰 비츨레벤(von Witzleben)원수가 독일군 총사령관으로, 라이프치히(Leipzig)의 시장이었던 괴르델러(Goerdeler) 박사가 독

---

139 Freiherr von dem Bussche-Streithorst.개인적 전언

일 총리로 내정되었지만, 괴르델러 박사는 체포가 두려워 은신하고 있었다. 신정부에는 옛 바이마르 공화국 정부의 인사들이 여럿 포함될 예정이었고 공직 동의자 명단은 문서로 기록되었다. 이들은 나치즘이 가져온 결과와 독일이 직면할 참상을 혐오했고 히틀러의 죽음 이후 책임을 공유할 준비가 되어있었다. 쿠데타와 정권 교체 이후에는 서부의 야전 사령관들이 가급적 신속히 상대 연합군과 평화 교섭을 추진할 계획이었다. 롬멜은 이미 수많은 대화들을 통해 적당한 시기에 서부전선에서 반드시 평화 협상을 시도해야 한다는 소신을 드러냈다. 그리고 슈파이델 및 서부지역 총사령부와 B집단군의 일부 장교들도 최소한 원론적으로는 이런 희망 사항이 누군가 총통을 '대체'한 이후에 이뤄질 것임을 알았다.

오후 1시에 라스텐부르크에서 회의가 열렸다. 슈타우펜베르크는 올브리히트에게 다시 전화를 걸고 회의실로 돌아왔는데, 히틀러가 회의 개시 몇 분 만에 회의장을 떠나기로 결정했음을 알게 되었다. 한편 베를린에서는 올브리히트가 슈타우펜베르크로부터 또 다시 전화를 받은 후 모든 부대에게 출동을 중지하고 막사로 돌아가라는 통신명령을 내렸다. 출동 '경보'는 훈련이며 작전계획을 즉각 수행하는 능력을 시험하기 위한 목적이었다고 설명되었다. 슈타우펜베르크는 다음 라스텐부르크의 회의에서 독일 본토 보충군의 명령 하에 전선에 보내기 위해 편성된 보충병력의 세부현황을 보고하라는 명령을 받았고, 다음 회의 일자는 7월 20일로 예정되었다. 그 날 암살이 성공하면 다시 한번 발키리 작전을 실행하기로 계획했다.

7월 16일에 영국의 SAS(Special Air Service)부대는 독일 점령지에 소규모 집단을 낙하산으로 강하시켜 롬멜 원수 혹은 그의 고위 참모들을 사살하거나 영국으로 납치하기 위한 임무의 승인을 요청했다. SAS 사령부는 노르망디를 향한 독일군의 서부 증원을 방해하는 임무를 맡았고, 부르고뉴(Bourgogne)에 이미 투입되어 있는 어느 강력한 특수부대로부터 롬멜이 라 로슈 기용에 있다는 정보를 얻었다. 이 특전대의 지휘관은 라 로슈 기용 부근에 토지를 소유한 한 프랑스 레지스탕스 대원에게서 도움을 받았는데, 그 레지스탕스 대원은 롬멜의 산책 습관과 그 경로를 포함해 상황에 대한 정보를 제공했다. 휘하의 특수부대로 롬멜 암살 임무를 수행하겠다는 SAS 지휘관 윌리엄 프레이저(William Fraser) 소령의 요청이 거부된 후 SAS 사령부는 2명의 장교와 4명의 사병으로 구성된 다른 소규모 특전대를 파견하라는 허가를 받았다. 작전 명령은 7월 20일에 서명되었고 강하일자는 7월 25~26일 밤으로 예정되었으며, 강하를 알리는 통신은 23일에 방송되었다. 노르망디의 영국 제21집단군 참모부의 지시는 "문제의 인물을 포획하기보다는 사살하라"는 내

용에 가까웠다.[140]

　7월 17일, 롬멜의 차가 큰 길을 타고 비무티에를 향해 남으로 향했다. 대공경계병 홀케(Holke) 일등상병이 차의 뒤에 타고 있었다. 참모 장교 노이하우스(Neuhaus) 소령과 랑 대위가 동행하고 있었다.

　갑자기 홀케가 적기가 우리가 가는 길 상공에 있다고 외쳤다. 적기들은 차의 뒤에서 낮고 빠르게 날아오고 있었다. 누군가 운전병 다니엘에게 속도를 내서 길에서 벗어나 차를 숨길 수 있는 300m 전방의 위치로 달리라고 외쳤다. 그러나 그곳에 도착하기 전에 선두의 전투기가 사격을 개시했다. 차는 통제불능이 되어 길 왼쪽의 배수로에 빠졌다. 롬멜은 이 첫 공격에서 이미 큰 부상을 입었고, 두 번째 공격기가 다가와서는 망가진 차와 엎드린 사람들에게 다시 한번 기총 사격을 가했다.

　가장 가까운 군 병원은 사고 현장에서 루앙(Rouen) 방향으로 40km정도 떨어진 베르네(Bernay)에 위치한 공군병원(Luftwaffenortlazarett)이었다. 롬멜은 처음에는 부상 현장 인근인 리바로(Livarot)의 어느 수도회 산하 병원의 프랑스 의사에게 보내졌다. 하지만 랑 대위가 다른 차량을 찾아 부상자를 싣고 가는 데만 45분이나 걸렸다. 의식을 잃은 롬멜은 운전병인 다니엘과 함께 베르네로 이송되었다. 롬멜은 두개골이 심하게 골절되었고 관자놀이와 얼굴에 부상을 입었다. 다니엘은 부상으로 사망했다.

　다음 날인 7월 18일에는 롬멜이 그 전에 여러 차례 방문하며 다음 번 대규모 작전지역으로 예상했던 캉과 오른 강의 동부 지역에서 영국 제2군이 공격을 개시했다. 이 공격에 앞서 지상군을 지원하기 위해 전쟁 기간 중 최대 규모의 항공폭격이 실시되었다. 이 폭격은 5시 30분부터 시작해 8시 30분까지 3시간 동안 지속되었다. 그 후 3개 기갑사단과 1개 보병사단이 좌익을 구성한 오코너 장군의 영국 제8군이 남쪽을 향해 움직였다. 그와 동시에 시몬즈(Simonds) 장군의 제2캐나다군단이 캉을 직접 공격했다.

　날이 지날때까지 독일은 전방 진지를 유린당하고 큰 피해를 입었지만, 여전히 캉 남쪽의 고지대인 부르게뷔(Bourguébus) 능선을 통제했고 상당한 수의 적 전차를 파괴했다. 연합군은 돌파에 실패했지만 격퇴되지도 않았다. 기갑연대들의 지원을 받으며 전방 진지들 직후방에 배치된 독일군의 대전차포 집단이 다대한 전과를 거두었다. 독일군 방어선은 유지되고 있었다. 나폴레옹과는 달리 롬멜은 마지막 전투에서 패하지 않았다.

---

140　HQ SAS Operation Instruction 32. 관련 통신문을 포함한 복사본, EPM 3.

# 제22장 "독일의 명예를 위하여"

1944년 7월 20일 목요일 오후 12시 42분, 히틀러가 회의를 주재하던 동프로이센 라스텐부르크 총사령부의 막사에서 큰 폭발이 일어났다.[141] 롬멜의 지인이자 히틀러의 군사 부관인 슈문트 장군을 비롯해서 회의에 참석한 몇 사람이 죽거나 치명상을 입었고, 막사는 엉망이 되었다. 그러나 히틀러는 살아남았다.

폭발의 원인은 슈타우펜베르크가 설치한 폭탄이었다. 이날은 그가 베를린에서 서류 가방에 폭탄을 싣고 라스텐부르크를 방문한 세 번째 날이었고, 그는 회의가 열리기 직전 시한폭탄의 캡슐을 깨서 시한 신관을 작동시켰다. 슈타우펜베르크는 튀니지에서 손에 중상을 입은 이후 의수를 하고 있었지만, 연습을 통해 폭탄을 능숙하게 조작할 수 있었다. 그의 자리는 히틀러가 앉은 곳에서 불과 두 좌석 옆이었고, 그는 신관이 작동중인 서류 가방을 회의 탁자 밑에 놓고는 회의가 시작되고 몇 분이 지난 후 '전화를 받으러' 방을 나갔다. 그리고 폭발이 일어나기를 기다렸다 차를 타고 총사령부를 떠났다. 그는 사령부 출입구에서 위병을 충분히 설득해 통과 허락을 받아냈고, 25분만에 비행장에 도착해서 곧 이륙하여 베를린으로 향했다.

슈타우펜베르크 옆자리에 있던 사람이 서류 가방을 별 생각 없이 발로 밀어 튼튼한 참나무 탁자 다리의 반대편으로 옮겨놓았는데, 아마도 이 때문에 직접적인 폭발의 효과가 다소 줄었던 것으로 보인다. 슈타우펜베르크는 조금 떨어진 곳에서 폭발을 보고 들었는데, 히틀러만큼 그 폭발에 가까이 있던 사람이 살아남을 수 있으리라고 상상도 하지 않았다. 하지만 히틀러는 살아남았다.

1시에 베를린에 첫 보고가 도달했다. 히틀러가 사망했다는 내용이었다. 회의 참석했

---

141   Galante with Eugene Silianoff, Operation Valkyrie (Harper & Row, 1981)

지만 살아남은 카이텔은 몇 분 안에 이를 정정해서 히틀러가 살아있다는 전문을 베를린에 보내라고 명령했다. 그리고 그 직후에 유선이 끊겼다.

베를린의 공모자들은 무모한 낙관론을 가지고 이 수정 전문이 속임수가 분명하다고 믿었다. 첫 전화는 통신대장이며 음모에 가담한 펠기벨(Fellgiebel) 장군이 걸었다. 히틀러의 죽음을 전달하는 '총통 사망(Führer tot)!'이라는 단순한 전문으로 모든 통신을 시작해야 한다는 사전 합의가 있었고, 예정대로 상황이 전개되었다. 하지만 두 번째 전화는 OKW 참모총장 카이텔 원수실의 전화였다.[142]

극심한 혼란이 발생했다. 그리고 암살 시도 이후 펠기벨이 한동안 조치를 취해 라스텐부르크와의 통신이 끊긴 것 같았다. 이제는 베를린에서 상황을 장악하고 모든 사령부와 군관구에 준비된 전문, 즉 '총통 사망!'이라는 전문을 발송해야 했다. 일부는 통신으로, 일부는 전화로 전달이 되었다. 이 전문을 기대하고 바라고 있었던 사람들이 보기에 이 소식은 확실해 보였다. 클루게의 제1참모부장(Oberquartermeister I) 핀크(Finckh) 대령이 이른 오후에 라 로슈 기용에 있는 슈파이델에게 전화를 걸었다. "암살입니다(Attentat)! 총통이 사망했습니다(Führer ist tot)!"[143]

그 날 늦은 오후에는 서부지역 총사령부의 블루멘트리트(Blumentritt) 장군도 슈파이델에게 전화를 걸어 한 마디로 상황을 전달했다. "죽었소(Tot)."[144]

하지만 베를린에서는 이 소식을 의심했고 발카리 작전은 보류되었다. 히틀러가 정말 죽었는가?

그 날 오후 3시 15분에 라스텐부르크에서 카이텔은 복구된 통신을 이용해서 보충군 사령관이며 슈타우펜베르크의 상관인 프롬(Fromm) 장군에게 간단한 소식을 전달할 수 있었다. 카이텔은 프롬에게 총통이 살아있으며, 상황을 완전히 통제하고 있다고 분명하게 말했다. 카이텔은 무솔리니가 라스텐부르크를 방문하고 있었는데, 히틀러가 해진 옷을 갈아입고 나와 자신 있고 침착하게 무솔리니를 응대했다고 말했다. 카이텔은 보안기관과 게슈타포에게 누구든, 계급이나 소속에 상관없이 심문을 할 수 있는 전적인 자유를 부여해야 한다는 점에서 히틀러에게 동의했다. 누구도 보호받을 수 없었다. 암살 시도는 그만큼 끔찍한 사건으로 여겨졌다.

공모자들이 이미 보낸 초기 전문들로 새 정부의 1차 임명동의서가 발표되었으며, 명

---

142  라스텐부르크와 베를린 간의 전문들은 Peter Hoffmann, History of the German Resistance (Macdonald & Janes, 1977)에 모두 나와 있다. 두 번째 통신도 분명히 라스텐부르크에서 펠기벨 대장이 전달했다. 그리고 통신들은 결코 완전히 끊기지 않았다.
143  Tempelhoff, EPM 3
144  Dummler, 인터뷰, EPM 3. 예비역 장교인 두믈러 박사는 B집단군의 전쟁일지를 보관했다.

단의 첫 인물은 제국군 총사령관으로 임명된 폰 비츨레벤(von Witzleben) 원수였다. 이 전문들은 라스텐부르크에서 수신되었고 곧 총통사령부에서 통신을 보내 이를 부인했다. 라스텐부르크에서 발령하는 명령에만 복종해야 한다는 내용이었다.

베를린에서는 격한 논쟁이 오간 끝에 4시에 베를린 위수사령관이자 공모자 중 한 명인 폰 하제(von Hase) 장군이 그로스도이칠란트 경비대대(Wachbataillon Großdeutschland)의 레머(Remer) 소령을 자신의 집무실로 호출할 때까지 여전히 발키리 작전이 발령되지 않았다. 하제는 총통에게 불행한 사고가 발생했고, 며칠 전에 훈련 목적으로 발령한 것과 비슷한 비상조치를 취해야 한다고 말했다. 레머 소령은 3개 중대를 데리고 시의 관공서 지구(Regierungsviertel)를 확보하여 저지선을 형성하고 계급에 상관없이 누구도 출입을 하지 못하도록 막기로 했다. 레머는 막사로 돌아가서 명령을 내렸다. 당시 시각은 4시 반에 가까웠다.[145] 공모자들에게는 다소 불운하게도, 당일 괴벨스의 선전부 관리인 하겐(Hagen) 박사가 베를린을 방문해 레머 예하의 일부 장교들에게 강연을 하고 있었다. 레머는 폰 하제의 집무실에서 돌아오며 그를 목격했는데, 하겐은 그 날 전직 총사령관인 폰 브라우히치 원수가 군복을 입고 베를린에 있는 것을 본 것 같다고 말했다. (실은 잘못 본 것이었다.) 몇 가지 사건들, 즉 총통에게 참사가 벌어졌다는 소문, 경비대대에 갑자기 떨어진 명령, 주목할 만한 퇴역 군인의 출현이 거의 동시에 발생하자 하겐은 의혹을 갖게 되었다. 그는 레머에게 이 얘기들을 말했고 레머는 하겐이 당시 베를린에 있던 괴벨스에게 직접 가봐야 한다는데 동의했다.[146] 레머의 병력은 차량에 탑승하고 있었다. 명령이 떨어졌고 저지선이 설정되었다. 예비대로 4번째 중대를 소집해서 이동하라는 명령이 내려졌다. 레머는 폰 하제의 사령부에 다시 출두했다. 그곳에서 그는 두 장교의 대화를 우연히 들었는데 그중에는 제국장관(Reichsminister) 괴벨스를 체포할 필요가 있다는 이야기도 있었다. 때문에 레머는 극히 신중한 입장을 취하게 되었지만, 하겐은 이미 괴벨스에게 가고 있었다.

그날 오후 4시 40분에 슈타우펜베르크는 들뜬 마음으로 벤틀러슈트라세의 OKW 건물에 있는 보충군 사령부에 도착했는데, 그곳은 암살 계획의 주요 멤버들이 집결한 신경중추가 되어 있었다. 그는 암살이 성공했다고 믿고, 발키리 작전을 위해 준비된 조치들이 이미 상당히 진전되었음이 틀림없다고 추측한 채 사령부에 도착했다. 그렇지만 작전은 이제 막 시작되고 있었다. 공모자들과 상당히 거리를 두고 있었고 공모자들도 거

---

145   Remer, 1944년 7월 22일자 보고서, NAW T 84/21
146   Hagen, 보고서, NAW T 84/19

리를 두고 대하고 있던 프롬은 한 시간 전에 카이텔에게서 전화를 받았다.

하지만 초기 전문들이 이미 발송되었거나 발송되는 중이었는데, 이 내용들은 곧 게슈타포의 책상에 놓였다. 이 전문들은 폰 비슬레벤의 지휘권을 분명히 하고 있었고, 6시에는 나치 고위 관료, 강제수용소장, SS지휘부들을 즉각 체포하라고 명령하는 추가 전문들이 모든 군관구에 발송되었다. 이 전문들은 당시 공모자들에 의해 일시적으로 체포된 상태이던 프롬의 이름으로 발송되었으며, 슈타우펜베르크가 이를 인증했다. 이제 공모자들은 사태 전반에 관해 의혹이 있음을 깨달았지만, 상황을 되돌리기에는 이미 늦었다는 사실을 잘 알고 있었다. 그들은 만약 베를린을 장악하고 체제가 전복되었음을 군 지휘부, 그중에서도 특히 서부의 고위 사령부에게 납득시킬 수 있다면, 쿠데타가 여전히 어떤 형태로든 실현될 수 있다고 믿으려 했다. 벤틀러슈트라세에서는 계속 전문을 보냈다. 이제는 직위 해제된 프롬을 대신해서 비슬레벤이 공식 보충군 사령관으로 임명한 음모 주동자 중 한 명인 회프너(Hoepner) 장군 명의로 밤 9시 25분까지 전문 발송이 계속되었다. 모든 군관구와 사령부들에 발송된 대량의 전문들 중 마지막 전문은 여전히 '아돌프 히틀러 총통이 사망했음(Der Führer Adolf Hitler ist tot)!' 이라는 문장으로 시작되었다.[147]

6시 반에 레머의 병력은 명령에 따라 관공서 지구를 봉쇄했고 레머는 다시 폰 하제의 집무실로 갔다. 그는 하겐을 찾아서 여전히 복잡해 보이는 상황에 대한 설명을 기대했지만 그 대신 하겐으로부터 한 가지 전갈을 받았다. 하겐은 사령부(Kommandantur)로 들어가기를 꺼리는 것처럼 보였다. 하겐은 체포를 두려워했다. 그리고 그는 레머에게 보내는 긴급 전문을 가지고 있었다. 레머가 괴벨스에게 직접 출두해달라는 것이었다. 레머는 폰 하제의 참모에게 제국장관 괴벨스의 호출을 받았다고 말했고 폰 하제는 즉시 반대 명령을 내렸다. "레머 소령, 이곳에 있게!"[148]

레머는 부관에게 자신이 괴벨스를 만나라는 명령을 받았는데 폰 하제 장군이 명령을 이행하지 못하도록 금지했다고 말했다. 그럼에도 불구하고 그는 어떻든 사령부를 떠날 수 있었고, 그 직후 홀로 제국장관 괴벨스에게 출두했다. 레머는 괴벨스의 한 질문에 대한 대답으로서 총통에게 전적으로 충성한다고 말했다.

괴벨스는 그를 응시했다. 그들은 악수를 했다. 그리고 몇 분 지나지 않아 괴벨스가 전화를 넘겨주었다. 히틀러가 직접 통화를 했고 그는 레머에게 명령을 내렸다. 총통은 익숙한 목소리로 단호하게 몇 마디 말을 건네며, 극단적인 조치이기는 하지만 그에게 제

---

147   NAW T 84/21

148   Remer 보고서, NAW T 84/21

국 정부를 구하는데 필요하다고 판단되는 모든 조치를 취하기 위한 전권을 부여했다.[149]

레머는 자신의 본부로 돌아와서 경비대대에게 헤르만 괴링 거리(Hermann Göring Strasse)에 있는 괴벨스 관저의 정원에 집결하라고 명령했다. 당일 저녁 8시 반에 레머는 관저 정원에서 병력을 사열했고 괴벨스가 그들을 향해 대대가 역사적인 임무를 맡았다고 연설했다. 그리고 레머는 자신이 총통으로부터 직접 책임을 부여 받았다고 대대원들에게 설명했다.

발키리 작전에 연루된 것은 경비대대만이 아니었다. 레머는 이제 한 전차 부대가 구데리안 장군의 명령으로 훼벨리너 광장(Fehrbelliner Platz)에 집결했다는 소식을 들었다. 그는 히틀러로부터 모든 부대들에 대한 지휘권을 부여 받고 있었지만, 전차 부대는 구데리안의 명령에만 따를 것이라고 주장했다. 이는 곤란한 문제가 될 수 있었다. 분명히 사격이 시작되었다면 전차부대가 우위를 점했을 것이다. 하지만 그 순간 그로스도이칠란트 경비대대장을 역임한 게르케(Gehrke) 중령이 나타나 이 모든 일들이 적법한 것이라고 전차병들을 설득했다. 그는 전차 부대가 총통에게 충성한다고 추측했다. 레머는 이미 코트부스(Cottbus)에 있는 보충군 경비 여단에 증원병력과 중화기 요청을 보냈지만 사실 이들을 동원할 필요는 없었다. 레머는 이제 저항의 중심, 즉 반역자들의 사령부가 벤틀라슈트라세의 OKW 건물 안에 있다는 생각을 굳혔다. 그는 건물을 확보하고 조사하기 위해 슐레(Schlee) 중위의 지휘 하에 1개 중대를 그곳으로 보냈다. 차단선을 설치하고 출입구를 확보한 후 건물에 진입한 슐레는 올브리히트 장군에게 보고하라는 요청을 받았다. 당시 그는 올브리히트가 주모자임을 모르고 있었다.

슐레는 자신의 병사들에게 만약 자신이 20분 이내에 다시 나타나지 않으면 건물을 습격해 수색을 진행하라고 말했다. 그가 올브리히트 방의 대기실에 들어가자 한 대령이 그가 방을 떠나지 못하도록 구금했다. 그 대령은 쿠데타의 핵심 인물 중 한 명인 메르츠 폰 퀴렌하임(Mertz von Quirnheim)이었다. 하지만 슐레는 감시를 살짝 빠져나왔다. 이제 쉴레와 레머에게는 모든 것이 분명해졌다. 괴벨스가 그들에게 말했듯이 당시의 상황은 총통 암살과 병행해 진행된 군사 쿠데타였고 그 중추는 이곳 벤틀러슈트라세였다. 당시 시각은 9시 15분이었다.

파리는 계속 대기상태를 유지했다. 오후 즈음 케자르 폰 호파커(Caesar v. Hofacker) 중령이 베를린에서 전화를 받고 히틀러, 힘러, 괴링이 모두 죽었다는 말을 들었다. 1시 직후부터 소문과 확인되지 않은 전문들이 쏟아지는 와중에 몹시 늦게 걸려온 이 전화는 음

---

149  Hagen 보고서, NAW T 84/19

모의 서쪽 끝부분인 서부 측의 행동(Westlösung)을 촉발하는 신호였다.[150]

슈튈프나겔의 참모인 호파커는 슈타우펜베르크의 사촌이었다. 공군 예비역 장교이며 열렬한 반체제 인사인 호파커는 슈튈프나겔이 베를린 측 행동(Berlinerlösung)과 서부 측 행동 간의 연락장교나 협조자 역할을 맡기기 위해 사실상 다른 모든 임무에서 열외된 상태였다.

혁명 행동에는 두 가지 확실히 독립된 주체와 두 가지 상호보완적인 계획이 존재했다. 제국의 중심부에서 진행된 행동은 정부 기구를 인수하고 완전히 새로운 정책들을 즉시 발효하는 것이었는데, 새 정책들은 음모를 진행하는 동안, 수년에 걸쳐 논의하고 체계화해서 어느 정도 문서로 기록해 두었다. 베를린에서 진행될 최초의 행동에 히틀러의 제거가 포함되어 있었다. 서부 측의 행동은 기본적으로 베를린의 행동에 달려있었고 서부의 야전군을 대상으로 했다. 서부 측은 히틀러 이후의 독일에 대해 충성을 확보하고 가급적 신속히 군인들 간의 휴전협상을 진행하는 것이 그 목적이었다.

음모의 두 번째 주체인 서부 측의 중심축은 파리에 위치한 프랑스 지역 사령부인 슈튈프나겔의 사령부였다. 서부 측의 계획을 일부, 혹은 전체를 알고 있던 사람들 가운데 베를린 측의 행동 목적을 파악하고 있는 사람은 없었다. 알고 있었다 하더라도 세세하게 파악하지는 않았을 것이다. 베를린 측의 행동 의도는 히틀러를 어떻게든 제거하고 이를 통해 독일 내에서 일종의 쿠데타를 일으키는 것이었다. 이런 계획은 부분적으로만 인지되었고 경우에 따라서는 살인 모의가 포함되었다는 점으로 인해 반감을 사기도 했다. 특정한 방식을 통해 총통을 제거하면 개인적 충성 서약의 의무가 사라지는데, 독일군의 모든 군장병이 이 서약을 시행했다. 서부 방면의 관점에서 다음 과제는 파리에 주둔하고 있는 1,200명 규모의 SS 및 그 예하 기구인 보안대(Sicherheitsdienst: SD), 그리고 게슈타포였다. 이들을 신속히 무력화할 수 있다면, 적어도 일선 부대들에 대한 조직적인 반혁명 선동을 우려할 필요는 없었다. 만약 전선에서 싸우는 독일군 대다수가 혁명을 인정하지 않는다면 분명 중앙의 혁명은 좌절되고 어떤 평화협상 시도도 취소될 것이며, 아돌프 히틀러, 혹은 임명을 받거나 스스로 지도자의 자리에 오른 다른 나치 지도자에 대한 충성 선언이 지속될 것이다. 동부전선 상황은 그 자체로서 관리할 수 있었다. 야전군들은 진격해오는 러시아군과의 전투에 묶여 있었고 독일 정부도, 혁명도, 그 밖의 어떤 요소도 그 투쟁을 멈출 수 없었다. 하지만 서부에서는 여전히 가까스로 전선을 유지하고 있었고, 희망은 협상뿐이었다. 이는 병력들이 서부지역 총사령관과 집단군 사령관

---

150   파리 군정청의 공모자 중 한 명인 Walter Bargatzky, 증언, EPM 4

들을 따를 준비가 되어 있고, 사령관들은 새 체제를 지지해야 한다는 의미였다. 따라서 사령관들이 주도적인 역할을 하되, 베를린과의 필수적인 협력은 중개자인 슈튈프나겔이 무대를 준비하기로 했다. 파리에 위치한 SD와 게슈타포의 주요 인사들은 베를린에서 전문을 받는 즉시 체포하여 슈튈프나겔의 권한으로 소집하는 법정에 세우기로 했다. 모든 과정은 사전에 준비되었고, 7월 20일 늦은 오후부터 시작되었다. 체포가 진행되고 파리의 독일 정부는 짧은 순간 공모자들(Verschwörerclique)의 손에 넘어갔다.

라 로슈 기용에서는 그 날 저녁에 무시무시한 의혹이 일었다. 슈파이델과 다른 한두 명은 협상과 평화로 향하는 극적인 사건을 예상했으며, 그 날 오후에 슈파이델이 핑크의 전화로 "총통이 사망했습니다(Fuhrer ist tot)"라는 말을 들었을 때만 해도 모든 것이 분명해 보였다. 독일에서 발송된 상충된 첫 통신들 중의 일부만이 효력이 있었으며, 혁명 세력과 그 반대파로 보이는 이들 모두가 사건이 자신들의 의도대로 진행되었고, 그와 다른 내용의 전문이나 명령은 거짓이며 이를 묵살할 수 있다고 제국의 군 지휘부들을 설득하고 있는 것 같았다. 이런 해석에 따르면 괴벨스가 그 날 오후 7시에 독일에서 한 방송조차도 단지 필사적인 선전전에 불과할 가능성이 있었다. 이 방송에서 괴벨스는 총통의 목숨을 노리는 사악한 시도가 있었지만 실패했으며 히틀러는 살아있다고 말했다. 하지만 이 소식 자체가 거짓일 지도 몰랐다.

슈튈프나겔은 당일 저녁 군정청에서 근무하는 친척인 호르스트(Horst) 박사 및 폰 호파커와 함께 파리에서 라 로슈 기용으로 이동했다. 슈튈프나겔은 이미 베를린에 있는 베크와 통화를 했지만 거의 위안은 되지 않는 내용이었다. 베크는 당시 히틀러의 사망 여부를 알지 못했고 카이텔이 거짓말을 했을지도 모른다는 희박한 희망에 기대고 있었다. 그 경우 그들은 행동에 나서야 했다. 파리에서는 음모세력의 계획이 진척되고 있었고 몇 백 명의 SS 간부들을 총격전 없이 체포했다. 하지만 라스텐부르크에 무슨 일이 벌어졌는지, 그리고 베를린에 무슨 일이 벌어지고 있는지 여전히 모호했다. 식사는 침묵 속에 이뤄졌다.[151]

호파커가 조용히 템펠호프에게 말했다. 호파커는 템펠호프에게 슈타우펜베르크와 메르츠 폰 퀴렌하임을 개인적으로 알지 않는지 물었다. 물론 호파커도 그들을 알았고 슈타우펜베르크는 그의 사촌이었지만, 이곳은 템펠호프의 사령부였다. 그는 템펠호프에게 베를린에 전화를 걸어 정확히 무슨 일이 벌어지는지 물어보자고 제안했다. 템펠호프는 자신의 사무실에서 슈타우펜베르크와 통화했다. 정확한 통화 시각은 불확실하지

151   Bargatzky, EPM 4

만, 자정에 파리로 돌아온 호파커[152]가 아직 라 로슈 기용에 있을 때였고 슈타우펜베르크는 벤틀러슈트라세에서 아직 체포되지 않았음이 분명했다. 통화는 베를린 쪽에서 갑자기 끊겼고, 집단군 전쟁일지를 맡은 뒤믈러(Dümmler) 대위가 방으로 들어와서 상관의 손에서 전화기를 빼앗으며 이렇게 말했다. "대령님 지금 뭐하십니까? 지금 악마의 가마솥에 들어가고 계십니다(Herr Oberst, was machen Sie dann? Sie kommen in die Teufelsküche)!" 템펠호프로서는 다행스러운 항명 행위였다. 템펠호프가 저녁 식탁으로 돌아왔을 때 클루게가 그에게 질문을 했고 템펠호프는 간단히 "아닙니다(Nein)!"라고 답했다.[153]

클루게는 더이상 묻지 않았다. 클루게는 당시 서부지역 총사령관일 뿐만 아니라 롬멜의 부상 이후 B집단군을 직접 지휘하고 있었다. 음모세력들은 클루게에게 빈번히 접근하여 적과 협상을 진행하는 과정에서 그의 협력을 요구했다. 실제로 클루게의 도움은 롬멜의 도움 못지않게 필수적이었다. 하지만 히틀러는 아직 살아있었다. 이후 클루게는 공개적으로 다른 공모자들과 분명한 선을 그었다. 반면 식탁에 있는 몇몇 사람들, 특히 호파커는 대담하고 공공연하게 음모를 지지하고 있었다. 실제로 클루게는 슈튈프나겔에게 당신, 즉 슈튈프나겔이 분명히 체포되고 아마 총살될 것이라고 말했다.[154]

자정이 되기 직전에 슈튈프나겔은 동행자들과 함께 파리로 돌아갔다. 다음 날 아침 그는 카이텔에게서 명령 하나를 받았다. 즉시 베를린으로 출두하라는 것이었다.

베를린의 벤틀러슈트라세에서 부하인 슈타우펜베르크에게 체포되어 있던 프롬 장군은 오후부터 히틀러의 생존을 알고 있었다. 그는 암살을 공모하지 않았더라도 최소한 어떤 사건이 계획되었다고 의심할만한 부분을 다른 사람들에게 알리지 않았거나, 계획 자체를 승인한 피의자로 의심받을 위험에 처해 있음도 잘 알았다. 이제 관공서 지구 전체에 배치된 레머의 병력은 분명히 공모자들(Verschwörerclique)이 아닌 당국의 편이 되었다. 슐레는 올브리히트의 방에서 빠져나온 후 자신의 병사들에게 돌아갔다. 그리고 게르케 대령이 곧 이들을 뒤따랐다. 게르케 대령은 훼벨리너 광장에서 기갑병들의 의심을 진정시키고 그들에게 그들의 의무가 무엇인지 말했다. 곧이어 벤틀러슈트라세의 공모자들은 무장을 해제당했다. 프롬은 다시 자유의 몸이 되었고, 즉시 보충군 사령관으로서 적절한 권한을 회복했음을 분명히 했다.

프롬은 신속히 행동했고, 게르카는 승인을 얻어 모든 상황을 확인했다. 프롬은 직접

---

152    위의 책
153    Tempelhoff, EPM 3
154    Bargatzky, EPM 4

1인 군법회의를 소집하여 슈타우펜베르크, 올브리히트, 슈타우펜베르크가 라스텐부르크에 다녀올 때 동행한 폰 헤프텐(von Haeften) 중위, 그리고 메르츠 폰 퀴렌하임에게 사형을 선고했다.[155] 신정권에 참여하기 위해 오후에 사복을 입고 건물로 들어갔던 베크는 자살을 시도했다. 베크의 자살 시도는 한 차례 실패했지만, 결국 자신의 권총으로 목숨을 끊었다. 그는 1944년 7월 20일 설립될 예정이었으나 끝내 탄생하지 못한 신 독일 정부의 국가 수반으로 지명된 인물이었다.

슈타우펜베르크와 다른 사람들은 벤틀러슈트라세의 주차장에서 사형 집행을 위해 준비된 트럭의 헤드라이트 불빛 아래, 슐레의 중대에서 차출된 부사관 총살대에 의해 밤 12시 30분에 처형되었다. 아돌프 히틀러는 자정에 직접 전국방송에 출연해 부도덕하고 야심만만하며 어리석은 극소수의 장교들로 구성된 범죄자들이 자신을 암살하려 했다고 말했다. 이 시도는 실패했다. 즉 아돌프 히틀러는 살아남았고, 여전히 독일 국방군 총사령관이자 독일 국민의 총통이었다. 그리고 이제 재판이 시작되었다.

몇 시간 만에 수사가 시작되었고, 7월 21일부터 보안대(SD) 사령관 SS대장 칼텐브루너(Kaltenbrunner)가 매일같이 히틀러 사령부에 위치한 제국지도자(Reichsleiter) 마르틴 보어만(Martin Bormann)에게 최신 수사정보 및 게슈타포의 심문 결과를 문서로 보고했다.[156] 9월 15일이 되어서야 칼텐브루너는 거의 매일 진행되던 보고를 앞으로는 3일마다 진행해도 충분할 것이라고 보고할 수 있었다.

칼텐브루너의 보고서 및 수집된 증거는 놀라우리만치 넓은 범위를 다뤘다. 독일, 프랑스, 국방군 내 음모 자체의 경과를 꼼꼼히 재구성하고, 모든 작은 사건, 혐의를 지목할 수 있는 모든 대화, 모든 우연한 발언이나 접촉들을 샅샅이 조사해서 정리했다. 공모자들은 매우 많은 문서들을 작성했다. 즉 신정부의 명단, 독일 국민과 국방군에 대한 선언문, 대외 정책, 미래의 유럽, 교육 정책, 종교 정책, 인종 정책, 대외 정책에 관한 문서들, 정의와 국민의 자유 및 양심의 자유에 관한 헌법, 법률 문서 등이었다. 이 문서들은 주의 깊게 해석되고 논평이 첨부되어 칼텐브루너가 보어만에게 제출한 보고서에 첨부되었다. 총통의 의구심을 해소하기 위한 작업이었다.

공모자들의 자료들 가운데 상당수는 용기와 현명함과 거시적 시야를 담고 있었다. 이들의 시도가 완전히, 비참하게 실패한 만큼 신중함과 현실성은 부족했지만, 계획을 작

---

155  프롬은 1945년 7월 3일 인민재판에 의해 사형을 선고받았다. 법원은 그가 7월 20일에 신념이 아닌 자신을 보호하기 위해 행동했으며 공모자들의 패배주의를 공유했다는 혐의를 발견했다. 그리고 7월 3일에는 만일 히틀러를 패배시키는 것은 인생 최고의 순간이 될 것이라고 말했다. (보어만에게 제출된 칼센브루너의 보고서, NAW T 84/19/20/21) 그것으로 충분했다.

156  NAW T 84/19/20/21. Speigelbild einer Verschwörung (Seewald Verlag, Stuttgart, 1961)로 출판

성한 이들은 모든 명예를 누릴 가치가 있었다. 자료에 사용된 단호한 표현들은 거의 종이를 뚫을 기세였다. 이 문서들에는 히틀러의 '피로 물든 손'과 그가 전진하는 과정에서 뒤에 남은 눈물, 비탄, 고통의 흔적들에 대한 대화가 담겨 있었다. 이 내용들은 가장 혹독한 적들에게도 영향을 남겼다. 칼텐브루너는 많은 노력을 통해 철저히 보고서를 작성했는데, 그는 공모자들이 남긴 자료들이 국가사회주의에 반대하는 내용을 담고 있으며 이는 반역에 해당한다고 규정하면서도, 그 타당성과 정당성, 품위와 설득력을 모두 갖춘 국가사회주의에 대한 반대 견해에 자신이 거의 설득되는 것만 같다는 평을 함께 남기지 않을 수 없었다.

히틀러는 사건 초기부터 모든 일에 대해 현실적이고 정치적인 사고를 대입했다. 이는 방송 연설의 문맥을 보면 분명히 알 수 있다. 히틀러는 자신에 대한 암살 시도 사건은 특별하고, 대표성이 없는, 극소수의 행위이며, 어떤 경우에도 반란 세력이 군이나 민간 어느 사회 부문에서도 보편적이라는 인상을 남기지 않으려 했다. 히틀러는 개인적으로 '푸른 피의 돼지들', 즉 귀족에게 분노를 표했지만, 범인들 가운데 일부가 귀족의 칭호를 가지고 있었다는 이유만으로 귀족 계층 전체에 공범의 혐의를 지목하지 않았다. 이는 장성이나 장교단, 국방군에 대해서도 다르지 않았다. 히틀러는 불필요한 적을 만들 생각이 없었다. 보어만은 7월 24일에 지방장관과 제국지도자들에게 히틀러의 생각과 방침을 담은 서신을 보냈다.[157] 가해자들은 일반인들의 관점에서도 명백히 구별되어야 했다. 하지만 수사 및 보고서의 표현을 보면 슈타우펜베르크와 다른 용의자들의 죄가 단순한 살해 미수가 아님이 매우 분명했다. 패배주의(Defaitismus)와 비관주의(Pessimismus)가 그들의 죄명이였다. 이 단어들은 칼텐브루너의 보고서에 반복적으로 등장한다. 그리고 히틀러 암살에 대한 관점과는 별도로 패배주의나 비관주의는 롬멜의 입장에서는 가장 분명한 진실이었던 만큼, 변론의 여지가 없었다.

암살 미수 사건 3일 후 롬멜은 파리 근교 생제르맹(St Germain)의 르베지네(Le Vesinet)에 위치한 병원으로 옮겨졌다. 그는 까다로운 환자였다. 르베지네에 있던 처음 며칠 동안 슈파이델, 루게, 템펠호프, 랑 등이 롬멜을 문병했는데, 이 중 루게는 롬멜이 퇴원하기까지 르베지네를 거의 매일같이 방문했다. 롬멜은 어두운 병실에 누워 밤마다 큰 고통을 겪었지만, 낮에는 활력을 조금씩 되찾았다. 하지만 롬멜은 이미 부대와 자신의 임무로 돌아갈 생각을 하고 있었다. 노르망디에서는 전선이 압박을 받으면서도 여전히 유지되고 있었지만, 그는 머지않아 자신의 경고대로 적이 전선을 돌파하고 프랑스를 장악할

157  NAW T 84/21

것임을 잘 알았다. 하지만 롬멜이 부상을 대수롭지 않게 여기는 듯이 행동하자, 외과의사는 병리학부에서 가져온 해골을 망치로 내리쳐 균열을 만들어 보이며 그의 머리가 어떤 상황인지 보여주었다. 베르네에 처음 방문한 사람들 가운데 한 명은 그의 포병 사령관 라트만 대령이었는데, 그는 면회가 불허된 상황임에도 롬멜을 찾았다. 라트만은 슈파이델에서 원수의 모자와 야전 지휘봉을 가져다 달라는 부탁을 받았다. 라트만이 차에 오를 때 한 장년 프랑스인이 그에게 다가왔다. 알고 보니 그는 롬멜이 공격을 받은 후 처음 주사를 놓았던 의사였다. 이 의사는 롬멜의 부상을 매우 안타까워했고 라트만은 프랑스인들이 롬멜을 얼마나 따뜻하게 대하는지 재차 이해할 수 있었다.[158]

랑 역시 가장 먼저 롬멜을 찾아온 이들 중 한 명이었다. 그는 7월 21일에 롬멜의 면회를 허락받았고, 그에게 암살 미수 사건에 관해 이야기했다. 롬멜이 큰 충격을 받았음이 분명해 보였다.[159] 롬멜은 7월 24일에 사고 이후 루시에게 첫 편지를 썼는데, 그 편지에는 암살 미수에 엄청난 충격을 받았으며, 암살 시도의 실패에 대해 신에게 감사할 뿐이라고 적었다.[160] 아마도 이런 표현은 생존을 위해 불가피했을 것이다. 오히려 편지가 검열을 받았다면 편지 도처에 넘쳐나는 책임회피적 문구가 외려 의심을 샀을 것이다. 같은 편지에서 그는 얼마 전에 자신이 공개적이고 대담하게 '최후통첩', 즉 상황에 대한 전망을 '상부(nach oben)'로 보냈다고 적었다.

롬멜의 방문객들은 르베지네에서 장기체류를 허가받았는데, 그동안 롬멜은 말이 많아지고 주변을 채근하는 성향을 드러냈다. 이 기간에 롬멜의 참모부 요원들과 예하 지휘관들, 즉 템펠호프, B집단군의 슈타우바서, 제15군의 살무트가 병원을 방문했다. 루게는 매일 그에게 책을 읽어주었다. 그리고 오랜 친구로 드레스덴에서 동료 교수였고 1940년 프랑스에서 종군기자였으며, 현재 생제르망 군관구 사령관인 쿠르트 헤세(Kurt Hesse)가 8월 초에 그를 방문해서 한 시간 가량 머물렀다. 롬멜은 자유롭게 이야기했다. 그는 히틀러가 스탈린그라드에서 아무것도 깨닫지 못했다고 말했다. 전쟁은 이미 끔찍하게 패했고, 이제 종결되어야 했다. 그는 또 다른 믿을 만한 방문객인 라트만에게도 같은 이야기를 했다. 롬멜은 상황이 허락한다면 히틀러를 다시 만나서 그를 다시 설득해야 한다고 주장하고, 루게에게도 같은 이야기를 했다.[161]

그들은 전쟁을 끝내야 하며, 독일 국민들은 이미 너무 많은 고통을 겪었다는 롬멜의

....................................

158   Lattmann, EPM 3
159   Lang, 인터뷰, EPM 3
160   Liddell Hart, 앞의 책
161   Ruge, 앞의 책

주장을 들었다. 롬멜은 노르망디부터 라트만에게 히틀러의 문제와는 별개로 평화협상에 대해 솔직하게 이야기했기 때문에, 라트만에게도 이 화제는 친숙했다.[162]

하지만 암살 미수 사건 이후 대화의 성격이 달라졌다. 이제 라트만과 다른 사람들은 이런 대화들이 정도 이상으로 위험하다고 느꼈음이 분명하다. 쿠르트 헤세는 후에 그들이 헤어질 때 롬멜이 자신을 오랫동안 쳐다보며 이렇게 말했다고 회상했다. "헤세, 이 생각은 머릿속에만 담아두는 것이 최선이라 생각하네!"[163]

클루게도 롬멜을 방문했지만, 그들 사이에 나눈 대화는 기록되지 않았다. 슈튈프나겔은 7월 21일에 파리를 떠났고 베르됭 부근에서 자신의 차에서 내린 후 총으로 자살을 시도했다. 그는 운하에서 구조된 후 소생술 조치를 받고, 시력을 잃은 극히 위독한 상태로 독일 본토에 후송되었다. 라 로슈 기용에 자주 방문하던 사람 중 한 명인 OKH 참모부장 바그너 역시 자살했다. 그리고 이제 게슈타포의 음모 수사는 모든 독일 참모부, 모든 독일 군종까지 확대되고 있었다. 심문자들의 잔혹한 열의와 유죄를 선고받은 사람들에 대한 가혹한 처벌로 인해 누구도 희망을 품지 않았다.

전투에 투입된 장교들 대부분은 반항적인 성향이 거의 보이지 않았다. 반면 제국 지휘부의 시각은 크게 달랐고, 많은 사람이 회의적인 사고를 품었다. 롬멜의 참모장교직을 역임한 폰 멜렌틴은 다수의 견해를 대변하는 발언을 했다. 그는 당시 남부 폴란드 지역의 카르파티아(Carpathian) 산맥의 북단에서 크라쿠프(Kraków)와 남부 비스와 방면으로 공세를 가하는 붉은군대에 대항하는 필사적인 전투에 투입되어 있었다. 멜렌틴은 종전 이후에 "일선의 반응은 모호하지 않았다"고 주장했다. "독일 장교가 이런 시도를 할 수 있었다는 것을 알고는 어안이 벙벙했다. 특히 동부전선의 장병들이 생사의 싸움을 벌이는 순간에 말이다… 일선의 장병들은 히틀러의 목숨을 노렸다는 소식을 듣고 역겨워하며 거기에 찬동하기를 거부했다."[164] 멜렌틴은 보다 많은 사실을 알게 된 이후 히틀러 암살 음모 사건에 관한 생각을 바꿨지만, 전쟁 당시에 대한 기억은 분명한 현실이었다. 공모자들을 추적하는 나치 당국은 제복을 입거나 입지 않은 많은 독일 국민들의 지지를 받았다. 많은 수의 군의 최고 계급 인사들은 앞다퉈 자신이 반역과 관련이 없음을 분명히 하며 체제에 대한 지지를 표명했다. 군내에서는 히틀러식 경례가 의무화되었다. 구데리안은 이제 자신이 총장이 된 장군참모부의 모든 요원들에게 다음과 같은 지휘서신을

........................
162    Lattmann, EPM 3
163    Kurt Hesse, 인터뷰, EPM 3
164    von Mellenthin, 앞의 책

발송했다. "모든 장군참모 장교들은 국가사회주의 지도 장교가 되어야 한다."[165]

독일군과 독일군 역사에 이름을 남길 인물들이 조국이 생사를 위해 싸우는 동안 그들 뒤에 단검을 꽂으려 했거나 혹은 그런 의혹을 받고 있었다는 사실은 당연히 충격적으로 받아들여졌다. 에렌호프(Ehrenhof)라는 이름의 특별조사위원회가 설치되었고 처음에는 폰 룬트슈테트가 직접 위원장을 맡았다. 이 기관은 주로 게슈타포의 심문들에서 얻은 증거에 따라 장교들의 연루 혐의에 관해 증언을 듣고, 그 가운데 일부를 군에서 퇴출하여 일반 범죄 피의자로서 인민법정으로 인계했다. 칼텐브루너는 일반인들이 히틀러의 기적적인 생존에 대해 크게 안심했으며, 내부의 적이 되었고 이제는 총력전(Totaler Krieg)을 벌일 수 있는 투지의 동기가 된 '반동' 혐의자들을 증오했다고 보고했다. 이 보고는 입에 발린 내용이기는 했지만, 전적으로 거짓이라 보기는 어렵다.

물론 독일의 적들에게는 이 모든 소식이 적국 내부의 일탈한 범죄자들이 저지른 문제로만 여겨졌고, 이 사건이 외롭고 용감한 희생이라는 인식이 보편화되기까지는 보다 많은 시간이 필요했다. 적어도 당시에는 게슈타포가 서로를 옹호하고 자신들의 양심만을 따르는 자들을 추적하는 상황으로 여겼을 뿐이다. 8월 8일에 롬멜은 차를 타고 헤를링엔의 자택으로 이동했으며, 개인적인 역경에 대해 강인한 모습을 보이겠다고 단호하게 결심했다. "이보게 로이스틀(Loistl)." 그는 당번병인 로이스틀 일등상병에게 말했다. "머리를 겨드랑이에 끼고 다니지 않는 한 상황이 그렇게 나쁜 건 아니라네."[166]

하지만 8월의 어느 날 건넸던 그 농담에는 어두운 역설이 깃들어 있었다. 게슈타포는 열심히 자신들의 임무를 수행했고, 군사법원(Ehregericht)에서의 증언들을 통해 프랑스에 배치된 많은 고위 장교들의 가담이 입증되었으며, 8월 29일에는 실명한 슈튈프나겔 및 호파커를 비롯한 여러 사람이 사형을 선고받고 같은 날 형이 집행되었다. 롬멜은 슈튈프나겔의 운명을 전해 듣고는 많이 괴로워했다. 지난 두 달 동안 그는 사막에서보다 더 많은 이별을 겪었다. 그리고 롬멜은 믿을 수 있는 친구처럼 여기던 B집단군의 사상자 규모에도 엄청난 충격을 받았다. B집단군은 노르망디 전투에서 140,000명을 잃었고 고급 장교들 가운데 많은 이들이 전사했다. 그리고 오랜 친구인 슈문트는 슈타우펜베르크의 폭탄에 죽었고, 이제는 슈튈프나겔이 베를린에서 사형집행자의 손에 목숨을 잃었다. 그리고 롬멜과의 관계가 좋지는 않았지만, 그의 전망에는 공감하게 된 클루게는 독일로 소환되던 중 독약을 마셨다. 히틀러에 대해 마지막까지 애증이 엇갈리던 클루게는 스스

---

165   IWM AL 1579
166   Loistl, 인터뷰, EPM 3

로 목숨을 끊기 전에 히틀러에게 지나치리만치 지지로 가득 찬 서신을 보내, 클루게 자신이 받았던 신임 이상으로 히틀러에게 공감한다는 의향을 표명했다.[167]

하지만 클루게는 자신의 발언과 행동 일부로 인해 히틀러가 자신을 암살자의 일원이 아니라도 패배주의와 타협한 내통자로 보게 되었음을 잘 알았다. 클루게는 7월 20일 저녁에 템펠호프에게 히틀러가 살아있다는 소식을 접하자 즉시 르베지네의 병원에 있는 친척에게 전화를 걸어 미리 준비된 독약 캡슐을 부탁했다. 이후 3주의 시간은 클루게의 입장에서 매우 느리게 흘러갔다. 독일군은 8월 15일에 팔레즈(Falaise)를 함락당하며 노르망디 방면에서 패배에 직면했고, 전선에서는 전면적으로, 무질서한 퇴각이 시작되었다.

클루게는 모델 원수에게 지휘권을 이양한 후 독일로 소환되었다. 게슈타포는 새 독일에서 총리를 맡기로 했던 괴르델러 박사가 은신한 지 한 달 후인 8월 12일에 그를 체포해서 심문했는데, 그 결과 괴르델러로부터 지난해 클루게와 이야기를 나누며 클루게에게 군 지휘부가 패배한 전쟁을 존중받을 만한 평화로 전환하기 위한 최선의 방법을 모색해야 할 것이라고 말했다는 자백을 얻어냈다. 괴르델러는 클루게가 이 제안을 받아들였으며, 동료 장교들과 더 이야기해보겠다고 약속했다고 주장했다.[168] 그리고 다른 쿠데타 용의자들은 핵심 인물인 슈타우펜베르크가 집단군 사령관들이 음모에 합류할 것이라고 말했다는 증언을 내놓았다.[169] 이후 자신의 운명을 예상한 클루게는 자살했다.

이제 15세가 되어 대공포 부대에서 공군 보조병으로 근무하고 있던 롬멜의 아들 만프레트는 롬멜이 귀가한 직후에 대공포 부대에서 집으로 돌아와 몇 주간 아버지를 보살필 수 있게 되었다. 이 몇 주 동안 그는 전쟁 때문에 청소년기의 대부분 동안 떨어져서 지낸 아버지를 전보다 더 잘 알 수 있었다. 롬멜은 항상 가르치는 것을 좋아했다. 대화에서도 지휘에서도 롬멜은 타고난 교육자였고, 이는 아마 유전적인 재능이었을 것이다. 그는 10월 초까지 만프레트를 직접 가르치려 했다.[170]

롬멜은 항상 현실적이고 분석적으로 생각했다. 그는 부상으로 심한 두통을 겪었고 시력이 손상되어 무언가 읽기를 힘겨워하거나 고통을 느꼈다. 르베지네에서는 루게가 대신 글을 읽어주었고 이제 헤를링엔에서는 만프레트가 그 일을 대신했다. 그리고 롬멜은 그들과 대화했다. 롬멜은 마음 속에 품은 생각을 아주 자유롭게 이야기했다. 그리고 당시 그의 집을 방문한 다른 사람들이나 그 대화를 어깨너머로 듣기만 한 사람들조차 롬

167　Jodl의 증언, International Military Tribunal, Nuremberg
168　Goerdeler의 첫 심문, NAW T 84/21
169　NAW T 84/21
170　Manfred Rommel의 증언, 편지, EPM 4

멜이 자신의 의견을 공개적으로 표명하는 데 주저하지 않았다고 이야기했다.[171] 롬멜은 이제 히틀러가 실성했고, 총통은 볼프스산체에서 죽을 때까지 그런 상태일 것이라고 주장했다. 롬멜은 만프레트에게 히틀러가 비이성적으로 군의 작전에 개입하던 상황에 대해 이야기하며, 총통은 독일이 전쟁에 패했고 서부전선에서 항복을 거부할 경우 동부전선이 유린당하고 상상을 뛰어넘는 끔찍한 운명이 닥칠 것임을 이해하지 않으려 했다고 설명했다. 만프레트는 가족뿐만 아니라 독일 전체에서 오랜 영웅이었던 아버지의 단호한 비관주의와 반체제적 태도에 당황했다. 하지만 롬멜은 만프레트에게 현실을 그대로 이야기할 뿐이라고 주장하며 그 근거를 설명했다. 그는 자신의 입장에 관한 생각에 대해 의심의 여지를 남기지 않았다. 만약 롬멜이 부상을 당하지 않았다면 연합군과 직접 교섭을 실시하여 서부전선에서 독일 본토로 향하는 길을 개방하고 서부전선의 전쟁을 멈췄을 것이다. 그가 받은 명령, 합법적인 복종의 의무, 총통의 존재에도 불구하고 말이다. 이는 군인에게는 절대적인 복종의 의무가 있다고 주장해온 사람으로서는 뜻밖의 태도였다. 과거 롬멜은 만프레트가 복무 연령이 되었을 때 그에게 보낸 편지에 이렇게 썼다. "이제 네가 이해하기 힘든 명령을 자주 받게 될 것이다. 무조건 복종하거라."[172] 그렇게 가르치던 사람이 이제는 저항을 역설하고 이를 합리화하고 있었다.

하지만 롬멜은 히틀러 암살 시도에 대해서도 단호한 태도를 보였다. 롬멜의 시각은 이제 히틀러에 대한 개인적인 애착에 영향을 받지 않았다. 히틀러가 자신의 부대들과 독일에 대해 저지른 만행에 대한 거부반응이 애정을 눌렀다. 하지만 롬멜은 시종일관 암살 미수가 잘못된 생각이라는 관점을 고수했고, 이를 거부했다. 롬멜은 베를린 그룹(Berliner Kreis), 슈타우펜베르크, 그리고 다른 사람들의 용기에 경의를 표하고 그의 개인적인 친구들이 연루되어 그 대가를 치렀음을 슬퍼했다. 하지만 그는 어떻게 생각하더라도 히틀러가 죽었다면 독일이 내전 상황에 빠졌을 것이고, 히틀러는 순교자가 되었을 것이며, 미래의 세대들에게 또 다른 '등 뒤를 찌른 단검(Dolchstoss)' 전설을 물려주었을 것이라는 생각을 고수했다. 기소를 통해 히틀러를 법적으로 처리하는 방향이 옳아 보였다.

롬멜은 히틀러 암살 이후 독일이 신정권을 평화롭게 받아들이거나, 협상 당사자로 인정할 것이라 믿지 않았다. 그는 야전 부대의 물리적인 항복만이 전쟁을 끝낼 수 있다고 믿었고, 그것조차 달성하기 힘든 목표임을 확신했다. 롬멜은 독일 군인을 누구보다도 잘 알았다. 그는 독일 국방군 내에서 히틀러에 대항하는 쿠데타에 대한 전폭적인 지지

---

171    Streicher 소령, Loistl, Manfred Rommel의 증언, 인터뷰, EPM 3 참조
172    IZM ED 100/176

를 얻는다는 발상은 처음부터 실패가 예정되어 있다고 여겼다.

롬멜은 암살이라는 수단 역시 경멸했다. 그는 폭탄에 뇌관을 심고 설정하는 까다로운 역할을 슈타우펜베르크와 같이 심각한 장애가 있는 장교 한 명에게 맡기는 방식이 암살 음모의 전반적인 특성을 보여준다고 신랄하게 비판했다. 사실 롬멜의 비판은 지나치게 냉정한 듯 보이지만, 그가 아마도 암살의 세부적 내용을 잘 알지 못했을 것임을 고려한다면 큰 문제는 아니다. 슈타우펜베르크는 행동 전반에 있어 무능함을 드러내지 않았으며, 오히려 그 반대였다. 하지만 롬멜은 음모가 종결된 이후 베를린 그룹에 대해서 들은 모든 이야기들로부터, 롬멜 자신의 표현에 의하면 '베를린의 응접실에서 수립된 아마추어적인 음모' 같은 느낌을 받았다. 그는 실제 암살이 성공했을 경우에 후속 상황을 수습하는 데 필수적인, 제대로 된 브리핑을 받은 믿을 만한 병력이 어디에 있었는지 물었다.[173] 이는 하인리히 힘러의 SS가 지배하는 사회에서 혁명을 기획하는 것이 얼마나 위험하고 힘겨운 일인지 과소평가한 주장임이 분명하다. 그러나 암살의 기획 및 실행과정 전반에서 우유부단함과 혼란이 뒤섞여 있었음은 부정의 여지가 없다. 내부의 견해는 분열되었고 목표도 분산되었으며 암살 실행 준비와 이상주의적인 구상이 위험하게 뒤섞였다. 발키리 작전은 분명 실패했다. 하지만 모든 것이 성공에 반대되는 상황에서도 음모의 주동자들은 자신들의 선택이 언젠가 독일의 명예에 기여할 것이라 믿었다. 그리고 그들은 틀리지 않았다.

9월에는 B집단군 참모장 슈파이델이 갑자기 해임되었다는 소식이 전해졌다. B집단군 자체는 하나의 편제 전력으로서는 대부분 소멸되었지만, 여전히 사령부는 남아 있었다. 그 상황에서 슈파이델이 갑자기 교체되었다. 서부전선은 롬멜의 예상과 거의 같은 시기에 붕괴했다. 경과는 대부분 롬멜의 예상과 일치했다. 노르망디 교두보 서부에서는 미군이 돌파에 성공해 남쪽으로 진격했고, 일부는 브르타뉴를 점령하기 위해 서쪽으로 선회하고 주력부대는 파리를 향해 동쪽으로 진격했다. 8월 25일에는 미군 좌익의 영국군이 롬멜의 옛 사령부인 라 로슈 기용과 인접한 곳에서 센 강을 건너 같은 달 말까지 아미앵에, 그리고 9월 3일에는 브뤼셀에 입성했다. 독일군은 이제 제국의 국경을 향해, 그리고 뫼즈 강과 라인 강에서 방어진지를 편성할 수 있는 지점들을 향해 전면적으로 후퇴하고 있었다. 이는 1940년과는 완전히 반대 구도였다. 수많은 독일 장병들은 전선 곳곳에서 전투를 포기한 채 연합군 포로수용소 명단에 이름을 올리고 있었다.

하지만 이 엄청난 재난에도 불구하고 9월 중순에는 허약하나마 안정을 되찾았다. 막

---

173  Manfred Rommel의 증언

대한 병력을 잃었지만 역시 막대한 병력이 동쪽으로 탈출했고, 독일군의 노련한 참모들이 신속하게 기술적으로 병력을 재편성했다. 특정한 전략적 핵심 지역들, 특히 적이 안트베르펜(Antwerpen)에 접근하지 못하도록 저지하는 지점인 스헬더 강 제방에서 장기전을 준비했다. 연합군의 진군은 여러 곳에서 지체되었다. 엄청난 성공으로 인해 그 승리를 활용할 보급체계에 문제가 발생했음이 분명했다. 9월 중순부터 독일군에게는 숨을 돌릴 여유가 생겼고, 독일군은 신속하게 회복해 노르망디 전역에서 분쇄되었던 전력을 회복하는 듯이 보였다. 롬멜은 매일같이 전황을 지켜보았고 많은 정보를 얻었다. 그는 12월에 아르덴에서 실시될 독일군 반격계획의 소식을 조기에 접했고, '영-미 연합군에 대항하는 모든 행동이 결과적으로 독일에 해를 입히게 되는 시점'에서 반격을 시도하는 것은 무의미하다고 평했다.[174]

9월 3일을 기해 롬멜이 공식적으로 B집단군 지휘권을 내려놓는다는 발표가 있었고, 3일 후에는 슈파이델이 헤를링엔을 방문했다. 슈파이델은 자신의 해임 사유를 듣지 못한 상태였고, 그의 뇌리는 히틀러를 다시 만나 새로운 타협안을 설득하는 데 롬멜의 지원을 얻을 생각으로 가득 차 있었다. 그는 구데리안을 통해 히틀러와 만날 준비를 하고 있었다. 하지만 슈파이델은 다음 날 집에서 체포되었다. 롬멜은 보이지 않는 적이 다가오고 있다는 느낌을 받았다. 그는 자택이 감시당한다고 확신했고 그의 부인과 참모도 같은 의견을 내놓았다. SD나 SS의 요원들이 배치되었음이 분명해 보였다. 롬멜은 이제 독일에 자신의 죽음을 선호하는 사람들이 늘어났다고 믿었지만, 동시에 자신을 합법적으로 제거할 수단은 없으며, 대신 암살을 시도할 것이라고 확신했다. 그는 매일 산책을 하며 만프레트와 동행했는데, 항상 무기를 휴대하고 다녔고 아들도 무장하도록 했다. 그리고 지역 부대 지휘관과 협의하여 자택에 경계병력을 배치했다.

롬멜의 순진한 판단에 따르면, 합법적인 용의자가 아니라 유명한 육군원수인 자신이 이런 상황에 처하는 것은 극히 비정상적이었다. 그러나 롬멜은 제3제국이 준법의 궤도에서 탈선했다고 여겼고, 정부가 자신을 제거하는 것이 바람직하다고 여긴다면 그렇게 행동할 것임을 의심하지 않았다. 그는 독일에서 자신이 저명인사라고 믿었고, 이는 분명한 사실이었다. 따라서 나치 당국이 그를 공개적으로 적대하는 상황은 꺼리겠지만, 비밀스럽고 은밀하게 처리하는 방안을 모색할 것이라 여겼다. 롬멜의 관점에서 나치 당국이 롬멜에게 지목한 혐의는 서부전선에서 반드시 패할 것이라는 그의 주장으로 대표되는 소위 '패배주의'였다. 롬멜은 자신의 주장을 히틀러와 카이텔 앞에서 공개적으로

----

174   Manfred Rommel의 증언, EPM 3

발언했다. 그들은 영웅으로 추앙받는 사령관의 '패배주의적 발언'은 너무 위험하다고 여겼을 것이다. 그러나 그 무엇도 롬멜의 현실에 대한 견해를 바꾸지 못했다. 롬멜은 독일이 종말을 피할 수 없다고 솔직하게 말했다. 이제 평화를 모색해야 했다. 동부전선은 말 그대로 사생결단의 기로에 있었던 만큼 서부전선에서 평화를 모색해야 했고, 이는 항복을 뜻했다. 이런 주장들은 그 자체로는 법적으로 사형을 선고받을 사유가 아니었지만, 그런 주장을 하는 자를 살려 둔다는 것은 참을 수 없는 일로 여겨졌을 것이다. 특히 히틀러는 그런 발언을 하는 사람을 용서하지 않을 것이 분명했다. 롬멜은 당시 울름의 국가사회주의 관구지도자(Kreisleiter)의 경고를 받았다. 그는 SD에게 롬멜 원수가 더는 승리를 믿지 않는다고 이야기한다는 보고를 받았다고 말했다.[175] 이미 OKW와 총통 자신에게 그와 같은 견해를 밝혔던 롬멜의 입장에서는 별다른 문제가 아니었다. 하지만 울름 관구 지도자의 경고는 불길한 징조였다.

슈투트가르트 시장(Oberburgermeister) 슈트륄린(Strölin) 박사는 슈파이델이 체포된 날 헤를링엔으로 차를 타고 와서 롬멜 원수에게 그의 전임 참모장이자 두 사람 모두의 친구인 슈파이델을 돕기 위해 할 수 있는 일이 있는지 물었다. 슈트륄린의 집은 8월 10일부터 감시당하고 있었다. 어둠이 드리우고 있었다. 제3제국은 재앙 속으로, 피할 수 없는 야만과 불신의 소용돌이 속으로 떨어지고 있었다. 롬멜은 슈트륄린이 강경한 나치즘 반대파라는 사실을 알았다. 그들은 지난 겨울에 대화를 나눈 적이 있었는데, 슈트륄린은 롬멜에게 그, 즉 롬멜이 독일을 새로운 길로 이끌기 위한 명망을 가진 유일한 사람일 것이라고 말했다. 롬멜은 조국이 재앙으로 향하고 있다는 지적에 동의했다. 어떤 지도적인 역할을 맡겠다고 약속하지는 않았지만 롬멜은 히틀러에게 당시 상황을 자신이 본 있는 그대로 알려주고 그에게 필연적인 결론을 도출하도록 촉구할 책임이 있다는 것도 인정했었다.[176] 그러나 롬멜은 실패했다.

롬멜은 10월 1일에 히틀러에게 편지 한 통을 써서 슈파이델의 유능함과 충성심을 증언하고 슈파이델의 체포 소식에 대한 괴로움을 표했다.[177] 10월 4일에는 베를린의 군사법원에서 카이텔의 주재로 슈파이델 사건 심리가 있었는데, 이 사건에는 반증이 제시되지 않았다. 10월 7일에 롬멜은 카이텔로부터 베를린에 출두하라는 통지를 받았다. 원수의 편의를 위해 특별 열차도 제공하기로 했다. 롬멜이 호출 목적을 문의하기 위해 전화

175    Frau Lucy Rommel, EPM 4
176    Young, 앞의 책
177    Liddell Hart, 앞의 책

를 했을 때 카이텔과는 통화를 하지 못하고 그 대신 인사부(Personnel Amt) 부장 부르크도르프(Burgdorf)와 이야기하게 되었다. 그는 드레스덴 시절의 동료 중 한 명으로, 슈문트의 후임자였다. 부르크도르프 장군은 이번 호출이 롬멜의 향후 보직을 그와 논의하기 위한 것이라고 말했다. 롬멜은 부르크도르프에게 자신이 여행에 부적합하다고 말했다. 당시 롬멜은 튀빙겐에서 그를 담당하는 전문의 알브레히트(Albrecht) 박사와 진단 예약이 되어 있는데, 알브리히트는 롬멜이 예약을 취소해선 안 된다고 주장했으며, 베를린까지 여행을 할 상태도 아니라는 소견서를 써 주었다.

10월 11일에 롬멜은 매우 오랜 친구인 슈트라이허(Streicher) 소령을 만났다. 그는 1차 대전 당시부터 동료였지만 1939년 이후로는 보지 못했었다. 그들은 오랜 대화를 나눴고 후에 슈트라이허는 롬멜 원수가 "그 어느 때보다도 더욱 매우, 매우 심각했다"고 말했다. 롬멜은 슈트라이허에게 베를린으로의 호출을 거절했다고 말했다. 그는 '그들'을 믿지 않았다. 롬멜의 적들이 누구인지, 어떤 이유로 접근하는지는 알 수 없었지만 롬멜에게 차츰 다가오는 듯이 보였다.[178]

같은 날 항상 충직한 친구였던 루게 제독이 롬멜을 저녁 만찬에 초청해 자정까지 대화를 나눴다. 그 다음 날 롬멜은 루게와 차를 타고 아우크스부르크(Augsburg)로 향했다. 그는 두통을 호소했지만 이전보다는 건강해 보였다. 롬멜은 루게에게도 자신이 베를린 행을 거절했으며 결코 살아서 도착하지 못 할 것이라고 말했다.[179] 그리고 10월 13일에는 최근까지 가족에게 도움을 준 산악대대 시절의 오랜 전우인 오스카 파르니(Oskar Farny)를 방문했는데, 그 자리에서 롬멜은 히틀러가 자신을 제거하기를 원한다고 직설적으로 말했다. 롬멜은 확신을 품고 있었다.

어떤 사람들에게는 이 모든 것들이 여전히 요양 중인 사람이 보이는 강박적인 피해망상의 징후처럼 보였겠지만, 롬멜의 손끝 감각, 즉 상황과 위험에 대한 그의 감각은 빗나간 적이 없었다. 파르니를 방문한 날 오후에 헤를링엔으로 한 통의 전화가 걸려왔고 당번병 로이스틀이 이 전화를 받았다. 이 전화는 카이텔의 호출을 거부한 롬멜의 행동에 대한 응답이었다. 이 전화에서의 전갈에 따르면 두 명의 장군이 다음 날인 10월 14일 오전에 롬멜 집으로 방문할 것이라고 했다. 부르크도르프와 그의 보좌관인 행정처장(Amstgruppenchef) 마이젤 장군이었다.

178   Streicher 소령, EPM 3
179   Young, 앞의 책

# 제23장 "롬멜은 무엇을 알았나?"

　롬멜이 만약 히틀러의 목숨과 그의 체제에 대항한 실제 음모에 참여했다면 어느 정도까지 관여했을까? 당대의 증거는 빈약하고 많은 부분에서 서로 충돌한다. 제3제국에서 음모는 위험한 행위였다. 암살의 기획과 참여는 대개 문서로 기록되지 않았고, 문서를 근거로 확실하게 추론 가능한 사실은 거의 없다. 참가자들은 보안을 위해 완곡어법, 은근한 말투, 그리고 의도적인 불분명함을 이용했고, 그 결과 후대의 관점에서는 오해가 생길 수 있다. 당연한 일이지만 사후의 회고는 새로운 시대의 변화한 공감대에 의해 윤색되었다. 히틀러 암살계획에서 롬멜이 맡았던 역할이나 알고 있던 정보들은 주로 관련자들의 기억과 느낌을 통해서 밝혀졌고, 많은 경우 짐작이나 단순한 추정으로 점철되어 있다. 결국 많은 부분을 추측해야 하는데, 이를 위해서는 음모 자체의 검증된 요소와 특정 시기 롬멜의 성격과 생각, 그리고 자신이 기록한 발언 등을 통해 재구성할 필요가 있다. 특히 롬멜 자신의 기록은 많은 경우 특수하고 잠재적으로 위험한 상황에서 남겨졌다는 점도 감안해야 한다. 아마 이 과정은 노르망디에 연합군이 침공하기 이전, 그리고 침공 이후부터 롬멜이 서부에서 적을 격퇴하거나 몇 주 이상 저지할 수 있다는 희망을 포기한 1944년 6월 말까지, 그리고 6월 말에서부터 히틀러의 목숨에 대한 실제 위협, 즉 암살 미수사건까지, 크게 세 시기로 나눌 수 있을 것이다.

　롬멜은 연합군의 침공 이전부터, 정확히는 엘 알라메인 이후 히틀러의 지도력에 극심한 환멸을 느끼고 있었다. 그는 믿을 만한 부하들 앞에서는 이제 전쟁은 승리할 수 없고, 히틀러는 다른 지도자에게 자리를 넘겨야 하며, 국가사회주의의 내부 정책이나 그 일부 요소를 근본적으로 바꾸어야 한다고 소리쳤다.[180]

　이런 암울한 예상은 히틀러가 최고 지휘권을 행사한 군사적 행동의 결과, 그중에서도

--------

180　제18장 참조

주로 스탈린그라드와 알라메인의 참패에 기인한 결과였다. 이 두 전투는 독일군 운명의 분수령이 되었고, 히틀러는 이 두 전투에서 모두 잔인하고 완고한 태도를 고수했다. 암울한 현실은 롬멜의 객관적인 시각에 확신을 더했고, 이런 의혹은 롬멜이 이탈리아에서 보낸 짧고 무의미한 기간부터 프랑스에 도착할 때까지 부풀거나 수그러들며 그의 심중에 계속 남아있었다. 프랑스로 이동하던 롬멜은 전쟁을 종식해야 하지만, 결국 패배를 피할 수 없는 여러 전선의 장기전으로부터 독일을 보호하는 군사적 상황을 조성한 채 전쟁을 끝내야 한다는 신념을 드러냈다. 이렇게 여러 전선에서 소모전을 허용한다면 결국 독일이 유린되는 결과만을 초래할 것이 분명했다.

　롬멜이 얼마나 오랫동안 목전에 다가왔으나 아직은 막을 수 있을 것만 같은 재앙이 히틀러의 지도력과 불가분의 관계라고 여겼는지는 미지수다. 롬멜은 군사적 상황과 별개로 연합군이 히틀러를 상대하지 않을 것임을 분명히 인식하고 있었다. 보다 정확히 말해 이를 깨닫지 못할 사람은 거의 없었다. 히틀러 자신도 냉정한 표현을 통해 같은 견해를 드러냈다. 롬멜은 쓰라린 경험을 바탕으로 히틀러가 여전히 궁극적인 승리라는 환상 속에 빠져 있으며 독일이 직면한 군사적 위기의 심각성에 관해 스스로를 기만하고 있다고 믿었다. 그리고 히틀러가 가끔 진실을 깨달으면서도 이를 직시하지 않는다고 생각하는 경우도 있지만, 대게는 아첨꾼들이나 총통에게 진실을 말할 용기가 없는 평범한 사람들에게 둘러싸여 있다고 생각했다. 당시의 롬멜은 어떻게든 히틀러의 군사적 이해력에 호소할 여지가 남아 있고, 총통에게 냉혹한 현실을 전달할 방법이 어딘가에 존재할 것이라는 믿음을 버리지 않았다. 롬멜은 한때 히틀러가 군사적인 이해력을 갖췄다고 여긴 적이 있었다.[181]

　롬멜은 1943년 말에 잠시나마 히틀러의 정치적 판단력, 시기 포착 능력, 가망이 없어 보이는 조건을 활용하는 탁월함, 그리고 기회를 이용하는 능력에 대한 믿음을 어느 정도 회복했다. 롬멜은 전반적인 전략적 상황이 위험하다고 보았으며, 특히 서부 방면의 전투, 즉 적의 북서 유럽 침공이 결정적인 전투가 될 것이라 여겼다. 히틀러의 통찰력을 회복시키겠다는 희망은 롬멜이 일시적이나마 서부전선에 대해 낙관하는 데 영향을 끼쳤다. 그리고 우수한 군인이자 헌신적인 애국자였던 롬멜은 핵심적인 역할을 맡게 되었다는 사실에 기뻐했다. 당시, 즉 침공 이전에 롬멜이 남긴 모든 글과 대화들은 그가 모든 마음을 군사적 업무에 쏟고 있었으며, 연합군의 서부방면 침공을 확신했음을 보여준다. 비록 협상을 통해 평화를 달성하기 위한 중간단계에 그칠 수도 있었지만, 그에게는 침

---

181　Young, 앞의 책

공에 맞서 승리해야 한다는 분명한 목표가 있었다.

롬멜은 이 시점에서도, 그 이후에도 전쟁범죄에 관한 사안은 인지하지 못했다. 전쟁범죄는 전략과 정치를 초월한 문제였다. 1943년 크리스마스에 롬멜은 가족에게 자신이 국가사회주의 체제의, 혹은 그들이 배후에 있는 어떤 문제에 대해 알게 되었다는 괴로운 사실을 언급했다. 그는 슈트룈린 박사로부터 그 이야기들을 들었다. 고상하고 너그러운 슈트룈린은 롬멜에게 슈투트가르트에서 동부로 '재정착'된 유대인들의 운명에 관해 끔찍한 사실들을 털어놓았다. 롬멜은 1943년에 슈트룈린이 유대인 박해에 반대하는 내용으로 쓴 문서를 본 적이 있었는데, 이 용감한 문서로 인해 슈트룈린은 위협을 받았지만 직접적인 위해를 당하지는 않았다.[182]

당시에도 소수의 유대인들은 여전히 독일에서 일하고 있었다. 그리고 거의 2년간 비밀리에 진행되던 대학살의 무서운 그림자는 이제는 롬멜의 마음속에서 뚜렷한 의심을 남겼다. 롬멜은 예전에도 동부, 즉 폴란드와 러시아에서 자행된 끔찍한 일들에 관해 친구들, 특히 블라스코비츠 장군으로부터 이야기를 접했다. 그리고 만프레트가 청년 특유의 열정으로 무장친위대에 가입하겠다고 제안했을 때, 아버지 롬멜은 그 제안을 퉁명스레 거부하며, 집단총살과 불법적인 학살은 SS[183]의 소행이라고 말했다.[184] 당시의 롬멜은 여전히 이런 전쟁범죄를 히틀러와 직접 연결시키는 것은 불가능하다고 여겼다. 슈트룈린 박사는 1944년 2월에 헤를링엔을 다시 방문했을 때 실제로 히틀러를 '제거'할 필요성에 대해 언급했는데, 롬멜은 슈트룈린에게 '제 어린 아들 앞에서' 그런 발언을 자제해주면 고맙겠다고 말했다.[185] 이런 견해는 예의상의 문제, 혹은 신중한 처신술일 수도 있지만, 나치의 범죄들에 대해 여전히 히틀러가 아닌 그의 부하들을 비난하던 롬멜의 입장과 일치한다. 롬멜은 전쟁이란 끔찍한 사건이며 적아 양측에서 끔찍한 행위가 자행되기 마련이라고 생각했다. 이런 전쟁범죄들은 섬뜩하기는 하지만 지엽적인 문제이며 과장될 수도 있다고 여겼던 것이다. 롬멜이 생각하는 총통의 관심사는 다른 방향에, 그리고 보다 고차원적인 영역에 있었다. 롬멜은 슈트룈린의 폭로에 매우 동요했지만 아직은 히틀러를 포기해야 한다는 결론에 이르지는 않았다.

그럼에도 롬멜과 슈트룈린이 나눴던 당시 대화는 군사적 상황에 대한 롬멜의 비관적인 생각, 그리고 불가항력적인 사건들로 인해 이례적이고 위험한 역할이 자신에게 주어

---

182   위의 책
183   무장친위대는 휘하에 학살을 전담하는 조직인 아인자츠그루펜을 조직했고, 이들이 동부 점령지역의 대규모 학살을 주도했다.
184   Liddell Hart, 앞의 책
185   Manfred Rommel의 증언, 인터뷰, EPM 3

질 수 있으며, '독일을 구하기 위해 직접 헌신'해야 할 수도 있다는 점을 롬멜이 받아들였음을 분명하게 증명하고 있다.[186] 하지만 D-Day 상륙 이전까지 롬멜의 주 관심사는 군사적 문제였다. 자신의 총사령관을 제거할 계획을 추진하며 그런 과업에 온 정신을 쏟기는 어려웠을 것이다.

1944년의 음모는 두 부분, 즉 중앙에서 진행된 베를린 그룹의 행동과 프랑스에서 진행된 서부전선의 행동으로 구분되었으며, 다른 장소에서 다른 사람들이 상황을 주도했다. 두 부분 모두 독일 정부를 교체하고 평화 협상을 시도한다는 큰 그림의 일부였지만 양자 간의 연락 수단은 빈약하고 위험했다. B집단군 참모장 슈파이델은 서부전선 측 음모의 핵심 멤버로, 사건 발생 후 그는 특별히 롬멜을 공모에 끌어들이는 일을 맡았다고 여겨졌다.[187] 롬멜은 슈파이델을 높이 평가했고 슈파이델도 롬멜을 존경했지만 그를 경외하지는 않았다. 같은 뷔르템베르크 사람인 슈파이델은 롬멜을 오래전부터 알고 지냈던 가까운 사이였다. 만약 그가 롬멜을 포섭했다면 독일에서 롬멜이 누리던 명성과 인기는 혁명(Umsturz)의 상당한 자산이 되었을 것이다. 종전 이후 슈파이델은 B집단군에 소속되었던 당시의 몇 주간, 즉 4월에 B집단군에 도착할 때부터 침공이 개시되던 시점까지 자신이 슈튈프나겔과 서부의 쿠데타 참여에 공모한 과정을 설명하며, 그 과정에서 롬멜에게 계속 정보를 제공했다고 말했다.[188] 슈파이델은 파리 근교에 있는 마를리(Marly)에서 6월 15일에 자신, 롬멜, 슈튈프나겔, 그리고 슈튈프나겔의 참모장이 장차 무엇을 어떻게 해야 할지를 논의했다고 기록했다. 영-미 연합군이 독일 폭격 중지를 약속하는 대가로 히틀러를 체포하고 평화협상을 진행하는 방안이 언급되었는데, 슈파이델의 주장에 의하면 롬멜은 히틀러 암살을 분명하게 반대했다. 연합군은 침공으로 인한 막대한 인명피해를 감수할 여력이 있었고 히틀러와의 협상은 정치적으로 불가능했다.

이 모든 일들은 첫 단계인 침공 이전의 이야기였다. 슈파이델에 따르면 롬멜은 슈파이델, 외무장관을 역임했으며 나치에 거의 오염되지 않은 '원로 정치가' 폰 노이라트 남작, 그리고 슈트룀린과 함께 차후 같은 주제를 다시 논의하기로 했고, 후속 논의는 5월 27일에 프로이덴슈타트(Freudenstadt)에 있는 슈파이델의 집에서 이뤄졌다. 이후 롬멜은 자신이 '준비가 되었다'며 독일이 더이상 희생을 감수해서는 안 된다고 주장했으며, 기존의 체제에 대한 서부 방면의 군사 쿠데타로 귀결될 이 혁명 과정이 가급적이면 적의

..........................
186   제22장 및 Koch, 앞의 책 참조
187   Schwerin, 인터뷰, EPM 3
188   Speidel, 앞의 책

침공 개시 이전에 이뤄져야 한다는 전제에도 합의했다.

이 모든 일들은 실현 가능성을 보장하기 어렵고, 정치적 결과는 더욱 그랬을 것이 분명하다. '무조건 항복'을 요구하는 연합군의 방침은 잘 알려져 있었다. 실제로 독일은 이를 선전에 이용해 국민들을 대상으로 적들의 무자비함과 마지막 피 한 방울을 흘릴 때까지 싸워야 할 필요성을 강조하는데 상당한 효과를 거두었다. 그렇지만 패배를 확신하는 사람들은 동부전선의 붕괴와 러시아의 침공이라는 최후의 재앙을 막을 수 있는 무언가를, 무엇이든 희망하고 계획해야 했다. 그리고 여기서 설명한 최초 단계의 상황을 보면 롬멜이 '서부'의 음모, 즉 서부전선에서 연합군을 상대로 강화를 모색하는 노력에 참여했으며, 동시에 히틀러를 살해하는 음모에서는 어떤 공모 혐의도 없음을 보여준다.

하지만 여기에는 논란의 여지가 있다. 우선 솔직하고 헌신적인 성향의 롬멜이 극히 상이한 두 가지 분야에 모두 전력을 다하는 데 필요한 이중성을 지니고 있었다고 보기 어렵다. 어떻게 해석하더라도 롬멜이 서부전선에서 침공을 막기 위한 준비에 모든 것을 쏟고 있었으며 그 전투에서 승리할 희망이 있다고 믿었음은 분명하다. 롬멜은 아마도 침공 격퇴를 상대적으로 유리한 입장에서 평화협상을 모색하기 위한 전제조건으로 여겼던 것으로 보인다. 그는 분명히 이 역할에 헌신적이었으며, 당시 롬멜의 성실성을 의심하기는 어렵다. 이런 상황에서 동시에, 상륙이 시작되기 전에 최고사령관에 맞서는 행동을 준비하는 것을 완전히 상충되는 역할이라 보기는 어렵다. 특히 롬멜과 같이 재능 있고 헌신적인 직업군인이라면 최선을 다해서 군사적 임무를 수행하며 동시에 협상과 정치적 행동을 통해 전쟁이라는 재앙을 어떻게 끝내야 할지 계획했을 것이다. 이는 특별한 심적 갈등과 모순을 초래했음에 틀림없지만, 당시는 매우 특수한 시기였다. 롬멜은 독일군을 히틀러에 맞서도록 유도하는 일이 쉽지 않을 것이라고 생각했지만, 존경받는 사령관의 주도 하에 평화를 도모하는 것은 전제조건과 방법에 설득력이 있다면 아마도 동의를 얻을 수 있을 것이라고 여겼다.

여기에는 다른 사람들의 신념과 견해들이 상당한 역할을 했음이 분명하다. 서부 방면의 음모를 주도한 슈튈프나겔은 롬멜과 가까운 관계였고 드레스덴 보병학교에서 함께 근무한 적이 있는 오랜 친구였다. 롬멜은 슈튈프나겔을 존경했다. 슈튈프나겔은 훌륭한 장군참모장교로서, 사촌인 또 다른 슈튈프나겔의 후임으로 프랑스의 사령부에 부임했고 히틀러 특유의 변덕스러움을 초기부터 가까이서 지켜보았다. 그리고 롬멜은 슈파이델과 그의 지력, 판단력을 높이 평가했다. 롬멜은 이들에 비해 단순하고 직선적인 성격이었지만, 다가오는 전투에서 승리할 방법에 골몰하는 과정에서 그들의 의도를 파악하고 자신의 이름을 빌리려는 행동에 동의했을 가능성은 있다. 그리고 평화가 필요하다는 견해를 고수하며 적과의 협상을 위한 사전 계획과 준비에는 찬성했을지도 모른다. 이런 이중적인 감정은 전투의 결과에 대한 확신이 점점 커졌다는 점, 침공에 대응하는 계획의 효력, 그리고 마를리에서 회의가 진행되기 이틀 전인 5월 13일 일기의 내용인 '총통이 나를 믿고 있고 나는 그것으로 충분하다(Der Führer vertraut mir und das genügt mir auch).'[189]을 볼 때, 당시 그가 전념하던 일과 양립되었음이 분명하다.

일기의 이 문장은 공식 기록으로서 형식적으로 기록되었을까? 그럴 수도 있다. 그런 신중한 속임수는 롬멜의 성격에 어울리지 않지만, 당시는 매일이 위험한 시기였다. 하지만 당시 롬멜의 전반적인 행동에 있어 그 제안이 롬멜에게 평화적인 조기혁명의 가능성으로 받아들여졌다는 설명도 불가능하지만은 않다. 그리고 어떤 혁명도, 어떤 급진적 체제 변화도 필연적으로 서부에서의 행동, 즉 전선에서의 행동이 동반되어야 했다.

하지만 롬멜, 슈튈프나겔, 슈파이델 등의 논의는, 당시의 관점에서 만일의 사태를 기준으로 이뤄졌을 가능성이 더 높아 보인다. 만약 평화 협상의 가능성이 있다면 베를린의 분명한 변화가 필요했다. 베를린의 변화를 필수적 요소로 전제한다면, 롬멜의 성향을 고려하더라도 당시의 행동을 이해하기 어렵지 않을 것이다. 정부의 변화는 권력 인수 과정의 논란이나 나치 측의 지도자들에 의한 권력 탈환 시도로 이어질 수 있고, 무엇보다 군의 태도, 특히 서부전선의 군의 태도에 영향을 받을 수밖에 없었다. 그와 같이 중앙의 계획에 좌우되는 상황에서는 준비된 계획, 즉 나치가 아닌 인사들의 권력 인수를 방해할 SS와 게슈타포를 무력화할 계획과, 휴전을 추진하고 군을 안심시키며 분명한 군사적 기반을 바탕으로 협상을 수행할 계획을 갖춰야 했다. 롬멜이 이런 단계에 참가했다면, 열성적인 지휘업무 수행이나 슈파이델이 기록한 히틀러 암살 모의에 대한 지속적인 거부와 같은 상반된 태도들 역시 양립이 가능했을 것이다.

우선 공모자들의 기본적인 전제, 즉 히틀러가 제거된다면 1944년에 영국과 미국이 현 전선을 고수하고 독일에게 소련에 대항할 자유를 준다는 데 동의할 것이라는 믿음이 본질적으로 완전히 비현실적이었음을 감안한다면, 롬멜이 모든 일들은 침공이 시작되기 전에 진행될 것을 간주해야 하며, 그것이 이상적인 방향이라고 동의했다는 점 역시 믿을 만하다. 하지만 6월 6일에 상황은 다음 단계로 접어들었다. 곧 연합국이 상륙작전을 통해 해변을 확보했고, 침공이 시작되기 전에 쿠데타를 시도하는 계획은 휴지조각이 되었다. 이미 침공은 현실이 된 것이다.

......................................
189  Rommel diaries, EPM 11

다음 단계, 즉 6월의 마지막 3주 동안 롬멜은 거의 전적으로 전투 수행에 사로잡혀 있었다. 그리고 월말이 되자 이 전쟁에서 독일이 패했음을 깨달았다. 물론 전투에 승리했다면 불합리하게도 히틀러의 입장이 강화되었을 것이다. 롬멜은 승리를 원했으나 어디까지나 협상을 위한 대전제로서의 승리를 원했다. 결국 롬멜의 희망은 탁상공론으로만 남았고, 승리는 없었다. 이제는 평화 협상을 추구할 수 있는 선에서 가장 유리한 군사적 상황을 조성하는 데 초점을 맞춰야 했다. 최초의 반격은 실패했고 그 이후에 바랄 수 있는 최선의 결과는 일시적이나마 교착상태를 형성해 고정된 전선을 확보하는 것이었다. 그리고 롬멜은 고정적인 전선 확보하 히틀러를 설득하기 위한 마지막 노력과 병행되어야 한다고 보았다. 롬멜은 이제 총통이 명백한 군사적 패배가 목전에 다가왔음을 인정할지도 모른다고 생각했다. 따라서 롬멜은 전투로 드러난 현실들을 바탕으로 히틀러를 설득하는 데 힘을 쏟으려 했다. 당시에는 베를린에서 혁명이 일어나지 않았고, 롬멜이 이 단계에서 혁명을 예상했거나 이를 반드시 환영했을 것 같지는 않다. 서부 방어군이 영국해협이라는 장애물 뒤에서 적을 기다리고 있을 때와 군이 적과의 전투로 고착된 상황에서 본국의 정치적 격변이 가지는 의미는 큰 차이가 있었다. 롬멜은 침공 이전에 자신이 '작전'이라고 부르던 행위,[190] 즉 쿠데타에서 담당하게 될 역할을 준비했을지도 모르지만, 이제 상황이 달라졌다.

롬멜은 6월 17일과 29일 두 차례에 걸쳐 자신이 현실이라 여기던 요소들을 히틀러에게 납득시키려 했고, 그 시도는 완전히 실패했으며, 이제 시간이 거의 남지 않았음을 깨달았다. 군사적 상황은 더이상 침공 이전과 같이 안정적이지 않았다. 몇 주가 지나면 교착상태를 유지할 최소한의 기회도 남지 않을 것이 분명했다. 파멸적 전개를 멈추고 최악의 상황을 피하려면 화평, 즉 사실상 모든 수단을 동원한 항복이 필수적이었다. 클루게는 롬멜의 비관주의, 혹은 불복종을 비난했지만, 롬멜은 자신의 판단을 뒤집지 않았다. 그는 전황에 대해서도, 그리고 자신이 상황을 역전시킬 수 없다는 것도 잘 알고 있었다. 롬멜은 최선을 다했다. 후에 그가 쿠데타를 지원하기 위해 제2기갑사단의 행동을 고의로 방해했다는 주장이 나왔지만, 이 주장은 진실을 파악할 수 있는 위치의 사람들에 의해 확실히 부정되었다. 당연히 롬멜의 성격 및 반응과도 완전히 모순된다.[191]

롬멜은 가능한 열심히 싸웠다. 롬멜은 대체로 전략가보다는 전술가라는 비판을 받아왔지만, 전술적 전투의 진행 상황을 확실하고 정확하게 판단한 결과, 전략, 그리고 정치

190    Speidel, 앞의 책
191    An Cosantoir (Vol. XI, 1951)에서 인용된 Ruge. Blumentritt및 Zimmermann 장군도 인용했다.

적 전망에 관해 완벽한 확신을 갖게 되었다. 독일은 전쟁에서 패했다.

롬멜은 세 번째 단계, 즉 7월의 첫 3주를 맞이했다. 이 시기에 롬멜은 자신의 계획, 즉 침공군에게 서부 전선을 개방하고, 연합군의 진입을 허용해 독일에 혁명을 유발하는 계획에 관해 솔직하게, 의심의 여지 없이, 지나치게 솔직히 이야기했다.[192]

롬멜은 적이 해안 교두보의 저지선을 돌파하는 시점을 행동에 나설 적절한 시기라고 판단했다. 롬멜은 아직 패배하지 않은 장병들에게 무기를 내려놓고 포로수용소로 행군하도록 명령하는 상황을 상상조차 할 수 없었고, 그들이 그런 명령에 복종할 것이라고 생각하지도 않았다. 하지만 영-미 연합군이 거대한 기계화 부대와 풍부한 연료 보급을 바탕으로 독일군을 바짝 뒤쫓는다면 문제가 달라질 수 있었다. 롬멜은 강인하고 노련한 나치 전사인 제프 디트리히를 포함한 여러 부하 장교들에게 이런 취지를 전달했다. 만약 롬멜이 명령을 내렸다면 디트리히 같은 장교라도 따를 것이 분명했다.[193] 이 계획을 위해서는 연합군 사령부와 접촉할 방법이 필요했다. 포로로 잡힌 소수의 간호사 송환 문제를 위해 셰르부르에서 진행된 포로 교환 협상과정에서 실마리가 잡혔다. 마지막 단계에 도달하며 심적으로 방황하던 롬멜은 자신이 언젠가 동포들에 의해 매도당할 수도 있으며, 보다 나은 방법을 택했어야 한다는 사실을 깨달았다.[194] 다른 한편에서는 부하들의 생명과 시간을 지키면서도 전투를 지속하여 적당한 시간에 개별 협상을 실시하기 위해 최선을 다해야 했다. 롬멜은 이제 헌법에 반하여 독단적으로 행동한다는 생각에 완전히 빠져들었으므로 이 시점에서는 열성적인 '공모자'가 되었다고 할 수 있다.

하지만 이 기간 중, 즉 6월 말에서 7월 20일 사이에 암살 계획이 완성되어가고 있었고, 베를린 그룹은 중앙에서 진행될 음모의 가장 중요한 순간을 대비하고 있었으며, 공모자들은 아돌프 히틀러를 살해할 준비를 진행했다. 그렇다면 롬멜은 무엇을 알았나?

물론 롬멜 자신은 이 계획에 평화 협상을 위해서는 히틀러 암살이 필수적 전제조건이라 믿는 사람들이 여러 명 연루되어 있음을 알았다. 그는 슈파이델, 슈트륄린, 그리고 아마 슈튈프나겔에게도 그런 이야기를 들었을 것이다. 하지만 롬멜은 항상 암살에 반대했었다. 롬멜은 누구도 히틀러와 평화 협정을 체결하지 않을 것임을 알고 있었기 때문에, 그리고 최소한 6월 중순 이후에는 전선에 재앙이 임박했음을 인식했기 때문에, 암살 모의와 연관된 대화들을 보고 의무를 자신의 의무로 여기지 않았을 것이다. 아마도 롬

..........................
192　제21장, Lattmann, Warning, et al. 참조
193　Manfred Rommel의 증언, 인터뷰, EPM 3
194　Manfred Rommel의 증언

멜의 '유죄 지식'은 이 선에 머물렀을 것이다.

계획에 대한 정확한 정보의 유무는 명백히 다른 문제였다. 당시 독일, 그리고 독일군 내에는 많은 소문들이 흘러다녔고, 롬멜은 특별한 경로로 신뢰성 있는 정보를 전달받지 않는 한 암살이라는 방법이 선택되었음을 알 수가 없었다. 암살 시도 이전에도 이후에도, 롬멜은 분명하고 강경하게 히틀러 암살에 반대 의사를 표했다. 그는 암살 시도가 정치적인 자멸적인 행위라 생각했고, 감정적으로도 반발했다. 롬멜의 견해는 옳지 않을 수도 있지만, 그 자체는 분명한 진심이었다. 독일의 합법적인 통수권자에 대한 암살 시도는 롬멜의 관점에서 어리석고 끔찍한 발상이었다. 만약 히틀러가 죄를 지었다면 법에 따라서 그를 해임하고 기소해야 했다. 롬멜은 몇몇 사람들에게 히틀러를 독일 국민의 순교자로 만들어서는 안 되며, 공개적이고 올바른 방식으로 대항해야 한다고 말했다. 히틀러가 저지른, 합법성과는 거리가 먼 수백만 명의 죽음을 알고 있는 전쟁 이후의 관점에서는 롬멜과 같은 양심의 가책이 부적절하고 심지어 부조리하게 보이겠지만, 당시의 롬멜은 사후의 관점이나 숨겨진 진실을 알 수 없는 입장이었다.

롬멜은 무자비한 군인이었지만, 그에게 있어 살인은 그릇된 행위이고, 부하를 믿는 상관을 뒤에서 찌르는 것은 명예롭지 못한 행동이었다. 롬멜 사후, 그리고 종전 수개월 후, 루시는 롬멜이 준비과정에서든 실행과정에서든 7월 20일의 음모에 동참했을 모든 가능성을 부인한다는 입장을 발표했다.[195] 그녀의 발표는 히틀러 암살 시도가 지극히 고결한 행위로 여겨지던 시기의 행동이었다. 시류에 편승하는 대신 그 반대편에 서는 진술은 그만한 설득력이 있다. 그리고 루시가 진실을 제대로 알지 못한 채로 무모한 성명을 발표하지는 않았을 듯하다.

다만 몇 가지 근거에 의하면 히틀러 암살 음모에 대한 롬멜의 '유죄 지식'에 관해서는 반대되는 증거들이 있다. 7월 20일에 라 로슈 기용에 있던 템펠호프는 슈타우바서에게서 히틀러 암살 음모 소문들을 들었다. 슈타우바서가 총통이 암살 미수에서 살아남았다는 라디오 보도를 접했다고 말하자 템펠호프는 이를 부정했다. "아니오. 총통은 죽었소! 원수, 참모장(슈파이델), 그리고 내가 관계되어 있고, 모든 일들을 오랫동안 준비했소!"[196] 하지만 슈타우바서의 보고가 정확했고 템펠호프의 발언이 진실이라고 가정하더라도 그가 지칭한 '원수'가 클루게인지, 롬멜인지는 여전히 불분명하다. 클루게는 서부지역 총사령관이었고 B집단군 지휘권을 인수하여 라 로슈 기용에 와 있었다.

........................
195  Frau Lucy Rommel, EPM 4
196  Staubwasser, 인터뷰, EPM 3

두 번째 근거는 슈튈프나겔이다. 슈튈프나겔은 자살 시도에 실패하고 소생되어 심문을 위해 독일로 이송될 때 롬멜의 이름을 중얼거렸다고 한다. 슈튈프나겔은 베를린의 정권이 전복될 경우 서부 방면의 SD와 게슈타포를 무력화하고 연합군에게 접근하기 위해 롬멜과 사전 협조를 원했다. 슈튈프나겔은 어느 정도 롬멜과 연관되었을 것이고, 그 선에서는 증거가 일치한다. 하지만 그 증거가 반드시 살해 공모로 연결되지는 않는다. 롬멜은 슈튈프나겔이 받은 혐의에 연루되는 상황을 피할 수 없었다. 두 사람은 오랜 친구였고, 사령부 간의 거리도 멀지 않았다. 라 로슈 기용은 파리에서 불과 65㎞ 거리에 있었다. 슈튈프나겔은 계획대로 사건이 진행되는 동안 프랑스의 SS를 처리하고 프랑스를 통제할 수단이 있었고, 롬멜은 사실상 서부전선의 모든 일선 부대의 사령관으로 휴전과 평화협상 요청을 시도할 경우 이 역할을 맡을 수 있는 입장이었다. 심문관들의 관점에서 슈튈프나겔의 역할은 분명히 롬멜의 협조를 의미하는 것처럼 보였다. 롬멜의 협조가 없다면 슈튈프나겔은 그 역할을 담당할 수 없었다.

5월 17일에 슈튈프나겔은 또 다른 공모자인 폰 타이히만(von Teichmann) 남작과 함께 베크를 만났다. 그리고 이 모임에서 베크는 타이히만과 슈튈프나겔에게 롬멜과 가급적 일찍 대화를 나누고 신정부의 총리 예정자인 괴르델러 박사의 의견을 롬멜에게 전달해 줄 것을 요청했다. 히틀러를 암살 대상이었다. 체포가 아닌 사살 대상이었다. 타이히만이 남긴 이 모임의 기록은 롬멜이 암살에 강력히 반대하고 히틀러를 합법적인 방식으로 처리하는 데 찬성한다는 입장을 밝혔으며, 따라서 롬멜을 설득해야 했다는 베크의 기억과 일치한다.[197] 특히 슈튈프나겔과 베크는 마를리에서 슈튈프나겔과 롬멜이 대화를 나눈 날부터 불과 이틀 후에 만났으므로, 암살에 대한 롬멜의 반발이 그의 마음속에 가장 크게 자리 잡고 있었을 것이다. 하지만 베크가 긴급히 원한 설득이 실제로 이뤄졌다는 증거는 없다. 당연히 실제로 설득이 시도되었다 하더라도 설득에 성공했다는 분명한 증거 역시 없다.

세 번째 근거는 슈파이델 자신이다. 슈파이델이 어떤 지식을 롬멜과 공유했다 하더라도 슈파이델이 '서부 음모'의 주모자임에는 의심의 여지가 없었으며, 입증만 할 수 있다면 그것만으로도 교수형에 처해지기 충분했다. 하지만 그는 언제나 히틀러 암살에 관한 구체적인 지식을 가지고 있었음을 강하게 부인했다.[198]

그는 다른 증거에 의해 유죄를 인정받았지만 그는 유죄의 증거가 허구이거나 잘못된

197　"Bericht des Barons von Teichmann", EPM 4
198　Speidel, 인터뷰, EPM 3

것이라고 주장했다. 그리고 전쟁 후에는 어떻게든 히틀러를 제거한다는 계획이 존재했다는 것만 알고 있었으며 실제 암살 시도의 상세한 내용은 알지 못했다고 주장했다. 슈파이델의 주장이 사실이라면 그는 롬멜과 유죄 지식을 공유할 수 없었을 것이다.

슈파이델로 연결되고 그를 거치기도 하는 또 다른 중요한 근거는 케사르 폰 호파커 중령이었다. 호파커는 7월에 슈파이델의 친척이며 슈튈프나겔의 군정청 관료(Regierungsrat)인 호르스트 박사와 함께 B집단군 사령부를 방문했다. 호르스트 박사는 7월 20일 저녁 내내 라 로슈 기용에 머물렀던 사람이었다. 그들은 7월 9일에 함께 롬멜을 만났는데, 호파커는 일반적 상황의 중대성에 관해 슈튈프나겔에게 동조하는 이야기를 했다.[199] 호파커는 양측의 음모 모두에서 주모자의 위치에 있었고, 프랑스와 베를린 그룹 사이의 조정을 맡았으며, 후에 알려진 바에 따르면 당시 롬멜과 슈파이델 모두에게 다가오는 히틀러 암살 음모에 관해 말했다고 한다. 호파커는 라 로슈 기용에서 돌아오며 어느 동료에게 가능하면 괴링과 힘러도 처단할 예정이라는 이야기를 첨부해 히틀러 암살 계획을 롬멜에게 전달했으며, 롬멜이 계획에서 큰 역할을 맡게 되었다는 사실에 기뻐했다고 이야기했다.[200]

아마도 호파커는 자신이 그렇다고 믿고 싶은 내용을 이야기했을 것이다. 호파커가 다가오는 히틀러 암살 음모를 롬멜에게 알렸다는 주장은 롬멜의 유죄를 입증하는 결정적인 증거로 제시되었다. 또 다른 주장으로 호파커가 롬멜이 아니라 같은 날 만난 슈파이델에게 음모를 알렸고, 슈파이델은 그 대화가 있었음은 인정했으나 후에 롬멜에게 이를 알려 신고의 의무를 다했다는 이야기도 있었다. 두 주장 모두 롬멜을 교수대에 올리기에 충분했을 것이다. 만약 이 가운데 두 번째, 즉 롬멜에게 정보를 전달했다는 슈파이델의 주장을 받아들인다면 첫 번째인 호파커의 주장은 혼자만의 주장이 된다.

이 주장에 대한 사실 여부는 분명치 않다. 10월 첫날 카이텔의 주관 하에 슈파이델을 대상으로 개최된 에렌호프 위원회에서 칼텐브루너는 두 번째 주장으로 구분되는 내용, 즉 7월 9일에 호파커가 슈파이델에게 히틀러 암살 음모를 통보했으며 슈파이델이 이를 롬멜에게도 충실하게 전달했다는 주장을 제시했다. 슈파이델의 암살 공모 혐의가 매우 확실하다고 여겼던 구데리안을 포함한 에렌호프 위원들은 칼텐브루너가 제시한 두 번째 주장과 칼텐브루너의 견해와 상충되는 슈파이델의 자기변호가 모두 타당하다는 결론을 내렸다. 즉 위원들은 슈파이델이 상관인 롬멜에게 그 이야기를 전달하여 신고 의

199  SS중령 Georg Kiessel 박사, 심문관 진술, EPM 4
200  Freiherr Gotthard von Falkenhausen, EPM 4

무를 다했다고 인정한 셈이다. 그리고 롬멜은 분명 그렇게 하지 않았다. 에렌호프 위원회는 롬멜의 행동을 전혀 조사하지 않았지만 말이다.

후에 슈파이델은 사건 전체를 부인했으며 사건의 근거도 날조라고 주장했다. 호파커가 심문을 받을 당시에 진술한 상세한 내용은 남아있지 않은데, 이 기록이 남아있었다면 아마도 많은 의문이 풀렸을 것이다. 슈파이델이 심문을 받을 때 진술한 기록도 남아있지 않다. 게슈타포가 호파커에게서 정확히 무엇을 얻어냈는지, 그리고 그 증언이 진실이었는지 아닌지는 미지수다. 또 결정적인 증거들에 대한 의혹들도 여전히 남아 있다.

먼저, 슈파이델과 호파커가 심문을 위해 연행될 때 슈파이델은 호파커를 목격했는데, 그의 기록에 의하면 호파커의 몸에는 신체적인 학대의 흔적이 있었다. 그리고 심문관인 키슬(Kiessel)은 호파커가 7월 9일 당시 롬멜에게 '일반적 상황'에 관해 이야기했음을 시인했고, 롬멜에게 만약 히틀러가 행동을 취하지 않는다면 그에게 행동을 강요하는 것이 불가피하다는 말을 들었다는 진술을 확보했다고 주장했다. 하지만 키슬은 다른 한편으로 호파커가 히틀러 암살 음모에 관해 롬멜과 어떤 대화도 하지 않았다며 부인했다고 보고했다.[201] 이를 고려하면 호파커의 진술은 다른 진술들과 모순된다.

다음으로 7월 9일에 호파커가 롬멜을 방문할 때 함께했던 호르스트는 호파커가 파리로 함께 돌아가는 동안 특별히 기뻐하지는 않았다고 전했다. 호파커는 롬멜 원수가 암살에 찬성하도록 설득했다고 생각했을지도 모른다. 그가 그렇게 생각했다는 개별적인 증거도 있다. 그러나 호르스트는 그에 관해 언급이 있었다는 주장을 부인했다.[202] 호르스트의 증언은 1975년에 청취된 것으로, 이를 의심할 특별한 근거는 없어 보인다.

네 번째이자 가장 핵심적인 지적은 칼텐브루너가 보어만에게 제출한 보고서에는 롬멜에 관한 어떤 기록도 없다는 점이다. 이 과정에서 호파커는 빈번히 언급되었다. 그가 계획의 중심인물 중 한 명이라는 사실에는 의심의 여지가 없으며, 아마 호파커 역시 이를 절대 부인하지 않았을 것이다. 그를 잘 아는 사람들은 호파커를 광적인 반나치주의자로 표현했다. 그는 용감하고 현명한 인물로, 군 경력의 대부분을 열심히 복무했고, 부친이 1차대전 당시 롬멜의 지휘관이었으므로 롬멜에게 쉽게 접근할 수 있었을 것이다. 그러나 호파커가 심문을 받으며 슈파이델, 그리고 롬멜에게 혐의를 지목할 만한 진술을 했다면 분명 칼텐브루너가 보어만에게 제출한 일간 보고서의 핵심이 되어야 하는데, 그런 흔적은 없다. 칼텐브루너가 호파커를 언급한 많은 내용들은 서부지역 총사령부가 전

........................
201   Kiessel, EPM 4
202   Horst 박사, 인터뷰, EPM 3

쟁에서 패배했다고 생각하며, 협상을 지지하고, 연합군이 짧으면 6주 내에 (이는 정확한 추측이었다) 파리로 진군할 것으로 예상한다는 내용과 연관되어 있었고, 그것만으로도 혐의를 인정받기에 충분했다. 호파커는 프랑스에서 처음 심문을 받은 것을 시작으로 여러 차례 심문을 받았고, 게슈타포는 7월 9일에서 20일 사이의 결정적인 기간 동안 그의 움직임을 정확하게 재구성해냈다. 칼텐브루너는 그가 라 로슈 기용의 롬멜을 방문한 뒤에는 베를린으로 갔고 거기에서 적의 돌파가 임박했음을 보고했다는 기록을 남겼다.[203]

이는 패배주의나 비관주의에 해당하는 행동이었고, 롬멜의 영향을 받은 것이 확실했다. 실제로 이런 시각은 롬멜의 시각과 일치했다. 전선 돌파가 임박했다는 보고는 시간적 여유가 얼마 남지 않았음을 인지한 베를린 그룹의 공모자들의 행동으로 이어졌다. 칼텐브루너와 보어만의 관점에서 이는 부끄러운 반역 행위였다. 하지만 이 자체로는 롬멜이 히틀러 암살 음모를 사전에 파악했다는 증거로 볼 수는 없다.

마지막으로 에버하르트 핀크(Eberhard Finckh) 대령이 있다. 당시 핀크는 서부지역 총사령부, 즉 클루게 사령부의 군수처장 직책을 인수했다. 그는 6월 23일에 베를린을 방문해서 한동안 만나지 못했던 오랜 친구인 슈타우펜베르크와 많은 시간을 보냈다. 음모의 핵심 멤버였던 올브리히트와 메르츠 폰 퀴렌하임이 그들과 합류했는데, 핀크의 증언에 의하면 그들은 핀크에게 전황을 어떻게 생각하느냐고 물었다. 핀크는 이후 심문을 받으며 슈타우펜베르크의 강한 성격과 그의 광신주의, 그리고 히틀러에게 상황의 심각성을 설득시키지 못하는 원수들을 비웃던 슈타우펜베르크의 발언에 대해 이야기했다. 핀크는 이틀 후 B집단군을 방문했을 때 롬멜을 만나 그에게 히틀러 암살 음모와 슈타우펜베르크의 참여에 관해 대화한 이야기를 했다고 증언했다.[204]

물론 그 당시에는 향후 진행할 암살시도의 구체적인 내용이 아직 정해지지 않았으므로 핀크가 롬멜에게 이야기를 했다 하더라도 내용이 불확실했을 것이다. 핀크는 분명히 사건에 연루된 인물이었고, 체포되어 심문 후 사형을 선고받았다. 칼텐브루너는 핀크와 핀크의 증언에 대해 최소한 네 번에 걸쳐 서술했는데, 이 내역을 보면 핀크와 슈타우펜베르크의 대화, 슈타우펜베르크에 대한 핀크의 헌신, 그리고 핀크의 정치적 순수함을 재구성할 수 있다. 호파커는 자신의 심문관들에게 핀크가 대체로 군율과 정치체계를 분리해서 생각한 비정치적인 장교 부류에 속한다고 말했다.[205]

..................................................
203  NAW T 84/19
204  Hoffmann, 앞의 책
205  NAW T 84/20

전후 연합군의 심문에서 카이텔은 롬멜이 히틀러 암살 음모를 알고 있었음을 증언한 클루게의 참모 장교가 호파커 이외에도 한 사람 더 있었음을 기억한다고 주장했는데, 만약 이 증언이 사실이라면 그 장교는 핑크였을 것이다.[206] 하지만 호파커와 마찬가지로 칼텐브루너의 보고서에는 핑크가 롬멜에 대해 증언한 흔적이 없다. 물론 롬멜의 이름이 보고서들에 포함되었더라도 나중에 그의 명성을 지켜주기로 결정되면서 삭제되었겠지만, 칼텐브루너가 보어만에게 보낸 일련의 통신에는 어떤 이름도 삭제된 흔적이 없다.

여기에 한 가지 지적을 추가할 수 있다. 히틀러와 카이텔이 롬멜의 배반이라는 엄청난 문제를 논의할 때, 진실 여부가 불확실하기는 했지만 호파커의 증언이 카이텔에게 전달되었다. 이 증언은 7월 9일에 롬멜이 호파커에게 '베를린 측 사람들'에게 자신을 믿을 수 있다고 전달해줄 것을 요청하는 내용이었다.[207] 이 증언은 당시 함께 있었던 호르스트의 증언에 의해 전적으로 부인되었지만, 설령 호파커의 증언이 사실이라 해도 그것이 롬멜의 히틀러 암살 음모 개입을 드러내지는 않았다. 무엇보다 당시 롬멜은 평화 협상에서 자신의 역할을 맡을 준비가 되었음을 놀라울 정도로 감추지 않고 있었다.

후일 롬멜은 암살미수 사건 이후 슈파이델이 병원으로 자신을 찾아왔을 때, 7월 9일 호파커의 방문을 회상했다. 그 당시 롬멜은 슈파이델에게 호파커와의 대화에 대한 자신의 견해를 바꿨다고 말했으므로[208] 호파커는 아마도 이후의 실제 사건 진행을 통해서만 분명히 이해할 수 있는 형태로 롬멜에게 무언가를 암시했을 것이다. 호파커가 자신의 희망사항에 따라 롬멜이 히틀러 암살 음모를 지지할 가능성을 그의 공모자들 혹은 다른 사람들에게 과장해 이야기했을 가능성은 결코 입증할 수 없다. 그들의 대화 주제는 전선이 얼마나 빠르게 붕괴될 것인가에 대한 롬멜의 예상, 그리고 적절한 시기에 연합군과 협조하기 위한 롬멜의 준비상태 파악이었다. [209]

호파커와 관련된 한 보고서에 의하면[210] 호파커가 그 이전인 6월에 롬멜에게 방문했고, 이 방문에서 롬멜이 호파커를 '은밀히(unter vier Augen)' 만났으며 '더 늦기보다는 지금' 행동하기를 바란다고 말했을 가능성도 있다. 호파커의 답변은 맥락상 혁명적 행동을 염두에 두었음을 암시하지만, 결코 암살을 암시하지는 않았다. 하지만 호파커의 진술은 분명 롬멜에게 불리한 유죄 지식의 근거로 여겨졌고, 아마도 그가 슈파이델 수사 과정

........................

206  Keitel, 심문 보고서, 1945년 9월 28일자, EPM 4
207  위의 책
208  Speidel, EPM 4
209  호파커의 사후 설명에 관한 한 보고서 Bargatzky, EPM 4
210  Bargatzky, EPM 4

에서 제시된 혐의를 인정하며 강화되었을 것이다. 이 증거는 히틀러에게 제출되었다.[211]

하지만 이 증거가 어떤 가치가 있었는가? 이 증거는 호파커가 롬멜, 혹은 자신과의 대화를 롬멜에게 보고한 슈파이델과 암살을 논의했다는 주장의 근거로 사용되었다. 그러나 이 주장은 호파커를 심문한 키슬, 그리고 호르스트와 슈파이델에 의해 부인되었다. 그리고 당사자인 롬멜은 사망하기 직전까지 이를 부인했다. 해당 증거는 칼텐브루너의 보고서들 중 어느 부분인가에 의존하며, 호파커가 스스로 밝혔듯 인정된 증언이 아닌 자신의 대화에 대한 사후 설명에 의존했다. 이후 다른 사람들은 롬멜의 연루를 보다 분명한 표현으로 증언하기도 했다. 군 정보국인 압베어(Abwehr)의 장교이자 독일 저항운동의 일원인 한스 베른트 기제비우스(Hans Berndt Gisevius) 박사는 뉘른베르크에서 롬멜이 '히틀러 암살 제안을 받았을 때 매우 괴로워하는 인상을 받았다'고 증언했다.[212]

롬멜의 이 '제안'은 다른 모든 증거의 조각들과 어긋난다. '유죄 지식', 직접적인 가담 여부, 그리고 다른 무엇보다 암살이라는 방안을 제시했다는 혐의는 어떻게 보더라도 결정적으로 입증되었다고 볼 수 없다. 기제비우스는 베크가 롬멜의 이름을 거론한 사례도 언급했다. 그에 따르면 베크는 롬멜은 철두철미한 히틀러의 지자였지만, 1944년 7월 당시에는 히틀러뿐만 아니라 힘러와 괴링도 동시에 제거할 필요성에 대해 이야기했다고 증언했다. 이는 전적으로 별다른 증거도 없이 여러 의견이 난무하는 와중에 쏟아져 나온 풍문에 지나지 않았다. 그리고 공모자들은 뒤늦게라도 롬멜이 자신들과 함께했다고 믿고 싶어 했다. 그러나 롬멜은 기제비우스와 직접 이야기하거나 그 문제에 관해 베크와 대화한 적도 없었다. 입증할 수는 없지만 그와는 상반된 결론 쪽이 훨씬 가능성이 높아 보인다. 롬멜은 항상 히틀러 암살에 반대했고 암살의 세부 계획에 대해서도 아는 것이 없었다. 물론 롬멜도 자신의 친구들을 포함해 많은 사람들이 히틀러 암살에 대해 이야기하고 있다는 사실은 알았다. 그리고 롬멜은 정권 교체를 이용해 전쟁을 끝내기를 누구보다 간절히 원했다. 롬멜은 다소간 불안은 남았지만 이제 분명하고 강경한 태도로 히틀러가 공직 머무는 상황을 평화의 가장 큰 걸림돌로 여기게 되었다. 롬멜은 부상당하던 날 마지막으로 서부기갑집단 사령부를 떠나며 에버바흐 장군에게 총통이 '사라져야' 한다고 말했었다.[213] 하지만 암살, 즉 직접 살해와 그 계획에 가담하는 방안은 받아들이지 않았다. 그리고 롬멜이 '유죄 지식'을 가지고 있다 해도 세부적으로는 부정확하

...............................

211    Jodl 증언, International Military Tribunal, Nuremberg, 1945년 10월 2일자
212    Gisevius 증언, International Military Tribunal, Nuremberg (Vol. XII)
213    CSDIC (UK), Report GRGG 1347, 19 August 1945, EPM 4

고 신뢰성을 의심할 법한 내용이었을 가능성이 높고, 내심 그에 대해 한탄했을 것이다.

수사 보고서들이 롬멜이 히틀러 암살 음모에 분명하게 가담했다는 결론을 내리지는 못했지만, 게슈타포의 추론을 빌리지 않더라도 롬멜이 더이상 승리를 믿지 않으며 적과의 협상에서 역할을 맡을 준비를 마쳤음은 분명해졌다. 여기에 대해서는 의심의 여지가 없었고, 이는 곧 반역으로 간주되었다. 나치 체제 전반에 의심이 확산되고 불신이 만연하던 시기였다. 심문을 받은 여러 사람들은 슈타우펜베르크가 히틀러 암살이 성공하면 집단군 사령관들이 병력을 이끌고 음모에 합류할 것이라고 증언했는데, 아마 SD도 정확히 같은 결론을 도출했을 것이다.[214]

10월 14일에 만프레트 롬멜은 짧은 휴가를 받아 집으로 돌아왔다. 그는 1주일 동안 소속부대인 대공포 부대로 복귀해 있었다. 만프레트는 열차를 타고 오전 7시가 되기 전에 헤를링엔에 도착했다. 롬멜의 오랜 친구이자 참모 장교인 알딩어(Aldinger) 대위가 롬멜 원수와 함께하며 그의 개인 조수 겸 부관 역할을 하기 위해 휴가를 받아 자택에 머물고 있었다. 예비역 장교인 알딩어는 1914~18년의 전쟁 당시 롬멜과 같은 대대에서 근무했으며, 2차대전에서도 1940년 유령사단에서, 북아프리카에서, 그리고 노르망디에서 롬멜과 함께 했다. 롬멜과 거의 동년배인 그는 롬멜의 가족 모두와 친구였고 헤를링엔에서 롬멜과 함께 살고 있었다.

만프레트는 집에 도착한 뒤 몇 시간 후 아버지와 산책을 나섰다. 롬멜은 아들에게 자신의 다음 보직을 논의하기 위해 장군 두 명이 방문할 예정이지만, 그 장군들의 실제 방문 목적이 무엇인지는 확신할 수 없다고 말했다. 그리고 롬멜 부자는 집으로 돌아갔다.

정오에 부르크도르프와 마이젤이 도착했다. 큰길에서 대문을 거쳐 정원을 지나 현관까지 짧은 차로가 있었고, 롬멜은 당번병 로이스틀에게 방문객이 올 테니 현관문을 열어두라고 말했다. 로이스틀은 그럼에도 방문객의 차와 운전병이 길에 남아있는 것을 보고는 놀랐다. 로이스틀은 장군들의 외투를 받는 손님의 방문을 알린 후 무장친위대원인 운전병에게도 집으로 들어올 것인지 물었다. 그러나 운전병은 초대를 거절하며 자신은 다른 명령을 받았다고 답했고, 로이스틀은 그가 무슨 일을 하고 있는지 깨달았다.[215]

로이스틀은 작은 회색 메르세데스 한 대가 주차되어 있고 그 차를 타고 온 민간인 한 명이 장군들의 운전병에게 이야기하는 것을 보았다. 집 안에 있던 롬멜은 만프레트에게 방을 나가라고 말했다. 그리고 45분 동안 롬멜은 홀로 부르크도르프 및 마이젤과 만났

---

214   NAW T 84/20
215   Loistl, 인터뷰, EPM 3

다.[216] 히틀러는 독일 국민이 명망 있는 원수의 반역을 알아서는 안 된다고 결정했다. 롬멜의 이름은 가능하다면 이 끔찍한 범죄에 가담했다는 오명을 피해야 했다.[217]

롬멜은 카이텔이 부르크도르프에게 건넨 호파커의 진술서 사본을 증거자료로 받아본 후, 두 가지 대안을 제시받았다. 롬멜은 부르크도르프에게 체포를 받아들이고 반역자로 재판을 받거나, 아니면 '장교의 길'을 택할 수 있었다. 후자의 경우 롬멜의 죽음은 자연사라고 발표될 것이며, 국장 거행과 가족들의 안전을 보장받을 수 있었다.[218] 부르크도르프는 매우 강한 독극물을 가져왔다. 부르크도르프와 마이젤은 집 주인이자 그들의 희생자인 롬멜과 함께 저택의 거실인 서재(Herrenzimmer)를 나왔다. 그들은 롬멜이 위층으로 가서 침실에서 루시를 찾는 동안 집 밖으로 나와 정원을 서성였다. 롬멜은 걸음을 멈추고 로이스틀에게 말했다. "만프레트를 지금, 그리고 알딩어를 반 시간 뒤에 내게 보내주게." 그리고 그는 사라졌다.[219]

그들이 함께한 마지막 순간에 관한 루시의 사후 설명은 뭉클할 정도로 솔직했다. 롬멜은 그녀에게 히틀러의 명령에 따라 자살하거나 인민법정에 출두할 선택권을 받았다고 말했다. 그는 신속하게 결정했다. 롬멜이 루시에게 처음 한 말은 자신이 곧 죽으리라는 것이었다. 그는 부르크도르프와 마이젤이 3초 안에 듣는 독약을 가져왔다고 말했다.

롬멜은 그녀에게 자신이 7월 20일 사건에 가담했다는 혐의를 받고 있으며, 폰 슈튈프나겔과 슈파이델, 그리고 폰 호파커 중령의 증언으로 자신에게 혐의가 제기되었다고 말했다. 아마도 카이텔이 만든 호파커의 증언에 관한 문서 보고서가 롬멜에게 제시되었고 부르크도르프도 그렇게 말했음이 분명하다. 롬멜은 그 밖에도 자신에게 불리한 유죄 정황이 있다는 말을 들었다고 설명했다. 8월 12일에 체포되어 심문을 받은 괴르델러 박사는 제국의 미래 대통령으로 롬멜의 이름을 언급했다.[220] 그러나 롬멜은 결코 괴르델러와 만나거나 대화한 적이 없었다.

롬멜은 루시에게 부르크도르프와 마이젤에게는 이미 대답을 했다고 이야기했다. 롬

---

216  부르크도르프에게 임무를 맡긴 것은 카이텔이었는데, 카이텔은 명령이 히틀러로부터 직접 내려왔음을 분명히 밝혔다. Keitel, 심문, EPM 4. "카이텔은 롬멜 원수가 음모에 가담했다고 말했다. 롬멜의 죄는 폰 호파커 중령의 증언을 통해 드러났다. 총통은 이 배반에 크게 상처받았는데, 총통은 롬멜을 항상, 매우 존경했었다." Jodl 증언, International Military Tribunal, Nuremberg

217  위의 책

218  Keitel, EPM 4. 카이텔은 부르크도르프에게 롬멜이 '계엄령 발동'을 시도했을 것이라 말했고, 부르크도르프는 기록에서 이 사실을 확인했다. 요들은 롬멜이 군사재판이 아닌 인민법정에 세워질 예정이었다고 증언했다. 이는 폰 비츨레벤 원수를 포함한 다른 공모자들에 대한 조치와 동일했다. 카이텔의 이후 증언 중 일부(1945년 9월 28일자 등)에서 이 점이 확인된다.

219  Loistl, 인터뷰, EPM 3

220  롬멜의 이름은 괴르델러가 작성하고 자주 수정했던, 히틀러 사후 독일을 위한 정부 명단 및 조직도에서 찾아볼 수 없다. Hoffmann, 앞의 책. Prittie, 앞의 책. 다수의 심문 보고서, NAW T 84/20 참조) 몇몇 저자들(Koch, 앞의 책)은 이르면 1943년에 롬멜이 정치가로 전향을 타진받았고 그는 정치에는 아는 것이 없다며 거절했다고 말한다. 이는 사실로 보이지만, 진행에 불만을 품은 사람들 사이에 추측성 낭설이 떠돌았음은 의심의 여지가 없다. 이는 음모나 암살과는 거리가 멀었다.

멜은 이 혐의들을 믿을 수 없다고 주장했다. 이 증거들은 진실이 아니었고 협박이나 불법적인 위증 채취와 같은 방법으로만 얻을 수 있었다. 롬멜은 루시에게 인민법정에 서는 것이 두렵지 않다고 말했다. 그는 모든 행동에 대해 솔직하게 자신을 변호할 수 있었다. 하지만 그는 법정에 출두하지 못할 것이고 법정에 서기 전에 어떻게든 제거될 것임을 확신했다. 부르크도르프가 앞서 전화 통화에서 사용한 문구인 '미래의 보직'이라는 말은 잔인한 속임수였다. 그, 즉 롬멜의 제거에 관해 모든 세부사항이 계획되어 있었다. 그는 이것으로 끝이라고 확신했다. 그는 작별을 고했다.[221]

잠시 후 만프레트가 롬멜을 찾아왔고, 롬멜은 자신에게 주어진 선택과 그 중 어떤 선택을 했는지를 간단히 설명했다. 그는 슈파이델과 슈튈프나겔이 했다는 증언과 괴르델러의 언급에서 자신이 연루되었음이 나타났다고 재차 설명했다.[222] 설명을 들은 만프레트는 롬멜이 슈파이델과 슈튈프나겔의 자백이 존재하지 않았거나 고문을 통해 나왔다고 믿는 듯한 인상을 받았다.[223] 롬멜은 아들을 향해 자신의 가족에게는 위해가 가해지지 않을 것이며, 자신이 그런 방법을 택했다고 말했다. 그리고 롬멜은 알딩어에게도 작별 인사를 했다. 만프레트의 회상에 의하면 로이스틀의 주장처럼 몇 대의 차가 롬멜의 집 근처에 주차해 있었다. 당시 만프레트는 그 차에 민간인 복장을 한 무장 대원들이 타고 있다고 짐작했다. 그의 아버지는 침착한 태도로 그에서 멀어졌다. 그리고 알딩어와 만프레트는 원수를 기다리는 차 중의 한 대까지 동행했다. 롬멜은 외투를 입고 모자를 쓰고 원수용 지휘봉을 들었다.

차에서 부르크도르프와 마이젤이 기다리고 있었다. 그들은 롬멜에게 "하일 히틀러 (Heil Hitler)!"라며 7월부터 의무화된 나치식 경례를 했다. 롬멜은 차의 뒷좌석에 올랐다.

15분 후, 헤를링엔의 집에서 전화가 울렸다. 걸려온 곳은 울름의 바그너슐레 (Wagnerschule)에 임시로 설치된 예비병원(Reservelazarett)이었다. 롬멜 원수는 심장마비 판정을 받았고, 두 명의 장군들에 의해 차로 병원까지 이송되었다. 롬멜은 죽었다.

........................
221  "Bericht über den Tod des Generalfeldmarschalls Erwin Rommel von Frau Lucie-Maria Rommel", EPM 4
222  Manfred Rommel의 증언, 1945년 4월 27일의 진술, EPM 4
223  Manfred Rommel의 증언, 1974년 11월 13일의 편지, EPM 4

# 제24장 필연적인 결말

히틀러는 자신과 독일 국방군, 그리고 모든 독일 국민의 비탄을 묘사한 조문으로 롬멜을 위해 국장을 치르도록 명령했다. 이 조문은 1914년부터 최후까지 롬멜의 모든 경력과 조국을 위한 영웅적인 복무과정을 담은 긴 발표문이었다.[224] 장례식에 대한 지침은 구체적이고 세심했다. 지역 군관구인 제5군관구(Wehrkreiskommando V)가 준비 책임을 맡게 되고, 장례식 이틀 후에는 비용 지출에 관한 후속 명령이 이 군관구에 내려졌다.[225]

저명한 조문객들을 위한 특별 열차가 장례식 전날 저녁 7시에 베를린을 떠나 10월 18일 수요일 오전 10시 40분에 울름에 도착하기로 결정되었다. 장례식은 오후 1시에 울름 시청에서 열리고, 그곳에 롬멜의 시신이 안치되며 관 위에 원수의 지휘봉과 검, 그리고 훈장들이 놓였다. 장교들이 검을 들고 관을 지켰다. 총통의 대리인으로서 폰 룬트슈테트 원수가 화환을 헌화하고, 애도를 표하고 추도 연설을 하기로 했다. 그는 낮 12시 53분에 울름의 호텔을 떠나 정확히 1시에 시청에 들어가 고인에게 경례하고, 수많은 군인과 공직자들의 맨 앞줄에서 롬멜 부인 옆자리에 앉았다. 관을 운구하기 위해 시청에 도열한 장례 행렬은 군악대를 동반한 독일군 2개 중대, 그리고 공군, 해군, 무장친위대 분견대들로 구성된 혼성 중대 하나로 구성했다. 모든 것이 흠잡을 데 없었다. 동부, 서부, 남부의 전선에서 독일군이 필사적으로 최후의 싸움을 계속했지만, 국장의 외견만은 나무랄 데 없었다. 준비는 완벽했다.

1시 정각에 나폴레옹(Napoléon)의 영광을 그린 곡인 베토벤 교향곡 제3번 '영웅(Erotica)' 교향곡의 2악장 장송행진곡(Trauermarsch) 연주가 시작되었다.[226] 그리고 그 직후 단상에

......................................

[224]  OKW 1944년 10월 17일 통신, NAW T 84/277
[225]  OKW 1944년 10월 20일 명령, NAW T 84/277
[226]  Manfred Rommel의 증언에 의하면 당시 에로이카 대신 바그너가 작곡한 신들의 황혼(Götterdämmerung) 연주도 제안되었다. 그러나 이 곡은 주인공이 질투에 의해 살해당한다는 내용이 혐의에 대한 암시로 여겨져 거부당했다.

서 폰 룬트슈테트의 연설이 시작되었다.

룬트슈테트는 롬멜의 공훈, 즉 독일에 대한 봉사, 노르망디에서의 비극적인 부상을 열거했다. 그는 롬멜을 전쟁이 시작될 때부터 '투철한 국가사회주의자'라고 묘사했는데, 이는 엄밀히 말하면 거짓이지만 심각한 왜곡은 아니었다. 룬트슈테트는 프랑스, 그리고 수적 열세를 딛고 마침내 토브룩을 점령한 북아프리카에서의 전공, 그리고 롬멜의 개인적 용기에 대해 낭독했다. 계속해서 룬트슈테트는 두려워할 줄 모르는 이 전사가 국가사회주의 정신으로 충만했다는 사실과 거리가 먼 이야기를 무뚝뚝하게 읽어나갔다. "그의 마음은 총통의 것이었습니다." "그대의 영웅적 행동은," 룬트슈테트는 역설적이라는 느낌은 거의 드러내지 않은 채 상여를 향해 말했다. "'승리할 때까지 싸우라'는 구호를 우리 모두에게 다시 보여주었습니다."

트슈테트가 히틀러의 화환을 상여에 헌화하자 조문객들은 고인이 된 전우를 위한 독일군의 전통적인 추모곡인 "나에게 한 전우가 있었네(ich hatt' einen Kameraden)"를 합창했다. 일개 포대가 19발의 조포를 발사하는 소리가 들렸다. 룬트슈테트는 자기 자리로 돌아갔고, 행사는 독일국가(Deutschlandlied)로 끝났다. 그 후 식순으로 룬트슈테트 원수는 그 지점에서 돌아서서 공식적으로 롬멜의 가족[227]에게 히틀러와 룬트슈테트 자신의 애도를 전했다. 룬트슈테트는 자리를 떠나기 전에 짧고 특별히 고상하지는 않은 단어들만을 사용했고, 상여에 마지막 경례를 한 후 시청을 떠났다. 운구행렬은 병력이 도열하고 사람들이 운집한 거리를 지나 상여를 운구했고, 화장장에서도 추가 행사와 음악, 그리고 폰 에제베크(von Esebeck) 남작의 감동적인 연설이 있었다. 그리고 롬멜의 유해는 헤를링엔의 마을묘지에 묻혔다. 루시는 행사 진행을 거의 견디지 못했다.

1945년 3월에 루시는 총통이 롬멜의 기념비를 세우고 싶어 한다며 그 프로젝트가 독일의 모든 전쟁묘지 설계를 맡은 설계자인 크라이스(Kreis) 교수의 손에 맡겨졌다는 내용이 담긴 편지를 받았다. 도안들이 제시되었고 루시는 의견을 요청받았는데, 추천안은 받침돌 위에 올려진 큰 사자상이었다. 루시가 보기에는 모두가 혐오스러운 행동이었다. 기념비 건립은 착수되지 않았다. 수많은 사람들 가운데 롬멜이 사기극에 휘말려 세상을 떠난다는 것이 터무니없는 일이었고, 그의 죽음을 원했던 총통이 흘리는 악어의 눈물이야말로 진정한 사기극이었다. 후에 그녀가 남편의 운명에 관해 말했을 때 그녀가 남긴 마지막 문장은 그녀의 성격 답게 솔직하고 진실했다. "국가에 대한 봉사에 일생을 헌신

227    루시, 만프레트 외에 롬멜의 두 형제와 누이, 그밖의 다른 친척들이 참석했다.

한 사람의 생이 그렇게 끝났습니다."[228]

　OKW의 카이텔과 요들 같은 몇몇 사람은 롬멜이 자살을 선택한 것으로 그의 죄가 의심할 바 없이 입증되었다고 여겼다. 그들은 히틀러가 롬멜에게 호의적이었고, 롬멜이 히틀러 자신에게 적대적이었다는 사실을 믿지 않으려 했음을 알고 있었기 때문에, 그들은 만약 롬멜이 결백했다면 자살을 받아들이지 않았을 것이라고 말했다. 롬멜이 자신에 대한 총통의 호의를 잘 알고 있었으니, 결백했다면 어떻게든 총통에게 직접 간청했을 것이라는 주장이었다. 그리고 롬멜은 자신에 대한 대중의 인기를 잘 알았고, 인민법정에 서거나 다른 방법들로 독일 국민에게 호소하는 방법도 있었다. 그들은 침묵을 택한 롬멜의 행동은 폰 호파커의 진술을 입증하는 행위로 비춰졌다고 증언했다.[229] 즉 롬멜이 히틀러 암살 음모에 대한 유죄 지식을 갖고 있었다는 것이다.

　하지만 그렇지 않았다. 그리고 롬멜은 직접 루시에게 재판을 받는 것은 두렵지 않고, 히틀러 살해 음모 가담 혐의에 대해서도 결백하다고 말했으며, 루시는 종전 후 이 사실을 분명하게 밝혔다.[230] 그녀는 롬멜을 누구보다 잘 알았고, 부부는 서로를 완전히 신뢰했다. 그리고 사람들은 죽음을 맞이하는 시점에서는 거짓말을 하지 않는 법이다. 하지만 롬멜은 자신이 제거될 것이고 스스로를 변호할 기회를 갖기 전에 살해당할 수 있다고 추론했다. 또한 스스로를 변호하려 한다면 가족들이 희생될 가능성이 있지만, 자살한다면 가족들이 무사할 것이라는 보장을 받은 상태였다. 그는 결정을 내렸다.

　그리고 가장 큰 이유는 롬멜 자신이 히틀러 암살 음모에 가담하지 않았고, 그에 관해 구체적 지식도 없었지만, 독단적으로 화평을 모색했으며 이를 여러 사람들에게 솔직하게 이야기했음을 그 자신이 가장 잘 알았다는 데 있다. 롬멜은 자신의 행동이 반역죄이고, 용서받지 못할 행위이며, 그 혐의가 가족 모두에게 씌워질 것임을 잘 알았다. 그는 히틀러 암살을 결코 지지한 적이 없고, 부르크도르프와 마이젤이 자신에게 제기한 범죄 혐의에서 결백하다고 공언했으며, 실제로 결백했다. 하지만 또 다른 '범죄'혐의는 분명 유죄였다. 힘러가 베른트를 통해 루시에게 자신이 롬멜의 자살 강요에 관여하지 않았다는 개인 서신을 보냈다는 사실은 이 상황을 반증하는 특이한 증거일지도 모르겠다.[231]

　SD, SS, 그리고 게슈타포의 총책임자인 힘러는 총통을 암살하려 한 공모자들에게 자비를 베풀 의향이 없었다. 하지만 그는 이미 연합군과 직접 접촉을 고려하고 있었다. 그

---

228　"Bericht über den Tod des Generalsfeldmarschalls Erwin Rommel von Frau Lucie-Maria Rommel", EPM 4
229　Keitel, Jodl, EPM 4 참조
230　제23장, Lucy의 공개 성명 부분 참조 542-3
231　Manfred Rommel의 증언, 인터뷰, EPM 3

는 재난의 징조를 목도했으며, 결국 성사되지 않은 롬멜의 시도에 대해 총통 이상으로 공감했을지도 모른다. 총통의 의지를 무시하고, 총통의 실각과 무력화를 통해 이득을 얻으려던 자가 히틀러의 살해에 반대하는 것은 모순적인 선택이며, 훌륭한 결정이 아니라는 주장도 있다.[232] 이런 주장도 존중받을 가치가 있다. 하지만 롬멜이 그렇게 생각하지 않았음은 분명한 사실이다. 그는 히틀러 암살 음모와 평화 협상 시도를 구분했다. 그는 독일이 전쟁에서 패했다고 판단했고, 히틀러의 지도력을 불신하게 되었고, 독일을 위해 평화를 모색해야 한다고 확신하는 죄를 지었다고 생각했으나 그 죄를 부끄러워하지 않았다. 이는 자신의 생각이 보편적 지지를 받지 않더라도 자신의 주관을 대담하게 밝히던 롬멜의 행동을 닮았다. 슈파이델은 롬멜이 히틀러에게 보낼 '최후통첩'을 클루게에게 건넨 후 이렇게 말했다고 보고했다. "이제 그에게 마지막 기회를 주었소. 그가 올바른 결정을 내리지 않는다면 그 이후는 우리에게 달려 있소."[233]

모든 경우에 있어, 롬멜은 자신의 공개적인 발언과 행동이 올바르다고 생각했다. 순진했을지는 몰라도 롬멜다운 생각이었다. 하지만 롬멜은 적과의 협상을 기획하던 행위가 용서받거나, 자신이 타우로겐(Tauroggen)의 요르크(Yorck) 장군[234]과 같은 역할을 맡을 수 있다거나, 국가사회주의자들의 응징을 피할 수 있다고 생각할 정도로 순진하지는 않았다. 롬멜은 한동안 죽음이 가까웠다고 느끼고 있었다. 그는 결코 죽음 자체를 두려워하지 않았다. 그는 일생에서 가장 극적이고 보람 있는 기간 동안 매 시간을 그렇게 살아왔고, 셰익스피어가 쓴 극 속의 카이사르(Caesar)와 같이 외쳤을지도 모른다.

용감한 자는 죽음의 맛을 단 한 번만 느낀다.
지금까지 들어본 중 가장 놀라운 이야기인데,
사람들이 이를 두려워한다는 것이 내겐 가장 이상하다.
죽음을 맞는 것은 불가피한 결말이요,
올 때가 되면 오기 마련인데.

롬멜에게는 참을 수 없이 힘겹고 잘못된 상황으로 인해 가슴이 찢어질 것만 같은 상황에서 죽음이 찾아왔다. 그는 애국심으로, 그리고 국가에 대한 순전한 사랑으로 살아

232  해당 사례는 Hoffmann, 앞의 책 참조
233  Speidel, EPM 4
234  1812년 12월, 루드비히 요르크 폰 바르텐부르크는 나폴레옹의 강요를 받아 출병한 프로이센군을 지휘했으나, 타우로겐에서 러시아와 독단 협상을 통해 중립을 선언하고 러시아의 진격을 허용했다. 프러시아 왕은 처음에 타우로겐 협약을 부인했지만 전국적인 호응을 얻었다. (편집부)

왔다. 그리고 이제 애국적인 감정의 우물은 애국심이라는 이름 아래 저질러진 비밀스러운 죄악에 의해 오염되었다. 그는 일선 군인으로서 비범한 위치에 올라섰지만, 자신의 의견이 거부당하고 허상에 빠진 폭군의 광적인 결정으로 인해 부하들의 목숨이 희생되는 상황을 겪었다. 롬멜은 언제나 정상적인 생명의 품위를 소중히 여겨왔고, 이제 국가의 통치자들이 양심의 가책 없이 이를 무시했음을 깨달았다. 그는 독일의 명예, 위대함, 그리고 안보를 위해 모든 노력을 다했지만, 독일이 곧 새로운 동방 이민족의 침입에 휩쓸리고, 독일이 스스로 벌였던 만행보다 더 끔찍한 행위에 노출되는 상황을 피할 수 없을 것만 같았다. 이 '필연적인 결말'은 롬멜이 인생에서 믿어 온 모든 것들이 무시되었을 때 찾아왔다. 그의 희망들은 사라졌다. 죽음을 맛볼 시간이 되었다.

10월 20일에 특별한 찬사를 담은 일일명령이 아돌프 히틀러의 이름으로 발표되었다. 롬멜은 독일 언론의 기나긴 추도사를 받았고, 사별과 불행에 익숙해져 있던 독일 국민들도 그의 죽음을 애도했다. 롬멜은 항상 널리 홍보되던 자신의 업적들을 통해 탄생한 국가적 영웅이었다. 대담한 사람들은 총통에게 무슨 일이 벌어진다면 롬멜이 총사령관직을 계승했을 것이라고 수군거리기도 했다.[235]

외신들도 많은 보도들을 전했고, 10월 16일에 더타임스(The Times)에 실린 부고 기사 분량은 천 개 이상의 단어로 채워졌다. 이 기사는 롬멜의 전술적 능력에 찬사를 보냈지만, 처칠이 그랬듯이 전시의 적에 관해 언급하는 경우 특유의 인색한 평도 잊지 않았다. 이는 부정확한 서술이었고, 롬멜이 보았다면 틀림없이 언짢았을 것이다. 롬멜은 나치당원이 아니었지만 기사는 롬멜의 생애를 초기부터 나치당과 연결시켰으며, 그가 '히틀러의 경호대에 배속된 돌격대 지휘관'이자 남북전쟁 당시의 갱스터들과 같은 방법을 선호했다고 설명했다. 하나같이 터무니없는 설명이었다.

롬멜은 전후에 죽음에 관한 진실이 밝혀지며 자연스레 명성을 얻었다. 정권에 대한 그의 태도, 특히 그가 나치의 악행들과 거리를 두었다는 사실에 대한 관심이 점점 커졌고, 롬멜의 행동은 민주정 독일에서 도덕적인 책무의 상징처럼 받아들여졌다. 자살을 강요당하는 상황에 내몰리면서도 히틀러에게 반대하던 행동은 천사의 편에 선 것과 같이 여겨졌고, 롬멜에게는 독일의 현대적인 저항 영웅이라는 지위가 주어졌다.[236] 그리고 얼마 후 롬멜이 군사적인 우열이 뒤집히는 시점까지 투철한 히틀러 지지자였으며 특별

235 Ehrnsperger 소령, EPM 3. 에른스페르거는 부르크도르프 및 마이젤 장군과 헤를링엔에 동행했다.
236 Young, 앞의 책 등.

한 원칙이라고는 없는 야심적인 기회주의자였다는 반발이 나타나기 시작했다.[237] 이 역시 그에 대한 묘사로는 부적절했다.

반 히틀러 음모에서 롬멜의 역할은 양면적이었다. 그는 정권 전복에 반대하지 않았지만, 그 실행 과정에서는 물러나 있었다는 비난을 받아왔다. 롬멜은 분명 애국자로서 히틀러와 그의 권력이 사라지기를 원했다. 하지만 충성의 유혹은 강했다. 당번병이었던 로이스틀 상병의 견해에 따르면, 음모는 롬멜 원수의 숨김없는 성격과는 완전히 상충되는 이질적인 행위였다. 개인비서들은 대게 상관의 성향을 명확하게 보는 경향이 있다. 롬멜은 진정한 애국자였고 그의 성격은 분명 정직하고 솔직했다. 그리고 그는 도덕적인 사람이었다. 품위 있고, 기사도적이고, 모국의 국민들과 전통적인 제도에 헌신적이었으며, 자신의 행위에 양심적이었고, 관대하며, 인정이 넘치고 공정했다. 그는 전쟁이 초래하는 파괴를 싫어했다. 그의 기질은 적에게 공포와 고통을 강요하며 기뻐하는 지휘관들과는 거리가 멀었다. 롬멜은 증오심을 거의 드러내지 않았다. 전사적 민족에서는 증오심 없이 싸우는 모습을 평화적 민족들에 비해 자연스럽게 발견할 수 있다. 롬멜이 살아가던 시대의 독일은 분명히 그랬다. 평화적 민족이 전쟁을 치르기 위해서는 어떤 형태로든 원동력을 필요로 하며, 그 과정에서 대체로 적을 악마로 규정하고 증오하기 마련이다. 반면 롬멜에게 있어 전쟁이란 인간의 보편적인 활동 가운데 하나이자, 증오를 필요로 하지 않는 직업적인 행위였다.

그리고 롬멜은 조국을 사랑했다. 그는 항상 독일을 위해 희생할 준비가 되어 있었다. 그는 조국을 위해 싸우는 일을 최고의 도전이자 최고의 특전이라고 여겼다. 그리고 몇 가지 이유로 인해 독일에서 이전 세대의 희생이 남은 사람들의 애국심 부족, 용기 부족, 활력의 부족으로 인해 오용되고 무의미해졌다는 생각을 가지게 된 세대에 태어났다. 롬멜은 분개하고 환멸을 느낀 세대에 속했다. 그때 히틀러가 나타났다. 그리고 롬멜은 히틀러가 독일을 구하고 회복시키고 있다고 여겼으며 그 업적에 감사했다. 즉 그는 히틀러가 독일을 내부의 무질서와 분열, 파산과 불명예로부터 구하고 국제적인 위상과, 위엄과, 위대함을 회복하고 있다고 생각했다. 이런 개인적인 애정은 히틀러의 전략적 오판과 현실을 직시하지 않는 사례들이 누적되고, 롬멜 자신이 히틀러의 정신적 불안정을 직시하게 되자 완전히 사라졌다. 그리고 히틀러의 의도적인 행동이 아니라 다른 부하들의 책임이라고 자기합리화를 하기는 했지만, 히틀러가 저지른 범죄들에 대해서도 알게 되었다. 확고하고 상식적인 슈바벤 사람인 롬멜은 히틀러의 부하들이 경악스러운 만

237    Heckmann, 앞의 책. Macksey, 앞의 책

행을 계속하는 동안 히틀러는 그 악행에 직접 개입하지 않았다고 맹목적으로 믿고 싶어 했고, 다른 수백만 명의 독일인들 역시 그와 비슷한 맹목적인 믿음을 품었다. 거의 마지막 순간이 되어서야 롬멜은 과거의 애정에 대해 갈등을 느꼈다. 이 갈등은 그의 충성심, 그리고 의무와 복종서약에 부합했다. 그리고 이것은 복종 서약에 부합했다. 롬멜은 품위 있고 애국적인 모든 독일 중의 한 명이었고, 동시에 히틀러가 조국에 가져온 어둠 이후 찾아온 새벽의 질서와 그 인상을 감사히 여기던 사람들 가운데 한 명이었다. 이처럼 도덕적인 사람들이 자신도 모르게 가담한 악행은 극소수에게만 알려졌다.

그리고 롬멜은 히틀러를 진심으로 대했다. 다른 사람들은 히틀러를 마주하면 핵심을 피하거나 주눅이 들곤 했고, 드물게나마 일반적인 도덕적 기준이 히틀러와의 관계에 도움이 되지 못한다는 사실을 깨닫는 경우도 있었다. 롬멜이 히틀러를 지나치게 솔직히 대했다거나 혹은 '속았다'고 볼 수도 있지만, 그는 솔직하고, 정직하고, 직설적인 성격이었다. 그는 순진하게도 히틀러가 합리적으로 논의하고 합리적인 결정을 내리고 문명인으로서의 일반적인 도덕적 원칙을 공유하는 인물로 여겼다. 결국 롬멜도 최후에는 히틀러에 대한 자신의 태도를 더이상 유지할 수 없다고 생각하게 되었지만, 그 이전까지는 오랫동안 그런 생각을 가지고 있었다. 이는 부분적으로는 롬멜의 인식 부족에 기인한 결과였다. 롬멜은 다른 국민들과 달리 히틀러와 개인적으로 대면할 수 있었지만, 히틀러에 대한 인식의 부족은 다수의 국민들과 별반 다를 바가 없었다. 이런 착오에는 히틀러의 특이한 성격도 부분적이나마 원인으로 작용했다. 아돌프 히틀러가 악마적이거나, 개인적인 혐오감을 유발하거나, 사적인 관계에서 극도로 잔인하거나, 경멸스럽고 터무니없는 인물임을 한눈에 알아볼 수 있었다고 주장하기는 어렵다. 극소수 독일인들의 관점에서 히틀러는 혐오의 총화였지만, 대다수 독일인들의 관점에서 히틀러는 재능이 넘치고, 매력적인 성격과 탁월한 기억력을 지녔으며, 이해가 빠르고, 문제들을 폭넓게 파악하고, 초자연적인 선견지명과 통찰력, 경이적인 의지를 지녔으며 국가에 완전히 헌신하는 인물이었다. 히틀러의 영향 하에 있던 대다수의 사람들이 느끼는 히틀러라는 인물은 대량 학살의 숨은 주동자이자, 사원을 무너뜨린 삼손처럼 독일을 몰락시킨 비정상적인 괴물이 아닌 인상적인 인물이었다.

히틀러가 스스로 일으킨 전쟁을 더이상 지탱하지 못하고 그가 심은 환상이 깨지기 전까지는 롬멜도 총통을 인상적인 위인으로 여겼다. 능률적이고 잘 통솔되는 국민은 질서에 복종하고 궁극적 목적에 대한 관심 없이도 과업에 참여하는 성향이 있다. 독일인들은 아마도 이런 성향으로 인해 타국의 국민들에 비해 정권이 저지른 범죄들의 공범자가 되기 쉬웠을 것이다. 독일이라는 국가가 매우 경미한 반대만을 겪으며 재앙을 향해 추락하고 있었다는 사실을 인식할 수 있었던 계기는 이상화된 히틀러, 즉 롬멜이 그의 인생 전반에 걸쳐 생각하던 모습의 히틀러뿐이었다.

롬멜의 운은 군인으로서도 흥망성쇠를 겪었다. 롬멜이 '전략가가 아닌' 전설적인 전술가라는 속설이 뿌리를 내리고 견고하게 자라났으며, 보급 문제를 이해하지 못했거나 경시했다는 평판도 힘을 얻었다. 이런 속설이나 평판은 일반화하기보다는 분석의 대상으로 다뤄야 한다. 많은 사람들은 롬멜 자신의 기록[238]이 이해를 돕는 것이라 여겼지만 다른 사람들은 어떤 이유로 그 기록이 부정확하며 자기합리화로 점철되어 있다고 여겼다. 그리고 롬멜은 생애 내내, 그리고 사망 이후에도 다른 사람들의 결점을 끊임없이 비판했다는 비난을 받았다. 이 비판은 적용되는 잣대에 따라서는 타당하지만, 여러 유명한 군인들 가운데 유독 롬멜에게만 엄격한 기준을 적용할 수는 없다. 롬멜의 명성이 그의 적들에 의하여, 그리고 독일 내의 선전으로 인해 과장되었다는 점도 여러 사람들에게 공격의 대상이 되었지만[239] 그의 실적은 그 자체만으로도 분명하다고 할 수 있다.

롬멜은 전장에서 기동전의 대가였고 가장 완전한 수준의 지휘관이었다. 그는 나타나는 곳마다 장병들을 고취했다. 상황파악과 결심의 속도, 결정을 행동으로 올리는 활력, 개념의 대담성에서 롬멜은 위대한 반열에 올랐다. 롬멜의 군사적 위업은 몽고메리가 그답지 않은 표현으로 롬멜을 루퍼트 왕자와 비교한 적이 있을 정도로 역사에 빛나는 족적을 남겼다.[240]

롬멜도 분명히 큰 실수를 저지르곤 했다. 토브룩에 대한 첫 공격은 성급하고 무계획적이었으며, '국경 돌진'은 잘못된 상황파악의 결과였고, 알람 할파에서는 성공의 기회를 찾지 못하고 조기에 철수했으며, 메드닌에서는 재앙을 겪었다. 하지만 승리들, 대개는 성공의 기회가 보이지 않는 상황에서 거둔 승리들은 전형적인 '롬멜'의 모습. 즉 그의 탁월한 지휘력을 매우 뚜렷하게 보여준다. 두 번에 걸친 키레나이카 정복과 가잘라, 카세린에서도 마찬가지였다. 튀니지를 향한 길고 절망적인 퇴각에서조차 코스나 산과 마타주르 산에서 보였던 모습을 찾아볼 수 있다. 1914년에 프랑스에서 지휘를 할 때도, 루마니아나 이탈리아 알프스의 산들에서 장병들의 선두에서 달리고 있을 때도, 1940년에 영국해협을 향해 저돌적으로 유령사단을 이끌 때도, 아프리카 사막에서 기갑군의 전차

........................................

238   Krieg ohne Hass, 앞의 책. Liddell Hart, 앞의 책
239   Reuth, 앞의 책
240   텔레비전 인터뷰

들과 함께 달릴 때도, 슈파이델의 표현을 빌자면 "롬멜은 한결같았다(Unser Rommel- immer derselbe Rommel)."[241]

롬멜은 탁월하게 지휘했고 선두에서 부대를 이끌었다. 그는 용감하고 천부적인 전술 지휘관 이상의 존재였다. 그는 생각이 깊었고, 스스로 경험과 관찰에서 군사적 교훈을 도출해 충실히 기록으로 남겼으며, 끊임없이 배웠다. 그는 이미 언급했듯이 가는 곳마다 부하들을 가르쳤고 사후에도 많은 사람을 가르치고 있다. 롬멜은 실무의 달인에 머물지 않고 현실로부터 이론을 도출했으며, 이는 군사학의 발전에 기여했다.

롬멜은 상위 차원의 전략가라고 하기에는 폭넓고 깊이 있는 시각이 부족하다는 비판을 자주 받지만, 그 자신은 중요한 문제들을 극히 분명하게 인식하곤 했다. 롬멜이 병력을 다룰 때 전술 전투에 가장 중점을 두는 경향이 있었음은 분명하다. 롬멜은 탁월한 지휘관으로서, 아무리 훌륭한 전략 계획이라도 최전선의 병력이 전투에서 승리하지 않는 한은 실패할 수밖에 없으며, 전략적 기회는 전술적 성공을 동반한다는 사실을 파악했다. 하지만 그가 가진 확실한 전장 감각, 유명한 손끝 감각, 승리의 향기를 맡는 능력은 자신의 직접 통제범위를 넘어서는 대규모 부대로 실시하는 기동전에 대한 폭넓은 이해와 서로 상충되지 않았다. 그가 이룬 모든 성과들과 그가 작성한 모든 기록들을 보면 그가 러시아에 있었다 해도 다른 지휘관들과 대등하고, 아마도 대다수 지휘관들보다 우수한 작전술의 대가였을 것임이 확실해 보인다. 그리고 대전략 및 전쟁 수행에 관한 그의 생각은 추론에 머물렀고 실증되지 않았지만, 상상력이 풍부하고 거시적이었다. 그가 '오리엔트 계획'의 가능성을 믿었다는 점에 관해서는 그에 대한 칭찬을 고집하기가 무척 어렵다. 하지만 총통, OKH, 그리고 영국군 참모본부도 잠시나마 같은 생각을 했다는 점을 잊어서는 안 된다.

롬멜은 대부분의 문제에서 현실주의자였다. 그는 검소하고 근면한 슈바벤 출신으로, 예리하고 현실적이었다. 그는 훗날 비관주의자라는 비난에 직면했으나, 전황의 본질적인 부분을 분명하게, 환상을 품지 않고 바라볼 줄 알았다. 그는 모든 지휘관이 그렇듯이 항상 옳지는 않았지만, 그의 실수들이 자기기만이나 현실도피의 결과물이었던 경우는 거의 없었다. 노르망디와 같이 대규모 기동은 커녕 일정 수준의 기동조차 불가능하고, 연합군의 전력, 특히 항공전력 우위로 인해 불리함을 감수하며 고통스러운 전술적 전투를 반복해야 하는 상황임을 이성적으로 판단할 경우, 롬멜은 정확하게 상황을 추론했고, 이를 숨기거나 외면하지 않았다. 롬멜은 북아프리카에서 기갑군이 그와 같은 물량

----

241  Speidel, EPM 4

우위를 상대하고 있다고 판단되자 퇴각해서 전투를 피해야 한다고 주장했다. 그리고 전쟁에 패했다고 느꼈을 때도 같은 말을 했다.

결과적으로 그가 비관주의로 흘렀다는 비판만으로는 롬멜의 비관이 시기적절하고 정당한 근거가 있었다는 사실을 무시할 수 없다. 이는 롬멜이 자신감 부족과는 거리가 멀고 오히려 지나치리만치 모험적인 기질을 지닌 사람이라는 또 다른 사실과도 대치된다. 롬멜은 천성적으로 전쟁에서 위험을 감수하는 사람이었고, 전쟁은 매우 불확실한 현상이므로 일련의 예측할 수 없는 변화에 좌우되며, 대담함, 약간의 낙관주의, 그리고 다른 모든 요소에 우선하는 신속함이 정확하게 계산된 행동보다 나을 수 있고 실제로 그럴 것이라고 생각했다. 롬멜은 승리의 가능성이 확실해질 때까지 전투를 미루는 방법을 믿지 않았다. 그렇게 행동했다면 북아프리카 전역은 존재하지 않았을 것이다.

몽고메리는 자신의 업적이 이기지 못할 전투에서는 결코 싸우지 않은 결과라고 주장했는데, 몽고메리에게 있어 이는 정확한 진술이자 현명한 방침이었다. 하지만 이런 원칙은 시간과 자원을 모두 보장받은 지휘관만이 선택 가능한 방법이다. 롬멜은 대개 두 가지가 모두 부족했다. 그리고 롬멜은 상황이 바뀌고 승리의 가능성이 드러나기까지 기다릴 입장도 아니었다. 그는 수적인 불리함를 안고 싸웠고, 그의 실적은 그런 사실을 감안해야만 평가될 수 있다. 그는 수적 열세를 상쇄하기 위해 기량에 의존했다. 앞서 인용했던 쓰라린 절규가 떠오른다. "만약 이 독일 원수가 그를 상대하던 지휘관들과 동등한 혜택을 누렸다면…."[242]

전쟁이란 대개 난관에 직면하여 결단을 내리는 과정의 연속이다. 그리고 롬멜은 움직이지 않거나 계획적인 모험을 감행하는 방법만을 선택할 수 있었다. 롬멜은 움직이지 않는 장군은 운명에게 용서받는 경우가 드물다고 믿었다.

물론 롬멜은 결국 패했다. 그는 졌다. 하지만, 전쟁에서는 승리를 생각해야 하지만, 그런 진부한 말이 군사적 재능을 판단하기 위한 유일한 기준은 될 수는 없다. 전쟁을 심사의 대상인 어떤 사업이라 간주할 수도 있겠지만, 그 수행 과정은 하나의 기술이기도 하다. 나폴레옹도 결국에는 패했다. 몬트로즈(Montrose)도 그랬다. 리(Lee)도 그랬다. 그러나 그들의 천재성을 부정할 수 있는 사람은 거의 없을 것이다. 그의 모든 결점들을 포함해, 전투에서 장병들의 리더로서 에르빈 롬멜은 그들과 어깨를 나란히 한다.

..........................
242   제18장 마지막 페이지, 한 해설가의 논평 참조

# 연표

| 1918 | 1월 11일 | 서부전선 제64군단 참모로 발령. 대위 진급 |
|---|---|---|
| | 11월 11일 | 서부전선 휴전 |
| | 12월 21일 | 제124연대 배치. 연대 근무 |
| 1919 | 6월 | 독일 국내 치안 임무 수행 |
| 1921 | 1월 | 공화국군 13보병연대 배치. 중대장 |
| 1924 | | 기관총 중대 지휘 |
| 1928 | 12월 | 아들 만프레트 롬멜 출생 |
| 1929 | 9월 | 드레스덴 보병학교 교관 근무 |
| 1932 | 4월 | 소령 진급 |
| 1933 | 1월 30일 | 아돌프 히틀러, 독일 총리 취임 |
| | 10월 1일 | 고슬라르 제17보병연대 제3예거대대 지휘. 중령 진급 |
| 1934 | 6월 30일 | '장검의 밤' |
| | 8월 2일 | 힌덴부르크 사망. 독일군, 아돌프 히틀러에게 충성 서약 |
| | 9월 | 롬멜과 히틀러 첫 만남 |
| **1935** | 3월 | 독일 징병제 부활 |
| | 10월 15일 | 포츠담 보병학교 교관 |
| 1936 | 3월 | 비무장지대 라인란트에 독일군 진주 |
| | 여름 | 뉘른베르크 전당대회에서 총통 경호단 배속 |
| 1937 | 2월 | 히틀러 유겐트단 국방부 연락장교 선임 |
| | | 보병공격술(Infanterie greift an) 출간 |
| 1938 | 3월 | 오스트리아 합병 |
| | 9월 | 체코슬로바키아 주데텐 지역 독일에 할양 |
| | 10월 | 롬멜, 주데텐란트 점령을 위한 히틀러 야전사령부 본부대장으로 선임 |
| | 11월 10일 | 비너 노이슈타트 사관학교 교장. 대령 진급 |
| 1939 | 3월 10일 | 히틀러, 체코슬로바키아에 최후통첩 |
| | 3월 15일 | 히틀러, 프라하 입성. 롬멜의 경호단 지휘 |
| | 8월 23일 | 롬멜, 동원령 하 총통사령부 지휘. 소장 진급 (6월자 발령) |
| | 9월 | 폴란드 전역 |
| | 10월 5일 | 바르샤바 개선 행진 |
| 1940 | 2월 15일 | 제7기갑사단 지휘 |
| | 4월 9일 | 독일군, 노르웨이 및 덴마크 침공 |
| | 5월 10일 | 서부전선 침공작전인 지헬슈니트 작전 개시 |
| | 5월 13일 | 제7기갑사단, 뫼즈 강 도하 |
| | 5월 15일 | 롬멜, 2급 철십자장 추가약장 수훈 |
| | 5월 16일 | 제7기갑사단, 마지노선 연장부 통과하여 진격 |
| | 5월 17일 | 랑드르시 진입 |
| | 5월 21일 | 아라스로 진격. 영국군 반격 격퇴 |
| | 5월 26일 | 롬멜, 철십자 기사십자장 수훈 |
| | 5월 27일 | 라 바세 운하를 건너 릴을 향해 진격 |
| | 6월 3일 | 제7기갑사단 솜 운하 통과 |
| | 6월 9일 | 센강 유역으로 진격 |
| | 6월 10일 | 생 발레리 엉 쿠 점령 |
| | 6월 19일 | 셰르부르 항복 |
| | 6월 22일 | 독일-프랑스 간 휴전 협정 |

| | | |
|---|---|---|
| <sup>19</sup>41 | 1월 | 롬멜, 중장 진급 |
| | 2월 7일 | 이탈리아 제10군, 북아프리카 베다 폼에서 영국군에게 항복 |
| | 2월 | 롬멜, 리비아 파견 독일 부대 지휘관 임명 |
| | 2월 12일 | 트리폴리 상륙 |
| | 3월~ 4월 | 1차 키레나이카 공세. 토브룩 1차 공격 |
| | 5월 15일 | 영국군, 이집트 국경에서 공격 |
| | 6월 15일 | 영국군, 이집트 국경에서 2차 공격. 배틀액스 작전 |
| | 6월 16일 | 독일군, 국경 지역에서 반격 |
| | 6월 22일 | 독일, 러시아 침공. 바르바로사 작전 |
| | 8월 15일 | 독일군 아프리카기갑집단 창설 |
| | 9월 | 독일군, 이집트 국경 지역 급습. 좀머나흐트스트라움 작전 |
| | 11월 18일 | 영국군, 리비아로 공세. 크루세이더 작전. 롬멜, 키레나이카에서 철수 |
| | 12월 7일 | 일본, 미국 함대 및 동남아 영국 식민지 공격. 독일, 미국에 선전포고 |
| <sup>19</sup>42 | 1월 21일 | 롬멜, 곡엽 검기사 철십자장 수훈 |
| | 1월 | 키레나이카 2차 공세 |
| | 1월 22일 | 아프리카기갑집단이 아프리카기갑군으로 승격 |
| | 1월 30일 | 롬멜, 상급대장으로 진급 |
| | 5월 27일 | 독일군, 가잘라 공세 |
| | 6월 21일 | 토브룩 점령. 롬멜, 원수 진급 |
| | 6월 21일 | 이집트로 진격 |
| | 7월 | 1차 알라메인 전투 |
| | 8월 15일 | 몽고메리, 영국 제8군 지휘권 인수 |
| | 8월 30일 | 알람 할파 전투 |
| | 9월 19일 | 슈툼메, 아프리카기갑군 지휘권 임시 인수. 롬멜 병가로 귀국 |
| | 9월 30일 | 베를린 슈포르트팔라스트에서 롬멜 환영식 개최. |
| | 10월 23일 | 알라메인 전투 개시 |
| | 10월 25일 | 롬멜 아프리카로 소환. 슈툼메 시신 발견 |
| | 11월 3일 | 롬멜, 히틀러로부터 알라메인의 기존 진지 고수 명령 수령 |
| | 11월 4일 | 롬멜, 기갑군 철수 명령 |
| | 11월 8일 | 영국군 및 미군, 프랑스령 북아프리카에 상륙. 토치(Torch) 작전 |
| | 11월 9일 | 소련군, 스탈린그라드 전선에서 반격 개시 |
| | 11월 10일 | 독일군, 튀지니에 증원 시작 |
| <sup>19</sup>43 | 1월 22일 | 기갑군, 트리폴리에서 철군 |
| | 1월 26일 | 튀니지에 기갑군 사령부 설치 |
| | 2월 2일 | 독일 제6군, 스탈린그라드에서 최종 항복 |
| | 2월 4일 | 영국군, 트리폴리 개선 행진 |
| | 2월 14일 | 독일-이탈리아군, 프륄링스빈트 및 모르겐루프트 작전 실시 |
| | 2월 | 카세린 전투 |
| | 2월 23일 | 롬멜, 아프리카집단군 사령관에 임명 |
| | 3월 6일 | 메드닌 전투. 카프리 작전 |
| | 3월 9일 | 롬멜, 아프리카에서 떠남 |
| | 3월 24일 | 독일 해군, 대서양 전투에서 철수 |
| | 7월 4일 | 독일군, 쿠르스크 공세 개시. 치타델 작전 |

| | | |
|---|---|---|
| | **7월 10일** | 영-미 연합군, 시칠리아 침공. 허스키 작전 |
| | **7월 15일** | 롬멜, B집단군 사령관에 임명 |
| | **7월** | 롬멜, 살로니카 시찰 |
| | **7월 25일** | 파시스트대평의회, 무솔리니 해임 |
| | **7월 30일** | 독일군, 알프스 관문 지나 북부 이탈리아로 이동 개시. 알라리크 작전 |
| | **8월 15일** | 북부 이탈리아에 B집단군 사령부 설치 |
| | **8월 16일** | 독일-이탈리아군, 시칠리아에서 완전 철수 |
| | **9월 3일** | 영-미 연합군, 이탈리아 침공 |
| | **9월 8일** | 이탈리아 및 영-미 연합군 간 휴전 협정 체결 |
| | **9월 9일** | 연합군 살레르노 상륙. B집단군, 이탈리아군 무장해제 실시. 악세 작전. |
| | **11월 21일** | 롬멜, 이탈리아를 떠나 프랑스 B집단군 사령부로 이동 |
| | **11월 30일** | 롬멜, 서부 해안 방위 종합 점검 시작 |
| **1944** | **1월 15일** | B집단군, 대서양 및 루아르강 북부 영국해협 해안 책임 인수 |
| | **3월 9일** | 라 로슈 기용에 B집단군 사령부 설치 |
| | **6월 6일** | 영-미 연합군, 프랑스 침공. 노르망디 전투 |
| | **6월 23일** | 러시아군, 중부 지역에서 공세 개시 |
| | **6월 29일** | 롬멜, 베르히테스가덴에서 히틀러와 마지막 회의 |
| | **7월 16일** | 롬멜, 서부전선 상황의 심각성에 관한 '최후통첩' 보고서에 서명 |
| | **7월 17일** | 롬멜, 비무티에 부근에서 공습에 부상. 10월까지 병가 |
| | **7월 18일** | 영국 제2군, 캉 부근에서 공격 |
| | **7월 20일** | 동프로이센 라스텐부르크에서 히틀러 암살 미수 |
| | **8월** | 노르망디 전선 붕괴. 독일군 퇴각 |
| | **10월 7일** | 롬멜, 베를린으로 출두하라는 명령 수령 |
| | **10월 14일** | 부르크도르프 및 마이젤 장군, 헤를링엔의 롬멜 자택 방문. 롬멜 사망. |
| | **10월 18일** | 울름에서 국장 거행 |

# 참고문헌

Balfour, Michael and Frisby, Julian, Helmuth von Moltke (Macmillan, 1972)
Barnett, Correlli, The Desert Generals (William Kimber, 1960)
Barnett, Correlli (ed.) Hitler's Generals (Weidenfeld & Nicolson, 1989)
Barnett, Correlli, Engage the Enemy More Closely (Hodder & Stoughton, 1991)
Bayerlein, Fritz, "El Alamein", in The Fatal Decisions (Michael Joseph, 1956)
Behrendt, Hans Otto, Rommels Kenntnis vom Feind in Afrika Feldzug (Verlag Rombach, Freiburg, 1980)
Bennett, Ralph, ULTRA in the West (Hutchinson, 1979)
Blumenson, Martin, Rommel's Last Victory (Allen & Unwin, 1968)
Bond, Brian, France and Belgium 1939-1940 (Davis-Poynter, 1975)
Brooks, Stephen (ed.), Montgomery and the Eighth Army (Army Records Society and Bodley Head, 1991)
Bullock, Alan, Hitler and Stalin (HarperCollins, 1991)
Carsten, F.L., The Reichswehr and Politics (Clarendon Press, 1966)
Carver, Michael, El Alamein (Batsford, 1962)
Carver, Michael, Tobruk (Batsford, 1962)
Carver, Michael, Dilemmas of the Desert War (Batsford, 1986)
Chalfont, Alun, Montgomery of Alamein (Weidenfeld & Nicolson, 1976)
Cooper, Matthew, The German Army, 1933-45 (Macdonald & Janes, 1978)
Cox, Richard, Operation Sealion (Thornton Cox, 1974)
Craig, Gordon, The Politics of the Prussian Army (Oxford, 1955)
Craig, Gordon, The Prussian-German Army 1933-45 (Oxford, 1964)
Demeter, Karl, The German Officer Corps in Society and State (Weidenfeld & Nicolson, 1965)
D'Este, Carlo, Decision in Normandy (Collins, 1983)
Douglas-Home, Charles, Rommel (Weidenfeld & Nicolson, 1974)
Eisenhower, David, Eisenhower at War (Collins, 1986)
Engel, Major, Heeresadjutant bei Hitler (Deutsche Verlags Anstalt, Stuttgart, 1974)
Ensor, R.C.K., England, 1870-1914 (Clarendon Press, 1936)
von Esebeck, Hans Gert, Afrikanische Schicksaljahre (Limes Verlags, Wiesbaden, 1949)
Fest, J.C., Hitler (Weidenfeld & Nicolson, 1974)
Galante, Pierre (with Eugene Silanoff), Operation Valkyrie (Harper & Row, 1981)
Geyr von Schweppenburg, The Critical Years (Allen Wingate, 1952)
Gilbert, Martin, The Holocaust (Collins, 1986)
Gisevius, Hans Berndt, Bis zum bittern Ende (Fretz v. Wasmuth Verlag, 1946)
Goebbels, Josef (trans. Taylor), Diaries 1939-41 (Hamish Hamilton, 1982)
Goebbels, Josef (trans. Lochner), Diaries 1942-3 (Hamish Hamilton, 1948)
Garlitz, Walter, The German General Staff (Hollis & Carter, 1953)
Guderian, Heinz, Erinnerungen eines Soldaten (Vowinckel, Heidelberg, 1951)
Halder, Franz, Kriegstagebuch (Kohlhammer, Stuttgart, 1963-4)
Hamilton, Nigel, Monty (Hamish Hamilton, 3 vols, 1981-6)
Hastings, Max, Overlord (Michael Joseph, 1984)
Heckmann, Wolf, Rommels Krieg in Afrika (Bergisch Gladbach, 1976)

Hildebrandt, K. (trans. Falla), The Third Reich (Allen & Unwin, 1984)

Hinsley, F.H., British Intelligence in the Second World War (vol. 2, HMSO, 1981)

Hoffmann, Peter (trans. Barry), The History of the German Resistance (Macdonald & Janes, 1977)

Horne, Alistair, To lose a Battle (Macmillan, 1969)

Hunt, David, A Don at War (William Kimber, 1966)

Irving, David, Hitler's War (Hodder & Stoughton, 1977)

Irving, David, The Trail of the Fox (Macmillan, 1977)

Jackson, William, The North African Campaign 1940-43 (Batsford, 1975)

Jackson, William, Overlord, Normandy 1944 (Davis-Poynter, 1978)

Kahn, David, Hitler's Spies (Hodder & Stoughton, 1978)

Keegan, John, The Mask of Command (Jonathan Cape, 1987)

Kesselring, Albert, Soldat bis zum letzten Tag (Athenaeum Verlag, Bonn, 1953)

Koch, Lutz, Erwin Rommel: Wandlung eines grossen Soldaten (Verlag Walter Gebauer, Stuttgart, 1950)

Koch, Lutz, Erwin Rommel und der Deutsche Widerstand gegen Hitler (Vierteljahrshefte fur Zeitgeschichte, Munich, 1953)

Lamb, Richard, Montgomery in Europe (Buchan & Enright, 1983)

Lamb, Richard, The Ghosts of Peace (Michael Russell, 1987)

Lewin, Ronald, Rommel as Military Commander (Batsford, 1968)

Lewin, Ronald, The Life and Death of the Afrika Korps (Batsford, 1977)

Lewin, Ronald, ULTRA Goes to War (Hutchinson, 1978)

Lindsay, Donald, Forgotten General (Michael Russell, 1987)

Liddell Hart, B.H. (ed.), The Rommel Papers (Collins, 1953)

Liddell Hart, B.H., The Second World War (Cassell, 1970)

von Luck, Hans, Panzer Commander (Praeger, New York, 1989)

Ludendorff, Erich, The General Staff and its Problems (Hutchinson, 1920)

Mackee, Alexander, Caen (Souvenir Press, 1964)

Macksey, Kenneth, Rommel, Battles and Campaigns (Arms & Armour Press, 1979)

Macksey, Kenneth, Guderian (Macdonald & Janes, 1975)

von Manstein, Erich, Lost Victories (Methuen, 1958)

von Manteuffel, Hasso, Die 7 Panzer Division in Zweiten Weltkrieg (Cologne, 1965)

von Mellenthin, F.W., Panzer Battles (Cassell, 1955)

Montgomery of Alamein, Memoirs (Collins, 1958)

Mordal, Jacques, Rommel (Historama, Paris, 1973)

O'Neill, Robert, The German Army and the Nazi Party (Cassell, 1966)

Overy, Richard, The Road to War (Macmillan, 1990)

Pitt, Barrie, The Crucible of War (Jonathan Cape, 1980)

Prittie, Terence, Germans Against Hitler (Hutchinson, 1964)

Reuth, Ralf, Des Führers General (Piper, Munich, 1987)

Rommel, Erwin, Infanterie greift an (Voggenreiter, Potsdam, 1937. 영문번역본 Infantry Attacks, Infantry Journal, Washington D.C., 1944, 및 동 번역본의 출판본 Greenhill Books, 1990)

Rommel, Erwin, Krieg ohne Hass (다음 문헌에서 발췌 Liddell Hart, The Rommel Papers, op. cit.)

Ruge, Friedrich, "The Invasion of Normandy" in Decisive Battles of World War II, ed. Jacobsen and Rohwer (Putnam, 1965)

Ruge, Friedrich, Rommel in Normandy (Presidio Press, 1979)

Saurel, Louis, Rommel (Editions Rouff, Paris, 1967)

Schmidt, H.W., With Rommel in the Desert (Harrap, 1951)

Seaton, Albert, The Russo-German War 1941-45 (Arthur Barker, 1971)

Seaton, Albert, The German Army 1939-45 (Weidenfeld & Nicolson, 1982)

von Senger und Etterlin, Frido, Neither Fear Nor Hope (Macdonald, 1963)

Speer, Albert, Inside the Third Reich (Weidenfeld & Nicolson, 1970)

Speidel, Hans, Invasion 1944 (Rainer Wunderlich Verlag, Tübingen/Stuttgart, 1949)

Stahlberg, Alexander, Bounden Duty (Brasseys, 1990)

Strawson, John, The Battle for North Africa (Batsford, 1969)

Strawson, John, Alamein (Dent, 1981)

Sykes, Christopher, Troubled Loyalty (Collins, 1968)

Taylor, A.J.P., The Origins of the Second World War (Hamish Hamilton, 1961)

Terraine, John, Right of the Line (Hodder & Stoughton, 1985)

Trevor-Roper, H. (ed.), Hitler's War Directives (Sidgwick & Jackson, 1964)

Warlimont, Walter, Inside Hitler's Headquarters (Weidenfeld & Nicolson, 1964)

Westphal, Siegfried (commentary), The Fatal Decisions (Michael Joseph, 1956)
Westphal, Siegfried, The German Army in the West (Cassell, 1951)
Wheeler-Bennett, John, The Nemesis of Power (Macmillan, 1961)
Wheeler-Bennett, John, Hindenburg - The Wooden Titan (Macmillan, 1936)
Wilmot, Chester, The Struggle for Europe (Collins, 1952)
Wiskemann, Elizabeth (ed.), The Anatomy of the SS State (Collins, 1968)
Young, Desmond, Rommel (Collins, 1950)